エリオット 生化学・分子生物学
第5版

Despo Papachristodoulou・Alison Snape
William H. Elliott・Daphne C. Elliott 著
村上 誠・原 俊太郎・中村元直 訳

東京化学同人

Biochemistry and Molecular Biology

Fifth Edition

Despo Papachristodoulou
Alison Snape
William H. Elliott
Daphne C. Elliott

© Oxford University Press 2014

Biochemistry and Molecular Biology, Fifth Edition was originally published in English in 2014. This translation is published by arrangement with Oxford University Press.
本書の原著 Biochemistry and Molecular Biology, Fifth Edition は2014年に英語版で出版された．本訳書は Oxford University Press との契約に基づいて出版された．

序

　本を最初から書くほどおじけづくことではないとしても，すでにできあがった教科書の新しい版を引き受けるのは，骨の折れる仕事である．William Elliott と Daphne Elliott は，第4版の序において，この本は「生化学や分子生物学に関する科学や健康に関連するコースを専攻する学部学生のために用意した」と述べており，彼らの目的は「これらの科目に初めて接する学生にふさわしい内容であると同時に，知的にも満足するのに十分である……そして，親しみやすいスタイルではあるものの，理解を促すように多くの説明を含む教科書を提供することである」と言っている．この本を学部学生のコースに用いた私たちの経験からいうと，この目的には成功したといえる．ある書評者は，この本のスタイルを「読者ひとりひとりを個別指導してくれる」かのように，「さわやかな違いがあり，より親しみやすくより直接的である」と評してくれている．私たちが求めたのは，この本の以前の版が受けてきた称賛に値する質を保つことである．この本は，学部低学年の学生向けのものである．当然あまり予備的な知識を必要とせず，よく知らない用語や概念についてわかりやすい説明を提供することが求められる．一方で，学生たちを，多くのジャーナルにみられるような短い総説論文に挑戦することができるレベルにまでひき上げるものでなければならない．生化学や分子生物学には関わりたくないという印象を与えないようにもしなくてはいけない．学部学生は彼らのコースのはじめに，ときには不確実と思えることを不快に思い，"事実だけ"を教えてほしいと願う．しかしながら，取上げる事柄が現代の医学や生物学の研究にいかに関連しているかを強調し，どの領域において私たちの知識がまだ不完全であるかを指し示すことにより，学生たちに，今も続く進歩のおもしろさと重要性に関心をもってほしいし，また一部の学生には，彼らの学習をより高いレベルまで探究するようになってほしい，と願っている．

　何度も述べてきたように，新しい内容を教科書に加えることは，本を扱いやすいサイズに保つために古い内容を削除しなくてはならないというジレンマを生み出す．最新のものを取入れるように試みる一方で，前の版で取上げた内容や，代謝やがんに関する研究における最新の進歩に伴い，時期尚早にも一部の人々にもはや学ぶ価値はないと提案されているようなある種の代謝に関する話題や代謝全体に関する内容を削除するかどうかについては，比較的注意深く検討した．ゲノミクスや分子生物学においては，莫大な量の新しいデータと新しい方法論はとりわけ挑戦的であり，この領域における新たな内容をいくつか含めるようにした．しかしながら，サザンブロット法やライブラリースクリーニングといった，いまや近代的な研究室ではほとんど行われないような技術についても，取上げる価値があると判断した．なぜなら，これらの方法を知ることは，現在までの発展をきちんと理解させてくれる歴史上重要な骨組みを知ることにつながるからである．スペースを節約しつつ，これらの加筆と内容の維持を可能とするために，さらなる学習についてはオンラインに移行することとし，webを基盤としたバイオインフォマティクス演習を採用し

た．こうすることで，これらの教材を容易に最新のものにしていくことが可能となるという利点も生まれた．

この本について

この本は以下の六つの主たる部分により構成されている．
Ⅰ　生命の基本原理
Ⅱ　タンパク質と膜の構造と機能
Ⅲ　代謝と栄養
Ⅳ　遺伝情報の貯蔵と利用
Ⅴ　細胞と組織
Ⅵ　疾患に対する防御機構

各章は課題を通じ区切りなく進行するように構築しているが，どのような順で各話題を教えるかは教師によって異なることを，私たちは認識している．それゆえ，学生の学習を助けるために，章の間で広範囲にわたり相互参照できるようにしている．

この版では何が新しいか

- 最新のものとなるようにすべての章を見直した．アップデートの程度は，大規模な書き直しや多くの加筆からちょっとした改訂まで，章により異なる．多くの学生が難しいと考えるいくつかの領域については，明瞭さを増すように書き直した．これには，X線結晶解析や核磁気共鳴法（第5章），食事成分の輸送，貯蔵，動員の仕組み（第11章），代謝調節の仕組みと代謝統合への応用（第20章），相同組換え（第23章），細胞のシグナル伝達，特にインスリン受容体とインスリンシグナル（第29章），タンパク質の小胞輸送（第27章）が含まれる．
- 栄養学の基本原理（第9章）という新しい章を加えた．この章では，食事成分について細かくふれる前に，栄養学における課題と専門用語について紹介した．
- 転写と転写後修飾のいずれをも含む遺伝子発現の調節に関する内容については，単一の新しい章にまとめて構成し直した（第26章）．この章は，真核生物の遺伝制御におけるクロマチンの役割についての最新の内容を含むとともに，ゲノム刷込みの異常について新しいBox（Box 26.1）で取上げた．さらに，前の版では異なる章に分かれていたマイクロRNAとRNA干渉に関する内容を組入れた．
- この本の最後の項目を構成し直した．第Ⅴ部の"細胞と組織"は，細胞間コミュニケーション，協調した細胞分裂，細胞死が真核生物においていかに起こっているかをまず示し，次に，この過程が混乱するといかにがんにつながるかを示すように工夫した．その後の第Ⅵ部では，疾患に対する防御機構に関する特別な話題を取上げることとした．
- 細胞分裂（有糸分裂と減数分裂）は細胞周期と同じ章（第30章）で扱うこととし，こ

の章には細胞死（アポトーシス）を含むようにした．

代謝に関しては，生化学的な現象がいかに臨床と関連するかに注意を払った．新しい内容としては以下を含む．
- コレステロール恒常性と高リポタンパク質血症を含む，脂質輸送について．
- 摂食状態，絶食状態，飢餓状態，糖尿病それぞれにおける代謝調節に関する詳細な解説
- 新しいBox：ワールブルク効果（Box 13.1），グルコース-6-リン酸デヒドロゲナーゼ欠損症（Box 15.1），アルコールと東洋人の顔面紅潮症候群（Box 16.1），脂肪酸のαとωと食事（Box 17.1）．

第28章で取上げたDNA操作に関する重要な進歩には，以下を含む．
- DNAの次世代シークエンス法の紹介と，迅速な配列決定の医学への応用の可能性について．この話題が次の版においてより重要になっていくのは，疑う余地がない．
- 2型糖尿病や冠動脈心疾患のようなよくみられる複合疾患の遺伝的要因の解明に用いられる全ゲノム相関解析の原理について．
- ヒトの胚性幹細胞を用いた最近の有望な臨床試験や，患者からの人工多能性幹細胞（iPS細胞）の作製とモデル疾患への応用について．

この本の利用

この本には，より容易に利用でき，可能な限り効果的に学習できるように，さまざまな特徴がある．
- 医療に関連したBox．これらのBoxは，生化学や分子生物学と，医学や健康に関連した事柄との直接的な関連を示している．Boxの目次は別にまとめて示してある．
- 問題と解答．各章の終わりにある問題と本の最後にある解答は，学生の学習を支援するように用意されている．
- 章の要約．おのおのの章末の要約では，本文中の鍵となる概念を強調し，試験勉強の手助けとなるようにしている．

謝　辞

　当然のことながら，まず最初に，Bill Elliott と Daphne Elliott に大きな感謝の意を述べたい．彼らは，これまでこの本の四つの版を改版しつつ書き上げた．彼らのもつ知識の幅と深さ，複雑な事柄をわかりやすく構成し説明する術，さまざまな課題を通じて新しい進歩を取入れ，最新のものに保ち続ける熱意と能力には，本当に感動を与えられる．彼らは私たちが第 5 版にとりかかると聞いて，親切にも手紙をくださった．私たちが望むのは唯一，彼らがつくり上げた水準を保つのに十分なだけ彼らから学ぶことである．Bill Elliott が 2012 年 7 月に亡くなったのを聞いたのはとても悲しいことであった．彼と Alison Snape が共通の故郷である Durham（英国）に帰ってしまったこともあり，生前の彼に会うことはできなかった．Elliott 夫妻は以前の版で何人かの彼らの同僚に謝辞を述べているが，初期の版の構成や内容を保っているために，私たちはその同僚たちと個人的に知り合うことなしに，彼らの経験や助言から利益を得ることができた．

　第二に，私たちに自由にやらせてくれた，Oxford University Press のスタッフとなった Jonathan Crowe，ならびに私たちを忍耐と堅実さ，そして上手なユーモアで導いてくれた，この本の編集者である Holly Edmundson と Alice Mumford に大きな感謝を述べたい．また，Oxford University Press が選んでくれた助言と査読を行う識者のメンバーにも謝辞を述べたい．彼らは，この版を良いものにするための多くの建設的な意見や，私たちの章の原案に対して有用なコメントをくれた．

　最後に，King's College London のスタッフと学生に感謝したい．私たちの同僚は，多くの話題を私たちが知り理解するうえで，大きな貢献をしてくれた．特に，Liz Andrew 博士は免疫に関する第 33 章を見直してくれた．Guy Tear 教授，Paul Brown 博士，Renee Tata 博士たちは，計り知れない支援と激励をくれた．私たちの学生は粘り強く，しばしば洞察力をもってコメントし，さらに彼らの質問は私たちの教える能力を向上させてくれた．

> 自然選択は，昼夜を分かたず，世界中いたる所で起こっているどんな小さな変異をも見逃さない．そして，悪いものは取除き，良いものはすべてためこんでいく．黙々と，人知れず精を出し，それぞれの生物が，有機的および無機的環境に適応できるよう改善し続ける．　　Charles Darwin

> 進化とは，つぎはぎ修繕屋のようなものである．　　Francois Jacob

訳 者 序

"エリオット 生化学・分子生物学"は米国でベストセラーにもなった生命科学の教科書であり，この学問を学ぼうとする初心者の学生が基本的原理や生物学的意義を理解できるように執筆されている．本書の第3版の日本語版が清水孝雄，工藤一郎（故人）両先生の翻訳によって刊行されたのは2007年の初めであった．その後原著は改訂を重ね，内容を大幅に更新して第5版が刊行された．"序"にもあるように，この作業の最中（2012年夏）に原著の執筆者であるW. Elliottは亡くなられた．第5版は，彼の意志を継いだ弟子や友人たちの手により書き上げられたものであるが，彼のエッセンスは見事に引継がれている．

第3版の翻訳が発刊されてからほぼ10年の時を経て，2015年の1月に訳者のもとに第5版の翻訳の依頼が舞い込んだ（第4版の訳本は発刊されていない）．コンパクトさと図表のわかりやすさで定評のある教科書とはいえ，日々の仕事をこなしつつ1冊すべてを翻訳するには膨大な労力が必要である．研究所勤務のため大学教育から久しく遠ざかっている訳者が生化学・分子生物学の教科書に携わることがはたして妥当か，当初はためらった．しかしながら，学生時代に学んで以来疎遠となっていた生命科学の全体像をもう一度原点から振返る機会でもあり，また第3版の翻訳を担当した工藤先生の直接の弟子である訳者が第5版の翻訳を担当することは運命かつ責務であると考え，同じく清水，工藤先生それぞれの弟子である中村，原の両先生にも協力を仰ぎ，引受けることとした．それから1年半という時を経て，ようやく第5版の翻訳が完成の時を迎え，感無量の想いである．

前版と比べて第5版のどこが異なるのかについては"序"で簡潔に説明されているのでここでは繰返さないが，たとえばオミクス解析や代謝の統合に多くのページが割かれ，最新の情報を余すところなく組入れている．それでいて，古典的な内容についても多くが削除されることなく残されており，その巧みな編集は見事としか言いようがない．同じ内容が繰返し別の章に登場するので，学んでいる学生にとっては何度も頭にインプットされ，学習に役立つであろう．生化学・分子生物学に従事している第一線の研究者にとっては，自分の専門分野に関する記述は少し物足りなく感じるかもしれないが，えてして専門以外の領域に関する知識には乏しいので，本書は十分に読み応えのある内容となっている．

翻訳に当たっては，第Ⅰ，Ⅱ，Ⅵ部（生化学の基礎と特別なトピックス）を原，第Ⅲ部（代謝全般）を村上，第Ⅳ，Ⅴ部（分子細胞生物学）を中村がそれぞれ担当した．日本語としてできるだけこなれた文章にすることを心掛け，説明不十分でわかりにくいと思われる箇所には訳注を加えたりもしたが，原著でElliottらが伝えようとしたニュアンスをできるだけ忠実に反映できるように，大幅な文脈の改変は控えることとした．また，前版の翻訳のコピーと揶揄されることのないよう，原著の一字一句を吟味し，ほぼすべてを訳し直した．校正の段階に当たっては，訳者3名の間で何度も添削を繰返し，誤訳や読みにくい表現がないよう心掛けたつもりであるが，もしそのような箇所を見つけたら，是非訳者にフィードバックしていただけると幸いである．余談ではあるが，翻訳の仕方にも訳者そ

れぞれの個性があり，編集に携わる立場として興味深かった．

　最後に，本書の編集に当たって，訳者の独善的なわがままにも笑顔で接し，適切な助言や添削，誤訳の修正などで手助けして下さった東京化学同人の高木千織さんに厚く感謝の意を表したい．高木さんの多大な尽力なしに本書の完成はありえなかった．この場を借りて，心から御礼申し上げたい．

　2016年8月

訳者を代表して　村　上　　誠

目　次

第Ⅰ部　生命の基本原理

第1章　生命をつかさどる分子基盤 ………………………………… 2
分子レベルではすべての生命体に変わりはない ……… 2
生命におけるエネルギーサイクル ……………… 3
エネルギーに関わる熱力学の法則 ……………… 3
エネルギーはある状態から
　　他の状態へと生まれ変わる ……………… 4
生きている細胞で見いだされる分子の種類 ……… 5
Box 1.1　水素分子の形成における共有結合 ……… 5
タンパク質 ………………………………………… 7
タンパク質は分子認識により機能する ……… 8
タンパク質の進化 ………………………………… 9
DNA ……………………………………………… 9
ゲノムの構造 ……………………………………… 11
いかにして生命は始まったか …………………… 11
プロテオミクスとゲノミクス …………………… 12
要　約 ……………………………………………… 13
問　題 ……………………………………………… 14

第2章　細胞とウイルス ……………………………………………… 15
細胞がすべての生命体の構成単位である ……… 15
生物の分類 ………………………………………… 15
ウイルス …………………………………………… 21
Box 2.1　実験的な生化学の研究において
　　用いられるいくつかの生命体 ……………… 22
Box 2.2　薬剤アジドチミジンの構造 …………… 24
要　約 ……………………………………………… 25
問　題 ……………………………………………… 25

第3章　生化学におけるエネルギー的考察 ………………………… 26
食物からの自由エネルギーの放出とその利用 … 30
ATPはすべての生命において普遍的な
　　エネルギー中間体である …………………… 30
Box 3.1　ヘンダーソン・ハッセルバルヒの
　　式の計算 ……………………………………… 31
Box 3.2　ΔG の計算 …………………………… 35
共有結合と非共有結合におけるエネルギーの考察 …… 36
付録：緩衝液と pK_a 値 …………………………… 38
要　約 ……………………………………………… 40
問　題 ……………………………………………… 40

第Ⅱ部　タンパク質と膜の構造と機能

第4章　タンパク質の構造 …………………………………………… 44
タンパク質の合成に用いられる
　　20種類のアミノ酸の構造 …………………… 44
いろいろな階層のタンパク質構造：
　　一次構造, 二次構造, 三次構造, 四次構造 … 47
タンパク質の相同性と進化 ……………………… 55
タンパク質のドメイン …………………………… 55
細胞外マトリックスタンパク質 ………………… 56
Box 4.1　コラーゲンの遺伝病 …………………… 58
Box 4.2　喫煙, エラスチン, 気腫と
　　アンチプロテアーゼ ………………………… 60
ミオグロビンとヘモグロビンにより
　　タンパク質の構造と機能の関連性がわかる … 63
Box 4.3　鎌状赤血球貧血とサラセミア ………… 63
要　約 ……………………………………………… 69
問　題 ……………………………………………… 70

第5章　タンパク質研究法 …………………………………………… 72
タンパク質の精製 ………………………………… 72
質量分析の原理 …………………………………… 77
質量分析計の応用 ………………………………… 78
タンパク質の配列決定の方法 …………………… 80
タンパク質の三次元構造の決定 ………………… 81
プロテオミクス …………………………………… 82
バイオインフォマティクスとデータベース …… 83
Box 5.1　データベースウェブサイトのアドレス … 83
要　約 ……………………………………………… 85
問　題 ……………………………………………… 85

第6章　酵　　素 ··· 86
酵素触媒 ·· 86
酵素反応速度論 ·· 89
酵素の一般的性質 ··· 93
酵素触媒の機構 ·· 96
要　約 ·· 100
問　題 ·· 101

第7章　細胞膜と膜タンパク質 ··· 103
膜をつくる基本の脂質構成体 ······························· 103
Box 7.1　トランス脂肪酸 ····································· 109
膜タンパク質と膜構造 ·· 110
膜内在性タンパク質の構造 ··································· 110
膜の機能 ·· 113
Box 7.2　輸送に必要なエネルギーの計算 ··········· 114
Box 7.3　強心配糖体 ··· 115
Box 7.4　コリンエステラーゼ阻害剤と
　　　　　アルツハイマー病 ······························· 119
Box 7.5　膜を標的とする抗生物質 ······················· 125
要　約 ·· 126
問　題 ·· 126

第8章　筋収縮，細胞骨格，分子モーター ·· 127
筋収縮 ·· 127
筋細胞の種類とエネルギーの供給 ······················· 127
Box 8.1　筋ジストロフィー ································· 129
横紋随意筋の制御 ··· 132
Box 8.2　悪性高熱症 ··· 133
平滑筋は横紋筋と構造や制御が異なっている ··· 133
細胞骨格 ·· 134
Box 8.3　細胞骨格への薬剤の作用 ······················· 136
非筋細胞におけるアクチンとミオシンの役割 ··· 136
微小管，細胞運動，細胞内輸送 ·························· 138
中間径フィラメント ··· 141
要　約 ·· 142
問　題 ·· 142

第 III 部　代 謝 と 栄 養

第9章　栄養学の基本原理 ·· 146
エネルギーと栄養素の必要性 ······························ 146
食物摂取の調節 ··· 151
要　約 ·· 153
問　題 ·· 154

第10章　食物の消化，吸収，組織への分配 ··· 155
食物成分の化学 ··· 155
消化と吸収 ·· 155
タンパク質の消化 ··· 157
糖質の消化 ·· 159
脂質の消化と吸収 ··· 161
食物中の他の成分の消化 ····································· 164
体内での食物成分の貯蔵 ····································· 164
要　約 ·· 169
問　題 ·· 170

第11章　食事成分の輸送，貯蔵，動員の仕組み ····································· 171
体内でのグルコースの輸送 ································· 171
体内におけるアミノ酸の輸送
　（燃料動態の観点から）···································· 177
Box 11.1　ウリジルトランスフェラーゼ欠損症と
　　　　　　ガラクトース血症 ··························· 178
体内における TAG とコレステロールの動態：概論 ···· 178
Box 11.2　コレステロール生合成の阻害薬：
　　　　　　スタチン ··· 179
体内での脂肪とコレステロールの輸送：
　　リポタンパク質 ··· 179
要　約 ·· 185
問　題 ·· 186

第12章　食物からのエネルギー放出の基本原理 ····································· 187
グルコース代謝の概論 ··· 187
グルコースからのエネルギー放出 ······················· 189
Box 12.1　$\Delta G^{\circ\prime}$ 値と $E^{\circ\prime}$ 値の関係の計算 ············· 193
脂肪酸の酸化によるエネルギー放出 ·················· 193
アミノ酸の酸化によるエネルギーの放出 ·········· 195
燃料の互換性 ·· 195
要　約 ·· 196
問　題 ·· 196

第13章　解糖系，TCA 回路，電子伝達系 ……198

- 第一段階：解糖系 ……198
- ピルビン酸のアセチル CoA への変換：TCA 回路の前段階 ……203
- **Box 13.1**　ワールブルク効果 ……203
- 第二段階：TCA 回路 ……204
- 第三段階：NADH と FADH$_2$ から酸素に電子を渡す電子伝達系 ……210
- **Box 13.2**　酸化的リン酸化の阻害剤と脱共役剤 ……223
- 要　約 ……223
- 問　題 ……224

第14章　脂肪酸からのエネルギー放出 ……225

- 脂肪酸からのアセチル CoA 産生機構 ……225
- 不飽和脂肪酸の酸化 ……227
- 奇数鎖脂肪酸の酸化 ……228
- 飢餓時と1型糖尿病におけるケトン体合成 ……228
- 要　約 ……230
- 問　題 ……231

第15章　グルコース酸化の第二経路：ペントースリン酸経路 ……232

- ペントースリン酸経路はおもに二つの反応系から成る ……232
- **Box 15.1**　グルコース-6-リン酸デヒドロゲナーゼ欠損症 ……236
- 要　約 ……236
- 問　題 ……237

第16章　グルコースの生合成：糖新生 ……238

- **Box 16.1**　アルコールと東洋人の顔面紅潮症候群 ……242
- 要　約 ……244
- 問　題 ……245

第17章　脂肪酸および類縁化合物の生合成 ……246

- 脂肪酸合成の仕組み ……246
- 不飽和脂肪酸の生合成 ……250
- **Box 17.1**　脂肪酸のαとωと食事 ……251
- 脂肪酸からの TAG と膜脂質の生合成 ……251
- 新しい膜脂質二重層の生合成 ……252
- プロスタグランジンおよび類縁化合物の生合成 ……254
- **Box 17.2**　非ステロイド性抗炎症薬（NSAIDs）……256
- 要　約 ……257
- 問　題 ……258

第18章　窒素代謝：アミノ酸代謝 ……259

- 体内における窒素のバランス ……259
- アミノ酸の一般的代謝 ……260
- 脱アミノ反応後にアミノ基はどうなるのか：尿素回路 ……262
- アミノ酸の生合成 ……269
- ヘムとグリシンからの生合成 ……269
- **Box 18.1**　急性間欠性ポルフィリン症 ……270
- 要　約 ……273
- 問　題 ……273

第19章　窒素代謝：ヌクレオチドの代謝 ……274

- ヌクレオチドの構造と命名法 ……274
- プリンおよびピリミジンヌクレオチドの生合成 ……275
- 葉酸欠乏の医学的影響 ……282
- 要　約 ……284
- 問　題 ……285

第20章　代謝調節の仕組みと代謝統合への応用 ……286

- なぜ調節が必要なのか ……286
- 酵素活性はどのように調節されるか ……287
- 酵素のアロステリック調節 ……288
- リン酸化による酵素活性の調節 ……289
- 代謝のホルモン調節の一般論 ……290
- 糖質代謝の調節 ……292
- グリコーゲン代謝の調節 ……293
- 脂肪酸酸化と合成の調節 ……301
- 代謝ストレスに対する応答 ……303
- 代謝の統合：摂食と絶食の状態，そして糖尿病 ……305
- **Box 20.1**　糖尿病 ……309
- 要　約 ……310
- 問　題 ……312

第21章 水の電子を高エネルギーレベルにもち上げる仕組み：光合成 ……… 313

光合成における光依存的な反応 ……… 314
光合成の暗反応：カルビン回路 ……… 317
要　約 ……… 321
問　題 ……… 321

第Ⅳ部　遺伝情報の貯蔵と利用

第22章　ゲ ノ ム ……… 324

DNAとRNAの構造 ……… 324
DNAの一次構造 ……… 325
DNAの二重らせん ……… 327
ゲノム構造 ……… 331
タンパク質をコードする遺伝子の構造 ……… 332
ヒトのゲノムの大部分は
　　タンパク質をコードしていない ……… 334
Box 22.1　生物の複雑性とゲノムサイズとの
　　　　　関係性について ……… 335
ゲノムパッケージング ……… 337
要　約 ……… 338
問　題 ……… 339

第23章　DNAの複製，修復，そして組換え ……… 340

DNA複製の一般原則 ……… 340
大腸菌におけるDNA複製開始の調節 ……… 341
真核生物でのDNA複製開始と制御 ……… 341
DNA二重らせんの巻戻しと超らせん形成 ……… 341
DNAポリメラーゼが触媒する
　　基礎的酵素反応 ……… 344
新しいDNA鎖の伸長はどう開始されるのか ……… 345
DNA複製における方向性の問題 ……… 345
岡崎フラグメント合成の機構 ……… 346
真核生物の複製フォーク装置 ……… 349
真核生物における染色体末端の複製問題は
　　テロメアが解決する ……… 349
DNA複製の精度はどのように保たれているのか ……… 351
大腸菌におけるDNA損傷の修復 ……… 353
真核生物におけるDNA損傷の修復 ……… 355
相同組換え ……… 355
ミトコンドリアDNAの複製 ……… 358
レトロウイルスでの逆転写酵素によるDNA合成 ……… 359
要　約 ……… 360
問　題 ……… 360

第24章　遺伝子の転写 ……… 361

メッセンジャーRNA ……… 361
大腸菌における転写 ……… 363
真核生物における転写 ……… 366
リボザイムとRNAの自己スプライシング ……… 370
タンパク質をコードしていない遺伝子の転写 ……… 371
ミトコンドリア内での転写 ……… 371
要　約 ……… 371
問　題 ……… 372

第25章　タンパク質合成と制御されたタンパク質分解 ……… 373

タンパク質合成の基本的過程 ……… 373
まず，ペプチド合成を化学的な観点から
　　簡単にながめてみよう ……… 374
リボソーム ……… 379
翻訳の開始 ……… 380
翻訳が開始されると次は伸長である ……… 382
大腸菌リボソーム上での
　　トランスロケーションの機構 ……… 384
大腸菌におけるタンパク質合成の終結 ……… 384
リボソームの物理的な構造 ……… 385
真核生物のタンパク質合成 ……… 386
ミトコンドリアにおけるタンパク質合成 ……… 388
Box 25.1　タンパク質合成における
　　　　　抗生物質と毒素の作用 ……… 388
ポリペプチド鎖の折りたたみ ……… 389
分子シャペロンの作用機構 ……… 389
タンパク質の折りたたみとプリオン病 ……… 391
プロテアソームによるタンパク質の秩序立った分解 ……… 392
要　約 ……… 394
問　題 ……… 395

第26章　遺伝子の発現制御 ……… 396

真核生物における転写制御 ……… 399
転写因子のDNAへの結合 ……… 401
DNAのメチル化とエピジェネティックな制御 ……… 407
転写開始後の制御：概略 ……… 408

原核生物における転写開始後の制御	408	低分子 RNA と RNA 干渉	413
Box 26.1　ゲノム刷込みの異常	409	要　約	417
mRNA の安定性と遺伝子の発現制御	410	問　題	418
真核生物における翻訳制御機構	412		

第 27 章　タンパク質の目的地への運搬 ……419

この領域の簡単な概略	419	翻訳後のタンパク質の各細胞小器官への輸送	428
タンパク質の細胞内輸送における		核-細胞質間の輸送	430
GTP/GDP 交換反応の重要性	421	核膜孔の複合体構造	431
小胞体膜を通過するタンパク質の輸送	422	タンパク質の核移行シグナル	431
Box 27.1　リソソーム蓄積症	425	要　約	434
タンパク質は小胞体やゴルジ体から		問　題	434
小胞輸送によって選別，格納，放出される	425		

第 28 章　DNA および遺伝子の操作 ……436

基本的技術	436	組換え DNA 技術の応用	447
DNA 塩基配列の決定	439	Box 28.1　DNA の反復配列	450
ポリメラーゼ連鎖反応による DNA 断片の増幅	442	DNA データベースとゲノミクス	457
DNA の結合による組換え分子の作製	444	要　約	457
DNA クローニング	444	問　題	458

第 V 部　細胞と組織

第 29 章　細胞のシグナル伝達 ……460

概　説	460	Box 29.2　タンパク質の脱リン酸を促進あるいは	
シグナル分子とは何か	462	阻害する致死的毒薬	473
細胞内受容体を介する反応	464	G タンパク質共役型受容体と下流シグナル伝達経路	478
細胞膜受容体を介するシグナル伝達	465	cGMP をセカンドメッセンジャーとする	
Box 29.1　グルココルチコイド受容体と抗炎症剤	466	シグナル伝達経路	485
細胞内シグナル伝達機構の一般的な概念	467	要　約	486
シグナル伝達経路の例	469	問　題	488
チロシンキナーゼ型受容体を介する			
シグナル伝達経路	469		

第 30 章　細胞周期，細胞分裂，細胞死 ……489

真核生物の細胞周期	489	細胞分裂	493
細胞周期の調節	490	アポトーシス	495
G_1 期における複雑な調節	491	アポトーシス開始への二つの主要な経路	496
S 期への進行	492	要　約	498
M 期への進行	492	問　題	499
M　期	492		

第 31 章　が　ん ……500

概　説	500	がん抑制遺伝子	504
がんは変異の積重ねにより発生する	501	分子生物学の発展は	
発がんをもたらす変異	502	新しいがん治療の可能性を広げる	505
発がんに関連する遺伝子変異の種類	502	要　約	505
がん遺伝子	503	問　題	506

第Ⅵ部 疾患に対する防御機構

第32章 特別なトピックス：血液凝固，異物代謝，活性酸素種 ……… 508

血液凝固（血栓形成）……………………… 508
摂取した外来性化学物質（生体異物）に
　対する防御機構 ………………………… 511
活性酸素種に対する防御機構 ……………… 513
Box 32.1 赤ワインと心血管系の健康 ……… 515

グルタチオンペルオキシダーゼ-
　グルタチオンレダクターゼ系 …………… 515
要　約 ………………………………………… 516
問　題 ………………………………………… 516

第33章　免　疫　系 ……………………………………………………… 517

概　要 ………………………………………… 517
抗体に基づく体液性免疫 …………………… 519
抗体を産生するためのB細胞の活性化 …… 522
細胞性免疫（細胞傷害性T細胞）………… 526

なぜヒトの免疫系は移植された細胞を拒絶するのか … 528
モノクローナル抗体 ………………………… 528
要　約 ………………………………………… 529
問　題 ………………………………………… 530

問題の解答 …………………………………………………………………………… 533

和 文 索 引 …………………………………………………………………………… 561

欧 文 索 引 …………………………………………………………………………… 576

疾病と医学に関するコラム

Box 1.1	水素分子の形成における共有結合	5
Box 2.1	実験的な生化学の研究において用いられるいくつかの生命体	22
Box 2.2	薬剤アジドチミジンの構造	24
Box 3.1	ヘンダーソン・ハッセルバルヒの式の計算	31
Box 3.2	ΔG の計算	35
Box 4.1	コラーゲンの遺伝病	58
Box 4.2	喫煙，エラスチン，気腫とアンチプロテアーゼ	60
Box 4.3	鎌状赤血球貧血とサラセミア	63
Box 5.1	データベースウェブサイトのアドレス	83
Box 7.1	トランス脂肪酸	109
Box 7.2	輸送に必要なエネルギーの計算	114
Box 7.3	強心配糖体	115
Box 7.4	コリンエステラーゼ阻害剤とアルツハイマー病	119
Box 7.5	膜を標的とする抗生物質	125
Box 8.1	筋ジストロフィー	129
Box 8.2	悪性高熱症	133
Box 8.3	細胞骨格への薬剤の作用	136
Box 11.1	ウリジルトランスフェラーゼ欠損症とガラクトース血症	178
Box 11.2	コレステロール生合成の阻害薬：スタチン	179
Box 12.1	$\Delta G^{\circ\prime}$ 値と $E^{\circ\prime}$ 値の関係の計算	193
Box 13.1	ワールブルク効果	203
Box 13.2	酸化的リン酸化の阻害剤と脱共役剤	223
Box 15.1	グルコース-6-リン酸デヒドロゲナーゼ欠損症	236
Box 16.1	アルコールと東洋人の顔面紅潮症候群	242
Box 17.1	脂肪酸の α と ω と食事	251
Box 17.2	非ステロイド性抗炎症薬（NSAIDs）	256
Box 18.1	急性間欠性ポルフィリン症	270
Box 20.1	糖尿病	309
Box 22.1	生物の複雑性とゲノムサイズとの関係性について	335
Box 25.1	タンパク質合成における抗生物質と毒素の作用	388
Box 26.1	ゲノム刷込みの異常	409
Box 27.1	リソソーム蓄積症	425
Box 28.1	DNA の反復配列	450
Box 29.1	グルココルチコイド受容体と抗炎症剤	466
Box 29.2	タンパク質の脱リン酸を促進あるいは阻害する致死的毒薬	473
Box 32.1	赤ワインと心血管系の健康	515

略　　号

A	adenine（アデニン）	CGRP	calcitonin gene-related peptide（カルシトニン遺伝子関連ペプチド）
ABC	ATP-binding cassette（ATP結合カセット）	CJD	Creutzfeldt-Jakob disease（クロイツフェルト・ヤコブ病）
ACAT	acyl-CoA : cholesterol acyltransferase（アシルCoA：コレステロールアシルトランスフェラーゼ）	Cki	Cdk inhibitor（Cdk 阻害タンパク質）
ACP	acyl carrier protein（アシルキャリヤータンパク質）	CoA	coenzyme A（補酵素 A）
		CoQ	ubiquinone（ユビキノン）
ADP	adenosine diphosphate（アデノシン二リン酸）	COX	cyclooxygenase（シクロオキシゲナーゼ）
AgRP	agouti-related peptide（アグーチ関連ペプチド）	CRE	cAMP response element（cAMP 応答配列）
AIP	acute intermittent porphyria（急性間欠性ポルフィリン症）	CREB	CRE-binding protein（CRE 結合タンパク質）
		CSF	colony-stimulating factor（コロニー刺激因子）
ALA	5-aminolevulinic acid（5-アミノレブリン酸）	CTD	carboxy terminal domain（C 末端ドメイン）
ALA-S	aminolevulinate (ALA) synthase（アミノレブリン酸（ALA）シンターゼ）	CTP	cytidine triphospate（シチジン三リン酸）
AMP	adenosine monophosphate（アデノシン一リン酸）	DAG	diacylglycerol（ジアシルグリセロール）
AMPK	AMP-activated protein kinase（AMP 活性化プロテインキナーゼ）	DHAP	dihydroxyacetone phosphate（ジヒドロキシアセトンリン酸）
APC	antigen-presenting cell（抗原提示細胞）	DHF	dihydrofolic acid（ジヒドロ葉酸）
APR	anaphase promoting complex（後期促進複合体）	DNA	deoxyribonucleic acid（デオキシリボ核酸）
ARE	AU-rich element（AU に富んだ配列）	DNP	dinitrophenol（ジニトロフェノール）
ATGL	adipose triacylglycerol lipase（脂肪細胞 TAG リパーゼ）	DPE	downstream promoter element（下流プロモーター配列）
ATM	ataxia telangiectasia mutated（毛細血管拡張性運動失調症変異タンパク質）	dsRNA	double stranded RNA（二本鎖 RNA）
ATP	adenosine triphosphate（アデノシン三リン酸）	EF	elongation factor（伸長因子）
AZT	azidothymidine（アジドチミジン）	EGF	epidermal growth factor（上皮細胞増殖因子）
		eIF	eukaryotic initiation factor（真核生物開始因子）
BAC	bacterial artificial chromosome（細菌人工染色体）	ELISA	enzyme-linked immunosorbent assay（酵素結合免疫吸着測定法）
BPG	2,3-bisphoshoglycerate（2,3-ビスホスホグリセリン酸）	ER	endoplasmic reticulum（小胞体）
BSE	bovine spongiform encephalopathy（ウシ海綿状脳症）	ESI	electrospray ionization（エレクトロスプレーイオン化）
		ES 細胞	embryonic stem cell（胚性幹細胞）
C	cytosine（シトシン）		
CAK	Cdk activating kinase（Cdk 活性化キナーゼ）	F-1,6-BP	fructose 1,6-bisphosphate（フルクトース 1,6-ビスリン酸）
cAMP	cyclic AMP（サイクリック AMP）		
CAP	catabolite gene-activator protein（カタボライト（遺伝子）活性化タンパク質）	F-2,6-BP	fructose 2,6-bisphosphate（フルクトース 2,6-ビスリン酸）
CBP	CREB-binding protein（CREB 結合タンパク質）	FAD	flavin adenine dinucleotide（フラビンアデニンジヌクレオチド）
CCK	cholecystokinin（コレシストキニン）		
Cdk	cyclin-dependent kinase（サイクリン依存性キナーゼ）	$FADH_2$	reduced form of FAD（還元型 FAD）
		FAS	fatty acid synthase（脂肪酸合成酵素）
cDNA	complementary DNA（相補的 DNA）	FFA	free fatty acid（遊離脂肪酸）
CDP	cytidine diphosphate（シチジン二リン酸）	FH_2	dihydrofolic acid（ジヒドロ葉酸）
CETP	cholesterol ester transfer protein（コレステロールエステル輸送タンパク質）	FH_4	tetrahydrofolic acid（テトラヒドロ葉酸）
		fMet	formylmethionine（ホルミルメチオニン）

FMN	flavin mononucleotide（フラビンモノヌクレオチド）	HTH	helix-turn-helix（ヘリックス・ターン・ヘリックス）	
G	guanine（グアニン）			
G_t	transducin（トランスデューシン）	I	inosine（イノシン）	
GAG	glycosaminoglycan（グリコサミノグリカン）	IDL	intermediate-density lipoprotein（中間密度リポタンパク質）	
GAP	GTPase-activating protein（GTPアーゼ活性化タンパク質）	IF	initiation factor（開始因子）	
GDP	guanosine diphosphate（グアニン二リン酸）	IF	intermediate filament（中間径フィラメント）	
G-CSF	granulocyte colony stimulating factor（顆粒球コロニー刺激因子）	Ig	immunoglobulin（免疫グロブリン）	
		IL	interleukin（インターロイキン）	
GEF	guanine nucleotide exchange factor（グアニンヌクレオチド交換因子）	Inr	initiator（イニシエーター）	
		IP_3	inositol 1,4,5-trisphosphate（イノシトール 1,4,5-トリスリン酸）	
GLUT	glucose transporter（グルコース輸送体）			
GMO	genetically modified organisms（遺伝子組換え生物）	iPS細胞	induced pluripotent stem cell（人工多能性幹細胞）	
		IRE	iron-responsive element（鉄応答配列）	
GPCR	G protein-coupled receptor（Gタンパク質共役型受容体）	IRP	IRE-binding protein（IRE結合タンパク質）	
		IRS 1/2	insulin receptor substrate 1/2（インスリン受容体基質1/2）	
GRK	G protein-coupled receptor kinase（Gタンパク質共役型受容体キナーゼ）			
GS3	glycogen synthase 3（グリコーゲンシンターゼ3）	JAK	Janus kinase（ヤヌスキナーゼ）	
GSH	glutathione（還元型グルタチオン）	LCAT	lecithin-cholesterol acyltransferase（レシチン－コレステロールアシルトランスフェラーゼ）	
GSK	glycogen synthase kinase（グリコーゲンシンターゼキナーゼ）			
GSSG	oxidized glutathione（酸化型グルタチオン）	LDL	low-density lipoprotein（低密度リポタンパク質）	
GTP	guanosine triphosphate（グアノシン三リン酸）	LINES	long interspersed elements（長い散在反復配列）	
GWAS	Genome Wide Association Studies（全ゲノム相関解析）	LTR	long terminal repeats（長い末端反復配列）	
		MALDI	matrix-assisted laser desorption ionization（マトリックス支援レーザー脱離イオン化）	
HAT	histone acetyl transferase（ヒストンアセチルトランスフェラーゼ）			
		MAPK	mitogen-activated protein kinase（マイトジェン活性化プロテインキナーゼ）	
Hb	haemoglobin（ヘモグロビン）			
HDAC	histone deacetylase（ヒストンデアセチラーゼ）	MHC	major histocompatibility complex（主要組織適合遺伝子複合体）	
HDL	high-density lipoprotein（高密度リポタンパク質）			
hESC	human ES cell（ヒトES細胞）	miRNA	microRNA（マイクロRNA）	
HGPRT	hypoxanthine-guanine phosphoribosyltransferase（ヒポキサンチン－グアニンホスホリボシルトランスフェラーゼ）	mRNA	messenger RNA（メッセンジャーRNA）	
		MS	mass spectrometry（質量分析）	
		MS/MS	tandem mass spectrometer（タンデム質量分析計）	
HIF	hypoxia-inducible factor（低酸素誘導因子）			
HIV	human immunodeficiency virus（ヒト免疫不全ウイルス）	MTOC	microtubule-organizing center（微小管形成中心）	
		NAD^+	nicotinamide adenine dinucleotide（ニコチンアミドアデニンジヌクレオチド）	
HLH	helix-loop-helix（ヘリックス・ループ・ヘリックス）			
HMG-CoA	3-hydroxy-3-methylglutaryl CoA（3-ヒドロキシ-3-メチルグルタリルCoA）	NADH	reduced form of NAD（還元型NAD）	
		$NADP^+$	nicotinamide adenine dinucleotide phosphate（ニコチンアミドアデニンジヌクレオチドリン酸）	
HNPCC	hereditary nonpolyposis colorectal cancer（遺伝性非ポリポーシス性大腸がん）			
		NADPH	reduced form of NADP（還元型NADP）	
hnRNP	hetero ribonucleoprotein complex（ヘテロリボ核タンパク質複合体）	NCAM	nerve cell adhesion molecule（神経細胞接着分子）	
		ncRNA	noncoding RNA（非コードRNA）	
HPLC	high performance liquid chromatography（高性能液体クロマトグラフィー）	NES	nuclear export signal（核外移行シグナル）	
		NGS	next generation sequencer（次世代シークエンサー）	
Hsp	heat shock protein（熱ショックタンパク質）	NLS	nuclear localization signal（核移行シグナル）	

NMR	nuclear magnetic resonance spectroscopy（核磁気共鳴分光法）	PPI	peptidylprolyl isomerase（ペプチジルプロリルイソメラーゼ）
NOS	nitric oxide synthase（一酸化窒素シンターゼ）	PRPP	5-phosphoribosyl 1-pyrophosphate（5-ホスホリボシル 1-二リン酸）
NPY	neuropeptide Y（ニューロペプチド Y）	PS	phosphatidylserine（ホスファチジルセリン）
NRG	neomycin-resistance gene（ネオマイシン耐性遺伝子）	PS	photosystem（光化学系）
NSAIDs	nonsteroidal anti-inflammatory drugs（非ステロイド性抗炎症薬）	PTS	peroxisome-targeting signal（ペルオキシソーム移行シグナル）
P450	cytochrome P450（シトクロム P450）	Q	ubiquinone（ユビキノン）
PAGE	polyacrylamide gel electrophoresis（ポリアクリルアミドゲル電気泳動）	Rb	retinoblastoma protein（網膜芽細胞腫タンパク質）
PBG	porphobilinogen（ポルホビリノーゲン）	RF	release factor（終結因子）
PC	phosphatidylcholine（ホスファチジルコリン）	RFLP	restriction fragment length polymorphism（制限酵素断片長多型）
PCNA	proliferating cell nuclear antigen（増殖細胞核抗原）	RISC	RNA induced silencing complex（RNA 誘導型サイレンシング複合体）
PCR	polymerase chain reaction（ポリメラーゼ連鎖反応）	RNA	ribonuleic acid（リボ核酸）
PDB	protein database（タンパク質データベース）	RNAi	RNA interference（RNA 干渉）
PDGF	platelet-derived growth factor（血小板由来増殖因子）	ROS	reactive oxygen species（活性酸素種）
PDI	protein disulfide isomerase（タンパク質ジスルフィドイソメラーゼ）	RPA	replication protein A（複製タンパク質 A）
PE	phosphatidylethanolamine（ホスファチジルエタノールアミン）	RRF	ribosomal recycling factor（リボソームリサイクリング因子）
PEM	protein/energy malnutrition（タンパク質・エネルギー栄養障害）	rRNA	ribosomal RNA（リボソーム RNA）
PEP	phosphoenolpyruvic acid（ホスホエノールピルビン酸）	S	Svedberg unit（スベドベリ単位）
PEP-CK	phosphoenolpyruvate carboxykinase（ホスホエノールピルビン酸カルボキシキナーゼ）	SAM	S-adenosylmethionine（S-アデノシルメチオニン）
PFK	6-phosphofructokinase（6-ホスホフルクトキナーゼ）	SCID	severe combined immunodeficiency disease（重症複合免疫不全症）
PFK2	6-phosphofructo-2-kinase（6-ホスホフルクト-2-キナーゼ）	SCNT	somatic cell-nuclear transfer（体細胞核移植）
P_i	inorganic phosphate（無機リン酸）	SDS	sodium dodesylsulfate（ドデシル硫酸ナトリウム）
pI	isoelectric point（等電点）	SECIS	selenocysteine insertion sequence（セレノシステイン挿入配列）
PI	phosphatidylinositol（ホスファチジルイノシトール）	SINES	short interspersed elements（短い散在反復配列）
PIC	preinitiation complex（開始前複合体）	siRNA	small interfering RNA（低分子干渉 RNA）
PIP_2	phosphatidylinositol 4,5-bisphosphate（ホスファチジルイノシトール 4,5-ビスリン酸）	SNP	single nucleotide polyntorphism（一塩基多型）
		snRNA	small nuclear RNA（核内低分子 RNA）
PIP_3	phosphatidylinositol 3,4,5-trisphosphate（ホスファチジルイノシトール 3,4,5-トリスリン酸）	snRNP	small nuclear ribonucleoprotein（核内低分子リボ核タンパク質）
PKA	protein kinase A（プロテインキナーゼ A）	SRP	signal recognition particle（シグナル認識粒子）
PKB	protein kinase B（プロテインキナーゼ B）	SSB	single-strand binding protein（一本鎖結合タンパク質）
PKC	protein kinase C（プロテインキナーゼ C）	STR	short tandem repeat（短鎖縦列反復配列）
PKU	phenylketouria（フェニルケトン尿症）		
PLC	phospholipase C（ホスホリパーゼ C）	T	thymine（チミン）
PLP	pyridoxal 5′-phosphate（ピリドキサール 5′-リン酸）	TAF	TBP-associated factor（TBP 会合因子）
		TAG	triacylglycerol（トリアシルグリセロール）
Pol	DNA polymerase（DNA ポリメラーゼ）	TBP	TATA-box-binding protein（TATA ボックス結合タンパク質）
POMC	proopiomelanocortin（プロオピオメラノコルチン）	TCA	tricarboxylic acid（トリカルボン酸）
PP_i	inorganic pyrophosphate（無機二リン酸）	TCR	T cell receptor（T 細胞受容体）

TF	transcription factor（転写因子）		UQ	ubiquinone（ユビキノン）
THF	tetrahydrofolic acid（テトラヒドロ葉酸）		UTP	uridine triphosphate（ウリジン三リン酸）
TNF	tumor necrosis factor（腫瘍壊死因子）		UTR	untranslated region（非翻訳領域）
t-PA	tissue plasminogen activator（組織プラスミノーゲン活性化因子）		vCJD	variant CJD（変異型 CJD）
TPP	thiamine pyrophosphate（チアミン二リン酸）		VLDL	very-low-density lipoprotein（超低密度リポタンパク質）
tRNA	transfer RNA（転移 RNA）		VNTR	variable number of tandem repeat（可変縦列反復配列）
U	uracil（ウラシル）			
UDP	uridine diphosphate（ウリジン二リン酸）			
UDPG	uridine diphosphate glucose（ウリジン二リン酸グルコース）		YAC	yeast artificial chromosome（酵母人工染色体）

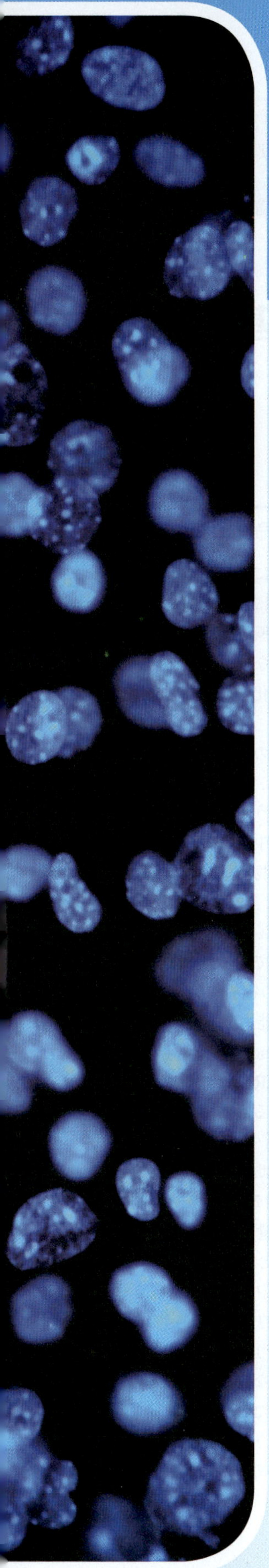

生命の基本原理

1 生命をつかさどる分子基盤 2
2 細胞とウイルス 15
3 生化学におけるエネルギー的考察 26

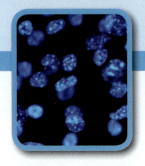

生命をつかさどる分子基盤

　生命体は，環境中に存在する非生物分子から，自己組織化という過程を介して自分自身を再生産できるという性質をもつ．生命とは，その中で一定の秩序をもった化学物質が達成することができる分子機構ともいえる．この機構は細部においては複雑なものであるが，この惑星に存在するすべての生命体に共通するごくわずかの分子基盤に基づくものである．

　ある書評者は，生化学の教科書を書こうとする者は，すべての事柄を最初に優先して書かなくてはならないという問題に直面すると言っている．なぜなら，生化学の多くの側面はお互いに依存しあっているからである．この章は，できるだけ最初に優先すべきものに到達できるようにしている．ここでは，生化学の概念ならびに，概念を決定する普遍的な法則を予備的に概説する．本章で取上げるすべてのトピックスは，後の章でより詳細に解説する．ここでの簡単な概説が，後の章で詳しく学ぶ際におのおのトピックスが全体像のどこにあてはまるか，読者が理解するうえでの手助けになってくれることを願っている．

　生化学 biochemistry と**分子生物学** molecular biology は生命現象を分子の観点から理解しようとする学問分野である．生化学は，食物の代謝と低分子に焦点を当て，かなり古くから学ばれてきた学問である．一方，分子生物学はその後 1950 年代から発展したもので，生体高分子，なかでもタンパク質と DNA を扱い，これらが遺伝機構の中でいかに機能するかを学ぶ学問である．生化学と分子生物学は持ちつ持たれつの関係であり，多くの同じ手法を用いることから，両者の違いはぼやけてきているが，今なおいずれの言葉も便利でかつ広範な意味合いで用いられている．多くの大学における生化学の講座や多くの生化学の学会は，その名の後に"分子生物学"と付けている．このつなぎ合わされた言葉で表される学問は，医学，農学，さらに生物学のあらゆる側面において重要性を増してきた．生命が営む分子機構の発見は一見終わることなく続き，わくわくできる学問である．生物科学のほぼすべての分野において，研究は驚くほどのペースで進んでおり，医療につながりそうな分子レベルにおける発見は，バイオテクノロジーブームをひき起こした．

分子レベルではすべての生命体に変わりはない

　すべての生命体は分子レベルにおいては基本的に単一である．他の惑星における生命体にもこの概念が広げられるかどうか，どこにおいてもこの概念が発見されるかといった疑問にも興味をそそられる．なぜなら，地球上における生命の発達を担ってきた物理や化学の法則は，宇宙の隅々にまで適用されるからである．

　地球の話に戻ると，フランスのノーベル賞受賞者である Jacques Monod の有名な一節に，「大腸菌に備わっているものは象にも当てはまる」というものがある．これは，ヒトの消化管の中で生きている微生物と象の，分子レベルでみたときの類似性は，二つの生物の違いをはるかに超えているということを意味している．現存するすべての生命がただ一つの起源をもつことを多くの証拠が示している．当初，生命はきわめて単純なものであったに違いない．しかし，その後生命は分子を自身の複製に向け，複製単位の"子孫"の性質を決定していく能力に関与させていったのだろう．このとき **核酸** nucleic acid が登場したのである．DNA およびその近縁物である RNA が核酸である．DNA はすべての細胞生命の基本となるものであり，複製に必要な情報を伝えていく．DNA は子孫の性質を決定する"遺伝暗号"をもっている．RNA はある種のウイルスで同じ役割を担う．DNA と RNA の構造は，後で説明するように，自律複製に適している．"遺伝情報を伝える"ものとしての生命は RNA に起因すると考えられているが，RNA はその後すべての細胞生命の中で DNA と置き換わっていった．これは，DNA が化学的により安定であり，それゆえ遺伝情報を貯蔵するのにより適していたからである．

　生命の起源において，原始的な自己複製能をもった細胞のような"単位"が発達してきたときには，すでにその中には基本的な生化学反応が確立されており，生命はその中に組込まれている．このため，初期の複製単位から進化してきたすべての生命は，基本的には単一な性質をもつよう

になったのである．細部における多様性は自然選択により生み出された．DNA の複製における誤りは避けられない．このため，ちょっとしたランダムな変化は変異という形で絶えず起こっており，その結果として，子孫は親とは少しずつ異なっている．生命体が自分自身を再生する機会を増やすような変化はいずれも保持されるが，その機会を減らすような変化はおそらく自然選択により除外されていくのであろう．基本となる分子機構はほぼ同じままであるにもかかわらず，この機構によって環境により適応した新しい生命体の進化がもたらされるのである．生命において本質的な単一性は，生化学の研究で定められた生化学反応を解明するのに多彩な生物がしばしば用いられている理由を説明してくれる．たとえば，ヒトにおいていかに反応が起きているかを理解するために最も良い方法は，微生物である大腸菌やウイルスを最初に研究することかもしれない．なぜなら，基本的な情報は単純な系からの方が容易に得られるからである．真核細胞である酵母の細胞は，がんのようなヒトの疾患を研究するうえでの重要なモデル系となる．微生物とヒトの細胞との間には分子機構に違いはあるが，その多くは，原理においてというよりはむしろ細部における違いである．多くの生化学における知識はすべての生命体にあてはまる．

生命におけるエネルギーサイクル

生きている細胞は物理や化学の法則に従う．成長し，分裂増殖するために，細胞は糖や窒素化合物といった単純な分子を外部より取込み，それを細胞内の大きな秩序立った複雑な分子につくり上げていく．単純な分子から複雑な分子への合成には細胞のエネルギー量の増加が伴い，その際には化学反応が生じなくてはならない（第3章）．生きている細胞は，細胞を構築している分子を外界においてランダムに集めた状態よりも高いエネルギーレベルにある．外界と熱力学的（エネルギー的）に平衡状態にあるわけではなく，外界との平衡は細胞が死んだときに初めて達成される．細胞の状態は，絶え間なく燃料が酸化されエネルギーが供給されることによって高い重力ポテンシャルエネルギーが保たれている飛行中の飛行機のようなものである．エネルギーの供給が止まれば最小のエネルギー状態となり，地面に墜落してしまう．

多くの細胞は，この燃料を食物分子から得ている．食物となるエネルギーはまず太陽から供給され，このエネルギーは光合成をする植物によって糖の形で化学エネルギーに変換される．海洋の熱水噴出孔の近くに生息する微生物のようなある種の生命体では，エネルギーを供給してくれる"食物"は，地殻から生じる硫化水素のような化学物質である．このような生物は**化学合成生物** chemotroph として知られる．

エネルギーに関わる熱力学の法則

熱力学はエネルギーの変換に関する学問であるが，多くの学生にはとっつきにくいものである．その理由として，この学問が普通，蒸気エンジンのように，温度と圧力の変化がその機構に関与する系を扱わなければならず，そのためにこの学問が複雑となることがあげられる．しかし，生命体においては，ほとんどすべての系は一定の温度，圧力のもと機能しており，生命体内における温度や圧力の勾配には依存していない．この事実は熱力学を生命現象に応用する際にきわめて単純なものとしている．実際，多くの生化学者が熱力学の方程式を用いることはめったにないが，ここで，あるいは第3章で述べる簡単な概念を理解する必要はある．

熱力学第一法則 first law of thermodynamics は，エネルギーは新たにつくられることも壊されることもない，すなわち，宇宙におけるエネルギーの総和は変化しないままであることを述べている．私たちは普段，エネルギーは何であるかを知っていると思っているが，それを定義するのは難しい．

有効な概念は，エネルギーとは何かを起こさせるものである，と捉えることである．エネルギーを壊すことはできないにも関わらず，すべてのエネルギーが，仕事を成し遂げる能力という意味で有用であるとは限らない．燃料を燃やすと，蒸気エンジンにおける場合のように，仕事を成し遂げるための遊離熱が生じるが，一部はエンジンを動かすことには関与しない熱にもなる．たとえば，温まったエンジンの熱は今なおエネルギーであるが，車を前に動かすために用いることはできない．重要な概念は，食物の酸化のようなさまざまな過程で生じるエネルギーの総和を考えた場合，その一部しか何かを動かすのに用いることはできないということである．残りは，宇宙における**エントロピー** entropy の総和を増大させる．エントロピーとは，いろいろな系におけるランダムさ，あるいは無秩序の程度を表すものである．高いエントロピーは比較的低いエネルギーと釣り合い，低いエントロピーは比較的高いエネルギーと釣り合う．熱は分子のランダムな動きを増加させ，これによりエントロピーを増す．分子が壊れてより小さいものとなるとき，あるいは何かの原因で系内の粒子の数が増えるときもエントロピーを増大させる．

この概念になじめないと，きわめて重要な**熱力学第二法則** second law of thermodynamics が，すべての過程は宇宙におけるエントロピーの総和を増加させていると明確に述べていることを，おそらく奇妙に感じるだろう．しかし，増加していくエントロピーが宇宙における主たる駆動力であり，すべての過程がこれに寄与しているに違いないと思われている．これこそが，いかなる過程も決してエネルギー的に100％十分とはならない理由である．最終的には，

そこでは何ごとも起こらない，無限のエントロピーと最大限の安定性を示す暗黒で静寂した宇宙となる運命なのかもしれない．宇宙は，この状態を達成するために執拗に"駆動"しているようにもみえる．

　一見すると，生きている細胞は，この熱力学第二法則に魔法のように逆らっているように思われる．細胞は大きさを2倍にした後，二つに分裂する．細胞はこのために，外界より無秩序に用意された高いエントロピーをもつ小さな化合物を（低いエントロピーの）高度に秩序立った大きな構造をもつ生命につくり上げていく．生細胞は，それを構成しているもともとの物質に比べて，より低いエントロピーでより高いエネルギー状態にあり，このため，内部でランダムさを増加させる力が逆に働き，第二法則に逆らっている珍しい存在のようにみえるかもしれない．しかし，この矛盾は，体内過程を動かすためのエネルギーを得るために，食品の分子が酸化される際に大きなエントロピーの増大が生じることを考えれば説明できる．この際には，熱の産生が起こるとともに，食品の分子がCO_2のようなより小さい分子へ壊れていき，このCO_2が細胞の外へと逃げていくことにより，大きなエントロピーの増大が生じるのである．このエントロピーの増加は，細胞内での生産で生じるエントロピーの減少を上回る．細胞だけでなくその周囲を取囲む外界を考慮すれば，エントロピーの総和は純増しており，第二法則に従うのである．

エネルギーはある状態から他の状態へと生まれ変わる

　なじみのあるエネルギーの変換の例としては，**運動エネルギー** kinetic energy の熱への変換がある．岩が地面に衝突する際の運動エネルギーは，落ちる際の摩擦により熱へと変換されていき，地面にたたきつけられるとその変換は完了する．そこには**ポテンシャル（位置）エネルギー** potential energy も存在する．すなわち，崖にとどまっていた岩は**重力ポテンシャルエネルギー** gravitational potential energy をもっており，このエネルギーは岩が落下するとき，運動エネルギーへと変換される．おのおのの分子はその構造に依存し，分子をつくり上げているある程度の量の**化学ポテンシャルエネルギー** chemical potential energy をもっている．食物分子はたくさんの化学ポテンシャルエネルギーをもっているが，一方，H_2OやCO_2といった分子はこのような状態ではポテンシャルエネルギーをもっていない．グルコースが酸化されH_2OとCO_2になると，そのエネルギーは放出されてしまう．食物が生命体により摂取され，そこでH_2OとCO_2に酸化されると，そのエネルギーは放出され，生細胞内でのすべての反応を動かすために利用されるのである．図1.1には，生命におけるエネルギーサイクルをまとめている．

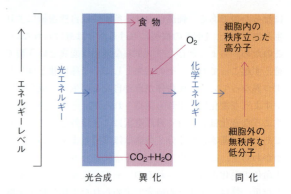

図1.1　生命におけるエネルギーサイクル．異化は，複雑な分子を分解する過程であり，エネルギーを放出する．他方，同化は，エネルギーを必要とする，単純な分子から複雑な分子をつくり出す過程である．

ATPは普遍的なエネルギー通貨である

　すでに強調したように，生命が関与する限り，食物の酸化により生じる熱は"浪費"されるエネルギーである．私たちを暖めてはくれるが，何かを動かしてくれるわけではない．しかしこの熱は，第二法則に従うべく宇宙のエントロピーを増加させるという重要な役割をもつ．生命とは化学反応過程であり，細胞は食物から得られる有効なエネルギーを化学エネルギーの形で利用しなければならない．酸化される食物分子には，糖質，脂質，タンパク質，さらにアルコールなど，さまざまな種類がある．これらの分子をもとに生じるエネルギーも，化学的なもの，浸透圧をつくるもの，機械的なもの，電気的なものとさまざまな形で利用される．それゆえ，すべての異なる種類の食物分子の酸化を，柔軟性をもたずに，おのおののエネルギーの利用と結び付けるのは，途方もないほど複雑な作業である．

　この問題には巧みに簡略化した解き方がある．実質的には，あらゆる食物分子からエネルギーが放出されるすべての過程は，図3.3で模式的に示したように，**アデノシン三リン酸（ATP）** adenosine triphosphate という一つの化合物で捉えることができる．わずかな例外を除き，すべてのエネルギーを必要とする過程は，ATPを利用してエネルギーを供給する．ATPは普遍的なエネルギー通貨である．簡単な実例をあげると，筋肉を収縮させるとき，ATPはADPに変換され，さらに無機リン酸が生じる．明らかかもしれないが，基本的な点を述べると，ATPが何らかの過程にエネルギーを供給するためには，その分解は必ず何らかの形でその過程と密に連携していなくてはならない．単にATPがADPとリン酸に加水分解されるだけならば，そのエネルギーは単に熱として放出されてしまうだろう．諸君はこれから，酵素がその機能を発揮するためにATPの分解と共役しているきわめて多くの例に出くわすことだろう．たとえば，ATPの分解は筋肉活動にとって必須の

エネルギーである（この機構については第8章で述べる）．そのため，食物の分解が起こると，ADPとリン酸からATPを再合成することによりATPの蓄えを補充するための機構が直ちに動き出す．この一つの分子こそが，すべての生き物において，さまざまな機構を動かすエネルギーの緊急のための蓄えなのである．ATPによって，恐竜はうろつき回り，電気魚は電気をつくり出し，ホタルは光るのである．ATPにとってそれは何も不思議なことではない．ATPは，卓越した役割を示すある構造をもった（第3章），とるに足らない化学物質である．それは，白い粉として手に入れることができ，冷凍庫に保管できる．ATPは細胞の中に浸透していくことができないため，細胞はATPを自分自身でつくり出さなくてはならない．ATPは細胞の外側から供給されることはないのである．

食物の酸化により生じるエネルギーを捕らえることは，浪費される熱として消えていくことよりもむしろ詳細においては複雑な作業である．この点については，この本の第III部の多くの部分を割いている．

原子の割合は無視することができる．この反応はエネルギー的に急な"下り坂"のようなものであり，この反応で生じるエネルギーは熱として放散される．化学的系は可能な限り最も低いエネルギー状態，すなわち最も低い化学ポテンシャルエネルギーをとろうとする．この状態が低ければ低いほど，化学物質は反応しにくくなり，より安定となる．

原子は，ヘリウム，ネオン，アルゴン，クリプトンといった不活性な貴ガスのように，最外電子殻が埋まっているときに最も安定となる．化学反応は，原子構造が周期表で最も近い位置にある貴ガスの原子構造にできるだけ近づくように進行していくといってもよい．最も安定な状態で最大のエントロピーに向かっていく宇宙の傾向を示す一部と捉えることもできる．ほとんどすべての生化学反応には結合していない原子は関与せず，むしろ生化学反応は，分子間あるいは分子内の官能基の交換や再編成によって起こる．しかし，生化学反応においても，熱力学第二法則に従いエネルギーが遊離しエントロピーが増す場合にしか反応は起きないという同じエネルギーの原理が当てはまる．

生体分子は基本的には炭素骨格からつくられ，ここにおもに炭素のほか，酸素，水素，窒素といった原子が結合している．体に存在する原子のうち，これら四つの原子が99％程度を構成している．いずれも強い共有結合をつくることができるが，その結合の強さは結合する原子の重さに反比例する．炭素の四つの結合は，分枝構造をとれるように四面体に配置されている（図1.2）．この配置をとることと，C−C結合により長い鎖状の構造をつくることによって，異なった形と性質をもつ幅広いさまざまな構造がつくり出される．92個の天然元素のうち，炭素はこの点においてユニークである．ケイ素も鎖状の構造をつくるこ

生きている細胞で見いだされる分子の種類

分子は原子の化学結合によりつくられる．さまざまな種類の化学結合がある（第3章）が，このうち最もなじみがあり最も強い結合は**共有結合** covalent bond である．共有結合は一つの電子対を二つの原子が共有することによりつくられる．簡単な例がBox 1.1に示した二つの水素原子からの水素分子一つの形成である．おのおのの電子は，両方の原子の正に荷電した核に引付けられ，この誘引力がお互いを捕まえている．水素原子はこのように反応し分子を形成しているので，水素ガスに含まれる結合していない水素

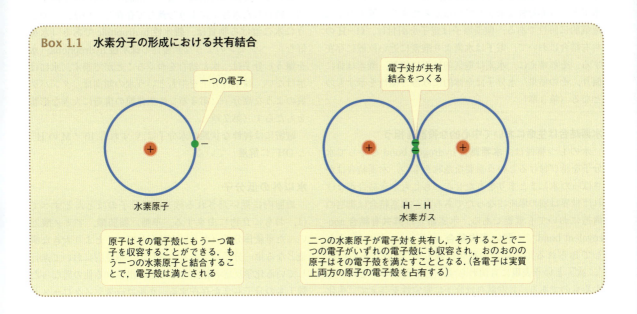

Box 1.1　水素分子の形成における共有結合

一つの電子

水素原子

電子対が共有結合をつくる

H−H
水素ガス

原子はその電子殻にもう一つ電子を収容することができる．もう一つの水素原子と結合することで，電子殻は満たされる

二つの水素原子が電子対を共有し，そうすることで二つの電子がいずれの電子殻にも収容され，おのおのの原子はその電子殻を満たすこととなる．（各電子は実質上両方の原子の電子殻を占有する）

とはできるが，炭素の多才ぶりには遠く及ばない．生命にとっては，リンや硫黄といった他の元素も重要である．これらの元素も強い共有結合をつくることができる．ナトリウム，カリウム，カルシウムもまたきわめて重要である．

ここでは便宜的に細胞内分子を，**低分子** small molecule と**高分子** macromolecule の二つに分けることとする．低分子とは，グルコース，脂肪酸やアミノ酸といった，分子量が数百程度あるいはそれ以下のものである（分子の大きさは普通，**分子量** molecular mass, molecular weight を引き合いに出すことで表される．染色体やリボソームなどのように分子量の概念が不適当なものには**ドルトン (Da)** dalton を用いる．1 Da は炭素 12 の**原子量** atomic mass の 1/12 と定義される．）

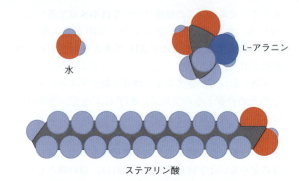

図 1.3 水，アミノ酸（L-アラニン），脂肪酸（ステアリン酸）の空間充填モデル．炭素は灰色，酸素は赤色，水素は水色，窒素は青色で示す．コンピューターが計算した原子の電子雲の大きさを丸で示す．電子雲の大きさは結合している原子の性質に影響される．一つしか電子をもたない水素の場合，酸素や窒素などの電子求引性の原子と結合すると電子雲が小さくなるのがわかる．

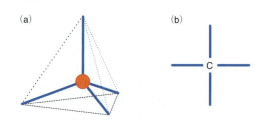

図 1.2 (a) 炭素原子の四つの単結合の四面体配置，(b) 構造式における表し方

低分子

水は最も多く存在する低分子である

水は典型的な細胞の約 70% を構成する．水分子は電荷をもたず，全体としては電気的に中性であるが，極性分子である（不均一に電荷が分布している）．これは二つの水素原子が図 1.3 に示すような角度で酸素と結合しており，そのために，水分子が片側に酸素，もう一方の側に二つの水素という非対称な形をしているからである．酸素原子は電気的に陰性である．酸素原子は電子を引付け，O-H の共有結合において，電子は水素より酸素に近い位置に存在する．それゆえに，水素は電気的に正に偏り，酸素は負に偏り，その結果，水分子は全体的にみると極性を示すものとなる（第 3 章）．

水素結合は生命において中心的な役割を担う

水のもつ極性は，**水素結合** hydrogen bond を介して水分子を結び付けるという重要な意味をもつ．水素結合はかさばった水にまとまりをもたせる．もしも水素結合がなければ世界は別の場所になったであろう．水素結合は細胞の構造においても重要である．水素結合は**非共有結合** non-covalent bond で，**弱い二次結合** weak secondary bond として知られる化学結合の種類に属し，"弱い"あるいは"二次"という表現にも関わらず，生命現象の中心に存在するものである．共有結合は分子に安定性を与えて，生化学反応で壊されたり形成されたりする．一方，この後明らかにするように，生命現象において多くの分子は非共有結合によって相互作用している．水素結合は，水素原子の弱い正電荷と隣の水分子に存在する酸素原子の弱い負電荷の間で生じる静電気引力によって水分子の間に形成される．水素結合は適当な水素原子と，他の分子の酸素や窒素原子との間にも形成され（第 3 章），生命分子が構造を保つうえできわめて重要な役割を担う．すべての生命体における遺伝の装置も水素結合に依存している．

水は極性分子にとって優れた溶媒である

極性という性質のおかげで，水は糖のような極性をもつ物質にとって優れた溶媒となる．溶液中の糖の分子同士は弱く結合した水分子により分離して存在している．このように水に溶ける物質は，**親水性** hydrophilic である（水を好む）．ベンゼンのような無極性の**疎水性** hydrophobic（水を嫌う）分子は，水と結合をつくることができず，水には溶けない．疎水性分子を拒むという水の傾向は，タンパク質のような高分子（第 4 章）や生体膜の構造に大きな影響をもたらす（第 7 章）．

厳密には純粋な状態の水分子は，いずれも 10^{-7} M の H^+ と OH^- に解離している．

水以外の低分子

細胞内に見いだされる残りの低分子のほとんどすべては，おもに食物に由来する，単糖，脂肪酸，アミノ酸といった単量体分子（お互いが結合していくとより大きな構造となる単一分子）である．さらに，細胞内において進行している化学反応の結果として生み出される他の異なった数千もの分子もまた存在する．グルコースやスクロースと

いった糖質は，構成要素として炭素と水から成るので炭水化物ともよばれ，$C_m(H_2O)_n$ という一般式で表される．これらは重要なエネルギー貯蔵物質である．アミノ酸は，短い炭素鎖に，塩基性のアミノ基と酸性のカルボキシ基が結合した構造をもつ（第4章）．脂質あるいは脂肪とよばれる物質はさまざまな役割を担うが，なかでも，細胞膜の形成（第7章）と動物におけるエネルギー貯蔵（第10章）が，その最も重要な二つの役割である．

図1.3には，水，L-アラニン（典型的なアミノ酸），および長い炭化水素鎖をもつステアリン酸（典型的な脂肪酸）の分子モデルを示す．

高分子は小さい単位の重合によりつくられる

グリコーゲン glycogen，デンプン starch，セルロース cellulose は，いずれもグルコースがお互いに結合することによりつくり出される**多糖** polysaccharide として知られる大きな**ポリマー** polymer（重合体）であるが，グルコースの結合様式が少し異なっている（第9章）．グリコーゲンとデンプンは，それぞれ動物と植物におけるエネルギー貯蔵物質として機能し，セルロースは植物に構造強度を与えてくれる．セルロースは，反芻動物中のセルロースを主たる食物源とする微生物により分解されるが，他の動物はセルロースを食物として利用することはできない．（より複雑な多糖類も存在するが）これらの三つの分子の合成にはグルコースの単量体のみが関わる．これらの合成において必要なのは，グルコースが適切につながっていく機構だけである．それゆえに，そこには情報は存在しない．これらは一つの単位がつながった長いひものようなものである．

タンパク質と核酸は情報を含んでいる

タンパク質，DNA，およびRNAは，さまざまな単量体が，特定の順序でお互いつながることにより組立てられた高分子であり，それゆえ，単量体の配列に基づく情報を含んでいる．細胞は，タンパク質，DNA，RNAのそれぞれに対し，どのように扱うかの手順の取扱説明書をもっている．これらの分子は，アルファベットにより構成される意味あるメッセージに例えることができる．

情報は，DNA → RNA → タンパク質と流れる．

タンパク質

タンパク質 protein は，宇宙における最も重要な分子であるかもしれないといわれてきた．タンパク質という単語は，"第一の (primary)" を意味するギリシャ語に由来しており，タンパク質は生命において第一に重要なものである．遺伝子と遺伝機構は，タンパク質の合成を可能にするために存在する．一般化していうと，タンパク質は生命の過程におけるすべてをつかさどる．タンパク質は，20の

異なるアミノ酸の一覧から，これらが**ポリペプチド** polypeptide として知られる長い鎖へと重合していくことにより組立てられる（図1.4）．遺伝子のDNAが各タンパク質のアミノ酸配列をコードして，一つの遺伝子がおのおののポリペプチド鎖をコードする．生命はその配列が正しいことに依存している．数百あるいは数千のタンパク質分子における一つの誤ったアミノ酸が遺伝病をひき起こすことになる．合成された後，ポリペプチド鎖は，部分アミノ酸配列により決定される三次元のコンパクトな構造にたたみ込まれる．図1.5は，ヒトの**デオキシヘモグロビン** deoxyhaemoglobin の空間充填モデルを示す．このタンパク質は，574 個のアミノ酸から成り，分子量 64,500 の平均的な大きさのタンパク質である．タンパク質の大きさは，51 個のアミノ酸がつながり構成されている小さなインスリン（分子量 5733）から，数千のアミノ酸から成るものまで，幅がある．

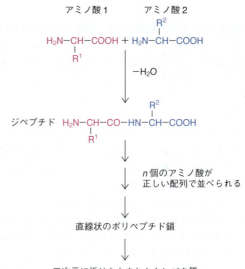

図 1.4 タンパク質合成の概念図．ペプチドの合成は総じて水分子の脱離を伴うものであるが，細胞内におけるこの過程は相互の直接的な縮合によるものではない．タンパク質合成はリボソームとよばれる細胞構造において行われる．アミノ酸がどのような配列で連結しポリペプチド鎖が形成されていくかは，タンパク質をコードする遺伝子の塩基配列がコピーされたメッセンジャー RNA（mRNA）分子により決められている．

酵素タンパク質による反応の触媒作用は　　　　生命の存在の中心に位置する

酵素は触媒として働くタンパク質である．生細胞の中は化学反応が進まないような穏やかな条件，すなわちほとんど中性のpH，低い温度，反応性に富む基質や化学物質が特別に存在しない希薄な水溶液であるにも関わらず，そこでは数千もの異なる化学反応が生じている．通常，化学実

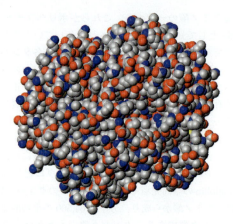

図 1.5 デオキシヘモグロビンの空間充塡モデル．Corey, Pauling, Koltun にちなんで CPK モデルと名づけられた．炭素は灰色，酸素は赤，窒素は紺，硫黄は黄色で表されている．タンパク質データベース（Protein Data base; PDB）へのアクセス番号は 1A3N である．

験室では，高い温度，極端な pH，高濃度の反応物といった条件で反応は行われる．グルコースのような糖は体温では安定であり，容器の中に放っておいても何年も変化を受けないだろう．糖を食べると，細胞内で糖と結合し反応を触媒する酵素によって，素早い化学反応に巻込まれる．酵素とは特異的なタンパク質の触媒であり，普通一つの酵素は一つの反応を触媒する．タンパク質がその標的分子（この場合，酵素の基質）に正確に結合し，特有の反応を触媒することができなければ，生命は存在しえないだろう．細胞内に数千もの異なる反応が存在するということは，その反応を触媒する数千もの異なる酵素が存在するということである．酵素は有能な触媒である．赤血球において重要な酵素の炭酸デヒドラターゼ 1 分子は，1 秒当たり 600,000 の基質分子の変換を触媒する．タンパク質がそのように触媒として有能である機構については，第 6 章で述べることにする．

酵素の機能とは何か

前に，熱力学第二法則は，与えられた反応が実際に起こるかどうかではなく，反応が前に進むことができるかどうかをいかに決定するかについて述べた．ここで取上げるのは，化学反応の性質に関わる別の問題である．化学反応が起きるためにはエネルギーの障壁がある．この障壁がなければ，反応するすべての物質はかなり前にさっさと反応してしまっていたであろう．障壁がなければ，燃えやすいあらゆる物質は酸素が存在すると燃え上がってしまうだろう．酵素は反応の熱力学を変えることはできないし，熱力学の法則をいじくり回すこともできないが，反応にとっての障壁を低くすることはできる．酵素による触媒作用は，第 6 章で説明するように，生命の奇跡の一つである．

タンパク質は分子認識により機能する

すでに述べたように，酵素が触媒として特有の基質に働くためには，標的分子を"認識"し，結合しなければならない．酵素はこれを，タンパク質と標的分子との間の非共有結合の力により成し遂げる．この現象は精巧かつ特異的に起こる．タンパク質が他の分子を認識する能力は，生命のほとんどすべての中核をなす．細胞の構造，筋肉の収縮，神経伝達，ホルモンの作用，化学的シグナル伝達や代謝の調節，これらすべてがこの能力に依存している．タンパク質は非常に多彩であり，繊細な酵素や精巧な分子装置から，軟骨，毛髪，ウマのひづめといった丈夫なタンパク質までさまざまである．

生命とはタンパク質の分子認識による自己組織化である

生命は一次元で直鎖状の記号から成るシステム（DNA）に基づいており，さらにその情報が三次元の生命体へと翻訳されていく．直鎖状の記号はまずは直鎖状で一次元のポリペプチド鎖へと翻訳され，それが，他にはない認識部位をもつ三次元のタンパク質を形作るようにたたみ込まれる．たたみ込まれ方は，ポリペプチド鎖のアミノ酸配列によって決定されるが，そのアミノ酸配列は遺伝子におけるヌクレオチドの配列により決定される．それゆえ遺伝子の進化が，タンパク質が他の分子を認識する特有の能力を決め，さらにその能力がすべての生命体の発生を決めてきたのである．ウサギの遺伝子がウサギのタンパク質の産生を管理し，たくさんの分子認識を介して，受精卵から発生してくるウサギを生み出していく．

多くのタンパク質は分子装置である

ここでは，ほとんどのタンパク質がもつ最も顕著な性質の一つについて取上げる．タンパク質は，認識（コグネイト）分子との結合において，三次元上で微細なコンホメーション変化を起こすことができる（ここでは，"コグネイト(cognate)"という用語は"親和性をもつ"という意味であり，認識分子とは，タンパク質にとって結合するのに適当であるということである）．ほとんどすべての酵素はその基質に結合するとき，ごくわずかにその形を変化させる．これが触媒機構の一部である．また，酵素の活性は制御されていなければならない．燃料は，眠っているときより運動しているときの方が素早く代謝される．たとえば，鍵となる調節酵素は，ATP の供給が適切であることを検知すると，その形を変え，食物の酸化のスイッチを切る（第 20 章）．筋肉の収縮は，コンホメーション変化を起こしタンパク質の繊維と相互作用する莫大な数のタンパク質分子に依存している．別のタンパク質は，細胞が引っ張っている道の中にある特別なタンパク質が通った跡を，まさ

に歩いていく．これが分子モーターである（第8章）．ヘモグロビンは単に酸素を運ぶだけでなく，シグナルに依存し，肺で酸素を最大に受取り組織で酸素を最大に引渡すように形状を変える（第4章）．細胞-細胞間のコミュニケーションの巨大なネットワークが細胞の活性を制御する（第29章）．このシグナル伝達は，遺伝調節（第26章）と細胞分裂の制御（第30章）が起こるように，タンパク質のコンホメーション変化に依存する．

いかにして1種類の分子が そこまで多くの仕事を成し遂げるのか

アミノ酸を20種類のアルファベットとみなすと，タンパク質は典型的には数百あるいはそれ以上の文字がつながった単語とみなすことができ，理論的に考えられる異なったアミノ酸配列の数は，実質上無限となる．その無限の配列が，タンパク質の三次元の形状，タンパク質に特別な機能をもたせる形状を決定する．今日存在する数千ものタンパク質の配列は，何十億もの年月をかけたランダムな変異と自然選択の結果進化してきたものであり，遺伝子にコードされ蓄えられている．

タンパク質の進化

これまで述べてきたように，進化とは，その中で自然選択が変異を維持してきた過程である．変異をもつ子孫がさらにその変異を子孫に残す年齢に達する機会が増えると，その変異は保存されていく．この際，体にとって有害な変異は排除されていくこととなる．遺伝子はタンパク質をコードするために，進化は選択的に優位性をもつ（あるいは，少なくとも不利益をもたらさない）新しいタンパク質の合成に依存して起こる．ランダムにタンパク質のアミノ酸配列が変化し，それが優位性をもつようになる機会は小さい．このため，進化はゆっくりで不確実なものである．しかし，とても大きなタイムスケールのおかげで，数えきれないほどの異なったタンパク質が生まれ，それゆえに生命の複雑性と多様性が生じる結果となった．

新しい遺伝子の誕生

タンパク質の進化には，新しい遺伝子の誕生が必要である．もともとの機能を失わずに，不可欠な遺伝子が異なったものにいかに変化できるかという問題は，偶然生じる遺伝子重複という現象で説明することができる．遺伝子重複により生じた二つの遺伝子の一方がもともとのタンパク質をコードし続けたとしても，もう一方の遺伝子が新しい遺伝子に変異すると，その結果として新しいタンパク質が産生される．遺伝子の配列の中には，遺伝子重複がしばしば起こってきたという多くの証拠がある．そこには，共通の祖先から生じたと考えられる関連した遺伝子群やタンパク

質群が存在する（第4章）．

DNA

1940年代に，**DNA** deoxyribonucleic acid（デオキシリボ核酸）が遺伝子を構成している物質であることが立証された．ひとそろいのDNA分子は細胞内に，構造を支えるタンパク質成分とともに**染色体** chromosomeとして存在する．大腸菌の染色体は約1200万Daであり，最も大きなヒトの染色体では数十億Daとなる．すでに説明したように，DNAはおのおのの遺伝子にコードされたタンパク質をつくるために，いかにアミノ酸を正しい順に組立てるかを細胞に伝える化学的メッセージをもっている．この情報は，DNAをつくり上げている**ヌクレオチド** nucleotideとよばれる単量体の配列の中に含まれている．ヌクレオチドは塩基-糖-リン酸という構造をもつ．

DNAには，構成する塩基の違いにより四つの異なるヌクレオチドがあり，突き出した塩基をもった糖とリン酸が交互に並ぶ"骨格"によりお互いつながっている．異なる塩基の配列が遺伝子の情報を担っている．

DNAは，図1.6に示すように，非共有結合により保持された二本鎖の形で存在する．この非共有結合の中では，

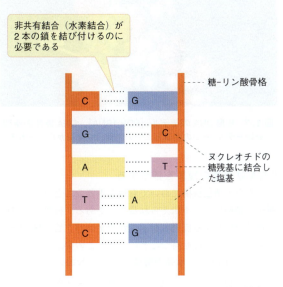

図1.6 二本鎖DNAの模式図．骨格は4種類の塩基が結合した糖-リン酸残基が交互に並び構築されている．塩基対は必ずGとC，あるいはAとTの間に形成される．おのおのの塩基対は必ずより大きい塩基（GとA）とより小さい塩基（CとT）の間でつくられるので，塩基対の大きさはすべて同じになることに注意してほしい．二つの鎖は，GとCの間には三つ，AとTの間には二つある非共有結合により，お互い結び付けられている．模式図ではわかりやすいように二本鎖を平行線で示しているが，実際は図1.7のように二重らせん構造を形成している．

水素結合が必須である．DNAにおける四つの塩基のうちの二つ，**アデニン（A）**adenine と**チミン（T）**thymine の構造が相補的であるために水素結合をつくる．もう一つの対，**グアニン（G）**guanine と**シトシン（C）**cytosine も同様である．この対は，発見者にちなんで，**ワトソン・クリック型塩基対**Watson-Crick base pairing として知られる．この対形成は特異的であり，二重らせんの中でこのような対形成は，GとC，AとTの間でしか生じない．DNA分子の二本鎖は，図1.6に簡単に示したような平行線ではない．むしろ，図1.7に空間充塡モデルとして写実的に示したように，互いに絡み付き，二重らせんとしてよく知られている構造を形作っている．DNAの構造については，第22章で取上げる．

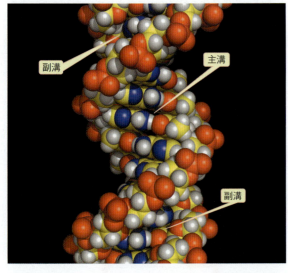

図1.7 B形 DNA のモデル［PDB 1BNA］．DNA 断片の空間充塡モデル．一つの主溝と二つの副溝の一部分が認められる．

DNA は自身の複製を指示する

いかなる遺伝機構においても最も重要なことは，遺伝情報が娘細胞に正しく伝えられることである．核酸は，自己の複製を実行する能力と指示されたタンパク質の機能を実現する能力とを併せ持つことにより，この要求をかなえてくれる．DNA の二本鎖が解離した後，おのおのの鎖は新しい相補鎖が組立てられるための鋳型として働く．鋳型鎖のAは新しい鎖のTに対応し，GはCに対応する．逆も同様である．図1.8はこの原理を示している．この結果として，新しいらせんはもとのらせんと同一となる．DNAの合成については，第23章で詳細に取上げる．

遺 伝 暗 号

コドンとして知られるDNAにおける三つの塩基の並びは，ポリペプチド鎖のアミノ酸を指定する．どの三つの塩

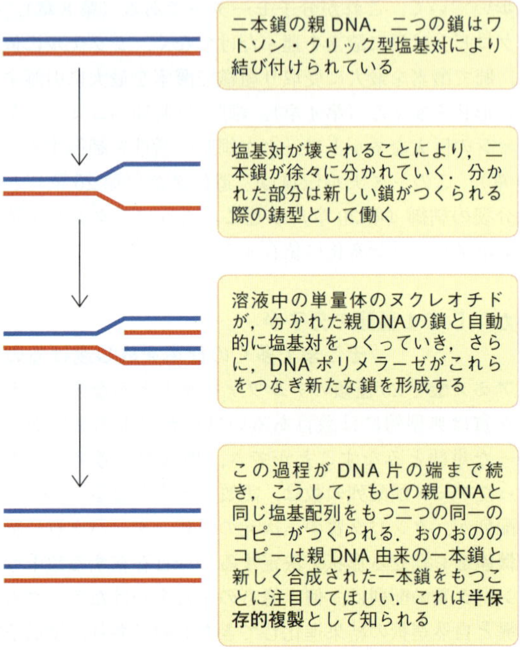

図1.8 DNA 複製の原理．二重らせんの二本鎖は，AとT，GとCの間の水素結合によりお互い結び付けられている．二本鎖が分かれると，一本鎖に対しヌクレオチドの単量体が供給され，新たな塩基対の形成が可能となる．こうしてヌクレオチドが並べられていき，二つの同一の二重らせんが形成される．

基の並びがどのアミノ酸を表すかを規程する"辞書"は，**遺伝暗号**genetic code として知られる．4種類の塩基があるので，理論的には64種類の異なった三つの並び（**コドン**codon）が可能である（$4×4×4$）．

ヒトゲノム（**遺伝子**gene のすべての集合体）の DNA は30億対のヌクレオチドを含む．この全配列の解析は**ヒトゲノムプロジェクト**Human Genome Project により成し遂げられ，2003年に終了した．

遺伝子とは染色体上の連続する DNA 分子である．一般に，おのおのの遺伝子は別の遺伝子とは離れており，その間はスペーサー配列により隔てられている．

タンパク質は，**リボソーム**ribosome として知られる細胞の構造体上で合成される．リボソームは（間接的に）遺伝子からの指示を受取る．各遺伝子は，それぞれが独立して，**メッセンジャー RNA（mRNA）** messenger RNA とよばれる，もとのものとは異なり比較的短い核酸にコピーされていく．この mRNA が，遺伝子からリボソームへ，コードされた指示のメッセージを伝える．**RNA** ribonucleic acid（リボ核酸）は化学的に少しだけ異なるものの，一本鎖の DNA とほぼ同じ構造をもつ．RNA の塩基は，DNA の塩基と同様に特異的に対を形成する．情報の流れは以下のようにまとめられる．

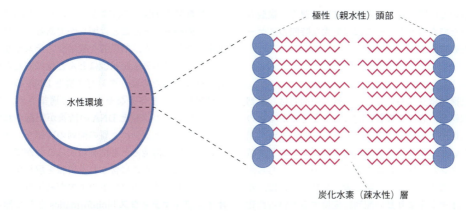

図 1.9 脂質二重層構造より成るリポソーム

(+RNA 単量体)　　　(+ アミノ酸)
　　↓　　　　　　　　↓
遺伝子 1 の DNA → mRNA 1 → ポリペプチド 1 → たたみ込まれたタンパク質 1
遺伝子 2 の DNA → mRNA 2 → ポリペプチド 2 → たたみ込まれたタンパク質 2

ゲノムの構造

　ヒトゲノムの配列決定という不朽の仕事の完了は，ある種の驚きをもたらした．ヒト遺伝子は，線状の DNA 配列の範囲内に散在しており，半分以上の DNA が明らかな機能をもたず，ときに"ジャンク（がらくた）DNA"とよばれるものであった．微生物はこの"余分な"DNA をほとんどもたず，DNA 分子内でおのおのの遺伝子は他の別の遺伝子と隣り合っており，そのゲノム構造はより秩序立っていた．しかしながら，ジャンク DNA という概念は，長い進化の期間を経て保存されてきた，多くの数の**マイクロ RNA 遺伝子** microRNA gene の発見を受けて見直されることとなった．この遺伝子はタンパク質をコードしていない短い**マイクロ RNA（miRNA）** microRNA をコードしており，潜在的に遺伝子発現制御においてきわめて重要である．この分野については第 26 章で扱う．

いかにして生命は始まったか

　生命体は 1 個あるいは複数の細胞から構成される．おのおのの細胞は細胞膜という，おもに脂質分子より成る薄いシートに囲まれている．細胞膜は細胞内の成分を保持するとともに他の機能も担う．
　すでに述べたように，生命が確立される過程のどこかで，生細胞が生まれてくるもととなった何らかの原始的な自己複製の分子機構が存在したに違いない．この機構が鉱物の表面あるいは液体や海水の滴の中でどのように確立されていったかについていくつかの仮説が組立てられている

が，初期の時点で，この機構は膜によって包まれたことは間違いない．さもないと，この機構は拡散してしまったであろう．重要な事実は，ある種の適当な物質の分子群が水の中で単にかき回されているだけで小さな球状の小胞を形成するということである（第 7 章）．この小胞の境界は，**脂質二重層** lipid bilayer として知られている．脂質二重層は，現在の細胞の膜にみられる基本構造と実質上同一のものである（図 1.9）．このような小胞が初期の自己複製機構の滴を囲み込んだのであろう．すべての生命はこのような原始的な細胞様の構造に由来すると想定される．ここでは，一つの分子が脂質二重層を形成する能力をもつことは必要ではなく，両性の性質をもつことが必要である．すなわち，分子の一部分が水に溶けにくい（疎水性）一方で，他の部分が水に溶けやすく（親水性），図 1.10 に示すような適当な形状を示すことが必要である．
　生細胞の構成要素をつくるのに必要であった分子の基礎単位の源は，何であったのか．地質学者や天文学者が示唆している原始の地球に存在していたと信じられる大気に似せた混合ガス（水の存在下で水素，メタン，アンモニア）に通電するという実験が行われている．その結果，何種類かのアミノ酸をはじめ，生体分子の前駆体となりうるような物質の混合物が生成した．原始的な自己複製能をもつと考えられる細胞は，外環境から分子を取込み，新しい細胞物質をつくり出してきたに違いない．輸送体の機構が発達

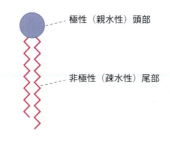

図 1.10 細胞膜にみられる両親媒性分子

する以前においては膜を通した物質の拡散は遅く，複製も同様に遅かったであろうが，そこには莫大な時間のスケールが関与したのである．

RNA ワールド

自己複製機構の確立においてさらに難しい問題は，最初に働きうる触媒と，忠実に複製が起こることを確かなものとする"遺伝機構"を確定することである．卵が先か，鶏が先かではないが，タンパク質が反応を触媒するのと，核酸が原始的なタンパク質の合成を指示したのは，どちらが先であろうか．このジレンマに対し考えられる答えは，短いポリヌクレオチドをより長い配列に変換するといった化学反応を RNA が触媒できるという発見から得られた．このような触媒能をもつ RNA 分子には"**リボザイム** ribozyme"という名前が与えられた（"リボソーム (ribosome)"とは混同しないように）．これはタンパク質以外の生体分子が特有の反応を触媒することが見いだされた最初の例である．RNA は DNA と同様に，それ自身の複製において鋳型として働くという能力をもっている．RNA は生命の起源において，自己複製における触媒と原始的"遺伝機構"の両者であった．この発見は，卵が先か，鶏が先かの問題を避けさせてくれる．おそらく，脱水反応を伴いつつヌクレオチドが熱力学的に濃縮されることにより，短いポリヌクレオチドがヌクレオチドの単量体から生成したと想定される．この段階の後に，RNA 触媒に代わるより有能な触媒，すなわちタンパク質の進化が起こったと考えられる．進化の初期における最初の"タンパク質"は原始的で，おそらく低い触媒能しかもたない短いペプチドであったに違いない．

DNA の世界に先んじて RNA を基本とした生命世界があったという概念は，これを支持する多くの証拠があることから一般に受入れられている．現在の細胞においては，タンパク質がほとんどすべての触媒反応に関わっており，RNA がこの役割を代用することはない．RNA ワールドの遺物である，ごくわずかな"化石のような"反応といえるようなものが，細胞の中でリボザイムによって行われている．リボソームではこのうちの一つがすべてのタンパク質の合成に関わっており（第25章），触媒系の一つ（RNA）とより効果的な触媒系（タンパク質）との間に興味深い関係をもたらしている．リボソームは私たちに，天文学者が望遠鏡の遠く離れた像から過去の宇宙を見るのと同じように，古代の RNA ワールドを垣間見させてくれている．

プロテオミクスとゲノミクス

この章で述べてきたことからも，タンパク質におけるアミノ酸配列と DNA におけるヌクレオチド配列が，生命のすべての根底にあることは明らかである．これらの配列を決定したとしても，効果的な検索システムがなければ，おびただしい量の分子情報はほとんど役に立たない．この目的を達成するために，タンパク質と DNA のデータベースが世界中のさまざまなセンターで構築され，そのデータベースにタンパク質と DNA の情報が記録された．今や何千もの遺伝子とタンパク質の配列の詳細を，多くのタンパク質の三次元構造とともに利用することができる．データベースを探し，そこに含まれる情報を解析するために，パブリックドメインのソフトウエアが利用可能である．**バイオインフォマティクス** bioinformatics として知られる科学のこの分野は，生化学と分子生物学において計り知れない重要性をもつようになった．この分野の発達により，卓越したソフトウエアを含むコンピューターは，分子レベルの研究における不可欠な道具となった．

これと並行し，DNA 配列を自動解析する方法も発達し，その結果，ヒトゲノムプロジェクトは完了し，マウス，コメ，ショウジョウバエといった他の種のゲノムの配列も解析された．DNA マイクロアレイ（第28章）を利用する他の手法の開発は，どの遺伝子が活動しているかの同時解析を可能にしている．タンパク質の分野では，質量分析のタンパク質への応用という，ごく最近のきわめて重要な展開（第5章）により，多くのタンパク質を一気に解析することが可能となった．

これらの発展は，ときにはくだけた用語で，"**オミクス革命** omics revolution"と言われる．一つの細胞におけるタンパク質のすべてを（いろいろな状態において，さまざまな時間にわたり）収集したものは**プロテオーム** proteome とよばれ，遺伝子の場合は**ゲノム** genome とよばれる．また，これらを用いた解析はそれぞれ，**プロテオミクス** proteomics，**ゲノミクス** genomics とよばれる．これらの解析法の最も重要な側面は，多くの数のタンパク質と遺伝子を同時に解析するということである．"オミクス"は，オーケストラにおける多くの（タンパク質や遺伝子といった）楽器を確認するものだとたとえれば，これらの意味することは理解しやすくなる．次の段階は，オーケストラがこれらの楽器で奏でる音楽を聴くことである．他の言葉でいえば，タンパク質と遺伝子は細胞内で集められた全体として機能しており，生命過程や病気の際に生じている機能障害を完全に理解するためのものとして考える必要がある．単純でわかりやすい例をあげれば，がん細胞における遺伝子，遺伝子発現，タンパク質の情報を集め，これらをその近くの正常細胞と比較すれば，何ががんを起こしたかの手がかりをつかむことができ，その比較は治療戦略も示唆してくれる．

要　約

生命の単一性
生命体の多様性にも関わらず，分子レベルではすべての生命は基本的に同一であり，修飾によるちょっとした違いがあるだけである．このことは生命の起源が単一であることを示唆している．

生細胞は物理と化学の法則に従う
細胞において，エネルギーは（結局のところは，植物により太陽光エネルギーを用いつくり出された）食物分子の分解に由来する．このエネルギーは化学的あるいは他の機能を発揮する形で放出されなくてはならない．熱は細胞内で何かの機能を発揮することはない．

ATPは生命における普遍的なエネルギー通貨である
食物分解により生じるエネルギーは，ADP（アデノシン二リン酸）とリン酸からATP（アデノシン三リン酸）を合成するのに用いられる．ATPの分解は生化学的機能が働くように共役することができる．

生細胞に見いだされる分子
生細胞に見いだされる分子には，水，食物分子とその分解産物といった低分子が含まれる．高分子は，より小さな単位が重合することにより形成される大きな分子であるが，なかでも，タンパク質とDNAが卓越した機能をもつ．

タンパク質
タンパク質は，細胞における役馬（やくうま）のようなものであり，すべての生命構造の礎となるものである．タンパク質は，典型的には数百程度のアミノ酸の長い鎖であり，正確な三次構造に折りたたまれている．20種類のアミノ酸がタンパク質に見いだされ，おのおののタンパク質は固有のアミノ酸配列をもっている．

酵素触媒
酵素は，体内で起こる実質上すべての数千にも及ぶ化学反応を，高い特異性をもって触媒するタンパク質である．一つの酵素は一つの反応を触媒する．しかし，比較的最近になって，RNA（リボ核酸）が触媒活性をもちうること，少数の細胞の酵素がRNA分子であることが見いだされた．

DNA
細胞は，細胞が合成する数千ものタンパク質のおのおのの配列について，その取扱説明書をもっていなくてはならない．これこそが，遺伝子としてのDNAの機能であり，各遺伝子はそれぞれ一つのポリペプチドのアミノ酸配列を規定している．DNAは，二重らせんを形成するポリヌクレオチドの二本鎖から成る．ヌクレオチドは塩基-糖-リン酸という構造をもっている．塩基は水素結合により対をつくり，塩基AはTと，GはCと組になる．この自然に生じる対形成が，自己複製の基盤となる．塩基配列は，独自のアミノ酸を規定する暗号としても機能する．三つの塩基の並びはコドンとして知られ，おのおのが一つのアミノ酸を表す．遺伝暗号はコドンとそれが規定するアミノ酸を関係づける．

リボソームは遺伝子の塩基配列をタンパク質に翻訳する．各遺伝子は，（DNAと類似したポリマーであり，同じ情報をもつ）mRNAにコピーされ，このmRNAがリボソームに結合しリボソームに指示を与える．

遺伝子とタンパク質の進化
DNAはタンパク質を合成するのに必要な記録であり，その情報は数十億年もの進化の過程で発達してきた．DNAを複製する際には誤りは必然的に生じる．これが変異であり，その結果，タンパク質中に誤ったアミノ酸を生み出し，さらに遺伝病につながることもある．ランダムな変異は，自然選択を通じて進化を起こし，新しい遺伝子やタンパク質が生まれることにつながる．

タンパク質による分子認識
タンパク質は，酵素として基質を認識するのとは別に，ホルモンや増殖因子といった他の分子を認識し（場合によっては結合し），発達，成長，代謝の過程にも関わる．この結合は，原子間の距離が結合できるくらい十分に近くにあるときにやっと生じる多数の弱い結合から成る．これは，お互いが近くにあり相補的となる分子のみが結合するという意味である．分子認識における弱い結合が，柔軟性と可逆性を生み出してくれる．これは生命の特異性の基盤でもある．

すべてはどのように始まったのか
生命はおそらく，自己複製能をもつ分子の自然発生的な形成に由来するに違いない．一般に，生命はRNAに起因すると信じられている．RNAは自分自身を複製させる情報をもつうえに触媒分子を形成することもできるので，DNAとタンパク質のいずれの機能も果たすことができる．"RNAワールド"は今なお，すべての細胞内でリボソームの形で見いだされる．リボソームは多くの構造RNAに加え，RNA酵素である"リボザイム"をもっている．DNAは遺伝情報の保管庫として化学的に安定であったために，RNAに取って代わったのである．

生化学と分子生物学における　新しい"オミクス"という段階
1990年代から，新しい技術の急増が生化学と分子生物学に革命をもたらしてきた．なかでも卓越していたのは，DNAの自動配列解析，タンパク質研究に応用された質量分析，遺伝子と遺伝子発現の研究にも用いられるDNAマイクロアレイである．これらは，生物科学，医学，農学に膨大な影響を与えてきた．これらを用いる科学の分野は，多くの数のタンパク質と遺伝子を一緒に解析できるということを明確にする総称として，プロテオミクスとゲノミクスとよばれる．

問題

1 系におけるエントロピーレベルは，エネルギーレベルとどのような関係にあるか．
2 エネルギーとは何か．
3 さまざまな形状のエネルギーをあげよ．
4 タンパク質とDNAが情報をもつとは，どういう意味か．
5 RNAとは，大まかにいうとどのようなものか．
6 核酸はどのような性質をもつために，生命の基礎となることが可能となったのか．

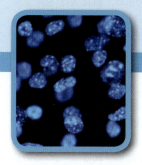

細胞とウイルス

この章では，細胞とウイルスの構造と性質についていろいろな視点から概説する．その目的は，この後の章で学ぶ細胞生物学，生化学と分子生物学のより詳しい仕組みにつながる生物学的な背景にふれることである．注目すべき点は，細胞が生命体であるという意味合いからは，ウイルスは生命体ではないといえることである．ウイルスは自分自身で複製する能力をもたず，実質的にはそれ自身の生化学的活性をもたない．しかしながら，ウイルスはゲノムをもち，生細胞の中に入っていき，その中で宿主の分子生物学的装置を用い自分自身を複製する能力をもつ．その結果として，病気をひき起こす．私たちは最初に細胞の生命についてふれ，その後ウイルスについてふれることにする．

細胞がすべての生命体の構成単位である

すべての生命体は一つあるいは複数の細胞から成り，まれな例外を除くと，細胞は顕微鏡でないと見えないほどの大きさである．細菌の細胞が最も小さく，大腸菌は棒状で，その大きさは長さが 2 μm で直径が 1 μm 程度である．動物や植物の典型的な細胞はその 10 倍くらいの大きさをしている．境界となる脂質膜と DNA のゲノムはすべての細胞に共通したものである．

細菌は単細胞生物であり，互いに独立しているか，たまに小さな凝集塊として生存している．細菌が生きるための"戦略"は，基本的にはできるだけ速く増殖し，生存競争相手の増殖に打勝つことである．生物学的尺度のもう一方の端には多細胞生物がいる．多細胞生物は哺乳類のようにより複雑なものであり，多くの数の細胞から成る．ヒトの体は大体 $10^{11} \sim 10^{13}$ 個の細胞でできていると見積もられている．このような生命体には，異なった機能に特化した多くの異なる種類の細胞が存在する．この多様な細胞の存在は，生命体の活動を全体としてのニーズに沿うように制御するうえで必要となる．

何が細胞の大きさを決めているのか

細胞が小さいのは，物理的にその方が有利だからである．ここではおそらく，細胞の表面積と容積との比率が最も重要である．細胞は外部環境から食物のような分子を取込み，二酸化炭素のような不必要な分子を放出するため，絶え間ない分子の膜輸送が生じる．細胞の要求に応えるのに十分な速度で膜内外の交換が起こるには，適当な表面積が必要となる．加えて，細胞に入ってくる分子やイオンは，細胞の隅々にまで行渡らなくてはならない．溶液中における拡散は比較的ゆっくりとした過程であり，ある一定以上の距離の拡散は細胞にとって都合が悪い．小さい細胞の利点は，表面積の容積に対する比率を最大にし，細胞内で物質が拡散する距離を最小にすることである．入ってくる分子と同様に，細胞内のある場所で合成された高分子が，細胞内の別の機能を発揮すべき場所に移動しなくてはならないことはしばしばある．細菌は十分に小さいので，この分子の輸送に拡散で対応することができる．しかし，動物細胞や植物細胞においては，容積が 1000 倍ほど大きいため，輸送を行うのに拡散では不十分であり，エネルギーを必要とする輸送系がさらに用いられる．

高分子，特に DNA やタンパク質が，適切にその機能を分担するうえでも，細胞が小さいことが必要となる．

生物の分類

生物は進化的に，**細菌（バクテリア）** bacteria（**真正細菌** eubacteria），**古細菌** archaebacteria（**アーキア** archaea）と**真核生物** eukaryote の三つに分類できる．細菌と古細菌は，以前は**原核生物** prokaryote として一緒に分類されていた．古細菌は進化上分かれたグループを構成するが，その細胞構造は細菌のものと類似している．すなわち，原核細胞と真核細胞が細胞の二つのおもな種類である．

細菌には，大腸菌や光合成をするシアノバクテリアのような"典型的な"細菌が含まれる．古細菌としては**極限環境微生物** extremophile がある．この生物は，酸性で高温の温泉や海底の熱水噴出孔の周辺といった，おそらく原始地球の状態を表しているような非常に厳しい環境から見いだされる．極限環境微生物は，地殻から出てくる硫化水素

のような化学的"食料"を食べて生きている．おそらく，原始地球における生命の生き残りなのであろう．ある種の極限環境微生物は，飛び抜けた耐熱性の酵素をもつ．この酵素は組換えDNA技術（第28章）へ重要な応用がなされている．

原核生物の細胞は核膜をもたない

真核生物にはいわゆる高等植物や動物が含まれ，単細胞生物である酵母や原生動物からヒトに至るまでさまざまである．"karyon"はギリシャ語で核のことである．原核生物（prokaryoteは"核の前"）は，そのDNAゲノムを囲む膜で仕切られた，はっきりとした核をもたない．真核生物（eukaryoteは"本当の核"）は，膜で仕切られた核をもつ．細胞内のDNAを取囲む膜があるかないかは些細な違いかもしれないが，実際は進化のうえで大きな分岐を表している．真核生物で，指示を出す遺伝子が指示を実行する場である細胞質から隔てられていることは，この本で後ほど説明するように，細胞の分子生物学に広範囲に影響を及ぼしている．ここでは2種類の細胞のおもな性質について述べることとする．

原核生物の細胞

ヒトの腸内に生存している細菌の一つである大腸菌は，典型的な原核細胞である．大腸菌の細胞は**内膜 internal membrane**をもたず単一の区画より成る単純な構造を示す．言い換えるなら，真核細胞においては重要な役割を果たす，ミトコンドリアのような膜に囲まれた"小さな器官"である**細胞小器官 organelle**をもたない（図2.1）．

大腸菌の細胞は細胞膜により囲まれている．細胞膜は（まとめて膜脂質あるいは極性脂質とよばれる）脂質分子より構成され，膜中にはさまざまな機能をもつタンパク質が埋め込まれている（第7章）．膜タンパク質には細胞内に分子を輸送するシステムも含まれ，膜はATPを産生するうえできわめて重要な場でもある．膜の外側には，細胞を守る強固な細胞壁がある．細胞壁は短いペプチドにより架橋された修飾を受けた糖（**グリカン glycan**）の鎖の網目状構造から成る．その構造は縫い目のないひもを編んでつくった袋のようなものであり，細胞壁全体が一つの分子で構成される．（抗生物質である**ペニシリン penicillin**は，ペプチドが架橋を形成する細胞壁合成の最終段階を触媒する酵素を不活性化する．結果として，細胞壁を弱くし，細胞内の浸透圧が高くなり細胞が破壊される．）二つめの膜が大腸菌では細胞壁の外側に存在するが，すべての細菌にこの膜があるわけではない．

原核細胞の染色体は，細胞内に広がってもつれた糸のように電子顕微鏡で見える核様体として，細胞内に存在する（図2.2）．大腸菌の主たる染色体は環状の二本鎖DNAであるが，細胞内に詰込まれもつれた構造をとっているときは環状には識別できない．大腸菌の染色体は，4000を少し超える数の遺伝子をもつと見積もられている．大腸菌の細胞は主たる染色体を1コピーしかもたないが，これに加えて，コピー数はまちまちではあるが，**プラスミド plasmid**として知られる環状のDNAをもつことが多い．プラスミドはさまざまな遺伝子をもつが，その中には細胞を抗生物質に対し耐性にするものがしばしば含まれる．プラスミドは主たる染色体とは独立して複製される．プラスミドは組換えDNA技術（遺伝子操作）で重要な役割を担ってきたが，このことについては第28章でふれることとする．

図2.2 隔壁形成を起こしている大腸菌の電子顕微鏡写真．隔壁形成は細胞の中央部分で生じ，細胞膜と細胞壁の内側への陥入を伴う．Wang, Smith & Davis Thrive in Cell Biology (2013) Oxford University Press, Oxford より．

原核細胞の細胞分裂

大腸菌のような原核細胞は，無機塩とグルコースのようなエネルギー源を含む単純な培地の中で生育することができる．理想的な条件では，約20分間で複製可能であり，これは1晩で一つの細胞が数億個にも増殖することを意味している．

原核細胞の細胞周期は単純である．染色体の複製は細胞が大きくなる間継続して進行し，ある大きさにまで達すると，二分裂様式で細胞分裂が起こる（図2.2）．この過程

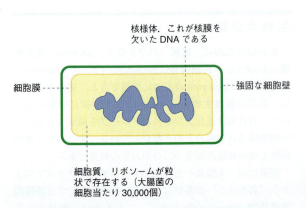

図2.1 原核細胞の模式図．ほとんどすべての原核細胞は棒状か球状である．注目すべき点は，細胞膜の内側にいかなる膜構造ももたないということである．大腸菌のようなある種の細菌は，細胞壁の外側にさらに膜をもつ．

2. 細胞とウイルス

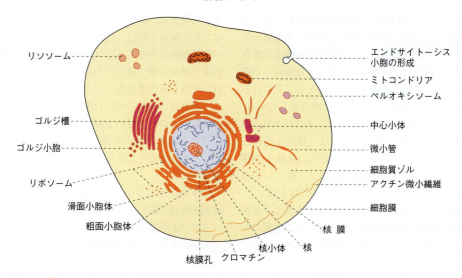

図2.3 模式的に表した標準的な動物細胞（異なる種類の細胞小器官を示している）．

において，中心線付近で，細胞の外周に沿って細胞壁と新しい膜構造が形成されはじめる．その形成が終わると細胞は二つに分裂する．娘細胞は1コピーずつ染色体をもたなくてはならないので，染色体の複製により生じる二つのDNA分子は，二つの娘細胞となる部分に分離される必要がある．これまでに詳しく解析されてきた細菌（大腸菌と枯草菌）においてもっともらしいと考えられているモデルは，この分離を染色体複製と関連づけている．細胞周期のほとんどの時期には，複製装置（**レプリソーム** replisome）は細胞の中央部分にある．環状染色体が複製されると，DNAの二つのコピーが細胞中心線からそれぞれの側に押し出され，両端に向かって移動する．この過程は物理学的に複雑であり，完全には解明されていない．

大腸菌の細胞は接合という現象も起こし，接合の過程では遺伝子が二つのゲノム間で組換えられる．この**組換え** recombination が遺伝的な多様性を増加させるが，この増加が進化において重要なのである．**Fプラスミド** F plasmid として知られる100キロ塩基対の環状プラスミドをもつ細胞（F⁺細胞）は，プラスミドをもたない受容側のF⁻細胞との間に，仮の橋を形成することができ，1コピーのプラスミドがこの橋を通じ受渡される．ある種のF⁺細胞の中では，Fプラスミドは主染色体に組込まれているので，この受渡しでは染色体DNAの一部分がF⁻細胞に受渡され，受容側の染色体の対応する部分が置き換えられることとなる．この結果，受容側は新しい遺伝子を受取り，遺伝的な多様性がつくり出される．供与側の細胞の染色体はこの過程において変化しない．なぜなら，この過程では一本鎖のDNAだけが移動し，供与側，受容側いずれの細胞においても，DNAの複製が2本目の鎖をもとに戻すからである．

真核生物の細胞

真核生物の細胞は**細胞膜** cell membrane に取囲まれている．細胞膜は細菌と同様に脂質からできており，その中に，分子輸送，細胞シグナルの受容やその他の機能を果たすタンパク質（第7章）が組込まれている．しかしながら，原核細胞と異なり，真核細胞は**細胞小器官**として知られる膜構造で覆われた構造体をもっている（図2.3）．細胞の**核** nucleus は細胞内で最も際立った細胞小器官であり，染色体を含んでいる．典型的な真核細胞のゲノム genome は**二倍体** diploid である．すなわち，おのおのの両親から一つずつコピーを受取り，おのおのの染色体を2コピーずつもつ（第30章）．核は二重膜により囲まれており，その膜の内側は繊維状のタンパク質の層で支えられている（第8章）．また，この膜には**核膜孔** nuclear pore が点在しており（図27.15参照），この孔を通じ，内外両向きに特定の分子が拡散あるいは能動輸送により輸送される．精巧な機構がこの孔を通じた分子の移動を制御している（第27章）．

真核細胞に関して，**細胞質** cytoplasm という用語は，いくつかの異なった意味で使われることがある．厳密には，細胞質とは核を除いたすべての細胞成分のことであり，以下で述べる膜で覆われた核以外の細胞小器官を含む．一方，**細胞質ゾル** cytosol は，核と他の膜で覆われた細胞小器官のすべてを除いた細胞の成分を表す．

小胞体（ER） endoplasmic reticulum は，完全に閉じた入組んだ管状の袋を形作る膜の構造体である．小胞体は核を取囲んでおり，核膜は小胞体膜とつながっている．小胞体の管の**内腔** lumen は，細胞内で細胞質を外側とした隔てられた画分を形成している．ある種の細胞は小胞体を多量にもっており，切片を観察すると細胞の大部分が小胞体

で満たされて見える（図2.4）．異なる機能をもつ他の細胞では，小胞体がきわめて少ない場合もある．小胞体はタンパク質の合成，および血漿タンパク質や消化酵素の場合は細胞膜を経た分泌など，細胞内のさまざまな場所への輸送に関与している．**粗面小胞体** rough ER として知られる小胞体膜の部分にはリボソーム ribosome が点在している．リボソームはタンパク質-RNA 複合体で，タンパク質を合成する場である．小胞体の他の部分には（粗面小胞体とつながってはいるが）リボソームがなく，**滑面小胞体** smooth ER を構成している．滑面小胞体は，新しい膜脂質を合成する場であるだけでなく，タンパク質を加工し，ゴルジ体へ輸送される小胞の中に詰込む場でもある．滑面小胞体は代謝に関わる他の役割も担っている．重要なのは，分泌される運命のタンパク質の合成に関与しているリボソームだけが，粗面小胞体に結合しているという点である．おのおののタンパク質の合成が終わると，リボソームは小胞体膜から離れ，細胞質に存在するリボソームのプールへ取込まれてしまうが，分泌タンパク質の合成が再び開始されると，再び小胞体膜に結合し直す．さらに，細胞質には多くの遊離したリボソームが存在し，これらは細胞質のタンパク質や，細胞小器官へ運ばれる運命のタンパク質を合成している．

ゴルジ体 Golgi body は，発見者の名前にちなんでよばれており，郵便仕分室のような役割を担っている．この場合，"郵便"は新しく合成されるタンパク質を示す．ゴルジ体は**ゴルジ槽** Golgi cisternae を包み込む閉ざされた扁平状の膜構造体である（図2.5）．切片を観察すると，ゴルジ体は核周辺で大きな平板状の小胞が多数重なっているように見える．新たに合成されたタンパク質を運ぶ膜に仕切られた輸送小胞は，滑面小胞体の内腔から出芽し，ゴルジ体膜と融合することでゴルジ槽に内容物が運ばれる．その後，ゴルジ槽ではタンパク質に"行先ラベル"が付けられ，それぞれの適当なラベルが付いた小胞に詰込まれてから，細胞内の決められた行先に運ばれるべく細胞質に放出される．タンパク質の分配，あるいはターゲッティングとよばれる現象に関する複雑な過程については，第27章で詳しく述べることにする．それは驚くべき仕分けと搬送の機構である．

ミトコンドリア mitochondrion は細胞の発電所である．成熟赤血球を除いたすべての真核細胞には，多数のミトコンドリアが存在する．その大きさはおおよそ大腸菌と同じくらいである．二重の膜がぎっしりと詰まったタンパク質を取囲んでいる．真核細胞において ATP 産生はおもにミトコンドリアが担っている．ここで，糖質や脂質といった食物分子の最終的な酸化が行われ，必要なエネルギーである ATP が産生される．ミトコンドリア内膜が ATP 産生の場である．膜が陥入し折りたたまれたり**クリステ** crista が形成されたりすることによって，その面積は増える．どれだけ面積が増えるかは，その細胞の ATP の需要を反映している．たとえば，心筋のミトコンドリアはぎっしりと詰まったクリステをもっており，高い ATP の需要に対応している（図2.6）．

真核細胞の先祖にあたる細胞が，あるとき原核細胞を食し，それが細胞内に定着したものがミトコンドリアの源である，という考え方が一般的に受入れられている．現代の真核細胞では，食物からの好気的な（酸素依存的な）エネ

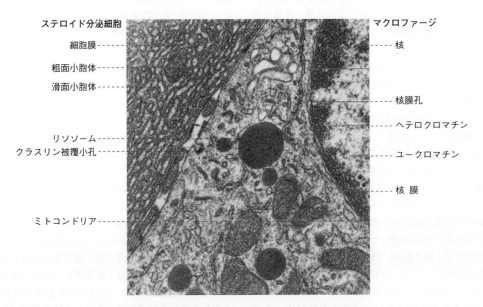

図2.4 精巣の超薄切片の電子顕微鏡写真．滑面小胞体をもつステロイド分泌細胞（左上）と，並んで右上にマクロファージが見える．写真は Professor W. G. Breed (Department of Anatomy, University of Adelaide, Australia) のご好意による．

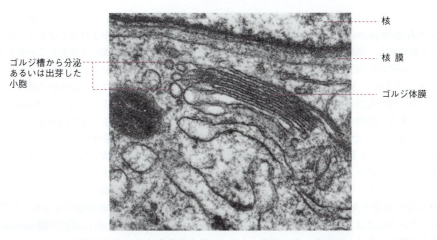

図 2.5 図 2.4 を高倍率に拡大した電子顕微鏡写真．ゴルジ体がはっきり見える．写真は Professor W. G. Breed（Department of Anatomy, University of Adelaide, Australia）のご好意による．

ルギー産生はすべてミトコンドリアで行われる．真核細胞が好気的な代謝を獲得したことは進化のうえできわめて重要である．なぜなら，嫌気的分解に比べてグルコースの酸化が完全に行われると 18～19 倍の ATP を得ることができるからである．

ミトコンドリアは独自の環状の DNA 分子をもち，複製を行う．このため，娘細胞は増殖する際に完全な相補体をもつことになるが，ミトコンドリアは遺伝的な意味で独立性をほとんど放棄している．ミトコンドリア中の大部分のタンパク質は細胞の核の中の遺伝子にコードされ，細胞質で合成され，ミトコンドリアへと輸送される．しかしながら，ミトコンドリアはミトコンドリアにコードされたタンパク質を合成する独自の装置をもってもいる．ミトコンドリア内のリボソームは型としては原核細胞に近い．真核細胞のものよりも小さく，進化の起源を反映し，いくつかの異なる性質をもっている．

葉緑体 chloroplast は植物細胞に存在し，光合成の装置をもっている（図 21.2 参照）．真核細胞の先祖にあたる細胞に貪食された光合成細菌（シアノバクテリア）が葉緑体の起源であり，ミトコンドリアの場合とほとんど同様にそれが細胞内に定着したと考えられている．葉緑体は独自の環状の DNA をもち，限られたタンパク質合成を行い，単純な分裂により複製されるといった点で，ミトコンドリアと類似している．

リソソーム lysosome は小型の球状をした膜小胞であり，真核細胞の細胞質に多数存在する．リソソームには生体分子を分解する活性をもつ約 50 種類の加水分解酵素が含まれている．リソソーム自身はゲノムをもっていない．リソソームの機能は，エンドサイトーシス（第 7 章）により細胞外から取込んだ物質や，壊される必要が生じた細胞内の物質を分解することである．細胞自身を分解酵素から守るために，閉ざされた膜小胞の内部でのみこの分解が起こることが必須である．リソソームの異常と関連したいくつかの致死的な疾患が知られている（Box 27.1 参照）．

ペルオキシソーム peroxisome は小型の膜で閉じられた小胞であり，この中では，細胞の他の部位では代謝されない多くの分子が分子状酸素を直接用いて過酸化水素を産生する酵素によって酸化される．過酸化水素はカタラーゼやペルオキシダーゼにより消去される．ペルオキシソームでの酸化反応では，ミトコンドリアでの反応と異なり ATP は生じない．ペルオキシソームは遺伝機構をもたず酵素を合成することはなく，内部の酵素は細胞質より輸送された

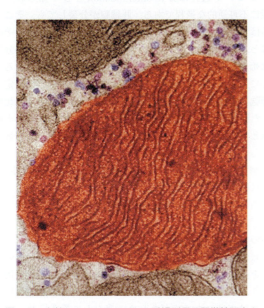

図 2.6 心筋のミトコンドリアの透過型電子顕微鏡写真を彩色したもの．クリステが見える．© Robert Harding

ものである．

　グリオキシソーム glyoxysome は植物にみられる小型の膜で仕切られた小胞である．動物細胞にみられない酵素を含んでいる．これらの酵素のおかげで，貯蔵されている脂肪を糖質に変換することができる．この変換は，たとえば，主要なエネルギー源を脂肪の形で貯蔵している種子の発芽において重要である．動物が脂肪を糖質に変換することはできないことは重要な特徴である．

　細胞骨格 cytoskeleton（第8章）は，タンパク質の繊維から成る内部構造であり，ほとんどの真核細胞において細胞質の大部分に行渡っている．多くの繊維は細胞膜に結合しており，細胞の形に影響を及ぼしている．しかしながら，この"骨格"という用語は，その性質に誤った印象を与えている．この繊維はおもに，分子モーターが働くうえでの道筋として機能する．細胞骨格は，細胞運動，細胞分裂における染色体の分離，細胞内部における分子の輸送に関わる．その働きは主として一過性でもあり，必要に応じて準備され分解される．真核細胞に比べて容積でおよそ1/1000の原核細胞は細胞骨格をもたず，ほとんどの輸送は単純拡散によって行われる．

真核細胞の増殖と分裂

　酵母のような単細胞真核生物は，パンや自家製のビールをつくったことがある人ならば誰でも知っているように，単純な培養液で生育する．哺乳類の細胞は実験室内で培養することができるが，この場合はより多くのものが必要となる．哺乳類の細胞は普通，培養皿（ふたがついた平らで丸いプラスチックの皿）で培養するが，細胞が接着できるように培養皿の表面を特別に処理する必要がある．動物個体全体では，細胞が相互に増殖を制御している．すなわち，ある一つの細胞が分裂する活性は，他の，それもしばしば隣にいる細胞から強い影響を受け，制御されてさえいるのである．（哺乳類の細胞の制御されていない増殖は，がんの特徴である．）細胞間の協調は，**増殖因子** growth factor や**サイトカイン** cytokine として知られるタンパク質，巨大ペプチドシグナル分子を介した細胞間のコミュニケーションにより成し遂げられる．増殖因子やサイトカインはさまざまな種類の体細胞により産生される．実験室内で哺乳類の細胞を培養するためには，これらのシグナル分子を組織培養培地に，しばしば胎児血清中の混合物として添加する．

　肝臓のような組織の細胞を培養する場合には，細胞分裂が一定の数起こると，増殖が停止してしまう（繊維芽細胞として知られる皮膚の細胞の場合は40回程度）．おのおのの細胞には分裂できる回数に限界があるようである．この現象は老化の要因ともなっていると考えられる．この限界は，各染色体の末端にある**テロメア** telomere に依存している．テロメアは DNA が複製される度に短くなり，細胞分裂の回数を数えているかのように働いている（第23章）．テロメアの長さが限界より短くなると，正常な細胞分裂は停止する．しかし，細胞が変異しこの制御から逃れることがある．たとえば，がん細胞ではテロメアは絶えず補充されており，がん細胞は不死化細胞の樹立に至るまで無限に分裂し培養することができる．原核細胞の DNA は一般的に環状であり短くなるべき末端がないので，テロメアの短縮が原核細胞の分裂を制限することはない．

　真核細胞における細胞分裂は，想像できるように，原核細胞における分裂に比べてより複雑である．体細胞における分裂過程は**有糸分裂** mitosis とよばれ，この過程を経て生まれる娘細胞は，親細胞の完全な二倍体のコピーである．**生殖細胞** germ cell は**減数分裂** meiosis とよばれる特殊な分裂をする．この分裂では，おのおのの染色体の1コピーだけを含む**一倍体** haploid の精子または卵子を生じる．この細胞分裂の機構については，第30章で述べる．

基本型の真核細胞

　哺乳類のような動物を考えると，その発生は単一の二倍体細胞である単一の受精卵から始まる．この点からいうと，胚形成は成体にみられる異なったさまざまな細胞を生み出している．生み出された細胞の多く，精子や卵子になる生殖細胞以外のすべての成体の細胞は**体細胞** somatic cell として知られる．成体の体細胞の多くは**分化した細胞** differentiated cell であり，これらは特異的機能をもつのに必要な特別な性質をもっている．たとえば，肝細胞は神経細胞や筋肉細胞と同じ DNA 配列をもっているにも関わらず，まったく異なる性質を示す．細胞がこのように変わっていく過程は**分化** differentiation として知られ，一般に不可逆的な過程である．肝細胞が分裂しても，そこからはより多くの肝細胞しか生じない．実際，体細胞はそのほとんどの時間を分裂しない状態で過ごす．体細胞の分裂は死んだ細胞に置き換わったり，傷口を修復したりすることにより，その細胞が含まれる臓器にとって適当な一定の細胞数を保ってくれる．この分裂は生命体の大きさに比例した臓器の大きさを保つ．しかしながら，筋肉細胞，赤血球とある種の神経細胞を除くほとんどの体細胞は，分裂せよというシグナルを受取るときわめて速やかに分裂することができる．実験的にマウスの肝臓の2/3を切除すると，何日間かの間に完全な大きさに回復し，その後唐突にその増殖を停止する．細胞分裂の制御は精巧でありきわめて重要である（第30章）．がんでは，この制御がうまくいかないのである（第31章）．

　しかしながら，ある種のグループの細胞は，生命体の一生を通じて絶えず再生している．皮膚の細胞はその一例であり，小腸を覆う細胞も同様である．これらの細胞は損傷を受けては，すべてがきわめて速やかに置き換わっている．赤血球はとても速く再生される．赤血球の寿命はヒト

では120日であり，1秒間当たり200〜300万個の赤血球がつくられ，マクロファージにより肝臓や脾臓で破壊される古い細胞と置き換わっている．

分化した細胞が自分自身にしか置き換わることができない一方，生命体のすべての細胞が単一の細胞である接合体から生じているのであれば，分裂できて，他の種類の細胞にも変わることができる細胞が存在するに違いないことに気づくだろう．このような細胞は**幹細胞** stem cell として知られる．幹細胞が分裂した際，その二つの娘細胞は，幹細胞としてとどまるか，あるいは体細胞へ分化するかの二つのうち一方に進むことができる．幹細胞には異なる種類がある．**胚性幹細胞** embryonic stem cell は胚形成の間に受精卵よりまず生じるものである．胚性幹細胞は**全能性** pluripotent をもつ，すなわち，あらゆる種類の細胞に分化することができる．**成体幹細胞** adult stem cell は，異なる種類の細胞を形作る能力において，胚性幹細胞と体細胞の中間点に位置する．たとえば，皮膚の再生を考えてみると，皮膚には置き換わらなくてはならないさまざまな種類の細胞があるが，そのために皮膚の下層には，そのさまざまな種類のすべての細胞になることはできるが，皮膚以外の細胞にはなることができない幹細胞のプールが存在する．他には，さまざまな血球細胞になることができるが，血球細胞にしかなることができないような幹細胞もある．すべての血球細胞が絶えず分裂している骨髄幹細胞にその起源をもつという過程は，造血として知られる（図2.7）．

広く知られているように，幹細胞は病気になった，あるいは死んでしまった細胞と置き換わることができるという能力ゆえに，医学上大きな関心がもたれている．さらに，幹細胞の体細胞への分化は哺乳類において本来は不可逆的なものであるが，逆向きへ分化させる技術が開発された．ヒツジのDollyにおける著名な研究でも示されているように，核を全能性をもつように再プログラムすることが可能である．

ウイルス

ウイルス virus は独立して再生する能力や細胞膜を欠くことから，細胞には分類されない．しかしながら，DNAあるいはRNAから成るゲノムをもち（一方，すべての細胞はDNAゲノムをもつ），自身の再生のために宿主細胞の過程を利用する能力をもつ．それゆえに，生物学的あるいは医学的重要性はさておき，遺伝子の機能と複製を研究するうえでの比較的簡単なモデルを提供してくれることから，ウイルスは生化学研究において重要なものである（Box 2.1）．

哺乳類のウイルス感染に対する根本的な（しかし，これだけではない）防御は免疫系である（第33章）．免疫系は，ウイルスに対する抗体を産生しウイルスを破壊した

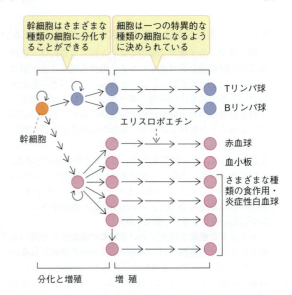

図 2.7 造血の簡略図．おのおのの矢印において細胞増殖が生じるが，この増殖はコロニー刺激因子，インターロイキン，エリスロポエチンといったさまざまなタンパク質性のサイトカインにより特異的に制御されている．たとえば，エリスロポエチンは矢印で示した段階で，赤血球の増殖を刺激する．幹細胞の決められた細胞への分化も同様に制御されている．A. J. Paul, J. C. Vickerman, M. Grasserbauer et al; Organics at Surfaces, their Detection and Analysis by Static Secondary Ion Mass spectrometry [and Disscussion]; Philosophical Transactions A; 1990, 333, 1648; by permisson of the Royal Society.

り，感染細胞の破壊をひき起こしたりすることにより，ウイルスの複製を未然に防ぐ．ウイルスはしばしば免疫系の裏をかくための機構を発達させる．この機構を学ぶことは，きわめて複雑な免疫戦略を解明するうえで重要な道標となることがある．

ウイルスは細胞と比べてとても小さく，それを見るには，ほとんどの細菌を見るのに適当な光学顕微鏡ではなく電子顕微鏡が必要となる．ウイルス粒子は**ビリオン** virion とよばれ，自分自身の代謝をもたず，自身では何もしない．それは不活性の，組織化され複雑な分子であり，しばしば結晶化される．しかしながら，ウイルスは生きた細胞に感染すると複製される．異なるウイルスはそれぞれに特有の動物や植物の細胞，あるいは細菌に感染する（細菌に感染するものは**バクテリオファージ** bacteriophage として知られる）．ウイルスは遺伝物質を細胞内に導入し，自身の複製のために宿主細胞の装置を利用する．

ウイルス粒子は，少量の核酸とそれを取囲むタンパク質分子の保護用の殻から構成される．全体の遺伝子数は，**ワクシニアウイルス** *Vaccinia virus*（かつて天然痘のワクチンに用いられていた）のような大きなウイルスで約100程度，最も小さなもので3〜4個である．タンパク質の殻が

Box 2.1　実験的な生化学の研究において用いられるいくつかの生命体

第1章で，分子機構を解明しようと試みる際には，成功する最大限の機会を与えてくれる生命体を選ぶことが最善であるという事実を簡単にほのめかした．すべての生命体における基本的な生命過程の単一性は，しばしば，ある一つの生命体における発見が他の生命体においても大いに関連があることを意味している．生化学の研究において用いられ，最も汎用される"モデル"生物において大まかなことがわかれば，科学論文を理解しやすくする手助けとなる．

ウイルスは多くの場合，細菌あるいは動物細胞の中で容易に生育することができる．そのゲノムはとても小さく，再生時間は数分である．λファージは広く遺伝子クローニングに用いられてきた（第28章）．

さまざまな**細菌**が研究において特有の目的のため用いられているが，**大腸菌** *Escherichia coli*（非病原菌株）は長い間生化学者にとっての主力製品であった．大腸菌は小さく，容易に培養でき，20分間で増殖する．さらに，ヒトの細胞が20,000〜25,000個の遺伝子をもつのに比べて，4000しか遺伝子をもたない．今なお，遺伝子操作を行ううえでなくてはならない生命体である．

酵母は単一細胞から成る真核生物であり，遺伝学研究によく用いられる．より複雑な真核生物の分子機構のほとんどをもっているが，とても小さなゲノムしかない．

線虫 *Caenorhabditis elegans* は小さく容易に育てることができる線形動物であり，動物細胞に関する研究を行うにあたり最も簡単なモデル生物となっている．成虫には959個の体細胞と生殖細胞しかない．Sydney Brenner, Robert Horvitz, John Sulston に2002年のノーベル賞が送られたすばらしい仕事の中で，すべての体細胞を受精卵までさかのぼる研究が行われている．線虫は動物の発生を研究し，遺伝子の検出や単離を行うにあたり重要である．線虫で同定された遺伝子は動物においても広く存在することが見いだされている．

ショウジョウバエ *Drosophila melanogaster* は動物の発生の研究に最も使われるモデルの一つであり，一般的な分子生物学の研究においても重要なモデルである．ショウジョウバエは増殖時間が短く，また，幼虫期があるために，胚発生における遺伝子の機能を同定するのに使い勝手が良いモデルである．ショウジョウバエを用いた研究は，脊椎動物にも存在する発生関連や他の制御遺伝子を明らかにしている．

マウス mouse（さらに**ラット** rat）は脊椎動物における研究において，最も汎用される哺乳類のモデルである．

培養哺乳類細胞 cultured mammalian cell もまた，制御された実験条件下で細胞に直接接触できることから，分子生物学の研究にとって重要なものである．

シロイヌナズナ *Arabidopsis thaliana* は小さなアブラナ科植物であり，植物における遺伝学，発生学の研究によく用いられる．

ゲノムを取囲むが，この殻は**ヌクレオキャプシド** nucleocapsid とよばれる．ある種のウイルスにはさらに膜の層が存在する．

ウイルスは感染した細胞に入り，その遺伝物質を放出する（一方，バクテリオファージは全体が菌体内に入らずに，ゲノムを注入する）．ウイルス遺伝子の情報に従い，新しいウイルス粒子の構成に必要な成分が合成され，生じたウイルス粒子は細胞から脱出する．細胞の膜構造はウイルスの侵入を防ぐ障害となるが，ここを通り抜ける方法がある．たとえば，動物細胞は分子を取込む機構（エンドサイトーシス，第7章）をもっており，ある種のウイルスはこれを悪用する．すなわち，ウイルスは正常な細胞の重要な機構に便乗するのである．ウイルスが利用できる2番目の手段は，宿主細胞の細胞膜と直接融合し，ヌクレオキャプシドを細胞内へ放出させるものである．**ヒト免疫不全ウイルス**（**HIV**）human immunodeficiency virus はこの手段を利用する．

バクテリオファージ（単にファージともいう）の場合は異なった手段が使われる．細菌の細胞は固い細胞壁で囲まれている．**λファージ** phage lambda（図2.8）はタンパク質分子でできた頭部カプセルをもっており，この中にウイルスDNAを入れている．ファージは細胞壁に尾部で結合した後，ちょうど皮下注射器のように動き，細菌細胞内にDNA分子を注入する．

ウイルスの遺伝物質

ウイルスの遺伝物質としては，DNAもRNAもある．RNAの場合は，ウイルスによって一本鎖の場合も二本鎖

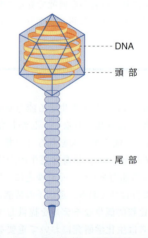

図2.8 λファージ．λ染色体（約5万塩基対のDNAより成る）は頭部のタンパク質の殻に包み込まれている．Ptashne, M (1992); A Genetic Switch: Phage 1 and Higher Organisms, 2nd edition; Reproduced by permission of John Wiley & Sons.

の場合もある．DNAゲノムをもつウイルスの中では，二本鎖DNAが一般的である．一本鎖DNAのものもあるが，複製で二本鎖に変換される．

なぜ，遺伝情報を貯蔵する媒体として，すべての細胞でDNAはRNAより優先されたのだろうか．この答えはほぼ確実に，DNAが化学的にRNAより安定であることにある（第22章）．しかしながら，ウイルスにおいてはRNAゲノムが絶えず存在したことが素早い進化につながり，それゆえに宿主細胞の免疫系から逃れてきたのである．細胞は，ゲノムの複製が誤って行われたり，ゲノムが損傷したりした場合，DNAを修復する酵素をもっている（第22章）．しかしながら，RNAの損傷は修復されず，それゆえRNAウイルスは素早く変異する．したがって，免疫系が認識するタンパク質を絶えず変化させることにより，新しいウイルス株は免疫の攻撃を逃れるのである．原始的な分子の不安定性に修復の欠損が加わることが，現代世界におけるウイルスにとって好都合となる．ヒト免疫不全ウイルス（HIV），インフルエンザウイルス，ポリオウイルス，ムンプスウイルス，口蹄疫ウイルス，麻疹ウイルス，風疹ウイルスは，数少ないよく知られた，動物やヒトに感染するRNAウイルスである．植物ウイルスもまた存在する．

特に興味深いウイルスの例

インフルエンザウイルス influenza virus は，八つに分割された遺伝情報をタンパク質を含む膜が取囲む構造をしたRNAウイルスである（図2.9）．インフルエンザウイルスは素早く変異を起こし新しい株を生じ，その結果，最新の株に対する防御のためには毎年ワクチンを接種することが必要となってくる．免疫の防御系は表面タンパク質に作用するが，変異によりこのタンパク質は変わってしまう．このことは，防御が普通，新しい株の出現とともに徐々に失われること（**抗原ドリフト** antigen drift として知られる）を意味しているが，残った防御能によりインフルエンザによる攻撃は少しは弱められる．しかしながら，幸いめったに起こらないことであるが，同じ細胞に感染した二つのウイルス株の間の組換えにより，コートタンパク質が完全に変わってしまうことがある．これは**抗原シフト** antigen shift として知られる．この場合には，それまでのインフルエンザウイルスへの曝露により人々の中で形成されてきた免疫の防御力は，ほとんどすべて失われてしまい，**パンデミック** pandemic（広範囲に及ぶ，おそらく世界規模の感染）が生じることとなる．過去のパンデミックでは数百万人が死亡している．1918年の大流行は，ヒトとトリのウイルス株が動物（おそらくブタ）に同時に感染し，遺伝子の塊の混ぜ合わせ（組換え）が起こったことに起因すると考えられている．

抗生物質はウイルスには効果を示さない

抗生物質は微生物や真菌が生産する分子である．微生物や真菌は，近くで競り合う生命体を殺すために抗生物質を放出し，自らの増殖を成し遂げる．すべての細胞は，大方の場合基本的には同じであるが，仕事場に投げ込まれた分子"スパナ"に対する感受性に影響を及ぼす（多くの場合はちょっとした）違いがある．ヒトの観点からみると，理想的な抗生物質は，感染した生命体にはあるがヒトにはない生化学系を攻撃するものである．たとえば，ペニシリンは，ペニシリンに感受性をもつ細菌が動物細胞にはない細胞壁をつくるのを妨げる．抗生物質に対する耐性が生じてくると，天然物を修飾し新しい抗生物質をつくったり，標的として他の病原体特異的な過程を探し出したりする必要が出てくる．

ヒトに感染するウイルスに対しては別の問題がある．ウイルスは本質的には自身の生化学的装置をもたず，宿主の装置を用い増殖する．それゆえ，宿主に障害を与えずにウイルスの増殖を阻害するのは困難である．抗ウイルス作用をもつ"抗生物質"は考案されていない．ウイルス感染に対するヒトのおもな防御は免疫系である．免疫系による防御は，ウイルスのタンパク質のアミノ酸配列をヒトのものと識別することに頼っている．これは高度に精巧な機構であり，免疫系をほとんど信じられないほどの複雑なものにしている．しかしながら，化学的につくられた抗ウイルス薬の登場によりウイルスの増殖過程におけるちょっとした違いを探し出したり標的を見つけ出したりすることが可能となり，インフルエンザウイルスやHIVといった多くのウイルスを制御することに成功するようになった．

インフルエンザウイルスは，その外殻に，**ノイラミニダーゼ** neuraminidase とよばれる酵素の分子をもっている．この酵素は他の機能ももつかもしれないが，感染細胞からウイルスが遊離する際に何らかの役割を担っている．

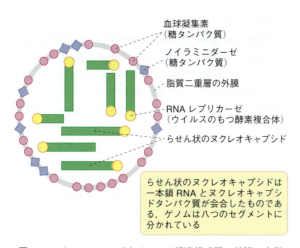

図2.9 インフルエンザウイルスの構造模式図．外膜の内側に存在するマトリックス層は示されていない．

治療戦略が練られ，この酵素の活性部位に高い親和性をもって結合し，その作用を妨害する薬が開発された．"リレンザ Relenza"はその中で最初に市販されたものである．酵素の活性部位（第6章）が変化すると触媒活性が妨げられてしまうので，活性部位は変異しにくく薬剤耐性となりにくい．変化しないノイラミニダーゼの活性部位はウイルスを抗体の攻撃にさらすように思わせるが，比較的大きな抗体分子は活性部位に到達することができない．しかしながら，薬剤は十分に小さく活性部位に入っていくことができ，重篤な疾患を和らげてくれることが報告されている．

医学の専門家にとって，抗生物質はウイルス疾患に伴う二次的な細菌感染を制御するうえで有効であるかもしれないが，ウイルス感染自身を駆除するのには無効であり，抗生物質の過剰使用は耐性菌の発達につながるかもしれないということを理解することは重要である．

レトロウイルス

レトロウイルスは今非常に大きな興味をもたれる RNA ウイルスである．それだけが理由ではないが，理由の一部は HIV がレトロウイルスに含まれるからである．レトロウイルス粒子はある酵素のいくつかの分子をその中に含んでいる．この酵素が発見されたときはあまり信じられなかったが，その後この酵素の発見者である David Baltimore, Renato Dulbecco と Howard Temin には 1975 年にノーベル賞が贈られた．この酵素は**逆転写酵素 reverse transcriptase** とよばれる．この発見以前は，DNA の情報をもとに RNA は合成されるが，その逆はできないというのが定説であった．しかし，ウイルスの逆転写酵素はウイルスの RNA から DNA を合成する．ウイルスがもつもう一つの酵素が宿主の染色体へそのDNAを組込み，この組込まれたDNAが本質的には細胞がもつ追加の遺伝子のようなものになる．一度染色体に組込まれると，ウイルスのゲノムは細胞分裂の際，宿主のDNAとともに複製される．新たなレトロウイルス粒子をつくるために，プロウイルス遺伝子（宿主の染色体に組込まれているウイルス遺伝子のこと）はRNAへと転写（コピー）される．このレトロウイルスの生活環については後に述べる（第23章）．ウイルスゲノムの宿主遺伝子への組込みはがんとも関連がある（第31章）．レトロウイルスが宿主の遺伝子断片や遺伝子制御配列を取出したとき，その遺伝子断片や遺伝子制御配列が，新しい宿主に感染した際に発がん性（がんをつくり出す性質）を示すようになることがあるからである．動物におけるがんのいくつかの例や，ヒトにおける白血病の一つの種類がこのような起源をもつことが知られている．

インフルエンザウイルスと同様に，HIV も変化しやすい複製機構のおかげで非常に素早く変異するため，宿主の免疫系が発達しても逃れることができる．また，新たな変異株は単一の感染の間でさえ生じるため，それに対応するように免疫系が発達する機会もほとんどない．さらに，ウイルスは免疫系のヘルパーT細胞を攻撃する．ヘルパーT細胞はウイルスに対する抗体をつくるうえで必須であるため，患者のウイルスや他の病原体に対する抗体産生が著しく傷害され，潜在的に多くの感染につながってしまう．

アジドチミジン azidothymidine（**AZT**）というヌクレオシドアナログの薬剤は，HIV に対する治療薬の一つとして用いられる（Box 2.2）．アジドチミジンはウイルスの逆転写酵素を阻害することにより作用する．ウイルスのDNA鎖に取込まれた後，その合成を終結させる．ヒトの細胞は逆転写酵素をもたないため，この薬剤はウイルスに特異的である．抗ウイルス薬となりうる他の薬剤としては，逆転写酵素に直接結合し，RNAからDNAが生じるのを阻害する非ヌクレオシド化合物や，必要不可欠なHIVプロテアーゼに結合しその活性を抑えるプロテアーゼ阻害剤も考えられる．

ウイロイド

ウイロイド viroid は最小の感染性粒子として知られるものであり，ウイルスより小さくより単純なものである．ウイロイドは，非常に小さい，タンパク質などの殻をもたない裸の RNA 分子であり，維管束植物の病気をひき起こす．植物細胞への感染には，宿主となる植物の機械的な損傷が必要である．ウイロイド感染の影響は植物により異なり，植物の健康を損なう程度から，たとえばヤシのように死をもたらすまでさまざまである．タンパク質をコードする遺伝子をもたないのは，ウイロイドの非常に注目すべき特徴である．ウイロイドがどのように病気をひき起こすのかは明らかになっていない．

Box 2.2 薬剤アジドチミジンの構造

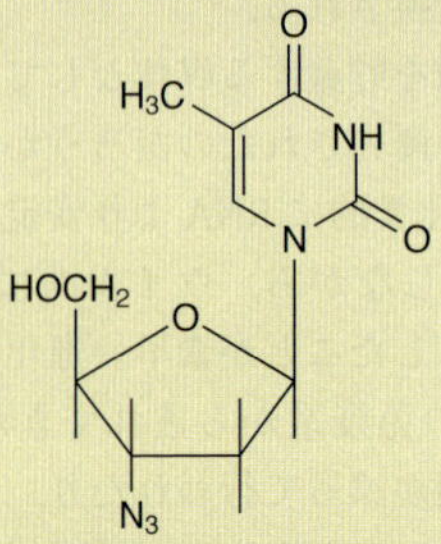

アジドチミジン（AZT）

要　約

　細胞は生命体の基本単位である．おのおのの細胞は脂質膜に囲まれ，DNA ゲノムをもっている．細胞はまれな例外を除くと顕微鏡で見えるレベルの大きさであり，表面積と容積との比率が最大になるようになっている．細胞生物には，原核生物と真核生物というおもに二つの種類がある．

　原核生物には現代の細菌が含まれる．原核生物は核をもたず，内部に膜で仕切られた細胞小器官ももたない．その小ささは，高分子を含めすべての分子を細胞内の必要とする場所へ拡散させることを可能にしている．典型的な原核生物である大腸菌は単一の環状の染色体をもち，約 20 分間で複製可能である．

　真核生物の細胞は容量が約 1000 倍大きく，約 24 時間で複製する．真核細胞は DNA ゲノムを含む核をもち，他にも膜で仕切られた細胞小器官をもつ．細胞質とは核を除いた細胞成分として定義され，一方，細胞質ゾルは細胞質から膜で仕切られた細胞小器官を除いた可溶性成分を表す．

　小胞体は広くつながった膜構造体であり，内腔は細胞の他の部分から隔てられている．小胞体では新たに合成されたタンパク質を修飾し，輸送小胞を出芽しそのタンパク質をゴルジ体へと向かわせる．小胞体は新しい脂質膜の合成も行う．ゴルジ小胞は閉じられた囊構造をとり，新たに合成されたタンパク質を細胞内の目的地へ輸送することに関わる．ミトコンドリアは食物分子の酸化により ATP のほとんどをつくり出す場であり，進化のうえでは貪食された原核細胞が起源であると考えられている．葉緑体は植物における光合成の場である．リソソームは，選別された細胞成分の破壊に必要な酵素が詰まった袋のようなものである．ペルオキシソームはある種の分子を酸化して過酸化物をつくるが，ATP は産生しない．

　原核生物の DNA は，もつれて広がった糸のように細胞質内に存在する．細胞分裂の際，この DNA は複製され，引っ張られて二つに分かれてから，娘細胞に分離する．真核細胞では，細胞分裂はより精巧であり，高度に凝縮された染色体が娘細胞に分離していく有糸分裂などが含まれる．真核細胞の細胞周期は原核細胞に比べてより高度に制御されている．

　細胞は多数のリボソームを含んでいる．リボソームは細胞質に見いだされる RNA とタンパク質で構成される大きな複合体である．リボソームは mRNA の翻訳の過程を通じタンパク質を合成する．

　動物において，細胞増殖は増殖因子とサイトカインにより制御される．正常な細胞は決められた回数しか分裂することができない．なぜなら，染色体のテロメアが複製のたびに短くなり，最終的には複製が止まるまで短くなるからである．がん細胞ではテロメアが絶えず補充され，無制限の細胞分裂が起こる．

　体内における分化した細胞のほとんどは体細胞として知られる．体細胞はそれ自体の型の細胞にしかなることができない．生殖細胞は精子や卵子になる細胞である．胚性幹細胞は全能性をもち，あらゆる型の細胞になることができるが，一方，成体幹細胞は限られた数の種類の細胞にしかなることができない．

　ウイルスは DNA あるいは RNA から成る遺伝物質をもつ．ウイルスが細胞に感染すると，細胞内にその遺伝物質を放出し，宿主の代謝系を用い再生する．インフルエンザウイルスは RNA ウイルスである．インフルエンザウイルスは素早く変異し，その抗原性を変化させ，宿主となる動物の抵抗性を弱める．ときとして，組換えが起こることでまったく新しいインフルエンザ株が生じると，パンデミックにつながる．

　HIV を含むレトロウイルスは，感染した後に RNA から DNA を合成する RNA ウイルスである．レトロウイルスは宿主細胞のゲノムに組込まれ，ウイルス遺伝子は新たな RNA ウイルスへとコピーされる．

　ウイロイドは，植物に感染することができる小さな裸の RNA 分子であり，機械的損傷を受けた場所から細胞内へ入っていく．

問　題

1　なぜ，細胞はごくわずかな例外を除き，顕微鏡で見るレベルの大きさなのか．
2　何が細胞の大きさの下限を決めているのか．
3　原核細胞と真核細胞のおもな特徴を簡潔にまとめよ．
4　体細胞と幹細胞の性質について述べよ．
5　生化学者はなぜ，問題を解明するために多くの異なった種類の生命体を用いるのか．
6　インフルエンザは長い期間をおいて世界的に流行する．多くの場合症状は軽いが，1918 年のように時折多くの死者を出すことがある．なぜこのようなことが起こるのか．

3

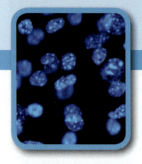

生化学におけるエネルギー的考察

もしもあなたの理論が熱力学第二法則に逆らうようなものならば，あなたには希望はない．その理論は，深い屈辱をもって破綻するという以外のなにものでもない．

Sir Arthur Eddington

第1章では，生命に応用した基本的なエネルギーの概念について，読む助けになるようにできるだけ一般的に概説した．そこで説明したように，関連した熱力学を考察するのはきわめて単純である．なぜなら，生命は一定の温度，一定の圧力のもとで動作するからである．

生命のすべての過程の基本を考えるのが，エネルギーの問題である．印刷された化学式自体は重要な情報を欠いており，そこにはエネルギーの変化は含まれない．反応液中で起こる化学反応におけるエネルギー変化は，困難なく見たり検出したりできるようなものではなく，また，目を見張らせるような反応は生物学では生じないため，エネルギー変化が何を意味するかはあまりはっきりしない．しかし，生化学反応におけるエネルギーの問題は，ある反応が意味のある大きさで起こりうるか，またその逆反応が意味のある程度で起こりうるかを決めるものである．エネルギーの問題は細胞内の化学的活動を究明するうえで最も重要である．

これがいかに生命の過程に直接つながるかの一つの例として，激しい運動時の筋肉における**解糖**とよばれる代謝経路（第13章）によるグリコーゲン（グルコースのポリマー）から乳酸への変換があげられる．この経路は一連の多数の化学反応から構成される．運動の後に続く休息の間に，蓄積された乳酸はグリコーゲンに戻るが，この経路は乳酸ができるときと完全に同じ経路の逆反応ではない．順反応と逆反応には重要な違いがある．これはつかみ所がなく複雑な化学のようにみえるが，単純にエネルギーで考えれば，なぜ細胞がこの機構に従わなければならないかを容易に理解できるようになる．単純なエネルギー的考察は，細胞活動の生化学に大きな光明を与えてくれる．

エネルギー的考察は
細胞内で化学反応が可能かどうかを教えてくれる

すでに述べたように，エネルギー的に考察することによって，ある化学反応が起こり別のものは起こらないということを考えることができる．生化学において反応が起こるということは，**有意に**起こるということを意味していることを気に留めてほしい．原則として，エネルギー的に考えれば，（反応物と生成物が正確に平衡状態にあるという場合を除き）反応が完全に起こらないということはないが，変換がちょっとだけ起こっただけで反応が止まったとしたら，それは，生命の実用的目的としては反応が起こっていないことと同じである．

化学反応"系"が，細胞の中に存在する化学反応に関わる分子が集合するような場所をさすとしたら，私たちは最初に，化学反応"系"におけるエネルギー変化によって何を理解するのであろうか．この概念は，重りが落下するときに重力ポテンシャルエネルギーが変化するというような自明のものではない．化学反応系には非常に多くの分子が関わり，その各分子が構造に従って固有のエネルギーをもっている．このエネルギーは分子の熱含量あるいは**エンタルピー** enthalpy とよばれるもので，分子内にどのような化学結合があるかで決まるものである．多くの化合物におけるエンタルピーの値は物理化学の表から得ることができる．ある分子が化学反応によって異なる構造をもつ分子に変換されると，エネルギー含量は通常変化するが，このときの熱含量の変化を表すエンタルピーの変化を ΔH と書く．ΔH は負の値の場合（このとき，熱は分子から奪われて放出され，周囲の温度は上昇する）も，正の値の場合（このとき，熱は周囲から取込まれ，それに伴って周囲の温度は低下する）もある．

正の ΔH を示す反応が起こることは一見不思議に思えるかもしれない．なぜなら，そのような反応は，重りが床から持ち上がったり，周囲の空気が冷やされたりするようなエネルギーの取込みが起こることを表しているからである．ここで重要なのは，重りが落下するというような物理現象を化学反応のモデルに用いるのは適切ではないという

ことである．化学反応では，負の ΔH を示す反応は起こりやすく，正の ΔH を示す反応は逆に起こりにくいが，ΔH は，重力系における重力エネルギーのように，反応の起こり方を最終的に決定するものではない．ΔS として知られる（乱雑さを生じさせる）**エントロピー変化** entropy change もまた，そこには関わってくる．

エントロピー entropy はある系における乱雑さの程度を示すものである（もしもこの用語になじめない場合は，エントロピーを簡単に説明した第1章を参照）．これは化学の系においては三つの形をとる．第一に，分子は通常，硬く固定された状態にあるのではなく，振動し，結合の周りを回転し，揺らぐということである．このような自由度が増すほどエントロピーは増大する．第二に，きわめて多数の個々の分子はランダムに散らばっているか（このときエントロピーは高い），より秩序立った配列にあるか（このときエントロピーは低い）のいずれかであるということである．生細胞は細胞の外側の分子に比べ，分子がより秩序立って配列されており，それゆえにより低いエントロピーレベルにある．これは，完成した家が，家をつくるのに用いた材料に比べ低いエントロピーを示すのと同様である．第三に，個々の分子あるいはイオンの数は化学変化の結果として変化するということである．個々の物質（分子やイオン）の数が増すほど乱雑さは増し，乱雑さが増すほどエントロピーも増大する．この三つの因子いずれもがエントロピーの変化に寄与している．こうして，化学反応は系のエントロピーを変化させる．エントロピーが増加すると系のエネルギーレベルは低下し，エントロピーが減少する（より秩序が増す）と系のエネルギーレベルは増加する．

すでに述べたように，ΔH と ΔS の両者が化学反応が起こるかどうかを決める．負の ΔH と正の ΔS はいずれも反応を進め，正の ΔH と負の ΔS はいずれも反応を止める．負の ΔH と負の ΔS は，正の ΔH と正の ΔS と同様に，反応が起こるかどうかに対し逆に働き，反応が起こるかどうかはどちらが量的に多いかで決まる．

エントロピーを増加させる駆動力は，温水の中で氷の塊が融けることにたとえられる．熱は氷が融ける際に吸収される（ΔH は正である）が，秩序立った氷の結晶の分子は溶解することで散らばり，エントロピーが増大するためにこの過程は進むのである．エネルギーが同じであるならば，無秩序な状態の方が秩序立った状態より容易に生じやすい．これは日常的なことである．分子の集まりやその他のさまざまな物質においても，秩序立った配列よりもランダムな配列の方が著しく生じやすい．しかしながら，エントロピーの変化が過程に影響を及ぼすということを，重力エネルギーが重りを落としたり車に坂を下らせたりすることを思い描くように，直感的に受入れるのは難しい．もしも難しいと思うのであれば，生理的に嫌うよりはむしろ，この概念を受入れ，この本を読み進めるに従って親近感をもってほしい．第1章で指摘したように，エントロピーはおそらく漠然とした概念に思えるかもしれないが，最大のエントロピーを得ることは宇宙にとって受入れなくてはならないものである．第1章で述べた熱力学第二法則を別の言葉で言えば，すべての出来事は宇宙の総エントロピーを増大させるように起こらなくてはならない．たとえば，反応において放出される熱はエントロピーを増加させるのである．

これまで述べてきたように，状況を ΔS と ΔH の両者を用い述べるのはあまり便利ではない．これら二つのパラメーターはさまざまな大きさをとり，その大きさによって反応が進むか起こらないかが決まるからである．さらに，生物系において，ΔS を直接測定するのは，きわめて困難か不可能である．ここで，これら二つのパラメーターを一つにした**ギブズの自由エネルギー** Gibbs free energy という概念を用いると，非常に扱いやすくなる．自由エネルギーの変化（J. Willard Gibbs の名から ΔG と表される）は有名な次の方程式で示される．

$$\Delta G = \Delta H - T\Delta S$$

ここで，T は**絶対温度** absolute temperature である．この式は，その過程において温度も圧力も一定である条件で成り立つものであるが，生化学の系はこの条件にあてはまる．ここでは反応における**自由エネルギー変化** change of free energy について述べていることに注目してほしい．反応における ΔG はきわめて重要な熱力学のパラメーターであり，この用語を化学反応に用いる際には，**熱力学第二法則** second law of thermodynamics に規定された"生成物は反応物より低い自由エネルギーをもつ"という規則が成り立つ．

自由エネルギーにおける"自由"という用語は，必要な仕事に束縛なく利用できるという意味の"自由"であり，無料という意味の"自由"ではない．ΔG は必要な仕事を行うために反応から得ることができる**最大量のエネルギー**を意味する．それは，買物を"自由"にするのに使うことができる現金や，"自由"に仕事を頼むことができる店員のようなものである．ここでいう必要な仕事には，筋肉の収縮，細胞内における化学反応，浸透圧や電気をつくり出す作業を含んでいる．ΔG 値はモル（mol）当たりのカロリー（cal）やジュール（J）で表される（1 cal = 4.184 J）．今やジュールが公式な単位である（この本でもジュールを使う）が，生化学の教科書，特にアメリカ合衆国の教科書では，今なおカロリーがしばしば用いられる．ΔG 値は大きいので，モル（mol）当たりのキロカロリー（kcal）やキロジュール（kJ）が用いられる．モル当たりのキロジュールは，kJ mol^{-1} と普通表される．

化学反応がもしそれが起こるとしたら，熱力学第二法則に従うという事実は，規則に従わないと反応が起こらない

ことを示しており、それに逆らって実際は反応が起こることはない。ΔG が負の値であることは反応が起こるうえで必須ではあるが、十分条件ではない。私たちは第1章で、酵素触媒もまた生化学的反応が起こるのに必要であることを説明した。その理由は、化学反応が起こるのにはエネルギーの障壁があり、分子は反応するために遷移状態を超えなければならない（第6章）という事実による。これこそが、糖が酸化して二酸化炭素と水になる方がエネルギー的に考えると有利であるにも関わらず、テーブルの上の容器の中にある糖が燃えることはない理由である。

可逆的な反応、不可逆的な反応、そして ΔG

厳密にいえば、すべての化学反応は可逆的である。このことは、ΔG 値はいずれの方向に進む反応でも負でなければならず、ΔG 値が負でなければ反応は起こらないということを思い出させてくれる。この明らかな矛盾に対する答えは、反応において ΔG は固定された一定のものではなく、反応物と生成物の濃度によって変わりうるものであるということである。この関係についてはこの章で後述する。このため、A$\rightleftharpoons$B という反応において、もしも A が高濃度であり B が低濃度だとすると、ΔG は A→B の向きにおいて負であり、もちろん B→A においては正になる。濃度が逆の場合は、ΔG は逆向きで負にある。いずれの方向に対しても ΔG が 0 となる A と B の濃度になる点まで反応は進み、そこでそれ以上反応は進まなくなる。この点が**化学平衡点** chemical equilibrium point である。

もしも、ある A$\rightleftharpoons$B という生化学の反応において ΔG が小さければ、反応物の濃度が変化することにより ΔG の符号が逆向きになることが起こりうるため、細胞内で有意な可逆反応が生じることが可能となる。しかし、ΔG が大きければ、実質上この反応は不可逆的になる。細胞内の反応においては、代謝物（反応物と生成物をこのようによぶ）の濃度が変わりうる余地は比較的小さい。濃度は比較的低く、普通 $10^{-3} \sim 10^{-4}$ M であろう。全体的な結果として、代謝物の濃度が ΔG 値の符号を逆にするほど変化することはないため、ΔG が大きな負の値を示すほとんどの反応は不可逆的となる。（なぜある種の反応がこれに逆らうように見えることがあるかについては、後ほど第13章で説明する。）

一般的には、水の添加により結合が切断される細胞内加水分解反応は、加水分解の逆反応により細胞内で物質の合成が起こらないという意味では不可逆的である。逆に、分子の間からの水分子の脱離により分子がお互いに結合する反応には、アデノシン三リン酸（ATP）からのエネルギーの供給が必要となる。代謝に関する章を読み進めていくに従い、どの反応が可逆的で、どの反応が不可逆的かがわかるようになるであろう。

これまでの話をまとめると、ΔG が小さな反応は細胞内では可逆的であり、その反応がどちらに向かうかは反応物と生成物の小さな濃度変化によって決まる。一方、ΔG が大きな反応は細胞において一方向にのみ進み、さらに、ほとんど完全に進んでしまう。なぜなら、平衡点は反応の始まり側からかなり離れた所にあるからである。別のいい方をすると、このような場合、反応の ΔG は、実質上すべての反応物が生成物に変換されるまで 0 とはならない。

代謝戦略における不可逆的な反応の重要性

細胞内でのおもな化学的過程は一般に一つの反応のみから成るものではなく、代謝経路として組織化された一連の反応から成り、最初の反応の生成物が次の反応の反応物となり、また次がその次の、という具合に進む。先ほど述べた筋肉におけるグリコーゲンから乳糖への変換の例でも、十数個の連続した反応が関わっている。

代謝経路の重要な一般的特徴は、反応の全体としては不可逆的であるということである。経路における多くの個々の反応は可逆的であるかもしれないが、実際には、一つあるいはそれ以上の細胞内で可逆的ではない反応がその中には含まれている。このような不可逆的な反応が一方向弁として働き、熱力学的視点からみた場合に経路が完了できることを保証してくれる。このことは、全体的にみて生理的な化学的過程が不可逆であるといっているわけではない。グリコーゲンから生じた乳酸は体内でグリコーゲンに戻ることが可能であるが、この経路は乳酸が生じたもとの反応経路とは異なる。この過程における多くの段階は、乳酸が生じる反応とは単純に逆向きであるが、一方で、逆方向には直接戻ることができない段階もあり、別経路の反応が必要である。その反応にはエネルギーの供給が関与し、そのために別経路もまた逆向きには不可逆的なものとなっている。つまり、順方向の経路（グリコーゲン→乳糖）は、逆方向の経路（乳酸→グリコーゲン）と同じ段階で不可逆的になっている。典型的な代謝の状況を示すと、

A$\rightleftharpoons$B ↻ C$\rightleftharpoons$D$\rightleftharpoons$E ↻ F$\rightleftharpoons$生成物

となる。ここで、赤色の矢印は、大きな負の ΔG 値をもつ不可逆的な反応を表す。

ある一つの一般的な生化学の原理が現れる。ある代謝経路における全体としての化学的過程がたとえ可逆的であるに違いないとしても、逆方向の経路は順方向の経路とまったく同じではない。反応のどこかは両方向の経路で異なっている。

代謝経路における不可逆反応の重要性とは何か

これまでまとめてきた状況とは異なり、代謝経路におけるすべての反応が以下のように可逆的であるとする。

$$A \rightleftharpoons B \rightleftharpoons C \rightleftharpoons D \rightleftharpoons E \rightleftharpoons F \rightleftharpoons \text{生成物}$$

　この並べ方の最も大きな過ちは，これだと全体としての過程が量の作用に依存してしまうことである．もしもAの濃度が（たとえば，消化した食物によって）増加すると，反応は右へ移動し，より多くの生成物が生じる．もしもAの濃度が量的に減少すると，生成物の一部はまたAへと戻り，平衡を保とうとする．この経路が遺伝子のDNAや，生命に必須のタンパク質といった分子の合成に用いられると想像してほしい．このシナリオがいかに無理なものか気が付くであろう．これは，出し入れが自由なれんがを積重ね，家の壁をつくるようなものである．このような壁は，地面に転がっているれんがの数と一定の平衡を保つために，積上げられたり崩れ落ちたりすることになる．

　これと関連し，二つめに重要な点として，代謝経路における順方向と逆方向には似ていない反応が含まれるということがある．代謝は制御されなければならない．すでに述べたように，激しい運動をする間に筋肉はグリコーゲンを乳糖に変換する．そして休んでいる間には乳糖はグリコーゲンに戻され，乳糖への変換は停止させられる．二つの方向の反応を独立して制御する（すなわち，片方のスイッチをオンにし，もう一方をオフにする）ためには，別々に制御できる反応がなくてはならない．さもないと，両方向の反応のスイッチを一緒にオンにするか一緒にオフにすることしかできなくなる．このため，通常，不可逆的な反応が経路全体を制御するポイントとなる．代謝制御については，第20章で詳細に述べる．

いかに ΔG を求めるか

　反応における ΔG 値は，説明してきたように一定に固定されたものではないが，条件を標準なものに特定すれば ΔG 値は一定の値となる．生物学的反応にとって標準的な条件とは，反応物も生成物も 1.0 M であり，25 ℃，pH 7.0 というものである．このような条件下における ΔG 値，すなわち，反応物と生成物の別々の 1 M 溶液の間の自由エネルギーの違いは，反応の**標準自由エネルギー変化** standard free energy change とよばれ，$\Delta G^{\circ\prime}$ で示される．′（ダッシュ，英語では prime）は物理科学において pH が 0 であることを示すとは異なり，生化学の系においては pH が 7.0 であることを示す．

　$\Delta G^{\circ\prime}$ 値は，簡単に得ることができる標準生成自由エネルギーの値から普通計算することができる．多くの反応において，$\Delta G^{\circ\prime}$ 値は，反応物の生成自由エネルギーと（これとは別に）生成物の生成自由エネルギーをそれぞれ集計することにより計算できる．この両者の差が $\Delta G^{\circ\prime}$ 値である．もう一つの方法として，反応の平衡定数を実験的に求め，この値から $\Delta G^{\circ\prime}$ 値を計算することも容易である．

　$\Delta G^{\circ\prime}$ 値と，与えられた反応物と生成物の濃度における ΔG 値の間には，単純な直接的関係がある．それゆえ，もしも細胞内で関係する代謝物の濃度がわかれば，細胞内の反応における ΔG 値は容易に求めることができる（計算式を示した Box 3.2 を参照）．多くの化学反応においてこの値は求められており，しばしば用いられている．

　問題となるのは，細胞内における何千もの代謝物の実際の濃度を知ることはそんなに簡単なことではないことである．これらは低濃度しか存在しないうえ，その濃度は細胞内の代謝活性によりいずれにしても変化し続けている．そのために，多くの生化学反応において濃度のデータはなく，それゆえに ΔG 値はわからない．しかしながら，より簡単に得ることができる $\Delta G^{\circ\prime}$ 値は既知の細胞内反応と深く関連しており，代謝反応を理解するうえでの手助けとなる．このため，代謝物の濃度は決して 1.0 M ではないので，$\Delta G^{\circ\prime}$ 値をそのまま細胞に当てはめることはできないが，ある反応が細胞内で起こるかどうかの説明には $\Delta G^{\circ\prime}$ 値をよく用いる．$\Delta G^{\circ\prime}$ 値を用いるのは妥協ではあるが，非常に役に立つ．

標準自由エネルギーと平衡定数

　ある反応の $\Delta G^{\circ\prime}$ 値を知っていることのとりわけ有用な側面は，この値から反応の**平衡定数** equilibrium constant を容易に求めることができることである．反応の平衡定数 $K_{eq}{}'$ は平衡時における反応物と生成物の比率を示す．（ここで，′は pH が 7.0 であるときの K_{eq} であることを示す．）したがって，$A+B \rightleftharpoons C+D$ という反応を考えると，$K_{eq}{}'$ は反応が平衡状態に達した後に存在する（すなわち，正味の濃度変化がなくなったときの）A, B, C, D の濃度から計算することができる．

$$K_{eq}{}' = \frac{[C][D]}{[A][B]}$$

反応における $\Delta G^{\circ\prime}$ 値と $K_{eq}{}'$ の関係は，次の式で表さ

表3.1　平衡定数 $K_{eq}{}'$ と $\Delta G^{\circ\prime}$ の関係†

おおよその $\Delta G^{\circ\prime}$〔kJ mol^{-1}〕	$K_{eq}{}'$
+17.1	0.001
+11.4	0.01
+5.7	0.1
0	1.0
−5.7	10.0
−11.4	100
−17.1	1000

† ある反応 $A+B \rightleftharpoons C+D$ において，平衡定数は C×D を A×B（各モル濃度）で割ったものである．
$\left(K_{eq}{}' = \frac{[C][D]}{[A][B]}\right)$; $K_{eq}{}'$ は pH 7.0 での K_{eq}.

$$\Delta G^{\circ\prime} = -RT \ln K_{eq}' = -RT\, 2.303 \log_{10} K_{eq}'$$

2.303 $\log_{10}$ において，2.303 は常用対数 $\log_{10}$ から $\log_e$ である自然対数 ln へ変換する変換定数である．R は気体定数（8.315 J mol^{-1} K^{-1}）であり，T は絶対温度（25 °C のとき 298 K）である．25 °C のとき，$RT = 2.478$ kJ mol^{-1} となる．

こうして，もしも K_{eq}' が求まれば，反応における $\Delta G^{\circ\prime}$ 値を計算することができるし，その逆も可能である．表 3.1 には，化学反応における $\Delta G^{\circ\prime}$ 値と K_{eq}' の値の関係を示す．

食物からの自由エネルギーの放出とその利用

単純な前駆体分子から（DNA やタンパク質といった）巨大な細胞構成分子への変換にはエネルギーの増加が関わり，それゆえ，この変換はエネルギーの供給なしには起こらない．必要とされるエネルギーの供給は，結局のところ食物の分解によるものである．合成や"構築"の過程といった，正の自由エネルギー変化をもたらす化学的変換は，まとめて，**同化** anabolism あるいは同化作用とよばれる．（スポーツにおいて評判の悪い同化ステロイドは体重の増加を促し，このためにこの名前がついている．）残り半分の代謝は"分解"反応より成り，これらは，異化作用，あるいはまとめて，**異化** catabolism とよばれる．**代謝** metabolism は同化と異化から成る．食物の異化は自由エネルギーを放出し，このエネルギーがアデノシン二リン酸（ADP）と無機リン酸から ATP を合成するのに用いられる．そして，ATP はエネルギーを必要とする同化の過程を動かすために，これから説明する機構で用いられる．

全体像を図 3.1 にまとめた．食物の酸化が自由エネルギーを放出し，このエネルギーが ATP の中に捕らえられ，その後，エネルギー的に不都合な反応を動かすのに用いられる．この仕組みが地球規模で進行することを保つために，二酸化炭素と水は光エネルギーを用い，光合成により（グルコースやその誘導体といった）食物分子へと再変換される．この食物分子は生命体によって，脂質などの他の食物分子へと変換される．巨大な細胞構成分子の構築はエントロピーの減少を伴う（不都合である）にも関わらず，食物の酸化はより大きなエントロピーの増加を伴う（都合がよい）．全体の系（細胞とその周囲）におけるエントロピーの変化は正であり，このために熱力学第二法則に従う．

ATP はすべての生命において普遍的なエネルギー中間体である

第 1 章ですでに説明したように，エネルギーを供給する食物分子の酸化は，エネルギーを必要とする反応と適切に共役しないと単純に熱を産生するだけになってしまい，細胞内における化学的あるいはその他の活動に利用できなくなる．食物の分解に伴う自由エネルギーの変化は，エネルギーを必要とする過程と共役しなくてはならない．この共役が，ADP と無機リン酸から ATP への変換により生じており，ATP が生命において普遍的なエネルギー中間体となっているのである．

ATP は（リン酸を高エネルギーと低エネルギーに定義するならば）**高エネルギーリン酸化合物** high-energy phosphate compound である．ATP は細胞内で活動が行われるあらゆる場所に運ばれ，そこで，結合していた**高エネルギーリン酸基** high-energy phosphoryl group が外れて無機リン酸に戻る．その際に，ATP が合成されるときに組込まれていた自由エネルギーが放出される．このことは，利用できない熱として単にエネルギーを放出するだけの，ATP の単純な加水分解が起きているということを意味しているわけではない．このエネルギーが活動に利用される機構については，後で簡単に述べることにする．ここでは，ATP がいかにこの中心的役割を担うかということにふれなくてはならない．詳細な構造について取上げる前に，まず，リン酸の化学についていくつか説明することとする．

高エネルギーリン酸と低エネルギーリン酸

細胞内でリン酸基をもつ化合物を考えるとすると，それは二つに分類できる．一つは，加水分解され無機リン酸（P_i）を生じると 9〜20 kJ mol^{-1} 程度の負の $\Delta G^{\circ\prime}$ 値を示す**低エネルギーリン酸化合物** low-energy phosphate compound，もう一つは，30 kJ mol^{-1} 程度の負の $\Delta G^{\circ\prime}$ 値を示す高エネルギーリン酸化合物である．高エネルギーリン酸化合物の概念は"高エネルギーリン酸結合"の用語でよく使われていたが，今ではほとんど用いられなくなった．なぜなら，化学の用語で高エネルギー結合というと，その結

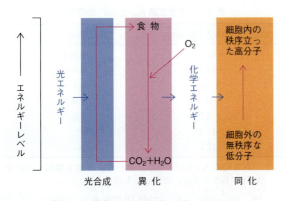

図 3.1 生命におけるエネルギーサイクル

合を切断するのに多くのエネルギーの供給を必要とする意味になり，生化学的概念と逆になってしまうからである．高エネルギーリン酸基は，生きている細胞にとって普遍的なエネルギー通貨のようなものである．この概念を，図3.1 を詳しくした図3.2 に示す．

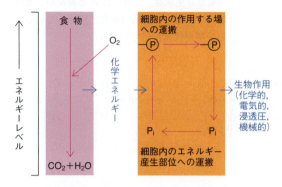

図3.2 細胞のエネルギー収支におけるリン酸基の役割．—Ⓟ は分子中のリン酸基を意味し，加水分解により P_i と約 30 kJ mol^{-1} のエネルギーを放出する．

高エネルギーリン酸化合物の構造上の特徴とは何か

リン酸 H_3PO_4 は，リンのオキソ酸であり，以下のように，解離できる三つの水素原子をもつ．

$$HO-P(=O)(OH)-OH \rightleftharpoons HO-P(=O)(O^-)-OH + H^+ \quad pK_{a_1}=2.2$$

$$\rightleftharpoons HO-P(=O)(O^-)-O^- + H^+ \quad pK_{a_2}=7.2$$

$$\rightleftharpoons {^-O}-P(=O)(O^-)-O^- + H^+ \quad pK_{a_3}=12.3$$

通常の細胞 pH においては，$H_2PO_4^-$ と HPO_4^{2-} の混合物として溶液中に存在する．生化学においては，このリン酸イオンの混合物を P_i という記号で表す．ここで，i は"無機 (inorganic)"を意味する．これは細胞の中で最も低いエネルギーをもつリン酸の形態であり，エネルギー的にはリン酸の基底状態と見なされる．細胞内でこれら二つの形のリン酸イオンがおもに存在することは，ここで示した三つの反応の解離定数によって説明される．解離定数は pK_a 値として表され，pK_a とはその官能基の半分が解離しているときの pH を示す．pK_a と緩衝液については，章末の付録で説明するが，この手のことがあまり得意でない場合は，ぜひそこで勉強してほしい．生理的 pH（すなわち 7.4）においては，pK_a が 2.2 の官能基は完全にイオン化しているが，pK_a が 12.3 のものはまったく解離していない．pK_a 値が 7.2 の官能基は部分的に解離している．実際このような官能基がどの程度解離しているかは，**ヘンダーソン・ハッセルバルヒの式** Henderson-Hasselbalch equation により計算することができる（Box 3.1）．

無機リン酸はアルコールとエステル結合して，**リン酸エステル** phosphate ester となる．この種のエステルの加水分解における $\Delta G^{\circ\prime}$ はおおよそ -12.5 kJ mol^{-1} であり，加水分解反応の平衡は加水分解への方向にかなり傾いている．細胞内では，逆の反応は起こらない．しかしながら，ATP と比べるとこのリン酸エステルは低エネルギーのリン酸化合物ということになる．

$$R-O-P(=O)(O^-)-O^- + HOH \longrightarrow HO-P(=O)(O^-)-O^- + ROH$$

リン酸エステル　　　　　　　無機リン酸(P_i)　アルコール

アルコールとリン酸エステルを形成するのと同様に，P_i は**無機二リン酸** inorganic pyrophosphate（無機ピロリン酸ともいう．ピロ (pyro) は火を意味し，二リン酸は高温で P_i から脱水してつくられる）とよばれる**リン酸無水物** phosphoric anhydride をつくることができ，生化学においてこれは普通 PP_i と書かれる．この化合物の加水分解における $\Delta G^{\circ\prime}$ は -33.5 kJ mol^{-1} であり，リン酸エステルの加水分解における値よりかなり大きい．PP_i は高エネルギーリン酸化合物である．

$$HO-P(=O)(O^-)-O-P(=O)(O^-)-O^- \xrightarrow[\Delta G^{\circ\prime}=-33.5 \text{ kJ mol}^{-1}]{+H_2O} 2\ HO-P(=O)(O^-)-O^- + H^+$$

無機二リン酸（PP_i）　　　　　　　　　　　無機リン酸（P_i）

Box 3.1　ヘンダーソン・ハッセルバルヒの式の計算

$$pH = pK_{a2} + \log_{10}\frac{[共役塩基]}{[酸]}$$

$$7.4 = 7.2 + \log_{10}\frac{[HPO_4^{2-}]}{[H_2PO_4^-]}$$

ゆえに，$\log_{10}\dfrac{[HPO_4^{2-}]}{[H_2PO_4^-]} = 0.2$

したがって，$\dfrac{[HPO_4^{2-}]}{[H_2PO_4^-]} = 1.58$

説明を簡単にするため，無水物が高エネルギーとなることを無機二リン酸を例に説明することにする（ATPが細胞内のエネルギー供与体であるとしても，PP_i は一般的には同じようなエネルギー供与体ではない）．リン酸無水物の加水分解に伴うきわめて大きなエネルギーの放出には，いくつかの要因がある．二リン酸基が加水分解されると，二つの負に荷電したリン酸基の間の静電的反発力が和らげられる．二リン酸を合成するという逆反応において，二つのイオンをくっつけるのには，これらのイオン間の静電的反発力に打勝たなくてはいけないということを考えると，この要因はわかりやすい．リン酸無水物の結合をつくるということは，ばねを押込むようなものである．

第二に，反応生成物（この場合，二つの P_i）は**共鳴安定化** resonance stabilization しているということである．これらは（以下に示すように）二リン酸構造よりも多い数の共鳴構造をとりうる．共鳴安定化はエントロピーを増加させ，その結果生成物のエネルギーレベルを低下させるので，この結合を壊すのには多くのエネルギーが必要となる．

P_i において，すべての P−O 結合は部分的な二重結合性をもち，どれか一つの酸素にプロトンが存在するというわけではない．その結果として，エントロピーは増加し，エネルギーレベルは低下する．リン酸イオンのおもな共鳴構造は以下に示すとおりである．

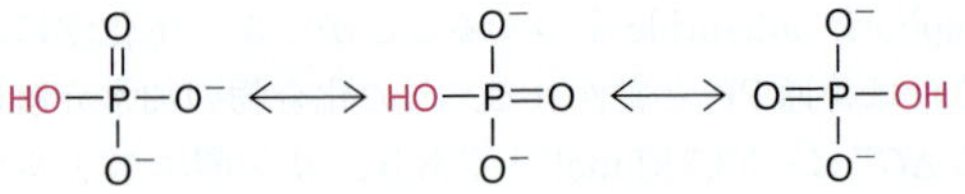

↔ 記号は化学では特別な意味をもっており，⇌ と同じではない．この記号は，異なるイオンの状態を行き来しているという意味ではなく，どれか一つの形として存在しているということでもない．すべての酸素が部分的に負に荷電した中間の状態にあることを示しており，どれか一つの酸素にプロトンが存在しているわけではない．これは，後で述べるカルボン酸やグアニジノ化合物の共鳴構造にも同様にあてはまる．

これらの要素は，リン酸無水物が P_i 形成の方向に傾く平衡定数を示すことを意味している（P_i 形成の方向に大きな負の $\Delta G^{\circ\prime}$ 値をもつことと同じである）．こうした考え方はどんなリン酸無水物にも，とりわけATPにあてはまる．しかしながら，これまでに議論してきた要素は，リン酸エステルの加水分解にはあてはまらない．このため，リン酸エステルの加水分解からはほとんどエネルギーは放出されないのである．

これまで述べてきたリン酸無水物だけが，生物学的に（最も多い化合物ではあるが）唯一の高エネルギーリン酸化合物であるわけではない．他の三つの種類の化合物が見いだされている．

一つめはリン酸とカルボキシル基から生じた無水物（しばしば**アシルリン酸** acylphosphate とよばれる）であり，加水分解されるときわめて大きな負の $\Delta G^{\circ\prime}$ 値（典型的な例では $-49.3 \text{ kJ mol}^{-1}$）を示す．この大きな自由エネルギーは，二つ生じる生成物，すなわち P_i とカルボン酸（以下に図示する）いずれもの共鳴安定化と関係している．この種の分子の分解が代謝反応で起こる．

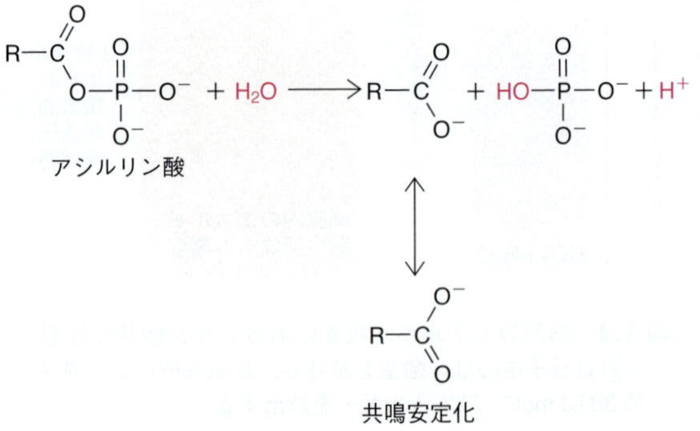

二つめの構造は**グアニジンリン酸** guanidine phosphate（ホスホグアニジン）の構造であり，P_i を生じるこの化合物の加水分解もまた，きわめて大きな負の $\Delta G^{\circ\prime}$ 値（典型的な例では $-43.0 \text{ kJ mol}^{-1}$）を示す．これもまた，生じる両方の生成物の共鳴安定化による．一例としては，筋肉におけるクレアチンリン酸（ホスホクレアチン）がある（第8章）．

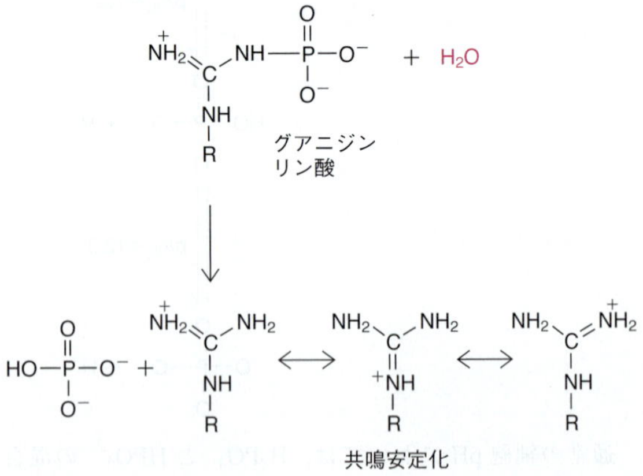

三つめは種類が異なり，エノールリン酸構造をとる．この構造は，**ホスホエノールピルビン酸（PEP）** phosphoenolpyruvic acid という代謝物に見いだされる．この化合物は高エネルギー状態にあるようにはみえないが，リン酸基が外れ，**エノールピルビン酸** enol pyruvic acid 構造がつくられると，自然にケト形のピルビン酸へと形を変えていき，このとき平衡は右へ偏っていく．

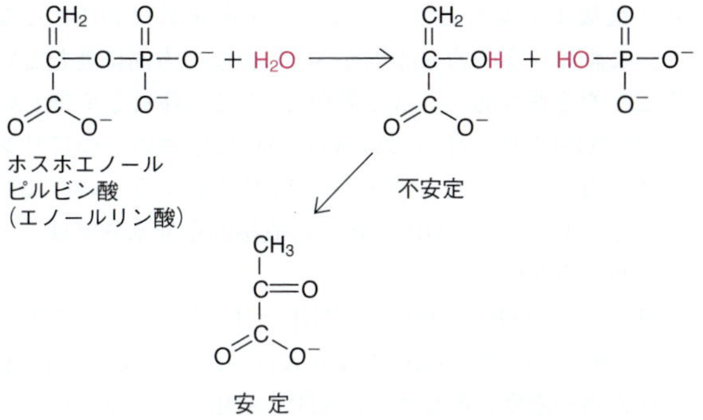

3. 生化学におけるエネルギー的考察

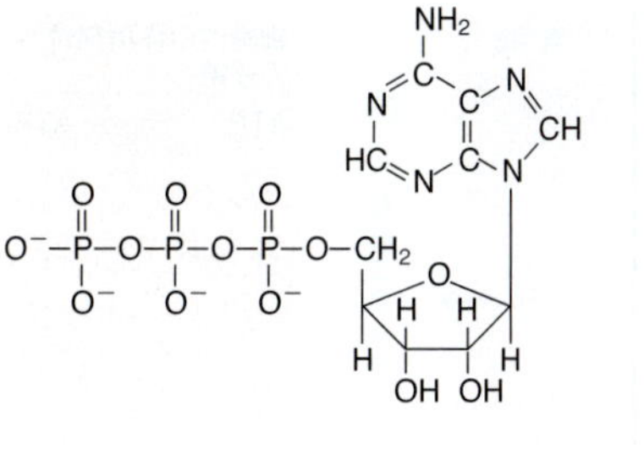

図3.4 アデノシン三リン酸（ATP）の構造

この結果として，ホスホエノールピルビン酸の P_i とケト形のピルビン酸への変換は，$-61.9\ \text{kJ mol}^{-1}$ という $\Delta G°'$ 値を示す．ホスホエノールピルビン酸は解糖系の成分であり，グルコースが分解される際にエネルギーを回収する．

ATPの構造

ここまでは一般的に，高エネルギーリン酸化合物に存在するリン酸基について述べてきた．このために，図3.2では P_i は"高エネルギーリン酸基"となり，その後細胞の中をエネルギーを必要とする場所まで移動するものとして示されている．明らかに，リン酸基−Ⓟは細胞内でその担体として働く他の分子と共有結合していなければならない．そこで，次の疑問が生じる．

何が細胞内で−Ⓟを輸送するか

一般的な運搬体は**アデノシン一リン酸（AMP）** adenosine monophosphate である．AMP それ自体は，比較的低エネルギーのリン酸エステルである．図3.3はアデノシンとその誘導体を概略構造で示したものである．この段階で

は詳しい構造は必要ない．（しかしながら，参考のため，図3.4にATPの詳細な構造を示す．）AMP にもう一つリン酸基が付くと**アデノシン二リン酸（ADP）** adenosine diphosphate に，二つ付くと**アデノシン三リン酸（ATP）** adenosine triphosphate になる．それゆえ，ATP は AMP−Ⓟ−Ⓟ と書くことができる．二つの末端のリン酸は AMP に，すでに PP_i として示してきたものと同じようなリン酸無水物として結合している．前述の二つの残基が加水分解により除去されると大きな $\Delta G°'$ 値が生じるという理由は，この場合にも同様にあてはまる．これまで述べてきたように，AMP それ自体は低エネルギーリン酸エステルであり，二つの−Ⓟ基の運搬体として働く以外に，それ自体が直接エネルギーサイクルに関わることはない．図3.3から，末端にある二つの残基おのおのの加水分解における $\Delta G°'$ は $-30.5\ \text{kJ mol}^{-1}$ であり，これは高エネルギー型であることがわかるだろう．食物が酸化されるか，他の形で分解されると，説明したように，放出されたエネルギーは ADP（AMP−Ⓟ）から ATP への変換と共役する．

$$\text{ADP} + P_i \xrightarrow{+エネルギー} \text{ATP} + H_2O$$

おのおのの細胞は常にごくわずかのATPしか含んでいない．その量はごくわずかの時間しか持続せず，ATP，ADP あるいは AMP は強く荷電しているために細胞膜を拡散し移動することができず，このために細胞が外界からATPを取込むことはできない．おのおのの細胞はこの分子自体を合成しなければならない．このため，ATP は細胞内で非常に速く ADP と P_i に分解され，かつ ATP に再合成されるというように，"代謝回転"または循環しなければならない．ここまでをまとめて図3.2を修正し，ATPや ADP を含めて示す（図3.5）．

いかに ATP は化学的作業を動かすか

細胞が，X−OH と Y−H という二つの反応物から X−Y を合成する必要があり，この変換に関わる $\Delta G°'$ の変化が $12.5\ \text{kJ mol}^{-1}$ であるという状況を想像してみよう．XOH ＋YH→XY＋H_2O という単純な反応はほとんど進まない．なぜなら，$\Delta G°'$ は正の値であり，平衡はかなり左に偏っているからである．この反応を進行させる答えは，以下に

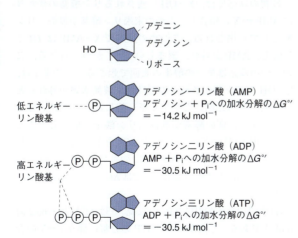

図3.3 アデノシンとそのリン酸化誘導体の模式図．アデノシンはリボースとアデニンをその構成要素としてもつヌクレオシドである．

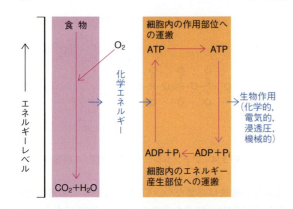

図3.5 細胞のエネルギー収支におけるATPの役割．注意する点は，ある種の作業はATPがAMPになることで起こるが，本文でも述べたように，これが本質的にこの模式図を変えるものではないことである．

示すように，ATPの分解を伴う**共役反応 coupled reaction**を用いることである．共役反応とは二つ以上の反応で，一つの反応の生成物が次の反応の反応物になるものである．ここでは物理的な共役は必要なく，単にこれらの反応の場が同じ化学反応系，たとえば同じ細胞の同じ細胞小器官に存在していればよい．ATPが関与する細胞内のすべての反応は，酵素により触媒される必要があることに注目してほしい．二つのリン酸無水物結合のおのおのの加水分解が発エルゴン反応である（エネルギーを放出する）ことは事実であるが，これはATPが不安定で反応性に富むことを意味しているわけではない．明確にするために，以下，ATPをAMP−Ⓟ−Ⓟと表記することとする．XYを合成する共役反応は以下のように表される．

反応1: XOH + AMP−Ⓟ−Ⓟ → X−P + AMP−Ⓟ
反応2: X−P + YH → X−Y + P_i
1+2の合計: XOH + YH + AMP−Ⓟ−Ⓟ → X−Y + AMP−Ⓟ + P_i

反応1では，リン酸基がATPからX−OHに渡され，X−Pがつくられる．二つめの反応では，リン酸基はYに置き換えられ，無機リン酸が遊離され，X−Yがつくられる．X−Pが系から離れることなく，両方の反応は単一の酵素上で起こるかもしれないが，別の場合にはX−Pが最初の酵素から離れ，二つめの反応が行われる二つめの酵素に移っていくことも考えられる．エネルギーの観点からみると，いずれが起こる可能性も同じである．共役反応全体における$\Delta G^{\circ\prime}$は，共役反応を構成する反応の$\Delta G^{\circ\prime}$の算術的な合計で求められる．はじめに，XOH + YH → X−Y + H_2Oの$\Delta G^{\circ\prime}$を12.5 kJ mol^{-1}であるとした．ATP + H_2O → ADP + P_iの反応における$\Delta G^{\circ\prime}$は−30.5 kJ mol^{-1}である．したがって，反応過程全体における$\Delta G^{\circ\prime}$は−18.0 kJ mol^{-1}となり，この反応は非常に強い発エルゴン反応であ

り，最後まで進むと考えてよい．平衡定数は約10^3となり，これは反応の約99.9％がX−Y合成の方向に進むということを意味する（表3.1参照）．ここで注目してほしいのは，ATPが関与するのはATPから反応物の一つにリン酸基が渡される所で，その後にP_iが遊離するということである．ATPからADPとP_iへの直接的な加水分解はここでは起こらない．

細胞内でATPが分解されADPとP_iになるときの実際のΔG値は$\Delta G^{\circ\prime}$値に比べかなり大きい．なぜなら，ΔG値は反応物の濃度に影響され，ATP，ADP，P_iの細胞内濃度はもちろん1.0 M（$\Delta G^{\circ\prime}$を定義する際の標準濃度）からはかけ離れているからである．もしもこれらの実際の細胞内濃度がわかれば，ATPからADP + P_iに加水分解される際のΔG値を計算することができ（Box 3.2），$\Delta G^{\circ\prime}$よりもエネルギー的に反応を考えるのには好ましい．

前述の反応順序は，ATPの分解に共役する多くの生化学反応にあてはまる．しかし，より一般的に考えると，核酸やタンパク質といった分子の合成において，細胞は反応が確実に不可逆的に起こるようにするために，さらにエネルギー的に効果的な方法を用いている．ATPの一つの−Ⓟを切離しP_iにするのではなく，二つ離すのである．この反応の結果生じる負の$\Delta G^{\circ\prime}$値は十分に大きいため，平衡が傾き，細胞内で反応は完全に不可逆的に起こるようになる．これは次のように行われる．ここでは再び，XOH + YH → X−Y + H_2O を例とする．

反応1: XOH + AMP−Ⓟ−Ⓟ → X−AMP + PP_i
反応2: X−AMP + YH → X−Y + AMP
反応3: PP_i + H_2O → 2 P_i
合計: XOH + YH + AMP−Ⓟ−Ⓟ + H_2O → X−Y + AMP + 2 P_i

最初の反応では，X−OHに渡されるリン酸基の代わりにAMPがXに結合し，二つの末端リン酸基が無機二リン酸として放出される．二つめの反応でX−AMPはYHと反応し，AMPが外れ，望ましいX−Yがつくられる．この二つの反応は単一の酵素の表面で起こる．ここまでは，X−OHがリン酸化され一つだけリン酸無水物が外れるという先に述べた図式とエネルギー的にほとんど違いはない．しかし，別の酵素が無機二リン酸を分解する．ここで，XOH + YH → X−Y + H_2O の$\Delta G^{\circ\prime}$を12.5 kJ mol^{-1}と想定する．ATP + H_2O → AMP + PP_i の反応における$\Delta G^{\circ\prime}$は−32.2 kJ mol^{-1}，PP_iの加水分解では$\Delta G^{\circ\prime}$は−33.5 kJ mol^{-1}である．

ATP + H_2O → AMP + 2 P_i の反応では$\Delta G^{\circ\prime}$は−65.7 kJ mol^{-1}である．したがって，ATPの分解に伴うX−Yの合成過程全体における$\Delta G^{\circ\prime}$は−65.7 + 12.5 = −53.2 kJ mol^{-1}となり，これは実際非常に大きな負の値である．

この機構は，細胞内で無機二リン酸（PP_i）が速やか

3. 生化学におけるエネルギー的考察

> **Box 3.2　ΔG の計算**
>
> $$\Delta G = \Delta G°' + RT\, 2.303 \log_{10} \frac{[生成物]}{[反応物]}$$
>
> ここで，R は気体定数（8.315×10^{-3} kJ mol^{-1} K^{-1}）であり，T は絶対温度（298 K = 25 ℃）である．
>
> ATP, ADP, P_i の濃度は細胞によって異なる．ATP 濃度は通常 2〜8 mM の間にあり，ADP 濃度はこれの 1/10，P_i は ATP と同程度である．しかし，簡単にするためにすべての濃度を 10^{-3} M と仮定してみる．（薄い水溶液の中での反応なので水の濃度は 1 M とする．）ATP の加水分解反応での $\Delta G°'$ は -30.5 kJ mol^{-1} なので，これらの値を先ほどの式にあてはめると，
>
> $$\Delta G = \Delta G°' + RT\, 2.303 \log_{10} \frac{[ADP][P_i]}{[ATP]}$$
>
> $$\Delta G = -30.5 + (8.315 \times 10^{-3})(298)$$
> $$\times 2.303 \log_{10} \frac{[10^{-3}][10^{-3}]}{[10^{-3}]}$$
>
> $$= -30.5 - 17.1 = -47.6\ [\text{kJ mol}^{-1}]$$

に分解されることに依存したものである．私たちは先に，ATP の加水分解が動くためには反応と共役していなくてはならず，単純な加水分解は何にも利用できないと述べてきた．この記述は，PP_i の加水分解が反応を動かすのを助けるとここで述べているのと矛盾しているように思える．しかし，PP_i の加水分解が X−Y の生成を助けるようにみえるのは，反応の生成物（PP_i）を系から除いているためである．これは反応を右方向に移行させる効果をもつ．これは平衡における量作用効果である．PP_i の加水分解を触媒する**無機ピロホスファターゼ** inorganic pyrophosphatase とよばれる酵素を細胞がもつのはこのためである．

この酵素はかつてはあまり重要でないと思われていたが，生化学的な合成反応を動かしており，広く分布している．すでにほのめかしたように，この酵素は同じ化学反応系（同じ細胞）に存在していればよく，X−Y の合成系と物理的に会合している必要はない．変換のすべての流れにおける自由エネルギーの変化が重要である．自由エネルギーの変化の合計は，すべての反応の自由エネルギー変化を算術的に合わせたものになる．

いかに ATP は他の種類の作業を動かすか

化学的作業を実行するのと同様に，ATP の分解は，筋肉の収縮，電気信号の発生，イオンやその他の分子を濃度勾配に逆らって動かすなど，さまざまなものにエネルギーを供給する．この仕組みは本質的には同じである．どのような過程であろうと，供給された ATP の分解は，その結果放出された自由エネルギーが動かすさまざまな仕組みと

共役している．これらの過程についての多くは，次章以降にふれていくことにする．

高エネルギーリン酸基は キナーゼとして知られる酵素により移される

多くの ATP を必要とする細胞内の化学的合成系では，ADP+P_i ではなく AMP+2 P_i を生じる．AMP はそれ自体，食物の酸化系により ATP に変換されることはない．ADP だけが図 3.5 に示すように ATP に変換されることができるのである．しかし，AMP は，ATP から AMP に −Ⓟ を移す酵素により，ADP に変換される．この反応は，

$$\text{AMP} + \text{AMP}-Ⓟ-Ⓟ \rightleftharpoons 2\ \text{AMP}-Ⓟ$$

であり，普通の書き方だと，

$$\text{AMP} + \text{ATP} \rightleftharpoons 2\ \text{ADP}$$

となる．

この酵素は **AMP キナーゼ** AMP kinase とよばれる．キナーゼとは ATP からリン酸基を他へと運んでいく酵素のよび名であり，AMP キナーゼは AMP にリン酸基を移動させることを意味する（AMP はアデニル酸ともよばれ，したがって，AMP キナーゼはアデニル酸キナーゼともよばれる）．この場合，−Ⓟ は一つの分子から他の分子へ，加水分解が生じたりエネルギーの放出が起きたりすることもなく，直接移されることに注目してほしい．この本を読み進めていくと，このように高エネルギーレベルの状態が自由に可逆的に移動することがよく起こることに気づくだろう．こうしてできた ADP（AMP−Ⓟ）は，食物の酸化系に受入れられ，ATP に変換されるのである．

高エネルギーレベルでのこのようなリン酸基の転移に加え，多数の特異的なキナーゼがリン酸基を他の分子へ移動させ，その結果として，比較的低エネルギーのリン酸エステルをつくり出す．このような転移は大きな負の ΔG 値を伴うため，可逆的ではない．生化学のほとんどすべての側面において，このようなキナーゼに出くわすことだろう．

今どの段階にいるのかを明らかにすると，ここではまだ，食物の異化によって ATP を ADP と P_i から合成する仕組みについてはふれていない．これは非常に大きな話題であり，この本の後にある代謝の章のかなりの部分を占めている．また，ATP のエネルギーを用い，いろいろな作業がなされることについても，いまだ大まかにしかふれていない．この本を読み進めていくのに従い，ATP の利用が実際すべての生化学機構に関わっている例に，次から次へと出くわすであろう．

ここからは，化学反応における自由エネルギーの変化に関わるものではあるが，話題を少し変えることにする．

共有結合と非共有結合におけるエネルギーの考察

この章でこれまでに議論してきた化学は，強い結合である共有結合についてのものである．この結合は，二つの水素原子から水素分子が形成される単純な例のように，二つの原子が電子対を共有することにより形成される．

$$H\cdot + H\cdot \rightarrow H:H$$

おのおのの電子は両方の原子の陽性の核に引付けられており，二つの原子を結び付ける．いかなる化学結合が形成されるときも，熱力学第二法則に従い，エネルギーは放出される．化学結合を切断するためには，その結合が形成された際に放出されたのと同じ量のエネルギーが供給される必要がある．共有結合はグルコースのような安定な分子をつくるのに必要である．共有結合が形成されると大量のエネルギーが放出されるために，この結合は非常に安定である．一つ例をあげると，二つのO原子からO_2分子が形成される際の標準エネルギー変化は約-460 kJ mol^{-1}であり，このために，平衡は酸素ガスの中にほとんど自由原子がないような状態にある．溶液中で分子が衝突し，ある種の化学結合を壊すのに必要なエネルギーが生じることはある．しかし，25℃において，溶液中の分子の平均運動エネルギーはたかだか約$4\sim30$ kJ mol^{-1}の範囲にあり，共有結合を壊すのに必要な範囲の量に比べてきわめて小さい．生化学反応においては，共有結合の切断は同時に遷移状態を介する別の結合の形成を伴い，そのために関与する正味のエネルギーは，共有結合を壊すほどのきわめて大きな値に比べるとかなり小さくなる．

ここで，二次的（あるいは弱い）結合ともよばれる**非共有結合 noncovalent bond**などの，異なった種類の分子間相互作用に話を移すことにする．この"二次的"，"弱い"という言葉は，生命におけるこの結合の重要性を誤って伝えてしまう．どんな過程であれ，非共有結合にその仕組みが依存しない生命の過程はほとんどない．

弱く二次的な非共有結合には，原子間での電子対の共有は関与しない．この結合はさまざまな種類の静電的誘引力である．結合形成における自由エネルギーは$0.5\sim40$ kJ mol^{-1}で，結合を壊すのには水分子の熱運動の運動エネルギーで十分であることを意味している．そのため，非共有結合は絶えず自発的に形成と崩壊を繰返す．そのエネルギーはとても小さいために，非共有結合を介し相互作用している分子間にはエネルギーの障壁はない．それゆえに，非共有結合の形成や崩壊には（普通）酵素触媒を必要としない．

非共有結合はグルコースのような個々で安定な単一分子をつくるのには適していない．しかしながら，もしも十分な数のこのような結合が存在すれば，分子がお互いにつながり，巨大分子構造の形成が可能となる．

非共有結合は生命体の分子認識と自己組織化の基礎となる

第1章では，タンパク質分子が他の化学構造を認識し，それに結合することこそが，生命にとって必須の基本となるものであることを説明した．この認識と結合が重要な役割を担うことがない生化学的過程は，実質上存在しない．この認識と結合こそが，生命が自己組織化過程であるといわれる理由である．細胞内に正しいタンパク質を正しい向きと量で配置してみるとよい．そうすれば，これらのタンパク質は相互作用し，生命体が発生してくるだろう．前に述べたように，ウサギのタンパク質を並べれば，ウサギが発生してくるだろう．これが，DNA内の線状で一次元の記号が，さまざまな種類に富んだ三次元の生命体をつくり出すことができるようになる卓越したやり方なのである．

いかにしてこれが達成されるのか．非共有結合がお互い十分近くにある分子の適当な原子の間につくられる．この結合は弱いために，分子をお互いに結び付けておくためには，多くの非共有結合が形成される必要がある．二つの異なったタンパク質は，いくつかの場所で構造上の相補性がある場合にのみ，十分に近くにくることができる．すなわち，これら二つのタンパク質が相補的な形状をもつときにのみお互いに適合し，結合箇所において非共有結合がつくられるのである．さらに，分子がお互いに結び付くためには，十分な数の非共有結合が形成されている必要がある．第三に，結合箇所には弱い非共有結合を形成するのに適切な化学的残基が存在する必要がある．これら三つの必要性をすべて併せ持ち，ランダムなタンパク質分子が出会う確率はわずかしかない．構造上の相補性を適切に進化させてきたタンパク質のみが相互作用できるのである．このため，弱い非共有結合に依存した相互作用はきわめて特異的である．適切な相互作用のみが生じ，それゆえに，特定の生命体に適した分子の集合だけが起こるであろう．さらに二つの例をあげるとすれば，酵素が基質を認識することや，遺伝子を制御するタンパク質がその遺伝子を認識することも同様である（第6章および第26章）．

非共有結合は個々のタンパク質分子や高分子の構造においても重要である

これまで，タンパク質分子間の特異的な相互作用を生み出すうえでの弱い非共有結合の役割について議論してきたが，この結合は個々のタンパク質の構造においても重要である．タンパク質の一次構造とは，長く並んだアミノ酸（第4章）が共有結合し，長いポリペプチド鎖を形成したものである．しかしながら，伸びたポリペプチドの鎖がそのまま機能をもつタンパク質であることはまれである．この鎖はコンパクトな三次構造の形状に折りたたまれる．タンパク質が正しく折りたたまれ，その結果として機能をもつ残基が外側に出て空間的にうまく配置されるのは，ほと

んどすべての場合，ポリペプチドのアミノ酸残基間の非共有的な相互作用によるものである．(血中に放出されるインスリンや消化管に放出される消化酵素のように，細胞外の厳しい世界に直面しなくてはならない少数のタンパク質は，構造の中に少数の鉄の留金をもつかのように，わずかな数のS–S共有結合により折りたたまれた状態で，安定化されている．)

最終的にコンパクトなタンパク質の構造をつくるのに弱い非共有結合が用いられているのにはもっともな理由がある．ほとんどのタンパク質は，機能する際に少しだけ形を変える必要がある分子装置である．これらはリガンドの結合に応答してコンホメーションを変化させなくてはならない．弱い非共有結合がこの変化を可能なものとする．別に示すように，DNAの構造は2本のらせんの間の水素結合（以下参照）によるものである．この2本のらせんは，複製と遺伝子の活性のために分け隔てられなくてはならない．弱い非共有結合はらせんを保つのに十分な強さをもち，必要に応じ壊すのに十分な弱さをもつ．

非共有結合の種類

関連する3種類の結合と結合力を表3.2に示す．すべてが，共有結合した分子の適当な原子の間における静電的誘引力であり，おのおのが異なった強さをもつ．

表3.2 非共有結合の結合力

非共有結合	結合力〔kJ mol^{-1}〕
ファンデルワールス力	0.4〜4
水素結合	12〜30
イオン結合	20

イオン結合

イオン結合 ionic bond は，負に荷電したイオンと正に荷電したイオンの間の誘引力である．典型的な例としては，負に荷電したカルボキシ基と正に荷電したアミノ基との誘引力がある．この結合には固有の方向性があるわけではなく，その残基が分子の限定された場所に存在するために，特定の分子認識に関わることができる．

$$-COO^- \cdots\cdots H_3N^+-$$

比較のためにあげると，共有結合の結合力は典型的な場合，数百 kJ mol^{-1} 程度である．C–C結合の結合力は約 350 kJ mol^{-1} である．

水素結合

水素結合 hydrogen bond は極性分子の原子の間の静電的誘引力であるが，完全に電離したイオン残基によるものではなく，正と負に荷電が傾いたときに生じる弱い電気的双極子モーメントによるものである．共有結合は全体としてみると電気的に中性であるにも関わらず，その結合は弱い極性をもつ性質を示す．一例としては水分子がある．

$$\delta^+ H \overset{O^{\delta-}}{} H^{\delta+}$$

水素原子は酸素原子に，水素原子間の角度が104.5°となるように結合しており，片方の端に酸素原子，もう一方の端に二つの水素原子がくるような非対称性の形をしている．O–Hの共有結合は共有電子対の結果としてできているが，酸素は電気陰性度が高い原子であるため，共有電子は完全に均等に共有されているわけではない．酸素原子は，結合上共有されている電子を水素より自分に近い方に引付けている．その結果，水素は部分的な弱い正電荷（δ+）を帯び，酸素は部分的な弱い負電荷（δ−）を帯びるため，隣り合った水分子のOとHの原子の間で弱い誘引力が生じる．この誘引力が水素結合である．酸素原子は二つの水素結合，水素原子は一つの水素結合をつくることができるので，一つの水分子は四つの他の水分子と結合する．このことは水が密に詰まった構造となっていることを意味している．水分子上の弱い電荷は，他の極性分子の間の静電的誘引力にも多大な影響を及ぼす．なぜならその誘引力が部分的に電荷を中和するからである．

どんな分子中の水素原子でも，電気陰性度が高い原子と結合していれば水素結合を形成することができる．生化学において重要な電気陰性度が高い原子には窒素や酸素がある．水素結合には，水素結合をする相手に電気陰性度が高い原子もまた必要であるが，これら相手の原子も普通，窒素や酸素である．

生化学においてよくみられる種類の水素結合を以下に図示する．ここで，水素結合は点線で示す．

$$-O-H \cdots\cdots O-$$
$$-O-H \cdots\cdots N-$$
$$-N-H \cdots\cdots O-$$
$$-N-H \cdots\cdots N-$$
$$-N^+-H \cdots\cdots O-$$

イオン結合と対照的に，水素結合には高度な方向性があり，すべての原子が直線に並んだときに，最も強い結合力を示す．

ファンデルワールス力

ファンデルワールス力 van der Waals force は，近くに配置された原子の間に生じる弱い誘引力を表すのに用いられる総称である．原子は全体として電気的に中性であるが，非常に弱い一過性の極性が存在する．いずれの原子に存在する電子も常に揺らいでいる．どの時点においても，電子は均一に分布しているわけではなく，そのために原子核の

周りの電子密度には一過性の揺らぎが生じている．これは，原子における負電荷の分布は不規則に変動しているため，いかなる時点においても原子のある部分はわずかに正に，ある部分はわずかに負に荷電していることを意味している．この結果としてさらに，近傍の原子における電子の分布にも影響を及ぼしている．ある一つの原子における負電荷は近傍の電子と反発して局所的な正電荷を生み出し，さらに二つの原子の間に静電的誘引力を生じさせる．

ファンデルワールス力はいかなる二つの原子の間でも生じる．そのためには，二つの原子の電子殻がほぼ接触するくらい原子と原子の間が近い状態にあることが必要である．この原子間の誘引力は距離の6乗に反比例する．このため，誘引力が生じるには二つの原子は非常に近くにあることが必須である．しかし，もしも二つの原子が近すぎて電子殻が重なるような状態にあると，反発力が生じる．要するに，原子間が適当な距離にあることがファンデルワールス力が生じるのには必要である．このことは，二つの異なるタンパク質の間でファンデルワールス力が生じるためには，この力が生じる両タンパク質の接点において構造の適切な相補性が存在しなくてはならない．この誘引力はきわめて弱いものではあるが，数多く存在すれば重要なものとなる．

疎 水 力

疎水力 hydrophobic force（疎水性相互作用 hydrophobic interaction）は疎水性分子（第1章）の間の結合には関与しないが，疎水性分子同士を結び付けるもので多くの生体分子の分子構造を決定するうえで重要である．糖のように水素結合を形成することができる親水性（極性）分子は水に溶ける．なぜなら，このような分子は水分子の間の水素結合を破壊する（エネルギー要求性）にも関わらず，自分自身が水分子と水素結合をつくる（エネルギー放出性）ことができ，エネルギー的に水に溶けるという過程を可能なものにするからである．NaClのような塩も水に溶ける．これは，Na^+とCl^-が水和殻に取囲まれるようになるからである．この場合，イオン同士の間よりもイオンと水の間の誘引力が勝り，これを引離そうとすると，結晶の状態にあるよりもエントロピーの増大につながってしまう．逆に，オリーブ油のような非極性分子を水に溶かそうとすると，油分子は水分子の間の水素結合の間に入り込もうとする．水素結合はきわめて高い方向性をもっているために，油分子の周りの水分子はそれ自体で並び直し，油分子と結合をつくったりはしない．このより高度に整列した状態は，水分子がランダムに存在している状態（エネルギーが高い状態）に比べてエントロピーレベルが低く，このため油が水に溶けるということは熱力学第二法則に逆らってしまう．非極性分子は，油/水界面の面積をできるだけ小さくするためにお互いに結合する．オリーブ油は油滴とな

り，そして自由エネルギーを最小にするために別の分かれた層を形成する．疎水基はタンパク質，DNAや他の細胞分子に存在し，この本の後に学ぶように，疎水力はこれらの分子の構造をつくり出すうえで重要な役割を果たす．生細胞においてこのような疎水基を水から隠すことが何を決めていくかは，とても重要なことである．

生命におけるエネルギー的考察についての序論をもとに，続く五つの章の主題として，タンパク質の構造と機能についてふれることにする．ここでは，タンパク質の構造，タンパク質研究法，酵素，生体膜，分子モーター，および細胞骨格について扱う．これらのトピックスはこの本の中ほどで大きな部分となる代謝を理解するのに必要なものである．

付録：緩衝液とpK_a値

生化学において，緩衝液とpK_a値とは何かを理解することはきわめて重要である．この項目を章末に付録として載せたのは，本文の流れを邪魔しないためと，多くの人たちは化学の学習ですでに学んでいるからである．

生細胞のpHは7.2〜7.4の間に保たれている（pHとは，mol L^{-1}で表したH^+濃度の10を底とする対数に負記号を付けたものである）．HClが分泌される胃の中とか，プロトンポンプで酸性に保たれているリソソームなど特別な場合もあるが，その他の場合は，細胞や循環している体液のpHは狭い範囲に維持されている．代謝過程では乳酸や酢酸といった酸がつくられたり，血液中ではCO_2が炭酸（H_2CO_3）に変換されたりするという事実にも関わらず，大きな範囲でみればpHは保たれているのである．

このpHの安定性は，大部分が弱酸の緩衝作用によるものである．ここでいう酸とは水素イオン（プロトン）を放出することができる分子ということであり，塩基とはプロトンを受取ることができるものである．

カルボン酸が解離すると，プロトンを遊離する．

$$R\,COOH \rightleftharpoons R\,COO^- + H^+$$

もう少し一般的に書くと，酸に関する式は以下のようになる．

$$HA \rightleftharpoons H^+ + A^-$$

酸はその解離の程度がさまざまである．強酸は弱酸よりも容易に解離する．これがいってみれば，0.1 Mのギ酸（HCOOH）溶液が0.1 Mの酢酸（CH_3COOH）溶液より低いpHを示す理由である．おのおのの酸の解離の程度は解離定数K_aで定量化される．K_aの値が大きいものほど解離の程度が大きく，強酸ということになる．

$$K_a = \frac{[H^+][A^-]}{[HA]}$$

酢酸の場合，$K_a=1.74\times10^{-5}$ である．この K_a の値は生化学者などにはあまり用いられない．なぜなら，酸の強さを表すには，pK_a 値というもっと便利な別の方法があるからである．二つの値の関係は次の式で表される．

$$pK_a = -\log_{10}K_a$$

この結果，酢酸の pK_a は 4.76，ギ酸の pK_a は 3.75 となる．この値は酸の 50%が解離している pH を示している．pH が増加すると（すなわち，H^+ 濃度が低下すると），酸はさらに解離するようになる．pH が減少すると（H^+ 濃度が増加すると），逆の現象が生じる．これは十分に予想されることであるが，$HA \rightleftharpoons H^+ + A^-$ における平衡が H^+ 濃度に影響を受けるからである（図 3.6）．

アミン塩基もまた，イオン化すると解離してプロトンを遊離することができるため，pK_a 値をもっており，この意味では酸である．

$$R\,NH_3^+ \rightleftharpoons R\,NH_2 + H^+$$

この場合も，pH が増加すると（H^+ 濃度が低下すると）アミン塩基の解離は進み，イオン化は減少する．カルボン酸でもアミン塩基でも，H^+ 濃度の増加（pH の低下）はプロトン化を促進する．その違いは，カルボン酸のプロトン化はイオン型の量を減らすのに対し，一方，アミン塩基の場合はイオン型の割合が増加することである（図 3.6）．

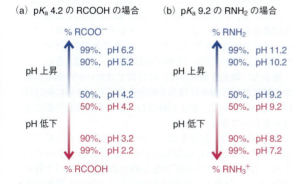

図 3.6 イオン化に与える pH の影響．(a) –COOH，(b) –NH$_2$ 基の場合．R. Rogers のご好意による．

pK_a 値と緩衝液の関係

0.1 M の酢酸溶液をとり，これに 0.1 M の NaOH 溶液を徐々に加え，各段階で pH を測定していくと図 3.7 に示したような曲線が得られる．

滴定の最初では，加えた OH^- は存在している H^+（酢酸は少しだけ解離している）を中和し，pH は急激に上昇する．しかしながら，pH が酢酸の pK_a 値に近づき始めると，さらに NaOH 溶液を加えても，酢酸が CH_3COO^- に解離し H^+ を遊離し，この H^+ が OH^- を中和するために，

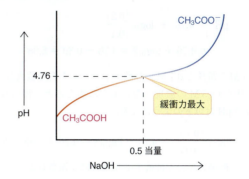

図 3.7 酢酸の滴定曲線（pK_a=4.76）

酢酸が完全にイオン化するまで pH の変化は比較的小さくなる．この反応は次のように表される．

$$CH_3COOH + OH^- \rightarrow CH_3COO^- + H_2O$$

（酢酸ナトリウムは完全に解離していることに注意してほしい．）

同様に，pH が逆の側から酸を加えた場合も，以下のような反応が起こるため，pH はほとんど変化しない．

$$CH_3COO^+ + H^+ \rightarrow CH_3COOH$$

これが酢酸のもつ pH の緩衝効果である．緩衝作用は pK_a 値において最大となるため，酢酸イオンと酢酸の等モル混合物は pH が pK_a 値のとき最も強い緩衝効果を示す．大雑把にいえば，生化学では，役立つ緩衝液は pK_a のだいたい±1 をカバーするものである．酸と共役塩基を含む溶液の pH は，ヘンダーソン・ハッセルバルヒの式を使って以下のように計算できることができる．

$$pH = pK_a + \log_{10}\frac{[プロトン受容体]}{[プロトン供与体]}$$

あるいは，しばしば次のように表される．

$$pH = pK_a + \log_{10}\frac{[共役塩基]}{[酸]}$$

酢酸と酢酸ナトリウムのどのような混合物の pH もこの式から計算することができるため，目的とする pH の緩衝液をどのような組成にするのかもこの式より決定することができる．

0.1 M の酢酸と 0.1 M の酢酸ナトリウムを含む溶液を例とすると，

$$pH = 4.76 + \log_{10}\frac{[0.1]}{[0.1]}$$
$$= 4.76 + 0 = 4.76$$

0.1 M の酢酸と 0.2 M の酢酸ナトリウムを含む混合溶液だとすると，

$$\text{pH} = 4.76 + \log_{10}\frac{[0.2]}{[0.1]}$$
$$= 4.76 + \log_{10}2 = 4.76 + 0.30 = 5.06$$

0.1 M の酢酸と 0.1 M の酢酸ナトリウムを含む緩衝液に，NaOH を 0.05 M の濃度になるように加えると，得られる溶液の pH は以下のようになる．

$$4.76 + \log_{10}\frac{[0.15]}{[0.05]} = 4.76 + \log_{10}3 = 4.76 + 0.48 = 5.24$$

（酢酸の半分が酢酸ナトリウムに変換される）

酢酸と酢酸イオンの混合物は生理的な pH の値ではほとんど緩衝能力をもたないが，生体における実際の pH 7 に近い pK_a をもつ化合物があれば，効果的な緩衝液となる．その中で最も重要なのは，リン酸イオンとその誘導体である．リン酸は先に示したように三つの解離基をもっており，その中の二つめ（$H_2PO_4^- \rightleftharpoons HPO_4^{2-} + H^+$）の p$K_a$ 値は 6.86 であるため，リン酸は細胞の pH では優れた緩衝液となる．

もう一つの緩衝作用をもつ構造としては，6 付近の pK_a 値をもつ，タンパク質のヒスチジン残基のイミダゾール基の窒素がある．この解離は以下のように示される．

緩衝作用はとても簡単に観察される．蒸留水を試験管にとり（普段は溶けている CO_2 によってわずかに酸性となっている），NaOH で pH を 7.0 に合わせてから，数滴の 0.1 M の HCl を加えると，pH は急激に低下する．一方，0.1 M のリン酸ナトリウムを試験管にとり，同様に pH を 7.0 に合わせてから同じ量の HCl を加えても，リン酸イオンの緩衝作用のために pH はほとんど変化しない．

このようにして，pK_a 値が 7 近くになる化合物の緩衝作用は，細胞や体液を pH の大きな変化から守ってくれる．

要 約

化学反応におけるエネルギー変化は，細胞の生化学の確かな指標となる．最も役立つ値は自由エネルギー変化（ΔG）であり，この値は必要な活動を行うために利用できる反応におけるエネルギー変化を表している．ΔG 値は，反応の平衡定数を求めるのに用いることもできるし，細胞においてその反応が可逆的か否かを知る目安ともなる．

食物の分解により得られる自由エネルギー（利用できるエネルギーを表す専門用語である）は，生命における最も普遍的なエネルギー運搬体である ATP の合成に用いられる．

食物分子の異化（分解）は，エネルギーを運搬する仲介者である ATP を介して，同化（分子の合成）を駆動する．ATP は高エネルギーリン酸化合物とよばれる．末端の二つのリン酸基の遊離は大量の自由エネルギーを生み出し，このエネルギーがすべての種類の細胞反応と共役する活動を実行するのに利用される．細胞には他にも高エネルギー化合物が存在し，これらは ADP にリン酸基を結合させ ATP をつくることができる．

弱い非共有結合は，生命において重要な部分を担う．非共有結合には，水素結合，イオン結合やファンデルワールス力がある．共有結合とは異なり，その結合の形成や解離には少しの自由エネルギーしか必要とせず，酵素触媒なしに生じる．非共有結合が重要なのは，分子間の結合が多数の非共有結合に依存するからである．結合に関わる原子が十分に物理的に近くにありさえすればこの結合は生じる．このことは，お互いに相補的な結合部位を形成する分子のみが非共有結合力により結合するということを意味している．この相補的な形状が，すべての生命活動が依存するタンパク質による分子認識（生物学的特異性）の基礎となる．

疎水力（疎水性相互作用）は結合ではないが，細胞の水性環境において疎水性残基や疎水性分子をお互いに結び付けることによって，分子の構造および分子間相互作用に寄与するものである．

非共有結合は，分子をお互い特異的に認識したり結合させたりするうえで必須のものであり，ほとんどすべての生化学過程において不可欠なものである．タンパク質や DNA といった分子の形成においても，タンパク質複合体の形成においても必須である．非共有結合は容易に解離し，構造に柔軟性を与えるという点で有利である．たとえば，二重らせんの二つの DNA 鎖は水素結合によりお互い結び付いているが，DNA が複製されるためには，この鎖はいったん離れ再形成されなければならない．

問 題

1 70 kg の体重の人間が 1 日当たり必要な 10,000 kJ のエネルギーを食物から摂取すると仮定する．さらに，この食事で ADP と P_i から ATP を合成するのに用いる自由エネルギーの効率は 50 ％ であるとする．細胞内で，ADP と P_i が ATP に変換される際の ΔG は約 55 kJ mol^{-1} である．この人間が 1 日当たり合成する ATP

の全量を二ナトリウム塩（分子量 551）として計算し求めよ．

2 ATP が ADP と P_i に加水分解される際の $\Delta G^{\circ\prime}$ は，30.5 kJ mol^{-1} である．それではなぜ，問1で ADP と P_i が 1 mol の ATP に合成されるのに必要な自由エネルギーを 55 kJ mol^{-1} であると仮定したのか，説明せよ．

3 ATP の ADP と P_i への加水分解と，ADP の AMP と P_i への加水分解は，いずれも $\Delta G^{\circ\prime}$ 値が -30.5 kJ mol^{-1} であるが，一方，AMP のアデノシンと P_i への加水分解の $\Delta G^{\circ\prime}$ 値は -14.2 kJ mol^{-1} である．この大きな値の違いは何によるのか．

4 次の事項を説明せよ．
(a) なぜベンゼンは水にほとんど溶けないのか．
(b) なぜグルコースのような極性分子は水に溶けるのか．
(c) なぜ NaCl は水に溶けるのか．

5 細胞において，ADP は食物の異化によるエネルギーを用いて ATP に変換されるが，この ATP をつくる仕組みに AMP が利用されることはない．一方，ATP を AMP に変化する多くの合成反応がある．AMP はどのように ATP に戻るのか．

6 ATP が AMP と PP_i に分解される反応と共役して，XOH と YH から化合物 XY を合成する反応を触媒する酵素がある．XOH+YH → XY+H$_2$O という反応の $\Delta G^{\circ\prime}$ 値は 10 kJ mol^{-1} である．この酵素反応の $\Delta G^{\circ\prime}$ 値を（a）細胞内，（b）完全に精製した酵素を用いた場合で求めよ．その答えが求まる理由を説明せよ．（ATPの AMP と PP_i への加水分解と，PP_i の加水分解の $\Delta G^{\circ\prime}$ 値は，それぞれ -32.2 kJ mol^{-1}，-33.4 kJ mol^{-1} である．）

7 異なったさまざまな種類の非共有結合の生物系における重要性とは何か，また，おおよそのエネルギーはどれくらいか．その結合の形成に酵素触媒を必要としないのはなぜか．その結合が弱いのに重要なのはなぜか．

8 リン酸の pK_a 値は，2.2，7.2，12.3 である．
(a) pH 0，pH 9，pH 14 ではどのイオン型が多いか．
(b) 等モルの NaH$_2$PO$_4$ と Na$_2$HPO$_4$ の混合物の pH はいくつか．
(c) 生理的 pH に近い緩衝液をつくりたいが，タンパク質にみられる 20 個のアミノ酸しか使えない場合，どのアミノ酸を用いるのが最も適当か．

9 基本的に，すべての生物系はタンパク質と他の分子（これもタンパク質の場合が多い）との特異的相互作用を含む．この特異的相互作用はいかにつくられるか．

10 "高エネルギーリン酸結合" という Lipmann により 1940 年に提唱された用語は，生物エネルギーという概念の発展においてきわめて重要であった．その際用いられた波線の記号は便利で簡単なのでときどき用いられてきたが，化学的には正確でないために使われなくなってきている．これについて考察せよ．

11 適当な条件のもと化学反応を生じさせる基本的な駆動力は何か．言い換えれば，なぜ反応は生じるのか．

12 熱力学第二法則は，すべての反応は系全体のエントロピーを増加させなければならないと規定しているが，生細胞は，生細胞が構築されるもととなる外部環境中に存在するランダムな状態の分子よりも低いエントロピーレベルにある．これは，生細胞が第二法則から逃れた宇宙における孤島のようなものであることを意味しているのだろうか．答えを説明せよ．

13 "自由エネルギー" とはどういう意味か．

14 エントロピーとは何か．その重要性を簡単に考察せよ．

II

タンパク質と膜の構造と機能

- **4** タンパク質の構造 44
- **5** タンパク質研究法 72
- **6** 酵 素 86
- **7** 細胞膜と膜タンパク質 103
- **8** 筋収縮，細胞骨格，分子モーター 127

タンパク質の構造

4

　今まで述べてきたように，いくら公平にみても，タンパク質に勝るような優れた性質をもつ分子が宇宙全体においても存在するとは考えにくい．生命は数千もの異なったタンパク質に依存しており，これらタンパク質の構造は，個々のタンパク質が絶妙な正確さで別々の分子と結合できるように設計されている．細胞内の化学反応やほとんどすべての細胞活動はこれに依存している．タンパク質は本質的に生命におけるすべてをこなす．タンパク質は役馬のようなものであり，またほとんどすべての生物学的構造の基礎を成している．DNA暗号に基づく精巧な遺伝の装置があるおかげで，適切なタンパク質が適切なときに適切な量，そこに存在する．

　タンパク質は基本的な化学構造において，DNAほど大きくはないが，DNAより複雑な分子である．タンパク質は20個の異なる種類のアミノ酸が長く糸のようにつながったものであるが，一方，DNAはたった4種類の異なる"積み木"からできている．

　この章では，幅広い活性をもつ，この優れた分子の構造について扱う．その万能性は，実質無限の数の異なったタンパク質が理論上存在するという事実に基づく．タンパク質がもつ特徴的な性質として，それぞれ固有の構造や形状をもつにも関わらず，多くが機能を発揮する過程で三次元構造を変化させる柔軟性をもつ分子であることがあげられる．このようなタンパク質は不活性な化学分子というよりむしろ分子装置であるとみなすことができる．ヘモグロビンは古くから知られる例の一つである．筋肉の収縮（第8章）は，タンパク質分子のコンホメーション変化の結果，生物学的機能を発揮する最も注目すべき一例である．原子群のきわめて小さな原子運動が動物の筋肉の大きな収縮をもたらすことは注目に値する．この章では，一般的にタンパク質の構造を扱うとともに，さまざまな種類のタンパク質の構造がその固有の機能を成し遂げるためにいかに進化してきたかにもふれる．酵素はもちろん重要なタンパク質であるが，その詳細については第6章で議論することにする．膜タンパク質は特殊な性質をもっているが，これについては第7章で議論する．

　タンパク質はポリペプチド鎖でできている．ある種のタンパク質分子は複数のポリペプチド鎖を含む．ポリペプチド鎖は，多数のアミノ酸がお互いにつながってできており，その数は50個から数千個に及ぶ．20種類の異なったアミノ酸構造がそのポリマーをつくるのに用いられている．

タンパク質の合成に用いられる20種類のアミノ酸の構造

　アミノ酸 amino acid は，生命体が必要とするさまざまなタンパク質をつくり出すために進化してきた積み木である．20種類以上のアミノ酸が自然界には見いだされるが，このうちFrancis Crickが"マジック20"とよんだアミノ酸のみがタンパク質の合成には使われる（少数のタンパク質が例外的な機構によりセレノシステインを組入れているが，これについては第25章参照）．同じ20種類のアミノ酸が地球上のすべての生命体において用いられる．異なった形，大きさ，化学的性状，極性が，異なるタンパク質の構造を"試してみる"過程に進化上の柔軟性を与えてきた．そして，自然選択の結果，どのようなものが遺伝子機構を通じ適しているか，決定されたのである．

　α-アミノ酸のイオン化していない構造を（a）に示す．アミノ酸は中性の水溶液の中では（b）に示す両性イオンとして存在する．

(a) $\quad \overset{\alpha}{\text{H}_2\text{N}-\text{CH}-\text{COOH}}$　　(b) $\quad \overset{\alpha}{{}^+\text{H}_3\text{N}-\text{CH}-\text{COO}^-}$
$\qquad\qquad\quad\;\;|\qquad\qquad\qquad\qquad\quad\;\;|$
$\qquad\qquad\quad\;\text{R}\qquad\qquad\qquad\qquad\quad\;\text{R}$

　どのアミノ酸も，実際は**イミノ酸** imino acid であるプロリンを除いて，同じ$\text{H}_2\text{N}-\text{CH}-\text{COOH}$という部分をもち，$\alpha$炭素原子に結合するR残基だけが異なっている．R残基，すなわち**側鎖** side chain を以下，赤色で示す．

　不斉炭素原子をもたないグリシンを除いて，タンパク質を構成するアミノ酸はL立体配置をとっている．図4.1に

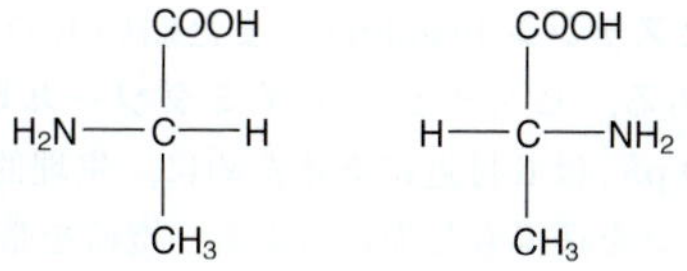

図 4.1 L-アラニンと D-アラニンの立体異性体．この投影法では，縦線は紙面の裏側に向かう結合，横線は紙面の表側に向かう結合を示している．二つの立体異性体は互いに鏡像の関係にある．

は L 体と D 体のアミノ酸を示す．二つのうち一方はもう一方の鏡像体である．生物学においては特にアミノ酸を L 立体配置であると特定する必要はない．なぜなら，D-アミノ酸に遭遇するのはまれであり（おもに特定の微生物構造においてである），そのときに特定すればよい．

アミノ酸の略号

表 4.1 に示すように，アミノ酸の省略の仕方には 2 種類ある．古くから使われてきた 3 文字表記はわかりやすいので，今なお短い配列を示すときに用いられる．今ではより一般的に用いられる 1 文字略号は簡単には覚えられないが，長い配列を示すのには扱いやすいし，データベースの容量の節約になる．

アミノ酸はその側鎖の構造や性質により分類される．分類に用いられる基準やどこに注目してグループ分けするかには多少の違いはあるが，側鎖の**疎水性** hydrophobic か**親水性** hydrophilic か（"水を嫌う" か "水になじむ" か）の性質が特に重要である．なぜならこの性質が，問題になっているアミノ酸が他の化学基といかに相互作用するかのおもな決定要因であるからである．親水性アミノ酸は生理的 pH で荷電しているか，極性をもつ（電荷が一様には分布していない）側鎖をもっている．pK_a の項目に戻り（第 3 章），pH と化学基の荷電との関係を思い出してほしい．イオン化した側鎖をもつアミノ酸の pK_a 値を表 4.1 に示す．

脂肪族アミノ酸

脂肪族アミノ酸（脂肪族とは開かれた環状でない構造を意味する）には**グリシン** glycine，**アラニン** alanine，**バリン** valine，**ロイシン** leucine，**イソロイシン** isoleucine がある．

グリシンは側鎖が H と最も小さく，唯一 L 体，D 体をもたないアミノ酸である．その小さいサイズと強い疎水性も親水性も示さない性質のために，グリシンはタンパク質構造における小さな空間に柔軟にはまる．

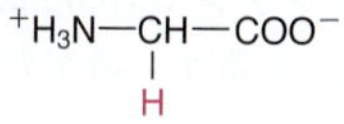

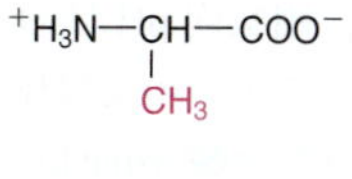

アラニン，バリン，ロイシン，イソロイシンは，この順に疎水性が増していく側鎖をもつ．後ろ三つは，**分枝側鎖脂肪族アミノ酸** branched-chain aliphatic amino acid として知られる．

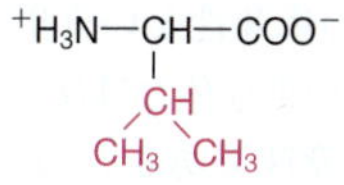

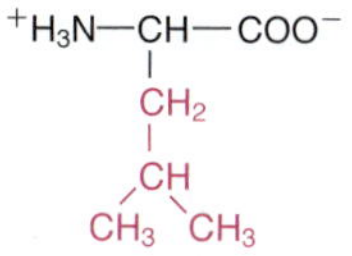

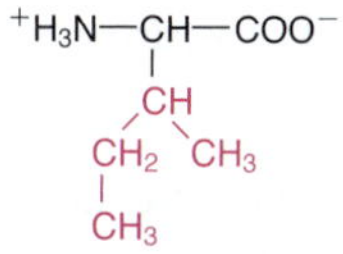

表 4.1 アミノ酸の 1 文字略号と 3 文字略号．イオン化する側鎖のおおよその pK_a 値を示してある．pK_a 値は側鎖の周りの微小環境（温度，イオン強度，周辺の化学基）に影響を受け，そのため，アミノ酸がタンパク質に取込まれている際にはいくらか変化することに注意してほしい．

アミノ酸	1 文字略号	3 文字略号	側鎖の pK_a
アスパラギン	N	Asn	
アスパラギン酸	D	Asp	3.9
アラニン	A	Ala	
アルギニン	R	Arg	12.5
イソロイシン	I	Ile	
グリシン	G	Gly	
グルタミン	Q	Gln	
グルタミン酸	E	Glu	4.1
システイン	C	Cys	8.4
セリン	S	Ser	
チロシン	Y	Tyr	10.5
トリプトファン	W	Trp	
トレオニン	T	Thr	
バリン	V	Val	
ヒスチジン	H	His	6.0
フェニルアラニン	F	Phe	
プロリン	P	Pro	
メチオニン	M	Met	
リシン	K	Lys	10.5
ロイシン	L	Leu	
不特定または不明なアミノ酸	X	Xaa	

メチオニン methionine はかなり特殊な疎水性脂肪族アミノ酸である（タンパク質の構造においてというより，メチル基代謝に関わるという点で特殊である）．

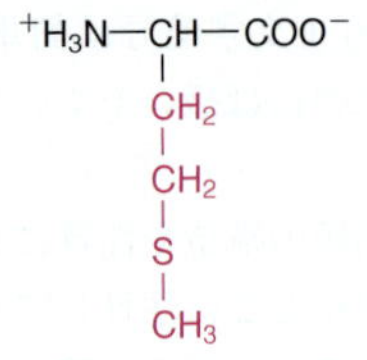

メチオニン

芳香族アミノ酸

次に，大きな疎水性側鎖をもつ芳香族アミノ酸（これらは環状の平面構造をもつ）に話を移す．

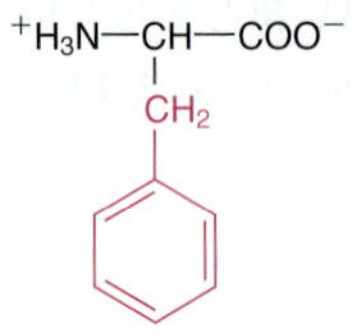

フェニルアラニン 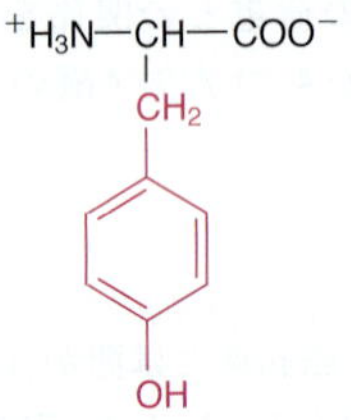　チロシン 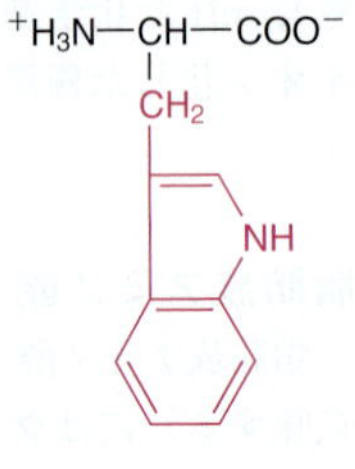　トリプトファン

フェニルアラニン phenylalanine は明らかに疎水性であるが，**チロシン** tyrosine は極性のある OH 基をもち，水素結合を形成することができる．しかしながら，チロシンの芳香環は大きく疎水性なので，親水性にも疎水性にも分類できる．**トリプトファン** tryptophan も同様にその NH 基で水素結合を形成できるが，環が大きく，どちらかというと疎水性である．

イオン化した親水性アミノ酸

イオン化した官能基は親水性である．酸性アミノ酸（側鎖にもう一つ－COO⁻をもつもの）は，細胞の pH では負に荷電しており，そのために親水性である．塩基性アミノ酸は余分な正電荷をもち，こちらも同様に親水性である．（ここでの塩基性という用語は，細胞内 pH における酸性プロトンの供与体とは反対に，プロトンの受容体として働くという意味である．）**アスパラギン酸** aspartic acid と**グルタミン酸** glutamic acid はいずれも酸性の側鎖をもち，生理的 pH において負に荷電している場合には，**アスパラギン酸イオン** aspartate と**グルタミン酸イオン** glutamate となる．

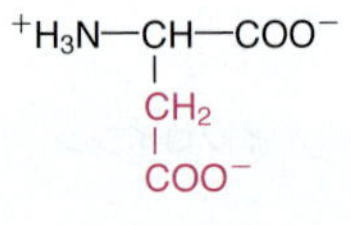

アスパラギン酸 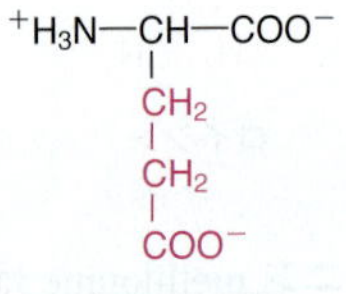　グルタミン酸

リシン lysine と**アルギニン** arginine は強い塩基性側鎖をもち，**ヒスチジン** histidine もまた弱いものの塩基性アミノ酸である．ヒスチジンの**イミダゾール環** imidazole ring 構造の pK_a は 6 付近にあるために，生理的 pH では容易にプロトンを獲得もし失いもする．電荷を帯びたアミノ酸の側鎖は水素結合や塩橋をつくることができる．塩橋とは，正電荷をもつ官能基と負電荷をもつ官能基の間のイオン結合である．

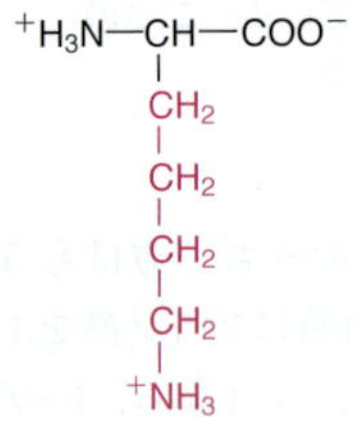

リシン 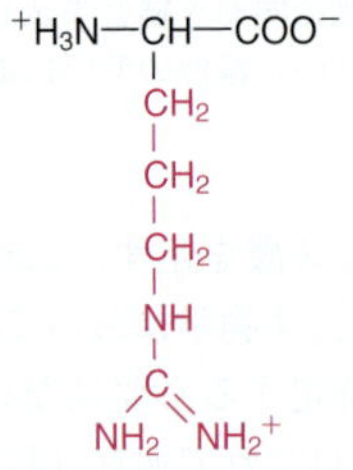　アルギニン 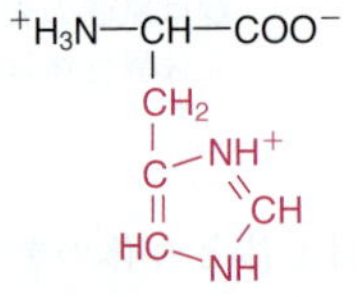　ヒスチジン

荷電していない極性をもつ親水性アミノ酸

アスパラギン asparagine および**グルタミン** glutamine という，アスパラギン酸とグルタミン酸それぞれのアミド誘導体も存在する．アミド基は極性をもつが，イオン化しないため，アスパラギン酸やグルタミン酸より親水性が低く，弱い水素結合しか形成しない．

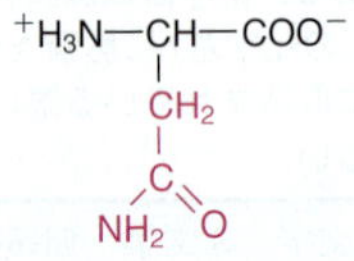

アスパラギン 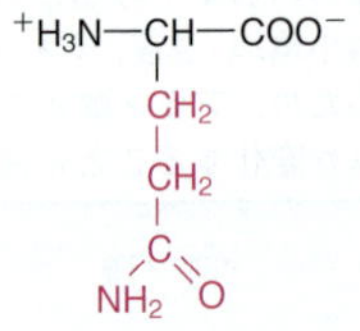　グルタミン

セリン serine と**トレオニン** threonine の側鎖は，いずれもイオン化されていないが，弱い親水性を示す．これらはいずれも自身の極性をもつ OH 基により水素結合を形成することができる．

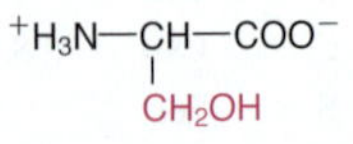

セリン 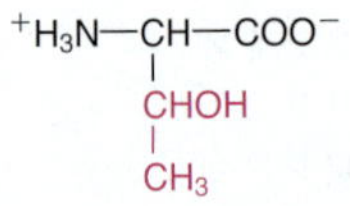　トレオニン

特殊な性質をもつ二つのアミノ酸

システイン cysteine はセリンと似ているが，－OH の代わりに－SH〔スルフヒドリル（チオール）基〕をもつ．硫黄は酸素より電気陰性度が弱いために，SH 基の極性は強くなく，普通システインは疎水性に分類される．システインはタンパク質の構造において二つの特別な役割を担う．すなわち，酵素の活性中心などで外側に向けて SH 基

を提供することと，分子内で共有結合である−S−S−結合（ジスルフィド結合）を形成することである．（酸化反応を介し）システインがジスルフィド結合を形成すると**シスチン** cystine となる．

$$^+H_3N-CH-COO^-$$
$$|$$
$$CH_2$$
$$|$$
$$SH$$

システイン

プロリン proline は特殊な性質をもち，ポリペプチド鎖によじれをもたらす，自分自身がよじれたアミノ酸である．α炭素と窒素との間にもう一つ結合があることにより輪をつくっていること以外はプロリンは普通のアミノ酸である．これを覚えるのに苦労するようならば，$-NH_3^+$ のアミノ基が $-NH_2^+-$ のイミノ基になっていることを思い浮かべればよい．この輪をつくっている側鎖のために，窒素とα炭素の間の結合は回転できない．このためにプロリンはタンパク質の構造に大きな影響を及ぼす．

イミノ窒素 ---> $^+H_2N-CH-COO^-$
この結合が他の　　　　|　　|
アミノ酸と異なる　　CH_2　CH_2
　　　　　　　　　　　＼／
　　　　　　　　　　　CH_2

いろいろな階層のタンパク質構造： 一次構造，二次構造，三次構造，四次構造

このトピックスについてはまず簡単に概要にふれた後に，その詳細について扱うことにする．ポリペプチド鎖をつくるうえで，お互いに共有結合でつながっているアミノ酸の配列が**一次構造** primary structure である（図4.2 a）．一次構造からは三次元の空間でポリペプチドがどのような構造をとるかはわからない．それは単にアミノ酸の並び方である．タンパク質がいかに折りたたまれているかの第一段階は，ポリペプチド骨格自身が**二次構造** secondary structure として知られる特別なコンホメーションに並べられたところからである．二次構造には，αヘリックス（複数のらせんからなる）やβシートとして知られる規則的な反復構造がある（図4.2 b）．二次構造がさらに折りたたまれて**三次構造** tertiary structure となる（図4.2 c）．一次構造，二次構造，三次構造で形作られた後の分子が，機能タンパク質となるか，あるいは**タンパク質単量体** protein monomer または**サブユニット** subunit となる．単量体はさらに他の単量体（同じタンパク質の場合も違うタンパク質の場合もある）と会合し，機能タンパク質となる．この単量体の会合が**四次構造** quaternary structure である（図4.2 d）．

この概要をもとに，いろいろな階層のタンパク質の構造についてより詳細にふれることにする．

(a) 一次構造

―――――――――――――
R^1　R^2　R^3　R^4　R^5　R^6　R^7　……

この構造を1本の線として示す

(b) 二次構造
ポリペプチド骨格はαヘリックス，βシート，ランダムコイルのいずれかとして，タンパク質の異なる部分に存在する

αヘリックス　　βシート　　ランダムコイルもしくはループ領域

(c) 三次構造
上の二次構造がコンパクトな球状タンパク質へと折りたたまれる

このタンパク質を (d) では ○ で示す

(d) 四次構造
サブユニットとして知られるタンパク質分子が弱い結合力で結び付き多量体タンパク質が構築される

図 4.2 タンパク質の一次構造，二次構造，三次構造，四次構造の概要を示した図

タンパク質の一次構造

水が除去され縮合反応が起こると，二つのアミノ酸はお互いに結合することができる（この反応は熱力学的に不可能なので，タンパク質の合成は細胞内では単純には生じない）．この結果できるのが，以下に示す**ジペプチド** dipeptide である（わかりやすくするために，構造はイオン化していない形で書いてある）．$-CO-NH-$ 結合は**ペプチド結合** peptide bond であり，この結合の結果，アミド基がつくられることに気づくだろう．

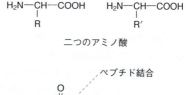

二つのアミノ酸

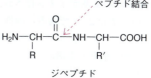

ジペプチド

ジペプチドは最も単純な"ペプチド単位"である．**ポリペプチド** polypeptide 構造においては，以下に示すように，同じペプチド結合が多数形成される．

$$H_2N-\underset{R}{CH}-\overset{O}{\underset{\|}{C}}-NH-\underset{R^2}{CH}-\overset{O}{\underset{\|}{C}}-\left[NH-\underset{R^n}{CH}-\overset{O}{\underset{\|}{C}}\right]_n-NH-\underset{R^3}{CH}-COOH$$

ポリペプチド

ポリペプチドにおける 20 個の異なるアミノ酸に並び方が**アミノ酸配列** amino acid sequence である．すでに述べたように，この配列がタンパク質の**一次構造**である．アミノ酸配列を決定することは，**タンパク質配列解析** protein sequencing あるいはアミノ酸配列解析とよばれ，次章で扱う．異なった長さのペプチドに用いる専門用語の使い方にははっきりとした決まりはないが，おおよその目安では，12 個程度のアミノ酸から成る短いペプチドは**オリゴペプチド** oligopeptide（oligo は"少ない"という意味）とよばれ，**ポリペプチド**は，より多いアミノ酸を含む．そして，しばしばポリペプチドとタンパク質という用語は区別しないで使われる．タンパク質はいくつかのポリペプチド鎖を含むこともあるし，たった一つの非常に長いポリペプチドから成ることもある．他にもあといくつかよく使われる用語がある．ポリペプチド鎖の $-NH_3^+$ 末端は**アミノ末端** amino terminal あるいは **N 末端** N-terminal，もう一方の $-COO^-$ 末端は**カルボキシ末端** carboxy terminal あるいは **C 末端** C-terminal とよばれる．R 残基を含まない主鎖（$-CH-CO-NH-CH-CO-NH-CH-$ など）は**ポリペプチド骨格** polypeptide backbone とよばれる．ペプチド中のアミノ酸は**アミノ酸残基** amino acid residue あるいは**アミノアシル残基** aminoacyl residue とよばれ，R 残基はアミノ酸側鎖，タンパク質側鎖あるいは単に**側鎖**と，いろいろなよばれ方をする．

慣例により，アミノ酸配列は左から右へ N 末端から C 末端への順に書かれる．ポリペプチド鎖には向きがある．Ala－Gly－Leu－Phe のようなアミノ酸配列が与えられたとする．N 末端のアミノ酸が Ala を表すとしたら，Ala－Gly－Leu－Phe という分子は，これを逆に書いた Phe－Leu－Gly－Ala とは生物学的に異なるものである．

ポリペプチド鎖におけるアミノ酸のイオン化

すでに述べたように，水溶液中の遊離したアミノ酸は，α-アミノ基と α-カルボキシ基がイオン化された（それぞれの pK_a 値は 9〜10 および 2〜3 である）両性イオンの構造をとっている．しかしながら，ポリペプチド鎖に組込まれると，このいずれの官能基も末端のアミノ基とカルボキシ基を除いては，もはやイオン化されなくなる．それゆえに，タンパク質のイオン化状態は，アスパラギン酸，グルタミン酸，リシン，アルギニン，ヒスチジン残基といった側鎖にほとんど完全に依存する．なぜなら，側鎖の残基のイオン化はペプチド結合が形成されても妨げられないからである．以下にグルタミン酸とリシンの例を示す．

$$-CO-NH-\underset{\underset{\underset{COO^-}{|}}{\underset{CH_2}{|}}}{CH}-CO-NH-\underset{\underset{\underset{\underset{CH_2NH_3^+}{|}}{\underset{CH_2}{|}}}{\underset{CH_2}{|}}}{CH}-\text{ポリペプチド骨格}$$

グルタミン酸側鎖　　リシン側鎖

アスパラギン酸とグルタミン酸の側鎖の $-COO^-$ は，4 付近の pK_a 値を示すので，これらは生理的 pH の 7.4 では実質上完全に解離している．この場合，タンパク質の側鎖は負に荷電することとなる．塩基性アミノ酸であるリシンとアルギニンは，塩基性側鎖の pK_a 値がそれぞれ 10.5 と 12.5 であり，生理的 pH ではいずれもプロトンが付加し完全にイオン化している．第三の塩基性アミノ酸であるヒスチジンの場合，側鎖のイミダゾール環の pK_a 値はほぼ中性（タンパク質中ではおおよそ 6）なので，ヒスチジンはしばしば酵素の活性中心にみられ，そこでのプロトンの動きが触媒反応に関与する．イミダゾール環は細胞内の pH 近傍において，プロトンの受容体にも供与体にもなることができる（この例として第 6 章でふれるキモトリプシンの反応機構を参照）．

タンパク質における荷電したアミノ酸残基の分布は，ポリペプチド鎖がとりうるコンホメーションにも重要な影響を及ぼす．正負同じ符号の電荷が近くにあると，お互い反発しあう．正電荷と負電荷が近くにあると，お互いが引付けあう．

ペプチド結合は平面構造をとる

これまでに表してきたような単純なポリペプチド構造は，ポリペプチド鎖の重要な性質は伝えていない．CO-NH ペプチド結合は普通の単結合として（そこでは回転が可能なように）書いているが，実際のペプチド結合は，炭素原子と窒素原子の間が (1) 単結合，(2) 二重結合という以下に示す二つの構造の混成物である．

$$(1)\ -\underset{\underset{O}{\|}}{C}-\underset{\underset{C-}{|}}{N}-H \qquad (2)\ -\underset{\underset{O^-}{|}}{C}=\underset{\underset{C-}{|}}{N^+}-H$$

二つの原子の間の電子密度を考慮すると，C-N 結合は結合の約 40% が二重結合の性質をもっている．これは結合の回転を妨げるのには十分であり，ポリペプチド鎖をよ

4. タンパク質の構造

り固い構造にしている．理論的には，ペプチド結合には，シス（cis）とトランス（trans）の二つの立体配置が可能である．実際は，タンパク質におけるペプチド結合はほとんどいつもトランス配置をとっている．なぜなら立体障害により，側鎖がシス配置のペプチド結合の形成を妨げている（すなわち，シス配置をとるのを，側鎖はお互い邪魔しあっている）からである．

ポリペプチド鎖の構造様式を図4.3に示す．連続するα炭素原子は紙面の上下にある．図に示すように，α炭素原子につながったN-CとC-C結合は回転することができ，回転の角度（二面角とねじれ角）が鎖の立体配置を決める．これらの角度はギリシャ文字のϕ（ファイ）とψ（プサイ）で表される．ω（オメガ）角はペプチド結合の周りの角度であり，トランスのペプチド結合の場合，180°である．

構造生物学者である G. N. Ramachandran は，おそらく立体障害が他の立体配置をとるのを妨げるために，実際には，タンパク質におけるϕ角とψ角の値の組み合わせには決まったものしか見いだされないことを示した．この有名な仕事において，彼は，多くのタンパク質におけるおのおののアミノ酸で用いられるϕ角とψ角の対を調べた．その結果は明らかにきっちりした2群を形成しており，それぞれの群は，二つの一般的な二次構造，αヘリックスとβシートでみられる角度に対応していた．

タンパク質の二次構造

ほとんどすべてのタンパク質は，たしかに繊維性タンパク質も存在するが，ポリペプチドが伸びた構造というよりはむしろ，コンパクトな球状の形をしている．球状の内部は強い疎水性環境にある．このことはタンパク質がとりうる二次構造に制限をかけている．なぜなら，ポリペプチド骨格をコンパクトな形に折りたたむためには，この疎水性の内部構造を縦横に動かさなくてはならないからである．ペプチド結合のC-OとN-Hは水素結合の形成に関与するため，ポリペプチドが1単位当たり二つの水素結合をつくり出すような極性基をもっていることも問題である．この水素結合をつくり出す潜在的な能力は，実際に結合が形成されできる限り安定な構造をとるようになることで満たされなくてはならない．分子内部において骨格となっている官能基は，疎水性側鎖の官能基の間とは水素結合を形成することができない．それでは，これは何と水素結合を形成するであろうか．答えは，同じ，あるいは隣にあるポリペプチド骨格上の官能基とである．

二次構造にはおもに，骨格がらせん状に配置されるαヘリックスと，伸長したポリペプチド骨格が平行に並ぶβシートの二つの種類がある．これらの構造は安定である．いずれもペプチド骨格から側鎖が外側に広がっており，細胞質のような水性環境にあるタンパク質においては，適度な親水性側鎖があればタンパク質の外側に，適度な疎水性側鎖があればタンパク質の疎水性内部に存在する．

αヘリックス

αヘリックス α helix において，L-アミノ酸では左回りより右回りの方が安定なためポリペプチド骨格は右回りのらせん構造をとっている（図4.4a）．図に示した右回りのらせんのねじれ方向を軸方向から見下ろすと，どちらの端からでもらせんは時計回りに見える．標準的なねじを右手で締め付けることを想像しても，方向がわかるだろう．

αヘリックス構造には1回転当たり3.6個のアミノ酸が存在する．その結果，おのおののペプチド結合のC-O基は，4残基離れたペプチド結合のN-H基と水素結合を形成することとなる．C-O基はらせんの軸方向を向き，水素結合を形成するN-H基とちょうどよく向かいあっていて，その結果，結合力が最大となっている．ポリペプチド骨格のすべてのC-O基とN-H基が対となり水素結合を形成し，円筒状の棒のような構造を形成する（図4.4a）．αヘリックスの横断面をみると，すべての側鎖が外を向いた実質上きっちりした円筒となっている（図4.4b）．

球状タンパク質のすべてのポリペプチド鎖が，αヘリッ

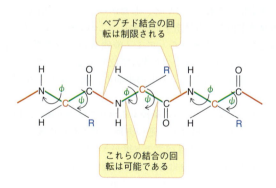

図4.3 ポリペプチド鎖の一部分の構造様式．赤色で示した連続するアミノ酸残基のα炭素原子は，青色で示したR基と同様に紙面の上下にある．赤色で示したペプチド結合-CO-NH-は，二重結合と単結合が混ざった性質を示し，回転は妨げられている一方で，強固な平面構造をとっている．しかしながら，この結合につながった緑色で示した結合は，単結合構造として回転することができる．この結合で選ばれる角度は，それぞれギリシャ文字のϕとψで表される．ポリペプチド鎖の構造は，各アミノ酸におけるこの二つの角度で決められる．

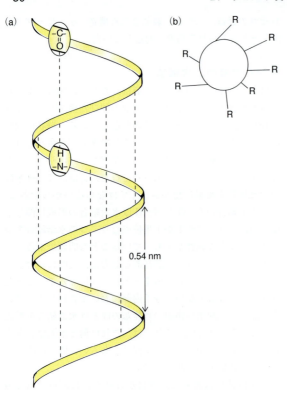

図 4.4 ポリペプチド鎖の α ヘリックス構造．(a) ポリペプチド骨格の C=O と N-H の間の水素結合の図（側鎖は示していない）．水素結合（破線）はおおよその位置が示してあるにすぎない．ヘリックスのピッチ（完全に 1 回転する間の縦方向の長さ）は 0.54 nm である．(b) 軸から見下ろしたときの α ヘリックスの構造．円柱構造からそれぞれのアミノ酸側鎖がとび出している．（紙面の下方向のそれぞれ異なった位置から横にとび出している）．R 基の軸からの相対的関係は正確ではない．1 回転に 3.6 残基のアミノ酸があるので，一つずつの残基は 100°ごとに現れることになる（360°/3.6＝100°）．

クス構造をしているわけではない．α ヘリックスの長さは平均 10 アミノ酸であるが，タンパク質によっては平均から大きく外れることもある．α ヘリックス部分の数もタンパク質によって異なる．ヘモグロビンのようなタンパク質はほとんどすべてが α ヘリックスから構成される一方で，ほとんどないタンパク質もあり，さまざまな多様性がみられる．

アミノ酸により α ヘリックスのつくりやすさに違いがある

ロイシンやメチオニンのようなアミノ酸は非常に α ヘリックスをつくりやすいが，あまりつくりやすくないアミノ酸もあれば，いくつかは α ヘリックスを壊したり終わらせたりする．特に，プロリン残基は構造を折り曲げるために，ポリペプチド鎖でプロリンが見いだされる箇所では

どのような α ヘリックスもそこで終わってしまう．ペプチド結合にプロリンがあると，窒素原子上に水素結合を形成しうる水素原子がなく，また残基の構造が回転を制限するので，α ヘリックスに適合するために必要なコンホメーションが想定できなくなる．

ペプチド結合中のイミノ窒素は水素結合を形成できない

この後すぐに，α ヘリックス中のアミノ酸の並び方がいかにタンパク質の構造にはまり込むかの話に戻ることにするが，その前に，α ヘリックスとは異なる構造，すなわち，β シートについてふれなくてはならない．タンパク質はたいてい，ポリペプチド鎖の異なった部分にこの二つの構造を混ぜてもつが，中には，この二つの構造のうち一つしかもたないものもある．

β シート

β シート β sheet もまた安定な構造をつくっている．この構造においては，ポリペプチド骨格の極性基が互いに水素結合を形成し，したがって，球状タンパク質の疎水性内部の環境下においても安定な構造をつくり出している．

原理は非常に簡単である．ポリペプチド鎖は伸びた状態（β 構造）にあり，C-O 基と N-H 基が隣接した鎖〔同じ鎖が折れ曲がって自分自身に近づいてきてもよいし，別の鎖が近傍に存在してよい（図 4.5）〕に存在するそれらと水素結合を形成している．したがって，数本の鎖がポリペプチドのシート構造を形成する．このシートはひだ状の構造をとる．なぜなら，アミノ酸残基の α 炭素原子は β シートの平面の上下で少しずれて位置するからである（図 4.5）．側鎖もまた，シートの平面の両側でずれて存在する．

お互いに結合している隣接するポリペプチド鎖は，同じ方向（平行）の場合と，逆の方向（逆平行）の場合がある．逆平行では，ポリペプチド鎖がきつい"β ターン"や，鎖が折れ曲がり自分自身と水素結合するようなヘアピンカーブをつくることがある（図 4.6 c）．四つのアミノ酸残基がこのターンをつくり，残基 1 と残基 4 の C-O と N-H の間にできる水素結合がヘアピンカーブを安定化する．平行 β シートは，α ヘリックスや結合ループといった長いモチーフ構造でつながれている（図 4.6 b）．

結合ループ

タンパク質において，α ヘリックスと β シートの部分が，構造上特徴をもたないポリペプチドでお互いつながれ

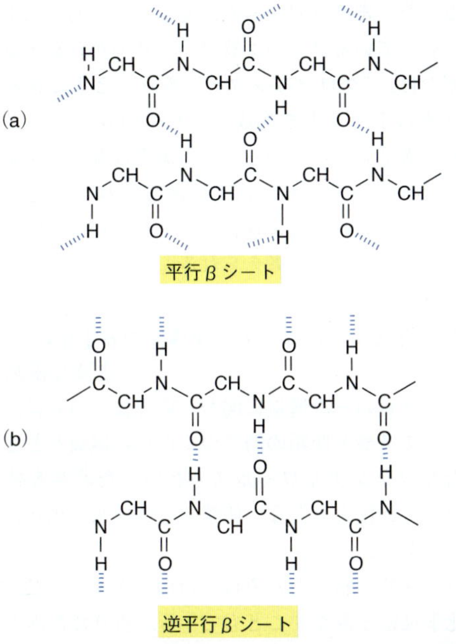

4. タンパク質の構造

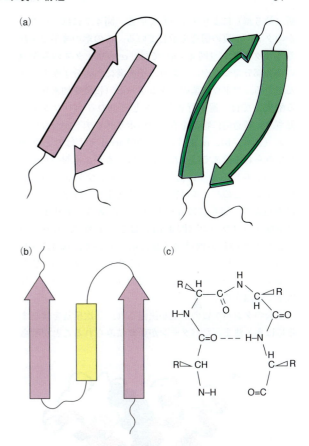

図4.5 β構造．(a) 2本のポリペプチド鎖が同方向に進むβシートでみられる水素結合．メチレン-CH-に結合しているR(側鎖)はそれぞれ，紙面の上と下にあることになる．(b) 隣接するポリペプチド鎖が逆方向に向いているβシートの場合にも相互に水素結合を形成できる．単一のペプチド鎖自身が戻ってきてβシートを形成することができる．水素結合を点線で表す．

図4.6 (a) 逆平行βシートを形成している1対のポリペプチド配列．少しだけ右にねじれているので，βストランドの矢印は右側に示すように表される．βストランドをつなぐ単線は，ランダムコイルあるいはループ部分を表している．(b) ループとαヘリックスでつながっている二つの部分から成る平行βシート．(c) 典型的なβターンの分子構造．一つめと四つめのアミノ酸残基の間の水素結合により安定化される．

ていることがある．このポリペプチドは**結合ループ** connecting loop として知られる．結合ループは，タンパク質の構造でさまざまな官能基との相互作用によりつくり上げられるコンホメーション（ただしαヘリックスやβシートと認識される構造とは異なる）をとりうる．このループ構造は，骨格あるいは側鎖のC-O基やN-H基の水素結合を形成する潜在的な能力を満たしてはいないので，しばしば，タンパク質の外側に見いだされ，水と接している．一つのタンパク質において，結合ループは他の官能基との相互作用によりつくり上げられるコンホメーションをとる．

タンパク質の三次構造

タンパク質における1本のポリペプチド鎖は，鎖の中の異なる部分を構成するさまざまな二次構造が混じり合ったものとして構築されていく．そして，この二次構造自体が折りたたまれ詰込まれていき，タンパク質分子が形成される．さまざまな二次構造が球状タンパク質のコンパクトな構造に組立てられたものが，三次構造である．

タンパク質の三次構造図を単純にするために，三次構造を構成する二次構造を描く表現法が定められてきた．αヘリックスは，ときには内側にらせんを書き加えたきっちりした円筒か，あるいは，図4.7に見られるようならせん形のリボンで表される．βシートの形成に関わるポリペプチド鎖の個々の部分（βストランド）は，幅広い矢印で表される（図4.6a）．β構造における伸びたポリペプチド鎖は少しだけ右にねじれているので，矢印は普通，このねじれを加えて描かれる．結合ループは線で示される．しかしながら，タンパク質はぎっしりと原子が詰込まれた隙間のない構造であり，便利な模式図のモチーフが示唆するような，ばねと針金でできたすかすかの構造ではないことを，常に覚えていてほしい．〔第1章でヘモグロビン分子の例を示したような（図1.5）〕空間充塡モデルがより現実的ではあるが，このモデルでは内部構造を見ることができない．空間充塡モデルは特に，タンパク質の表面と他の分子との相互作用に関心があるときには有用である．

多数のタンパク質について，その三次元構造がX線回

折（第5章）により決定されている．図4.7には，いくつかのタンパク質の構造を示している．この章の後半でふれるミオグロビン（図4.7 a）では，αヘリックスのみが短い結合部分でつながっており，その溝にヘム分子が入り込んでいる．ブドウ球菌のヌクレアーゼ（核酸を加水分解する酵素）では，逆平行βシートと三つのαヘリックスが混ざり，構造的に特徴をもたないポリペプチドがつないでいる（図4.7 b）．α/βバレル α/β barrel とよばれる共通してみられる構造では，ねじれてはいるが，木製のたるの板（バレル）のように構築されたβストランドの中核が存在する．このバレルは密にたたみ込まれた疎水性側鎖を包み込んで，周りにはαヘリックスがある．トリオースリン酸イソメラーゼ（図4.7 c）はこの1例で，もう一つのβバレルの良い例は図7.9に示している．図4.7（d）に示したピルビン酸キナーゼという酵素は，タンパク質を構築する三つのドメインをもっており，この点については以下で議論する．

多数のタンパク質の構造が決定され，三次構造を構築するにはある決まったパターンが頻繁にみられることが明らかとなった．細部は異なるが，基本となる同じ二次構造を共通にもっているタンパク質ファミリーが存在する．ミオグロビンは，"グロブリンフォールド"とよばれる，ヘム基がはまるポケットを形成する八つのαヘリックスで構成される構造をもっている．この構造は多くのタンパク質ファミリーにみられる．古くに構築された構造パターンは，新しいタンパク質が進化してくる過程においてもしばしば保存されてきたと考えられる．

非共有結合はタンパク質の三次構造の安定化に主要な役割を担う

タンパク質の三次構造に関わる結合は，おもに，電荷を帯びたアミノ酸と側鎖の間でつくられる塩橋とともに，水素結合やファンデルワールス力といった非共有結合である．内部に極性をもたない側鎖をもつ疎水性相互作用もまた重要である．

タンパク質の折りたたみは，自由エネルギー変化 ΔG を伴う化学反応とみなすこともできる．折りたたみがエネルギー的に好都合で，それゆえに自発的に生じるためには

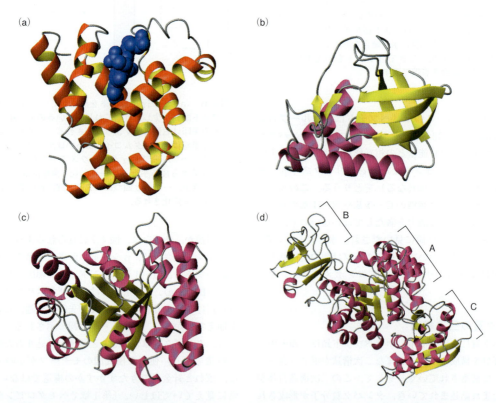

図4.7 異なるいくつかのタンパク質の構造のリボンモデル．以下の[ ]内の数字は，構造の詳細が登録されているオンラインのタンパク質データベース（PDB）の識別コードである．(a) ミオグロビン[PDB 1MBO]．ヘム分子を青色で示している．(b) ブドウ球菌のヌクレアーゼ [PDB 1A2T]．(c) トリオースリン酸イソメラーゼ [PDB 1AG1]．(d) 酵母のピルビン酸キナーゼ [PDB 1A3W]．三つの構造・機能ドメインをもっている．Aは触媒ドメインで，α/βバレル構造をもつ．Bは小さなβバレルドメインで，触媒ドメインの活性部位を覆う"帽子"を形成する．Cは調節ドメインで，α/βオープンシートモチーフをもつ．(b)〜(d)では，αヘリックスは赤色，βストランドは黄色，その他の構造は灰色で示している．

ΔG は負の値でなければならない．$\Delta G = \Delta H - T\Delta S$ という式（第 3 章）より，結合の形成に伴うエンタルピー変化 ΔH と，折りたたみの間で生じるエントロピー変化 ΔS が，ここでの自由エネルギー変化の値に寄与することがわかる．細胞質のタンパク質が折りたたまれるとき，タンパク質の異なる部分の間に形成される結合は，折りたたまれていない（変性した）タンパク質と外部環境との結合に取って代わる．伸長し折りたたまれていないタンパク質は，水との間に多くの水素結合を形成することができるので，折りたたみに伴う全体のエンタルピー変化は極端に好都合なものとはならないと計算される．しかしながら，エントロピーも考慮しなくてはならない．タンパク質がたった一つの"正しい"構造に折りたたまれることで，変性したタンパク質がとりうる構造と比べてエントロピーが減少する一方で，親水性効果により水のエントロピーがその分増加する．すなわち，折りたたまれていないタンパク質は，大きな表面積をもち，その回りに水分子の秩序立った"殻"をつくり出す一方，折りたたまれコンパクトとなったタンパク質が表面積を減らし，より少ない水分子としか接しなくなる．エンタルピーとエントロピーを合わせた全体としての結果は，タンパク質の折りたたみに伴う ΔG が小さいか負の値となるように計算される．すなわち，ほとんどすべての折りたたまれたタンパク質は，少しばかりではあるが安定なのである．このことは卵を炒めるとわかる．熱をかけることで卵白アルブミンを変性させると（すなわち非共有結合を壊す），澄みきった秩序立った可溶性のタンパク質とは対照的に，ごちゃごちゃした不溶性のものがつくり出される（図 4.8）．

タンパク質の折りたたまれた構造は
　　　ポリペプチド鎖のアミノ酸配列により決められる

　これは，Anfinsen の古典的な実験において証明された．彼は，リボヌクレアーゼという酵素を，水素結合を破壊する高濃度の尿素にさらすことにより不活性化した．彼はまたジスルフィド結合を還元した．この処理はタンパク質を変性，すなわち，ポリペプチド鎖を折りたたまれていない状態にする．透析により尿素を除くと，リボヌクレアーゼのタンパク質はそれ自体再び折りたたまれ，酵素活性が回復した．Anfinsen の実験は，タンパク質は自然に正しく折りたたまれることができ，タンパク質の最終的な形状を決めるにはアミノ酸配列だけで十分であることを示した．このことはきわめて重要である．この結果は，タンパク質の折りたたまれた機能をもつ構造を，すなわち，数千もの異なるタンパク質の三次構造を，したがってさらには，すべての生命体を規定するのに，単純な一次元の線形の暗号だけで十分であることを証明したのである．この点をさらに注目すべきものにしているのは，これから議論するように，いかにこのようなことが生じるのかが今なお十分に理

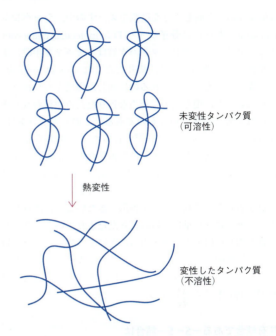

図 4.8 卵白アルブミンの変性についての仮想的な表現．（このタンパク質の折りたたみの形は適当に描いている．）

解されていないことである．

いかにタンパク質の折りたたみが起こるのか

　細胞内では，新しく合成されたポリペプチド鎖は 1，2 分程度で折りたたまれる．一見明らかに思われる仕組みは，ポリペプチド鎖が，最も低いエネルギー状態を見つけるまで，異なる折りたたまれ方の構造を"試していく"ことである．しかしながら，これは支持できるものではない．なぜなら，100〜200 残基といったほどよい大きさのタンパク質でさえ，あまりにも多くの構造をとることが可能なため，正しく折りたたまれるまでには数十億年もかかってしまうだろう．一つのタンパク質分子がこの仕組みにより折りたたまれるのに十分長い期間地球は存在してきたわけではない．この過程は細胞内で違った形で進められてきたに違いない．ここで想定される仕組みとしては，合成される際にはポリペプチドの部分が素早く二次構造をとるようになるというものである．これは段階的な機能であり，この仕組みでは，まず一連の二次構造が生じ，これらが最終的に正しい構造へと構築されていく．

　Anfinsen の実験は，ポリペプチド鎖の間の誤った相互作用が最小限になるような小さなタンパク質を低濃度で用いたものであった．細胞内の状況はかなり異なっていて，大きなポリペプチドが密に詰まっており，すべてに誤った会合をする機会がある．特別なタンパク質がこの問題に対処するために進化してきた．このタンパク質は，不適切な会合を妨げ，ビクトリア朝時代の"付き添い役

(chaperon)"と同じような役割を果たすので，**シャペロン** chaperone あるいは**分子シャペロン** molecular chaperone とよばれる．シャペロンタンパク質はさまざまな手段により機能する．その一つは，折りたたまれていない分子を，適当な折りたたみが行われるのに適した環境をもつ孤立した箱にいったん閉じ込め，適当な折りたたみが行われた後にそれを外に出すというものである．このシャペロンは，Anfinsen がリボヌクレアーゼで行ったことをある意味で行っており，適した条件下で再び折りたたみが起こるようにしている．それゆえに，ときには，"Anfinsen のかご"と表現される．しかしながら，シャペロンはいかにタンパク質が折りたたまれるのかを指示できないことに注意しよう．シャペロンは単に，他の折りたたまれていないタンパク質と相互作用するのを止めることによって，タンパク質がアミノ酸配列に従って折りたたまれるようにすることしかできない．シャペロンについては，より完全な議論を第25章で再び行うことにする．

共有結合である－S－S－結合はある種のタンパク質を安定化する

三次構造は大部分が非共有結合の結果であるが，ある種のタンパク質の構造は，**ジスルフィド結合** disulfide bond （S－S）という非常に強い共有結合により，"固定され"，強く安定化される．この結合が生じている例としては，小腸内に放出される消化酵素や血液中へ放出されるタンパク質〔インスリンがその1例である（図4.9）〕がある．この安定化は，ポリペプチドが折りたたまれてシステインの側鎖のSH基が組になることより達成される．オキシダーゼという酵素が，以下の反応によってS－S結合を形成する．

$$2\,RSH + O_2 \rightarrow RS-SR + H_2O_2$$

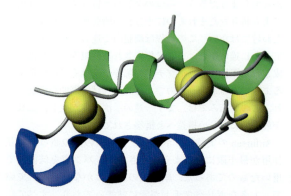

図4.9　インスリンのリボンモデル［PDB 3INS］．2本のポリペプチド鎖が2箇所のジスルフィド結合でつながっており，3番目のジスルフィド結合がA鎖の分子内で架橋をつくっている．S－S結合を黄色で見やすくしている．

S－S結合によりつながった二つのシステイン分子は，**シスチン**と名付けられ，Cys－Cys と表される．この結合により，構造の中にはまるで鉄の留金のような非常に強い結合が生じる．鎖の中に少しでもこの結合がつくられれば，折りたたまれた構造はさらに安定化する．インスリンには三つのジスルフィド（S－S）結合が存在する（図4.9）．ジスルフィド結合をもつタンパク質は一般に，熱では簡単に変性しない．細胞内タンパク質で構造内にジスルフィド結合をもつものはほとんどない．なぜなら，細胞内部は強い還元状態にあり，この結合を壊すのに十分だからである．ジスルフィド結合で架橋されたほとんどすべてのタンパク質は，細胞外タンパク質である．

ジスルフィド結合によるタンパク質の安定化の良い例として，**αケラチン** α-keratin という毛髪のタンパク質がある．この長いポリペプチドは多くのジスルフィド結合によりつながっており，毛髪の形状を決めるうえで重要な役割を担っている．毛髪にパーマをかけると，ジスルフィド結合が還元により壊され，さらに熱と水分によりもともとの水素結合が乱された後に，新しい形状に毛髪が整えられる．冷却すると，水素結合は再びαヘリックス構造を形成し，その後，"中和剤"により，毛髪構造中の多数のポリペプチド鎖の間でジスルフィド結合が再び形成されるようにシステインのSH基を再び酸化すると，その新しい髪形はいつまでも同じ状態を保つようになる．ここではSH基の間の新しい結合が生じ，毛髪の新しく安定した（永久的な）カールされた構造をつくり出す．

タンパク質の四次構造

多くのタンパク質にとっては三次構造の構築が最終段階である．しかしながら，多くの機能性タンパク質は，複数のタンパク質分子（タンパク質単量体）が非共有結合により一つの複合体として結び付いている．この単量体は同じである場合も異なっている場合もあるが，いずれの分子も，相補的な表面のつぎはぎを介してお互いぴったり合うように構築されなければならない．そのため，正しいサブユニットのみが複合体を形成する．その結果でき上がった多成分の分子は，**オリゴマータンパク質** oligomeric protein，**多量体タンパク質** polymeric protein，あるいは**マルチサブユニットタンパク質** multi-subunit protein といったさまざまなよび名が付いている．また，二つ，三つ，四つのサブユニットから成るタンパク質はそれぞれ，二量体，三量体，四量体と特別によばれる．さらに，**ホモ二量体（ホモダイマー）** homodimer という用語は二つの同じ単量体から構成されるタンパク質を，**ヘテロ二量体（ヘテロダイマー）** heterodimer という用語は二つの単量体が異なるタンパク質を表すのに用いられる．第6章で議論するアロステリックに制御される酵素は，ほとんどの場合多量体タンパク質で，ヘモグロビンもこの一つである．いくつかのサ

ブニットが一つの機能性複合体へと構築されることをタンパク質の四次構造とよぶ（図4.2 d 参照）．

四次構造は機能性タンパク質の数を著しく増加させる．たとえば，あるタンパク質の活性化体が二量体，それも同一ではないが類似した単量体が結び付いてできるある程度幅をもったヘテロ二量体であるとすると，多くの異なった機能性タンパク質が生じうることとなる．この性質は一般に，DNA結合タンパク質で見いだされる（第26章）が，これに限ったものではない．

タンパク質の相同性と進化

進化は新しいタンパク質構造の発生，すなわち変異による遺伝子の修飾を伴う．不可欠なタンパク質をコードする遺伝子をもとの機能を失わずに異なるものへと修飾していくのは，パズルのようにも思える．一つの遺伝子コピーの進化を伴う遺伝子重複（第22章）は，今ある遺伝子の消失を回避してくれる．

タンパク質のアミノ酸配列は進化の結果として生じたものであり，過去についての洞察を得ることができる．このようなタンパク質の分析は，**バイオインフォマティクス bioinformatics** という学問領域の一部である．機能に必要なアミノ酸は進化の過程で保存される傾向がある．そのようなアミノ酸は置換されず，置換されたとしても非常によく似たアミノ酸になる．特定のアミノ酸残基の変異が，結果として類似した性質のものへの変異（たとえば，アスパラギン酸のグルタミン酸への変異）の場合，これは**保存的置換 conservative substitution** とよばれる．機能的に重要性が乏しいアミノ酸は変化しやすく，この場合は**非保存的置換 nonconservative substitution** である．異なる機能をもつ異なるタンパク質が，共通の祖先タンパク質をもっていたに違いないといえるほど，アミノ酸配列の高い類似性をもつことが繰返し観察されている．共通の祖先タンパク質から進化したタンパク質同士は**相同性（ホモロジー）homology** がある．

タンパク質のアミノ酸配列を決定できれば，タンパク質データベースに登録されているすべてのタンパク質から相同配列を探すことができる．進化の過程で生じたアミノ酸残基の欠失や挿入を反映しつつ，アミノ酸配列を並べて比較する方法が利用可能である．その際，配列の類似性を定量的に解析すると，統計的にその類似性が偶然起こりうるものなのか決定できる．こうして，共通の祖先から生じたタンパク質や遺伝子のファミリーを同定することができ，進化の関係に関する情報が得られる．

たとえば，タンパク質間のαヘリックスやβシートの構築を比較してタンパク質間の三次構造の類似性を検討することにより，相同性を検出できる．タンパク質は，本質に関連した機能をもっている場合，その構造は保存されやすく，三次構造を比較することは，タンパク質の配列の進化関係をみるよりも特徴をつかむのに有用である．たとえば，二つのタンパク質の間で二次構造につながるアミノ酸配列が異なっていたとしても，αヘリックスやβシートの存在や空間的配置が保存されていることがある．

タンパク質のドメイン

単一のポリペプチド鎖でできているタンパク質分子を考えた場合，その折りたたまれた構造はそれ自体単一にまとまった塊であり，構成するいくつかの部分には分けられないかもしれない．しかしながら，特に200アミノ酸以上の長さから成る大きなタンパク質の場合，構造的に特徴のないポリペプチド鎖によりつながった，折りたたまれたコンパクトな**ドメイン domain** を形成する複数の領域がしばしば観察される．実験的な手法を用い，タンパク質の残りの部分を除き分けられた塊として，さらには全体構造の整合性や場合によっては触媒活性を保ったまま，このようなドメインを得ることが可能である．ここでドメインと定義されるものは，折りたたまれた球状タンパク質の性質をもつポリペプチドの部分領域である．図4.7 (d) に示したピルビン酸キナーゼの構造では，三つのドメインがお互いにつながり一つのタンパク質となっている．さらなる例がDNA結合タンパク質において見いだされる（第26章）．これらは一般的に，タンパク質の残りの部分から分離されたときでさえ，特有のDNA配列に結合できるドメインを，タンパク質-タンパク質相互作用や触媒機能をもつ別のドメインとともにもっている．

したがって，タンパク質のドメインはしばしばタンパク質の部分的な活性と関連し，これらが一緒になってタンパク質全体の機能を担うことが可能となる．たとえば，一つの触媒機能をもつ多くの酵素は，少なくとも二つの基質と結合する．NAD^+ デヒドロゲナーゼ（第12章）は典型的な例である．いろいろな NAD^+ デヒドロゲナーゼがみな NAD^+ に結合するが，それぞれ異なった酸化すべき基質に結合し，いずれも以下の反応を触媒する．

$$AH_2 + NAD^+ \rightleftharpoons A + NADH + H^+$$

（ここでAは基質分子である）

このような反応を触媒する酵素は，それぞれ NAD^+ と基質（AH_2）に別々に結合するドメインをもつことが見いだされている．二つの結合部位が一緒になり，酵素の活性部位が形成される．しかしながら，別々の酵素でも NAD^+ 結合ドメインは類似した構造をしており，AH_2 結合ドメインは異なっているものの，これらは相同性をもち共通の祖先に由来していると考えられる．このことは，いったん進化の過程で NAD^+ 結合ドメインが発生したならば，こ

れが重複し，別々に進化してきた異なった基質結合ドメインと繰返し結合してきたことを示唆している．今では単一の機能ドメインを繰返し用いてきたタンパク質の進化の多くの例が知られている．一つの典型的な例として，シグナル伝達に関わるタンパク質のSH3ドメイン（第29章）がある．ヒトゲノムには，SH3ドメインに相同性をもつアミノ酸配列に翻訳されると考えられる300以上のDNA配列が存在する．

しかしながら，場合によっては構造類似性は**収束進化 convergent evolution** の結果かもしれない．この進化においては，特定のアミノ酸配列は異なる祖先タンパク質からそれぞれ独立して進化する．一つの例として，プロテアーゼの触媒三つ組残基（第6章）がある．この三つ組残基は，明確に相同的な構造をもつ真核生物のプロテアーゼのファミリーにみられるが，真核生物の酵素とは関連のない祖先から生じたズブチリシンという細菌の同じ機能をもつタンパク質にも見いだされる．

ドメインシャッフリング

ドメインシャッフリング domain shuffling（ドメイン交換）とは，すでに存在するタンパク質ドメインをコードするDNA部分を組み合わせ，新たな遺伝子を構築する進化の過程をいう．これは，ドメインの新たな組み合わせからつくられた新たなタンパク質の合成につながる．酵素や他のタンパク質のモジュールを組立てることにより，単一のアミノ酸の置換に比べたら，速くて新しい機能タンパク質の進化が可能となる．

第22章に示すように，真核生物において，タンパク質のドメインはしばしば（いつもではないが）エキソンとよばれる特定の分断された遺伝子の部分にコードされている．真核生物の遺伝子が分割された構造をしており，機能ドメインがDNAの部分ごとにコードされ局在していることにより，新しい機能タンパク質につながる組換えの機会は増える．

膜タンパク質

これまで，細胞質に存在する可溶性の球状タンパク質に注目し話を進めてきたが，**膜タンパク質 membrane protein** は必然的に，わずかに異なる構造的特徴をもっている．多くの膜タンパク質はおのおのの端に親水性の部分をもっており，その一方の端を細胞外に伸ばし，もう一方の端を細胞内部へと伸ばしている．これらの端は，脂質二重層の中央にある炭化水素の層と接した疎水性部分で結び付けられている．膜タンパク質の構造の詳細は第7章で扱う．

複合タンパク質とタンパク質の翻訳後修飾

多くのタンパク質は折りたたまれたポリペプチド鎖だけで機能することができる．しかしながら，多くの酵素は活性をもつために金属イオンが必要で，**補欠分子族 prosthetic group** とよばれる複雑な分子が結合して活性部位を形成しているものもある．このような場合，タンパク質部分を**アポ酵素 apoenzyme**（apoは"外した"あるいは"隔てた"という意味）とよび，完全な酵素を**ホロ酵素 holoenzyme** とよぶ．

他のタンパク質には糖質が結合しているものもあり，これらは**糖タンパク質 glycoprotein** とよばれる．多くの膜タンパク質は，膜の外側にあるポリペプチドの部分にオリゴ糖が結合している．この結合は，セリンかトレオニン側鎖のOH基（O-結合型），あるいはアスパラギン側鎖（N-結合型）を介している．N-結合型の結合を，以下に図示する．

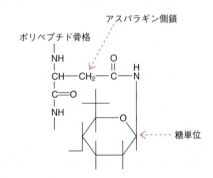

血液中や唾液中のタンパク質などの多くの分泌タンパク質は糖タンパク質であり，結合した糖質はさまざまな機能を発揮する．血清タンパク質や赤血球膜タンパク質に結合している糖鎖を分解すると，肝細胞に取込まれて破壊されるようになる．すなわち，糖質は分泌タンパク質の寿命の指標となっている．逆に，ある種のタンパク質に糖鎖を付加すると，唾液中のように，糖鎖が効果的な潤滑油となったり，タンパク質分解酵素の攻撃を受けにくくなったりする．また別の糖鎖が認識に関わる場合もあり，ゴルジ体によるタンパク質の分別において重要な役割を果たしている（第27章）．

プロリン残基の翻訳後修飾は細胞外タンパク質において重要で，次節で述べる．

細胞外マトリックスタンパク質

これまで議論してきた，遊離した可溶性のタンパク質は球状である．ここからは，構造的にみて異なる種類のタンパク質に話を変えることにする．**細胞外マトリックス extracellular matrix** に存在するタンパク質は主として長く伸びた繊維状タンパク質であり，通常は構造の一部がもっと大きな構造に結合して固定されている．細胞外マトリックスタンパク質は組織を構築する重要な役割を担っており，

医学的関心の対象となっている.

　ここでは，一般的な表現で細胞外マトリックスを記述することが，役割の全体像を知る手助けになるかもしれない．すべての細胞は細胞外マトリックスという風呂につかり，はめ込まれている．肝臓のような組織においてでさえ，細胞が非常に近接して存在しており，その層はとても薄くなっている．加えて動物の体は，細胞外マトリックスタンパク質とこのタンパク質をつくり出す細胞を豊富に含む結合組織により，特別な組織の間を満たしている．体内の異なった部分には異なった種類の結合組織が存在する．**密性結合組織** dense connective tissue には骨や腱が含まれる．腱は筋収縮の張力を伝えるために，筋肉を骨に結び付けている．骨と腱はおもに**コラーゲン**でできている．骨の場合，組織は石灰化されている．この対極にあるのは，すべての上皮組織層の下にみられる**疎性結合組織** loose connective tissue である．小腸や血管壁のように，体腔がある所にはどこでも，体腔に沿って並ぶ上皮細胞の層がある．この層だけだと機械的強度はないが，この上皮細胞の層は**基底板** basal lamina として知られるタンパク質の層により支えられている．基底板の底部には疎性結合組織の層が存在する．皮膚を例として用い図4.10に示した．結合組織は上皮細胞層をその下の層と結び付けている．結合組織には柔軟性があり，圧力に耐える．圧力に耐えその骨格となる基質は，**プロテオグリカン**により形成される高度に水和された柔軟性のあるゲルであり，それ自体には機械的な強度はないが，コラーゲンやエラスチンの繊維により補強されている．繊維の中には基底板の上を上皮細胞と，下を結合組織と結び付けているものもある．さらに，下層の組織を結合組織の構成成分と結び付けているために，全体の構造は安定化されている．すべての要素を相互に結び付けている粘着タンパク質もあり，そのうち最もよく知られているのはフィブロネクチンである.

　結合組織の構成成分は**繊維芽細胞** fibroblast より分泌される．繊維芽細胞は背後にあるマトリックスの周囲に点在し，結合組織の体積のごく一部を占める．骨と軟骨にはそれぞれ，骨芽細胞，軟骨芽細胞として知られる特別な繊維芽細胞が存在する．

　概略の紹介として，補強タンパク質であるコラーゲンとエラスチンの構造，結合組織のゼリー状の下地を形成するプロテオグリカンの構造について，これから述べることにする．そして最後に，細胞外マトリックスを細胞内の構成成分と結び付けるいくつかのタンパク質（フィブロネクチンとインテグリン）について，簡単に述べる.

コラーゲンの構造

　コラーゲン collagen は，哺乳類の体に最も豊富に存在するタンパク質である（Box 4.1）．これは分泌タンパク質であり，それゆえに細胞の外側に存在する．コラーゲンのもととなるタンパク質は細胞から**プロコラーゲン** procollagen の形で分泌され，酵素により触媒されるいろいろな化学的な修飾を受けて成熟したコラーゲンとなる．プロコラーゲンは三重の超らせん構造，すなわち三つのヘリックスがお互い巻付きあっている構造をもつ（図4.11 a）．プロコラーゲンの三重の超らせん構造をつくっているおのおののポリペプチドは，球状タンパク質における右巻きのαヘリックスとは異なり，天然には珍しい左巻きのらせん構造をしている．しかしながら，この3本のポリペプチドが右巻きにお互い巻付きあって，三重らせんを形成している．ほぼ3アミノ酸残基に一つがプロリンであり，3番目ごとにグリシンが存在する．プロコラーゲンの端には異なる構造をもつ別のペプチドが存在し，この部分がプロコラーゲンが分泌された後に切出されて，三重らせん構造をもつ**トロポコラーゲン** tropocollagen 分子ができ，これが重合してコラーゲン原繊維ができ上がる.

　トロポコラーゲンのプロリン残基とリシン残基の多くはヒドロキシ化され，それぞれ**ヒドロキシプロリン** hydroxyproline と**ヒドロキシリシン** hydroxylysine となる．

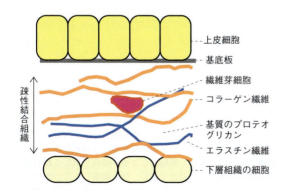

（ヒドロキシ化反応はここに示してあるより複雑な反応であることに注意すること．この反応には2-オキソグルタル酸も関係している）

　トロポコラーゲン分子が合成された後，アミノ酸残基は小胞体においてヒドロキシ化される．ポリペプチドにおけるプロリンのヒドロキシ化には，プロリンヒドロキシラーゼという酵素に含まれる必須の2価の鉄イオン（Fe^{2+}）を

図4.10 皮膚や腸内の上皮細胞層下にある疎性結合組織の構成要素．コラーゲンやエラスチン繊維，プロテオグリカンなどの構造は後述する．

Box 4.1 コラーゲンの遺伝病

コラーゲンは通常，結合組織の丈夫な補強繊維として機能しているが，異なる状況では異なる機能も求められる．このことは，ほぼ20種類のコラーゲン（ローマ数字で区別して表す）が存在することに反映される．そして，これらのコラーゲンを構成するポリペプチドをコードするほぼ30種類の異なる遺伝子が存在する．すべてのコラーゲンは三重らせん構造をもっているが，その長さはコラーゲン分子全体に及ぶものから，非常に短いものまでさまざまである．コラーゲン鎖自体の構成成分とその翻訳後修飾を担う酵素をコードする遺伝子が多数あることを考えると，これらに関係したさまざまな結果につながる多くの遺伝病があることは，さほど驚くことではない．たとえば，血管を弱くするような変異があると，大動脈破裂，皮膚の過形成や関節の過度可動性につながるし，また別の病気では，皮膚において結合組織の下層に存在するコラーゲン繊維と基底板を結び付ける小繊維が欠乏してしまう．この病気の患者では，些細な刺激で皮膚が結合組織から離れてしまうので，水膨れが生じる．

メンケス病 Menkes disease という遺伝病では，コラーゲンの共有結合による架橋（図4.11b）を形成するリシルオキシダーゼという酵素が小児で欠損している．その結果，結合組織に異常をきたし，大動脈瘤，脆弱な骨，弛緩性皮膚をもたらす．また，リシルオキシダーゼは銅要求性の酵素なので，この酵素の遺伝的障害は銅の恒常性に異常をきたす．銅欠乏の動物はメンケス病と似ているさまざまな症状を呈する．

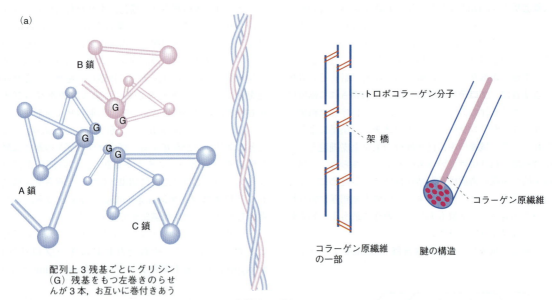

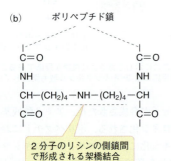

図4.11 コラーゲンの構造．(a) コラーゲン原繊維の構築．3本の左巻きのらせんがお互いに巻付きあって，右巻きの三重らせんを形成し，この三重らせんが次にトロポコラーゲン分子を形成する．トロポコラーゲンの三重らせんが架橋され，コラーゲン原繊維となる．赤色で示した結合は，リシン残基の間で形成される共有結合である．(b) 隣接した二つのリシン残基の間で形成される架橋構造の例．個々の機能に応じて，コラーゲンにはいくつかの特有の種類があることに注意する．van der Rest M, Garrone R.; Collagens as multidomain proteins; Biochimie; 1990 Jun–Jul; 72 (6–7): 473–84; Elsevier より改変．

還元型に保つために，アスコルビン酸（ビタミンC）が必要である．このビタミンが欠乏すると，結合組織が適切に構築できず，歯肉の出血や創傷治癒の不全を伴う**壊血病 scurvy** という痛ましい結果につながる．

三重らせん構造の三つの鎖は非常に近接しており，とても強固な結合を形成している．ポリペプチド鎖の側鎖は普通このような密接な相互関係を妨げるが，コラーゲンの構造はこれを可能なものにしている．プロリン残基が，左巻きらせんがαヘリックスと比べ伸びた構造をするうえでは重要であり，このらせんは1回転に三つのアミノ酸残基を含んでいる．3残基ごとにグリシンがあり，三重らせん構造においては，このグリシンが側"鎖"としては水素原子しかもたず密接な接触を妨げないために，このグリシン残基の所でいつも鎖同士は接触している（図4.11a）．ヒドロキシ化されたプロリンとリシンは3本の鎖の間で水素結合を形成し，超らせんを安定化している．

これまで述べてきたように，トロポコラーゲン分子は約1000個のアミノ酸残基から成る．これらが図4.11（a）のように，頭部と尾部が互い違いに組み合わさり，コラーゲン原繊維ができてくる．骨においてはこの構造の"穴"が，ヒドロキシアパタイト（$Ca_{10}(PO_3)_6(OH)_2$）の結晶が構築され石灰化が始まる部位であると信じられている．腱では，トロポコラーゲン単位の間に普通ではない共有結合ができることにより，さらに強固になる．隣接したリシンの側鎖がさまざまな形で修飾され，図4.11（b）に示した例のような結合をつくるのである．このようにつくられたコラーゲン原繊維が平行に並んで凝集し，腱を形成している．皮膚にはいっそう多くの二次元ネットワークがある．三重らせん構造の3本のポリペプチドの詳細な構造に依存して別のサブクラスのコラーゲンが存在する．異なる種類の鎖では，ヒドロキシリシンやヒドロキシプロリンの含有量が違っている．これらのヒドロキシ化された残基のヒドロキシ基にはグルコースやガラクトースが共有結合されているが，ある種のコラーゲンでは糖化の程度が異なっている．

エラスチンの構造

エラスチン elastin は，コラーゲンとは異なる独自の構造をもつ．肺や動脈などにおける結合組織の主要な構成成分である（Box 4.2）．疎水性で不溶性のタンパク質であり，ゴムというより輪ゴムのような形をして，どの方向にも可逆的に伸びることができる三次元のエラスチンのネットワークを形成する（図4.12 a）．このネットワークはプロエラスチンとよばれる可溶性のタンパク質の単位から構築される．プロエラスチンは細胞から分泌され，その後架橋されてエラスチンネットワークを形成する．プロエラスチンはグリシン，アラニン，リシンに富んでいる．リシンは2，3残基おきに存在し，その間で，ヘリックス様あるいはランダムコイル様部分から成る短い伸縮構造が生じる．図4.12（b）に示すように，プロエラスチンは四つのポリペプチド鎖のリシン残基の間で共有結合が生じることにより，三次元のエラスチンネットワークへと構築され，デスモシンを形成する．デスモシンの形成には，酵素によるリシン残基の酸化が必要である．

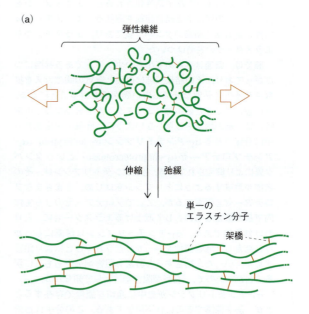

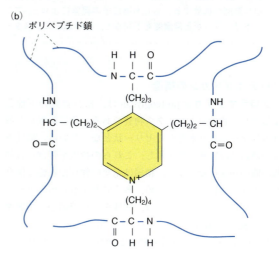

図4.12 エラスチンの構造．（a）エラスチンの一般的な構造の模式図．このタンパク質がいかに"伸縮"を起こすかを示している．（Bruce Alberts, Dennis Bray, Karen Hopkin and Alexander D Johnson（2009）; Essential Cell Biology, 3rd Edition; Taylor and Francis Group.）（b）4本のエラスチンのポリペプチド鎖の間で形成されるデスモシン架橋構造．この構造は，リシン残基が酵素により修飾されることで形成される．

> **Box 4.2 喫煙，エラスチン，気腫とアンチプロテアーゼ**
>
> この後第10章で，消化系がいかに自らのタンパク質分解酵素の作用から逃れるかについて紹介する．しかしながら，体内にはいたる所にプロテアーゼが存在する（"消化に関する大きな疑問：なぜ自分の体は消化されないのか"を参照）．この文脈において特に重要なものに，好中球 neutrophil におけるエラスターゼ elastase がある．好中球は，感染や炎症の場へと遊走してくる食作用をもつ白血球である．このような場で活性化されると，エラスターゼを分泌し，その場にある結合組織を取払う．エラスチンは弾力性に富む結合組織のタンパク質であり，エラスチンからエラスターゼの名前はついた．
>
> 肺では，気道はきわめて小さいポケットである肺胞につながっており，その結果，肺は血液と空気の間でガスを拡散させるのに必要な非常に広い表面積を得ることになる．肺に遊走してきた好中球はエラスターゼを分泌する．正常時には，肺の構造を破壊しないように，肝臓で産生され血中に分泌される α_1-アンチトリプシン α_1-antitrypsin（α_1-アンチプロテアーゼ α_1-antiproteprotease）というタンパク質により抑えられている．α_1-アンチトリプシンは，その名前が意味するようにトリプシンをはじめ，さまざまなプロテアーゼを阻害するが，ここでプロテアーゼのうち生体内で最も重要なものとして取上げるエラスターゼに，とりわけ効果的である．α_1-アンチトリプシンは酵素にしっかりと結合し，触媒部位をしっかりとふさぐことにより阻害するが，いったん結合すると酵素も阻害剤分子ももとに戻ることがないので，"自殺型阻害剤"として知られる．
>
> α_1-アンチトリプシンが血中に適切な濃度で存在することが，肺を保護するのには不可欠である．この分子は血液から肺胞へ拡散する．もしも遺伝子の異常によりα_1-アンチトリプシンが正常濃度を下回ると，好中球のエラスターゼは肺胞を破壊し，その結果，肺構造におけるポケットが大きくなり，ガス交換に用いることができる表面積は小さくなってしまうかもしれない．この結果が気腫であり，ひどい息切れ症状を示す．
>
> 喫煙者は二つの理由から気腫になりやすい．たばこの煙による炎症は肺に好中球を呼び寄せ，さらにエラスターゼの放出を増加させる．第二に，たばこの煙に含まれる酸化剤はα_1-アンチトリプシンを壊してしまう．酸化剤は，活性に必要なメチオニン側鎖の硫黄原子を化学的に酸化し，スルホキシド基にする（S→S=O）．これがα_1-アンチトリプシンがエラスターゼを不活性化するのを邪魔することになり，肺組織のタンパク質が分解され，その結果，気腫が生じる．
>
> これだけが体内におけるアンチプロテアーゼの生理的役割ではない．トリプシン，キモトリプシンやエラスターゼは，膵臓から不活性なチモーゲンの形で小腸に分泌される．この不活性な酵素はタンパク質分解により活性化されるが，ここでは，最初の限定された活性化が自己触媒的なカスケードとなる．膵臓の細胞においてごくわずかにでも活性化が起こると危険である．なぜなら，あらゆる活性化されたプロテアーゼが，タンパク質分解カスケードにおけるすべてのチモーゲンを活性化し，膵炎をひき起こすことになるかもしれないからである．ここであげた三つの消化酵素はいずれもその活性をセリン残基に依存し（第6章），これらを阻害するアンチプロテアーゼは合わせて，セルピン serpin（セリンプロテアーゼインヒビター serine protease inhibitor）とよばれる．α_1-アンチトリプシンと同様に，これらの阻害タンパク質も酵素の活性部位に非常に強固に結合し，その活性を抑えることにより機能を発揮する．

プロテオグリカンの構造

プロテオグリカン proteoglycan は，結合組織の下地となるゼリー状のマトリックス物質である．負に荷電した糖質ポリマーにより水和したゼリー状となっている．極性をもつ糖鎖は高い親水性を示し，これらの荷電を帯びた官能基の間の相互反発により，糖鎖は完全に伸びた状態に保たれて大きな体積を占めるため，多くの水を取込めるようになる．プロテオグリカンでは，極性をもつ糖鎖が，**コアタンパク質** core protein 分子のセリン側鎖に結合している（図4.13）．タンパク質鎖も糖鎖と同様に完全に伸びきっている．負荷電は陽イオン（カチオン）の中に埋まっており，これが圧力に対する抵抗性において重要な役割を果たすマトリックスの浸透圧に寄与している．

糖鎖はすべて，*N*-アセチルグルコサミン *N*-acetylglucosamine と *N*-アセチルガラクトサミン *N*-acetylgalactosamine（図4.14）の二糖構造が一つの構成単位として繰返されてできており，この多糖は**グリコサミノグリカン**（GAG）glycosaminoglycan として知られている．一般的なグリコサミノグリカンの二糖の繰返し構造を図4.15に示す．グリコサミノグリカンはしばしば，一つあるいは複数の硫酸基でさまざまな位置が修飾され，さらにどちらかの糖は通常カルボキシ基をもっている．硫酸基とカルボキシ基は分子の負電荷を増大させる．おもなグリコサミノグリカンとしては，**コンドロイチン硫酸** chondroitin sulphate，**デルマタン硫酸** dermatan sulphate，**ヘパラン硫酸** heparan sulphate，**ケラタン硫酸** keratan sulphate がある．（ケラタン硫酸と皮膚や髪でみられるケラチンという繊維状のタンパク質とを混同しないこと．）**ヘパリン** heparin は構造上ヘパラン硫酸と似ているが，ヘパリンの方がより多くの硫酸基をもっている．しかし，ヘパリンは血管内に遊離のグリコサミノグリカンとして存在し異なる役目を担っており，血液凝固の制御において重要である（第32章）．

多くの異なるプロテオグリカンが存在し，その基本的な

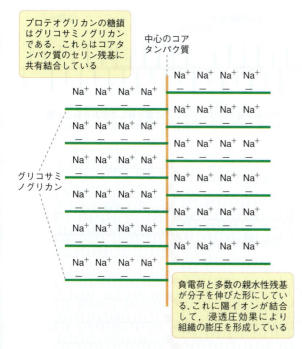

図 4.13　プロテオグリカンの模式図．いろいろな形のものが存在する．中心のコアタンパク質の大きさや結合するグリコサミノグリカンの数は変化に富んでいる．グリコサミノグリカンの長さ，数，位置，電荷をもつ置換基の性質，化学構造の詳細はいろいろである．ここでは陽イオンを Na^+ として描いたが，他の陽イオンもありうる．

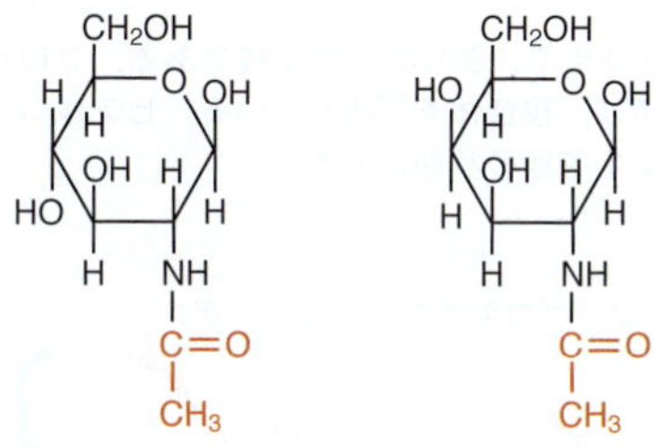

図 4.14　N-アセチルグルコサミン（左）と N-アセチルガラクトサミン（右）．

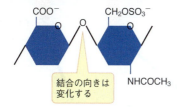

図 4.15　グリコサミノグリカンの二糖単位．グリコサミノグリカンの特徴的な残基以外のすべての結合や置換基は省略し単純化している．プロテオグリカンの多糖部分は，この二糖が分枝せずに長くつながった鎖によりできている．硫酸基やカルボキシ基の数や位置，単糖間のグリコシド結合の性質などが異なるさまざまなグリコサミノグリカンが存在する．

つくりはきわめて多様性に富む．コアタンパク質の長さは約 1000～5000 アミノ酸残基と幅広く，コアタンパク質に結合する糖鎖の本数も 100 程度までの間でいろいろである．また，糖鎖の長さもさまざまで，典型的には糖残基の数が約 80～100 である．最終的には，電荷を帯びた残基の数も種類も変化しうる．軟骨の主要なプロテオグリカンである**アグリカン** aggrecan は，この多様性を表す一例である．軟骨は非常に大きな圧力に耐えなければならず，とても頑丈である．たとえば，膝関節では，軟骨は脚骨が直接接触するのを防がなければならず，巨大な圧力に耐える必要がある．アグリカンは，ケラタン硫酸とコンドロイチン硫酸という二つの異なるグリコサミノグリカンがコアタンパク質のセリン側鎖に結合したものから構成される（図 4.16）．多数のこのようなプロテオグリカン分子が非共有結合により複合体をつくり，さらに，ヒアルロン酸（ヒアルロナン）とよばれるもう一つ別の長鎖のグリコサミノグリカンに結合し，電子顕微鏡では瓶を洗うブラシのように見える巨大分子がつくられる（図 4.16）．このマトリックスが張力に耐えるコラーゲン繊維をしっかりと補強しているので，軟骨は圧縮する力と引き裂く力の両方に耐えることができる．グリコサミノグリカン分子であるヒアルロン酸は，柔軟な細胞外マトリックスや滑液中にも見いだされるが，このような場所では，タンパク質に結合しているというよりは，むしろ遊離の形で存在する．

フィブロネクチンとインテグリンは細胞外マトリックスを細胞内とつなぐ

フィブロネクチン fibronectin は，細胞接着分子として知られる多種多様なタンパク質の中でも，重要でかつ広くみられるものである．ある種の細胞接着分子は細胞-細胞間の相互作用を直接媒介するが，フィブロネクチンは細胞外マトリックスにみられ，細胞と細胞外マトリックスとの結合を媒介する．フィブロネクチンは，二つの柔軟性をもつ長く伸びたタンパク質の鎖が二つのジスルフィド結合によりその端で架橋されてできている．フィブロネクチンには，プロテオグリカン，コラーゲン，細胞表面のそれぞれと結合する部位が別々に存在する（図 4.17）．フィブロネクチンは二量体を形成する膜貫通タンパク質を介し，細胞表面に結合する（図 4.18）．この膜貫通タンパク質は，細胞の細胞外マトリックスタンパク質への結合を統合する (integrate) ことから，**インテグリン** integrin とよばれる．非常に多くの種類のインテグリンのヘテロ二量体が，いろいろな細胞で見つかっている．インテグリンはフィブロネクチンと同様に，コラーゲンやプロテオグリカンといった異なる細胞外マトリックス分子にも特異的に結合する．インテグリンの細胞内ドメインは細胞骨格のアクチン繊維と結合し，その結果として，細胞外マトリックスと細胞内部の間を結び付け，たとえば，筋肉細胞と腱の間の接続など

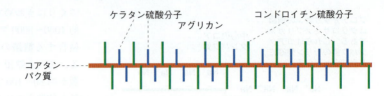

アグリカンは，2種類のグリコサミノグリカンが多数，セリン残基を介し長いコアタンパク質に結合することによりできているプロテオグリカンである

軟骨中では多数のアグリカン分子がリンクタンパク質を介して非共有結合で第三のグリコサミノグリカン（ヒアルロン酸）に結合し，巨大な複合体を形成している

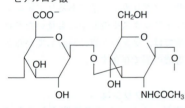

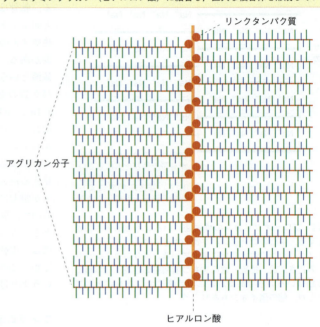

図 4.16　軟骨にみられる主要なプロテオグリカンの構造．ヒアルロン酸はグリコサミノグリカンの1種である．プロテオグリカンであるアグリカンがリンクタンパク質を介して非常に多数の非共有結合を結び，複合体を形成している．ヒアルロン酸は柔らかい細胞外マトリックス中にも広く存在し，その場合にはタンパク質と結合せず遊離の状態にある．

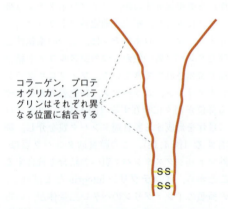

図 4.17　フィブロネクチン分子．二つのジスルフィド結合（黄色の線で示す）によって二つのポリペプチドが架橋している．インテグリンは細胞表面の膜貫通型の受容体である．フィブロネクチンはコラーゲン繊維，プロテオグリカン，インテグリンに結合し，細胞外マトリックスを形成する．

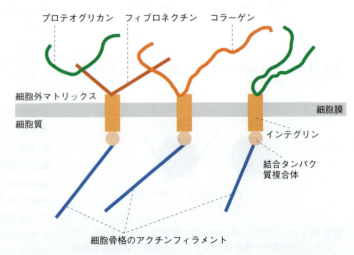

図 4.18　インテグリンの役割は細胞外マトリックスを細胞骨格に結合させることである．フィブロネクチンにはファミリーが存在する．フィブロネクチンは二量体であるが（図4.17），この図では簡略化して1本の線で表す．細胞骨格については第8章を参照．

に必要な強い相互作用を生み出している（図4.18）．しかしながら，インテグリンは単純な構造タンパク質ではない．リガンドが結合すると，細胞内シグナル応答をひき起こすことができ（第29章），その結果，細胞はその外部環境の変化に応答できるようになる．それゆえ，インテグリンは一種の細胞膜受容体である．インテグリンシグナルは，胚発生，損傷に応答した血小板凝集や感染への細胞応答といった細胞の生命活動の多くの側面においてきわめて重要である．

ミオグロビンとヘモグロビンによりタンパク質の構造と機能の関連性がわかる

酸素結合タンパク質であるミオグロビンとヘモグロビンはこれまでよく研究され，タンパク質の構造に関する知識が生化学的機能の理解へとつながる古典的な例となっている（Box 4.3）．体内の組織には酸素が供給されなければならない．最も原始的な動物やある種の冷水魚は，酸素を血液に溶解させて運搬するが，より活動的な動物にとってはこの方法で酸素を運搬するのには，酸素の溶解性は低すぎる．ほとんど同じことが，組織からのCO_2の除去にもあてはまる．ヘモグロビンのような特別な輸送タンパク質が必要である．

ミオグロビンは横紋筋にみられる赤色の色素であり（第8章），血液が供給するよりも多くの酸素が消費されるような激しい筋肉運動の際に用いる酸素を貯蔵する役割を担っている．ヘモグロビンは血液中の酸素運搬体である．この二つのタンパク質は，構造や進化系統において密接に関連しているが，ミオグロビンが比較的単純な分子である一方，ヘモグロビンはその複雑な役割のために絶妙に進化を遂げた洗練された分子装置といってよい．これら二つのタンパク質を比較することは，ヘモグロビンの理解に役立つ．

ミオグロビン

ミオグロビン myoglobin は単量体で存在し，153アミノ酸残基から成る1本のポリペプチド鎖は，全体としてループで結ばれたαヘリックスの形をとる．αヘリックスによりつくられたポケットにヘム分子が入り込んでいる（図4.23a参照）．ヘム分子は，Fe^{2+}がテトラピロールに結合したものであり，このテトラピロール4辺のうち3辺には疎水性側鎖を，四つめの辺には親水性のカルボキシ基をもっている（図4.19）．この分子は親水性の側を外側に向けて，分子の疎水性部分を内側に隠している．ヘムは，分子の周りの単結合と二重結合が交互になっている **共役系** conjugated system のために，濃い赤色を呈する．ヘムの中のFe^{2+}は六つのリガンドと結合することができ，このうちの四つはピロール窒素と，五つめはタンパク質のヒスチジン残基との結合に用いられ，六つめは酸素との可逆的な結合に用いることができる（図4.20）．

Box 4.3　鎌状赤血球貧血とサラセミア

鎌状赤血球貧血 sickle cell anemia は，タンパク質におけるたった一つのアミノ酸の変化がいかに計り知れない影響を及ぼすことがあるかを示してくれる．この病気の原因の解明は，分子病という概念を生み出すことにもつながった．正常のヒトのヘモグロビン四量体（ヘモグロビンA）のβ鎖では，6番目のアミノ酸はグルタミン酸であり，その側鎖は負に荷電し，また親水性である．鎌状赤血球貧血患者のヘモグロビン（ヘモグロビンS）では，このグルタミン酸が疎水性のバリンに置き換わっている．この変化は，ヘモグロビンの特定のグルタミン酸残基をコードするDNAにおいてたった一つ，TからAへの塩基の変異のみで生じる．ヘモグロビンSにおける疎水性のバリンは，他のヘモグロビン四量体に存在する疎水性ポケットに結合していき，その結果，長くて固い棒状の構造がつくられる．酸素が結合しているヘモグロビンは異なる構造をとるので，疎水性ポケットが露出しておらず，ヘモグロビンの四量体はお互いに結合はしない．鎌状赤血球貧血患者の酸素が少ない血液では，デオキシヘモグロビンから成る長い棒状構造が増大し，正常の両凹面の赤血球を鎌状にゆがめ，毛細血管を詰まらせて組織障害をひき起こす．さらに異常な赤血球は壊れ，貧血がひき起こされる．

鎌状赤血球貧血は，処置しなければ死に至ることとは別に，地理的にはマラリアが存在するか，かつて好発していた地域において，またはアフリカ系アメリカ人のようなマラリアの好発地域からの移民の子孫に，よくみられる．この高い発生頻度は，変異した遺伝子の正の選択により説明することができる．変異した1対立遺伝子によるヘモグロビンの異常はマラリア原虫の発育には好ましくないが，正常な1対立遺伝子をもっていれば，赤血球が鎌状となることはない．このいわゆる**ヘテロ接合体アドバンテージ** heterozygote advantage は，影響のない遺伝子変異の保有者をマラリアによる死から守ってくれ，それゆえにこの変異は自然選択により保存されたのである．

サラセミア thalassemia （地中海貧血）は，ヘモグロビン産生に影響を及ぼす異なる変異により生じる一種の遺伝病である．αサラセミアおよびβサラセミアでは，それぞれ対応するヘモグロビンのサブユニットが欠損している．この疾患は地中海周辺にみられ（*thalassa* はギリシャ語で海を意味する），鎌状赤血球と同様に，変異はマラリアに対する耐性を示し，そのためマラリア地域で多くみられることとなる．さまざまな重症度のβサラセミアがある．

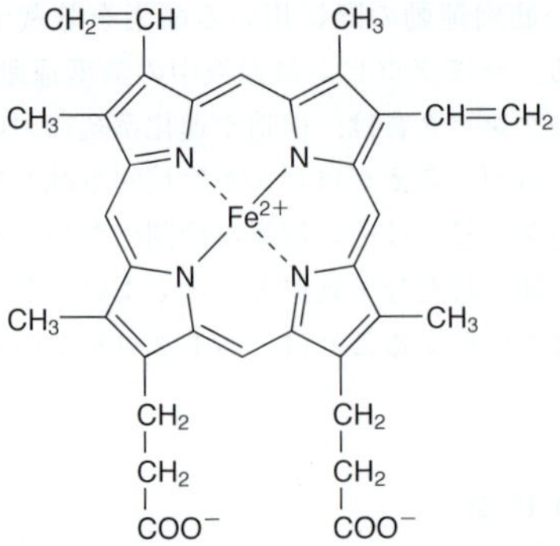

II. タンパク質と膜の構造と機能

図 4.19 ヘムの構造. これはヘモグロビンにみられるヘムである. 側鎖構造が異なるものが, シトクロムにみられる. 分子の端には二つの親水性のプロピオン酸基($-CH_2CH_2$-COO^-)があるが, それ以外の側鎖はすべて疎水性であることに注意せよ. ミオグロビンの場合, ヘムは分子の割れ目に位置し, その親水性部分は水分子と接するように外側に向き, 疎水性部分はタンパク質の非極性の内側を向いている.

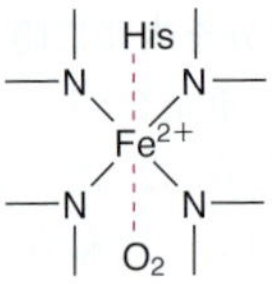

図 4.20 ヘムにおける Fe^{2+} の結合能. ヘムにおける鉄原子は全体として六つのリガンドと結合する部位をもっている. 四つは平面上のピロール環の窒素原子に結合するが, それ以外の二つ(紙面の上側と下側, 赤の点線)は別の分子と配位する. 垂直方向の結合のうち一つはヒスチジン残基の窒素原子と, もう一つは酸素分子と結合する.

図 4.21 は, 酸素分圧を増加させたときのミオグロビンの酸素飽和度を示している. この曲線は双曲線を描き, "古典的な"酵素-基質結合応答曲線(第 6 章)とほぼ同じである. ミオグロビン分子は, 毛細血管における 20 Torr という低い酸素分圧においてもほとんど完全に飽和してい

る.（Torr は Torricelli にちなんで命名された圧力の単位で, 20 Torr は 2.7 kPa と同じである.) これはミオグロビンが高い酸素親和性をもち, 通常の酸素分圧下では酸素を離さないことを意味している. ミオグロビンは, 激しい筋肉運動の結果, 組織における酸素分圧がさらに低下したときにのみ酸素を離すことで, 必要時のための酸素の貯蔵役として機能しているのである. また, 酸素に対しヘモグロビンより高い親和性をもつために, 血液から酸素を引抜き, 必要に応じその貯蔵をいっぱいになるまで補充することができる. ミオグロビンは組織で普通にみられる酸素分圧下では酸素を放出しないために, 血液中における酸素の運搬体としては適さない. これこそがヘモグロビンの役割である.

ヘモグロビンの構造

ヘモグロビン haemoglobin は, タンパク質サブユニットの四量体であり(図 4.22), おのおののサブユニットが酸素を結合する能力をもつヘム分子を一つずつもっている. 二つの α サブユニットと二つの β サブユニットはいずれもそれぞれ同一であり, これらは $α_1$ と $α_2$, $β_1$ と $β_2$ として知られる. これらのサブユニットは構造上ミオグロビンと非常に類似しており, α ヘリックスから構成される. また, 各サブユニットはヘリックスの間のミオグロビンと似たような位置にヘム分子をもつ. ミオグロビンとヘモグロビン β サブユニットは, 図 4.23 (a) と (b) に示すように, 構造上実質的に同じである.

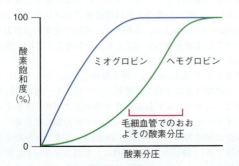

図 4.21 ヘモグロビンの酸素飽和曲線. ミオグロビンの酸素親和性がヘモグロビンより高いことは, 筋肉でミオグロビンが血液から酸素を受取りやすいことを示している.

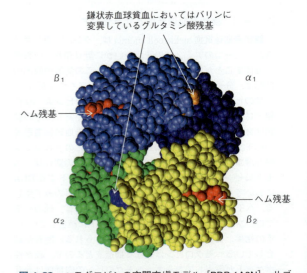

図 4.22 ヘモグロビンの空間充塡モデル [PDB 1A3N]. サブユニットのモデルとヘモグロビン内でのこれらの配置は, 酸素が結合していない状態で 2,3-ビスホスホグリセリン酸がぴったりとはまる空洞の存在を示している. ヘム残基は赤色で示している. 鎌状赤血球貧血では, β 鎖の 6 番目のグルタミン酸残基(対比色で示している)がバリンに変異していることで, 分子上に疎水性の部分がつくり出されている.

4. タンパク質の構造

はなお十分に飽和することができるのである．

ヘモグロビンの酸素飽和曲線はいかにS字形になるのか

ヘモグロビンは**アロステリックタンパク質** allosteric protein である．これはここで初めて出てきた用語である．アロステリックタンパク質の多くは複数のリガンド結合部位をもっており，一つの部位にリガンドが結合すると，その結合が別の部位におけるタンパク質とリガンドの相互作用に影響を及ぼす．ほとんどすべてのアロステリックタンパク質は，ヘモグロビンのように多量体タンパク質である．ヘモグロビンの四つのサブユニットはおのおのが酸素分子と結合することができる．ヘモグロビンの酸素飽和曲線はS字形を示すが，これは，酸素分圧が低く一部の結合部位にしか酸素が結合していないときは，多くの結合部位に酸素が結合しているときに比べて，酸素が結合しづらいからである．結合部位に酸素が結合していくのに従い，ヘモグロビンの酸素に対する親和性は漸進的に増加するため，酸素分圧が高くなると親和性は20倍に増加する．ヘモグロビンのヘム基はお互いに遠く隔てられているが，一つめのサブユニットへの酸素の結合が，他のサブユニットへのさらなる酸素分子の結合を促進するのである．これは，正の**ホモトロピックな協同的効果** homotropic cooperative effect として知られる（ホモトロピックというのは，おのおのの部位に結合するのが，同じ酸素であるからである）．

このような協同的な相互作用を，グラフから**ヒル係数** Hill coefficient という値を求め評価することが可能である．ミオグロビンのような結合部位が一つだけのタンパク質や，複数の結合部位をもつもののそれらが協同性をもたない場合，この値は1である．1より大きな値は協同性の程度を表す．ヘモグロビンの場合は，この値は2.8である．

タンパク質のアロステリック性を説明する理論的なモデル

この協同的な酸素結合機構を説明する二つの理論的なモデルがある．いずれのモデルにおいても，酸素の結合が増すと，その結果として，ヘモグロビンの集合体の中でより多くのサブユニットが高親和性状態となり，最初の酸素分子の結合がさらなる酸素分子の結合を促進すると考えられている．

協奏モデル concerted model（この理論を発表した Monod, Wyman, Changeaux にちなみ，MWCモデルとしても知られる）では，ヘモグロビンのサブユニットのすべてが低親和性〔緊張（T）状態〕か，あるいはすべてが高親和性〔弛緩（R）状態〕かであり，この両者は自発的平衡状態にあるが，この平衡はT状態に偏っているとする（図4.24）．そして，酸素が一つのサブユニットに結合すると，平衡がR状態に移行するとする．酸素分圧が増

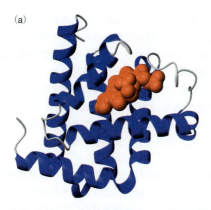

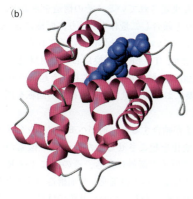

図4.23 (a) ミオグロビン [PDB 1MBO] と (b) ヘモグロビン [PDB 1HHO] の1本のβ鎖をコンピューターで描いたモデル．ミオグロビンとヘモグロビンのポリペプチドの折りたたみとヘムの結合部位を示している．

ヘモグロビンへの酸素の結合

体内において，ヘモグロビンへの酸素の結合とそれからの組織への酸素の放出は，受動的で可逆的な過程ではない．ヘモグロビン分子は，構造と機能を絶妙に同調させて，その機能を発揮する．

1分子のヘモグロビンは4分子の酸素を結合する．1サブユニット当たりでは1分子である．酸素飽和曲線を描くと，ミオグロビンでみられる双曲線の代わりに，ミオグロビンのものからは右側にずれたS字形曲線が得られる（図4.21）．ヘモグロビンを50%飽和させるのに必要な酸素濃度は，ミオグロビンと比べて高濃度である．このことは，すでに述べたように，ミオグロビンの方が酸素に対する親和性が高いことを示している．

ヘモグロビンは，肺においてできるだけ多くの酸素を素早く捕捉する必要がある一方で，組織の毛細血管では酸素を素早く放出しなくてはならない．S字形の酸素飽和曲線は，毛細血管で直面する酸素分圧において最も勾配が急であり（図4.21），ヘモグロビンは最も酸素を放出しやすいにも関わらず，肺で直面する酸素分圧では，ヘモグロビン

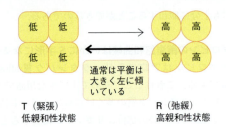

図 4.24 基質が協同的に結合している協奏モデル．このモデルでは，ヘモグロビンはTとRの二つのいずれかの状態で存在し，両者は自由な平衡関係にある．基質がR状態に結合すると平衡は右に傾き，すべてのサブユニットの基質親和性が高まる．"高"，"低"はヘモグロビンのリガンドである酸素への親和性を示している．

すとより多くの結合部位に酸素が結合し，この平衡はさらにR状態に動く．変化を起こすのに必要な酸素分子の結合数がはっきりと決まっているわけではないが，結合が増せば増すほど変化が生じる統計的確率は増し，親和性も漸進的に増していく．

逐次モデル sequential model（図 4.25）では，酸素がないと，すべてのヘモグロビン分子はT状態にあり，R状態の分子との間には平衡関係はないと考える点で，協奏モデルと異なっている．1分子の酸素がサブユニットの一つに結合すると，この一つのサブユニットのコンホメーションがT状態からR状態に変化する．この場合，協奏モデルで想定されるモデルとは異なり，単一のヘモグロビン分子は二つの状態にあるサブユニットの混合物ということになる．このTからRへの変化が隣のサブユニットにおける同様の変化を促進し，その結果，二つめの酸素分子はより容易に結合することができる．二つめの酸素分子の結合は，さらに三つめの隣のサブユニットがコンホメーション変化を起こし，その結果として酸素への親和性が増すことを容易にし，これが順次進むのである．ヘモグロビンへの酸素供給では多くの個々の分子が関与するので，結合する酸素が増えれば増えるほどヘモグロビンのより多くの分子がR状態となり，それに従って，観察される溶液中の酸素親和性は増していく．

協奏モデルは，ヘモグロビンで観察される性質を完全ではないがよく説明しているが，逐次モデルもほぼ同様である．おそらく，実際の仕組みは両者の中間のようなものであり，個々のアロステリックタンパク質が作用する精密な機構とは異なっているだろう．多数のアロステリックタンパク質が存在し，第6章でさらに議論するように，その多くは酵素である．第20章で議論するように，アロステリックタンパク質は，生化学的な制御の実質上すべての側面において，途方もなく重要な役割を担う．

ヘモグロビンにおけるアロステリック変化の機構

X線回折を用いた研究により，ヘモグロビンの四量体構造は，酸素が結合した状態と結合していない状態のいずれにおいても決定されている．その構造をみると，α_1とβ_1がしっかりと結合し二量体をつくり，同様にα_2とβ_2も二量体をつくっている．四量体におけるこれら二つの二量体の相互作用が，T⇌Rの変換における再構築へとつながる．図 4.26 は，酸素の結合によりひき起こされるTからRへの変換における二量体の間の相対的回転を図示したものである．

酸素分子が結合すると，何がヘモグロビン分子のアロステリック変化を起こさせるのだろうか．酸素がヘムに結合すると鉄原子が微妙に動き，その間にT→Rの変換がひき起こされる．ヘムは通常，平面構造の分子として描かれるが，酸素が結合していない状態では鉄原子はこの平面より少し上に存在する（図 4.27 a）．なぜなら，鉄原子はテトラピロールに収まるには大きすぎるからであり，このためテトラピロールは完全な平面ではない．鉄原子自体は，タンパク質サブユニットを構成するαヘリックスの一つに存在するヒスチジン残基に結合している．

酸素が結合すると，ヘムの鉄原子はその直径が小さくなり，テトラピロールの平面の中に移動するために，分子は平坦になる．タンパク質はこの鉄原子の移動に伴い，それ自体がコンホメーション変化を起こす（図 4.27 b）．これが，一つの二量体のαサブユニットが別の二量体のβサブユニットと接する点（α_1とβ_2，あるいはα_2とβ_1の接点）における相対的な移動をひき起こし，図 4.26 に示すような相対的な回転を起こすのである．この移動が結果としてT→Rの変換につながる．

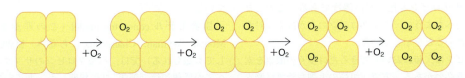

図 4.25 ヘモグロビンとその基質との結合に関する逐次モデル．一つの酸素分子がサブユニットに結合すると，そのサブユニットのコンホメーション変化をきたす．このコンホメーション変化が，2番目のサブユニットに酸素が結合するときに生じる2番目のサブユニットのコンホメーション変化を起こしやすくする．これが，順に次のサブニットにつながっていく．次のサブユニットのコンホメーション変化が順次起こりやすくなることにより，酸素への親和性もそれに伴い順次高まっていくことになる．

4. タンパク質の構造

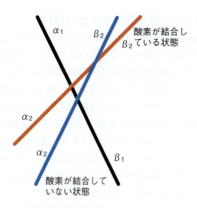

図 4.26 酸素が結合しているヘモグロビン分子と結合していないヘモグロビン分子でのサブユニットの相対的位置．この図では，サブユニットの中軸を直線で示している．$\alpha_1\beta_1$ 対，あるいは $\alpha_2\beta_2$ 対は一つの二量体として見てほしい．酸素が結合すると，この二量体は回転し，ずれて，お互いに約 15° 相対的位置が変化する．黒色と青色の線は，T 状態における二量体の相対的位置を表している．酸素が結合する（R 状態になる）と，赤色の線の位置に図中に固定して示した α_1/β_1 二量体に対し相対的に α_2/β_2 二量体が回転する．この変化がこれらの二量体の間の関係を変える．

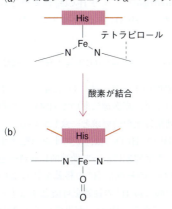

図 4.27 ヘモグロビンのヘムに酸素が結合したときに起こる変化．(a) デオキシヘモグロビンのヘム分子ではテトラピロール構造がわずかにドーム状に盛り上がった形をしている．(b) オキシヘモグロビンでのヘムの結合．ヘモグロビンの α ヘリックスへの酸素の結合により，鉄原子をマイクロスイッチとして，タンパク質のコンホメーション変化をひき起こしている．

ヘモグロビンの機能における 2,3-ビスホスホグリセリン酸の不可欠な役割

2,3-ビスホスホグリセリン酸 2,3-bisphosphoglycerate (**BPG**) は赤血球におけるヘモグロビンの酸素親和性を低下させ，組織への酸素の受渡しを増加させることにより，酸素輸送において重要な生理的な役割を担っている．2,3-ビスホスホグリセリン酸はオキシヘモグロビンの酸素解離曲線を右側に移動させる．

$$\begin{array}{c}
COO^- \\
| \\
CH-O-P(=O)(O^-)_2 \\
| \\
CH_2-O-P(=O)(O^-)_2
\end{array}$$

2,3-ビスホスホグリセリン酸

ヘモグロビンの四量体は，適切な方向から見ると，この分子を包み込む空洞をもっている（図 4.22 参照）．この空洞内に突き出たアミノ酸の側鎖は正電荷を帯びている．2,3-ビスホスホグリセリン酸分子は血液の pH では五つの負電荷をもっており，酸素が結合していないヘモグロビンの空洞に当てはまり，これらの正電荷とイオン結合をつくるのにちょうどよい大きさと構造をもっている．このことが，ヘモグロビンを酸素が結合していない状態に保つのに寄与している．事実上，この状態において β サブユニットは架橋されている．酸素が結合していない T 状態では，ヘモグロビンは 2,3-ビスホスホグリセリン酸分子を収容することができる．しかし，酸素が結合した R 状態では，タンパク質のコンホメーション変化の結果，空洞はより小さくなり，2,3-ビスホスホグリセリン酸を収容することはできなくなる．毛細血管におけるオキシヘモグロビンを考えると，2,3-ビスホスホグリセリン酸が酸素が結合していない状態に強く結合して安定化させる能力は，酸素を放出するのに好都合である．事実上，この反応は次のように表される．

(a) $Hb-O_2 \rightleftharpoons Hb + O_2$
(b) $Hb + BPG \rightleftharpoons Hb-BPG$

2,3-ビスホスホグリセリン酸が関与する反応 (b) は，反応 (a) の平衡状態を右に動かし，酸素が放出されやすくする．

もし，血液からすべての 2,3-ビスホスホグリセリン酸がはぎとられると，ヘモグロビンは，組織の毛細血管におけるより低い酸素濃度下においてでさえ，実質上飽和状態のままでいることになる．それゆえ，このような状態では組織に効率よく酸素を届けることはできなくなる．ヘモグロビンの酸素結合に及ぼす 2,3-ビスホスホグリセリン酸の効果を図 4.28 に示す．2,3-ビスホスホグリセリン酸はヘモグロビンの酸素結合部位とは異なる部位に結合し，ヘモグロビンの酸素への親和性に影響を及ぼすので，**ヘテロトロピックなアロステリックモジュレーター** heterotropic allosteric modulator として機能している．

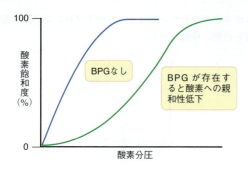

図4.28 ヘモグロビンの酸素飽和曲線. 2,3-ビスホスホグリセリン酸（BPG）の効果を示している.

ヘモグロビンの酸素結合への pH の影響

酸素が結合していない状態にあるヘモグロビンは，オキシヘモグロビンに比べ，より高いプロトンへの親和性を示す．解離基の pK_a は周辺の化学的な環境によりいくらか変化することを思い出してほしい．酸素の結合に伴う T→R のコンホメーション変化は，α鎖の末端にある特定のヒスチジン側鎖の pK_a を低下させ，この側鎖のプロトンを遊離させる．別の表現に変えると，酸素が結合した形のヘモグロビンは結合していない形に比べより強い酸であり，その結果，酸素が結合するとプロトンが放出される．この現象はボーア効果とよばれる．

$$(1) \quad Hb + 4O_2 \rightleftharpoons Hb(O_2)_4 + (H^+)_n$$

（ここで，n はおおよそ2前後であるが，この数字は一連のパラメーターの設定による．）

酸素と二酸化炭素の運搬における pH 変化の役割

式（1）で述べたボーア効果は，重要な生理学的な意義をもっている．CO_2 は組織において産生され，肺へと輸送されなければならない（図 4.29 a）．CO_2 は赤血球内に入り，そこで炭酸デヒドラターゼ（炭酸脱水酵素）carbonate dehydratase（カルボニックアンヒドラーゼ carbonic anhydrase）により H_2CO_3 に変換され，さらに炭酸水素イオン（HCO_3^-）とプロトン（H^+）に解離する．

$$(2) \quad CO_2 + H_2O \rightleftharpoons H_2CO_3 \rightleftharpoons H^+ + HCO_3^-$$

プロトン濃度の上昇は，式（1）に示された平衡を左にずらし，その結果，赤血球において HbO_2 から酸素が遊離する．この効果は生理的要求と一致している．

赤血球において HCO_3^- は，アニオン（陰イオン）チャネルを通り，濃度勾配に沿って受動的に血清へ運び出される．この HCO_3^- の移動は H^+ の移動を伴わない．なぜなら，赤血球の膜には H^+ の通過を可能とするチャネルが存在しないからである．HCO_3^- が出ていくときの電気的なバランスをとるために，同じアニオンチャネルを通って Cl^- が細胞内に流入する．この両方の移動は塩素シフトとして知られる．

HCO_3^- は静脈血の血漿中を肺まで戻る．ここでも（図 4.29 b），プロトン濃度の変化は生理的に有益な結果を導くのを助けてくれる．酸素の結合に伴うヘモグロビンからのプロトンの放出は，単純な平衡効果により，HCO_3^- から H_2CO_3 をつくり出す．

$$(3) \quad HCO_3^- + H^+ \rightleftharpoons H_2CO_3$$

（HCO_3^- ではなく）H_2CO_3 は炭酸デヒドラターゼの基質となるので，炭酸デヒドラターゼは CO_2 をつくり（反応4），この CO_2 が吐き出される．

2,3-ビスホスホグリセリン酸は赤血球の中で，解糖系の中間体である 1,3-ビスホスホグリセリン酸（第13章）より合成される．2,3-ビスホスホグリセリン酸の通常のモル濃度は，大雑把にいうとヘモグロビンの四量体の濃度と等しい．2,3-ビスホスホグリセリン酸の濃度が高ければ高いほど，酸素が結合していない状態の方がより良い状態となる．これが一つの調節系を構築している．もし組織における酸素分圧が低い場合は，赤血球でより多くの 2,3-ビスホスホグリセリン酸が合成され，酸素の放出を増大させる．高地への順応は，一部分，赤血球における 2,3-ビスホスホグリセリン酸量の増加を伴う．2,3-ビスホスホグリセリン酸は酸素の組織への運搬を増加させる一方，酸素親和性を減少させるために，肺におけるヘモグロビンへの酸素の結合にはほとんど影響しないことに注意すべきである．

2,3-ビスホスホグリセリン酸に基づいたまた別のさらに洗練された調節系では，タンパク質の小さな変化が大きな生理的効果をもたらすことを示してくれる．母親が胎児に酸素を供給するためには，胎児のヘモグロビンが母親のオキシヘモグロビンから胎盤を通じて酸素を引抜くことが必要である．このためには，胎児のヘモグロビンが母親のヘモグロビンより高い酸素親和性をもっている必要がある．これは，成人のβ鎖が胎児のヘモグロビンのサブユニット（γ鎖とよばれる）に置き換わることにより達成される．おのおののγ鎖は，βサブユニットにみられる正電荷の一つを欠いている．その欠損している正電荷は，成人のヘモグロビンでは 2,3-ビスホスホグリセリン酸が入り込む空洞に並んでいるものである．それゆえに，胎児のヘモグロビンは 2,3-ビスホスホグリセリン酸が結合するイオン残基が二つ少なく，したがって，2,3-ビスホスホグリセリン酸に強く結合することができない．そのために，2,3-ビスホスホグリセリン酸は酸素に対する親和性を効率よく低下させることができず，胎児のヘモグロビンは母親のヘモグロビンより高い O_2 に対する親和性をもつのである．こうして，母親のヘモグロビンは容易に酸素を胎児に受渡すようになる．

(4) $H_2CO_3 \rightleftharpoons H_2O + CO_2$

赤血球中の HCO_3^- の減少は, 血漿中からの HCO_3^- の濃度勾配に従った流入をひき起こし, Cl^- が流出する. これは肺で生じる逆塩素シフトであり, 結果として CO_2 を吐き出すのにつながる.

血液中に溶けた状態で運ばれる CO_2 はごく少量で, はるかに多くの量 (約75%) が HCO_3^- として運ばれる. 加えて, CO_2 はグロビンの電荷を帯びていない $-NH_2$ と化学的に自然に結合し, カルバモイル基を形成するので, 約10〜15%の CO_2 はヘモグロビン自身と結合する.

(5) $RNH_2 + CO_2 \rightleftharpoons RNHCOOH \rightleftharpoons RNHCOO^- + H^+$

ここで用いられる RNH_2 基はおもに, N末端にあるアミノ基である. リシンやアルギニンの側鎖はとても高い pK_a のため, 荷電している.

血液における pH の緩衝

(緩衝の原理については, 第3章に述べている.)

上記から, CO_2 と酸素の運搬に伴い, 血液中のプロトン濃度は著しく変化することが明確となった. 組織で酸が生じた際には, HCO_3^-, リン酸, そしてヘモグロビン自身の緩衝能力が生理的 pH を保つうえで重要である. 式(1) で述べたボーア効果にも緩衝効果がある. 酸素が解離すると, ヘモグロビンはプロトンを取込む. これは, 組織において CO_2 からつくられる H^+ のおおよそ半分を担うこととなる. そして, さらに赤血球の pH が非生理的なレベルにまで下がるのを防いでいるのである.

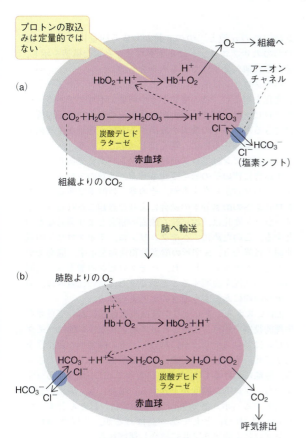

図4.29 CO_2 の血液中の運搬. (a) 組織毛細血管での反応. (b) 肺での反応. この図では CO_2 をヘモグロビンのカルバモイル基として運ぶ系は省略してある.

要 約

タンパク質は, 20種類のアミノ酸から成る一つあるいは複数のポリペプチド鎖 (アミノ酸がペプチド結合により並んでいる) でできている. おのおののポリペプチドの長さと配列は遺伝子により決められている. ペプチド結合は, 二つのアミノ酸の間の CO−NH 結合である. 20の異なるアミノ酸は, 大きさならびに親水性, 疎水性, 電荷を帯びている程度がそれぞれ異なっている. これがタンパク質は膨大な多様性をもつ可能性があることを示している.

一次構造は線状につながったアミノ酸配列である. 二次構造はポリペプチド骨格の折りたたみを含んでいる. 二次構造のおもなモチーフとしては, αヘリックスとβシートがあり, これらは水素結合により安定化している. タンパク質はこれらの構造のさまざまな組み合わせが結合ループによりつながれ構成されている.

三次構造は, 二次構造モチーフがさらに折りたたまれ, タンパク質の三次元の形となったものである. 折りたたまれた構造はポリペプチド鎖のアミノ酸配列により決められるので, すべてのタンパク質は独自の構造をもつが, 共通した折りたたみのパターンが認識できる. タンパク質分子が会合し, 多量体タンパク質が形成されることを四次構造という.

大きなタンパク質はドメインをもつ. ドメインとは, 三次構造へと折りたたまれるポリペプチド鎖の一部分であり, 実験的に他の部分と分けても独立して機能しうるものである. タンパク質は変異やドメインシャッフリングを経て進化してきた. ドメインシャッフリングでは, 遺伝子のコード部分がドメインの新しい組み合わせが生じるように再構成され, 新しいタンパク質がつくられる.

球状タンパク質では, 疎水性残基はおもに分子の内側に存在し, 親水性残基は分子の外側で水と接している. 膜タンパク質は疎水性のアミノ酸を外側に出し, 疎水性の膜内部と接している.

ある種のタンパク質は, イオンや非タンパク質性の分子といったものが強固に結合している. 酵素においてはこれ

らはしばしば活性に必要であり，補欠分子族とよばれる．また，酵素のみはアポ酵素，活性をもつ複合体はホロ酵素とよばれる．糖鎖が（側鎖の OH 基を介し）セリンやトレオニン，（側鎖の N 原子を介し）アスパラギンなどのアミノ酸の一つに結合しているタンパク質もある．これらの糖タンパク質はしばしば分泌される．種類によっては，糖質残基はマーカーとして機能し，タンパク質を守ったり，分解されるための目印になったりする．

細胞外マトリックスタンパク質は，主として球状というより繊維状であり，腱や軟骨や骨に強度を与えているコラーゲンなどがある．コラーゲンは強固な三重の超らせん構造を示すが，この構造は翻訳後修飾を受けたプロリン残基の水素結合により安定化されている．エラスチンは肺の弾性タンパク質である．プロテオグリカンはタンパク質と糖質を含んでおり，皮下にみられる柔軟性のある層などの疎性結合組織の基質を形成する．細胞外マトリックスは細胞接着タンパク質であるフィブロネクチンも含む．フィブロネクチンはプロテオグリカンやコラーゲンと結合し，インテグリンという膜貫通タンパク質を介して，これらを細胞内の細胞骨格と結び付ける．インテグリンはまた，細胞外から細胞内へシグナルを伝達する．

ミオグロビンとヘモグロビンは，タンパク質の構造がその機能に関係することを示すよく研究された例である．ミオグロビンは単量体タンパク質であり，筋肉において酸素を貯蔵する機能を担う．ミオグロビンは酸素が結合する補欠分子族であるヘムをもつ．激しい運動の際など筋肉が低酸素分圧になったとき，酸素を放出する．

ヘモグロビンは赤血球の酸素運搬体である．ヘモグロビンは二つの α 鎖と二つの β 鎖から成る四量体であり，おのおののサブユニットはミオグロビンと似た構造を示し，それぞれ補欠分子族であるヘムをもつ．

ヘモグロビンは酸素の結合と解離の間にコンホメーション変化を起こし，この変化がその機能に不可欠である．ヘモグロビンは，肺では最大限の酸素を受取り，毛細血管ではできるだけ多くの酸素を放出するという複雑な生理機能を最適に発揮するのに，驚くほど適応している．

ヘモグロビンはアロステリックタンパク質であり，リガンド結合に伴いその形を変化させる．多数のアロステリックタンパク質が存在するが，その多くは酵素である．ヘモグロビンへの酸素分子の結合によりひき起こされるコンホメーション変化は，次に続く酸素の結合をより容易なものとする．このために，ヘモグロビンは，ミオグロビンの双曲線とは異なり，S 字形の酸素飽和曲線を示す．協奏モデルも逐次モデルもそれぞれ，ヘモグロビンの酸素への協同的結合の状況を説明することができる．真の仕組みは，両モデルの間にあるようなものと考えられる．

2,3-ビスホスホグリセリン酸は酸素輸送において重要な生理的役割を担う．2,3-ビスホスホグリセリン酸はヘモグロビンにアロステリックに結合し，その酸素への親和性を低下させ，その結果，組織における酸素の放出を増大させる．組織における CO_2 の産生によって pH が減少する（すなわち，プロトン濃度が上昇する）場合にも，酸素の放出は増大する（ボーア効果）．血漿中では，ほとんどすべての CO_2 は HCO_3^- として肺へ運ばれるが，一部の CO_2 はヘモグロビンのアミノ基に結合し運ばれる．

 問題

1 タンパク質の一次構造とは何か．
2 タンパク質の変性とは何を意味するか．
3 次に示す側鎖をもつアミノ酸の構造と名称を記せ．
  (a) H
  (b) 脂肪族の疎水基
  (c) 芳香族の疎水基
  (d) 酸性の官能基
  (e) 塩基性の官能基
4 おおよその pK_a 値を示せ．
  (a) 酸性アミノ酸の側鎖
  (b) 塩基性アミノ酸の側鎖
  (c) ヒスチジンの側鎖
5 20 種類すべてのアミノ酸から成るポリペプチド鎖において，電荷を決定するおもなアミノ酸はどれか．
6 タンパク質構造の四つの段階とは何か．
7 エラスチンが弾力性を示すうえで特別な構造上の特徴とは何か．
8 コラーゲンにおいて，ポリペプチド鎖の部分は三つに一つのアミノ酸残基がグリシンである．これにはどのような重要性があるのか．
9 タンパク質の活性は一般的には弱い熱でも容易に失われる．ペプチド結合はかなり熱に安定である．
  (a) なぜタンパク質は弱い熱でも活性を失うのか．
  (b) いくつかのタンパク質，特に細胞外タンパク質は普通のタンパク質に比べて安定である．どのような構造的特徴がこの安定を生み出しているのか．
10 タンパク質のドメインとは何か．
11 球状タンパク質において，フェニルアラニン，アスパラギン酸，アルギニン，イソロイシンといった残基の大部分は，統計的にどのあたりに見いだされると予想されるか．
12 プロテオグリカンの分子構造が，ムチンや高含水性ゲルをつくり出すのに非常に適しているのはなぜか，説明せよ．
13 α ヘリックスと β シート構造はタンパク質中でよく使われている．これらがその機能を担ううえで共通にもつ性質とは何か．
14 ミオグロビンとヘモグロビンの酸素飽和曲線を比較せよ．これらの違いの理由を考察せよ．
15 酸素分子がヘモグロビンに結合すると，タンパク質の

コンホメーション変化が起こる．この仕組みを説明せよ．
16 胎児のヘモグロビンはどのように母親のヘモグロビンから酸素を受取ることができるのか，説明せよ．
17 赤血球における塩素シフトの重要性について説明せよ．
18 タンパク質の三次構造に関しては，自然に都合が良いものができて固定されてきたと論評されている．これについて簡単に考察せよ．
19 鎌状赤血球貧血は世界の特定の地域において有病率が高いことから，その有病率の高さには何らかの理由があるに違いないと考えられる．この病気の性質と，この病気は特定の地域に多いのはなぜか，説明せよ．
20 なぜ，喫煙は気腫をひき起こすのか．
21 ペプチド結合は平面構造をとるといわれている．簡単にこのことが意味することを説明し，その構造的基盤と，重要性について述べよ．
22 次のアミノ酸のうち，仲間外れはどれか．イソロイシン，アラニン，フェニルアラニン，プロリン，ロイシン．

タンパク質研究法

タンパク質を研究するための方法は，最近数年間の間に大きな変革を遂げた．しかしながら，特にタンパク質の分離で用いられるより伝統的な方法はいまだ重要であり，この章で紹介することにする．大きな変革は数種類の技術が一体となった結果もたらされた．大きな発展の一つは**質量分析**のタンパク質への応用であり，この技術は研究を迅速に高感度で行うことを可能にした．質量分析は長く有機化学に用いられてきたが，当初は揮発性の分子に対してのみ適用できた．1980年以降に開発された新しい方法はタンパク質への応用を可能とし，華々しい成果を生み出した．二つめの大きな変革はDNAの研究からもたらされた．タンパク質のアミノ酸配列はゲノム中のヌクレオチドのトリプレット（3塩基）にコードされている．私たちはどのトリプレットがおのおのどのアミノ酸を特定するかわかっているので，もしも遺伝子の配列がわかれば，タンパク質のアミノ酸配列を推定することが可能である．ヒトの全ゲノム配列や多くの他の生命体のゲノム配列が決定されたということは，ヒトのいかなるタンパク質のアミノ酸配列も，何千もの他の生命体のタンパク質のアミノ酸配列も推定できるということを意味している．そして，実験的にタンパク質について得られる限られた情報を，ゲノムデータベースから得られる完全な配列の情報と速やかに一致させることが可能となったのである．

タンパク質とDNAの配列について蓄積される情報はこうして爆発的に増加し，情報を得ると同時に登録するタンパク質とDNAのデータベースが発達していなかったら，その数に圧倒されてしまっていただろう．国際的な協同のもと確立されたデータベースは自由に利用することができ，さまざまな方法で情報の修正や分析を可能にしてくれるコンピューターソフトウエアもまた同様である．データベースやコンピューターを利用する研究領域を**バイオインフォマティクス**とよび，タンパク質を研究するうえでの主たるツールとなってきている．質量分析とDNA配列決定といった技術とバイオインフォマティクスを直接結び付けることによって研究に相乗的な効果が生まれ，ときに"オミクス"革命とよばれる成果につながってきた．オミクスでは，多くの数のタンパク質と遺伝子が同時に研究でき，タンパク質と遺伝子の二つの研究領域は，それぞれ**プロテオミクス**と**ゲノミクス**とよばれる．

ここでは，タンパク質を研究するためのいくつかの"伝統的な"方法と，いくつかのより進んだ最近の方法の両方について述べることにする．DNAを扱ううえでのさらなる方法については，第28章で扱う．

タンパク質の精製

ほとんどすべての生化学および分子生物学の研究にはタンパク質を単離することが必要であり，そのタンパク質が細胞外タンパク質である場合以外は，タンパク質の単離とは最初に細胞を破壊することを意味する．破壊には，機械的にホモジナイズしたり，細菌の丈夫な細胞壁を壊すために酵素による方法を用いたりする．真核細胞の抽出物には細胞小器官や大きなタンパク質の複合体が含まれており，もしも研究対象とするタンパク質が可溶性である場合は，これらの不要な含有物を遠心分離により取除くことが単離の第一段階となる．逆に，対象とするタンパク質が細胞小器官や膜に存在する場合は，分画遠心法で精製した後，膜タンパク質に対し界面活性剤などを用いてタンパク質の可溶化を行う．

細胞は何千もの異なるタンパク質を含み，興味ある個々のタンパク質は普通，全体のごく一部しか占めない．典型的なタンパク質の精製の手順には，望んでいるタンパク質が占める抽出物中の割合を徐々に増やしていく多くの段階が含まれる．この際には，すべての工程を通じ対象となるタンパク質を追いかけ，増加していく**比活性** specific activity（タンパク質全体における含有量）を測定するアッセイ系が必要である．もしも求めるタンパク質が酵素の場合は，比活性はしばしば触媒活性として分析される．酵素でない場合は，ヘムタンパク質における色合いや，抗体による認識のされ具合といった特別な性状を用いる．全体のタンパク質量は，芳香族アミノ酸により生じる280nmの波長にピークをもつ紫外光の吸収を用い測定することができ

る．

選択する精製の方法は，必要とする純粋なタンパク質の量によって決まる．質量分析はわずかな時間，ngレベルの微量で行うことができる．この量ならば，電気泳動法により1日か2日程度で得ることができる．しかしながら，比較的多くの量の精製したタンパク質が必要となることもある．たとえば，X線結晶解析による構造決定にタンパク質の結晶をつくることが必要であり，非常に多くの精製タンパク質が求められる．組換えDNA技術はしばしば，大量に培養することができる細菌に真核生物のタンパク質を発現させるのに用いられる（第28章）が，その場合はそれに引き続き精製が必要となる．望んでいるタンパク質の性質に関してわかってくれば，この知識をもとに精製の手順は開発されてくるかもしれないが，普通精製には試行錯誤が伴う．大規模な精製には多くの時間がかかるため，低温で行うなど，タンパク質を変性させないための注意が必要である．

精製を始めるにあたり用いられる方法は，一般的には未精製のタンパク質の抽出物をもともとのタンパク質の混合物を少しずつ含む**画分** fraction に分けていくことである．求めるタンパク質を含む画分は，適切な試験法により同定され，次の精製段階へと進められる．よく用いられる最初の分画法として，硫酸アンモニウムのような非常に溶けやすい塩を未精製の抽出物に加え，その量を徐々に増やしていくことにより，タンパク質を**沈殿** precipitation させる方法がある．異なるタンパク質が異なる塩濃度において沈殿する．沈殿した画分を遠心分離により集め，再び溶かしてから，求めるタンパク質について分析する．このような過程の後，**透析** dialysis により塩を除き，次の段階の精製に適した緩衝液に溶媒を変える．透析では，タンパク質の溶液を半透膜の袋に入れ，その袋を大量の適切な緩衝液の中に浸す．塩やその他の小さな分子は自由に袋の外へ拡散していくが，タンパク質は中にとどまる．

その後で，より洗練された方法が実践される．タンパク質を大きさや電荷，または化学結合の違いにより分離することがある．一般にはカラムクロマトグラフィーが用いられるが，この方法はかなり大規模な精製に用いられる．

カラムクロマトグラフィー

クロマトグラフィーという名称は，混合物の構成成分を二つの"相"の間の分配を利用して分離する分析や試料調製の技術を示すものとして広く使われている．固体の充填剤が固定相として働き，その中を移動相が流れる．移動相はタンパク質を分離する際には気体ではなく，一般的にはむしろ液体から成る．カラムクロマトグラフィーにおいては，固定された充填剤をカラムに詰め，処理すべき試料を最上部からカラムに流し込み，移動相により洗い流す．溶出液の画分はカラムから溶出されるとともに集められ，求めるタンパク質について分析が行われる．

よく用いられるのは，**ゲル沪過** gel filtration としても知られる，**サイズ排除** size exclusion（あるいは**分子ふるい** molecular sieve）クロマトグラフィーを用いた分子の大きさにより分離する方法である．ゲル沪過のカラムには，（いずれも多糖類である）アガロースやセファデックスといった不活性のポリマーから成る微細なビーズを充填する．これらのビーズは樹脂（レジン）あるいは**ゲル** gel（こちらの方がこの技術に関してはよく用いられる）とよばれ，市販されており，ビーズを貫く決まった大きさの孔をもっている．タンパク質溶液をカラムの最上部から流し込み，続いて適当な緩衝液で洗い流す．ゲルビーズの孔に入らないくらい大きなタンパク質は妨害されることなくビーズの周りを流れるが，ビーズの孔に入るくらい十分に小さなタンパク質はカラム内での流れが遅れてくる（図5.1）．小さな孔をもつビーズにはすべてのタンパク質が引っかからないので，このようなビーズはより小さな分子や塩からタンパク質を分離するのに用いられる．より大きな孔をもつビーズはタンパク質を分画するのに用いられる．大きなタンパク質はビーズに引っかからずに，カラム内で最も速いルートを通るが，一方より小さなタンパク質は孔の中に入り，いくぶん流れが遅くなり，さらに小さなタンパク質はビーズ内の孔のネットワークにつかまり，流れがきわめて遅くなる．はじめに用いた抽出物の個々の構成要素はこうして，分子量の大きい方から順にカラムから溶出される．この方法では，複雑な混合物から単一のタン

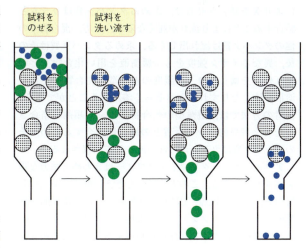

図5.1 ゲル沪過によるタンパク質の分離．カラムには特定の大きさの孔をもつゲルビーズが詰まっている．大きなタンパク質と小さなタンパク質の混合物をカラムに入れる．緑で示す分子は大きすぎてビーズの孔へ入れないが，青で示す小さな分子は入れる．カラムを適切な緩衝液で洗い流すと分子は下降していく．青の分子はビーズ内に入れるので，緑の分子よりも流れが遅く，後で溶出される．それぞれの精製された分子は別々の画分として集められる．

パク質を精製することは一般的にはできないが，望んでいるタンパク質について分析した後，最も高い比活性を示す画分を選び，次の段階の精製に用いることができる．ゲル濾過は，タンパク質を精製する際に用いてきた緩衝液から望ましくない塩を除く，精製の最終段階としても用いられることがある．

単に大きさではなく，個々のタンパク質がもつ特異的な性質に基づいたさらなるカラムクロマトグラフィーの方法が，より高い段階の精製に用いられる．**イオン交換クロマトグラフィー** ion exchange chromatography は電荷に基づいた方法である．この方法では，カラムには正電荷あるいは負電荷を帯びた官能基が共有結合したビーズを充填する．そして，タンパク質の混合物を安定なpHを保つ緩衝液に浸したカラムにのせる．もしもカラム内の充填剤が正電荷を帯びている場合は，緩衝液のpHでは全体として負電荷を示すタンパク質はカラム上で流れが遅れ，一方，電荷をもたないか，正電荷をもつタンパク質がまず流れ出てくる．目的タンパク質は，そのタンパク質と充填剤との間の相互作用を破壊することによりカラムから回収することができる．たとえば，タンパク質の電荷を変化させるためにpHを変えたり，緩衝液中の塩濃度を増加させて過剰なイオンがカラムとの結合を競合するようにしたりすれば，相互作用を壊すことができる．

別の強力な方法として，**アフィニティークロマトグラフィー** affinity chromatography がある．目的タンパク質が特異的かつ強力に化合物Xに結合することがわかっているとしよう．もし不活性なカラムの充填剤に化学的方法によりXを結合させれば，求めるタンパク質はカラムと結合することにより流れが遅くなるが，一方，混合物中の他のタンパク質は流れ出てくる．求めるタンパク質はその後，異なるイオン強度をもつ緩衝液を用い化合物Xとの相互作用を壊したり，高濃度の遊離型の化合物Xを含む溶液を流したりすれば，おそらく溶出することができる．後者の方法では，遊離型の化合物Xは，充填剤に結合させたXと特異的タンパク質との結合を競合するため，そのタンパク質はカラムから洗い流されて回収される．

アフィニティークロマトグラフィーはきわめて強力な精製技術となりうる．この方法は，たとえば酵素と基質や阻害物質，抗体と抗原，DNA結合タンパク質と特異的な核酸配列といった，タンパク質と天然の分子リガンドとの間の非共有結合による相互作用を利用する．これらの相互作用における特異性は，目的タンパク質が1段階だけで他のものを除き精製できるということを意味している．しかしながら，特異的なリガンドを結合させることによりカラムの充填剤をつくるということは，技術的に困難であり，高い費用がかかることもある．この技術的問題を避けるには，第28章で述べるように，組換えDNAの手法により大腸菌に求めるタンパク質を産生させる方法がある．この方法では，簡単に選ぶことができる"タグ"がタンパク質に付くように操作する．たとえば，6個のヒスチジン残基がつながったHisタグをタンパク質の端に結合させると，ニッケルに対し高い親和性を示すようになる．このようにすれば，Ni^{2+}を充填剤に固定化したカラムを用いることにより，大腸菌の細胞破砕物から純粋なタンパク質を単離することができる．必要としないタンパク質を除いた後，過剰なヒスチジンアナログを含む緩衝液で洗浄してタンパク質のカラムとの結合を競合的に阻害したり，pHを変化させてヒスチジン残基の電荷を変えてニッケルとの相互作用を壊したりすれば，Hisタグが結合したタンパク質をカラムから回収することができる．多くの場合，Hisタグはその後におけるタンパク質の利用を妨げないが，もしもこれが気になる場合は，ペプチダーゼという酵素をうまく用いれば，ヒスチジン残基を取外すことができる．

カラムクロマトグラフィーを用いた分離は，ときには**高圧液体クロマトグラフィー** high pressure liquid chromatography ともよばれる**高性能液体クロマトグラフィー（HPLC）** high performance liquid chromatography の利用により，さらに速度が高まり効率が上がってきている．この方法では，鋼鉄管のカラムに充填剤を詰め，溶液に高圧をかけて流す．固定相としてより微細な物質が使えるようになり，その結果，表面積が広がり分離の効率が増大する．

SDSポリアクリルアミドゲル電気泳動

カラムクロマトグラフィーは一般的には，たとえばタンパク質の三次元構造を決定するための試料調製のような，比較的大規模なタンパク質の精製に用いられる．分析的な分離のために，μgレベルのごく少量のタンパク質を扱う際には，**ゲル電気泳動** gel electrophoresis がよく用いられる．カラムから得られた画分の電気泳動分析は，精製の過程の進み具合を追うためにしばしば利用される（図5.3参照）．

ゲル電気泳動の原理は，電場の中を反対極に向かって移動する荷電した分子が，大きさ，形状や電荷によって仕分けされていくということである．カラムクロマトグラフィーと同様に，不活性なポリマーから成る"ゲル"が用いられるが，電気泳動では通常，ポリマーとして**ポリアクリルアミド** polyacrylamide が使われる〔**ポリアクリルアミドゲル電気泳動（PAGE）** polyacrylamide gel electrophoresis〕．この場合，ゲルはビーズではなく，2枚のガラス板の間の平板（スラブ）の状態にある（図5.2）．ゲルはちょうどよい大きさの孔を含み，タンパク質が電気泳動用の緩衝液の中をゲルの孔を通りながら移動する際に，大きなタンパク質はゲルによって流れが遅くなる一方で，小さなタンパク質やコンパクトな形をしたタンパク質は速く移動していく．ゲルの中で絡み合う度合いの違いにより分離

5. タンパク質研究法

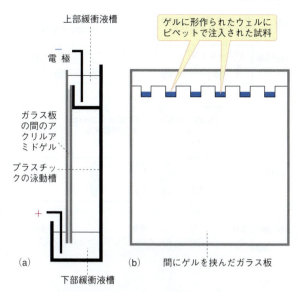

図 5.2 ポリアクリルアミドゲル電気泳動の装置（左）とガラス板に挟まれたゲルの正面（右）．試料は注射器かピペットで緩衝液中のウェルに注入する．試料がウェル内で緩衝液と混ざらないように，グリセロールを加えて比重を高くしておく．青色の色素を加えて注入時によく見えるようにする．

る（図 5.2）．ゲルを間に挟んだ 2 枚の板の上端と下端をそれぞれ SDS-緩衝液が入った槽に浸した状態で垂直に保ち，二つの槽の間に電圧をかける．ゲルをガラス板の間に流し込むとき，重合する前にプラスチックの"くし（コーム）"を上端に差込んでおいてゲルが固まってからその"くし"を抜けば，ゲルの中に異なった試料を注入するウェルが仕切られる．ゲルを装置にセットし，槽に緩衝液を入れ，ピペットを用い試料を緩衝液下のウェルに注入する．試料には，ウェルに入れたとき緩衝液と混ざってしまわないように，グリセロールのような比重の高い物質を加える．試料中に青色の色素を入れておけば，試料の注入を目で見ることができる．

さらに分析する際には，分離したタンパク質を通常，たとえばクマシーブルーのような色素で染色し，ゲル上"バンド"として見えるようにする．"マーカー"とよばれる分子量が既知の一連の精製タンパク質と移動距離を比較することより，タンパク質の分子量を見積もることができる．この方法による定量は正確ではないものの，バンドの幅や濃さは試料中に含まれるタンパク質量の指標となる．典型的な結果を図 5.3 に示す．この図は，イオン交換カラ

するこの様式は，**分子ふるい**として知られる．

多くの場合，タンパク質の三次元の形状ともともとの電荷の効果を無効にし，純粋に大きさだけに基づいて分離を達成する方が望ましい．このために，界面活性剤である**ドデシル硫酸ナトリウム（SDS）** sodium dodesylsulfate などの**変性ゲル** denaturing gel を用いるポリアクリルアミドゲル電気泳動（**SDS-PAGE**）がよく使われる．SDS は疎水性の尾部と負電荷をもつ硫酸基から成る分子（$CH_3\text{-}(CH_2)_{10}CH_2OSO_3^-Na^+$）であり，タンパク質の試料を SDS の溶液に溶解すると変性する．SDS は疎水性尾部をタンパク質の中に差込み，表面を負電荷で覆う．多量の SDS がおおよそアミノ残基二つ当たり 1 分子の割合で結合し，未変性のタンパク質がもっていたいかなる電荷も負電荷に交換するために，すべてのタンパク質がその大きさに釣り合った強い負電荷をもつこととなる．ジスルフィド結合は還元剤を含むことにより壊される．界面活性剤がさらに水に不溶性の膜タンパク質を可溶化し，ゲル上での研究を可能にすることもこの技術の主要利点である．変性ゲルでは，SDS に覆われたタンパク質は陽極に向かって移動するが，すべてのタンパク質においてその大きさと電荷の比が同じであれば，タンパク質は主として上述した**分子ふるい**効果により分離され，小さいタンパク質は最も速く移動する．SDS によるコーティングは変性タンパク質を線状構造に保つので，タンパク質の形状の違いが分離に影響する因子とはならない．

実際のところ，PAGE に使われる装置は単純なものであ

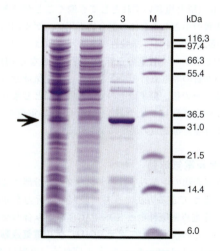

図 5.3 SDS ポリアクリアミドゲル電気泳動．この図は，大腸菌からのタンパク質の精製も示している．おのおのの精製段階における試料タンパク質を還元および変性し，ドデシル硫酸ナトリウム（SDS）存在下に 10 % ポリアクリルアミドゲルで電気泳動した．分離したタンパク質はクマシーブリリアントブルーで染色して可視化した．レーン 1 は大腸菌から抽出したタンパク質混合物を示し，矢印はこの実験の目的タンパク質の位置を示す．混合物を陽イオン交換樹脂のカラムにかけ，クロマトグラフィーを行った．レーン 2 は樹脂（レジン）に結合せず流出した画分を示す．レーン 3 は目的タンパク質がカラムから溶出してくる画分を示す．レーン M（マーカー）は分子量既知のタンパク質を示す．注目するタンパク質は 35 kDa である．写真は Dr. Anne Chapman-Smith, (Department of Molecular Biosciences, University of Adelaide, Australia) のご好意による．

ムから分離した溶出液でどれくらいタンパク質の精製が達成されたかを示している.

非変性ポリアクリルアミドゲル電気泳動

非変性ゲル nondenaturing gel では SDS を用いないので，タンパク質は変性していない．この場合，分離は，一部はタンパク質の正味の電荷や異なる電気泳動移動度に，一部はタンパク質の大きさに依存する．正電荷を帯びた粒子は負電荷を帯びた粒子とは逆方向に移動する．SDS-PAGE と比べると広くは用いられないが，変性ゲルには，分離したタンパク質の酵素活性などの生物学的活性を測定することができるという利点がある．

等電点電気泳動

電気泳動の一つの変法として，**等電点電気泳動** isoelectric focusing がある．異なるイオン化基（タンパク質の場合，−COOH や−NH$_2$ など特定のアミノ酸側鎖）をもつ分子の**等電点（pI）** isoelectric point とは，正電荷と負電荷がちょうど釣り合って分子上の正味の電荷が 0 となるときの pH である．その原理を図 5.4（a）に示す．まず，ゲルに市販されている**両性電解質** ampholyte, amphoteric electrolyte（酸と塩基いずれとしても働くことができる分子）の多数の小さな重合体の混合物を用い，ゲル内に安定な pH 勾配を形成する．未変性のタンパク質はこのようなゲルの中をタンパク質上の正味の電荷が 0 となる pH（そのタンパク質の等電点）の場所に向かって電気泳動により移動する．その後，分子はその pH の場所にとどまり，もしもゲル内を移動しても，pH の変化が正味の電荷を変え，電場によりまた等電点の場所に戻される．

二次元ゲル電気泳動

複雑な混合物の中から多数のタンパク質を分離するのに用いることができる方法のうち，最大の解析力を発揮するのが，等電点電気泳動と SDS-PAGE を組み合わせた方法である．この技術は，**二次元（2-D）ゲル電気泳動** two-dimensional gel electrophoresis とよばれる．試料はまず，pH 勾配が形成されているゲル片（ストリップ，市販されている）上，等電点電気泳動により分離される．このゲル片を SDS のゲルの上にのせ，最初の方向と垂直の向きに電気泳動する．こうして，最初の分離は等電点により，二つめの分離は大きさにより行われることになる．細胞粗抽出物を処理すると，何百もの分離したタンパク質のスポットが生じる（図 5.4 b）．この結果は複雑なようにみえるが，さまざまな種類の細胞，組織における全タンパク質の違いを際出たせてくれる，とても強力な方法である．たとえば，この方法を使えば，正常細胞とがん細胞とのパターンの違いを比較することもできる．二次元ゲル上のスポットから得ることができるごく少量からでさえ，質量分析と

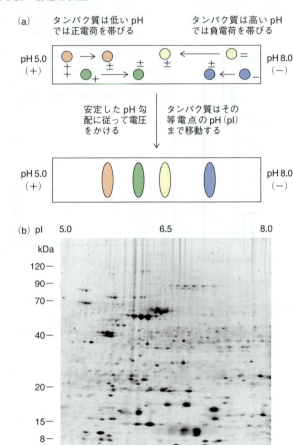

図5.4 等電点電気泳動と二次元ゲル電気泳動．(a) 等電点電気泳動の原理．安定した pH 勾配をポリアクリルアミドの細い管の中に形成する．電気泳動に供したタンパク質はその電荷により移動する．アミノ酸側鎖の電荷は pH を変化させると変わり，おのおののタンパク質は全体としての電荷が 0 となる pH（そのタンパク質の等電点）に到達すると，そこで動きを止める．この図では四つのタンパク質の例を示しているが，しばしば，複雑な混合物を分析すると，その中に同じ pI をもついくつかのタンパク質が含まれることがある．二次元電気泳動では，ゲルのこの細い管をさらに SDS-PAGE にのせ，最初の分離の方向と垂直の向きに電場をかけ，タンパク質の大きさによってさらに分離を行う．(b) 消化管の病原菌であるピロリ菌（*Helicobacter pylori*）の全細胞タンパク質の代表的な二次元電気泳動ゲル像．一次元目には固定 pH 勾配等電点電気泳動を用い，二次元目は SDS 緩衝液を含むスラブゲルを用い，タンパク質を分離した．ゲルは蛍光色素の SYPRO Ruby で染色した．Dr. Stuart Cordwell (Australian Proteome Analysis Facility, Sydney, Australia) のご好意による．

いった最新の技術を用いれば，個々のタンパク質を同定することができる．

タンパク質の免疫学的同定法

特定のタンパク質に対する抗体を動物の血液中や実験室

でつくることができる．この過程については第33章で述べる．抗体は，その抗体をつくるのに使われたタンパク質に対して厳密な特異性をもち，そのタンパク質に強固に結合する．この性質がゲル内や溶液中の微量のタンパク質の検出に利用される．ゲル電気泳動により分離された複雑な混合物の中から特定のタンパク質を検出するには，**ウェスタンブロット法** Western blotting（第28章で述べる，サザンブロット法というDNAを検出する方法と類似しているために，こう名付けられた）が用いられる．ゲル上のタンパク質はプラスチックのシートに移され，その後，このシートは特定の抗体を含む溶液中に浸される．抗体の結合ならびに，抗体が結合した目的タンパク質であるその抗原の位置は，抗体にあらかじめ共有結合を介し放射標識あるいは蛍光標識しておけば，直接検出することができる．一次抗体を認識する二次抗体を用いる間接的な方法がさらに頻繁に用いられる．二次抗体は標識されているか，酵素が結合している．この酵素が発色したあるいは蛍光を示す生成物をつくり出すことにより，その抗体自体が検出される．間接的な方法のおもな利点は，適切な酵素が結合した汎用性が広い二次抗体が市販されていることである．たとえば，目的タンパク質に特異的な抗体をウサギでつくることができれば，すべてのウサギの抗体を認識する二次抗体を用いることが可能である．

タンパク質化学における別の抗体を利用した方法としては，臨床生化学において広く用いられる **ELISA**（エライザ **酵素結合免疫吸着測定法**）enzyme-linked immunosorbent assay がある（これについての記述は第33章参照）．

質量分析の原理

質量分析（MS） mass spectrometry はタンパク質研究の多くの局面で重要になってきており，その応用にふれる前に，関連するさまざまな方法の詳細についてまず述べることが最良であろう．その有用性は，迅速さと非常に高い感度ゆえである．二次元ゲルの単一のスポットにおけるタンパク質量で，多くの場合分析可能であり，分析結果をタンパク質データベースで検索し，未知のものか既知のものか解析することができる．コンピューターソフトウエアは，このような解析を質量分析から得られるデータから直接行うことを可能にしてくれる．この技術のおもな利用法は以下のようなものである（中には聞き慣れない専門用語も使われているが，これらについてはそのうちに説明する）．

- タンパク質を，**ペプチド質量分析** peptide mass analysis（**ペプチドマスフィンガープリント法** peptide mass fingerprinting としても知られる），あるいは **限定的な配列分析** limited sequence analysis とこれらに伴うデータベースとの比較により同定することができる．
- タンパク質を 10,000 Da 中の 1 Da までの精度で迅速に決定することができる．
- タンパク質の部分もしくは全体の配列を決定することができる．
- タンパク質の翻訳後修飾について研究できる．

質量分析計は三つの基本的な構成成分から成る

- タンパク質を荷電された粒子に変換するイオン源
- イオンを質量と電荷の比（m/z）に基づいて分離する，一つまたは複数の質量分析器
- イオン検出器

イオンは分析器で分離され，検出器に集められる．その後，コンピューターが質量-電荷比（m/z 比）に対してのイオン強度のスペクトルを表示する．最も単純な場合，イオンは1価（$z=1$）であるため，m/z の値は分子イオンの質量に相当する．多数荷電されたイオンのスペクトルがしばしばタンパク質から生じるが，m/z 値のデータは一見して，あるいはコンピューターにより自動的に質量の値に変換することが可能である．非常に単純な例をあげれば，分子量 6000 のタンパク質は，m/z の値が 6000（タンパク質が +1 価に荷電していることを示している），3000（タンパク質は +2 価に荷電している），2000（タンパク質は +3 価に荷電している）のスペクトルを与えてくれる．単一のタンパク質から得られる多数の値は，最終的に，質量の測定の正確さを増してくれる．

タンパク質の質量分析におけるイオン化法

質量分析では気相中でイオンを扱う．タンパク質は大きな不揮発性分子であり，このことが，長い間，質量分析計で分析するうえでの障害になっていた．1980年代にもたらされたブレイクスルーが，タンパク質から気相イオンを発生させる二つの"穏和な（ソフト）"方法の開発である（"穏和な"とは，タンパク質が壊れることなくイオン化されるからである）．その一つめは **マトリックス支援レーザー脱離イオン化（MALDI）**（マルディー） matrix-assisted laser desorption ionization である．この方法では，分析するタンパク質の材料（分析物）を，紫外線を吸収する化学的マトリックスと混合して固体の標的プレート表面に塗布する．この標的を質量分析計に設置し，紫外線レーザー光を照射すると，マトリックス分子が紫外線を吸収してマトリックス分子の爆発的な放出が生じる．このとき同時に，タンパク質分子がマトリックスから H^+ のようなイオンを受取り，通常は1価のイオンとなって気化する．

二つめの方法は，**エレクトロスプレーイオン化（ESI）** electrospray ionization 技術である．この方法では，タンパク質の分析物を溶媒に溶かし，この溶液に高い電圧（4 kV）をかけて毛細管から噴霧する．タンパク質のイオン

を含んだ微細な液滴が，質量分析計の入口に向かい電圧勾配に沿って飛んでいき，その間に溶液は蒸発し，単一のタンパク質分子が高真空内に漂うようになる．ESIでは普通，タンパク質の高度な多価イオンが形成される．ESIのMALDIに対する利点は，分析物を溶液内で処理するために，HPLCによってあらかじめ分離されたタンパク質の画分を直接イオン化できることである．MALDIは，二次元電気泳動から得られ，マトリックスと混合された個々のタンパク質の"スポット"を分析するのに適している．液体クロマトグラフィーをESIと連結させる方が，二次元ゲル分析とMALDIを連結させるより，自動化には受入れられやすい．

質量分析部の種類

ここでは簡単に，異なる m/z の値ごとにイオンのスペクトルを記録できるようにイオンを分離するさまざまな方法について述べる．

飛行時間型

TOF（飛行時間型 (time of flight)）分析計は概念的には最も単純である．この方法ではタンパク質イオンは，イオンが飛行管の中へ移動するように，グリッドにかけられた高電圧によりイオンチャンバーから押し出される．飛行管内には電場も磁場もなく，イオンは単純に検出器に向かって受動的に移動する．飛行の間に，イオンは単に m/z 値に基づき分離される．同じ z 電荷をもつすべてのイオンは同じ運動エネルギーをもつため，重いイオンは軽いイオンよりも遅く動き，検出器に到達するまでに多くの時間を要する．一般に1/100,000の質量の精度を得ることができる．

イオントラップ型と四重極型

分析計の他の種類として，イオントラップ型と四重極型 (quadrupole, Q) がある．これらの質量分析計は電圧と高周波を用いる．イオンはまず最初にイオントラップ内に集められ，その後，場の強度を上げることにより，質量-電荷比の小さい方から順に検出器に向かって放出される．四重極型は，平行に並んだ四つの鉛筆様の鋼鉄のロッドをもち，これらが特定の m/z 値をもつイオンのみがその中を通過できるように調整することができる"チャネル"を形成している．異なる m/z 値の幅をもつように四重極を調整し，おのおのの段階で通り抜けるイオンの数を記録することにより，スペクトルが生じる．スペクトルの質量の精度は典型的な場合，1/10,000である．四重極型は，ペプチド配列の解析といったさらなる解析のために，単一のタンパク質を選び出すのに利用されることもある．

質量分析計の種類

これまで述べてきたいくつかの種類の分析器が製造元によりいろいろに組み合わされており，異なった応用に応じて異なった種類の分析計を用いることが可能である．

シングル質量分析計

シングル質量分析計 single-analyser mass spectrometer は最も単純な型であり，ESIあるいはMALDIいずれかのイオン化法を用い，タンパク質のスペクトルを形成する．例として，ESI-シングル-四重極質量分析計やMALDI-TOF質量分析計がある．MALDI-TOF（図5.5a）は，正確で比較的操作が単純であるため，現在，プロテオミクス研究できわめて重要である．

タンデム質量分析計

タンデム質量分析計（MS/MS）tandem mass spectrometer は，タンパク質からアミノ酸配列を得るのに用いることができる．"タンデム"という記述は，図5.5(b)に示すように，中央の衝突セルにより分けられた二つの質量分析部が直列につながっていることを受けたものである．一つめの分析部はコンピューターにより，特定の m/z 比を与える単一タンパク質イオンのみが衝突セルに進めるように設定することができる．他のイオンは一つめの分析部の周辺に巻き散らかされる．衝突セルの中では，選ばれたイオンがアルゴンガスの分子と衝突し，断片化する．このフラグメントイオン（娘イオン）が二つめの質量分析部に移動し，m/z スペクトルが得られる．ペプチド配列や翻訳後修飾の位置を決めるために，どのようにデータを用いるかの詳細については，次節で述べることにする．

質量分析計の応用

タンパク質の分子量の決定

質量分析の方法を用いれば，1〜2分の間に，10,000 Da中の1 Daまで，あるいは100 ppmまで正確にタンパク質の分子量を決定することができる．分子量の決定は工業バイオテクノロジーにおいて，組換えDNA技術（第28章）によりつくり出したタンパク質の品質を制御するうえで重要であり，また，タンパク質同定の手助けもしてくれる．二次元ゲル上の単一スポットがあれば，この応用には十分な量のタンパク質が得られる．

質量分析計を用いた配列決定を伴わない
タンパク質の同定

タンパク質について研究するとき，必ずしもアミノ酸配列を決定する必要はない．アミノ酸配列ではなく質量の測定に質量分析計を用いるよくある応用例は，タンパク質発現の分析である．ある条件下，特定の細胞や組織にどのようなタンパク質が存在するかを決める．私たちはすでに，二次元ゲル電気泳動を用い，正常細胞とがん細胞に見いだ

されるタンパク質を比較することに言及した．ある二次元ゲル上のスポットががん細胞で特異的にみられることに注目した場合，このスポットがどのようなタンパク質を含むか明らかにすることが望ましいのは明白である．質量分析の技術とコンピューターによる分析を組み合わせれば，この作業は比較的容易なものとなる．

"未知の"タンパク質を同定する最も単純な方法は，タンパク質データベースから多くの情報がすぐに入手できる場合，そのタンパク質がデータベースにすでに記録されているかどうかを検討することである．質量分析計を用いて二次元ゲルから，**ペプチド質量分析**を行うことができる．タンパク質をトリプシンにより酵素的に消化し，ペプチドに

する．図 5.5（a）に示すように，MALDI-TOF MS でこの混合物を分析し，個々のペプチドイオンの m/z 値をピークとして記録する．第 6 章でさらに議論するが，トリプシンはタンパク質を特定のアミノ酸（リシンとアルギニン）の位置で特異的に切断する．このことは，アミノ酸配列がすでにわかっているタンパク質をトリプシンで消化した際のペプチドのパターンは予測できることを意味している．コンピューターソフトウエアは，"未知の"タンパク質から質量分析計により得られた実際のパターンを，データベース上のすべてのタンパク質をトリプシンで消化した際に得られると理論上（抽象的に）予測されるパターンと比較する．トリプシンによる消化で，分析の結果見いだされ

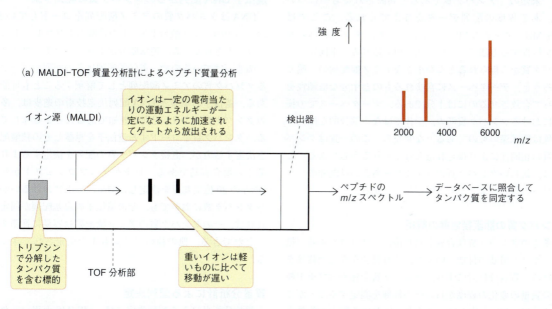

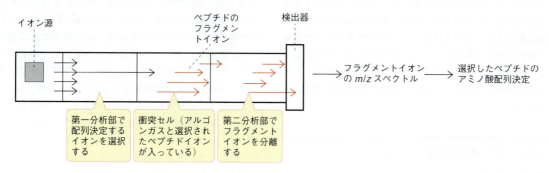

図 5.5 ペプチド質量分析法とアミノ酸配列決定法の概略図．(a) タンパク質のペプチド質量分析．タンパク質をトリプシン分解して生じたペプチドを MALDI-TOF によるフィンガープリント法にかける．質量分析結果をデータベースと照合すればタンパク質を同定することができる．(b) アミノ酸配列決定．タンパク質をトリプシンなどで分解し，通常 ESI 法でイオン化させる．第一分析部で特定の m/z 値をもつペプチドを選択し，中央の衝突セルへ進入させ，そこで，アルゴンガスとの衝突によって断片化させる．フラグメントイオンは第二分析部に入り m/z 値によってスペクトルが記録される．これは選択したペプチドのアミノ酸配列を直接推定するのに用いられる．この配列決定法の鍵は，ペプチドの断片化の起こり方が予測できるということで，得られたスペクトルは"フラグメントラダー"とよばれ，アミノ酸配列へと翻訳することができる．この方法はしばしば HPLC によるトリプシン分解物の分離と組み合わされ，順次ペプチドは質量分析計に送り込まれる．

たものに相当する一連のペプチドが生じると考えられるタンパク質があれば，報告される．最新のデータベースは，ゲノム配列データから得られた何千ものアミノ酸配列を含んでいるために，合致するものを見つけられる可能性はとても高い．この過程は非常に迅速に行うことが可能であり，数百 fmol（1 fmol は 10^{-15} mol であり，100,000 Da のタンパク質 1 fmol は 10^{-10} g となる）のタンパク質で分析できるほど感度も良い．

限定的な配列決定とデータベース検索によるタンパク質の同定

この方法はペプチド質量分析とは異なり，データベースで"未知の"タンパク質であると判断されたものについて，ある程度の配列データを与えてくれる．ここでは MS/MS（タンデム MS）が用いられる．タンパク質の配列を解析する方法については次の項で述べる．未同定のタンパク質から得られるどんな小さなアミノ酸配列の一端であろうと，データベースに含まれるものと十分な信頼性をもって合致させるのには十分である．データベースでの検索におけるタンパク質間の，全体ではなく部分的な配列の一致は興味深いものである．なぜなら，この一致はタンパク質の相同性により得られたと考えられるからである．これは，新しいタンパク質のファミリーあるいは既知のファミリーの新しいメンバーの同定につながる．

タンパク質の翻訳後修飾の解析

多くのタンパク質は合成された後に，グリコシル基（糖質）やリン酸基の付加といった，共有結合を介した修飾を受ける．質量分析計により，タンパク質全体やペプチド断片の質量の変化の程度から，その修飾を測定することができる．MS/MS を使えばペプチド内における特定の修飾されたアミノ酸を同定できるであろう．特定の修飾により生じる特徴的な"レポーター"断片を検出することで可能となる技術である．別の方法として，リン酸基やグリコシル基を酵素処理により外し（そのための酵素キットが市販されている），処理の前後を質量分析計で解析すれば，修飾されたペプチドを同定し，修飾の種類に目星を付けることが可能である．

タンパク質の配列決定の方法

古典的な方法

ケンブリッジ大学の Frederick Sanger により開発されたもともとの方法は，タンパク質をペプチドに切断し，各ペプチドの N 末端アミノ酸を検出可能な残基で標識するというものである．これは非常に骨が折れる作業で，多くのタンパク質を必要とする．Sanger がはじめに小さなタンパク質であるインスリンの配列を決めるのには何年もか

かったが，この結果で彼は 1 度目のノーベル賞を受賞した．この方法は現在では使われていない．Edman は，ペプチドの端から一つずつアミノ酸を外し同定する（エドマン分解）という原理を用い，配列決定法を進歩させた．この方法は，"プロテインシークエンサー"における自動的な配列決定を可能にした．この解析は 30 アミノ酸程度が限界だったので，大きなタンパク質の配列を決定するには，より小さなペプチドに分解しなければならなかった．タンパク質全体の配列を決定するのは何カ月もかかった．エドマン分解の効率と速度は大きく進歩したが，もはやこの方法も普段は使われない．

遺伝子 DNA 配列からのタンパク質の配列予測

DNA はタンパク質のアミノ酸配列をコードしている．おのおののアミノ酸は DNA 上の核酸のトリプレットによりコードされている．遺伝暗号がトリプレットをアミノ酸と関連づけているので，遺伝子配列はその配列がコードするタンパク質のアミノ酸配列として解釈することも可能である．遺伝子の単離と DNA 配列決定技術の進歩は，多くのタンパク質の DNA 配列が既知であることを意味している．タンパク質をコードする遺伝子を単離しその核酸配列を決定する方が，直接タンパク質の配列を決定するよりも多くの場合容易である．ヒトゲノムプロジェクトがヒト DNA の 30 億塩基対を決定した結果，ヒトにおけるいかなるタンパク質においても，その遺伝子の塩基配列が同定されれば，そのタンパク質のアミノ酸配列は容易に推測することができる．他の種のゲノムもまた決定されてきている．

質量分析計による配列決定

質量分析計による配列決定には，MS/MS が用いられる（図 5.5 b）．MS/MS においては，タンデム質量分析計の一つめの質量分析計を，決められた m/z 値をもつただ一つの選ばれたペプチドイオン種のみが衝突セルに進めるように設定し，タンパク質からトリプシン（あるいは他のプロテアーゼ）の消化により得られた個々のペプチドをこの一つめの質量分析計により分析する．衝突セルでは，選ばれたペプチド分子がいくつものイオンに断片化し，これが 2 番目の質量分析計で分離され，フラグメントラダーとして知られるスペクトルを与える．この方法の鍵は断片化の起こり方が予測できるということである．ここでは，一度に一つのアミノ酸がペプチドのいずれかの端から外れるのである．こうして，一つまたは複数のアミノ酸の分だけ質量がお互いに異なる一連の断片（フラグメント）がつくられ，この断片化スペクトルから配列を翻訳することができる．ただこの方法には，ロイシンとイソロイシンの残基を容易には区別することができないという限界がある．

MS/MSをペプチドの逆相HPLCと組み合わせ分析するという改良も行われている．分離した，あるいは部分的に分離した成分がカラムから溶出されるとともに，質量分析計へと送り込まれる．この方法にはESIが最も適している．この方法を用いれば，少量のタンパク質から得られるほとんどすべてのペプチドの配列を決定することが可能となる．この分析には，ゲルから約100 fmolのタンパク質が得られることが必要である．

完全なタンパク質の配列を得るためには，個々のペプチドの配列をつなぎ合わせ，順番に並べる必要がある．先ほど述べたように，トリプシンは特定のアミノ酸の部位でタンパク質を切断する．もしも，タンパク質の新鮮な試料がいま，キモトリプシンのように異なる特異性をもつプロテアーゼで消化されるとすると，トリプシンにより消化されて生じるものと部分的に重なる一連のペプチドが生じる．この二つめの組のペプチドの配列を決定し，これを最初の組と比較すれば，完全な配列を構築することができる．

タンパク質の三次元構造の決定

アミノ酸の直鎖状の配列は機能単位としてのタンパク質の情報をほとんど教えてくれない．なぜなら，折りたたまれていないタンパク質は生理活性をもたないからである．生理活性は，タンパク質のアミノ酸配列が規定する三次元(3-D)構造への折りたたまれ方に依存する．タンパク質の三次元構造の決定は，実際のところ，最終目標でもある．三次元構造が決定できれば，そのタンパク質が機能するうえでの分子機構を解明することができる．そこには実用的な重要性もある．治療薬が結合するタンパク質の結合部位は三次元構造においてのみ認識することができ，それゆえ三次元構造は新しい治療法を開発するうえで最も重要である．多くのタンパク質の三次元構造が決定され，タンパク質データベースにおいて入手可能であるが，アミノ酸配列が得られた新たなタンパク質については，その三次元構造を決定するのに二つの方法が用いられる．これは，X線回折と核磁気共鳴である．

X線回折

単純な言葉でいえば，X線結晶解析は，タンパク質の原子の周りの電子密度の地図をつくるものである．この方法の鍵は，タンパク質に向けられたX線はそのほとんどが通過していくが，電子に出くわすと散乱する（回折する）ということである．

X線回折 X-ray diffractionによりタンパク質の構造を決定するには，タンパク質をまず結晶化し，同一の分子がすべて同じ方向を向いた三次元の整列をつくり出す必要がある．結晶化の実験に用いるタンパク質は，典型的には組換え DNA技術によりつくり，その後，先に述べたクロマトグラフィーのいくつかの方法により精製する．結晶化は，タンパク質の高濃度の溶液中の塩濃度を徐々に増していくことにより成し遂げられる．ロボットを用い多数の結晶化法のスクリーニングが高い成功率を収めてはいるものの，結晶化はこの解析のうち最も難しい段階の一つである．

形成された結晶は，原子間の距離〔1.5 Å (0.15 nm) 未満〕と同じ程度の波長をもつX線に衝突させられる装置にのせられる．回折したX線は，カメラのような像を結ぶ適当なレンズがないために，直接測定される．回折した波がぶつかり相互作用すると，その波長はほとんどの場合打消しあうが，ある相でぶつかるとお互いに強めあい，検出器においてスポット（"リフレクション"）を形成する．結晶は回転し，特徴的な整列したスポット，つまり回折パターンをつくり出す．スポットの位置と強度は，タンパク質における電子，すなわち原子の構築に関する情報を与えてくれる．直接画像を得ることはできないため，得られた測定結果は，数学的に扱われなくてはならず，三次元の電子分布の地図をつくり上げ，推定される分子構造に重ね合わされていく．

結晶からX線回折パターンを測定する実験は，いまや一般的となった**シンクロトロン放射光** synchrotron radiationを用い行われる．このX線源のきわめて強力な明るさは，非常に小さな結晶（直径10 μm未満）からの測定を可能にし，その程度の結晶しか得られないときにはきわめて大きな利点をもたらす．さらに，シンクロトロン放射光の異なる波長への調整のしやすさは，X線回折パターンから構造を構築するために必要な実験の扱い（ここでは述べない）を簡単なものにしてくれる．

核磁気共鳴分光法

タンパク質の三次元構造を決定するのに用いられる二つめの方法は，**核磁気共鳴分光法（NMR）** nuclear magnetic resonance spectroscopyであり，この方法は特定の原子核の磁気的性質に基づくもので，重要性が増しつつある．ある種の原子核は，スピンとして知られる性質をもっており，微小な磁石としてふるまう．これらの原子核のうち，ここではプロトンが最も重要である．このような原子核は，磁場の方向，あるいは逆方向の二つの可能なスピン状態のうちの一方に向けるような一定の強力な磁場によって影響を受ける．磁場に対し逆方向に向いたスピン状態は，もう一方の状態よりやや高いエネルギー状態にある．選ばれた高周波のパルスは，二つの状態のエネルギーの違いとちょうど一致する周波数をもつと，放射熱を吸収するのに従い核を低いエネルギー状態から高い状態へと変化させることができる．こうして，適当な周波数のパルスが二つの状態の間に共鳴をつくり上げ，核が低いエネルギーレベルに緩むのに従って，測定可能な発光シグナルをつくり

出す．吸収あるいは発光スペクトルのいずれかが得られるが，通常は発光が最新のNMR装置により測定される．

分子構造を決定するのにNMRの使用を可能にしているきわめて重要な因子は，個々の核を取囲む原子の環境が，実際に供される磁場の強さに影響を及ぼすということである．言い換えると，この環境が二つのスピンの向きの間のエネルギーの違い，すなわち発光シグナルが生じる周波数に影響を及ぼすということである．外部から加えられた磁場は，タンパク質に与えられた放射パルスの周波数が変化している間は一定に保たれ，これがタンパク質の一次構造の中のアミノ酸残基と関連した発光ピークのスペクトルを与え，さらに最も重要なことに，原子と原子の間の距離に関する情報を与えてくれる．さらなる有用な性質は，一つの核におけるスピンが，二つの原子が共有結合しているか，あるいは分子構造内において物理的に近くに存在するかのいずれかによって，共役している別の核のスピン状態に影響を及ぼすことである．この結果として，NMRスペクトルの解析は，折りたたまれた際にはすぐ近くに存在するものの，一次構造上ではお互い遠くに位置する原子を同定することができ，二次構造や三次構造の推測を可能とする．

X線回折と比べたときのNMRの大きな利点は，溶液中で行えるために，ときとして困難であったり実現不可能であったりするタンパク質の結晶化を行う必要がないことである．タンパク質の構造を溶液中で決められることのもう一つの利点は，この状態が生理的な状態とよく相関しているということである．一方，NMRの欠点は高濃度のタンパク質が必要なことである．NMRは大きさが100アミノ酸残基以下のタンパク質において最も容易に用いることができるが，さらに改良された方法を用いれば，この3倍以上の大きさのタンパク質に用いられるようになってきている．2012年の段階で，実験的に決定されてタンパク質データベースに登録されたおおよそ8万のタンパク質構造をみると，圧倒的多数がX線結晶解析により決定されているものの，約12％はNMRで決められている．

ホモロジーモデリング

タンパク質の構造や折りたたみについて多くの知識が集積されてきたにも関わらず，今なお，アミノ酸配列からタンパク質の三次元構造を理論的に予測することは不可能である．しかしながら，二つの異なるタンパク質が類似した配列をもっており，その一方の三次元構造が，たとえばX線結晶解析によりわかっていれば，もう一方の構造をかなりの信頼性をもって予測することができるかもしれない．ホモロジーモデリング homology modelling として知られるこの方法で有用な予測を行うには，二つのタンパク質の間で少なくとも50％の配列相同性（第4章）が必要である．

プロテオミクス

生きている細胞や生命体には多数のタンパク質が含まれている．mRNAの選択的スプライシング（第24章）や翻訳後修飾（第4章）の結果，タンパク質をコードする遺伝子の数以上に多くのタンパク質が生じることとなる．これらをまとめてよぶために，"**プロテオーム** proteome" という用語がつくられた．これは，生命体におけるDNAのすべてをまとめてよぶために用いられる "**ゲノム** genome" をもじったものである．この二つの用語を完全に同等に扱うことはできない．なぜなら，ちょっとした例外はあるものの，ある生命体においてすべての細胞のゲノムは同一である一方，プロテオームは細胞によって，あるいはある一つの細胞においてもその時々によって異なるからである．どの時点においても，プロテオームはゲノムの機能的側面を示している．たとえば，肝臓の細胞は肝臓特異的なタンパク質をつくるが，脳特異的や筋肉特異的なタンパク質をつくることはないし，逆の場合も同様である．したがって，肝臓，脳，筋肉の細胞におけるプロテオームは，たとえば，いずれの細胞にも不可欠な構造タンパク質や代謝酵素を含むように，ある部分では重なり合うが，かなりの程度異なっている．ある一つの細胞においても，含まれるタンパク質は分化の（特定の細胞の種類へと発達する）過程において，あるいは生理的要求に応答して変化するであろう．肝臓の細胞においては，空腹時より食後にさまざまな酵素が大量に増加する必要があるため，そのプロテオームは刻々と変化するであろう．正常の細胞と病気の細胞のプロテオームを比較すれば，病気の状態と相関した個々のタンパク質の違いがわかってくるかもしれない．それゆえに，すでに二次元ゲル電気泳動の項で述べたように，発生の過程において，生理的要求に応答して，あるいはがんなどの病気において，プロテオームがいかに変化するかを調べるためには，タンパク質全体を分析することが望ましい．プロテオーム全体や，複合体や細胞小器官のプロテオームといったタンパク質の大きな集合体を研究することは，"**プロテオミクス** proteomics" として知られる．プロテオミクスは，多数のタンパク質を一度に扱うという点で，本質的に古典的な "タンパク質化学" とは異なっている．これと類似して，遺伝子の大規模研究は "**ゲノミクス** genomics" とよばれる．"**トランスクリプトーム** transcriptome"（RNA転写物一式）や "**メタボローム** metabolome"（低分子の代謝中間体一式）のような他の用語もつくり出された．

プロテオミクスによる研究は，技術的にはきわめて困難で挑戦的なものである（第28章で議論するように，核酸に比ベタンパク質は化学的に複雑なため，ゲノミクスよりかなり挑戦的である）．しかしながら，最新の方法はこの領域をさらに切り開きつつある．すでに述べたように，二

次元ゲル電気泳動により，細胞の粗抽出物に含まれる何百あるいは何千ものタンパク質を分離することが可能となった．そしてすでに説明したように，質量分析法では二次元ゲル上に単一タンパク質のスポットを分離することができ，おのおののスポットを解析して多くの場合データベースによって同定することが可能である．質量分析の迅速さは，素早い処理と自動化を可能にしている．最新の質量分析計では，1日当たり1000個以上のタンパク質を解析し，これまでに述べてきた方法によりデータベースから同定できる．質量分析計の重要な利用法としては，細胞小器官や細胞内の複合体に存在するタンパク質の解析がある．ミトコンドリアと核膜孔複合体における解析がこの二つの例にあたる．多くの，あるいはほとんどすべてのタンパク質は単離すると機能しなくなり，より大きな複合体に組込まれて特定の作業を実行することができる．もしも細胞小器官の複合体を，構成するタンパク質を解離させない方法で単離できれば，構成成分を質量分析により同定することができる．核膜孔複合体の構成成分は，このような方法により決定された．質量分析は，これまで可能であったものより大規模なタンパク質の翻訳後修飾の研究をも切り開きつつある．

ゲノミクスとプロテオミクスの組み合わせは，構成成分を別々に解析するよりも，遺伝子とタンパク質が全体としていかに機能し生命過程を構成しているかを解析するという，生命科学の研究にとって重要で新しいアプローチといえる．ここ数年のこの分野の発展には目を見張るものがある．

バイオインフォマティクスとデータベース

バイオインフォマティクス bioinformatics は，ゲノミクス，プロテオミクス，さらに他の"オミクス omics"研究により得られた莫大な量のデータの保管，修正，利用を扱う（比較的新しい）科学の一分野である．ここでは簡単に，きわめて迅速に増えてきているこの学問の重要性に関する一般的な概念にふれ，この学問が何についてのものであるか概説する．いくつかのデータベースのウェブサイトのアドレスを Box 5.1 に示す．今日ではほとんどすべての生化学者や分子生物学者は，バイオインフォマティクスを扱う技能を学び，少なくともある程度利用できる必要があるだろう．しかしながら，おもな活動としてバイオインフォマティクスを実践するためには多くの技能を必要とし，研究課題次第では，生化学，（分子遺伝学や分子進化学を含む）分子生物学，コンピューター科学，数学，統計学にまたがる特別な訓練が必要である．

最も明白なバイオインフォマティクスの機能は，核酸とタンパク質の配列データの保管と修正を可能とすることである．ヒトの全ゲノムと，毎年どんどん増えている植物，動物，微生物のゲノムの配列決定を可能にした自動化された DNA 配列決定法の発達は，データの"急増"に貢献してきた．基本となるオープンアクセスの核酸配列のデータベースとしては，米国の GenBank，EMBL（European Molecular Biology Laboratory），DDBJ（DNA Data Bank of Japan）があり，これらはすべての公開されて利用可能な配列を協力して集め共有している．これらのデータベー

Box 5.1　データベースウェブサイトのアドレス

学生が入門に用いるのに有用なものとして，さまざまなトピックスに関する教材を含む NCBI（National Center for Biotechnology Information）のウェブサイト（http://www.ncbi.nlm.nih.gov/）がある．

この本の多くの読者にとっては，さらに秩序立てて説明しないと，すぐにはこれらがいかに有用かはわからないかもしれないが，いくつかのデータベースウェブサイトのアドレスを示す（2016年9月現在）．

公開されているDNA配列を含む一次配列のデータベース
- GenBank
  http://www.ncbi.nlm.nih.gov/genbank/
- EMBL (European Molecular Biology Laboratory)
  http://www.ebi.ac.uk/ena
- DDBJ (DNA Data Bank of Japan)
  http://www.ddbj.nig.ac.jp/

タンパク質のデータベース
- UniProt（Swiss-Prot と TrEMBL のデータを組み合わせ，質の高いタンパク質配列と機能に関する情報を与えてくれる）
  http://www.uniprot.org/
- PIR (Protein Information Resource)
  http://pir.georgetown.edu/
- PDB（タンパク質三次元構造のデータベース．X線結晶解析と NMR により決定された構造のデータ）
  http://www.rcsb.org/pdb/
- BLAST (Basic Local Alignment Search Tool)（配列を用いた配列データベースを探るツール）
  http://blast.ncbi.nlm.nih.gov/Blast.cgi
- Clustal W（多数の配列を整列させるツール）
  http://clustalw.ddbj.nig.ac.jp/
- ExPASy (Expert Protein Analysis System)（Swiss Institute of Bioinformatics により運営されており，タンパク質分析だけでなく，何百もの生命科学のデータベースやソフトウエアへのアクセスを提供してくれるリソースポータル）
  http://www.expasy.org/

スの記録には，配列の情報源，参考文献や，たとえば，どこの部分が実際にタンパク質をコードしているかといった生物学的に重要な性状など，鍵となる情報についての注釈（アノテーション）がつけられている．DNA 配列から得られるアミノ酸配列が増え続けているため，核酸の配列はタンパク質のバイオインフォマティクスに密接に関わっており，これらのデータベースは登録されているすべてのコード配列から翻訳されたアミノ酸配列も公開している．

さらに，特定の分子，特定の組織，あるいは，たとえば二次元ゲル電気泳動による解析データといった特定の方法論に特化した数えきれないほどのデータベースが存在する．これらの中で，タンパク質配列のデータベースは，その多くが DNA データベースの配列に由来しており，おそらく最も広く利用されている．これらの中には，European Swiss-Prot や TrEMBL（Translated EMBL Nucleotide Sequence Data Library）のリソースや，米国による PIR（Protein Information Resource）が含まれる．データの重複（同じ配列が，わずかな変異や異なる注釈により複数提示されること）が，データの修正や利用を困難にしているため，これら三つのリソースが協力し UniProt が生み出された．UniProt は，このような問題に対応するために，高水準の精選と注釈を維持することを目標に統合されたデータベースである．大量の新しいデータに対処するために，配列に対する最初の注釈はコンピューターにより自動的に付けられ，その後で，骨が折れる手作業の論評が行われる．もう一つの鍵となるタンパク質のリソースは，PDB（Protein database）である．このリソースは，タンパク質構造に対する中央保管場所（リポジトリ）であり，生物学的巨大分子において決定された三次元構造も含んでいる．

配列データの情報探索には，遺伝子やタンパク質の名称，機能や，生命体による検索が含まれる．しかしながら，最も有用な検索には，配列のホモロジーを探すことが含まれる．研究対象とする遺伝子あるいはタンパク質がすでにデータベースに存在し，他の種類の細胞で同定されていることがあるか，あるいは，進化を通じて関連してきた類似した配列をもつ遺伝子やタンパク質（遺伝子やタンパク質の"ファミリー"）がすでに研究されてきたかを見つけることこそ，"あなたが対象とする"分子の構造や可能な機能についての情報を得るうえでの迅速な手段である．ホモロジー検索に最も広く使われているツールが BLAST（Basic Local Alignment Search Tool）である．BLAST ファミリーのプログラムとして，興味ある DNA あるいはアミノ酸の配列を用い，類似した DNA 配列を検索するデータベース（BLASTN）と，タンパク質配列を検索するデータベース（BLASTP）がある．この二つを使ってさらに詳細な比較を行い，興味ある配列の進化の歴史，機能や構造を推測するのにももしかしたら使えるかもしれない．このような解析を成し遂げるためには，その長さがまちまちなことが多い配列をまず整列（アラインメント）させ，配列に沿って相同部位を確実に比較できるようにしなければならない．多数の配列を整列させるために公開され利用可能なツールのうち，最も一般的に用いられるのは Clustal である．

バイオインフォマティクスの検索や解析を何から何まで行うことは不可能であるが，可能ないくつかの例を以下に示す．

- タンパク質が少数の祖先から進化してきたのに従いアミノ酸配列は分岐した．いくつかの変異はタンパク質の活性にほとんど影響を与えないが，活性に不可欠なアミノ酸は，変異するとタンパク質を不活性化してしまうため，通常強く保存されている．相同性をもつタンパク質の配列を比較すれば，保存される配列を同定することができ，どのアミノ酸が活性に必要か示唆される．この情報は，タンパク質の活性機構を説明するうえで手掛かりを与えてくれる．

- タンパク質の特別な活性や役割が，特定な構造上のドメインやモチーフと関連していることがしばしば見いだされる．例をあげると，膜タンパク質の大きな一群は，脂質二重層の疎水性部分とぴったりの範囲の疎水性残基のヘリックスをもっている．それゆえに，すべてのタンパク質の性状をデータベースでスキャンすることにより，膜タンパク質であると推測されるタンパク質の同定が可能である．細胞のシグナル伝達という重要な分野（第29章）からのもう一つの例としては，プロテインキナーゼという大きなファミリーの酵素は，そのすべてがリン酸基を ATP からタンパク質に転移させる機能をもつドメインをもっている．したがって，そのようなプロテインキナーゼがどれだけ存在するかという質問に，これに似たドメインをもつタンパク質をデータベースから検索することにより答えることが可能である．

- 明らかに配列の相同性を欠くタンパク質であっても，三次元構造において相同性をもつ場合があり，機能と進化両方の関連を解明する手掛かりとなる．

- もう一つの応用は，DNA 配列の中に，タンパク質をコードする遺伝子を見つけることである．読み枠（オープンリーディングフレーム）を検索することにより原核生物の遺伝子を同定するのは比較的容易である．どのアミノ酸にも相当しない"ナンセンスコドン"によって遮られず，タンパク質をコードするのに十分な長さをもつ核酸の配列を検索すればよい．一方，真核生物では，遺伝子は何もコードしないイントロン（第22章）により遮られるため，このやり方は応用できない．しかしながら，イントロンの終わりには特異的な塩基配列が存在するので，新規の配列中で遺伝子の位置を検索することができる．

以上のまとめでは，上辺にふれることができただけで，たとえば，分子間相互作用や複雑な細胞過程をモデル化したり予測したりするような，発展過程にある多くのバイオインフォマティクスの新しく洗練された利用には言及していない．

要　約

　タンパク質精製の古典的な手法は，もっぱら比較的単純であり，大規模に行うことができるので，予備的な精製段階として用いられる．中でも最も単純なのは分画遠心法であり，比重に基づいて細胞小器官を沈殿させる．目的タンパク質の局在によって，ある画分を除いたり集めたりすることができる．可溶性タンパク質の精製には，高濃度の硫酸アンモニウムを用いた選択的な沈殿がある．その後，塩は透析により除去することができる．

　より特異的な分離は，カラムクロマトグラフィーにより達成することができる．分子はカラムの充填剤を通り抜ける際に分離される．分離は，分子ふるい（サイズ排除），イオン交換，特異的な分子親和性に基づき，さまざまな形で行われる．カラムクロマトグラフィーは試料調整用に用いられるが，小規模の分析でも重要である．

　電気泳動は，タンパク質の大きさ，電荷と形状に基づく電場の中での移動度によりタンパク質を分離する．しかしながら，最も一般的に用いられるドデシル硫酸ナトリウムポリアクリルアミドゲル電気泳動（SDS-PAGE）ではタンパク質を変性させ，電荷や形状の影響を取除く．このため，この方法では大きさのみによって分離が行われ，分子量を決定することができる．等電点電気泳動では，安定なpH勾配がつくられ，この勾配の中をタンパク質は電荷が0になるpH（等電点）まで移動する．二次元電気泳動では，タンパク質を一次元目は等電点電気泳動で，二次元目はSDS-PAGEで分離する．多くのタンパク質を一度で分離することができる．

　1980年代からタンパク質技術は革命的に発達し，これまでの手法の多くに取って代わった．新しい手法では，ごく微量のタンパク質を迅速に扱うことができる．タンパク質のデータベースは，タンパク質のすべての側面に関する莫大な量の情報を記録しており，今ではこの新しい手法を補完している．タンパク質のアミノ酸配列の決定は骨の折れる作業であった．いまやより容易に調べたいタンパク質の遺伝子の塩基配列を決定し，遺伝暗号を用いこの結果をアミノ酸配列に翻訳することができる．ヒトゲノムプロジェクトの完了は，遺伝子が同定できれば，ヒトのどのタンパク質の配列もこの方法で得ることができることを意味している．

　質量分析（MS）は，タンパク質研究法に大きな革命をもたらした．この手法を用いれば，データベース上から迅速にタンパク質を同定することができる．二次元ゲル上のスポットから得られるごく微量のタンパク質を用いて分子量とペプチド"フィンガープリント"から，タンパク質をデータベース上同定することができる．質量分析計はこの作業を迅速に達成し，他のどの方法よりも速くアミノ酸配列の決定を行うことができる．

　タンパク質の三次元構造を決定する方法としては，X線回折や，いまや通常用いられるシンクロトロン放射光，核磁気共鳴分光法がある．

　微量のタンパク質を迅速に同定できるようになったことが，多数のタンパク質を一度に研究するプロテオミクスにつながった．コンピューターを用いデータベースの情報を利用し分析するバイオインフォマティクスはそれ自体が重要な科学であり，"データベースからの宝探し"は多くの実りがある研究活動である．

問　題

1. タンパク質の一次構造を決定する四つの方法を述べよ．ただし，化学的な詳細を述べる必要はない．
2. プロテオームという用語は何を意味するか．
3. プロテオミクスという用語は何を意味するか．これは比較的最近に研究分野として傑出してきている．この主要な要因は何か．
4. ポリアクリルアミドゲル電気泳動（PAGE）によりタンパク質を分離するとき，ゲルや試薬には通常，ドデシル硫酸ナトリウム（SDS）が含まれる．この理由は何か．
5. タンパク質分離に用いられるさまざまなカラムクロマトグラフィーの方法を列挙せよ．
6. ゲル上のスポットとして，未同定のタンパク質がごく微量あるとする．迅速かつ十分にこのタンパク質の性状を解析し，タンパク質データベース上から対応するタンパク質を同定するにはどうしたらよいか．
7. 質量分析はかなり以前より知られていたが，比較的最近になってタンパク質に応用されるようになった．この変化をもたらしたのは何か．
8. タンパク質データベースは非常に重要になってきている．その妥当性と利用法について簡単に説明せよ．
9. 質量分析計によるタンパク質の配列決定法の基礎を簡単に説明せよ．
10. タンパク質の三次元構造を決定する方法を列挙せよ．

6

酵　　　素

　もしある反応が負の ΔG の値をもっているとしたら，細胞内でこの反応が実際に認知できる速度で生じるかを決定する因子は何であろうか．この問題は，第3章で，反応が理論的に可能な（起こりうる）ものであるかという問題においては，エネルギーの面から考察を行うことが何よりも重要であると説明したことに関連するものである．もし，一般的な条件下で，ある反応に伴う自由エネルギー変化が負の値であるとすると，その反応は自然に起こる．一方，もし0か正の値であるとすると，その反応が起こることはなく，宇宙における何ものもこの反応を起こすことができない．しかし，エネルギーレベルの増加を伴うような化学的変換（たとえば，XOHとYHという反応物からの化合物X-Yの合成）も，その過程にATPの分解をまきこみ，全体として負の ΔG となっていれば，細胞内で起こるということに注目してほしい．反応は負の ΔG でないと起こらないという法則は，あくまでも正味のエネルギー変化をさすということもまた重要である．平衡状態では反応の自由エネルギー変化は0であることを観察すると，少しだけ混乱を生じるかもしれないが，平衡状態では正味の変化は起こっていないのであるから，これも法則に一致している．一方向の反応が逆方向の反応と完全にバランスをとっているためにそのように見えるのである．

　ある反応が実際に生じるかどうかを決定するのは何かという問題に再び取りかかることにする．この問題についてはすでに第3章で簡単にふれてきたが，これは基本的に重要な問題なので，ここではもう少し詳しく述べることにしよう．エネルギーを考えるだけでは，ある反応が生じる**可能性**があるかどうかがわかってもそれが生じるかどうかはわからない．身の回りにあるすべての可燃性のものは急に燃え上がる可能性があるといえば，ちょうど適当かもしれない．しかし，石油がそれ自体で発火することはないし，テーブル上の皿の中にある糖が燃え上がることもない．それにも関わらず，車のシリンダーの中で石油は燃え上がり，体内の糖は酸化され，CO_2 と H_2O になるのである．

　このような考察から，化学反応が生じるには障壁があり，生化学反応の場合，この障壁は反応が限定された速度で生じることを妨げるほど十分に大きいことがわかる．たとえある反応の ΔG がとても大きな負の値を示すとしても，何かがその反応が生じるのを抑えていることがある．車のシリンダーの中の石油の場合，点火プラグの火花がこの障壁を克服してくれる．このことは，生命が存在できるようになる前に解決しなければならなかった基本的な問題の一つを提示してくれる．いかに化学反応は細胞内で生じるようになるのであろうか．この問題に対する答えが**酵素触媒** enzyme catalysis である．生命の発達において，この問題が提起しているものがいかに手強い障害かについてはじっくり検討する価値がある．それは，酵素触媒がいかに驚くべき現象かを評価することにつながるからである．安定な分子が低い温度で，ほぼ中性のpHで，水溶液中で，そして低い反応物濃度で，生命に必要な素早い化学反応をひき起こすためには，この手段の発達が必要であった．

酵素触媒

　酵素 enzyme とは触媒であり，触媒の定義を満たすように，（通常は）ある一つの特定の化学反応をひき起こすが，反応が終わる際にそれ自体は変化しないままでいるものである．何千もの生化学反応が存在するが，そのおのおのが別々の酵素により触媒される．同一分子に対しいくつかの触媒能を発揮する多機能酵素や，多機能酵素複合体も特別の状況においては存在するが，これらは一般的原理から外れた例外である．また，これまでに述べてきたエネルギー的考察からは当然であるが，酵素は反応の平衡や向きには影響しない．酵素は，エネルギー的に考えうる限界まで，反応というものを促進するだけである．これは，何もしなければエネルギーを得ることはできないといっているのとほとんど違わない．

　酵素はタンパク質分子である．タンパク質は20種類の異なるアミノ酸がお互いにつながってできた，一つあるいは複数の鎖から構成される．酵素はそれゆえに巨大な分子であり，分子量1万ならば小さい酵素にあたり，分子量が

数十万にもなるものまで，いろいろな大きさのものがある．なぜ酵素がそのように大きいかの理由の一つは，酵素を構成する長い鎖は，その表面に**活性部位** active site をもつように折りたたまれなければならないことにある．活性部位は，その中に酵素の標的となる化合物（**基質** substrate）がぴったりと正確に適合する三次元のポケットや割れ目が生じるように形作られる．活性部位は**活性中心** active center あるいは**触媒部位** catalytic site ともよばれ，多くの場合，タンパク質のごく小さな部分を占めるにすぎない．すべての特定のタンパク質-リガンド結合（リガンドとは結合分子のことで，基質も含む）の場合と同様に，基質は弱い非共有結合を介し酵素に可逆的に結合する．前に説明した（第3章）ように，これらすべての結合の特異性というものは，必要となるいくつかの非共有結合により決まる．当然，基質と酵素の表面に存在する相互作用に関わる官能基同士がぴったりはまらない限り，結合は生じないこととなる．生命過程は，タンパク質と他の分子（これもタンパク質かもしれない）との間で特異的な相互作用が成し遂げられるという簡単な原則に基づくものである．

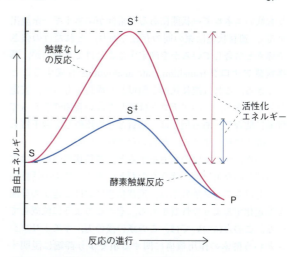

図 6.1 触媒なしの反応と酵素触媒反応のエネルギープロフィール．速度定数と反応の活性化エネルギーは，指数関数的に逆相関するので，活性化エネルギーのわずかな変化により速度定数は大きく変化する．S：基質，$S^{\ddagger}$：遷移状態，P：生成物．

酵素触媒の性質

酵素触媒を説明するためには，化学反応の性質に目を向けなくてはならない．反応は2段階で生じる．基質（S）が生成物（P）に変換される反応（S→P）を考えてほしい．この反応では，まず，Sは**遷移状態** transition state の$S^{\ddagger}$に変換されなくてはならない．$S^{\ddagger}$は"中間施設"のようなものと考えられ，分子は容易にPに変換されるように，電子配置がゆがめられている．遷移状態は10^{-14}〜10^{-13}秒と，とても短い時間しか存在しない．S→P全体の反応では負の自由エネルギー変化を示さなければならない．そうでなければ反応は生じない．重要な熱力学の原理は，反応の自由エネルギー変化は単に反応の最初と最後の生成物の自由エネルギーの違いによって決まるということである．"エネルギーの経路"，つまり反応が起こる際の経路といったエネルギープロフィールは，反応全体の自由エネルギー変化には影響しない．そのため，遷移状態（$S^{\ddagger}$）がSより高い自由エネルギーレベルにあっても何ら矛盾を生じない．S→$S^{\ddagger}$の自由エネルギー変化は正の値を示す．これは，反応の**活性化エネルギー** energy of activation とよばれる（図6.1）．

このエネルギーの小山は，化学反応が生じるうえでの障壁をつくり出す．もしもこれがなければ，S→Pのエネルギープロフィールは真っ直ぐな下り坂となり，先に述べたように，反応できるものすべてが反応してしまう．

当然，反応が生じることを許すためには，何らかの手段で活性化エネルギーが供給されなければならないことになる．車のシリンダーでは，点火火花がごくわずかな石油分子を遷移状態へと活性化し，これが反応し酸化されること

で，他のさらなる分子を活性化するのに十分な熱を産生し，これが繰返されることで，爆発をもたらすのである．溶液中の触媒がない反応では，この小山を乗り越えるためのエネルギーは，分子間の衝突により供給される．衝突する分子が適当な向きにあり，十分な運動エネルギーをもっているとすれば，反応する分子は高いエネルギーをもった遷移状態へとゆがめられ，反応が生じることが可能になる．それゆえに，遷移状態をつくり出す速度が全体としての反応速度を決めることとなる．高温は，分子の運動を高め，分子間の衝突頻度を上げることにより，遷移状態の形成を促進する．このため，有機化学者は通常，反応を促進するために高温を用いる．しかしながら，生理的温度の37℃付近では，ほとんどすべての生化学反応は，触媒なしには感知できない速度でしか進まない．

すでに述べてきたように，おのおのの酵素は基質が結合する活性部位をもっている．結合することにはいくつかの効果がある．

- 基質分子は，反応が最も生じやすくなるような向きに配置される．
- 活性部位は，基底状態（活性化されていない状態）にある基質ではなく，反応物と生成物の中間体である**遷移状態**にある基質に対して，完全に相補的な構造をとる．

この理由により，遷移状態にある基質は，基底状態にある基質より強く酵素に結合する．これは活性部位の構造によるものであり，こうなるように進化してきた．同じ遷移状態でも，酵素に強く結合している状態の方が，触媒が関与しない反応が生じるような溶液中に存在している状態よ

りも低いエネルギー状態にある（結合がエネルギーを放出する）．遷移状態は束の間の存在であり，どれだけの強さで酵素と結合しているかを測定することはできないが，**遷移状態アナログ** transition state analogue を合成することはできる．これは遷移状態と類似した構造をもつが，安定な分子である．このアナログは著しく高い親和性をもって酵素に結合し，ある例では，基質として比較して数千倍も強く酵素に結合することが見いだされている．

この点について別の見方をすると，遷移状態の形成は電子の部分的な再分配を伴うものだといえる．酵素の活性中心におけるアミノ酸残基は，遷移状態における電子の分配を安定化するような性質をもち，そうなるように位置している．この点については，この章の後の方，キモトリプシンという酵素の作用機構に関する項でより詳細に説明する．活性部位は遷移状態に適合しても基質に完全には適合しないという事実は，結果として，活性部位に結合した際に基質をゆがませることとなり，これは遷移状態の形成にとって都合がよい．酵素の正味の効果は反応の活性化エネルギーを小さくすることであり，その結果，反応にとって障壁となるエネルギーの小山は低くなり（図6.1），反応速度が増加する．これが，生命が依存する酵素触媒の中心となる原理である．一度形成されると遷移状態は速やかに生成物へと変換する．生成物は酵素に強くは結合せず，酵素から離れ拡散する．酵素反応の速度は活性化エネルギーの変化に非常に敏感であり，両者は逆指数関数の関係にある．一つの水素結合が形成される際に平均して放出される少量のエネルギーと同じくらいの非常に小さな活性化エネルギーの減少でも，反応速度を 10^6 倍くらい増加させることができる．酵素はときによっては化学反応の速度を 10^7 〜10^{14} 倍増加させる．ウレアーゼという酵素は，尿素のアンモニアと二酸化炭素への加水分解を触媒するが，活性化エネルギーを $84\,kJ\,mol^{-1}$ 減少させ，反応速度を 10^{14} 倍増加させる．

酵素触媒はさらに有益な効果をもつ．ほとんどすべての分子は，反応が固有の遷移状態をもつ多くの異なる化学反応に関与しうる．触媒が用いられず高温で促進される反応においては，分子は予測できない衝突を生じ，異なる遷移状態が形成され，その結果としてさまざまな副反応がひき起こされる．これとは対照的に，酵素はある特異的な反応を触媒し，限られた数の決まった生成物のみが得られる．

今まで述べてきたことから，もし与えられた反応の遷移状態に対し高い親和性をもつタンパク質をつくることができたら，そのタンパク質はその反応を触媒すると予測される．実際にそのような例がある．抗体（第33章）は，分子の特定の構造に強く結合するタンパク質であるが，さらに，選ばれた分子に結合するようにつくり出される．ある合成したエステルの加水分解における遷移状態に似た安定な化合物に対し抗体をつくると，この抗体がこのエステルに対し加水分解酵素のようにふるまうことが見いだされている．（抗体 (antibody) から ab をとり）このようなタンパク質には，**抗体酵素（アブザイム）** abzyme というよび名がつけられている．

酵素触媒の誘導適合機構

酵素の基質への結合というときには，酵素と基質の関係は単純な"鍵と鍵穴"モデルのようなものであることを暗に意味している．このモデルでは，活性部位は形を変えない固い構造であるとみなされ，これに基質（鍵）は適合する（図 6.2 a）．しかし，より最近の概念として，**誘導適合** induced-fit という機構が考えられている．この概念は，酵素は鍵穴と似たような固い構造をもつものではなく，むしろ，基質が結合するとそれに合うように，そのコンホメーションを少し変化させることができるような柔軟な構造をもつものであるという考え方に基づくものである（"コンホメーション"とは，三次元空間におけるタンパク質鎖の特定の配置を示す）．別の言葉でいうと，酵素はその形を少し変化させるが，その変化が分子表面の官能基の空間配置を変えるような重要な効果をもつのである．この本の後半でより明確になるが，タンパク質におけるコンホメーション変化は，生物学的過程において最も重要なものの一つである．この誘導適合機構は最初に，**ヘキソキナーゼ** hexokinase という酵素で確立された．第 11 章でもさらに議論するが，この酵素は，ATP からグルコース〔六炭糖（ヘキソース）〕へのリン酸基の転移を触媒する．ヘキソキナーゼは二つの"翼"をもっている．グルコースがないときには，この翼は"開いた"構造をしているが，グルコースが結合すると，この翼があごを閉じたような構造となり，その結果，触媒部位が形成される（図 6.2 b）．予測されたコンホメーション変化が生じることが，X 線結晶解析により示されている（図 6.3）．

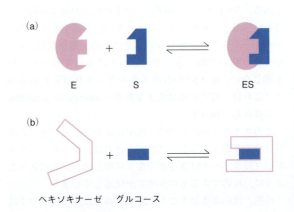

図 6.2 (a) 酵素反応機構の鍵と鍵穴モデル．E: 酵素，S: 基質，ES: 酵素-基質複合体．(b) ヘキソキナーゼの反応機構に関する誘導適合モデル．

6. 酵素

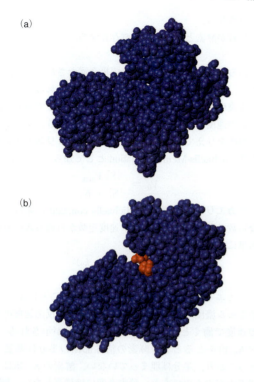

図 6.3 酵母ヘキソキナーゼの空間充填モデル．(a) 非結合状態［PDB 1HKG］．(b) グルコースアナログ（赤で示す）との結合状態［PDB 2YHX］．

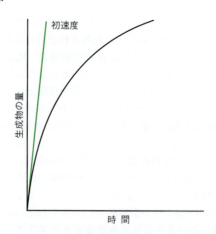

図 6.4 酵素量が一定の場合の典型的な酵素反応の時間経過

酵素反応速度論

酵素反応速度論 enzyme kinetics とは，酵素反応の速度を決定する研究を意味している．酵素活性の測定は，生化学やその他の生物科学の多くにおいて日々繰返されることであるが，医学においても同様であり，臨床試料中における特定の酵素の存在の有無や活性は，しばしば診断ツールとしても用いられる．速度論の解析は，生化学において酵素が働く機構の理解を助けてくれ，また，薬理学や薬剤のデザインにおいても重要である．多くの薬剤は酵素を阻害することにより作用する．化合物が作用する際の異なる種類の阻害の仕方や，反応速度にいかに影響を及ぼすかを理解することは，薬剤を開発するために不可欠である．また，この項目は，第 20 章で議論する代謝調節を考察するうえでも重要である．

典型的な場合，酵素反応速度は，決められた温度と pH のもと基質とインキュベートし，その後の時間に伴う反応生成物の生成，あるいは基質の消失により測定する．図 6.4 でみられるように，酵素の量を固定すると時間につれて徐々に反応速度が遅くなっていく．これは，基質の枯渇，逆反応による生成物から基質への逆変換（生成物が集積してくると，この反応も有意な速度で起こる），さらに

は，不安定な酵素の場合，酵素の変性といったいくつかの因子によるものである．これらの要因を避け，酵素活性の意味ある定量的アッセイを行うためには，V_0 で示される**反応初速度** initial reaction velocity を測定する必要がある．反応初速度は，通常かなりな量の生成物がつくられる前の短い時間の間に測定する．この状況では，反応速度は（基質が酵素に比べて過剰量あれば）加えた酵素の量と直線的な比例関係を示す．

"古典的" 酵素の双曲線を描く反応速度論

1913 年に Leonor Michaelis と Maud Menten は，単一の基質に対する酵素触媒において観察される反応速度論に適合する酵素の反応モデルを提唱した．この出発点として，以下のような反応式を用いた．

$$E + S \underset{k_{-1}}{\overset{k_1}{\rightleftarrows}} ES \underset{k_{-2}}{\overset{k_2}{\rightleftarrows}} E + P$$

この反応式では，単一の基質 S は酵素 E の活性部位に可逆的に結合する．複合体 ES は E と S に解離することも，S は生成物 P に変換されることもあり，変換された P は E から解離し拡散していく．この反応は可逆的であり，k_1 と k_{-1} などは速度定数を意味する．

さらにこの式を単純化し，ここでは反応初速度 V_0 が測定されるので，生成物から基質への逆変換は観察できる速度では生じないという状況を考える．

$$E + S \underset{k_{-1}}{\overset{k_1}{\rightleftarrows}} ES \overset{k_2}{\rightarrow} E + P$$

基質濃度 [S] を上げていったときの V_0 を測定した実験結果を図 6.5 に示す（[ ] は濃度を表す）．[S] が小さいときは，ES が形成される速度は比較的小さく [S] の変化に伴って変化するので，反応速度もそれに合うように変化する．[S] が増加すると ES を形成している酵素の比率が増し，それゆえに反応速度は [S] に比例して増加し，

一次反応 first order reaction となる．しかし，[S] がさらに増すと，酵素が基質により飽和される点に達してしまう．このときの反応速度は最大反応速度（V_{max}）maximum velocity とよばれ，さらに基質が増えても触媒反応の速度に影響はみられなくなる（零次反応 zero order reaction となる）．V_{max} は実験に用いられた量の酵素がいかに機能するかを表す値であり，おのおのの酵素分子が反応を触媒する速度である．多くの，あるいはほとんどすべての酵素の場合，基質濃度に対し酵素活性の速度をプロットすると，図6.5に示されるような双曲線 hyperbolic curve が得られる．このような速度論のパターンを示す酵素はミカエリス・メンテン型酵素 Michaelis-Menten enzyme とよばれ，このような反応速度論をミカエリス・メンテン型反応速度論，あるいは双曲線型反応速度論 hyperbolic kinetics とよぶ．

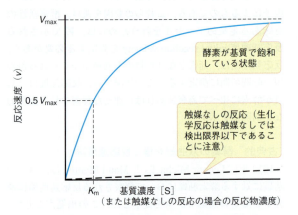

図6.5 古典的ミカエリス・メンテン型酵素の反応速度に及ぼす基質濃度の影響．K_m はミカエリス定数．破線は，比較として，触媒なしの化学反応での反応速度に対する反応物濃度の影響を示す．二つの線はその形状を表すために描いており，相対的な速度を示していないことに注意してほしい．

酵素反応の速度と基質濃度の間でこの双曲線が描かれると，ある一つの式を導くことができる．この式を導くには，決められたいくつかの単純な仮定が必要である．

- 単一の基質が関与する．多くの酵素は複数の基質が関わる反応を触媒するので，この仮定によりかなり制限がかかる．しかし，実際のところ，一つを除きすべての基質が十分に存在すれば，反応は，その一つの制限された基質の濃度に伴い変化するミカエリス・メンテン型のものとなり，反応速度論を解析すれば，有益な情報を得ることにつながる．
- すでに述べたように，反応初速度（V_0）を測定するので，生成物の濃度は基質の濃度に比べたら無視できる．
- 系は定常状態 steady state にあり，ES が形成される速度と ES が除去される速度と完全に釣り合っているとみ

なされる．
- 基質が酵素と比べて大過剰存在する．

後ろ二つの条件はたいていの場合満たされている．なぜなら，定常状態は反応開始後すぐに達成されるし，酵素のモル濃度はほとんど無視できるレベルだからである．酵素反応の速度と基質濃度の関係を表し，図6.5に示すような双曲線を与えてくれる以下の式は，ミカエリス・メンテンの式 Michaelis-Menten equation として知られている．

$$V_0 = \frac{[S]\,V_{max}}{[S] + K_m}$$

ミカエリス定数（K_m）Michaelis constant は非常に有用な定数である．この定数は，速度定数から成る式において簡単に表される．

$$K_m = \frac{(k_{-1} + k_2)}{k_1}$$

ミカエリス・メンテンの式を変換することにより，K_m 値をモル濃度の単位で表すと，酵素が最大反応速度の半分の速度で働くときの [S] と等しいことが示される．[S] が K_m 値をとるとき，酵素の活性部位の半分は基質で埋まっており，半分は埋まっていない．酵素の K_m 値はその酵素固有のものであり，酵素濃度には依存しない．図6.5にみられるように，この値は実験的に得られるミカエリス・メンテンプロットから求めることができる．まず，V_{max} の値を見つけ，次に，V_0 が $0.5\,V_{max}$ になる [S] の値を読みとればよい．

ミカエリス・メンテンプロットにおいて，双曲線は真の V_{max} の値に近づいていくが，完全に達することはない．より正確に K_m 値を決定する別のグラフの描き方がある．[S] に対して反応速度（V_0）をプロットする代わりに，$1/[S]$ に対して $1/V_0$ をプロットすると，直線が得られる（図6.6）．この直線は，横軸と K_m の負の逆数（$-1/K_m$）で交わる．このプロットは，二重逆数プロット double reciprocal plot，あるいはその作成者にちなみ，ラインウィー

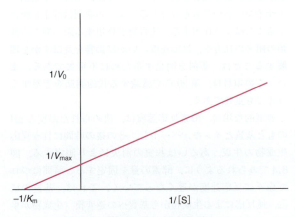

図6.6 酵素反応の二重逆数プロット

バー・バークプロット Lineweaver-Burk plot として知られる．直線の縦軸との交点は，$1/V_{max}$ の値を示す．

K_m 値は酵素に関する何を教えてくれるのであろうか．K_m 値は，酵素が基質により50％飽和する [S] の値である．この値は，基質が酵素にいかに強く結合するか，つまり，酵素の基質に対する**親和性** affinity に依存している．これは，基質の酵素に対する正確な関係，すなわち，両者の間で形成される非共有結合の性質と数に依存するものである．K_m 値が高ければ高いほど，酵素の基質に対する親和性は小さくなる．K_m 値は，異なる酵素の基質に対する親和性を比較するのに用いることができる．いかに酵素が細胞内での基質濃度の変化に応答しているかを教えてくれるため，代謝を考えるうえでも興味深いものである．

多くの酵素では，K_m 値は真の親和定数を表しているが，ES が解離し E+S に戻る速度が，ES が E+P になる触媒過程の速度よりはるかに大きい場合においてのみの話である．なぜなら，親和定数というのは，E+S $\rightleftharpoons$ ES の平衡の位置を示しているため，もし ES が E+P に変換されることにより速やかに消失してしまうと，真の平衡が確立されなくなってしまうからである．このため，K_m 値は，k_2 が k_{-1} よりかなり小さい場合にのみ，真の親和定数となる．この場合，K_m 値を表すとき k_2 は無視することができ，以下のようになる．

$$K_m = \frac{k_{-1}}{k}$$

この式は多くの酵素に当てはまる．しかしながら，この式が当てはまらない場合においてさえ，酵素の基質に対する見かけの親和性は，すべての場合において K_m 値に反映され，異なる酵素が基質濃度の変化にいかに対応するかを比較するうえで有用である．一般的にいうと，ほとんどすべての酵素は，細胞内で機能するとき，基質濃度が飽和しきらない程度の K_m 値をもっている．多くの酵素にとって K_m 値は $10^{-4} \sim 10^{-6}$ M の範囲にある．

酵素における**回転数**（K_{cat}）turnover number も別の有用な値であり，実験的に酵素のモル濃度がわかれば求めることができる．この値は，基質が飽和濃度にあるとき，1秒当たり酵素分子によって生成物に変換される基質分子の数を表したものである．有毒な過酸化水素を酸素と水に変換する**カタラーゼ** catalase という酵素の場合，K_{cat} 値は 4×10^7 s^{-1} に及ぶレベルで測定される．

酵素の**特異性定数**（K_{cat}/K_m）specificity constant は，酵素が基質を生成物に変換する速度（K_{cat}）と，酵素の基質に対する親和性（K_m）の両者を考慮に入れた値である．それゆえ，この値は，酵素の特定の基質に対する触媒効率の優れた総合的な基準となる．

アロステリック酵素

ミカエリス・メンテン型酵素は，ときとして"古典的"酵素として知られる．**アロステリック酵素** allosteric enzyme は，別の種類のきわめて重要な酵素である．アロステリック酵素は反応速度論において双曲線を描かない．その活性が細胞内の化学的シグナルにより制御される調節酵素であり，一方で，第20章の主要な課題である代謝を制御する酵素である．接頭辞の allo- は"他の"を意味して，酵素上に基質以外のものが結合する部位が一つあるいはそれ以上存在することを表している．アロステリック部位に結合するリガンドは，**アロステリックモジュレーター** allosteric modulator（**アロステリックエフェクター** allosteric effector）とよばれ，活性化因子を正のモジュレーター，阻害因子を負のモジュレーターという．これらは酵素の基質とは構造的な関連はない．与えられた基質濃度において，アロステリックモジュレーターがアロステリック部位に結合すると，酵素の活性を増大させるか，阻害するかする．

アロステリックモジュレーターは通常は，酵素の K_m あるいは基質 (S) に対する見かけの親和性を変化させる．(酵素の K_m が真の親和定数ではないことはすでに説明した．) ほとんどすべての酵素は細胞内で [S] の飽和していないレベルで機能しているため，**親和性の増加は酵素活性を増加させ，親和性の減少は逆の効果を示す**．[S] が飽和しているレベルの場合，たとえ親和性が変化しても，酵素活性は変化しないが，このような状況は細胞内では（通常）生じない．

酵素のアロステリック調節機構

アロステリック酵素は主として多量体構造をしており，複数の触媒タンパク質が単一の酵素複合体として，非共有結合を介し会合することにより構築されている．酵素は触媒サブユニットのみから構成される場合もあれば，触媒サブユニットと調節サブユニットの複合体である場合もある．調節サブユニットは触媒活性をもたないが，モジュレーターに応答する機能をもっている．

アロステリック酵素の反応速度を基質濃度に対してプロットしたものを図6.7に示す．このプロットはミカエリス・メンテン型とは異なり，基質濃度の変化に対する酵素の反応速度の応答は双曲線よりむしろS字形を示す．実際のところ，このプロットはヘモグロビンの酸素飽和曲線の形状に似ており，さらに以下の説明において，アロステリック酵素とヘモグロビン，すなわちアロステリックタンパク質の間には多く類似性があることに気付くだろう．

図6.8に示すように，正のモジュレーターが酵素に結合すると，S字形の曲線は左に動き，負のモジュレーターが結合すると右に動く．正のモジュレーターは酵素の基質に対する結合親和性を増加させ，負のモジュレーターはこれを減少させる．基質濃度に応答したS字形の曲線は，基質濃度の広い範囲にわたって（最大反応速度を中心にし

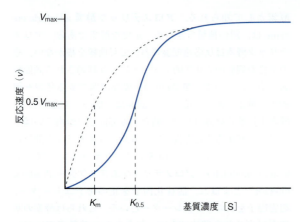

図 6.7 典型的なアロステリック酵素に触媒される反応の反応速度に及ぼす基質濃度の影響. 破線は, 比較として, 古典的なミカエリス・メンテン型酵素の場合を示す. K_m は厳密には非ミカエリス・メンテン型酵素には適用できないので, 代わりに $K_{0.5}$ を使う.

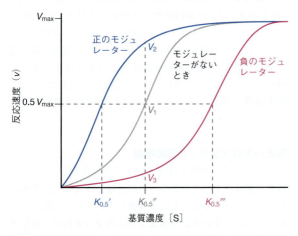

図 6.8 典型的なアロステリック調節を受けている酵素に及ぼす基質濃度の影響. V_1, V_2, V_3 はそれぞれ, モジュレーターなし, 正のモジュレーターが存在する, 負のモジュレーターが存在するときの, 基質濃度をある一定濃度 ($K_{0.5}''$) に固定した際の反応速度である. この図では曲線は任意に示してあり, 実際の形や位置はそれぞれの系によって異なる.

何が反応速度の基質濃度に対する S 字形応答をひき起こすのか

アロステリック酵素の一つの触媒サブユニットに基質分子が結合すると, その結果, 酵素の別のサブユニットへの後続の基質の結合がより起こりやすくなる. この現象は, 基質の正の**ホモトロピックな協同的効果** homotropic cooperative effect として知られる. 親和性が増すので "正の", 1 種類のリガンド, 基質だけが関与するので "ホモ", 異なる別のサブユニットが相互作用するので "協同的" という. S 字形の反応速度論を説明する二つのモデルがある. これらについては, 古典的なアロステリックタンパク質であるヘモグロビンについてふれた項で述べた. ここでの説明には協奏モデルを用いる.

このモデルでは, 酵素に含まれるすべてのサブユニットが基質に低親和性で結合しているか, すべてが高親和性で結合しているかであり, 両者は自然に平衡状態にある (図 6.9) が, この平衡は低親和性の側にかなり偏っている. モジュレーターの効果を組入れると, モデルでは, モジュレーターは低親和性 (緊張; T) 状態と高親和性 (弛緩; R) 状態の間の平衡の位置を変化させることになる. もしモジュレーターが T ⇌ R の平衡を右側に動かすと, R 状態にある分子が高い割合を示すようになり, 与えられた基質濃度で酵素が活性化されることとなる. 正のモジュレーターの濃度が増し, より多くの酵素が高親和性状態に変換されれば, 基質-反応速度曲線は双曲線形の傾向を示す. 対照的に負のモジュレーターの場合は, 低親和性の T 状態に安定化されることとなる. この結果, より多くの酵素分子が T 状態となり, 酵素分子全体としての反応速度は減少, すなわち阻害される. 酵素の正あるいは負のモジュレーターは, ヘモグロビンに対する 2,3-ビスホスホグリセリン酸と同様に, **ヘテロトロピックなアロステリックモジュレーター** heterotropic allosteric modulator である.

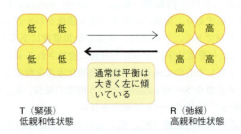

図 6.9 基質が協同的に結合している協奏モデル. このモデルでは, 酵素には T と R の二つの状態が存在し, 両者は自然に平衡状態にある. 基質が R 状態に結合すると平衡は右に傾き, すべてのサブユニットの基質親和性が高まる. "高", "低" は基質の酵素への親和性を示している. このモデルでは, R 状態に平衡を動かすモジュレーターは酵素を活性化すると想定している. もしモジュレーターが T 状態に平衡を動かすなら, その場合は阻害することになる.

て), 酵素触媒の速度が, ミカエリス・メンテン型酵素に比べて基質濃度の変化により敏感であることを意味している. 同様に, S 字形の反応速度論を呈する酵素の基質への親和性の増加や減少は, 双曲線形の反応速度論を呈する酵素より, 与えられた基質濃度における反応速度に大きな影響を及ぼすことを意味している. すでに述べたように, 細胞内の酵素は通常, 濃度が変化すると酵素が敏感に応答する基質濃度の範囲で機能しているので, 基質濃度に対する S 字形応答は, アロステリックモジュレーターの効果を最大にする.

アスパラギン酸カルバモイルトランスフェラーゼは アロステリック酵素の古典的モデルである

細菌のアスパラギン酸カルバモイルトランスフェラーゼ（ATC アーゼ）aspartate carbamoyl transfease は，非常に細かい構造についてまで研究されている最古のアロステリック酵素の一つである．この酵素は，代謝のフィードバック制御の原理やアロステリック酵素の協奏機構の良い例となるので，ここでの説明に用いやすい．さらに，モジュレーターが酵素の基質とはいかなる構造的類似性をもたないという原則も示してくれる．ATC アーゼはピリミジンヌクレオチド合成（第 19 章）に関わる最初の代謝段階を触媒する．この経路の生成物の一つはシチジン三リン酸（CTP）であるが，これは細菌の ATC アーゼのフィードバック制御における負のモジュレーターとなる．CTP は，十分量のピリミジンヌクレオチドが存在すると，この経路を停止させる．この酵素は六つの触媒サブユニットと六つの調節サブユニットから成る大きな酵素である．二つの触媒サブユニット三量体が三つの調節サブユニットから成る二量体につながった四次構造を構築している．調節二量体は触媒活性部位と相互作用していないが，CTP 結合部位をもっている．

酵素に基質が結合すると，大きな四次構造の変化が生じる．基質がないときは，酵素は低親和性を示すコンパクトな T 状態をとっているが，基質が結合すると，基質に対する高親和性を示す R 状態へと伸張する．この二つは平衡状態にある．平衡は結合している基質の量に依存しており，この量が多いほど高親和性を示す弛緩状態にある酵素の割合が増す．負のモジュレーターである CTP の調節サブニットへの結合は平衡を緊張状態へとシフトさせ，基質への親和性を低下させ，このために，基質が飽和していないレベルでは酵素を阻害する．

アロステリック制御の可逆性

アロステリック制御では，結合と解離の両方が，実際のところ一瞬の間に起きる．モジュレーターは結合部位に非共有結合により結合し，リガンドの濃度が減少すると，酵素との結合は解離し，すべては逆に戻る．

酵素の一般的性質

酵素の命名法

通常，酵素の名称は "-ase" で終わり，その前にくる単語はもっぱら，その酵素が触媒する反応の性質や基質を示す．たとえば，アミラーゼ (amylase) はアミロース (amylose) の加水分解を触媒する．脱水素酵素（デヒドロゲナーゼ）は基質から水素原子を除く．乳酸デヒドロゲナーゼがその一つの例である．ただし，これはいつも当てはまるというわけではない．この章で後ほど議論するタンパク質分解酵素はしばしば "-in" で終わる．ペプシン (pepsin)，キモトリプシン (chymotrypsin)，プラスミン (plasmin)，トロンビン (thrombin) がその例である．それぞれの酵素の名称については，おのおのが関わる生化学機構について考察する際に詳しく説明することにする．国際命名委員会はすべての酵素の名称を体系化したが，どうしても長くなってしまうため普段使用するにはより短い名称が望まれる．系統名と酵素番号は，研究論文や文献の中で，あいまいさを避けるために用いられるくらいである．

アイソザイム

同一の反応が，アイソザイム isozyme あるいはアイソエンザイム（イソ酵素）とよばれる多数の異なる酵素により触媒されることがよくある．ある反応を触媒する異なるアイソザイムの間には，アミノ酸組成においてかなりの類似性があり，これらがすべて進化上共通の祖先をもっており，体内でそのアイソザイム固有の機能を担うように分岐してきたものであることを示唆している．アイソザイムは通常，異なる組織か，細胞内の異なる部位にみられる．同一の酵素に多様な型が存在する理由は，細胞の特別な要求に合わせるためである．このため，場合によってはアイソザイムは基質に対し異なった親和性を示したり，異なる制御機構やその他の性質をもったりする．異なる組織はまったく異なる機能をもつことを考えれば，これは驚くほどのことではない．この古典的な例としては，ヘキソキナーゼとグルコキナーゼ（第 11 章）がある．両者は（特異性に異なる幅はあるものの）同一の反応を触媒するが，異なる組織分布，異なる生理的役割，異なる K_m 値を示す．

アイソザイムは，多数の異なるサブユニットあるいはタンパク質分子から成り，これらが結合し完全な酵素をつくり上げていることが多い．たとえば，後ほど出てくる別の酵素，乳酸デヒドロゲナーゼ lactate dehydrogenase（第 12 章）は，2 種類の異なるサブユニット四つから成る．2 種類のサブユニットの一つは，心臓の酵素のうち主たるものなので H 型，もう一つは筋肉と関連があるので M 型として知られる．H 型と M 型のサブユニットのさまざまな組み合わせが，異なる組織における異なるアイソザイムを生み出す．乳酸デヒドロゲナーゼのようなアイソザイムは，多くの場合電荷が異なっているために電気泳動で分離することができる．電圧の勾配をかけたゲルの上で異なった速度で移動する．

酵素の補因子と活性化因子

最も単純な場合，酵素タンパク質は単一の基質と結合し，反応が起こり，生成物が活性部位から離れ，次の分子のために活性部位は空けられる．多くの場合，酵素は活性に補因子 cofactor を必要とする．補因子は，Mg^{2+} や Zn^{2+} といった反応機構に関与する金属イオンの場合〔たとえ

ば，カルボキシペプチターゼ（後述）］もあれば，**補欠分子族** prosthetic group として知られる酵素に結合する有機分子の場合もある．このとき，タンパク質の部分は**アポ酵素** apoenzyme，（apoとは"離れた"，"分離した"の意味）とよばれ，補欠分子族が結合した完全な酵素は**ホロ酵素** holoenzyme とよばれる．補欠分子族はときにはビタミン誘導体であることもあり，ある種のビタミンは特定の酵素群を活性化する．この場合，おのおののビタミン分子は一つの酵素分子を活性化するが，一つの酵素分子は莫大な数の基質分子の反応をひき起こし，このことが，少量のビタミンが体内でとても大きな効果をもつ理由を説明してくれる．**補酵素（コエンザイム）** coenzyme もまた構成要素としてビタミンを含み，似たようにふるまうが，酵素に強く結合するわけではない（後述）．補酵素は多くの場合，酵素と反応したり酵素から離れたりする点で，基質と非常によく似ている．これらの機能は，酵素反応とお互いに共役することである．たとえば，補酵素のニコチンアミドアデニンジヌクレオチド（NAD$^+$；第12章）は，脱水素反応により還元されて，NADH+H$^+$（NAD$^+$に二つ水素原子が結合したものと等量である）になる．

$$AH_2 + NAD^+ \rightarrow NADH + H^+$$

還元された補酵素は酵素から離れ，二つめの反応の基質となる．

$$B + NADH + H^+ \rightarrow BH_2 + NAD^+$$

全体としてみると，補酵素は一つの基質から別の基質へ水素原子を運ぶ運搬中間体として働いている．この型の活性は，後の章で述べるように，食物成分からエネルギーが放出される際に重要な機能を担う．

共有結合による酵素の修飾

たとえば，リン酸基転移といった共有結合による酵素の修飾は，細胞内における酵素活性の制御においてよくみられる機構である．この詳細は，代謝調節（第20章）と細胞のシグナル伝達（第29章）の章で議論する．

酵素へのpHの影響

酵素の活性は，pHによってさまざまな影響を受ける．タンパク質の構造はイオン化している官能基の状態に影響され，また，活性部位の機能も同様にこれに依存している．基質自体のイオン化もまたpHに影響を受ける．このため，触媒速度は一般にpHに依存している．酵素反応のpH依存性は酵素によって異なっているが，多くの酵素の最適pHは中性付近である．典型的なプロットの例を図6.10（a）に示すが，消化酵素であるペプシンのような例外もある．ペプシンは酸性の胃内容物中で働き，その最適pHは2付近になる．

酵素への温度の影響

温度もまた酵素の反応速度に影響を及ぼす．温度が上がると，ほとんどすべての化学反応の速度は増加する（温度が10℃上がると，反応速度は約2倍になる）．しかし，ほとんどすべてのタンパク質分子は本来，熱に不安定なため，酵素は高温では失活する．したがって，典型的な酵素の最適な反応温度のプロットは，図6.10（b）に示すようなものになる．しかし，このようなプロットは実際のところ有用かもしれないが，最適かどうかは速度を測る際に用いた実験時間に依存するので，大きな意味はない．実験時間が短ければ短いほど，高温による酵素を変性する作用はより小さくなる．高温で安定な酵素も存在するが，多くの酵素は50℃を超えると活性を失い，さらに不安定な酵素もある．

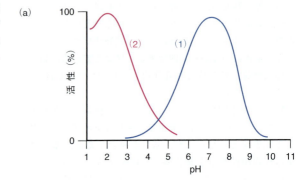

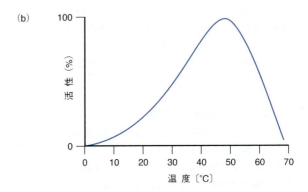

図6.10 酵素活性に対するpHと反応温度の効果．（a）酵素活性に対するpHの効果．曲線1（青色）は生理的pHが最適pHである多くの酵素の例である．曲線2（赤色）は例外的で，ペプシンの例である．この酵素は胃内容物の酸性pHで働く．（b）典型的な酵素に対する温度の効果．高温での急激な酵素活性の低下は酵素の変性によるものである（例外的に熱に耐性の酵素もいくつか存在する）．本文で述べたように，酵素反応の温度曲線はあまり重要ではないことに注意してほしい．なぜなら，この曲線の形は，与えられた温度に酵素が測定までの間置かれた時間の長さに依存するからである．Figure 1 in Dodson, G. and Wlodawer, A.; Catalytic triads and their relatives; Trends Biochem Sci.; 1998; 23, 347–52; Elsevier より改変．

酵素への阻害剤の影響

酵素の活性は阻害活性をもつ化合物にも影響を受けることがある．この項では，薬剤や毒素といった生理学的に意味のある阻害剤についてはあまり深く考察しない．これらは実験や治療に用いられたり，環境中で取込んだり曝露されたりすると，毒性効果を示したりする．このような阻害剤の効果は可逆的である場合も不可逆的である場合もある．可逆的である場合，酵素と阻害剤は可逆的な平衡状態（E + I ⇌ EI）にある．不可逆的な阻害剤は酵素に結合し，認められる程度では酵素から解離しない．極端な場合は，阻害剤は酵素に共有結合する．後の項で述べる酵素に対するアスピリンの効果がこの場合にあたる．ペニシリンも別の例であり，細菌の細胞壁を架橋し強固なものとする酵素に共有結合し，これを阻害する．

競合阻害剤と非競合阻害剤

酵素の競合阻害にはいくつかの異なる種類がある．その一つが**競合阻害剤** competitive inhibitor とよばれるものであり，基質を単に模倣し，基質の活性部位への結合に競合する．基質がどれだけ阻害剤に置き換わったかで阻害の程度が決まる．阻害は，基質と阻害剤の酵素に対する相対的な親和性と，両者の相対的濃度によって決まる．ミカエリス・メンテン型反応速度論を呈する酵素においては，二重逆数プロット（図6.6参照）を用いれば，競合阻害剤と非競合阻害剤を区別することができる（図6.11）．基質濃度が高い場合，基質が活性部位への結合の競合において完全に勝っているため，競合阻害剤は効果を示さない．逆数プロットの縦軸との交点（[S] が無限大であることを示す）は，阻害剤の有無に関わらず同じである（すなわち，V_{max} は変化しない）．一方，阻害剤は活性部位への基質の結合を妨げるので，親和性を低下させ K_m 値を変化させる．横軸との交点は K_m 値の逆数を示すので，阻害剤により変化する（K_m は大きくなる）．

酵素阻害剤は，疾患の治療において重要な部分を担う．たとえば，フィゾスチグミンはアセチルコリンエステラーゼの競合阻害剤であり，重症筋無力症（第33章）の患者に用いられる．いわゆる**スタチン** statin 系の薬剤は，高コレステロール症の患者に用いられるが，コレステロールの合成を制御する HMG-CoA レダクターゼの競合阻害剤である（Box 11.2参照）．

非競合阻害剤 noncompetitive inhibitor は，活性部位からは離れた位置で酵素に結合するので，図6.11に示す二重逆数プロットを見れば簡単にわかるように，基質との競合はない．この場合，K_m は変化しないにも関わらず，基質濃度が非常に大きいときの V_{max} は小さくなる．非競合阻害剤の作用の仕方はいろいろである．たとえば，水銀のような重金属は，触媒活性に不可欠な SH 基と反応する．チオール化合物や金属キレート試薬により金属を外せば阻害から回復する．

別の場合として，非競合阻害剤のなかには，酵素の活性部位を不可逆的に共有結合によりアシル化するものもある．たとえば，アスピリンは以下のようにプロスタグランジン合成（Box 17.2参照）に関わる酵素（シクロオキシゲナーゼ）を不活性化する．

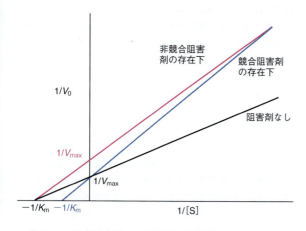

図6.11 競合阻害剤および非競合阻害剤存在下での二重逆数プロット

プロスタグランジンは痛みや炎症に関わっており，アスピリンによる合成阻害は，これらの症状を軽減する．

競合阻害剤ではよくみられることだが，実際のところ，酵素-基質間の相互作用に影響を及ぼさないような純粋な非競合阻害剤はまれである．代わりに，V_{max} と K_m の両者がある程度影響を受ける**混合阻害** mixed inhibition が観察される．

三つめの阻害の形式としては，**不競合阻害** uncompetitive inhibition（非競合阻害と微妙に異なる）がある．この阻害では，阻害剤は酵素に結合するが，基質との結合には影響を及ぼさない．この阻害剤は ES の状態にある酵素にのみ結合する（一方，非競合阻害剤は E と ES の両者に結合する）．非競合阻害剤と同様に，不競合阻害剤の効果は

[S] の上昇によって減弱せず V_{max} を低下させるが，非競合阻害剤とは異なり，K_m も低下させる．K_m の低下は意外なことのようにみえるかもしれないが，ここで生じているのは，阻害剤が効果的に ES を系から除いており，E＋S ⇌ ES 反応の平衡をもとに戻すためにより多くの複合体が形成されるようになっているということである．このため，基質に対する酵素の親和性は増大するようにみえる．

酵素触媒の機構

キモトリプシンという酵素を例に用いれば，ある種の酵素がいかに作用するかを構造の面から説明することができる．酵素は反応速度を 10^{14} 倍速めるといわれる．10^{14} 倍という増加は，酵素がなければ数百年から数千年もかかるだけの量の化学反応を1秒で触媒するということを意味している．

この後に示すキモトリプシンの反応の化学は，ある官能基から別の官能基へプロトンが飛んで再び戻るということにすぎない．これは，タンパク質が特別な化学的作業を信じられない速度で，概念的にはきわめて単純な機構により成し遂げる卓越した能力をもっているのを説明するのに十分な例の一つとなるものである．

キモトリプシンの反応機構

キモトリプシン chymotrypsin は膵臓により産生される消化酵素であり，食物に含まれるタンパク質の特定のペプチド結合を加水分解する．この消化酵素としての役割については第10章で述べる．

酵素の**活性部位**は通常，タンパク質の割れ目のような所にあり，すでに述べたように，酵素が攻撃する基質が適合する．キモトリプシンの場合，その天然の基質はポリペプチドであり，かさ高い疎水性アミノ酸残基（おもに芳香族アミノ酸であるフェニルアラニン，チロシン，トリプトファンであるが，メチオニンも含まれる）がもつカルボニル基の部分でペプチド結合を加水分解する．活性部位は，大きな疎水性残基が入り込めるような巨大な疎水性ポケットをもっている．キモトリプシンは**エンドペプチダーゼ** endopeptidase であり，タンパク質の末端のペプチド結合を加水分解する**エキソペプチダーゼ** exopeptidase と対照的に，タンパク質の内側に存在するペプチド結合を加水分解する（"エンド (endo)" とは内側の，"エキソ (exo)" とは外側の意味である）．生じる反応を明確にするためにイオン化していない構造で示す．

$$R-CONH-R' + H_2O \longrightarrow RCOOH + R'NH_2$$

R は，基質のポリペプチドにおいて，加水分解されるペプチド結合のカルボニル基をもつかさ高い疎水性残基をもつ部分を表す．一方，R′ はペプチドの残りの部分を表す．

キモトリプシンは活性部位にセリン残基を含むために，セリンプロテアーゼとして知られるプロテアーゼの一つである．ペプチド結合の加水分解は2段階の反応で生じる．第一段階ではセリンの－OH がアシル化され，最初の生成物（R′NH$_2$）が遊離してくる．第二段階ではアシル化された酵素が加水分解され，二つめの生成物（RCOOH）が遊離してくる．（明確にするためにイオン化していない構造を用いており，R と R′ は先に示した式におけるものと同様である．）

第一段階
$$RCONHR' + 酵素\text{-}OH \longrightarrow RCOO-酵素 + R'NH_2$$

基質の　　セリンの－OH　　中間体であ　　最初の
ペプチド　をもつ酵素　　　るアシル化　　生成物
　　　　　　　　　　　　　された酵素

第二段階
$$RCOO-酵素 + HOH \longrightarrow RCOOH + 酵素\text{-}OH$$

　　　　　　　　　　　　　　二つめの　　もとの状態
　　　　　　　　　　　　　　生成物　　　の酵素

中間体であるアシル化された酵素のエステル結合は水によって加水分解され，2番目の生成物（RCOOH）が遊離し，酵素はもとの状態に戻る．

ここで考えなくてはならない二つの大きな問題がある．

1. なぜ，セリン残基の－OH は第一段階の酵素反応において反応性を示すのか．セリンそのものは非常に安定な分子であり，中性 pH においてこのヒドロキシ基は反応性をもたない．また，キモトリプシン分子中の他のセリン残基は不活性である．なぜ一つのセリン残基だけが反応性を示すのか．酵素の攻撃を受ける基質のペプチド結合も同様に，中性の pH ではきわめて安定であり，それ自体は認められるような速度で反応することはない．
2. なぜ，第二段階の反応においては水はいともたやすくエステル結合を加水分解するのであろうか．水溶液中，中性の pH でカルボン酸エステルは比較的安定である．

これらの問題に答えるためには，酵素の触媒中心の構造に注目する必要がある．

活性部位の触媒三つ組残基

酵素の活性部位で注目すべきなのは，酵素を構築するポリペプチド鎖に存在する，**触媒三つ組残基** catalytic triad として知られるアスパラギン酸，ヒスチジン，セリンの3アミノ酸残基の側鎖である．これらの3残基は酵素のポリペプチド鎖上ではきわめて離れて位置しているが，鎖が折りたたまれると活性中心に集結して位置するようになる（図6.12）．これが酵素タンパク質において重要な役割を

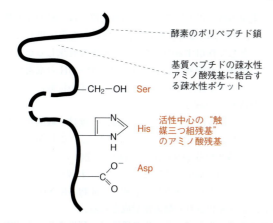

図6.12 キモトリプシンの活性部位．ポリペプチドの折りたたみによってセリン，ヒスチジン，アスパラギン酸の三つのアミノ酸残基が近くに配置される．これらは，折りたたまれていない状態ではきわめて遠くに位置している．疎水性アミノ酸のカルボニル基の所でペプチド結合を切断するというキモトリプシンの基質特異性は，活性部位の特異的疎水性結合部位に由来する．

担い，触媒に関与する反応基が集められ，最適な位置関係に配置されることとなる．ここに酵素が大きい理由がある．

まず，これらの官能基について，いくつかの点を取上げる．

- イオン化されたアスパラギン酸の側鎖のカルボキシ基は，pK_a がおよそ4であり，それゆえ生理的な pH では解離している．
- セリンの -OH の pK_a はおよそ14であり，意味をもつほどは解離していない．
- ヒスチジンのイミダゾール側鎖は，プロトン化された状態ではおよそ6の pK_a を示す興味深いものである．これは，生理的な pH では，プロトン化された状態とされていない状態の間で素早い平衡状態を保っていることを意味している．プロトン供与体を酸とし，プロトン受容体を塩基とするブレンステッド・ローリー (Brønsted-Lowry) の定義によると，プロトン化されたヒスチジンは酸であり，プロトン化されていないものは塩基である．

したがって，プロトン化された状態において，ヒスチジンの側鎖はプロトン供与体として機能し，この場合，**一般的な酸**として働くこととなる．プロトン化されていない状態ではプロトンを受取ることができ，一般的な塩基として働く．すなわち，以下で説明するように，ヒスチジンは**一般酸塩基触媒** general acid-base catalysis の作用を促進することができる．

化学の原理を少しだけ思い出すと理解の助けになるかもしれない．共有結合には，お互いの間で1組の電子対を共有する二つの原子が関わる．個々の電子は両方の原子から引き寄せられ，この力が相互に働き二つの原子を保持している．結合が形成されるとエネルギーを放出する．これが結合が形成される理由である．単純な例として，二つの水素原子間で共有結合が形成され水素分子 (H_2) がつくられる反応がある．

$$H^· + H^· \rightarrow H:H$$

おのおのの水素原子は単一の電子をもっているため，結合の形成には二つの原子が均等に寄与する．ある種の分子やイオンは非共有電子対をもっており，これらを別の原子に渡すことによって結合を形成できる．このような電子を供与する原子をもつ化学物質を**求核試薬** nucleophile，一方，電子対の受容体を**求電子試薬** electrophile とよぶ．このような結合を形成する過程は**求核攻撃** nucleophilic attack として知られる．化学における命名であるので，電子受容体がプロトン (H^+) であるという特別な場合は，これに電子を供給する化学物質は塩基とよばれ求核試薬とはよばれないが，原理は変わらない．

$$X: \quad + \quad Y \rightarrow X^+ : Y^-$$
　　求核試薬　　求電子試薬

ヒスチジンのイミダゾール側鎖の窒素原子の一つは非共有電子対をもっており，プロトンと相互作用できる．ヒスチジンのイミダゾール基の解離は以下のように生じる．

上に示す逆反応において，二つの電子をプロトンに与えると共有結合が形成され，窒素原子は正電荷を獲得する．ヒスチジンのイミダゾール環は二つの互変異性体で存在できることに注目してほしい．プロトン化されていない状態では，一つの水素原子が二つある窒素原子のどちらかに結合している．以上のような基礎知識をもとに，キモトリプシンの触媒機構に話を進めることにする．

キモトリプシンの活性部位での反応

触媒三つ組残基の三つのアミノ酸であるアスパラギン酸，ヒスチジン，セリンはすべて，酵素が適切に機能するうえで不可欠であるが，実際の化学的変化（反応）はヒスチジンとセリンの間でだけで生じるので，説明を単純にするため，まずはこの二つについて扱う．アスパラギン酸の役割については後で説明する．

基質となるペプチド分子は，疎水性残基がキモトリプシンの特異的な非極性のポケットに結合することによりその触媒部位に接着する．この結合により，攻撃を受けるペプチド結合のカルボニル炭素（C=O）原子が，セリンの

−OH の近くにくるようになる．それと同時に，図 6.13 の①に示すように，セリンの−OH の水素原子がヒスチジンの窒素原子に移動し，酸素原子は基質のカルボニル炭素原子との結合を形成する．この結果，図の黄色い四角の中に示した第一の四面体中間体が生成する．（四面体とは，壊される結合の炭素原子が形成する結合の方向を意味している．四面体の中央にくる炭素は，四面体の頂点に向けて四つの結合を向けている．）①において四面体中間体が形成されるためには，カルボキシ基の C=O 結合が単結合となり，これによりオキシアニオンを形成することが必要で，酵素側のオキシアニオンがはまる"穴"と相互作用することにより安定化される．

これが反応①で生じることであるが，それではセリンはいかに反応するのであろうか．セリンの−OH は中性 pH では通常反応性をもたない．セリンの酸素原子が基質の炭素原子との間に結合を形成するには，水素原子をプロトンとして失う必要がある．しかし，セリンの−OH の pK_a は 14 なので，この残基の pK_a に pH が近い強いアルカリ性の溶液中を除いては，ほとんど解離することはない．ではどうするのか，の答えは，ヒスチジンの窒素原子の水素を引抜く能力にある．この窒素原子は一般的な塩基（プロトンを受取る官能基と定義したことを思い出してほしい）として作用するのである．これがなぜ生じるかというと，触媒三つ組残基におけるセリンの−OH の水素がヒスチジンの窒素原子と強く相互作用しやすい位置にくるようになるからである．

プロトンを受取ったヒスチジンは，今度は一般的な酸となり，プロトンを供与できるようになる．（これが，この過程が一般酸塩基触媒反応とよばれる理由である．）このプロトンが四面体中間体に渡され，図 6.13 の②に示すように，この中間体は壊され，最初の生成物（R′NH$_2$）が遊離し，アシル化された酵素が形成される．

ここまでで半分である．次の段階で，酵素のアシル化中間体のエステル結合が加水分解され，これによりペプチドの加水分解による二つめの生成物（RCOOH）が遊離し，酵素はもとの状態に戻り，次の基質分子と反応できるようになる．この反応は基本的に①で用いられた戦略の繰返しである．ここで必要なのは，水の酸素原子が，アシル化された酵素中間体のエステル結合のカルボニル炭素原子を求核攻撃することである．水分子が活性部位に入り込む

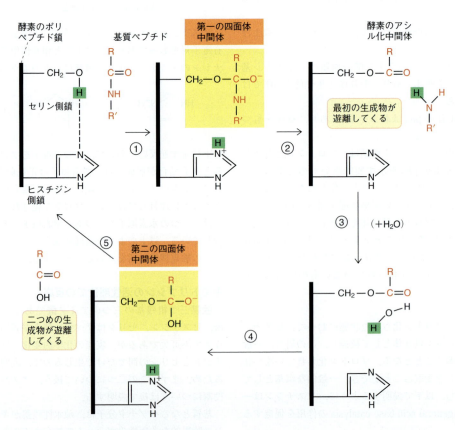

図 6.13 キモトリプシンの活性中心で起こる基質ペプチドの加水分解反応．簡略化のため酵素のポリペプチド鎖はまっすぐな線で示し，触媒三つ組残基のうち二つのアミノ酸残基のみ示した．触媒三つ組残基のアスパラギン酸残基の役割は後で説明する．破線は水素結合を表す．①〜⑤については本文中で説明する．

(図6.13③)と,ヒスチジン残基は一般的な塩基として作用し,(ちょうど反応の①でセリンから引抜いたように)プロトンを引抜く.水の酸素原子は求核攻撃し,第二の四面体中間体を形成する(図6.13④).まさに先ほどと同様に,プロトン化されたヒスチジンが今度は一般的な酸となり,その受取ったプロトンを四面体中間体へ戻す(図6.13⑤)と,その結果,反応は完了し,二つめの生成物(RCOOH)が遊離してくる.セリンの-OHはもとの状態に戻り,次の基質分子と反応できるようになる.

この化学変化がひき起こされる実際の機構は,二つの段階においてヒスチジンがプロトンを受取り,そしてこれを戻すだけにすぎない,非常に単純なものである.

触媒三つ組残基における
アスパラギン酸残基の役割は何か

もし遺伝子工学の手法により,キモトリプシンのアスパラギン酸残基を意図的にアスパラギン残基に置換すると,カルボキシ基がほとんど解離しないアミド基になり,触媒活性は 1/10,000 に低下する.このようにアスパラギン酸のカルボキシアニオンは不可欠であるにも関わらず,触媒過程においていかなる化学的変化も起こらない.それではなぜアスパラギン酸が必要なのか.図6.14に示すように,アスパラギン酸のカルボキシアニオンは,ヒスチジン側鎖と強い水素結合を形成する.そのおもな役割は,ヒスチジン残基を図に示すような向きに互変異性体として保持することであり,これにより,セリン残基からプロトンを受取る窒素原子が常にセリン残基に向き,-OHからプロトンを引抜くのに最適な位置関係をとれるようになる.もしアスパラギン酸がアスパラギンに置換されると,この水素結合を形成する能力が非常に弱くなり,ヒスチジン残基の位置を固定できなくなる.当初,触媒三つ組残基におけるこの残基が実はアスパラギンであると信じられていたことは,歴史的に興味深い.その機構を考えるとアスパラギン酸の方が理にかなっていると正しく認識されたとき,酵素の構造が再検討され,この残基が実際にアスパラギン酸であることが確かめられた.

他のセリンプロテアーゼ

触媒三つ組残基の機構は,さまざまな加水分解酵素において認められている.セリンプロテアーゼであるキモトリプシン,トリプシン,エラスターゼは,いずれも同じ機構をとり,アスパラギン酸,ヒスチジン,セリン残基のすべてが働く.これらの酵素はすべてペプチドを加水分解するが,基質特異性,すなわち,加水分解するペプチド結合を形成しているアミノ酸が異なる.基質の結合する活性部位中のポケットがこれらの酵素の活性部位では異なっており,特異的な基質の特定のアミノ酸側鎖のみしか受入れることができない.キモトリプシンのポケットは疎水性である(図6.15a),一方,**トリプシン** trypsin のポケットは負に荷電したアスパラギン酸残基(触媒三つ組残基のアスパラギン酸残基とは異なる)をもっており,トリプシン特異的な基質の部分的に荷電した塩基性側鎖がこれに結合できる(図6.15b).**エラスターゼ** elastase のポケットはこれらより小さく,トレオニン残基とバリン残基によりここへの基質の進入が狭められている.このため,エラスターゼは,小さな側鎖をもつアミノ酸のカルボニル残基が形成するペプチド結合に対し特異性を示す(図6.15c).これらの三つの酵素は構造上の類似性が高く,明らかに進化的に関連がある.細菌のタンパク質分解酵素であるズブチリシン〔枯草菌 (*Bacillus subtilis*) 由来〕は全体としてみると異なるタンパク質であるが,同一の触媒三つ組残基をもっている.独立した進化の結果このような現象がみられることは,触媒三つ組残基の基本的な重要性を際立たせる.プロテアーゼとしての機能とは関係がないいくつかの酵素も触媒三つ組残基をもっている.アセチルコリンエステラーゼ(第7章)が一つの例である.

他の型のプロテアーゼに関する簡単な記述

セリンプロテアーゼに加えて,触媒部位の構造から3種類に分類される他の型のプロテアーゼがある.それは,シ

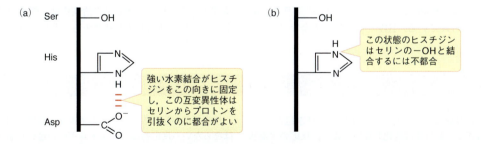

図6.14 触媒三つ組残基のアスパラギン酸残基の機能.(a)の状態ではヒスチジンがアスパラギン酸と強い水素結合によって図のような状態に固定されている.その結果,窒素原子の非共有電子対はセリンのプロトンに直面し,セリンのプロトンを引抜くことができる.ヒスチジンがアスパラギン酸と水素結合しておらず,固定されていない(b)の状態では,プロトン化された窒素原子がセリンに直面し,セリンのプロトンは引抜かれにくくなる.

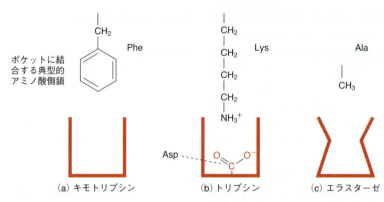

図 6.15 キモトリプシン，トリプシン，エラスターゼの活性部位の簡略図と，そこに結合する対応基質のアミノ酸側鎖．キモトリプシンのポケットには，フェニルアラニンやトリプトファンの側鎖のようなかさ高い疎水性残基がはまりやすい．トリプシンのポケットには，結合部位のアスパラギン酸残基の負電荷によって，リシンやアルギニンなどの正電荷をもつアミノ酸が結合する．エラスターゼのポケットは，結合部位の入口がバリンやトレオニンの側鎖によって狭められており，基質分子中の小さいアミノ酸側鎖のみが結合する．

ステインプロテアーゼ，アスパラギン酸プロテアーゼ，亜鉛プロテアーゼである．**システインプロテアーゼ** cysteine protease はセリンプロテアーゼと非常に類似しているが，キモトリプシンなどにおいてセリンの OH 基が活性化される代わりに，システインの SH 基が活性化される．キモトリプシンなどにおけるカルボキシエステル（RCO―O―酵素）の代わりに，中間体としてチオエステル（RCO―S―酵素）が形成される．植物のタンパク質分解酵素であるパパイン（パパイヤ果汁に見いだされる）が一つの例である．

ペプシン pepsin は，第 10 章で消化における役割について述べるが，**アスパラギン酸プロテアーゼ** aspartic protease のクラスに含まれる．このクラスの酵素は，二つのアスパラギン酸残基から成る触媒二つ組残基をもつ．一方のアスパラギン酸残基はプロトン化されておらず，プロトンを受取ることができ，もう一方はプロトン化されており，これを供与することができる．言い換えれば，これら二つの残基はそれぞれ，一般的な酸と一般的塩基として作用し，反応ごとにその役割を交代する．血圧の制御に関わる腎臓の酵素**レニン** renin など，いくつかのこのクラスに属する酵素が知られている．HIV（ヒト免疫不全ウイルス）がその複製に必要なアスパラギン酸プロテアーゼをもつことが見いだされてからは，このプロテアーゼはこのクラスの酵素の中でも高い関心を集めている．アスパラギン酸プロテアーゼの阻害は，エイズの治療標的となるからである．

三つめのクラスのプロテアーゼは**メタロプロテアーゼ** metalloprotease であり，これは活性部位に存在する金属イオン（通常は亜鉛）に，その活性を依存する．**亜鉛プロテアーゼ** zinc protease の例としては，**カルボキシペプチダーゼ A** carboxypeptidase A がある．これは，ペプチドの C 末端から疎水性アミノ酸残基を選択的に加水分解し切出していく消化酵素である．基質が結合すると，この酵素は非常に大きなコンホメーション変化をひき起こすが，これは誘導適合の良い例である．この酵素の触媒反応機構は，一般酸塩基触媒反応が関与するという点で，キモトリプシンのものと強い類似性を示す．プロトンが水から引抜かれ，この場合はグルタミン酸残基に移動する．その後，活性化された水分子はペプチドのカルボニル炭素を攻撃し，図 6.13 ④ に示すのと同様に，四面体構造の遷移状態を形成する．この場合，水分子の活性化は，酵素の活性部位に結合している亜鉛原子と結合することにより促進される．

要約

酵素とは触媒であり，特定の化学反応をひき起こすが，反応の過程でそれ自体は変化しない．また，反応の平衡状態に影響を及ぼすことはできない．反応の自由エネルギー変化は，反応が生じる可能性があるかを決めるものであるが，反応が実際に生じるかどうかを示すものではない．

化学反応が起こるためにはエネルギー障壁を越えなくてはならない．反応物は，高エネルギーの遷移状態へ活性化されなくてはならないが，この状態はすばやく生成物へと変換される．このためのエネルギーが活性化エネルギーであり，触媒がない反応では，このエネルギーは分子の衝突

により供給される．

　酵素は基質と結合し，触媒する反応の活性化エネルギーを低下させるタンパク質である．このような機能を発揮できるのは，酵素の活性部位が基質そのものより，遷移状態に対して完全に相補的な構造をとることによる．酵素の活性部位は，触媒作用に不可欠な化学的残基を含むタンパク質の小さな一部分である．酵素に基質が結合すると，酵素タンパク質はしばしば形状を変化させるが，この過程は誘導適合機構として知られる．

　酵素の反応速度論では，反応速度を計測することにより酵素を研究する．ミカエリス・メンテンの式は，基質が酵素に結合した後，酵素-基質複合体が壊れるとともに生成物が遊離していくという，酵素が触媒する多くの反応の速度論を説明してくれる．ミカエリス・メンテン型を示す酵素では，増加していく基質濃度に対し反応初速度をプロットすると，双曲線が得られる．ミカエリス定数 K_m という重要な定数があるが，この定数は酵素が最大速度の半分で働く基質濃度である．酵素活性を洞察するうえで有用な他の速度論に関わる定数としては，回転数 K_{cat} と，酵素の特異性定数 K_{cat}/K_m がある．

　アロステリック酵素は，アロステリック部位をもつ多量体タンパク質である．アロステリック部位にはモジュレーター分子が結合し，活性に影響を及ぼす．基質濃度の反応速度への影響は双曲線ではなくS字形となる．モジュレーターの結合は通常，酵素の基質に対する親和性を変化させ，飽和していない基質濃度では反応速度に影響を及ぼす．アロステリック酵素の性質を説明する二つの理論的モデルとして，協奏モデルと逐次モデルがある．いずれもコンホメーション変化を伴う．アロステリック制御は実際のところ，一瞬の間に生じ，かつ可逆的である．それは多様な代謝経路においてきわめて重要な機構である．

　酵素は，温度，pHならびに阻害剤により影響を受ける．阻害剤には，活性部位に対し基質と競合的に作用するものと，別の部位と結合して非競合的に作用するものがある．ミカエリス・メンテンプロットを改変した二重逆数プロットのグラフを描くと，両者を区別できる．

　酵素はしばしば，活性化因子，補欠分子族あるいは補酵素の結合を必要とする．活性化因子は金属イオンである場合もある．補欠分子族は酵素に固く結合している小さな有機分子である．補酵素は，酵素と結合したり離れたりする点でこれらとは異なっている．

　同じ反応を触媒する異なる酵素は，アイソザイムとして知られている．それぞれが特定の役割を担うように別の性質をもっており，通常組織分布も異なる．

　キモトリプシンはタンパク質を加水分解する消化酵素であり，その反応機構の詳細がよく知られている．活性部位は，疎水性の基質結合部位とアミノ酸残基の触媒三つ組残基（セリン，ヒスチジン，アスパラギン酸）から成る．ヒスチジン残基がセリンの-OHのプロトンを引抜きやすいように完全に配置されていることにより，セリンの-OHが反応性を示す．ペプチド結合の加水分解においては中間体が形成されるが，この中間体は，ヒスチジン残基から引抜かれたプロトンが供給されることにより，アシル化セリン残基へと分解される．アスパラギン酸の役割はヒスチジン残基と水素結合を形成し，ヒスチジン残基を都合のよい向きに固定することにある．反応の第二段階では，アシル化されたセリン複合体が加水分解され，結合していたアシル基をもつペプチドが遊離してくる．ヒスチジン残基によりプロトンが引抜かれることにより，水分子が活性化され，中間体が形成され，この中間体もまた，今度はヒスチジン残基から引抜かれたプロトンが供給されることにより分解される．この触媒の機構は驚くべきほど単純であり，本質的には，反応の最初の半分においてヒスチジン残基がプロトンを引抜くことによりセリンの-OH基を活性化し，次に，同様に水分子を活性化するということである．他のプロテアーゼも，異なっていてもこれに類似した機構を用いている．

問題

1. 温度に対する酵素の反応速度をプロットすると，どのような情報が得られるか．
2. グルコースを CO_2 と水にする酸化反応は，非常に大きな負の $\Delta G^{\circ\prime}$ をもっているが，グルコースは酸素の存在下においてもきわめて安定である．これはなぜか．
3. 酵素がいかに反応を触媒するか，説明せよ．
4. ある種の酵素の場合，K_m 値が実際に測定される酵素の基質への親和性を表すこともあるが，別の酵素ではそうではない．これを説明せよ．
5. (a) 非アロステリック酵素と典型的アロステリック酵素において，基質濃度と酵素触媒の反応速度の関係を比較せよ．
　(b) アロステリック酵素の基質と速度の関係における長所は何か．
6. 典型的なアロステリックに制御される酵素が飽和濃度の基質に曝露される場合，正のアロステリックモジュレーターは反応速度にどのような影響を及ぼすか．
7. 酵素の阻害剤が競合的か非競合的かをいかに区別するかを述べよ．グラフを描いてその答えを説明せよ．
8. ある特定の酵素に対する競合阻害剤は活性部位に結合し，基質がそこに結合するのを阻害することにより作用する．一方，場合によっては，遷移状態アナログが非常に効果的であることも見いだされている．このような分子が，同一酵素に対する基質の競合的なアナログよりも強い阻害作用をもつのはなぜか．
9. 異なる試料に含まれる酵素の量を，反応速度を測定することにより比較しようとした場合に，測定に意味をもたせるために，あらかじめ注意しなくてはならない

ことは何か．

10 キモトリプシンの活性部位には，基質となるペプチドのカルボニル炭素原子に求核攻撃して共有結合を形成するセリン残基がある．この際，セリンの－OHのプロトンは同時に除去される必要がある．タンパク質における他のセリン残基は遊離しているセリンであり，この点において不活性である．このような反応が酵素の活性中心でひき起こされる理由について説明せよ．

11 キモトリプシンの活性部位はアスパラギン酸をもつ．これは触媒の化学反応には寄与しないが，このアスパラギン酸をアスパラギンに置換すると，酵素の活性が1/10,000に低下する．それはなぜか．

12 キモトリプシン，トリプシン，エラスターゼはすべて同一の触媒機構を示すが，異なる特異性をもつ．その理由を説明せよ．

13 システインプロテアーゼとアスパラギン酸プロテアーゼという用語の意味を説明せよ．

7

細胞膜と膜タンパク質

　第3章では，3種類の弱い非共有結合とともに疎水的な力について議論した．疎水的な力は，水分子が非極性分子を排除することにより生じる．（他のすべての結合と同じように）非共有結合の形成は自由エネルギーの減少を伴うので，これらの結合の形成が最大になったとき，最も安定な構造をとることとなる．このことは，ここで扱うトピック，すなわち細胞膜に結び付く．細胞膜は，非共有結合が主となり結び付いた分子の集合体である．

　これらに関連し，第1章では，自己複製機構が最初にでき上がるのには，これらが膜に包み込まれることが必要であったことについて議論し，第2章では，ほとんどすべての真核細胞の内部にあるさまざまな膜構造について述べた．

膜をつくる基本の脂質構成体

　すべての生物学的な膜の基本構造は脂質二重層であり，この二重層は**極性脂質** polar lipid により構成されている．極性脂質（図7.1）は，いわゆる頭部である極性部分と，1対の非極性の疎水性尾部からできている**両親媒性分子** amphipathic (amphiphilic) molecule（"amphi" は "両方の種類の" という意味）である．水の存在下，このような分子は親水性頭部が水と最大限接触し，最大の非共有結合を形成するような構造をとらざるをえなくなる．逆に，疎水性尾部は，水と接触すると水を高エネルギー状態に押しやることとなる（第3章）ので，これに抵抗するために，水との接触が最小限になるようにならざるをえなくなる．また，疎水性尾部同士の接触はファンデルワールス相互作用を最大にし（第3章），この点からも構造のもつエネルギー状態を最小にする．

　膜にみられる種類の極性脂質を水性溶媒中で撹拌すると，**リポソーム** liposome とよばれる中空の球状の脂質二重層から成る構造が形成される．第1章で述べたように，リポソームの形成は細胞の起源に関係しているかもしれない．脂質二重層は，図7.2に示すように，お互いの疎水性尾部を内側に向け，親水性頭部を水に接触するように外側に向けた極性脂質の二つの層から成る．疎水性尾部を2本もつので，すべての尾部が中心に集中する固い球形のミセル構造よりもこの構造をとりやすい．尾部が1本の場合はミセルを形成しやすい．

　人工的なリポソーム膜を切断し，極性頭部に結合する重金属により染色すると，重金属が電子を吸収するために，脂質二重層は1対の暗い平行の線路状の構造として電子顕微鏡で観察される．生きた細胞の膜を同様に処理しても同一の像が観察される．

細胞膜を構成する極性脂質

　膜を構成する多くの極性脂質が存在し，これらの構造は紙の上ではお互いにまったく異なってみえるが，いずれも基本的には，図7.1に示す分子のように極性頭部と2本の疎水性尾部をもつ同じ形をしている．さまざまな極性脂質の構造にふれる前に，脂質の一般的な性状について簡単に議論することは有用である．

　脂質は脂肪である．**中性脂肪** neutral fat は脂肪酸の誘導体であるが，中性脂肪は決して生体膜の構成成分にはならない．脂肪酸は，長い炭化水素鎖をRで表すと，RCOOHという構造をもつ．最も一般的な脂肪酸は16あるいは18個の炭素原子（C_{16} あるいは C_{18}）をもつ．もしも完全に飽和な場合，これらはそれぞれヘキサデカン酸とオクタデカン酸，あるいは一般名で，それぞれパルミチン酸とステアリン酸とよばれる．また，それぞれ16:0，18:0とも表されるが，これらの数字は炭素原子の数と二重（不飽和

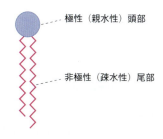

図7.1 細胞膜にみられる両親媒性分子

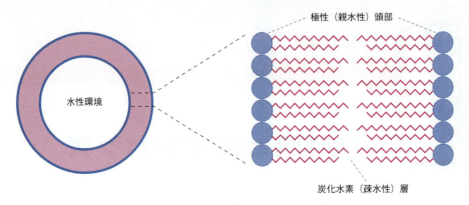

図7.2 脂質二重層によるリポソーム

結合の数を示す.

ステアリン酸 stearic acid（C_{18}）は以下の構造をもつ.

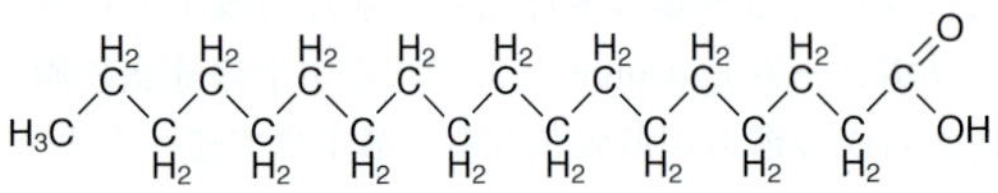

便宜上，飽和脂肪酸はしばしば，簡単に以下のように表すこともある.

また，$CH_3(CH_2)_{16}COOH$ とも書く.

中性の pH では，脂肪酸のナトリウム塩はセッケンとよばれる.

ヒトは大量の脂肪を食べ，これは食事のかなりの部分を占めるが，セッケンは食べられない．セッケンはまずいし，その界面活性作用は細胞膜を壊してしまう．その代わりに，私たちは**トリアシルグリセロール（TAG）** triacylglycerol として知られる中性脂肪をおもに食べる．トリアシルグリセロールは，図7.3に示すように，3分子の脂肪酸がグリセロールの三つのヒドロキシ基にエステル結合している．エステル結合したカルボン酸はアシル基とよばれ，一つのグリセロール分子に三つのアシル基が結合しているので，このようなトリアシルグリセロールという名称がついている．トリグリセリドという名称もときどき使われるが，この名称は化学的には正しくない．

中性脂肪を NaOH や KOH とともに煮ると，エステル結合が加水分解されて，セッケンとグリセロールが生じる（これこそセッケンの作り方である）．中性脂肪は食物として適しているが，界面活性作用はない．すでに述べたよう

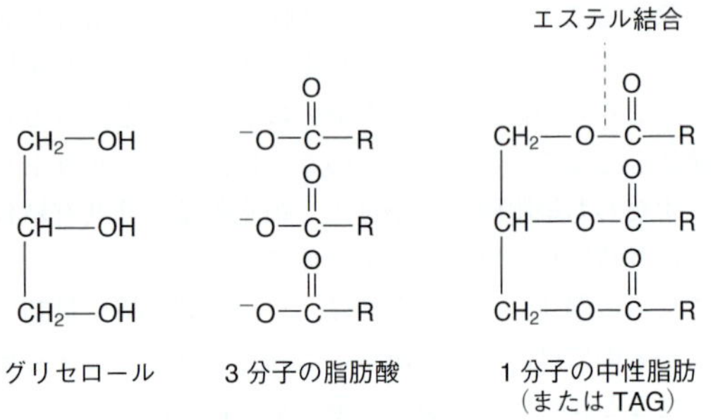

図7.3 トリアシルグリセロール（TAG）とその構成成分

に，中性脂肪は生体膜には存在しない．中性脂肪について議論すると，これとは異なって極性脂質がいかなるものかを理解するのに役立つ．トリアシルグリセロール分子は極性基をもたず，それゆえに水の中では油滴や粒子を形成する．決してこの分子が脂質二重層を形成することはない．しかしながら，トリアシルグリセロールは，代謝に関する章で目にすることになるように，代謝燃料を最も効果的に貯蔵する形である．膜の極性脂質は，構造に基づいていくつかに分類できる．

グリセロリン脂質

グリセロールを含む膜脂質の大部分は，**グリセロリン脂質** glycerophospholipid が占めている．これはグリセロール 3-リン酸の誘導体である.

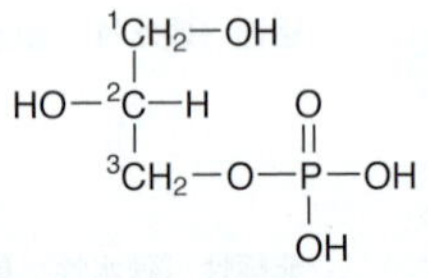

sn-グリセロール 3-リン酸

接頭辞の sn は，立体特異的番号付け (stereospecific numbering) を意味する．細胞内でみられるグリセロール 3-リン酸の中央の炭素原子は非対称である．立体特異的番

号付けでは，ここのヒドロキシ基を左側に描き，上から順に炭素原子に番号を付けて命名する．

グリセロール 3-リン酸の C-1 と C-2 のヒドロキシ基のいずれにも，二つの脂肪酸がエステル結合した化合物は**ホスファチジン酸** phosphatidic acid で，生物系において高い反応性を示すものではないが，生体膜にみられるグリセロリン脂質のもととなる化合物である．

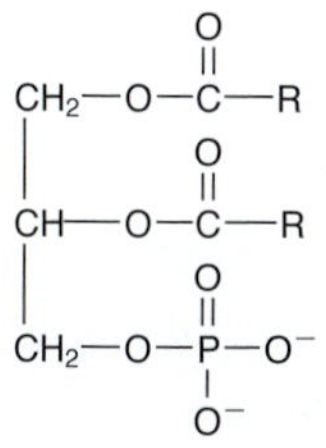

ホスファチジン酸

リン酸基には他の極性をもつ分子をつなげることが可能である．もしも，ホスファチジン酸に他の何か（ここでは，たとえば X とする）が結合すれば，以下の構造のようなホスファチジル-X (phosphatidyl-X) となる．

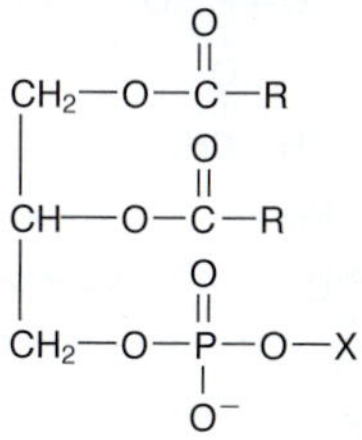

もしも X もまた極性が高い分子ならば，きわめて極性が高い頭部をもつこととなる．

上に示した構造は，分子の形の印象として誤解を生むかもしれない．図 7.1 に示したように描くと下に示すようなものになる．

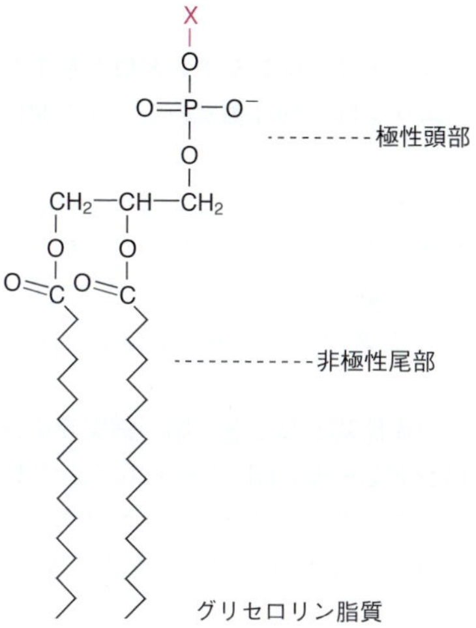

グリセロリン脂質

どのような極性基がホスファチジン酸に結合しているのか

生きている細胞は生体膜にさまざまな構造の脂質をもっており，きわめて複雑ではあるが，これらはすべて全体的にみれば同じような形をしており，両親媒性の性質をもっている．いくつかの異なる極性基が，異なるホスファチジン酸分子に結合している．

一つの極性置換基として，**エタノールアミン** ethanolamine（$HOCH_2CH_2NH_3^+$）があり，これが結合すると，**ホスファチジルエタノールアミン** phosphatidylethanolamine（**PE**）（**セファリン** cephalin ともよばれる）というリン脂質となる．

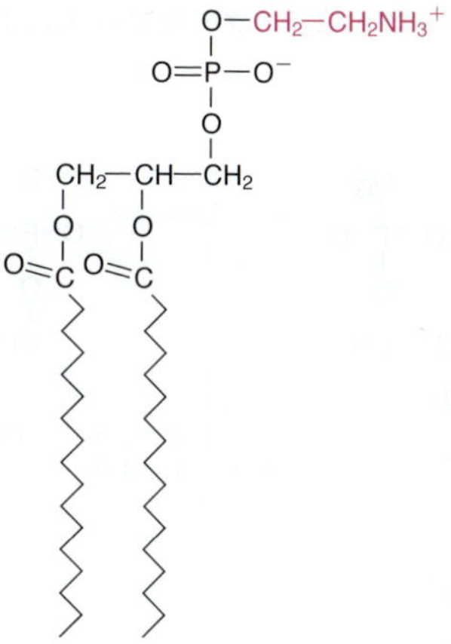

エタノールアミンの窒素原子がトリメチル化されると，**コリン** choline となる．

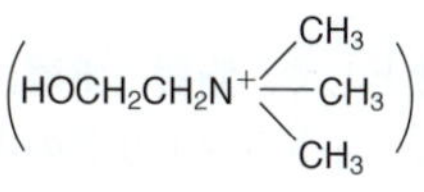

コリンから生じるリン脂質は，**ホスファチジルコリン** phosphatidylcholine（**PC**）であり，**レシチン** lecithin ともよばれる．この構造は，窒素原子に三つのメチル基が結合している以外，先ほど示したホスファチジルエタノールアミンと同じである．

エタノールアミンがカルボキシ化されると，**セリン** serine（$HOCH_2CHNH_2COOH$）となり，セリンから生じるリン脂質は**ホスファチジルセリン** phosphatidylserine（**PS**）である．その結合は以下のようになる．

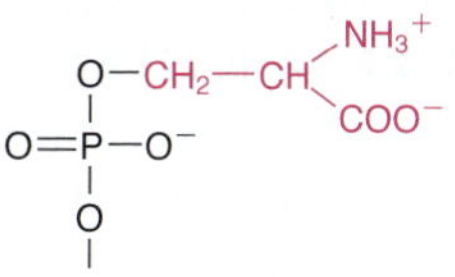

他にまったく異なる極性置換基として，6 価のアルコー

ルであるイノシトール inositol がある．これが結合すると，**ホスファチジルイノシール** phosphatidylinositol（**PI**）となる．

イノシトール
（右のように結合する）

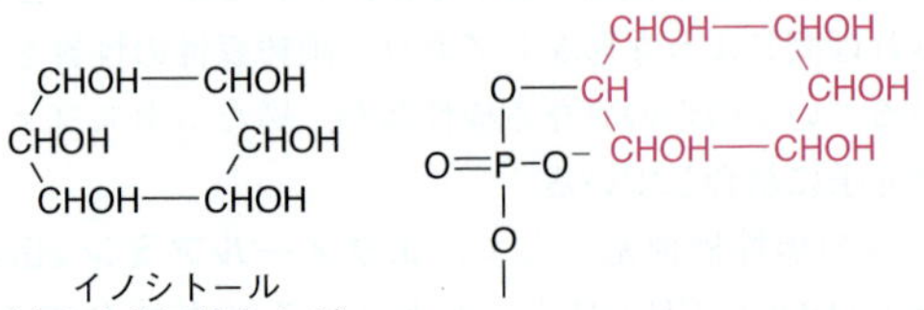

他のグリセロールを基本としたリン脂質としては，**カルジオリピン** cardiolipin あるいは**ジホスファチジルグリセロール** diphosphatidylglycerol があり，この分子は二つのホスファチジン酸が第三のグリセロールによって架橋されている．

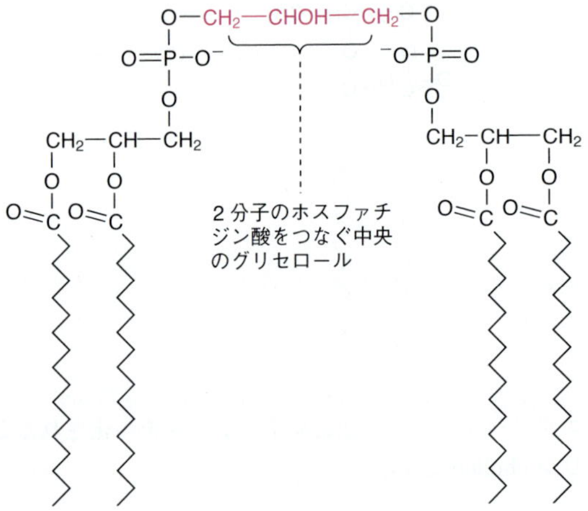

この構造は依然として，脂質二重層にはまる両親媒性の性質をもっている．ミトコンドリアの内膜や細菌の細胞膜におもに存在する．

これまで述べてきた極性脂質はいずれもグリセロールを基本としている．しかしながら，進化の過程で，**スフィンゴシン**とよばれる別の構造に由来する，全体的にみればほとんど同じような形をしている分子が生じてきた．

スフィンゴ脂質

スフィンゴシン sphingosine の基本構造はグリセロールとまったく異なるわけではない．グリセロールの中央（C-2）のヒドロキシ基が NH_2 基に置き換えられており，1 位の炭素原子に結合する水素が C_{15} の炭化水素に置き換えられ，程度の差はあるが取り外されないように組込まれた炭化水素の尾部になっている．二つめの尾部である脂肪酸が中央の NH_2 基に－CO－NH－結合で結合すると，**セラミド** ceramide が生じる．セラミドはジアシルグリセロールと似た形をしている．

スフィンゴシン　　　　セラミド

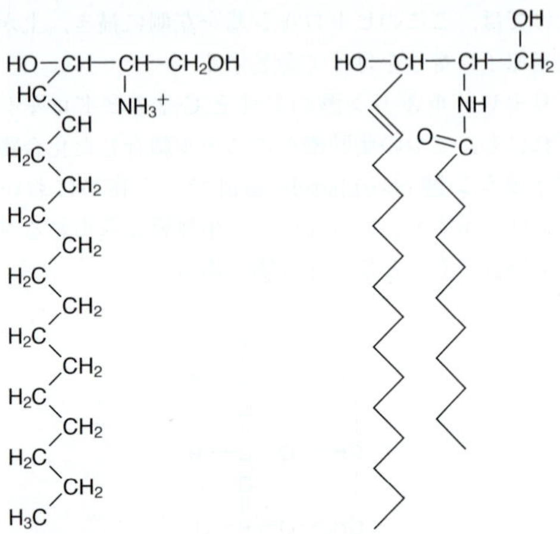

ここにさらに，レシチンのように，ホスホリルコリン基を結合させると，生成するのは**スフィンゴミエリン** sphingomyelin である．

スフィンゴミエリン

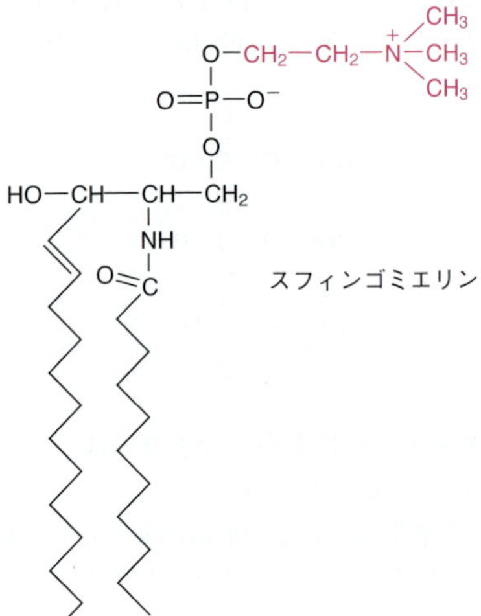

スフィンゴミエリンはレシチンと似た形をしている．スフィンゴミエリンは，神経軸索のミエリン鞘に多く存在する．

セラミド分子の何も結合していない－OH には，多数の異なる極性基が結合することが見いだされている．極性が高い分子である糖はこの意味でちょうど良い分子であり，糖が結合すると**スフィンゴ糖脂質** glycosphingolipid となる．

単糖がこの極性基となると，脳の細胞膜成分として重要な**セレブロシド** cerebroside が得られる．セレブロシドはグルコースかガラクトースを含む．ガラクトースは，グルコースの C-4 のヒドロキシ基が反転している立体異性体である．

セレブロシド

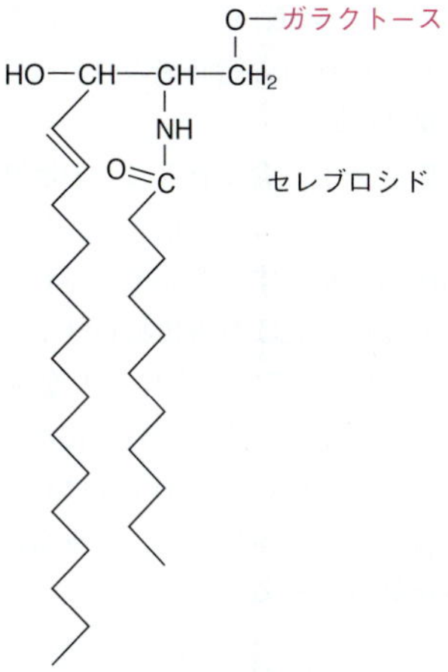

天然にはさまざまな種類の糖がある．なかには，グルコサミン（その構造を以下に示す）のような**アミノ糖** amino sugar やその誘導体がある．

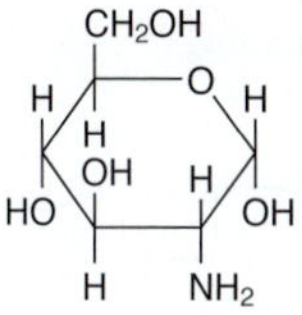

異なる糖の組み合わせ（**オリゴ糖** oligosaccharide）は，オリゴ糖構造として少数の異なる糖がお互いにつながり枝分かれしたさまざまな種類の分子を生み出すことができる．(oligo とは“少しの”という意味で，オリゴ糖は，多糖にみられるように数百，数千の糖がつながったものとは異なり，むしろ 3〜20 個程度の糖がつながった小さな重合体を示す．) このようなオリゴ糖は高い極性を示す．これらの分子の一つがセラミドに結合してでき上がる分子が，**ガングリオシド** ganglioside である．

ガングリオシド

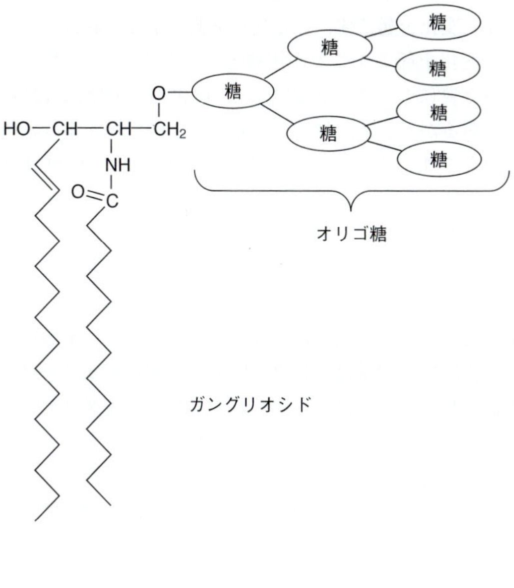

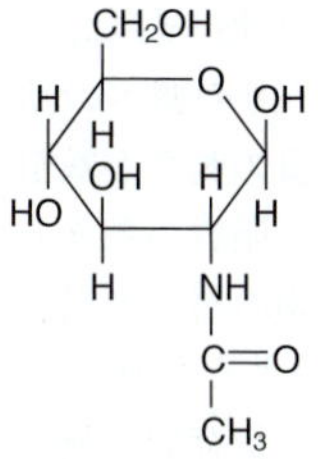

***N*-アセチルグルコサミン** *N*-acetylglucosamine や**シアル酸** sialic acid の構造をここに示す．これらはガンリオシドの構成成分として特に興味深いものである．

N-アセチルグルコサミン

シアル酸
（*N*-アセチルノイラミン酸）

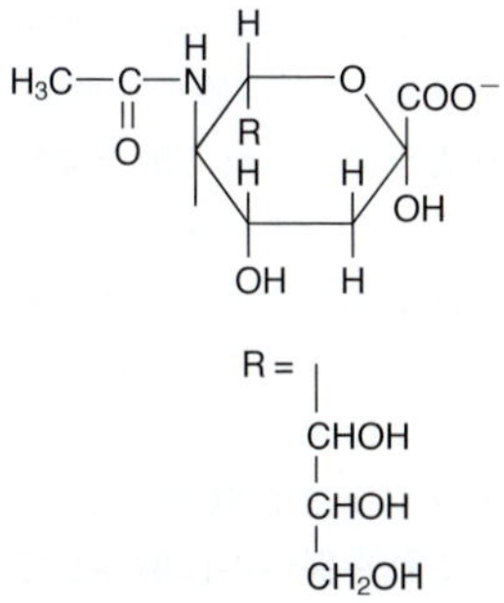

シアル酸は，インフルエンザウイルスの感染に関与している．スフィンゴシンを基本骨格とするガングリオシドは，ヒトの血液型 O，A，B を決めているものである．

膜脂質の命名法

個々の極性脂質の名称についてはこれまでに述べてきたが，これとは別の総称がときには用いられる．**膜脂質** membrane lipid あるいは**極性脂質**というよび名は，細胞膜に見いだされるあらゆる脂質を含む名称である．**リン脂質** phospholipid はリンを含む脂質すべてをさす．グリセロールを基本骨格とするリン脂質が**グリセロリン脂質**であり，これとは対照的にスフィンゴミエリンは唯一特別なスフィンゴシンを基本骨格とするリン脂質である．セラミドを基本骨格とする膜脂質で，極性基として糖をもち，ホスホリル基を含まないものは**糖脂質** glycolipid，あるいは，スフィンゴシンを基本骨格とすることを示すように**スフィンゴ糖脂質**とよばれる．プラスマローゲンは，疎水性尾部の一つがエーテル結合によりグリセロールに結合しているグリセロリン脂質である（構造は示していない）．（以下で述べる別の膜構成成分であるコレステロールも，脂質に分類される．）

このように多くの異なる種類の膜脂質が存在する利点は何か

異なる膜脂質は，膜表面に異なる性質をもたらす．レシチン（PC）のコリン置換基は正電荷をもち，ホスファチジルセリン（PS）のセリンは正と負の両方の電荷をもつ（第 4 章）が，セレブロシドの糖は電荷をもたない．異なる細胞はまったく異なる膜脂質組成を示す．セレブロシドとガングリオシドは脳の細胞膜に多く存在するが，神経軸索のミエリン鞘の細胞膜はスフィンゴ糖脂質に富んでいる．異なる細胞が異なる脂質組成を示すのと同様に，一つ

の膜の脂質二重層の外側と内側では互いに脂質組成が異なっており，また細胞内部でも異なる細胞小器官の膜は異なる脂質組成を示す．たとえば，糖脂質は通常細胞膜の外側に存在するために，糖は細胞から外側に向け，外部の水環境に突き出ている．細胞膜内外の不均一性は，"フリップ・フロップ"（膜の片側からもう一方の側への動き）という表現で知られる膜を横断する脂質の動きが厳密に制限されることにより保たれている．この脂質の動きとは，極性頭部が膜の中央部にある炭化水素鎖の層を通過して，別の側に移るようなものである．このような動きはエネルギー的には起こりにくい．エネルギー依存的に膜のフリップ・フロップを触媒するタンパク質が膜の不均一性を生み，これを保つのに関与している．

フリップ・フロップが制限されているのとは対照的に，脂質二重層の平面内における膜脂質の側方移動は素早く起こりうる．脂質が二重構造をつくり出す際には，共有結合は関与せず，一般に脂質は自由に動き回る．

ある種の特定の膜脂質〔たとえば，ホスファチジルイノシトール（PI）〕は，化学的な細胞内シグナルの源としても特別な役割を担う．またある場合は，細胞のシグナル伝達は特定の脂質に富む細胞膜の区画と結び付いた特別なタンパク質に依存する（第29章）．特別なタンパク質と脂質が結合することが，膜脂質の多様性が存在する理由として一般に考えられている．実際に，タンパク質が膜に結合したり膜から離れたりすることが，細胞の活性の制御の重要な部分を担っているということが，ますます認識されるようになってきている．多くの異なった膜タンパク質とその機能を考えれば，多くの種類の膜リン脂質が必要であることも驚くにはあたらない．

ある種の膜脂質は医学の面から特別な興味をもたれる．たとえば，ガングリオシドは，**ガングリオンドーシス gangliosidosis** とよばれる遺伝病がいくつかあることから，臨床的に興味深いものである．その1例がテイ・サックス（Tay-Sachs）病（Box 27.1参照）であり，この病気では精神遅滞と早期の死を来す．ほかにはゴーシェ（Gaucher）病もある．これらの病気では，スフィンゴ糖脂質がリソソーム（第27章）で適切に分解されずに蓄積することで重篤な脳の障害をひき起こす．

膜脂質を構成する脂肪酸成分

レシチンのような膜脂質の脂肪酸アシル"尾部"の成分はさまざまである．その長さには炭素数14（C_{14}）から24（C_{24}）の幅がある（ほとんどすべての場合，炭素数は偶数である）が，C_{14}〜C_{18}が最も一般的である．ときには一つあるいは複数の二重結合をもつ不飽和脂肪酸も含め，さまざまな脂肪酸が膜脂質には存在する．よくあるものとしては，C_{18}あるいはC_{16}で中央に一つ二重結合をもつもの（それぞれオレイン酸とパルミトレイン酸），C_{18}で二重結合を二つもつリノール酸，C_{20}で二重結合を四つもつアラキドン酸がある．これらの脂肪酸の命名法については後の章でふれる（第17章）．

一つのリン脂質分子に含まれる二つの脂肪酸残基は同じ場合も異なる場合もあるが，通常，グリセロリン脂質では，C-1のOH基に結合する脂肪酸は飽和脂肪酸，C-2のOH基に結合する脂肪酸は不飽和脂肪酸である．脂肪酸尾部がどれだけ飽和されているかは，大変重要な問題である．なぜなら脂質二重層の中央部の炭化水素部分は，固い性質よりむしろ二次元的に流動的でなければならないからである．不飽和の炭化水素尾部は，二重層が流動性を示さなくなる温度を低下させる．

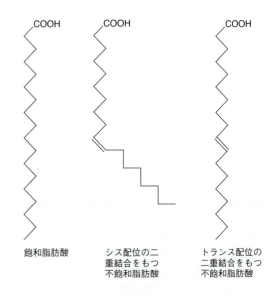

飽和脂肪酸　シス配位の二重結合をもつ不飽和脂肪酸　トランス配位の二重結合をもつ不飽和脂肪酸

膜の流動性は，膜貫通型タンパク質が側方移動し，他のタンパク質と相互作用できるようになるために不可欠である．加えて，そのようなタンパク質はイオンチャネルや膜輸送体や受容体として機能するうえで必要なコンホメーション変化を起こす．二重層に流動性がなければ，このような変化を起こすことが困難となるだろう．（これらのタンパク質については後述する．）飽和脂肪酸尾部は真っ直ぐであるが，シス配位の二重結合は，図に示すように折れ曲がりを生じさせ，この折れ曲がりによって流動性を増す．天然に存在する不飽和脂肪酸は，ほとんどすべてシス配位である（Box 7.1）．

真っ直ぐな飽和脂肪酸は，お互いに無理なく密に詰まり相互作用するが，折れ曲がった脂肪酸はそのようにはいかず，低い温度でも流動性を保ったままでいる．不飽和化のこの物理学的効果は，ヒツジ肉の固い脂肪をオリーブ油と比較すればよくわかる．いずれもトリアシルグリセロールであるが，オリーブ油は不飽和脂肪酸尾部を含んでいる．

膜の流動性を維持することが重要なのは，細菌が周囲の温度に合わせて，自らの膜二重層を構成する脂肪酸成分の

Box 7.1　トランス脂肪酸

広く知られているように，トランス配位の不飽和脂肪酸の摂取が健康に害を及ぼすことには大きな関心がもたれている．天然の食品にはトランス脂肪酸はほとんど含まれない．トランス脂肪酸はおもにウシやヒツジといった反芻動物中の細菌に由来し，肉類と関連がある．市販の食品におけるトランス脂肪酸のおもな源は，不飽和油の部分的水素化によるものである．部分的水素化は，ショートニング製造のような飲食産業での利用のためにさまざまな程度に油を固化するのに用いられる．部分的に水素化された食品を最小限にするか除外するために，各国で摂取制限やガイドラインが導入されつつある．

シスあるいはトランス配位の不飽和脂肪酸の構造についてはすでに示した．シス配位のものは折れ曲がっているが，トランス配位の異性体は直鎖状であり，この点において飽和脂肪酸と似ている．シス配位の不飽和脂肪酸は，おそらく膜極性脂質の脂肪酸尾部が密に並んで詰められるのを妨げることにより，細胞膜の流動性を維持しているという良い証拠がある．

トランス脂肪酸は直鎖状の構造をもつために，この点においては飽和脂肪酸と同様の性質をもつと推測されるが，これが意味のある効果を示すかについては直接的な証拠はない．

しかしながら，どのような生化学的な機構により影響を及ぼすかは理解されていないものの，トランス脂肪酸が望ましくない生理学的影響を及ぼし，心血管疾患に寄与するかもしれないという証拠はある．食事摂取に関する研究により，トランス脂肪酸の摂取は，同じ量の飽和脂肪酸やシス配位の不飽和脂肪酸の摂取に比べて，血中の**低密度リポタンパク質（LDL）**low-density lipoprotein 濃度を増加させ，**高密度リポタンパク質（HDL）**high-density lipoprotein 濃度を低下させることが示されている．LDL はときに"悪玉"コレステロールとよばれ，HDL は"善玉"コレステロールとよばれる．総コレステロールに対する HDL コレステロールの濃度比の低下は，心血管疾患のリスクの上昇と相関することがよく知られている．トランス脂肪酸の摂取は，同等の量の飽和やシス配位の不飽和脂肪酸の摂取に比べて，血清中トリアシルグリセロール濃度を増加させることも見いだされている．

多くの研究が，食品中から製造時に生じるトランス脂肪酸をほとんど除去することができれば，合衆国において毎年何千もの心血管障害を阻むことができると結論づけている．

不飽和度を変化させるという事実からも明らかに示される．冬眠といった特別な状況下では，動物も細胞膜成分の飽和度を変えて，体温の低下に対応する．

コレステロールは膜中で何をしているか

通常の方法で描いた構造（図7.4 a）では，**コレステロール** cholesterol は膜の構成成分であるようにはみえない．しかしながら，図7.4（b）に示すように環の立体構造を描けば，この分子が引き延ばされた形をしており，固いステロイド骨格と運動性に富む炭化水素鎖から成ることが示される．コレステロールは両親媒性分子であり，OH 基は弱い極性を示す．

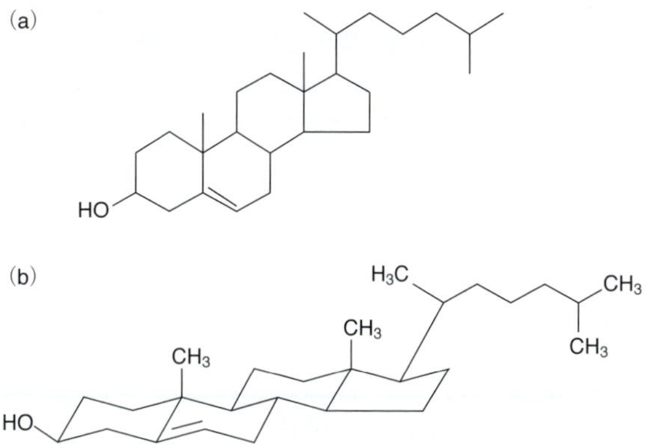

膜中のコレステロールは"流動性を保つうえでの緩衝剤"として機能する．脂質二重層の融点より高い温度では，コレステロールはその固い構造ゆえに膜流動性を低下させるが，低い温度では，運動性に富む脂肪酸尾部が密に詰まるのを妨げることにより流動性を増加させる．このように流動性の"緩衝剤"となるのである．コレステロールが存在すると，脂質二重層の融点がはっきりしなくなることが観察される．コレステロールがないと，固体から液体への相転移はより鋭敏になる．赤血球膜の約 25 %はコレステロールである．一方，細菌の膜はコレステロールを含まないし，動物細胞のミトコンドリアにもほとんどない．植物にはコレステロールはなく，**フィトステロール** phytosterol として知られる別のステロールが含まれる．真菌の膜にもコレステロールはなく，エルゴステロールが含まれる．（Box 7.5 参照．ここではアムホテリシン B について議論する．アムホテリシン B はコレステロールよりエルゴステロールに親和性を示す．）

脂質二重層の自らを綴じる性質

脂質二重層は実質上，二次元の流動体である．二重層が細胞に柔軟性を与え，自らを綴じる能力をもたらす．この能力は細胞が分裂する際には不可欠である（図7.5 a）．

この多様な能力は，**エンドサイトーシス** endocytosis と

図7.4　コレステロールの構造．(a) 通常の表記法．(b) 立体配座が明確な表記法．

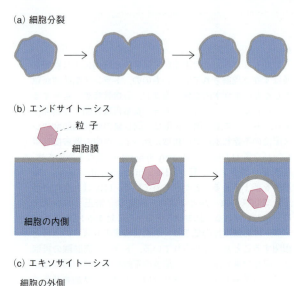

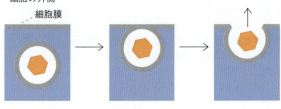

図7.5 (a) 細胞分裂の模式図. (b) エンドサイトーシスの模式図. (c) エキソサイトーシスの模式図. たとえば細胞からの消化酵素の放出などがあげられる.

いう細胞が物質を飲み込むことを可能にする過程においても不可欠である（図7.5b）. この逆の物質を吐き出す過程も起こりうる. 細胞が消化酵素のような物質を分泌する必要があるとき, このような物質は細胞内で合成され, 膜でできた小胞の中に閉じ込められる. その後, この小胞は細胞膜へ移行し, 細胞膜と融合し, その後内容物は細胞外へ放出される. この過程は**エキソサイトーシス** exocytosisとよばれる. この過程の良い例としては, 膵臓細胞から腸管への消化酵素の分泌がある（図7.5c）. また別の例としては, 膵臓内分泌部のβ細胞から循環血へのインスリンのようなペプチドホルモンの放出がある.

脂質二重層の透過性

低分子が脂質二重層を通じ拡散するかどうかは, その物質の油への溶解性と関連がある. イオンのような著しく極性が高い物質は二重層を通過したとしても, その通過はきわめてゆっくりとしたものである. グルコースのような大きくてより弱い極性をもつ分子も非常に遅くしか通過できないが, 一方で, エタノールやグリセロールのようなより小さな分子は, もっと速く拡散することができる. 極性分子のイオン化した官能基や無機イオンは水分子の殻に囲まれているため, 溶質が脂質二重層の中央部の炭化水素を通り抜けるためにはこの殻が取除かれなければならないが, この除去反応はエネルギー的に考えて起こりにくいものである. それゆえに, 脂質二重層はこれらの分子やイオンにとってほとんど透過できないものであるが, ゆっくりした漏れが生じるのだけは避けられない.

水分子は極性分子であるにも関わらず, 細胞が必要とするのには十分な程度で, 脂質二重層を通り抜けることができるようである. おそらくこれは, 分子が小さく電荷をもたないことによるが, いかに水分子が二重層を通り抜けるかについてはまだはっきりしないところがある. 腎尿細管や分泌上皮などの水の輸送に関係する細胞には, 膜貫通タンパク質である**アクアポリン** aquaporin が存在し, 自由な水の移動を可能にしている. 多くの細胞には**ポーリン** porin がある（図7.9参照）. 酸素のように溶液中に溶けている気体も, 脂質二重層は容易に拡散できるようになっている.

生化学的に関心をもたれる分子の多くは, 本質的に極性を示し, 細胞が必要とするのに釣り合う速度で脂質二重層を通過することはできない. このことは, 二重層は細胞の中に内容物を維持するうえでは理想的ではあるが, 分子が必要に応じて膜を素早く通り抜けることができるような特別な仕組みがつくられていなければならないことを意味している. 膜タンパク質がこの輸送を担っている.

膜タンパク質と膜構造

異なる膜は異なる機能を担っており, これらが異なるタンパク質分子を含んでいても驚くことではない. 細胞内で膜タンパク質は, 合成されるとともに膜の中へと挿入されていく. 膜から実験的に単離したタンパク質を合成リン脂質のリポソームに組込めば, もとの細胞におけるのと同様に機能する.

タンパク質を含む膜構造は, **流動モザイクモデル** fluid mosaic model とよばれる（図7.6）. このモデルでは, 側方移動するタンパク質が二次元の脂質層の中に存在する. このようなタンパク質は**膜内在性タンパク質** membrane integral protein とよばれる. また, 別のタンパク質は膜の表面に結合しているので, **膜表在性タンパク質** membrane peripheral protein とよばれる.

別の種類の膜タンパク質としては, いわゆるアンカリングタンパク質がある. これらのタンパク質は深く膜に埋め込まれてはいないが, 脂肪酸鎖や細胞表面の糖脂質との共有結合により膜につながっている.

膜内在性タンパク質の構造

ほとんどすべての膜内在性タンパク質は, 非共有結合により脂質二重層内にとどまるような構造につくられてい

7. 細胞膜と膜タンパク質

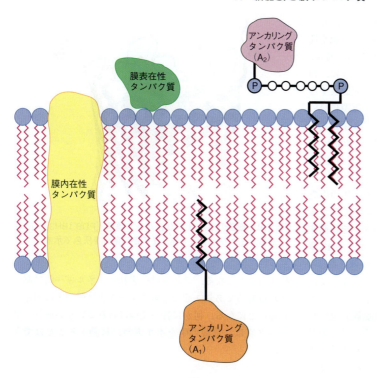

図 7.6 膜構造における流動モザイクモデル．アンカリングタンパク質である A_1 は脂肪酸鎖に，A_2 は糖脂質に結合している．

る．αヘリックス構造をもつ膜内在性タンパク質は，図7.7 (a) に示すように，末端は親水性アミノ酸から成り，水と接触し，中央部は疎水性アミノ酸から成るという両親媒性をもつ．このような膜内在性タンパク質にとって不可欠な性質は，その疎水性部分が，膜脂質二重層の中央にある炭化水素の部分に相当する長さであるということである．タンパク質の膜から突き出て水と接している部分，あるいは膜脂質の極性頭部は，図7.7 (b) に示すように親水性残基をもつ．これは，赤血球膜の主要な構成成分である**グリコホリン glycophorin** の模式図である．膜の外側には親水性アミノ酸に富むペプチド鎖の大きな N 末端部分があり，ここのセリン，トレオニン，アスパラギンに糖が結合し（第4章），タンパク質のこの部分をさらに親水性が高いものにしている．二重層の内側にはより短い C 末端部分があり，糖は結合していないが，親水性アミノ酸を含んでいる．二つの膜の外側の部分をつなぎ，脂質二重層を貫通しているのは19アミノ酸残基の一続きである．この部分はαヘリックスを形成し，約 30 Å（3 nm）の膜の中央の炭化水素の層を突き抜けるのにちょうど十分な長さである．鎖のこの部分には，イソロイシン，ロイシン，バリン，メチオニン，フェニルアラニンなどのすべて疎水性が高く，αヘリックスをつくりやすいアミノ酸が多く含まれる．親水性残基は，膜を貫通する水性の孔をもつタンパク質を除いては存在しない．このようなタンパク質では，ここに親水性残基が並んでいる．

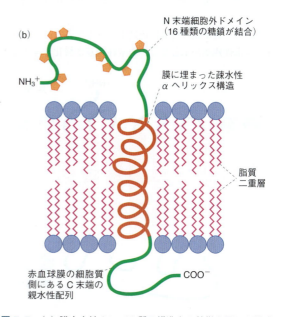

図 7.7 (a) 膜内在性タンパク質の構造上の特徴を示した模式図．(b) 赤血球膜タンパク質であるグリコホリンの模式図．約 19 個のアミノ酸残基は，約 30 Å の長さで，脂質二重層内部の疎水性部分を貫通するのに十分である．

ある種のタンパク質では，ポリペプチド鎖が行ったり来たりして，二重層を数回貫通する．このためには，親水性部分と疎水性部分とが交互に存在する必要がある．特に，おのおのの疎水性部分は，二重層を突き抜けるように，約19アミノ酸残基の長さから成るαヘリックスを形成する必要がある．よく研究された一つの例として，塩湖に見いだされる古細菌 *Halobacterium salinarum* の膜に存在するタンパク質，**バクテリオロドプシン** bacteriorhodopsin がある．バクテリオロドプシンは膜を7回交差して貫通し，お互いが親水性のループでつながれた七つのαヘリックスの集合体を形成している（図7.8）．この集合体の中央部には光を吸収する色素が存在し，この色素が光エネルギーを捕まえ，細胞から外側へのプロトンポンプを駆動する．生じたプロトンの濃度勾配のエネルギーは，第13章に述べる機構により，ATPを合成するのに用いられる．

膜貫通タンパク質である**ポーリン**はこれらと異なっている．ポーリンは，ある種の細菌の外膜や，ミトコンドリアや葉緑素の外膜も含め，ほとんどすべての細胞膜に見いだされるタンパク質である．これらの外膜は，ポーリンのおかげで低分子を比較的通しやすい．これらは，親水性残基と疎水性残基が交互に並ぶ 8〜20 の逆平行のβストランドから成るβバレル構造をもつ，水で満たされたチャネルである（図7.9）．このβストランドでは，疎水性残基が外側に向き，疎水性の脂質二重層の成分と接し，一方，親水性残基は内側に向いている．ポーリンのチャネルが運ぶものにはある程度の選択性がある．細菌では，あるものはアニオン（陰イオン）を通し，また別のものは糖を通す．

タンパク質が膜の外側に抜け出そうとすると，タンパク質の疎水性残基が水と接し，親水性残基が炭化水素の層と

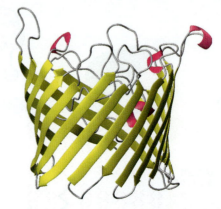

図 7.9　細菌のポーリンのβバレル構造［PDB 1BH3］．β鎖を黄，αヘリックスを赤，その他の部分を灰色で示す．

接することとなる．これらはいずれもエネルギー的に制限されるものであり，そのためタンパク質は膜の中に固定されることになる．何かに押さえつけられていない限り，タンパク質は二重層の中を水平方向に移動することはできる．

膜表在性タンパク質の膜へのつなぎ止め

表在性で水に可溶性のタンパク質は，水素結合やイオン結合で膜に結合していることが多い．しかしながら，ある種のタンパク質の場合，別の形式でつながっていることもある．この場合，タンパク質は，その炭化水素鎖が脂質二重層の中に埋まっている脂肪酸に結合しており，この脂肪酸がタンパク質を膜につなぎ止めて（アンカリング）いる（図7.10）．

C_{14}，C_{16}，C_{18} といった脂肪酸が，グリシンなどのアミ

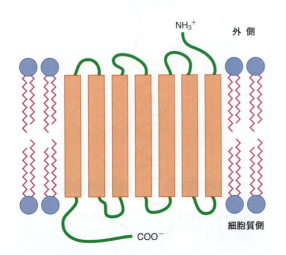

図 7.8　脂質二重層を7回貫通するαヘリックスをもつバクテリオロドプシンのトポロジー．αヘリックスは実際には，この図にわかりやすく示しているように平面的に並んでいるのではなく，お互いに密に集まっている．

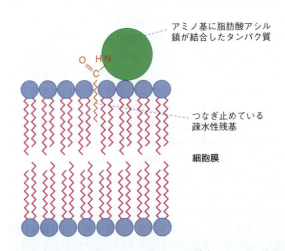

図 7.10　タンパク質のアミノ基にアミド結合しアンカーとして機能している脂肪酸．別の結合様式として，タンパク質の適当な側鎖がエステル結合やチオエステル結合していることもある．

ノ酸残基のN末端につながったり，セリンやトレオニンにエステル結合を介しつながったり，あるいはシステインにチオエステル結合を介しつながったりすることにより，タンパク質をつなぎ止めている．さらに複雑な構造の酸がエーテル結合していることもある．

脂肪酸のアシル基につながっているタンパク質の1例として，Ras（ラス）とよばれるシグナル伝達に関わるGタンパク質がある．このタンパク質は細胞膜から細胞内部へ情報を中継する．実際は，Rasとはいくつかの関連タンパク質のファミリーのよび名であり，このファミリーのタンパク質がもともと発見された"ラットの肉腫 (rat sarcoma)"の略称である．シグナルが細胞内に伝わることによりRasが活性化すると，Rasはさまざまな他のシグナル伝達経路の構成成分を活性化し，その結果として細胞の増殖や分化に関わる遺伝子の活性化がひき起こされる．Rasの過剰な活性化は発がんにつながることもある（第29章と第31章）．

上述したように，ある種のタンパク質は，細胞表面の糖脂質に結合することにより膜につなぎ止められている．糖脂質につながっているタンパク質の1例としては，アルカリ性ホスファターゼという酵素がある．この酵素は，タンパク質や核酸といった分子からのリン酸基の除去を担う．

糖タンパク質

多くの膜タンパク質は，細胞表面において，分枝したオリゴ糖を結合している．糖鎖はアスパラギンやセリンの側鎖に共有結合している（第4章）．オリゴ糖をつくり出す糖には，グルコースのさまざまな異性体やアミノ糖が含まれる．

赤血球のグリコホリン（図7.7b）では，タンパク質分子の分子量の半分は糖鎖である．結合した糖鎖のはっきりとした機能はよくわかってないが，ある場合は，細胞表面の認識の役目を担っているようである．糖タンパク質は膜上だけでなく，血液中のようなその他の場所でも見いだされる．

膜の機能

膜はさまざまな機能をもつ．ここでは，細胞を取囲む細胞膜について扱うことにする．細胞の内部にある膜については後の章で扱う．

細胞内容物の保持を除くと，細胞膜にはおもに以下のような機能がある．
- 細胞の内と外への物質の輸送
- イオンの輸送と神経インパルスの伝導
- 細胞のシグナル伝達（第29章で扱う主たる話題である．）
- 細胞の形状の維持
- 細胞-細胞間相互作用

膜輸送

細胞が取込まなくてはいけないか，あるいは細胞の外へと動かさなくてはならない物質の多く，というよりほとんどすべては，脂質二重層を拡散することはできない．脂質二重層は小さな疎水性分子を除き，ほとんどすべての分子を通さないようなものでなければならない．なぜなら，二重層は細胞にとって必要な構成成分を漏れないように維持しておく必要があるからである．糖，アミノ酸や無機イオンといった極性の構造をもつ物質を輸送するためには，特別な膜タンパク質が必要である．無機イオンは非常に小さいにも関わらず，細胞膜を通じ拡散することはできない．なぜなら，無機イオンは水分子の殻に囲まれており，前に述べたように，この殻を外すのはエネルギー的に都合が悪いからである．膜に単に穴が空いただけではうまくはいかない．もしも穴が空けば，細胞の内と外を非特異的に物質が漏れ，細胞は死んでしまう．通常，輸送系はある特定の分子のみを運ぶ．このため，多くの異なった輸送系，すなわち多くの異なった輸送タンパク質が存在する．

この問題は多くの生命体にとって重要である．細菌は必須な栄養分を取込まなくてはならない．すべての細胞にとってもこれは同様であるが，たとえば，哺乳類のようなものにとっては，この問題はさらに深刻なものとなる．なぜなら，血液中の化学的環境が細胞内ときわめて異なっているからである．ナトリウムイオン（Na^+）やカリウムイオン（K^+）の濃度は，血液中と細胞内空間との間で異なっており，もしもこれが釣り合うと，細胞は死んでしまう．さらに注目すべき状況としては，動物はカルシウムイオン（Ca^{2+}）を細胞の多くの化学的伝達において最も重要な制御因子の一つとして用いており，さらに，Ca^{2+}は細胞外に高濃度で存在するということがある．Ca^{2+}を制御因子として用いるためには，細胞内のCa^{2+}レベルを低く保っておく必要がある．膜の内外にこのようなイオンの急勾配が存在することにより，シグナルが細胞内へイオンを取込む即時的な流れを生じさせることが可能となる．その後，必要に応じてシグナルを終結させるためにCa^{2+}をすぐにくみ出す．その結果として，哺乳類のように複雑な動物は，終わりなく動く膜ポンプの一塊となる．神経の活動もまた（少し後で述べるように）膜を通じたイオンの移動の問題であるということをふまえれば，脳は保持するためにエネルギー的に高くつく器官である．エネルギーは結局のところATPに由来するが，通常，すべてのエネルギーのおそらく30%は膜のポンプに費やされる．

能動輸送

輸送系は**能動輸送** active transport と**受動輸送** passive transport に分類することができる．能動輸送は，一般的にATPの加水分解を直接あるいは間接的に伴う作業を必要とする輸送である．このようなものを必要とするのは，

物質を濃度勾配に逆らって動かすからである．しかしながら，イオンの急速な細胞内への流れは，イオンが濃度勾配に従って勢いよく通過するように，単にチャネルを開くだけで生じることが可能である．このようなことは神経インパルスの輸送において起こる．この場合は，動作するために勾配の維持が必要となる．

勾配に逆らって溶質を細胞内に輸送するのに必要なエネルギーの量は，第3章で与えられた化学反応に関する式から計算することができる（Box 7.2）．

さまざまな種類の能動輸送を，ここでは順に扱うことにする．

Na$^+$/K$^+$ポンプ

能動輸送の一つの良い例として，動物細胞に存在する**Na$^+$/K$^+$ポンプ（ナトリウム／カリウムポンプ）Na$^+$/K$^+$ pump** がある．このポンプは，ATPのエネルギーを用いて細胞の外にNa$^+$をくみ出し，細胞内にK$^+$を取込む．動物細胞は，血液中（K$^+$が4 mM，Na$^+$が145 mM）と比較して，高いK$^+$の細胞内濃度（140 mM），低いNa$^+$濃度（12 mM）を示す．このイオン勾配が興奮性膜における電気伝導に，また場合によっては，膜を通じた溶質の輸送を駆動するのに必要である．

Na$^+$/K$^+$ポンプの機構

Na$^+$/K$^+$ポンプは，Na$^+$を細胞の外にくみ出しK$^+$を細胞内に取込む際にATPをADP＋P$_i$に加水分解するので，Na$^+$/K$^+$-ATPアーゼともよばれる．このタンパク質は四つのポリペプチド鎖（サブユニット）の複合体である．二つの同一のαサブユニットと二つのβサブユニットから構成されている．ある種のタンパク質は，特別なリガンドが結合するとその形状を少しだけ変化させる性質をもっている．これは，一つのタンパク質の**コンホメーション変化**

> **Box 7.2　輸送に必要なエネルギーの計算**
>
> $$\Delta G = \Delta G°' + RT\, 2.303 \log_{10} \frac{[生成物]}{[反応物]}$$
>
> 構造が変化しない溶質の輸送の場合は，$\Delta G°'$が0となるので，この式は，
>
> $$\Delta G = RT\, 2.303 \log_{10} \frac{[C_2]}{[C_1]}$$
>
> となる．ここで，C_1は細胞外の濃度，C_2は細胞内の濃度であり，もしもこの比が10：1となる例を考えると，
>
> $$\Delta G = (8.315 \times 10^{-3}\, kJ\, mol^{-1}\, K^{-1})(298\, K)\, 2.303 \log_{10} \frac{10}{1}$$
> $$= 5.706\, kJ\, mol^{-1}$$
>
> したがって，この条件（25 ℃）で1 molの分子を輸送するためには，$5.706\, kJ\, mol^{-1}$が必要ということになる．上の式は電荷をもたない溶質の輸送に用いられていることに注目してほしい．電荷をもつ溶質の場合は，電位の発生を考慮して式を修正する必要がある．

conformational change による場合もあるし，タンパク質複合体におけるサブユニット間の相対的な位置の変化による場合もある．ATPからの転移により，Na$^+$/K$^+$-ATPアーゼにリン酸基が共有結合した際にも，コンホメーション変化がひき起こされる．このような変化は，与えられたリガンドに結合するタンパク質の能力を変化させる．したがって，ある構造のときはポンプのタンパク質はNa$^+$に結合するがK$^+$には結合せず，別のある構造のときはK$^+$には結合するがNa$^+$に結合しなくなる．

図7.11に示すようなモデルにおいて，Na$^+$/K$^+$-ATPアーゼタンパク質は2種類のコンホメーションをとりうる．（a）の型は細胞の内部に向いて開いており，Na$^+$には結合するがK$^+$には結合しない．ATPがこのタンパク質（のアスパラギン酸）をリン酸化するのに用いられると，

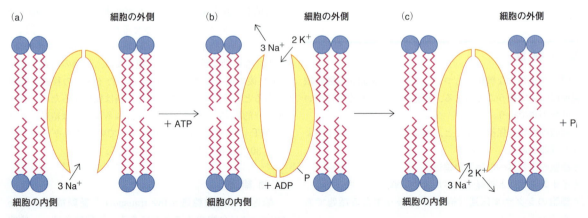

図7.11　Na$^+$/K$^+$ポンプの考えられる作用機構を説明する模式図．（a）の型と（b）の型のコンホメーションをとるNa$^+$/K$^+$-ATPアーゼ．（c）でタンパク質からリン酸基が加水分解されると，ポンプは再び（a）の型のコンホメーションに戻る．リン酸基は，酵素のアスパラギン酸残基に結合している．

ADPとリン酸化されたタンパク質が得られる．このリン酸化された形になると外側に向かって開き，もはやNa^+には結合しなくなり（Na^+は拡散していく），K^+に結合するようになる．これが（b）の型である（Box 7.3）．このリン酸化されたタンパク質のリン酸基が今度は加水分解されP_iが遊離すると，タンパク質は（a）の型に戻り，もはやK^+は結合しなくなる．これによってK^+が細胞内に入り，次のNa^+がポンプに結合する（図7.11 c）．抗体を用いた研究から，これまで考えられていたように，この過程においてタンパク質全体が回転することはないことが証明されている．

最終的な結果として，ATPの分解がNa^+を外にくみ出しK^+を中に取込むこととなる．その比は，外に出るNa^+が3に対し，中に入るK^+が2である．

全体を式で表すと，次のようになる．

$3\,Na^+(in) + 2\,K^+(out) + ATP + H_2O \rightarrow$
$\qquad\qquad 3\,Na^+(out) + 2\,K^+(in) + ADP + P_i$

特別な溶質の膜輸送を担う関連したATP依存性ポンプの大きなファミリー

Na^+/K^+ポンプとほぼ同じ機構で働くポンプがある．非常に重要な例の一つが，筋肉のCa^{2+}-ATPアーゼである．次の章で述べるように，脊椎動物の横紋筋は，（筋形質として知られる）筋肉の細胞質内へのCa^{2+}の流入を生じさせる神経シグナルにより収縮がひき起こされる．ATPアーゼはほとんど間を置かずにイオンを貯蔵部位に戻し，これにより収縮を終結させる．他の例としては，ATP駆動性プロトンポンプがある．このポンプはリソソーム小胞の酸性化をひき起こす．

ATP結合カセット転送体

輸送系の最も大きなグループの一つとして，**ATP結合カセット輸送体（ABC輸送体）** ATP-binding cassette (ABC) transporter が知られる．これらは多数のドメインから成る輸送タンパク質であり，そのすべてが二つの細胞質内のATP結合ドメイン（このユニットがカセットとよばれる）と二つの膜貫通ドメインをもつ．ATPの分解の対価として，薬剤のような小さな分子が膜を通じ輸送される．さまざまな種類のこのような輸送系が存在し，細菌から真核細胞に至るまで見いだされる．真核細胞において多剤耐性タンパク質（multidrug resistance protein; MDRタンパク質）として知られるタンパク質も，ABC輸送体の一つである．MDRタンパク質はがんの治療に用いられる薬剤を排出する．がん細胞はMDRタンパク質の量を増加させ，治療薬に対し耐性となることがある．一つの薬剤に対するこのような耐性が増えると，結果として多剤耐性につながるので，このように名付けられている．MDRタンパク質は，

> **Box 7.3　強心配糖体**
>
> 強心配糖体はジギタリス（*Digitalis purpurea*）に見いだされる一群の化合物である．これらはステロイドあるいはステロイドの配糖体である．ステロイドの構造はコレステロールと似ており，また配糖体とは糖が結合した分子のことである．このような化合物はNa^+/K^+-ATPアーゼを，この輸送タンパク質からリン酸基が外れるのを妨げることにより阻害する．これらはポンプを一つの型（図7.11 b）に固定し，イオンの輸送を停止させる．強心配糖体は長く，うっ血性心不全の治療薬として臨床的に用いられてきた．強心配糖体は過剰に用いると死に至るが，適切な量ではNa^+/K^+-ATPアーゼを部分的に阻害し，心筋細胞内のNa^+濃度を上昇させ，細胞の外から内へのNa^+の勾配を小さくする．この化合物には細胞質内のCa^{2+}濃度を上昇させる効果がある．なぜなら，細胞には細胞内にNa^+を取込み細胞外にCa^{2+}を排出する別の輸送系があるからである．この輸送系では，Na^+の勾配によりCa^{2+}の排出が作動する．Na^+の勾配が強心配糖体により小さくなると，そのためにCa^{2+}の排出が減少し，Ca^{2+}の細胞内レベルが上昇し，この上昇が心筋の収縮を刺激する．収縮におけるCa^{2+}の役割については第8章で扱う．アフリカで矢の先につけて使う毒であるウワバインにも，強心配糖体と同じような効果がある．

P糖タンパク質 P glycoprotein〔Pは透過性（permeability）の意味〕ともよばれる．

ABC輸送体の欠損と関係がある多くの遺伝病がある．そのうち最も重要なのが，**嚢胞性繊維症** cystic fibrosis であり，白色人種では2500人中1人に見つかっている．*CFTR*という原因遺伝子が同定された．この遺伝子は，嚢胞性繊維症膜貫通コンダクタンス調節タンパク質（cystic fibrosis transmembrane conductance regulator protein）として知られるABC輸送体をコードしている．*CFTR*遺伝子の多数の異なる変異が知られているが，そのほとんどはCFTRタンパク質の調節ドメインが影響を受けている．CFTRタンパク質は，粘液，汗，唾液，涙や消化酵素を産生する細胞において，膜を横断するチャネルとして機能している．このチャネルは負電荷を帯びた塩化物イオン（Cl^-）を細胞の内外へ輸送する．Cl^-の輸送は，膜を通じた水の移動を調節し，粘液が薄い状態でつくられ自由に流れることを可能にしている．粘液は気道内部，消化器系，生殖系やその他の器官や組織を潤滑にし，これらを保護する潤滑剤である．

嚢胞性線維症の患者では，肺，膵管，あるいは他の分泌腺の管において，細胞からの塩化物の分泌が低下する．この結果，肺では粘稠な粘液がつくられ，細気管支をふさいでしまう．肺の感染や心臓病の結果，死がもたらされることとなる．

共 輸 送 系

これまでに述べてきた ATP 依存的な輸送タンパク質の例はすべて,ATP の加水分解の対価として,溶質が膜を通じ単純に輸送されるものである.これらにおいては,ATP が直接輸送に関与する.このような系は**単輸送(ユニポート)**uniport とよばれる.しかしながら,熱力学的に起こりうる別の系が存在する.単輸送がイオンや他の物質の勾配をつくり出すと,この勾配はポテンシャルエネルギーとなり,イオンはこの勾配に従い流れることができる.もしも適切にこれが利用されれば,イオンの流れが起こることが可能になる.エネルギーはこの場合もなお ATP に由来するものであるが,直接的ではない.**共輸送**cotransport 系には,二つの基本的な種類,等方輸送と対向輸送がある.

前に述べた Na^+/K^+-ATP アーゼは,細胞膜を横断する Na^+ の急勾配をつくり出すが,この勾配はポテンシャルエネルギーとなり,機会があれば,細胞外に蓄積された Na^+ は細胞の中に流れ込み戻ってくる.

等方輸送(シンポート)symport の例として,小腸からのグルコースの吸収を考えてみることにする.この際には,グルコースと Na^+ が一緒に,同じ輸送体により同じ方向に輸送される(図 7.12,第 10 章).グルコースの等方輸送タンパク質は,グルコースと Na^+ の両者が小腸の管腔に存在すれば,小腸上皮細胞膜の管腔側を通じグルコースと Na^+ を移動させるが,いずれか一方しか存在しないと移動させない.こうして,この輸送タンパク質は Na^+ の勾配のポテンシャルエネルギーを用い,濃度勾配に逆らってグルコースを輸送することができる.Na^+ 勾配は,細胞の逆側へ Na^+ をくみ出す Na^+/K^+-ATP アーゼにより維持される.すなわち,ATP の加水分解は間接的に,グルコースの取込みのためのエネルギーを供給していることになる.

腸からのアミノ酸の吸収も似たような機構により生じる.この場合,別々の等方輸送タンパク質が異なる物質の輸送に必要である.

対向輸送(アンチポート)antiport 系もまた存在する.前に(Box 7.3 で)述べたように,強心配糖体の心臓への作用とも関連しているが,Na^+ の共輸送系は別の用途,すなわち Ca^{2+} のくみ出しにも用いられる.これが対向輸送系である(図 7.13).同時に Ca^{2+} が細胞外に輸送されるときにのみ,Na^+ は細胞内に入る.この場合にも,Na^+/K^+-ATP アーゼがつくり出す Na^+ の勾配が駆動力となる.

受動輸送と促進拡散

受動輸送においては,タンパク質が膜を通じた物質の移動を可能にするが,この移動は膜を挟んだ濃度勾配が存在しさえすれば,その勾配に従って生じ,実際の輸送過程にエネルギーは関与しない.これが**促進拡散** facilitated diffusion である.ポーリンについてはすでに述べたが,この親水性の β バレル構造をもつチャネルが輸送過程を担う.別の良い例としては,HCO_3^- と Cl^- を膜の両方向に動かす赤血球のアニオン輸送タンパク質がある(図 7.14).この輸送タンパク質の機能については前に議論した(第 4 章).促進拡散のもう一つ重要な例としては,多くの動物細胞がもっているグルコース輸送体がある.この輸送体は膜を通じグルコースを受動的に拡散させる.さまざまな組織におけるグルコースの取込みと利用について議論すれば

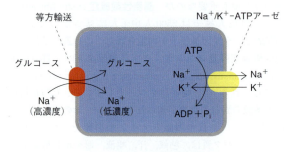

図 7.12 Na^+/グルコースの共輸送系:等方輸送

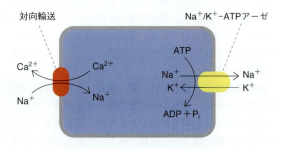

図 7.13 Na^+/Ca^{2+} の共輸送系:対向輸送

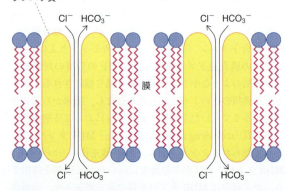

図 7.14 赤血球のアニオンチャネルの模式図.Cl^- と HCO_3^- は,膜の内外の濃度勾配に従ってどちらの方向へも移動する.それぞれのイオンが逆方向へ輸送されるので,膜の内外で電位差が生じることはない.

(第10章と第20章)，この輸送体の重要性は明らかとなるであろう．

ゲート開閉イオンチャネル

受動輸送系のうち重要なものが，**ゲート開閉イオンチャネル** gated ion channel である．これらは水性の孔で，特定のイオンに高い選択性を示し，シグナルに呼応して開いたり閉じたりする．ほとんどすべての膜に，さまざまな特異性を示すチャネルが数多く見いだされており，異なるチャネルは異なるシグナルに応答する．図7.15には，**リガンド依存性開閉チャネル** ligand-gated channel と**電位依存性開閉チャネル** voltage-gated channel を示す．最も重要な**ゲート開閉孔** gated pore は，Na^+，K^+，Ca^{2+} に対するもの（それぞれ1種類のイオンに対し選択的である）と，**Na^+/K^+ チャネル** Na^+/K^+ channel である．これらのチャネルが開いたときに生じるイオンの流れは，膜を通じた濃度勾配の結果であり，その勾配により決められた向きに生じる．Na^+，K^+，Ca^{2+} といったイオンにおいては勾配が急なので，開口したチャネルを通り抜ける速度は非常に速く，おそらく，Na^+/K^+-ATPアーゼポンプによりひき起こされる Na^+ や K^+ の輸送速度の1000倍程度にあたる．この点は，神経インパルスの生成における重要な因子となる（後述）．

K^+ チャネルの選択性の仕組み

最も細部まで研究されたイオンチャネルは，以下に述べる神経細胞のゲート開閉チャネルである．しかしながら，異なるチャネルが特定のイオンに対していかにして厳密な選択性を発揮するかを理解するうえでの大きな進歩は，細菌の K^+ 選択的チャネルタンパク質の結晶化から得られた．この結晶化により，X線回折を用いて三次元構造が決定された．このタンパク質の膜貫通ユニットは，真核細胞の Na^+/K^+ チャネルのサブユニットと高い相同性を示す．

このチャネルの選択性を発揮するフィルターは，四つの同一の膜貫通タンパク質サブユニットから構成され，円錐型のチャネルを形作っている．図7.16には，真横から見た四量体の構造を示している．孔の細胞外の末端が，円錐の先端に位置する（図7.17の下の端）．ここで水和されたイオンは空洞に入ることができる．K^+（緑色）は八つの水分子（赤色）に囲まれて示されている．（この空洞は，図7.17に二つ並べて示した単量体に加え，さらに，この上下に二つの単量体が加わってでき上がっていることに覚えておいてほしい．）チャネルはその後，孔の選択性を示す部分（図の上方）に向かって狭くなっていき，そこにはいくつかの部位が存在する．この狭い部分は，四つのタンパク質サブユニット（このうちの二つが図7.17には示してある）におのおの含まれる四つの連結したポリペプチドループ構造により形成される．これらのループのポリペプチド鎖は，ペプチドのカルボニル基（C=O）の酸素（図には赤色で示す）がチャネル内部に向くように配置されている．四つの単量体から成る完全なチャネルでは，それぞれの部位に八つのカルボニル基の酸素が存在する．選択性

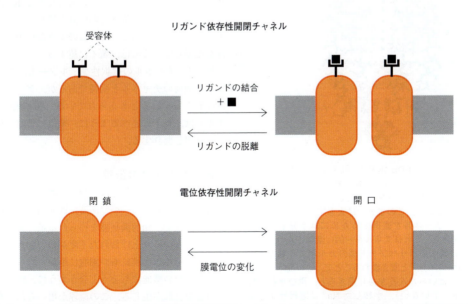

図7.15 リガンド依存性開閉チャネルと電位依存性開閉チャネル．(a) リガンド依存性開閉チャネルの例としては，シナプス後膜や神経筋接合部の筋肉細胞膜に見いだされるアセチルコリン依存性開閉 Na^+/K^+ チャネル（アセチルコリン受容体としても知られる）がある．この原理は，他の種類の細胞における他の神経伝達物質やさまざまな化学的シグナルの場合も同じである．(b) 電位依存性開閉チャネルの例としては，神経軸索に見いだされる Na^+ チャネルと K^+ チャネルがある．イオンの動きは受動的であり，単に濃度勾配に依存している．

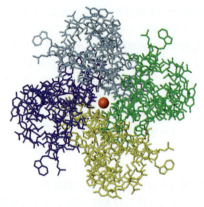

図 7.16　K$^+$チャネル［PDB 1BL8］の構造．チャネルを形成している四つのタンパク質の末端を細胞内側からみたところ．K$^+$が孔を通過している．

フィルターのポリペプチドループは，Thr-Val-Gly-Tyr-Gly という配列で構成され，この配列はすべての K$^+$ チャネルにみられ，高く保存されている．

チャネルでは，K$^+$ は孔を自由に通り抜けることができるが，Na$^+$ の通過はほとんど完全に妨げられている．Na$^+$ は K$^+$ に比べて小さいという事実にも関わらず，10,000 個の K$^+$ が通過するごとに，Na$^+$ はたかだか 1 個しか通過しない．この選択性は熱力学的原理に基づいている．溶液中の K$^+$ は，八つの水分子に安定な状態で囲まれているが，孔を通過するにはイオンからこの水分子を取除かなくてはならない．しかしこの水分子を取除くのは，イオンへの非共有結合を壊すことになるので，エネルギー的に進みにくいものである．選択性フィルターチャネルに並ぶペプチドのカルボニル基は，イオンを囲む水 8 分子の配置を完全に模倣するように配置されている．そのために，K$^+$ は水分子から，エネルギーの障害なくフィルターチャネル内の熱力学的に似た状況へと逃れることが可能となる．すでに述べたように，図 7.17 では，選択性フィルターに入る前の大きな空洞内において，一つの K$^+$（緑色）が八つの水分子（赤色）の囲まれているのを見ることができる．一方，狭い選択性フィルターを通り抜けているイオンは，ペプチド結合のカルボニル基の四つ（四つのサブユニットにおいては八つ）の酸素原子に囲まれており，水和イオンの構造を模倣している．イオンはフィルター内を一つの部位から次の部位へと移動していく．それでは，なぜ Na$^+$ は同じことができないのだろうか．Na$^+$ は K$^+$ より小さいために，水和されていない Na$^+$ はチャネルの酸素からは遠くなりすぎ，この酸素と結合できない．一方，水和された Na$^+$ は選択性フィルターを通り抜けるのには大きすぎ，選択性フィルターは水和イオンから水分子が外れるのを促進することができない．K$^+$ の場合に乗り越えられた水分子の除去に必要なエネルギーという障壁を，Na$^+$ の場合は乗り越えることができない．K$^+$ に対するチャネルの高い選択性は，非常に速い流れと共役している．これは，選択性フィルターに結合した K$^+$ が，次に入ってくる K$^+$ により，一つの部位から次の部位へと順に置き換わっていくことの結果であると信じられている．このような単純な機構で選択性を獲得しているのは，驚くに値する．

他の K$^+$ チャネルの選択性フィルターも，これまで述べてきた細菌のチャネルと同様であるが，ゲートの開閉の機構は異なっていると考えられている．神経細胞の K$^+$ チャネルでは，以下に述べるように，電位に依存しゲートが開いたり閉じたりする．

神経インパルスの伝導

神経インパルスの伝導は，分子生物学が最もエレガントに適用されたものの一つである．機構的に，それは驚くべきほど単純で，知的満足感を得られる系である．

膜を挟みつくり上げられたイオンの勾配が，ゲート開閉イオンチャネルを膜にもつ細胞に用いられる．チャネルが開くと，その機能にちょうど合うように，膜を通じたイオンの急な流れが生じる．この原理が用いられるもののうち最も注目に値するのは神経伝導であり，重要でよく研究されている例として用いられる．神経伝導に関わるゲート開閉イオンチャネルとしては，Na$^+$/K$^+$，Na$^+$ 単独，K$^+$ 単独，Ca^{2+} に対するチャネルがある．

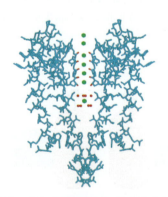

図 7.17　K$^+$チャネル［PDB 1K4C］．孔を形成する四つのタンパク質分子のうち二つを示す．K$^+$（緑の球）が通過している様子．いちばん下にある K$^+$ は水溶液中で八つの水分子（赤）に囲まれていて，このままでは大きすぎて孔を通過できない．K$^+$ がチャネルを通過するためには水分子を分離する必要があるが，これはエネルギー的に進みにくい反応である．孔内に並んだポリペプチド鎖のカルボニル基の酸素（赤）が，八つの水分子と置き換わることで，この反応を促進している．K$^+$ はいったん孔を通り過ぎると，再び水和される（これは示していない）．水和した Na$^+$ は選択性フィルターを通過するには大きすぎ．一方，水分子が外れた Na$^+$ は K$^+$ より小さく，孔に並んだ酸素原子と相互作用できないので，フィルターは Na$^+$ からの水分子の脱離をおし進めることはできない．図は PDB Molecule of the Month series から引用した．

神経インパルスは，一連の中枢性の細胞体と細い軸索をもつニューロン，または，神経細胞により伝えられる．軸索は，場合によっては数 m の長さになるほど非常に長く，末端で分岐している．一つのニューロンともう一つとの間の間隙は，**神経シナプス** nerve synapse とよばれる（図 7.18）．シグナルはこのシナプスを越えて，**アセチルコリン** acetylcholine（あるいは他の神経伝達物質）により化学的に伝えられる．アセチルコリンはニューロン終末から放出され，次のニューロンを刺激する．このシグナル分子は，次のニューロンの始まりとなる膜，すなわちシナプス後膜上の受容体に結合する．シナプス内に放出されたアセチルコリンは，シナプス膜に結合している**アセチルコリンエステラーゼ** acetylcholinesterase により速やかに加水分解され，ニューロンは次のシグナルに応答できる状態に戻る（Box 7.4）．抗コリンエステラーゼ活性をもつ**有機リン系神経ガス** organophosphate nerve gas や殺虫剤は，この加水分解を阻害する．コブラ毒などの蛇毒は，シナプス後膜にあるチャネルに結合して不活性化する．

同じ型の受容体が神経筋接合部にある．運動神経終末から放出されたアセチルコリンがこの受容体に結合し，筋肉の収縮をひき起こす．矢毒の**クラーレ** curare は，ここでのアセチルコリンの作用を妨げ，筋肉を麻痺させる．外科手術中に随意筋を弛緩させるために，麻酔科医は**ベクロニウム** vecuronium といったクラーレのような非脱分極性の筋肉弛緩剤の現代的な誘導体を用いる．ベクロニウムは運動神経から骨格筋へのシグナルを遮断する．すべての誘導体は本質的にはクラーレのように作用するが，クラーレに

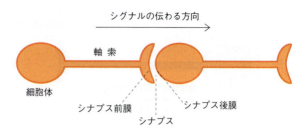

図 7.18 二つのニューロンの間のシナプス．最初のニューロンでの神経インパルスは，シナプス間隙へのアセチルコリンなどの神経伝達物質の放出をひき起こす．これは隣接するニューロンを刺激する．

比べるとより短い時間で作用し，ヒスタミン遊離や低血圧症をひき起こす傾向も小さい．図 7.19 には，いかにニューロンがシグナルを伝えるかの概要を簡単に示す．

アセチルコリン依存性開閉 Na^+/K^+ チャネル またはアセチルコリン受容体

このチャネルは，環状に配置された五つのタンパク質サブユニットからできている孔により構成される．このうちの二つのサブユニットがアセチルコリンの結合部位をもっている．おのおののサブユニットは中央部がねじれた α ヘリックスをもっており，これがチャネルの大きさを制限している（図 7.20）．閉じている場合には疎水性残基がチャネル内部に突き出しているが，2 分子のアセチルコリンが受容体に結合するとヘリックスがわずかに傾き，この疎水性残基を外側に振り出し，Na^+ と K^+ が通れるように

Box 7.4　コリンエステラーゼ阻害剤とアルツハイマー病

アルツハイマー病 Alzheimer disease は最もよくみられる認知症であり，脳内の思考，記憶，言語をつかさどる領域が関与している．脳におけるアミロイド斑（細胞外タンパク質の異常な凝集塊）と神経原線維濃縮体（細胞内タンパク質繊維のもつれた束）がアルツハイマー病の顕著な特徴とみなされている．

老化に伴い，神経細胞の喪失や神経伝達物質の微妙な変化がひき起こされる．一方，アルツハイマー病では，コリン性の神経伝達物質の機能が顕著に減弱する．アセチルコリンを分泌するニューロンが変性し，脳内における神経伝達物質のレベルが急速に低下する．アセチルコリン受容体の機能も変化する．アルツハイマー病の影響は老化の影響に比べて非常に重篤である．アセチルコリンは記憶を形成し貯蔵し探しだすうえで中心的な役割を担う．記憶や思考をつかさどるのに重要な脳内の領域には海馬と大脳皮質が含まれるが，この二つの領域がアルツハイマー病では完全に壊されてしまう．これらの発見から，当然のことではあるが，アセチルコリンの量を増やすこと，何かと置き換えること，その分解を遅らせることが，この病気の改善につ

ながるのではないかと考えられるようになった．

四つの処方薬が現在，軽度から中程度のアルツハイマー病の症状を治療するために，米国食品医薬品局（FDA）により承認されており，三つが英国の国民医療サービスで許可され使用されている．これらの医薬品は，通常アセチルコリンを分解する酵素であるアセチルコリンエステラーゼを阻害することにより働く．これらの医薬品はシナプスにおけるアセチルコリンの濃度を増加させ，その結果として神経伝達を促進することを意図するものである．これらは（行動の変化も含めて）症状を改善したり，症状の悪化を遅らせたりするのを助けることができる．しかし，脳の変性の進行を妨げることはないので，いずれの医薬品もこの疾患そのものを止めることはない．アルツハイマー病が進行するにつれて，結局のところ，これらの医薬品の効果は失われていく．これはおそらくアセチルコリンの産生が減少してしまうからである．

アルツハイマー病はいろいろな型がある疾患であり，その原因や治療に関して，多くの別の観点からの研究が行われているところである．

Ⅱ．タンパク質と膜の構造と機能

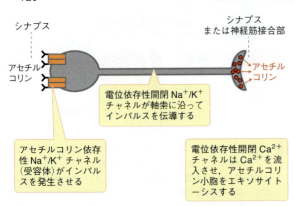

図 7.19 ニューロンに沿った神経インパルス伝導の簡略図．シナプス後膜へのアセチルコリンの刺激に始まり，神経シナプスまたは神経筋接合部へのアセチルコリンの放出に終わる．アセチルコリン依存性開閉チャネルは Na^+ と K^+ の両方を通す．軸索に沿ったインパルスの伝導においては，Na^+ と K^+ それぞれが別の二つの電位依存性開閉チャネルをもつ．

神経シナプスを考えてみよう．アセチルコリンは次のニューロンのシナプス後膜に至るまで短い距離を拡散し，そのニューロンに神経インパルスを生じさせる．他の細胞と同様に，Na^+/K^+ ポンプの働きにより，細胞外と比較して，ニューロンでは K^+ 濃度が高く，Na^+ 濃度が低い．

休止状態では，細胞内に高濃度存在する K^+ が，特別な K^+ "漏出" チャネルにより漏れ出す．膜はアニオンを通さないので，この漏出により細胞内に負電荷，細胞外に正電荷という状態が生じる．細胞内の負電荷が K^+ を細胞内にとどめておこうとするので，この K^+ の漏出は自ら制限され，休止細胞の膜の内外を挟んだ電位差が $-60\,mV$（細胞内がより負電荷を帯びる）となる平衡状態がつくり出される．これが，（電気絶縁体である）膜の内外に，過剰な内側の負電荷と外側の正電荷をもつという電荷の分離をもたらす．図 7.21 (a) に示すように，脂質二重層を挟んで両方の電荷が引付けあい，**膜電位** membrane potential とよばれる電位をつくり出している．そして，このような状態の膜を "**分極** polarization している" という．細胞の内側に 1 本の電極を，外側にもう 1 本の電極を設置し，両者をつなぐ回路に記録計を設置すると電位差が記録されるはずである．

アセチルコリンの結合に応答して，シナプス後膜の Na^+/K^+ チャネルが開くと，その結果流入する Na^+（図 7.21 b）は K^+ の流出に比べて大きくなる．なぜなら，膜の内側の負電荷が K^+ の流出を妨げるからである．大量のイオンが流入するにもかかわらず，その流入はミリ秒単位でしか起こらず，細胞の内側と外側の間でできている Na^+ と K^+ の勾配全体への影響は無視できる範囲である．チャネル近傍のシナプス後膜における膜分極は逆転する．膜電位は大体

チャネルが開く．たとえアセチルコリンが結合していても，ゲートが開いた状態に保たれるのはおよそミリ秒単位である．なぜなら，ゲートは速やかに脱感作され，閉じてしまうからである．このチャネルは Na^+ と K^+ に対し高い選択性を示す．アニオンはアミノ酸側鎖の負に荷電したカルボキシ基によりはじかれる．

いかに膜の受容体にアセチルコリンが結合すると神経インパルスが生じるか

シナプス前ニューロン（シナプスにインパルスを運ぶニューロン終末の膜）から，アセチルコリンが放出された

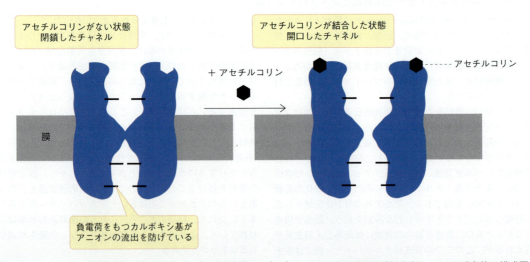

図 7.20 シナプス後膜にあるアセチルコリン依存性開閉 Na^+/K^+ チャネルおよび神経筋接合部における受容体の模式図．チャネルは五つのサブユニットからできており，孔を形成しているが，図には単純化のために二つしか描いていない．二つは同一で，おのおのがアセチルコリン結合部位をもっており，リガンドが結合するとアロステリック変化を起こして，チャネルが開く．チャネルはほんの一瞬しか開かない．

7. 細胞膜と膜タンパク質

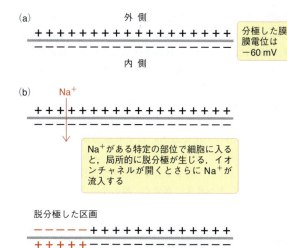

図 7.21 "分極した膜"の意味とその膜が脱分極する様子を示す模式図．神経の機能に関連させて脱分極について述べるときには，膜のごく狭い区画に限っており，細胞膜全体ではないことに注意が必要である．本文にあるように脱分極が一過性の現象であることも重要である．(a) 分極した膜．(b) Na^+ の流入による脱分極．

$-60\,mV$ から $+65\,mV$ へと変化し，この変化した区画は"**脱分極** depolarization している"といわれる（図 7.21 b）．ここでチャネルは閉じる．シナプスでの伝導について図 7.22 にまとめた．

神経インパルスの伝導はイオン勾配により駆動する

神経インパルスの伝導は，必要とするエネルギーを供給

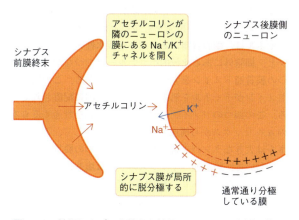

図 7.22 神経シナプスを越えた神経インパルスの伝導．神経インパルスが到着すると，シナプス前膜がアセチルコリン（あるいは他の神経伝達物質）を放出する．アセチルコリンは隣のニューロンのシナプス後膜にある受容体（Na^+/K^+ 開閉チャネル）に結合する．その結果，チャネルが開き，Na^+ が流入する．同時に比較的少量の K^+ が流出する．これがシナプス後膜に局在した脱分極をひき起こす．この脱分極が，神経インパルスの軸索に沿った伝導を開始させる．

するために，細胞膜を挟んで存在するイオンの勾配を利用する．伝導の機構は，電位依存性開閉チャネルが正しい順に開いたり閉じたりするだけである．分子やイオンが軸索に沿って移動するというような物理的移動は関与しない．必要となるすべては，ニューロンの終末でシナプス前膜が局所的に脱分極することだけである．

軸索に沿って神経インパルスが伝導される機構は，1952 年に英国ケンブリッジ大学の Hodgkin と Huxley による古典的な研究により明らかにされた．すでに述べたように，アセチルコリン依存性開閉チャンネルが，脱分極した狭い区画をシナプス後膜につくり出す（図 7.23 a）．これが次に，イオンが短い距離を軸索に沿って移動することにより，膜の隣接する区画を部分的に脱分極させる（図 7.23 b）．軸索の膜には**電位依存性開閉 Na^+ チャネル** voltage-gated Na^+ channel と**電位依存性開閉 K^+ チャネル** voltage-

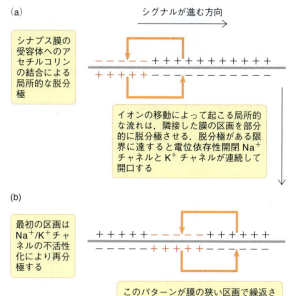

図 7.23 神経インパルスはいかに軸索に沿って伝導されるか．(a) 前の図で示したように，アセチルコリンの作用によってシナプス膜の狭い区画で脱分極が最初に起こる．(b) 膜の狭い区画で脱分極が起こると，イオンの動き（オレンジ色の矢印）による局所的な流れが膜の隣接した区画での脱分極を誘発する．膜電位が $-40\,mV$ という臨界レベルを超えると，電位依存性開閉 Na^+ チャネルが開口し，その区画での急速な脱分極が進む．Na^+ チャネルの閉鎖と K^+ チャネルの開口が分極を再び回復させる．しかし，同時期に隣接した区画では脱分極が進み，その区画でチャネルが開口する．ニューロンの終末に到達するまで同じサイクルが繰返し起こる．インパルスが逆向きに進むのは，本文に書いてある機構で阻止されているからである．

gated K$^+$ channel が別々に存在している．これらのチャネルが局在している膜が軸索に沿ったイオンの移動により部分的に脱分極すると，Na$^+$チャネルがさらに開口する．その結果として流入する Na$^+$ が膜の限られた区画を完全に脱分極させる．この Na$^+$チャネルはほぼミリ秒単位の時間の後に不活性化される．（この点については少し後で再びふれる．）この時点で脱分極は最高に達し，膜電位は静止状態へと戻り，そして再び分極が起こる．この再分極は電位依存性開閉 K$^+$チャネルの開口によるものである．K$^+$チャネルは Na$^+$チャネルにわずかに遅れて開き，K$^+$ の細胞外への流出をもたらす．K$^+$チャネルもまた速やかに不活性化され，その結果，静止電位が回復する．全体の応答はおよそ 3 ミリ秒以内に起こる．

膜の狭い区画における脱分極とそれに続く再分極は，陰極線オシログラムにつないだ電極を膜を挟んで取り付ければ，実験的に測定することが可能である．その結果を図 7.24 に記してある（黒い曲線）．電位の変化に伴う電気的なスパイクは，**活動電位** action potential として知られる．何が明らかかを誇張しすぎる危惧はあるが，このスパイクは，膜分極の変化を実験的に測定できるものであることに間違いはない．神経インパルスを伝えるのは膜分極の変化である．活動電位はこれ以外の何ものでもなく，単に膜分極の変化の実証である．活動電位が生じる際の，膜の一部における Na$^+$ と K$^+$ の伝導は，それぞれが関連するチャネルの開口を示している（図 7.24 に示した赤い曲線と青い曲線）．ここまででできたことは，シナプスに隣接した膜の小さな区画における脱分極である．この脱分極がそれ自体，軸索に沿って小さい区画を伝播していき，最終的に末端のシナプス膜が脱分極し，シナプス間隙においてインパルスを伝える伝達物質を放出する．軸索に沿った脱分極の伝播はいかに生じるのであろうか．おのおのの区画で完全に同じことが繰返され，そのため膜の隣の小さな区画が膜の内側に沿って広がる Na$^+$ により脱分極し，そこでもう一つの活動電位が生じる．次々に起こるこの Na$^+$ の広がりが，ニューロン終末でシナプス膜が同様に脱分極するまで，次から次へ非常に素早く，膜の小さな区画に活動電位を生じさせるのである．

神経インパルスが確実に前方向にだけ進む仕組み

脱分極した部位から Na$^+$ は両方向に広がることができる．それでは，神経インパルスが戻る方向へ進むのを何が止めているのだろう．Na$^+$チャネルと K$^+$チャネルはこの問題に対処できる特別な性質をもっている．いったん開口してから閉じたチャネルには，少し時間がたたないと再び開口しないという時間，**不応期** refractory period が存在する．再び開口することができるようになる時間までに，脱分極は軸索に沿って，チャネルに影響を及ぼすには遠すぎる所まで移動してしまう．そのために，いったん開口したチャネルは次のインパルスが届いたときになってやっと開口する．それゆえに，インパルスは前方向にだけ進むことができるのである．

電位依存性開閉 Na$^+$チャネルおよび K$^+$チャネルの制御機構

Na$^+$チャネルと K$^+$チャネルはかなり構造が類似しており，これらは共通の祖先をもつことが示唆される．Na$^+$チャネルは，細胞質側にある大きな親水性のペプチドループと，細胞外にある比較的小さいループでつながれた，四つの膜貫通ドメインをもつタンパク質である．この四つのドメインがチャネルを形成するように膜内に配置されている．この四つのドメインのおのおのは，膜を貫通する 6 本の α ヘリックスから構成され，その結果として，このチャネルは大きなタンパク質となる．おのおのの膜貫通ドメインにおいて，膜貫通ヘリックスの一つは塩基性残基に富む電位のセンサーであり，膜電位の変化に応答し，これらの残基がその位置をわずかに変化させ，この変化がチャネルを開いたり閉じたりする．しかしながら，上述したように，チャネルは膜の脱分極により開口しても 1 ミリ秒ほどで不活性化される．この状態ではイオンはチャネルを通過できないが，上述した不応期の後までは，もとの閉じた状態に戻っているわけではない．ここでの不活性化はいかに生じるのであろうか．

K$^+$チャネルの場合には，図 7.25 に示したような "球と

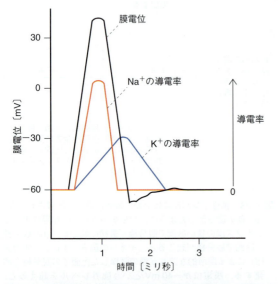

図 7.24 活動電位が発生する原理．膜電位（黒線）は膜区画の脱分極と再分極を測定したものである．導電率は，軸索にある電位依存性開閉 Na$^+$チャネル（赤線）と K$^+$チャネル（青線）の開口の程度を測定したものであり，分極の度合いを変動させる．いずれの曲線も，膜で生じた脱分極と再分極を実験的に測定した結果である．神経インパルスを軸索に沿って伝導させるのは，再分極である．

7. 細胞膜と膜タンパク質

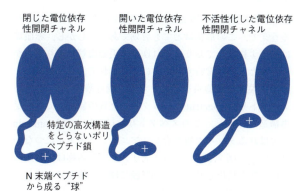

図7.25 電位依存性開閉K⁺チャネルの"球と鎖"による不活性化の一般的原理. 孔を形成しているサブユニットのうち二つだけ描いてある. 不活性化の後にもとの閉鎖状態が回復する. Na⁺チャネルも同じ原理で不活性化されると考えられているが, K⁺チャネルではN末端の"球"が機能しているのとは異なり, Na⁺チャネルの場合には, 2本の膜貫通ドメインを連結している細胞質のループが阻害ペプチドとして機能している.

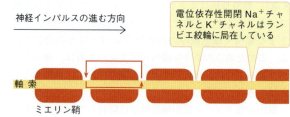

図7.26 運動ニューロンなどでみられる有髄神経. 絶縁体であるミエリン鞘の破壊が多発性硬化症でみられ, その結果起こる活動電位の伝導の欠如がこの症状をもたらす. 赤色の矢印はランビエ絞輪で次から次へと生じる脱分極による局所的な流れを示している. この結果, 脱分極と活動電位が軸索に沿って跳躍していく. これが伝導の速度を著しく速めている.

鎖"の機構が提唱された. この機構には, ポリペプチド鎖によって自由に動けるようにチャネルにつなぎ止められたN末端ペプチド（球にあたる）が関わる. チャネルが開くと, 正電荷を帯びた球の部分が負電荷に引き付けられ, チャネルにはまりこれをふさぐ. Na⁺チャネルも同様の不活性化機構を示すと考えられるが, この場合は, N末端ペプチドの"球"ではなく, むしろ膜貫通ドメインのうちの二つをつないでいる細胞質のループの一つが関与すると考えられている.

次のシナプス（あるいは神経筋接合部）では, 膜の脱分極が電位依存性開閉Ca²⁺チャネルを活性化する. その結果生じるCa²⁺の流入により, シナプス膜から小胞に蓄えられたアセチルコリンが放出される（図7.19参照）.

神経インパルスの伝導機構の中心となる特徴として, シグナルの強さが軸索が長くても正しく保たれることがある. 神経インパルスの強さは適度に調節されるものではなく, "あるかないか"のものである. 最初のシグナルが最初の脱分極をひき起こすのに十分であれば, インパルスは伝わっていく. シグナルの強さは, Na⁺/K⁺-ATPアーゼにより生じるニューロンの膜を通じた電気的な勾配により維持される. この強さは活動電位が生じるたびに, 後押し（ブースト）されるのである.

ミエリン鞘をもつ有髄神経は神経インパルスのとても速い伝導を可能にする

筋肉の収縮をひき起こす運動神経には, さらに凝った工夫が施されている. 軸索はむき出しではなく, **ミエリン鞘** myelin sheath により絶縁されており（図7.26）, これを通じて, イオンが外に移動しない（シグナルが漏れない）

ようになっている. ミエリン鞘は数mmごとに**ランビエ絞輪** node of Ranvier とよばれる部位で途切れており, 電位依存性開閉Na⁺チャネルおよびK⁺チャネルが存在するのはまさにここなので, この絞輪で膜の活性化脱分極が生じる. 絞輪の間の軸索は, ミエリン鞘により強く絶縁されている. このことにより, 次の絞輪まで脱分極が受動的にかつ素早く広がるのが可能になる. この結果, 活動電位は絞輪から絞輪へと跳ぶように動いていくことから, 跳躍伝導とよばれる. **多発性硬化症** multiple sclerosis では, ミエリン鞘の絶縁体の脱落により, 素早い伝導が損なわれ, その結果, 神経インパルスが神経に沿って非常に遅くしか伝わらなくなってしまう.（おもなミエリンの構成成分の構造については, "スフィンゴ脂質"の項を参照.）

なぜNa⁺/K⁺ポンプは活動電位の伝播とぶつかり合わないのか

活動電位の伝播はニューロンの膜を通じたNa⁺の移動に依存するので, 持続的にイオンのバランスを修復しているNa⁺/K⁺ポンプは, この機構を混乱させているように思えるかもしれない. しかしそのようなことはない. なぜなら, 神経伝導における局所的なイオンの移動は, Na⁺/K⁺ポンプにより生じるものに比べて著しく速いものだからである. Na⁺/K⁺ポンプは, イオン勾配を補給し続ける"細流充電器"のようなものである. 膜電位は, 膜の表層における比較的少数のイオンによりつくり出されるものであり, 活動電位の形成において移動するイオンは, 細胞全体, あるいは細胞外のイオンのうちごくわずかにしかすぎない. 活動電位が生じてもイオン濃度はほとんど変化しない.

細胞の形状の維持における細胞膜の役割

真核細胞は細胞内に足場構造をもち, この構造が細胞の形状を維持し, アメーバ様に細胞が動くのに関わっている. この足場構造は**細胞骨格** cytoskeleton とよばれる（第

8章).細胞骨格はミクロフィラメントというタンパク質でできているが,このタンパク質は細胞質に広がり,さまざまな場所で細胞膜中の内在性タンパク質と結合している.このためこのような膜内在性タンパク質は,他のタンパク質のように,脂質二重層内を側方に自由に移動することはできない.

膜内在性タンパク質が細胞骨格に結合していることを示す良い例は赤血球であり,細胞形状を担う特別なタンパク質をもつ.赤血球は両凹面の円盤状の形状を示し(図7.27),ガス交換を行うための広い表面積を生み出してくれるうえで,この形状はとても有効である.しかし,赤血球は絶えず移動しており,それゆえ,毛細血管を通り圧力がかかるときには常時ずれ応力にさらされており,頑丈な一方で,柔軟な細胞膜を必要とする.細胞膜のすぐ下には,**スペクトリン** spectrin というタンパク質の繊維でできた足場構造が存在し,このスペクトリンは**アンキリン** ankyrin とよばれるタンパク質を介し,アニオンチャネルにつながれている(図7.28).スペクトリンという名称は,赤血球の内容物を放出させると,細胞膜に細胞骨格だけを残した赤血球ゴースト(幽霊 (ghost) は,specter ともいう)ができるという事実に起因する.アニオンチャネルは巨大な分子であり,細胞質側に突き出て細胞骨格に結合している(図7.28).スペクトリンは,別の特別な連結タンパク質を介して,グリコホリンとも結合している.

少数ではあるが,遺伝的な原因によりスペクトリンあるいはアンキリンに欠陥があり,赤血球の細胞骨格が欠損している人がいる.中でも最もよく知られているのは,スペクトリンの長いフィラメントを形作るのに必要なスペクトリン四量体の形成不全である.図7.29にヒト赤血球スペクトリンの四量体を形成するドメインの構造を示す.スペクトリン四量体形成不全の細胞は異常な形状をしていて,脾臓で破壊されやすくなる.この疾患は,**遺伝性球状赤血球症** hereditary spherocytosis あるいは**遺伝性楕円赤血球症** hereditary elliptocytosis とよばれる.

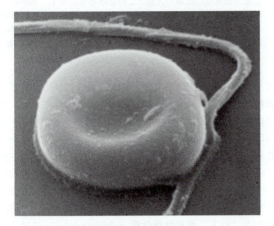

図7.27 赤血球の走査型電子顕微鏡像.Professor W. G. Breed(Department of Anatomy, University of Adelaide)のご好意による.

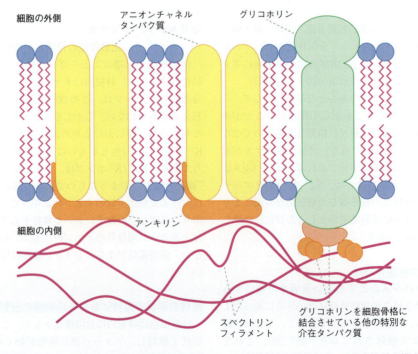

図7.28 アニオンチャネルタンパク質とグリコホリンが細胞骨格と結合している様子を示す模式図

図 7.29 ヒト赤血球スペクトリンの四量体を形成するドメイン複合体の構造 [PDB 3LBX]

細胞-細胞間相互作用：タイトジャンクション，ギャップジャンクション，細胞接着タンパク質

腸内に並んでいるような上皮組織では，食物消化の生成物は選択的に細胞に取込まれ，その後，細胞の逆側にある血管に面している膜において，適切な系により輸送される．膜タンパク質の特殊な層が細胞を取囲み，これが隣接する細胞の対応するタンパク質と結合し，**タイトジャンクション** tight junction とよばれる漏れのない細胞間接触を生み出す．

隣接する細胞同士が分子を交換する場合があるが，その結果，組織を通じて化学的な活性が均一に保たれるようになる．これは，細胞の間にトンネル構造を形成するタンパク質により可能となる．この構造は**ギャップジャンクション** gap junction として知られ，ATP のような比較的低分子は通すが，タンパク質は通さない．たとえば，心筋細胞の収縮における協調はギャップジャンクションに依存している．

膜タンパク質のもう一つ別の機能として，細胞間の接着を促して組織を形成することがある．もしも異なった種類の胚細胞を一緒に混合すると，腎臓細胞は腎臓細胞という

> **Box 7.5　膜を標的とする抗生物質**
>
> 絶え間ない生存競争において，微生物はお互いに化学的な飛び道具を投げつけ合っている．この飛び道具の標的の一つが，細胞膜を通じたイオン勾配である．膜を標的とする抗生物質は，膜を通じ平衡状態を生じさせることにより，この勾配を破壊する．このように勾配を壊すため用いられる 2 種類の抗生物質として，可動性のイオン輸送体分子（**イオノホア** ionophore）とチャネル形成分子がある．
>
> **バリノマイシン** valinomycin は最もよく知られたイオノホアであり，*Streptomyces* 属の菌が産生し，結核菌に作用する．D-バリン，L-バリン，および二つのヒドロキシ酸がペプチド結合あるいはエステル結合でつながった，12 残基から成る独特の環状構造を示す．外側は疎水性を示す一方，カルボニル基の酸素が内側を向いており，ここで 1 価のイオン，特に K^+ をキレートすることができる．溶液中の K^+ は水分子と弱い非共有結合で結合しているが，この結合を壊すのにはエネルギーを必要とする．そのために，この結合した水分子を失うには熱力学的な障壁が存在することとなる．バリノマイシンは，そのカルボニル基を介し K^+ とキレート結合することにより，水分子と結合している際と等しく熱力学的に安定な環境を K^+ に提供し，このイオンが水分子のかごからバリノマイシンのかごの中へとたやすく滑り落ちるようにする．このとき二つの状態の自由エネルギーはほとんど同一である．（同じ機構が，この章で述べた K^+ チャネルの選択性フィルターでも用いられている．）折りたたまれたこの抗生物質は，イオンを包み込みつつ，脂溶性の外壁をもち，膜を通じイオンを運ぶ．水和したイオンとバリノマイシンに包まれたイオンとは平衡にあるため，膜を通してイオンは平衡になる．バリノマイシンは K^+ 濃度が高い細胞内で K^+ を捕捉し，K^+ 濃度が低い細胞外へと放出する．同様のイオノホアがいくつか知られている．同じく *Streptomyces* 属の菌が産生するノナクチンは K^+ に選択性を示す．抗生物質である A23187 は Ca^{2+} を H^+ と交換する．Ca^{2+} は細胞の調節においてきわめて重要なので，正常な輸送の破壊は効果的な武器となる．A23187 は生化学研究における有効なツールでもある．
>
> 膜を標的とする抗生物質の二つめの種類にチャネル形成分子があるが，このうち，*Bacillus brevis* が産生する**グラミシジン** gramicidin が最もよく知られている．グラミシジン A，B，C，D は，交互に L 型アミノ酸と D 型アミノ酸が並び，15 残基から成る直鎖状ペプチドの二量体である．それ自身が脂質二重層に突き刺さるが，おのおのの二量体は二重層の半分までしか届かない．二つの二量体が一時的に端と端で結合すると，膜を横断する連続したチャネルを形成し，H^+，K^+，Na^+ を自由に通すようになる．これが生きている細胞にとって不可欠なイオン勾配を破壊することとなる．グラミシジン S はこれとはまったく異なっており，10 残基から成る環状のペプチドである．**ポリミキシン** polymixin はこの型であり，グラム陰性菌に作用する．これらの薬剤の臨床における利用は，表皮に用いられる軟膏の形に限られる．なぜなら，これらは動物の細胞膜にも影響を及ぼすからである．
>
> **アムホテリシン B** amphotericin B は，異なった種類の作用を示す．これは多くの真菌の感染に有効なポリエン系抗生物質である．膜コレステロールとこの抗生物質の数分子が複合体をつくり，膜に孔を生じさせることによって，低分子の物質を細胞から喪失させる．アムホテリシン B は膜に含まれるどのコレステロールにも影響を及ぼすために患者自身の組織を脅かす．たとえば赤血球を溶かしてしまうなど副作用が重篤なので，生命を脅かす可能性がある真菌の感染に対してしか用いられない．細菌の膜にはコレステロールが含まれないので，細菌に対しては効果がなく，ウイルスに対しても同様に効果はない．この抗生物質はステロールを含む膜にしか作用しないので，ミトコンドリアにも影響を及ぼさない．カンジジン，ナイスタチン，ペンタマイシンは類似した作用を示す．

ように，同じ種類同士の細胞が再び集合する．これは，カドヘリン cadherin とよばれる組織特異的な細胞接着分子（第4章）の機能によるものである．この種類の別のファミリーのタンパク質としては，**NCAM**（神経細胞接着分子）nerve cell adhesion molecule があり，NCAM は神経組織の形成において重要である．

要約

　生体膜は，さまざまな種類の両親媒性の脂質が非共有結合により集まってできた脂質二重層構造をもつ．脂質は，疎水性尾部が二重層の真ん中に向き，親水性の部分が外側に向くように構築されている．脂質二重層は，自ら綴じることができる二次元の流体である．この性質により，細胞が物質を取込む過程であるエンドサイトーシスや，逆に細胞が分子を放出する過程であるエキソサイトーシスが可能となる．

　脂肪酸成分には，飽和脂肪酸と不飽和脂肪酸がある．シス配位の不飽和脂肪酸は，二重層が流動的な性質を保つうえで不可欠である．トランス配位の不飽和脂肪酸は，直鎖状で折れ曲がっていないという点で飽和脂肪酸と似ている．コレステロールもまた，膜の流動性を加減する効果をもつ．

　さまざまな膜の機能を担うために，二重層に埋め込まれているタンパク質があり，これらは膜の側方へ移動できるように保たれている．膜タンパク質は，疎水性の膜内部に中央部の疎水性アミノ酸残基が，膜の両側に親水性残基のドメインが配置されるように保たれる構造をもつ．

　ポーリンタンパク質は，膜を通じる親水性チャネルを形成し，その疎水性アミノ酸がタンパク質の外側に向いて，膜の疎水性の層と接し，親水性残基がチャネル内部に向くようになっている．ほとんどすべての膜タンパク質は，細胞外ドメインにおいて糖が付加されている．

　脂質二重層は親水性分子をほとんど通さないため，分子の移動には輸送系が必要となる．輸送系は，ATP の分解により駆動する能動輸送か，単に濃度勾配に依存する受動輸送である．ほとんどすべての細胞は Na^+/K^+-ATP アーゼをもち，Na^+ を外にくみ出し K^+ を中に取込む．こうして形成されたイオン勾配が，等方輸送や対向輸送の機構において，他の分子の輸送を動かすのに用いられる．

　多くのチャネルは選択的に開閉する孔であり，リガンドの結合や膜電位により調節される．K^+ チャネルの構造と作用形式が解明されてきている．このチャネルは，熱力学の基本にのっとった巧妙な装置に基づいている．概念としては，この装置により K^+ は水和している水分子の殻から抜け出し，孔を通過することが可能となる．Na^+ は K^+ より小さいにも関わらず，同じようにはできない．

　神経インパルスの伝導は，特定の時間における開閉イオンチャネルの開閉を伴う，最も注目に値する膜の活動である．神経インパルスを生じるためのエネルギーは，Na^+/K^+ ポンプによりつくり出されたイオン勾配に依存している．

　膜はこの他の機能ももつ．真核細胞における膜機能のうち最も重要なものの一つは，細胞のシグナル伝達である（第29章）．細胞膜には，細胞骨格（第8章）と膜内在性タンパク質との相互作用を介した細胞の形状を保つ機能もある．タイトジャンクション，ギャップジャンクションや細胞-細胞間接着（カドヘリンについては第4章参照）といった細胞-細胞間相互作用には，すべて特別な膜タンパク質が関与する．

問題

1 膜の脂質二重層構造について説明せよ．
2 真核細胞膜におけるコレステロールの役割は何か．
3 ホスファチジン酸の構造の概要を描け．
4 ホスファチジン酸をもとにする三つのグリセロリン脂質の名前をあげよ．おのおので，ホスファチジン酸に何という置換基が結合しているか，名前をあげよ．
5 膜リン脂質におけるシス型の不飽和脂肪酸アシル尾部の重要性とは何か．
6 無機イオンが容易に膜を通過できないのはなぜか．
7 膜を通じた促進拡散が意味するものは何か．例をあげよ．
8 トリアシルグリセロールと極性脂質の構造を比較せよ．なぜ，トリアシルグリセロールは脂質二重層に見いだされないのか．
9 細胞膜の内外で生じたイオン勾配が，いかに，他の関係のない分子やイオンを能動輸送するためのエネルギーへの供給に利用されうるのか，説明せよ．
10 ゲート開閉イオンチャネルとは何か．二つの種類の名前をあげよ．
11 ジギタリスはうっ血性心不全の患者の心拍を高めるために用いられる．この仕組みについて説明せよ．
12 K^+ チャネルの選択性フィルターの仕組みについて，その原理を議論せよ．

筋収縮，細胞骨格，分子モーター

ほとんどすべての真核細胞において，驚くべきほど多くの機械的な作業が機能している．これらは，アデノシン三リン酸（ATP）を燃料とする分子モーター（**モータータンパク質** motor protein）が，ミクロフィラメント（アクチンの重合体）や微小管（チューブリンの重合体）といった**細胞骨格**に作用することにより駆動している．中でも筋収縮は非常に特殊な場合であり，膨大な数のモータータンパク質が集合し，筋肉が生み出す並外れた力を生じさせることができるように協調的に働く．この場合，モータータンパク質は適切な場所に固定され，アクチンフィラメントに作用して滑らせる．肝臓やその他多くの細胞のような非筋肉系の細胞に存在するモータータンパク質は，細胞骨格のつくる固定された道筋に沿って移動し，高分子，小胞や細胞小器官を細胞のさまざまな部位の間で牽引していく．この細胞内のモーターによる動きは，慌ただしい街における物の動きと似ている．後ほど述べるように，細胞骨格は輸送の道筋を指し示すのに加え，細胞の構造維持や運動においても重要な役割を果たす．

原核細胞は小さいため，細胞内に細胞骨格を必要としない．しかしながら，あるものは液体の中で細胞を推進させるために，分子モーターを備えた細胞外の鞭毛をもっている．

この章では最初に，モータータンパク質の活性を理解するうえでの重要な基本となる筋肉の収縮の機構についてふれる．この後で，非筋肉系の細胞骨格と，その動きに影響を与える分子モーターについてふれることとする．

筋収縮

タンパク質におけるコンホメーション変化を思い出す

筋収縮 muscle contraction は注目すべき現象である．生命現象は全体として分子に依存するものであるが，収縮や移動に際しては，個々の分子は方向性をもって動かなくてはならない．どのような種類の分子の活性がこのことに利用されるのであろうか．私たちが知っている唯一の種類の分子の活性は，タンパク質におけるコンホメーション変化である．すなわち，異なるリガンドが結合する結果として生じる個々の分子の形状のごくわずかな変化である．おのおののコンホメーション変化はごく小さいものであるが，これが集まれば，合計として筋肉全体の運動になることができる．

運動が生じるためには，力を及ぼすものは何でも，逆にそれとは反対に働く何かをもたなければならない．コンホメーション変化により力を発揮しようとする分子モーターは，必ずそれとは反対に働く相棒をもっていなければならない．もしもモーターが固定されているならば，相棒の分子は動くであろう．逆に，相棒が固定されているならば，分子モーターが動くこととなる．筋収縮の機構を考えるときには，モータータンパク質は**ミオシン** myosin で固定されており，一方，これとは反対に働く滑っていく構造が**アクチンフィラメント** actin filament ということになる．

筋細胞の種類とエネルギーの供給

代表的な2種類の筋肉としては，**横紋筋** striated muscle と**平滑筋** smooth muscle がある．横紋筋は骨格筋に見いだされ，随意神経の制御のもとにあり，素早く収縮する．横紋筋という名前は，顕微鏡で見た様子に基づいている（図 8.1）．心筋は横紋筋であるが，骨格筋とは同じ構造をもっておらず，随意制御は受けない．平滑筋は小腸や血管壁に見いだされ，典型的な不随意神経の制御を受け，また多くの場合，いくつかのホルモンの制御を受けている．ゆっくりと収縮し，収縮を長い時間維持することができる．横紋構造はもたない．

すべての筋肉において，筋収縮が依存するATPの蓄えは，1回の非常に短い収縮に十分な程度しか存在しない．このことが，骨格筋における高エネルギーリン酸化合物であるクレアチンリン酸の即効性貯蔵物質としての役割を説明してくれる．ATPが筋収縮によりアデノシン二リン酸（ADP）と無機リン酸（P_i）に変換されると，クレアチンキナーゼという酵素で触媒される反応により，クレアチ

骨格横紋筋の構造

骨格筋は非常に特殊な細胞構造をもち，いくつかの特別な専門用語を生み出している．筋肉は**筋繊維** musclefiber とよばれる長い多核細胞からできている（図8.2）．細胞膜（**筋繊維鞘** sarcolemma）は神経筋接合部に連結する神経末端をもち，筋肉を収縮させる神経伝達を伝える．細胞は多数のミトコンドリアを含有し，収縮をひき起こすATPを高い需要に応えるよう維持している．この中で長く連続しているのは，**筋原繊維** myofibril とよばれる多方向に伸びているタンパク質であり，このタンパク質は**筋小胞体** sarcoplasmic reticulum という袋状の膜で囲まれている．筋小胞体は，カルシウムイオン（Ca^{2+}）の収納場所として機能している．

図 8.1 骨格横紋筋の筋原繊維の顕微鏡写真．©Robert Harding

ンリン酸のリン酸基が用いられ，ATPは素早く再生される．

収縮時：ATP + H_2O → ADP + P_i

ATP再生時：ADP + クレアチン-ⓟ → ATP + クレアチン

筋肉の回復過程では，酸化的代謝により産生されるATPが，クレアチンキナーゼの反応によりクレアチンリン酸のプールを再び補給する．クレアチンキナーゼはATP濃度が高く，ADP濃度が低いときは逆向きのクレアチンリン酸を合成する反応を触媒する．

クレアチンリン酸は以下に示すような構造をもつ．リン酸基の反応性により，遅く（非酵素的に）**クレアチニン** creatinine の産生も起こる．クレアチニンそれ自体は機能がなく，その人の筋肉量と比例するだけの量が毎日尿中へ排泄される．クレアチニンは体内で比較的一定の速度で合成され，その唯一の運命は尿中へ排泄されることなので，血漿（あるいは血清）中のクレアチニンは腎機能の指標として用いられる．血漿中のクレアチニンの上昇は腎臓に問題があることを示す．

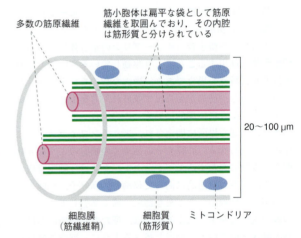

図 8.2 横紋筋由来の筋繊維（筋細胞）の模式図．筋繊維の束が筋肉となる．

筋原繊維の構造

筋原繊維は収縮する構造をもつ．おのおのの筋原繊維は，**Z線** Z line（Zはドイツ語の区切り（zwischen）に由来する）で仕切られた，**サルコメア（筋節）** sarcomere と名付けられた小さな部分に分けられる（図8.3 a）．収縮する際にはZ線がお互いに引寄せられ，個々のサルコメアが短くなり，筋原繊維もまたここで短くなる（図8.3 b）．筋原繊維が短くなると筋肉は収縮するのである．

サルコメアはいかに短くなるのか

サルコメアのおのおのの端で，Z線はサルコメアの中央を向いた細い**アクチンフィラメント**の"棒"と結合している．フィラメントはZ線と片方の端でのみ結合している．脊椎動物の筋肉の横断面では，**細いフィラメント**（アクチンフィラメント）が二つのZ線の所で六角形に並んでいる（図8.3 c）．おのおのの内部には**太いフィラメント**が走っており，実際の収縮を動かす指状の突起物をもつ．

8. 筋収縮，細胞骨格，分子モーター

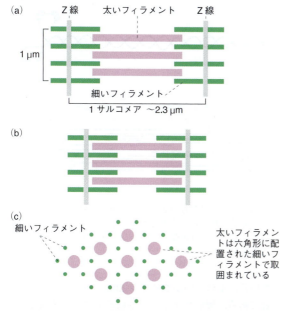

図 8.3 サルコメアにおける太いフィラメントと細いフィラメントの配列．(a) 弛緩状態．筋原繊維の横紋は電子顕微鏡のビームの横断面でのタンパク質量による．(b) 収縮状態．(c) 横断面における配列．この模式図では一部のフィラメントしか記載されていないが，実際にはサルコメアには多数のフィラメントが縦に並んでいる．

歯止め装置のような機構により，指状の突起物の"つめ"は，細いフィラメントを中央に引寄せ，そしてZ線をお互いに近くに引寄せるのである（図 8.3 b）．この過程は**滑りフィラメントモデル** sliding-filament model として知られている．

これが，筋収縮の概略である．実際にどのように収縮が起こるかを理解するには，これに関わる分子構造を見ていかなくてはならない（Box 8.1）．

太いフィラメントと細いフィラメントの構造

細いフィラメントは，重合したアクチンによりできている．単量体の **G アクチン** G actin タンパク質分子（G は球状 (globular) に由来する）は，分子の片側にある深い裂け目により分けられた 2 葉の構造をもち，この構造により極性（一つの方向性）を示す（図 8.4 a）．この裂け目は実質上，ATP が結合する部位であり，この点についてはまた後ほどふれることにするが，筋収縮を説明するのには重要ではない．G アクチンは極性をもつ頭部と尾部がつながることで重合し，**F アクチン** F actin とよばれる長いフィラメント状構造が形成される（図 8.4 b）．**細いフィラメント** thin filament は，長い間隔をもちながら，お互いに巻き合っている 2 本の F アクチンのらせんにより構成される．この二重らせんの片方の端をプラス（＋）末端，もう一方をマイナス（－）末端とよぶ．

ミオシンは，**太いフィラメント** thick filament を形成するタンパク質であり，2 本の同一のポリペプチド"重"鎖から成る．コイルドコイル状に，おのおのの鎖の α ヘリックスがもう一方の鎖の回りに巻き付き，まっすぐな棒状の構造を形成している（図 8.5 a）．α ヘリックスには，相棒となる分子と疎水結合をつくるように規則的に疎水性残基が配置されており，このためこの結合は強く堅いものとなっている．重鎖の端には球状の頭部がある．ミオシン軽鎖とよばれる二つの別の小さなポリペプチド鎖が，ミオシン頭部の首の部分（頸部）に巻き付いている．ミオシン軽

Box 8.1 筋ジストロフィー

筋収縮において完全には理解されていない側面が，**筋ジストロフィー** muscular dystrophy と関連している．この用語は，進行性の筋力低下と筋量減少を生じる一連の遺伝病を示す．発症年齢が出生後間もないもの（先天性筋ジストロフィー）から，成人期のもの（いくつかの種類の肢帯筋ジストロフィー）まで，多くの異なる種類の筋ジストロフィーがある．また，臨床経過にも安定型と進行型がある．ある種の患者では呼吸筋や心筋が侵され，その結果として，呼吸不全（最大の死因である）や心筋症がひき起こされる．

最もよく知られ多くみられるのは，デュシェンヌ型筋ジストロフィーである．これはX染色体連鎖性の疾患であり，男児に多い．学齢に達する前に筋力低下が臨床的に明らかになり，進行性である．発症した男児は通常十代に歩行困難となってから，呼吸筋の筋力低下が進行し，20〜30代に死亡する．

この疾患の原因遺伝子が単離されており，この遺伝子は**ジストロフィン** dystrophin とよばれる非常に大きなタンパク質をコードしている．ジストロフィンは一方の端で筋細胞の細胞骨格の構造要素と結合し，もう一方の端で筋肉細胞を取囲む細胞外マトリックスと接着している膜貫通タンパク質複合体と結合している．（ジストロフィンとその結合タンパク質を介した）この細胞内構造成分と膜，さらには細胞外マトリックスタンパク質との結合は，筋収縮時における収縮力に耐えるために，筋細胞膜を安定化させ強固にするうえで役立っていると考えられる．デュシェンヌ型の筋ジストロフィーでは，このジストロフィンが欠損しており，細胞内細胞骨格との結合が失われ，その結果として進行性の筋肉細胞の障害と壊死が生じる．（常染色体性遺伝する）別の型の筋ジストロフィーは，ジストロフィン結合タンパク質複合体の他の分子をコードする遺伝子の変異の結果によるものである．

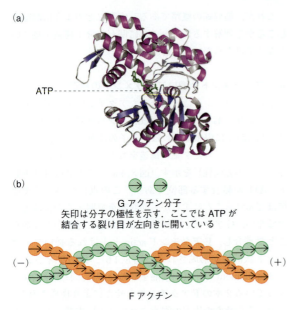

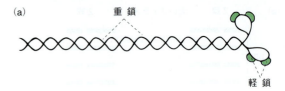

図 8.4 (a) G（球状）アクチンのタンパク質構造．(b) G アクチンの重合によりつくり出される F（繊維状）アクチン．二重らせんは実際はもっと絡み合って棒のようになっているが，ここと図 8.10 では，わかりやすいように二重らせんを離して描いてある．

図 8.5 (a) 頭部をもつ 2 分子の重鎖の二量体から成るミオシン分子．頭部にはそれぞれ 2 分子のミオシン軽鎖が付着している．(b) 約 300 のミオシン分子が双極性に配列してできた太いフィラメント．

鎖は平滑筋収縮の制御に関与している（後述）．筋肉細胞のミオシンは関連分子のファミリーの一部であるため，より正確にはミオシンⅡとよぶものである．いくつかの他のミオシンの機能についても後ほど述べることにする．

太いフィラメントは，図 8.5 (b) にあるように，約 300 のミオシン分子が双極性を示すように配置されている．太いフィラメントは，サルコメア構造に関与する他のタンパク質により，細いフィラメントに比べて中央に保たれている．その一つが**タイチン titin** という巨大なタンパク質である．細いフィラメントはそのプラス末端で Z 線につながれており，その結果，太いフィラメントの両端でミオシン頭部は細いフィラメントの極性と同じように方向付けられている（図 8.6）．

いかにミオシン頭部は ATP 分解のエネルギーをアクチンフィラメントへの機械的な力に変換するのか

ミオシン頭部は ATP アーゼ活性をもつ酵素であり，ATP を ADP と P_i に加水分解する．（ここで分解するのはアクチンに結合している ATP ではないことに注意してほしい．）ミオシンは ATP 加水分解のエネルギーによりコンホメーション変化を起こし，その結果として，アクチンフィラメントに対し力を発揮する．しかし，皆が考えるように，収縮における実際の"パワーストローク"は，ATP

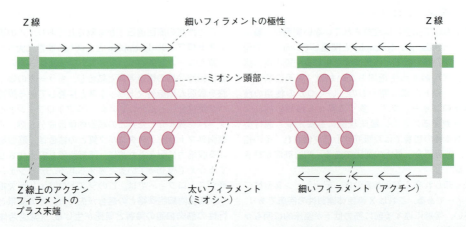

図 8.6 サルコメア中の太いフィラメントと細いフィラメントの配列を示した模式図．細いフィラメントに付いている矢印はアクチンフィラメントの極性を示している．筋収縮の際は，ミオシン頭部はアクチンフィラメントのプラス末端へ向かって動き，その結果，二つの Z 線を引寄せることになる．頭部はわかりやすいように単純な形に描いているが，実際の構造については後述する．

の加水分解により生じるわけではない．その代わりに，ATPの加水分解により，ミオシン頭部-ADP/P$_i$複合体が異なるコンホメーション状態をとるようになる．これは高エネルギーコンホメーションと考えてよいものである．自由エネルギーの遊離が生じるのは，ADPとP$_i$がタンパク質を離れるときであり，このため筋収縮におけるパワーストロークは，ATPの加水分解そのものではなく，ミオシン頭部からの加水分解反応産物の遊離と関連がある．ミオシン頭部におけるタンパク質のコンホメーション変化により，エネルギーの転移は媒介される．

ミオシン頭部のコンホメーション変化の仕組み

ミオシン頭部にはアクチンフィラメントと結合する非常にコンパクトな領域がある（図8.7の右側）．その向きは常に，アクチンフィラメントに対して垂直である．"レバーアーム"を形成する長く伸びたαヘリックス構造ももち（図8.7の左側），これが逆側の端でミオシン分子の棒状部分につながっている．収縮の過程で，ミオシン頭部のATPが加水分解されると，ADP，P$_i$は結合したまま頭部ではわずかなコンホメーション変化が生じる．これがαヘリックスを準備万端の高エネルギー状態に変化させることで，ADPとP$_i$が遊離するときに収縮のパワーストロークが生じる．収縮が起こると，レバーアームがアクチン結合部分の方に相対的に振られ，これが頭部を動かす力となる．頭部はアクチンフィラメントに結合しているので，図8.7に示すように力が加わりアクチンフィラメントが滑るのである．図8.8には，パワーストロークが生じる前後のミオシン頭部の三次元構造を示している．おのおのの構造の右側がアクチンと結合している部位である．ミオシンの棒状部分（頭部）は二つのミオシン軽鎖で取囲まれている

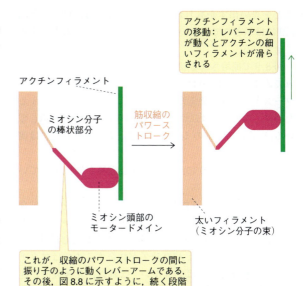

図8.7 筋収縮におけるレバーアームの振り子運動機構の模式図．ミオシン頭部はモータードメインをもっており，これが角度を変えずにアクチンフィラメントと結合している．モータードメインはヌクレオチド（ATP/ADP）の結合部位である．モータードメインは，レバーアームを形成するαヘリックスを介し，ミオシンの棒の部分とつながっている．このレバーアームはミオシン軽鎖に取囲まれている（図には示してない）．モータードメインからのP$_i$とADPの解離により収縮のパワーストロークがひき起こされると，レバーアームが70°振られることにより，小さなコンホメーション変化が増幅される．アクチンフィラメントをおよそ10Å動かすのにはこれで十分である．おのおののミオシン分子は二つの頭部をもっているが，みやすくするために一つしか描いていないことに注意してほしい．

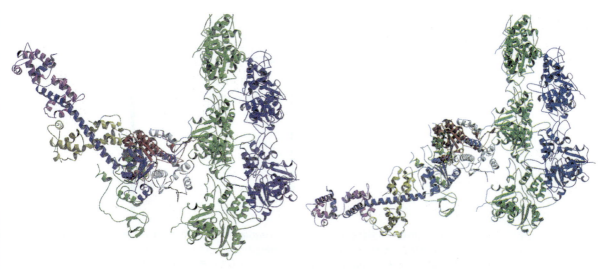

図8.8 ミオシン頭部の三次元構造．（左）収縮前，レバーアームは上を向いている．（右）収縮直後の頭部の構造．Figs7&8 in Geeves, M. A. and Holmes, K. C. Annu. Rev. Biochem. (1999) 68, 687–728, Annual Reviews Inc. より改変．

ことを思い出すかもしれない（この部分は，図8.7と図8.9には示されていない）．これがレバーアームを安定化させている．

図8.9で開始される収縮サイクルの各段階をより厳密にみてみよう．図8.9は，頭部がちょうど収縮におけるパワーストロークを終えた段階である．（わかりやすくするために，この図では二つある頭部のうち一つだけを示している．）非常に多数のミオシン頭部があらゆる収縮には関与している．

図8.9に示すように，次のような応答が順に生じていく．

- (a) では，ミオシン頭部はアクチンフィラメントに結合しており，これはちょうど，アクチンフィラメントに力が加わった一つ前のパワーストロークを終えた瞬間である．ミオシン頭部はATP分子が結合するまではアクチンから離れることはできない．これは，死後硬直が起き，筋肉が収縮している状態と似ている．
- (b) では，ATP分子が結合し，これによりミオシン頭部がアクチンフィラメントから離れる．これは弛緩した筋肉においてみられる状態である．
- (c) では，ATPの加水分解が生じるが，その生成物であるADPとP_iはいずれもまだミオシン頭部と結合したままである．頭部においてコンホメーション変化が生じ，レバーアームがプライミング（準備万端な）コンホメーションとなる．
- (d) では，頭部がアクチンに結合し，その結果 (e) の状態へ移行する（ADPとP_iはまだ結合した状態である）．
- (e) では，P_iとADPが離れ，アクチンフィラメントにこれが滑るように力が加わるというパワーストロークが生じ，収縮力が生み出される．こうして頭部は (a) で示す出発点の位置に戻る．

横紋随意筋の制御

骨格筋では，神経インパルスにより収縮が開始される．

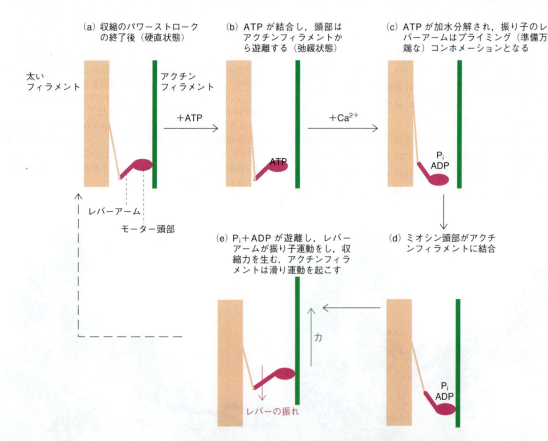

図8.9 筋収縮におけるレバーアームの振り子運動モデル．薄いピンク色の棒はミオシン分子の束から成る太いフィラメントである．赤い構造は一つのミオシン頭部で，わかりやすいように二つの頭部のうち一つだけを描いている．緑が細いアクチンフィラメントである．ATP，P_iとADPは，ミオシン頭部と結合している分子を示している．このモデルの肝要なところは，収縮のパワーストロークが生じるのにはP_iとADPの遊離が関連しており，ミオシン頭部に隣接したサブユニット（レバーアーム）がレバーのように振られることにより収縮力が発揮されるということである．

神経インパルスは筋細胞内でおのおのの筋原繊維を取囲む筋小胞体から筋原繊維の中へと Ca^{2+} の流入をひき起こす．筋小胞体膜には**電位依存性開閉 Ca^{2+} チャネル** voltage-gated Ca^{2+} channel が存在するが，通常このチャネルは閉じている（Box 8.2）．筋細胞に神経インパルスが伝わるとチャネルが開き，筋小胞体の内腔から筋原繊維に Ca^{2+} が放出され，収縮が生じる．筋小胞体膜には Ca^{2+}-ATP アーゼ（ATP 依存性ポンプ）が多数存在し，筋原繊維を取囲む（筋形質として知られる）細胞質から筋小胞体の内腔へと Ca^{2+} をくみ上げる．この結果，筋原繊維の Ca^{2+} は枯渇し，筋収縮は終結する．

いかに Ca^{2+} は収縮をひき起こすか

細いフィラメントには，これに結合する**トロポミオシン** tropomyosin とよばれるタンパク質のように，アクチン以外のタンパク質分子も存在している．トロポミオシンは細長い形の分子であり，細いフィラメントのアクチン繊維の間にある二つのらせんの溝の中に収まっている（図 8.10）．トロポミオシン分子上には七つのアクチン結合部位がある．おのおのの部位が溝に収まるようにアクチンの単量体に結合しており，連続した分子が重なり合い，細いフィラメントに沿って途切れない糸状構造を形成している．

図 8.10 アクチンとトロポミオシン分子の位置関係．トロポミオシン（赤い太線）は 7 個のアクチン単量体と結合し，アクチンフィラメントの溝を縫っていく連続したフィラメントを形成している．トロポミオシンの一端にはトロポニン複合体が結合している．

トロポミオシン分子はその一方の端に，**トロポニン** troponin とよばれる球状のタンパク質がさらに三つ結合しており，トロポニンは Ca^{2+} によりコンホメーション変化がひき起こされる．トロポミオシンは，ミオシン頭部のアクチンとの相互作用を妨げるが，Ca^{2+} に応答して生じるトロポニンのコンホメーション変化は，トロポミオシンの位置をわずかに変化させる．その結果，こうしてミオシン頭部はアクチンフィラメントと結合できるようになり，**ミオシン-アクチンの収縮サイクル**が開始される．Ca^{2+} が消失するとこの収縮過程は終結する．

非常に長く筋肉が収縮するためには，筋原繊維におけるすべてのサルコメアと筋肉中のすべての筋繊維が，運動神経インパルスにほとんど同時に応答しなくてはならない．さもなければ，収縮はまとまりのないものになってしまう．神経インパルスにより，神経筋接合部で神経終末からアセチルコリンが分泌され，細胞膜を通じ素早く伝導していく局所的な脱分極をひき起こす．脱分極により，筋小胞体にある電位依存性開閉 Ca^{2+} チャネルが開口し，Ca^{2+} が筋原繊維に向けて放出される．シグナルが細胞内ですべての筋小胞体に非常に速い速度で確実に到達するように，細胞膜は Z 線の所で細胞内へ横行（T）管となって陥入し，筋小胞体膜に直接接触するようになる．このようにして，電気的シグナルはほとんど同時に，神経インパルスにより制御されるすべての収縮単位に到達するのである（図 8.11）．

平滑筋は横紋筋と構造や制御が異なっている

平滑筋は，血管壁，腸，あるいは泌尿器系や生殖器系の管に見いだされる．長く紡錘形をした細胞は単一の核をもっており，それぞれの場所での機能に適した配列で筋肉が形成されるように集合している．たとえば，血管では環状に並んでおり，膀胱では十文字様の構造をもっている．

収縮の基本原理は平滑筋も横紋筋と同じであるが，収縮

Box 8.2 悪性高熱症

悪性高熱症 malignant hyperthermia として知られる遺伝性疾患が，ヒト，ブタ，イヌ，ニワトリに存在する．脱分極性筋弛緩薬（スキサメトニウム）やハロタンなどの揮発性麻酔薬といった，いわゆる引金を引く薬剤の投与に伴い，骨格筋内で代謝亢進状態が生じる．この症状は，筋小胞体上にある Ca^{2+} チャネルである**リアノジン受容体タンパク質** ryanodine receptor protein の開口時間の延長と伝導の増加によるものと考えられている．患者の約 50〜80 % では，Ca^{2+} チャネルの不全が，このタンパク質をコードする遺伝子の変異と関連している．筋細胞質における Ca^{2+} 濃度の上昇が，筋収縮の増加およびグリコーゲンの分解と解糖系を介したエネルギー動員の増加を生じさせ，その結果として好気的および嫌気的代謝を亢進させる．もしも原因がわからなかったり治療されなかったりした場合には，呼吸性および代謝性アシドーシス，筋繊維の分解（横紋筋融解症），腎不全が生じ，死に至ることもある．治療としては，引金を引いた薬剤の使用中止，100 % 酸素による換気亢進，特異的な解毒剤であるダントロレンの投与，能動冷却が行われる．臨床的には，小児では 15,000 人に 1 人，成人では 50,000 人に 1 人の患者が，薬剤投与後にこのような症状をひき起こすといわれている．遺伝子に異常がみられる頻度は知られていないが，およそ 5000 人に 1 人と予測されている．

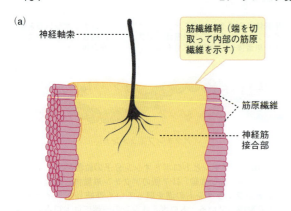

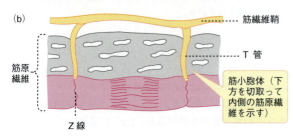

図 8.11 (a) 神経筋接合部の筋細胞膜（筋繊維鞘）．(b) T 管が細胞膜の脱分極を筋小胞体へと伝達する．細胞膜の脱分極は筋小胞体の Ca^{2+} チャネルに直接伝えられ，筋小胞体からの Ca^{2+} 放出をひき起こすと想定されている．

に関わる構成成分はそれほど高度に体系化されているわけではない．筋原繊維は存在しないし，またサルコメアがないために，顕微鏡でも横紋構造はみられない．その代わりにアクチンフィラメントが細胞（横紋筋の細胞と比較すると小さい）を貫き，細胞膜の中につなぎ止められている．

平滑筋収縮の調節

平滑筋も同様に Ca^{2+} により調節されるが，その調節機構は横紋筋のものとは異なっている．平滑筋は典型的な場合，横紋筋に比べ約 50 倍くらい遅く収縮する．また，構造全体を通してほとんど瞬間的に収縮するような必要もない．細胞への収縮シグナルは，よりゆっくりとした速度で広がっていく．自律神経系からの神経インパルスが，細胞膜上の Ca^{2+} のゲートを開き，細胞外よりこのイオンを細胞内に流入させる．筋小胞体もない．関与する距離が短く，ゆっくりした応答でよいために，細胞を通じた Ca^{2+} の広がりが比較的遅くても支障はない．細胞の間の特殊な接合部を通って，神経シグナルは筋肉全体へと広がっていく．

すでに述べたように，ミオシン分子の頸部には**ミオシン軽鎖** myosin light chain として知られる二つの小さなポリペプチドが存在する．休止している平滑筋では，二つの軽鎖のうちの一つ（**調節軽鎖** regulatory light chain と名付けられる）がミオシン頭部のアクチンフィラメントとの結合

を阻害しており，この結果収縮を妨げている．Ca^{2+} はミオシン軽鎖キナーゼを活性化し，ATP を使って調節軽鎖をリン酸化し，その阻害効果を取除くことにより収縮をひき起こす．

Ca^{2+} はキナーゼを直接活性化するのではなく，**カルモジュリン** calmodulin というタンパク質を介して活性化する．細胞膜上の Ca^{2+}-ATP アーゼにより細胞からくみ出されることで Ca^{2+} 濃度が低下すると，進行の向きは逆転する．今度は，ホスファターゼがミオシン軽鎖を脱リン酸することにより，ミオシンとアクチンの結合が生じないようにし，筋肉は弛緩するのである．この流れを図 8.12 にまとめる．

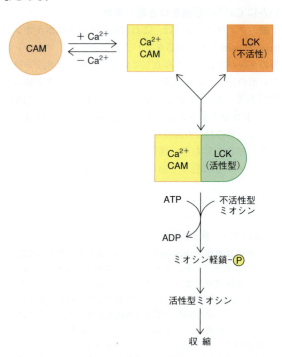

図 8.12 Ca^{2+} による平滑筋収縮作用機構．CAM：カルモジュリン，Ca^{2+}CAM：Ca^{2+}-カルモジュリン複合体，LCK：ミオシン軽鎖キナーゼ．

平滑筋の収縮は神経による制御を受けていると同様に，いくつかのホルモンによっても制御を受けている．ある種のプロスタグランジン（図 17.10 参照）は平滑筋を収縮させる．また，ノルアドレナリン（ノルエピネフリン）は特定の血管壁の平滑筋の収縮をひき起こす．

細 胞 骨 格

概 説

真核生物の細胞にみられる**細胞骨格** cytoskeleton は，細胞内のあらゆる部分に広がっているタンパク質フィラメントから成る複雑な足場である．細胞骨格はさまざまな役割

を担っている．細胞の内部を細胞外と結び付け，動物細胞においてはその形を決め，細胞内の輸送に関わり，細胞分裂における細胞質分裂や染色体に分離に関わり，さらに細胞の移動を可能にする．細胞の運動性は，体内のほとんどすべての細胞に関係するようなものではないが，マクロファージや白血球といった組織の中をアメーバ様に運動する細胞はさておき，運動性は多くの動物細胞にみられるものである．たとえば胚発生では，最終的な体のパターンをつくり上げるために，細胞はさまざまな段階で移動しなくてならない．胚細胞は，単一細胞として表層をよちよちと移動するときも，組織化されたシートとして移動するときもある．細胞の移動は通常の創傷の治癒でも生じる．精子もまた別の運動性細胞の例であり，遊走するのに鞭毛を用いる．さらに別の細胞の動きとしては，（移動は伴わないが）繊毛によるものがある．繊毛の振動は気道表面の粘液層を動かす．

おそらく細胞骨格における最も注目すべき機能は，分子モーターが積み荷を細胞内のさまざまな部位へと引きずりながら動いていく輸送の道筋を細胞内につくり出すことである．真核細胞では絶え間なく細部内の輸送が行われているが，細胞骨格の繊維はこの輸送に道筋を提供する．真核細胞の内部では，物質は能動的に輸送されなくてはならない．原核細胞におけるように適当に拡散していくには，真核細胞は大きすぎる．神経軸索には 50 cm やそれ以上の長さのものがある（キリンやクジラでは数 m のものもある）．タンパク質や小胞の合成は神経の細胞体で起こるが，そのなかには軸索の先頭まで輸送されるべきものも存在する．膜に囲まれた輸送小胞は，ATP が駆動する分子モーターにより細胞骨格の道筋に沿って引きずられ，細胞内の目的とする場所へとタンパク質を運んでいく．このようなモーターは，細胞運動をひき起こす機能も担わなくてはならない．たとえば細胞分裂が起きるときには染色体を分離するために分子モーターが必要であり，その結果有糸分裂に際し，紡錘体上の染色体が分かれて娘細胞に移動できるようになる．

細胞骨格には三つの主たる成分がある．そのうち最初の二つは，アクチンミクロフィラメント actin microfilament とチューブリン tubulin を主成分とする微小管 microtubule である．図 8.13（a）と（b）には，光学顕微鏡で見ることができるように染色した，典型的なミクロフィラメントと微小管の細胞内ネットワークを示している．三つめの成分である中間径フィラメントは，これらと構造的にも機能的にもまったく異なっているが，大きさにおいて他の二つの中間であるので，このような名称が付けられている．だいたいの繊維の直径は，ミクロフィラメントで 7〜9 nm，微小管で 24 nm，中間径フィラメントで 10 nm である．ミクロフィラメントと微小管は，細胞運動や，細胞骨格の細胞内における輸送機能に関わっている．中間径フィラメ

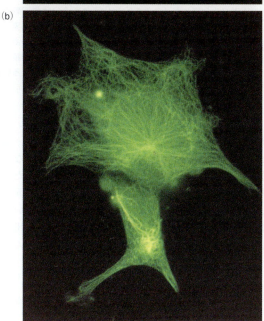

図 8.13 （a）マウス筋芽細胞におけるアクチンミクロフィラメントを抗アクチン抗体で染色したもの．フィラメントは細胞中に広がっており，その束（ストレスファイバー）は多くの場合，細胞膜の中でも特に細胞が固層に接着している面（接着点という）に結合している．繊維は速いスピードで，構築と崩壊を繰返している．写真提供：Dr. P. Gunning （Children's Medical Research Institute, Sydney, Australia）．（b）微小管形成中心（MTOC），すなわち中心体より細胞質に放射する微小管．Fig. 2.13 in Lewin B. (1994) Genes V, Oxford University Press, Oxford．写真提供：Frank Solomon.

ントは，むしろ限られた構造上の機能を担っており，細胞に強度や強靭性を与えている．

細胞骨格は絶え間ない動的状態にある

ある意味では，細胞骨格は落ち着かない構造をしている．なぜならば，ミクロフィラメントと微小管は，絶え間なく構築と崩壊を繰返しているからである（Box 8.3）．高

Ⅱ．タンパク質と膜の構造と機能

> **Box 8.3　細胞骨格への薬剤の作用**
>
> 　アクチンミクロフィラメントと微小管は非常に速く，構築と崩壊を繰返している．これらが正しく組織化されていることが，発生，増殖，さらには生命活動そのものにとって不可欠である．このことは，植物や海綿といった生命体が捕食動物から自らを守るすべとして産生する多数の薬剤の効果からも，はっきりと示されている．これらの薬剤は，単量体あるいは重合型のフィラメントと結合し，両者の間の平衡状態を乱している．あるものはアクチンに，あるものは微小管に作用する．
>
> 　タマゴテングタケ（*Amanita phalloides*, death cap ともいう）という毒キノコは，**ファロイジン phalloidin** という致死性の毒素を産生する．この毒素はFアクチンと結合してアクチンフィラメントを安定化させ，その代謝回転を妨げる．**サイトカラシン cytochalasin** は菌類由来の毒素であるが，この毒素はミクロフィラメントの成長しつつあるプラス末端と結合する．その結果，フィラメントの構築や崩壊を妨げ，これにより，たとえば有糸分裂後に生じる娘細胞への分裂に必要な収縮環の形成を阻害する．この毒素は哺乳類の細胞に作用する．
>
> 　微小管に話題を転ずると，イヌサフラン（*Colchicinum autumnale*）から産生される**コルヒチン colchicine** というアルカロイドがある．これはチューブリンの単量体に強く結合し，微小管の構築と，その結果として紡錘体の形成を阻害する．この毒素は微小管の脱重合を促進し，分裂中期で有糸分裂を停止させる．**ビンブラスチン vinblastine** と**ビンクリスチン vincristine** はいずれもマダガスカル原産のニチニチソウ（*Vinca rose*）由来のアルカロイドであるが，これらは紡錘体繊維と結合することにより，同様に分裂中期で有糸分裂を停止させる．**パクリタクセル paclitaxel** は，最初はタイヘイヨウイチイ（pacific *Taxus brevifolia*）の木の樹皮から単離されたものの，その後は化学的に合成されている．この毒素は細胞分裂における正常な微小管の成長を妨げる．**タキソール taxol** という商品名でがん化学療法に用いられている．

度に組織化された輸送系が，このようなふらついた，見たところ乱雑で短命な設定に基づいているというような考え方に私たちは慣れていない．それは，整然と敷かれた道路網よりむしろ，いつ何時でも消失しては再び現れて異なった方向を指し示すような，微細な道筋の複合体に近いものである．このような系が，組織化された結果を生み出す複雑な輸送を動かすことができると予測するのはほとんど不可能である．

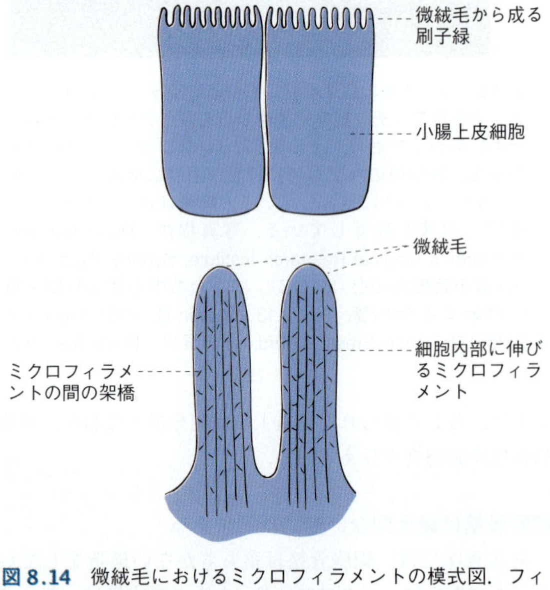

　アクチンミクロフィラメントと微小管の動的不安定性には少しだけ例外がある．筋肉の細いフィラメントは不変である．別の例としては，小腸の刷子縁細胞の微絨毛があり（図8.14），これはアクチンの骨組みにより安定化され，細胞の吸収に関わる表面積を広げている．繊毛や鞭毛の全長にわたる微小管もまた安定であり，不変的な構造である．

　ここでは次にアクチンミクロフィラメント，その次に微小管，そして最後に中間径フィラメントにふれることにする．

非筋細胞におけるアクチンとミオシンの役割

　アクチンはほとんどすべての真核細胞に多量に存在するタンパク質である．ミクロフィラメントは細胞膜の近くにとりわけ密に存在し，そこではミクロフィラメントの束が膜につなぎ止められ，細胞の形状の維持（図8.13 a）やアメーバ様運動に関わる**ストレスファイバー（緊張繊維） stress fiber** を形成している．ミオシンファミリーもまた，このような細胞においてほぼ例外なく存在する構成要素であるが，筋肉におけるミオシンⅡよりは少量しか存在しない．

アクチンミクロフィラメントの構築と崩壊

　細胞骨格のミクロフィラメントは，Gアクチン単量体が非共有結合により重合化する構築とその分解を可逆的かつ速やかに繰返している．筋肉のアクチンについても述べたように，細胞骨格のアクチン単量体も頭部と尾部で非対称

図8.14 微絨毛におけるミクロフィラメントの模式図．フィラメントはお互いに複雑な架橋構造をつくっており，他のタンパク質と結合して強い細胞骨格構造をつくっている．

性をもち，自己会合の過程で頭部と尾部が結合するという方向性をもって重合していくために，Fアクチンフィラメントには極性（方向性）があり，プラス（+）末端とマイナス（-）末端がある．

以前に述べたように，アクチン単量体は裂け目に1分子のATPを結合する．このATPはアクチン重合体の伸長しつつある末端に取込まれるとすぐ，ADPへと加水分解される．ATPの加水分解は重合化には必要ない．アクチン単量体はATPアーゼとして働くが，それは伸長しつつあるミクロフィラメントに取込まれた後だけである．ATPが結合したアクチンは，ADPが結合したアクチンに比べより容易に重合しやすく，このため，ADP結合型にある末端の単量体はミクロフィラメントから解離しやすい．持続的なフィラメントの伸長が起こるためには，すでに付加されているアクチンのATPが加水分解されるよりも前に，新しいATPが結合したアクチンが付加される必要がある．こうならないと，フィラメントは脱重合することとなる．

ATPが結合したアクチン単量体の付加は，ミクロフィラメントの両側で生じることが可能であるが，プラス末端の方がマイナス末端よりも容易に付加しやすい．このために重合化に向かう反応を起こさせるのに必要な遊離型のGアクチン単量体の濃度，いわゆる臨界濃度は，プラス末端の方がマイナス末端よりも低い．細胞の中では，プラス末端が伸びていき，マイナス末端が縮んでいくトレッドミルとして知られる現象が生じることとなる．ミクロフィラメントの絶え間ない構築と崩壊は，細胞の形状の変化，細胞運動，細胞内輸送と関連している．それは非常に動的な状態にある．

アクチン結合タンパク質

アクチン結合タンパク質の驚くほどの多様性は，細胞骨格の制御において異なる，ときとして多彩な機能を担う．あるものは重合化と脱重合の動態に影響を及ぼし，一方，あるものはミクロフィラメントネットワークの空間的構成に影響する．これらの活性の一覧について，少しの例を以下にあげる．

Gアクチン結合

単量体のGアクチンと結合することにより，**サイモシン $β_4$ thymosin $β_4$** はこれを隔てさせ，その結果としてミクロフィラメントの重合を阻害する．一方，**プロフィリン profilin** はGアクチンに結合し，ADP/ATP交換を刺激し，その結果として重合を促進する．さらにGアクチンがサイモシンと結合するのを妨げ，Gアクチン単量体がプラス末端に結合するのを促進することから，プロフィリンはさまざまな機構により，ミクロフィラメントの成長を支える．

キャップ形成

CapZ はミクロフィラメントのプラス末端に結合し，その結果としてミクロフィラメントを安定化するが，さらなる伸長は妨げられる．同様に，**トロポモジュリン tropomodulin** はマイナス末端に結合し安定化する．骨格筋における細いフィラメントはCapZとトロポモジュリンの結合により恒久的に安定化されるが，他の種類の細胞においてはこれらのタンパク質はさらに動的なやり方で機能している．**フォルミン formin** は少し異なった機能をもつ．フォルミンはプラス末端にキャップを形成するが，これ自身が前進していく．すなわち，フィラメントが伸長するのに従って移動し，実質上新しいGアクチン単量体の付加を促進する．

切　断

ゲルゾリン gelsolin はミクロフィラメントを中央で切断する．その後，ゲルゾリンは新しく形成されたプラス末端には結合したままとどまるが，新しいマイナス末端からは離れ，素早く脱重合させる．このため，ゲルゾリンの名称は，ゲルゾリンが付加されると重合したアクチンの標品のゲルのような稠度が失われ，粘稠ではなくなる（"ゲル (gel) がゾル (sol) に" 変換される）のが観察されることに由来する．

枝分かれ

Arp2/3 タンパク質複合体は，ミクロフィラメントの端に結合し，この場所からの新しいフィラメントの伸長を促進することにより，枝分かれしたネットワークを生み出す．

架　橋

多数の架橋をもつタンパク質が存在し，その結果多様な三次元構造が生み出される．**ファスシン fascin** は，たとえば微絨毛において（図8.14），平行な束の中で，近くにあるミクロフィラメント同士を結合させる．**フィラミン filamin** は架橋されるフィラメント間がもっと長くても架橋することができるため，さまざまな角度で架橋が可能となり，ゲルのような粘稠さをもつ緩いネットワークをつくり出す．

非筋細胞における収縮の機構

ミオシンⅡ myosin Ⅱ は，骨格筋に見いだされる"古典的"筋肉様ミオシン分子（二つの頭部をもつ）であるが，非筋細胞にも存在する．非筋細胞で収縮の機構が必要なとき，ミオシンⅡ分子は凝集し，約16の分子から双極性のフィラメントが形成される．このフィラメントは横紋筋のフィラメントと類似しているが，もっと小さい．筋肉について述べてきたのと非常に類似した仕組みで，近くのミク

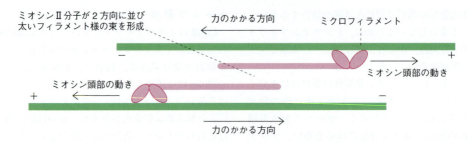

図 8.15 ミクロフィラメント上でのミオシンⅡ移動の模式図．ATP の加水分解によりエネルギーが供給されることに注意．この系によって生じる有用な運動が成し遂げられるかは，細胞の形状を変えられるように，ミクロフィラメントが細胞膜に適度につなぎ止められているかによる．おのおののミオシン分子は他の分子と相互作用できる領域をもっており，これにより，双極性のフィラメントが自己会合できるようになっている．この模式図は横断面を描いており，双極性の集合体は円柱状である．ここに示されたミクロフィラメントとミオシンの束の会合において，収縮はミクロフィラメントの相対的な滑り運動の結果として生じる．

ロフィラメントに収縮するように力を加え（図 8.15），このフィラメントがつながっている細胞膜をたぐり寄せる．収縮の調節は，平滑筋における場合と同様に，ミオシンのリン酸化による．

細胞質分裂 cytokinesis，あるいは二つの娘細胞へ分裂していく細胞の収縮は，この種類の収縮系についての良い例となる．ミクロフィラメントの輪（環）が細胞の赤道面に構築され，ここで収縮が生じる．ミクロフィラメントは細胞膜につなぎ止められている．これらのフィラメントは（逆方向の極性をもちながら）お互い重なり合い，筋肉における場合と同様に，ミオシンに細胞を収縮させる力を発揮させる．収縮が進むとこの装置は壊れていく．アクチンは細胞を収縮させ，最終的に二つの娘細胞へ分離する．

細胞運動におけるアクチンとミオシンの役割

細胞運動は，ミクロフィラメントの重合・脱重合と収縮の両者に依存している．細胞が細胞外マトリックスのような表層をよちよちと動いていくと，細胞は**ラメリポディア（葉状仮足）** lamellipodium とよばれる幅広で平らな伸展部か，**フィロポディア（糸状仮足）** filopodium とよばれる長くて細い伸展部かを前方に先端から突き出す．これらの伸展部は方向性をもち（アクチン結合タンパク質により）重合されたミクロフィラメントから形成される．これが，ラメリポディアのネットワークや，フィロポディアの平行な束をつくり出す．前方の伸展部は下層の基質に結合し，その後に，ミオシンを介した伸長ストレスファイバーの収縮により，細胞体が引っ張られ後に続くのである．

細胞内輸送におけるアクチンとミオシンの役割

筋肉性の"古典的"ミオシン分子の棒状の"尾部"は，すでに述べたように，ミオシンそれ自体が筋細胞と非筋細胞のいずれにおいても双極性のフィラメントとなるように会合し，収縮を起こすことができるように設計されている．ミオシンには他のタイプのファミリーも存在し，発見された順に番号が付けられている．ミオシンⅡがもつような長い棒状の尾部の代わりに，モーター頭部に結合する尾部が小さいものがある（ミニミオシンという）．この型のミオシンは収縮するために必要な双極性の束を形成することはできないが，ATP の加水分解のエネルギーを用いて，筋肉について述べたのと同じ基本的な仕組みによってミクロフィラメントに沿って移動する．この型のミオシンの尾部は，小胞の膜のような別の構造（積み荷）に結合するように設計されており，この積み荷はミクロフィラメントに沿って動かされる．このファミリーのミオシンにはいろいろな種類があり，特別な小胞膜や他の分子の積み荷に結合できるように異なる尾部をもつ．これらは，脳をはじめとするほとんどすべての組織に見いだされている．一つの例外を除き，ミクロフィラメントのプラス末端へ向かって進む．

ここで，アクチン-ミオシン系とは道筋とモーターのいずれも異なる別の種類の輸送系について説明することにする．

微小管，細胞運動，細胞内輸送

細胞質の微小管は，α と β **チューブリン**分子の二量体であるチューブリンタンパク質サブユニットの重合によりつくられる．α と β チューブリン分子は，二量体に極性を与える．チューブリン二量体は可逆的に重合し，13 個のサブユニットが縦に並んだ中空管を形成している（図 8.16）．チューブリン二量体の重合は頭部と尾部がつながるように起こり，ミクロフィラメントが極性をもつように，チューブリンの末端もプラス（＋）末端とマイナス（－）末端とよばれる．微小管は細胞の中では基本的に不安定である．微小管は素早く構築と崩壊を繰返しており，この現象は**動的不安定性** dynamic instability として知られる．微

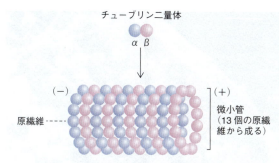

図 8.16 微小管の一部の構造．α と β のヘテロ二量体が重合し，13 個の原繊維から成る円柱状の細管を形成する．重合はプラス末端で生じやすく，この末端は GTP が結合した β チューブリンにより安定化される．

小管の保護されていない末端がこの不安定性と関連しており，ここでは脱重合により微小管の崩壊が生じ，遊離型のチューブリン分子が形成されていく．細胞内では，マイナス末端に核近傍の構造である **微小管形成中心（MTOC）** microtubule-organizing center あるいは **中心体** centrosome が結び付いている．動物細胞の場合，中心体は 1 組の小さな構造物である中心小体を含み，これは融合した微小管からつくられている（図 8.17）．中心小体の機能はよくわかっていない．なぜなら，微小管にとって核生成点（微小管が外向きへの伸長を開始する点）として働くのは中心体周辺物質であるからである．細胞には，MTOC から放射状に広がる微小管が行き渡っている（図 8.13 b）．

MTOC がマイナス末端を保護している．微小管は，細胞内でプラス末端から成長（あるいは崩壊）する．微小管が適当な行先に到達すると，標的タンパク質が微小管に

キャップを形成し，微小管を保護する．微小管は MTOC よりランダムな方向に成長していく．そこで細胞内の適当な構成成分に接触すると，このモデルではキャップをされ安定化するが，残りは崩壊する．

それでは，標的タンパク質に結合する前には，何が成長しつつある微小管を保護しているのであろうか．遊離型のチューブリンには GTP が結合している．成長しつつある微小管に付加された GTP-チューブリンサブユニットは，微小管のプラス末端を保護している．β チューブリンは通常は活性をもたない潜在型の GTP アーゼである．サブユニットが成長しつつある微小管に付加されると，GTP は GDP と P_i に加水分解される．しかし，これが生じるには多少時間がかかる．したがって，新たに付加されたサブユニットはその時点では GTP 型であり，一時的に微小管にキャップを形成し，その末端を崩壊から保護する．チューブリン-GDP サブユニットには保護作用はないので，最後に付加された単量体上の GTP が加水分解される前に，新しいチューブリン-GTP 単量体が付加されないと，微小管は脱重合する．このモデルにおける GTP の加水分解は時計のように働く．この状況は，GTP の代わりに ATP が使われていることを除けば，先に述べたミクロフィラメントの場合と類似していることに注目してほしい．繊毛や鞭毛では微小管が常に安定に存在している（以下参照）が，ここでは微小管が構築された後，チューブリンが共有結合による修飾を受け，微小管の間で架橋が生じ，構造が安定化されている．

分子モーター：キネシンとダイニン

二つの型の微小管に結合するモータータンパク質，**キネシン** kinesin と **ダイニン** dynein が同定されている．これらはいずれも運動に ATP を必要としている．キネシンとミオシンのモータードメインは構造上類似しており，両者が共通の祖先から進化してきたことが示唆される．（ATP が供給された）キネシンとダイニンは，ちょうどミオシン頭部が固定化されたミクロフィラメントに沿って動くのと同様に，固定化された微小管繊維に沿って堅実に"歩いて"いく．ほとんどすべてのキネシンは，マイナスからプラスの方向へ微小管に沿って動き，ダイニンは逆方向に動く．異なる機能に特化したキネシンとダイニン分子のファミリーが存在する．微小管に沿って実際に動く頭部の部分は，おそらくおのおののファミリー内では共通のモチーフ構造を示し，一方，小胞といった特定の積み荷に結合する尾部は構造が異なっている（図 8.18 b）．

古典的キネシン conventional kinesin という最もよく知られたキネシンを図 8.18（a）に示す．古典的キネシンは二つの頭部をもち，この頭部が微小管に沿って動く力を発揮する．このモーター頭部の大きさはミオシン頭部の約半分である．この動きはミオシンとは異なっており，二つの

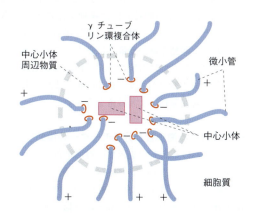

図 8.17 微小管形成中心（MTOC）からの微小管の放射の模式図．＋と－は微小管の極性を示す．中心小体は 1 組の管状構造物であり，微小管が接着してつくられる．放射する微小管は中心小体を取囲む中心小体周辺物質から始まる（はっきりした境界があるわけではない）．それぞれの微小管は γ チューブリン環複合体（多くのタンパク質の集合）から伸びている．

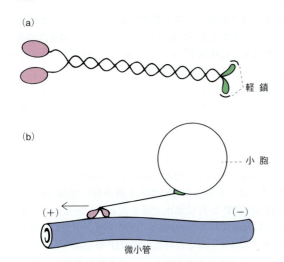

図8.18 (a) 古典的キネシン分子の構造の模式図. (b) キネシン分子が微小管に沿って, 小胞を運搬する模式図. 細胞内での輸送の様子は図8.19の電子顕微鏡写真を参照.

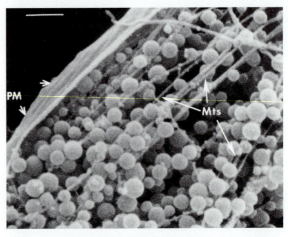

図8.19 微小管による小胞輸送. squirrel fish（イットウダイ科の魚）の色素体において, 微小管に沿って色素含有小胞が運搬される様子の走査電子顕微鏡写真. 細胞の色の変化は小胞が細胞のどこに向かうかで決まる. Mts: 微小管, PM: 細胞膜. スケールは0.5 μm. © 1988 Rockefeller University Press. J. Cell. Biol. 106: 111–125.

頭部の一方を結合し, 頭部を交互に動かしながら微小管上を歩くようになっている. この分子の頭部は柔軟性に富む部分であり, この動きを可能にしている. この運動はATPの加水分解を利用して駆動する. 分子のもう一方の末端は, 小胞のような積み荷に結合している.

すでに述べたように, キネシンは微小管上をプラス末端に向かって動くが, このことは一般的に, 細胞の周囲に向かって動くことを意味する. 神経軸索においては, 小胞は細胞体から外へ向かって引っ張られる. ニューロンのキネシンが欠損している遺伝子疾患があり, 結果として, 下肢の進行性の硬直や脱力をひき起こす末梢性神経障害 peripheral neuropathy となる.

ダイニンは非常に大きな分子であり, これも二つのモーター頭部をもつ. キネシンとは逆の向きに微小管に沿って動く. ほとんどすべての真核細胞にはダイニンモーターが見いだされ, これもまた小胞輸送に関与している.

図8.19には走査型電子顕微鏡による美しい顕微鏡写真として, 微小管に沿った小胞輸送の際立った一つの例が示されている. 魚や両生類の中には, 皮膚の色を素早く変化させるカモフラージュの仕組みをもつものがいる. これは色素を含む小胞を微小管に沿って細胞の周辺に運び去るか, あるいは外界の色に合わせて均一に分布するように運搬するかにより成し遂げられる.

細胞運動における微小管の役割

細胞運動における微小管の役割は細胞骨格と比べると比較的限られたものであり, 真核細胞の繊毛や鞭毛に限定される. 肺において気道に並んでいる細胞は多数の繊毛をもち, これを振動させることにより, 粘液に沿って粘液に捕らわれた異物を掃き出していく. 精子は鞭毛の作用により自らを推進する. 繊毛は鞭毛に比べると小さいが, それ以外の点ではこれらの細胞小器官は構造上よく類似している. 微小管は, この場合は全長にわたり平行に結合し対になっている不変の構造であり, 中心小体によく類似した基底小体より出発し, 細胞小器官に沿って動いていく. 微小管に結合しているのはダイニン分子である. ATPのエネルギーを用いて, ダイニンはその尾部を隣接する微小管の対に結合させながら, 微小管に沿って（マイナス末端に向かって）"歩いて" いく. しかしながら, 微小管の対は架橋されており, お互い相対的には移動することができない. そのため, ダイニンの動きは, 滑る運動ではなく屈曲する波のような運動を繊毛や鞭毛にひき起こす. 多くの種類の細菌が鞭毛をもつにも関わらず, 細菌の鞭毛は異なる構造をもち（微小管ではない）, この鞭毛は波のような運動よりむしろ回転運動により細菌を推進する.

有糸分裂における微小管と分子モーターの役割

有糸分裂における新しい染色体の対は染色分体とよばれる（第30章）が, この染色分体は最初は結び付いていて, その後分離しなくてはならない（図8.20）. 核膜が消失し, 中心体が分かれ, その一つのコピーが細胞の逆の端に移動する. ここから微小管が成長し, 紡錘体が形成される. 二つに分かれた染色体は紡錘体の中央の赤道面に整列する. 紡錘体には三つの型の微小管がある. 最初の型は動原体微小管 kinetochore microtubule とよばれ, 動原体においてそれぞれの染色分体（図8.20）に結合している. 動原体とは染色分体のセントロメアにおけるタンパク質複合体で

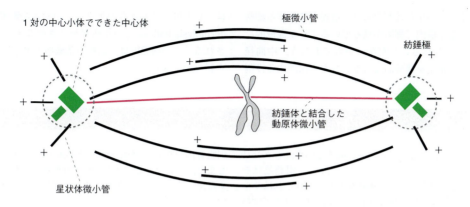

図 8.20 分裂中期における紡錘体．微小管は中心体から出ている．倍加した染色体（このうちの一方のみを示している）は動原体として知られるタンパク質複合体上で動原体繊維に結合した紡錘体の中央に並んでいる．オーバラップしている極繊維は中心体の分離を促す．極繊維の重なっている部分に存在するキネシンが染色体分離を起こすと考えられている．星状体微小管は紡錘体の分離を助け，プラス末端に向かう分子モーターが関与している．動原体繊維は動原体との結合部で脱重合しながら，微小管を短縮していく．こうして，倍加したそれぞれの染色体は両方に分かれ，細胞分裂の準備が整う．

ある．動原体微小管による張力が染色体を赤道に整列させる．二つめの型は**極微小管** polar microtubule とよばれ，プラス末端で重なっており，三つめの型は**星状体微小管** aster microtubule とよばれ，分裂している細胞の両極において紡錘体を細胞膜に結合させる．

三つの過程が染色体の分離に関与している．まず最初に，染色体が極に向かって引っ張られる．これは，セントロメアに結合している動原体繊維が短縮することにより生じる．微小管は収縮することはできない．動原体繊維の短縮は，染色体との結合部での微小管の脱重合により生じる．チューブリン二量体の消失が進むにも関わらず，微小管のプラス末端は動原体に結合したままでおり，二つの染色分体が引離される．

二つめの作用では，二つの極性繊維が重なっている間で働くキネシンが互い違いに引き合い，中心体を細胞の逆の末端へと動かす．キネシンの尾部は一方の繊維に結合し，モーター頭部は逆の方向性をもつ重なる繊維に結合する（図 8.20）．頭部をプラス末端に動かす間に，二つの繊維の重なりを減らしていき，こうして中心体は細胞の両側へと分離していく．三つめの作用では，細胞の内皮質に結合したダイニンが中心体において星状体微小管に沿ってマイナス末端に向かい移動し，星状体微小管を引離す．

中間径フィラメント

真核細胞における第三のフィラメントは，平均すると直径 10 nm と，ミクロフィラメントと微小管の寸法の間を示し，このために**中間径フィラメント（IF）** intermediate filament と名付けられている．これはミクロフィラメントや微小管とは異なる役割を担う．手短に言えば，中間径フィラメントの役割は細胞に機械的強度をもたらすことである．中間径フィラメントは脊椎動物に見いだされるが，すべての細胞に存在するわけではない．また，無脊椎動物ではわずかにしか見いだされない．

中間径フィラメントは多様な種類の相同性タンパク質から成る．典型的には，約 350 アミノ酸残基の長さから成るコアフィラメントが存在し，中間径フィラメントの種類により異なる末端をもつ．伸長した分子構造をもち，中央の α ヘリックス部分がコイルドコイルの二量体を形成している．この結果として，水平方向に詰まった頑強な構造となっている．

異なる真核細胞にはさまざまな種類の異なる中間径フィラメントが存在する．細胞の分化や発達のある特定の段階に異なる中間径フィラメントが発現するため，重要な役割を果たしていると考えられる．このなかには上皮細胞の**ケラチン** keratin という中間径フィラメントが含まれるが，これは皮膚を頑丈にしている．死んでしまった上皮細胞由来のケラチンは，毛髪，爪や馬の蹄を形成する．神経細胞には**ニューロフィラメント** neurofilament が存在し，その長い軸索を機械的に支持している．**デスミン** desmin はサルコメアの Z 線に局在している．多数の**ラミン** lamin タンパク質は，核膜の内側の表面に結合したネットワークをつくり出している．中間径フィラメントは，一般的に，ほとんどのアクチンや微小管と同じような短命なものではないが，ラミンは例外である．有糸分裂ではラミンのリン酸化の後に核膜は壊され，分裂の終わりになって再びつくり出される．

中間径フィラメントは細胞の増殖や分裂に必須ではない．変異により中間径フィラメントの形成が生じないような細胞でも，実験室における培養系では，それでもなお増

殖し分裂する．この生存はおそらく，培養系における細胞は機能している組織内で細胞が被っているような機械的なストレスにさらされることがないからであろう．中間径フィラメントの細胞を機械的なストレスから保護する役割は，ヒトにおける皮膚のケラチンの変異が**表皮水疱症** epidermolysis bullosa という病態をひき起こすことからも示される．この病態では，表皮の基底層の不全により皮膚に水膨れができる．

要　約

　筋収縮とあらゆる分子モーターの働きはいずれもタンパク質のコンホメーション変化に依存している．骨格筋はその全長にわたって多くの筋原繊維をもち，それぞれはサルコメアという収縮単位で区分されている．サルコメアはおのおのの末端に強力なZ線をもち，ここから繊維性タンパク質であるアクチンから成る細いフィラメントが突き出て，サルコメアの中心に向かっている．細いフィラメントは，中央に太いフィラメントを配した六角形の"かご"を形成している．太いフィラメントは，双極性をもつように構築された数百のミオシン分子の束である．ミオシンは棒状の分子であり，おのおのの二量体はコイルドコイル構造で絡み合い，末端には1対の球状の頭部をもつ．

　収縮は滑りフィラメントモデルで説明される．このモデルでは，サルコメアは太いフィラメントにより縮められる．ミオシン頭部はアクチンフィラメントと接触している．収縮のサイクルは，ミオシンに結合したATPがADPとP_iに加水分解される際のエネルギーにより駆動する．このサイクルでは，ミオシン頭部が細いフィラメントにZ線をサルコメアの中心に向かって引寄せるようにさせて，この結果として収縮が生じる．しかしながら，ATPの加水分解は，収縮のパワーストロークとは同時には起こらない．ミオシン頭部はレバーアームを用いてアクチンの位置をずらしていく．P_iとADPが遊離し，ミオシンの頭部が振り子レバーアーム機構を介し力を発揮するときに，パワーストロークは生じる．この機構では，ミオシンの棒がある位置から次の位置まで振られ，結合しているアクチンフィラメントを滑らせる．

　収縮は神経インパルスによってひき起こされる．神経インパルスは筋原繊維を包み込む袋である筋小胞体からCa^{2+}を放出させる．このイオンが，アクチンフィラメントに結合しているトロポミオシン複合体のコンホメーションを変化させ，アクチンフィラメントの位置をミオシンと結合できるようにすることにより，ミオシン頭部の収縮サイクルを開始する．ATP駆動性ポンプがCa^{2+}を筋小胞体に戻し，細胞質内からCa^{2+}が除かれると収縮は終結する．平滑筋もまた，アクチンとミオシンにより収縮する仕組みを利用するが，サルコメアを欠き，これとは異なる調節機構をもつ．

　筋肉は特殊化した場合であるが，ほとんどすべての真核細胞は，細胞骨格の構成成分としてアクチンとミオシンを含んでいる．別のおもな構成成分としては，チューブリンから成る微小管と中間径フィラメントがある．細胞骨格は細胞の構造，細胞運動，膜小胞の輸送において重要な役割を担う．膜小胞は新たに合成された高分子を含有し，これらの分子を単純拡散ではうまく到達できない細胞内の場所へと運んでくれる．

　ミクロフィラメントは，筋肉では細いフィラメントとなる球状のGアクチン重合体のFアクチンである．細いフィラメントが不変の構造であるのとは異なり，細胞骨格のミクロフィラメントは必要に応じて構築と崩壊を繰返す．この動的な過程は，アクチンに結合したATPの加水分解を伴い，異なる性状と機能をもつ多数のアクチン結合タンパク質により制御される．ミクロフィラメントの素早い成長は，細胞移動において細胞を前方に動かす．ミオシンファミリーの分子は，ミクロフィラメントの細胞輸送機能に関わる．これらは筋肉のミオシンと同様，1対の球状の頭部をもつが，長い棒状の尾部ではなく，輸送される小胞に結合する短い尾部に置き換わっている．

　微小管はチューブリンタンパク質の二量体が重合してできた中空管である．これらもまた必要に応じて構築と崩壊を繰返すが，この過程はチューブリンに結合したGTPの加水分解を伴う．キネシンとダイニンとして知られるATPによって駆動する分子モーターが微小管に沿ってそれぞれ反対の方向に動き，積み荷を引っ張っていく．細胞運動における微小管の役割は繊毛や鞭毛に限られているが，これらは細胞内輸送と同様に，細胞分裂における染色体の移動において重要な役割を担っている．

問　題

1. 横紋随意筋サルコメアの収縮はいかに制御されているか．
2. 平滑筋の収縮はいかに制御されているか．
3. ATP合成酵素によるATP合成と，筋収縮におけるミオシンによるATPの利用の間に，原理のうえで類似点はあるか．
4. ミオシンがアクチンフィラメントをどのようにして動かすか，その機構を簡単な模式図で説明せよ．
5. アクチンは非筋細胞にも見いだされる．そこでのアクチンの機能は何か．
6. 微小管とは何か．何が微小管の構築と崩壊を制御しているのか．

7 末端が保護されていないと微小管は破壊されていく．微小管がつくられていくとき，この末端を保護しているのは何か．

8 キネシンとダイニンとは何か．これらの運動はミオシンの運動とはいかに異なっているか．

9 細胞分裂において，中期に赤道上に存在する染色体はその後離れていく．微小管は動原体に結合しているが，染色体が離れていくのに伴い短くなる．これは微小管が収縮することを意味するのか．答えを説明せよ．

10 中間径フィラメントとは何か．その機能は何か．

11 Gアクチンというタンパク質とチューブリンの共通点は何か．

代 謝 と 栄 養

- **9** 栄養学の基本原理　146
- **10** 食物の消化，吸収，組織への分配　155
- **11** 食事成分の輸送，貯蔵，動員の仕組み　171
- **12** 食物からのエネルギー放出の基本原理　187
- **13** 解糖系，TCA 回路，電子伝達系　198
- **14** 脂肪酸からのエネルギー放出　225
- **15** グルコース酸化の第二経路：ペントースリン酸経路　232
- **16** グルコースの生合成：糖新生　238
- **17** 脂肪酸および類縁化合物の生合成　246
- **18** 窒素代謝：アミノ酸代謝　259
- **19** 窒素代謝：ヌクレオチドの代謝　274
- **20** 代謝調節の仕組みと代謝統合への応用　286
- **21** 水の電子を高エネルギーレベルにもち上げる仕組み：光合成　313

栄養学の基本原理

　この章では，栄養学に関する話題を取扱うとともに，後述の代謝に関する章を理解するために役立つさまざまな概念について紹介する．

　私たちは食事に含まれるエネルギーと特定の栄養素を必要とし，食べた物を酸化あるいは修飾して貯蔵するが，自分自身と食物は同じ成分から構成されている．ヒトは糖質（炭水化物），脂質（脂肪），タンパク質を摂取し，これらの栄養素は代謝燃料となる．また食物からビタミンやミネラルなどの必須栄養素を摂取する．

　タンパク質，糖質，脂質は食物の大部分を占めることから主要栄養素として知られる．ビタミンやミネラルの摂取はそれよりもずっと少なく，微量栄養素として知られる．生体が正常に機能するためには，これらすべての栄養素が必要である．栄養学について語るために，ここではいくつかの定義と用語を説明するとしよう．

　栄養学 nutrition とは食物とそれに含まれる物質の科学であり，その重要性は古代からすでに認識されていた．たとえば Hippocrates は，夜盲症（ビタミン A の摂取により治癒するビタミン A 欠乏症）で苦しむ人々のために，実際には欠乏と治療の関係を知らなかったにも関わらず，肝臓を食することを助言した．歴史的に，医師たちは食事を変えることにより患者をいやし，治すことを試みてきた．科学としての栄養学に関する最初の認識は 18 世紀の Lavoisier にさかのぼる．彼は多くの実験により，"生命とは燃やすことである"と結論した．

　健康とは個体にとって最適な機能が営まれる状態であり，**病気**とはこの機能が損なわれた状態である．

　食事とは個人あるいは集団の中で適応した食物や飲み物を標準的に摂取する過程のことである．

　栄養状態とはエネルギーや栄養素の消費，利用，貯蔵に関する個体の状態のことである．

　栄養素 nutrient とは，体内で合成することのできない食物中の必須成分のことである．栄養素には必須アミノ酸，必須脂肪酸，ビタミン，ミネラルが含まれる．一般的に，糖質，脂質，タンパク質などの代謝燃料は栄養素に含まれず，エネルギー源として働く．食事中の不活性物質，たとえば非デンプン性多糖類（食物繊維）のように消化されたり代謝されたりはしないが胃腸の機能を高めることに役立つ物質も栄養素に含めるべきであろう．

　栄養不良 malnutrition という用語は不適切な栄養摂取を表すとき，すなわち食物が全体的に足りないときや，壊血症として知られるビタミン C 欠乏症のようにある特定の栄養素が足りないときに，最もよく使われる．栄養不良はまた，糖尿病や心血管疾患のように栄養過剰摂取による肥満症およびその関連疾患について述べるときにも使われることがある．

　本章では，食物の構成成分とその機能，欠乏あるいは過剰摂取の影響，そして摂食と体重の調節機構についてみることとしよう．第 10 章では消化と吸収，そしてその後の食品成分の体内動態について述べる．第 11～19 章では代謝燃料の生合成と分解について，第 20 章では全代謝過程の統合について取扱う．

エネルギーと栄養素の必要性

　エネルギーは筋肉の収縮，イオン平衡の維持，物質の輸送，そして高分子の生合成に常に必要とされる．理論的にはエネルギーは糖質，脂質，あるいはタンパク質のいずれの酸化から供給されても構わないが，実際には考慮すべき事柄がある．第 18 章で述べるように，グルコースのような糖質はタンパク質から合成されうるが，個体のグルコース必要量を十分に賄える量のタンパク質を食物から得ることは難しい．ほとんどの食物ではタンパク質はエネルギー源のわずか 10～15 ％程度を占めるにすぎず，残りのエネルギーは糖質と脂質から供給される．先進国では糖質が占めるエネルギーの割合は 30 ％ほどであるが，発展途上国では 90 ％に及ぶこともある．少量の必須脂肪酸（第 17 章）を除き，脂質は必ずしも摂取する必要はないが，脂質を含まない食品は非常にまずく，1 人当たりのエネルギー必要量に足りるだけの十分な量を摂取できないこともある．糖質やタンパク質は脂質と比べて体重当たりたった半分のエネルギーしか生み出せないからである（表 9.1）．また，

表9.1 代謝燃料の適切なエネルギー収量をg当たりのkJとkcalで示す（1 kcal = 4.186 kJ）

代謝燃料	kJ/g	kcal/g
糖質	17	4
タンパク質	17	4
アルコール	29	7
脂質	37	9

脂質欠乏食はビタミンAやDのような脂溶性ビタミンの欠乏症を招くこともある．なぜなら，これらの栄養素は油性食品の中に含まれており，また消化管で吸収されるためにはある程度の量の脂質が必要だからである．

平均的な女性（19～30歳）は1日当たり6.3～10.5 MJ（1500～2000 kcal），同年齢の男性は10.5～13.8 MJ（2500～3300 kcal）のエネルギーを必要とする．

タンパク質

脂質や糖質とは異なり，**タンパク質** protein の食事としての摂取は必須である．体内ではタンパク質を構成するアミノ酸のうち約半分しか生合成することができず，これらのアミノ酸は**非必須アミノ酸** nonessential amino acid とよばれる．残りの半分は食物から摂取することが必要不可欠であり，**必須アミノ酸** essential amino acid とよばれる．タンパク質の必要性とは必須アミノ酸，すなわち炭素骨格を体内で生合成することができないアミノ酸の必要性ということである．

必須アミノ酸にはヒスチジン，イソロイシン，ロイシン，リシン，メチオニンまたはシステイン，フェニルアラニンまたはチロシン，スレオニン，トリプトファン，バリンが含まれる．

妊婦や成長期の小児のように，タンパク質を体内で新しくつくり出すために食物からタンパク質を摂取することが明らかに必要である場合に加えて，タンパク質は常に分解されているため，成人でもタンパク質を新しいものに置き換える必要がある．また，核酸や神経伝達物質の生合成のために窒素を得る必要がある．タンパク質以外に窒素を体内に得る手段はほとんどない．植物のタンパク質にはリシンやトリプトファンがあまり含まれていないので，完全菜食主義者はこれらのアミノ酸を補充できるようなタンパク質含有食品を摂取するよう留意すべきである．

タンパク質・エネルギー栄養障害 protein/energy malnutrition（**PEM**）は，多くの発展途上国，特にサハラ以南のアフリカ，インド亜大陸，中米の一部でみられる．最も極端な場合は消耗症（一般的な食料不足）とクワシオルコル（特にタンパク質が欠乏）である．これらの状態は劣悪な公衆衛生環境，感染症，さらには抗酸化栄養素の欠乏によって助長されるので，状況はより複雑である．先進国では，タンパク質・エネルギー栄養障害はがんやエイズ，あるいは拒食症などの摂食障害といった病気を患っている人々にみられる．

脂　質

ヒトは**脂質** fat, lipid を糖質から生合成することができるが，大部分の脂質は食物から摂取され，ヒトに特徴的な形に修飾される．哺乳類では，脂質は3種類の脂肪酸がグリセロールにエステル結合したトリアシルグリセロール（TAG；中性脂肪）の形で貯蔵される．

飽和脂肪酸 saturated fatty acid，すなわち脂肪酸鎖に二重結合が一つもない脂肪酸はおもに動物性食品に由来する．**不飽和脂肪酸** unsaturated fatty acid のうち，**高度不飽和脂肪酸** polyunsaturated fatty acid は，脂肪酸鎖中に多くの二重結合をもち，おもにヒマワリ油，大豆油，コーン油などの植物性食品から摂取される．**1価不飽和脂肪酸** monounsaturated fatty acid はたった一つの二重結合をもち，おもにオリーブ油やナタネ油に含まれている．

トランス脂肪酸 trans fatty acid（図9.1）は天然には存在しないが，商業化の過程で水素化され，二重結合が天然型のシスからトランスに変換されることで生じる（Box 7.1参照）．トランス脂肪酸は多くの加工食品の保存期間を長くするので食品会社には扱いやすいが，心血管疾患のリスクを上げることから，飽和脂肪酸と同等あるいはそれ以上に注意が必要である．疫学的に1価および高度不飽和脂肪酸には害がなく，心血管疾患に対してはリスクを下げる効果があるらしい．

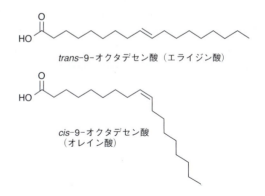

図9.1 トランス，シス脂肪酸の構造

必須脂肪酸 essential fatty acid とは，体内で生合成することができず食事から摂取しなければならない脂肪酸のことであり，**リノール酸** linoleic acid（炭素数18，二つの二重結合），**リノレン酸** linolenic acid（炭素数18，三つの二重結合），**アラキドン酸** arachidonic acid（炭素数20，四つの二重結合）が含まれる（図9.2）．このうちリノール酸とリノレン酸はおもに細胞膜の構成成分として必要であり，

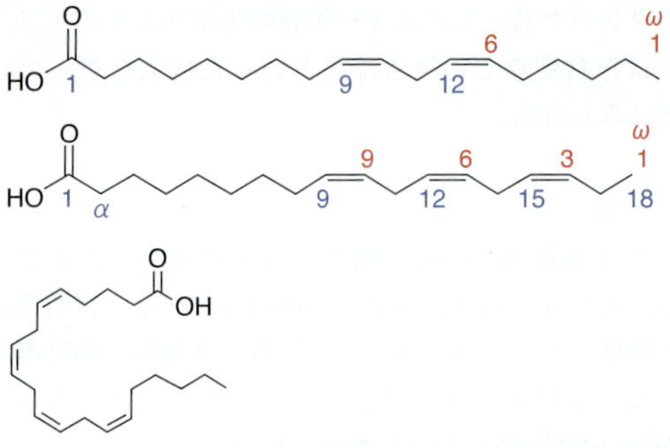

図9.2 リノール酸，リノレン酸，アラキドン酸の構造

アラキドン酸はプロスタグランジン類の前駆体である．

コレステロール cholesterol（図9.3）は肉や動物性食品に含まれており，完全菜食主義の食品には存在しないが，体内で生合成することができる．

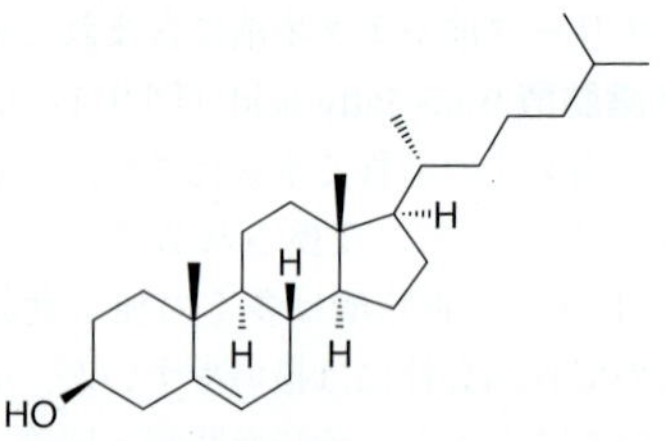

図9.3 コレステロールの構造

糖 質

食物中の**糖質（炭水化物）** carbohydrate の大部分は**デンプン** starch と糖（**スクロース** sucrose）から成る．食物中の糖質の存在はタンパク質を節約する効果がある．脳，神経，赤血球はグルコースを代謝燃料としており，脂質を利用することができない．もし食物中に糖質がまったく含まれていなければ，体内で必要とされるグルコースはタンパク質から補われねばならず，グルコースに匹敵するほどのエネルギーを生み出す量のタンパク質を含んだ食品はありえないので，同時に体内のタンパク質も不足することになろう．

ヒトには β-グリコシド結合（β-アセタール結合）を分解する酵素がないため，**非デンプン性多糖類** non-starch polysaccharide（**食物繊維** dietary fiber）はヒトの消化管では消化されないが，体に有益であると考えられている．食物繊維はおもに全穀物と果物，野菜に含まれている．高純度の糖質を多量に含み食物繊維をあまり含まない食品は，大腸がんや大腸憩室疾患，さらには高コレステロール血症と関連している．図9.4にセルロースとデンプンの構造の違いを示す．セルロースは β-グルコース単位，デンプンは α-グリコシド（α-アセタール）結合から成る α-グルコース単位から構成されており，α-グリコシド結合はヒトの酵素によって加水分解することができる．

ビタミン

医学において欠乏症の概念はかなり新しいものである．何百年もの間，病気は必須成分の欠乏ではなく何らかの毒性因子の存在によってひき起こされると考えられてきた．Lind は1757年に，英国水兵に流行した壊血病がレモンやライムにより治療できることを見つけた．1890年に，ジャワ島で働いていたオランダ人医師 Eijkman は，白米を主食としている脚気患者にチアミン（ビタミン B_1）を補充した米を与えることによって，つまり欠乏していた栄養素を補うことによって治療した．必須栄養因子を探索する1900年代初頭の Gowland Hopkins の研究は，一つの科学領域としての生化学の基礎を築くことに役立った．これらの複雑な必須因子は当初"生命を支えるアミン"と考えられ，ビタミンと名付けられた．

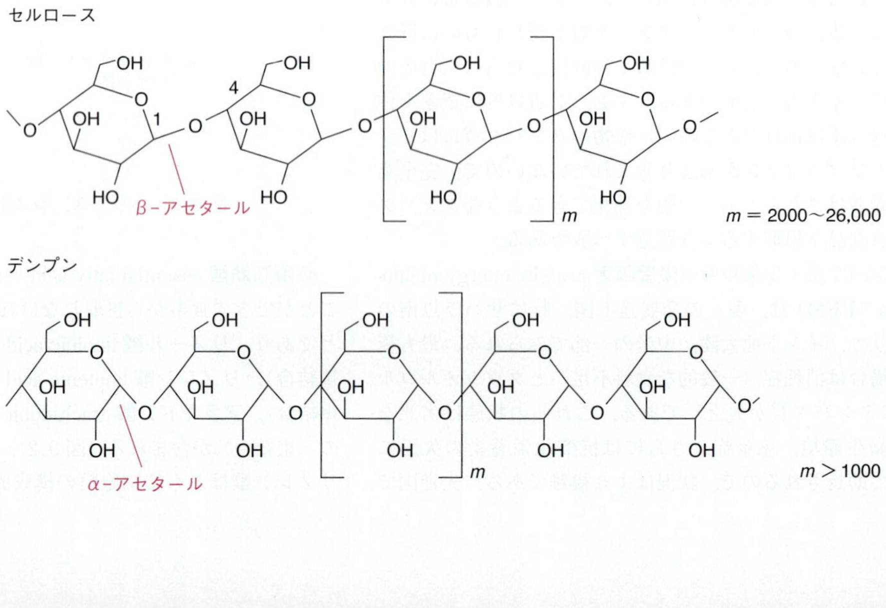

図9.4 セルロースとデンプンの構造

$m = 2000 \sim 26{,}000$

$m > 1000$

9. 栄養学の基本原理

現在のビタミンの定義は、"タンパク質、糖質、脂質などと比較して食品中にごく少量含まれている複雑な有機化合物で、その不足が欠乏症をひき起こすもの"である.

伝統的にビタミンは**水溶性** water soluble と**脂溶性** fat soluble に分類される. それぞれの群の中で各ビタミンの構造や機能は似ていないので、この分類に理論的な理由はないが、いくつかの実用的意義がある. 水溶性ビタミンは過剰に摂取したとしても容易に排泄されるので毒性は低いが、長期間貯蔵されないので脂溶性ビタミンよりも頻繁に食品から摂取しなければならない. 脂溶性ビタミンはビタミンA, D, E, Kを含み、水溶性ビタミンは種々のビタミンB類とビタミンCを含む.

いくつかのビタミンは生物活性を発揮するために活性型に変換される必要がある.

ビタミン類の分類、食品源、活性型、機能、欠乏症、過剰に摂取した場合の毒性の指標に関する総論を以下に述べる. 代謝におけるビタミンのより詳細な役割は各章でふれる.

水溶性ビタミン
ビタミンB

ビタミンB類に属するすべてのビタミンの活性型は代謝経路の補因子または補酵素として機能する.

チアミン(ビタミンB_1) チアミンは肉、酵母、加工されていない穀類に含まれる. 活性型はチアミン二リン酸で、糖質代謝の補酵素である(第13章). チアミン欠乏症は脚気として知られ、この病気は精米された白米を主食とする南アジアで多くみられる. 脚気は末梢神経障害を特徴とし、ときにうっ血性心不全を伴う. 先進国においては、チアミン欠乏症はおもにアルコール性認知症(Wernicke-Korsakoff症候群)にみられ、直近の記憶の障害や時空間認識の障害を特徴とする. チアミンは水溶性であり容易に排泄されるので、過剰に摂取しても毒性はない.

リボフラビン(ビタミンB_2) リボフラビンは卵や乳製品、そして一般的に高タンパク質食に含まれる. 活性型はFADやFMNで、呼吸における酸化還元反応に関与する(第13章). 欠乏症はまれであり、症状は唇のひび割れ(口角びらん症)や舌の炎症(舌炎)など軽微である. リボフラビンは水溶性であり容易に排泄されるので、過剰に摂取しても毒性はない.

ナイアシン(ニコチン酸)とニコチンアミド ナイアシンは肉、酵母、乳製品に含まれる. 活性型はNADとNADPである. これらは呼吸における酸化還元反応に関わる(第13章). 欠乏症のペラグラは未処理のトウモロコシからできている食品[*1]と関連がある. ペラグラは日光にさらされた部位の皮膚炎、下痢、認知症を特徴とする. ナイアシンは水溶性であり容易に排泄されるので、過剰に摂取しても毒性はない.

ビオチン ビオチンは卵や乳に含まれ、腸内細菌によってもつくられる. 活性型は酵素に結合したビオチンで、カルボキシ化反応に関わる(第13章). ビオチンは広く分布しており、必要量の大部分は腸内細菌により供給されるので、欠乏症はまれである. 生卵はビオチンに結合して吸収を妨げるアビジンを含むため、ビオチン欠乏症を起こすことがある. 欠乏症は皮膚炎、舌炎、悪心を特徴とする. 過剰に摂取しても毒性はない.

ビタミンB_6(ピリドキシン、ピリドキサミン、ピリドキサール) ビタミンB_6は動植物に広く分布している. 活性型はピリドキサールリン酸で、おもにアミノ酸代謝の補因子として働く(第18章). 欠乏症はまれであるが、結核治療薬イソニアジドを用いるときに生じることがある. イソニアジドはピリドキシンに結合して活性を妨げるため、サプリメント補充が必須となる. 欠乏症は**貧血** anemia とけいれんである. 他の水溶性ビタミンとは異なり、過剰摂取は感覚神経を障害する. この症状は月経前緊張症候群の治療のためにピリドキシンを過剰投与した女性にみられる.

葉酸 その名の示すとおり、葉酸は緑葉野菜に含まれ、肝臓にも存在する. 活性型はテトラヒドロ葉酸で、一炭素転移反応、特にアミノ酸やプリン、ピリミジン生合成に関わる(第18, 19章). 葉酸の欠乏は大型の未成熟赤血球が血中に出現する巨赤芽球性貧血をひき起こす. 妊婦での欠乏は胎児に神経管障害、たとえば二分脊椎を起こすことがある. 過剰摂取しても毒性はない.

コバラミン(ビタミンB_{12}) コバラミンは肉や動物性食品のみに含まれる. 胃から分泌される**内因子** intrinsic factor とよばれる糖タンパク質がコバラミンの吸収に必須である. 活性型はメチルコバラミンまたはアデノシルコバラミンで、メチル基転移反応、特にメチオニン合成やプリン、ピリミジン代謝に関わる(第18, 19章). 欠乏症はおもに内因子の分泌不全に起因する**悪性貧血** pernicious anemia である. また、葉酸欠乏症と同様に巨赤芽球性貧血もひき起こすが、これに加えて中枢や末梢に神経症状を呈するのが特徴である. 過剰摂取しても毒性はない.

パントテン酸 パントテン酸は広く分布する("パントテン"はギリシャ語に由来し、"どこにでも"を意味する). パントテン酸は補酵素A(CoA)の一部であり、アシル基転移反応に関わる. 欠乏症はまれであり毒性は知られていない.

ビタミンC(アスコルビン酸) ビタミンCは柑橘類、トマト、ベリーに含まれている. 活性型はアスコルビン酸である. アスコルビン酸はコラーゲン合成においてヒドロ

[*1] 訳注: トウモロコシを主食とする地域では、アルカリ処理によってナイアシンを吸収しやすくしている.

キシ化反応に必須な還元物質である（第4章）．ビタミンCの欠乏は壊血病をひき起こし，この病気は創傷治癒の遅延，胃腸出血，歯のぐらつき，ガムを嚙む際の痛みと出血などを特徴とする．多くの人々がかぜやがんの予防のために大量のビタミンCを摂取している．過剰摂取しても害はないが，感受性の高い人はシュウ酸性腎結石を発症することがある．ただし，ビタミンCの大過剰摂取が病気に効くという証拠はない．

脂溶性ビタミン

ビタミンA（レチノール，レチナール，レチノイン酸，β-カロテン）　ビタミンAは魚の肝臓油やバターに多く含まれる．植物からはニンジンや他の緑黄色野菜に含まれるβ-カロテンとして摂取される．β-カロテンは肝臓でレチノールに変換される．活性型ビタミンAはレチノール，レチナール，レチノイン酸で，レチノールは生殖，レチナールは視覚，レチノイン酸は成長，遺伝子発現，上皮組織の分化に関わる（第29章）．ビタミンAの欠乏は小児の成育不良，壮年期の不妊症に加えて，夜盲症，眼球乾燥症（核膜の角化），角膜軟化症（角膜の変性脱落）をひき起こし，最終的には失明を招く．過剰のビタミンAは肝臓に蓄積し，サプリメント補充により毒性濃度に達することがあり，壮年期に骨折しやすくなる．催奇形性，すなわち新生児に障害を起こすことがあるため，妊婦はビタミンAのサプリメントを摂取すべきではないし，痤瘡（にきび）の治療のために類似化合物であるイソトレチノインを使うべきではない．

ビタミンD（コレカルシフェロール）　ビタミンD（図9.5）は皮膚において紫外線照射によりデヒドロコレカルシフェロールから生合成されるので，厳密にいえばビタミンというよりはホルモンである．ホルモンではあるが依然としてビタミンに分類されている理由は，多くの人々がこれを十分に生合成することができず，食事からの摂取を必要としているからである．魚油はビタミンDの優れた供給源である．食品中の主成分はビタミンD_3（コレカルシフェロール）で，活性型は1,25-ジヒドロキシコレカルシフェロールである．ビタミンDは腸管からのカルシウムの吸収と骨の石化に必要で，欠乏すると小児においてくる病 rickets，成人において**骨軟化症** osteomalacia をひき起こす．双方の疾患において，骨のミネラルと基質の比が減少し，柔らかくもろい骨になる．欠乏症を発症しやすい集団は，家にこもりがちな老人や，体全体を衣類で覆う習慣があり，なおかつビタミンDをあまり含まない食品を摂取する習慣をもつ人々である．ある北国においては，日光を過度に避けることも要因となって，ビタミンDの量が足りない母親から授乳を受けている乳児にくる病がみられるようになっている．ビタミンDを過剰摂取すると毒性が出る．天然物からの過剰摂取は起こりにくいが，サプリメントの過剰摂取は起こりうる．異所性の石灰化や精神遅滞を生じ，大過剰量の摂取は致死的である．

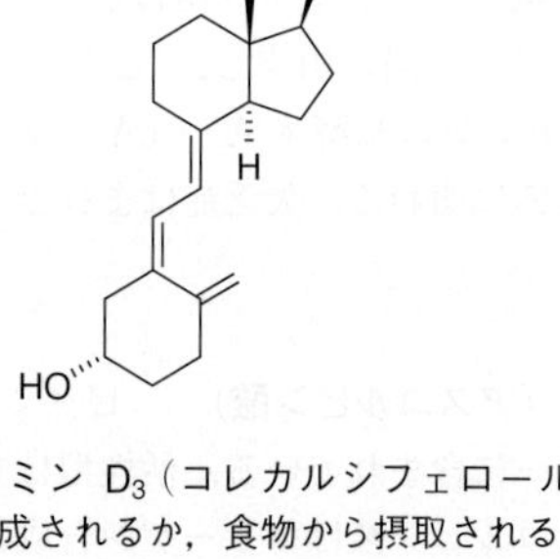

ビタミンE（α-トコフェロール）　ビタミンEは麦芽，植物油，ナッツに多く含まれている．活性型は多くのトコフェロール誘導体である．ビタミンEは抗酸化剤であり，フリーラジカル消去剤として細胞内で膜中の不飽和脂肪酸の過酸化を防ぐ役割をもつ（第32章）．欠乏すると赤血球の膜がもろくなるため溶血性貧血を発症する．この病気はきわめてまれであるが，低体重の未熟児でみられたことがある．毒性は知られていない．

ビタミンK（メナジオン，メナキノン，フィロキノン）　ビタミンKは緑葉野菜に含まれるほか，腸内で細菌によって生合成される．活性型はメナジオン，メナキノン，フィロキノンで，血液凝固因子や他のタンパク質のグルタミン酸残基のγ-カルボキシ化に関わる（第32章）．欠乏すると血液凝固時間の延長と出血を生じる．長期にわたる抗生物質の投与の場合を除いて成人での欠乏症はまれであるが，新生児では頻繁にみられる．新生児の出血性疾患を妨げるために出生後すぐにビタミンKを投与することが推奨されている．乳児への高濃度の投与は毒性が出るかもしれない．

ミネラル

食品には非常に多くのミネラル（無機質）が必要とされ，その多くについては必要性が知られているが，いくつかについてはごく少量必要とされるものの含まれない天然食品は存在しないため，情報に乏しい．

本章では欠乏症がよくみられるいくつかの主要なミネラルについて解説する．

カルシウム　カルシウムは乳および乳製品に多く含まれる．植物のカルシウムはあまり吸収されない．カルシウムは構造物質であり骨の18％を占めるほか，血液凝固（第32章）や細胞のシグナル伝達（第29章）にも関わる．カルシウムは妊娠や成長に特に重要である．カルシウムの恒常性は副甲状腺ホルモン，ビタミンD，カルシトニンによ

図9.5　ビタミンD_3（コレカルシフェロール）の構造．皮膚で生合成されるか，食物から摂取される．

り協調的に調節されている．欠乏すると骨がもろくなり骨折を招く．

鉄 肉はヘム鉄，ナッツや豆類は非ヘム鉄の優れた供給源である．鉄はヘモグロビン（第4章），ミオグロビン，シトクロム（第13章）の構成成分である．鉄の欠乏は貧血をひき起こすが，特に生理により鉄が失われる出産年齢の女性でよくみられる．また，胎児や幼児に鉄を供給するために妊娠時や授乳期に鉄の必要性は増す．血液の喪失以外の要因で鉄が体外排出されることはあまりない．したがって，鉄のサプリメント補充には注意が必要である．鉄の過剰摂取には毒性があり，特に小児において肝不全や致死を招くことがある．

ヨウ素 ヨウ素は海藻，ヨウ素に富む土壌で育った植物，ヨウ素に富む植物を摂取した動物の肉に含まれる．ヨウ素塩として食物から摂取されることもある．ヨウ素は代謝調節に関わるチロキシンやトリヨードチロニンの構成成分である．ヨウ素の欠乏は甲状腺腫（甲状腺の膨潤），代謝率低下，体重増加を生じる．妊婦での欠乏は小児に精神遅滞を招く．食物からの過剰摂取は考えにくいが，過度のサプリメント補充は胃腸障害をひき起こす．

亜鉛 亜鉛はナッツ，肉，豆類などの高タンパク質食に含まれる．動物と比べて植物の亜鉛は生物学的に利用されにくい．亜鉛は炭酸デヒドラターゼ（第4, 10章）やアルコールデヒドロゲナーゼ（第10章）など多くの酵素の構成成分である．亜鉛と結合し転写に影響を与えるいくつかのタンパク質はジンクフィンガーとして知られる亜鉛結合ドメインをもつ（第26章）．完全菜食主義の食品からは生物学的に利用できる亜鉛を得にくいため，世界の約1/3は亜鉛欠乏症のおそれがある．**腸性肢端皮膚炎** acrodermatitis enteropatica は食事から亜鉛を吸収できない遺伝病である．皮膚は乾燥してうろこ状になり，細菌感染にかかりやすい．亜鉛の欠乏は胃腸障害，嗅覚消失，あるいは男性に性腺機能低下症を招く．亜鉛の過剰摂取はまれであり，通常はペンキや染料に曝露されたときに起こり，腸管の炎症やけいれんをひき起こす．

健康食に関するガイドライン

先進国の間では，推奨される健康食は大変似通っている．英国食品基準庁と全米研究会議は以下のような類似のガイドラインを提唱している[*2]．

- エネルギー分として脂質の含量を30％まで下げ，そのうち飽和脂肪酸を10％以下，アルコールを5％以下とする．
- 1日当たり5皿の果物と野菜を摂取する．
- 適度にタンパク質を摂取する．

- 適切な体重を維持するためのエネルギーを摂取する．
- 1日当たりの食塩の摂取量を6g以下とする．
- カルシウムと鉄を適度に摂取する．
- 虫歯予防のためにフッ化物の最適の摂取と，スクロースの摂取量を1日当たり60g以内に収める．

食物摂取の調節

多くの先進国において，2型糖尿病や他の健康障害を伴う**肥満** obesity が流行するようになり，食物摂取，体重の恒常性維持，エネルギーバランスの調節に関する研究が盛んに行われるようになった．エネルギーの摂取が消費を上回ると，脂肪の形で体内に蓄えられることとなる．食物摂取とエネルギー消費の差がたとえ小さくとも，これが長期にわたって続けば，過度の体重増加を招くことになる．このバランスを適切に保つために多くの調節機構が存在する．この調節機構は大変複雑であり，脳へと伝わるシグナルや，末梢組織の代謝へのより直接的な影響を含む．これまでに知られている調節機構は，現在直面している肥満の流行を抑えるまでには至っていないように思われる．現代社会では容易に食物や余暇が得られるため，エネルギー摂取は増加しエネルギー消費は減少している．人類が生まれてから何百万年もの間，飢餓による死は食物の過剰摂取よりもずっと危険であった．種の保存は，過剰な食物を脂肪として効率的に蓄える能力に依存していた．

正常，低体重，肥満に関する使いやすい基準はBMI（body mass index；肥満指数，体格指数）である．BMIは体重を身長の2乗で割ることで算出できる．

$$\text{BMI} = \frac{\text{体重〔kg〕}}{(\text{身長〔m〕})^2}$$

表9.2は，成人における低体重，正常，過体重，肥満を分類したものである．これらはあくまでもガイドラインであり絶対的に正しいものではない．というのは，たとえば筋肉隆々な体格の持ち主は過体重や肥満のカテゴリーに含まれてしまうかもしれないが，体脂肪は少ないからであ

表9.2 BMIの計算式に基づく低体重，正常，過体重，肥満の分類[†]

分類	BMI〔kg/m²〕
低体重	<18.5
正常（健康体重）	18.5～24.9
過体重	25　～29.9
肥満Ⅰ度（中度の肥満）	30　～34.9
肥満Ⅱ度（重度の肥満）	35　～39.9
肥満Ⅲ度（極度の肥満）	40　≦

[*2] 訳注：わが国では厚生労働省と農林水産省が"食事バランスガイド"を策定し，1日に"何を"，"どれだけ"食べたらよいかの目安を示している．

[†] 訳注：日本肥満学会による日本人の肥満判定基準では，BMI 25以上を肥満としている．

る．いずれにしても，表9.2の分類はわかりやすい標準的なガイドラインであり，簡単に算出できる．

過去十年間にわたって私たちの知識はかなり増えたにも関わらず，食物摂取を減らし運動量を増やす以外に，肥満の問題に広く適用できる治療法はいまだ存在しない．

空腹，食欲，満腹

空腹とは，食べる必要があるという感覚のことをいう．**食欲**とは，ある種の食物を食べたいと思うことである．これらの用語は時折混同して使われるが，本書では上記のように定義する．**満腹**とは，適切な量の食物を摂取したという感覚であり，空腹からの解放感と食べ過ぎによる不快感の間のいずれかを経験する．ヒトは食物中のエネルギー量を知覚する能力が低く，すぐには認識できない．食事の癖や習慣は肉体的な制御機構を上回る．

食物の有無に応じて消化管で産生されるホルモンがいくつかあり，これらは空腹あるいは満腹のシグナルとして働く．

グレリン ghrelin は空腹時に胃で産生されるペプチドホルモンであり，空腹シグナルとして作用し，食欲を刺激する．グレリンの血中濃度は絶食により急速に上昇し，食事後には急激に減少する．

コレシストキニン cholecystokinin（**CCK**）は食物が存在すると腸で産生され，満腹シグナルとして働く．コレシストキニンの生理的作用については，消化管で産生されたコレシストキニンが脳に作用するのか，それとも中枢神経系の中でつくられるのか，明らかになっていない．

PYY-3-36（ペプチドYY）は，プロオピオメラノコルチン関連ペプチドであり，食物が存在するときに，小腸と大腸の内分泌上皮細胞により産生され，循環血中に放出され，脳まで運ばれる．この神経ペプチドもまた満腹シグナルとして働く．実験動物やヒトに血中濃度に相当する量のPYY-3-36を投与すると，約12時間にわたって空腹感を抑制する．

消化管は空腹を調節するホルモンを産生する唯一の器官ではない．脂肪組織の細胞もまたこれに関わっている．

レプチン leptin は脂肪細胞により産生され，その血中濃度は脂肪組織のサイズと相関する．レプチンは長期にわたる食欲の調節に関わっており，それゆえに体重の適切な維持の調節に関与する．レプチンは脳に達して特異的受容体に結合し，満腹シグナルを伝達する．レプチンはまた，筋肉の脂肪酸代謝に直接的な影響を及ぼすこともわかっている．

レプチンは1994年に，*ob/ob*マウスとして知られる超肥満マウスの原因遺伝子産物として同定された．このマウスはレプチンを産生できず，いつまでも食べ続けるため肥満になり，レプチンを投与すると体重が減少する．そこで，ヒトの肥満患者にレプチンを投与する試験が行われたが失敗に終わった．これは，患者の血中ではすでにレプチン濃度が高く，レプチン抵抗性を生じていたためと思われる．非常にまれなケースではあるが，レプチンの産生に影響を与える変異をもつ小児にレプチンを投与すると肥満が改善した例もある．世界的にみても，レプチン欠損症の報告は非常に珍しい．

アディポネクチン adiponectin もまた脂肪細胞から産生されるが，肥満になると減少することが報告されている．アディポネクチンとレプチンは脂肪細胞より分泌される**アディポカイン** adipokine（**アディポサイトカイン** adipocytokine）の代表的な2種である（第20章）．

インスリン insulin は食後に血糖値が上昇したときに膵臓から産生される．インスリンの最も有名な作用は代謝燃料の恒常性維持であるが，他にも空腹や満腹を調節する機能があり，この点についてはレプチンと類似している．

アミリン amylin も膵臓β細胞から産生され，インスリンとともに分泌されるが，その濃度はずっと低い．アミリンは37アミノ酸から成るペプチドである．アミリンは脳の後部にある受容体を介して短期間の満腹感を伝える．ラットにアミリンを投与すると食物摂取が減り，多少は体重が減少する．

高脂肪食負荷を施したラットにレプチンとアミリンを同時に投与すると，単独投与の場合よりも体重が顕著に減少することが報告されている（Rothら，2008）．この体重減少はおもに脂肪含量の減少に起因し，レプチンの効果はアミリンが存在するときのみにみられる．さらに臨床試験において，同様のことがヒトの肥満もしくは過体重にも当てはまること，すなわちレプチンとアミリン類似体を同時に投与すると単独投与の場合と比べて12.7％も体重減少が顕著であったことが報告された．このことから，アミリンにはレプチンの感受性を上げる作用があることが示唆される．Rothらは，肥満を制御する研究においては，複数の異なるホルモンを使った複合型アプローチが有効であろうと提案している．

視床下部における空腹と満腹の統合

空腹の中心的な調節部位は，脳の基底部に存在する小領域，すなわち**視床下部** hypothalamus である．**弓状核** arcuate nucleus として知られる部位には，食欲調節において正反対の機能をもつ2種類の神経群が存在する．これらの神経は，先に述べた循環ホルモンのいくつかによって調節されている．このうちの一つは2種類の神経ペプチド〔**ニューロペプチドY（NPY）** neuropeptide Y と**アグーチ関連ペプチド（AgRP）** agouti-related peptide（うち後者はアグーチマウスから発見された）〕を産生する**NPY/AgRP**神経で，空腹感を高める．もう一方はプロオピオメラノコルチン（**POMC**）proopiomelanocortin を含む神経で，空腹感を抑える神経ペプチドを産生する．NPY/AgRP

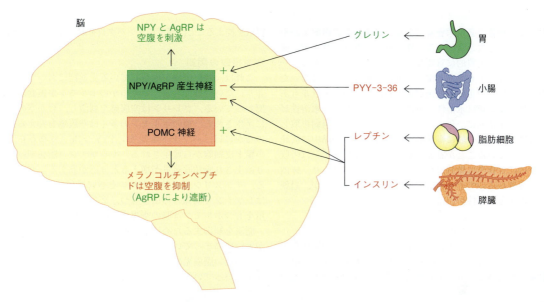

図 9.6 視床下部における食欲調節の概略図．＋は標的神経の刺激を，−は抑制を示す．NPY：ニューロペプチド Y，AgRP：アグーチ関連ペプチド，POMC：プロオピオメラノコルチン．

神経ペプチドは POMC 神経ペプチドの作用を抑制する．これは恒常性維持の調節でよくみられるプッシュプル方式の一例である．図 9.6 に，さまざまな循環ホルモンが弓状核に作用し空腹を調節している例を示す．

- 1 日のうち胃が空の時間帯には，グレリンが分泌されて NPY/AgRP 神経を刺激し，産生された神経ペプチドにより食欲が亢進する．
- 食後になるとグレリンの分泌が止まり，腸内に侵入した食物の刺激により PYY-3-36 が分泌され，NPY/AgRP 神経による空腹誘導性ペプチドの産生を抑える．
- レプチンは脂肪の貯蔵が多いときに産生され，空腹感を高める NPY/AgRP 神経ペプチドの産生を抑え，空腹を抑制する POMC 神経ペプチドの産生を刺激する．
- インスリンはレプチンと同様の効果をもつ．
- 絶食や飢餓では，反対のことが起こる．胃からグレリンが産生され，空腹感を増強する．腸内の食物が空になることにより PYY-3-36 は分泌されず，その抑制効果は生じない．脂肪貯蔵が退縮するためにレプチンの産生は低下し，その抑制効果は減少する．インスリン濃度は低下する．したがって，グレリンの空腹刺激作用を抑えるものは存在しない．

よくわかっていないが，摂食を制御する他の仕組みも存在する．体重の維持は食物摂取とエネルギー消費のバランスにより成り立っている．エネルギーの摂取はその消費に影響を与え，その逆もまたしかりであるため，状況は複雑である．代謝率と，それゆえにエネルギー消費量は，肉体的な活動のみならず甲状腺ホルモンの濃度によっても影響される．レプチンはエネルギー消費を増大させることが報告されており，脂肪の脂肪組織への蓄積よりも代謝を増加させる数々の証拠がある．エネルギー代謝のおもな調節機能については第 20 章で述べる．

 要　約

食事の成分

栄養学とは，食品とその中に含まれている物質の科学である．食物の主要成分は主要栄養素，すなわちタンパク質，糖質，脂質であり，それに加えて微量栄養素の必須ビタミンやミネラルを含む．タンパク質は必須アミノ酸の供給に必要であり，脂質は必須脂肪酸の供給とともに，食品に十分なエネルギーを提供するのに重要である．ほとんどの食物は，エネルギーの 10〜15 ％をタンパク質から，残りを糖質と脂質から提供する．飽和脂肪酸の消費は心血管疾患やある種のがんの危険因子の一つとなる一方で，高度不飽和脂肪酸の消費は健康的と考えられている．スクロースの過剰摂取は虫歯の原因となる．非デンプン性多糖類（食物繊維）は消化されないが，大腸の多くの病気を防ぎ，血中コレステロール濃度を下げる作用があるので，食品中に望ましい成分である．

ビタミンは，タンパク質，糖質，脂質と比べて摂取量が

少なく，複雑な必須栄養素である．ビタミンの摂取量が不適切になると欠乏症になる．鉄，カルシウム，ヨウ素，亜鉛のように，実質的に重要なミネラルがたくさんある．一方で，どこにでもあり非常に微量にしか必要とされないため，食物中での正確な役割がよくわからないミネラルもある．ビタミン類は水溶性と脂溶性に分類される．水溶性ビタミンは全体的に，体内に貯蔵されずどんなに過剰摂取しても排泄されて一般に毒性がないことから，食品中に広範に含まれていることが重要である．脂溶性ビタミンは吸収のために食物中に脂質が存在することが大切であり，体内に貯蔵されるのでそう頻繁に摂取する必要はないが，過剰に摂取すると毒性が出る．

健康食のガイドライン

先進国における健康食のガイドラインは，飽和脂肪酸の摂取を控え高度不飽和脂肪酸の摂取を（エネルギー摂取が肥満を起こさない量で）増やすこと，スクロースと食塩の摂取を控えること，適度にタンパク質を取ること，である．

食物摂取の調節

これは，特に肥満が流行している先進国において関心の非常に高い分野である．いくつかのホルモンが摂食調節に関わっている．グレリンは空腹感を刺激し，胃が空のときに産生される．他のホルモンの多くは空腹感を抑える．このなかには，ペプチドホルモンPYY-3-36（食物存在下で小腸上皮細胞から産生される）やレプチン（脂肪細胞により産生され脂肪貯蔵量が増えると分泌が高まる）が含まれる．インスリン（血糖値が高いときに膵臓で産生される）はレプチンと同様の作用をもつ．グレリンとその反対の作用をもつホルモンは脳の空腹満腹中枢に作用する．

肥満を制御するためにホルモンを使用する可能性に関心が大いに高まっている．しかしながら，ごく少数のレプチン欠損症の肥満児の例を除いて，レプチンを用いた試験はうまくいっていない．

問題

1 何がタンパク質を食品中の必須成分にしているのか．
2 糖質はタンパク質から生合成できるので，必ずしも食品中の必須な栄養素ではないことを述べた．では，糖質をまったく含まない食品を食べたらどのような結果になるだろうか．
3 なぜ塩分やスクロースの過剰摂取は好ましくないのか．
4 非デンプン性多糖類のように消化されない成分の機能は何か．
5 レプチンの役割を述べよ．ヒトの肥満の治療にレプチンは有効か．答えを解説せよ．
6 空腹と満腹が制御される仕組みを説明せよ．

10

食物の消化，吸収，組織への分配

　この章では食物から摂取される主要栄養素の代謝について取扱う．**消化** digestion とは消化管における高分子化合物の小単位への分解のことであり，この小単位は**吸収** absorption されて血流に入り，細胞への**分配** distribution と取込みを通じて，細胞の代謝に利用される．

　代謝 metabolism とは，生命を維持するために生きている組織の中で起こる一連の化学反応のことである．代謝は大きく**異化** catabolism，すなわちエネルギーを取出すために細胞により有機化合物が分解を受ける過程と，**同化** anabolism，すなわち単純な物質から複雑な有機化合物を生み出す過程に分けられる．

　代謝の役割は以下のように要約される．
- 代謝の主要な役割は，食物を酸化してアデノシン三リン酸（ATP; adenosine triphosphate）の形でエネルギーを取出すことである．
- 食物中の分子は細胞内の新しい構成成分や必須成分に変換される．
- 老廃物を尿に排出しやすいように加工する．
- ヒトの乳児や冬眠動物では，ある特殊な細胞が食物を酸化して熱を生み出す．熱は一般的には代謝の副産物なので，これは例外である．
- 過剰な代謝燃料，すなわちすぐに酸化される必要のないものは，貯蔵物質の形態で必要時まで蓄えられる．

　この章では個々の代謝経路やそれに関わる代謝物の詳細を述べるつもりはなく，もっと広い視野に着目することにする．すなわち本章では，以下について解説する．
- 食物がどのようにして分解され，血流に吸収されるのか，これらの物質中で分解されるべき化学結合とは何か．
- 食物分子はどのように血流にたどり着くのか．
- 食物分子はどうやって血液と組織の間，あるいは組織と組織の間を移動するのか．
- 異なる生理学的需要を満たすために，この輸送はどのように制御されているのか，すなわち体内における燃料の広範な動態はどうなっているのか．
- 体は食物の十分な供給，絶食，飢餓，そして緊急事態にどのように対応するのか．

食物成分の化学

　第9章で解説したように，食物の主要成分は以下の3種，すなわちタンパク質，糖質，脂質である．
- **タンパク質** protein はアミノ酸がポリペプチド鎖によってつながれた巨大なポリマーであり，二量体や，それよりも大きな集合体を形成することもある．
- **糖質（炭水化物）** carbohydrate は糖とその誘導体の総称である．炭水化物という名称は，炭素原子と水分子が1：1の割合で結合した経験的な公式（CH_2O）に由来する．食品中にはグルコースのような単純な単糖類も存在するが，糖質の大部分はスクロースやラクトースのような二糖類，またはデンプンのような多糖類の形で存在する．
- 食物中の**脂質** fat, lipid はおもにトリアシルグリセロール（TAG；triacylglycerol）の形で存在し，これはしばしば中性脂肪ともよばれる．極性脂質も存在し，消化された動植物の細胞膜に由来する．動物性の成分を含む食品には少量のコレステロールも含まれる．
- 食物には少量のビタミンやミネラルも含まれる．これらは少量であるが必須の栄養素であり，食物中に含まれていないと特定の欠乏症をひき起こす．食物中のエネルギー源としてのビタミンやミネラルは，最大限見積もったにしても無視してよいほどである．

消化と吸収

　グルコースのような単糖類を除き，上述したすべての食物成分は加水分解によって小腸で構成単位まで消化される（少数の例外はジペプチドやトリペプチドの吸収である）．吸収されるためには，物質は膜を通過して小腸の粘膜細胞の中に入らなければならない．TAG は分子的に大きく中性であるため膜を通過できず，これはタンパク質も同様で

グルコース

スクロース

ラクトース

デンプン中の
アミロース

デンプン中の
アミロペクチン

トリアシルグリセロール（中性脂肪）

ホスファチジルコリン（極性脂質）

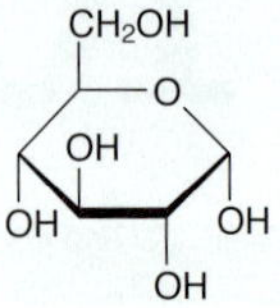

ある．糖質では単糖類だけが吸収される．このように，消化管では以下のような変換が起こる．

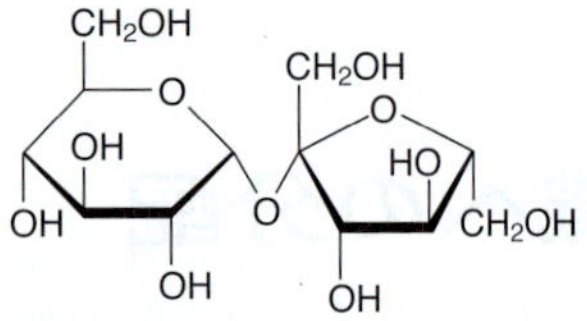

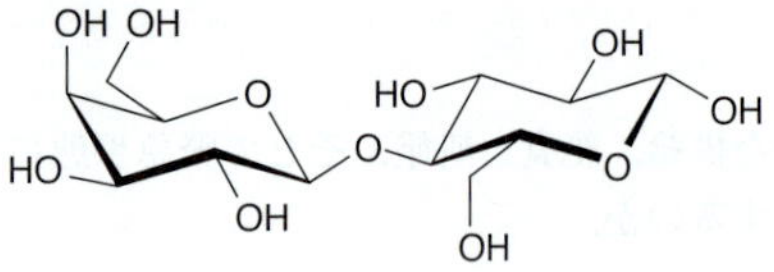

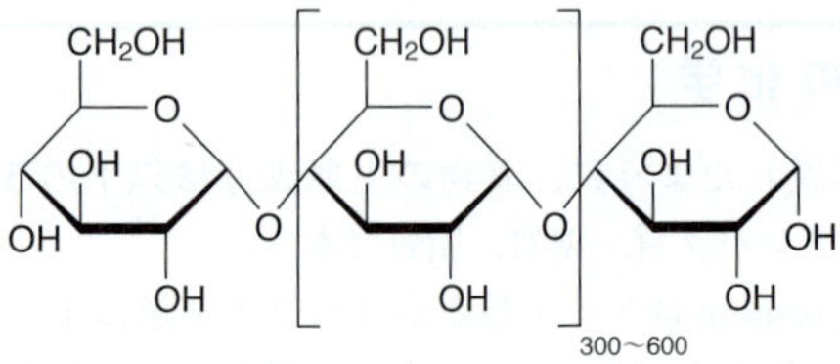

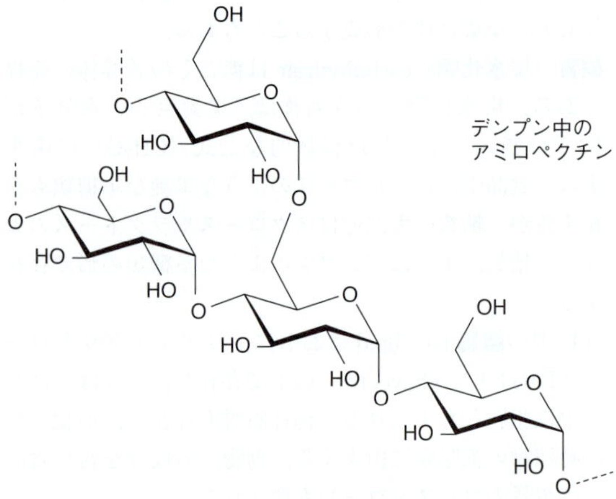

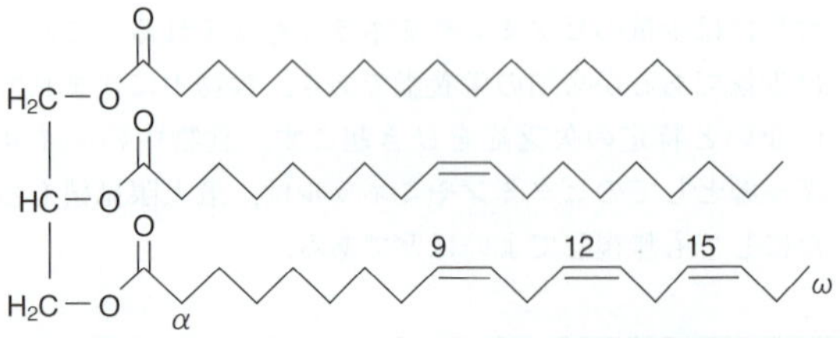

- ペプチド結合でつながったタンパク質 → アミノ酸
- 多様なグリコシド結合でつながった糖質 → 糖単量体（単糖）
- エステル結合でつながったTAG → 脂肪酸とモノアシルグリセロール，さらにはグリセロール

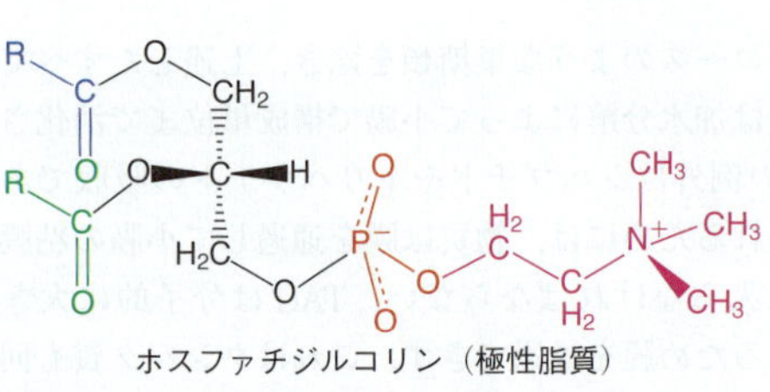

消化管の解剖学

以下のような部位が消化に関わっている（ただし反芻（はんすう）動物は除く）．

- **口腔** mouth では，食物は飲み込まれやすいように咀嚼（そしゃく）され，潤滑化される．ここではデンプンが部分的に消化される．
- **胃** stomach は塩酸（HCl）を含んでおり，食品を“無菌化”するとともに，タンパク質を変性させる．ここではタンパク質が部分的に消化される．
- **小腸** small intestine はすべての食物の消化と吸収に関わる主要部位である．小腸には細い指の形をした絨毛（じゅうもう）がびっしりと並んでおり，その表面は上皮細胞に覆われている．上皮細胞の微小絨毛はブラシ（刷子）の毛に似ているので，刷子縁（さっしえん）細胞として知られる（図 8.14 参照）．絨毛上皮細胞の外側の膜は微小絨毛に覆われているため，腸管壁の表面積は大きくなり吸収に役立つ．
- **大腸** large intestine は水分の除去に関わる．また，大腸は細菌発酵の場でもあり，ある種の繊維や他の消化耐性物質が分解される．

消化と吸収をエネルギー的に考察する

消化が進む限り，熱力学的問題は生じない．タンパク質からアミノ酸，二糖類や多糖類から単糖類，TAG から脂肪酸とモノアシルグリセロールへの加水分解はすべて発エルゴン反応である．すなわち ΔG 値は負であり，熱力学的平衡は加水分解される方向へと完全に傾いている．生化学における加水分解は必ずこの型である．吸収はこれとは異なっており，分子がしばしば濃度勾配に逆らった方向へと輸送される能動過程を含むため，エネルギーが必要である．

消化に関する大きな疑問：なぜ自分の体は消化されないのか

化学的に，食物はそれを摂取する動物の組織とほとんど変わらない．消化管内腔では大量の酵素が産生され，食物をそれぞれの構成要素まで完全に消化する．これらの酵素は生細胞の内部で合成され，もしこの酵素作用にさらされようものなら生細胞も破壊されるであろう．これに対しては２種類の防御機構がある．

酵素前駆体の産生

酵素は不活性な**酵素前駆体** proenzyme（プロ酵素，または**チモーゲン** zymogen ともいう）として産生され，胃や小腸に到達したときにのみ活性化される．消化酵素を産生する腺は，これらの酵素のほとんどを不活性なタンパク質として分泌し，このため腺自体が消化にさらされることはない．危害がない酵素（デンプンを分解するアミラーゼはその一つ）の場合には，酵素前駆体は存在しない．細胞がどのようにして消化酵素や他のタンパク質を分泌するのかという疑問が生じるが，これについては仕組みが複雑であり消化とは直接の関係はないので，第27章のタンパク質の輸送まで保留することとする．ここでは酵素前駆体が活性化される仕組みについて，特定の酵素が出てきた際に紹介する．

粘膜による小腸上皮細胞の保護

小腸管腔にずらりと並ぶ細胞は活性化した消化酵素の作用から守られており，その主要な防御機構は消化管上皮細胞を覆う粘膜の層である．粘膜の主要成分は**ムチン** mucin である．ムチンは巨大な糖タンパク質，つまり多種の糖を含む多糖の形で大量の糖質がポリペプチド鎖に結合したタンパク質である．多種の糖の例を数種あげるとすればグルコサミン，フコース，シアル酸であり，これらについてはすでに膜糖タンパク質（第4章）で解説した．ムチンは繊維のネットワークを形成し，非共有結合により相互作用しあい，親水性の糖質の含量が多いため水分を90％以上含んだゲルを形成し，これが小腸の細胞を守っている．糖質にはムチンタンパク質を消化から保護する役割もあるようである．ムチンのゲルは低分子量の消化産物に対しては透過性が高いが，消化酵素に対する透過性ははるかに低い．ムチンは消化管上皮層に存在する特殊な杯細胞で合成分泌される．ムチンの分泌量は調節されている．

タンパク質の消化

通常の，あるいは"天然型"のタンパク質においては，ポリペプチド鎖は折りたたまれており，その形状は弱い結合作用によりおもに決まる．この密に折りたたまれた形状では，多くのペプチド結合は分子の内部に隠されており，消化酵素の作用を受けにくい．消化における重要な初期過程は，天然型タンパク質を変性させることである．この過程は胃酸によって行われる．HClを分泌するため胃の内部のpHは約2.0である．胃酸により部分的にポリペプチド鎖の折りたたみ構造が乱れると，ポリペプチド鎖はタンパク質分解に感受性になる．

胃におけるHClの産生

胃の上皮層には**酸分泌細胞** oxyntic cell（**壁細胞** parietal cell）が存在する．本質的にこの過程はH^+の分泌であり，細胞からNa^+が濃度勾配に逆らって排出される過程と似ている（第7章）．Na^+の輸送は膜に存在するNa^+/K^+-ATPアーゼにより調節されている．同様に，酸分泌細胞はH^+/Na^+-ATPアーゼをもっている．酸分泌細胞はATP加水分解により生じるエネルギーを使ってH^+を排出してK^+を取込み，K^+は細胞の外へと送り返される．この過程を図10.1に示す．では，H^+はどこから来るのであろうか．**炭酸デヒドラターゼ（炭酸脱水酵素）** carbonate dehydratase（**カルボニックアンヒドラーゼ** carbonic anhydrase）とよばれる酵素が壁細胞内でCO_2を炭酸に変換する．炭酸は以下のように解離する．

$$CO_2 + H_2O \underset{\text{炭酸デヒドラターゼ}}{\rightleftharpoons} H_2CO_3 \rightleftharpoons H^+ + HCO_3^-$$

結果として生じたH^+は胃内部にくみ出され，炭酸イオンは血液中でアニオン輸送タンパク質の作用によりCl^-と交換される（図10.1）．すでに述べた赤血球のアニオンチャネルはこの型のイオン交換である．Cl^-は次に胃の内腔へと運ばれ，分泌されたH^+とともにHClを形成する．

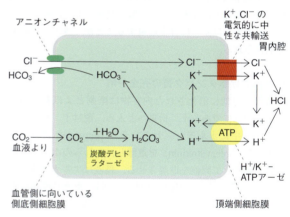

図10.1 胃におけるHCl分泌機構

ペプシン：胃のタンパク質分解酵素

酵素の不活性前駆体を表す接尾語として，"-オーゲン(-ogen)"が使われる．たとえば，ペプシノーゲンはペプシンの前駆体である．あるいは，酵素名の前に"プロ-(pro-)"を付ける場合もある（プロエラスターゼなど）．

胃の上皮細胞はペプシノーゲンを分泌する．ペプシノーゲンの分泌は，食物に応答して胃細胞から血中に放出されるホルモンである**ガストリン** gastrin により刺激される．ペプシノーゲンはペプシンに，さらに44アミノ酸から成る余分な配列がつながった構造をしている．この配列は酵素の活性部位を覆い，活性を阻害する．ペプシノーゲンが胃内でHClに出会うと，その酸性によりコンホメーションが変わって活性中心が露出することとなり，これにより自

分自身が内部消化されて余分な配列が取除かれ，活性型ペプシンに変換される．このようにして生じた少量の活性型ペプシンは，残りのペプシノーゲンをさらにペプシンに変換する．

ペプシンは酸性pH下で最もよく作用する珍しい酵素である（図6.10a参照）．というのは，ほとんどの酵素は中性条件を最適pHとするからである．ペプシンはタンパク質分子のペプチド結合を加水分解し，ペプチドの混合物を生成する．したがってペプシンは**エンドペプチダーゼ** endopeptidaseである．つまり，分子の末端のペプチド結合には作用せず，分子内部のペプチド結合を加水分解するのである．エンド（endo）はギリシャ語からきており，内部を意味する．

タンパク質分解酵素（プロテアーゼprotease）は通常特異的であり，ある特定のアミノ酸のすぐ横のペプチド結合を切る．ペプシンはこの特徴をもっているので，胃内ではタンパク質の部分分解しか起こらない．ペプシンはC末端に芳香族アミノ酸（チロシン，フェニルアラニン，トリプトファン）または長鎖中性アミノ酸をもつペプチドを生じる．

反芻動物では，**レンニン** rennin（キモシン）という別の胃酵素が乳中のカゼインを分解し凝集させる．結果として，カゼインはすぐに胃を通過することができず，胃の中で消化される．

小腸におけるタンパク質の完全分解

胃で部分的に消化された内容物は糜粥とよばれ，小腸の最初の部位である十二指腸へと入る．酸は十二指腸を刺激して血中にホルモン（**セクレチン** secretinと**コレシストキニン** cholecystokinin）を遊離し，これらのホルモンは膵臓を刺激して膵液を遊離させる．膵液はアルカリ性であり，（胆汁とともに）HClを中和して弱アルカリ性環境をつくり出す．この環境下では膵臓酵素が最もよく作用し，ペプシンは活性を失う．

一連の膵臓酵素は膵臓の細胞集合体によってつくられ，主膵管を通じて膵液として腸内に分泌される．膵液には3種類のエンドペプチダーゼ，**トリプシン** trypsin，**キモトリプシン** chymotrypsin，**エラスターゼ** elastaseが含まれており，これらは不活性な酵素前駆体，すなわちトリプシノーゲン，キモトリプシノーゲン，プロエラスターゼの形で腸内に送り込まれる．トリプシンはC末端に塩基性アミノ酸（アルギニンとリシン）をもつペプチドを生成する．キモトリプシンはペプシンと同様にC末端に芳香族アミノ酸または長鎖中性アミノ酸をもつペプチドを産生する．エラスターゼはC末端に小さい中性アミノ酸をもつペプチドを生じる．

エキソペプチダーゼ exopeptidaseのうち，**カルボキシペプチダーゼ** carboxypeptidase AとBは，不活性前駆体として分泌され，ペプチドのC末端のアミノ酸を削る．カルボキシペプチダーゼAはC末端に芳香族アミノ酸をもつペプチドに作用する．カルボキシペプチダーゼBはC末端に塩基性アミノ酸をもつペプチドを切る．

$$H_2N-\underset{R}{CH}-CO-NH-\underset{R'}{CH}-CO-NH-----NH-\underset{R''}{CH}-COOH$$

アミノ末端（N末端）　　　　　　　　　　　　　　カルボキシ末端（C末端）

これらの酵素の作用機構については第6章ですでに述べた通りである．

膵臓由来酵素前駆体の活性化

ペプシノーゲンの活性化と同様に，膵臓の酵素前駆体もプロテアーゼによる限定分解により活性化される．この活性化は，小腸の細胞から分泌される特殊な酵素**エンテロペプチダーゼ** enteropeptidaseにより開始される．エンテロペプチダーゼはトリプシノーゲンのたった1箇所の特定のアミノ酸を切断し，活性型のトリプシンに変換する．このようにして生じた最初の活性型トリプシンは次々と酵素前駆体（トリプシノーゲン自身も含む）を切断し，結果的にすべての酵素がタンパク質分解カスケードにより速やかに活性化される（図10.2）．酵素によって活性化の詳細は異なる．これは非常に優れた仕組みであり，一連の**活性化酵素**が小腸の内腔でのみ産生されることになる．もしも膵臓の中で時期尚早の活性化が起こってしまうと膵炎を発症するだろう．膵管の閉塞や膵腺の障害によって膵炎がひき起こされる．酵素前駆体は生合成された後に膵細胞の膜結合性の分泌顆粒に蓄えられる．ホルモンあるいは神経刺激によりこの分泌顆粒は細胞膜と融合し，内容物はエキソサイトーシスにより放出される．膵細胞はトリプシンを不活性化する**トリプシンインヒビター** trypsin inhibitorを含んでおり，もし万が一分泌前にトリプシンが顆粒から細胞質に漏れ出た場合に備えている．この阻害タンパク質はトリプ

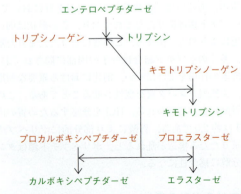

図10.2 膵臓由来タンパク質分解酵素の活性化．酵素前駆体は赤，活性化酵素は緑で示す．

シンの活性部位にまさに完璧にはまり込む．関連している結合の一つ一つは弱いが，多くの結合が形成されるため，両分子の結合は十分に強くなり，ほぼ完全に不可逆的である．分泌酵素が生合成後に分泌顆粒に蓄えられる分子機構については第27章でより詳細に解説する．

　膵臓から分泌される酵素だけが消化に関わるわけではない．**アミノペプチダーゼ** aminopeptidase とよばれる別の一群のエキソペプチダーゼは腸内腔細胞の微小絨毛上に存在し，ペプチドをN末端側から順次加水分解する．まとめると，異なるペプチド結合特異性をもつ3種類のエンドペプチダーゼ（トリプシン，キモトリプシン，エラスターゼ）がポリペプチドの内部を切り，カルボキシペプチダーゼとアミノペプチダーゼがそれぞれの末端から作用することで，タンパク質は最終的に小腸内腔または内腔表面の微小絨毛上で遊離アミノ酸に変換される．

アミノ酸の血中への吸収

　アミノ酸は上皮細胞（刷子縁細胞，図10.6参照）の細胞膜を通過して小腸から細胞内に輸送される．刷子縁細胞は細胞内で活発にアミノ酸を濃縮し，アミノ酸はそこから微小絨毛内部の毛細血管に拡散する．膜には異なるアミノ酸ごとに別の輸送ポンプが存在する．アミノ酸のいくつかは Na^+ の濃度勾配を利用した共輸送機構により取込まれる．図7.12は共輸送機構を介してグルコースが輸送される過程を示したものであるが，アミノ酸の輸送もまったく同様であり，別の輸送タンパク質が使われる．**ハートナップ病** Hartnup disease はアミノ酸輸送に異常が生じた常染色体劣性疾患であり，腸管からの吸収や腎尿細管からの再吸収が影響を受ける．患者は皮膚湿疹や小脳性運動失調を患い，尿中のアミノ酸が全体的に消失する．ハートナップ病は必須アミノ酸の欠乏をひき起こす．ジペプチドあるいはトリペプチドの吸収は本疾患では影響を受けない．なぜなら，ジペプチドは特殊な輸送体により内腔細胞に取込まれ細胞質のプロテアーゼにより加水分解され，トリペプチドは微小絨毛上で加水分解されるからである．

　消化されなかったタンパク質が多少は吸収される場合もある．幼児では，母乳から入ってきた抗体（IgA）が小腸から吸収される．

アミノ酸が血中に入る際に何が起こっているかについては後述する．

糖質の消化

糖質の構造

　食品中のおもな糖質はデンプンと他の多糖類，そして二糖類である**スクロース** sucrose（ショ糖）と**ラクトース** lactose（乳糖；乳由来）である．遊離**グルコース** glucose（ブドウ糖）や**フルクトース** fructose（果糖）は相対的に食品の微量成分である．ヒトの食物中には，たとえ肉を食べる場合でも普通は屠殺前に食するわけではないので，肝臓や筋肉のグルコース貯蔵形態であるグリコーゲンはそれほど多く含まれていない．消化の役割とは，食物由来の糖質を単糖に加水分解することである．

　多糖類や二糖類では単糖が**グリコシド結合** glycosidic bond によって連なり，配糖体（グリコシド）を形成する．いくつかの観点からこれは重要な結合であり，説明しておく必要がある．グルコースの構造は以下の通りである．

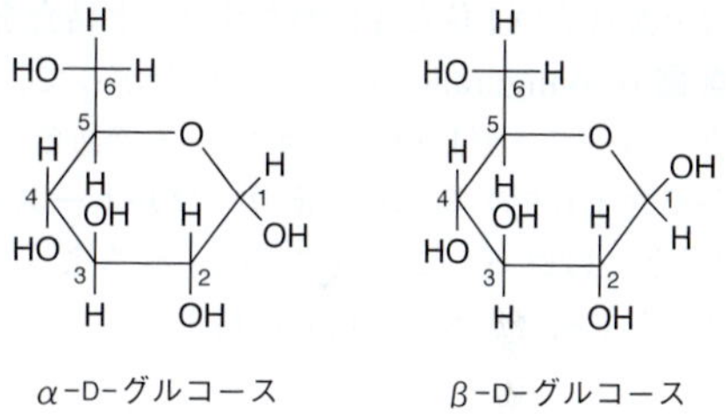

α-D-グルコース　　　　　β-D-グルコース

　α-D-グルコース（ピラノース六員環構造の場合）では，1位炭素原子上のヒドロキシ基−OHは環状構造の下側に向いており（紙の下にあると想像してみるとよい），β-D-グルコースでは上側に向いている．遊離単糖の状態では，αとβは（開環構造を経由して）溶液中で互いに相互変換する平衡関係にある．これを**変旋光** mutarotation という（図10.3）．

グリコシド結合

　二つのグルコース分子があると仮定しよう．

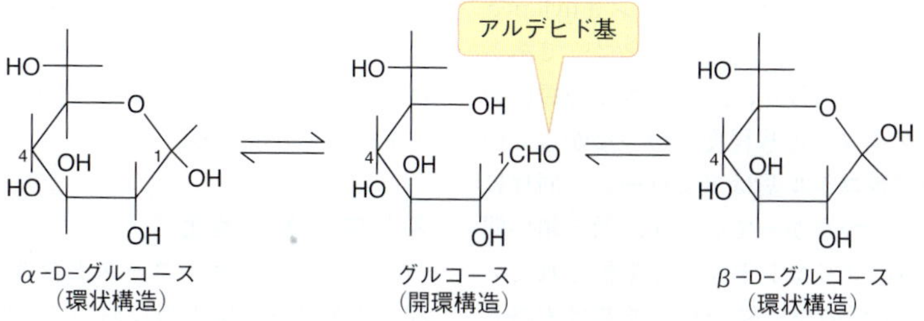

α-D-グルコース　　　　グルコース　　　　β-D-グルコース
（環状構造）　　　　（開環構造）　　　　（環状構造）

アルデヒド基

図10.3　グルコースの変旋光

両者がグリコシド結合によりつながるとする（水分子が除かれることになる）.

グリコシド結合（α配置）

グリコシド結合は最初の単糖（グルコース）の1位炭素原子の立体配置を固定してしまい，もはやもう一つの立体配置には変換できない．例に示すように，2分子のグルコースの炭素原子の1位と4位がグリコシド結合を形成すると **α配置** α configuration になる．したがって，生じた分子はグルコース-α(1→4)-グルコースである．これは麦芽に多く含まれている二糖であり，**マルトース** maltose（麦芽糖）とよばれる．この後すぐに述べるように，β配置のグリコシド結合をもつ二糖も存在する．

デンプンの消化

マルトースの構造を見ると，グルコース単位は無限に連なり巨大な多糖分子を形成できることがわかる．デンプンの構成要素である**アミロース** amylose は何百ものグルコース単位（グルコシル基）から成り，まさにこれである．かりにα-グルコシル基を○のように表すとすると，アミロースは，

のような構造となる（ n は大きな数を表す）.

デンプンの第二の構成要素は**アミロペクチン** amylopectin である．これもまたグルコースの巨大ポリマーであるが，1本の長い鎖を形成する代わりに，たくさんの短い鎖（それぞれの長さは30グルコシル基程度）がつながっている．それぞれの鎖内のグルコシル基はアミロースと同様にα(1→4)グリコシド結合でつながっているが，鎖と鎖の間は次に示すようにα(1→6)グリコシド結合で架橋されている．（図中では本論とは関係のない結合や官能基は省略している.）

糖鎖の末端糖と隣接する糖鎖の6位との間で形成したα(1→6)グリコシド結合

α(1→4)グリコシド結合

多数の鎖がこの方式で結合する．アミロペクチンは以下のように見える.

デンプンの消化はまず**α-アミラーゼ** α-amylase によって開始される．α-アミラーゼは唾液と膵液に存在し，グリコシド結合を分子内部から加水分解するが，アミロペクチンの（1→6）結合は切ることができない．したがってアミラーゼはデンプン分子を細分化するが，（1→6）結合を含むコアとその近傍のグルコシル基は残ることになる．このコアは限界デキストリン（加水分解の限界の意味）とよばれ，腸管の酵素（アミロ-1,6-グルコシダーゼ）により加水分解される．唾液のアミラーゼは食物が口内にとどまるほんの短い時間だけデンプンに作用し，胃酸で失活する．したがってデンプン消化のほとんどは，他の2種の食物由来糖質であるスクロースやラクトースと同様に腸内で起こる．α-アミラーゼの最終代謝物はマルトース，マルトトリオース，α-デキストリンなどのオリゴ糖であり，α-デキストリンはα(1→6)結合を含む約8個のグルコース単位から成るポリマーである．デンプンをさらに消化する酵素は小腸の刷子縁の微小絨毛上にあるα-デキストリナーゼ（イソマルターゼ）であり，この酵素がα(1→6)結合をもっぱら加水分解する．スクロースとマルターゼ（微小絨毛に存在）も合わせて，これらの酵素はマルトトリオースとマルトースを分解する.

スクロースの消化

スクロースはグルコースとフルクトースの二量体である．スクロースは小腸において，図10.4に示すように**スクラーゼ** sucrase という酵素により加水分解される．食物

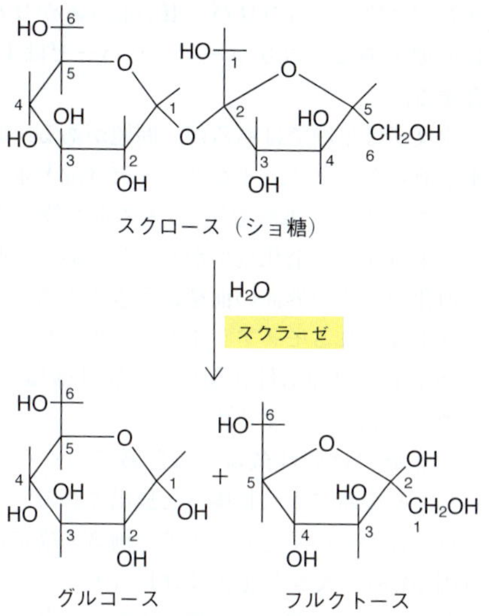

図10.4 スクラーゼによるスクロースのグルコースとフルクトースへの変換

から大量のスクロースが摂取されることがある．大量のフルクトースの吸収にはある特殊な代謝の問題があるが，これについては第20章で述べる．

スクラーゼとイソマルターゼは単一の糖タンパク質として生合成され，膵臓由来のプロテアーゼによりスクラーゼとイソマルターゼに分断される．スクラーゼ/イソマルターゼの欠損は，糖を摂取後に下痢，腹部腫脹，鼓腸をひき起こすことがある．下痢は，腸管腔に浸透圧の高いオリゴ糖がたまって腸内容物の容積が増すことにより起こる．腹部腫脹や鼓腸は，大腸の腸内細菌による発酵が進み，二酸化炭素と水素のガスが発生するからである．

ラクトースの消化

食品中の別の主要な二糖類はラクトースである．ラクトースはガラクトース-β(1→4)-グルコースの形をとり，乳中の主要な糖である．ガラクトースは，グルコースの4位の炭素に結合している-OHが逆向きに配位している．

図10.5にある曲線は，構造を単純化して示すのに用いられる．それによって片方の単糖を逆向きに書かなくて済む．小腸上皮細胞の外膜に結合している酵素**ラクターゼ** lactase はラクトースを単糖に加水分解する．ラクトースはβ-ガラクトシドであることから，**β-ガラクトシダーゼ** β-galactosidase としても知られる．多くの人々は子供から大人になるにつれてラクターゼを産生する能力を失うため，特に非ヨーロッパ系の人々は**ラクトース不耐症** lactose intolerance となることがある．このような人々はラクトースを加水分解できず，二糖は吸収されないため，ラクトースのままで大腸に送られる．ラクトースは腸内細菌による発酵を受けることとなり，（ガスがたまるため）深刻な腹部不快感と下痢を生じる．実際に，ほとんどの哺乳類は若年のうちにすでにラクターゼを産生する能力を失っているが，ある集団ではラクターゼの発現が存続する．世界人口の75％はラクトース不耐症であるが，北欧では5％でありアジアとアフリカでは90％に達する．

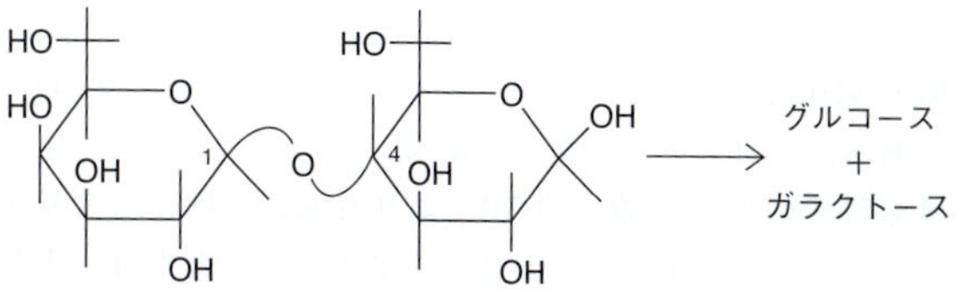

ラクトースを含む食品を避ければ，この症状は生じない．ヨーグルトは牛乳よりもラクトースが少ないためおそらく大丈夫であり，チーズはほとんどラクトースを含まないため何の問題も生じない．しかしながら現代の食品科学では，ラクトースはスープやヨーグルトを含めてあらゆる食品に添加されており，ラクトース不耐症の者は加工食品にラクトースが入っているかどうか気を付けなければならない．

単糖類の吸収

グルコースの上皮細胞への吸収は Na^+ 共輸送機構により起こる．図10.6に示すように，この輸送にはSGLT（ナトリウム-グルコース輸送体）が関わる．Na^+ は Na^+/K^+-ATP アーゼにより持続的に細胞外にくみ出され（第7章），これが Na^+ 濃度の違いを維持し，共輸送を推進する．グルコースは腸管内腔側とは反対側から細胞外に出て毛細血管に入り，門脈を通じて肝臓へと運ばれる．この動態に関わる輸送体は促進拡散型である．グルコース輸送体の全リストは第11章で紹介する．グルコースは，小腸からの能動的取込みにより生じた細胞/血液間の濃度勾配によって血流へと移行する（図10.6）．フルクトースは Na^+ 非依存的な受動輸送系によって消化管から吸収される．

小腸から吸収されたアミノ酸や糖，脂質以外の他の物質は門脈系に集まり，肝臓へと直接運ばれる．これはすなわち，これらの消化産物は全循環系に入る前に肝臓に運ばれることを意味している．この循環系が優れている理由は，肝臓には小腸から体内に入ってきた外因性の毒性物質を取除く役目や，吸収された栄養素の多くを加工する役割があるからである．

脂質の消化と吸収

第7章で脂質とは何かを述べた．主成分は中性脂肪（トリアシルグリセロール；TAG）である．中性脂肪には極性基がないため，水中では不溶性の脂肪滴を形成する．こ

図10.5 ラクターゼによるラクトースのグルコースとガラクトースへの変換

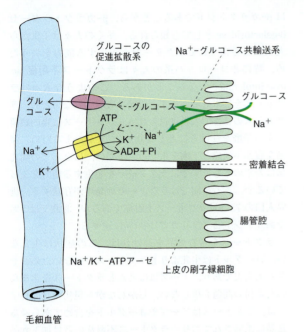

図10.6 Na⁺との共輸送による腸管腔からのグルコースの吸収

の状態では脂質と水は最小限に接しており，このままでは吸収されない．

脂質はおもに小腸において膵臓由来の酵素である**リパーゼ lipase** によって消化される．リパーゼはおもに第一級のエステル結合（図10.7の赤い矢印）を切断する．中央のエステル結合は第二級エステル結合であり，あまり切断されない．リパーゼは酵素前駆体として分泌され，小腸においてトリプシンにより小ペプチドが除去されることが活性化に至る最初の段階である．この際，やはり膵臓から分泌されるタンパク質である**コリパーゼ colipase** がリパーゼの活性化に必要である．コリパーゼとリパーゼは1：1の割合で結合する．

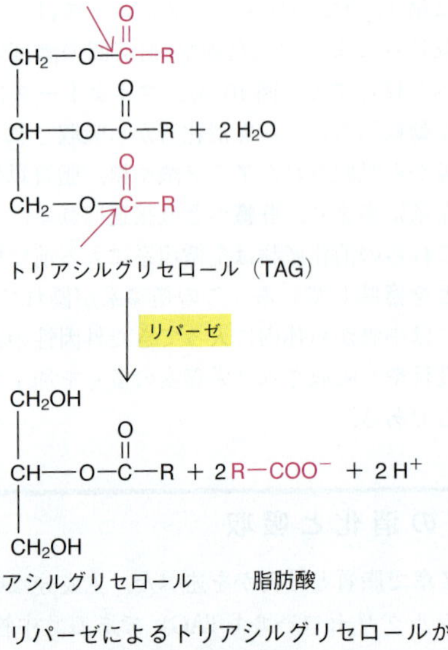

この消化反応は単純ではあるが，問題がある．脂質は物理的に水溶液になじまず，またリパーゼは油と水の界面でのみ作用できるので，単純な脂質/水の混合物の中では界面の面積が小さすぎて消化効率が不十分である．脂質を乳化すると消化のための界面の面積は大きくなる．リパーゼ反応により生成されるモノアシルグリセロールと遊離脂肪酸は，生物学的な界面活性化剤である胆汁酸塩とともに，油を脂肪滴へと乳化しやすくする．

胆汁酸（正確には胆汁酸塩）は肝臓でつくられ，胆嚢に蓄えられ，必要時に十二指腸へと放出される．胆汁酸はコレステロールからつくられるので，両者の構造はよく似ている（図10.8）．大きな変化はコレステロール分子の疎水性側鎖がカルボキシ基に置き換えられることであり，複数の OH 基が入ることもある．

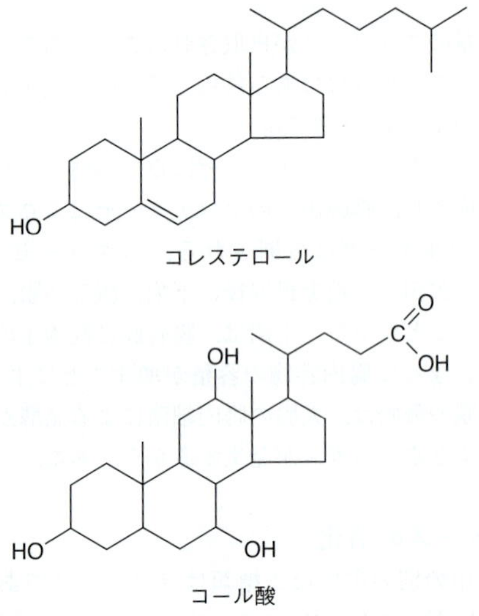

図10.7 リパーゼによるトリアシルグリセロールからモノアシルグリセロールと脂肪酸への消化

図10.8 コレステロールと胆汁酸（コール酸）の構造

主要な胆汁酸はコール酸であるが，ヒドロキシ基の数と位置が異なる誘導体も存在する．コール酸はたいていグリシンか，スルホン酸であるタウリンと結合している．グリシンは $NH_3^+CH_2COO^-$ であり，タウリンは $NH_3^+CH_2SO_3^-$ である（タウリンはタンパク質には存在しない）．もしコール酸を $RCOO^-$ と表記すれば，グリココール酸は $RCONHCH_2COO^-$，タウロコール酸は $RCONHCH_2SO_3^-$ である．これらの抱合酸の pK_a 値（それぞれ約3.7と1.5）は原材料のコール酸（約5.0）よりも低い．抱合により腸内容物の中で完全にイオン化することが可能となり，より良い界面活性化剤として働くことができる．イオン化したものは胆汁酸塩とよばれる．

リパーゼの反応産物は依然としてまだ水に溶けにくく，吸収されるためには乳化物から腸管腔の細胞へと移動しなければならない．この移動は胆汁酸塩により促進される．

モノアシルグリセロールと脂肪酸は胆汁酸塩が存在すると**混合ミセル** mixed micelle を形成する．混合ミセルは円盤のような小粒子であり，ここでは胆汁酸塩が円盤の端全体を覆い，内部のより疎水性の高いコアを囲んでいる．コアには TAG の消化産物に加え，コレステロールとリン脂質が存在する．混合ミセルの小粒子は乳化脂肪滴よりも小さく，透明な懸濁液を形成する．ミセルは溶液中に存在しうる濃度よりもずっと高濃度の脂質分解産物を含んでいる．この形をとることで，脂質分解産物は拡散し上皮細胞に取込まれる．おそらくミセルは細胞表面上で壊れ，遊離脂肪酸が細胞内に拡散する．胆汁酸塩も部分的に再吸収され，肝臓へと戻る．

腸管細胞による TAG の再合成

腸管細胞中に吸収された脂質の消化産物は脂質へと再合成される．すなわち，脂肪酸は再エステル化され TAG に変換される（図 10.9）．

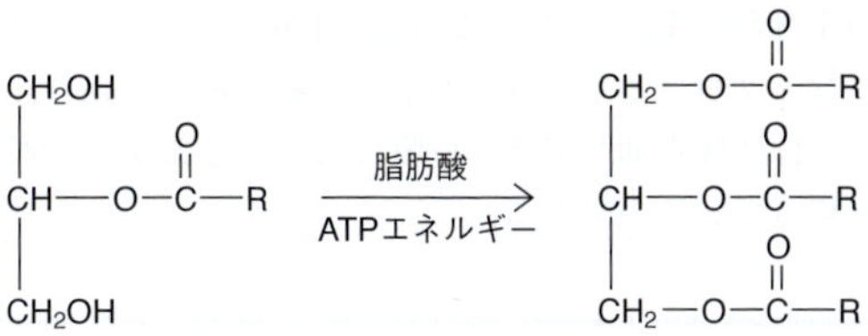

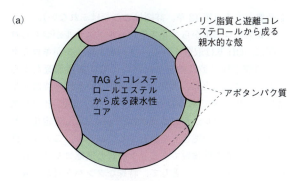

図 10.10 （a）キロミクロンの断面図，（b）キロミクロンの三次元構造

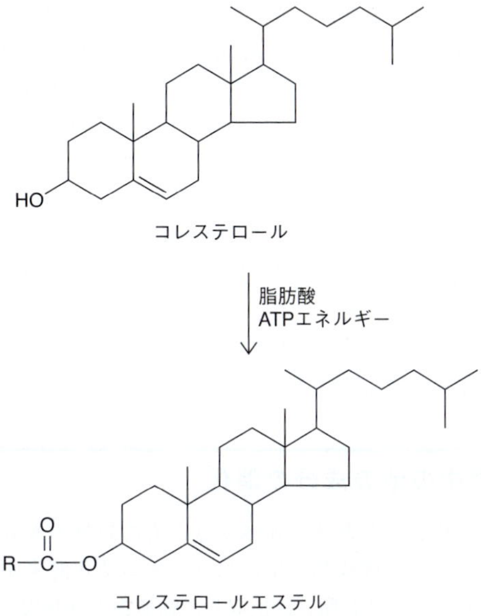

図 10.9 脂質の再合成の要約

この再合成の仕組みについては，今ここで扱っている話題とあまりにかけ離れてしまうのでここではふれず，後に述べることにする．TAG は，やはり吸収されたコレステロールエステルとともに（図 10.11 参照），腸管細胞から全身の細胞へと輸送されなければならない．TAG は膜を通過して細胞外に拡散することはできず，いずれにしても血中では不溶性である．そう簡単には循環に入れないのである．

これを解決する手段として，TAG とコレステロールは上皮細胞の内部で**キロミクロン** chylomicron とよばれる粒子に組込まれる．キロミクロンは膜を通過するには大きすぎるので，エキソサイトーシス（図 7.5 c 参照）により細胞から放出される．

キロミクロン

キロミクロン（図 10.10）は球状の粒子であり，その内部には TAG やコレステロールエステルのような疎水性物質がある．コレステロールは親水性の OH 基と疎水性の部分をもつ．キロミクロンを形成するために，コレステロールは OH 基に脂肪酸が結合して**コレステロールエステル** cholesterol ester に変換される．図 10.11 にこの簡略図を示す．このエステル化を触媒する酵素は**アシル CoA：コレステロールアシルトランスフェラーゼ** acyl-CoA : cholesterol acyltransferase（**ACAT**）であり，補酵素 A（CoA）

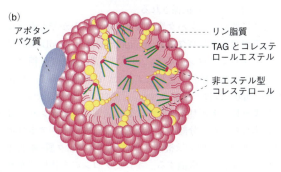

図 10.11 コレステロールのエステル化の簡単な模式図

を必要とする（第12章，詳細はここではふれない）．

コレステロールからコレステロールエステルがつくられる際に，OH基は取除かれる．コレステロールがキロミクロンの疎水性コアに納まるためにはOH基は邪魔だからである．このことは，生物分子の極性/疎水性の特徴が生命において重要であることを示している．TAGとコレステロールエステルから成る疎水性粒子は，もし安定化されなければ不溶性の塊として融合するであろう．この安定性は，弱い両親媒性物質であるリン脂質と遊離コレステロール，そして重要なこととして，特殊なタンパク質から成る"殻"の存在により担保される．

ここに関わるタンパク質は複数あるが，なかでも重要なのはアポリポタンパク質B apolipoprotein B (apoB-48)であり，キロミクロンの形成に必須である．ApoBは糖タンパク質であり，糖質の付加により大いに極性が増す．接頭辞の"apo"には"分離させる""離れる"の意味がある．このように，アポリポタンパク質は通常はリポタンパク質中にみられるが，分離したり離れたりしている．アポリポタンパク質は単独では機能しないが，タンパク質-脂質複合体の一部として機能する．キロミクロンの全体構造をリポタンパク質 lipoprotein とよぶ．親水性の殻が安定化することにより，キロミクロンは懸濁粒子としてリンパや血液にとどまることができる．キロミクロンの全体的な組成は90％かそれ以上がTAGであり，したがって密度が低くなる．

キロミクロンは（吸収されたアミノ酸や単糖とは違い）そのまま血中に放出されるのではなく，リンパ管に入る．リンパ lymph 液中のキロミクロンの懸濁粒子は乳糜とよばれる．ここでリンパについて簡単に説明しておこう．血液が毛細血管を通って循環するにつれて，タンパク質，電解質，他の溶質を含む透明なリンパ液が漏れ出て，細胞を間質液に浸す．すべての組織にはリンパ毛細管のネットワークが網目状に張り巡らされており，その末端にリンパ液が流れ込むようになっている．リンパ毛細管は集まってリンパ管となり，胸管を経て頸部の主要な静脈へとリンパ液を流し込む．リンパ液は能動的にくみ出されてはおらず，体の動きに合わせて押し出される．脂質を含む食事をした後では，リンパを経て血流に入り込んだキロミクロンにより血液は乳濁したように見える．キロミクロンは循環し，内容物は組織で利用される．食後および絶食時の体内での脂質の動態については第11章で解説する．

食物中の他の成分の消化

食物中にはこれまで述べてきたもの以外の成分も存在し，これらを構成物の単位に分解する消化酵素が存在する．食物中のリン脂質は摂取した動植物の細胞膜に由来するが，ホスホリパーゼにより加水分解される．核酸はリボヌクレアーゼ（RNアーゼ）とデオキシリボヌクレアーゼ（DNアーゼ）により加水分解される．これらの酵素は膵液に含まれている．植物は繊維，たとえばセルロースのような糖質を含んでおり，ヒトでは加水分解されないが，食物としては重要で，その成分はセルロース，リグニン，ヘミセルロース，ペクチン，ガムなどである．繊維には有益な効用がいくつかある．繊維は膨らむことで腸内の移動を速め，発がん物質の排泄を促進する，あるいは発がん物質と結合することによって，体を守る役割があるといわれている．また繊維は，時によってコレステロールの誘導体である胆汁酸と結合し，腸管からの胆汁酸の再吸収を抑制する．その結果，より多くの血中コレステロールが胆汁酸の生合成のために肝臓に取込まれることとなり，血中コレステロール濃度を下げる効果がある．大腸では細菌発酵により繊維の一部が代謝される．

草食動物では，セルロースは主要な食物成分であり，消化管の第一胃に繊維を分解できる酵素セルラーゼを産生する微生物をもっている．この微生物は遊離された糖質を酢酸やプロピオン酸などの短鎖脂肪酸に変換し，これは動物の主要なエネルギー源となる．

私たちは今，さまざまな消化産物が血液にたどり着くまでの全体像を知ることとなった．TAGとコレステロールはキロミクロンとしてリンパから一般循環へと入り，他のすべては門脈を通じてまず肝臓に入り，そこから一般循環へと移っていくのである．

体内での食物成分の貯蔵

動物は食物を持続的に摂取するわけではなく，断続的に取っている．実質的に，体は常に摂食と絶食の状態を繰返している．食事の間隔についても多様性があり，ヒトでは日中は間隔が短いが夜は眠るので間隔は長くなり，絶食や飢餓ではとても長くなる．体内の生化学的仕組みはこのような条件変化に対処しなければならない．

食後の血中には腸から吸収された消化産物があふれている．これらの物質は代謝によって使い切るまでずっと血中にとどまるわけではなく，むしろ血中から急速に組織に取込まれ，結果的に速やかにもとの血中濃度に戻る．脂肪分の多い食物を取った後，脂肪血（乳状の血漿の存在）は数時間で解消される．同様に，血糖値（血中グルコース濃度）は空腹時の5 mM（90 mg dL^{-1}）から食後には10 mM（180 mg dL^{-1}）まで増加するが，糖尿病患者でなければ，2時間以内に空腹時のレベルまで回復する．実際に，血糖値が食後2時間以内に正常値の濃度に戻るのは，健康の基準の一つである．組織は取込んだ食物成分を一度に使い切るのではなく，大部分を貯蔵する．物質の輸送や貯蔵の仕組みを知ることは有益である．もしグルコース，脂質コレステロールが代謝されるまでずっと循環すると，個体に

とっては悲惨な結果となるだろう．なぜなら，これらの代謝物の血中濃度が高くなると，糖尿病やその合併症である心血管疾患と結び付くからである．

異なる食物成分はどのように細胞に貯蔵されるのか
グリコーゲンとしてのグルコースの貯蔵

　細胞にとって，グルコースを遊離単糖の形で貯蔵するのは現実的ではない．高濃度のグルコースによる浸透圧は高くなりすぎる．溶質の浸透圧は溶液中に存在する溶解物の粒子の数に比例する．したがって，もし大量のグルコース分子が1箇所に集まって一つの高分子を形成すれば，グルコースの貯留によって生じる浸透圧は低下する．結果として生じた集合体分子は顆粒として溶液から析出するだろう．動物では，グルコースは重合して多数の分岐をもつ"動物デンプン"，すなわちグリコーゲンとなる．グリコーゲンはアミロペクチン（本章で既述）と同じ化学結合をもつが，分岐の数がはるかに多い．必要時にグリコーゲンは再度分解される．重要な点は，**動物ではグリコーゲンの貯蔵には限界がある**ということである．ヒトでは，食物なしの状態が24時間ほど続くと，肝臓のグリコーゲン貯蔵から血中にグルコースが供給され，他の組織，特に脳で使われる．後の章で述べるように，このことは動物の生化学に大きな影響を及ぼす．筋肉にも大きなグリコーゲン貯蔵があり，筋肉の収縮に必要なATPの産生のためのエネルギーとして使われる．しかし，このグリコーゲンは筋肉のためだけに働き，筋肉のグリコーゲンからは遊離グルコースは生じず，それゆえに肝臓とは違い，筋肉から他の臓器にグルコースが供給されることはない．他の臓器が（腎臓はちょっとした例外であるが）グリコーゲンを貯蔵することは一切ない．

　ここで述べたのはグルコースについてである．では他の単糖類，たとえばラクトースやスクロースにそれぞれ含まれているガラクトースやフルクトースはどうなのであろうか．グルコースこそが代謝の中心的意義をもつ単糖であり，他の単糖類はグルコース（またはグリコーゲン），あるいはグルコース代謝経路上にある別の化合物に変換される．

体内における脂質の貯蔵

　脂質はTAGとして細胞に蓄えられる．TAGの大部分は脂肪組織の**脂肪細胞 adipocyte** に貯蔵される．脂肪組織は全身のあらゆる部位に分布する．図10.12に示すように，顕微鏡下ではTAGを蓄えた脂肪細胞では脂肪滴が薄っぺらな細胞質と膜に囲まれているように見える．

　グリコーゲンの貯蔵とは異なり，TAGの貯蔵は本質的に無制限であり，脂肪細胞のTAGとしてエネルギーが体内に大量に貯蔵される．正常な体重の成人では，TAGの貯蔵はエネルギーの観点からすればグリコーゲンの貯蔵よ

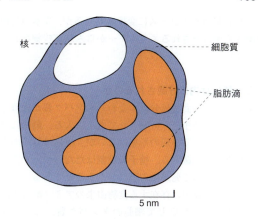

図10.12 脂肪細胞

りもずっと大きく，すべて合わせると15 kgかそれ以上に達する．

　グリコーゲンの貯蔵が少なすぎると後述するように代謝的な問題を生じるので，動物にとってグルコースは大変重要であるにも関わらず，なぜ体はTAGを大量に蓄え，グルコースはほんの少ししか貯蔵しないのか，という疑問が生じる．脂質は糖質と比べてはるかに還元されており（つまり酸化されていない），それゆえに単位重量当たりのエネルギーが大きい．加えて，細胞内のグリコーゲンは水和されているのに対し，TAGはそうではない．このことはすなわち，TAGは単位当たりのエネルギーを貯蔵するに当たり，グリコーゲンよりもずっと少ない重量と体積で済むことを意味している．もしTAGのエネルギーと同等のエネルギーをグリコーゲンの形で賄うとすれば，今よりもずっと大きな，おそらく2倍の体が必要となるであろう（そんなことになったら渡り鳥は体が重すぎて飛び立てないだろう）．グルコースの貯蔵はかなり限られており，現代社会においてヒトはほぼ無制限にデンプンやスクロースを摂取する可能性があるので，グリコーゲンとして貯蔵してもまだあり余るグルコースを別の形で蓄えなければならず，これこそがTAGなのである．それぞれの関係を図10.13に示す．

　重要な点は，グルコースは容易に脂質に変換されるが，ヒトでは脂肪酸はグルコースにまったく変換されない．なぜかについては第11章と20章でふれる（TAGのグリセ

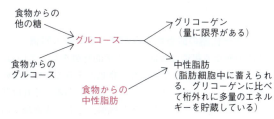

図10.13 吸収期以降における食物からの糖質と脂質の貯蔵

ロール骨格はグルコースに変換されうるが，3本の長鎖脂肪酸から生み出されるエネルギーからみれば些細なレベルである）．

アミノ酸は体内に貯蔵されるのか

第三の主要な食物成分，すなわちタンパク質が分解されるとアミノ酸を生じ，吸収されて血中に入る．動物にはアミノ酸を貯蔵する特別の形態はないが，植物は種子の中にタンパク質を貯蔵する．種子の役割はただ一つ，アミノ酸を使いやすい形で発達中の胚に与えることである．

動物では，血中に存在する食物由来のアミノ酸は組織に取込まれ，必要に応じて細胞のタンパク質，神経伝達物質，あるいは他の含窒素化合物の生合成に用いられる．すぐに必要とされない過剰のアミノ酸は分解され，アミノ基（－NH₂）が除かれ，動物では尿素に変換されて尿中に排出される．

見方によっては，体にはアミノ酸を蓄える方法が一つある．つまりすべての細胞のタンパク質である．量的観点からは，筋肉のタンパク質が最も重要である．しかしながら，筋肉のタンパク質はおもに収縮に関わっており，貯蔵としての役割があるわけではない．アミノ酸が全身の細胞で使われる必要性が生じればこれらのタンパク質は分解され，筋肉は細くなる．

動物には特殊な貯蔵用のタンパク質は存在しないが，"遊離アミノ酸プール"と知られているものがある．これは循環血および細胞内に存在する遊離アミノ酸の総量を表す表現である．遊離アミノ酸プールは食後にタンパク質の生合成に適量のアミノ酸を供給し，組織のタンパク質貯蔵量を維持する．タンパク質が摂取されないときにはアミノ酸が酸化に使われることもある．このプールは大きさに限りがあり，正常の成人では約100gである．食後に全身でタンパク質合成が起こる．遊離アミノ酸プールやアミノ酸の酸化速度も増加する．結果として，アミノ酸はエネルギーを得るための基質として使われる．

尿素は水に大変溶けやすく，中性で，毒性がない物質である．この物質はアミノ酸の炭素－水素"骨格"を保持しており，化学エネルギーをもっている．炭素－水素骨格はアミノ酸の種類によってグリコーゲンや脂質に変換される．また，そのときの生理的な必要性に応じて，酸化されてエネルギーを生み出すことに使われたり，他の代謝物の生合成に用いられたりする（図10.14）．

エネルギー代謝の観点からみた異なる組織の特徴

体内の異なる組織は特別な生化学的特徴をもっている．しかし，体内における全体的な食物動態をみるという今の文脈からは，いくつかの臓器が特に重要である．それは肝臓，骨格筋，脳，脂肪組織の脂肪細胞，そして赤血球である．（膵臓や副腎も調節臓器として重要であるが，今回の

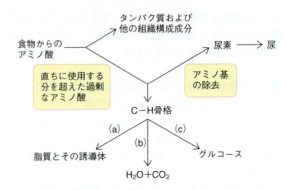

図10.14 食物中のアミノ酸の動態のまとめ．代謝経路(a)，(b)，(c)のいずれを通るかはアミノ酸の種類，生理的状態，生化学的な調節機構に依存する．

リストからは外す．）

肝臓は血糖値の調節に中心的役割を担う．いわばグルコース調整装置である．たとえば食後のように血糖値が高いと，肝臓はグルコースを取込みグリコーゲンとして貯蔵する．血糖値が低いと，肝臓はグリコーゲンを分解しグルコースとして血中に遊離する．

およそ24時間絶食すると，肝臓のグリコーゲン備蓄は枯渇する．もし肝臓から血中にグルコースを遊離する仕組みがなければ，血糖値は低下して致死的なレベルに達する．なぜなら，グルコースの適切な供給がなければ脳が機能しないからである．絶食や長期的飢餓では，脂肪組織の脂肪細胞に貯蔵された脂質が血中に遊離される．これは筋肉や他の組織の燃料を支えるが，脳と赤血球は脂肪酸を使えない．しかしながら，肝臓は糖新生 gluconeogenesis（第15章）とよばれる反応によりアミノ酸をグルコースに変換し，これを血中に遊離し，脳と赤血球に代謝可能な燃料として供給する．この状況でのアミノ酸の主要な供給源は筋肉のタンパク質であり，タンパク質が分解されてアミノ酸が供給される．これは機能的な筋肉のタンパク質が壊されることを意味しており，筋肉は細くなるが，もちろん低血糖により死ぬよりはましである．

肝臓は脂質代謝においても重要な役割をもつ．飢餓になると脂肪細胞は血中に脂肪酸を遊離し，この脂肪酸は多くの組織で直接使われるが，上述したように脳と赤血球は利用できない．血液脳関門は脂肪酸が脳の細胞に入るのを妨げる．赤血球にはミトコンドリアがないため，脂肪酸を代謝することができない．しかしながら，脂質が激しく使われているような状況下では，肝臓は血中の脂肪酸の一部をケトン体 ketone body とよばれる低分子化合物に変換する．ケトン体は血中に遊離され他の組織で使われる（赤血球は再び例外であり，ケトン体の代謝に必要なミトコンドリアがない）．特に重要な点として，脳はケトン体を使うことができ，飢餓時には脳のエネルギーの2/3はケトン体から得られ，グルコースから得られるのはたった1/3

である．このことは，筋肉のタンパク質を使わないという観点から大変重要である．もしそうでなければ，筋肉のタンパク質はグルコースを取出すためにもっと早く分解されてしまい，個体に危険な影響を与えかねないからである．ケトン体は小さいので，脂肪酸が通過できない血液脳関門を拡散して通過できる．残りのエネルギーはグルコースから得なければならない．肝臓自体はケトン体を代謝する酵素をもっていないため，これを利用できない．ケトン体は血中に遊離され，他の臓器で利用されるのである．肝臓はグリコーゲン貯蔵を補充してなお余ったグルコースや他の食物成分を使って脂肪酸を合成する主要な組織でもある．肝臓で合成された脂質は肝臓に蓄えられず，脂肪細胞や他の細胞に超低密度リポタンパク質（VLDL；第 11 章）の形で TAG として輸送される．肝臓に TAG がたまると病的な状態になる．

要するに，エネルギー的観点からみて，肝臓は過剰なグルコースをグリコーゲンとして蓄え，これはグリコーゲン備蓄が満杯になるまで続く．また肝臓はグリコーゲン備蓄が残っているかぎり必要時にグルコースを遊離する．飢餓状態では，肝臓はおもに筋肉タンパク質に由来するアミノ酸からグルコースを，脂質からケトン体を産生する．これらは血中に放出され脳と，グルコースに関しては赤血球でも使われる（図 10.15）．食物が豊富であれば，肝臓はグルコースや他の食物成分から脂肪酸を合成し，他の臓器に輸送する．肝臓は脂肪酸を優先的に燃やしエネルギーを生み出す．肝臓には他にも多くの機能があるが，ここでは体内でのエネルギーの供給に焦点を絞る．

この時点で，各組織での大変複雑な代謝の特徴を整理しておこう．

脳は上述のように，グルコースの持続的な供給を受ける必要がある．脳に燃料の備蓄はない．もし低血糖に陥れば，脳へのグルコースの取込みは低下する．なぜなら，この脳へのグルコース輸送の過程は促進拡散であり能動輸送ではないからである．そして脳や神経細胞の機能が損なわれ，けいれんや昏睡が起こる．しかしながらすでに強調したように，飢餓時には，脳は肝臓において脂質から合成されるケトン体を使うことに適応し，エネルギーの 2/3 をケトン体から賄う．このことで不足しているグルコースを経済的に使うことができる．

グルコースとケトン体はともに脳で同一の化合物，アセチル CoA に変換される．アセチル CoA は TCA 回路に入り，さらに酸化される．

骨格筋は筋収縮のために非常に大量の ATP 産生を必要とするため，ほとんどの型のエネルギー源を使うことができる．骨格筋は血中からグルコースを取込みグリコーゲンとして蓄えるが，肝臓とは異なり，それをグルコースに戻して血中に遊離することはない．骨格筋はグルコースと同様に脂肪酸，ケトン体，アミノ酸を酸化できる．血中に高濃度の脂肪酸やケトン体が存在する場合には，これらは容易に酸化される．（飢餓状態では，筋肉は自身のタンパク質を分解してグルコース生合成のためのアミノ酸を肝臓に供給する．）激しい筋収縮の際にエネルギー要求性が酸素の供給量を超えてしまうと，筋肉はグルコース（もしくはグリコーゲン）を無酸素的に代謝し，結果的に乳酸がたまる．これは ATP 産生には非効率であるが，緊急時には大規模に起こりうることであり，生きるか死ぬかを決めかねない．

脂肪組織の脂肪細胞の役割は簡単にまとめられる．食事後，脂肪細胞は食物中あるいは肝臓で合成された脂肪酸をリポタンパク質から取込む．脂肪酸は TAG として蓄えられている．グルコースは TAG のグリセロール（リン酸）骨格の生合成に必要とされる．絶食や飢餓のように血糖値が下がると，脂肪細胞は直ちに貯蔵した TAG を脂肪酸として血中に遊離する．

赤血球はグルコースだけを使うことができ，乳酸を産生し，細胞外に放出する．赤血球は最終分化した細胞であり（つまり，完全体となっており分裂しない），上述したようにミトコンドリアがないので，他の細胞のように食物を酸化することはできない．しかし，赤血球が正常に機能するためには Na^+/K^+-ATP アーゼが働かなくてはならず，他にもエネルギーを必要とする過程がある．

ホルモンによる体内の燃料分布の総合的調節

食物の体内動態に関わる主要な臓器の一般論を述べたの

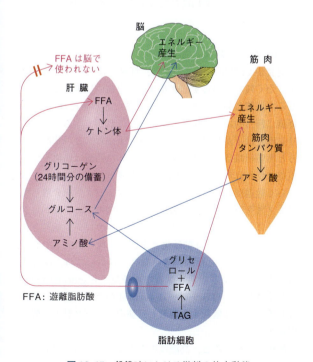

図 10.15 飢餓時における燃料の体内動態

で，ここでは食物の分布がどのように統制されているのか，ヒトの異なる生理的条件と協調してさまざまな臓器の活動がどのように調節されているのかについて解説しよう．以下に述べるように，ホルモンである**インスリン，グルカゴン，アドレナリン（エピネフリン）** がおもな調節因子である．ヒトでは以下のような調節がある．

- 食物が十分にあるとき：摂食中または食事直後，あるいは食物の吸収期に当たり，同化が異化を上回っている状態．
- 吸収期の後に続く状態：これは食後数時間に相当するが，正確な時間帯は表現できない．
- 絶食：食物なしに12時間以上が経過した状態であり，たとえば夜中にまったく食べないときの翌朝の朝食前の状態．
- 飢餓：絶食（自由意思でない食物欠乏状態）が 1～2 日以上続く状態．
- 緊急事態：これはたとえば，危険を避けるために筋肉を激しく動かす必要があるような状態をいう．

これらの栄養状態時における体内の食物動態の全体像を以下にまとめる．

食後状態

食後の吸収期には，血中に食物由来成分が高濃度で存在する．グルコースは肝臓と筋肉に取込まれ，グリコーゲン貯蔵が補充される．さらに，過剰のグルコースはおもに肝臓によって TAG に変換される．健康な肝臓は脂肪組織とは違い大量の TAG を蓄えることはせず，VLDL を介して他の組織に TAG を分配する（すでに本章で述べた通りである）．

アミノ酸はすべての組織に取込まれ，タンパク質や他の成分の生合成に利用される．すぐに必要のない過剰量のアミノ酸は脂質やグリコーゲンに変換され，窒素は尿素として排出される．

細胞は必要時にキロミクロンの TAG から脂肪酸を取込む（この代謝に関しては第 11 章参照）．哺乳類の乳腺は乳脂肪を乳に供給するためにこの過程が活発に行われており，脂肪組織は取込んだ脂質を TAG として貯蔵する．

これらすべての栄養素の取込みと遊離は全体としてうまく統制されなければならないことは明らかであり，さもなければ代謝系は破綻するであろう．この調節は内分泌器官から分泌されるホルモンにより制御されている．内分泌器官は化学刺激としてホルモンを血中に遊離し，ホルモンは標的細胞（シグナルを受取ることができる細胞）に到達して食物動態を調節するよう細胞に指令を出す．

食物成分を貯蔵する"シグナル"を出す主要なホルモンは，膵臓由来のホルモンである**インスリン insulin** である．インスリンは血糖値が高くなると膵臓から血中に分泌される．高濃度のインスリンは，食物成分を取込みグリコーゲンおよび TAG として蓄えるよう貯蔵組織にシグナルを出す．これと相関して，別の膵臓由来ホルモンである**グルカゴン glucagon** の濃度は低くなる．グルカゴンの分泌は血糖値が高いと抑制される．グルカゴンの作用はインスリンと正反対であり，燃料が足りないときに貯蔵した燃料を血中に放出するよう組織にシグナルを出す．ただし，脳と赤血球はインスリンの影響を受けず，常に血中のグルコースを使い続ける．

絶食状態

食後の吸収期を過ぎると，インスリンの貯蔵シグナルは結果的に血中のグルコースとアミノ酸の濃度を正常時のレベルまで低下させ，キロミクロンを一掃する．時間が経つにつれ血糖値は落ち始め，これとともにインスリンの分泌も低下する．インスリンは分泌後にすぐに分解されるため，膵臓からの分泌が止まるとインスリンの血中濃度は数分で低下する．これに合わせるように膵臓はグルカゴンを分泌し，そのレベルは血糖値が低いと増加する．グルカゴンは，グリコーゲンを分解してグルコースを血中に遊離するよう肝臓に指令を出す．また，グルカゴンは脂肪細胞を刺激し，TAG を加水分解して脂肪酸とグリセロールを血中に遊離させる．筋肉と肝臓，そして他の組織はエネルギーを得るために脂肪酸を使い，脳はグルコースを使う．インスリンとグルカゴンの比率が低下するため，グルコースからのグリコーゲンや脂質の合成は停止する．このシステムが合成と分解が同時に起こること（無益回路）を防いでいる．

長期にわたる絶食と飢餓

絶食が 24 時間以上も続くと，肝臓にはグリコーゲンはまったく残っておらず，グルコースを血中に供給できなくなる．肝臓以外にグルコースを遊離できる組織はないが，腎臓は例外的にごく微量ではあるがこれができる．インスリン濃度は下がりグルカゴン濃度は上がる．この状況になると脂肪組織は脂肪酸を遊離し，この脂肪酸は筋肉や他の組織で使われる．脂肪細胞の脂肪貯蔵量は十分にあり，おそらく数週間はもつ．筋肉は自身のタンパク質を分解してアミノ酸を遊離する．肝臓はこの脂肪酸やアミノ酸からグルコースをつくり出し，この過程はグルカゴンで刺激される．（このプロセスは**糖新生**とよばれ，他の状況下でも起こる．第 16, 20 章．）このストレス下においては，副腎皮質からステロイドである**糖質コルチコイド glucocorticoid** が分泌される．**コルチゾール cortisol** がその代表で，糖質コルチコイドは糖新生を刺激し，筋肉タンパク質の分解を促進する．

飢餓が進行すると，高濃度のグルカゴンは脂肪組織からさらに多くの遊離脂肪酸を動員させる．肝臓はこの脂肪酸

の一部をケトン体に変換して血中に放出する．ケトン体にはアセト酢酸（$CH_3COCH_2COO^-$）とβ-ヒドロキシ酪酸（$CH_3CHOHCH_2COO^-$）の2種類がある．

"ケトン体"というよび方は必ずしも正しくない．体(body) ではないし，β-ヒドロキシ酪酸は（$C=O$ をもたないので）ケトンではない．古いよび方ではあるが今も使われているのである．すでに述べたように，飢餓時の脳はエネルギーの一部としてケトン体を使うようになり，グルコースの消費が抑えられる．

緊急事態：逃走か，それとも闘争か

（ヒトを含む）動物が危険な状態に遭遇すると，脳からの神経刺激に呼応して副腎は髄質から**アドレナリン** adrenaline（**エピネフリン** epinephrine）を血中に放出する．脂肪組織は神経支配を受けており神経末端から遊離されるアドレナリンやノルアドレナリン（ノルエピネフリン）の刺激を受ける．アドレナリンは，いうならば，生化学的な意味での非常ボタンを押す．この状況下では通常時の調節は効かなくなり，肝臓からはグルコースが，脂肪細胞からは遊離脂肪酸が血中に放出され，筋肉が燃料不足に陥らないようにする．アドレナリンは骨格筋でのグリコーゲンの分解を刺激し，細胞が最大速度でATPを合成できるようにする．このような代謝によって，筋肉は最大限に収縮でき，すぐに脅威から逃げることが可能となるのである．

要　約

食物の消化

消化では，食物中の多糖やタンパク質は最小単位（単糖やアミノ酸）まで加水分解される．この形にならないと腸管上皮細胞で吸収されず，血中に運ばれない．TAG（中性脂肪）は遊離脂肪酸とモノアシルグリセロールに加水分解され，この過程は胆汁酸塩により促進される．胆汁酸塩はTAGを乳化して表面積を大きくし，膵臓から分泌される酵素リパーゼの作用を受けやすくする．

体は胃や膵臓から分泌されるプロテアーゼによる自己消化を防がなければならない．腸管上皮細胞から分泌される糖タンパク質であるムチンは細胞を覆い，自己消化から保護する．タンパク質分解酵素は不活性な前駆体として分泌され，腸管腔に達したときのみ活性化する．

胃ではペプシンがタンパク質を部分消化するが，主要な消化と吸収は小腸で起こる．ペプシンは最適 pH が 2 である珍しい酵素である．この酸性 pH は胃の壁細胞から ATP 依存的に分泌される HCl によって調節されている．

デンプンは膵臓のアミラーゼにより分解され，アミラーゼは活性型酵素として小腸に分泌される．アミラーゼは唾液にも含まれている．

糖とアミノ酸は血流に入った後に門脈を経て肝臓に達し，そこから全身の循環に入る．

TAG の消化産物（モノアシルグリセロールと脂肪酸）は上皮細胞により TAG に再合成され，キロミクロンとしてリンパ循環に送り込まれた後，血流に移動して全身に分配される．キロミクロンはリポタンパク質であり，リン脂質，コレステロール，TAG が特殊なタンパク質分子と複合体を形成している．リン脂質はリポタンパク質粒子を懸濁状にして輸送を助ける．

大腸では水が吸収され，細菌により食物繊維が多少か分解される．

吸収された消化産物の組織への分配

食後の血液は吸収した食物成分で満たされている．これらはすぐに血中から除かれる．グルコースはグリコーゲン，すなわちグルコースポリマーとして肝臓と筋肉に蓄えられる．筋肉はグリコーゲンを使いエネルギーを得るのに対し，肝臓は飢餓などの必要時にグリコーゲンからグルコースを血中に遊離する重要な役割をもつ．血糖値が適切なレベルから逸脱すると，脳は正常に機能できない．肝臓のグリコーゲン貯蔵は飢餓時に 24 時間程度しかグルコースを供給できない．これが枯渇すると肝臓は新たにグルコースを産生する．筋肉は血中にグルコースを遊離しない．

脂質の貯蔵は脂肪組織の脂肪細胞が担っており，そこで TAG として大量に貯蔵される．TAG の貯蔵は実質上無制限である．TAG はグリコーゲンよりもエネルギーが高く，水和されない．もし TAG のエネルギーと同等のカロリー値をグリコーゲンで置き換えると，私たちはずっと大きな体を必要とするであろう．過剰のグルコースは肝臓で脂質に変換され，他の糖はグルコースに変換される．動物ではグルコースは脂質に変換されるが，逆の反応は起こらない．

タンパク質には特別の貯蔵形態はないが，血液と細胞には遊離アミノ酸プールがあり，タンパク質の恒常性が維持されている．

エネルギー代謝における組織の特徴

肝臓は血糖値の調節に中心的役割を担う．肝臓は脂質を合成し，それを他の組織に配る．筋肉はグリコーゲンを蓄えるが，筋肉でのみ使われる．

食物分配のホルモン調節

高血糖により誘導されるホルモンであるインスリンは脂質やグリコーゲンの貯蔵を促進する．グルカゴンは血糖値が低いときに膵臓から分泌され，肝臓からグルコース，脂肪細胞から脂肪酸の遊離を刺激する．インスリンとグルカゴンは逆の作用をもつ．

問題

1. 不活性な酵素前駆体として産生されるのはどの酵素か．酵素前駆体をもつ利点は何か．なぜアミラーゼは不活性な前駆体としてではなく活性型として生合成されるのか．
2. 不活性なプロテアーゼが腸内でどのように活性化するかについて説明せよ．
3. 膵臓の酵素前駆体が物理的，化学的刺激あるいは膵管の閉塞により腸管に分泌される前に活性化したら，何が起こるか．
4. なぜ食物の消化は必要なのか．
5. 多くの人々，特に非ヨーロッパ系は，乳や乳製品を消費するとひどい腹痛に苦しむことがある．なぜそうなるのか．それはどうしたら改善するか．
6. 中性脂肪の構造を示せ．別の名前は何か．どの部分が第一級エステルか．
7. 脂質は水中では大きな塊となり，リパーゼが作用できるような脂質/水の界面が非常に小さい．消化管がどのようにしてこの脂質の物性を克服しているかについて説明せよ．
8. アミノ酸と糖は腸管で吸収された後，門脈を経て肝臓に運ばれ，そこから全身に分配される．脂質の消化産物は吸収された後どうなるか．
9. グルコースとしてではなくグリコーゲンとして貯蔵する利点は何か．
10. TAG はグリコーゲンと比べて量的にずっと多く蓄えられる．何がこれを可能にしているのか．
11. (a) グルコースは脂質に変換されるだろうか．(b) 同じように，脂質はグルコースに変換されるだろうか．(c) アミノ酸には長期保存のために何か特別の形態があるだろうか．それぞれ手短に説明せよ．
12. 食物の動態について，肝臓のおもな代謝の特徴を説明せよ．
13. 脳は脂質をエネルギーとして使えるか．
14. 脂肪細胞のおもな代謝の特徴は何か．
15. 赤血球の主要なエネルギー源は何か．
16. 異なる栄養状態において，食物の体内動態はホルモンによりどのように制御されているか．
17. 一時期，ケトン体は病的であると考えられていた．果たしてそうだろうか．答えを説明せよ．

11

食事成分の輸送，貯蔵，動員の仕組み

　この章では，食物から取込まれる燃料の輸送，組織への分配と貯蔵，そして絶食や飢餓などの必要時における貯蔵からの動員について取扱う．ここではおもに糖質，脂質，タンパク質の貯蔵と遊離について解説し，コレステロールについてもふれる．コレステロールはエネルギーを生み出す燃料にはならないが，小腸から吸収された後に脂質としてリポタンパク質を介して輸送され，臨床的にも重要であるので，本章でふれておく価値がある．

体内でのグルコースの輸送

　糖質の構造については第10章の糖質の消化ですでに述べた．

グリコーゲンの生合成

　すでに述べたように，血糖値（血中グルコース濃度）が上昇しインスリン／グルカゴン比が高くなる食後では，グルコースは肝臓と筋肉（および少量ではあるが腎尿細管）に取込まれ，グリコーゲン貯蔵の補充に使われる．体内の他の細胞にはグリコーゲンは貯蔵されない．
　グルコースからのグリコーゲンの生合成は**吸エルゴン反応 endergonic reaction** であり，エネルギーを必要とする．グリコーゲン分子中のグルコース単位を結ぶグリコシド結合の $\Delta G°'$ 値は約 $-16\ \mathrm{kJ\ mol^{-1}}$ であり，その平衡は完全にグリコーゲン＋水→グルコースの反応に傾いている．したがってグリコシド結合が形成されるためには高エネルギーリン酸基からエネルギーが供給されなければならない．
　グリコーゲンの生合成はすでに存在するグリコーゲン分子（"プライマー"とよばれる）にグルコース単位が連続的に付加することにより起こる．グリコーゲン顆粒の生成は**グリコゲニン glycogenin** とよばれるタンパク質により始まる．グリコゲニンは分子内のチロシンの－OH に 8 個のグルコシル基を結合して運ぶ．このタンパク質はグリコーゲン顆粒の内部にとどまる．新しい基は常に多糖の非還元末端に結合する．グルコースはアルドース糖である．この構造はグルコースを開環構造にするとよく理解できる．水

溶液中では開環構造から環状構造へと平衡が自然に傾き（図11.1），環状構造が主体となる．

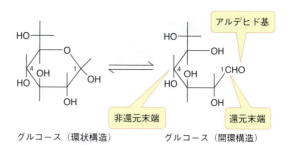

図 11.1 溶液中でのグルコースの 2 種類の存在状態の自然平衡関係

　アルデヒドは還元物質であるため，糖環の 1 位の炭素は還元末端，4 位の炭素は非還元末端になる．このようにグリコーゲン鎖には常に非還元末端がある．

したがって，グリコーゲン生合成の反応は本質的に以下のようになる．

この反応は何度も繰返され，多糖の鎖が伸びていく．

グリコーゲンの生合成はエネルギー的にどのように進行するか

　グルコースが細胞内に入ると，アデノシン三リン酸

（ATP）によりリン酸化される（図 11.2）．この反応は，脳と筋肉では酵素ヘキソキナーゼにより触媒される．**キナーゼ** kinase は ATP のリン酸基を何か他の分子に転移する酵素で，今回の場合はその相手はグルコースであり，グルコースは六炭糖（ヘキソース）であることから，**ヘキソキナーゼ** hexokinase と命名されている．肝臓では同じ反応が別の酵素であるグルコキナーゼによって触媒される．グルコキナーゼは本質的に血糖値が高いときにのみ働く．肝臓にはヘキソキナーゼも存在し，血糖値が低いときに働く（この点については本章の後半で詳述する）．

グルコース 1-リン酸（G1P）のリン酸エステル結合を加水分解するエネルギーは $\Delta G^{o\prime}$ として -21.0 kJ mol^{-1} であり，グリコーゲンのグリコシド結合を加水分解するエネルギーとほぼ同等である．この値から考えると，グルコース 1-リン酸からグリコーゲンプライマーにグルコース単位が直接転移するように思われるが，実はそうではない．このような反応が起こると完全に可逆的となり，制御できないからである．

グルコース 1-リン酸は活性型の UDPG に変換される

グリコーゲン合成を熱力学的に不可逆にしているもう一つの反応がある．ウリジン三リン酸（UTP）は ATP に似た物質で，ATP のアデニンがウラシル（U）に置き換えられたものである（図 3.4 参照）．（ここでは U の構造は重要ではなく，第 19 章の関連項目で詳述する．ウリジンはウラシルのリボース付加体であり，アデノシンの構造類似体である．）**ウリジン二リン酸グルコース** uridine diphosphate glucose（**UDP グルコース**または **UDPG**）は UTP とグルコース 1-リン酸から図 11.4 に示すような反応で合成される．体系的な命名規約により，この反応に関わる酵素の名称は逆反応に由来する（実際には細胞内では起こらないのだが）．起こるべき逆反応とは（もし起こるのであれば），UDPG を二リン酸（ピロリン酸）で分断する反応

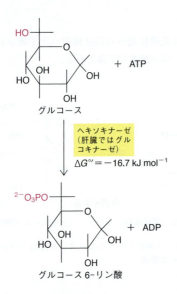

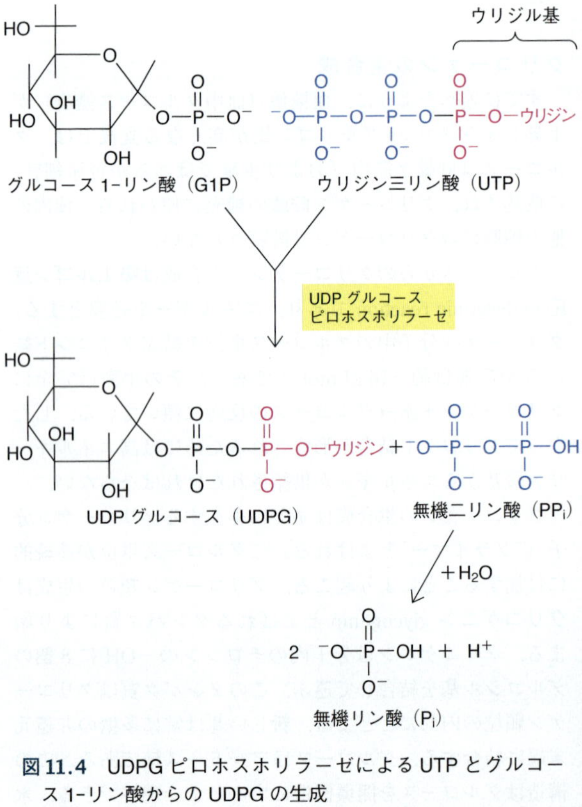

図 11.2 ATP によるグルコースのリン酸化

この反応の $\Delta G^{o\prime}$ 値は大きく負に傾いており，ゆえに不可逆的である．電荷をもつグルコース 6-リン酸は細胞膜を透過できず，そのためグルコースのリン酸化はグルコース分子を細胞の内部に捕獲し，その結果グルコースが血中から細胞内にさらに入り込むことになる．なぜなら，グルコースの細胞内への侵入は促進拡散だからである（第 7 章）．リン酸基は次に第二の酵素であるホスホグルコムターゼにより 6 位から 1 位に転移される．この反応は可逆的であり，リン酸化グルコースを異性化する反応である（図 11.3）．

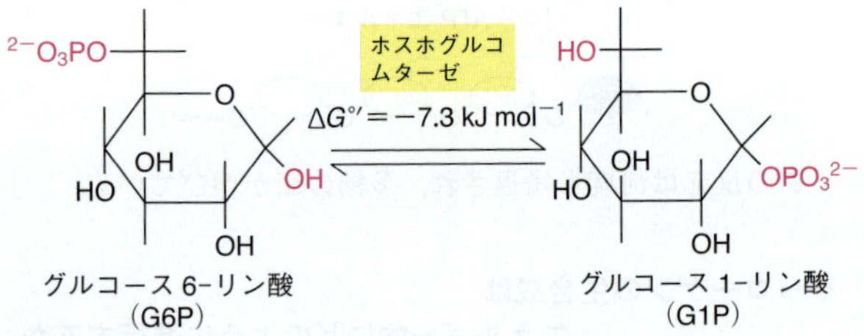

図 11.3 グルコース 1-リン酸とグルコース 6-リン酸の相互変換

図 11.4 UDPG ピロホスホリラーゼによる UTP とグルコース 1-リン酸からの UDPG の生成

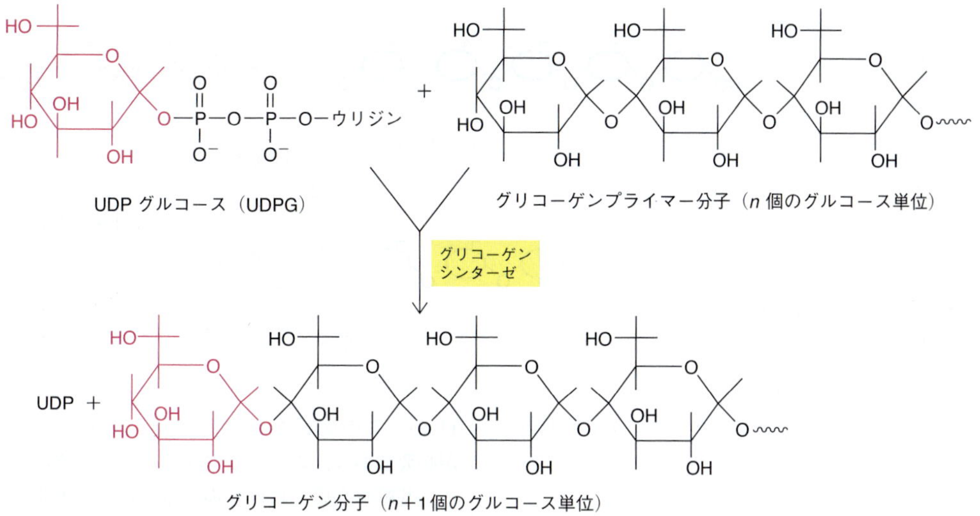

図 11.5 グルコシル基供与体として UDPG が使われたときのグリコーゲンプライマーの伸長によるグリコーゲンの生合成

である．この反応を行う酵素はピロホスホリラーゼであり，それゆえにこの酵素は **UDP グルコースピロホスホリラーゼ** UDP glucose pyrophosphorylase とよばれる．無機二リン酸は不安定で細胞内ですぐに分解されるため，逆反応は起こらない．

UDPG は"活性型"あるいは反応性グルコース化合物であり，ここからグリコーゲンにグルコシル基が転移される．動物体内において"活性型"グルコースが産生され化学合成に用いられるときは，一般的法則としてそれはUDP 誘導体である．（植物はデンプンの生合成にアデニン誘導体を用いる．）UDPG をグルコシル基供与体としたグリコーゲンの生合成は図 11.5 のように起こり，これを触媒する酵素は**グリコーゲンシンターゼ** glycogen synthase である（ATP を直接用いない生合成酵素を指す場合には"シンターゼ"，ATP を使う生合成酵素の場合は"シンテターゼ"が使われていたが，現在は区別なくシンターゼが用いられる）．UDP グルコースピロホスホリラーゼは無機二リン酸を生じる．この物質は無機ピロホスファターゼによって加水分解される．第 3 章で説明したように，この反応は $\Delta G^{\circ\prime}$ が $-33.5\,\mathrm{kJ\,mol^{-1}}$ であり，このためグルコース 1-リン酸と UTP からの UDPG の生合成は完全に右側に傾いている．したがって，細胞内ではグリコーゲンの生合成は可逆的にはならず，生合成される方向に進む．グリコーゲンの生合成は図 11.6 のようにまとめられる．

グリコーゲンの分枝の形成

グリコーゲンプライマーに次々とグルコシル基が付加されると，非常に長い多糖鎖が形成される．これは植物が生合成するアミロースデンプン成分と同一である．グリコーゲンにはこれとは異なっている点がある．すなわち，グル

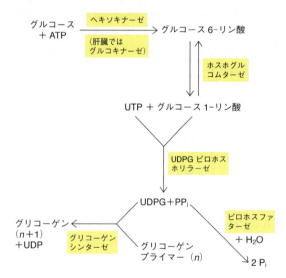

図 11.6 グルコースからのグリコーゲンの生合成のまとめ

コシル基の長い鎖となる代わりに，グリコーゲンは大きく分枝しているのである．この構造は**分枝酵素** branching enzyme とよばれる別の酵素によって触媒される．グリコーゲンシンターゼにより長さとして 11 単位以上の"直鎖"ができると，分枝酵素はグルコシル基の短いブロックを α(1→4)結合鎖の末端から同一または別の鎖のグルコースの 6 位炭素の−OH に転移する（図 11.7）．α(1→6)結合のエネルギーは α(1→4)結合とほぼ同じなので，この反応は単純な転移反応である．分枝酵素の作用によりグリコーゲンの生合成や分解において非常に多くの末端が生じる．

最初からまとめると，食後，血中のグルコースは組織に

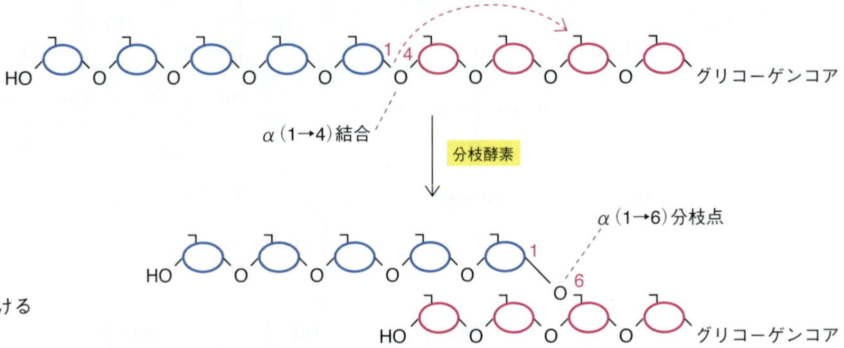

図 11.7 グリコーゲン生合成における分枝酵素の作用

取込まれ，上記のような反応を経てグリコーゲンに変換される．

グリコーゲンの分解と血中へのグルコースの遊離

すでに述べたように，肝臓はグリコーゲンを生合成するが，(筋肉とは異なり)肝臓自体ではグリコーゲンは利用されず，他の組織，特に脳と赤血球で利用される．食間の絶食期では，肝臓はグリコーゲンを分解し(グルカゴン/インスリン比が高いことがシグナルとなる)，血中にグルコースを遊離する．これにより脳はグルコースを取込み，正常に機能し続ける．低血糖という用語は血糖値が 4 mM よりも低くなったときに使われるが，血糖値が 2.5 mM 以下にならないと普通は体調の異変は起こらない．このときに起こる症状は意識朦朧である．肝臓は脳と赤血球にグルコースを送る役目がある．

グリコーゲン分解 glycogen breakdown も生合成の場合と同様に非還元末端で起こる．グリコーゲン分解ではグルコースが水で切られる(加水分解)代わりに，リン酸で切られる(加リン酸分解)．ここに関わる酵素は**グリコーゲンホスホリラーゼ** glycogen phosphorylase とよばれる(図 11.8)．この反応には補酵素としてピリドキサールリン酸が必要であり，このピリドキサールリン酸は後に述べるアミノ基転移反応で再度登場する．ピリドキサールリン酸は一般的に酸塩基触媒である．

こうして生じたグルコース 1-リン酸は**ホスホグルコムターゼ** phosphoglucomutase によりグルコース 6-リン酸に変換されるが，これは先に述べた反応の逆反応である．これに**グルコース-6-ホスファターゼ** glucose-6-phosphatase が作用すると遊離グルコースが生じ，血中に放出される．筋細胞はホスファターゼによりグリコーゲンを分解するが，グルコース-6-ホスファターゼをもっていないので血中にグルコースを放出しない．筋肉のグリコーゲンから生じたグルコース 6-リン酸は筋肉自身により利用され，解糖系に入っていく．

$$\text{グルコース 1-リン酸} \rightleftharpoons \text{グルコース 6-リン酸}$$
$$\text{グルコース 6-リン酸} + H_2O \rightarrow \text{グルコース} + P_i$$

肝臓と腎臓におけるグリコーゲンからのグルコースの産生は図 11.9 のように要約される．

グルコース-6-ホスファターゼは小胞体(第 2 章)の膜

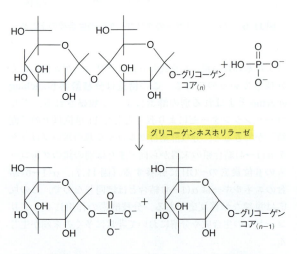

図 11.8 グリコーゲンホスホリラーゼの作用

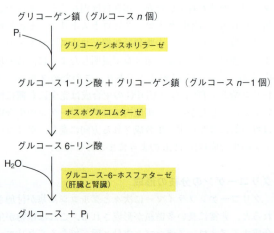

図 11.9 加リン酸分解によるグリコーゲンの分解と，それによって起こる肝臓や腎臓から血中への遊離グルコースの放出

11. 食事成分の輸送，貯蔵，動員の仕組み

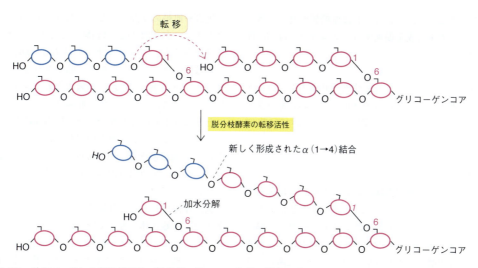

図 11.10 グリコーゲンの脱分枝反応．脱分枝の前では，上段の構造はグリコーゲンホスホリラーゼの作用を受けることができない．脱分枝酵素による転移と加水分解が起こると双方の鎖は開き，ホスホリラーゼの作用を受ける．

に局在している．この酵素は活性中心が細胞質ではなく小胞体の内腔側を向いている点で特徴的である．グルコース6-リン酸は（輸送タンパク質により）小胞体膜を通過して内腔に輸送され，加水分解される．生じたグルコースとリン酸は別の輸送系により細胞質に再輸送される．

グリコーゲンの分枝の分解

グリコーゲンの分枝点には問題がある．ホスホリラーゼは分枝点のグルコース単位が四つ以内だと機能できないのである．この酵素は巨大なため，おそらく分枝が邪魔になって作用すべきグリコシド結合に結合できない．この問題は1対の酵素によって解消され，分解が進行する．このうちの一つが**脱分枝酵素** debranching enzyme であり，三つのグルコシル基を別の鎖の 4-OH に転移する．これによりホスホリラーゼが作用するのに十分な長さをもつ鎖の一部となる．最後の単位，すなわち (1→6) 結合は，同じ脱分枝酵素の α(1→6) グルコシダーゼ活性により加水分解され，外される．（つまり同一の酵素が二つの活性をもっている．）これにより邪魔となっていた分枝は除かれ，ホスホリラーゼによりさらに分解される（図 11.10）．肝臓におけるグルコースの取込み，貯蔵，遊離は図 11.11 のようにまとめられる．

グルコースとグリコーゲンの分解における重要な点

いくつかの重要な点を以下に列挙する．
- グリコーゲンの生合成と分解は異なる代謝経路であり，別々に調節されている（この調節は第20章の主要な話題である）．
- グルコース-6-ホスファターゼは肝臓と腎臓のみに存在し，そこからグルコースが血中に遊離される．

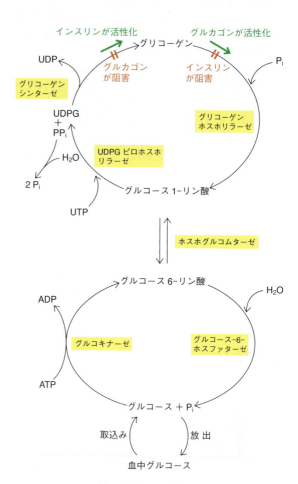

図 11.11 肝臓におけるグルコースの取込み，貯蔵，遊離のまとめ．グルカゴンとインスリンはグリコーゲン代謝に関わる酵素を直接調節しているわけではない点に留意せよ（第20章）．

- 最も重要な点として，インスリンは血糖値が高いときにグリコーゲンの生合成を促進する．グルカゴンは逆の作用をもつ．

このようにして，インスリンは筋肉と肝臓のグリコーゲン生合成を促進する．肝臓からのグルコースの遊離はグルカゴンにより促進される．この調節機構については第20章で解説する．

肝臓はグルコキナーゼを，他の組織はヘキソキナーゼをもつ

一度グルコースが細胞に入ると，リン酸化されてグルコース 6-リン酸になる．肝臓のグルコキナーゼと，脳をはじめとする他の組織のヘキソキナーゼは同じ反応を触媒する．この二つの酵素はどう違い，グルコース代謝にどう影響するのだろうか．

図 11.12 は，異なるグルコース濃度に対するグルコキナーゼとヘキソキナーゼの活性を表示したものである．グルコキナーゼの K_m 値は 10 mM であり，ヘキソキナーゼは 0.05 mM である．両酵素ともに，それぞれの K_m 値の 5〜10 倍濃度の基質により飽和する．このことは，ヘキソキナーゼはグルコース濃度が高かろうが低かろうが，あらゆる生理的濃度のグルコースに対して最大の活性を示すのに対し，グルコキナーゼが最大活性を示すには 50〜100 mM のグルコースが必要であることを意味している．肝門脈系のグルコース濃度は糖質の消化が起こっている間は 20〜50 mM に達することから，グルコキナーゼはこのような濃度域で機能することができる．つまり，グルコキナーゼは高濃度のグルコースに対して機能することに適応しているのは明白である．

この二つの酵素にはもう一つの違いがある．ヘキソキナーゼは産物であるグルコース 6-リン酸により阻害されるが，グルコキナーゼは影響を受けない．このことは，肝臓では細胞内にたとえ高濃度のグルコース 6-リン酸が存在してもグルコース代謝が起こることを意味している．

絶食や飢餓の状況ではどうであろうか．ヘキソキナーゼはグルコース濃度が 2〜3 mM 以下となってもまだ十分な活性があるが，グルコキナーゼはずっと活性が低くなる．これは，ヘキソキナーゼをもつ脳や赤血球は依然としてグルコースを代謝できるが，肝臓は代謝できないことを意味している．このようにして，肝臓はグルコース供給が乏しいときに脳や赤血球と競合しない仕組みになっている．やはりヘキソキナーゼを発現している筋肉ではどうだろうか．筋肉は脳と競合するのだろうか．答えはノーである．グルコースの細胞内への取込みは，グルコースやインスリンの濃度が低いときには抑制されるからである．

脳，赤血球，そして肝細胞は，インスリンとは関係なくグルコース輸送体をもっているので，グルコース濃度の高低に応じてグルコースを輸送することができる．肝臓のグルコース取込みはグルコキナーゼの活性に依存するので，グルコース濃度が低いと取込むことができない．筋肉はインスリン依存性のグルコース輸送体をもっている．筋肉は低濃度のグルコースでも十分にこれをリン酸化できるヘキソキナーゼを発現しているが，絶食時にはグルコース輸送体（GLUT4）が細胞膜に存在しないので，この反応は起こらない．脂肪組織も同様である．したがって，筋肉も脂肪組織もグルコース濃度が低いときに脳や赤血球と競合することはない．

まとめると，脳と赤血球はグルコースを濃度が低いときに優先的に使う．肝臓，筋肉，脂肪組織はグルコースが豊富に存在するときに代謝できる．

肝臓のグルコース輸送体である GLUT2 は他の組織のグルコース輸送体と比べてグルコースに対する親和性が低い．脳のグルコース輸送体（GLUT3 と GLUT1）は常に飽和した状態にあり，肝臓の輸送体よりもずっとグルコース親和性が高いので，いわば，生理的条件下では常に活性化した状態にある（表 11.1）．

小腸で吸収された他の糖はどうなるのか

動物の食物には他の糖類も豊富に含まれており，門脈流に吸収される．乳中の糖はラクトースであり，小腸で分解されてガラクトースとグルコースになる．スクロースからはフルクトースとグルコースが生じる．フルクトースは異

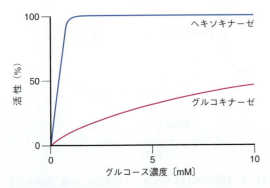

図 11.12 ヘキソキナーゼとグルコキナーゼのグルコース濃度に対する応答性

表 11.1 よく解析されているグルコース輸送体（GLUT）1〜4 と SGLT，ならびにその性質についてのまとめ

	組織の分布	性質と機能
GLUT1	脳，赤血球	高親和性，低血糖値で数が増加
GLUT2	肝臓，膵臓 β 細胞	低親和性，高能力
GLUT3	脳，神経	高親和性
GLUT4	脂肪組織，筋肉	インスリン依存性
SGLT	腸粘膜	ナトリウムとグルコースの共輸送

なった経路により代謝される．エネルギー代謝が進む限り，これら他の糖類は肝臓でグルコースに変換されるか，主要なグルコース代謝経路で生じる物質に変換される．ガラクトースの代謝は医学的に特に重要である（Box 11.1）．

ガラクトースの代謝

ガラクトースをグルコースに変換するには，炭素4位のHとOHを交換，つまりエピマー化する．

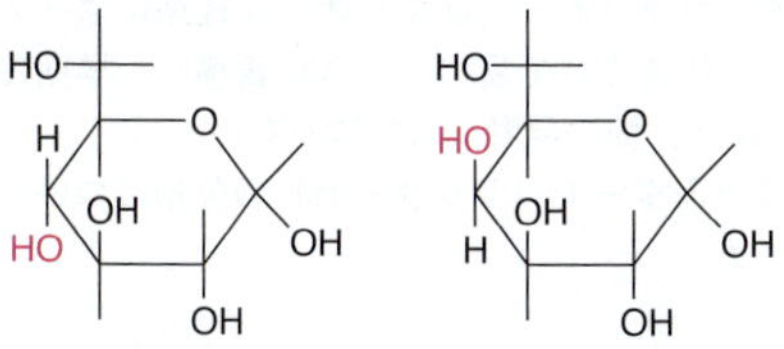

グルコース　　　ガラクトース

この反応はガラクトース自身ではなく，UDP ガラクトースに作用するエピメラーゼによって触媒され，UDPG を生じる（UDPG がグリコーゲン生合成に関わることはすでに述べた）．

まず，ガラクトースはガラクトキナーゼによりリン酸化され，ガラクトース 1-リン酸を生じる．（この反応はヘキソキナーゼやグルコキナーゼがグルコースの炭素6位の−OH をリン酸化するのと対照的である．）

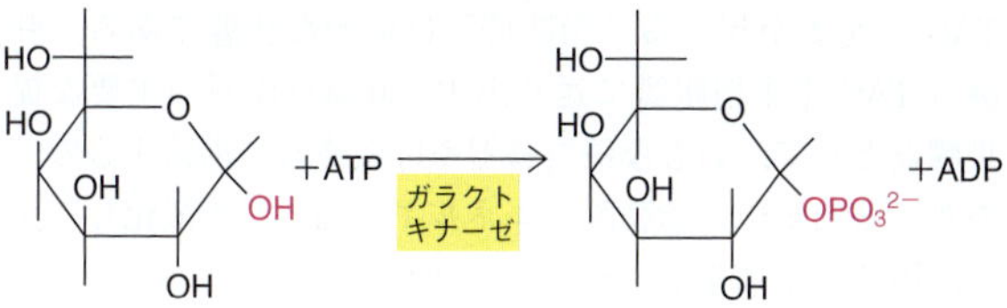

+ATP　ガラクトキナーゼ　+ADP

こうなると，UDPG の生成と同様に UTP と反応するように思われるが，そうではない．その代わりに，以下のように UDPG 分子中のグルコース 1-リン酸がガラクトース 1-リン酸と入れ替わり，UDP ガラクトースとグルコース 1-リン酸を生じる．

ガラクトース 1-リン酸　　UDP グルコース

ウリジルトランスフェラーゼ

UDP ガラクトース　　グルコース 1-リン酸

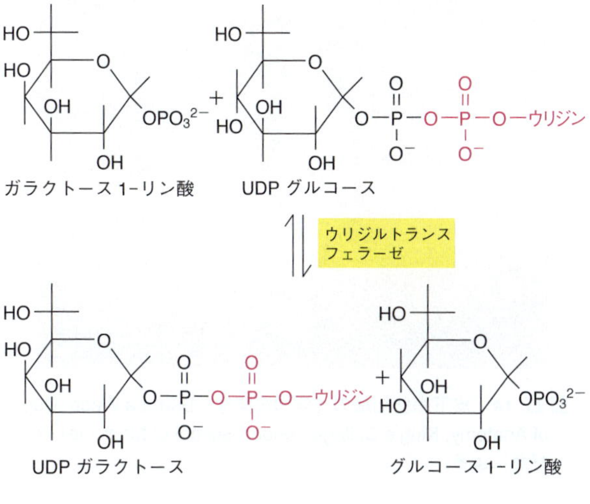

この反応では，−P−ウリジン基（ウリジル）が UDPG からガラクトース 1-リン酸に転移されており，これを触媒する酵素は**ウリジルトランスフェラーゼ** uridyl transferase である．こうなると次に UDP ガラクトースのエピマー化が起こる．

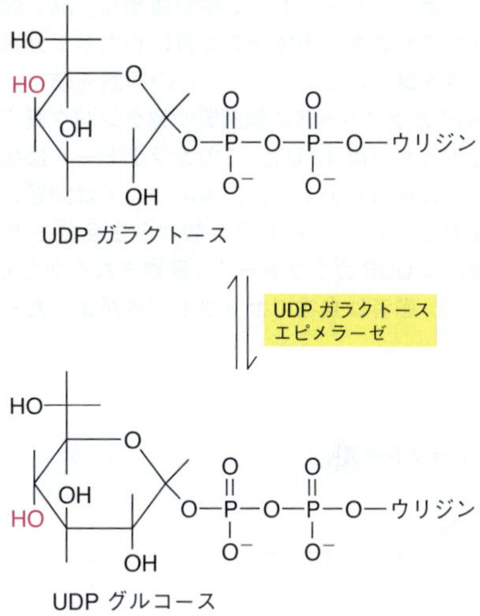

UDP ガラクトース

UDP ガラクトースエピメラーゼ

UDP グルコース

この三つの反応を一緒に表すと，以下のようになる．

ガラクトース + ATP →ガラクトース 1-リン酸 + ATP
　　　　　　ガラクトキナーゼ

ガラクトース 1-リン酸 + UDPグルコース
　　⇌ UDP ガラクトース + グルコース 1-リン酸
　ウリジルトランスフェラーゼ

UDP ガラクトース ⇌ UDP グルコース
　　　UDP ガラクトースエピメラーゼ

全体として，ガラクトースはグルコース 1-リン酸に変換される（図 11.13 にまとめた）．

体内におけるアミノ酸の輸送
（燃料動態の観点から）

遊離アミノ酸プールと組織中のタンパク質以外にアミノ酸の特殊な貯蔵形態は存在しないので，グリコーゲンや脂肪の輸送に匹敵する経路はアミノ酸には当てはまらない．遊離アミノ酸プールは細胞内に存在するアミノ酸の混合物であり，食物から取込まれるかタンパク質の分解により生じるが，その量は一般人ではせいぜい 200 g 以下である．アミノ酸の輸送は実際に起こるのであるが，最も重要な輸送が起こるのは飢餓における筋肉の消耗時である．すでに説明したように，筋肉のタンパク質は分解されてアミノ酸を生じ，その一部は肝臓に運ばれてグルコースの生合成に

Box 11.1 ウリジルトランスフェラーゼ欠損症とガラクトース血症

ガラクトース代謝に関わる酵素が欠損するとガラクトース血症を発症する．最もよく知られかつ深刻なものはウリジルトランスフェラーゼの欠損による幼児の遺伝性疾患である．この患者はガラクトースをグルコースに変換できないため，ガラクトース 1-リン酸が蓄積し，脳の発達障害や失明をひき起こす．出生後 2 カ月にわたって食事からガラクトースを除くことによって，この病気を防ぐことができる．UDP ガラクトースは糖脂質や糖タンパク質の生合成に必要であるが（第 17 章），このガラクトース血症ではエピメラーゼは正常なので，この点については問題にはならない．UTP とグルコース 1-リン酸から生合成される UDPG は必要時に UDP ガラクトースに変換されるからである．したがって，患者は食物にガラクトースがまったく含まれていなくとも生きることができる．ガラクトース血症の小児はこのようにして正常に発育できる．

もう一つの遺伝性欠損症はガラクトキナーゼの欠損により起こる．こちらのガラクトース血症はウリジルトランスフェラーゼの欠損に比べると症状が軽く，早期白内障となる．この違いの理由は，ガラクトースは他の経路でも代謝されるが，ガラクトース 1-リン酸はそうではなく蓄積するためである．ガラクトースはポリオール経路によってガラクチコールに代謝されて目のレンズに蓄積し，早期白内障をひき起こすが，脳の発育には影響がない．

β-ガラクトシダーゼ（ラクターゼ）の欠損については第 10 章で述べた．

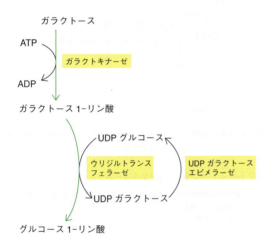

図 11.13 ガラクトースがグルコース 1-リン酸への変換を通じて主要代謝経路に入る仕組み．緑矢印は全体として反応の進む方向を示す．

成に必須であるが，過剰になると危険であり，血中濃度の増加は心血管疾患と関連する．

血中の**リポタンパク質** lipoprotein の TAG（トリアシルグリセロール）とコレステロールのおもな源は肝臓と小腸である．肝臓はグルコースや他の物質から TAG を生合成し，さらに吸収された脂質の約 10% を取込む．肝臓は TAG の貯蔵臓器ではない．すでに述べたように，過剰な TAG の沈着が起こる"脂肪肝"は病的な状態である．肝臓は TAG を末梢組織に送り出す．肝臓は脂質の主要な提供臓器として，おもな消費臓器や貯蔵臓器に供給するのである．筋肉細胞は脂肪酸をエネルギー源として酸化して使い，脂肪細胞は TAG を蓄える（図 11.14）．

肝臓はコレステロールを合成する主要な臓器であり，食物からもコレステロールが取込まれる．コレステロールも肝臓から末梢組織に送られる．よって，肝臓から末梢組織への TAG とコレステロールの外向きの輸送が成立する．

使われる．血中に存在するアミノ酸はタンパク質中に存在するアミノ酸の組成とは異なっており，主要なものはアラニン，グルタミン酸，グルタミン，アスパラギン酸である．この点については第 16 章と 18 章でアミノ酸代謝を扱う際に詳述する．

次に解説するのは体内における脂質の輸送である．これは西側諸国で最も深刻な致死性疾患の一つである心血管疾患と直結しているので，非常に大切な話題である．

体内における TAG とコレステロールの動態：概論

体内における中性脂肪とコレステロールの動態は特に医学的見地から非常に重要な話題である．体内ではコレステロールは膜に存在し，胆汁酸やステロイドホルモンの生合

図 11.14 皮下脂肪組織の光学顕微鏡像．Barbara Webb（Dept of Anatomy, King's College London School of Medicine）のご好意による．

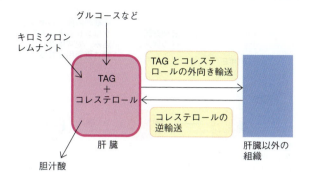

図11.15 肝臓を中心としたTAGとコレステロールの主要な動態の概略．肝臓はTAGとコレステロールを代謝物から生合成し，キロミクロンレムナントから受取る．肝臓はコレステロールを胆汁酸塩に変換する役割ももつ．

末梢組織から肝臓へのコレステロールの逆輸送もある．この動態の要約を図11.15に示す．コレステロールはコレステロールまたはコレステロールエステルとして末梢の細胞に取込まれ，肝臓に戻される．肝臓とそれ以外の臓器の間のコレステロールの"平衡"により，すべての細胞は適量のコレステロールを受取り，過剰なコレステロールを肝臓に戻す．過剰なコレステロールは胆汁酸塩として小腸に排出される．

この概論を受けて，次に仕組みの説明へと進むことにしよう．ただし，これを詳しく説明することは大変複雑な作業であり，十分に理解されておらず，まだかなりの研究が必要とされる課題であることを頭に入れておいてほしい．

体内でのコレステロールの利用

コレステロールは動物の細胞膜の主要な構成成分である．また，コレステロールは副腎や性腺でステロイドホルモンの生合成に用いられる．（ステロイドホルモンの構造の例を図29.3bに示す．）コレステロールの過剰供給は心血管疾患をひき起こすので，体からコレステロールを除去する仕組みは非常に興味がもたれる．

コレステロールを排泄する主要な経路は肝臓による胆汁酸の合成である．（コレステロールと胆汁酸の構造を図10.8に示した．）ヒトでは1日当たり約0.5gがこの経路を通じて排出される．しかしながら，胆汁酸の一部は消化管で再吸収され，再び利用される．患者の血中コレステロール濃度を下げる一つの治療方法は，小腸内で胆汁酸と複合体を形成しその再吸収を妨げる化合物の投与である．もう一つの方法は，Box 11.2に示すように，コレステロールの生合成を阻害することである．

コレステロールエステルの構造と生合成については図11.24に示す．コレステロールエステルは細胞内におけるコレステロールの貯蔵形態であり，大部分のコレステロールはこの形で輸送される．

> **Box 11.2　コレステロール生合成の阻害薬：スタチン**
>
> スタチンとよばれる治療薬は，血中のコレステロール濃度を下げるために開発された．コレステロール生合成の律速反応はHMG-CoAをメバロン酸に変換する過程であり，HMG-CoAレダクターゼにより触媒される．
>
> スタチンは構造的にメバロン酸に似ており（図17.12参照），HMG-CoAの活性中心に結合して非常に効率的に酵素活性を競合阻害する．シンバスタチン，ロバスタチン，アトルバスタチンはその例であり，この商品名で販売されている．
>
> スタチンは細胞でのコレステロールの生合成を低下させることにより総コレステロールおよびLDLコレステロールの血中濃度を下げる．これにより肝臓や末梢の細胞はより多くのコレステロールを血液から取込むようになる．
>
> 総コレステロールおよびLDLコレステロールの血中濃度を下げる別の方策はコレステロール吸収抑制薬や胆汁酸消去薬であり，これらは小腸からのコレステロールや胆汁酸の再吸収を妨げる．

体内での脂肪とコレステロールの輸送：リポタンパク質

TAGとコレステロールは同じ前駆体，すなわちアセチルCoAから生合成されるが，構造，生化学，医学的重要性においてまったく異なっている．概論で述べたように，コレステロールは食物から吸収され，TAGと同様にリポタンパク質により輸送される．おそらくこれは，TAGもコレステロールも水に溶けにくいという同じ問題を抱えているからである．したがって両者を同時に論じるのが簡便である．TAGとコレステロールは水に難溶なので，そのままの形では血中を循環しない．これらはリポタンパク質として知られる複合体の形で輸送される．リポタンパク質はさまざまな量のTAG，コレステロール，コレステロールエステル，リン脂質，そしてアポタンパク質またはアポリポタンパク質として知られるタンパク質から構成されている．血流中には4種類の主要なリポタンパク質，すなわち **キロミクロン** chylomicron，**超低密度リポタンパク質（VLDL）** very-low-density lipoprotein，**低密度リポタンパク質（LDL）** low-density lipoprotein，**高密度リポタンパク質（HDL）** high-density lipoprotein が存在する．

キロミクロンは吸収された脂質を末梢組織に運び，VLDLは体内で生合成された脂質を末梢組織に運ぶ．LDLは肝臓からすべての組織へのコレステロールの主要な運搬装置であり，HDLは末梢から肝臓にコレステロールを運ぶ（コレステロールの逆輸送）．

血漿リポタンパク質のおおよその組成を図11.16に示

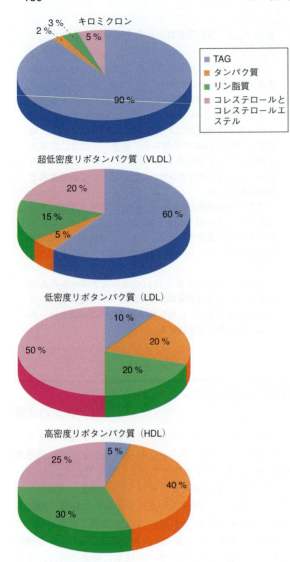

図11.16 主要なリポタンパク質の組成

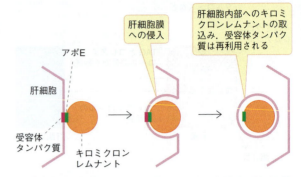

図11.17 受容体依存性エンドサイトーシスによる肝細胞へのキロミクロンレムナントの取込み．肝細胞上の受容体はキロミクロンレムナントに存在するアポEに特異的である．

す．リポタンパク質の大きさと密度は反比例の関係にあることを知っておくとよい．

アポリポタンパク質

それぞれの型のリポタンパク質は特有の**アポリポタンパク質** apolipoprotein をもっている（第10章）．1ダースかそれ以上のアポリポタンパク質がすでに知られているが，そのすべての機能が明らかになっているわけではない．しかし，ここではそのいくつかについて解説する．

- いくつかのアポリポタンパク質はリポタンパク質が生成するための構造成分として必要される．キロミクロンの場合はアポB-48，VLDLの場合はアポB-100がこれに相当する．
- いくつかはリポンパク質の標的シグナルとして必要とさ

れる．すなわち，細胞表面上の特異的受容体に結合するアポリポタンパク質である．この結合により，リポタンパク質は受容体依存性エンドサイトーシスを介して細胞に取込まれる（図11.17）．この標的の例はLDL上のアポB-100であり，これはLDL受容体に結合する．また，キロミクロンレムナント（残余物）のアポEは肝臓のレムナント受容体に結合する．
- いくつかのアポリポタンパク質は酵素を活性化する．キロミクロン上のアポC-IIはリポタンパク質リパーゼを活性化し，TAGから脂肪酸を遊離させる．HDL上のアポA-Iはレシチン－コレステロールアシルトランスフェラーゼを活性化する．この酵素は末梢細胞のコレステロールとHDL上のリン脂質からコレステロールエステルを生成し，これを肝臓に運ぶ．

脂質とコレステロールの体内動態に関わるリポタンパク質

キロミクロンは小腸で形成される．肝臓でつくられるリポタンパク質はVLDLとHDLの2種類である．リポタンパク質の生成には小胞体とゴルジ体が関わり，これらの細胞小器官はリポタンパク質を膜結合型の小胞に詰め込み，エキソサイトーシスにより分泌する．VLDLはTAGが細胞によって除かれるにつれて**中間密度リポタンパク質(IDL)** intermediate-density lipoprotein，さらに**LDL**に変換される．IDLを含めると，循環血には5種類のリポタンパク質があることになる．異なるリポタンパク質の電子顕微鏡像を図11.18に示す．

キロミクロンの代謝

キロミクロン代謝の概要を図11.19に示す．

脂質を含む食物を摂取すると，血液はキロミクロンで満たされる．キロミクロン（図10.10参照）はリン脂質，コレステロール，タンパク質から構成される殻をもち，これらがTAGとコレステロールエステルを取囲んでいる．初

11. 食事成分の輸送，貯蔵，動員の仕組み

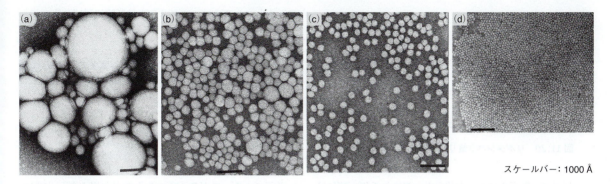

スケールバー：1000 Å

図 11.18 電子顕微鏡による（a）キロミクロン，（b）VLDL，（c）LDL，（d）HDL の観察．Dr. Trudy Forte（Lawrence Berkeley Laboratory, University of California, USA）のご好意による．

期段階あるいは新規のキロミクロンは小腸で生合成され，おもに TAG と少量のコレステロールおよびコレステロールエステルをもち，アポ B-48 も含んでいる．キロミクロンはリンパ循環から循環血に入る．血中では，キロミクロンはさらに HDL からアポ C-II やアポ E を拾い上げる．

毛細血管において，TAG は貯蔵のため脂肪細胞に，エネルギー源として筋肉や他の組織に（授乳中の乳腺では乳中への分泌のために）取込まれる．毛細血管においてキロミクロンの TAG は血管内皮細胞の表面上に存在する**リポタンパク質リパーゼ** lipoprotein lipase により加水分解さ

れ，生じたグリセロールは肝臓に，**遊離脂肪酸 free fatty acid（FFA）** は近隣の細胞に取込まれる（図 11.19 と 11.20）．遊離脂肪酸はグリセロールにエステル化しておらず，細胞膜を容易に通過できる．TAG は大きな中性脂肪なので細胞膜を通過できない．肝臓でのグリセロールの動態については第 16 章で述べる．

特定の組織中の毛細血管に存在するリポタンパク質リパーゼの量と活性により組織中に遊離され組織に取込まれる遊離脂肪酸の量が決まる．脂肪組織はリポタンパク質リパーゼを豊富に発現しており，授乳中の乳腺も同様であ

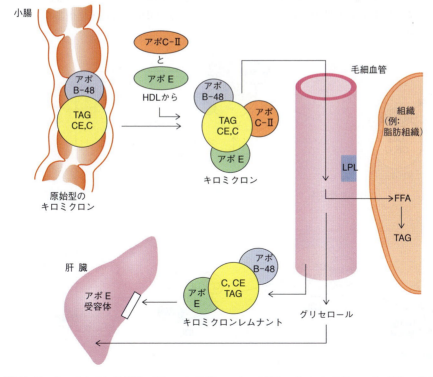

図 11.19 キロミクロンの代謝．CE：コレステロールエステル，C：コレステロール，LPL：リポタンパク質リパーゼ，FFA：遊離脂肪酸．

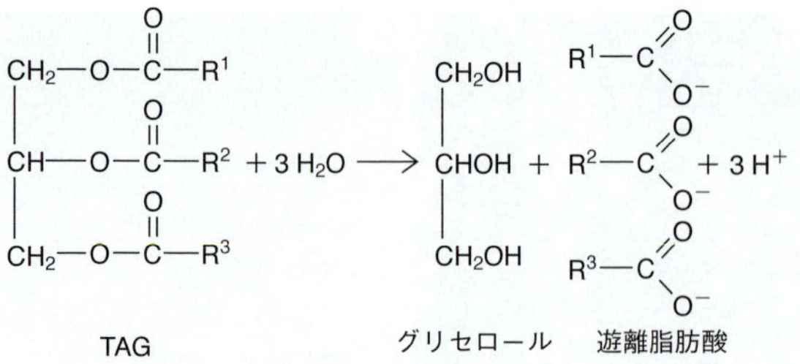

図 11.20 リポタンパク質リパーゼによる TAG の分解

る．反対に，脂質をほとんど使わない組織の毛細血管にはリポタンパク質リパーゼは少ししか発現していない．リポタンパク質リパーゼの発現量は生理的必要性に応じて変動する．たとえば，食後の高インスリン，低グルカゴンの状態ではリポタンパク質リパーゼの生合成と活性が増加する．また，アポ C-II はリポタンパク質リパーゼの活性を高める．

キロミクロンからの持続的な TAG の除去によりサイズは小さくなり，キロミクロンレムナントが生じる．キロミクロンレムナントでは，コレステロールとそのエステル体の量は変わらないが，TAG は大もとのキロミクロンの約 10% まで減少する．アポ C-II は循環血中の HDL に戻るが，アポ E はレムナント上にとどまり，図 11.17 に示したようにアポ E 受容体（**レムナント受容体 remnant receptor**）を介したエンドサイトーシスにより肝細胞に取込まれる．このようにして TAG は脂肪組織に，コレステロールとコレステロールエステルは肝臓に運ばれる．

VLDL の代謝：
肝臓からの TAG とコレステロールの代謝

VLDL の代謝の概要を図 11.21 に示す．

まず VLDL による肝臓からの TAG とコレステロールの外向きの輸送について説明しよう．VLDL は肝臓で生合成され，おもに内因的に生合成された TAG を含んでいる．また，VLDL はアポ B-100 をもっている．アポ B-100 は VLDL の形成と，その後の肝臓から末梢への TAG の輸送に必須である．アポ B-100 の生合成が欠損すると，VLDL の放出不全により肝臓に TAG が異常に蓄積する．

一度 VLDL が放出されると，キロミクロンの場合と同様に，アポ E とアポ C-II が HDL から VLDL に受渡される．毛細血管に入ると，これもまたキロミクロンの場合と同様に，VLDL の TAG はリポタンパク質リパーゼによって次第に分解される．TAG の量が減少するにつれて，コレステロールとコレステロールエステルの比率は増し，密度が増加し，リポタンパク質のサイズは小さくなる．この過程が進行すると，中間産物である IDL を経て，最終的に LDL を生じる．アポ E とアポ C-II は HDL に戻る．TAG の一部も HDL に移行し，コレステロールエステルの一部はコレステロールエステル輸送タンパク質により HDL から IDL に輸送される．この輸送の重要性については，後に HDL の代謝を述べるときに説明する．

約半分の IDL は受容体依存性エンドサイトーシスによ

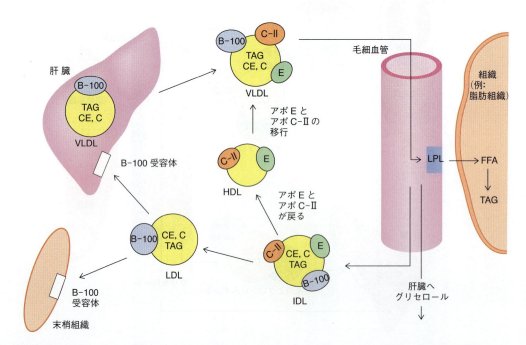

図 11.21 VLDL と LDL の代謝．CE：コレステロールエステル，C：コレステロール，LPL：リポタンパク質リパーゼ，FFA：遊離脂肪酸．Dr. Trudy Forte（Lawrence Berkeley Laboratory, University of California, USA）のご好意による．

り末梢組織の細胞に取込まれ,残りの半分はLDLになる.LDLはおもにコレステロールとコレステロールエステルから成り,たった1種類のアポリポタンパク質,すなわちアポB-100を含む.LDLの約半分は末梢組織に,残りの半分は肝臓に,アポB-100受容体（LDL受容体としても知られる）を介したエンドサイトーシスにより取込まれる.このようにして,VLDLからLDLへの代謝を通じて,TAGは肝臓外組織に運ばれ,コレステロールは肝臓を含むすべての組織に運ばれる.

細胞上のLDL受容体の発現量は調節されており,LDLの取込みを制御している.LDL濃度が高いとLDL受容体の発現量は下がり,細胞表面上の数が減少する.受容体とLDLの複合体がエンドサイトーシスにより取込まれると,受容体は細胞表面上に戻り,LDLはリソソームで分解されてコレステロール,コレステロールエステル,リン脂質,そしてアミノ酸を遊離する（図11.22）.遊離コレステロールは細胞内において自身の生合成に大きく影響を及ぼす.細胞内コレステロール濃度が低い場合には合成と取込みが増加し,高い場合には合成と取込みが低下することで,コレステロールの恒常性が保たれている.この調節機構はどうなっているのであろうか.HMG-CoA（3-ヒドロキシ-3-メチルグルタリルCoA）はまだ本書でふれていない代謝物である.この代謝物についてはコレステロールの生合成に関する第17章で詳述するが,この時点では,この物質がコレステロールの生合成に必須であることを知っておけば十分である.コレステロールの生合成における最初の代謝物はHMG-CoAからつくられるメバロン酸であり,**HMG-CoAレダクターゼ HMG-CoA reductase** により触媒される.これがコレステロール生合成の中心的な反応である（Box 11.2参照）.細胞内のコレステロール濃度が低いと,HMG-CoAレダクターゼとLDL受容体の遺伝子発現が活性化し,細胞によるコレステロールの生合成と取込みが活発になる.コレステロール濃度が高い場合には,これらの遺伝子は活性化されず,発現は低下し,コレステロールの生合成と取込みが抑制される.他にも別の調節機構がある.HMG-CoAレダクターゼは高濃度のコレステロールが存在するとリン酸化され,不活性型になる.また,高濃度コレステロールの存在下ではこの酵素は速やかに分解される.このように,複数の調節機構が働くのである.この調節機構は循環血中のコレステロール濃度を下げるための薬理学的標的となっている（Box 11.2参照）.LDLコレステロールの増加は**動脈硬化 atherosclerosis** のリスクを上げることから,口語的には"悪玉コレステロール"として知られる.**LDL/HDL比 LDL/HDL ratio** が高いと**冠動脈疾患 coronary heart disease** を発症しやすくなる.LDL/HDL比は動脈硬化の予測因子と考えられているが,今では喫煙,肥満などの危険因子とLDL濃度がより正確な予測因子とみなされている.

高濃度のLDLは血管壁のプラーク形成を促進する.コレステロールはこの過程に関わる.血中LDL濃度が高いと,循環中のさまざまな酸化物質の作用によりLDLは酸化修飾される.このような変性LDLは細胞膜上に通常存在するアポB-100受容体に認識されない.しかしながら,変性（酸化）LDLはスカベンジャー受容体により血管壁のマクロファージに取込まれる.このマクロファージはコレステロール,コラーゲン,そして脂質に富む泡沫細胞になり,プラーク形成に寄与する.もし冠動脈に泡沫細胞が多く蓄積すると,血流を阻害して心発作をひき起こす.この状況の極端なケースは**家族性高コレステロール血症 familial hypercholesterolaemia** にみられ,この患者はLDL受容体が欠損しているため血中のLDL濃度が異常な高値を示し,喫煙や肥満などの他の危険因子が存在しなくとも早期のうちに血管疾患を発症する.

LDLと似た別のリポタンパク質も心血管疾患の危険因子である.リポタンパク質(a)（Lp(a)）はLDLと同一であるが,もう一つ別のアポリポタンパク質（アポ(a)）がアポB-100に共有結合している.Lp(a)の動脈硬化促進作用はおそらくプラスミノーゲンとの構造的類似性と関係がある.プラスミノーゲンは血液凝集塊中のフィブリンを加水分解する酵素の前駆体である.Lp(a)はプラスミノーゲンと競合してフィブリン凝集塊の溶解を阻害し,動脈の閉塞を促進するものと考えられている.

HDLの代謝（コレステロールの逆輸送）

HDL代謝の要約を図11.23に示す.

HDLはおもに肝臓において,**原始型HDL nascent HDL** として知られる"未成熟"な円盤状の形で産生され,リン脂質とアポリポタンパク質を含むが,TAGとコレステロールはほとんど含まれていない.原始型HDLは,HDLの代表的なアポリポタンパク質であるアポA-1や,すでに述べたアポEやアポC-IIのようにHDLと他のリポタンパク質を渡り歩くアポリポタンパク質も含んでいる.原始型HDLは肝臓外組織の細胞からコレステロールを引き抜く.こうしてHDLにより引き抜かれた遊離コレステロールは,

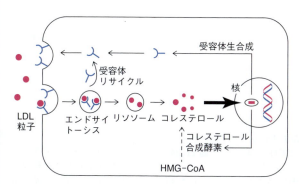

図11.22 LDLの受容体依存性エンドサイトーシス

OH基を水との接触面に向ける形でリポタンパク質の最外層にとどまるが，コレステロールエステルに代謝されると疎水力（第3章）によりHDLの内側に移動し，水と接触しなくなる．このエステル体が増えるとHDLは球状の形態を取るようになる．細胞内でのエステル化にはATPが必要であるが，HDLにはATPが存在しない．HDLの親水性表面に存在するレシチン（ホスファチジルコリン）の脂肪酸アシル基がエネルギーを必要としない酵素反応によりコレステロールに転送される．この酵素は**レシチン−コレステロールアシルトランスフェラーゼ（LCAT）** lecithin−cholesterol acyltransferase とよばれる（図11.24）．〔細胞内でATPを使ってコレステロールエステルを生合成する反応はアシルCoA：コレステロールアシルトランスフェラーゼ（ACAT; acyl-CoA : cholesterol acyltransferase）により触媒される．〕

HDLのコレステロールエステルは**コレステロールエステル輸送タンパク質（CETP）** cholesterol ester transfer protein により VLDL, IDL, LDL およびキロミクロンに転送される．わかりやすいように，図11.23にVLDLの場合のみを示した．上述のように，IDLやLDLは内容物を肝臓外組織に輸送するが，その一部は肝臓に戻る（両者ともにLDL受容体を使う）．これはコレステロールの逆輸送として知られる．コレステロールのリポタンパク質間の転送は可逆的に起こる．TAGのリポタンパク質間転送も起こり，この場合にはCETPがコレステロールエステルとTAGを交換する．TAGがVLDLやIDLからHDLに戻されるのは奇妙に思われるが，TAGとコレステロールエステルの交換が起こると，HDLにおけるコレステロールエステルによるLCATの生産物阻害が解消される．このコレステロールエステルの他のリポタンパク質への転送の他に，HDLはスカベンジャー受容体SR-B1を介してコレステロールエステルを直接肝臓に運ぶ．SR-B1により肝臓にHDL全体が取込まれるのか，それともコレステロールエステルだけが取込まれるのかについてはわかっていない．

コレステロールはどうやって細胞外に排出されHDLに取込まれるか

コレステロールはどのようにして末梢の細胞から取出され，HDLに取込まれるのであろうか．この分子機構は現在のところはっきりしていない．米国のチェサピーク湾（タンジル島）の住民の中には**タンジル病** Tangier diseaseを発症する者がいる．この病気は，リンパ組織，たとえば扁桃腺や脾臓に高濃度のコレステロールがたまり，脾臓が肥大する．遺伝学的解析によりこの病気の原因遺伝子が突き止められた．この遺伝子はABCA1（ATP結合カセット

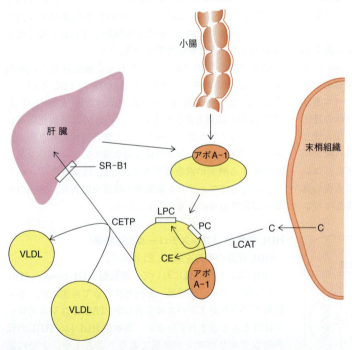

図11.23 HDLの代謝．C：コレステロール，CE：コレステロールエステル，LCAT：レシチン−コレステロールアシルトランスフェラーゼ，CETP：コレステロールエステル輸送タンパク質，PC：ホスファチジルコリン（レシチン），LPC：リゾホスファチジルコリン（リゾレシチン），SR-B1：スカベンジャー受容体クラスB1.

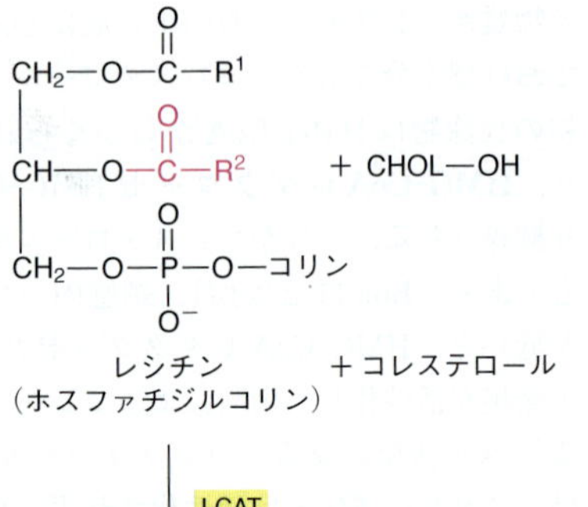

図11.24 レシチン−コレステロールアシルトランスフェラーゼ（LCAT）により触媒される反応．R^1 と R^2 は脂肪酸アシル基を示す．CHOL-OHはコレステロールを示す．

A1輸送体）をコードする．このタンパク質は膜から物質を輸送する膜糖タンパク質（第7章）の巨大なファミリーに属するが，その主要な機能は不明であった．現在では，ABCA1は細胞からコレステロールを排出しHDLに受け渡す重要な役割を担うと考えられている．ABCA1はコレステロールとリン脂質をHDL粒子に受渡す．ABCA1は小腸や他の組織からコレステロールを受取るだけでなく，マクロファージからの余剰のコレステロールの排出にも関わっており，それゆえにABCA1は抗動脈硬化性である．これによりコレステロールは肝臓へと送り戻され，すでに述べたように，その一部は胆汁酸塩として排出される．

長い間，HDLコレステロールの高値は冠動脈疾患のリスクを下げ，反対に低値になると冠動脈疾患のリスクを上げることが知られてきた（口語では"善玉コレステロール"として知られ，LDLの"悪玉コレステロール"と対比される）．HDLの"善玉"とLDLの"悪玉"の表現は，コレステロール輸送の方向性と関係がある．HDLはコレステロールを末梢から肝臓に運び排出を促進することから"善玉"，LDLは肝臓から末梢にコレステロールを運ぶことから"悪玉"なのである．

コレステロール濃度の調節は大変重要で，すでに述べた内容以外にも他の要因があり，これには他の食物成分も含まれる．食物中の飽和脂肪酸の量が多いと肝臓のコレステロール濃度は高くなる．しかしながら，**不飽和脂肪酸** unsaturated fatty acid，特に **ω-3 脂肪酸** ω-3 fatty acid と **ω-6 脂肪酸** ω-6 fatty acid（Box 17.1参照）はコレステロールに加えてTAGの濃度も下げる効果がある．別の成分であるビタミン（ナイアシン）は薬理学的濃度でHDLを増やし，Lp(a)濃度を低下させる．

脂肪細胞からの遊離脂肪酸の放出

食後に，脂肪細胞はTAGを蓄える．絶食時には，脂肪細胞は血中に遊離脂肪酸を放出し，この脂肪酸はエネルギー源として全身に供給される．貯蔵されたTAGからリパーゼにより脂肪酸が遊離される．このリパーゼは脂肪細胞内に存在し，すでに述べたリポタンパク質リパーゼのように毛細血管壁に分布しているわけではない．このリパーゼはホルモン感受性リパーゼとして知られ，グルカゴンのシグナルにより活性化し，インスリンのシグナルにより抑制される．この分子機構については第20章で述べるが，これが実に巧みな仕組みであることに気付くであろう．食後はインスリン濃度が高くなり，グルカゴンは減少する．その結果，脂肪細胞は血中からグルコース，キロミクロンとVLDLから遊離脂肪酸を取込んでTAGとして蓄える一方で，遊離脂肪酸の放出は抑制される．毛細血管にリポタンパク質リパーゼが存在すると，その血管内でTAGの加水分解が起こり，放出された遊離脂肪酸は脂肪細胞に取込まれ再エステル化される．飢餓時には逆のことが起こり，グルカゴンが増えてインスリンは減る．細胞内のリパーゼが活性化されて遊離脂肪酸が血中に放出される．

脂肪細胞のホルモン感受性リパーゼはアドレナリンによっても活性化される．このように，アドレナリンの発する緊急信号に応答して脂肪細胞は遊離脂肪酸を放出し，筋肉に供給されてその活動に使われる．アドレナリンがどのようにしてこれを制御しているのかは重要な話題であるが，第20章で説明した方が適切であろう．脂肪組織の交感神経から放出されるノルアドレナリンにも同じ作用がある．

遊離脂肪酸はどのようにして血中を移動するか

脂肪酸は実質的には遊離型ではない．この遊離という表現は非エステル型を意味する．遊離脂肪酸は中性pHでは界面活性化剤なので，比較的高濃度の遊離脂肪酸が血中に存在するのは好ましくない．その代わりに，遊離脂肪酸は血中タンパク質である**血清アルブミン** serum albumin の表面に吸着して運ばれる．このタンパク質は表面に疎水性領域をもち，多くの疎水性物質を運搬する役割をもつ．遊離脂肪酸は一般には長鎖脂肪酸を指し，体内に存在する主要な脂肪酸である．（短鎖脂肪酸はアルブミンに結合しない．）アルブミンに吸着した遊離脂肪酸は溶液中の遊離脂肪酸と平衡関係にあり，細胞に取込まれると，平衡を保つためにアルブミンに吸着した遊離脂肪酸が解離して血清に溶け出し，細胞に取込まれる．アルブミンに結合した遊離脂肪酸は血液脳関門を通過できないので，脳は遊離脂肪酸を利用できない．しかしながら，脂肪酸の部分的な代謝により生じるケトン体は水に溶けて運ばれる．すでに述べたように，飢餓時にはケトン体が脳に供給されてエネルギー源となる．その他のエネルギーはグルコースとして供給されなければならない．この話題は第20章で詳述する．

要 約

食後，グルコースはグリコーゲンとして蓄えられる．グルコースはウリジン二リン酸グルコース（UDPG）として"活性化"され，グリコーゲンシンターゼによりグリコーゲンに重合化される．グリコーゲンは必要時にグリコーゲンホスホリラーゼにより分解され，エネルギー源として細胞に供給される．

肝臓では，グリコーゲンホスホリラーゼは別の重要な機能をもつ．この酵素は遊離グルコースを血流に放出するこ

とで血糖値を維持し，これは脳と赤血球で優先的に使われる．腸から吸収された他の糖類はグルコースまたはその誘導体に変換され，グリコーゲンとして蓄えられる．

グリコーゲン代謝は二つのホルモンにより調節される．インスリンは合成を，グルカゴンは分解を促進する（第20章）．アドレナリンは筋肉での分解を促進する．

ガラクトースからグルコースへの変換はUDPガラクトースを利用する経路を介する．遺伝病である高ガラクトース血症は幼児の脳の発達に影響を及ぼす．この病気はウリジルトランスフェラーゼの欠損により起こる．ウリジルトランスフェラーゼはガラクトース1-リン酸をUDPガラクトースに変換し，この反応ではUDPGが使われる．早期発見とガラクトースを含まない食事制限により悲惨な影響を回避し，正常に発育することができる．

食物からのアミノ酸は蓄えられることなく直ちにタンパク質生合成や他の用途に用いられ，過剰量は排出される．アミノ酸の種類あるいはそのときの代謝調節に応じて，アミノ酸の炭素骨格は脂質やグリコーゲンに変換され，または酸化される．エネルギーという観点からは，アミノ酸動態の主要ルートは飢餓時におけるグルコースの生合成である．アミノ酸代謝については第18章で詳述する．

吸収された脂質は血中ではキロミクロン中に存在し，毛細血管内腔の細胞上に存在する酵素により加水分解されて脂肪酸が遊離され，近隣の細胞に取込まれる．食後では，脂質は脂肪組織の細胞にTAGとして蓄えられる．この貯蔵脂肪は絶食時に遊離脂肪酸として血中に放出され，他の組織で利用される．これはホルモンにより調節されている

（第20章）．組織が大部分のTAGを吸収した後にはキロミクロンレムナントが残り，これは受容体依存性エンドサイトーシスにより肝臓に取込まれる．肝臓ではTAGとコレステロールが遊離され，後者はコレステロールエステルとして蓄えられる．

また，肝臓はグルコースや他の食物物質からコレステロールとTAGを生合成し，他の組織に向けて排出する．この過程はキロミクロンに似た粒子であるVLDLにより行われる．TAGは先述のキロミクロンと同じ過程によりVLDLから細胞に送られる．TAGが除かれるうちにVLDLはLDLになり，コレステロールの比率が大きくなる．LDLは受容体依存性エンドサイトーシスにより細胞に取込まれる．この肝臓から肝臓外組織へのコレステロールの外向き輸送は，肝臓へと戻る逆輸送によってバランスが取られている．HDLは細胞からコレステロールを取出しLDLに転送するとともに，その一部は肝臓に取込まれる．HDLとしてのコレステロールの細胞からの排出はABCA1輸送体により調節される．

コレステロール動態の調節は複雑であり，その2方向性の輸送の仕組みは完全に理解されているわけではない．しかしながら，コレステロールの動態は医学的には非常に重要である．肝臓はコレステロールの一部を胆汁酸に変換し，コレステロール排出の1経路を担うからである．過剰の血中LDLは動脈硬化と関係があり，心発作をひき起こす．"スタチン"はコレステロールの生合成を阻害し，血中コレステロール濃度を下げる薬として治療に広く用いられている．

問題

1 グルコース1-リン酸から始まるグリコーゲンの生合成はどのようにして熱力学的に不可逆な反応となるのか説明せよ．
2 グリコーゲンを分解して血中にグルコースを放出する組織は何か．どうしてそれが可能なのか．
3 グルコキナーゼとヘキソキナーゼはどの反応を行うか．肝臓にはグルコキナーゼ，他の組織にはヘキソキナーゼが発現している理由は何か．
4 遺伝病である高ガラクトース血症では，幼児はガラクトースを代謝することができない．食物からガラクトースを除くことによって病気の有害な影響を防ぐことができる．ところで，UDPガラクトースエピメラーゼは可逆反応を触媒する．このことがなぜ重要なのか，高ガラクトース血症に関する上記の記述と関連させて説明せよ．
5 TAGはどのようにしてキロミクロンから取除かれ，細胞で使われるのか．
6 VLDLとは何か，その機能について説明せよ．
7 コレステロールを体から除くための主要な経路は何か．なぜこれが医学的関心をひき付けるのか．
8 コレステロールはHDLの中でエステル化される．コレステロールのエステル体への変換はエネルギーを必要とするが，HDLにはATPがない．HDLはどうやってエステル化を成し遂げているのか．
9 脂肪細胞からの脂肪酸の遊離はどのような条件下でどのように起こるのか．脂質は血中でどのように運ばれて他の組織にたどり着くのか．肝臓から他の臓器への脂質の輸送と比較しつつ解説せよ．
10 血中のコレステロールが非常に高くなる遺伝病がある．その原因は何か．
11 脂肪酸は脂肪組織からどのように運ばれ，細胞に使われるのか．TAGは肝臓からどのように運ばれ，細胞に使われるのか．
12 コレステロールの逆輸送とは何か．それはなぜ重要か．

12

食物からのエネルギー放出の基本原理

 グルコース，脂肪酸，アミノ酸からATPの形でエネルギーを取出すには非常に長く何かと複雑な代謝経路を必要とする．もしここですぐにこれらの代謝経路の説明を始めると，細かすぎて細胞によるエネルギー産生の全体像を見失う可能性がある．そこで，ここでは代謝経路の主要な段階を取扱い，指標となる代謝物のみを取上げ，より広い見地から全体を眺めることにする．これを理解してから，後の章で代謝経路を詳しく説明することにする．要するに，木を見る前に森を見るということである．

グルコース代謝の概論

 グルコースの酸化を学ぶ前に，生物学における酸化についての一般論を説明しておく必要がある．

生物学的な酸化と水素転移系

 酸化には必ずしも酸素は関わらない．実際に，生物学的な酸化に酸素を直接付加する反応はほとんど含まれていない．酸化とは電子を取除く反応であり，化学の世界ではこれを酸化と定義する．Fe^{2+}とFe^{3+}にみられるように電子の解離のみが関わる場合もある．

$$Fe^{2+} \rightarrow Fe^{3+} + e^-$$

あるいは，電子の取出しが水素化された分子からのプロトン（H^+）の遊離を伴う場合もある．生物の系では通常，以下のように一つの代謝物から二つの水素原子が引抜かれる．

$$-CH_2-CH_2- \rightarrow -CH=CH- + 2H^+ + 2e^- \text{ または}$$
$$-CHOH-CH_2- \rightarrow -CO-CH_2- + 2H^+ + 2e^-$$

 このような化学的酸化系では，電子は電子供与体から電子受容体に受渡されなければならない．電子受容体の種類に応じて，電子の授受にはプロトン，すなわち水素原子の移動も伴う．あるいは，プロトンは溶液中に遊離し，電子だけが受渡される場合もある．

 好気性細胞における最終的な電子受容体は酸素である．

酸素は**求電子性** electrophilicityであり，電子と非常に結合しやすい．酸素が四つの電子を受取ると，同時に四つのプロトンを溶液中から受取り，水分子を形成する．

$$O_2 + 4e^- + 4H^+ \rightarrow 2H_2O$$

 しかしながら，酸素は細胞において唯一の最終的な電子受容体である．電子受容体は他にもあり，これらはリレー系を形成して，代謝物から電子を順時伝達して酸素に渡す．つまり，最後に酸素に受渡されるまで，一つの中間体から次の中間体に電子が次々に移動する．これらの中間の電子受容体は電子を受取って次の電子受容体にこれを受渡すので，電子伝達体とよばれる．これが**電子伝達系**であり，ATP産生に非常に重要な役割をもつ．この本質的な概念を図12.1に示す．エネルギー産生に関わる重要な電子伝達体は二つあり，ここで述べるような利点から代謝において特に重要である．まずはこれらの電子伝達体になじまなければならない．

NAD^+は重要な電子/水素伝達体か

 多くの代謝物の酸化に関わる最初の電子伝達体はNAD^+

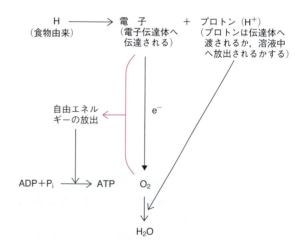

図12.1 酸素への電子伝達とATP産生の概念

(ニコチンアミドアデニンジヌクレオチド) nicotinamide adenine dinucleotide である．ヌクレオチドについては，アデノシン一リン酸（AMP）を例としてすでに説明した（図3.3参照）．ヌクレオチドは塩基－糖－リン酸の基本構造をもち，AMP の場合，塩基はアデニンである．（アデニンや他の塩基の構造は第22章で述べるが，今は必要ない．）NAD^+ の場合は，二つのリン酸基と二つの塩基が結ばれたジヌクレオチドが形成される（後の章で述べるように，これは核酸中で二つのヌクレオチドがつながっているのとは異なる）．NAD^+ の基本構造は以下の通りである．

塩基－糖－リン酸－リン酸－糖－塩基

二つの塩基は（ATPと同様）アデニンと，ニコチンアミドである．NAD の構造は以下のようになる．

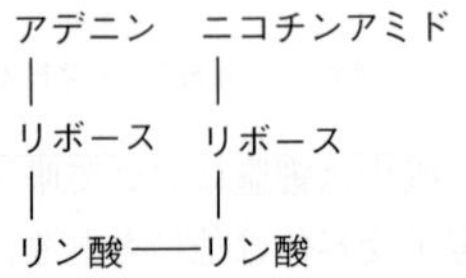

アデニン　　ニコチンアミド
｜　　　　　　｜
リボース　　リボース
｜　　　　　　｜
リン酸――リン酸

NAD^+ は**補酵素** coenzyme，すなわち酵素反応に関わる低分子有機化合物である．通常の酵素基質とは異なり，補酵素の還元型は酵素を離れて次の酵素に結合し，そこで還元当量を次の基質に受渡す．NAD^+ もこのように還元と再酸化を繰返すことで触媒的に作用して，電子を一つの分子から次の分子へと受渡すのである．NAD^+ はプロトンも移動させるので，一つの水素原子と一つの電子を受渡すことになる（以下の構造を参照）．

NAD^+ の"反応の終結"分子はニコチンアミド基であり，ビタミンであるニコチン酸（ナイアシン）に由来する．ニコチン酸は，ある動物にとっては必須ビタミンであるが，ヒトは必須アミノ酸であるトリプトファンから生合成することもできる．ヒトは高タンパク質食を取続ける限り，トリプトファンの一部をニコチン酸に変換できる．分子の残りの部分は補酵素として標的酵素に結合するのに役立つが，それ自体の構造は変化しない．

ニコチンアミドと NAD^+ の構造を次に示す．

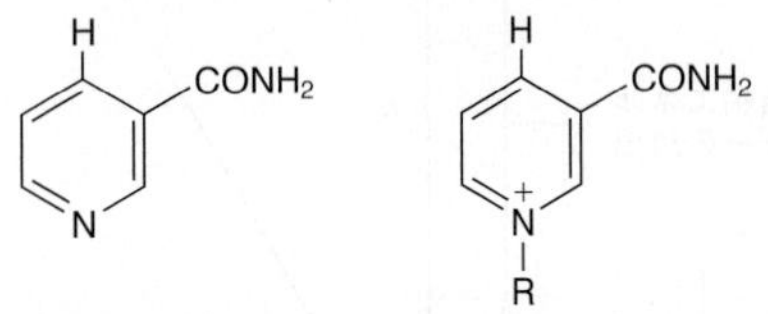

ここでは，R は NAD^+ 分子の残りの部分である．

NAD^+ は代謝物の二つの水素から二つの電子を受取って還元される．一つめのプロトンは水素化物イオン（$H:^-$）として受渡され，以下のような構造になる（二つめのプロトンは溶液中に遊離される）．

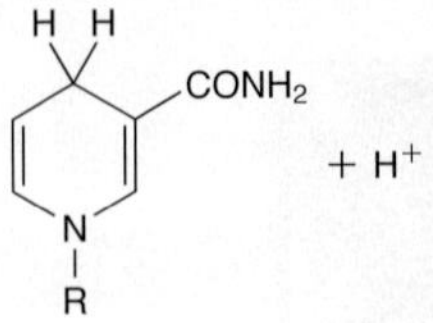

還元型 NADH

NAD^+ は以下のような反応に関わる複数の脱水素酵素（デヒドロゲナーゼ）の補酵素である．

$$AH_2 + NAD^+ \rightleftharpoons A + NADH + H^+$$

還元された NADH は次の酵素のところへ行き，以下のような反応に関わる．

$$B + NADH + H^+ \rightleftharpoons BH_2 + NAD^+$$

このようして，NAD^+ は1対の水素原子をAからBに転送する伝達体として有効に働くが，それ自体は一つの水素しか運ばない．

$$AH_2 + B \rightarrow A + BH_2$$

生化学では，このような反応はしばし以下のように曲線状の矢印で示される．

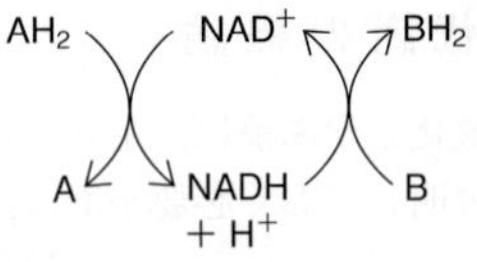

強調すべき点は，$NADH+H^+$ は二つの水素原子を基質に付加することができる，ということである．上記のように，受容分子に転送される第二の電子は溶液中のプロトンと一緒になるからである．式の中では，還元型 NAD は $NADH+H^+$ と書かれている．本文中では NADH という表現を用いるが，これは常に $NADH+H^+$ をさす．

FAD と FMN も電子伝達体である

もう一つの（水素）伝達体は **FAD**（フラビンアデニンジヌクレオチド）flavin adenine dinucleotide である．この場合には，電子は水素原子として受渡される．FAD はビタミン B_2（リボフラビン）からつくられる．この分子の重要な特徴は，（標的タンパク質と協調して）二つの水素原子を受取り $FADH_2$ になることである．FAD は補欠分子族であり，アポ酵素に恒久的に結合する．この性質は，デヒドロゲナーゼ（脱水素酵素）から次の酵素に移動する NAD^+ とは異なる．FAD の役割については後に述べるが，ここでは FAD は還元されうることを知っておけばよい．この還元反応の化学については，類似の伝達体であるフラビンモノヌクレオチド（FMN）と一緒に述べる．

FAD はイソアロキサジン環－リビトール－リン酸－リ

ン酸-リボース-アデニンの構造をしている．リボースの代わりに開環状のリビトールをもつ分子は非常に珍しい．イソアロキサジン環の中で酸化還元反応が起こる．

[FAD（酸化型） / FADH₂（還元型）の構造式]

FMN はイソアロキサジン環-リビトール-リン酸の構造をしており，FAD と同じように還元される．

グルコースからのエネルギー放出

動物においてグルコースは肝臓と筋肉にグリコーゲンとして貯蔵された後グルコース 1-リン酸に分解され，酸化される．後の章で説明するように全体に影響を与えるものではないが，グリコーゲンとグルコースから始まる代謝は少し異なっており，グリコーゲンからはグルコース単位当たり 3 分子，グルコースからは 2 分子の ATP が得られる．(グルコースの場合はグルコース 6-リン酸の産生に 1 分子の ATP が使われる．もちろんグリコーゲン合成の最初の反応ではグルコース 1 分子当たり 1 分子の UTP が使われる.) 本章では簡便のため，グルコース酸化という表現を用いる．

グルコース酸化の主要な反応

全体としてグルコースは以下のように酸化される．

$$C_6H_{12}O_6 + 6O_2 \rightarrow 6CO_2 + 6H_2O$$

この反応の $\Delta G^{\circ\prime}$ 値は $-2820\ \text{kJ mol}^{-1}$ であり，大きなエネルギーを生み出す．

細胞内では，この酸化反応は ADP とリン酸から 30 分子以上の ATP を生じる．グルコースが酸化されて二酸化炭素と水になるまでの全行程は 3 段階に分けられる．以下に述べる要約を完全に理解できなくとも気にする必要はない．すぐにわかるようになる．

- **第一段階：解糖系 glycolysis** グルコースを分解あるいは分割して二つの C_3（炭素三つの分子）に断片化する反応で，最終的にピルビン酸が生成し，NAD^+ の還元を伴う．この反応は細胞質で起こる．
- **第二段階：TCA（トリカルボン酸）回路 tricarboxylic acid cycle**（クレブス回路，クエン酸回路） ミトコンドリアにおいてピルビン酸の炭素原子はアセチル基と CO_2 に変換され，回路に入ると電子がアセチル基から電子伝達体に受渡される．この段階には酸素は関わらない．炭素原子は CO_2 として放出され，この中の酸素は大部分が水に由来する．TCA 回路は真核生物ではミトコンドリア，細菌では細胞質に局在する．
- **第三段階：電子伝達系 electron transport system** 電子は電子伝達体から酸素に受渡され，溶液からのプロトンと一緒になって水が生じる．ATP の大部分が生成されるのはこの第三段階である．この反応は真核生物ではミトコンドリアの内膜，原核生物では細胞膜で起こる．

グルコースからのエネルギー放出の第一段階：解糖系

解糖系に酸素は関わらず，グルコース 1 分子当たり，たった 2 分子の ATP が ADP から産生される．最終産物は図 12.2 に示すようにピルビン酸と NADH である．酸素が豊富にある状況で起こる**好気的解糖 aerobic glycolysis** では，NADH は真核細胞のミトコンドリア内で NAD^+ に再酸化される．ピルビン酸はミトコンドリアに取込まれ，TCA 回路を通じて二酸化炭素と水に代謝される．

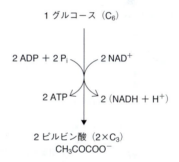

図 12.2 グルコースの好気的解糖の最終的な結果．NADH はミトコンドリアで酸化される．

嫌気的解糖

酸素は常に豊富に存在するとは限らず，動物では特に筋肉が激しく動くときに血流を介した酸素の運搬が組織での利用に追いつかないことがある．NAD^+ は触媒的に作用し，細胞内には少量しか存在しない．解糖系が進むためには NADH が NAD^+ に戻らなければならず，NAD^+ がなければ解糖系は進まない．解糖系の速度が速まってミトコンドリアの NADH を NAD^+ に戻す能力が追いつかないときや，酸素の供給が足りないときには，別の経路によって NADH から NAD^+ を再生しない限り，解糖系から筋収縮のための ATP をつくり出すことができないだろう．このような状況では"緊急"システムが作動する．NADH はピルビン酸を還元し乳酸を生成する反応により再酸化される．この反応は次のようになる．

$$\underset{\text{ピルビン酸}}{CH_3COCOO^-} + NADH + H^+ \underset{\text{乳酸デヒドロゲナーゼ}}{\rightleftharpoons} \underset{\text{乳酸}}{CH_3CHOHCOO^-} + NAD^+$$

この反応を触媒する酵素は**乳酸デヒドロゲナーゼ lactate**

dehydrogenase である．グルコースから乳酸が産生される反応は**嫌気的解糖** anaerobic glycolysis として知られ，ピルビン酸からアセチル CoA を経て TCA 回路につながる好気的解糖と区別される．嫌気的解糖で重要なことは乳酸の産生ではなく NADH の再酸化であり，これにより解糖系から ATP を持続的に生み出すことができる（図 12.3）．筋肉には大量の乳酸デヒドロゲナーゼが含まれているので，このようにして NADH は速やかに再酸化され，解糖系を非常に速く進めることができる．この反応の長所は，グルコース 1 分子から ATP はたった 2 分子しか生じないが，比較的大量のグルコースを消費できることであり，筋肉の活動性が特に高いときに重要となろう．もし虎に襲われたら，過剰な ATP を産生することは生き残るために大変重要である．乳酸は血中に入り無駄に使われるわけではない．後に述べるように，乳酸はおもに肝臓に取込まれて，グルコースやグリコーゲンの再合成に使われる．

ATP の収量が少ないため，大量のグルコースが分解され，アルコールと CO_2 が生じる．この規模をありふれた例で説明しよう．ビールの製造過程において，あまりにも早く瓶詰めすると，解糖系がまだ活発に動いているので発生した CO_2 により瓶が破裂する．ピルビン酸デカルボキシラーゼは動物には存在しない．もし存在したら，激しい運動をすると生じたアルコールにより，まさに酔ってしまうだろう．

すでに序論で述べたように，上記の説明では単にグルコースが解糖系で酸化される糖質であることについて述べた．グルコースは確かに遊離体としても存在しうるが，筋肉ではグルコースの貯蔵体であるグリコーゲンとしておもに存在し，その分解により生じる．解糖系，TCA 回路，電子伝達系の詳細な仕組みについては次章で再び説明することにする．現段階での主目的は大筋を理解することである．

グルコース酸化の第二段階：TCA 回路

第 2 章で述べたように，**ミトコンドリア** mitochondorion は細胞質に存在する小さな細胞小器官である．ここで ATP の大部分が産生される．ミトコンドリアの内膜が ATP 産生の場である．この内膜の面積は陥入により増加し，**クリステ** crista を形成する．クリステの量は組織の ATP の産生量を反映する（図 12.4）．ミトコンドリアは酵素の濃縮液で満たされ，これは**マトリックス** matrix とよばれる．グルコース酸化の第二段階が起こるのはおもにマトリックスであり，一つの反応だけが内膜で起こる．

すでに述べたように，好気的解糖は細胞質でピルビン酸と NADH を生み出す．さらに酸化が起こるためには，ピルビン酸はミトコンドリアに入らなければならない．

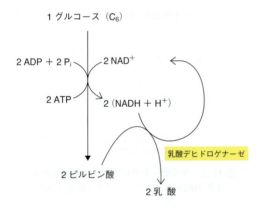

図 12.3 グルコースの嫌気的解糖の最終的な結果

赤血球はミトコンドリアをもたないので，嫌気的解糖に依存している．この場合には，細胞内には大量の酸素があるが，TCA 回路や酸化的リン酸化を動かす系が存在しないのである．

補足事項として，酵母は酸素がない状況下でも嫌気的解糖に完全に依存して生きることができ，類似の仕組みにより NADH を再酸化する．ピルビン酸はアセトアルデヒドと CO_2 に変換され，第二の酵素であるアルコールデヒドロゲナーゼによりアセトアルデヒドからアルコールに変換される．

$$CH_3COCOO^- + H^+ \longrightarrow CH_3CHO + CO_2$$
ピルビン酸デカルボキシラーゼ

$$CH_3CHO + NADH + H^+ \rightleftharpoons CH_3CH_2OH + NAD^+$$
アルコールデヒドロゲナーゼ

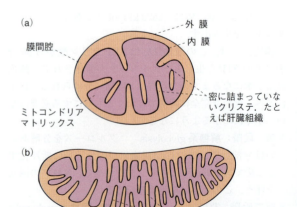

図 12.4 （a）肝臓と（b）心臓のミトコンドリア．クリステの数は細胞の ATP 要求性を反映する．図 2.6 のミトコンドリアの電子顕微鏡像を参照．

NADHの酸化に関しては，電子が受渡されて酸化され，NAD$^+$は細胞質に放出され解糖系で使われる．ミトコンドリア内膜の輸送系によりピルビン酸は細胞質からミトコンドリアに移行する．

ピルビン酸はどのようにしてTCA回路に入っていくのか

ここでは，ミトコンドリアに輸送されたピルビン酸がエネルギー代謝の中心的存在ともいえる物質に変換される重要な酵素反応について説明する．この物質とはアセチル補酵素A（アセチルCoA）のことであり，本書ですでに登場している．

補酵素Aとは何か

補酵素A coenzyme Aは，普通は手短にCoAとよばれるが，SH基が分子の反応部位であることから，化学式ではCoA-SHと書かれる．

NAD$^+$やFADとは違い，CoAは電子伝達体ではなく，アシル基運搬体である（Aはアシル基に由来する）．NAD$^+$やFADと同様に，CoAはジヌクレオチドであり，多くの補因子にみられるように，ビタミンを構造内に含んでいる．この場合には**パントテン酸** pantothenic acidである．パントテン酸は珍しい構造をしている．

$$HO-CH_2-\underset{\underset{CH_3}{|}}{\overset{\overset{CH_3}{|}}{C}}-\underset{\underset{OH}{|}}{\overset{\overset{H}{|}}{C}}-\overset{\overset{O}{\|}}{C}-NH-CH_2-CH_2-\overset{\overset{O}{\|}}{C}-OH$$

パントテン酸

通常，補酵素が関わる反応の場合（たとえばFADにおけるリボフラビンやNAD$^+$におけるニコチンアミドのように），補酵素のビタミンの部分が反応の一環を担うが，パントテン酸の構造はただ"そこに"あるだけで，明らかに何もしていない．おそらくCoAが標的酵素に結合するための認識部位になっているのだろうが，なぜこの特別の構造が使われなければならないのかについては不明である．進化の早い時期に思いがけずパントテン酸が使われ，それ以降ずっとそのまま残っているかもしれない．

CoAの構造は以下の通りである．

$$\begin{array}{ccc} \text{アデニン} & & \beta\text{-メルカプトエチルアミン} \\ | & & \\ \text{リン酸}-\text{リボース} & & \text{パントテン酸} \\ | & & \\ \text{リン酸}-\!\!\!-\text{リン酸} & & \end{array}$$

β-メルカプトエチルアミン β-mercaptoethylamineの部分が分子の活性末端である．

$$\underbrace{RCO-NHCH_2CH_2-SH}_{\beta\text{-メルカプトエチルアミン基}}$$

CoA分子はアシル基をチオールエステルとして運ぶ．たとえば，アセチルCoAはCH$_3$CO-S-CoAと表記される．チオールエステルは（カルボキシルエステルとは違い）高エネルギー物質である．チオールエステルの$\Delta G°'$値は約-31 kJ mol^{-1}であり，カルボキシルエステルは約-20 kJ mol^{-1}である．この理由は，カルボキシルエステルは共鳴により安定化されているため，共鳴安定化されていないチオールエステルよりも自由エネルギーが小さいからである．CoAについて説明したことで，ようやくミトコンドリアに取込まれたピルビン酸に何が起こるかという質問に戻ることができる．

ピルビン酸の酸化的脱炭酸

ピルビン酸は不可逆的な脱炭酸反応を受け，CO$_2$が遊離され（脱炭酸），1対の電子がNAD$^+$に受渡され（酸化），アセチル基はCoAに転送される．（この反応は前ページで述べた酵母のピルビン酸デカルボキシラーゼによる**非酸化的脱炭酸** nonoxidative decarboxylationとは異なる点に注意してほしい．酵母のピルビン酸デカルボキシラーゼにおいては，強調したように非酸化的であり，NAD$^+$は関与しておらず，産物はアセチル基ではなくアセトアルデヒドである．）大きな負の自由エネルギーが意味するものは，酸化的脱炭酸は不可逆的ということである．これには代謝的に大きな余波がある．すなわち絶食や飢餓時でも脂肪酸はグルコースに変換されず，代わりにタンパク質が分解されなければならないのである．この反応は**ピルビン酸デヒドロゲナーゼ** pyruvate dehydrogenaseにより触媒され，以下のように表される．

ピルビン酸 + CoA-SH + NAD$^+$ →
　　　アセチル-S-CoA + NADH + H$^+$ + CO$_2$
$\Delta G°' = -33.5$ kJ mol^{-1}

アセチルCoAのアセチル基はこうしてTCA回路に入る．この段階では，TCA回路のそれぞれの反応についてはふれるつもりはない．本質的な点は，ピルビン酸から産生されたアセチルCoAのアセチル基の炭素原子はCO$_2$に変換され，3分子のNAD$^+$が還元されてNADHが生じるということである．加えて，FADは還元されてFADH$_2$になり，このとき電子は間接的かつ部分的に水から得られる（第13章）．この回路は一つのアセチル基につき，リン酸から一つの"高エネルギー"リン酸基を産生する．グルコース代謝の第二段階を図12.5に示す．

まとめると，細胞質からミトコンドリアに移動したピルビン酸は，ピルビン酸デヒドロゲナーゼにより（アセチルCoAとなって）TCA回路に入り，3分子のCO$_2$に変換され，この間に3分子のNAD$^+$と1分子のFADが還元される．この段階でまだATPはほとんどつくられておらず，（グルコース1分子当たり）解糖系でたった2分子，TCA回路でたった1分子である．しかし，約30分子のATPが

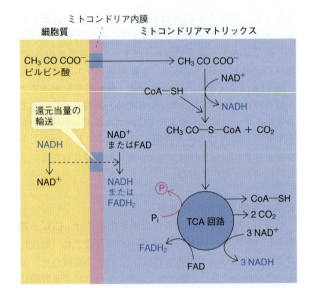

図12.5 この図は，解糖系において産生されたピルビン酸とNADHがどうなるかについてと，ミトコンドリア内でさらにNADHとFADH$_2$が産生されることを示している．FADは常に酵素と結合している．還元当量がどのように調節されているかについては次章で述べる．NADHとFADH$_2$はこの後すぐに述べるミトコンドリア内膜の電子伝達系により酸化される．

この後で産生されるのである．

ここまでは，燃料がどのように準備されるかの段階であり，ATP産生という形での大きな収穫は第三段階で得られる．

グルコース酸化の第三段階：酸素への電子伝達

NADHやFADH$_2$の酸化はミトコンドリア内膜で起こり，ここには電子伝達体が連なっている．

電子伝達系：電子伝達体の序列
酸化還元電位

ここで考えるべきことは，NADHやFADH$_2$から酸素に電子が受渡され水が生成する反応である．

$$NADH + H^+ + \frac{1}{2}O_2 \rightarrow NAD^+ + H_2O$$

この反応の$\Delta G^{\circ\prime}$値は-220 kJ mol^{-1}にも達する．この過程を理解するためには，物質の**酸化還元電位** oxidation-reduction potential（**レドックス電位** redox potential）について説明する必要がある．

酸化されうる物質は電子供与体と定義する．あらゆる酸化還元反応では電子受容体（酸化物質）と電子供与体（還元物質）が存在しなければならない．この反応は，

$$X^- + Y \rightleftharpoons X + Y^-$$

と表され，理論的には二つの半反応から起こると考えられ

ている．

(a) $X^- \rightleftharpoons X + e^-$
(b) $Y + e^- \rightleftharpoons Y^-$

それぞれの反応に各反応物質の還元体と酸化体が関わっており，これらは**共役対** conjugate pair または**酸化還元対**，あるいはもっと簡便な表現として**レドックス対** redox couple とよばれる．XとX$^-$は一つの対であり，YとY$^-$はもう一つの対である．明らかに，現実に起こるあらゆる酸化還元反応にはレドックス対が存在しなければならない．一方が電子を受渡せば，相手は電子を受取らなければならないからである．

異なるレドックス対は電子に対して異なる親和性をもっている．親和性が弱い分子は，より親和性の高い別の分子に電子を渡そうとするであろう．酸化還元電位の値（$E^{\circ\prime}$）はレドックス対における電子親和性または電子を受渡す潜在力（エネルギーポテンシャル）の測定値である．これは生化学において重要である．というのは，この値は二つの反応物質の間で電子がどちらの方向に動くかを示す指標だからである．同じくらい大切な点として，$E^{\circ\prime}$値は自由エネルギーの変化に直接関連する．

$E^{\circ\prime}$値はボルト〔V〕で表される．負の値が大きいほど電子親和性は低く，電子を手渡す傾向は強く，還元力は強く，電子のエネルギーは大きい．

酸化還元電位の決定法

この化学的性質がボルト〔V〕で表される理由は酸化還元電位の測定法にある．上述したように，酸化還元反応には二つのレドックス対が必要であるが，電子の移動が関わるため，双方の物質を二つの異なる容器（半電池）に入れて両者を銅線で結ぶと電子の流れが生じる．この方法は，対照レドックス対を入れた一方の半電池内での（白金黒電極を触媒とした）$2H^+ + 2e^- \rightleftharpoons H_2$の平衡を利用しており，もう一方の半電池に入れた未知検体と比較する．二つの半電池の相対的な電子親和性の違いにより導線を通って電子が流れるであろう．それぞれの半電池中の陽イオンには陰イオンが伴う（水素電極半電池にH$^+$と，検体半電池にたとえばFe^{2+}またはFe^{3+}）．片方の半電池内で電子を失う，あるいは受取ることで陽イオンに変化が生じると，これを相補するために一方の半電池から相手の半電池への陰イオンの移動が起こる必要がある．図12.6に示す寒天塩橋がこの通り道となる．両半電池間の電位は，それぞれの半電池に付けた電極を結ぶ銅線に設置した電圧計で測定される．対照半電池（水素電極）を任意にゼロに設定すると，検体半電池の相対的な値がこのレドックス対における酸化還元電位となる．物理学の慣例では，電流は電子の流れと逆向きに流れる，とするので，電子を与えている半電池はより負のボルト値を示す．このように，もし検体を入

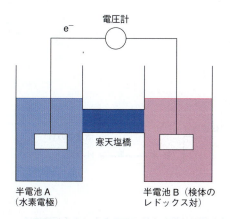

図12.6　酸化還元電位を測定する装置．Aに示す対照の水素電極は白金黒電極の触媒作用によりレドックス対 $H_2/2H^+$ を含んでいる．検体半電池Bはレドックス対の二つの成分を等濃度含んでおり，この酸化還元電位を測定しようとしている．二つの半電池は銅線でつながれており，AよりもBの還元力が強ければ，電子はBからAに流れて $2H^+$ を H_2 に還元する．したがって $E°'$ 値は水素電極の $-0.42\,V$ よりももっと負の値になる．Aではプロトンは水素原子に還元され，陰イオンは寒天塩橋を伝わってAからBに流れ，電荷を中性に保つ．もしBの検体が対照の水素電極よりも還元力が弱ければ反対の現象が起こり，酸化還元電位は $E°'$ 値として $-0.42\,V$ よりも正の値になる．

> **Box 12.1** $\Delta G°'$ 値と $E°'$ 値の関係の計算
>
> $\Delta G°'$ 値と酸化還元反応における $E°'$ 値には直接の関係があり，以下のネルンストの式で表される．
>
> $$\Delta G°' = -nF\Delta E°'$$
>
> ここでは，n は反応中で伝達される電子の数を示し，F はファラデー定数（$96.5\,kJ\,V^{-1}\,mol^{-1}$），$E°'$ は電子供与体と電子受容体の酸化還元電位の違いである．
>
> NADHの酸化を考えてみると，半反応は以下のようになる．
>
> (1) $NAD^+ + 2H^+ + 2e^- \rightarrow NADH + H^+$
> $E°' = -0.32\,V$
>
> (2) $\frac{1}{2}O_2 + 2H^+ + 2e^- \rightarrow H_2O$
> $E°' = -0.816\,V$
>
> 反応全体では，(2) から (1) を引き算して，次のようになる．
>
> $$NADH + H^+ + \frac{1}{2}O_2 \rightarrow NAD^+ + H_2O$$
>
> $$\Delta E°' = +0.816 - (-0.32) = +1.136\,V$$
>
> したがって，
>
> $\Delta G°' = -2(96.5\,kJ\,V^{-1}\,mol^{-1})(+1.136\,V) = -219.25\,kJ\,mol^{-1}$

れた半電池が対照半電池よりも強い還元性を示せば，酸化還元電位はより負の値を示す．

$E°$ 値（'がない表記）は物質の濃度を $1.0\,M$ とし，1気圧の H_2 ガス，$1.0\,M$ の HCl（pH 0）で測定したときの標準値である．生化学では，pH 0 の代わりに pH 7.0 に合わせる．こうすると，対照半電池の酸化還元電位は $-0.42\,V$ になる．このように補正した酸化還元電位を $E°'$ 値で表す．$NAD^+ + 2H^+ + 2e^- \rightarrow NADH + H^+$ の反応の $E°'$ 値は $-0.32\,V$ であり，$\frac{1}{2}O_2 + 2H^+ + 2e^- \rightarrow H_2O$ の $E°'$ 値は $+0.82\,V$ である．この大きな差は，NADH には酸素を水に還元する潜在力があり，逆反応は起こらないことを示している．$\Delta G°'$ 値と $E°'$ 値の関係は Box 12.1 に示す．

電子は段階的に伝達される

細胞内では，電子の酸素への伝達は単一反応では起こらない．ミトコンドリアの電子伝達系では，だんだん酸化還元値が高くなる（還元力が小さくなる）ように電子伝達体群が連なっており，酸素に電子を受渡して終了する．実際，NADH や $FADH_2$ から受渡された電子は段階を1段ずつ降りていき，それぞれの反応には適切な酸化還元力をもつ電子伝達体が関わり，それぞれの段差の所で自由エネルギーを放出する（図12.7）．こうして生じた自由エネルギーは運用可能となる．運用可能とはつまり，グルコースを単純に燃焼して熱として浪費するのではなく，ADP とリン酸から（間接的に）ATP を合成する機構に乗せると

いうことである．このようにして NADH や $FADH_2$ の酸化が ADP と P_i から ATP への変換を促す．それゆえに，全体の行程は**酸化的リン酸化** oxidative phosphorylation とよばれる．1分子のグルコースから30もしくはそれ以上の ATP 分子が酸化により産生される（正確な数については次章で述べる）．

図12.8に，解糖系から電子伝達系までの全行程を一つにまとめた．

脂肪酸の酸化によるエネルギーの放出

ATP を産生するためにグルコースやグリコーゲンを分解してエネルギーを得ることに加えて，体は脂質を同じ目的で酸化する．エネルギー産生に関連して，量的に重要なのは中性脂肪（TAG）に蓄えられた脂肪酸であり，グリセロールの部分はそれほど重要ではない．化学的に脂肪酸はグルコースとまったく異なっており，したがって酸化も相応に異なっていると予想するであろう．詳しく述べると複雑ではあるのだが，異なる食物成分の代謝がいかに驚くべき単純なシステムに統合されているかを初めて垣間見るのはこの段階なのである．すでに述べたように，グルコースは酸化されてアセチル CoA に代謝され，TCA 回路に入る．脂肪酸は一度に二つの炭素原子がアセチル CoA とし

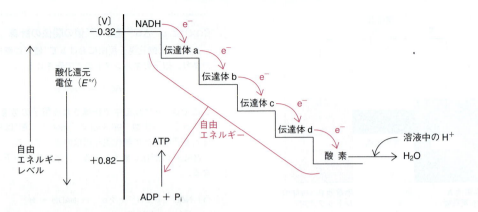

図 12.7 電子伝達系の原理．（電子伝達体の数は任意であり，それぞれは異なる伝達体である．）ある伝達体では電子だけが受容され，プロトンは溶液中に放たれる．他の伝達体では，電子伝達にはプロトンが伴う．酸素が関わる最後の反応ではプロトンは溶液から供給される．

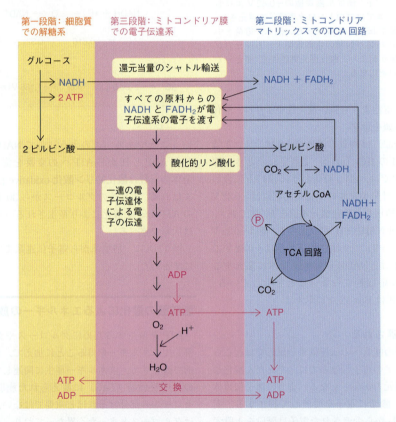

図 12.8 グルコース酸化の要約．見やすくするために，産物だけを表示している．たとえば，還元型の NAD (NADH) は NAD^+ から生じることが明白であり，グリコーゲンが酸化された場合も同じ図になるが，この場合はグルコース単位当たり 3 分子の ATP が生じる．TCA 回路中では ATP ではなく Ⓟ と示しているが，これは ADP ではなく GDP が受容分子として用いられるからである．エネルギー的には ADP でも GDP でも同じであり，次章で説明する．産生された ATP は ADP の取込みと共役して細胞質に輸送される．重要な点は，NAD^+ と FAD は脂肪酸酸化を含めて異なる代謝系から電子を集めており，グルコースからだけではない（図 12.10 参照）．NADH と $FADH_2$ は電子伝達系において異なる段階で電子を受渡す．つまり，$FADH_2$ による電子の受渡しは NADH よりも低位で起こる．この経路の詳細については図 13.28 と 13.29 を参照．

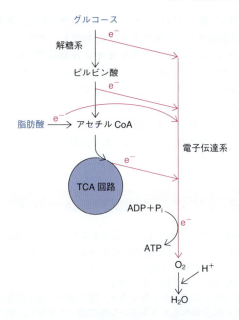

図12.9 グルコースと脂肪酸の酸化の関係．この図は電子伝達系に渡される電子がどう集まるかを強調している．

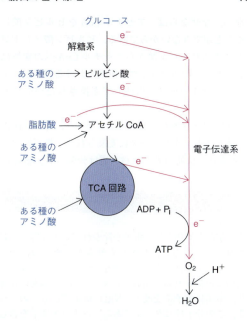

図12.10 エネルギー産生におけるグルコース，脂肪酸，アミノ酸の酸化の関係．

て外れ，やはりTCA回路に入っていく．最初の代謝段階において，両系ともにNAD$^+$とFADは還元され，電子はグルコース酸化と同様に電子伝達系に供給される．図12.9はグルコースと脂肪酸の酸化の関係を示している．

アミノ酸の酸化によるエネルギーの放出

アミノ酸酸化における状況は，詳しくいうともっと複雑ではあるが，概念的には似ている．すでに述べたように，アミノ酸には20種類あり，もし必要量以上のアミノ酸が存在すると，アミノ基が除かれ，炭化水素の骨格は燃料として利用される（すぐに使われるか，肝臓にグリコーゲンとして蓄えられる）．飢餓時にも，供給が過剰ではないことは明らかだが，同じことが起こる．つまり，このようなときには筋肉のタンパク質が分解され，生じたアミノ酸はグルコースに変換されて脳の代謝を保つために必須となる．繰返しになるが，アミノ酸の代謝は概念としては単純である．炭化水素骨格はピルビン酸，アセチルCoA，あるいはTCA回路の中間産物に変換され，同じ代謝経路に入っていくのである（図12.10）．このように，TCA回路は代謝の中心的役割を担う．

燃料の互換性

この章は原則的に，食物の酸化によるエネルギー産生に関するものであるが，これから手短に説明する内容は以前の章で述べてきた燃料動態の説明に役立つであろう．グルコースが過剰時にいかにして脂肪酸に変換されるかについてはすでに述べた．これは脂肪酸がアセチルCoAから合成されるからである（第17章）．

グルコース→ピルビン酸→アセチルCoA→脂肪酸

動物はピルビン酸を糖新生という過程でグルコースに変換することができ，この過程は飢餓時には特に重要である．しかしながら，脂肪酸をグルコースに変換することは

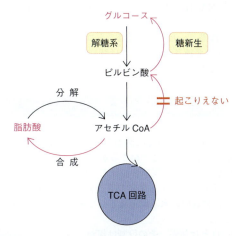

図12.11 動物においてグルコースは脂肪酸に変換されるが脂肪酸はグルコースに変換されない理由．赤字で示した逆反応は順反応とまったく同じではなく，これについては後の章で述べる．植物や細菌では脂肪酸はグルコースに変換されるが，ピルビン酸デヒドロゲナーゼの逆反応ではない．

できない．なぜならば，アセチル CoA をピルビン酸に変換することができないからである．ピルビン酸デヒドロゲナーゼによるピルビン酸からアセチル CoA への変換は不可逆的であり，脂肪酸は絶食や飢餓における燃料として使われるが，グルコースには決して変換されないのである（図 12.11）．

ある種のアミノ酸は，代謝されてピルビン酸や TCA 回路中間体を生じ，グルコースに変換される（糖原性アミノ酸）．飢餓時には筋肉のタンパク質は分解され，糖原性アミノ酸は肝臓に運ばれ，グルコースに変換される．細菌や植物は脂肪酸や，酢酸のような C_2 物質をグルコースに変換できるが，これには**グリオキシル酸回路** glyoxylate cycle（修飾 TCA 回路）とよばれる動物には存在しない特殊な経路が必要である．これについても後に説明する（図 16.6 参照）．

代謝の方向性，つまり脂肪酸やグルコースを酸化するか合成するかは代謝調節の結果であり，第 20 章で解説する．

要約

生物学的な酸化とは，電子が除かれて別の受容分子に受渡されることをさし，必ずしも酸素が必要なわけではない．生化学系では，常に代謝物分子から二つの水素原子が酵素的に取除かれる．細胞には多くの電子/水素伝達体があり，酸素に電子を受渡す．NAD^+ は重要な分子の一つである．この分子はビタミンであるニコチンアミドを含むジヌクレオチドであり，二つの電子と一つの水素原子を受取って NADH になる．NAD^+ はデヒドロゲナーゼの補酵素として機能する．FAD は類似の構造をしているが，受容に関わる官能基はビタミンであるリボフラビンで，FMN は一つのヌクレオチドをもつ型である．これらは水素伝達体であり，それぞれ $FADH_2$ と $FMNH_2$ に還元される．

グルコースの酸化は 3 段階で起こる．第一段階は解糖系であり，細胞質で起こる．第二段階は TCA 回路であり，ミトコンドリアマトリックスで起こる．第三段階は電子伝達系であり，ミトコンドリア内膜で起こる．この第三段階が ATP 産生の主要な場である．

第一段階　解糖系では，グルコースまたはグリコーゲンからピルビン酸が生じる．あるいは，ミトコンドリアが十分に NADH を再酸化することができない状況下では乳酸を生じる．

第二段階　ピルビン酸はミトコンドリアに入りアセチル CoA に変換される．CoA は特に重要である．これはビタミンであるパントテン酸を含むジヌクレオチドである．

TCA 回路ではアセチル基から高エネルギー電子が NAD^+ や FAD のような電子伝達体の還元型から取出される．アセチル基の炭素原子は CO_2 に変換される．

第三段階　電子伝達系は異なるエネルギーポテンシャルをもつ電子伝達体の一群であり，電子はある電子伝達体から次の伝達体へとエネルギー勾配に沿って移動し，最後に酸素に受渡される．ある電子伝達体から次の伝達体への電子伝達のエネルギーポテンシャルは酸化還元電位として定量され，簡単な装置で直接測定できる．電子伝達の間に放出されるエネルギーは最終的に ATP に蓄えられる．

脂肪酸の酸化によるエネルギーの放出は，アセチル CoA への変換までが異なるだけである．アセチル CoA ができると，ピルビン酸の場合と同じようにミトコンドリアで代謝される．ピルビン酸からアセチル CoA への変換は不可逆的である．それゆえ，動物はアセチル CoA をピルビン酸に代謝することができないため，脂肪酸をグルコースに変換できない．

アミノ酸の酸化よるエネルギーの放出はより複雑である．なぜなら，アミノ酸には 20 種類あり，それぞれが固有の代謝を受けるからである．しかしながら，アミノ酸はすべてピルビン酸，アセチル CoA または TCA 回路の中間産物に変換される．

これらの過程がどのようにして起こるかについての詳細は次章で解説する．

問題

1. グルコースの酸化に関わる三つの主要な段階とは何か．それらはどこで起こるか．
2. NAD^+ の構造の概略を説明し，酸化型と還元型において電子を受容する部位の構造を示せ．NAD^+ がどのように物質間の水素伝達体として働くのかについて説明せよ．
3. FAD とは何か．その役割は何か．
4. 筋肉における好気的と嫌気的な解糖の違いと，それがどのような環境で起こるのかについて説明せよ．嫌気的解糖によって何が起こるか．
5. CoA の構造を説明し，アシル基受容部位の構造を示せ．チオールエステルの加水分解の $\Delta G^{\circ\prime}$ 値はどのくらいか．これはカルボキシルエステルと比べてどうか．
6. "ピルビン酸デヒドロゲナーゼの反応は中心的な役目を担っている．"どういう意味か説明せよ．
7. ピルビン酸デヒドロゲナーゼ反応で生成されるアセチル CoA は通常どうなるか．
8. 解糖系と TCA 回路は NADH と $FADH_2$ を生じる．これらはどうなるか．
9. 酸化還元対 $FAD + 2H^+ + 2e^- \rightarrow FADH_2$ の $E^{\circ\prime}$ 値は

$-0.219\,\mathrm{V}$ である. $\frac{1}{2}\mathrm{O}_2 + 2\,\mathrm{H}^+ + 2\,\mathrm{e}^- \rightarrow \mathrm{H}_2\mathrm{O}$ のそれは Box 12.1 に示すように $-0.816\,\mathrm{V}$ である. 酸素による FADH_2 の水への酸化の $\Delta G^{\circ\prime}$ 値を計算せよ. ネルンストの式は $\Delta G^{\circ\prime} = -nF\Delta E^{\circ\prime}$ であり, $F = 96.5\,\mathrm{kJ\,V^{-1}\,mol^{-1}}$ である.

10 ピルビン酸デヒドロゲナーゼ反応以外でアセチル CoA のおもな供給源は何か.

11 グルコースは脂肪酸に変換されるか. 答えを説明せよ.

12 動物において脂肪酸はグルコースに変換されるか. 答えを説明せよ.

解糖系，TCA回路，電子伝達系

第10〜12章では，さまざまな食物成分がどのように代謝されるかについての全体像を解説し，食物から吸収された成分が酸化されるまでの3段階過程の概略をみてきた．

さていよいよ，代謝経路の調節機構を詳しく説明することにしよう．まずは糖質から始める．続く章で，脂肪酸がどのようにしてアセチルCoAの段階でグルコース酸化経路と交わるのかについて説明し，その後アミノ酸について同様に解説する．これらの代謝経路を学ぶに当たっての問題点は，細かいことにこだわりすぎて，それぞれの経路の総論的な生理学的重要性を忘れ，見失ってしまうことである．必要であれば前の章に戻って見直し，今取扱っている経路がどこに相当するのかを思い出してほしい．

これらの代謝経路の調節については第20章で解説する．代謝調節を独立した章として設ける理由は，そうすることによって代謝系全体に当てはまる一般論に言及することができるからであり，より合理的である．

第一段階：解糖系

ここで，グルコースあるいはグリコーゲンのグルコース単位（C_6化合物）が分解されて2分子のピルビン酸（C_3化合物）が生成され，このときに2分子のNAD^+が還元される行程を思い出してみよう．

グルコースかグリコーゲンか

簡便のため，ここではおもにグルコース代謝について解説する．しかしながら，肝臓や筋肉，そして腎臓の一部では，グルコースはグリコーゲンとして蓄えられており，解糖系は遊離グルコースよりもむしろグリコーゲンから進むこともある．両者には以下のような違いがある．

グリコーゲンが分解される場合には，グルコース1-リン酸からグルコース6-リン酸が産生される．肝臓ではグルコース6-リン酸は加水分解されて遊離グルコースが血中に放出される．しかしながら，グルコース6-リン酸は解糖系にも入り，すべての組織でピルビン酸まで分解される．特に筋肉では，グルコース-6-ホスファターゼが存在

しないのでグルコース6-リン酸が遊離グルコースとなって血中に放出されることはない．したがって筋肉は，他の組織のためにグルコースを血中に供給することはありえず，筋肉の中ではグリコーゲンを解糖系に使う．

血中から得られた遊離グルコースはATPによりリン酸化されてグルコース6-リン酸に変換される．この反応については，グリコーゲンの生合成の章ですでに述べた（第11章）．

肝臓の場合，グルコース6-リン酸がグリコーゲン，ピルビン酸，遊離グルコースのどれに代謝されるかについては，生理学的な必要性に応じてどのような代謝調節機構が動くかに依存しており，これは後の章の主要な話題である（第20章）．解糖系，グルコース，グリコーゲンの関係を図13.1に示す．

解糖系の開始にはATPが必要である

ATPを産生するために用意された経路がATPを消費する反応で開始するというのはいささか妙な感じがする．解糖系にはリン酸化された物質が関わり，グルコースをリン酸化するにはATPが必要である．ATPには十分なエネルギーポテンシャルがあるからである．グルコース6-リン酸は低エネルギーリン酸化合物なので，ATPを使うことで高エネルギーリン酸基が失われる．これからみていくように，これを投資と考えれば，解糖系にATPを使うことで利益が得られるのである．

グルコース6-リン酸のフルクトース6-リン酸への変換

次の段階は，アルドース糖であるグルコース6-リン酸をケトース異性体であるフルクトース6-リン酸へ変換する反応である．

少しばかり脱線するが，有機化学の教科書にはアルドール縮合とよばれる試験管内反応が載っている．この反応では，アルデヒドとケトン（または別のアルデヒド）が図13.2のように縮合して一つになる．この逆反応がアルドールを二つに分割するのに用いられる．アルドールとは，図に示されているβ-ヒドロキシカルボニル化合物である．

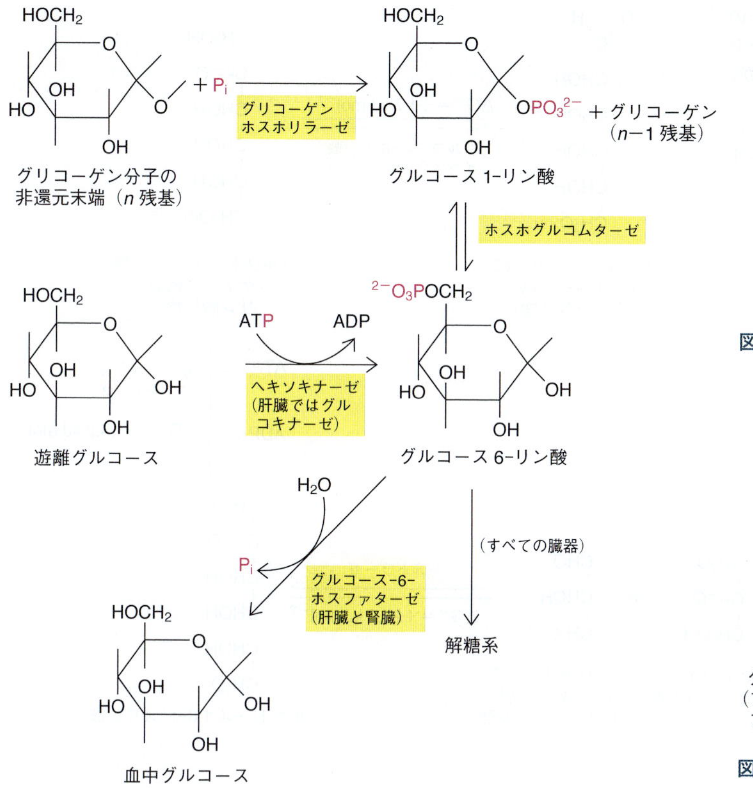

13. 解糖系，TCA 回路，電子伝達系

図 13.1 グリコーゲンまたは遊離グルコースからのグルコース 6-リン酸の生成とその後の動態．どちらの経路が使われるかについての調節機構は第 20 章で述べる．

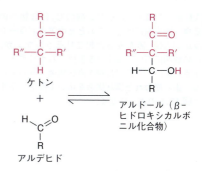

図 13.2 アルドール縮合．アルデヒドとケトン（またはアルデヒド）の間の化学反応．

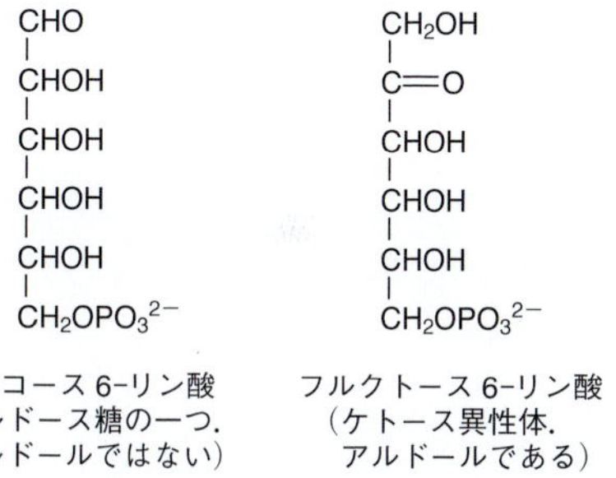

図 13.3 アルドース糖の直鎖構造とその異性体．グルコース 6-リン酸は六員環型（ピラノース），フルクトース 6-リン酸は五員環型（フラノース）と平衡関係にある．環状構造は図 13.5 に示す．

グルコース 6-リン酸はアルドールではないが，フルクトース 6-リン酸は図 13.3 の直鎖構造にみられるように，アルドールである．フルクトース異性体を形成することによって，糖リン酸をアルドール反応により二つに分割することが可能になる．グルコース 6-リン酸は**グルコース-6-リン酸イソメラーゼ** glucose-6-phosphate isomerase（ヘキソースリン酸イソメラーゼ，ホスホヘキソースイソメラーゼ）という酵素によりフルクトース 6-リン酸に異性化される．分割される前に，もう一つのリン酸基が ATP からフルクトース 6-リン酸に転移される．ここで働く酵素は 6-ホスホフルクトキナーゼであり，フルクトース 1,6-ビスリン酸を生じる．

フルクトース 1,6-ビスリン酸の二つの C_3 分子への分割

フルクトース 1,6-ビスリン酸はアルドール反応を触媒する酵素**アルドラーゼ** aldolase により分割される．ここで生じた二つの C_3 産物はグリセルアルデヒド 3-リン酸とジヒドロキシアセトンリン酸であり，それぞれリン酸基をもっている（図 13.4）．後に，グルコースから生じたこの二つの C_3 断片は同一の最終産物であるピルビン酸に代謝される．図 13.5 は，より一般的な糖の環状構造を使って同じ反応を示したものである．フルクトース 6-リン酸は五員環配置（フラノース）をとる．アルドラーゼ反応の $\Delta G^{\circ\prime}$ 値は $+23.8\,\mathrm{kJ\,mol^{-1}}$ であり，そう簡単には起こらないようにみえる．しかしながら，（以下に述べるように）この反応には特別な要素があり，細胞内での ΔG 値は小さく完全に可逆的に進行する．

アルドラーゼ反応における $\Delta G^{\circ\prime}$ と ΔG に関する注意点

アルドラーゼによって触媒される反応は $\Delta G^{\circ\prime}$ 値として $+23.8\,\mathrm{kJ\,mol^{-1}}$ であるが，不思議なことに完全に可逆的に進行する．普通は $\Delta G^{\circ\prime}$ 値がこの値より小さい反応でも不可逆的となるはずである．これは次のように説明される．$\Delta G^{\circ\prime}$ 値は反応物と生成物の濃度が 1 M のときに求められる．しかし，細胞内での濃度は $10^{-3} \sim 10^{-4}$ M 程度なので，実際の ΔG 値は $\Delta G^{\circ\prime}$ 値と異なっている．いずれにしても，$\Delta G^{\circ\prime}$ 値は通常は代謝の方向性を決めるのに役立つ．しかしながら，アルドラーゼ反応にはこの法則は当てはまらない．なぜなら，細胞内では $\Delta G^{\circ\prime}$ 値と ΔG 値の間に相関性がほとんどないからである．アルドラーゼ反応では，1 分子の反応物，すなわちフルクトース 1,6-ビスリン酸（F-1,6-BP）から 2 分子の生成物，すなわちグリセルアルデヒド 3-リン酸（GAP）とジヒドロキシアセトンリ

図 13.4 グルコース 6-リン酸の C_3 化合物への変換．順方向に反応が進むときのアルドラーゼ反応の $\Delta G^{\circ\prime}$ 値をみると起こりそうもないが，この説明については本文を参照．わかりやすくするために，ここでは糖を直鎖構造で示している．よく使われる環状構造を用いて反応を示すと図 13.5 のようになる．

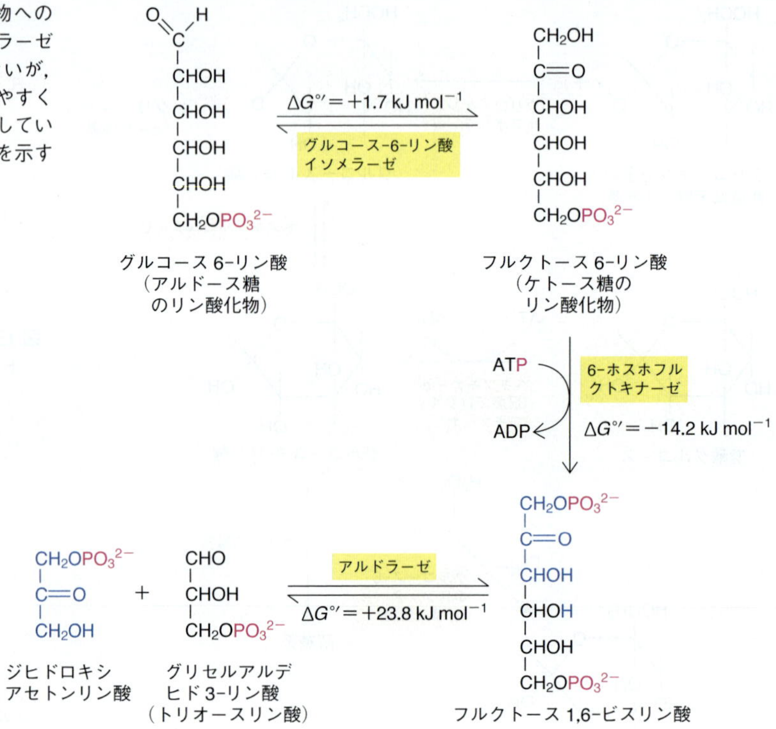

図 13.5 これは図 13.4 と同じ反応であるが，糖をより一般的である環状構造で示している．

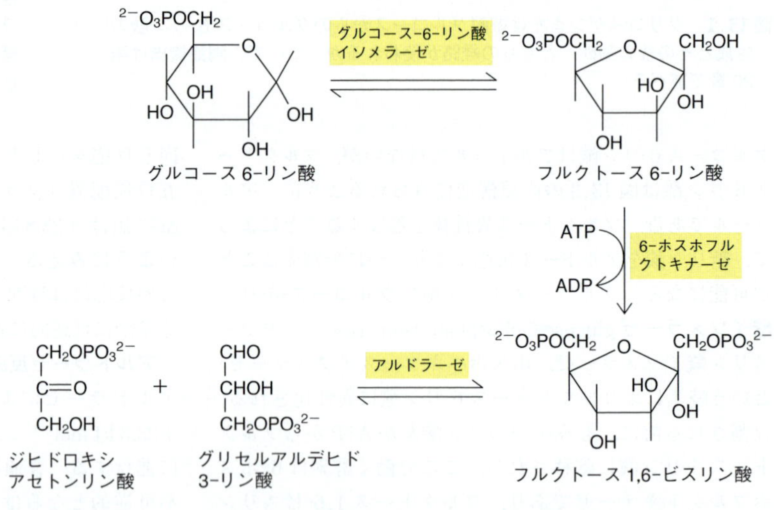

ン酸 (DHAP) を生じる．$\Delta G^{\circ\prime}$ 値と ΔG 値は以下の式で計算される．

$$\Delta G = \Delta G^{\circ\prime} + RT \ln \frac{[生成物]}{[反応物]}$$

すなわち，

$$\Delta G = \Delta G^{\circ\prime} + RT \ln \frac{[\text{GAP}] \times [\text{DHAP}]}{[\text{F-1,6-BP}]}$$

二つの生成物の濃度は低いため，$RT \ln([生成物]/[反応物])$ が大きく負に傾く結果，細胞内では容易に可逆的に進行する ΔG 値になる．たとえば，ウサギ骨格筋のフルクトース 1,6-ビスリン酸，グリセルアルデヒド 3-リン酸，ジヒドロキシアセトンリン酸の細胞内濃度の実測値をこの式に当てはめて計算すると，ΔG 値は $-1.3\ \text{kJ mol}^{-1}$ と小さくなる．

ジヒドロキシアセトンリン酸とグリセルアルデヒド 3-リン酸の相互変換

グリセルアルデヒド 3-リン酸とジヒドロキシアセトンリン酸は異性体の関係にある．トリオースリン酸イソメ

ラーゼ triose phosphate isomerase という酵素がこの二つの分子を相互変換する．

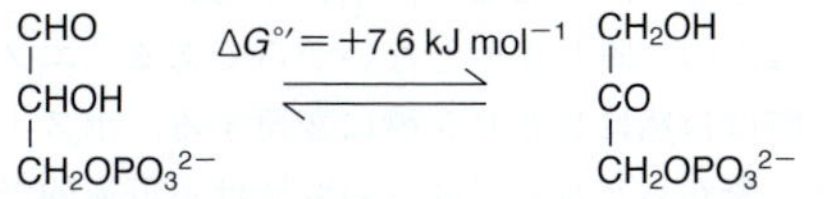

$$\begin{array}{c}\text{CHO}\\|\\\text{CHOH}\\|\\\text{CH}_2\text{OPO}_3^{2-}\end{array} \underset{}{\overset{\Delta G^{\circ\prime}=+7.6\,\text{kJ mol}^{-1}}{\rightleftharpoons}} \begin{array}{c}\text{CH}_2\text{OH}\\|\\\text{CO}\\|\\\text{CH}_2\text{OPO}_3^{2-}\end{array}$$

グリセルアルデヒド　　　　　　ジヒドロキシ
3-リン酸　　　　　　　　　　アセトンリン酸

この二つの分子は平衡関係にあるが，グリセルアルデヒド 3-リン酸は速やかに解糖系の次の段階に進むので，ジヒドロキシアセトンリン酸のすべては持続的にグリセルアルデヒド 3-リン酸に変換される．

グリセルアルデヒド-3-リン酸デヒドロゲナーゼ：ATP 生合成と連関する酸化

グリセルアルデヒド 3-リン酸のアルデヒド基は**グリセルアルデヒド-3-リン酸デヒドロゲナーゼ** glyceraldehyde-3-phosphate dehydrogenase により酸化され，この反応には NAD^+ が電子受容体として関与する（第 12 章）．この反応によりカルボキシ基が生成するように思うであろうが（そして最終的にはその通りなのだが），$-CHO$ から $-COO^-$ への酸化は大きな負の ΔG 値をもっており，実際に無機リン酸から高エネルギーリン酸基を生み出すのに十分である（図 13.6）．

この反応機構は次のようになる．酵素の活性中心にはシステインがあり，これは SH 基（チオール基）を側鎖にもっている．グリセルアルデヒド-3-リン酸デヒドロゲナーゼはチオールを縮合してチオヘミアセタールを生じる．

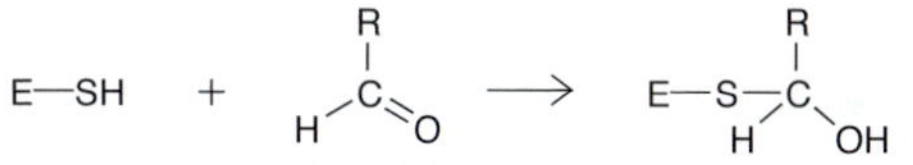

$$E-SH + \begin{array}{c}R\\|\\H-C\\\parallel\\O\end{array} \longrightarrow E-S-\begin{array}{c}R\\|\\C-H\\|\\OH\end{array}$$

酵素の　　グリセルアルデ　　酵素-チオヘミアセ
チオール基　ヒド 3-リン酸　　タール複合体

この複合体は酵素の活性中心で酸化される．電子は NAD^+ に受渡され，酵素の$-SH$ 上でチオールエステルが生成する．

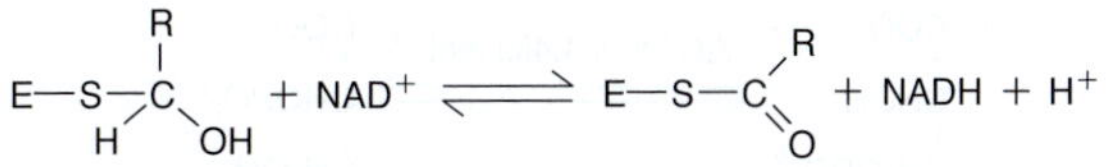

$$E-S-\begin{array}{c}R\\|\\C-H\\|\\OH\end{array} + NAD^+ \rightleftharpoons E-S-\begin{array}{c}R\\|\\C\\\parallel\\O\end{array} + NADH + H^+$$

先にふれたように，チオールエステル（$R-CO-S-$）は高エネルギーリン酸化合物と同程度の高エネルギーをもっている．したがって，熱力学的に起こりやすい反応であり，無機リン酸と次のように反応する．

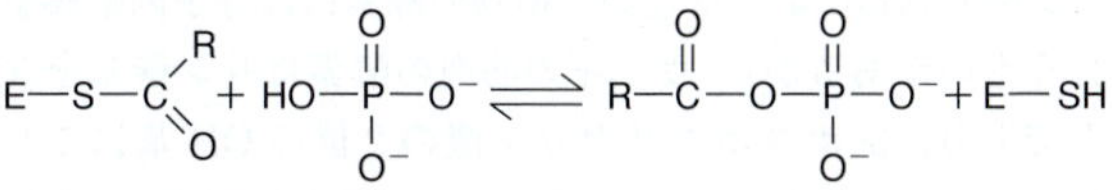

$$E-S-\overset{O}{\underset{}{C}}\!-\!R + HO-\overset{O}{\underset{O^-}{P}}\!-\!O^- \rightleftharpoons R-\overset{O}{\underset{}{C}}\!-\!O-\overset{O}{\underset{O^-}{P}}\!-\!O^- + E-SH$$

ここで生じた $RCO-O-PO_3^{2-}$ 基もまた高エネルギーであり，このリン酸基は ADP に受渡されて ATP が生成する．

この反応に関わる酵素は**ホスホグリセリン酸キナーゼ** phosphoglycerate kinase とよばれるが，これは逆反応において ATP からリン酸基を 3-ホスホグリセリン酸に受渡すからである．伝統的に，キナーゼは常に ATP が使われる側の反応に付けられる名称である．

この反応により産生されたリン酸基は酵素の実際の基質（1,3-ビスホスホグリセリン酸）に結合している．この理由から**基質レベルのリン酸化** substrate-level phosphorylation とよばれ，後に説明する．3-ホスホグリセリン酸は低エネルギーリン酸化合物であり，ADP をリン酸化することはできない．

この後で，解糖系において 3-ホスホグリセリン酸がどのように加工されるのか，すなわちこの低エネルギーのリン酸エステルがどのようにして高エネルギーリン酸化合物に変換され，ATP に転移されるのかについて説明する．この反応は熱力学的に合理的に進む．

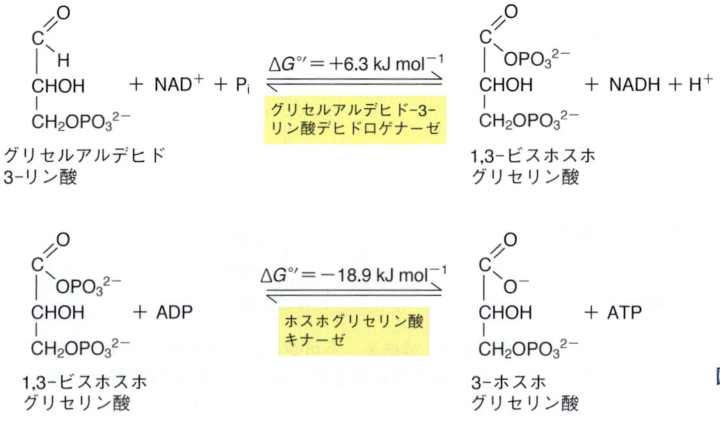

$$\begin{array}{c}\overset{O}{\underset{}{C}}\!\!\diagdown\!H\\|\\\text{CHOH}\\|\\\text{CH}_2\text{OPO}_3^{2-}\end{array} + NAD^+ + P_i \underset{\text{グリセルアルデヒド-3-リン酸デヒドロゲナーゼ}}{\overset{\Delta G^{\circ\prime}=+6.3\,\text{kJ mol}^{-1}}{\rightleftharpoons}} \begin{array}{c}\overset{O}{\underset{}{C}}\!\!\diagdown\!OPO_3^{2-}\\|\\\text{CHOH}\\|\\\text{CH}_2\text{OPO}_3^{2-}\end{array} + NADH + H^+$$

グリセルアルデヒド　　　　　　　　　　　　　　　1,3-ビスホスホ
3-リン酸　　　　　　　　　　　　　　　　　　　グリセリン酸

$$\begin{array}{c}\overset{O}{\underset{}{C}}\!\!\diagdown\!OPO_3^{2-}\\|\\\text{CHOH}\\|\\\text{CH}_2\text{OPO}_3^{2-}\end{array} + ADP \underset{\text{ホスホグリセリン酸キナーゼ}}{\overset{\Delta G^{\circ\prime}=-18.9\,\text{kJ mol}^{-1}}{\rightleftharpoons}} \begin{array}{c}\overset{O}{\underset{}{C}}\!\!\diagdown\!O^-\\|\\\text{CHOH}\\|\\\text{CH}_2\text{OPO}_3^{2-}\end{array} + ATP$$

1,3-ビスホスホ　　　　　　　　　　　　　　　3-ホスホ
グリセリン酸　　　　　　　　　　　　　　　グリセリン酸

図 13.6　グリセルアルデヒド 3-リン酸の 3-ホスホグリセリン酸への変換

解糖系の最終段階

3-ホスホグリセリン酸のリン酸基は以下のように3位から2位に転位する．

$$\text{3-ホスホグリセリン酸} \xrightleftharpoons{\Delta G^{\circ\prime}=+4.4\,\text{kJ mol}^{-1}} \text{2-ホスホグリセリン酸}$$

これは**ホスホグリセリン酸ムターゼ** phosphoglycerate mutase 反応とよばれる．実際にはこの反応は分子内でのリン酸基転移反応ではない（植物の酵素には分子内転移を行うものがあるが）．ウサギの筋肉の酵素はリン酸基を含んでおり，3-ホスホグリセリン酸の2位のOH基にこれを転移して2,3-ビスホスホグリセリン酸を生成する．3位のリン酸基は酵素に転移され，基質に転移されたリン酸基と置き換わる．したがって，総合的には上記のような反応になる．

解糖系の次の反応では，水分子が2-ホスホグリセリン酸から除かれる．このような脱水反応を担う酵素は通常**デヒドラターゼ** dehydratase（脱水酵素）とよばれるが，解糖系では特例として古くから**エノラーゼ** enolase という名称が使われている（置換されたエノールが生成するからである）．

$$\text{2-ホスホグリセリン酸} \xrightarrow[-\text{H}_2\text{O}]{\text{エノラーゼ}} \text{ホスホエノールピルビン酸} \xrightarrow[+\text{ATP}]{\text{ピルビン酸キナーゼ, ADP}} [\text{エノールピルビン酸}] \rightarrow \text{ピルビン酸}$$

エノラーゼ反応は $\Delta G^{\circ\prime}$ 値がたったの $+1.8\,\text{kJ mol}^{-1}$ しかないが，このエノールリン酸化合物は"高エネルギー"体であり，これを加水分解するには $-62.2\,\text{kJ mol}^{-1}$ もの $\Delta G^{\circ\prime}$ を必要とする．この理由は，本反応の直接の産物，すなわちピルビン酸のエノール形は自然にケト形に変換し，大きな負の $\Delta G^{\circ\prime}$ 値を示すからである．

リン酸基は**ピルビン酸キナーゼ** pyruvate kinase という酵素により ADP に転移される．この名前は，逆反応によりピルビン酸が ATP によりリン酸化されるという誤解を生むかもしれない．先にふれたようにこの名称は慣例からきており，キナーゼは基質の側に ATP が使われる反応に関わる酵素の名称である．今回の場合には，この反応は決して起こらない．なぜなら，基質であるエノール形ピルビン酸はほんの一瞬しか生じないからである．エノール形ピルビン酸は自然にピルビン酸に変換する．ホスホエノールピルビン酸からピルビン酸への変換は不可逆的であり，後に糖新生で説明するように，代謝にとって大きな影響がある．（混乱を招くかもしれないが，ある種の植物や微生物にはピルビン酸をホスホエノールピルビン酸に直接変換するまったく別の酵素があり，この酵素は ATP から二つのリン酸基を利用する．しかし，この反応は動物では起こらない．）

解糖系の全体像を図 13.7 に示す．

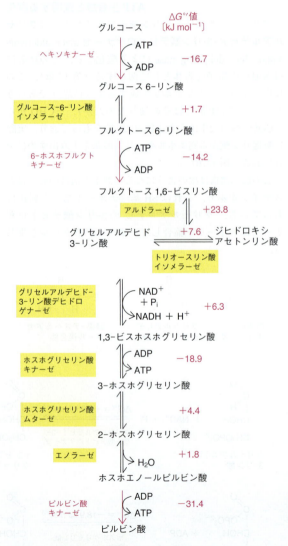

図 13.7 解糖系．不可逆反応は赤矢印で示す．アルドラーゼ反応は完全に可逆的であり，大きな $\Delta G^{\circ\prime}$ 値からすると矛盾する．

嫌気的解糖

激しく活動している筋肉や赤血球（ミトコンドリアがない）では，解糖系を通じてピルビン酸よりも乳酸が持続的に産生される（Box 13.1）．これについては第12章ですでに説明した．

解糖系によるATPの収支決算

グルコースから始まって，フルクトース1,6-ビスリン酸が生成するまでに2分子のATPが消費される．ホスホグリセリン酸キナーゼは大もとのグルコース1分子当たり2分子のATPを産生し，ピルビン酸キナーゼでまた2分子，合計して4分子が生成することになり，差引き2分子のATPが得られる．

筋肉では，解糖系はグリコーゲンから開始する．この場合には，グリコーゲンのグリコシド結合のエネルギーは保持される．その理由は，最初の反応は無機リン酸を使ってグルコース単位を遊離し（加リン酸分解），グルコース1-リン酸を産生するからである．これにより1分子のATPを節約できるので，グリコーゲン単位当たりのATPの収量は3分子である．肝臓でも同様であるが，グルコース1-リン酸から生じたグルコース6-リン酸は解糖系に入るのではなく，むしろ大部分が遊離グルコースに変換されて血中に放出される．ほとんどの組織はグルコースを消費するが，肝臓はグルコースの供給源である（第16章）．

ピルビン酸のミトコンドリアへの輸送

解糖系においてNADHとともにピルビン酸が生成する．細胞質で乳酸に還元されなければ（第12章），ピルビン酸は対向輸送型の膜輸送タンパク質によってミトコンドリアマトリックスに輸送される（第7章）．この場合には，マトリックス内部にあるOH^-と交換される．

ピルビン酸のアセチルCoAへの変換：TCA回路の前段階

TCA回路自体を説明する前に，ピルビン酸が回路に入る前段階について説明しておかねばならない．つまり，アセチルCoAへの変換である．

すでに述べたように，ミトコンドリアマトリックスにおいてピルビン酸はアセチルCoAに変換され，アセチル基がTCA回路に入っていく（CoAの構造は第12章で示した）．

ピルビン酸デヒドロゲナーゼによって触媒される反応は次の通りである．

ピルビン酸 + NAD^+ + CoA-SH →
　　　アセチル-S-CoA + NADH + H^+ + CO_2

この反応の責任酵素は**ピルビン酸デヒドロゲナーゼ** pyruvate dehydrogenase であり，多くのポリペプチド鎖から成る非常に大きい複合体である．本質的に三つの異なる酵素活性が一塊になっており，それぞれが全行程における一つの反応を触媒する（図13.8）．この三つのユニットが一体となることで触媒の効率を上げている．最初の段階はピルビン酸を脱炭酸してCO_2を生成する反応であり，ヒドロキシエチル基CH_3CHOH-は補因子である**チアミン二リン酸（TPP）**と結合している．チアミン二リン酸はチアミン（ビタミンB_1）に由来し，これが欠乏すると（他にも影響はあるが）ピルビン酸を代謝できなくなる．ヒドロキシエチル基はいくつかの反応を経てアセチルCoAのアセチル基に変換され，NAD^+が還元される（図13.8）．この反応は，明白な理由により**酸化的脱炭酸** oxidative decarboxylation として知られる．（参考のため，補因子の詳細な構造を次項に示す．）

ピルビン酸からアセチルCoAへの変換は不可逆的である．反応の$\Delta G^{\circ\prime}$値は$-33.5 \text{ kJ mol}^{-1}$である．後述のように，この反応が不可逆的であるという事実は大変重要であり，動物体内では脂肪酸は決してグルコースに変換されないことを意味している．すでに述べたように，細菌や植物では特殊な仕組みを使ってこれを成し遂げている．こうして生じたアセチルCoAはTCA回路に入る．

Box 13.1　ワールブルク効果

ノーベル賞受賞者である Otto Warburg はがん細胞が無酸素呼吸によりエネルギーを得ていることを発見した．すなわち，"健康的"な細胞がグルコースから得たピルビン酸をTCA回路に回して好気的酸化によりエネルギーをつくり出すのに対し，がん細胞はピルビン酸を乳酸に変換するのである．この発見は"ワールブルク効果"とよばれている．彼は，がんはミトコンドリア異常により発生するため，がん細胞は正常に働くことができないと提唱した．

最近になって，ワールブルク効果はがん，特に固形がんの発見や治療のモニタリングの手段として再び注目を集めるようになった．現在では，がん細胞における代謝の違い（好気的ではなく嫌気的代謝を行う）はがんの原因ではなく，がん細胞で生じた遺伝子変異の結果であることがわかっている．悪性のがん細胞は正常細胞よりも200倍も活発に解糖系を動かしている．もし解糖系を阻害したり，ミトコンドリアの酸化能力を活性化させれば，がん細胞の増殖は止まるであろう．ジクロロ酢酸（DCA）や2-デオキシ-D-グルコース（2DG）のような解糖系阻害剤を用いた解析では有望な結果が得られており，培養系やいくつかの動物実験でがん細胞を殺すことが示されている．診断ならびに治療のモニタリングにはポジトロン放出断層撮影法（PET）が使われているが，これはヘキソキナーゼの放射標識基質2-^{18}F-2-デオキシグルコース（FDG）の取込みを検出している．

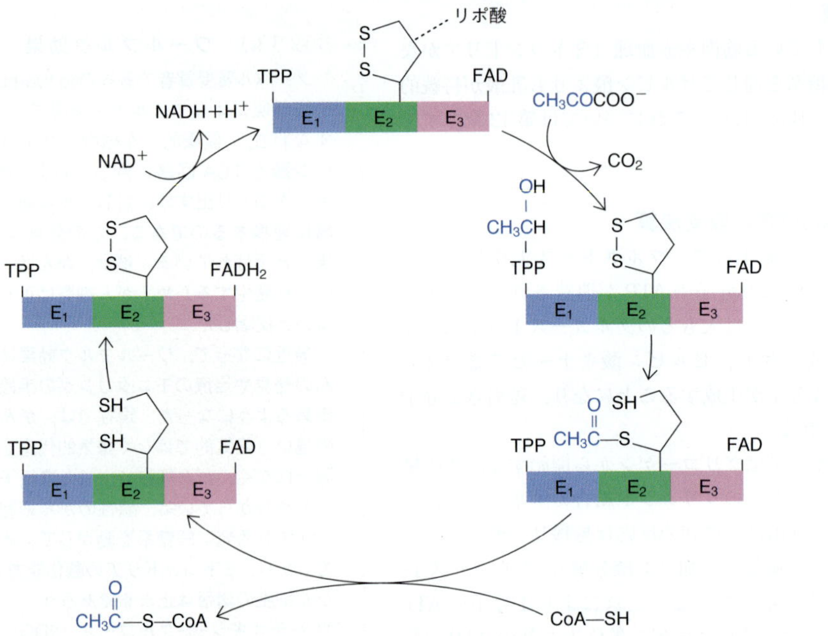

図13.8 ピルビン酸デヒドロゲナーゼ反応. TPP: チアミンニリン酸, E_1〜E_3: 複合体中の各酵素 (この酵素にある $FADH_2$ は通常酸化還元電位が低く, NAD^+ を還元できる).

ピルビン酸デヒドロゲナーゼに関わる構成成分

各構成成分の構造を次に示した.

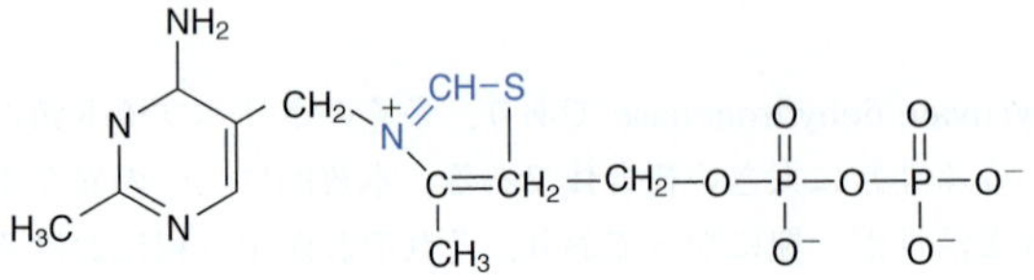

TPP

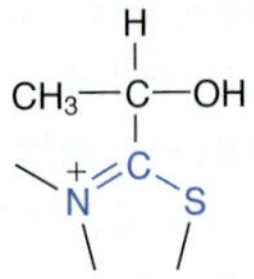

TPP ヒドロキシエチル

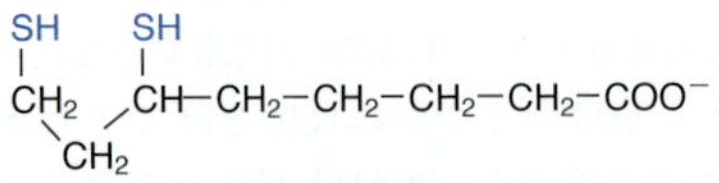

リポ酸（還元型）

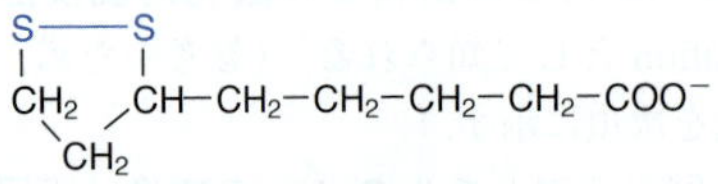

リポ酸（酸化型）

リポ酸は $-CO-NH-$ 結合により酵素のリシン側鎖に結合している. 図13.8ではリポ酸をジスルフィド構造で示している. E_1, E_2, E_3 で表した三つの酵素はそれぞれ非常に大きなタンパク質複合体の一部分である. この酵素の複雑な調節機構については第20章でふれる.

第二段階：TCA 回路

TCA回路の大まかな概論は第12章で述べた. TCA回路は還元当量のNADHとFADH₂の形で燃えやすい燃料を生成する. NADHとFADH₂の一部は水に由来する. この燃料は次の段階である電子伝達系で燃焼し, ADPと無機リン酸からATPを産生する. この回路は熱力学的に合理的である. その理由は, アセチルCoAのアセチル基の分解で生じる自由エネルギーを使って回路が回るからである.

ここで注意しておかなければならないのは, 水分子の寄与は光合成でみられるような"直接的な"反応ではなく, それゆえに酸素は生成せず, CO_2 が生じるということである. 水の関与は間接的であるため簡単に見落とされがちで, 教科書には滅多に記載されていない. ここではもっと丁寧にこの点について説明したい. というのは, 回路がぐるりと回るためには水の寄与は非常に重要だからである. また, 水の関与を考慮することで, 八つの高エネルギー電子 (と $CoA-SH$ 上の九つめの水素原子) が三つの水素原子しかもたないアセチル基の分解からどのようにできるのかについて生じる混乱を避けることに役立つだろう.

アセチルCoAはTCA回路に入るとオキサロ酢酸と反応してクエン酸を生じる. これについては後述する. この反応には1分子の水が入ってくる. 回路が完全に"1回転"すると（後述）, オキサロ酢酸が再合成され, アセチルCoAのアセチル基は消失する. 回路の反応の結果, 一つのアセチル基からは2分子の CO_2, NAD^+ 3分子のNADH

への還元，FAD 1 分子の FADH$_2$ への還元が生じる．加えて，アセチル CoA の CoA−S− は CoA−SH になる（図13.9）．（1分子の高エネルギーリン酸基が GTP として無機リン酸から生じる．）3分子の NADH と 1分子の FADH$_2$ の還元当量を合計すると，計 8 個である．（NAD$^+$ は二つの電子を受取ることを思い出してほしい．）（CoA−S− に由来する）CoA−SH の SH 基の形成にはもう一つ必要であり，合計九つの還元当量（九つの水素原子に相当）が必要となる．

まずはオキサロ酢酸の構造を覚えておいてほしい．というのは，回路はこの物質から始まり，この物質で終わるからである．おそらく，オキサロ酢酸を覚える最も簡単な方法は，カルボキシ基をもう一つもったピルビン酸，ということである．酢酸は CH$_3$COO$^-$ であり，オキサロ基は $^-$OOC−C(=O)− であるから，オキサロ酢酸は以下の構造である．

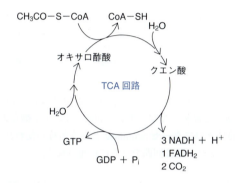

図 13.9 TCA 回路に入ってくる物質と出ていく物質．それぞれの反応はここには示していない．

アセチル CoA のアセチル基はオキサロ酢酸に結合してクエン酸を生じる．オキサロ酢酸からクエン酸がどのように生じるかを考えるのは簡単である．

クエン酸は六つの炭素（C$_6$）をもつ対称構造をしたトリカルボン酸化合物と覚えておくと役に立つ．これは非対称構造をした異性体であるイソクエン酸に変換され，その後回路は 2-オキソグルタル酸（C$_5$），コハク酸（C$_4$），フマル酸（C$_4$），リンゴ酸（C$_4$），そしてオキサロ酢酸と進む（図 13.10）．すなわち，回路が 1 回転すると，回路に入ってきたアセチル基が取除かれるということを意味している．

まずは回路に登場するこれらの酸によくなじんでおいた方がよい．前置きはこのくらいにして，この炭素化合物代謝の主要代謝経路をより詳しく考えていくことにしよう．

CH$_3$CO−S−CoA はこのうちの三つを供給するので，足りない水素原子はあと六つである．回路には酸素は関わらないので，2分子の CO$_2$ を生成するにはあと三つの酸素原子が必要である．この"不足"している原子の一部は 2分子の水に由来する．以下に示すように，クエン酸生合成の反応に水分子が入るのに加え，第二の水分子も回路に入る．しかし，これでもなお二つの水素原子と一つの酸素原子が足りない．これらがどこに由来するのかについては後に述べた方がわかりやすいであろう．

こうして，素晴らしい仕組みができ上がる．水の電子は NADH と FADH$_2$ を還元するエネルギーとしてくみ上げられ，もちろんアセチル基の電子もこの目的に利用される．再び強調しておくが，このことは水分子の構成成分が直接これらの産物に取込まれることを意味しているのではない．アセチル基から産物への変換に関わる反応は自由エネルギーを生み出し，これが水分子を還元当量に変換するのである．実際に，TCA 回路全体は負の ΔG 値をもっており，熱力学的に"坂を下るように"進行する．

前置きはこのぐらいして，いよいよ回路におけるそれぞれの反応をみていくことにしよう．

TCA 回路の簡略版

回路を学ぶに当たっての一つの障害は，回路全体をみておかないと反応系の進行がよくわからないということである．そこでまず詳細は伏せて，簡略版をみることにしよ

TCA 回路の反応機構

便宜上，回路の反応を三つに分けてみよう．
1. クエン酸の生合成はアセチル基を回路に入れるための反応である．
2. 回路の"前半"は，C$_6$ のクエン酸から C$_5$ の 2-オキソグルタル酸への変換を含む．
3. 回路の"後半"は，コハク酸からオキサロ酢酸への変換を含む．

クエン酸の生合成

ここで関わる酵素の名称は**クエン酸シンターゼ** citrate synthase である．この酵素はアセチル CoA とオキサロ酢酸をアルドール反応によって縮合し，シトリル CoA を生じる．これは加水分解されてクエン酸になる．クエン酸の生合成はチオールエステルの加水分解を含むため大きな $\Delta G^{\circ\prime}$ 値（-32.3 kJ mol^{-1}）をもっており，それゆえに不可逆的に進行する．

図 13.10 TCA回路の簡略図．回路を構成している酸とその順番を示す．この図の目的は回路で産生されるおもな酸の構造とその相互関係を学ぶことであり，詳細は省いている．これになじめば回路全体を理解するのはもっとたやすくなるだろう．

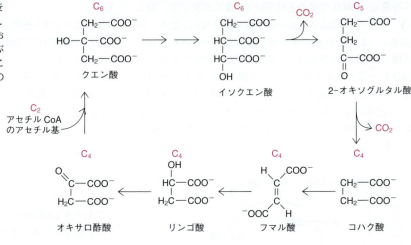

るが，この反応中に生じる不飽和の中間体は（植物の *Aconitum* で最初に発見された）*cis*-アコニット酸なので，伝統的に**アコニターゼ** aconitase という名称が使われている．イソクエン酸は回路でさらに代謝される．

イソクエン酸デヒドロゲナーゼ NAD^+ を必要とするデヒドロゲナーゼの一例として，乳酸デヒドロゲナーゼについてすでに述べた（第12章）．ここでも同様の反応が起こる．

回路の中で，**イソクエン酸デヒドロゲナーゼ** isocitrate dehydrogenase は以下の反応を行う．

クエン酸の 2-オキソグルタル酸への変換

クエン酸 → イソクエン酸 この反応では，クエン酸（対称性分子）のヒドロキシ基は3位から2位に転移し，イソクエン酸（非対称性分子）を生じる．この重要性はすぐにわかる．このクエン酸の異性化は，水分子を除去し，生じた二重結合に水分子を戻す反応を可逆的に触媒する酵素により行われる．

前述したように，この反応を担う酵素はデヒドラターゼ（脱水酵素）もしくはヒドラターゼ（加水酵素）とよばれ

13. 解糖系，TCA回路，電子伝達系

直接の産物はβ-ケト酸（3-オキソ酸）であるオキサロコハク酸である（中央の$-COO^-$からみて$-CO$はβ位にある）．β位に$-CO$をもつ$-COO^-$は不安定であり，容易にCO_2として失われる．この反応はイソクエン酸デヒドロゲナーゼの表面で起こり，産物は示したようにC_5酸である2-オキソグルタル酸である．

TCA回路のC₄化合物の部分

2-オキソグルタル酸はα-ケト酸である点でピルビン酸と似ている．双方とも以下のように書くことができる．

$$\begin{array}{c} R \\ | \\ C-COO^- \\ \| \\ O \end{array}$$

ピルビン酸は$R=-CH_3$であり，2-オキソグルタル酸は$R=-CH_2CH_2COO^-$である．ピルビン酸がピルビン酸デヒドロゲナーゼによりアセチルCoAとCO_2に変換される反応についてはすでに述べた．この反応形式がここでも繰返される．ここに関わる酵素はチアミン二リン酸（ビタミンB_1の活性型）を必要とする．

$$\begin{array}{c} R \\ | \\ C-COO^- + NAD^+ + CoA-SH \\ \| \\ O \end{array}$$

$$\downarrow$$

$$\begin{array}{c} R \\ | \\ C-S-CoA + CO_2 + NADH + H^+ \\ \| \\ O \end{array}$$

この反応にはピルビン酸デヒドロゲナーゼと同様の酵素複合体が関わり，同じ一そろいの補因子が使われる．2-オキソグルタル酸にも同様の反応式が適用でき，違う点は$R=-CH_2CH_2COO^-$であることと，酵素複合体がピルビン酸ではなく2-オキソグルタル酸に作用することである．**2-オキソグルタル酸デヒドロゲナーゼ 2-oxoglutarate dehydrogenase** の産物はスクシニルCoAであり，アセチルCoAと似ている．食物中のチアミンが不足すると，食物からのエネルギーの取出しが低下する．これは高糖質食を摂取している人々に特によくみられ，脚気として知られる病状をひき起こす（第9章）．

しかしながら，TCA回路において，アセチルCoAがクエン酸の合成に用いられるのに対し，スクシニルCoAは分解されて遊離のコハク酸とCoA-SHを生じる．原理的に，最も単純な反応はスクシニルCoAの加水分解であろう．しかしながら，このチオールエステルの加水分解の$\Delta G^{\circ\prime}$値は$-35.5\,kJ\,mol^{-1}$であり，無機リン酸を高エネルギーリン酸基に変換するのに十分なエネルギーであることから，エネルギーは浪費されずに保持される．

スクシニルCoAの分解に伴うGTPの産生

この反応は次の式で表される．

$$スクシニルCoA + GDP + P_i \rightleftharpoons コハク酸 + GDP + CoASH$$

$$\Delta G^{\circ\prime} = -2.9\,kJ\,mol^{-1}$$

この反応に関わる酵素の名前は逆反応からきており，それゆえに**スクシニルCoAシンテターゼ succinyl CoA synthetase** とよばれる．この酵素はコハク酸とGTPからスクシニルCoAを生合成するが，TCA回路の中ではもちろん反対方向に反応が進む．GDPは肝臓と腎臓で使われ，GTPは糖新生に利用される．グルコースを合成しない体内の他の組織は，植物と同様にADPを使う．この場合には異なるアイソザイムが反応に関わる．

反応機構は以下のようになる．無機リン酸がCoAと入れ替わり，スクシニルリン酸を生じる．

（スクシニルCoA + P_i → スクシニルリン酸 + CoA-SH）

リン酸基はGDPに転移され，コハク酸とGTPを生じる．

（スクシニルリン酸 + GDP → コハク酸 + GTP）

TCA回路からのCO_2および還元当量の取出しとくみ入れのバランスをとるためには，回路に入る2分子の水に加えて，二つの水素原子と一つの酸素原子がさらに必要であることはすでに述べた．これらの原子は，上述のスクシニルCoAの分解の際に必要とされる無機リン酸から生じる．わかりにくければ，上記の実際に起こっている反応は以下の2反応と等価とみなして収支決算することができる．

$$GDP + P_i \rightarrow GTP + H_2O$$
$$スクシニルCoA + H_2O \rightarrow コハク酸 + CoASH$$

強調しておく点として，この反応はこのように進むわけではないが，この式をみれば，どのように"みえなかった"H_2Oの要素が回路に取入れられ，収支の帳尻を合わせているかを把握できる．

コハク酸からオキサロ酢酸への変換

まず，コハク酸は**コハク酸デヒドロゲナーゼ** succinate dehydrogenase により脱水素され，FAD（第12章）に電子が受渡される．FAD はこの酵素に強固に結合しており，1対の水素原子を可逆的に受取ることができる．他のデヒドロゲナーゼには NAD^+ が使われるのに，なぜここではFADなのだろうか．これは酸化還元電位の問題である．第12章において，電子は酸化還元電位が低い（還元力またはエネルギーが高い）ものから酸化還元電位が高い（還元力またはエネルギーが低い）電子受容体に流れることについて述べた．コハク酸デヒドロゲナーゼの場合は不飽和化反応である．

この系における酸化還元電位または還元力は，NAD^+ を還元できないが FAD なら還元できる（FAD は NAD^+ よりも強い酸化力をもっている）．したがってこの反応は脱水素反応である．

残る反応はフマル酸からオキサロ酢酸への変換であるが，すでにこの型の反応については出会っているので，詳しい説明はしない．1分子の水がフマル酸に付加する（前述のアコニターゼの反応を参照）．論理的にはこの酵素はヒドラターゼ（加水酵素）であるが，歴史的に**フマラーゼ** fumarase とよばれている．加水反応は以下のように表される．

生じたリンゴ酸は NAD^+ を用いる酵素である**リンゴ酸デヒドロゲナーゼ** malate dehydrogenase により脱水素される．こうして回路はもとのオキサロ酢酸に戻る．

この反応の $\Delta G^{\circ\prime}$ 値は $+29.7$ kJ mol^{-1} であり，非常に起こりにくい．この反応が前に進む理由は，次の反応であるオキサロ酢酸からクエン酸への変換が強い発エルゴン反応であり，反応を前に進めるように引っ張っているからである．

TCA 回路の全体像を図 13.11 に示す．

何が TCA 回路の方向性を決めているのか

TCA 回路は図 13.11 に示すように一方向性に進む．これは，回路の中の三つの反応が非常に大きな負の ΔG 値をもっており，不可逆的に進むからである．この三つの反応とは，アセチル CoA とオキサロ酢酸からクエン酸を合成する反応（$\Delta G^{\circ\prime} = -32.3$ kJ mol^{-1}），イソクエン酸を脱炭酸し2-オキソグルタル酸を生じる反応（$\Delta G^{\circ\prime} = -20.9$ kJ mol^{-1}），そして2-オキソグルタル酸デヒドロゲナーゼ反応（$\Delta G^{\circ\prime} = -33.5$ kJ mol^{-1}）である．この三つの反応があるため，リンゴ酸デヒドロゲナーゼ反応（$\Delta G^{\circ\prime} = +29.7$ kJ mol^{-1}）の平衡が逆方向に傾いているにも関わらず，回路は一方向性に進むのである．回路全体の ΔG 値は負に傾いている．回路の調節については第20章で解説する．

TCA 回路の化学量論

（参考までに）気が遠くなるような回路全体の反応式は以下のようになる．

$$CH_3CO-S-CoA + 2H_2O + 3NAD^+ + FAD + GDP + P_i \rightarrow$$
$$2CO_2 + 3NADH + 3H^+ + FADH_2 + CoA-SH + GTP$$
$$\Delta G^{\circ\prime} = -40 \text{ kJ mol}^{-1}$$

TCA 回路の中間産物の濃度はどのように保たれているのか

回路はオキサロ酢酸へのアセチル CoA の縮合に始まり，オキサロ酢酸で終わるので，オキサロ酢酸の量は変わらない．回路で生じるそれぞれの酸は代謝において特別の位置を占めており，食物から大量に得られることはない．食物中の糖質はピルビン酸の形で大量の C_3 化合物を生じるが，回路内の酸（C_4, C_5, C_6）はそのような量では得られない．脂質は大量の C_2 化合物（アセチル基）を供給するが，これらは回路が回る間に完全に使われてしまうので，総合的にみると回路内の中間産物にはまったく寄与していない．ある種のアミノ酸は回路内の酸になりうるが，同じように回路内の酸はアミノ酸や他の代謝物の生合成のために引抜かれる（第18章）．ミトコンドリアによるエネルギーの産生が適切に進行するためには回路内の酸を補充する手段が必須であり，実際に細胞内にはそのような経路がある．この経路は**アナプレロティック経路** anaplerotic pathway（補充経路）とよばれ，ATP 分解から得られるエネルギーを用いて，ピルビン酸と CO_2 からオキサロ酢酸をつくり出す．

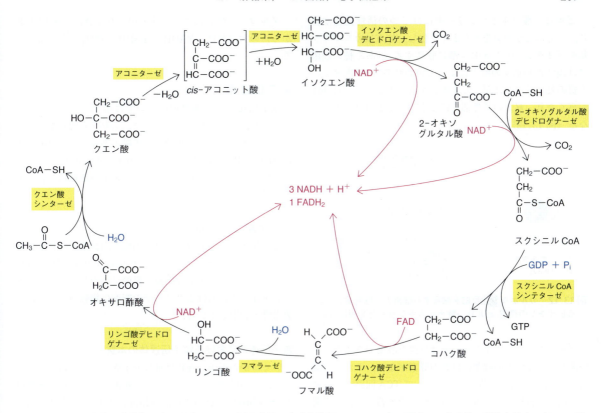

図13.11 TCA回路の全体像．赤は回路における還元当量の生成を強調している．青は回路への水分子の供給を示す．（クエン酸からイソクエン酸への変換は水の除去と付加が関わるが，差引きゼロである．）FADは遊離型としては存在せず，コハク酸デヒドロゲナーゼに結合している．クエン酸の生合成における水の役割については本章の前半で説明している．

この酵素は**ピルビン酸カルボキシラーゼ** pyruvate carboxylase（12章で述べた酵母のピルビン酸デカルボキシラーゼとはまったく違う点に注意）とよばれる．C_3酸からC_4酸がつくり出される点においてこの反応は大切であり，したがってピルビン酸カルボキシラーゼは非常に重要な酵素である．

ピルビン酸カルボキシラーゼ： CO_2活性化の補因子としてのビオチン

ピルビン酸カルボキシラーゼの機能にはビタミンBの一種であるビオチンが必要である．"活性化"CO_2がカルボキシラーゼによる酵素反応に使われる場合には，常にビオチンが補因子として働く（第9, 17章）．ビオチンは酵素に共有結合しており，HCO_3^-からカルボキシ基を受取ってカルボキシビオチンを形成する．この反応は熱力学的にATPのADPとP_iへの変換を必要とする．

ビオチンは酵素のリシン残基上のε-アミノ基を足場としている．カルボキシビオチンは，反応性に富むが安定な活性化CO_2をカルボキシ化される標的分子に転送する．カルボキシビオチンからCO_2を切出すのに必要な$\Delta G^{\circ\prime}$値は$-19.7 \text{ kJ mol}^{-1}$である．この場合の基質はピルビン酸であるが，他にもビオチン依存的にカルボキシ化を触媒する酵素が存在する．

ピルビン酸カルボキシラーゼには二つの活性部位があり，一方はビオチンをカルボキシ化し，他方はカルボキシ基をビオチンからピルビン酸に転送する．（ある種の細菌では両活性が別々の酵素によって担われる．）酵素タンパク質の長いリシン側鎖にビオチンが結合することで可動性が高くなり，双方の活性部位にビオチンが近づけるようになる（図 13.12）．

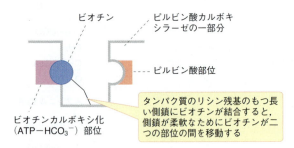

図 13.12 カルボキシ化反応を触媒する酵素の活性部位におけるビオチンの役割．ピルビン酸カルボキシラーゼを例に示す．

ピルビン酸カルボキシラーゼは重要な酵素であるが，大腸菌などいくつかの細菌にはこの酵素がない．これらの細菌にも TCA 回路があるが，どうやって TCA 回路の中間産物の濃度を維持しているのだろうか．その答えは，大腸菌には通常の TCA 回路に加えて，第 16 章で説明する別の経路（グリオキシル酸回路）があり，ピルビン酸カルボキシラーゼの必要性がなくなっているのである．

ピルビン酸カルボキシラーゼには TCA 回路を補充する役割の他にも代謝的重要性があるので，また改めてふれることにする．

第三段階：NADH と FADH$_2$ から酸素に電子を渡す電子伝達系

電子伝達系の簡単な概略は第 12 章で述べた．私たちは今，グルコース（またはグリコーゲン）の酸化における三つの主要な段階について学んでいる．第一段階は解糖系，第二段階は TCA 回路であり，これからみていくのは最終段階である．エネルギーという観点からみると，まだほとんど解説は進んでいない．グルコース 1 分子当たり，たったの 4 分子の ATP しか得られていないのである．そのうち二つは解糖系から，残る二つは TCA 回路から（GTP を介して）であり，グリコーゲンのグルコース単位から始まった場合にはもう 1 分子の ATP が加わる．他の産物については，グルコース当たり 10 分子の NADH（二つは解糖系から，二つはピルビン酸デヒドロゲナーゼ，六つは TCA 回路から）と，TCA 回路から 2 分子の FADH$_2$ が得られる．（グルコース 1 分子から 2 分子のピルビン酸分子ができるので，回路も 2 周回るということを忘れないように．）

グルコース酸化によって生み出される ATP（ADP と P$_i$ から）の大部分は，NADH と FADH$_2$ の酸化により得られる．

電子伝達系

電子伝達系の基本原理については第 12 章で説明した．もう一度読んでおくとよいだろう．これから明らかになるように，電子伝達系は純粋かつ単純である．その目的は単に ADP と P$_i$ から ATP をつくり出すことであるが，このことはしばしの間忘れて，酸素への電子の運搬について集中的に論じようと思う．

どこで起こるのか

電子伝達体はミトコンドリア内膜の内側または膜上に存在する．すでに述べたように，内膜はクリステの構造をとっている．この構造は内膜を量的に増やしており，ミトコンドリア内におけるクリステの密度は細胞のエネルギー要求性と相関している．

電子伝達系における電子伝達体の本質

いくつかの電子伝達体は補欠分子族としてヘムをもっている．この場合，ヘムに色（赤）があることから**シトクロム** cytochrome（cyto- 細胞，-chrome 色）とよばれ，電子伝達系に関与する順に，c_1, c, a, a_3 と名付けられている（二つのシトクロム b については後述）．ヘムの基本構造を図 13.13 に，全構造を図 4.19 に示した．

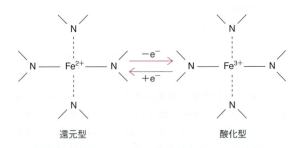

図 13.13 ヘムの模式図（実際の構造は図 4.19 を参照）．

ヘム分子に関して重要なことは，シトクロム電子伝達体の補欠分子族として，鉄原子が Fe^{2+} と Fe^{3+} の間を遷移し，電子伝達系の中で前の伝達体から電子を受取り，次の伝達体に電子を受渡す点である．ヘムとヘモグロビンの違いは，後者は Fe^{2+} 型にとどまっていることである．ヘム分子は結合している特殊なタンパク質によって修飾され，シトクロムの種類の違いやアポタンパク質への結合により，ヘム側鎖には多様性が生じる．したがって，同じヘムを補欠分子族としてもっていながら，異なるシトクロムは異なる酸化還元電位（電子親和性）をもつといっても間

違いではない．

別の型の電子伝達体も鉄をもっており，いわゆる非ヘム鉄タンパク質である．この中では，鉄がタンパク質のシステイン側鎖にある SH 基や無機硫化物イオンと結合して，**鉄-硫黄複合体** iron-sulfur complex または鉄-硫黄中心を形成する．図 13.14 に最も単純なものを示す．シトクロムと同様に，この鉄原子は電子の受容と供与を繰返し，Fe^{2+} と Fe^{3+} の間を遷移する．このような鉄-硫黄中心はフラビン酵素に存在する．この鉄-硫黄中心は，たとえばコハク酸デヒドロゲナーゼや脂肪酸酸化（第 14 章）に関わるデヒドロゲナーゼの $FADH_2$ から電子を受取る．もう一つ別の電子伝達体は FMN タンパク質である．FMN（フラビンモノヌクレオチド）は FAD を半分にしたときにフラビンを含む断片である（第 12 章）．FMN は NADH から電子を鉄-硫黄中心に運ぶ．すべての鉄-硫黄中心は電子をユビキノンに受渡す．

タンパク質に結合した電子伝達体に加えて，タンパク質に結合していない伝達体が一つある．それは**ユビキノン** ubiquinone であり，図 13.15 に示す．この名前の由来は，キノンとしてどこにでも (ubique) 存在するからである．ユビキノンは補酵素 Q（CoQ），UQ または Q とよばれることもある．ユビキノンは図 13.15 に示すようにプロトンを受取ることができるので，電子伝達体である．ユビキノンはフリーラジカルをもつセミキノン型の中間体として存在することができ，電子対を形成するよりも 1 電子を次の電子伝達体に受渡す．分子内には非常に長い疎水性の部分（ほぼ 40 個の炭素原子から成り，10 個のイソプレノイド基が連なる）があるため，非極性のミトコンドリア内膜によく溶け，その中を動き回ることができる．

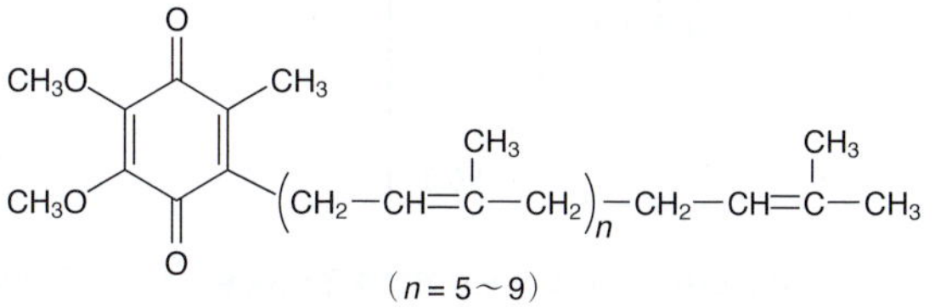

ユビキノン（Q）の構造

まとめると，電子伝達系の中には FMN タンパク質，非ヘム鉄タンパク質，タンパク質に結合せず膜内を動き回るユビキノン，そしてシトクロムとして知られるヘムタンパク質がある．重要な点として，シトクロムの一つである**シトクロム c** は小型の水溶性タンパク質で（分子量約 12,500 で，約 100 アミノ酸から成る），ミトコンドリア内膜の外側表面に結合しているので，自由に動き回ることができる．他の電子伝達複合体のタンパク質はすべて膜に埋まり込んでいる．

電子伝達体の配置

第 12 章において電子受容体の酸化還元電位について論じ，電子は還元力の高い（酸化還元電位または電子親和性が低い）伝達体から還元力の低い（酸化力が強い，あるいは酸化還元電位または電子親和性が高い）伝達体に流れることを説明した．電子伝達系の電子伝達体は異なる酸化還元電位をもっている．電子親和性は電子伝達系を流れ落ちるほど高くなっていく．

酸化還元電位は $\Delta G^{\circ\prime}$ 値と直接に関係があり，これについては第 12 章で述べた．電子伝達系において電子伝達体は自由エネルギー勾配を持続的に下る（酸化還元電位が高

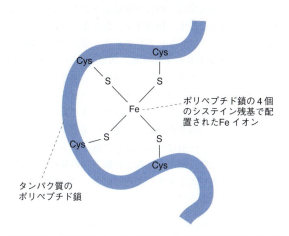

図 13.14 鉄-硫黄中心．これにはいくつかの型があり，Fe や S 原子の数が増えるなど複雑になる．ここでは最も簡単な例を示している．

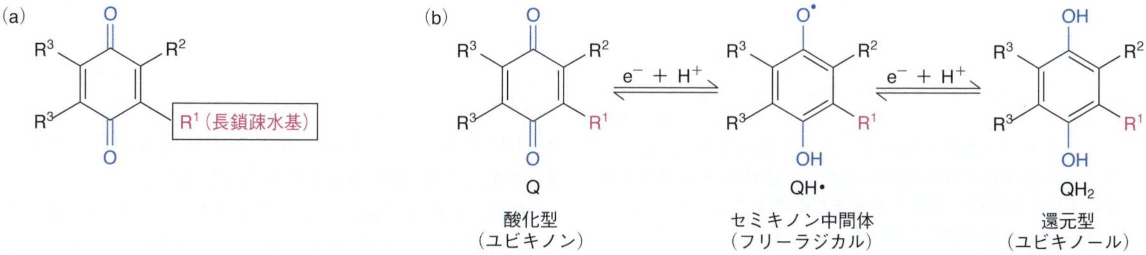

図 13.15 (a) ユビキノン（補酵素 Q）の構造（酸化型）．(b) 酸化型，セミキノン，還元型（ユビキノール）．セミキノン QH· は陰イオン Q·⁻ としても存在しうる．R^1：長鎖疎水基，R^2：$-CH_3$，R^3：$-O-CH_3$．ユビキノンの完全な構造は本文中に示す．

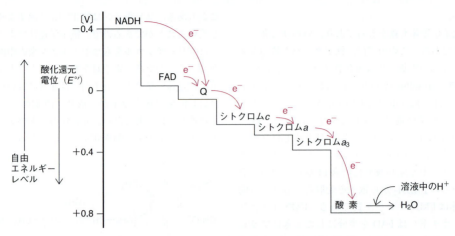

図 13.16 ミトコンドリアの電子伝達系における主要構成要素の相対的な酸化還元電位.矢印は電子の動きを示す.シトクロム b の役割は図 13.21 に示す.

まる)ように配置されており,電子が受渡されるたびに自由エネルギーが放出される(図 13.16).丘の上から下まで電子をリレーで運ぶようなものである.グルコース酸化を考えると,この段階での代謝の仕事は NADH や FADH₂ から電子を酸素に渡すことである.全体の図式を説明するのは何かと厄介だが,(幸運にも)電子伝達体は図 13.17 に示す四つの複合体にグループ化されるので,伝達体の各論を詳述する必要はないだろう.これらの複合体はミトコンドリア内膜に存在し,動き回る電子,ユビキノン(Q),そしてシトクロム c により互いに結び付けられている.Q

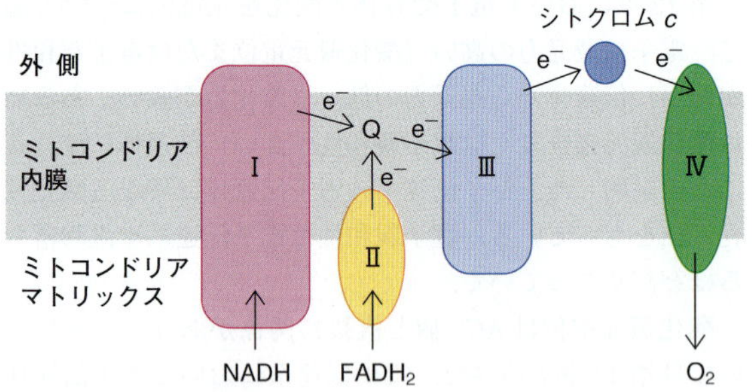

図 13.17 電子伝達系とそれに関わるおもな 4 群の電子伝達体.複合体Ⅰ:NADH:ユビキノンオキシドレダクターゼ,複合体Ⅱ:コハク酸:ユビキノンオキシドレダクターゼ,複合体Ⅲ:ユビキノール:シトクロム c オキシドレダクターゼ,複合体Ⅳ:シトクロム c オキシダーゼ,Q:ユビキノン(補酵素 Q).TCA 回路において FADH₂ はコハク酸デヒドロゲナーゼによってコハク酸から生成される.これらの複合体はミトコンドリア内膜に存在することを覚えること.Q とシトクロム c は動き回る電子伝達体で,膜中のある部位から別の部位に物理的に移動して電子を受渡すことができる.シトクロム c は膜表面に位置している.FADH₂ はフラビンタンパク質酵素に結合している点に注意.おもな酵素はコハク酸デヒドロゲナーゼと脂肪酸の酸化に関わる脂肪酸 CoA デヒドロゲナーゼである.後者については第 14 章参照.

は複合体ⅠとⅡから電子を取出し複合体Ⅲに受渡す.シトクロム c は複合体ⅢとⅣの間に位置する.複合体Ⅰは NADH から電子を奪い Q に渡す.複合体Ⅱは FADH₂ の形でコハク酸や他の物質(脂肪酸,グリセロールリン酸)から電子を受取り Q に渡す.複合体Ⅲは QH₂ を使ってシトクロム c を還元する.複合体Ⅳはシトクロム c から電子を受取って酸素に渡す.複合体Ⅰ,Ⅱ,Ⅲ,Ⅳはそれぞれ NADH:ユビキノンオキシドレダクターゼ,コハク酸:ユビキノンオキシドレダクターゼ,ユビキノール:シトクロム c オキシドレダクターゼ,シトクロム c オキシダーゼである.複合体Ⅳのシトクロム c オキシダーゼも複数のサブユニットから構成されており,電子はシトクロム c によりミトコンドリア内膜の外側表面で酵素に受渡される.シトクロム c オキシダーゼはヘムタンパク質,シトクロム a と a_3,銅中心を含む.銅中心は電子の酸素への最後の転送に関わる.シトクロム c オキシダーゼによって触媒される最終反応は以下のようである.

$$O_2 + 4e^- + 4H^+ \rightarrow 2H_2O$$

では次に,電子伝達の結果,何が起こるのかについてみてみよう.

酸化的リン酸化:電子伝達系と共役した ATP の産生

解糖系では,ATP は基質レベルのリン酸化により生じる.つまり,リン酸化(ADP と P_i からの ATP の生成)は解糖系の反応と密接につながっている.ATP 産生は反応の本質的な要素である.同じことが TCA 回路における GTP を介した ATP の産生にも当てはまる.

細胞内または"健康的な"ミトコンドリアでは,電子伝達の結果として ATP が生じる.二つの過程はいわば共役している.しかし,傷ついたミトコンドリアでは,電子伝達は起こっても ATP が産生されないことがよくある.こ

のことは，何十年もの間生化学者を当惑させてきた．なぜこのようなことが起こるのだろうか．

酸化的リン酸化の化学浸透圧説

英国の生化学者である Peter Mitchell がこの問題を解決した．1961年に彼はどのように電子伝達が ATP 産生をひき起こすのかについての理論をつくり上げた．この説は斬新だったので，当初は大部分の研究者にほとんど受入れられず，多くの反論もあった．この理論が受入れられるまでには長い時間がかかった（が，Mitchell は1978年にノーベル賞を受賞した）．この概念は簡単であり，系が動くためには勾配が重要であるというものである．水圧の勾配は電流をつくり出すのに使われ，気圧の勾配は風車を回転させる．化学的勾配もこれと違わない．分子やイオンは濃度の高い方から低い方へ移動しようとし，もしエネルギー産生装置が装着されれば，効率的にエネルギーが産生されるであろう．

この概念を応用するにあたって，電子伝達と共役して ATP が産生されるには二つの点が必要となる．第一に，電子伝達が何かの物質の勾配を生み出さなければならない．第二に，勾配のエネルギーを使って ADP と P_i から ATP を産生する装置によってその勾配はもとに戻らなければならない．さらに，Mitchell の概念は膜を挟んで勾配を形成できる粒子の存在を必要としていた．膜の内部と外部が独立した部分として存在する必要があり，これにより傷害を受けたミトコンドリアが ATP を産生しないことが説明できる．したがって，膜は勾配をつくる物質に対して非透過性でなければならない．

Mitchell は電子の流れがプロトンをミトコンドリア（あるいは大腸菌細胞）の内部から外部へと排出させ，膜を挟んでプロトン勾配をつくり出すことを発見した（図13.18）．言い換えれば，外部溶液の pH が下がるということは，生化学の歴史において興奮すべき出来事だったのである．内部が負に荷電し外部が正に荷電する膜電位はプロトンの排出によりつくり出され，ATP 産生に利用される総エネルギー勾配または**プロトン駆動力** proton-motive force に寄与する．ミトコンドリア内膜自体は実質的にプロトンに非透過性である．これは系全体が作動するのに必須であるが，膜には特殊なプロトン透過性チャネルが埋め込まれている．このチャネルを通じて外部からプロトンが流入しミトコンドリアマトリックスへと戻ると，この流れのエネルギーが ADP と P_i からの ATP の産生に利用される．Mitchell の理論は壮大かつ単純である．この惑星上のあらゆる好気性生物は膜を挟んで pH 勾配をつくり出すことにより活動しているのである．地球上を歩き回った恐竜，クジラから好気性細菌まで，植物からヒトまで，すべての生物が同じことをしているのである．これは生化学における偉大な概念である．

プロトン透過性チャネルはドアノブのような構造をしており，クリステの内部表面を完全に覆っている．これがまさに，ADP と P_i から ATP をつくり出す **ATP 合成酵素** ATP synthase 複合体であり，プロトン濃度勾配から得られるエネルギーを用いている．この行程は後に手短に説明する．

ミトコンドリアにおける**化学浸透圧機構** chemiosmotic mechanism の全体像を図13.19に示す．二つの大きな疑問が生じる．

- NADH や $FADH_2$ から酸素への電子の流れがどのようにしてミトコンドリア内膜のマトリックス側から外側に向かってプロトンをくみ出すのか．
- ミトコンドリアの内部へのプロトンの流れがどうやって ADP と P_i からの ATP の産生を促すのか．

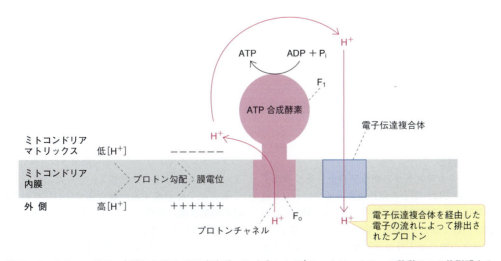

図13.18　ミトコンドリア内膜における ATP 産生系．F_o を介した H^+ のマトリックスへの移動はこの後説明する．

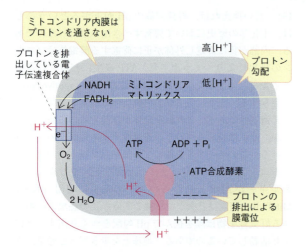
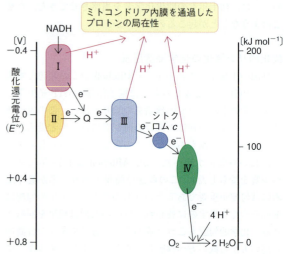

図 13.19 化学浸透圧機構によるミトコンドリアでの ATP の産生．脂肪酸の脱水素反応（第 14 章で詳述）により生じる $FADH_2$ はコハク酸酸化によって生じる $FADH_2$ と同様に使われる点に注意．

図 13.20 電子伝達複合体における酸化還元電位幅のおおよその位置関係．右側の目盛りは 1 対の電子が複合体から電子に受渡されたときのおおよその自由エネルギーを示す．Q：ユビキノン．

プロトンはどのように排出されるか

プロトンは三つの異なる複合体，すなわち複合体 I（NADH：ユビキノンオキシドレダクターゼ），III（ユビキノール：シトクロム c オキシドレダクターゼ），IV（シトクロム c オキシダーゼ）によって，マトリックスから膜の外側に輸送される．複合体 I はマトリックスに突出している巨大なドメインをもち，ここに NADH が結合する．まず最初に，複合体 III がプロトンを排出する仕組みが見つかった．複合体 IV のプロトン排出機構はよくわかっていないが，この複合体の三次元構造は得られている．

複合体 II は $FADH_2$ を還元物質として Q を QH_2 に還元するが（図 13.17 参照），この反応で生じる自由エネルギーの落差は不十分なので，プロトンをくみ出さない．FAD の $FADH_2$ への還元はコハク酸デヒドロゲナーゼや脂肪酸代謝でおもに起こる．$FADH_2$ は NADH よりも酸化還元電位が高い（自由エネルギーが低い）．複合体 III によるプロトンのくみ出しは以下に述べるが，これに続いて複合体 IV によるくみ出しが起こる．

図 13.20 は，電子が電子伝達系を伝わり落ちていくにつれて遊離される自由エネルギーからプロトン勾配形成のためのエネルギーが生み出される仕組みを示している．

複合体 III の Q 回路が
　　ミトコンドリアからプロトンをくみ出す

複合体 III については，電子の流れによってプロトンが膜外にくみ出される分子機構が確立されている．Mitchell の仮説の原理は巧妙であると同時に単純である．本質的に，ミトコンドリア内膜のマトリックス側には水素原子が集まっており，マトリックスからのプロトンと伝達系からの電子がこれに使われる．水素原子は Q 上に集まり，還元型の QH_2 を生じる．QH_2 は膜の反対側に拡散し，そこでは逆のことが起こる．つまり，電子は電子伝達系により水素原子から剥がされ，生じたプロトンは外側に移動する．この反応の本質は，責任触媒酵素が膜の反対側に位置することと，膜中を移動できる伝達体が水素原子を膜の片側から反対側へと運ぶことである．これは **Q 回路 Q cycle** とよばれる．

これが複合体 III によるプロトン輸送の原理である．実際の仕組みを図 13.21 に示す．一見複雑だが実際には非常に単純であり，ほんの少ししか反応は含まれていない．これこそが Mitchell の提唱した仮説である．膜の一方の側に集まった水素原子は Q に結合し，反対側でこれを遊離する．注目してほしいのは，第一に，赤い矢印は単純に Q とその誘導体の物理的移動を表していること，第二に，実際には二つの異なる反応が進行し，双方ともに 1 対のプロトンを排出するということである．膜内には Q と QH_2 のプールがある．

ではより詳しく，複合体 I と II による QH_2 の形成を説明しよう．複合体 I と II はそれぞれ NADH と $FADH_2$ から電子を得ている．ここでは，図の左側に示すように二つのプロトンがマトリックスから取出され，NADH（複合体 I）または $FADH_2$（複合体 II）からの二つの電子と Q 上で水素原子を形成する．複合体 III においては，QH_2 は内膜の外部表面に移動し，一つの電子が取除かれシトクロム c に受渡される．還元されたシトクロム c は電子を複合体 IV に受渡す．シトクロム c も可動性があることを思い出すとよい．複合体 IV では，シトクロム c から電子を受取る部

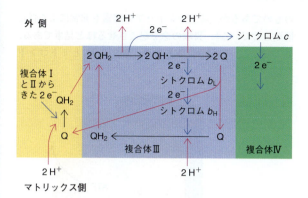

図13.21 ミトコンドリアにおける電子伝達の結果，複合体IIIによってプロトンが移動する仕組み．赤矢印は化学変化ではなく物理的拡散を示す．化学変化は黒矢印，電子の輸送は青矢印で示す．（シトクロム c による電子伝達を示す青矢印は，シトクロム c の複合体IIIからIVへの物理的拡散の影響を受け，酸化後にもとに戻る点に留意せよ．）シトクロム b は膜を貫通しており，電子は内膜の外部表面から内側表面へと転送される．膜中の Q と QH_2 は平衡関係にあるが，これについては反応の流れを簡略化するために示していない．複合体 I からの電子（QH_2 として）は解糖系と TCA 回路から生じた NADH におもに由来する．複合体 II からの電子は FAD タンパク質によるコハク酸→フマル酸の反応に由来する．次章で述べるように，脂肪酸酸化からの電子も複合体 I，II を通じて複合体 III へと受渡される．Q：ユビキノン，QH・：セミキノン．シトクロム b_L と b_H はシトクロム b のヘム部位をさし，低い酸化還元電位と高い酸化還元電位をそれぞれもっている．

位は内膜の外部表面に露出しており，シトクロム c も同じ側にある．一つのプロトンが排出され，半酸化されたキノン QH・になる（前述）．もう一つのプロトンがここで取出され，QH・は Q になるが，この場合には電子はシトクロム c ではなくシトクロム b に渡される．この点についてはすぐ後に説明する．こうして一つのプロトンが取出される．これで半分の説明が終了した．複合体 I／II から生じる QH_2 の 1 分子は酸化され，二つのプロトンが（一つはシトクロム c，もう一つはシトクロム b に）渡され，二つのプロトンがマトリックスから外側に排出される．こうして生成した Q はもとのプールに戻る．

まだ半分の説明が残っている．第二の QH_2 分子は第一のものと同じように酸化され，あと二つのプロトンを排出する．したがって，2 分子の QH_2 のそれぞれから二つの電子がシトクロム c を介して複合体 IV に渡され，二つはシトクロム b に渡される．後者は電子をシトクロム b 上の異なるヘム部位に転送する．このヘムはより高い酸化還元電位（より低いエネルギー）をもっており，このようにして二つの電子は膜のマトリックス側に移動する．この電子はここで Q に受渡され，マトリックスからの 1 対のプロトンと一緒になり，Q 上に水素原子が添加されて QH_2 となる．QH_2 は膜の外部表面に再度戻り，回路が再び回る．

（図 13.21 では，わかりやすくするために同一の Q 分子が回路を回っている様子を示しているが，Q と QH_2 はプールを行き来して動的な平衡が成立しており，量的には同じことである．）この渦巻き状の二重プロセスでは，実際にはたった 1 分子の QH_2 が酸化されるだけであるが（Q の 1 分子が全行程の中で還元されるからである），4 分子のプロトンが排出される．複合体 III における反応の総和は以下のようにまとめられる．

QH_2 + 2H^+（マトリックス側）+ 2シトクロム $c(Fe^{3+})$ →
$$Q + 4H^+（外側）+ 2シトクロム c(Fe^{2+})$$

複合体IVもプロトン勾配に関与する

複合体 IV は還元型シトクロム c を酸化して水を生じる．複合体 IV はまた，ミトコンドリア膜を挟んでのプロトン勾配の形成に寄与する．この反応により水が生成する．

4シトクロム $c(Fe^{2+})$ + 4H^+ + O_2 →
$$4シトクロム c(Fe^{3+}) + 2H_2O$$

酸化反応の間，プロトンはミトコンドリアから活発にくみ出される．その仕組みは完全にはわかっていないが，タンパク質のコンホメーション変化が関わっている可能性がある．

四つの還元型シトクロム c 分子が酸化されるには，四つのプロトン（電子対につき二つ）がミトコンドリアマトリックスからくみ出されなければならない．水の生成に使われるプロトンはマトリックスから取出されるため，プロトン勾配が増加する．四つの還元型シトクロム c 分子が酸化されると，四つのプロトンが水として取出され，残る四つは細胞質に排出される．

ちょっと脱線するが，別の重要な注意点についてふれておく．水が形成される過程で電子が酸素に添加される．酸素は安全な分子であるが，酸素原子に一つの電子が付加したものは非常に危険であり，反応性に富んだ遊離ラジカル，スーパーオキシドを生じる．二つの電子が付加すると過酸化物（ペルオキシド）となり，これも危険性が高い．シトクロムオキシダーゼは酸素に四つの電子を添加し，H^+ から水を生成するが，中間産物は遊離しない．スーパーオキシドと過酸化物は遊離ラジカルの一員であり，活性酸素種（ROS）が生じると DNA，タンパク質，脂質が傷つけられる．細胞内での活性酸素種の産生と消去については第 32 章で解説する．

ATP合成酵素によるATP生合成はプロトン勾配によって作動する

カリフォルニア大学ロサンゼルス校の Paul Boyer は，ATP 合成酵素に関する研究でノーベル賞を受賞した．彼はこの酵素のことを"華麗な分子装置"とよび，以下のよ

うに付け加えた．"すべての酵素は美しいが，ATP 合成酵素ほど美しく，珍しく，重要な酵素は他にない．"まさしくその通りである．

ATP 合成酵素は，ドアノブのようにみえる部分（F_1）をもつ構造体の名であり，ミトコンドリア内膜の内部表面からマトリックスに向かって突出し，分子の残りの部分（F_0；o はオリゴマイシンを意味する．Box 13.2 参照）は膜自身に結合している．ドアノブは図 13.18 や 13.19 のように示される．ATP 合成酵素の主要な構成要素を図 13.22 に示した．

のものであるが，ミトコンドリアの酵素も非常によく似た構造をしている）．畏敬の念を起こさせるほど見事である．ここでは二つの部分，すなわち，膜中の F_0 とミトコンド

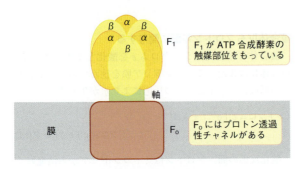

図 13.22 ATP 合成酵素の主要構成要素の概略図．F_0 は複数のサブユニットをもち脂質二重層にはまり込んでいる．これはプロトン透過性チャネルである．F_1 は α と β のサブユニットが交互に並ぶ六量体であり，二つの中心サブユニット γ と ε の軸を取囲んでいる．サブユニット γ と ε は下側に突き出し F_0 と接触している．

ATP 合成酵素により触媒される反応は次のようになる．

$$ADP^{3-} + P_i^{2-} + H^+ \rightarrow ATP^{4-} + H_2O$$

この反応の標準的な自由エネルギーは約 $+29.3$ kJ mol^{-1} であり，大きなエネルギーを得なければ進まない．このエネルギーは電子伝達系による膜を挟んでのプロトン勾配により得られる．プロトンは ATP 合成酵素を通じてミトコンドリアのマトリックスに戻る．これは主要な代謝反応である．

ATP 合成酵素は，電子伝達系から生じるエネルギーを ATP として蓄えるあらゆる好気性生物に存在する．この酵素はミトコンドリアだけでなく，植物の葉緑体にも存在する．大腸菌の細胞はミトコンドリアとほぼ同じ大きさであるが，ここでの文脈からすると，その細胞膜はミトコンドリアの内膜と同格である．大腸菌の ATP 合成酵素は細胞膜から細胞質に向かって突出し，膜の電子伝達系を使って細胞内から細胞外へとプロトンをくみ出すことによって，外から内へのプロトン勾配をつくり出している．あらゆる種において ATP 合成酵素は本質的に同じ構造をしている．

ATP 合成酵素の構造

ATP 合成酵素の完全な構造を図 13.23 に示す（大腸菌

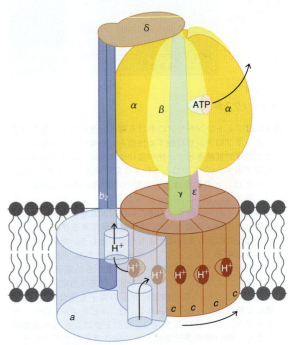

図 13.23 大腸菌の ATP 合成酵素のモデル．すべての ATP 合成酵素は，c サブユニットの数に多様性がある以外は本質的に同じである．ミトコンドリアにおける局在を念頭にこのモデルを説明する．その方が本文の内容と合致しているからである．F_0 は脂質二重層にはまり込んだ c サブユニットの環で構成されている．その隣には a サブユニットがあり，やはり脂質二重層にはまり込んでいる．a サブユニットには二つのプロトン透過性半チャネルがあり，一方は膜の外側に開口し，他方はミトコンドリアの内側を向いている．外部からミトコンドリアマトリックスへのプロトンの流れは c サブユニットの環を回転させる．これにより"軸"に位置する γ と ε サブユニットが回転する．この二つのサブユニットはミトコンドリアのマトリックスに突出している F_1 のみかん構造の中央に非対称の軸としてはまり込んでいる．F_1 六量体は三つの α と三つの β をサブユニットとしてもち，中央の軸を取囲んでいる．各 β サブユニットは隣接の α サブユニットとの界面の側に活性部位をもっており，ここで ADP とリン酸から ATP が合成される．中央の軸が回転すると，軸は周囲のサブユニットと連続的に接触し，ATP 産生に関わる活性部位にコンホメーション変化をひき起こす（図 13.25 参照）．実際にエネルギーが必要とされる段階は活性部位からの ATP の遊離である．このエネルギーはコンホメーション変化によりもたらされる．δ と b_2 サブユニットは中央の軸が回転しているときに F_1 六量体がつられて回転してしまうのを防ぐ役割をもつ．これは，電気モーターの軸が回転しているときに本体が回らないようにボルトで固定するのと同様である．Fillingame R H; Molecular Rotary Motors; Science; (1999) 286:1687-1688; Reproduced by permission of American Association for the Advancement of Science.

リアマトリックスに突出したドアノブのような F_1 がどのように機能するのかをみていこう．

F_1 および ADP+P_i を ATP に変換する F_1 の役割

F_1 は六つのタンパク質サブユニットが集まって環状になり，外見上は何となく皮をむいたみかんのように見えなくもない（図 13.23）．すべての F_1 サブユニットにはギリシャ文字が当てられている．"みかん"は三つの α サブユニットと三つの β サブユニットが交互に並ぶ六量体から成っている．それぞれの β サブユニットは触媒（酵素）部位をもち，ADP と P_i から ATP を生合成するので，F_1 につき三つの触媒部位があり，α サブユニットと接している．みかんの狭い空洞は長く伸びた非対称性の軸，すなわち γ サブユニットに占められており，みかんから下に突き出して短い"軸"となり，F_1 を膜中の F_0 とつなげている．（図 13.23 では，γ サブユニットのうち見える部分は黄緑色で示し，六量体の内部への伸長部分はより薄い色で示している．）ε 型とよばれるもう一つのサブユニットは軸構造の一部を形成する．

図 13.24 は X 線構造解析で決定されたコンホメーションであり，F_1 の二つのサブユニット（α と β）をリボンで示した．中央に非対称性の γ サブユニットの軸が伸びている．他のサブユニットはいずれ登場するので，今は気にしなくてもよい．

F_1 の酵素触媒中心の活性

差し当たって，単一の β サブユニットの酵素部位を考えるとすると，Boyer のモデルで提唱されたように，ATP の生合成では以下の順番で反応が進行する（図 13.25 a）．

- 酵素部位は開いており，何も結合していない（**O 状態** O state）．
- タンパク質にコンホメーション変化が生じ，酵素部位は低親和性状態に変わる．ADP と P_i はここに緩く結合するが，まだ触媒活性はない（**L 状態** L state）．
- さらにコンホメーション変化が進んで強固な結合状態となる．つまり，ADP と P_i がここに強く結合する．これがまさに触媒的に活性化した状態であり，ATP が産生される．（**T 状態** T state）．
- コンホメーション変化により酵素部位が開き，ATP が酵素部位を離れるともとの状態に戻る．

このモデルでは，それぞれの酵素部位が三つのコンホメーションを連続的に取ると仮定している．（酵素部位が回転していると誤解しやすいが，そうではない．）ATP 合成酵素はサブユニット同士が協調して触媒活性を調節している最も珍しい酵素の一つである．どんなときにおいても，三つの β サブユニットのどれか一つは O 状態，二つめは L 状態，三つめは T 状態にあるのである（図 13.

25 b）．T 状態にあるサブユニットには 1 分子の ATP が結合しており，ATP を遊離して開いた O 状態に変わる．このとき，β サブユニットの隣の酵素部位は ADP と P_i が結合した L 状態にあり，同時に T 状態に移る．このとき

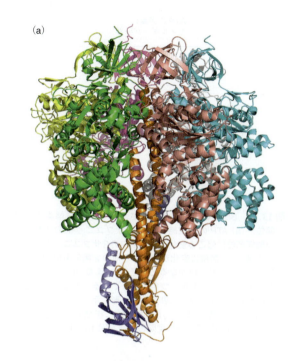

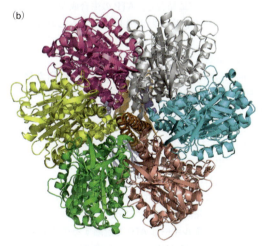

図 13.24 ATP 合成酵素［PDB 1JNV］の F_1 の三次元構造をリボンで表したもので，中央の空洞に入っている γ サブユニットを茶褐色で，ε サブユニットの中央軸は紫で表示している．(a) はウシ心臓ミトコンドリアの ATP 合成酵素の頭部全体を縦に見たものであり，ε と γ サブユニットのコンホメーションがわかる．(b) は頭部の横断面であり，α と β サブユニットの相対的な配置がわかる．Abrahams, J. P., Leslie, A. G. W., Lutter, R, and Walker, J. E; Structure at 2.8 Å resolution of F1-ATPase from bovine heart mitochondria; Nature; (1994) 370, 621-8; Nature Publication Group.

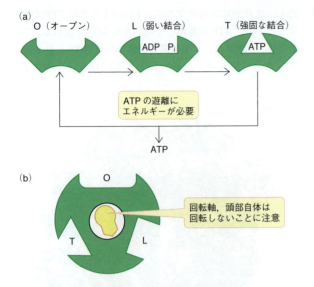

図13.25 Boyerのモデルで提唱されたATP合成酵素の触媒部位．(a) ATPの合成時にF_1のβサブユニットのそれぞれの触媒部位に起こる変化．(b) 三つのβサブユニットは協調して働き，1箇所に変化が生じると他の2箇所も協調して変化する．つまり，いかなるときでもF_1はO，L，Tの状態にあるβサブユニットを一つずつもっていることになる．回転軸はわかりやすいように非対称的な形で示している．この軸が回転するとサブユニットに持続的に接触すると考えられている．F_1内部での軸の実際の構造を図13.24に示した．

ADPとP_iは強固に結合し，ATPの生合成が進む．

この三つめの反応はわかりにくいかもしれない．ADPとP_iからATPを生合成すると単純に言っても，エネルギー的には起こらないように思われる．しかしながら，この疑問点に取組んできた研究者は，ADPとP_iが酵素の活性中心に強固に結合しているときには，自由エネルギーの変化がほとんどない状態でATPが産生されることを発見した．平衡定数は，ADPとP_iが溶液中に存在するときには10^{-5}であるのに対し，酵素の中では約1である（平衡定数と自由エネルギーについて思い出したければ第3章を参照）．このことはATPのエネルギー論についてこれまで学んできたことと矛盾していない．なぜなら，この値は反応物が酵素に強固に結合しているときのみに当てはまるからである．エネルギーはATPを遊離するのに必要とされ，その結果溶液中のADPとP_iから溶液中のATPへの変換には予想されるエネルギーの供給が必要である．このエネルギーは触媒サイクルの間にタンパク質に起こるコンホメーション変化によって供給される．非対称性のγサブユニットが回転し，連続的にF_1に接触することによって生み出されるのである．どうやってエネルギーの転送が起こるのかについてはわかっていないが，それぞれのβサブユニットは順番にコンホメーション変化を起こし，"高エネルギー状態"となってATPを遊離する．

F_oの構造と役割

ミトコンドリア内膜に埋まっているF_oはモーターであり，内膜の外側からミトコンドリア内部へのプロトンの流れによって回転する力を得る．これによりF_1の内部にはまりこんだγサブユニットが回転する．F_oはcサブユニットの環で構成されている（図13.23；F_1のサブユニットがギリシャ文字で表記されるのに対し，F_oのサブユニットはアルファベットのイタリック体で表記される）．cサブユニットの数はATP合成酵素の種類によって10～14と幅がある．F_oの環の上に描かれているH^+についてはすぐに説明するので，今は気にしなくてよい．

それぞれのcサブユニットはαヘリックス構造をもつ単一のポリペプチドでヘアピンの形をしている．このため，それぞれが脂質二重層の中に2本の"腕"を出している．特に重要な特徴は，それぞれのcサブユニットの一方の腕のαヘリックスの中央にアスパラギン酸があることであり，これは疎水性の脂質二重層の中央に位置する．cサブユニットの環のすぐそばには巨大なaサブユニットがある．

プロトンがF_oの回転をひき起こす仕組み

これを説明するために，図13.26を見てほしい．この図は，F_1側から見た平面図で，12個のcサブユニットから成る環を異なった描写で示している．

c環は疎水性の脂質二重層に囲まれており，例外的に二つのcサブユニットはaサブユニットと向き合っている．残りの10個のサブユニットは脂質二重層に囲まれた疎水性環境に置かれている．エネルギー的に，各サブユニットの中央のアスパラギン酸残基は，プロトンを失って電荷を帯びた$-COO^-$の状態ではなく，プロトン付加されて電荷を失った$-COOH$の状態になる必要がある．aサブユニットに接している二つのcサブユニットはこれと違う状態にある．その理由は，図13.23に示したように，aサブユニットには物質を透過できる形をした二つの半チャネルがあると想定されているからである．このことで，cサブユニットのアスパラギン酸残基は親水性の環境に置かれ，プロトン付加のない$-COO^-$状態となる．図13.23に示したように，この二つの半チャネルは膜の両層の間で直接つながっているわけではないので，プロトンはaサブユニットの半チャネルを通って直接流れることはできない．一方の半チャネルはミトコンドリア膜の内側を向いてマトリックスに開口しており（図13.26 aサブユニットの左側），もう一方は外側に開口している．

何が環を回転させるのか．答えはとても単純なのだが，図13.26を見ながら説明する．それぞれのcサブユニットの中央に位置するアスパラギン酸の状態は，非荷電状態（$-COOH$）の場合には白色のH，イオン化状態（$-COO^-$）の場合には緑色のマイナスで示されている．図13.26 (a)

13. 解糖系，TCA 回路，電子伝達系   219

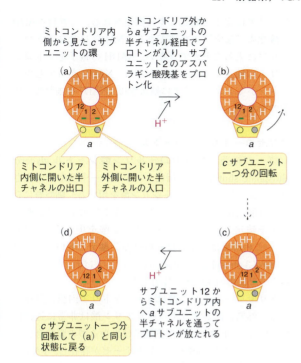

図 13.26 F_o の回転の原理を簡略化した図．(a) において，c サブユニット 1 と 2 の中央のアスパラギン酸基はプロトン付加を受けておらず，a サブユニットの二つの半チャネルによって形成される親水性環境と接している．(b) において，サブユニット 2 のアスパラギン酸残基が a サブユニットの半チャネルを通してミトコンドリア**外部**からプロトン付加を受けると，c サブユニットの環は回転し，荷電していない残基は脂質二重層の疎水性環境に置かれる．同時に，サブユニット 12 は回転して a サブユニットの出口半チャネルの親水性環境と接し，(c) のようになる．アスパラギン酸残基のプロトンは解離して，この出口半チャネルを通じてミトコンドリアの内部に放たれる．これにより状態としては (a) と同じになるが，(d) に示すように，環はちょうどサブユニット一つ分動いている．このサイクルが繰返されることにより，段階的な F_o の回転が起こる．まとめると，ミトコンドリアの外から内へのプロトンの流れは濃度と電荷の勾配によって起こり，これにより F_o が回転する．[PDB 1C17]．

において，サブユニット 1 と 2 のアスパラギン酸残基は a サブユニットの一方の半チャネルに接しているので電荷を帯びている．c 環の残り 10 個のサブユニットでは，すでに述べたようにアスパラギン酸残基は疎水性の脂質二重層と接しているので，電荷を失う．

環はこの状態では動くことはできない．なぜなら，サブユニット 2 の電荷を帯びた基が疎水性環境に入ることになるからである（これは熱力学的に"禁忌"である）．サブユニット 2 のアスパラギン酸残基は半チャネルに向かい，高濃度のプロトンが存在するミトコンドリア膜の外側とつながる．これにより中央のアスパラギン酸は細胞外プールからのプロトンの付加を受けて電荷を失った-COOHの状

態になる（図 13.26 b）．この状態は親水性環境では"好ましくない"．このため環はサブユニット一つ分動き，その結果サブユニット 2 の非荷電のアスパラギン酸残基は疎水性環境に落ち着く．しかしながら，この動きによってサブユニット 12 の非荷電のアスパラギン酸残基はプロトン濃度の低いミトコンドリアの内側に開口した親水性の半チャネルと向き合うことになり（図 13.26 c），プロトンは失われてマトリックスに遊離される．これにより図 13.26 (d) のような状態となり，これは図 13.26 (a) と同じであるが環がサブユニット一つ分動いている．同じサイクルを繰返すことで環は段階的に回転する．ミトコンドリアの外から入り込んでアスパラギン酸残基に結合した各プロトンは，このようにして c サブユニット上を旅して環を 1 周し，11 まできた後に a サブユニットの出口となる半チャネルに到達して（図 13.26 c），ミトコンドリアの内部に移動する．a サブユニットに対する c 環の回転は，a と c を化学的に架橋する実験によって示されている．

この複雑な経路によって，ミトコンドリア内膜の外側から内側に向けてのプロトンの流れが膜電位によって生じ，F_1 内で γ サブユニットを回転させる力を生み出す．F_o の回転は一方向性である．これは膜の内側よりも外側のプロトン濃度がずっと高いからである．つまり，アスパラギン酸残基のプロトン化は外側から優先的に起こり，脱プロトンは内側で起こる．

もし F_1 が F_o と離れると，反応は ATP 存在下では可逆的となり，ATP は加水分解される．これは ATP アーゼの反応である．吉田賢右のグループは素晴らしい実験により，γ サブユニットが逆回転し，剥がれた F_1 が ATP を加水分解する様子を直接可視化した．

まとめると，軸は非対称性であり F_1 の六量体サブユニットと続けてつながっている．まだわかっていない何らかの方法で，この軸が回転のエネルギーを F_1 のコンホメーション変化に伝えている．これにより ATP を遊離するエネルギーが供給される．

1 分子の ATP が生合成されると，F_o を通して三つのプロトンが流れると見積もられているが，実際にそうであるかは不明である．必ずしも全体の数を計算する必要はない．ATP 合成酵素は世界で最も小さい回転モーターであり，知られているなかで最も卓越している酵素の一つである．

図 13.23 に示されている長い b サブユニット二量体と左上にある δ サブユニットの役割は何であろうか．これはとても興味深い質問である．本題からそれるが，電気モーターは内部の軸が回っているときに外が回らないように外側の覆いを土台か何かにボルトで固定する必要がある．この二つのサブユニットは ATP 合成において同じ役割をもち，F_1 を膜に固定し，γ サブユニットが回っても F_1 が回らないように押さえているのである．

ミトコンドリアの内側に ADP を取込み外側に ATP を運び出す経路

ミトコンドリア内膜はほとんどの物質や電子に非透過性である。このため、特殊な輸送系（輸送タンパク質）が発達した。大部分の真核細胞では ATP の生合成はミトコンドリアの中で起こるが、ATP の大部分はミトコンドリアの外で使われる。それゆえ、ADP と P_i はミトコンドリアの中に入り、ATP は外に移動しなければならない。大きく荷電した物質はミトコンドリア内膜を拡散して通過することができず、特殊な輸送系が存在する。ATP-ADP 輸送体はミトコンドリア内部の ATP と外部の ADP を交換する（図 13.27）。

ATP-ADP の交換に必要とされるエネルギーはどこからくるのだろうか。すでに説明したように、電子伝達系はミトコンドリア内膜を挟んだ pH 勾配だけでなく膜電位も生み出し、H^+ の排出の結果、外が正に、内が負に荷電する（膜電位の意味がわからなければ第7章を参照のこと）。ATP は四つの電荷をもっているが、ADP には三つしかない。ATP-ADP の交換はこの膜電位を中和しようとする。したがって、ATP と ADP の交換は一つのプロトンと等価のコストがかかる。ATP が産生されるためには、ADP とともに P_i が輸送される必要がある。この反応はミトコンドリア膜のリン酸輸送体によって行われる（図 13.27）。このタンパク質はプロトン勾配を利用して $H_2PO_4^-$ をマトリックスに運ぶ。

もう一つの輸送の問題は、解糖系で生じた細胞質 NADH の酸化である。これには二つの異なった"シャトル"機構があり、以下で解説する。

電子シャトル系による解糖系由来の細胞質 NADH の再酸化

好気性条件では、解糖系で産生された NADH はミトコンドリアに電子を輸送して再酸化される。これは NADH 再酸化の"通常"の経路である。NADH 自身はミトコンドリアに入ることができない。NADH の電子をミトコンドリアに輸送する系には二つある。NADH から生じたプロトンがミトコンドリアに輸送され、NAD^+ を細胞質に残すのである。

グリセロールリン酸シャトル

第一の経路は**グリセロールリン酸シャトル** glycerol phosphate shuttle とよばれ、（アルドラーゼ反応で産生された）ジヒドロキシアセトンリン酸を用いる。細胞質に存在する酵素が NADH からジヒドロキシアセトンリン酸に電子を輸送し、グリセロール 3-リン酸を生じる（図 13.28）。この酵素は**グリセロール-3-リン酸デヒドロゲナーゼ** glycerol-3-phosphate dehydrogenase とよばれ、デヒドロゲナーゼ反応の逆向きに作用する。

グリセロール 3-リン酸はミトコンドリア内膜に到達できる（外側にあるグリセロール 3-リン酸は非常に透過性が高い）。ミトコンドリア内膜には異なる型の膜結合性グリセロール-3-リン酸デヒドロゲナーゼが存在し、FAD 補欠分子族を使って電子をグリセロール 3-リン酸からミトコンドリアの電子伝達系に輸送する。こうして生成したジヒドロキシアセトンリン酸は細胞質に戻り、また電子を拾い上げる（図 13.28）。グリセロール 3-リン酸自体はミトコンドリアマトリックスに入る必要はなく、1 対の電子がミトコンドリア内膜の電子伝達系に入り、電子を酸素に渡すという点に着目してほしい。総合的に、細胞質の NADH からミトコンドリアの電子伝達系に電子が渡ることになるのである。

リンゴ酸-アスパラギン酸シャトル

もう一つの経路は**リンゴ酸-アスパラギン酸シャトル**

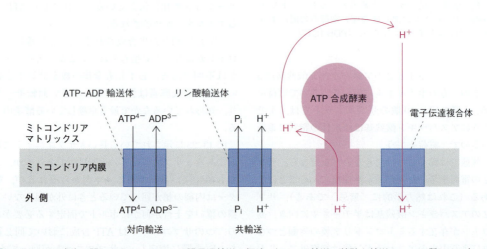

図 13.27 ATP 産生に関わるミトコンドリア膜貫通輸送の概略。すべての輸送は特殊な輸送タンパク質により起こる。他の代謝物輸送系も存在する。

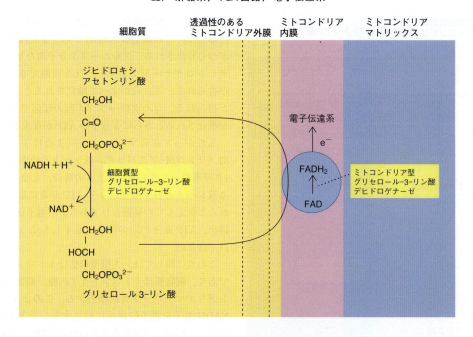

図13.28 グリセロールリン酸シャトルによる電子の細胞質NADHからミトコンドリアの電子伝達系への輸送

malate-aspartate shuttleであり，細胞質のNADHからミトコンドリアのNAD$^+$に電子が輸送される．こうしてミトコンドリア内でNADHが産生され，電子伝達系で酸化される．このシャトル系では，細胞質でNADHから電子がオキサロ酢酸に渡されてリンゴ酸が生じ，このリンゴ酸が特異的輸送体によりミトコンドリア内に輸送される．リンゴ酸はミトコンドリア内でオキサロ酢酸に再酸化され，ミトコンドリアのNAD$^+$が還元される（図13.29）．総合的に，ミトコンドリア外のNADHがミトコンドリア内のNAD$^+$を還元する形になる．このシャトルは少し複雑で，産生されたオキサロ酢酸はミトコンドリア膜を通過できず，細胞質に戻ることはない．オキサロ酢酸はアスパラギン酸に変換され，特異的輸送体を利用して細胞質に移動し，そこでオキサロ酢酸に変換される．したがって，リンゴ酸-アスパラギン酸シャトルと名付けられている．ここでは，アスパラギン酸とオキサロ酢酸の相互変換機構についてはふれない．これについては後の章でアミノ酸代謝を取扱うときに解説する方が得策である．

この二つの経路がどの程度使われるかは組織により異なっている．2経路は以下のように異なっている．グリセロールリン酸シャトルでは，細胞質のNADHはグリセロール3-リン酸デヒドロゲナーゼのFAD補欠分子族を還元する．FADH$_2$はNADHよりも酸化還元電位が高い（エネルギーが低い）ため，電子伝達系に電子を受渡すときにはNADHによる電子伝達も一緒に起こっている．グリセロールリン酸シャトルにより1分子の細胞質NADHの酸化から得られるATPは1.5分子である．リンゴ酸-アスパラギン酸シャトルは1分子の細胞質NADHから始まり1分子のミトコンドリアNADHで終わる．このときの酸化で2.5分子のATPが生じる．

電子伝達によるATP産生の収支決算

ATP合成酵素によりADPとリン酸から1分子のATPが生成するには，ADPとリン酸がすでにミトコンドリアの中にあると仮定して，三つのプロトンが必要と見積もられている．すでに述べたように，ADPのミトコンドリア内への輸送とATPの細胞質への輸送は，一つのプロトンがミトコンドリアに入るために必要なエネルギー当量を必要とする．そのため，細胞質で使われるATP1分子が産生されるには，四つのプロトンがマトリックスからくみ出されなければならない．NADHから酸素に1対の電子が受渡されるためには，10個のプロトンがミトコンドリアマトリックスからくみ出される（複合体Ⅰから四つ，複合体Ⅲから四つ，複合体Ⅳから二つ）というのが一致した見解である．したがって，1分子のNADH（ミトコンドリア内に存在）の酸化から2.5分子のATPが産生される．1分子のFADH$_2$（つまり，コハク酸または脂肪酸からの1対の電子）からは6個のプロトンがくみ出され，1.5分子のATPが得られる．（以前はそれぞれ3と2といわれていた）．1対の電子が酸素1原子を還元するので，この値はP/O比として知られている．

解糖系で得られたNADH分子は細胞質に存在し，別の考察が必要である．細胞質NADHは，細胞がどちらのシャトルを使うかによって，電子対をミトコンドリア内の

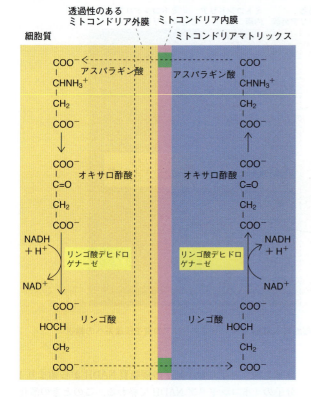

図13.29 リンゴ酸-アスパラギン酸シャトルによる細胞質 NADH からミトコンドリア NAD^+ への電子の輸送．オキサロ酢酸とアスパラギン酸の相互変換機構については第18章で取扱う．グリセロールリン酸シャトルとは異なり，この反応は可逆的である．ミトコンドリアよりも細胞質の NADH/NAD^+ 比が高い場合に限り，このシャトルは NAD^+ をミトコンドリアマトリックスに運ぶことができる．

NAD^+ または FAD に供与する．したがって，細胞質 NADH は 2.5 または 1.5 分子の ATP を生じるであろう．

グルコースから CO_2 と H_2O に酸化されるまでの ATP の収量

グリコーゲンではなくグルコースから開始すると，グルコースの酸化による ATP の総収量は 30 か 32 分子であり，これは細胞質 NADH の輸送にどちらのシャトルが使われるかによる．まとめると，基質レベルでは解糖系から2分子が合成される（4分子の ATP がつくられるが二つは解糖系の初発反応で使われてしまうので差引き2分子となることを思い出してほしい）．TCA 回路ではグルコース1分子当たり2分子の ATP（肝臓と腎臓では GTP を介して）がスクシニル CoA 段階で産生される（1回転で1分子であるが，グルコースからは2分子のアセチル CoA を生じる）．したがって，基質レベルでは4分子の ATP が産生され，残りの ATP はすべて電子伝達系から得られる．

解糖系によりグルコース1分子当たり2分子の NADH が得られ，これは細胞質に局在する．利用されるシャトルに応じて，この細胞質 NADH から5または3分子の ATP がつくり出される．グルコース1分子当たり，ピルビン酸デヒドロゲナーゼで2分子，TCA 回路で6分子の NADH が得られる．これらがすべて酸化されると 20 分子の ATP が得られる．コハク酸 → フマル酸の反応で生じた $FADH_2$ が酸化されるとさらに3分子の ATP が産生される．

したがって総合すると，2+5（または3）+2+20+3＝32（リンゴ酸-アスパラギン酸シャトルの場合）または 30（グリセロールリン酸シャトルの場合）となる．この値は，基質レベルのリン酸化により ATP が常に最大限に産生されると仮定しての見積もりであるが，電子伝達，プロトン排出，ATP 産生の間の関係は必ずしもこうなっているわけではない．

この点に関しては，大腸菌細胞はミトコンドリアと同等であり，細胞膜はミトコンドリア内膜，細菌内部はミトコンドリアマトリックスに相当する．このような細胞では，NADH 電子を電子伝達系に輸送するシャトル機構は必要ない．大腸菌には細胞質で使われる ATP と ADP を輸送する系はない．したがって，1分子のグルコースから得られる ATP の収量は大腸菌の方が多い．

プロトン駆動力のポテンシャルエネルギーは ATP 産生だけに利用されるのか

この質問に対する答えは，"ほとんどそうであるが例外もある"．新生児では，体温を保つための熱産生には褐色脂肪細胞が必要である．この細胞はミトコンドリアに富み，ミトコンドリアはシトクロムの色がついているので，茶色に見える．ミトコンドリアでの ATP 産生はプロトン非透過性のミトコンドリア内膜に依存しており，プロトンは ATP 産生チャネルを通してのみミトコンドリアマトリックスに入る．もし膜に穴が空いたら，その穴は短絡路となり，プロトンはここを通って大量に流れ込む．ATP がつくられない代わりに，エネルギーは熱として放出される．褐色脂肪細胞のミトコンドリアではこれがまさに起こっており，**サーモゲニン** thermogenin（**UCP1** uncoupling protein 1）という特殊なタンパク質により，チャネルは非生産性の（つまり ATP を産生しない）プロトンの流れを生じる．非生産的にプロトンを膜通過させる化合物（**ジニトロフェノール** dinitrophenol はそのうちの古典的なものである）もまた，ATP 産生と酸化を "脱共役" させる（Box 13.2）．

細菌もプロトンを細胞膜の外にくみ出し，逆向きのプロトンの流れにより ATP を産生する．しかしながら，プロトン勾配は細胞への溶質の取込みにも利用される．H^+ 勾配は共輸送に使われ（たとえば乳酸の取込み），これはまさに動物細胞における Na^+ 勾配に似ている．また特筆すべき点として，細菌の繊毛はプロトンの流れによって回転

しており，これには繊毛を回転させるタンパク質集合体が関わっている．電気モーターが電気を使うのに対し，繊毛は"プロトン力"を使うのである．繊毛のプロトン駆動性モーターはATP合成酵素のF₀"モーター"を連想させる．

Box 13.2　酸化的リン酸化の阻害剤と脱共役剤

酸化的経路によるATP産生の古典的阻害剤はシアン化物イオン（CN^-），アジ化物イオン（N_3^-），そして一酸化炭素（CO）である．これらは単純にシトクロムオキシダーゼを阻害し電子伝達系を停止させる．前二者はヘムのFe^{3+}，COはFe^{2+}と反応する．（COはヘモグロビンにも強く結合し細胞への酸素の運搬を枯渇させる．）

電子伝達系と酸化的リン酸化の仕組みが明らかになるにつれ，文献上に多くの天然由来または化学合成された阻害剤が目につくようになった．なぜなら，これらは優れた実験手段だからである．アミタールやロテノンはNADHとQの間の電子伝達を妨げる．アンチマイシンAはQH_2によるシトクロムcの還元を阻害する．オリゴマイシンはATP合成酵素のF₀によるプロトンの輸送を阻害してATP産生を妨げる．

ジニトロフェノール（DNP）がミトコンドリア膜を通したプロトンを物理的に輸送し，ATP産生なしに熱を発生させることについては本文で述べた．DNPは電子伝達系によってつくり出されたプロトン勾配を消失させる．このことからDNPは脱共役剤とよばれる．阻害剤と違い，DNPは電子伝達系を阻害しないが，電子伝達とATP産生を分離させる．つまり二つの過程を"脱共役"させるので，ATP産生なしに電子伝達が起こる．このような試薬には潜在的に商業的価値がある．エネルギーを得ることなしに食べることができるからである．

実際に，DNPは"やせ薬"として1930年代に米国で薬理学的に使われたことがある．DNPはエネルギー産生経路を動かすが，それを有効に使えなくするからである（つまり，ATP産生なしに燃料を酸化する）．この効果はDNPの投与量を増やせばさらに増す．DNPの過剰投与により多くの死者が出たため，1年後には使われなくなった．DNPの投与量が増えると，エネルギー要求性を満たすためにより多くの燃料が酸化され，致死的な高熱をひき起こしたのである．やせ薬開発を目指す産業界は安全な脱共役剤を探しており，今も続いているが，成功した例はない．

 要　約

解糖系はグルコースまたはグリコーゲン中のグルコース単位の完全酸化の第一段階である．解糖系では炭素数6のグルコース1分子が分解されて炭素数3のピルビン酸が2分子生成される（それゆえに解糖系とよばれる）．この反応は細胞質で起こる．解糖系からは正味2分子（グリコーゲンから始まれば3分子）のATPしか産生されないが，グルコースを次の段階のTCA回路に進めるようにする．

解糖系にはNAD^+を還元してNADHとH^+を生じる酸化反応が一つある．NAD^+の量は限られているので，ミトコンドリアで再酸化される必要があり，これが起こらないと解糖系は停止する．通常の条件下ではNADHはミトコンドリアで再酸化される．NADH自体はミトコンドリアに入れないが，NADHから電子をミトコンドリア内のNAD^+またはFADに転送するシャトル機構がある．激しく運動すると，NADHがあまりにも早く生成するため通常の酸化経路では対処することができない．NADHはピルビン酸を乳酸に還元する乳酸デヒドロゲナーゼにより再酸化される．

TCA回路はグルコース酸化の第二段階である．ピルビン酸はミトコンドリアのマトリックスに輸送され，ピルビン酸デヒドロゲナーゼによりアセチルCoAに変換されてTCA回路に入る．最初の反応はアセチルCoAがオキサロ酢酸と縮合してクエン酸を生じる反応であり，クエン酸シンターゼにより触媒される．

TCA回路が1回転すると，アセチル基（と間接的に水）から取出された電子はNAD^+やFADに転送され，オキサロ酢酸が再生成される．炭素原子はCO_2として除かれる．回路では，グルコース1分子当たりATP（肝臓ではGTPの形）は2分子しか産生されないが，NADHと$FADH_2$の形で燃料が生み出される．第三段階においてこれらの電子伝達体から電子が酸素に転送され，水を生じる．これに伴って膨大な自由エネルギーが放出される．

電子伝達系はグルコース酸化の第三段階である．ここで大部分のATPが産生される．NADHや$FADH_2$からの電子が電子伝達体に沿って移動するにつれて，遊離された自由エネルギーはミトコンドリア内膜を通してのプロトンのくみ出しによるプロトン勾配の形成に利用される（膜電位により増強される）．プロトンはミトコンドリアからくみ出される．これが称賛に値するMitchellの化学浸透圧説である．電子伝達体は4群に分類される．プロトンのくみ出しは複合体Ⅰ，Ⅲ，Ⅳで起こるが，Ⅱでは起こらない．複合体Ⅰによるくみ出しの仕組みは不明である．複合体Ⅲでは，これはQ回路により調節されている．Qはユビキノンで，可動性の電子伝達体である．シトクロムcも可動性であり，複合体ⅢとⅣを結び付けている．後者はシトクロムcオキシダーゼで，電子を酸素に受渡し，水を生成する．プロトンのくみ出しはおそらくタンパク質サブユニットのコンホメーション変化により調節されている．

プロトン勾配はミトコンドリア内膜に存在する ATP 合成酵素として知られる分子装置により ATP 合成に利用される．この酵素はプロトンの流れにより回転する超小型のモーターである．この回転は ATP 合成酵素のサブユニットにコンホメーション変化をひき起こし，そのエネルギーが ADP＋P_i を縮合して ATP を生み出すのに使われる．この洗練された回転装置の作動機序は今ではほとんど完全に確立されている．ATP は ADP との交換により細胞質に排出され，この過程には膜電位が関わる．グルコース 1 分子当たりの ATP の収量は正確には計算できないが，ADP とリン酸から約 30 分子がつくり出される．この数値は以前見積もられていた値よりは少ない．

原核生物にはミトコンドリアがないが，ここで取扱っている観点からみれば，細胞膜はミトコンドリア内膜と等価である．

問題

1. グルコース-6-リン酸イソメラーゼ反応は代謝においてどのように重要か．
2. 基質レベルのリン酸化とはどういう意味か．例をあげて説明せよ．これは酸化的リン酸化とどう違うのか．
3. ピルビン酸キナーゼの名前の由来となった反応は細胞では決して起こらない．この理由を説明せよ．
4. 解糖系では何分子の ATP が産生されるか．
   (a) グルコースから
   (b) グリコーゲンのグルコース単位から
5. 真核細胞において，細胞質 NADH の酸化により何分子の ATP が産生されるかを正確に計算するのは容易ではない．なぜか．
6. CO_2 の遊離が起こる前にイソクエン酸が酸化される利点は何か．
7. TCA 回路で生成される酸がアナプレロティック反応によりどのように"補充"されるのかについて説明せよ．アセチル CoA はこれに関わるのか．
8. カルボキシ化に関わる補因子は何か．それはどのように働くか．
9. 電子伝達系における電子伝達複合体の構成を示せ．
10. ユビキノンとシトクロム c に共通の性質は何か．細胞の中でこれらはどこにどのように局在しているか．
11. 電子伝達系における電子伝達の直接の役割は何か．
12. 本文では，真核細胞においてグルコース 1 分子当たりの ATP の収量は 30 または 32 分子であると述べている．大腸菌では収量はこれよりも多いとも述べている．なぜこのような違いが生まれるのか．
13. 図と簡潔な説明を用いて，電子伝達により生み出されたプロトン勾配がどのように ATP 合成酵素によって ATP 産生に利用されるのかについて概略を説明せよ．
14. ATP 合成酵素の F_1 の活性部位は協調的に相互依存しており，大変珍しい．これが何を意味しているのか説明せよ．
15. ミトコンドリア内膜の電子伝達系を構成する複合体について，特に膜を挟んでのプロトン勾配の形成に言及しつつ，簡潔に説明せよ．
16. ATP 合成酵素の F_0 の回転が起こる基本的な物理化学的原理について手短に述べよ．
17. 次のうちどれが仲間外れか．オキサロ酢酸，リンゴ酸，GDP，アセチル CoA，H_2O，NAD^+．それはなぜか説明せよ．

14

脂肪酸からのエネルギー放出

前の章では，細胞内においてエネルギーがグルコースの酸化あるいはグリコーゲンの分解からATPの形でどのように得られるかについてみてきた．

脂肪酸はATP産生のための別のエネルギー源である．脂肪酸から生じるエネルギーは，心臓や静止中の骨格筋で必要とされる量のおそらく約半分を占める．脂肪酸は最大のエネルギー貯蔵庫である．なぜならば，すでに述べたように，体内の脂肪細胞は無制限に中性脂肪を蓄えることができるからである．

脂肪酸の酸化とそれによるATPの産生に関する話題は大幅に簡略化できる．その理由は，脂肪酸の酸化にはTCA回路と電子伝達系が関わっており，これについてはすでにグルコース酸化の章で説明したからである．第12章ですでに述べたように二つの系（グルコース酸化と脂肪酸酸化）はアセチルCoAの段階で一緒になるので，脂肪酸酸化に関する話題は比較的単純であり，脂肪酸が細断され，二つの炭素原子がアセチルCoAとして取出される過程を説明すればよい．

脂肪酸分子が代謝されるとNAD$^+$とFADが還元され，この還元型（NADHとFADH$_2$）はすでに説明済みの経路と同じように酸化される．あらゆる食物成分からエネルギーを得るために同じ経路が使われるのは効率的である．本章で述べる経路の調節機構については，第20章の代謝調節で取扱う．

まずは二，三の基本的な点にふれる．
- 脂肪酸の酸化はミトコンドリアの内部で起こる（図12.4参照）．
- 酸化される前に，遊離脂肪酸は貯蔵形態であるトリアシルグリセロール（TAG）からホルモン感受性リパーゼ（第20章）による加水分解を受けて遊離される．この反応により加水分解されたTAG 1分子当たりグリセロール1分子が生じるが，これは別の代謝を受ける．グリセロールは加工されて解糖系に入る．つまり，グリセロールはリン酸化と酸化を受けて，解糖系で有名な物質であるジヒドロキシアセトンリン酸となる．絶食や飢餓時には，こうして肝臓で生じたグリセロール成分は糖新生経路（第16章）によりグルコースに代謝される．
- グルカゴン濃度が高くなると遊離脂肪酸は脂肪細胞から血中に放出され，末梢組織で酸化される．遊離脂肪酸はキロミクロンや肝臓でつくられたVLDL（第11章）がリポタンパク質リパーゼの作用を受けた際にも細胞に入る．キロミクロンは食後に存在し，脂肪細胞からの脂肪酸の遊離は絶食や飢餓時に起こる（第10章）．
- 脂肪細胞から遊離された脂肪酸は血清アルブミンに可逆的に結合し，イオン化された分子として運ばれる．脂肪酸は容易に細胞内に拡散するため，脂肪細胞からの遊離が増えて血中濃度が高くなると，細胞内に入る脂肪酸量も増える．単純拡散とは別に，脂肪酸輸送体による経路も存在する．したがって，脂肪酸の細胞内への輸送には飽和型と不飽和型の要素がある．脂肪酸が細胞に取込まれると，より多くの脂肪酸がアルブミンから解離して，遊離型と結合型の脂肪酸の平衡が保たれる．
- アセチルCoAに変換される間，脂肪酸は常にアシルCoAの形で存在する．脂肪酸の酸化の第一段階は，常にカルボン酸を脂肪酸アシルCoA化合物に変換することであり，この反応は脂肪酸活性化として知られる．
- 脂肪酸は分解されて二つの炭素原子がアセチルCoAとして取出される．この過程をβ酸化という．

脂肪酸からのアセチルCoA産生機構

脂肪酸アシルCoA誘導体の形成による脂肪酸の"活性化"

カルボン酸の"活性化"という表現は，チオールエステルが高エネルギー（反応性に富む）物質であることを意味している．この活性化反応は以下のように示される．

$$RCOO^- + ATP + CoA-SH \rightleftharpoons RCO-S-CoA + AMP + PP_i$$
$$\Delta G^{\circ\prime} = -0.9 \text{ kJ mol}^{-1}$$

この反応では，（チオールエステルのエネルギーが高いため）自由エネルギーの変化は小さいが，普遍的に存在する酵素である無機ピロホスファターゼによる無機二リン酸

(PP$_i$) の加水分解（$\Delta G^{\circ\prime} = -33.5 \text{ kJ mol}^{-1}$）により全体の行程は発エルゴン反応となり，不可逆的に進行する．（もし失念していたら第3章を参照のこと．）

短鎖，中鎖，長鎖脂肪酸の3種類それぞれに作用する脂肪酸活性化酵素があり，まとめて**アシル CoA シンテターゼ** acyl-CoA synthetase とよばれる．

脂肪酸アシル CoA 誘導体のミトコンドリアへの輸送

脂肪酸の活性化は細胞質で起こる．ミトコンドリア外膜はほとんどの代謝物に対して透過性であり，脂肪酸アシル CoA はミトコンドリアの膜間腔（外膜と内膜の間）に入るが，内膜を通過することができないので，アセチル CoA 産生の場であるミトコンドリアマトリックスにたどり着くことができない．脂肪酸アシル CoA のアシル基は特殊な輸送系により CoA を外されてからミトコンドリア内膜を通過し，ミトコンドリア内部で CoASH を手渡されて再度脂肪酸アシル CoA になる．アシル結合の高エネルギー状態はこの輸送の間も保たれている．もしそうでなければ，さらにエネルギーを使わない限り，ミトコンドリア内部で脂肪酸アシル CoA の再生は起こりえない．この輸送が起こるためには，まずミトコンドリア内膜の外側において，アシル基が**カルニチン** carnitine に転移される．カルニチンは，ヒドロキシ化された含窒素カルボン酸である．

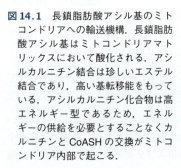

カルニチン

カルボン酸エステルは通常は低エネルギー型であるが，カルニチンの構造をとると脂肪酸アシルカルニチン結合は高エネルギー型となり，アシル基は高い基転移能をもつ．おそらくこれが，進化の過程でカルニチンが本輸送系の運搬物質として使われるようになった理由である．こうして形成された脂肪酸アシルカルニチンがミトコンドリアマトリックスに輸送されると，逆反応が起こり，カルニチンは CoASH と置き換えられる．遊離カルニチンは細胞質に戻り，また別の脂肪酸アシル基を集めてくる．

アシルカルニチン

この反応の概略を図14.1に示す．

脂肪酸アシル CoA からカルニチンへのアシル基の転移は，ミトコンドリア外膜に存在する**カルニチンアシルトランスフェラーゼ I** carnitine acyltransferase I によって触媒される．脂肪酸アシルカルニチン複合体は輸送体により内膜を通過する．マトリックスにおいてカルニチンは遊離し，CoA はミトコンドリア内膜に局在する**カルニチンアシルトランスフェラーゼ II** carnitine acyltransferase II によって脂肪酸に転移される．遊離カルニチンは輸送体によりミトコンドリアの膜間腔に移動する．図14.1には二つの輸送体が示されているが，これはわかりやすくするためであり，マトリックスから膜間腔へのカルニチンの往来が示されている．カルニチンの欠乏またはカルニチントランスフェラーゼの欠損により発症する遺伝病が知られている．ある症例では，筋肉の痛みや筋肉への脂肪の蓄積により顕在化する．長鎖脂肪酸が血中にたまるのも特徴である．

カルニチンはおもに肉から摂取される（それゆえにこの名前がある．*carne* はラテン語で肉を意味する）が，必須栄養素ではなく，体内ではアミノ酸のリシンから生合成することができる．カルニチンを合成することができない患者は生きるためにカルニチンを摂取すべきである．

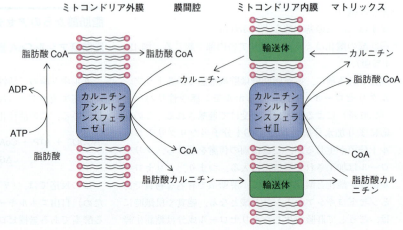

図14.1 長鎖脂肪酸アシル基のミトコンドリアへの輸送機構．長鎖脂肪酸アシル基はミトコンドリアマトリックスにおいて酸化される．アシルカルニチン結合は珍しいエステル結合であり，高い基転移能をもっている．アシルカルニチン化合物は高エネルギー型であるため，エネルギーの供給を必要とすることなくカルニチンと CoASH の交換がミトコンドリア内部で起こる．

β酸化によるミトコンドリア内部での脂肪酸アシル CoA のアセチル CoA への変換

まず一般的な現象をみてみよう．酸化といえば酸素原子が分子の中に取込まれることが一般的感覚であるが，生物学における酸化では酸素が直接的に付加されることはめったにない．生物学の酸化とは通常は水素を除くことであり，水が入り込んで水素が除かれる．この反応が脂肪酸酸化や，前章で述べた TCA 回路，すなわちコハク酸のオキサロ酢酸への変換において共通にみられる．どちらの場合も FAD 酵素による**脱水素反応** dehydrogenation であり，**水和** hydration と NAD^+ **依存的脱水素反応** NAD^+-dependent dehydrogenation が起こる．第 13 章を簡単に見直して，コハク酸のオキサロ酢酸への変換（コハク酸→フマル酸→リンゴ酸→オキサロ酢酸）を思い出してみるとよい．脂肪酸アシル CoA 誘導体においてこれに相当する反応を図 14.2 に示す．**β 酸化** β-oxidation の名称は，β 位の炭素原子(C3)が酸化されて C=O 基に変換され，β-ケトアシル CoA を形成することからきている．ケトアシル CoA は CoASH により切断され，二つの炭素原子がアセチル CoA として切離され，短くなった脂肪酸アシル CoA 誘導体を形成する．分子は CoASH の SH 基により分割されるので，この酵素は**チオラーゼ** thiolase とよばれる．チオラーゼ反応では，脂肪酸アシル CoA のチオールエステルとして自由エネルギーが保持されている．脂肪酸アシル基が短くなるにつれてアセチル CoA が連続的につくり出され，C_4 の段階（ブチリル CoA）になると，次のサイクルでアセトアセチル CoA が生じる．これが CoASH により最後に分断されると，2 分子のアセチル CoA が生じる．ミトコンドリアに存在する特殊なチオラーゼがこの反応を行う．

$$CH_3COCH_2CO-S-CoA + CoA-SH \rightarrow 2\ CH_3CO-S-CoA$$
アセトアセチル CoA　　　　　　　　　　　　　　アセチル CoA

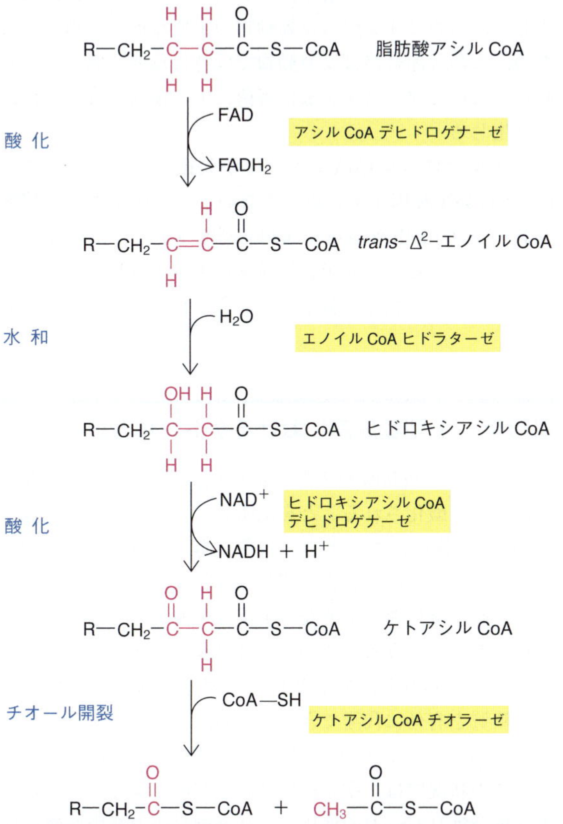

それぞれの反応が 1 周すると，飽和脂肪酸アシル CoA から β-ケトアシル CoA への変換が起こる．それゆえに，この反応は脂肪酸の β 酸化とよばれる．NADH と $FADH_2$（後者はアシル CoA デヒドロゲナーゼ上にある）は電子を電子伝達系に受渡す．この電子伝達はすでに述べた過程とまったく同じである（この要約については図 13.17 参照）．

脂肪酸酸化からのエネルギー収量

パルミチン酸（C_{16}；pH 7 ではイオン化され共役塩基として存在するので palmitate と表記される）からは 8 分子のアセチル CoA が産生され，7 分子の $FADH_2$ と NADH がそれぞれ生じる．アセチル CoA は TCA 回路で代謝され，NADH と $FADH_2$ は電子伝達系で酸化される（第 13 章）．NADH の酸化は分子当たり 2.5 分子，$FADH_2$ の酸化は 1.5 分子の ATP を生み出す．（NADH はミトコンドリアマトリックスで生成されるため，シャトル機構によって運ばれる必要はない．）

すべてをまとめて計算すると（TCA 回路ではアセチル CoA 当たり 1 分子の GTP が生じることを忘れないように），1 分子のパルミチン酸の酸化は ADP と P_i から 106 分子の ATP を産生し，2 分子の ATP がパルミトイル CoA の形成に消費される．実際上，反応開始の時点で 2 分子の ATP が使われるのだが，直接反応に関与するのはこのうち 1 分子である．PP_i が遊離するため，二つの高エネルギーリン酸基が P_i として遊離され，AMP を生じる．キナーゼが ATP を使ってこれをリン酸化し ADP に変換するので，結果的にアセチル CoA の形成には 2 分子の ATP が消費されるのである．$\Delta G^{\circ\prime}$ 値からみると，この反応は利用できる自由エネルギーの約 33％ に相当する．

図 14.2 脂肪酸アシル CoA から二つの炭素原子が切離されて短くなり，1 分子のアセチル CoA が生成するまでの 1 周で起こる四つの反応．この一連の反応は不飽和化，水和，ケトアシル体生成を含んでおり，TCA 回路におけるコハク酸→フマル酸→リンゴ酸→オキサロ酢酸の反応と類似している点に留意せよ．

不飽和脂肪酸の酸化

オリーブ油や他の TAG はシス配置の二重結合をもつ 1

価不飽和脂肪酸を多く含んでいる（この説明については第7章参照）．たとえば，パルミトレイン酸は炭素原子の9と10の間にシス二重結合をもつ．酸化が進行する限り，この脂肪酸は細胞によってパルミチン酸とまったく同じように処理され，3周のβ酸化を受ける．このときの産物は $cis\text{-}\Delta^3\text{-}$エノイル CoA である．

$$R-\underset{(4)}{C}=\underset{(3)}{C}-\underset{(2)}{CH_2}-\underset{(1)}{C}-S\text{-}CoA$$

この位置に二重結合があると，アシル CoA デヒドロゲナーゼは，飽和脂肪酸のβ酸化に必要とされる炭素原子2と3の間の二重結合を形成することができない．

この問題点は，邪魔な二重結合を別のイソメラーゼが炭素 2-3 位に移すことによって解決される．このようにして，トランス異性体が生じる．

$$R-\underset{(4)}{C}=\underset{(3)}{C}-CH_2-C-S-CoA \quad cis\text{-}\Delta^3\text{-}エノイル CoA$$

↓ イソメラーゼ

$$R-CH_2-C=C-C-S-CoA \quad trans\text{-}\Delta^2\text{-}エノイル CoA$$

これにより脂肪分解の主要経路に乗ることができ，1価不飽和脂肪酸の酸化に関する問題点は解決される．（図 14.2 を見るとわかるように，飽和脂肪酸アシル CoA が酸化されるとトランス異性体が生じる．）

高度不飽和脂肪酸はさらに問題である．たとえば，リノール酸には二つの二重結合（Δ^9 と Δ^{12}）がある．実際には，一方（Δ^9）は上述のように処理されるが，もう一方（Δ^{12}）は適切な段階において別の酵素により代謝され，通常のβ酸化代謝経路に入っていく（ここではこの反応については省略する）．

奇数鎖脂肪酸の酸化

食物（たとえば植物由来）中には少量の奇数鎖脂肪酸が含まれており，これがβ酸化されると，最後から2番目の反応産物はアセトアセチル CoA ではなく，炭素数5のβ-ケトアシル CoA になる．これがチオラーゼにより分割されて，アセチル CoA と炭素数3のプロピオニル CoA が生じる．

$$CH_3\text{-}CH_2\text{-}CO\text{-}CH_2\text{-}CO\text{-}S\text{-}CoA + CoA\text{-}SH \rightarrow$$
$$CH_3\text{-}CH_2\text{-}CO\text{-}S\text{-}CoA + CH_3\text{-}CO\text{-}S\text{-}CoA$$
$$プロピオニル CoA \qquad アセチル CoA$$

プロピオニル CoA は以下に示す反応によりカルボキシ化されてスクシニル CoA になり，TCA 回路へと入っていく．エピメラーゼがメチルマロニル CoA を D 体から L 体に変換する．

$$CH_3\text{-}CH_2\text{-}CO\text{-}S\text{-}CoA + HCO_3^- + ATP \xrightarrow{\text{プロピオニル CoA カルボキシラーゼ}} ADP + P_i$$

$$\underset{H}{\overset{COO^-}{CH_3\text{-}C\text{-}CO\text{-}S\text{-}CoA}} \xrightarrow{\text{メチルマロニル CoA エピメラーゼ}} \underset{COO^-}{\overset{H}{CH_3\text{-}C\text{-}CO\text{-}S\text{-}CoA}}$$

$$\xrightarrow{\text{メチルマロニル CoA ムターゼ}} {^-OOC\text{-}CH_2\text{-}CH_2\text{-}CO\text{-}S\text{-}CoA}$$
スクシニル CoA

この最後の反応は大変興味深い．その理由は，この反応には最も複雑な構造をもつ補酵素である**デオキシアデノシルコバラミン** deoxyadenosylcobalamin（ビタミン B_{12} 誘導体）が関わるからである．

プロピオン酸は3種のアミノ酸（バリン，イソロイシン，メチオニン）の分解や，コレステロールの側鎖からも生じる．プロピオン酸は反芻動物の主要な消化産物であるため，この代謝経路は反芻動物では特に重要である．反芻動物においてプロピオン酸は細菌による植物成分の消化により生じる．

メチルマロニル CoA ムターゼが欠損したり，ビタミン B_{12} から必須補因子を合成できないと，**メチルマロン酸アシドーシス** methylmalonic acidosis を発症し，たいていは早期に死亡する．この患者は通常，生後1カ月から1年の間にけいれん，脳症，脳卒中のような神経系の異常を発症する．

飢餓時と1型糖尿病におけるケトン体合成

ここまで，脂肪酸がアセチル CoA に変換され，TCA 回路に入って酸化されることを説明してきた．これは組織が"通常"の状態にあるときに実際に起こっているのだが，特殊な環境下にある肝臓に関しては状況が異なる．

体が脂肪酸代謝を主要なエネルギー源として用いる生理的状況が起こりうる．この状況はグリコーゲン貯蔵が枯渇した後にみられる．同じ状況は1型糖尿病においても生じ，糖質を有効に代謝できないため，グルコースがあるにも関わらずグルコース"飢餓"とほとんど同じ状態となる．この状況では，脂肪細胞は高濃度のグルカゴンとホルモン感受性リパーゼの作用により過剰量の遊離脂肪酸を放出する．肝臓は脂肪酸からアセチル CoA をつくろうとするが，その産生量が多すぎて TCA 回路の許容量を超えてしまうことがある．

実際には，後で簡単に分子機構を説明するが，肝臓は二つのアセチル基を結合させて**アセト酢酸** acetoacetic acid

($CH_3COCH_2COO^-$) に変換し，その一部をさらに **β-ヒドロキシ酪酸** β-hydroxybutylic acid（$CH_3CHOHCH_2COO^-$）に還元する．この二つの物質は伝統的に**ケトン体** ketone body として知られ，血中に放出される．これらは水に可溶であり，血流を通じて肝外組織に輸送される．（すでに説明したように，"ケトン体"という語は歴史的に使われているが名称としては不適切である．これらは体ではなく物質であり，β-ヒドロキシ酪酸はケトンではない．）ケトン体は肝臓で合成されるが，肝臓自体では代謝燃料として使われない．この理由について簡単に説明することにしよう．

アセト酢酸はアセチル CoA から どうやって生合成されるのか

アセトアセチル CoA はアセチル CoA からケトアシル CoA チオラーゼの逆反応により生合成される．

$$2\ CH_3CO-S-CoA \rightleftharpoons CH_3COCH_2CO-S-CoA + CoA-S$$

遊離のアセト酢酸はアセトアセチル CoA の単純な加水分解によって生成すると考えるかもしれないが，実はそうではない．その代わりに，第三のアセチル CoA が使われて **3-ヒドロキシ-3-メチルグルタリル CoA（HMG-CoA）** 3-hydroxy-3-methylglutaryl CoA がアルドール縮合により生成し，このチオールエステル結合が加水分解されてアセト酢酸が生じる．この反応は図 14.3 に示す．

HMG-CoA は多くの動物で生合成される．これは細胞膜の必須成分であるコレステロールの前駆体である．ケトン体の生成はミトコンドリアで起こる（ミトコンドリアで脂肪酸のアセチル CoA への変換が起こる）．HMG-CoA からのコレステロールの生成は細胞質で起こるが，ここでは小胞体膜に結合している別の HMG-CoA シンターゼが関わる．

アセト酢酸の利用

アセト酢酸は末梢組織でエネルギー産生に用いられる（第 10 章）．ミトコンドリアにおいてアセト酢酸はアシル基交換反応によりアセトアセチル CoA に変換され，同時にスクシニル CoA がコハク酸に変換される．

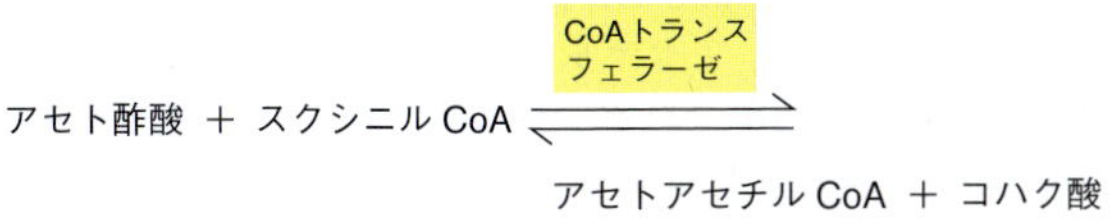

アセト酢酸 + スクシニル CoA ⇌ (CoAトランスフェラーゼ) アセトアセチル CoA + コハク酸

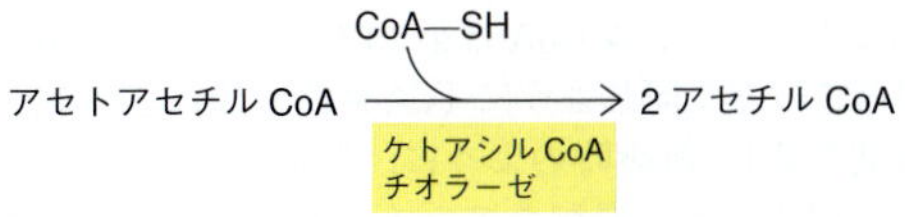

アセトアセチル CoA ─(CoA—SH, ケトアシル CoA チオラーゼ)→ 2 アセチル CoA

アセトアセチル CoA はチオラーゼによって CoASH で分割され，2 分子のアセチル CoA を生じる．β-ヒドロキ

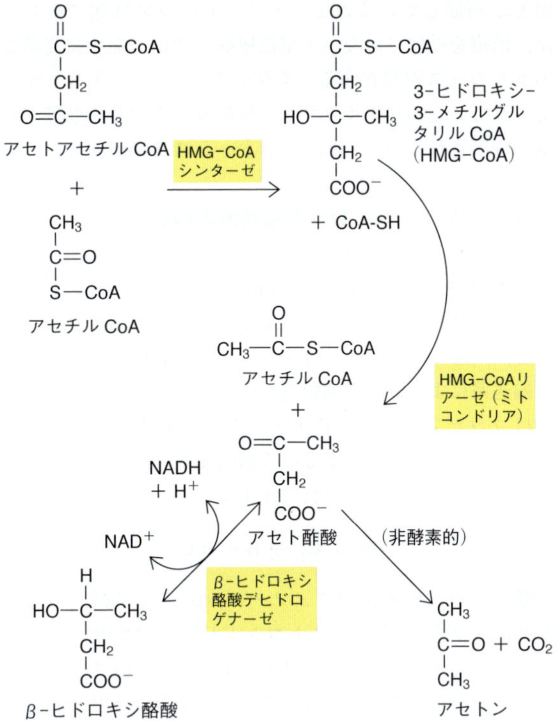

図 14.3 絶食／飢餓や 1 型糖尿病における脂肪酸の過度の酸化に伴う肝臓でのケトン体の生成．この反応はミトコンドリアで起こる．HMG-CoA はコレステロールの前駆体でもあるが，この反応は HMG-CoA シンターゼが局在する肝細胞の細胞質で起こる．

シ酪酸も最初にアセト酢酸に脱水素されてから利用される．

アセト酢酸は β-ケト酸（3-オキソ酸）であるため，自然に脱炭酸を受けやすく，アセトン（CH_3COCH_3）を生じる．アセトンは揮発性が高く，息から吐き出される．治療を受けていない 1 型糖尿病患者では血中に高濃度のケトン体が集積するため，吐息が特徴的な芳香臭を放つ．

肝臓はケトン体を合成するが利用はできない．その理由は，肝臓には CoA トランスフェラーゼが存在しないからである．このように肝臓には，ケトン体を合成すると同時にそれを消費する無益回路は存在しない．ケトン体は血中に放出され，他の組織で使われる．

ミトコンドリアをもつ組織は容易にケトン体を酸化する．脳はかなりの量のケトン体を利用することができ，グルコースの供給が足りないときに，グルコースの代わりにケトン体をエネルギー源として使う（第 20 章）．赤血球は明らかにケトン体を使うことができず，絶食や飢餓時にも依然としてグルコースに頼る．

ケトン体が過度に生産されると**ケトアシドーシス** ketoacidosis を発症する．これは危険な状態となることがある．絶食や飢餓では，少量のインスリンが存在し脂肪酸分解を

何とか調節しているのでケトアシドーシスは起こらないが，治療を受けていない1型糖尿病患者は，血中に高濃度のグルコースが存在するにも関わらず，（インスリンが分泌されないため）グルカゴンが無競争で作用し脂肪酸が大量に分解されるので，ケトアシドーシスを発症する．

ペルオキシソームにおける脂肪酸の酸化

脂肪酸酸化の大部分はミトコンドリアで起こるが，一部は**ペルオキシソーム** peroxisome で起こる．ペルオキシソームは哺乳類細胞に存在する1枚の膜で覆われた顆粒である．ペルオキシソームはタンパク質を合成できず，特殊な輸送系により酵素を細胞質から受取る．ペルオキシソームはフラビンタンパク質オキシダーゼ酵素群を含んでいる．この酵素群は，水ではなく過酸化水素から生じた酸素分子を利用して多くの基質に作用する．

$$RH_2 + O_2 \rightarrow R + H_2O_2$$

基質には，ある種のフェノール，D-アミノ酸，極長鎖脂肪酸（$>C_{18}$）など，ミトコンドリアでは酸化されないものが含まれる．極長鎖脂肪酸は C_8 アシル CoA まで短くされ，おそらく細胞質に放出されてミトコンドリアに輸送され，アセチル CoA と同様にして従来の酸化を受ける．この脂肪酸酸化は β 酸化であり，アセチル CoA を生じる（前述）．脂肪酸酸化鎖の第一反応（アシル CoA デヒドロゲナーゼ）からの電子は酵素上の FAD 補欠分子族を還元して $FADH_2$ を生じる．ミトコンドリアでは，$FADH_2$ はシトクロム系により再酸化され，ATP を生じる．ペルオキシソームでは，$FADH_2$ は酸素分子で再酸化されて H_2O_2 を生じる．ペルオキシソームにはシトクロム系がないので，脂肪酸 β 酸化の後半の反応（ヒドロキシアシル CoA デヒドロゲナーゼ，図 14.2 参照）で生じた NADH は，おそらく細胞質への還元当量の排出により再酸化される．ペルオキシソームで脂肪酸が酸化されても，ATP は産生されない．コレステロール側鎖を酸化して胆汁酸を生成する反応もペルオキシソームで起こり，ある種の複合脂質の生合成もペルオキシソームを必要とするという証拠がある．ペルオキシソームの形成過程はよくわかっていない．ペルオキシソーム形成に異常が生じると多くの致死的な遺伝病を発症することが知られている．その一例は**ツェルベーガー症候群** Zellweger syndrome であり，生後 6 カ月までに死亡することがよくある．この病気では C_{24} と C_{26} の極長鎖脂肪酸と胆汁酸前駆体が異常な高濃度でたまる．

ペルオキシソームの代謝における役割はかなり混沌としており，最もわかっていない細胞小器官であるが，その重要性はこれらの疾患の存在により明確に示されている．

ペルオキシソームで産生される H_2O_2 は危険な酸化物質ともなりうる．H_2O_2 はペルオキシソームの酵素カタラーゼにより分解される．この酵素はヘムを含んでおり，以下の反応を触媒する．

$$2H_2O_2 \rightarrow 2H_2O + O_2$$

この後何を学ぶか

ここまでにグルコースと脂肪酸からのエネルギー産生について解説してきた．残されている主要な食物成分はアミノ酸類である．論理的には次にアミノ酸からのエネルギー産生について取扱うべきであるが，この段階で脂質と糖質の代謝にとどまり，脂肪酸とグルコースの生合成についてふれ，それから代謝の調節について扱う方が手っ取り早い．この理由は，各アミノ酸からのエネルギーの産生は本質的に解糖系や TCA 回路上の化合物に変換されることにより起こるからである．アミノ酸からは，エネルギー産生自体に関わる情報はほとんど得られない．アミノ酸代謝の主要な生化学的重要性は別にあり，これについては第 18 章で解説する．

要約

脂質からのエネルギーは，トリアシルグリセロールから遊離された脂肪酸の酸化により放出される．脂肪酸はまず脂肪酸アシル CoA に変換され，ミトコンドリアに輸送される．脂肪酸アシル CoA はミトコンドリアに入ることはできないが，ミトコンドリア外膜の酵素により，重要な小分子であるカルニチンが脂肪酸アシル CoA に転移される．特殊な輸送系によりアシルカルニチンはマトリックスに運ばれ，別の酵素がアシル基を CoA に転移して脂肪酸アシル CoA に戻す．マトリックスにおいて，脂肪酸アシル CoA は β 酸化とよばれる反応によりアセチル CoA に変換される．この反応では，アセチル CoA の形で一度に二つの炭素原子が遊離される．アシル CoA の脂肪酸鎖は一連の酵素群により脱水素され，β-ケトアシル CoA を生じる．この酵素群のうち，アセチル単位はケトアシル CoA チオラーゼによって切離される．この酵素はケトアシル CoA に CoASH を結合させることでアセチル CoA を遊離する．脂肪酸鎖はアセチル CoA に完全に変換されるまで連続的に短くなる．アセチル CoA は第 13 章で解説したグルコース代謝とまったく同じように TCA 回路で酸化される．

糖尿病や絶食／飢餓時のように，脂肪酸代謝があまりにも急速に起こると，過剰なアセチル CoA からアセト酢酸とβ-ヒドロキシ酪酸が生成する．これらは水に溶けやす

く，血中を巡って循環し，他の組織で利用される．これらはケトン体と総称される（ヒドロキシ酪酸はケトンではなく，ケトン体は"体"ではないのだが）．脳はグルコースの要求性を下げ，必要とされるエネルギーの約半分をケトン体から得ることができる．これは飢餓時に貴重である．飢餓時には，ケトン体は筋肉のタンパク質が分解されて生じたアミノ酸を使って肝臓でつくられなければならない（第16章）．ケトン体の過剰な産生は治療を受けていない1型糖尿病患者に重篤な事態をひき起こすことがある．

脂肪酸の酸化はペルオキシソームでもある程度起こり，おそらく炭素数18以上の長鎖脂肪酸を酸化する一手段である．長鎖脂肪酸はミトコンドリアでは酸化されないからである．この酸化は電子伝達系とは連関しないが，過酸化水素を生成する．

問題

1 末梢組織は血液から脂肪酸を得て酸化する．細胞が遊離脂肪酸を使えるようになる三つの手段を述べよ．
2 体の中で，遊離脂肪酸からエネルギーを得ることができない細胞は何か．
3 脂肪酸をアセチル CoA に代謝する反応について，
 (a) 最初に必ず起こる反応はどのようなものか．
 (b) それはどこで起こるか．
 (c) 脂肪酸のアセチル CoA への分解は真核細胞ではどこで起こるか．
 (d) 脂肪酸基はこの脂肪酸分解の場にどうやってたどり着くか．
4 脂肪酸のアセチル CoA への酸化と TCA 回路の類似性を示せ．
5 パルミチン酸が完全に酸化されると ATP 収量はどのくらいか．答えを説明せよ．
6 1価不飽和脂肪酸（Δ^9）はどのようにアセチル CoA に分解させるのか説明せよ．
7 脂肪酸の分解により生じたアセチル CoA は常に TCA 回路に入っていくのか．答えを説明せよ．
8 HMG-CoA はアセト酢酸の生合成でもコレステロールの生合成でも中間生成物である．それぞれの反応はどこで起こるか．
9 ペルオキシソームとは何か．その機能はどのようなものか．

15

グルコース酸化の第二経路：ペントースリン酸経路

グルコース酸化には**ペントースリン酸経路** pentose phosphate pathway とよばれるもう一つまったく別の経路が存在する．この経路はときに"直接酸化経路"または"ヘキソース一リン酸シャント"とよばれることもある．

実際，ペントースリン酸経路は酸化経路であるが ATP 産生にはつながらない．この経路は，それ以外の特殊な代謝物を供給するためにある．ペントースリン酸経路には以下の役目がある．

- ヌクレオチドや核酸の生合成（後の章でふれる）に関わるリボース 5-リン酸（五炭糖）を生み出す．リボースは補酵素である NAD^+ や FAD の構成成分でもある．
- 脂肪酸やコレステロールやステロイドなど他の物質の生合成に関わる還元物質である NADPH を生み出す．
- 食物中の過剰のペントース糖を代謝し，これをグルコース代謝の主要経路に提供する．
- 細胞の必要性に応じて糖を再生利用する．

この経路はおもに細胞質において解糖系と並行して起こる．経路に関わる酵素は，還元型生合成を行うために NADPH を多く必要とする組織や，DNA 生合成のためにリボース 5-リン酸を必要とする細胞分裂の盛んな細胞に豊富に含まれている．定量的にみて，この経路は脂肪酸合成におもに使われるため，これに関わる酵素は肝臓や脂肪細胞に豊富である．ただし，ヒトでは脂肪酸合成は脂肪細胞ではあまり起こらず，肝臓が脂肪酸合成の主要部位である．これに対し，骨格筋はペントースリン酸経路の活性が大変低いが，すべての細胞は核酸生合成にリボースを必要とするため，すべての組織に本経路はある程度存在する．（これは未成熟赤血球にも当てはまる．細胞膜の強度を維持するため成熟赤血球は NADPH を必要とするからである．）

ペントースリン酸経路はおもに二つの反応系から成る

最初の反応系は酸化であり，グルコース 6-リン酸は**グルコース-6-リン酸デヒドロゲナーゼ** glucose-6-phosphate dehydrogenase により（6-ホスホグルコノラクトンを経て）6-ホスホグルコン酸に変換される．この反応の間に，$NADP^+$ が NADPH に還元される（図 15.1）．次に，**6-ホスホグルコン酸デヒドロゲナーゼ** 6-phosphogluconate dehydrogenase が $NADP^+$ を還元して 3-オキソ酸（β-ケト酸）を産生し，この 3-オキソ酸は脱炭酸されてケトペントース（**リブロース 5-リン酸** ribulose 5-phospate）に代謝される．これは異性化酵素によりアルドース異性体に変換され，リボース 5-リン酸が生成される．この酸化反応系は不可逆的に進行し，リボース 5-リン酸と NADPH を生じる．

律速段階は第一反応であり，グルコース 6-リン酸からの 6-ホスホグルコノラクトンへの変換である．この反応

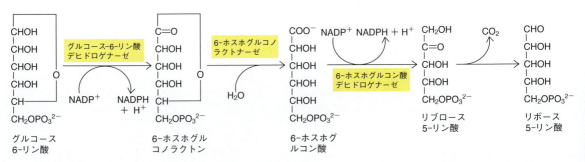

図 15.1 ペントースリン酸経路の酸化反応系．$NADP^+$ がどのくらいあるかによりおもに調節されている．

の速度はNADP$^+$の濃度と強く連関している．NADP$^+$の濃度により，グルコース6-リン酸が解糖系よりもむしろペントースリン酸経路に入るかどうかが決まる．

酸化反応系により同量のリボース5-リン酸とNADPHが生じる

二つの産物，すなわちリボース5-リン酸とNADPHの必要量は組織によって大きく異なる．たとえば，脂肪酸合成には大量のNADPHが必要である．NADPHが産生されると図15.1に示すようにリボース5-リン酸も同量が産生されることになるが，細胞が核酸の生合成に必要とする量よりもずっと多い．逆に，細胞分裂は活発だが脂肪酸を合成しない細胞では，核酸を生合成するために大量のリボース5-リン酸が必要となるが，NADPHはほとんど必要ない．他の細胞では，リボース5-リン酸とNADPHの要求性はこの両極端の間のいずれか，つまり両産物を同じくらい必要とするか，一方を他方よりも必要とするかであろう．次の段階である非酸化反応系がこの問題をどのように解決しているかについてみていこう．すでに強調したように，ペントースリン酸経路の酸化反応系の調節はNADP$^+$がどのくらい手に入るかによっておもに決まる．

細胞の必要性に応じて非酸化反応系が糖を相互変換する

非酸化反応系には**トランスアルドラーゼ** transaldolase と**トランスケトラーゼ** transketolase が関わっている．これらの酵素は，細胞の代謝的必要性に応じて糖を相互変換する．これらの酵素は，ケトース糖リン酸からC$_3$とC$_2$のユニットをそれぞれ引抜き，これを他のアルドース糖に転位する（図15.2）．トランスケトラーゼは，ピルビン酸デヒドロゲナーゼのようにチアミン二リン酸依存的である．

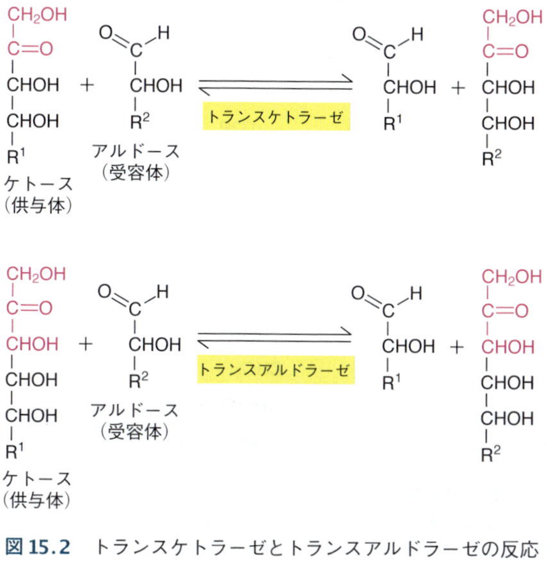

これらの間で，トランスケトラーゼとトランスアルドラーゼは驚くほど多様な糖の相互変換を行うことができる．上記の酸化反応系を一つの式で表すと，以下のようになる．

グルコース6-リン酸 ＋ 2 NADP$^+$ ＋ H$_2$O →
　　　リボース5-リン酸 ＋ 2 NADPH ＋ 2 H$^+$ ＋ CO$_2$

リボース5-リン酸とNADPHが同じくらい必要とされている場合には，非酸化反応は必要ない．なぜなら，酸化反応系は両産物を同量産生するからである．

過剰なリボース5-リン酸のグルコース6-リン酸への変換

しかしながら，たとえば，分裂していない脂肪細胞がリボース5-リン酸よりもNADPHを多く必要とする場合には，非酸化反応により過剰のリボース5-リン酸が以下の化学量論によりグルコース6-リン酸に再変換（再生利用）される．

6 リボース5-リン酸 → 5 グルコース6-リン酸 ＋ P$_i$

まず，リボース5-リン酸のアルドース糖の部分のみがケト糖である**キシルロース5-リン酸** xylulose 5-phospate に変換される．この理由は，トランスアルドラーゼとトランスケトラーゼの双方ともに，ケト糖のみが供与体となるからである（図15.3）．残ったリボース5-リン酸はアルドース糖の受容体となる．

すると以下の転移反応が起こる．反応1はキシルロース5-リン酸と残ったリボース5-リン酸の間で起こる．図15.4はこの反応の全体像を示している．

(1)　2 C$_5$ ⇌ C$_3$ ＋ C$_7$　　トランスケトラーゼ
　　図15.4の反応1

(2)　C$_7$ ＋ C$_3$ ⇌ C$_4$ ＋ C$_6$　　トランスアルドラーゼ
　　図15.4の反応2

(3)　C$_5$ ＋ C$_4$ ⇌ C$_3$ ＋ C$_6$　　トランスケトラーゼ
　　図15.4の反応3

(4)　2 C$_3$ → 1 C$_6$

最初の三つの反応の正味の結果は，3分子のC$_5$（赤）が2.5分子のC$_6$（青）に変換される．最終的なC$_3$化合物はグリセルアルデヒド3-リン酸であり，この2分子が糖新生経路によりグルコース6-リン酸に変換される．この反応系は，食物由来のリボースもATP要求性のキナーゼによりリボース5-リン酸に変換された後にグルコース6-リン酸に変換することができる．

反応1→3が2周回ると2分子のグリセルアルデヒド3-リン酸が生じ，糖新生によりフルクトース6-リン酸に変換される．

図15.2　トランスケトラーゼとトランスアルドラーゼの反応

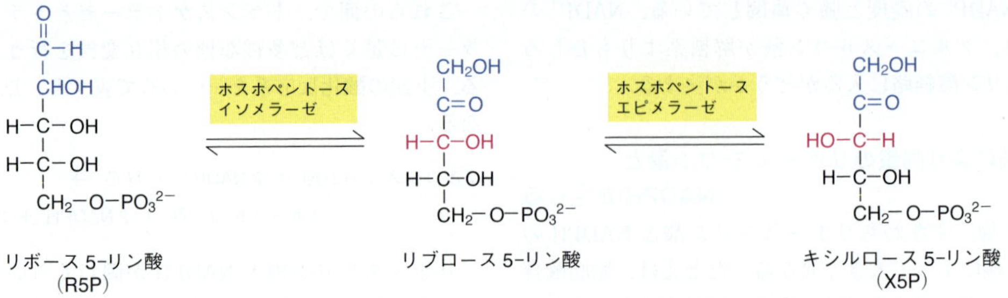

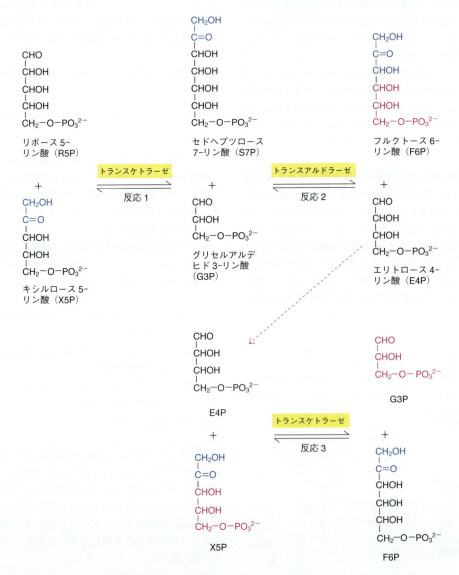

図 15.3 リボース 5-リン酸のキシルロース 5-リン酸への変換．図 15.4 の反応 1 に示すように，トランスケトラーゼは供与体としてケトース糖を必要とし，これに相当するのがキシルロース 5-リン酸である．残ったリボース 5-リン酸（アルドース）は反応 1 の受容体として働く．

図 15.4 リボース 5-リン酸のグリセルアルデヒド 3-リン酸への変換．グリセルアルデヒド 3-リン酸は糖新生によってグルコース 6-リン酸に変換される．これらを合わせると，六つの C_5 糖（三つのリボース 5-リン酸と三つのキシルロース 5-リン酸）が五つのグルコース 6-リン酸に変換される．

$$2 \begin{array}{c} \text{CHO} \\ | \\ \text{CHOH} \\ | \\ \text{CH}_2\text{—O—PO}_3^{2-} \end{array} \xrightarrow{\text{(糖新生の反応)}} 1\ \text{F6P} + \text{P}_\text{i}$$
G3P

フルクトース 6-リン酸はホスホヘキソースイソメラーゼによりグルコース 6-リン酸に変換される．反応全体では以下のようになる．

$$6\ \text{リボース 5-リン酸} \rightarrow 5\ \text{グルコース 6-リン酸} + \text{P}_\text{i}$$

NADPH 産生を伴わないグルコース 6-リン酸の リボース 5-リン酸への変換

ペントースリン酸経路はかなり柔軟性がある．細胞が核酸生合成のためにリボース 5-リン酸を必要とし，NADPH はほとんど必要としない状況を考えてみよう．このようなときには以下の反応が起こる．

$$5\ \text{グルコース 6-リン酸} + \text{ATP} \rightarrow$$
$$6\ \text{リボース 5-リン酸} + \text{ADP} + \text{H}^+$$

この反応機構を図 15.5 に示す．この反応では，グルコース 6-リン酸は解糖系により一部分はフルクトース 6-リン酸に，一部分はグリセルアルデヒド 3-リン酸に変換される．これらは反応 3 における C_6 と C_3 の化合物に相当する．反応 3 の逆反応によりキシルロース 5-リン酸が生成され，これはリボース 5-リン酸に異性化される．この反応系にはペントースリン酸経路の酸化反応系は一切関わらない．

リボース 5-リン酸の産生を伴わない NADPH の産生

ペントースリン酸経路の酸化反応系（図 15.1 参照）は

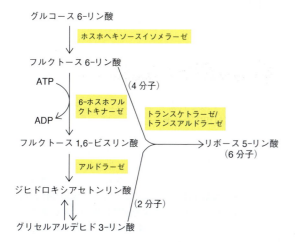

図 15.5 NADPH の生成なしにグルコース 6-リン酸がリボース 5-リン酸に変換される経路の概略．ペントースリン酸経路の酸化反応系は関わらない．

ときおり，グルコースを直接 CO_2 と NADPH＋H^+ に酸化することができると考えられている．この反応全体の化学量論は以下のようになる．

$$6\ \text{グルコース 6-リン酸} + 12\ \text{NADP}^+ + 7\ \text{H}_2\text{O} \rightarrow$$
$$5\ \text{グルコース 6-リン酸} + 6\ \text{CO}_2 + 12\ \text{NADPH} + 12\ \text{H}^+ + \text{P}_\text{i}$$

この反応は結果的に，リボース 5-リン酸の産生なしに NADPH を産生する．これは細胞分裂なしに脂肪酸を急速に合成する細胞に必要とされる状況である．実際には，本経路によって 1 分子のグルコース 6-リン酸が 6 分子の CO_2 に変換されるわけではない．実際に起こっているのは，6 分子のグルコース 6-リン酸のそれぞれが上記の反応によって 1 分子の CO_2 と 1 分子のリボース，さらに 2 分子の NADPH を生じる，ということである．すでに述べたように，もし非酸化反応系により 6 分子のリボース 5-リン酸が 5 分子のグルコース 6-リン酸に戻れば，その収支はあたかも 6 分子のグルコース 6-リン酸が 5 分子のグルコース 6-リン酸と 6 分子の CO_2 に変換されたようにみえる．しかしながら，すでに述べたように，実際には 1 分子のグルコースが完全に酸化されているわけではない．

赤血球ではなぜペントースリン酸経路が とても重要なのであろうか

成熟赤血球は分裂しないので，核酸生合成のためのリボース 5-リン酸は必要ない．また赤血球は脂肪酸を合成しない．赤血球にはミトコンドリアがないので，そのエネルギーは嫌気的解糖系に由来する．しかしながら，赤血球は細胞膜を酸化的損傷から守るために NADPH の供給を必要としている．NADPH の産生によりこの防御機構が成り立つ．すなわち**グルタチオン** glutathione の還元である．グルタチオンはチオール化合物であり，SH 基によって細胞内の還元状態を保つことがその主要な機能である．（この理由から，グルタチオンは GSH と略される．）グルタチオンの存在は赤血球に限られているわけではないが，ここでは赤血球における機能について解説する．

グルタチオンはグルタミン酸，システイン，グリシンから成るトリペプチドであり，グルタミン酸とシステインは γ-カルボキシ基で結合している（図 15.6）．

赤血球は細胞内の酸素濃度がとても高く，遊離ラジカル

図 15.6 還元型（GSH）と酸化型（GSSG）のグルタチオンの構造．Glu，Cys，Gly はそれぞれグルタミン酸，システイン，グリシンの 3 文字略号である．

または活性酸素種（ROS）を生じやすいので，酸化的損傷に対してとりわけ感受性が高い．赤血球の強度は GSH に依存している．GSH は鉄（Ⅲ）ヘモグロビン（メタヘモグロビン）を鉄（Ⅱ）型に還元するとともに，（たとえば感染，ソラマメの摂取，ある種の薬物により）赤血球内で生じた過酸化水素や有機物ペルオキシドを消去する．この反応には**グルタチオンペルオキシダーゼ** glutathione peroxidase が関わり，**酸化型グルタチオン（GSSG）** oxidized glutathione が生じる．

$$H_2O_2 + 2\,GSH \rightarrow GS-SG + 2\,H_2O$$

GSH は後に NADPH を使って再生される．この反応は**グルタチオンレダクターゼ** glutathione reductase により触媒される．

$$GSSG + NADPH + H^+ \rightarrow 2\,GSH + NADP^+$$

したがって，赤血球における NADPH の持続的供給は，細胞膜の強度を確保するために必須である．グルコース-6-リン酸デヒドロゲナーゼ欠損症のように NADPH の産生が欠失すると，赤血球は悲惨な結末を迎えることになる．赤血球の膜が崩壊し，**溶血性貧血** haemolytic anemia を発症するのである（Box 15.1）．ペントースリン酸経路は細胞内で NADPH/GSH を産生する唯一の手段なので，この経路の重要性は決して誇張ではない．

Box 15.1　グルコース-6-リン酸デヒドロゲナーゼ欠損症

グルコース-6-リン酸デヒドロゲナーゼ（G6PD）欠損症はヒトにおいて最もよくみられる酵素欠損症である．この病気は X 染色体連鎖性の遺伝病である．したがって，G6PD 欠損患者のほとんどは無症状であるが，発症する患者はおもに男性である．世界で 4 億人を超える患者がおり，特にアフリカ，中東，南アジアでは発症率が高い．400 以上の変異が G6PD 遺伝子に見つかっているが，そのすべてが臨床症状をひき起こすわけではない．

G6PD 欠損患者において溶血性貧血はおもに三つの原因で発症する．どの場合も，赤血球に酸化物質が存在する，あるいは産生されることによって起こる．

1 ソラマメ中毒　古代より，ソラマメ（*Vicia fava*）の摂取によってひき起こされるソラマメ中毒が知られていた．ある型の G6PD 欠損，特に地中海型変異はソラマメ中毒に対する感受性が高い．ソラマメは地中海地方や中東ではありふれた食物であるが，強い酸化物質である**ビシン** vicine のようなアルカロイドを含んでいる．

2 感染　感染に対する炎症応答により遊離ラジカルのような酸化物質が産生されることがあり，これは赤血球に入り溶血をひき起こす．

3 酸化性薬物　多くの酸化性薬物が溶血性貧血をひき起こす．パマキンやクロロキンのような抗マラリア薬は危険となることがあり，これらが処方される場合にはその前に G6PD の欠損があるかどうかを調べるべきである．スルホンアミド，サルファ剤，アスピリンなどの鎮痛剤も避けるべきである．

G6PD 欠損症の興味深い側面は，ある種の致死性マラリアが風土病となっている地域では，酵素欠損を起こす変異が有利に作用することである．この説明として，マラリア原虫がペントースリン酸経路の産物を必要としているか，あるいは原虫による過度のストレスにより，原虫の発育が完全に終了する前に赤血球が溶血してしまうことが理由と考えられる．この場合に選択的な利点と，鎌状赤血球形質（Box 4.3 参照）による場合を比較してみるとおもしろい．鎌状赤血球貧血はときに致死的な病気であるが，より致死性の高い疾患であるマラリアに対しては防御的に働き長生きすることができるからである．

要　約

ペントースリン酸経路はグルコースを酸化する経路と捉えるべきではない．この経路は ATP を生成せず，1 分子のグルコースを消費して完全に酸化することはない．これは融通性の高い経路であり，三つの大切な役割がある．この経路は核酸生合成のためのリボース 5-リン酸を産生する．脂肪酸の生合成や他の還元系のために NADPH をつくり出す．そして，食物からの過剰なペントース糖を代謝する．

ペントースリン酸経路は酸化反応系をもっており，グルコース 6-リン酸をリボース 5-リン酸に変換して NADPH を産生する．非酸化反応系では，細胞での必要性に応じてリボース 5-リン酸を代謝する．細胞が同じ量のリボース 5-リン酸と NADPH を必要としていれば，酸化反応系だけが必要とされる．もし細胞が脂肪酸合成のために大量の NADPH を必要とし，リボース 5-リン酸をほとんど必要としない場合には，非酸化反応系により過剰のリボース 5-リン酸はグルコース 6-リン酸に戻される．この経路は赤血球における NADPH の産生に必須であり，NADPH は防御因子であるグルタチオンを還元状態に保つために必要とされる．これがないと，ある種の薬物は貧血をひき起こす．

この経路に関わる反応の順番は複雑であり，複数の糖の

相互変換を含む．鍵となる反応はトランスアルドラーゼとトランスケトラーゼによって触媒されており，これらの酵素により糖の間で多様な相互変換が起こる．

ペントースリン酸経路は赤血球において特に重要であり，NADPH を産生することで膜の強度を保つ．鍵酵素である G6PD の欠損はヒトで最もよくみられる変異であり，溶血性貧血の原因となる．G6PD 欠損患者は，ソラマメの摂取や感染，酸化的薬物のような酸化的ストレスに感受性が高い．

問題

1 ペントースリン酸経路の役割は何か．
2 ペントースリン酸経路の酸化反応系とは何か．
3 非酸化反応系にはどの酵素が関わるか．
4 分裂していない脂肪細胞は脂肪酸合成のために大量の NADPH を必要とするが，リボース 5-リン酸はほとんど必要ない．しかしながら，酸化的反応系では同量の NADPH とリボース 5-リン酸が産生される．非酸化反応系がこの問題をどのように解決しているかについて述べよ．
5 成熟赤血球は核酸も脂肪酸合成も必要としない．なぜペントースリン酸経路は赤血球において重要なのか．

グルコースの生合成：糖新生

体は**糖新生** gluconeogenesis とよばれる経路により，ピルビン酸（または TCA 回路のあらゆる中間代謝物）に変換されるあらゆる化合物からグルコースをつくり出すことができる．脂肪酸とアセチル CoA は例外であるが，乳酸（赤血球や激しく運動している筋肉から血液に放出される）も糖新生に入ることができる．トリアシルグリセロール（TAG）から生じるグリセロールやほとんどのアミノ酸も同様である．その結果，多様な化合物からグルコースが生合成され，グリコーゲンとして蓄えられる．しかしながら，"型にはまった"代謝の役割に加えて，糖新生は飢餓時においてまさに生死を分けることがある．

何回もふれたように，脳は常にグルコースの供給を必要としている．このため，血中グルコース濃度（血糖値）は許容範囲内に保たれなければならず，これより低くなると昏睡や死に至ることもある．（脳は体の 2% 程度の重さしかないが，24 時間で摂取した糖質の半分を消費する．）

肝臓にグリコーゲンの形で貯蔵されるグルコースには限界があり，食物なしに約 24 時間が経過するとこの貯蔵は枯渇する．そうはいっても，ヒトは 1 日食べないぐらいで死ぬことはない．この状況での血中グルコースの供給源は肝臓である．長期飢餓時の腎臓を除き，他の臓器はグルコースを供給することができない．もし絶食が 24 時間以上続くと，肝臓はグルコースを生合成しなくてはならない．ヒトでは 1 日当たり最低 100 g のグルコースが脳に供給される必要がある．たとえば徹夜のような絶食の初期には，肝臓で約 90% の糖新生が起こるが，長期飢餓では腎臓がより活発になり，グルコース産生の 40% までを担うようになる．食事を取っている時期を除き，肝臓は筋肉と赤血球で産生された乳酸や余剰のアミノ酸から常にグルコースを合成しつづけているが，糖新生は絶食と飢餓における生き残りに特に重要である．

脂肪が動員されると肝臓でケトン体が産生され，脳で必要とされるエネルギーの半分を賄うことができる．したがって，ケトン体濃度の増加にはグルコース要求性を下げる役割があるが，グルコース要求性を完全に置き換えられるわけではない．グルコース枯渇が脳に与える影響ははなはだしいが，赤血球にもミトコンドリアがないので，解糖系を通じてエネルギーを得るためにグルコースに頼っている．体には通常，数週間にわたる飢餓でも十分にエネルギーを供給できる量の脂肪が蓄えられているが，脂肪酸はほとんど血液脳関門を通過できないため，脳で燃料として使われることはない．

肝臓における糖新生経路のおもな開始点はピルビン酸であるが，TAG のグリセロールや TCA 回路中間代謝物が使われることもある．再度強調すべき点として，ピルビン酸はアセチル CoA に代謝されて脂肪酸合成に使われるが，逆反応は起こらない．動物ではアセチル CoA をピルビン酸に変換できず，したがって脂肪酸は総合的にみてグルコースには変換されない．（大腸菌や植物ではこの反応が起こるが，後続の章を参照．）

まずはじめにピルビン酸からグルコースが産生される経路を解説し，次により広範な生化学的適用について説明することにしよう．

糖新生の調節については第 20 章で述べる．

ピルビン酸からのグルコース生合成の仕組み

糖新生は解糖系の単なる逆反応ではない．解糖系には熱力学的に三つの不可逆的な反応がある（図 13.7 参照）．

- ヘキソキナーゼ（またはグルコキナーゼ）により ATP を使ってグルコースをリン酸化する反応．
- ホスホフルクトキナーゼにより ATP を使ってフルクトース 6-リン酸をリン酸化する反応．
- ホスホエノールピルビン酸（PEP）がピルビン酸に変換されて ATP を生じる反応．

グルコースは解糖系の逆反応により中間産物を経て生合成されるが，不可逆反応を回避する別経路が必要となる．

第一の熱力学的障壁はピルビン酸を PEP に変換する反応である．ピルビン酸のエノール形からケト形への自発的変換は非常に大きい負の $\Delta G°'$ 値をもつため，動物の解糖系ではピルビン酸キナーゼが触媒する PEP → ピルビン酸の反応は不可逆である（エノール形ピルビン酸としては存

16. グルコースの生合成：糖新生

在しない）．すでに述べたように，普通は ATP を使う反応に関わる酵素にキナーゼの名前を与えるが，伝統的にピルビン酸キナーゼとよばれている．動物では，ピルビン酸から PEP への変換には二つの反応を含む迂回経路が使われる．二つのリン酸基がこの反応に使われ，熱力学的に容易に進行する．

(1) ピルビン酸 + ATP + HCO_3^- →
　　　　　　　　オキサロ酢酸 + ADP + P_i + H^+
　　（ピルビン酸カルボキシラーゼにより触媒）

(2) オキサロ酢酸 + GTP → PEP + GDP + CO_2
　　（PEP-CK により触媒）

全体の反応：ピルビン酸 + ATP + GTP + H_2O →
　　　　　　　　PEP + ADP + GDP + P_i + $2H^+$

この反応を図 16.1 に示す．

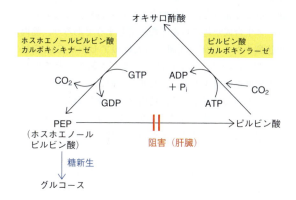

図 16.1 肝臓におけるピルビン酸からのホスホエノールピルビン酸 (PEP) の産生．この反応は PEP → ピルビン酸反応が妨げられているときのみ成り立つ点に留意せよ．これがどのように調整されているかについては，第 20 章の代謝調節で述べる．

2 番目の反応には ATP ではなくエネルギー的に等価な GTP が使われる．反応 1 はピルビン酸カルボキシラーゼにより触媒され，オキサロ酢酸を生じる．この反応は，TCA 回路にオキサロ酢酸を補充する役目もあり（第 13 章），糖新生における役割とはまったく異なっている．第二の酵素は**ホスホエノールピルビン酸カルボキシキナーゼ (PEP-CK)** phosphoenolpyruvate carboxykinase である．この名は，逆反応において PEP がカルボキシ化されリン酸基を転移することに由来する．

ピルビン酸カルボキシラーゼはミトコンドリアのみに存在するが，PEP-CK はミトコンドリアと細胞質に存在する．オキサロ酢酸は細胞質ではつくられないので，ピルビン酸をグルコースに変換するには明らかに問題がある．これには二つの解決策が働いている．ミトコンドリアで産生された PEP が特異的な輸送体を使ってミトコンドリア外

に排出されるか，オキサロ酢酸がリンゴ酸に還元されて輸送体の助けなしに排出されるかである．細胞質においてリンゴ酸は脱水素されてオキサロ酢酸になり，これは糖新生に NADH を供給する点において有利となる．オキサロ酢酸は TCA 回路と糖新生を結ぶ鍵分子であり，TCA 回路代謝物に変換されうるアミノ酸，たとえばアスパラギン酸も，最初にピルビン酸を経由することなく糖新生の基質となる．

一度 PEP が生じると，フルクトース 1,6-ビスリン酸にたどり着くまでは解糖系の反応はすべて可逆的である．解糖系においてフルクトース 1-リン酸からフルクトース 1,6-ビスリン酸の生成は不可逆であるが，この障壁は単純な加水分解酵素によって迂回され，1,6-ビスリン酸のリン酸基が除かれる．

フルクトース 1,6-ビスリン酸

　+ H_2O

フルクトース-1,6-ビスホスファターゼ

フルクトース 6-リン酸　　+ P_i

同様に，グルコース 6-リン酸に達すると，解糖系のグルコキナーゼ（またはヘキソキナーゼ）反応は不可逆であるが，肝臓では**グルコース-6-ホスファターゼ** glucose-6-phosphatase によりグルコースに変換され，細胞外に放出される．筋肉と脂肪細胞はこの酵素をもっていないので，血中にグルコースを放出できない．（このことが，筋肉に貯蔵されたグリコーゲンが筋肉のために使われ，他の組織での利用のためにグルコースを血中に放出しない理由である．）糖新生の全体の反応を図 16.2 に示す．解糖系と糖新生のどちらが起こるかについては，いかなるときも第 20 章で述べる調節機構に依存している点に留意されたい．

このように，解糖系とは無関係に糖新生に関わる酵素が四つある．ピルビン酸カルボキシラーゼ，PEP-CK，フルクトース-1,6-ビスホスファターゼ，グルコース-6-ホスファターゼである．肝臓における糖新生の重要性と一致して，ラット肝臓におけるこれらの酵素の活性はラット骨格筋における活性よりも 20〜50 倍高い．

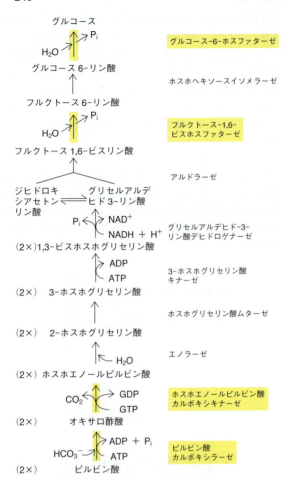

図16.2 ピルビン酸からグルコースまでの糖新生の全体像．黄色で示した反応は解糖系で起こる反応と異なる．

約15％にすぎないが，筋肉から肝臓に輸送されるアミノ酸の約50％はアラニンとグルタミンの形態である．アラニンとグルタミンは**糖原性アミノ酸** glucogenic amino acid とよばれ，肝臓はその炭素骨格をグルコースに変換することができる．他の大部分のアミノ酸も同様である．（アミノ酸の代謝は，ここでふれた反応機構も含め，第18章で改めて解説する．）

筋肉において，タンパク質分解によりアラニンはどのように生成するのであろうか．アミノ酸のいくつかはTCA回路中間代謝物を生じ，これらは回路に沿ってオキサロ酢酸に変換される．オキサロ酢酸は図16.1に示した反応によりピルビン酸に変換され，アラニンへと変換されて血中に放出される．アラニンのアミノ基は他のアミノ酸に由来する．しかしながら，この筋肉におけるアラニンの生成は，筋肉がピルビン酸をアセチルCoAに酸化しないことが条件であることに注意してほしい．もし飢餓時にこれが起こってしまうと，今目的としている課題，すなわちグルコース生合成が起こらなくなってしまうであろう．筋肉は脂肪酸やケトン体の代謝から大量のアセチルCoAを得ているが，このアセチルCoAがピルビン酸のアセチルCoAへの変換を阻害するので，ピルビン酸はアラニンへと変換される方向に代謝が傾く．筋肉タンパク質の分解により生じる他のアミノ酸からアミノ基がグルタミンシンテターゼの作用によりグルタミン酸側鎖に転移し，グルタミンが生じる．

まとめると，筋肉タンパク質の分解に由来するアミノ酸の多くはアラニンとグルタミンに代謝され，血流を通じて肝臓に運ばれる．肝臓では，アラニンはピルビン酸に戻り，グルタミンはグルタミン酸と2-オキソグルタル酸に代謝され，そこからグルコースに変換される．図16.3に

肝臓で糖新生に使われるピルビン酸とオキサロ酢酸はどこからくるか

上述のように，糖新生のための炭素骨格の主要な供給源は筋肉のアミノ酸，乳酸，そしてTAGのグリセロール部分である．

アミノ酸からのグルコースの生合成

グリコーゲン貯蔵が枯渇する飢餓や絶食時には，ピルビン酸のおもな供給源は筋肉タンパク質の分解である．筋肉タンパク質の分解はインスリン濃度が低いときに促進され，タンパク質分解の阻害が除かれることを意味している．グルカゴンは高濃度となり，肝臓によるアミノ酸の取込みが促進され，糖新生に供される．加えて，ストレスホルモンである**コルチゾール** cortisol が飢餓時に産生され，タンパク質分解を促進する．筋肉タンパク質の分解により20種類のアミノ酸が生じる．**アラニン** alanine と**グルタミン** glutamine は筋肉タンパク質のアミノ酸全体からみれば

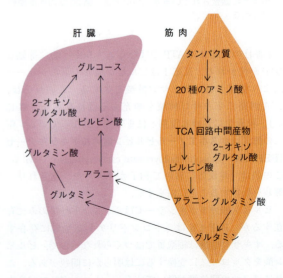

図16.3 筋肉タンパク質の分解により肝臓の糖新生にピルビン酸と2-オキソグルタル酸が供給される仕組み

全体の経路を示す.

飢餓により血中のケトン体濃度が増えるにつれ，脳はより多くのケトン体を持続的にエネルギー産生に利用するため，グルコースの利用は減少し，糖新生の需要も小さくなる（常に必要ではあるが）．このことは以下の理由で大切である．1gのグルコースが産生されるためには2gの筋肉タンパク質の分解が必要とされ，もしこれが続けば，筋肉タンパク質は急速に失われてしまい，飢餓を生き延びる時間が短縮されることになろう．

乳酸からのグルコースの生合成

糖新生のためのピルビン酸の第二の供給源は，グルコースやグリコーゲンの嫌気的解糖によって生じる**乳酸 lactic acid** であり，これは飢餓期にはそれほど重要ではないが，日々の正常状態においては大切である．赤血球にはミトコンドリアがないので，ATP産生は解糖系に依存している．通常の栄養条件下では，乳酸の主要な供給源は筋肉の解糖系である．筋肉が激しく活動すると筋肉内の解糖系の速度が上がりすぎて，ミトコンドリアのNADHを再酸化する能力が追いつかず，乳酸が産生されることがある．この乳酸は血中を経て肝臓に受渡されてピルビン酸に代謝され，それゆえにグルコース（やグリコーゲン）に変換される．この生理的経路は，その発見以来**コリ回路 Cori cycle** とよばれている（図16.4）．

コリ回路には二つの主要な効果がある．第一に乳酸の利用を可能にし，第二に**乳酸アシドーシス lactic acidosis** から守る役割をもつ．乳酸は血中では乳酸イオンとH^+に解離し，H^+の量が多過ぎると血液の緩衝能力を上回って血液のpHを危険な域まで下げてしまうかもしれない．乳酸からのグルコースの生成は二つのH^+の取込みを含む

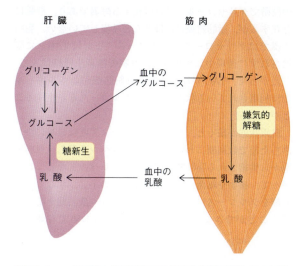

図16.4 コリ回路．この回路には筋肉と肝臓が関わる点に留意せよ．筋肉には糖新生に必須の三つの酵素がほとんど発現していない．過剰の乳酸は筋肉が激しく活動したときに産生される．このとき，解糖系はミトコンドリアがNAD^+を再酸化する能力を超えている．つまり，嫌気的解糖である．

($NADH+H^+$が1,3-ビスホスホグリセリン酸の還元に使われる）.

グリセロールからのグルコースの生合成

肝臓での糖新生に利用されるもう一つの代謝物は，おもに脂肪組織でTAGの**加水分解 hydrolysis** によって生じる**グリセロール glycerol** である．グリセロールは肝臓に取込まれ，図16.5のような経路でグルコースに変換される．**グリセロールキナーゼ glycerol kinase** は，反応系の最初

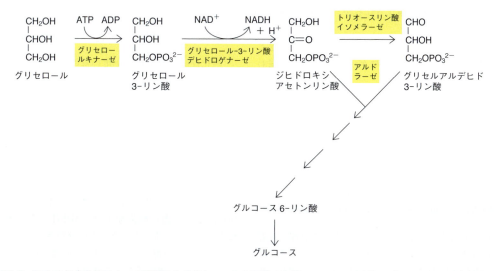

図16.5 TAGの加水分解によって遊離したグリセロールの肝臓でのグルコースへの変換．グリセロールの大部分は脂肪細胞で産生されるが，グリセロールキナーゼは脂肪組織にはないので，グリセロールからの糖新生は肝臓で起こる．

の段階でグリセロールをリン酸化する酵素であり，肝臓に存在するが，脂肪組織にはほとんど発現していない．脂肪組織ではグリセロールはグルコース（またはTAG）に変換されずに循環中に放出され，肝臓の糖新生経路に入る．したがって，TAGが加水分解され脂肪酸がエネルギー産生に利用されている状況においてグルコースを産生することができる．

飢餓状態が続くと，血中のグルコース濃度は最初に少し落ちた後で数週間にわたって一定のレベルを保ち，脂肪細胞から供給される脂肪酸も同様に一定レベルとなる．したがって，植物や細菌が使う単純な代謝の手品，すなわち脂肪酸をグルコースに変換するグリオキシル酸回路を動物は使うことができないが，この仕組みはきわめて有効である．

プロピオン酸からのグルコースの生合成

反芻動物を除き，プロピオン酸からのグルコースの産生はそれほど重要ではないが，反芻動物ではプロピオン酸は主要な代謝物である．プロピオン酸は奇数鎖脂肪酸を酸化する代謝経路によりスクシニルCoAに変換され，この経路はすべての動物に存在する．スクシニルCoAはTCA回路の中間代謝物として通常の代謝経路に入り，糖原性である．

次に，エタノール代謝の影響について手短に説明することにしよう．これは肝臓の糖新生と特別な関連性がある．

糖新生に対するエタノール代謝の影響

エタノールはアセトアルデヒドに酸化され，さらに酢酸に酸化される．酢酸の一部は血中に入り，他の組織で使われる．酢酸はほとんどの細胞に含まれている酢酸活性化酵素によりアセチルCoAに変換され，アセチル基はTCA回路により二酸化炭素と水に酸化されるか，脂肪酸合成に用いられる．

エタノールのアセトアルデヒドへの変換は肝臓で起こり，細胞質のアルコールデヒドロゲナーゼがこれに関わる．

$$CH_3CH_2OH + NAD^+ \xrightarrow{\text{アルコールデヒドロゲナーゼ}} CH_3CHO + NADH + H^+$$

アセトアルデヒドの酸化はミトコンドリアのマトリックスで起こる（Box 16.1）．

$$CH_3CHO + NAD^+ + H_2O \xrightarrow{\text{アルデヒドデヒドロゲナーゼ}} CH_3COO^- + NADH + 2H^+$$

エタノールの異化には相対的に非主流な代謝経路も存在する．これはミクロソームのエタノール酸化系である．ミクロソームとは細胞が破砕されるときに小胞体が壊れて生じた小さな断片または小胞である．ミクロソームは天然には存在しないが，実験には使いやすい粒子である．ミクロソームにはシトクロムP450が存在し，酸素分子とNADPHを使ってアルコールからアセトアルデヒドを生成する．

$$CH_3CH_2OH + NADPH + H^+ + O_2 \rightarrow CH_3CHO + NADP^+ + 2H_2O$$

（酸化反応にNADPHを用いるのはおかしいと思うかもしれないが，酸素1原子がアルコールの酸化に関わり，もう一つの酸素原子はNADPHにより還元されて水になる．）シトクロムP450は長期間にわたって大酒を飲み続けると誘導される．多くの医薬品はP450群により代謝されるが，アルコールはP450と競合することで薬物代謝速度を変えるかもしれない．これは医学的に興味深い話題である．P450は総じてCYP（シトクロムP）として知られる一群のアイソザイムに属する．この酵素は1原子の酸素のみを使い，もう一方の酸素原子はNADPHにより水に還元されるので，モノオキシゲナーゼに分類される．アルコールや他の外来化合物，たとえば殺虫剤や除草剤などの薬物の摂取はP450の遺伝子発現を誘導して量を増やす（P450については第32章でより詳しく述べる）．

> **Box 16.1　アルコールと東洋人の顔面紅潮症候群**
>
> アルコールを酢酸に変換する二つの酵素，すなわちアルコールデヒドロゲナーゼとアルデヒドデヒドロゲナーゼには多くの遺伝子多型がある．多くの場合，この遺伝子多型がアルコールをどのくらい飲めるかの個人差を決めている．アルコールデヒドロゲナーゼにより触媒される反応の産物であるアセトアルデヒドは短寿命であり，普通は蓄積しない．なぜなら，ミトコンドリアのアルデヒドデヒドロゲナーゼはアセトアルデヒドに対するK_mが低く，効率的にそれを除去するからである．東アジア起源の非常に多くの人々はアルデヒドデヒドロゲナーゼに機能欠失変異をもっており，この変異ではポリペプチド鎖の一つのグルタミン酸がリシンに置き換わっている．この機能欠失型酵素はアセトアルデヒドを酢酸に変換できず，そのためアセトアルデヒドの血中濃度が増加し，気分が悪くなる．ヘテロ欠損でさえ，機能欠失型酵素は正常型酵素と機能をもたない二量体を形成するので，影響を受ける．高濃度のアセトアルデヒドは血管拡張，頻脈，顔面紅潮をひき起こし，これは東洋人の顔面紅潮症候群として知られる．とても気分が悪くなるので，多くの人々はアルコールを飲まない（アルコール依存症にはならない）．中国系や日系の約1/3から半分の人々はアルコールを飲むと顔が赤くなる．
>
> 上記と関連して，ジスルフィラムのような薬物がアルコール依存症の治療に用いられる．この薬物はアルデヒドデヒドロゲナーゼを阻害して血中のアセトアルデヒドの濃度を高めるので，気分が悪くなる．この薬は患者に飲酒をやめさせることを目的としている．

肝臓のNADH/NAD$^+$比に対するエタノール代謝の影響

アルコールデヒドロゲナーゼは肝臓の細胞質に存在するので，NADHはリンゴ酸-アスパラギン酸シャトルを介して再還元されなければならない．このシャトルは還元当量をミトコンドリアに輸送する．この系全体はまったく危険がないように思われ，実際に大腸で細菌により産生されたエタノールは吸収され，普通の代謝物である．ヒトでは1日に数gに達しうる．しかしながら，もっと大量のアルコールが消費されると，ミトコンドリアへの還元当量の輸送速度がNAD$^+$の還元速度に追いつかなくなることがある．

肝臓において，NAD$^+$に対するNADHの比率は通常は小さい．そこそこの量のアルコールを摂取しただけでNADHの量は増える．NAD$^+$が関わるデヒドロゲナーゼ反応の多くは細胞内で平衡状態にある．このことは，通常の細胞質における基質の酸化型と還元型の比は，NADH/NAD$^+$比の変化に影響されることを意味している．特に肝臓では乳酸デヒドロゲナーゼ反応が影響を受け，肝外組織から肝臓に流れ込む乳酸が酸化されてピルビン酸を生じる反応が損なわれる．乳酸デヒドロゲナーゼの反応を思い出してほしい．

$$CH_3COCOO^- + NADH + H^+ \rightleftharpoons CH_3CHOHCOO^- + NAD^+$$
ピルビン酸　　　　　　　　　　　　　　　　乳酸

NAD$^+$の通常の還元様式が乱れると，肝臓の代謝が影響を受ける．

超大酒飲みでは深刻な状況が起こりうる．特に，飲んでいる間に食物をあまり摂取しない場合である．食物を取らずに24時間が経過すると，肝臓のグリコーゲン貯蔵が枯渇し，血中グルコース濃度とそれゆえに脳機能の維持は糖新生に頼る．糖新生はピルビン酸の適切な供給に依存しており，上述したように，このピルビン酸はおもに赤血球からの乳酸と筋肉タンパク質の分解に由来するアラニンから生成される．しかしながら，アルコールの大量摂取により肝臓内のNADH濃度が異常に高くなると，ピルビン酸を十分に得ることができなくなる．つまり，アラニンからつくられたピルビン酸は乳酸に変換されてしまい，外から来た乳酸は効率的にピルビン酸に変換されなくなる．乳酸は血中にあふれて乳酸アシドーシスをひき起こし，使えるピルビン酸が減ってしまうため糖新生が損なわれる．加えて，脱アミノされてTCA回路の中間代謝物になるアミノ酸から生じるオキサロ酢酸は，PEPに変換されて糖新生に入る代わりに，リンゴ酸に還元されるだろう．そうなると，糖新生そのものが乳酸アシドーシスに対する防御系の一つなので（1分子のグルコースが合成されると二つのH$^+$が消費される），乳酸アシドーシスの状態が悪化することになる．

NADH/NAD$^+$比が高くなるとグリセロールからの糖新生も同様に影響を受ける．グリセロール3-リン酸の脱水素反応が損なわれるからである．

アルコールによる糖新生の阻害の結果，肝臓のグリコーゲンが枯渇しているときにアルコールを消費すると，低血糖になりやすくなる．この理由から，激しい運動の後や長期間食物を摂取していないときにアルコール飲料を飲むことは避けるべきである．

アルコールの過剰摂取は最もありふれた脂肪肝の原因の一つである．アルコールデヒドロゲナーゼによるエタノールの代謝は肝臓内のNADHの濃度を上げ，NAD$^+$/NADH比を下げる．これにより脂肪酸の酸化が抑えられ，蓄積した脂肪からのTAGの合成が促進される．過剰に生じたTAGは肝臓内に沈着し，脂肪変性をひき起こす．アルコールは脂肪酸のコレステロールエステルへの取込みも高め，これも肝臓に蓄積する．リポタンパク質への取込みと血流への放出により高脂血症がひき起こされることがあるが，アルコール消費を減らせばもとに戻る．

細菌や植物での
グリオキシル酸回路によるグルコースの生合成

大腸菌は炭素源として酢酸しか供給されなくても問題なく生存できる．酢酸はATP依存的経路によりアセチルCoAに変換される．動物の状況とは異なり，アセチルCoAは総じてTCA回路のC$_4$酸に変換され，それゆえに糖質や他のあらゆる細胞内成分に変換されうる．植物の種子では，TAGとして蓄えられたエネルギーは発芽時にグルコースに変換される．細菌や植物はどうしてこれができるのだろうか．

細菌や植物は普通のTCA回路をもっているが，これに加えて，動物では起こらない別の反応によりいくつかの反応を迂回できる．TCA回路では，アセチルCoAから二つの炭素原子がオキサロ酢酸に渡されてクエン酸（C$_6$）を生じる．その後，二つの炭素原子は2分子のCO$_2$として失われコハク酸（C$_4$）を生じる．その結果，総和としてはC$_2$成分のTCA回路の中間代謝物への変換はない．

グリオキシル酸回路 glyoxylate cycle はこの損失を迂回する．イソクエン酸は直接コハク酸とグリオキシル酸に分割される．これは一種の短絡路である．

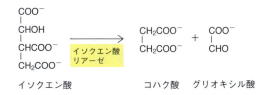

イソクエン酸　　　　　　　　コハク酸　グリオキシル酸

C$_2$のグリオキシル酸はアセチルCoAと反応してリンゴ酸に代謝され，TCA回路に戻る．

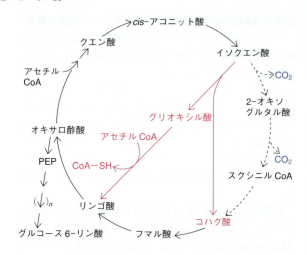

図16.6 植物と細菌におけるグリオキシル酸回路．この回路によりアセチルCoAから糖質をつくれるようになる．グリオキシル酸回路は動物には存在しない．破線はTCA回路で迂回される部分を示している．赤線はグリオキシル酸回路に特徴的な反応である．迂回される2回の脱炭酸反応を強調するため，2分子のCO_2を青字で示した．グリオキシル酸回路の結果，2分子のオキサロ酢酸がクエン酸から生合成される点は重要であろう．このうちの一つはクエン酸の合成，もう一つはPEPの産生に使われる．

この反応を図16.6に示す．正味としては，アセチルCoAとオキサロ酢酸がリンゴ酸とコハク酸に変換されることになる．コハク酸とリンゴ酸はともにオキサロ酢酸に変換され，1分子はグルコースへと代謝され，もう1分子はTCA回路を回り続ける．植物では，この反応はグリオキシソームとよばれる膜結合型の細胞小器官で起こる．

第13章において，ピルビン酸カルボキシラーゼという酵素がTCA回路の補充に必要であることを述べた（アナプレロティック経路）．大腸菌にはこの酵素が存在しない．これはおそらく，グリオキシル酸回路がアセチルCoAからTCA回路中間代謝物の純増分を供給することができるので，ピルビン酸カルボキシラーゼが不要となったからであろう．同じことが糖質の生合成のためのオキサロ酢酸の産生にもあてはまる．

最後に言っておきたいが，地球上で最大の糖質の生合成は植物の光合成によって起こる．光合成では，CO_2が別の解糖系中間代謝物であるビスホスホグリセリン酸に固定され，ここからグルコースの生合成が始まる．この仕組みについては第21章の光合成で詳しく説明するのが最善であろう．

要約

一定の状況では，肝臓が糖新生経路によってグルコースを産生し血中に放出することは必須である．もし脳にグルコースが適切に供給されなければ，通常に機能できなくなるからである．

絶食時に食物を24時間以上摂取しないと肝臓のグリコーゲン貯蔵が枯渇するため，脳に供給されるグルコースは肝臓の糖新生によってつくり出される．糖新生の基質はピルビン酸であるが，ピルビン酸に変換されるあらゆる化合物やTCA回路の中間産物は糖新生に入ることができる．飢餓時における主要な供給源は筋肉タンパク質の分解の結果生じるアラニンとグルタミンであり，血流を通して肝臓に輸送される．これらのアミノ酸は脱アミノされてピルビン酸になる．筋肉のタンパク質分解はグルカゴン／インスリン比やストレスホルモンであるコルチゾールが高くなるとひき起こされる．コルチゾールは飢餓時に血中に放出される．

糖新生はほとんど解糖系の逆反応であるが，解糖系の三つの反応は不可逆的なため迂回する必要がある．ピルビン酸はGTPからのエネルギーを使ってオキサロ酢酸を経てホスホエノールピルビン酸に変換される．ホスホフルクトキナーゼとヘキソキナーゼの反応はホスファターゼにより迂回される．ホスホエノールピルビン酸を生成する反応とフルクトースビスホスファターゼ反応は糖新生の重要な調節反応である（第20章）．糖新生は，筋肉（激しい運動の間）や赤血球（常時）によって産生された乳酸も再利用し，これをグルコースまたはグリコーゲンに変換する．この反応はコリ回路として知られている．

TAGの加水分解で生じたグリセロールからのグルコースの生合成はグリセロールキナーゼによって開始する．グリセロールは，グリセロールキナーゼの発現が非常に低い脂肪組織では代謝されない．脂肪組織にはグリセロールキナーゼが存在しないと考えられていたが，そのアイソザイムが存在することがわかった．しなしながら，このアイソザイムの活性は肝臓の酵素と比べて1/200〜1/600ほど低

い．脂肪細胞で遊離したグリセロールは血流に放出され，肝臓に取込まれる．肝臓はそれをグリセロールキナーゼによりリン酸化し，次にジヒドロキシアセトンリン酸に変換し，糖新生経路へと入れる．

絶食時に過剰にアルコールを摂取するのは危険である．アルコール代謝により NADH/NAD$^+$ 比が乱れると，脳のためにグルコースを十分合成することができなくなる．筋肉はグルコースを放出することができず，糖新生の能力がない．

動物では，脂肪はグルコースや C_3 代謝物に変換されない．しかしながら，植物や細菌には修飾型の TCA 回路ともいえるグリオキシル酸回路があるので，脂肪をグルコースに変換できる．

問題

1. 絶食 24 時間後，肝臓のグリコーゲン貯蔵は枯渇するが，これと比べて脂肪はまだ多く貯蔵されている．脂肪からアセチル CoA が大量に供給されエネルギーを産生しているときにグルコースを生合成する利点は何か．
2. 糖新生は PEP の産生を必要とするが，ピルビン酸キナーゼはピルビン酸から PEP をつくり出すことができない．なぜか．この問題点はどのように克服されているか．
3. 肝臓の糖新生により PEP から解糖系の逆反応をおもにたどって血中のグルコースが産生される．しかしながら，解糖系にはない二つの酵素が糖新生に関わっている．それは何か．
4. 筋肉にはグルコース 6-ホスファターゼがない．代謝においてこれは何を意味しているか．
5. コリ回路とは何か．その生理的役割は何か．
6. 脂肪細胞は TAG の加水分解によりグリセロールを産生するが，グリセロールをグリセロール 3-リン酸に変換する酵素であるグリセロールキナーゼをもたない．グリセロールキナーゼが脂肪細胞ではなく肝臓に発現している利点は何か．
7. 動物はアセチル CoA を糖質に変換できない．細菌と植物はこれができる．どうやってか．
8. ピルビン酸キナーゼは TCA 回路に代謝物を補充する（アナプレロティック経路）．回路の中間代謝物が足りなくなると回路が回らなくなるだろう．しかし，大腸菌はこの酵素をもっていない．このことについて意見を述べよ．
9. 飢餓では筋肉が細くなる．これと糖新生との関係は何か．
10. 短時間での大量の飲酒のように，食物摂取が制限されているときに過剰にアルコールを飲むと脳へのグルコースの供給が足りなくなることがある．これはどのように説明されるか．

17

脂肪酸および類縁化合物の生合成

本章では，脂肪酸あるいはトリアシルグリセロール（TAG）の生合成について取扱う．これは食物摂取時に起こる同化反応である．加えて類縁化合物，たとえば膜脂質やコレステロールの生合成についても解説する．これらは細胞で常時生合成されている．

脂肪合成は食事摂取時に起こる同化反応である．グリコーゲン貯蔵の許容量を超過した糖質は，より安定な貯蔵形態である TAG に変換される．アルコールやある種のアミノ酸も脂肪酸の生合成に使われる．すでに説明したように，脂肪酸合成ができずにグリコーゲンとして燃料を蓄えるとすると，脂肪はぎっしりと詰まり水をはじくのに対しグリコーゲンは水と混じり合うので，ずっと大きな体が必要となる．脂肪酸合成は食物が満たされているときに起こる．糖質の脂肪酸への変換は，食物中の糖質と脂肪の相対的な割合に依存する．脂肪酸合成は糖質含量の少ない混合食では少ないであろうが，適切または過剰のエネルギー値をもつ高糖質食を摂取する際により重要となる．

脂肪酸合成の仕組み

脂肪酸合成の一般原理

代謝の全体像をみると（図 17.1），脂肪酸がアセチル CoA に変換されるのと同様に，アセチル CoA は脂肪酸に変換されることがわかる．脂肪酸は二つの炭素原子をもつアセチル CoA から生合成されるので，天然の脂肪酸は炭素原子の数が偶数となる．

すでに述べたように，糖質の過剰摂取は脂肪の沈着を招くことがある．グルコースはピルビン酸に変換され，アセチル CoA となり，これが脂肪酸合成に利用される．しかしながら，ピルビン酸デヒドロゲナーゼの反応は不可逆的なので，アセチル CoA は総収量的にはピルビン酸に変換されず，それゆえに動物では脂肪酸からグルコースをつくり出すことができない．〔第 16 章で，細菌と植物はアセチル CoA をグルコースに変換する特殊な経路（グリオキシル酸回路）をもっていることを述べた．〕

代謝経路において，少なくともいくつかの反応では，順反応と逆反応が別々に調節されることについてもう承知のことと思う．脂肪酸の分解と合成についてもこれが当てはまる．ある反応については同じ反応が分解と合成に（逆向きに）使われるが，他では異なった反応が起こる．このようにして，分解と合成は熱力学的に合理的かつ不可逆的となり，異なる調節を受ける．

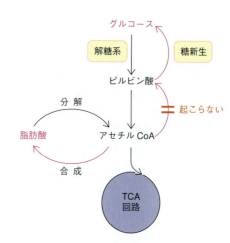

図 17.1 なぜ動物では，グルコースは脂肪酸に代謝されるが脂肪酸はグルコースに代謝されないのか．赤で示した逆経路は順経路と必ずしも同一ではなく，後に説明する．植物や細菌では脂肪酸はグルコースに代謝されるが，ピルビン酸デヒドロゲナーゼの逆反応が使われるわけではない．

第一段階はマロニル CoA の生合成である

アセチル CoA から脂肪酸を熱力学的に合理的に生合成するためには，不可逆的反応が必須である．記憶をよび覚ますために，第 3 章の"生化学におけるエネルギー的考察"に立ち返ってみよう．なぜなら，脂肪酸合成のまさに第一段階を理解するには，不可逆的反応の重要性をよく理解することが必須だからである．

アセチル CoA 分子は CO_2 によりカルボキシ化され，マロニル CoA を生成する．この反応では ATP の分解がエネルギーとして使われる．しかし，脂肪酸合成の第二段階で

は，この CO_2 は失われる．このような反応が熱力学的に不可逆的であることを思い出さなければ，要領を得ないだろう．化学的変換というより，エネルギーを利用して行う反応だからである．マロン酸の構造は $HOOC-CH_2-COOH$ であり，マロニル CoA は $HOOC-CH_2-CO-S-CoA$ である．以下に示すこの反応は**アセチル CoA カルボキシラーゼ** acetyl-CoA carboxylase によって触媒され，アセチル CoA にカルボキシ基が付加されてマロニル CoA が生成する．

$$CH_3-\overset{O}{\underset{\|}{C}}-S-CoA + ATP + HCO_3^- \rightarrow$$
$$\overset{O}{\underset{O^-}{\|}}C-CH_2-\overset{O}{\underset{\|}{C}}-S-CoA + ADP + P_i + H^+$$

この酵素は補欠分子族としてビオチンをもっている．ATP を使って分子に CO_2 を取込むすべてのカルボキシラーゼにこの特徴がある．反応の中間生成物として活性化 CO_2-ビオチン複合体が形成される．

脂肪酸の合成は，アセチル CoA を使って二つの炭素単位が同時に添加されなければならない．脂肪酸合成においてマロニル CoA は，三つの炭素原子をもっているにも関わらず，二つの炭素原子を活発に供与する物質として働く．しかしその前に，アシルキャリヤータンパク質（ACP）について多少説明しておく必要がある．

アシルキャリヤータンパク質と 3-オキソアシル ACP シンターゼ

脂肪酸がアセチル CoA に分解される際には，すべての反応は遊離脂肪酸としてではなく，CoA とのチオールエステル体として起こる．脂肪酸が合成される際も，すべての反応はチオールエステルと結合した脂肪酸アシル基上で起こるが，ここでは CoA が反応物のエステル化に使われる代わりに，CoA 分子の半分が使われる．CoA の構造を思い出してみよう（第 12 章）．

```
リン酸 ── パントテン酸 ── NHCH₂CH₂ ── SH
 │
リン酸 ── リボース ── アデニン
 │
リン酸            囲った部分はホスホ
                  パンテテイン基
```

赤い破線で囲った部分は 4-ホスホパンテテインであり，これが脂肪酸合成に用いられる"運送体"チオールである．これは遊離の形では存在せず，**アシルキャリヤータンパク質（ACP）** acyl carrier protein とよばれるタンパク質に結合している．ACP とは，CoA 内蔵のタンパク質，あるいは CoA 中の AMP 部位がタンパク質に置き換えられた巨大な CoA 分子，と考えるとよい．

3-オキソアシル ACP シンターゼ（β-ケトアシルシンターゼ） 3-oxoacyl ACP synthase は**縮合酵素** condensing enzyme としても知られ，活性 SH 基をもっている．これもアシルチオールエステル形成に必要とされる．この場合，活性 SH 基はアミノ酸のシステインである．哺乳類では，ACP と 3-オキソアシル ACP シンターゼは巨大な多機能複合体の一部を形成している．

脂肪酸アシル CoA の生合成機構

以下に述べるのは大腸菌における仕組みであり，一連の異なる酵素が関わる．上述したように，哺乳類では ACP と他の脂肪酸合成酵素群は独立して存在せず，多機能酵素複合体の一部を形成している．まずは図 17.2 (a) に示すように脂肪酸アシル CoA-ACP シンターゼ複合体の二つの SH 基が空である状況から説明を始めよう．

特異的なトランスフェラーゼにより，CH_3CO- がアセチル基から ACP の SH 基に受渡される（図 17.2 b）．これはさらに 3-オキソアシル ACP シンターゼの SH 基に転送され，ACP の SH 基は空になる（図 17.2 c）．別のトランスフェラーゼがマロニル CoA のマロニル基を ACP に受渡し，マロニル ACP を生じる（図 17.2 d）．シンターゼは結合しているアセチル基をマロニル基に転移し，CO_2 と置き換わって 3-オキソアシル ACP を形成する．1 周目の反応の場合は 3-オキソブチリル ACP である（図 17.2 e）．3-オキソブチリル ACP は同じタンパク質複合体上にある活性（後述）によりブチリル ACP となる（図 17.2 f）．このブチリル ACP は 3-オキソアシル ACP シンターゼに受渡される（図 17.2 g）．結果として生じた状況は，飽和アシル鎖をもつ酵素複合体が形成される点で，図 17.2 (c) に類似している（図 17.2 c ではアセチル基，図 17.2 g ではブチリル基）．こうして，図 17.2 に示されている一連の反応が進行していく（c → d が反応開始点になる）．違うのは，今度はアセチル基がブチリル基になり，最終産物はヘキサノイル ACP という点だけである．さらに 5 周回るとパルミトイル ACP が生成する．C_{16} に到達すると，加水分解酵素によりパルミチン酸が遊離する（図 17.2 h）．

$$CH_3(CH_2)_{14}CO-S-ACP + H_2O \rightarrow CH_3(CH_2)_{14}COO^- + ACP-SH$$

3-オキソアシル ACP シンターゼにより e 段階に至る反応は，これに関わる脱炭酸反応のエネルギー的考察から，不可逆的に進行する点に留意されたい．

パルミトイル CoA は C_2 単位ごとにさらに伸長されて長鎖や極長鎖の脂肪酸を生成する．これに関わる酵素はⅢ型脂肪酸合成酵素（エロンガーゼ）であり，小胞体にみられる．

脂肪酸合成の反応の構成

種によって脂肪酸合成に必要とされる酵素群の構成は異なっている．**脂肪酸合成酵素（FAS）** fatty acid synthase は

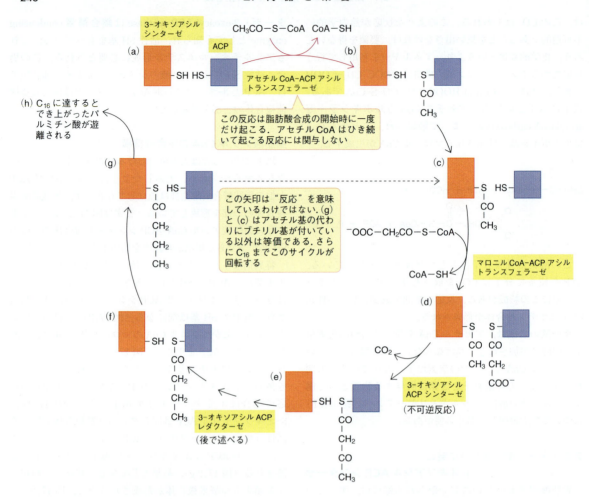

図17.2 脂肪酸合成に関わる反応系．動物の 3-オキソアシル ACP シンターゼは単一タンパク質分子のドメインであるが，ここでは別の酵素のように示している（オレンジ色）．このように表示している理由は，実際には機能性酵素単位は正反対の向きに並ぶ二量体であり，二つの SH 基の間の転送は二量体を形成する二つのタンパク質分子のドメイン間で起こるからである．ACP の SH 基（青）はホスホパンテテイン構造上にあり，脂肪酸合成酵素の SH 基はタンパク質のシステイン上にある．この反応が 7 周回ると，生じたパルミトイル ACP は加水分解されてパルミチン酸を遊離する．

触媒単位の構成により二つに分類される．

- I 型 FAS 系はすべての触媒単位をもつ多機能酵素複合体であり，異なるドメインが共有結合でつながり 1～2 個のポリペプチド鎖で構成されている．I 型 FAS 系はおもに真核生物に存在する．動物の FAS 酵素は二つのホモ二量体から成り，X の形をしている．哺乳類の FAS は遺伝子融合によって分子進化したものと考えられている．
- II 型 FAS 系では，酵素はそれぞれ別個のタンパク質であり，それぞれが脂肪酸合成系の単一の反応を触媒する．この系はおもに細菌とある種の植物に存在する．

哺乳類では，対をなす FAS は機能的な二量体複合体を形成している（図17.3）．伸長しつつある脂肪酸鎖は

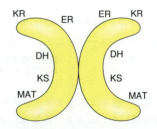

図17.3 哺乳類の脂肪酸合成酵素上の酵素活性．KR: 3-オキソアシル ACP レダクターゼ，ER: エノイル ACP レダクターゼ，DH: 3-ヒドロキシアシル ACP デヒドラターゼ，KS: 3-オキソアシル ACP シンターゼ（縮合酵素），MAT: マロニル/アセチル CoA-ACP アシルトランスフェラーゼ．

"ACP"のSH基と3-オキソアシルACPシンターゼのSH基の間を行き来しているが，パルミチン酸合成が完了するまで決して酵素から遊離されることはない．伸長反応と還元反応はすべて"ACP"と結合した基質で起こる．4-ホスホパンテテインの長く可動性に富む腕は，異なる中間産物が複合体中の適切な触媒中心と相互作用するのにおそらく必要とされる．単一の巨大な複合体を形成することで，それぞれの中間産物は拡散して次の酵素を見つける必要がなく，すぐ隣にある触媒中心と相互作用できるので，反応がより速く進むという利点がある．

脂肪酸合成の還元反応

飽和脂肪酸アシルACPの生合成に関する上記の一連の反応において，ACPに結合した3-オキソアシル基は図17.4に示すような三つの連続反応により還元される．この反応に関わる還元物質は（NADHではなく）**NADPH**である．NADPHはニコチンアミドアデニンジヌクレオチドリン酸（$NADP^+$）の還元型であり，第15章のペントースリン酸経路で述べた電子伝達体である．（NAD^+還元の化学は第12章で示したが，$NADP^+$の場合も同様である．）

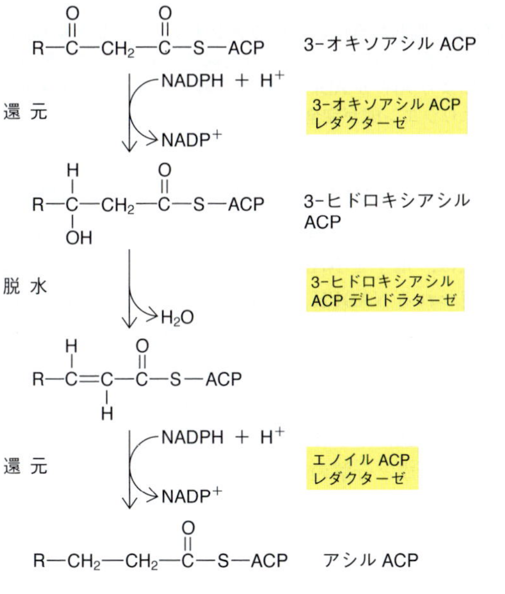

図17.4 脂肪酸合成の還元反応

まとめると，脂肪酸合成における還元反応には水素化，脱水，水素化が含まれ，脂肪酸の酸化（脱水素，水和，脱水素）とは逆であるが，反応の開始分子と産物（アセチルCoAではなくマロニルCoA），および補因子（NAD^+ではなくNADPH）が異なっている．

$NADP^+$とは何か

NAD^+と$NADP^+$の構造を思い出そう．

P－リボース－ニコチンアミド
|
P－リボース－アデニン

P－リボース－ニコチンアミド
|
P－リボース－アデニン
|
P

アデニンに結合したリボースの2′-ヒドロキシ基にさらにリン酸基が結合している．

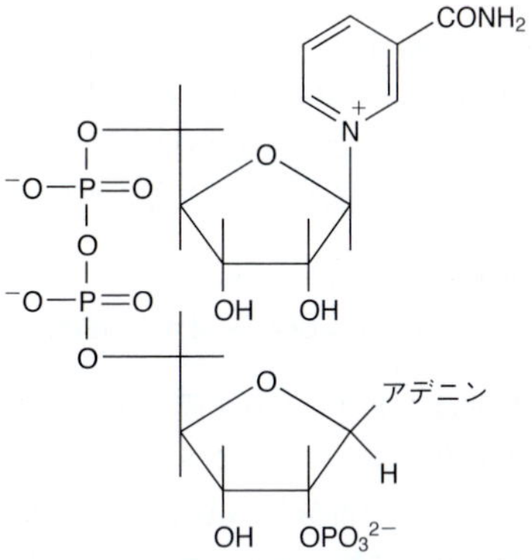

追加のリン酸基は分子の還元的性質には影響を与えない．つまり，これは純粋に認識シグナルである．NAD^+酵素は$NADP^+$を使うことはできず，逆もまたしかりである（少しは例外があるが重要ではない）．

二つの補酵素を使うということは代謝の区画化という意味で重要である．これを理解するには，エネルギーの放出においては還元当量が酸化され，その間に，たとえば脂肪酸合成では，還元当量が生合成に使われるということを思い出してほしい．細胞はこの相反する代謝活動を代謝の区画化により分けているのである．一方では，酸化反応にNADHを電子伝達体として用い，他方の還元反応ではNADPHを使うのである．

NAD^+の還元と$NADP^+$の還元には異なる仕組みが存在する．解糖系，ピルビン酸デヒドロゲナーゼ反応，TCA回路，脂肪酸酸化においてNAD^+がどのように還元されるかはご存知と思う．では$NADP^+$はどのように還元されるのだろうか．次の節でこれを説明することにしよう．

脂肪酸合成は細胞質で起こる

ヒトにおける脂肪酸合成の主要な場は肝臓であり，程度こそずっと低いが脂肪細胞でも起こる．他の組織，たとえば授乳時の乳腺も脂肪酸を合成する．脂肪細胞は主要な脂肪貯蔵の場である．

細胞内におけるアセチルCoAからのパルミチン酸の生合成は細胞質で起こる．これは，脂肪酸の酸化がミトコンドリアで起こることと対照的である．脂肪酸合成に関わるアセチルCoAのおもな供給源はピルビン酸デヒドロゲ

ナーゼ反応であり（第13章），ミトコンドリアのマトリックスに存在する．アセチルCoAはミトコンドリアの膜を通過して細胞質内の脂肪酸合成の場に移動できないので，アセチル基がミトコンドリアから細胞質に輸送されなければならない．ミトコンドリアのアセチルCoAはTCA回路においてクエン酸シンターゼによりクエン酸に変換される．クエン酸はミトコンドリア膜系によって細胞質に運ばれ，そこで**ATP-クエン酸リアーゼ** ATP-citrate lyase または**クエン酸切断酵素**とよばれる酵素により，アセチルCoAとオキサロ酢酸に分断される．この反応はATPのADPと無機リン酸（P_i）への分解と協調しており，不可逆的に進行する．（ミトコンドリアにおけるクエン酸合成反応が不可逆的であることを思い出してほしい．そのため，別の酵素がこの分解に必要とされるのである．）

クエン酸 ＋ ATP ＋ CoA–SH ＋ H_2O →
　　　　　アセチルCoA ＋ オキサロ酢酸 ＋ ADP ＋ P_i

オキサロ酢酸はミトコンドリア膜に非透過性であり，特別な輸送体も存在しないので，ミトコンドリアに戻ることができない．オキサロ酢酸はNADH（NADPHではない）により細胞質でリンゴ酸に還元される．こうして生成したリンゴ酸は酸化的脱炭酸によりピルビン酸とCO_2に代謝される．この反応に関わる酵素は$NADP^+$を用いる**リンゴ酸酵素** malic enzyme であり，NADPHが生じ，脂肪酸合成に利用される（図17.5）．この後ピルビン酸はミトコンドリアに戻され（図17.6），**ピルビン酸カルボキシラーゼ** pyruvate carboxylase によりオキサロ酢酸に再変換される．

ピルビン酸 ＋ HCO_3^- ＋ ATP ─ピルビン酸カルボキシラーゼ→
　　　　　オキサロ酢酸 ＋ ADP ＋ P_i ＋ H^+

クエン酸は高濃度のときのみミトコンドリアを離れる．これは炭酸イオンが豊富に存在するときに起こる．それ以外のときにはクエン酸は細胞質には存在しない．

このように，クエン酸の代謝はアセチル基をミトコンドリア外に運ぶだけでなく，脂肪酸合成のためのNADPH

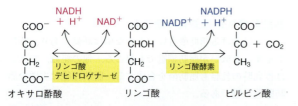

図17.5 脂肪酸合成における$NADP^+$の還元．二つの反応の正味は，還元当量をNADHから$NADP^+$に移すことである．こうして細胞質で産生されたピルビン酸はミトコンドリアに入る．オキサロ酢酸の供給源は図17.6に示す．

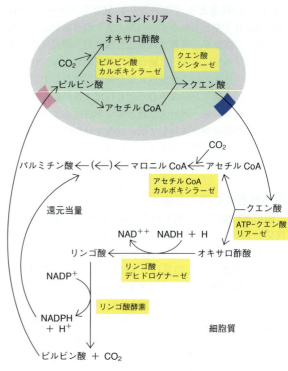

図17.6 脂肪酸合成におけるアセチル基（アセチルCoA）と還元当量（NADPH＋H^+）の供給源．ATP-クエン酸リアーゼによりATPがADPとP_iに分解される．このエネルギーによりクエン酸が完全に分解される．

も産生する．NADHによる細胞質でのオキサロ酢酸のリンゴ酸への還元と$NADP^+$によるリンゴ酸のピルビン酸への酸化は，電子をNADH代謝"区画"から還元的合成反応に使われるNADPH"区画"に受渡す巧みな仕組みである．これに加えて，クエン酸は脂肪酸合成の最初の酵素，すなわちマロニルCoAを生成するアセチルCoAカルボキシラーゼを活性化する．マロニルCoAは脂肪酸が合成されている細胞にしか存在せず，第20章で詳述するように，脂肪酸の合成と分解の調節に関わる重要な分子である．

クエン酸から細胞質において産生される全アセチルCoA分子につきそれぞれ1分子のNADPHが産生される．しかしながら，パルミチン酸合成酵素による－CHCO－からの－CH_2－CH_2－の形成には2分子のNADPHが関わる（図17.4）．余分のNADPHをつくり出す別の仕組みが必要であるが，これについては第15章のペントースリン酸経路で述べた．

不飽和脂肪酸の生合成

膜を形成する極性脂質の産生には不飽和脂肪酸が必要である．不飽和脂肪酸は脂質二重層の流動性を得るために重要であり，また多くのプロスタグランジンとその類縁化合

物のような生理活性脂質の前駆体にもなる．肝臓にはステアリン酸の中央に二重結合を導入してオレイン酸を生成する酵素が存在する．Δ^9 は，脂肪酸のカルボキシ基の炭素を1として，炭素9と10の間に二重結合があることを示している．

$$CH_3(CH_2)_7CH=CH(CH_2)_7COOH$$
オレイン酸，18:1（Δ^9）

しかしながら，動物は植物には可能なこの中心二重結合と末端メチル基の間への二重結合の導入ができない．したがって，動物は二重結合を二つもつリノール酸や，三つもつリノレン酸を体内でつくり出すことができない．

$$CH_3(CH_2)_4CH=CHCH_2CH=CH(CH_2)_7COOH$$
リノール酸，18:2（$\Delta^{9,12}$）

$$CH_3CH_2CH=CHCH_2CH=CHCH_2CH=CH(CH_2)_7COOH$$
α-リノレン酸，18:3（$\Delta^{9,12,15}$）

不飽和脂肪酸は膜の成分やエイコサノイドのようなシグナル伝達分子（本章で後述）の合成に必須であるため，これら二つの脂肪酸は食物から摂取されなければならない（Box 17.1）．植物は脂肪酸の末端半分を不飽和化できる酵素をもっている．

しかしながら，肝臓はリノール酸を伸長して余剰の二重結合を挿入し，二重結合を四つもつ C_{20} アラキドン酸（20:4，$\Delta^{5,8,11,14}$）を合成することができる．肝臓はこれをさらに伸長して神経組織の脂質に含まれる C_{22} や C_{24} の脂肪酸を合成できる．これらの変換はすべて CoA 誘導体として起こる．

脂肪酸からの TAG と膜脂質の生合成

TAG は脂肪の主要な貯蔵形態である．脂肪酸がグリセロールにエステル結合するためには，脂肪酸はアシル CoA の形で活性化されなければならない．第14章で述べたように，この反応はアシル CoA シンテターゼにより触媒される．

$$RCOOH + CoA-SH + ATP \rightarrow RCO-S-CoA + AMP + PP_i$$

カルボキシルエステルはチオールエステルと比べて自由エネルギーが低いので，脂肪酸の活性化によって脂肪酸アシル CoA からの TAG の合成は発エルゴン的になる．アシル基の受容体はグリセロールではなくグリセロール 3-リン酸である．グリセロール 3-リン酸は解糖系の中間産物であるジヒドロキシアセトンリン酸の還元によりおもに生じる（図 13.28 参照）．脂肪細胞における解糖系のおもな役割は，TAG 生合成のためのグリセロール 3-リン酸をつくり出すことである．肝臓はグリセロールキナーゼの作用によりグリセロールを直接リン酸化することができる．

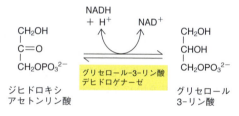

食事時にはインスリン濃度が上がり，脂肪組織の毛細血管ではリポタンパク質リパーゼが活性化し，遊離した脂肪酸は脂肪細胞に取込まれる．脂肪酸の再エステル化と貯蔵

Box 17.1 脂肪酸の α と ω と食事

不飽和脂肪酸の別の命名法では，末端のメチル基の炭素を ω とし，そこからの炭素鎖の二重結合を数える（この場合にはカルボキシ基の炭素原子を α 炭素とよぶ）．リノール酸とリノレン酸の共通点は，ω 炭素から数えて9番目の炭素までの位置に二重結合をもつという点である．この命名法では，リノール酸は ω-6 脂肪酸，リノレン酸は ω-3 脂肪酸となる．

このように，リノレン酸は ω-3 脂肪酸であり，ω 炭素から数えて3番目の炭素に二重結合がある．リノール酸は ω-6 脂肪酸である．ω 炭素は n 炭素とよばれることもあり，この場合にはリノレン酸は n-3 脂肪酸となる．

哺乳類は脂肪酸分子の Δ^9 と末端メチル基の間に二重結合をつくることができないので，リノレン酸やリノール酸などの脂肪酸は食物から摂取されなければならず，それゆえに必須脂肪酸 essential fatty acid とよばれる．リノレン酸やリノール酸などの ω-3 および ω-6 脂肪酸はアマニ油，ヒマワリ油，トウモロコシ油，ナタネ油などの植物油にみられ，他の長鎖 ω-3 や ω-6 脂肪酸はタラやサケなどの魚油に豊富に含まれている．ヒトの生理に重要な ω-3（n-3）脂肪酸は α-リノレン酸（18:3, n-3; ALA），エイコサペンタエン酸（20:5, n-3; EPA），ドコサヘキサエン酸（22:6, n-3; DHA）である．

食物中の飽和脂肪酸に対する不飽和脂肪酸の割合を上げると血清コレステロールの濃度を下げる効果があることは，高濃度のコレステロールと冠動脈疾患が相関することと同じくらいよく知られている．

長鎖 ω-3 脂肪酸の体に良い影響は，特に EPA と DHA についてよく知られている．1970年代にグリーンランド居住者であるイヌイットの疫学調査により，彼らは魚から大量の油を摂取しているが，心血管障害をほとんど発症しないことが示された．イヌイットによる大量の ω-3 脂肪酸の摂取は，血中の TAG 濃度の減少，血圧の低下，動脈硬化の発症率の改善と関連していた．

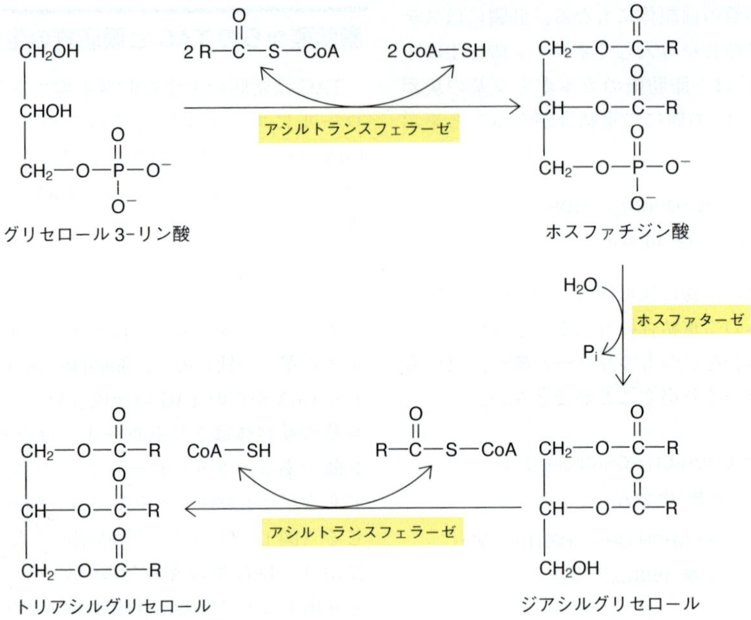

図17.7 グリセロール3-リン酸からのTAG（中性脂肪）の合成に関わる反応

は，脂肪細胞の表面にGLUT4が発現してグルコースを取込み，これが解糖系によってジヒドロキシアセトンリン酸とグリセロールリン酸に変換されることで可能になる．

TAG生合成の反応を図17.7に示す．

新しい膜脂質二重層の生合成

グリセロリン脂質の生合成には二つの側面がある．まず，生合成されるための代謝反応があり，これはよくわかっている．しかしながら，別の，おそらくもっとおもしろい問題は，これにより新しい膜がどのように形成されるかである．膜の生合成は特有の問題を提起する．真核細胞には多くの異なる膜があり，その膜は細胞が増殖や分裂をするために伸びなければならない．膜の合成はすでに存在する膜の場で新しいリン脂質が産生されることにより起こる．この節では，膜の生合成という第二の問題について論じる前に，まずリン脂質の生合成のための代謝経路をみていこう．

グリセロリン脂質の生合成

第7章の膜の構造において，膜にはグリセロール骨格をもつリン脂質が存在することをみてきた．グリセロリン脂質では，極性アルコールがホスファチジン酸のリン酸基にエステル結合している．

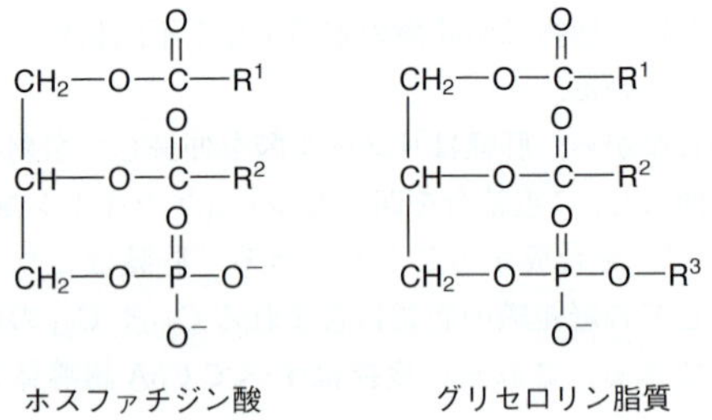

R^3に相当するのはセリン，エタノールアミン，コリン，イノシトール，またはジアシルグリセロールである．真核細胞で最も主流の膜脂質はホスファチジルエタノールアミンとホスファチジルコリンなので，まずはこれらの生合成についてみることとしよう．エタノールアミンの構造は$NH_2CH_2CH_2OH$であり，コリンは以下のようである．

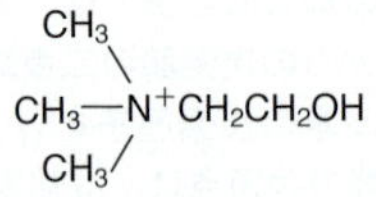

両者ともアルコール"R-OH"と表記される．アルコールは"活性化"して反応に関わる．これには二つの反応があり，まずは，ATPでリン酸化される．

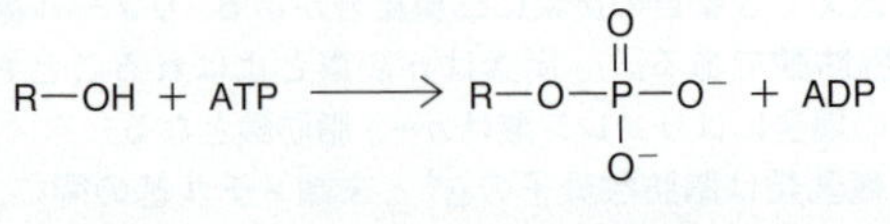

$$R-OH + ATP \longrightarrow R-O-P-O^- + ADP$$

第二の反応は**シチジン三リン酸（CTP）** cytidine triphosphate との反応である．CTPは塩基としてアデニンの代わりにシトシン（C）をもっている以外はATPと同じである（シトシンリボースをシチジンとよぶ）．この正確な構造は22章で示すが，ここでは必要ない．すべての細

胞は核酸の合成に必要なので CTP をもっている（第22, 23章）．膜の生合成に ATP ではなく CTP が関わるのは進化の過程での偶然なのか，それとも何らかの良い理由があるのかはわかっていない．事実として，CDP 化合物は常にこの分野での"高エネルギー"供与体であるということである（動物のグリコーゲン合成にはなぜか常に UDP グルコースが使われるのと同等である）．実際にここで起こる反応は，グルコース 1-リン酸と UTP から UDP グルコースが生成されるのと非常によく似ている（第11章）．

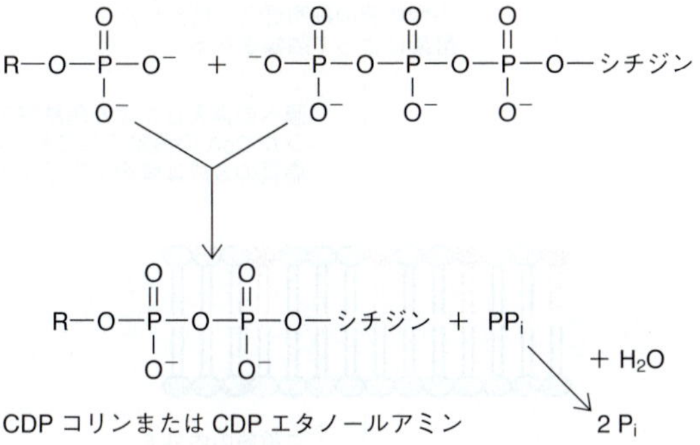

R—O—P—O⁻ + ⁻O—P—O—P—O—P—O—シチジン

↓

R—O—P—O—P—O—シチジン + PPi

CDP コリンまたは CDP エタノールアミン

2 Pi + H₂O

無機二リン酸（PPi）の Pi への加水分解により，反応は大きく発エルゴン的に傾く．

ホスファチジルエタノールアミンとホスファチジルコリンの生合成の最終反応は以下のようになる．

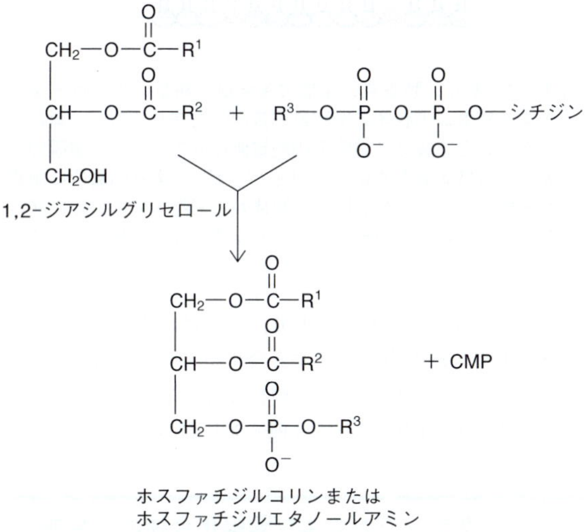

CH₂—O—C—R¹
CH—O—C—R²   + R³—O—P—O—P—O—シチジン
CH₂OH

1,2-ジアシルグリセロール

↓

CH₂—O—C—R¹
CH—O—C—R²   + CMP
CH₂—O—P—O—R³

ホスファチジルコリンまたは
ホスファチジルエタノールアミン

ジアシルグリセロールはホスファチジン酸がホスファターゼにより加水分解されて生じる．

この反応において，アルコール（エタノールアミンまたはコリン）が CDP に結合し，ついでリン酸化アルコールが別のアルコール（ジアシルグリセロール）に転送される．このとき，極性基は"活性化"されている．エネルギー的には，ジアシルグリセロールに CDP が結合して，ジアシルグリセロールリン酸基がエタノールアミンやコリ

ンに転送されても同じであろう．つまり，極性アルコールまたは極性基の代わりにジアルグリセロールを活性化するということである．真核細胞では，実際にこの反応がホスファチジルイノシトールとカルジオリピンの生合成で起こっている（第7章）．カルジオリピンでは，イノシトールの代わりにもう一つのジアシルグリセロール分子が反応する．

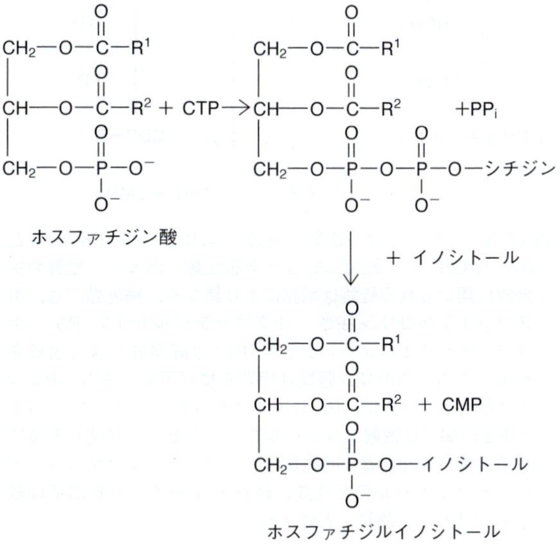

CH₂—O—C—R¹   CH₂—O—C—R¹
CH—O—C—R² + CTP → CH—O—C—R²   +PPi
CH₂—O—P—O⁻   CH₂—O—P—O—P—O—シチジン

ホスファチジン酸

+ イノシトール

↓

CH₂—O—C—R¹
CH—O—C—R²   + CMP
CH₂—O—P—O—イノシトール

ホスファチジルイノシトール

図17.8に全体像をまとめた．この図では，グリセロリン脂質が合成される2通りの経路が示されている．ここで強調すべきことは，リン脂質間の相互変換が起こるので，この領域は複雑であるということである．たとえば，セリンとエタノールアミンは互換可能であり，ホスファチジルエタノールアミンはメチル化されてホスファチジルコリンとなり，ホスファチジルセリンは脱炭酸されてホスファチジルエタノールアミンになる．ホスファチジルコリンは極性基の相互変換により他のあらゆるリン脂質に変換が可能である．あるリン脂質がどの合成経路を使うかは生物によって異なる．

スフィンゴ脂質（第7章）はパルミトイル CoA とセリンから複雑な反応によりつくられるが，ここではふれないことにする．

新しい膜脂質二重層の生合成

真核細胞では，リン脂質生合成の主要な場は滑面小胞体の膜である．また，ミトコンドリアの外膜でも起こる．細胞質の脂肪酸アシル CoA とグリセロールリン酸は小胞体の細胞質側表面に存在する酵素によりホスファチジン酸に変換される．ホスファチジン酸は上述のようにセリン，コリン，エタノールアミン，イノシトールなどのホスファチジル誘導体に変換され，ここにも小胞体の細胞質側表面の酵素が関わる．新規に生合成されたリン脂質は（おそらく

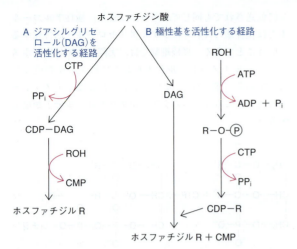

図17.8 グリセロリン脂質の合成に関わる二つの経路（AとB）．（ROH：リン脂質に結合する極性基．）あるリン脂質の生合成に用いられる経路は細胞により異なる．哺乳類では，ホスファチジルコリン（PC），ホスファチジルセリン（PS），ホスファチジルエタノールアミン（PE）は経路Bにより合成される．この三つのリン脂質は相互変換が可能であり，PSは脱炭酸されてPEに，PEはメチル化されてPCになる．PEとPSの間では遊離エタノールアミンとセリンが関わる極性基交換反応が起こる．哺乳類のカルジオリピンとホスファチジルイノシトールの生合成は経路Aを通る．大腸菌では経路Aによりリン脂質が合成される．

脂肪酸アシルCoAの段階で）小胞体膜の脂質二重層の外層に挿入され，生合成はその場で完遂される．リン脂質極性基の膨大な相互変換の結果，膜には多様な構成要素が生じる．細胞は膜を新規に合成することはできない．すでに存在する膜を伸ばす形でしか新しい膜をつくることはできないが，その結果細胞は大きくなり，細胞分裂時には娘細胞は膜の半分を受取る．

このようにして新しい脂質膜がつくり出される．二重膜の外層と内層ではリン脂質組成が異なる（第7章）．新規に生合成されたリン脂質は小胞体脂質二重層の外層にあるため，バランスを保つためにリン脂質を内層に輸送しなければならない（図17.9）．外層から内層への単純な反転(flipping)は，極性基が脂質二重層の疎水性コアを通過することになるので，エネルギー的に好ましくない．フリッパーゼとよばれる一群のリン脂質転送酵素が知られている．この転送はATPの加水分解によって推し進められる．異なる膜においてどのように膜の非対称性がつくり出され維持されるのかについてはよくわかっていない．

他にも問題がある．小胞体で生合成された新しい膜は他の部位に輸送されなければならない．たとえば，細胞の増殖や分裂が起こるためには細胞膜に輸送されなければならない．可能性として二つの仕組みがある．第一に，膜顆粒が小胞体から出芽して標的膜，たとえば細胞膜に移動し，膜融合することで新しい膜を届ける．リン脂質輸送タンパ

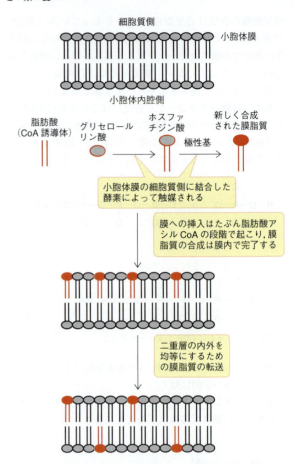

図17.9 新しい膜脂質二重層の生合成．新しい膜脂質を生合成する酵素は小胞体の細胞質側表面に局在しており，新たにつくられた脂質は二重膜の細胞質側に分布する．二重膜の均等性を維持するために，"フリッパーゼ"により内層側に脂質が分配される．新しい膜は小胞体から細胞内の他の膜に顆粒の形あるいはリン脂質輸送タンパク質を介して輸送される．

ク質という分子が知られており，これはある膜からリン脂質を取出して別の膜に輸送する役目をもつ．これが，新規に合成されたリン脂質が標的膜に運ばれる第二の仕組みである．膜の生合成は完全には理解されていない．

プロスタグランジンおよび類縁化合物の生合成

ギリシャ語の *eikosi* は20を意味する．これが**エイコサノイド** eicosanoid とよばれる一群の化合物の名称の基盤であり，すべてが20個の炭素原子をもち，高度不飽和脂肪酸と関連している．体内での量は非常に少ないが，エイコサノイドは多彩な生理機能をもっている．

エイコサノイドは，最初に見つかった細胞をもとに三つの主要なグループに分類されている．それらは**プロスタグランジン** prostaglandin，**トロンボキサン** thromboxane,

17. 脂肪酸および類縁化合物の生合成

ロイコトリエン leukotriene である．プロスタグランジンは最初に精液で見つかり，前立腺 (prostate gland) に由来すると考えられたためプロスタグランジンと名付けられた（実際には，それらは精嚢に由来する）．しかしながら，今では非常に多くの組織でプロスタグランジンがつくられることがわかっている．トロンボキサンは血小板 (thrombocyte) で，ロイコトリエンは白血球 (leucocyte) で見つかった．

プロスタグランジンとトロンボキサン

異なる構造をもつ多くのプロスタグランジンが存在し，プロスタグランジン E (PGE) やプロスタグランジン F (PGF) などのサブクラスに分類される．E や F に付く下付きの数字はシクロペンタン環の側鎖にある二重結合の数を示している．図 17.10 (b) に PGE_2 の構造を例として示した．ヒトでは二つの二重結合をもつ物質が最も重要であり，アラキドン酸（図 17.10 a）から生合成される．他のプロスタグランジンは類似の不飽和脂肪酸から生合成される．アラキドン酸は細胞のおもにリン脂質の脂肪酸成分として存在する．リン脂質のグリセロール骨格の 2 位（sn-2 位）のアシル結合を特異的に認識し，この加水分解を触媒してアラキドン酸とリゾリン脂質を遊離するホスホリパーゼは，特にホスホリパーゼ A_2 として知られる．

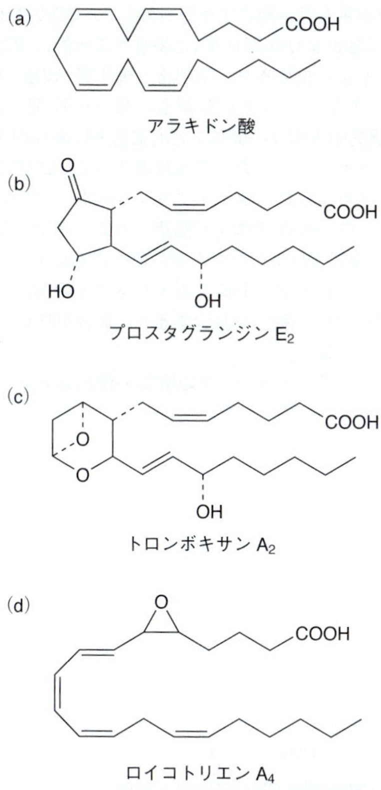

プロスタグランジン生合成の最初の反応は**シクロオキシゲナーゼ** cyclooxygenase により触媒される．この酵素はアラキドン酸から環構造をつくり出し，**アスピリン** aspirin（アセチルサリチル酸）により阻害される．アスピリンは，シクロオキシゲナーゼの活性部位の近傍にあるセリンをアセチル化することで共有結合的に修飾する．

プロスタグランジンには多彩な生理作用がある．これらは合成後すぐに細胞から放出され，局所ホルモンとして近隣細胞の受容体に結合して作用する．非常に多くの作用があり，たとえば痛み，炎症，熱をひき起こす．平滑筋を収縮させ，分娩に関わる．血圧調節にも関係する．胃酸の分泌を抑制する．アスピリンはシクロオキシゲナーゼを阻害することでこれらの作用を抑制する (Box 17.2)．

トロンボキサン（図 17.10 c）は血小板の凝集に影響を与え，それゆえに血液凝固を調節している．トロンボキサンはあるプロスタグランジンがさらに変換されて生じるので，アスピリンはトロンボキサンの生合成も抑える．特に，低用量（75〜100 mg/日）のアスピリンは血小板のトロンボキサン合成を抑制し，血液凝集を低下させる．この治療法は，冠動脈を閉塞する血栓の形成を防ぐことで心発作のリスクを下げることがわかっている．

ロイコトリエン

ロイコトリエン（図 17.10 d）は天然に存在するエイコサノイド脂質メディエーターの一種であり，最初に白血球で見つかったのでその名前がある．ロイコトリエンは体内でアラキドン酸から 5-リポキシゲナーゼにより生合成される．

ロイコトリエンの作用の一つは気道平滑筋の収縮である．ロイコトリエンの過剰産生は喘息やアレルギー性鼻炎における炎症の主要な原因である．これらの病気はロイコトリエン拮抗薬によって治療される．この拮抗薬は，ロイコトリエン生合成を抑えるか（リポキシゲナーゼ阻害薬），ロイコトリエンの活性を抑えるものである（標的細胞への作用を止める）．

コレステロールの生合成

コレステロールは細胞膜の必須成分であり，胆汁酸塩やステロイドホルモンの前駆体でもある．肝臓と，ずっと程度は低いが腸がコレステロール生合成の最も盛んな場所である．肝臓では，肝臓と体の残りの部分との間に二方向性のコレステロールの流れの"平衡"が成立しているが，これについては第 11 章で説明した通りである．

この大分子の生合成の出発点はアセチル CoA である．

図 17.10 プロスタグランジンと類縁化合物の構造．(a) アラキドン酸，(b) プロスタグランジン E_2(PGE$_2$)，(c) トロンボキサン A_2(TXA$_2$)，(d) ロイコトリエン A_4(LTA$_4$)．おそらくこの分野にとりわけ興味をもっている者以外は，これらの構造を覚えておく必要はないだろう．

Box 17.2　非ステロイド性抗炎症薬（NSAIDs）

痛みそのものは医学の大きな関心であり，痛みを調節できる薬物はとりわけ重要である．最も古く，今でもよく使われている薬はアスピリンである．本文中で述べたように，アスピリンはアラキドン酸からプロスタグランジン類への変換に必須であるシクロオキシゲナーゼ（COX）反応を阻害する．

プロスタグランジンには上部消化管粘膜の保護や腎機能の維持など，幅広い組織保護作用がある．

また，プロスタグランジンは痛み，炎症，発熱をひき起こす．通常の保護作用と同様に，プロスタグランジンは組織や細胞障害の部位でも産生される．関節炎では関節の細胞の障害によりプロスタグランジンの産生が起こり，何百万の人を苦しめている関節痛の一因となる．したがって，プロスタグランジン生合成を阻害する薬物は大きな関心を集めている．

アスピリンに加えて，イブプロフェンのような類似の作用をもつ薬物が抗炎症鎮痛薬として生産されてきた．これらは最もよく使われている薬物であり，ひとまとめに**非ステロイド性抗炎症薬（NSAIDs）** nonsteroidal anti-inflammatory drugs とよばれる．これらはコルチゾンや合成糖質コルチコイドなどのステロイド薬（第29章でふれる）とは異なる．

NSAIDs には有害な副作用がある．痛みを生み出すプロスタグランジンの産生を抑制するのに加えて，保護作用をもつプロスタグランジンの産生も止めてしまうからである．最もよく知られている副作用は上部消化管の炎症であり，出血や潰瘍形成に至る．これは関節リウマチの治療に特に重要である．なぜなら，長期にわたる高用量の NSAIDs の投与が治療に必要となるからである．

したがって，新しい型の NSAIDs，すなわち **COX-2 阻害薬 COX-2 inhibitor** の開発に大きな興味がもたれた．COX-2 阻害薬は細胞傷害の場で痛みを起こすプロスタグランジンの産生を阻害する．この開発の基盤となった理論について説明しよう．合わせて図 17.11 にまとめた．

プロスタグランジンの生合成に関わる COX には二つの

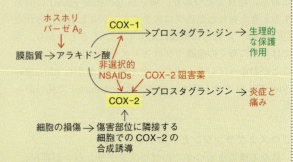

図 17.11　シクロオキシゲナーゼアイソザイムの作用と選択的阻害の効果

アイソザイムがある．**COX-1** はほぼすべての細胞に存在し，通常のプロスタグランジン産生に関わる．もう一つのアイソザイムである **COX-2** は，正常時にはほとんど，あるいはまったく発現していない．細胞障害の場において，隣接の細胞は COX-2 を発現誘導し，プロスタグランジンをつくり出して炎症と痛みを起こす．

アスピリンのような"古い"非選択的 NSAIDs は COX-1 と COX-2 の両者を効率よく阻害するが，上述したように，消化管粘膜障害をひき起こすかもしれない．COX-2 阻害薬は COX-1 にはあまり作用せず COX-2 を選択的に阻害するため，痛みをよく止めるが，不都合な消化管への副作用をあまり起こさない．しかしながら，最近の研究により，COX-2 選択的阻害薬は心発作など心血管系に副作用をひき起こすことがわかってきた．これはおそらく，血管壁細胞により産生されるプロスタサイクリン（PGI$_2$；プロスタグランジン I$_2$）の血管保護作用が阻害されるためである．また，COX-2 阻害薬はトロンボキサンの合成を止めることができない．したがって，トロンボキサン産生の抑制なしにプロスタサイクリン産生が減少すると，血栓形成の危険性が増すことになる．

結果として，今では COX-2 阻害薬の使用はかなり制限されている．

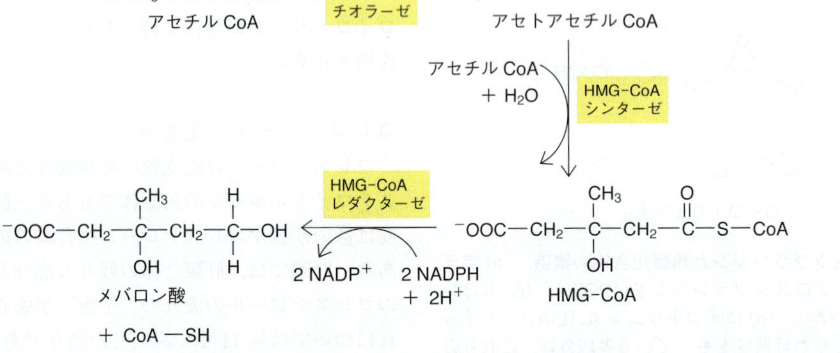

図 17.12　アセチル CoA からのメバロン酸の生合成

最初の2～3の反応はコレステロールの調節に関わるので，特に興味深い．ここでは，コレステロール生合成のために存在する最初の代謝物であるメバロン酸の産生に焦点を絞ろう．これには図17.12に示すような反応が関わり，細胞質で起こる．

HMG–CoA（3-ヒドロキシ-3-メチルグルタリルCoA）はケトン体の一つであるアセト酢酸の原材料でもあるが，ケトン体の合成はミトコンドリアで起こる．

細胞と血中のコレステロール濃度の調節と"スタチン"薬についてはすでに解説した（Box 11.2参照）．

コレステロールのステロイドホルモンへの変換

ステロイドホルモンは重要なシグナル分子である．テストステロンやエストラジオールなどの性ホルモンは生殖器でつくられ，第二次性徴に関わっている．

副腎は二つの主要なステロイドを生合成する．

- 糖質コルチコイド（グルココルチコイド）glucocorticoidにはいくつかの作用があり，その一つは糖新生を含む糖質の調節である．
- 鉱質コルチコイド（ミネラルコルチコイド）mineralocorticoidは体内のイオンバランスの維持に関わる．

ホルモンの作用は第29章で説明するおもな話題である．すべてのステロイドホルモンはコレステロールから合成される．いくつかのステロイドホルモンの産生の概略を図17.13に示す．コレステロールのステロイドへの変換は側鎖の切断を含み，この反応にはシトクロムP450が関わる．これにより生じるプレグネノロンはすべてのステロイドに共通の前駆体である．テストステロンとプロゲステロンの構造を図29.3に示す．

図17.13 コレステロールのステロイドホルモンへの変換の概略．それぞれの変換には複数の反応が関わることに注意してほしい．

要約

脂肪酸の合成はアセチルCoAを出発物質として細胞質で起こる．脂肪酸合成酵素（またはパルミチン酸合成酵素）とよばれる多機能酵素複合体がアセチルCoAからパルミチン酸を生合成する．この反応の還元物質はNADPHである（NADHではない）．脂肪酸をさらに伸ばす反応は小胞体の細胞質側表面にある別の酵素により触媒される．選択的な位置での炭素–炭素結合の不飽和化も起こる．

脂肪酸合成に用いられるアセチルCoAはミトコンドリアマトリックスにおいてピルビン酸から合成される．アセチルCoAはミトコンドリアから細胞質に直接は輸送されないが，マトリックスにおいてクエン酸シンターゼによりクエン酸に変換される（TCA回路の第一反応）．脂肪酸合成のために，クエン酸は細胞質にくみ出される．細胞質において，ATP–クエン酸リアーゼによりアセチルCoAとオキサロ酢酸が生成する．この反応はATPの加水分解に依存しており，不可逆的に進行する．オキサロ酢酸をリンゴ酸に還元するのにNADHが使われる．リンゴ酸はリンゴ酸酵素によってピルビン酸に変換され，このときNADP$^+$がNADPHに還元される．細胞においてNADPHは還元的生合成に用いられ，NADHは酸化反応に使われる．したがって，この系はアセチルCoAと還元物質の双方を供給する．

脂肪酸は脂肪酸合成酵素回路によって生合成される．この反応におけるC_2供与体はアセチルCoAではなく，C_3分子のマロニルCoAである．これはアセチルCoAのカルボキシ化により生じる．CO_2が供与反応で遊離されることで，脂肪合成系は不可逆的に進行するようになる．TAGはグリセロールリン酸と脂肪酸アシルCoAから生合成される．

膜脂質は小胞体膜で生合成される．不飽和脂肪酸は別の酵素系により合成され，プロスタグランジンと類縁化合物の生合成に使われる．プロスタグランジンは痛み，炎症，発熱に関わる．また平滑筋を収縮させるなど，他にも生理作用がある．プロスタグランジンとトロンボキサンはアラキドン酸から生合成され，最初の反応はシクロオキシゲナーゼによる環構造の形成である．アスピリン（アセチルサリチル酸）はシクロオキシゲナーゼを強力に阻害する．これはアスピリンが酵素に必須のセリンをアセチル化することによる．トロンボキサンは血小板活性化と血液凝固に関わる．アスピリンには血液凝固と冠動脈閉塞を防ぐ作用がある．ロイコトリエンは平滑筋の収縮や白血球の機能に関わり，リポキシゲナーゼの作用によりアラキドン酸から生合成される．

コレステロールもアセチルCoAからつくられる．最初に関与する段階はHMG–CoAレダクターゼによるメバロン酸の生合成である．これはコレステロール合成調節に重要な反応であり，コレステロール濃度を下げるスタチン薬の標的である．メバロン酸は長い反応系によってコレステロールに変換される（ここでは省略）．コレステロールはステロイドホルモンの原材料である．

問題

1 脂肪酸合成の最初の反応はアセチル CoA のカルボキシ化であるが，すぐに産物から脱炭酸される．このカルボキシ化/脱炭酸の反応により何が起こるか．
2 脂肪酸合成において伸長回路の反応の概略を図示せよ．還元反応は省略してよい．
3 真核細胞における脂肪酸合成酵素複合体の構成を手短に説明せよ．大腸菌の酵素とはどう違うか．真核細胞の場合の利点は何か．
4 NAD^+ と $NADP^+$ の構造の概略を示せ．両者の機能的な違いは何か．
5 動物において脂肪酸合成はおもにどこで起こるか．
6 アセチル CoA からのパルミチン酸の合成は細胞質で起こる．しかしながら，脂肪酸合成にアセチル CoA をおもに供給する酵素であるピルビン酸デヒドロゲナーゼの反応はミトコンドリアの内部で起こる．細胞質の脂肪酸合成系はどうやってアセチル CoA の供給を受けるのか．
7 脂肪酸の合成は NADPH を用いる還元的応である．NADPH はどこから供給されるか．
8 脂肪酸からの TAG の生合成を説明せよ．
9 脂質代謝における CTP の役割は何か．
10 (a) エイコサノイドとは何か．
　(b) どこからつくられるか．
　(c) 生理的重要性について手短に説明せよ．
　(d) この代謝領域におけるアスピリンの重要性とは何か．
11 コレステロールの生合成速度を下げる薬物について説明せよ．その作用機序はどのようなものか．

窒素代謝：アミノ酸代謝

普通の食物に含まれているタンパク質が消化されると，比較的大量の20種類のアミノ酸が小腸で吸収され門脈に入り，肝臓へと運ばれる．赤血球のように核をもたない細胞以外のすべての細胞はアミノ酸をタンパク質の生合成や膜成分，神経伝達物質，ヘム，クレアチン，カルニチン，核酸などの多様な物質の生合成に用いる．アミノ酸は遊離の状態ではイオン型であり，膜の脂質二重層を容易に通過することができないので，選択的輸送系によってすべての細胞に取込まれる．

第11章で述べたように，アミノ酸には特殊な貯蔵形態はない．つまり，必要時に動員されるアミノ酸を単に蓄えておくだけの機能をもつアミノ酸ポリマーは存在しない．アミノ酸の貯蔵は"アミノ酸プール"の形で存在し，細胞や血中の遊離アミノ酸や，機能的タンパク質の形で特に筋肉に最も多く蓄えられている．筋肉のタンパク質は収縮に関わっており，たとえば肝臓での糖新生のために筋肉タンパク質の分解によりアミノ酸が相当量動員されると，筋肉が衰え細くなる．

ヒトはアミノ酸のうち10種類を生合成することができない．大変興味深いことに，ヒトがつくり出すことができないアミノ酸の生合成には多くの反応が関わっており，それゆえに多くの酵素とそれをコードする多くの遺伝子が必要となる．つまり，このようなアミノ酸を自分で生合成するのは"高価"なのである．生合成できるアミノ酸とは，その炭素骨格，すなわち相当するオキソ酸（ケト酸）を生合成できるということである．これが可能である場合には，そのオキソ酸にアミノ基が添加されればアミノ酸になる．

ヒトの食物が"野生"から得られていたとき，生命を維持するために十分量の食料が得られていたとすれば，それはエネルギー的に十分であり，おそらくすべての必須アミノ酸を含んでいたであろう．このような状況では，ある種のアミノ酸を生合成できないことは不利ではなかったであろう．なぜなら，入手できる食物中の必須アミノ酸が足りなくて死ぬよりも，エネルギー不足で死ぬ方がもっと起こりやすいからである．

しかしながら，農業の発達により化学的エネルギーが穀物中の糖質の形で大規模に生産されるようになると，多くの人々が生き残れるようになったが，必ずしも適切な量の必須アミノ酸を得ることができなくなった．なぜなら，小麦やトウモロコシのような植物のタンパク質にはリシンやトリプトファンがあまり含まれていないからである．ヒトがタンパク質を豊富に含む食物を摂取し，十分な必須アミノ酸を長期にわたって得ることができたとしても，それらを大量に蓄える方法がない．緊急の需要が満たされれば，余分なアミノ酸は酸化されてグリコーゲンや脂肪に変換され，窒素は尿素として排出される．

1932年にガーナで最初に報告されたクワシオルコルという状態は，アフリカの辺地で凶作時の小児によくみられ，エネルギーは適切だがタンパク質不足の食物を摂取することにより起こると考えられた．現在では浮腫性の栄養障害として，タンパク質摂取の不足，タンパク質要求性の増加，感染，抗酸化防御の不足など，単なるタンパク質欠乏症よりも複雑であることがわかっている．クワシオルコルの終末期にはタンパク質・エネルギー栄養障害として知られる一連の病気や，衰弱を特徴とする消耗症となる（第9章）．消耗症はエネルギーとタンパク質の観点から不適切な食事に起因し，成人の飢餓に匹敵すると考えられている．双方の病態ともに免疫力の低下，消耗，無気力，成長不良，脳への悪影響をひき起こす．加えて，クワシオルコルでは血清タンパク質が減少して血液の浸透圧が低下するため，組織に浮腫が起こり，腹部が膨張する．腸管の細胞が適切に機能できず，食物があってもうまく消化吸収できないため，双方の病態は悪循環に陥る．この病気は成人よりも，成長により多くのエネルギーやタンパク質を必要とする成長期の小児に影響を及ぼす．

体内における窒素のバランス

アミノ酸の栄養学的側面は**窒素バランス** nitrogen balance の概念により一般化することができる．窒素（おもにアミノ酸として）の総摂取量が総排出量と等しければ，

窒素平衡の状態にある．妊娠期，成長期，組織修復期では摂取量が排出量を上回り，これは正の窒素バランスである．負の窒素バランスは絶食や飢餓時に起こり，排出が摂取を上回る．このときにはたとえば，筋肉のアミノ酸がグルコースに変換され，窒素が排出される．このような状態は慢性的な感染症やがんの患者にもみられ，糖質コルチコイドや他のストレスホルモンによりタンパク質分解が刺激される．

動物のタンパク質は常に"新陳代謝"しており，持続的に分解され再合成されている．分解によって生じたアミノ酸の多くはタンパク質に再利用され，尿素に変換されて排出されるのは1日当たり全身のタンパク質窒素のわずか0.3％程度である．尿素よりもずっと少ないが，哺乳類ではアンモニア，クレアチン，尿酸としても排出される．

必須アミノ酸とは，完全食から除かれると負の窒素バランスとなり実験動物の成長を支えることができないものをいう．ある種のアミノ酸，たとえばリシン，フェニルアラニン，トリプトファンは文句なしに必須である（表18.1）．必須アミノ酸には条件付き必須として知られるものも含まれる．たとえば，チロシンはフェニルアラニンが十分にあれば必須ではない．なぜなら，フェニルアラニンがチロシンに変換されるからである．同様に，哺乳類のシステインの生合成は別の必須アミノ酸であるメチオニンの供給を必要とする．この観点からすると，栄養学的には厳密に整理されているわけではない．"良質"のタンパク質はすべての必須アミノ酸を豊富に含んでいる．植物のタンパク質では一，二のアミノ酸が不足していることがある．タンパク質によってアミノ酸組成は異なるので，完全菜食主義の食品でアミノ酸栄養を満たすためには複数の植物のタンパク質を混ぜて摂取することが必要である．これはタンパク質の"補足効果"として知られ，動物の組織や産物を摂取できないようなときに，植物の"低品質"タンパク質の混合物を食べて生き残るための指標となる．たとえば，伝統的な穀物類（リシンが少ない）や豆類（メチオニンが少ない）の混合物により，世界中の何十億もの人々が適切なタンパク質を得ることができる．

アミノ酸の一般的代謝

アミノ酸代謝の一般的な状況を図18.1に示すが，本質的には異化のさまざまな局面と関連しており，アミノ酸，糖質，脂質の代謝は統合されている．生理学的に活発な状態は飢餓時においてみられ，生き残るために筋肉のタンパク質からアミノ酸が遊離されるので筋肉が消耗する．肝臓に運ばれたアミノ酸はグルコースの生合成に使われる（第16章）．

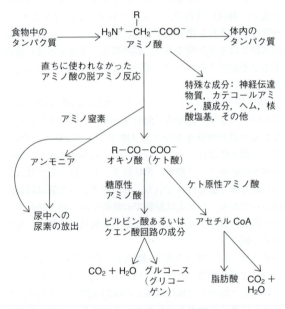

図18.1 アミノ酸異化の全体像．いくつかのアミノ酸は部分的にケト原性であり，部分的に糖原性であることに注意（これらの表現の解説については本章で後に説明する）．

表18.1 ヒトにおける食事アミノ酸の分類

非必須	必須
アスパラギン	アルギニン[†3]
アスパラギン酸	イソロイシン
アラニン	トリプトファン
グリシン	トレオニン
グルタミン	バリン
グルタミン酸	ヒスチジン
システイン[†1]	フェニルアラニン
セリン	メチオニン
チロシン[†2]	リシン
プロリン	ロイシン

[†1] システインは必須アミノ酸であるメチオニンからのみ合成される．
[†2] チロシンは必須アミノ酸であるフェニルアラニンからのみ合成される．
[†3] アルギニンは成長期のみに必要とされる．

アミノ酸代謝の様式

本章では，以下の質問について考え，答えていこう．
- アミノ酸はどのように代謝されるのか．アミノ基はどのように除かれるのか．言い換えると，脱アミノ反応はどのように起こるのか．タンパク質を構成するアミノ酸には20種類あるが，その大部分は共通の仕組みにより脱アミノされる．
- アミノ基の窒素はアミノ酸から除かれるが，どのように尿素に変換され排出されるのか．
- オキソ酸（ケト酸），すなわちアミノ酸の"炭素骨格

18. 窒素代謝：アミノ酸代謝

は脱アミノされた後にどうなるのか．この場合，それぞれのアミノ酸に固有の代謝経路がある．この点については，特に生化学的あるいは医学的に重要なので少しだけ解説したい．

- アミノ酸はどのように生合成されるのか．動物の体内では，生合成されるのは非必須アミノ酸のみである．炭素骨格（オキソ酸）ができると，その生合成は脱アミノ反応の逆である．これについては少数の例のみを紹介する．細菌や植物では，一般的な代謝中間体から全アミノ酸が生合成される．動物は植物のアミノ酸合成能力に依存して必須アミノ酸を得ている．全アミノ酸の合成（と分解）はよくわかっており，膨大な量の詳細な情報がある．ここでは生化学的あるいは医学的に関心の高いアミノ酸生合成の例について取扱う．

最後に，アミノ酸代謝に付随するメチル基の転移，ヘムの合成，アンモニアの循環系への輸送についてもふれる．

アミノ酸が出発点となる代謝には，タンパク質の生合成や核酸の生合成など，生化学の主要な話題も含まれる．これらについては後の章で解説する．

グルタミン酸デヒドロゲナーゼはアミノ酸の脱アミノ反応において中心的な役割を果たす

脱水素反応は脱アミノ反応で何を行うのであろうか．これを説明するために，まず手短に単純な化学について説明しよう．これは**シッフ塩基 Schiff base** に関するものである．シッフ塩基はカルボニル基（アルデヒドまたはケトン）をもつ分子と遊離アミノ基をもつ分子の間の自然（非触媒的）平衡により生じる．

$$\text{C=O} + \text{H}_2\text{N-R} \rightleftharpoons \text{C=N-R} + \text{H}_2\text{O}$$

この反応は完全に可逆的であるため，シッフ塩基はたやすく加水分解されてカルボニル基をもつ分子に戻る．

では，生物学の系，特にアミノ酸代謝におけるシッフ塩基の関与についてみてみよう．

下に示す式は，アミノ酸から始まり左から右に反応が進むとしよう．2分子の水素が除かれるとシッフ塩基が生じ，加水分解されてオキソ酸と NH_3 になる．これはアミノ酸からどのように1対の水素原子が除かれるかを示しており，この段階は**脱アミノ反応 deamination** とよばれる．逆反応では，オキソ酸，アンモニア，2原子の水素からアミノ酸が生合成される．

$$\text{CHNH}_2 \xrightarrow{-2\text{H}} \text{C=N-H} \xrightarrow{\text{H}_2\text{O}} \text{C=O} + \text{NH}_3$$

グルタミン酸（生理的pHではグルタミン酸イオン）はアミノ酸代謝の中心的存在である．グルタミン酸は**グルタミン酸デヒドロゲナーゼ glutamate dehydrogenase** により脱アミノされる．この酵素は通常，NAD^+ または $NADP^+$ を反応に用いる．（NH_3 は生理的pHではプロトン付加を受けて NH_4^+ として存在する．）

$$\begin{array}{c}COO^-\\|\\CH_2\\|\\CH_2\\|\\CHNH_3^+\\|\\COO^-\end{array} + NAD(P)^+ + H_2O \longrightarrow NAD(P)H + H^+ + \begin{array}{c}COO^-\\|\\CH_2\\|\\CH_2\\|\\C=O\\|\\COO^-\end{array} + NH_4^+$$

グルタミン酸　　　　　　　　　　　　　　　　　2-オキソグルタル酸

以下で述べるように，グルタミン酸デヒドロゲナーゼは脱アミノ反応において，それゆえに多くのアミノ酸の酸化において，主要な役割を演じている．この酵素は ATP や GTP（高エネルギー価の指標）によりアロステリックに阻害され，ADP や GDP により活性化される．ADP や GDP は酸化的リン酸化の速度を上げる必要があるかどうかの指標となる．

産生された2-オキソグルタル酸はTCA回路に入っていく．2-オキソグルタル酸はTCA回路によりオキサロ酢酸に変換されるので（図13.10参照），グルタミン酸は適切な生理的条件においてグルコースに変換されうる．したがってグルタミン酸は**糖原性アミノ酸 glucogenic amino acid** である．しかしながら，他のアミノ酸にはこれに相当するデヒドロゲナーゼがない．他のアミノ酸はどうやって脱アミノされるのだろうか．少数のアミノ酸には特殊な仕組みがあるが，その他のアミノ酸はアミノ基を酵素的に2-オキソグルタル酸に転移して，グルタミン酸と相応のTCA回路中間代謝物を生じる．次に，グルタミン酸は上記のグルタミン酸デヒドロゲナーゼ反応により脱アミノされる．こうして，アミノ酸は2段階反応により脱アミノされるのである．

最初の反応は**アミノ基転移反応 transamination** とよばれる．

$$\begin{array}{c}R\\|\\CHNH_3^+\\|\\COO^-\end{array} + \begin{array}{c}COO^-\\|\\CH_2\\|\\CH_2\\|\\C=O\\|\\COO^-\end{array} \longrightarrow \begin{array}{c}R\\|\\C=O\\|\\COO^-\end{array} + \begin{array}{c}COO^-\\|\\CH_2\\|\\CH_2\\|\\CHNH_3^+\\|\\COO^-\end{array}$$

上の式において，Rが CH_3 の場合，アミノ酸はアラニンである．アラニンの脱アミノ反応は以下のように進行する．

1. アラニン ＋ 2-オキソグルタル酸 →
　　　　　　　　　　　　ピルビン酸 ＋ グルタミン酸
2. グルタミン酸 ＋ NAD^+ ＋ H_2O →
　　　　　　　　　2-オキソグルタル酸 ＋ NADH ＋ NH_4^+

全体の反応：アラニン ＋ NAD^+ ＋ H_2O →
　　　　　　　　　　　　ピルビン酸 ＋ NADH ＋ NH_4^+

アミノ基転移反応とそれに続くグルタミン酸の脱アミノ反応を含む2段階反応は，このような明らかな理由から**転移的脱アミノ反応** transdeamination とよばれる．上記の反応1に関わる酵素は**アミノトランスフェラーゼ** aminotransferase（**トランスアミナーゼ** transaminase）とよばれる．これには異なる基質特異性をもつ酵素がたくさんあり，ほとんどのアミノ酸はこの経路により脱アミノされる．上記の例では**アラニンアミノトランスフェラーゼ** alanine aminotransferase である．肝臓が障害を受けるとこの酵素の血中濃度が上がるので，臨床診断の道具として使われることがある．

アミノ基転移反応の可逆性とはすなわち，オキソ酸が供給されれば相応のアミノ酸が生合成されるということである．必須アミノ酸の原料となるオキソ酸の場合のように，体内でオキソ酸が合成されなければ，アミノ酸を合成することはできず，食物から摂取しなければならない．非必須アミノ酸の合成においてアミノ基転移反応が重要となる一例は，リンゴ酸-アスパラギン酸シャトルにみられる（図13.29参照）．ここでは次の可逆反応が起こる．

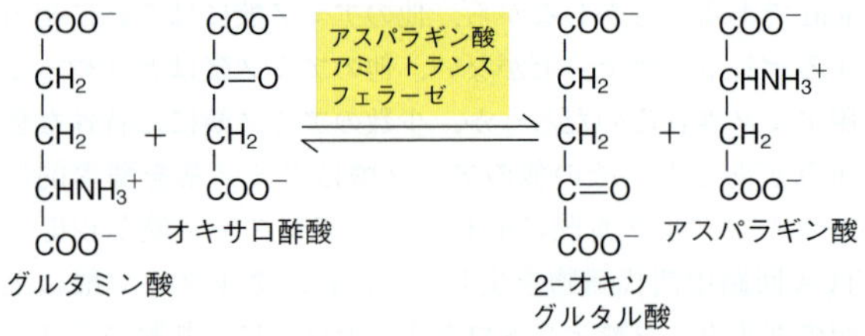

アミノ基転移反応の仕組み

すべてのアミノトランスフェラーゼには補因子である**ピリドキサール5′-リン酸（PLP）** pyridoxal 5′-phosphate が酵素の活性中心の近傍に強固に結合しており，アミノ基転移反応に関わる．

PLPはきわめて用途の多い補因子であり，求電子剤としてアミノ酸を含む多くの反応に関わる．簡単にいえば，PLPは中間媒介物として供与アミノ酸からアミノ基を受取って受容オキソ酸に受渡す．両反応は同一酵素上で起こる．多くの場合，補因子はビタミン B_6 誘導体である．食物中のビタミン B_6 は三つの類縁物質，すなわちピリドキシン，ピリドキサール，ピリドキサミンから成る（図18.2）．これらはすべて細胞内でPLPに変換される．分子中の機能性末端は－CHO である．

アミノ基転移における触媒反応は一般に次の2段階で起こる．

酵素－PLP ＋ アミノ酸1 ⇌ 酵素－PLP－NH_2 ＋ オキソ酸1
酵素－PLP－NH_2 ＋ オキソ酸2 ⇌ 酵素－PLP ＋ アミノ酸2

この式で，PLP－NH_2 はピリドキサミンリン酸である．この反応は図18.3のようにまとめられる．両反応ともにアミノトランスフェラーゼの活性部位で起こり，ピリドキサミンリン酸は酵素に結合したまま残る．

セリンとシステインに関する特殊な脱アミノ反応の仕組み

一般的なアミノ基転移反応に加えて，ある種のアミノ酸はアミノ基を除く独自の経路をもっている．

セリンはヒドロキシアミノ酸であり，システインはこれに対応する含硫アミノ酸である．セリンは PLP 要求性のセリンデヒドラターゼにより脱アミノされる（図18.4）．システインも類似の反応によって脱アミノされ，H_2O ではなく H_2S が除かれるが，この反応は細菌でしか起こらない．動物ではもう二つの複雑な経路が使われ，一方では硫黄原子が直接酸化され，他方ではアミノ基転移反応に続いて脱硫反応が起こる（ここでは示していない）．双方の産物はピルビン酸である．

脱アミノ反応後にアミノ基はどうなるのか：尿素回路

哺乳類では，異化されたアミノ酸のアミノ基は，親水性が高く不活性で無毒な尿素としておもに排出される．尿素が産生されることで，アミノ酸から生じるアンモニアの蓄積を防ぐことができる．尿素は肝臓においてのみ，アルギ

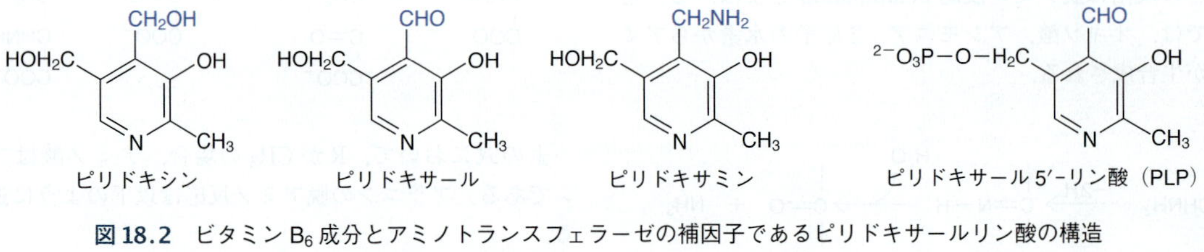

図18.2　ビタミン B_6 成分とアミノトランスフェラーゼの補因子であるピリドキサールリン酸の構造

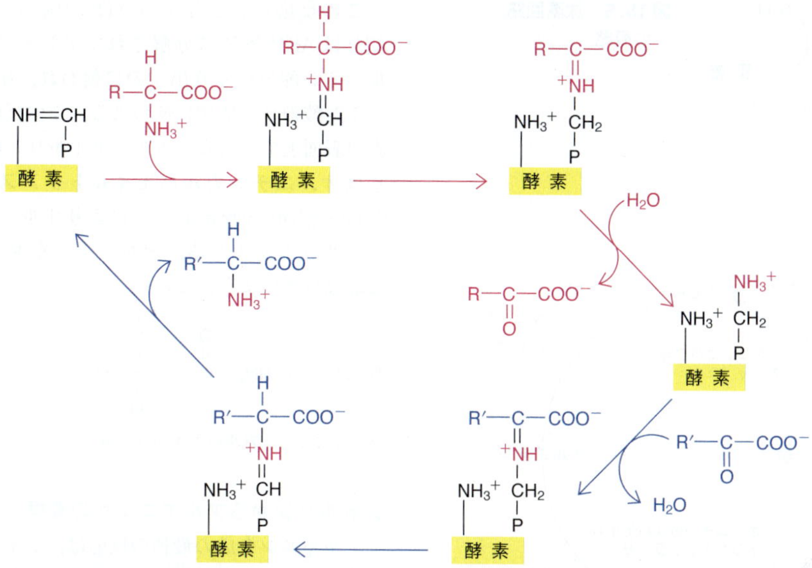

図18.3 アミノ基転移の反応機構の簡略図. 最初の P–CH=NH– は酵素タンパク質のリシンのアミノ基に結合したピリドキサールリン酸を示している. P–CH$_2$–NH$_3^+$ はピリドキサミンリン酸である. 順反応（赤矢印）によりアミノ酸はオキソ酸に, ピリドキサールリン酸はピリドキサミンリン酸に変換される. 逆反応（青矢印）では異なるオキソ酸が反応し, アミノ酸（赤）とオキソ酸（青）のアミノ基転移反応が起こる.

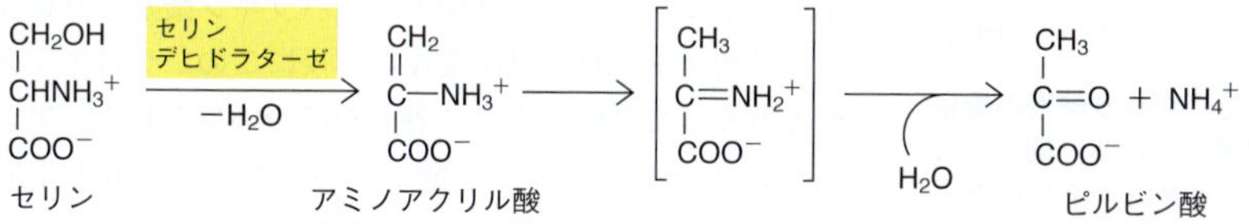

図18.4 セリンのピルビン酸への変換

ナーゼ arginase という加水分解酵素によりアルギニンのグアニジン基から産生される. 別の産物はタンパク質には存在しないアミノ酸であるオルニチンである.

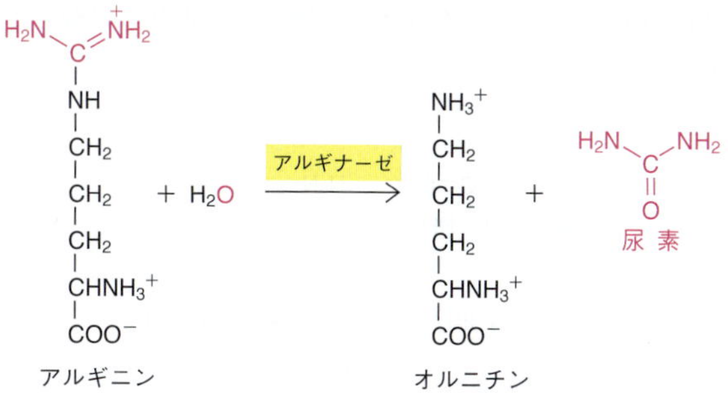

異化された20種のアミノ酸のアミノ基の窒素はオルニチンをアルギニンに戻すのに使われる. もう一つの炭素は CO_2 から（HCO_3^- として）くる.（TCA回路の発見者である）Krebs は Henseleit とともに, 肝細胞にアルギニンを添加すると尿素の生成が増加するが, その量は加えたアルギニンの量をはるかに超えることを見いだした. すなわち, アルギニンは触媒的に働いており, オルニチンも同様

である. つまり回路反応が起こっているということである. オルニチンとアルギニンの中間代謝物であるシトルリンも関与していることが発見された. なぜなら, シトルリンを肝細胞に添加しても尿素合成に触媒的に働くからである. これが有名な尿素回路 urea cycle の発見につながった. この回路は最初に記述された生化学的回路である. オルニチンのように, シトルリンもタンパク質には存在しないアミノ酸である.

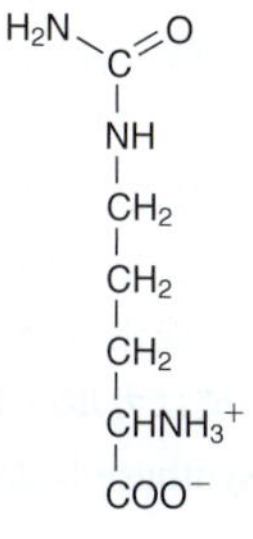

尿素回路の概略を図18.5に, 回路全体を図18.6に示す.

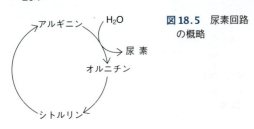

図18.5 尿素回路の概略

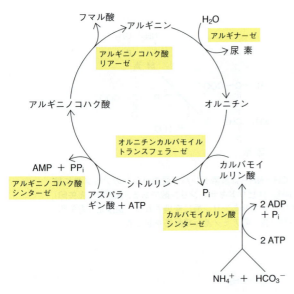

図18.6 尿素回路の酵素群．尿素回路に関わる酵素の量は食物から摂取されるタンパク質と協調している．回路はカルバモイルリン酸シンターゼの反応でアロステリックに制御されている．この酵素の正のアロステリックモジュレーターは N-アセチルグルタミン酸である．オルニチンのシトルリンへの変換はミトコンドリア内で起こり，回路の残りの反応は細胞質で起こる．

アルギニンの生合成機構

まずはオルニチンがどのようにアルギニンに変換されるかをみる必要がある．アンモニア，CO_2，オルニチンがシトルリン生合成の最初の段階の反応物であり，ミトコンドリアマトリックスで起こる．エネルギーはATPの形で供給される．まず，アンモニアと CO_2 が反応性に富む中間産物**カルバモイルリン酸** carbamoyl phosphate に変換され，これがオルニチンと一緒になってシトルリンを生じる．カルバミン酸は NH_2COOH の構造をもち，カルバモイルリン酸はしたがって $NH_2COOPO_3^{2-}$ である．これは高エネルギーリン酸化合物であり，酸無水物である．カルバモイルリン酸は**カルバモイルリン酸シンターゼ** carbamoyl-phosphate synthase により合成される．

$$NH_4^+ + HCO_3^- + 2\,ATP \longrightarrow NH_2-\underset{O}{\overset{O}{C}}-O-\underset{O^-}{\overset{O}{P}}-O^- + 2\,ADP + P_i + 2\,H^+$$

この反応には2分子のATPが関わっており，最初のATPはADPと P_i に分解されてアンモニアと CO_2 からカルバミン酸をつくり出すのに使われ，第二のATPはカルバミン酸のリン酸化に使われる．この反応はすべて単一酵素の表面上で起こる．カルバモイルリン酸のカルバモイル基は**オルニチンカルバモイルトランスフェラーゼ** ornithine carbamoyltransferase によりオルニチンに転移され，シトルリンが生じる．オルニチンを $R-NH_3^+$ で示すと，反応は以下のようになる．

$$R-NH_3^+ + NH_2-\underset{O^-}{\overset{O}{C}}-O-\overset{O}{P}-O^- \longrightarrow HN-\underset{R}{\overset{O}{C}}-NH_2 + P_i$$

オルニチン　　カルバモイルリン酸　　　　　シトルリン

シトルリンからアルギニンへの変換

アルギニン合成の最初の反応は，シトルリンの C＝O 基のアルギニンの C＝NH 基への変換である．この反応は細胞質で起こる．ここではアンモニアは使われないが，アスパラギン酸のアミノ基が直接使われる．これは，尿素分子上の二つのアミノ基がどこからくるかを考えるときに重要な点である．一つめのアミノ基はアンモニアに由来し，これにはすなわち，アミノ酸の脱アミノ反応が必須である．第二のアミノ基はアミノ酸のアスパラギン酸から直接受渡され，脱アミノ反応は必要ない．後にこの二つのアミノ基がどうやって肝臓にたどり着くかについてふれる．アンモニアは 2-オキソグルタル酸からのグルタミン酸の生成に使われ，グルタミン酸はオキサロ酢酸とのアミノ基転移反応によりアスパラギン酸を生じる．こうして，アンモニアとほとんどのアミノ酸のアミノ基は，尿素回路の第二段階を通じて尿素に変換される．

まず，**アルギニノコハク酸シンターゼ** argininosuccinate synthase により，アスパラギン酸はシトルリンに縮合される．

$$\underset{\text{シトルリン}}{R-NH\underset{NH_2}{\overset{C=O}{|}}} + \underset{\text{アスパラギン酸}}{\overset{H_3\overset{+}{N}}{\underset{COO^-}{|}}-CH-CH_2-COO^-}$$

↓ ATP
↓ AMP + PP_i

$$\underset{\text{アルギニノコハク酸}}{R-NH\underset{NH_2^+}{\overset{C-NH-CH(COO^-)-CH_2-COO^-}{|}}}$$

この反応で生じるのは**アルギニノコハク酸** argininosuccinic acid である．この名前は，分子の構造がアルギニンのコハク酸誘導体に似ているからである．アルギニノコハク酸は**アルギニノコハク酸リアーゼ** argininosuccinate lyase によって"引き剥がされ"，アルギニンとフマル酸（アルギニンとコハク酸ではない）を生じる．

$$^-OOC-CHNH_3^+-(CH_2)_3-NH-C\overset{NH}{\underset{NH_2^+}{\diagdown}}NH-CH\overset{COO^-}{\underset{CH_2-COO^-}{\diagdown}}$$

アルギニノコハク酸
↓

$$^-OOC-CHNH_3^+-(CH_2)_3-NH-C\overset{NH_2}{\underset{NH_2^+}{\diagdown}} + \overset{COO^-}{\underset{CH-COO^-}{CH}}$$

アルギニン　　　　　　　　　フマル酸

尿素回路は TCA 回路と結び付いている．フマル酸はオキサロ酢酸に変換されるからである．オキサロ酢酸のアミノ基転移反応によりアスパラギン酸が生じ，上述したように，アスパラギン酸はアルギニノコハク酸の生合成に利用される．

尿素回路の調節

尿素回路の調節は，それぞれの反応を触媒している酵素の濃度が変化することにより行われる．代謝されるべき遊離アミノ酸が大量に存在する場合には酵素が合成され，少ないときには逆が起こる．食事摂取が豊富なときや，飢餓時に筋肉のタンパク質が分解されて肝臓の糖新生経路に入るときにはアミノ酸濃度は高くなる．加えて，カルバモイルリン酸シンテーゼは正のアロステリックモジュレーターである N-アセチルグルタミン酸がないときには不活性であり，N-アセチルグルタミン酸の細胞内濃度はアミノ酸濃度を反映する．

肝外組織から肝臓へのアミノ窒素の輸送

筋肉でタンパク質が 20 種の構成アミノ酸に分解されても，これらのアミノ酸は大もとのタンパク質に存在していた量や比率のまま血中に放出されるわけではない．このような状況で循環血中に見いだされるアミノ酸はグルタミンとアラニンが主である（これだけではないが）．グルタミンとアラニンはタンパク質中の他のアミノ酸のアミノ基を使ってアミノ基転移反応により生成する．

血中のアンモニアのグルタミンとしての輸送

アミノ酸から生じるアンモニアには毒性があるので，血中アンモニア濃度はかなり低く保たれている．もしアンモニア濃度が有意に増加すれば，脳機能は損なわれ，確実に昏睡に陥るだろう．このような理由から，遊離アンモニアが肝外組織から肝臓に輸送されることはなく，毒性のないアミド，すなわちグルタミンの形で輸送される．グルタミンはグルタミン酸から**グルタミンシンテターゼ** glutamine synthetase により生合成される．

グルタミン酸 + NH$_4^+$ + ATP → グルタミン + ADP + P$_i$ + H$^+$

この反応では，酵素に結合した γ-グルタミルリン酸が中間体として生成する．これは高エネルギーのリン酸無水化合物であり，アンモニアと反応するのに十分なエネルギーをもっている．

グルタミンの前駆体であるグルタミン酸は TCA 回路において 2-オキソグルタル酸から生じ，他のアミノ酸とのアミノ基転移反応がこれに続く．グルタミンは血中を巡って肝臓に運ばれ，そこで加水分解を受けてアンモニアが遊離され，尿素の生合成に用いられる．

グルタミン + H$_2$O →[グルタミナーゼ]→ グルタミン酸 + NH$_4^+$

このようにグルタミンは二つのアミノ基の安全な運搬物質であり，このアミノ基は肝臓で遊離され，最終的には無毒である尿素として排出される．

グルタミナーゼは腎臓でも機能をもっている．この酵素はアンモニアを遊離するが，このアンモニアは水素イオンの緩衝剤として働き，血液から過剰量の酸を排出させるのに役立つ．グルタミンは，タンパク質中にみられる 20 種類のアミノ酸のうち，いくつかの他の代謝物の生合成に関わっているものの一つである．

血中のアミノ窒素のアラニンとしての輸送

筋肉のタンパク質の分解により生じたアミノ窒素の 30 ％程度はアラニンとして肝臓に送られる．タンパク質分解により遊離されたアミノ酸がピルビン酸にアミノ基を受渡すとアラニンを生じ，これが血中に放出される．アラニンが肝臓に取込まれると，アミノ基は（アンモニアとアスパラギン酸を経て）尿素の合成に用いられる．遊離したピルビン酸は血中グルコースに変換されて筋肉に戻る．この一連の反応をグルコース-アラニン回路という（図 18.7）．

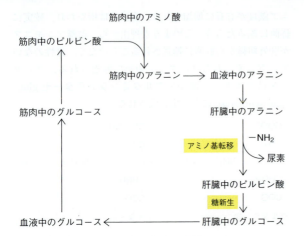

図18.7 グルコース-アラニン回路．窒素をアラニンとして肝臓に輸送し，グルコースを筋肉に戻す．

この筋肉から肝臓へのアラニンの輸送は，飢餓時において別の重要な生理学的役割がある．すでに説明したように，グリコーゲン貯蔵が枯渇した後では，肝臓は糖を絶対的に必要としている脳や他の細胞を支えるためにグルコースをつくり出さなければならない．この肝臓の糖新生に使われる代謝物の主要な供給源は筋肉タンパク質の分解により生じるアミノ酸である．筋肉では多くのアミノ酸からピルビン酸が生じ，アラニンとして肝臓に運ばれる．しかしながら，グルコース-アラニン回路自体はグルコースの純増はなく，飢餓においては，筋肉タンパク質の分解により遊離されたアミノ酸はピルビン酸の供給源としてグルコースを使うことなしにアラニンに変換されなければならない．この状況では，ピルビン酸は糖原性アミノ酸の分解から生じる．

尿素回路の欠損による疾患

尿素回路は毒性レベルのアンモニウムイオンの蓄積を防ぐ．したがって，尿素回路の酵素の欠損が病気をひき起こすことは容易に予想される．この病気は大変深刻であるが，幸運にもまれにしかみられない．

カルバモイルリン酸シンターゼの活性化因子である N-アセチルグルタミン酸の欠乏や酵素そのものの欠損によるさまざまな病気が同定されている．アルギニノコハク酸シンターゼやリアーゼの欠損，またまれにアルギナーゼの欠損による病気もある．

病態の深刻度は尿素生成経路のどこで止まるか，問題となる酵素の機能がどの程度損なわれるかにより，多様性がある．多くは一部のみが損なわれている．深刻な病態は典型的に精神遅滞や早死につながる．脳に対するアンモニアの毒性作用の原因はよくわかっていない．

高アンモニア血症は尿素回路の酵素の遺伝的欠損とは無関係に発症することもあり，たとえばアルコール依存症やウイルス性肝炎などの肝臓の病気で起こる．

別経路からの窒素の排出を促すために，異なる型の病気に対してさまざまな処置法が考案されてきた．安息香酸やフェニル酢酸を投与すると，これらの酸はそれぞれグリシンおよびグルタミンと一緒に排泄される．アルギニノコハク酸リアーゼ欠損の場合にはもっと複雑な代謝戦略が取られており，過剰量のアルギニン（とカロリー十分な低タンパク質食）を与える．アルギニンは尿素とオルニチンに変換される．オルニチンは（カルバモイルリン酸を使って）シトルリンに変換され，アスパラギン酸と一緒になってアルギニノコハク酸を生成する．この物質は蓄積すると排泄されるので，カルバモイルリン酸とアスパラギン酸に由来する二つの窒素原子が除かれることになる．

別種の動物には尿素生成と異なる経路が存在する

ヒトでは，窒素の一部は尿酸，アンモニウムイオン，クレアチンとして排出される．しかし，鳥類は尿素ではなく固形尿酸の白い糞として窒素を排出する．魚や他の水生生物は窒素をアンモニアとして排出する．これは進化的にみて合理性がある．水のある環境では水が無制限に手に入るので，アンモニアを常に排出し分散させることができる．哺乳類はこの点で中間的な生き物であり，無毒で水に溶けやすい尿素が選択肢となった．鳥類はひなが閉鎖された卵の中で育つので，排出される物質が液体の形でたまるのは危険が大きいだろう．しかし，ほとんど水に不溶である尿酸として窒素を排出すれば，蓄積しても問題はない．

脱アミノされたアミノ酸の
　　　　　炭素骨格であるオキソ酸の動態

すでに図12.10で概略を述べたように，アミノ酸代謝は糖質や脂質の主要な代謝経路と結び付いている．

一般的代謝に関する限り，あるアミノ酸は**糖原性**であり，またあるものは**ケト原性** ketogenic である．"ケト原性" という語は，アミノ酸から生じたアセチルCoAが血中のケトン体に変換されるような印象を与えるが，ケトン体は脂肪酸代謝が過度に進むときのみ産生されるので，すでに説明したことと相いれないように思われる．普通の代謝状態では，アセチルCoAからケトン体はつくり出されない．

ある種のアミノ酸に普遍的に使われてきたケト原性という語は古い表現であり，アミノ酸代謝の動向を調べるための試験系として絶食した動物を使ったことに起因する．そのような動物では，アセチルCoAの産生が増加すると血中のケトン体濃度が増加し，容易に測定できる．このことは，普通の動物においてケト原性アミノ酸からケトン体が生じることを意味しているわけではなく，単にケト原性アミノ酸からピルビン酸ではなくアセチルCoAが生じることがある，という意味である．糖原性アミノ酸は，糖尿病

を発症している動物に投与したときに血糖値やグルコース排出を増加させることで見つけられたが，同様のただし書きがこの言葉にも当てはまる．普通の動物においてピルビン酸がグルコースの産生に向かうか酸化されるかは代謝調節に依存する．

　グルタミン酸のように，アスパラギン酸もアミノ基転移反応によりTCA回路の代謝物（オキサロ酢酸）に変換されるので，糖原性である．アラニンとグルタミン酸は脱アミノ反応によりピルビン酸と2-オキソグルタル酸をそれぞれ生じるので，これも糖原性である．セリン，システイン，そして他のアミノ酸もまたしかりである．

　ある種のアミノ酸はケト原性であり糖原性でもある．たとえば，フェニルアラニンはフマル酸（TCA回路の中間産物）とアセチルCoAを生じる．20種のアミノ酸のうち，完全にケト原性のものは2種のみ（ロイシンとイソロイシン）である．4種のアミノ酸（イソロイシン，メチオニン，トレオニン，バリン）の分解については特別な興味があるので，次節で言及する．これらのアミノ酸の産物はプロピオン酸であり，奇数鎖脂肪酸の酸化経路により代謝される．この代謝にはビタミンB_{12}が関わる（第14章）．

アミノ酸代謝の遺伝的欠損は病気をひき起こす
フェニルケトン尿症

　フェニルアラニンは芳香族アミノ酸であり，過剰になるとフェニルアラニンヒドロキシラーゼという酵素によりチロシンに変換される（図18.8）．この酵素は，1対の水素原子が電子供与体として受渡される点で興味深い．**テトラヒドロビオプテリン** tetrahydrobiopterin〔図18.8のRH$_4$；RH$_4$と**ジヒドロビオプテリン** dihydrobiopterin（RH$_2$）の構造を参照の目的で以下に示す〕とよばれる補酵素分子が関わる．この反応には酸素も必要である．

この反応に酸素と還元物質が両方とも必要であるのは妙に感じられるが，他の反応でも使われている仕組みである（後述）．その秘訣は，酸素分子の一つの原子が使われて芳香環上でOH基を形成することにあるが，もう一方の酸素原子も反応性をとどめている．

この酸素原子はテトラヒドロビオプテリンから供与される二つの水素原子により水に還元される．別の酵素系がNADPHを還元剤としてジヒドロビオプテリンを還元してテトラヒドロ型に戻す．したがって，この補因子は触媒的に働く．

フェニルアラニンヒドロキシラーゼは**モノオキシゲナーゼ** monooxygenase（酸素1原子が産物に取込まれるため）として知られる一群の酵素に属する．または，二つの物質，すなわちアミノ酸と1対の水素原子が酸化されるので，**混合機能オキシダーゼ** mixed-function oxidase ともよばれる．

このようにフェニルアラニンは，普通は脱アミノされないが，チロシンに酸化されてから脱アミノされる（図18.8）．しかしながら，約1万人に1人に起こる遺伝性異常症では，酵素の欠損あるいはごくまれにテトラヒドロビオプテリンの欠乏によって，フェニルアラニンからチロシンへの変換が損なわれている．この病気では過剰のフェニルアラニンが蓄積し，普通は起こらないアミノ基転移反応を起こしてフェニルピルビン酸（異常代謝物）を生じる（図18.8）．フェニルピルビン酸は尿に漏れ出すため，**フェニルケトン尿症** phenylketouria（**PKU**）とよばれる．幼児にフェニルピルビン酸がたまると回復困難な精神遅滞をひき起こす．出生時に（フェニルアラニン濃度の血液検査により）診断されれば，病気をもつ小児に（チロシンを適量含む）フェニルアラニン制限食を与えれば正常に発育する．患者の尿は，フェニルピルビン酸から生じたフェニル酢酸によりねずみ色をしている．新生児の大規模スクリーニングにより早期発見が可能であり，病気の悲惨な結末を避けることができる．フェニルピルビン酸がどうやって脳に深刻な損害を与えるのかについては不明である．

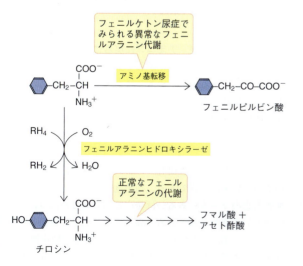

図18.8 フェニルアラニンの通常の代謝と異常代謝

メープルシロップ尿症

　妙な話だが，**メープルシロップ尿症** maple syrup urine

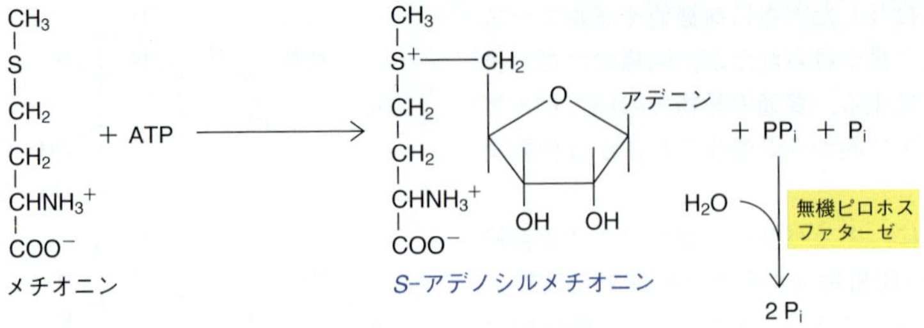

図18.9 メチオニンからの S-アデノシルメチオニン（SAM）の合成

disease とよばれる別の遺伝病では，3種の脂肪族アミノ酸，すなわちバリン，イソロイシン，ロイシンのオキソ酸がたまり，これも脳障害をひき起こす．（この病気の名前は尿中にこれらのオキソ酸が含まれると特徴的な匂いがすることに由来する．）この病気はフェニルケトン尿症に比べるとずっとまれである．

アルカプトン尿症

よく引用される別の遺伝病は**アルカプトン尿症** alcaptonuria であり，尿が空気にふれると黒くなる．これは初期の症状であるが，何年も経つと結合組織に問題を起こすことがある．これはチロシン分解経路の遮断に起因し，ジフェノールの中間代謝物であるホモゲンチジン酸が排出される．ジフェノールは空気中で酸化されて黒色に沈着する．アルカプトン尿症は遺伝的形質が調べられた最初の代謝病である．

メチオニンとメチル基転移

メチオニンは必須アミノ酸の一つである．

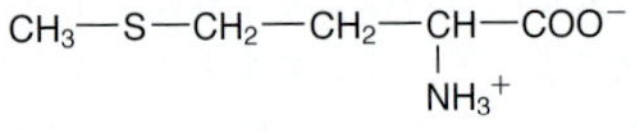

$$CH_3-S-CH_2-CH_2-CH-COO^-$$
$$NH_3^+$$

興味深い部分はメチル基である．メチル基は細胞に非常に重要である．多くの物質がメチル化され，メチオニンは他の物質に転移されるメチル基の供給源である．メチオニンは安定な分子であり，メチル基はそう簡単には外れない．しかしながら，もしメチオニン分子が **S-アデノシルメチオニン（SAM）** S-adenosylmethionine に変換されると，スルホニウムイオンが生成しメチル基は"活性化"される．これは強い官能基転移能をもっており，熱力学的に合理的に（メチルトランスフェラーゼにより）メチル基を他の分子のOやN原子に転移する（C-C結合は形成できない）．高エネルギーをもっている理由は，メチル基が転移されるとスルホニウムイオンが電荷をもたないチオエステルに戻るからである．SAM の生合成には ATP からエネルギーが供給される．この場合には，三つのリン酸基が二リン酸と無機リン酸に変換され，二リン酸は分解され2分子の無機リン酸を生じる（図18.9）．

SAM から他の物質へのメチル基の転移により **S-アデノシルホモシステイン** S-adenosylhomocysteine が生じ，加水分解されて**ホモシステイン** homocysteine になる．これは-S-CH₃ の代わりに-SHをもつメチオニンである（タンパク質合成に使われる20種の一つではない）．ホモシステインはセリンと複合体を形成してシスタチオニンを生じ，システインと2-オキソ酪酸に加水分解される（図18.10）．シスタチオニン生合成が欠損するとホモシステインが蓄積し，理由はよくわからないが精神遅滞を含む多くの小児疾患をひき起こす．

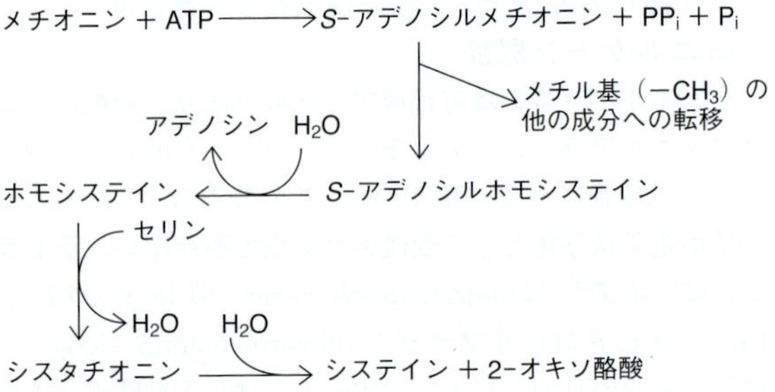

図18.10 S-アデノシルホモシステインの分解によるシステインと2-オキソ酪酸の生成．ホモシステインのメチオニンへの再生は第19章で取扱う．

ホモシステインがメチオニンに戻るには葉酸誘導体が必要である（第19章）．したがって葉酸が欠乏するとホモシステインがたまるので，ホモシステインが増加している患者には葉酸補充療法が試みられている．また，ホモシステイン濃度の増加は血管閉塞や冠動脈性心疾患と関連があるとも考えられており，現在医学的関心が非常に高い話題である．

さまざまな"前向き研究"の膨大なメタ解析が行われているが，結果は多様である．高濃度のホモシステインが心血管疾患のマーカーあるいは発症要因であるかについては依然として議論されている．高ホモシステイン血症は葉酸やビタミン B_6 で処置することができるので，臨床医は高リスクの患者にサプリメントの摂取を助言できそうである（第19章）．

メチル基は何に転移されるのか

体内では，クレアチン（第8章），ホスファチジルコリン（第7章），アドレナリン（エピネフリン：本章で後述）のメチル基は S-アデノシルメチオニンに由来し，核酸の塩基に結合しているメチル基もそうである．しかしながら後者の場合チミンは含まれない．チミンは別に生合成され，第19章での重要な主題であり，核酸塩基のメチル化に関わる話題でもある．

アミノ酸の生合成

すでに説明したように，体内では非必須アミノ酸だけが生合成されるが，植物や細菌はすべてのアミノ酸を合成できる．全アミノ酸の合成経路は完全に確立されている．ここでの目的は，特に関心の高い話題のみを扱い，ある種のアミノ酸が解糖系やTCA回路の中間産物からどのように合成されるのかを説明することである．実際に，これらの代謝経路の五つの中間代謝物（3-ホスホグリセリン酸，ホスホエノールピルビン酸，ピルビン酸，オキサロ酢酸，2-オキソグルタル酸）と二つのペントースリン酸経路の糖が（植物と細菌において）全20種のアミノ酸の原材料となる．

グルタミン酸の生合成

グルタミン酸の脱アミノ反応は，中心的役割を担う $NADP^+$ 酵素のグルタミン酸デヒドロゲナーゼにより起こる．この反応は可逆的であり，逆経路により 2-オキソグルタル酸とアンモニウムイオンからグルタミン酸を合成することができる．動物ではグルタミン酸は 2-オキソグルタル酸のアミノ基転移反応によっても生合成され，ここではアラニンやアスパラギン酸がアミノ基の供与体として働く．本章で述べたアスパラギン酸アミノトランスフェラーゼを参照されたい．

アスパラギン酸とアラニンの生合成

アスパラギン酸とアラニンは，オキサロ酢酸（$R = CH_2COO^-$）またはピルビン酸（$R = CH_3$）とグルタミン酸のアミノ基転移反応によりそれぞれ生じる．

$$\begin{array}{c} R \\ | \\ C=O \\ | \\ COO^- \end{array} + \text{グルタミン酸} \longrightarrow \begin{array}{c} R \\ | \\ CHNH_3^+ \\ | \\ COO^- \end{array} + \text{2-オキソグルタル酸}$$

セリンの生合成

セリンは，解糖系の中間産物である 3-ホスホグリセリン酸から生合成される．3-ホスホグリセリン酸は，まずオキソ酸である 3-ホスホヒドロキシピルビン酸に変換される．

$$\begin{array}{c} COO^- \\ | \\ CHOH \\ | \\ CH_2OPO_3^{2-} \end{array} \xrightarrow{NAD^+ \quad NADH} \begin{array}{c} COO^- \\ | \\ C=O \\ | \\ CH_2OPO_3^{2-} \end{array}$$

このオキソ酸はグルタミン酸からアミノ基の転移を受けて 3-ホスホセリンとなり，セリンと無機リン酸に加水分解される．

$$\begin{array}{c} COO^- \\ | \\ C=O \\ | \\ CH_2OPO_3^{2-} \end{array} \xrightarrow{\text{アミノ基転移}} \begin{array}{c} COO^- \\ | \\ CHNH_3^+ \\ | \\ CH_2OPO_3^{2-} \end{array} \xrightarrow{\text{加水分解}} \begin{array}{c} COO^- \\ | \\ CHNH_3^+ \\ | \\ CH_2OH \end{array} + P_i$$

グリシンの生合成

グリシンは全アミノ酸のうち最も単純なアミノ酸である（$H_3N^+CH_2COO^-$）．グリシンは，本書でみてきた限り，まったく新しい反応により合成される．この反応はセリンからヒドロキシメチル基（$-CH_2OH$）を引抜き，これを補酵素であるテトラヒドロ葉酸（第9章）に結合させる．この補酵素は一炭素単位の輸送体として働く．一炭素転移の分野は核酸の生合成で重要である．これについては後で説明するのが妥当であろう（第19章）．（グリシンには他の供給源も存在する．）

ヘムとグリシンからの生合成

ヘムの全体構造は図4.19を参照してほしい．第4章では，ヘモグロビンにおけるヘムの役割について説明した．図18.11 は Fe^{2+} とプロトポルフィリンの複合体であるヘムの概略構造を示している．プロトポルフィリンはテトラピロールであり，四つの置換されたピロールがメチン（$=CH-$）により架橋され，共役二重結合系を形成している（つまり，単結合と二重結合が交互に存在する）．これがプロトポルフィリンとヘムを深赤色にする．

ヘムでは，四つのピロール窒素原子が Fe^{2+} に結合しているが，Fe^{2+} には6本のリガンド結合位があり，そのうちの二つがまだ空いている．この二つには他の役目があり，図4.20で示した．

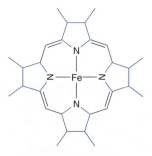

図18.11 ヘム分子の概略（完全構造は図4.19に示す）．

図 18.12 ALA シンターゼにより触媒される ヘム生合成の第一段階．わかりやすくするために，非イオン型の構造で示している．

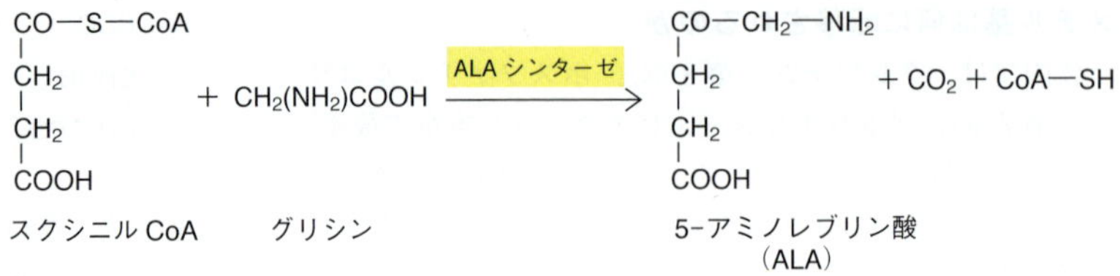
CO—S—CoA
CH2
CH2
COOH
＋ CH2(NH2)COOH
ALA シンターゼ
CO—CH2—NH2
CH2
CH2
COOH
＋ CO2 ＋ CoA—SH
スクシニル CoA
グリシン
5-アミノレブリン酸
(ALA)

体内のヘムの大部分は赤血球に存在するが，シトクロムや他のタンパク質の補欠分子族としてすべての好気性細胞にみられる．

ヘムの生合成は骨の折れる仕事に思われるが，本質はとても簡単であり，動物における出発物質はグリシンとスクシニル CoA の二つしかない．スクシニル CoA についてはTCA 回路で説明した．**アミノレブリン酸（ALA）シンターゼ** aminolevulinate (ALA) synthase（ALA-S）が図 18.12 に示す反応を行う．5-アミノレブリン酸（ALA（アラ））はポルフィリン合成のためだけに存在する前駆体である．2 分子のALA が使われてピロールである**ポルホビリノーゲン（PBG）** porphobilinogen が生じ，ここでは ALA 2 分子がALA デヒドラターゼにより脱水される（図 18.13）．ヘム

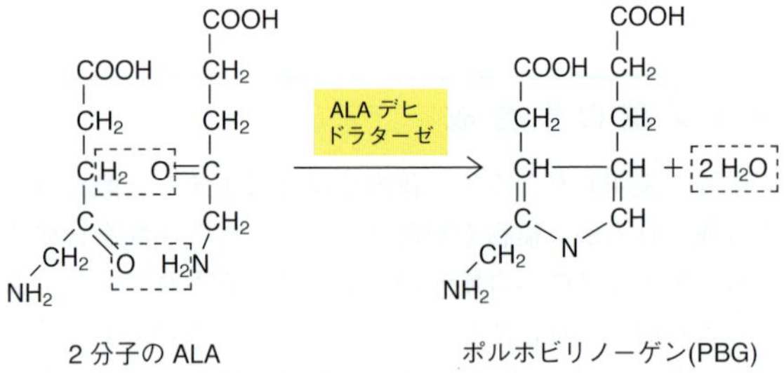
COOH
CH2
COOH
CH2
CH2
CH2
CH2
O=C
C
CH2
CH2
O
H2N
NH2
ALA デヒ
ドラターゼ
COOH
COOH
CH2
CH2
CH2
CH
CH
C
CH
CH2
N
NH2
＋ 2 H2O
2 分子の ALA
ポルホビリノーゲン(PBG)

図 18.13 ALA デヒドラターゼ反応によるポルホビリノーゲンの生合成．わかりやすくするために，非イオン型の構造で示している．ポルホビリノーゲンはモノピロールであり，ヘムはテトラピロールである．ポルホビリノーゲンからヘムへの変換は図 18.14 に示す．

Box 18.1 急性間欠性ポルフィリン症

急性間欠性ポルフィリン症 acute intermittent porphyria（**AIP**）はめったにみられないが最も一般的なポルフィリン症であり，生命を脅かすことから臨床的に重要である．この病気の約 50％は酵素 PBG デアミナーゼの欠損による．患者は通常はずっと正常であるが，バルビツール酸のような一連の薬物を摂取すると急性症状を発症することがある．このような薬物類は共通して肝臓のシトクロム P450 を発現誘導する性質がある．この酵素はある種の薬物により大きく誘導されるヘムタンパク質であり，バルビツール酸はこれに関する古典的薬物である．薬物によりシトクロム P450 が誘導されるとヘム生合成の需要が増し，ALA シンターゼの発現が誘導されてこの需要に対応しようとする．急性間欠性ポルフィリン症では，増加した ALA がヘム生合成経路により処理されず，ALA とその次の代謝物であるPBG が蓄積し，尿に漏れ出す．この蓄積が病気の発症と関連している．ポルフィリン症は本質的には神経性であり，激しい腹痛と精神異常をひき起こす．このような症状がどのように起こるのかについては不明である．

今ではこの病気の調節機構が明らかとなっている．シトクロム P450 が誘導されると還元型のヘムになる．ヘムはALA シンターゼを 3 通りの方法で調節している．第一に，ヘムは核内で ALA シンターゼの mRNA の転写を抑制する．第二に，ヘムは ALA シンターゼの mRNA を不安定化させて半減期を短くし，酵素の生合成を減らす．第三に，ALA シンターゼは細胞質で前駆体タンパク質としてつくられ，ミトコンドリアに運ばれてから機能する．ヘムはこの輸送を阻害する．健常人のヘム生合成では，ヘムの生合成と需要のバランスが保たれており，ヘム量が維持されている．急性間欠性ポルフィリン症の患者では，ヘム生合成経路が損なわれるため需要の増加にうまく対応できず，ALA シンターゼが過剰に発現誘導され，これより後の反応が止まっているために ALA と PBG が蓄積するのである．

急性間欠性ポルフィリン症はまず肝臓に症状が現れるので，肝性ポルフィリン症として知られる．赤血球では ALA シンターゼは別の遺伝子にコードされており，異なる調節を受ける．赤血球型酵素がうまく働かないと赤血球ポルフィリン症とよばれる病気になり，皮膚にポルフィリン類がたまり，悲惨な光過敏性障害を発症する．

過去数十年の間，英国のジョージ三世（"狂乱王"）が急性間欠性ポルフィリン症を患っていたことが文献に記載されていた（発作がアメリカの独立戦争と何らかの関連があるとも推測されていた）．しかし最近になって，彼は肝臓に起源をもつ多彩性ポルフィリン症を患っていたという意見が有力になった．Vincent Van Gogh もおそらく急性間欠性ポルフィリン症を患っていたといわれている（May ら，1995）．

一般に，代謝病は劣性遺伝疾患である．なぜなら，ほとんどの代謝経路は一方の遺伝子を欠くヘテロ接合体でみられる 50％の酵素量でも作動できるからである．しかしながら，ポルフィリン症は律速酵素を含むため，ある状況では50％の欠損でも病気を起こすのに十分である．

18. 窒素代謝：アミノ酸代謝

生合成経路の残りの反応では，四つのPBG分子が一体になり，側鎖が修飾され，Fe^{2+}が配位して，ヘムが形成される．PBGとヘムの間で生じる中間体テトラピロールは無色の**ウロポルフィリノーゲン** uroporphyrinogen と**コプロポルフィリノーゲン** coproporphyrinogen（PBG単位がメチレン架橋によりつながっている），そして赤い**プロトポルフィリン** protoporphyrin（PBG単位がメチン架橋によりつながっている）である．この経路を図18.14に示したので，手短に参照されたい．

ヘム生合成経路には注意しておきたい特徴がある．最初の反応であるALAの生合成はミトコンドリアの内部で起こり，その後ALAは細胞質外に移動するが，最後の3段階はまたミトコンドリアで起こる．なぜこのようになるのかは不明である．

一群のポルフィリン症が知られており，それぞれがヘム生合成経路の酵素の一つの欠損と関連している（Box 18.1）．各欠損により反応の前の代謝物が蓄積するため，深刻な影響が出ることがある．

ヘムの分解

赤血球は脾臓，リンパ節，骨髄，肝臓の**網状内皮細胞** reticuloendothelial cell によりおもに壊される．赤血球膜の糖タンパク質からシアル酸基が除かれると，細胞が老化し壊される状態にあるというシグナルになる．分解された

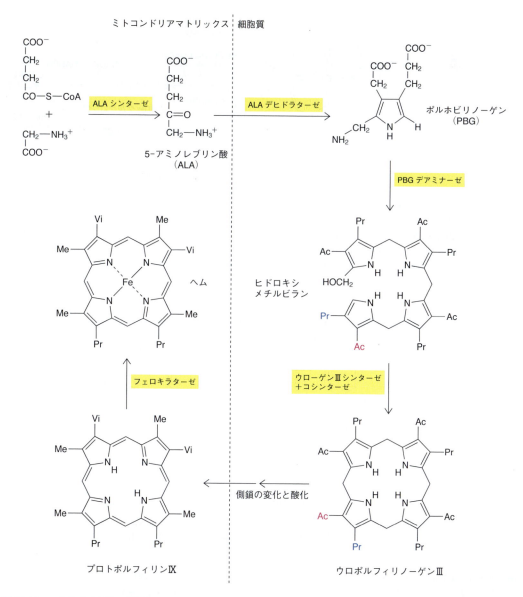

図18.14 ヘム生合成経路の概要．Me, Pr, Ac, Viはそれぞれメチル基，プロピル基，アセチル基，ビニル基を示す．

糖質が細胞の受容体に結合し，赤血球はエンドサイトーシスへと導かれる．ヘムオキシゲナーゼという酵素がテトラピロール環を開環し，鉄を再利用するために遊離し，直鎖上のテトラピロールである**ビリベルジン** biliverdin を生成する（図18.15）．ビリベルジンは**ビリルビン** bilirubin に還元される．この物質は水に不溶であるが，血中でアルブミンに結合した状態で肝臓まで運ばれる．肝臓では二つのグルクロン酸基が結合してずっと極性が高くなり（図18.15），胆汁に排出されて消化管に入る．消化管では細菌により**ステルコビリン** stercobilin に変換されるので，糞便は褐色になる．胆汁成分の一部は修飾され再吸収されるので，尿が黄色を呈する．**黄疸** jaundice は赤血球の過剰分解，グルクロン酸化酵素の欠損，あるいは胆管の閉塞により生じる．

アドレナリンとノルアドレナリンの生合成

アミノ酸は，長鎖アミン，ホルモン，神経伝達物質，クレアチン，核酸など，多くの含窒素分子の生合成に利用される．図18.16に示したのは，ホルモンである**アドレナリン** adrenaline と**ノルアドレナリン** noradrenaline の生合成経路である．（核酸の生合成は第19章で取扱う．）

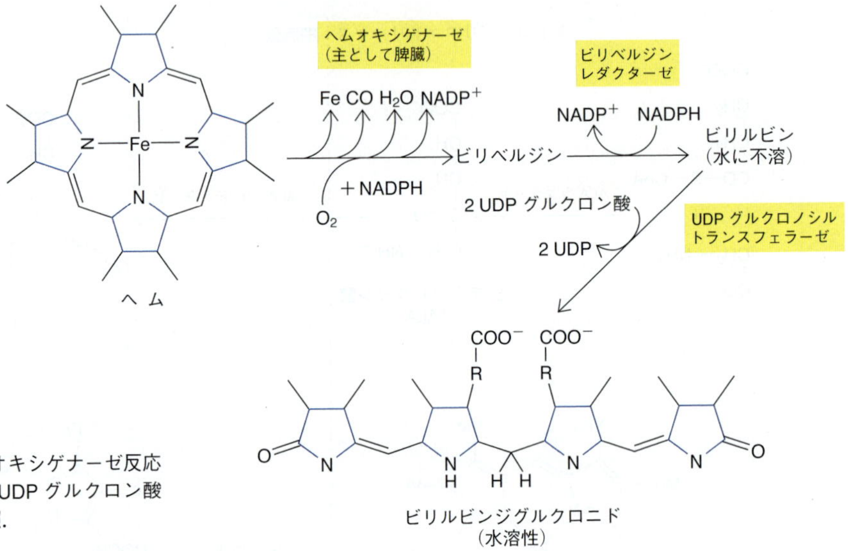

図18.15 ヘム分解系の簡略図．オキシゲナーゼ反応とビリベルジンの還元を含む．UDPグルクロン酸の生成については図32.5を参照．

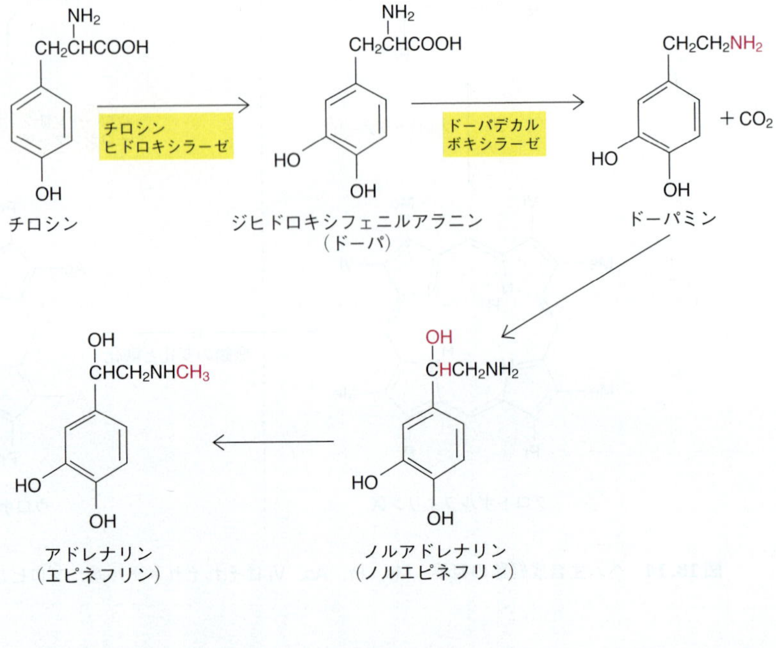

図18.16 カテコールアミン（ドーパミン，アドレナリン，ノルアドレナリン）の生合成経路の中間代謝物

要約

　アミノ酸は消化管でのタンパク質の加水分解により食物から得られる．体内のタンパク質は常に分解と再合成を繰返している．アミノ酸のうち10種類は体内で生合成され，残りは食物から摂取しなければならない．20種すべてのアミノ酸がタンパク質の合成に用いられる．アミノ酸は他の多様な物質の生合成にも利用される．

　過剰なアミノ酸が今すぐに必要とならない場合は，脱アミノされ，アミノ窒素は（哺乳類では）おもに尿素に変換後に排出される．炭素骨格は酸化されてエネルギーを放出するか，脂肪やグリコーゲンに変換される．これはそのときの代謝調節の状態やアミノ酸の種類による．ほとんどのアミノ酸は2-オキソグルタル酸とのアミノ基転移反応により脱アミノされる．こうして生じたグルタミン酸はグルタミン酸デヒドロゲナーゼにより脱アミノされ，アンモニアを遊離する．アミノトランスフェラーゼはピリドキサールリン酸を含んでいるタンパク質で，この補因子がアミノ基転移反応に必須である．

　セリン，システイン，グリシンなどの少数のアミノ酸は独自の代謝経路をもっている．フェニルアラニンは脱アミノされる前にチロシンに代謝される．フェニルアラニンをヒドロキシ化する酵素が欠けると，フェニルアラニンは脱アミノされてフェニルピルビン酸を生じる．フェニルピルビン酸はフェニルケトン尿症を患う小児に精神異常をひき起こす．この病気が早期に発見されれば，フェニルアラニン制限食を摂取することで正常に発育する．分枝アミノ酸のオキソ酸はまれな遺伝病（メープルシロップ尿症）で蓄積することがあり，これも精神異常をひき起こす．メチオニンにはメチル基を供給する特別な役目がある．メチル基はまず活性化してS-アデノシルメチオニンを生成する．

　ヘムはグリシンから生合成され，最初の反応はスクシニルCoAとの縮合による5-アミノレブリン酸（ALA）の合成である．ヘムはおもに脾臓でヘムオキシゲナーゼにより分解され，ビリルビンを生じる．ビリルビンはジグルクロニド（2分子のグルクロン酸が結合した抱合体）として胆汁中に排出される．胆管の閉塞は黄疸をひき起こす．

　アミノ酸の脱アミノ反応により生じたアンモニアはおもに尿素として排出される．尿素はKrebsの尿素回路により肝臓で生成される．この回路において，アルギニンはアルギナーゼにより尿素とオルニチンに変換される．アルギニンはHCO_3^-，アンモニウムイオン，アスパラギン酸のアミノ基を使ってオルニチンに再合成される．シトルリンはこの経路の中間代謝物である．尿素回路は代謝的にTCA回路と結び付いている．

　尿素合成は2通りの方法で調節されている．尿素回路はカルバモイルシンターゼの段階でアロステリックに活性化される．ここで働く補因子はN-アセチルグルタミン酸であり，その濃度は利用できるアミノ酸の濃度を反映する．加えて，高濃度のアミノ酸が存在すると回路の酵素群の量が増加する．

　組織中で脱アミノ反応により生じた遊離アミノ酸は毒性が強く，グルタミンのアミド基として肝臓に輸送される．そこでグルタミンはグルタミナーゼにより加水分解され，遊離したアンモニウムイオンは尿素合成に使われる．

　アラニン回路は筋肉のタンパク質の分解により生じたアミノ窒素の肝臓への輸送に関わっている．

　尿素回路の酵素が欠損している病気がいくつか存在し，食事療法により対処できる場合もある．

　尿素ではなく他の代用物を用いる動物もいる．ヒトでは窒素の一部は尿酸，アンモニウムイオン，クレアチニンとして排出される．しかしながら，鳥類は尿素よりも固形尿酸の白い糞として排出する．魚類や他の水生動物はアンモニアとして排出する．

問題

1. 酸化によりアミノ酸の脱アミノ反応がどのように起こるかについて説明せよ．
2. 問1で言及した反応機構により脱アミノされるアミノ酸は何か．
3. 問2の反応が関わる場合，アミノ酸はどのように脱アミノされるか．アラニンを例として説明せよ．
4. アミノ基転移反応に関わる補因子は何か．その構造を示し，どのようにアミノ基転移反応が起こるのかについて解説せよ．
5. セリンがどのように脱アミノされるか説明せよ．
6. 糖原性やケト原性のアミノ酸という表現は何を意味しているか．完全にケト原性のアミノ酸は何か．
7. 遺伝病であるフェニルケトン尿症について説明せよ．
8. フェニルアラニンのヒドロキシ化におけるテトラヒドロビオプテリンの役目は何か．
9. メチオニンはいくつかの生化学反応においてメチル基の供給源である．メチオニンがどのように活性化されメチル基を供与するか説明せよ．
10. 動物におけるヘム生合成の最初の2段階について述べよ．
11. 尿素回路の各反応の概要を説明せよ．
12. 尿素回路の酵素群はなぜアミノ酸高摂取時と飢餓時の双方で増加するのか．
13. 末梢組織の（a）アンモニアと（b）アミノ窒素はどのように肝臓に運ばれて尿素に変換されるのか．
14. 尿素回路に関連する遺伝病がいくつか知られている．どのような病気か．どのような治療が行われているか．
15. 肝臓におけるALAシンターゼの調節は医学的に何に関連しているか．

窒素代謝：ヌクレオチドの代謝

ここまでの章では，おもに食物からのエネルギー放出について扱ってきた．ここではATPが中心的位置にあるが，GTP，CTP，UTPも食物成分の代謝のある側面に関わっている．しかしながら，ここまで述べてきたヌクレオチドの関与はすべて分子のリン酸基に関するものであった．A，G，C，Uの塩基の性質は対応する酵素による認識のみに重要であり，代謝過程に直接は関わっていなかった．このため，ここまでは塩基自体の情報については述べてこなかった．

第22章において**情報伝達**の領域にふみ込み，核酸とタンパク質の生合成について取扱う．このため，ヌクレオチドの構造，合成，代謝に関する知識は，情報の蓄積と利用を理解するうえで必須項目である．

ヌクレオチドの生合成と代謝は，がんを含むある種の病気とその治療を理解するうえでも重要である．

ヌクレオチドの構造と命名法

"**ヌクレオチド** nucleotide"という名称はもともと核内で見つかった核酸に由来する．ヌクレオチドは，リン酸－ペントース糖－塩基という一般構造をもつことを思い出してほしい．

ヌクレオシド nucleoside の構造は，ペントース糖－塩基である．

したがって，AMPとそれに対応するヌクレオシドであるアデノシンは以下の構造である．

厳密にいうと，ここに示している AMP は 5′-AMP と記載すべきである．ダッシュ記号（′）はリン酸基が結合したリボース糖環の位置番号を示しており，アデニン環の炭素原子の番号ではない．リン酸は 5′ 位が最も普通の位置なので，特に断らない限り 5′ 位にリン酸があると想定するのが慣例である．したがって 5′-AMP はしばし AMP とよばれるが，もしリン酸がリボースの 3′ 位の炭素原子上にあれば，必ず 3′-AMP と明記する．両者ともサイクリック AMP（cAMP；第20章）とは異なる．

ヌクレオチドの糖成分

ヌクレオチドの糖成分は常にペントースのリボースまたは 2′-デオキシリボースであり，常に L 配座でなく D 配座である．

D-リボース　　D-2′-デオキシリボース

RNA では糖は常にリボースであり（このため**リボ核酸** ribonucleic acid とよばれる），**DNA** ではデオキシリボースである（このため**デオキシリボ核酸** deoxyribonucleic acid とよばれる）．リボースを含んでいるヌクレオチドはリボヌクレオチドであるが，通常は明記しない．特に断らない限り，AMP のように名付けられたヌクレオチドはリボヌクレオチドで，デオキシリボヌクレオチドは必ず明記する．たとえばデオキシアデノシン－リン酸または dAMP などである（以下でふれるように一つだけ例外がある）．

ヌクレオチドの塩基成分

命 名 法

基本的に五つの異なる塩基，すなわちアデニン（A），グアニン（G），シトシン（C），ウラシル（U），チミン（T）について取扱う．すべて頭文字で表記される．

A, G, C, U は**RNA**に存在し，A, G, C, T は**DNA**に存在する．

リボヌクレオチドは AMP, GMP, CMP, UMP であるが，古くからずっと使われているよび方はそれぞれアデニル酸，グアニル酸，シチジル酸，ウリジル酸である（生理的 pH ではイオン型となる）．デオキシリボヌクレオチドは dAMP, dGMP, dCMP, dTMP である．T は DNA にしか存在しないので，dTMP はしばしば d を省いて TMP またはチミジル酸とよばれる．

塩基を特定せずにリボヌクレオチドを示すときは NMP や 5′-NMP が，デオキシリボヌクレオチドのときは dNMP や 5′-dNMP が用いられる．

dUMP は dTMP 生成の中間代謝物としてのみ存在し，DNA の中にはない（例外は DNA の化学的損傷時であるが，すぐに除かれる；第 23 章）．

他にもいわゆる"微量"塩基が存在し，転移 RNA の中にみられる（第 25 章）．

塩基の構造

A と G は**プリン** purine であり，C, U, T は**ピリミジン** pyrimidine であることを最初に述べておく．

これらの名称は，それぞれの塩基がプリンとピリミジンと構造上関連があることに由来する（プリンもピリミジンもそれ自体は生体内に存在しない）．

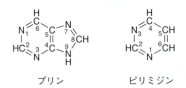

これより先は，プリンとピリミジンの構造は以下のような簡略型で示す．

ヌクレオチド塩基の構造を図 19.1 に示す．

特に重要な点として，T は単に U がメチル化された分子である．T は本質的にメチル基の"目印"をもつ以外は U と同一であると覚えておくと都合がよい．T は DNA にのみ存在し，U は RNA にのみ存在する．この重要性については後に明らかとなるであろう（第 23 章）．

ヌクレオチドへの塩基の結合

塩基はヌクレオチドのペントース糖の，プリンでは N-9，ピリミジンでは N-1 の位置に結合する．グリコシド結合は β 配置であり，すなわちペントース環の平面の

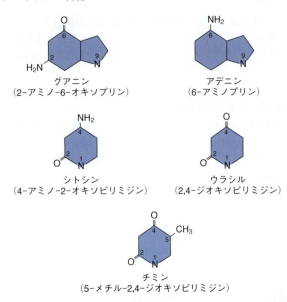

図 19.1 核酸にみられるプリン塩基とピリミジン塩基の構造の概略（完全な構造は第 22 章参照）．この構造ではオキソ基とアミノ基として表示しており，−OH や =NH との互変異性体は示していない．転移 RNA には他に微量塩基が存在するが，第 25 章でふれる．

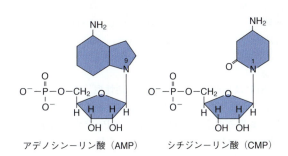

図 19.2 プリン塩基とピリミジン塩基の構造

上側にある．AMP と CMP の構造を図 19.2 に示す．

プリンおよびピリミジンヌクレオチドの生合成

プリンヌクレオチド

ほとんどの細胞は低分子前駆体からプリン塩基を新規に合成することができる．プリンヌクレオチドの新規合成では，塩基は遊離型として合成されるのではなく，リボース 5-リン酸のアミノ基を起点として一つ一つ断片が組立てられてヌクレオチドのプリン環ができ上がる．（これはプリンの新規合成にのみ当てはまる．その理由は，後に述べる**再利用経路** salvage pathway では核酸の分解により生じた遊離のプリン塩基が使われるからである．）**リボース付加反応** ribosylation（アミノ基または塩基そのものへのリボー

ス 5-リン酸の付加）は新規合成でも再利用経路でも同じであり，ピリミジンヌクレオチドの合成にも当てはまる．PRPP という代謝物がすべてのリボース付加反応に関わっている．

PRPP：リボース付加物質

PRPP（5-ホスホリボシル 1-二リン酸）5-phosphoribosyl 1-pyrophosphate である．PRPP はリボース 5-リン酸（ペントースリン酸経路で合成；第 15 章）から酵素 **PRPP シンテターゼ** PRPP synthetase により ATP から二リン酸基が転移されることによりつくられる．

PRPP はリボース 5-リン酸の"活性型"であり，適切な酵素によりリボース 5-リン酸がアミノ基またはヌクレオチド塩基そのものに供与され，－P－P が取除かれる．－P－P の 2 P_i への加水分解が反応を熱力学的に進みやすくしている．

この反応において，1 位の炭素原子の配置は逆になるので，塩基は β 配置で挿入されることになる．新規合成では（図 19.4 ① 参照），開始分子の塩基は単純に －NH_2 であり，グルタミンと PRPP から 5-ホスホリボシルアミンが生成する．プリンの再利用経路では，この位置にプリンがくる．ヌクレオチドといえば普通はプリン塩基やピリミジン塩基をもつが，どんな塩基であっても糖リン酸に適切に結合していればヌクレオチドとよばれる．

プリンヌクレオチドの新規合成経路

一般論から特にプリンの新規合成経路に戻ると，5-ホスホリボシルアミンが生成された後，九つの連続的な反応によりヒポキサンチンが塩基となる最初のプリンヌクレオチドが組立てられる（図 19.3）歴史的な理由から，このヌクレオチドは IMP（イノシン一リン酸）またはイノシン酸とよばれる．

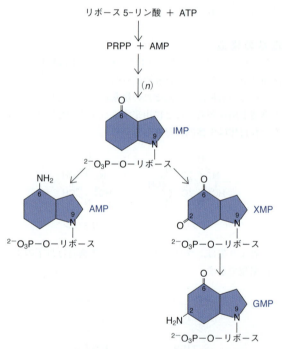

図 19.3 プリン新規合成経路による GMP，AMP，XMP（キサントシン一リン酸）の合成の概略．IMP（イノシン酸）の塩基はヒポキサンチンである．AMP と GMP の全合成経路は図 19.4 と 19.5 に示す．

IMP は分岐点であり，ここからヒポキサンチン塩基はアデニンまたはグアニンに変換されてそれぞれ AMP と GMP を生じる．全体の要約を図 19.3 に，代謝経路の反応のすべてを図 19.4 と 19.5 に示す．

図 19.4 に示す新規合成経路は大変複雑なので，特におもしろいいくつかの反応について説明しよう．1 分子のプリンヌクレオチドの生合成には 6 分子の ATP が使われる．

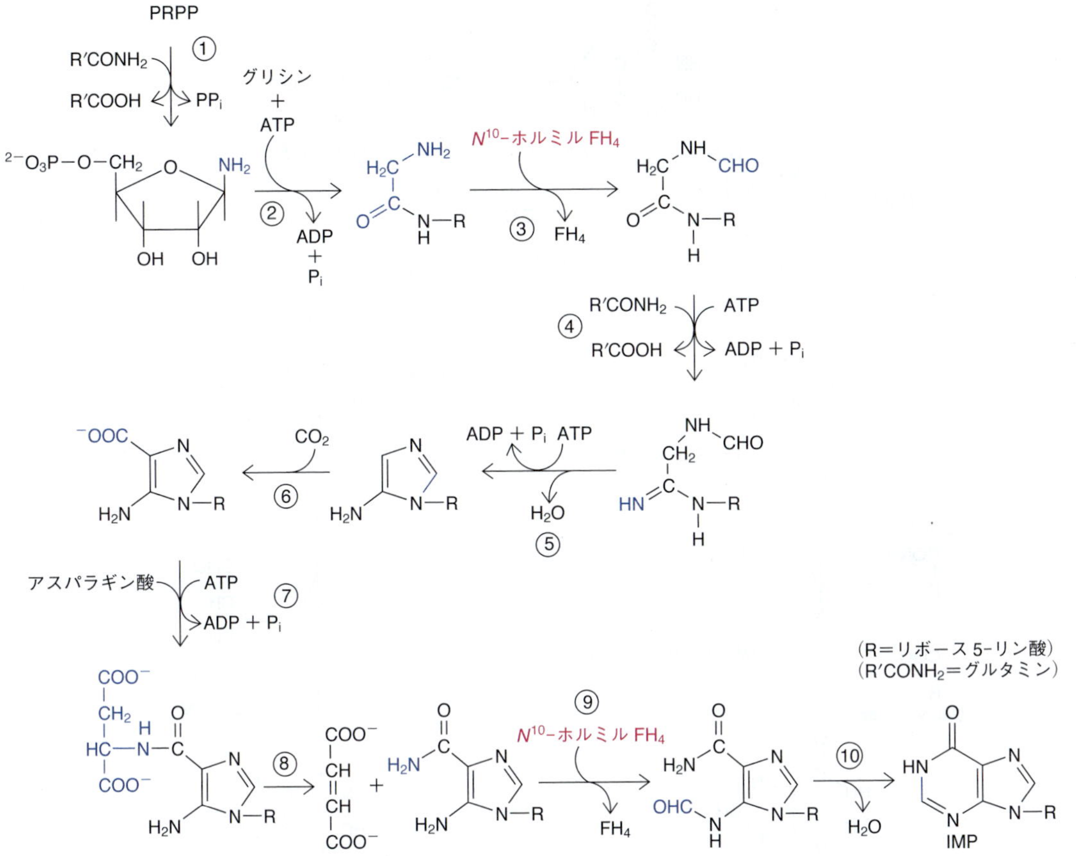

図19.4 PRPPからIMPへのプリンの新規合成経路の詳細.（①～⑩は本文中で説明している.）青色はすぐ前の反応により構造が変わっている部分を示す. N^{10}-ホルミルFH$_4$: N^{10}-ホルミルテトラヒドロ葉酸.

ATPの利用はリン酸基に限定されており，ATPのアデニヌクレオチドには損失がないので，純利益としてこの経路により1分子のAMPが合成される.

この経路の③と⑨は重要で興味深い反応を含んでおり，話を変えて少し詳しく説明しなければならない. これは本書でここまでふれていない反応であり，**一炭素転移** one-carbon transfer とよばれ，医学的に重要である.

プリンヌクレオチド生合成における一炭素転移反応

反応③と⑨は1炭素のホルミル基（HCO－）の中間代謝物への付加を含んでいる（図19.4）. 両反応において供与体は N^{10}-ホルミルテトラヒドロ葉酸 N^{10}-formyltetra-hydrofolic acid である. **テトラヒドロ葉酸** tetrahydrofolic acid（**FH$_4$**，または**THF**）は細胞内におけるホルミル基の輸送体であり，この分子については第9章でふれた. この物質はビタミンである**葉酸** folic acid（F，**プテロイルグルタミン酸** pteroylglutamic acid）に由来する補酵素である.（分子全体でなく）以下の青で示した重要な部分および関連した構造のみに着目してほしい.

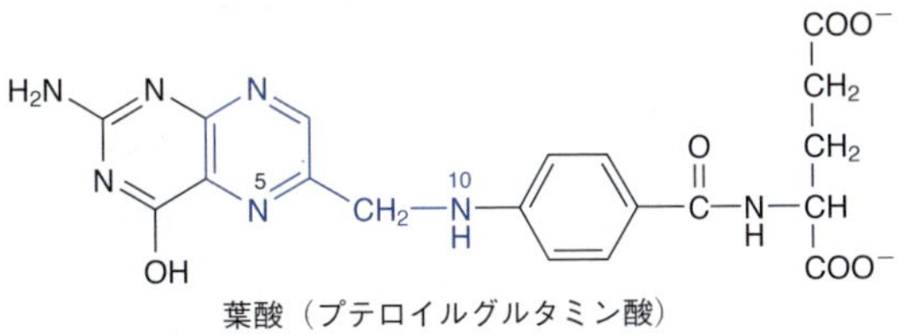

葉酸（プテロイルグルタミン酸）

実際に，FH$_4$ はホルミル基を輸送するだけではなく，異なる酸化状態にあるさまざまな1炭素断片を輸送する. これについては本章で後にふれる.

このビタミン（葉酸）は2段階の反応でNADPHによりFH$_4$ に還元される.

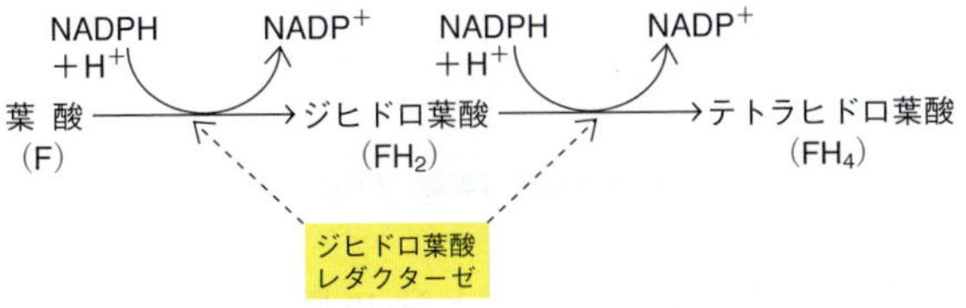

葉酸（F）→ ジヒドロ葉酸（FH$_2$）→ テトラヒドロ葉酸（FH$_4$）
（ジヒドロ葉酸レダクターゼ）

ジヒドロ葉酸 dihydrofolic acid（**FH$_2$**，または**DHF**）とFH$_4$ の簡略構造を以下に示す.

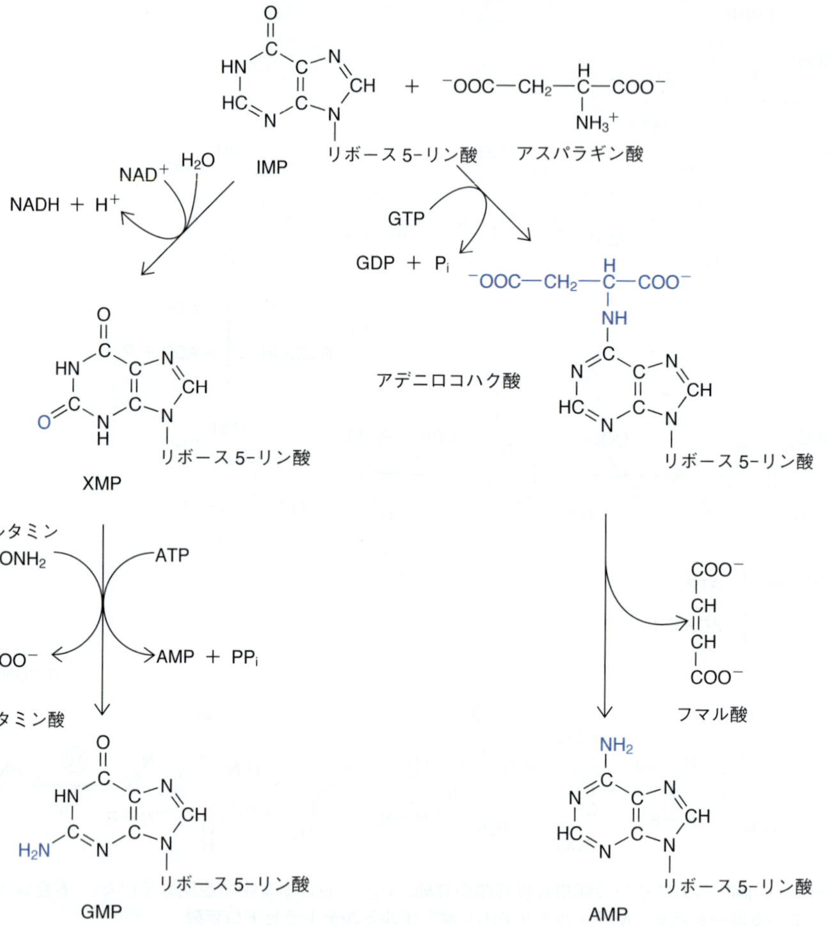

図 19.5　IMP からの GMP と AMP の合成経路の詳細．青色はすぐ前の反応により構造が変わっている部分を示す．この経路の概略は図 19.3 に要約されている．

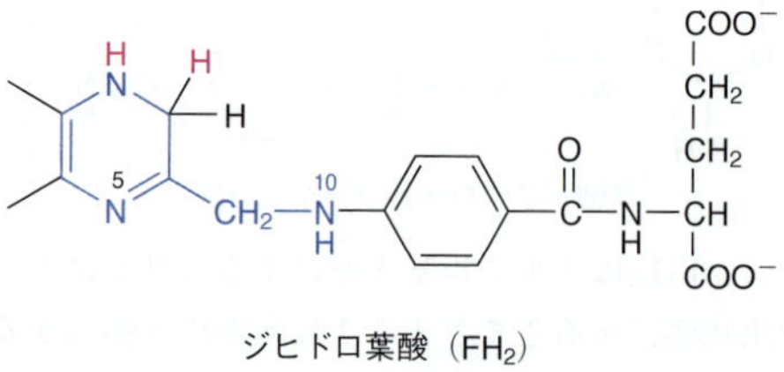

ジヒドロ葉酸（FH_2）

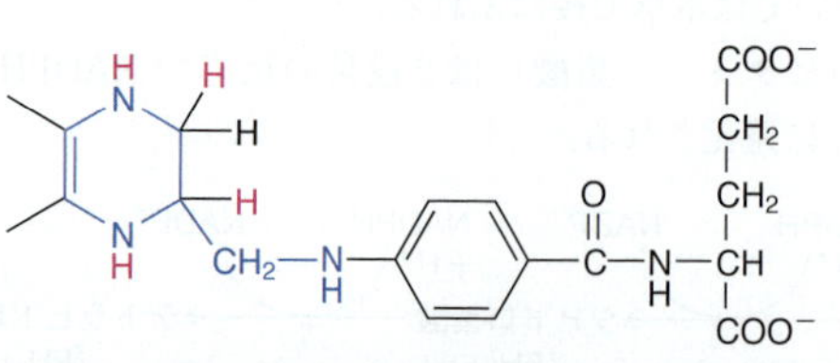

テトラヒドロ葉酸（FH_4）

FH_4 の構造をみると，N-5 と N-10 原子は，その間に 1 原子の炭素がすっぽりとはまり込んで間隙を埋めるような配置にあることに気付くだろう．ここではわかりやすいように，FH_4 と N^{10}-ホルミル FH_4 を以下のように表示する．

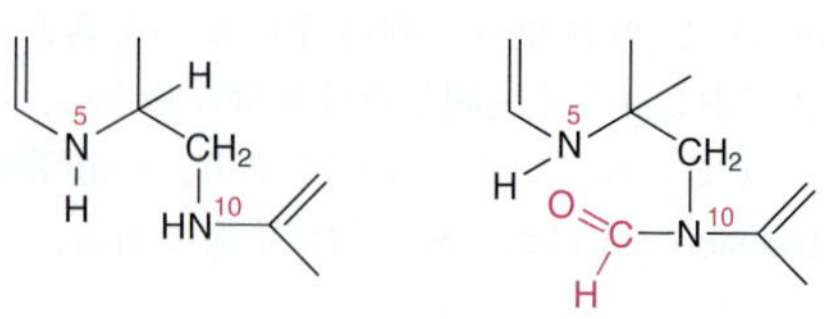

N^{10}-ホルミルテトラヒドロ葉酸
（N^{10}-ホルミル FH_4）

これがプリン生合成経路の反応 ③ と ⑨ におけるホルミル基の供与体であり，特異的なホルミルトランスフェラーゼがこの反応を触媒する．

N^{10}-ホルミル FH_4 のホルミル基はどこからくるのか

答えはアミノ酸のセリンである（セリンは解糖系の中間産物である 3-ホスホグリセリン酸から容易に合成される）．**セリンヒドロキシメチルトランスフェラーゼ** serine hydroxymethyltransferase という酵素によりヒドロキシメ

チル基（−CH₂OH）が FH₄ に転移され，グリシンと N^5,N^{10}-メチレン FH₄ を生じる．

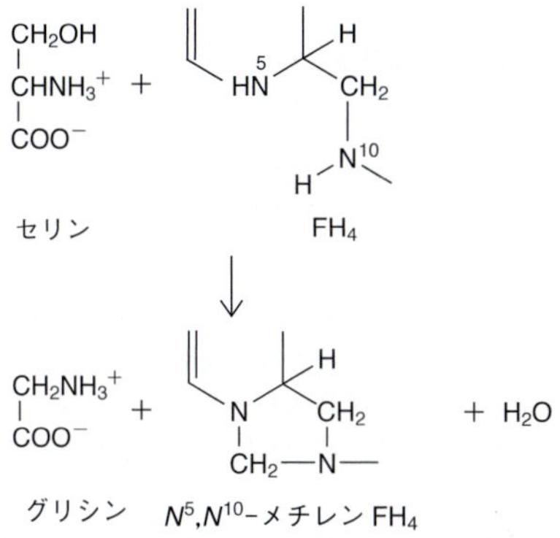

産物である N^5,N^{10}-メチレン FH₄ はまだ中途であり，ホルミル化には使われない．なぜなら，−CH₂− はホルミル基よりも還元されているからである．−CH₂− は $NADP^+$ 要求性の酵素により酸化されてメテニル誘導体を生じ，加水分解されて N^{10}-ホルミル FH₄ となり，ホルミル基供与体として働く．

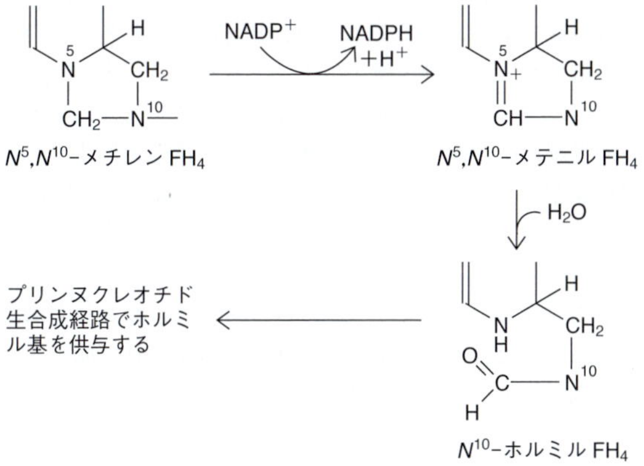

AMP と GMP から ATP と GTP はどのように産生されるか

細胞でのほとんどの生合成反応においてヌクレオシド三リン酸が使われる．後に述べるように，核酸の生合成にも使われる．単純だが特に大切な概念として，細胞には酵素（キナーゼ類）が存在し，高エネルギー状態でリン酸基をヌクレオチド間で転送する．これには自由エネルギーの変化はほとんどない．リン酸基のおもな供給源はもちろん ATP であるが，エネルギー産生系の代謝では常に ADP と P_i から ATP が再合成されている．新たに合成された AMP や GMP は以下のキナーゼによりリン酸化される．

AMP + ATP ⇌ 2 ADP	アデニル酸キナーゼ
GMP + ATP ⇌ GDP + ADP	グアニル酸キナーゼ
GDP + ATP ⇌ GTP + ADP	ヌクレオシド二リン酸キナーゼ

ヌクレオシド二リン酸キナーゼは広い基質特異性をもち，ヌクレオシド二リン酸と三リン酸がどのような対であっても利用できる．

プリン再利用経路

プリンの新規合成経路では遊離プリン塩基が関わらずにプリンヌクレオチドが合成されることを強調した．しかしながら，すでに述べたように，プリンヌクレオチドの生合成には別の経路があり，遊離塩基が PRPP と反応してヌクレオチドに変換される．遊離塩基はおもに肝臓でヌクレオチドの分解により生じ，血液を通じて他の臓器に供給される．遊離塩基が再利用されるので再利用経路とよばれる．ホスホリボシルトランスフェラーゼという二つの酵素がこれに関わる．そのうちの一つはアデニンから，他方はヒポキサンチンまたはグアニンからヌクレオチドを合成する．後者の酵素は **HGPRT（ヒポキサンチン-グアニンホスホリボシルトランスフェラーゼ）** hypoxanthine-guanine phosphoribosyltransferase として知られ，以下の反応を触媒する．

グアニン + PRPP ⟶ GMP + PP_i
または
ヒポキサンチン + PRPP ⟶ IMP + PP_i

ヒトにおいては，アデニンを再利用する酵素はグアニンとヒポキサンチンを再利用する酵素ほど重要ではない．なぜなら，ヌクレオチド分解の主経路ではヒポキサンチン（AMP から）とグアニン（GMP から）が産生されるからである（図 19.6）．

プリン再利用経路の生理的役割は何か

エネルギー的にプリンを合成するのは "高価" なので，プリン塩基を再利用する仕組みがあると新規に生合成する量を減らすことができるため，経済的である．さらに，赤血球のようなある種の細胞は新規合成経路をもっておらず，再利用経路に頼らなければならない．

プリン再利用経路の生理的重要性は，新生児のまれな X 連鎖性遺伝病であり，酵素 HGPRT が欠損している**レッシュ・ナイハン症候群** Lesch-Nyhan syndrome からうかがえる．HGPRT の欠損は精神遅滞や自傷のような神経症状をひき起こす．予後は非常に悪い．脳は新規合成経路をほとんど使わないので，プリンヌクレオチドの生合成は再利用経路の欠損に大変感受性が高い．この患者では，再利用経路の欠損により肝臓で新規合成経路によるプリンヌクレオチドの過剰産生が起こる．（再利用経路での利用がなくなるために）PRPP の量が増えて新規合成経路が刺激されるからである．これにより痛風と同じように尿酸の過剰産生が起こり（後述），尿酸結晶の沈着により腎不全がひき起こされる．レッシュ・ナイハン症候群におけるこの生化

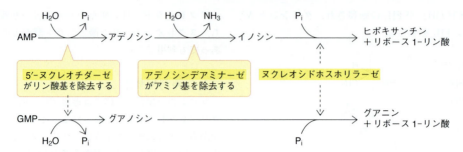

図 19.6 ヌクレオチドの分解による遊離プリン塩基（ヒポキサンチンとグアニン）の生成．リンパ球のアデノシンデアミナーゼを欠損している患者は免疫不全を発症するが，かつてはこの病気を患っている小児は無菌のプラスチック製カプセルにずっと入っていることしか対処法はなかった．この病気は遺伝子治療が初めて取入れられて成功を収めたものであり，アデノシンデアミナーゼの正常遺伝子を試験管内で骨髄幹細胞に入れて患者に戻したのである（第28章）．

学的影響と神経症状の関連は不明である．尿酸の過剰産生はアロプリノールにより処置できるが，神経症状は改善しない．HGPRT 欠損によらない痛風患者は神経症状を発症しない．

プリン塩基の再利用は新規合成経路が相応に減るので，エネルギー節約のうえで明らかに有利である．これは二つの効果により成し遂げられる．

- 再利用経路は PRPP の量を減らすので，新規合成経路も低下する．
- 再利用経路でつくられた AMP と GMP は新規合成経路にフィードバック阻害をかける．

プリンからの尿酸の生成

ヌクレオチドの分解により遊離のヒポキサンチンとグアニンが生じる．この一部はヌクレオチド生合成に再利用され，残りは酸化されて**尿酸** uric acid になる（図 19.7）．キサンチンオキシダーゼという酵素が尿酸を産生し，おもに肝臓と腸管粘膜に存在する．**痛風 gout** は再発性の炎症性関節炎であり，血中の尿酸が増えることにより起こる．尿酸の結晶が組織，特に関節に沈着し，足の親指の中足骨から指関節がよく影響を受ける．痛風は伝統的に贅沢な生活（アルコール，肉，魚料理の消費）と関連しているが，実際には尿酸のおもな供給源はプリンヌクレオチドの過剰な新規合成であり，ある患者では，PRPP シンテターゼの活性の増加や尿酸の排出障害によっても起こる．また，すでに述べたように，HGPRT 酵素の欠損もプリンヌクレオチドの過剰産生を招く．ヒポキサンチンの構造類似体である**アロプリノール allopurinol** という薬が痛風の治療に用いられる．これは強力なキサンチンオキシダーゼ阻害剤である．この阻害により尿酸よりもキサンチンやヒポキサンチンが生成する（図 19.7）．これらの物質は尿酸よりも水溶性が高いので容易に排出され，痛風の臨床症状の原因となる組織への不溶性の尿酸結晶の沈着を防ぐ．

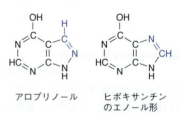

アロプリノール　　ヒポキサンチンのエノール形

プリンヌクレオチドの生合成の調節

代謝系すべてに調節が必要であり，さもないと化学的無秩序に陥るだろう．新規合成経路は**アロステリックフィードバック調節**を受ける古典的な例である（第20章）．経路の最初の反応が調節に適していて，新規合成経路では PRPP シンテターゼとなる．この酵素は AMP，ADP，GMP，GDP により負の調節を受ける．その次の酵素はプリンヌクレオチドの生合成に向かわせる最初の反応を制御するが（図 19.4②参照），これも図 19.8 に示すように，

図 19.7 ヒポキサンチンとグアニンの尿酸への変換

19. 窒素代謝：ヌクレオチドの代謝

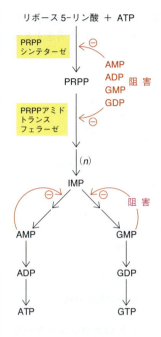

図 19.8　プリンヌクレオチド生合成経路の調節に関する概略

同様に阻害される．しかし，まだこれで終わりではない．新規合成経路によりIMPが合成され，これはAMPとGMPの2方向に進む．AMPとGMPはフィードバック調節により自身の産生を阻害する．ATPとGTPはともに核酸の合成に必要とされるので（第23章），この調節ループは両者の産生のバランスを確保するのに貢献している．

ピリミジンヌクレオチドの生合成

体内のほとんどの細胞はピリミジンヌクレオチドを新規合成するが，細菌とは異なり，哺乳類はプリンの再利用経路に類似した遊離塩基からのピリミジンヌクレオチド再利用経路をほとんどもっていない．しかしながら，ヌクレオシドのチミジンは**チミジンキナーゼ** thymidine kinase によりTMPに容易にリン酸化され，この意味でのチミジンの再利用は起こる．

ピリミジン経路 pyrimidine pathway の要約を図19.9に，全反応を図19.10に示す．この経路はアスパラギン酸から

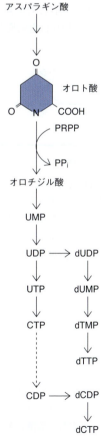

図 19.9　ピリミジンヌクレオチドの生合成の要約．全容を図19.10に示す．（ここではCTPがCDPに変換されると想定している．）デオキシリボヌクレオチドの生成は本章で後に述べる．

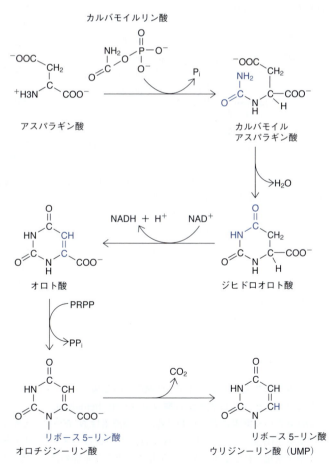

図 19.10　ピリミジンヌクレオチドの新規合成経路の詳細．青色はすぐ前の反応により構造が変わっている部分を示す．

始まり，環状物質であるオロト酸が合成される．オロト酸は PRPP 反応により対応するヌクレオチドに変換され，さらに UMP に変換される．キナーゼ酵素によりプリン経路とまったく同じように UTP が産生される．CTP は UTP のアミノ化により生じる．

大腸菌では，ピリミジンヌクレオチドの合成の調節はアスパラギン酸カルバモイルトランスフェラーゼの反応で起こる．哺乳類では，カルバモイルリン酸シンテラーゼ反応で調節される．この酵素はピリミジンヌクレオチドにより阻害され，プリンヌクレオチドにより活性化される．後者の調節により，核酸合成に用いられる全ヌクレオチドの供給バランスが保たれる．

デオキシリボヌクレオチドはどのように生成されるか

DNA の合成には dATP, dGTP, dCTP, dTTP が必要となる（第 23 章）．リボヌクレオチドのデオキシ体への還元は，NADPH を還元剤として二リン酸の状態で起こる．リボヌクレオチドレダクターゼは安定なラジカルの生成を伴う複雑な反応を行う．別種の生物には，異なるが似ているレダクターゼがある．

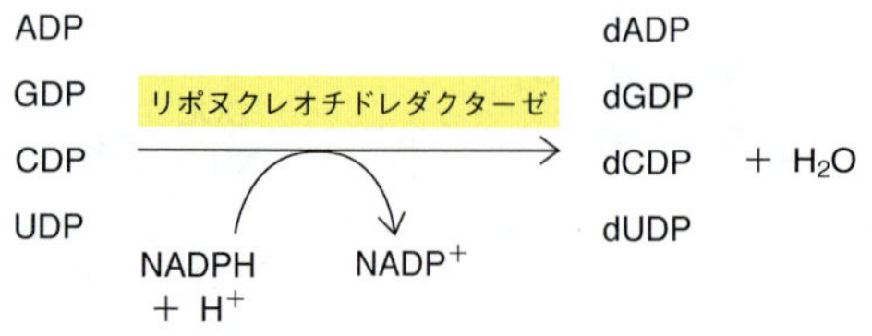

生成した dADP, dGDP, dCDP, dUDP は，ATP からリン酸基を受取って三リン酸に変換される．

しかしながら，dUTP は DNA の合成には用いられない．DNA は四つの塩基の一つにウラシルではなくチミン（メチル化ウラシル）をもっているということを思い出してほしい．dUTP は dTTP に変換される．これは三つの反応で行われる．まず，dUTP が dUMP に加水分解される．

$$\text{dUTP} + \text{H}_2\text{O} \rightarrow \text{dUMP} + \text{PP}_i$$

dUMP は dTMP に変換され，ATP からリン酸基を受取って dTTP になる．四つのデオキシリボヌクレオチドの産生はアロステリックフィードバック調節を適切に受けており，バランスが保たれている．

チミジル酸の生合成：dUMP の dTMP への変換

dUMP のメチル化は**チミジル酸シンターゼ** thymidylate synthase という酵素により行われる．この酵素は N^5, N^{10}-メチレン FH$_4$ を使う．プリン合成では，この物質のメチレン基が酸化されてホルミル基を生じる．チミジル酸の合成ではメチレン基が転移され，同時にチミンのメチル基へと還元される．この反応の還元当量は FH$_4$ 自体に由来し，

FH$_2$ になる（この補酵素の用途がいかに広いかを理解すること）．次の図では，N^5, N^{10}-メチレン FH$_4$ の関連する部分だけを示している．

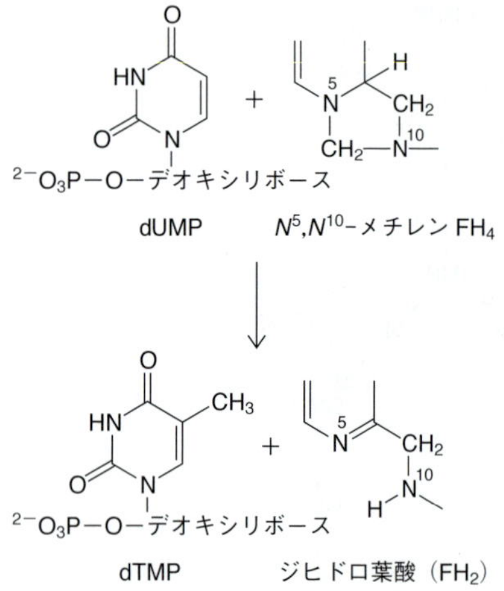

この反応で生じた FH$_2$ は**ジヒドロ葉酸レダクターゼ** dihydrofolate reductase により FH$_4$ に再変換される．FH$_4$ はセリンと反応してメチレン FH$_4$ に再変換される（本章で既出）．

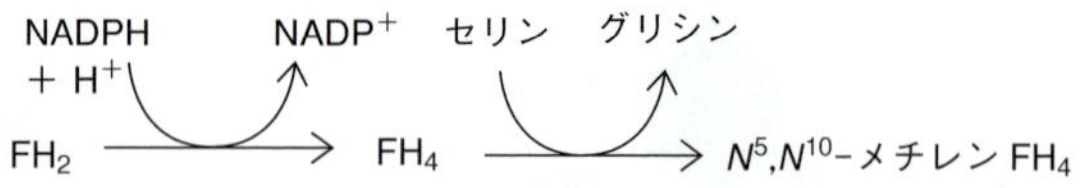

葉酸欠乏の医学的影響

細胞は分裂するために DNA を合成しなければならず，そのために全 4 種類のデオキシリボヌクレオチドの供給を必要とする．どれか一つでも適量をつくり出すことができないと，細胞分裂が損なわれるであろう．赤血球前駆細胞やがん細胞のような分裂の盛んな細胞はヌクレオチドの利用に特に感受性が高い．

FH$_4$ はグリシン，セリン，メチオニンなどいくつかの代謝合成に関わっているが，これらのアミノ酸は通常は食物から摂取できるため，葉酸が欠乏してもアミノ酸欠乏には至らない．しかしながら，ヌクレオチドの合成となると話は別である．食物中の葉酸の欠乏は巨赤芽球性貧血として知られる．大きく脆弱な未成熟赤血球に特徴づけられる貧血をひき起こす．これは赤血球の増殖と成熟を十分に維持できる速さでヌクレオチド，すなわち DNA を合成することができないからである．妊娠時に葉酸が欠乏すると新生児が**脊椎分裂** spina bifida や**無脳症** anencephaly などの神経管欠損を患うことがある．妊婦や妊娠を予定している女性は葉酸を含むサプリメントの摂取を奨められることがある．

チミジル酸の生合成はメトトレキセートなどの抗がん剤の標的である

dUMP と N^5,N^{10}-メチレン FH_4 からのチミジル酸の生合成において，FH_4 は二つの水素原子をメチレン基のメチル基への還元に供するので，産物は dTMP と FH_2 となる．FH_4 は触媒的に使われるため，FH_2 はジヒドロ葉酸レダクターゼにより FH_4 に還元されなければならない．もしこの反応が阻害されると FH_4 が生成されず，FH_2 は生物学的には不活性なので，たやすく葉酸欠乏症に陥る．抗白血病薬である**メトトレキセート methotrexate（アメトプテリン amethopterin）**と類縁の**アミノプテリン aminopterin**（両者とも抗葉酸薬とよばれる）は葉酸の構造を模倣することでジヒドロ葉酸レダクターゼを完全に阻害する．これらは**化学療法 chemotherapy** として知られるがん治療に最初に用いられた薬物である．白血病細胞のように，がん細胞は DNA を合成するために急いで dTMP をつくる必要があるので，完全ではないが選択的に阻害される．この概略を図 19.11 に示す．メトトレキセートはがん細胞特異的というわけではないので，化学療法では脱毛などの副作用も起こる．

細胞内でのビタミン B_{12} 欠乏と葉酸のメチル基捕獲

葉酸はホルミル基とメチレン基の輸送体として機能するだけではない．図 19.12 に示すように，葉酸は異なる酸化状態にある他の1炭素基も運搬することができる．これらは相互変換が可能であるが，一度 N^5,N^{10}-メチレン FH_4 がさらに N^5-メチル FH_4 に還元されると，葉酸を FH_4 誘導体に戻す唯一の手段は，メチル基をホモシステインに転移してメチオニンに変換することである．ビタミン B_{12} に由来する補酵素が N^5-メチル FH_4 からホモシステインへのメチル基の輸送に必要とされる．この反応は**メチオニンシンターゼ methionine synthase** により触媒される（図 19.13）．

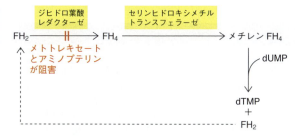

図 19.11 抗がん剤メトトレキセートの作用部位．メトトレキセートの構造と本章ですでに述べた葉酸の構造を比較すると，両者の関係がわかる．

メトトレキセート（アメトプテリン）の構造は興味深いので以下に示す．アミノプテリンは類似しているが N^{10}-メチル基を欠いている．

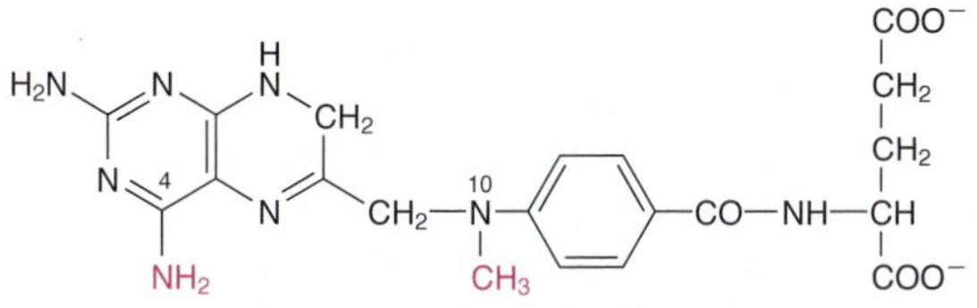

メトトレキセート（アメトプテリン）

フルオロウラシル fluorouracil は葉酸の還元を妨げるもう一つの化合物で，細胞内で相応のデオキシリボヌクレオチドに変換され，ある種のがん治療に用いられている FH_2 阻害剤である．

葉 酸
1炭素断片の運搬体

- $-CHO$ N^5-ホルミル FH_4
- $-CHO$ N^{10}-ホルミル FH_4
- $-CH=NH$ N^5-ホルムイミノ FH_4
- $=CH-$ N^5,N^{10}-メテニル FH_4
- $-CH_2-$ N^5,N^{10}-メチレン FH_4
- $-CH_3$ N^5-メチル FH_4

図 19.12 テトラヒドロ葉酸により運ばれる1炭素断片の酸化状態

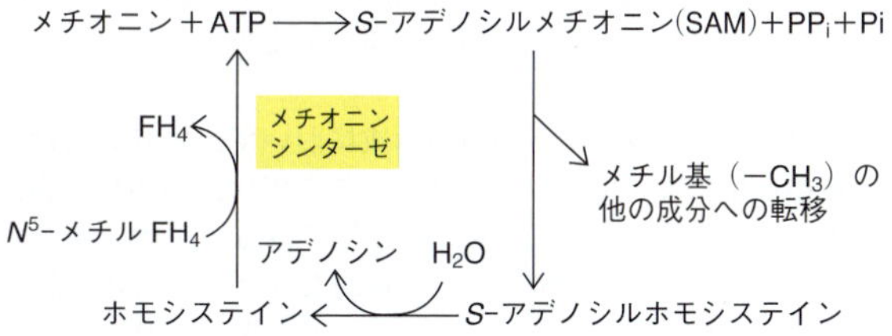

図 19.13 ホモシステインからのメチオニンの再生．メチオニンのメチル基は活性化され，主要なメチル基供与体である S-アデノシルメチオニン（SAM）を生じる．ホモシステインは N^5-メチル FH_4 からのメチル基の転移を受けてメチオニンに戻る．この反応はビタミン B_{12} から生じる補酵素を必要とする．

ビタミン B_{12} の欠乏は機能的に葉酸欠乏症をひき起こす．ビタミン B_{12} が存在しないと，葉酸はメチル化された型に"捕獲"されて FH_4 のプールに戻ることができず，このためヌクレオチド生合成における他の反応で再利用できなくなる．したがって，ビタミン B_{12} 欠乏症の血液の状況は葉酸欠乏症と似ている．すなわち，葉酸が利用できなくなるので巨赤芽球性貧血となる．ビタミン B_{12} 欠乏症と葉酸の利用障害の関係は**メチル基捕獲 methyl trap** として

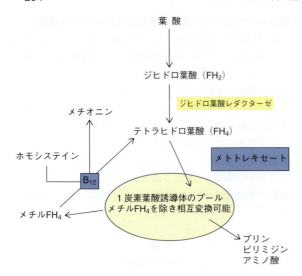

図19.14 メチル基捕獲．葉酸(THF)は異なる酸化状態にあるさまざまな1炭素断片を運ぶ．これらはメチルFH_4を除き相互変換可能である．メチルFH_4がFH_4プールに戻るためにはメチル基は除かれねばならない．この反応にはビタミンB_{12}が関わり，メチル基をホモシステインに転移する．ビタミンB_{12}欠乏症では，FH_4はメチルFH_4の形で"捕獲"されてしまい，葉酸の機能的欠損につながる．

知られる（図19.14）．

ビタミンB_{12}はほとんどの食物に含まれ，ほんの少量必要とされるだけであるが，植物には存在しないので，完全菜食主義の食品には含まれていないことがある．最もよくみられるビタミンB_{12}欠乏症は**悪性貧血** pernicious anemiaであり，胃の糖タンパク質でビタミンB_{12}の吸収に必要である**内因子** intrinsic factorが欠損している．このため体内の細胞は食物が適切であっても補酵素を欠損した状態になる．

ビタミンB_{12}はヌクレオチドの合成には何の役目ももたないが，他の反応に関わっており（第14章），これがおそらく悪性貧血にはみられるが葉酸欠乏症ではみられない神経系の異常の原因となっている．悪性貧血の患者に葉酸を投与しても神経症状の改善はみられないので，正確に診断し適切に処置することが大変重要である．周産期の女性が葉酸欠乏にならないように葉酸を含む小麦粉や他の穀類のサプリメントを求める圧力団体が多くの国に存在するが，葉酸の補充はある集団に存在しているビタミンB_{12}欠乏症を覆い隠してしまうので，多くの場合強い反論がある．このようなサプリメントを与えると，血液の状態は正常となるだろうが，結局は神経異常が現れるであろう．

 要 約

ヌクレオチドは新規合成される．プリンヌクレオチドは再利用経路によっても合成され，ヌクレオチドの分解により生じた遊離塩基にリボース5-リン酸が付加される．哺乳類ではピリミジンの再利用経路は重要ではないようである．

プリンヌクレオチドの新規合成において，プリン環は一連の反応によって組立てられる．ここでは，中間代謝物はすでにリボース5-リン酸に結合している．5-ホスホリボシル1-二リン酸(PRPP)が普遍的なリボース付加物質である．合成経路の産物はイノシン一リン酸(IMP)であり，GMPとAMPの双方に変換される．プリンヌクレオチドの合成はアロステリック調節されている．

この経路では，補酵素であるテトラヒドロ葉酸(FH_4)に依存した反応により，二つのホルミル基が付加される．FH_4はホルミル基供与体としてセリンを利用し，グリシンとホルミルテトラヒドロ葉酸が生成する．

分裂中の細胞はデオキシリボヌクレオチドを必要とするので，本合成経路の欠損に感受性が高い．食物中の葉酸の欠乏は貧血をひき起こす．妊娠中に葉酸が欠乏すると，新生児が脊椎分裂などの神経管異常をもつことがある．

再利用経路には二つの酵素が関わっており，一方は遊離アデニンのリボース付加，他方はヒポキサンチンまたはグアニンのリボース付加を触媒する．ヒトでは後者のトランスフェラーゼ(HGPRT；ヒポキサンチン-グアニンホスホリボシルトランスフェラーゼ)がより重要である．

レッシュ・ナイハン症候群では，幼児はHGPRTを欠いており，精神遅滞や自傷行為に至る．脳では新規合成経路がほとんど動いていないため，再利用経路の欠損に特に感受性が高い．肝臓では，HGPRTの欠損によりPRPPが蓄積する．これはおそらく，PRPPが正常時と比べてあまり使われなくなるためである．これにより新規合成経路が刺激されて，プリンの過剰産生が起こる．過剰のプリンは尿酸に変換される．尿酸の問題はレッシュ・ナイハン症候群の神経症状とは関連していない．

PRPPの過剰産生は患者によっては痛風の要因となる．アロプリノールは尿酸の産生を抑えるために臨床で用いられている．ピリミジンヌクレオチドは異なる合成経路を介して新規に産生され，UMP合成に至る．

DNA合成に使われるデオキシリボヌクレオチドの産生は二リン酸の状態で起こり，NADPHを使ってレダクターゼで還元される．dNDPはATPからリン酸基を受取って三リン酸に変換され，DNA合成の基質となる．dUTPはDNA合成には使われず，dTTPが使われる．チミジル酸を生成するためのメチル化はdUMPの段階で起こり，チミジル酸シンターゼにより触媒される．この変換はFH_4を必要とし，チミンのメチル基が生成される間に酸化されてジヒドロ葉酸(FH_2)になる．メトトレキセートやアミノプテリンなどの抗白血病薬はFH_2からFH_4への再生反応を阻害し，細胞の分裂と成熟を抑える．

ビタミンB_{12}はホモシステインからメチオニンへの変換

に関わる補因子の生成に必要とされる．もしこのビタミンが欠乏すると，悪性貧血にみられるように，FH_4 がメチル化されたまま蓄積する．このため核酸合成のための FH_4 が足りなくなる．このメチル基捕獲仮説により，なぜ巨赤芽球性貧血における赤血球の異常が葉酸欠乏症と似ているのかが説明できる．

問　題

1. リボース付加の手段を述べよ．
2. プリンヌクレオチドの生合成に関わる 2 度のホルミル化反応に関わる補因子は何か．このときのホルミル誘導体の構造を示せ．
3. ホルミル基の供給源は何か．これがどのように産生されるかについて説明せよ．
4. ヒポキサンチン-グアニンホスホリボシルトランスフェラーゼ（HGPRT）の機能は何か．
5. レッシュ・ナイハン症候群は小児の重篤な遺伝病である．その生化学を説明せよ．
6. アロプリノールという薬物はどのようにして尿酸の生成を抑えるのか．
7. プリンヌクレオチドの生合成におけるアロステリック調節を図示せよ．
8. 体内のいくつかの化合物はメチオニンのメチル基を使ってメチル化される．これはチミジン一リン酸の合成にも当てはまるか．答えを説明せよ．
9. 抗白血病薬メトトレキセートはどのようにがん細胞の増殖を抑えるか．
10. 悪性貧血の症状はある点において葉酸欠乏症と似ている．その理由は何か．

代謝調節の仕組みと代謝統合への応用

20

本章では，前章までに述べてきたすべての代謝行程を統合し，多様な経路がいかに協調的に働き，相互作用しているのかについてみていこう．

本書では代謝調節の仕組みについて，各経路に関する章の中で個別に扱うのではなく，ひとまとめにして別の章として設けた．こうすることで全体的な調節機構を一望することができるので，糖質，脂質，タンパク質の代謝の統合を理解することに役立つ．これらの物質間の化学的変化（変動）の流れは大きいので，経路を一望することは重要である．体内では，食事の後に飢餓の期間があるので，変動の方向性は流動的である．糖質，脂質，タンパク質の代謝を統合することで，代謝調節の原理の全体像を把握することができる．この課題はかなり複雑なので，この章でどのように取扱うかについて説明しよう．代謝調節は酵素活性の制御を含む．したがって，まずは酵素活性が制御される仕組みについて取扱う．この後で，他経路からの代謝物の濃度に応答する調節酵素によってどのように複数経路のバランスが保たれているか，それにより酵素反応の速度がどのように調節されているかについて解説する．

細胞の代謝活動は循環ホルモンによって制御されており，これがもう一つの調節機構となる．ホルモンはそのときの必要性に応じて体全体に作用する．したがって，細胞の外側からのシグナル，すなわち体内の別の細胞がつくり出した細胞外シグナルが代謝経路をどのように制御しているか，上述の局所的な調節をどのように統合しているのかについて解説する．

しかしその前に，まず考えるべき疑問は以下のことである．

なぜ調節が必要なのか

これまでに取扱ってきたおもな経路，すなわちグリコーゲンの合成と分解，解糖系，糖新生，脂肪の合成と分解，アミノ酸の合成と分解，TCA回路，電子伝達系などを考えるとき，同時にすべてが最大限の速度で動いていることはありえないし，その必要性もまったくない．ある代謝経路が1方向に進んでいる場合には，逆方向の反応は止まらなければならない．さもなければ，熱産生以外には何も得られないであろう．たとえば筋肉の解糖系のような単一の経路においても，その反応速度はそのときのエネルギーの必要性に応じて変動するだろう．スカッシュをしている人の代謝速度は休んでいる人の代謝速度の約6倍に達する．主要なエネルギー産生物質の代謝調節には少なくとも以下の三つの目的がある．

- 今では基質回路ともよばれる無益回路（次項で説明）の潜在的問題を避ける．
- エネルギー消費の変動に応じてエネルギー産生の需要に応答できるようにする．
- 生理的必要性に応答できるようにする．代謝物が蓄えられる食後と，蓄えられたエネルギーが利用される食間とでは，代謝経路は異なる方向に動く（第10章）．エネルギーの必要性は絶食と飢餓でも異なり，糖質，脂質，タンパク質の代謝に異常が生じる糖尿病のような病態時でも異なる．

代謝における無益回路の潜在的危険性

前の章で述べた糖新生過程は，代謝系における無益回路の潜在的危険性を示すのに良い例である．解糖系におけるフルクトース6-リン酸からフルクトース1,6-ビスリン酸への変換と，糖新生におけるその逆反応について考えてみよう（図20.1）．解糖系ではフルクトース6-リン酸は6-ホスホフルクトキナーゼ（PFK）によってリン酸化されてフルクトース1,6-ビスリン酸になり，逆反応ではフルクトース-1,6-ビスホスファターゼがフルクトース1,6-ビスリン酸をフルクトース6-リン酸に戻す．もしこの反応が無制御に起これば，細胞からATPはなくなり，二つの反応はどちらの方向にも進まないだろう．

この概念を解糖系と糖新生の全体に当てはめてみよう．もし順方向と逆方向の反応が無秩序に進めば巨大な無益回路となり，何も得られず，ATPは利用されずに分解されてしまうだろう．同様のことはグリコーゲンや脂肪の合成と分解，さらには合成と分解が関わるすべての経路にも当

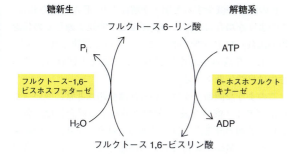

図 20.1 解糖系の 6-ホスホフルクトキナーゼ反応において，適切に調節されなかった場合に潜在的に起こりうる無益回路．

てはまる（図 20.2）．

したがって，代謝経路において分解と合成の反応は相反する調節を受けなければならないのは明らかである．すなわち，一方が活性化されれば他方は抑制される．2 方向の独立的な調節は，すでに述べたように不可逆的な代謝反応でのみ起こりうる．なぜなら，ここでは 2 方向の反応が異なる酵素によって触媒されるため，異なる調節を受けることができるからである．完全に可逆的な系では両方向の反応が同一の酵素によって触媒されるため，異なる調節を受けることができない．もしこの酵素が阻害されれば，経路はどちらの方向にも進まなくなってしまう．すでに説明したように，代謝経路における代謝物の流れの方向の調節は，鍵となる反応が必ずしも可逆的には進行しないという事実に基づいている．

調節が行われているということを理解したところで，"無益回路" という表現を "基質回路" に置き換えて，たとえば解糖系における 6-ホスホフルクトキナーゼの反応を例としてみてみよう．もしすべてが起こるとすれば，基質回路は無駄にみえるかもしれない．しかし，この回路が

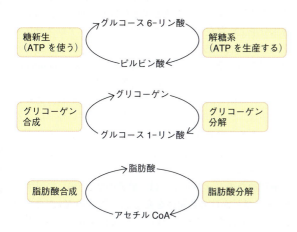

図 20.2 代謝が適切に調節されなかった場合に潜在的に起こりうる巨大な無益回路．

制限されれば，順方向と逆方向の代謝経路をより効率的に調節するのに有利となるだろう．以下のように，A が B を経て C に変換される反応で，反応 A → B が基質回路を形成しているとしよう．

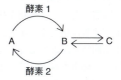

A から C への変換は，酵素 1 を阻害して，酵素 2 を活性化することで低下させることができる．もし両反応が同時に起これば，調節はさらに効率的になる．酵素 1 の阻害剤が大過剰に存在しなくても完全に止めることができるだろう．酵素 2 を阻害して酵素 1 を活性化すれば，C から A への流れは阻害される．フルクトース 6-リン酸/フルクトース 1,6-ビスリン酸の回路はこのように二重の調節を受けている一例である．

酵素活性はどのように調節されるか

単一の経路の代謝調節では，その経路の中で一つかそれ以上の反応速度が調節を受けている．細胞内には，酵素活性の速度を可逆的に修飾する方法が本質的に二つある．
- 酵素の量の変化
- 一定量の酵素の触媒速度，すなわち酵素活性の変化

（もう一つの可能性として区画化，すなわち酵素への基質の供給も重要であり，タンパク質の輸送の調節が関わっている．）

タンパク質の分解によるトリプシノーゲンの活性型トリプシンへの変換のように，不可逆的に活性化される酵素もあるが，本章では可逆的な代謝調節機構について取扱う．なぜなら，これこそが意味のある代謝調節に必須だからである．

酵素量を変化させる代謝調節は比較的遅く進行する

細胞内のタンパク質濃度はその合成や分解の速度を変えることで変化しうる．タンパク質は一般に多様な寿命をもっている．インスリンの半減期は 4 分であり，コラーゲンの半減期は数年であるが，肝臓を例にとると，酵素の半減期は約 30 分から数日の範囲である．

遺伝子活性化のレベルで起こるこの型の調節は比較的時間がかかり，秒単位というよりは時間単位あるいは日単位で起こる．これは生理的必要性に応じた適応応答による調節である．以下にいくつかの例を示す．
- 毛細血管のリポタンパク質リパーゼ（第 11 章）は組織の脂質の需要に適応しており，授乳中の乳腺では発現が

上がる.
- 肝臓は食物の変化に応じて酵素量を変え，高脂肪食や高糖質食に対応しなければならない.
- 摂食時には脂肪酸合成に関わる酵素の量が増える．食後数時間でこれらの酵素の量は減少する．
- 外界からの化学物質，たとえば薬物を摂取すると，肝臓の薬物代謝酵素が急激に増える（第32章）．
- 特に良い例は尿素回路の酵素である．過剰の窒素は尿素に変換されて尿中に排出される．ラットでは，この回路に関わるすべての酵素の発現が食物中の窒素の量に比例して変化する（第19章）．

酵素合成のレベルでの調節は特に細菌で顕著である．たとえば，大腸菌は唯一の炭素源としてラクトースにさらされると，β-ガラクトシダーゼというラクトースを加水分解するのに必要な酵素がすぐに増え始め，数分で酵素活性が増加し，数時間で1000倍にまで達する．酵素合成のための刺激がなくなると，酵素濃度の減少は比較的ゆっくりと起こる．なぜなら，酵素タンパク質の分解（または，細菌は急速に分裂するので，細胞増殖に伴う希釈）によってのみもとの量に戻るからである．哺乳類では，調節酵素の半減期は短い傾向があり，おそらく30分から1時間程度である．この課題に関しては遺伝子発現の調節で改めて取扱う（第26章）．

細胞内の酵素の活性により制御される代謝調節は非常に早く進行する

活性の調節に関しては，酵素の量は変わらず，反応速度だけが変わる．この調節は非常に速やかに起こり，調節機構の種類に依存する．

代謝経路のどの酵素が調節されるか

多くの，あるいはほとんどの代謝経路には特殊な調節を受ける酵素が存在する．常にではないが多くの場合，そのような酵素は最初の代謝反応でみられ，これにより経路が特別な最終産物の生成に向けて進むようになる．
次のような代謝経路を考えてみよう．

$$A \to B \to C \to D \to E \to \to 細胞の生合成に利用$$

ここでは，Eは細胞に必要な最終生成物である．Eの生合成に向けての第一反応の自律的調節機構とは，以下に示すようにEの量によって調節されることを意味する．これはフィードバック阻害として知られる．

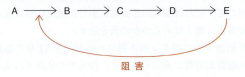
阻害

Eの濃度が減少すると阻害が解除され，Eが合成される．このような場合には，この代謝変動（経路を通じての代謝物の流れ）はEが使われることによって調節されている．もしEの生成量が即座に利用される量を上回れば，その産生は自然に低下する．

このような調節を受けている代謝経路は非常に多い（たとえばアミノ酸の合成）．経路が分岐する場合には，各分岐点の最初の酵素がしばしば調節の対象となり，その結果それぞれの最終生成物は別々の調節を受ける．また，各最終生成物は分岐経路の最初の酵素を部分的に阻害する．これを脂質と糖質の代謝に当てはめると，経路全体は大変複雑なので，経路の"最終生成物"や"最初"の酵素を同じように限定することができない．したがって，"最終生成物阻害"という表現はそれほど適切ではない．鍵となる中間代謝物（生成物）が代謝的に離れた酵素反応を調節できる場合にもやはり同じ原理が当てはまる．この調節は，すでに述べたフィードバックであったり，代謝物が下流の酵素を活性化して代謝物の流れを順方向に進ませる"フィードフォワード"であったりする．

調節酵素の性質

（酵素量の変化とは異なり）酵素の触媒活性が修飾される手段には二つある．
- **アロステリック調節** allosteric control は非常に即効性である．
- タンパク質の**共有結合修飾** covalent modification，おもに**リン酸化** phosphorylation と**脱リン酸** dephosphorylation は，速いが即効性はない．

酵素のアロステリック調節

酵素のアロステリック調節は代謝制御において非常に重要である．アロとは"他"を意味しており，基質が結合する活性部位に加えて一つまたはそれ以上の別の結合部位が酵素分子上に存在することを意味している．アロステリック部位に結合するリガンドは**アロステリックモジュレーター（アロステリックエフェクター）** allosteric modulator (allosteric effector) とよばれ，活性化因子を正のモジュレーター，阻害因子を負のモジュレーターという．これらの分子は，酵素の基質と似ている場合と似ていない場合がある．ある基質濃度でアロステリックモジュレーターがアロステリック部位に結合すると，酵素の活性が増加あるいは阻害される．

典型的なモジュレーターは，酵素の基質（S）に対するK_mまたは見かけの親和性を変える．（酵素のK_mが真の親和性定数ではないことについてはすでに第6章で述べた．）細胞内のほとんどの酵素は基質濃度が飽和していない状態で働く．このため，**酵素の基質に対する親和性が上がれば**

酵素活性が高くなり，親和性が下がれば逆の効果がある．基質が飽和濃度に達すると，たとえ親和性が上がったとしても活性に変化はないが，細胞内ではこの状況は（普通は）起こらない．

酵素のアロステリック調節の仕組みとその可逆性

酵素のアロステリック調節の仕組みについては，アロステリック酵素の古典的な例としてアスパラギン酸カルバモイルトランスフェラーゼをあげて，第6章で解説した．

アロステリック調節は事実上，適応性と可逆性において即効的である．モジュレーターは結合部位に非共有結合し，リガンドの濃度が下がると酵素複合体から解離し，酵素はもとの状態に戻る．

アロステリック調節は非常に強力な代謝の概念である

すでに述べたように，アロステリックモジュレーターは酵素の基質と何の構造的関係もない．この因子は異なる代謝経路から供給されることが多い．このことは，あらゆる代謝経路は調節されながら他の代謝領域と結び付いており，ある経路の代謝物が別の経路の調節因子となることもありうることを意味している．この制御系は複雑である．グリコーゲンの分解は解糖系の基質を供給し，解糖系はピルビン酸をTCA回路に送り込み，続けてTCA回路が電子を電子伝達系に受渡し，ATPを細胞のエネルギー利用装置としてつくり出す．脂肪酸分解もTCA回路の基質であるアセチルCoAをつくり出し，ピルビン酸からつくられたアセチルCoAは脂肪酸合成の原材料となる，などである．

このような複雑な系において，それぞれの経路は鍵となる代謝物の濃度から何が起こっているのかを感知する．ATPは十分にあるのか，それともほとんどないのか．アセチルCoAがTCA回路にほとんど供給されていないのか，それとも多すぎるのか．解糖系は速すぎるのか，遅すぎるのか．各経路に合流する他経路からの情報や同一経路上の別の部分からの情報を感知して，常に秒単位で経路の調節が行われなければ，化学的な混乱に陥るであろう．それゆえに，アロステリック調節は非常に重要な概念なのである．調節酵素はどこからでもシグナルを受取ることができるということである．こうして，解糖系はTCA回路がどうなっているか，電子伝達系がATPを供給し続けているかを"感知する"ことができる．こうした情報をもとに酵素活性は自律的に調節され，調和した化学装置のように動く．

アロステリック概念の創始者であるJacques Monodが指摘したように，アロステリック調節がなければ細胞と同じくらい複雑なものは存在しえなかったであろう．彼はアロステリック調節を"生命の第二の秘密"と述べた（第一の秘密はDNA）．

アロステリック酵素はしばしば複数のモジュレーターをもつ

調節のネットワークは複雑である．ある酵素が代謝地図の異なる領域から複数のシグナルを受取ることもある．それぞれのシグナルは，反応速度を部分的に抑えたり速めたりする．おそらく一つでは少しの進化的利点しかないが，別のアロステリックシグナルが違う部位に結合することで，酵素活性が適切に調節される．調節機構が自然に選択されたことにより，複雑な反応の塊全体を効率的に動かすことが可能になったのである．

リン酸化による酵素活性の調節

酵素調節の第二の手段はリン酸化である．厳密にいうと，この項は酵素のリン酸化というよりも共有結合による修飾というべきである．なぜなら，リン酸化以外の化学修飾も起こるからである．しかし，真核細胞ではリン酸化は圧倒的に重要であるので，これに焦点を絞る．アロステリック調節とは異なり，リン酸化は原核生物ではあまり重要ではないが，真核細胞ではリン酸化は代謝調節とはまったく別の生命領域においてもきわめて重要である．

プロテインキナーゼとホスファターゼは代謝調節の鍵分子である

この原理は単純である．**プロテインキナーゼ** protein kinase とよばれる酵素がATPからリン酸基を特定の酵素に転移する．これが起こると，標的酵素にコンホメーション変化が生じ，酵素（または酵素阻害タンパク質）の活性（または阻害効果）が変化する．リン酸基のような強い電荷をもつ基が結合するとタンパク質のコンホメーションが影響を受けることは想像に難くない．逆の反応には**ホスホプロテインホスファターゼ** phosphoprotein phosphatase（略して**プロテインホスファターゼ** protein phosphatase）[1]が関わり，タンパク質からリン酸基を外す（図20.3）．

リン酸化は酵素のポリペプチド鎖のセリンまたはトレオニンのOH基上で起こり，キナーゼは標的となるOH基の周辺のアミノ酸配列を識別する．（第29章ではチロシンのリン酸化について述べるが，これは一般に遺伝子の調節やホルモンであるインスリンの作用機序に非常に重要である．）以下ではセリンのリン酸化について述べる．

リン酸化は酵素調節の第二の一般的手段である．つまり，酵素のアロステリック調節が第一で，リン酸化と脱リン酸が第二である．ここでは手短に，この二つの酵素調節手段が特定の代謝系にどのように適用されるのかについて解説する．

---

[1] 訳注：基質特異性や阻害剤に対する感受性により，おもに1, 2A, 2B, 2Cの4群に分類される．

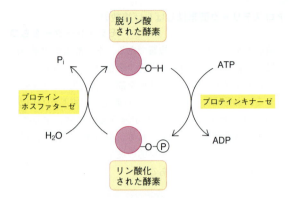

図20.3 リン酸化による酵素の調節．ある特殊な場合では，リン酸化された酵素はリン酸化されていない酵素よりも強い活性か弱い活性をもつだろう．この反応には多様性があり，酵素の活性がリン酸化の制御を受ける阻害タンパク質によって調節されていることもあることに留意してほしい．

リン酸化の調節は
通常は他の細胞からの化学シグナルに依存する

アロステリック調節は即効性の調節機構であるが，リン酸化による調節はリン酸化と脱リン酸の行程自体の調節を必要とする．リン酸化と脱リン酸のバランスにより標的酵素の活性が決まる．では，何がプロテインキナーゼとホスファターゼを制御しているのだろうか．その答えはほとんどの場合，細胞内要因に基づく調節ではなく，ホルモンのような制御因子による細胞外からの調節による．〔個別にはリン酸化が細胞内代謝調節の一部となっている例外もあり，ピルビン酸デヒドロゲナーゼはその一例であるが（第13章），ここでは一般論を述べている．〕

細胞内のアロステリック調節は異なる経路や経路の一部を調和させて代謝物の累積や不足が起こらないようにしている．すでに強調したように体には第二の調節機構があり，これには燃料を蓄えるか放出するかの代謝経路の方向性を決めるホルモンが含まれる．これは細胞が生命活動を営むために必須である．個々の細胞は外部の細胞からのシグナルを受取らないと代謝の流れの方向性を調節することができない．全体的な代謝調節はホルモンによって行われるが，アロステリック調節とリン酸化/脱リン酸反応によって決まる内部調節は依然として複数経路の協調性を保つために必須であり，渋滞や代謝の複雑化を避けている．アロステリック調節と内部調節の関係性を示す簡単な例は海軍組織である．それぞれの船（細胞）にはあらゆる状況において組織の単位を保つための独自の内部規律（アロステリック）がある．しかし，単位としてどこに航海して何をすべきかについては，海軍上層部（内分泌器官と脳．脳はしばしば内分泌器官からのホルモンの放出を調節している）からの外部指令に依存する．

代謝のホルモン調節の一般論

糖質，脂質，アミノ酸代謝の調節においてとりわけ重要なホルモンは**グルカゴン** glucagon，**インスリン** insulin，**アドレナリン** adrenaline（**エピネフリン** epinephrine としても知られる）であり，ここではこれらについておもに取扱う．これらのホルモンは即効性でかなり劇的な効果をもち，食事中と食間の絶食期間を行き来し，ときにアドレナリンを放出するような出来事に遭遇することもある日常生活の中で働いている．副腎皮質から放出されるコルチゾールと下垂体前葉から放出される成長ホルモンも代謝に影響を及ぼすが，これらの効果は長い時間を要する．

グルカゴンは，血中グルコース濃度（血糖値）が低いときに膵臓ランゲルハンス島のα細胞により産生される．このホルモンは蓄えられた食物成分を動員し放出させる．インスリンは血中グルコース濃度が高いときに膵臓ランゲルハンス島のβ細胞で産生され，細胞に燃料を蓄えるようシグナルを送る．アドレナリンはストレス下において副腎から遊離されるホルモンであり，食物貯蔵部位からエネルギーを動員して体が動けるよう備える．インスリンは血中グルコースを下げる唯一のホルモンである．他のすべて，つまりグルカゴン，アドレナリン，コルチゾール，成長ホルモンは血中グルコース濃度を上げる．インスリンはまさに体内唯一の同化ホルモンであり，合成と貯蔵のシグナルを伝える．

グルカゴン，アドレナリン，インスリンは
どのように働くか

ホルモンは血中に放出される化学シグナルであるため，すべての細胞がホルモンにさらされる．しかしながら，標的細胞とよばれるある種の細胞のみが特定のホルモンに応答する．ある細胞が特定のホルモンの標的細胞であるかは，その細胞にホルモンの受容体が存在するかどうかにより決まる．特定のホルモンの受容体をもたない細胞はそれに応答しないので，標的細胞とはならない．グルカゴン，アドレナリン，インスリンは標的細胞内には侵入せず，それぞれに特異的な膜受容体タンパク質に結合する．受容体

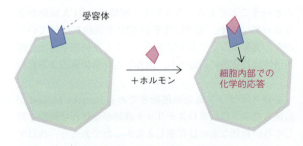

図20.4 ホルモンが細胞表面の受容体に結合すると，細胞内で化学的変化が起こる．

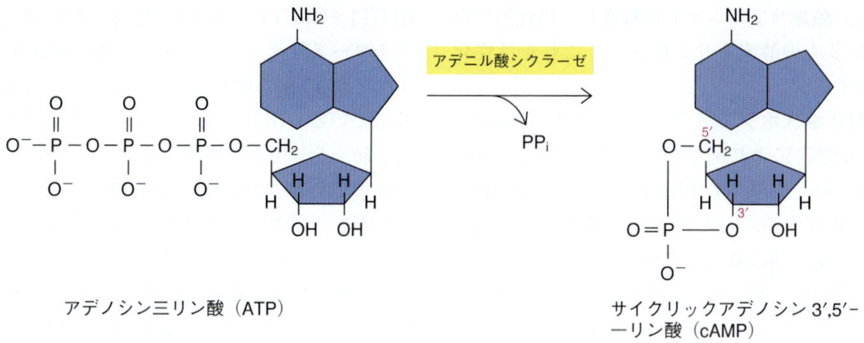

20. 代謝調節の仕組みと代謝統合への応用

図 20.5　アデニル酸シクラーゼによる ATP からの cAMP の生合成

は膜貫通タンパク質であり，それぞれが細胞の外側に向けてアンテナのように細胞外受容体領域を露出し，それに特異的なホルモンや他のシグナル伝達物質との結合に備えている．

ホルモンは血中から速やかに除かれる．その典型的な半減期は数分なので，特定のホルモンを供給している腺がさらにホルモンを分泌しない限り，ホルモンの血中濃度は下がり，シグナルは停止する．しかしながら，ホルモンが受容体に結合している間，細胞内では変化が起こる（図20.4）．これが**セカンドメッセンジャー** second messenger（二次メッセンジャー）説である．

セカンドメッセンジャーとは何か

ホルモンを一次メッセンジャーとみなすとすれば，細胞上の受容体細胞外領域への結合により細胞内で別のシグナル分子の濃度が変化する．これが細胞の応答をひき起こす

セカンドメッセンジャーである．すべてのホルモンがセカンドメッセンジャーを使うわけではないが，本章で取扱うホルモンはこれを使う．

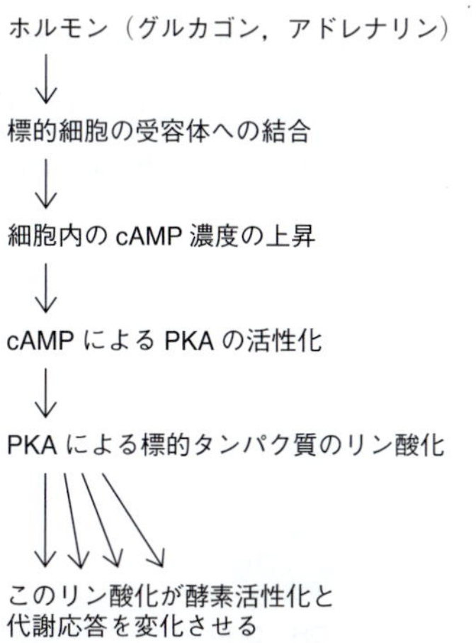

グルカゴンとアドレナリンのセカンドメッセンジャーはサイクリック AMP である

サイクリック AMP（cAMP）cyclic AMP はアデノシン 3',5'-環状―リン酸であり（5'-AMP ではない），本書でまだ登場していない分子である．cAMP は**アデニル酸シクラーゼ**adenylate cyclase という酵素により，グルカゴンやアドレナリンの細胞膜上の受容体への結合に応答して，ATP から合成される（図20.5）．

細胞内において，cAMP は**プロテインキナーゼ A（PKA）**protein kinase A の正のモジュレーターとして働く．(したがって PKA は cAMP 依存性プロテインキナーゼともいう．) PKA は特異的な酵素のセリンやトレオニンの OH 基をリン酸化して，その活性を修飾する．この一連の反応の概略を図 20.6 に，cAMP が PKA を活性化する仕組みを図 20.7 に示す．cAMP の非存在下では，PKA は二つの触媒サブユニット（C）と二つの調節サブユニット（R）から成る四量体で，活性をもたない．cAMP が調節サブユニッ

ホルモン（グルカゴン，アドレナリン）
↓
標的細胞の受容体への結合
↓
細胞内の cAMP 濃度の上昇
↓
cAMP による PKA の活性化
↓
PKA による標的タンパク質のリン酸化
↓
このリン酸化が酵素活性化と
代謝応答を変化させる

図 20.6　代謝のホルモン制御の各段階．ここで示されていないのは，(1) cAMP は持続的に分解されることと，(2) タンパク質のリン酸化はホスファターゼによりもとに戻るということである．ここで示されている代謝応答はホルモンが受容体に結合している限り起こる．

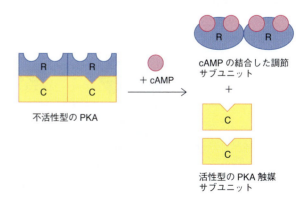

図 20.7　PKA の cAMP による活性化．R：PKA の調節サブユニット．C：PKA の触媒サブユニット．

トに結合すると，触媒サブユニットが解離し，活性型になる．PKA は次に多くの酵素をリン酸化し，これを活性化，または不活性化する．

cAMP は **cAMP ホスホジエステラーゼ** cAMP phosphodiesterase という酵素により細胞内で AMP に加水分解されるので（図 20.8），細胞内の PKA の活性化は cAMP の持続的な産生に依存する．したがって，PKA の活性化はホルモンが細胞の受容体に結合しアデニル酸シクラーゼが活性化している間のみに起こる．こうして，すべてがシグナル伝達経路の必須条件である可逆性を兼ね備えているのである．ホルモンの濃度が下がると cAMP の産生が止まり，存在している cAMP は加水分解され，すべてがもとの状態に戻り，リン酸化されたタンパク質はプロテインホスファターゼにより脱リン酸される．プロテインホスファターゼ自身も通常は制御されている．

この論点で欠けているのは，ホルモンの結合がどのように cAMP の産生を起動し，cAMP の産生がどのように止まるかに関する説明である．これについては第 29 章まで保留する．なぜなら，この問題は細胞膜を介してのシグナル伝達に関する一般的かつ主要な論点となるからである．ここでは，代謝を調節するために細胞が営む一般的手段を概説した．次にこれを特定の経路に当てはめていくことにしよう．

糖質代謝の調節

グルコースの細胞内への取込みの調節

グルコースは細胞膜の脂質二重層を容易に通過できないので，その細胞内への取込みには膜輸送タンパク質が必要である．すでに述べたように，腸管からのグルコースの吸収は能動的である（図 7.12 参照）．しかしながら，体内の他の細胞内への輸送は促進拡散であり，特殊な輸送タンパク質によりグルコース分子の膜通過が調節されている．膜の内外のグルコースの濃度勾配のみが輸送に重要である．

このような役割を担うグルコース輸送体があり，

GLUT1〜GLUT4 と SGLT（腸管細胞を通過して血中までグルコースとナトリウムを選択的に輸送する）が知られ，すべてが 12 個の膜貫通ドメインを特徴とする共通構造をもっている．GLUT4 はインスリン依存性であり，骨格筋や心筋，そして脂肪組織に発現している．インスリン非依存性の他の輸送体は脳（GLUT1 とおもに GLUT3），肝臓（GLUT2），赤血球（GLUT1）に分布する．これらの輸送体はグルコースに対して異なる親和性をもち，代謝的需要に合わせて異なる組織に発現し，異なる状況下でホルモンに応答する．グルコース輸送体の種類とその特徴を第 11 章で示した（表 11.1 参照）．

筋肉や脂肪細胞では，グルコースの取込みはインスリンに依存しており，機能をもたないグルコース輸送体タンパク質が膜小胞の形で細胞内に蓄えられている．インスリンが受容体に結合すると，この膜小胞が細胞膜と融合した結果，輸送体が膜表面に露出し，グルコース輸送の速度が増す（図 20.9）．インスリンが存在しないと，GLUT4 はおもに細胞質の小胞内に存在する．インスリンは複雑なシグナル伝達経路を動かし，GLUT4 を細胞膜に局在化させる．脂肪細胞では，インスリンの作用により GLUT4 が細胞膜に移動するまでの時間は約 7 分であることが示されている．インスリン非存在下ではこの逆の行程が起こり，輸送体は約 20〜30 分のうちに機能をもたない細胞内貯蔵の形態に戻る．

グルコースの輸送はエネルギーを必要としない促進拡散により行われるので，グルコース自体は細胞と血液の間で平衡関係にある．しかし，細胞内ではグルコースはリン酸化されてグリコーゲンの合成あるいは他の代謝経路に使われるので，これがグルコース取込みの駆動力となる．この最初のグルコースのリン酸化は以下のように起こる．

$$\text{グルコース} + \text{ATP} \rightarrow \text{グルコース 6-リン酸} + \text{ADP}$$

この反応を触媒する酵素は**ヘキソキナーゼ** hexokinase であるが，肝臓には**グルコキナーゼ** glucokinase という**アイソザイム** isozyme が存在し，ヘキソキナーゼと同じ反

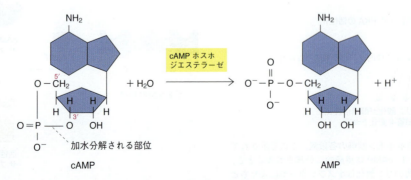

図 20.8　cAMP ホスホジエステラーゼにより触媒される反応．酵素名は，cAMP がエステル化されたリン酸基を二つもつホスホジエステルであることに由来する．

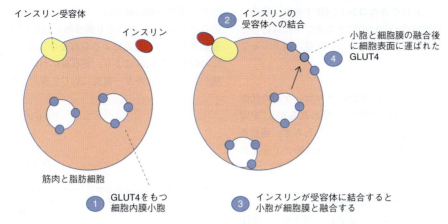

図20.9 脂肪細胞，心臓，骨格筋におけるグルコース輸送体（GLUT4）の動態に対するインスリンの効果．グルコースの輸送は受動促進拡散により起こる．肝臓と脳はこの点に関してはインスリンに不応答である．

応を触媒する（第11章）．アイソザイムとは同一の反応を触媒する異なる酵素のことをさすが，発現している組織の必要性に合わせて，基質への親和性や生成物阻害への感受性などで異なる特徴をもっている．グルコキナーゼはヘキソキナーゼよりもグルコースに対する親和性がずっと低い（図11.12参照）．これは重要な調節機構である．肝臓はおもに血中グルコース濃度が高いときにそれを取込んでグリコーゲンとして蓄える．血中グルコース濃度が低くなると，肝臓はグルコースを血流に放出する．肝臓のグルコキナーゼは低親和性であるため，血中グルコース濃度が低いときには肝臓でのグルコースの代謝は最小限に抑えられ，血中グルコース濃度が高いときにのみグルコキナーゼによる代謝が起こる．肝臓のグルコース輸送体はインスリン非依存性であるため，肝臓でのグルコースの取込みと代謝は低親和性のGLUT2によって行われており，これに加えてグルコキナーゼは高いK_m値をもつので，まるでベルトとサスペンダーの両方をつけているようなものである．グルコースに依存している脳や他の細胞は，高親和性の輸送体と低いK_mをもつ酵素ヘキソキナーゼを発現しているので，グルコース量が少ないときには優先的にグルコースを取込む．筋肉や脂肪細胞ではインスリン感受性の輸送体が発現しているので，グルコースの取込みはインスリンの血中濃度が高いときに限られるが，一度取込みが起こると，これらの組織にはヘキソキナーゼが発現しているのでグルコース代謝が効率的に進む．

加えて，ヘキソキナーゼは産物であるグルコース6-リン酸により阻害されるが，生理的濃度のグルコース6-リン酸ではグルコキナーゼは阻害されない．これは生理的に重要である．血中グルコース濃度が高いとき，肝臓はグルコースを取込みグルコース6-リン酸に代謝するが，その濃度ではヘキソキナーゼは阻害されるがグルコキナーゼには影響がないので，グルコース代謝とグリコーゲン合成が

進む．この役割と合致して，グルコキナーゼの発現はインスリンにより増加する．

インスリンの重要な機能は，肝臓における糖新生の抑制である．インスリンは血中グルコース濃度が高いときにのみ存在し，糖新生の阻害とは，グルコースがそれ以上つくられず血中に放出されないという意味である．肝臓は食後を除いて常に糖新生を行っていることを思い出してほしい．本章の後半では，インスリンが存在しない1型糖尿病においてこの調節がいかに破綻しているかについて説明する．血中グルコース濃度が高くても肝臓は糖をつくり続けるので，高血糖が増悪するのである．

グリコーゲン代謝の調節

グリコーゲンはグリコーゲンホスホリラーゼにより分解され，グリコーゲンシンターゼにより合成される（第11章）．動物ではグリコーゲン代謝の調節は重要であり，肝臓と筋肉（および少しではあるが腎臓）がこれに関わる臓器である．この調節機構は複雑であり3段階から成る．

- "定常的"に動いている状態では，細胞内で自律的なアロステリック調節を受ける．これはATPを補給し続ける．
- 食事の状態に依存する生理的調節がある．食後，血中のグルコース濃度が高くなると，**インスリン**が増加して細胞に燃料を蓄える指令を出す．**グルカゴン**濃度は下がる．グルコース濃度が下がると，インスリンの分泌は止まり血中から速やかに消失し，グルカゴン濃度が増加し，肝臓に貯蔵されたグルコースを動員するシグナルを出す．
- 緊急時の調節では，ストレスがかかると脳は副腎に**アドレナリン（エピネフリン）**を放出する指令を出す．アドレナリンは肝臓にグリコーゲンを急速に分解するようシ

グナルを送り，これは**グルカゴン**と同様である．筋肉にはグルカゴンの受容体がないのでグルカゴンには応答しないが，アドレナリンには応答する．肝臓は両ホルモンに応答する．

植物では，デンプンの代謝は動物のグリコーゲンの代謝とほとんど同じであり，同等の酵素が使われるが，"定常的"な調節しか行われない．植物は食事をとらず，捕食者から逃げることもないので，"定常的"な調節で十分なのである．

筋肉におけるグリコーゲン分解の調節

筋肉が収縮する際にはATPがADPに分解される．ATPを再合成するために，グリコーゲンがエネルギー源として分解される．このシグナルは通常の"定常的"な（ストレスのない）状態ではAMPである（cAMPではないことに注意）．AMPは筋肉のグリコーゲンホスホリラーゼをアロステリックに活性化する（図20.10）．筋肉のグリコーゲン代謝は筋肉のエネルギー需要に応じて起こるが，肝臓のそれは血中グルコースの濃度に応じて起こる点に注意してほしい．筋細胞のATP濃度が低くなると，アデニル酸キナーゼという酵素により触媒される反応の産物としてAMPが生成される．

$$2\ ADP \rightarrow AMP + ATP$$

AMPはATP濃度が低いときにしか存在しないので，低ATPを高感度で検知する指示薬であり，グリコーゲンホスホリラーゼをアロステリックに活性化する．

このようにしてグリコーゲンの分解は刺激され，ATPが産生されて筋収縮が起こる．ほとんどの制御系は"プッシュプル"方式である．ATPとグルコース6-リン酸は筋肉のグリコーゲンホスホリラーゼをアロステリックに阻害する（図20.10）．ATPとグルコース6-リン酸が増えればグリコーゲン分解は止まる．

筋肉のグリコーゲン代謝の調節には別の洗練された仕組みがある．（後に述べるcAMPを使うストレス状況下では

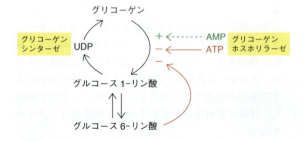

図 20.10 筋肉のグリコーゲン代謝におけるホルモンとは無関係の"定常的"なアロステリック調節．緑は正の，赤は負のアロステリック効果を示す．

なく）正常な筋収縮では，グリコーゲン分解は細胞質に放出されたCa^{2+}によっても部分的に活性化され（第8章），運動神経からの刺激による収縮をひき起こす（図20.11）．この付加的仕組みにより，筋収縮におけるグリコーゲン分解の速度はエネルギー需要に応じて保たれるのである．

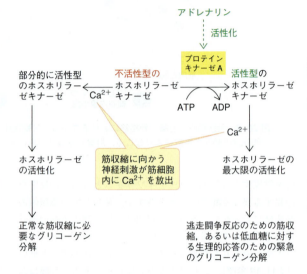

図 20.11 筋肉ホスホリラーゼの調節．この酵素は複雑な調節を受ける．第一に，AMPによりアロステリックに部分的活性化を受ける．第二に，ホスホリラーゼキナーゼにより活性化される．ホスホリラーゼキナーゼ自体が二つの調節を受ける．この酵素は（a）Ca^{2+}によるアロステリック調節により部分的に活性化するとともに，（b）PKAとCa^{2+}により活性化する．

しかしながら，グリコーゲン分解の"定常的"調節では間に合わない別の状況が存在する．ストレスがかかる状況下では，可能な限り最大限の速度でATPを産生する必要がある．最初の1分ぐらいは食べているときや食べていないときの調節とは異なる制御系が作動し，解糖系のATP収量は低いにも関わらず，解糖系が進んで酸素は消費されない．緊急時にはグリコーゲンを最大速で分解してグルコース1-リン酸を産生し，これを解糖系に送る方が有利なのである．酸化的リン酸化により主要なATPが増産され，必要となる過剰の酸素を供給するために心臓の鼓動が速くなるまでには1分程度かかるので，この点は重要である．

これは**逃走闘争反応** flight-or-fight response として知られる．アドレナリンが筋肉や肝臓の受容体に結合するとセカンドメッセンジャーであるcAMP（AMPではない点に注意）の産生が起こる．これは他の調節に取って代わり，グリコーゲン分解を最大限に進めるシグナルとなる．cAMPが増えると脂肪組織からの脂肪酸の遊離も増加し，別のエネルギー源となる．

cAMP による筋肉ホスホリラーゼ活性化の仕組み

通常の状況では，筋肉のホスホリラーゼは**ホスホリラーゼ b** phosphorylase b として知られる非リン酸化型として存在する．これは正のモジュレーターである AMP がないときには不活性であり，すでに説明したように AMP による部分的な活性化により定常時のエネルギー要求性を十分に賄うことができる．

よりエネルギー需要が大きい状況では，**ホスホリラーゼ b** は AMP がなくとも最大限に活性化した**ホスホリラーゼ a** phosphorylase a に変換される．ホスホリラーゼ b は **PKA** によってリン酸化型のホスホリラーゼ a になる（図 20.12）．ホスホリラーゼキナーゼはこうして 2 通りの方法，すなわち図 20.11 で示したリン酸化とは無関係に Ca^{2+} によるアロステリック（部分的）調節と，ホルモン依存性 PKA によるリン酸化によって活性化される．

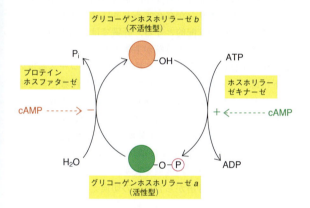

図 20.12　グリコーゲンホスホリラーゼ b のホスホリラーゼキナーゼによるグリコーゲンホスホリラーゼ a への変換と，プロテインホスファターゼによる逆反応．cAMP の効果はここで示されている反応には直接関わっていない点に注意してほしい．OH 基はタンパク質中のセリン残基を示す．

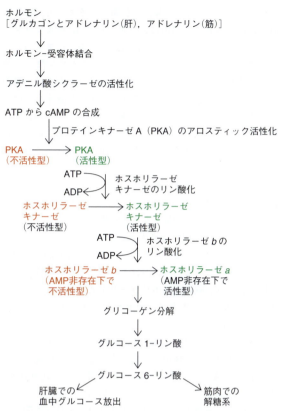

図 20.13　ホルモンがグリコーゲンホスホリラーゼを活性化する増幅カスケードの仕組み

ホスホリラーゼキナーゼの cAMP 依存的な活性化によりグリコーゲンホスホリラーゼ b がリン酸化されるが，これは直接的ではない．cAMP は **PKA** を活性化し（A は cAMP をさす），これが次にホスホリラーゼキナーゼを（リン酸化により）活性化し，次いでホスホリラーゼ b がリン酸化されて活性型の "a" に変換される．ホルモンからの流れの全体像を図 20.13 に示す．このような複雑な機構にはどのような利点があるのだろうか．細胞の受容体にホルモンがほんの少ししか結合しないこともあるだろう．緊急時には，体はアドレナリンの細胞への結合に対して強く応答する必要がある．細胞の受容体に比較的少量のホルモンが結合しても速やかに大きな応答が起こり，グリコーゲン分解が進む．ホスホリラーゼ活性化までの複数の反応は**増幅カスケード** amplifying cascade を構成している．1 分子のホルモンが 1 分子のアデニル酸シクラーゼ（cAMP シンターゼ；本章で既出）を活性化し，アデニル酸シクラーゼは 1 分間に 100 分子の cAMP を産生すると仮定しよう．この間の増幅率は 100 倍である．cAMP が同じ速度で活性化因子を産生する次の酵素を活性化すれば，増幅率は 100×100 倍かそれ以上になる．実際に，グリコーゲンホスホリラーゼの活性化にはそのような増幅反応が四つある．増幅カスケードは，ほんのちょっとのシグナルから巨大な化学的応答が生み出されるときに必ずみられる．グリコーゲンの多分岐構造も分解過程の効率化に寄与している．ホスホリラーゼはグリコーゲン鎖の末端に作用するが，もしほんの少ししかグリコーゲン末端部がなければ，非常に多くの活性化ホスホリラーゼ分子が無駄になるだろう．グリコーゲン分子には非常に多くの末端部があるので，ホスホリラーゼが無駄なく作用できるのである．デンプンにはこのような調節はないが，植物は代謝的緊急事態に陥ることはない．

肝臓におけるグリコーゲン分解の調節

すでに述べたように，グリコーゲン代謝は肝臓では血中グルコース濃度に応答し，筋肉ではエネルギー供給の需要に応答する．肝臓でのグリコーゲンの分解により，グル

コースは筋肉のように解糖系の代謝に入るよりも，むしろ血中に放出される．筋肉にはグルコース-6-ホスファターゼがないので，グリコーゲンから遊離グルコースをつくり出すことができず，その場でグルコース6-リン酸から解糖系に流れるのである．肝臓のホスホリラーゼ b は，筋肉で起こるような AMP によるアロステリック調節を受けない．ホスホリラーゼ b により生成したグルコース1-リン酸はグルコース6-リン酸に変換され，これはさらに加水分解を受けて遊離グルコースとなり血中に入る．これは飢餓時に起こり，脳，神経，赤血球のようにグルコースを絶対的に必要とする組織や細胞にとって不可欠である．肝臓におけるグリコーゲン分解のシグナルはグルカゴンであり，グルコース濃度が低くなると膵臓から分泌される．インスリンはこの状況では産生されないので，グルカゴン／インスリン比は高くなり，グリコーゲンの分解が支配的となる．グルカゴンは筋肉におけるアドレナリンの作用と同じ機構により肝臓のホスホリラーゼを活性化する．アドレナリンと同様，グルカゴンのセカンドメッセンジャーもcAMPである．

　肝臓も逃走闘争反応に関わる．肝臓はアドレナリンに応答してグルコースを血中に放出する．こうして肝臓は筋肉に緊急時の ATP 産生のための燃料を最大限に送り込む．別の重要な調節機構として，肝臓（筋肉ではない）のホスホリラーゼは遊離グルコースによりアロステリック阻害される．これは生理学的に合理的であり，血中グルコース濃度が高いときにはグリコーゲンは分解されずグルコースが産生されないことを意味している．

筋肉と肝臓におけるホスホリラーゼ活性化の逆の制御

　代謝の調節は可逆的でなければならず，スイッチを止める仕組みが必要である．グリコーゲンホスホリラーゼの場合，肝臓と筋肉の双方において，cAMP シグナルがなくなると a 型は b 型に脱リン酸される．ホスホリラーゼキナーゼも同様に不活性化される．

　両酵素の脱リン酸は**プロテインホスファターゼ1**により触媒される．しかしながら，この反応は cAMP がもはや存在しないときにのみ起こりうる．**ホスファターゼ阻害因子1** phosphatase inhibitor 1 というホスファターゼを阻害する分子があり，これは PKA によりリン酸化されたときのみ活性化される．この系の巧妙な点は，cAMP が存在すると PKA が活性化し，これは次に阻害因子をリン酸化して活性化するということである．したがって，cAMP はホスホリラーゼ b を a 型に変換させるとともに，b 型に戻る反応を同時に止めることになる．cAMP がもはや存在しなくなると，阻害因子は脱リン酸されてホスファターゼを阻害しなくなるので，ホスファターゼはホスホリラーゼ a を活性の低い b 型に変換する．肝臓では，グルコース自体がホスホリラーゼの不活性化に寄与する．グルコースはアロステリックにホスホリラーゼ a にコンホメーション変化を誘導し，プロテインホスファターゼ1による脱リン酸を受けやすくする．また，PKA はグリコーゲンシンターゼをリン酸化してこれを阻害する．この阻害はおそらく cAMP が存在する限り起こるであろう．しかしながら，グリコーゲンシンターゼは cAMP がなくなることで単純に活性化されるわけではない．インスリンがあると阻害が解除される別の仕組みがあるのだが，これについては後述する．cAMP 依存性のシンターゼの阻害は追加的な安全対策であり，グリコーゲンの分解と合成の無益回路を避ける．

グリコーゲンの分解から生合成への切換え

　このような調節が働く生理的状況を手短にみてみよう．グリコーゲンの代謝はグリコーゲンの分解と合成のバランスである（図20.14）．すべてがバランスの取れた状況にある"定常的"調節とは異なり，筋肉の激しい運動を支えるためにアドレナリンが存在するときには，筋肉ではグリコーゲンの分解が支配的となる．肝臓では，以下の二つの状況下でグリコーゲンの分解が主体となる．一つめはアドレナリンが存在するとき，二つめは血中グルコース濃度の低下に応じて膵臓からグルカゴンが放出されるときである．アドレナリンがもはや存在しなくなると，グリコーゲンの分解は筋肉でも肝臓でももとの定常状態に戻る．血中グルコース濃度がもとに戻りグルカゴンが低濃度となると，肝臓の cAMP シグナルは消失し，グルコースはホスホリラーゼ a から b への変換を促す．

　グリコーゲンの分解から合成への切換えは，食後に血中グルコース濃度が上がるときに起こる．グルコースは膵臓のβ細胞に入り，インスリンの分泌を促進する．インスリンはグリコーゲンシンターゼの活性化シグナルとなる．血中グルコース濃度が正常に戻るまでインスリンは分泌され続ける．インスリンとグルカゴンの分泌は血中グルコース濃度に応じて正反対に調節されており，インスリンが存在しないと，グリコーゲンシンターゼは PKA により不活性化される．しかしながら，インスリンが存在しないときにグリコーゲンシンターゼが不活性化される仕組みは，cAMP が存在するときに PKA によって起こる不活性化とは異なっている．これについて次項で説明しよう．

インスリンによるグリコーゲンシンターゼの活性化の仕組み

　グリコーゲンシンターゼの調節に関する研究の多くはウサギの骨格筋で行われてきたが，同じことが肝臓にも当てはまるだろう．

　食後にインスリンの濃度が上がりグルカゴンの濃度が下がると，インスリンの効果が支配的となる．グルカゴンが低くなると cAMP シグナルが消失するので，ホスホリラーゼは比較的不活性な b 型に変わる．

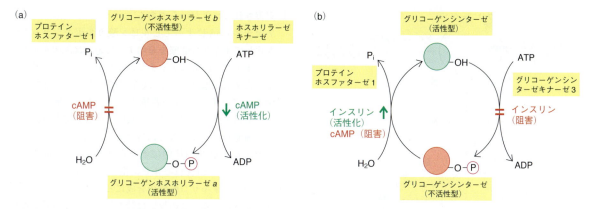

図 20.14 グリコーゲンホスホリラーゼとグリコーゲンシンターゼの相互調節．(a) cAMP はホスホリラーゼキナーゼを活性化し，これがホスホリラーゼをリン酸化により活性化する．cAMP で活性化された PKA はホスファターゼ阻害タンパク質を活性化し，ホスファターゼによるホスホリラーゼの阻害を防ぐ．cAMP はシンターゼの活性化も抑制する．(b) インスリン存在下ではグリコーゲンシンターゼキナーゼ 3（GSK3）が不活性化するため，GSK3 によるグリコーゲンシンターゼの抑制が解除される．加えて，インスリンはホスファターゼを活性化することでシンターゼを活性化する．赤は不活性化，緑は活性化を示す．

グリコーゲンシンターゼには複数のリン酸化部位がある．特に興味のある部位は，酵素の C 末端近傍にある三つのセリン残基のクラスターである．鍵となった発見は，筋細胞においてインスリンがグリコーゲンシンターゼを活性化すると，これら三つの部位が脱リン酸されるということである．インスリンが存在しないと，特殊なプロテインキナーゼである**グリコーゲンシンターゼキナーゼ 3（GSK 3）** glycogen synthase kinase 3 がこれらの部位をリン酸化する．これがグリコーゲンシンターゼを不活性化する．インスリンが存在すると GSK3 が阻害され，キナーゼは不活性化される．同時にインスリンはプロテインホスファターゼ 1 を活性化し，グリコーゲンシンターゼを脱リン酸して活性化に導く（図 20.15）．

インスリンはどうやって GSK3 を不活性化するのか

その仕組みを図 20.15 に示す．インスリンは標的細胞の表面上にある受容体に結合する．これは細胞内にシグナルを伝え，別のプロテインキナーゼである**プロテインキナーゼ B（PKB）** protein kinase B（一般的には **Akt** とよばれ，本書では Akt/PKB と表記する）を活性化する（インスリンシグナルによる Akt/PKB の活性化機構については第 29 章で述べる）．Akt/PKB は GSK3 をリン酸化し，これを不活性化する．これらをまとめると，インスリンは GSK3 を阻害してプロテインホスファターゼを活性化する．後者はグリコーゲンシンターゼを脱リン酸して活性化する．

この調節は可逆的である．インスリン濃度が下がると Akt/PKB は脱リン酸により不活性化する．これにより GSK3 も脱リン酸され，活性化される．インスリンがない状態では，シンターゼの活性化に必要なプロテインホスファターゼが活性を失うので，グリコーゲンの生合成は止

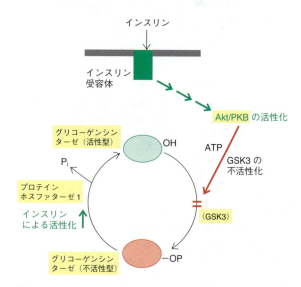

図 20.15 インスリンによるグリコーゲンシンターゼの調節機構．シンターゼはリン酸化を受けると不活性化され，脱リン酸を受けると活性化される．PKA と GSK3 の両者がグリコーゲンシンターゼの異なる部位をリン酸化するが，インスリンによって抑えられるのは GSK3 によるリン酸化である．インスリンは Akt/PKB を活性化し，Akt/PKB は GSK3 をリン酸化することで阻害する．リン酸基はプロテインホスファターゼによって取除かれ，シンターゼが活性化する．インスリンが Akt/PKB を活性化する仕組みについては細胞のシグナル伝達の章で扱う（第 29 章）．

まる．

解糖系と糖新生の調節

アロステリック調節

図 20.16 におもな系を示す．AMP（cAMP ではない）は ATP に対する ADP の比率が高いことを示しており，つ

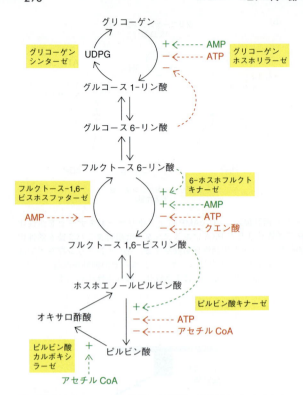

図20.16 グリコーゲン代謝，解糖系，糖新生におけるおもな内因的アロステリック調節．緑破線は酵素活性に正の効果を与えるアロステリック調節を，赤破線は負の調節を示す．UDPG：ウリジンジホスホグルコース．

まりATPをためる必要があるというシグナルになる．AMPは，筋肉でグリコーゲンホスホリラーゼを活性化するのと同様に，**6-ホスホフルクトキナーゼ（PFK）** 6-phosphofructokinase の正のモジュレーターでもある．PFKは解糖系において鍵となる調節酵素であり，多くの調節を受ける．同時に，AMPは**フルクトース-1,6-ビスホスファターゼ** fructose-1,6-bisphosphatase を阻害する．AMPによるグリコーゲン分解の活性化はフルクトース6-リン酸の濃度を上げるので，これもPFKを活性化する．PFKの活性化により増加したフルクトース1,6-ビスリン酸は，次にピルビン酸キナーゼを活性化する．これはフィードフォワード調節の一例である．AMPによるPFKの活性化は，ATPの阻害効果によりバランスが保たれている．したがって，細胞はATP/ADP比（AMPを介して）に応じて解糖系の速度を常に調整している．加えてATP濃度が高まるとTCA回路の流れ（経路を通じての代謝物の動き）が低下するので，クエン酸が蓄積する．クエン酸はミトコンドリアから細胞質に排出され，そこでPFKをアロステリックに阻害する．生理学的には，この仕組みもまた理にかなっている．なぜなら，TCA回路が部分的に阻害されると，TCA回路に材料を送り込む解糖系も同様

に阻害されるべきだからである．

アセチルCoAによってピルビン酸カルボキシラーゼが活性化してオキサロ酢酸を産生する反応には説明が必要である．オキサロ酢酸はアセチル基を受取ってクエン酸を合成するために必要なので，TCA回路でオキサロ酢酸が不足するとアセチルCoAが蓄積する．ピルビン酸カルボキシラーゼはアナプレロティック反応を触媒しており，TCA回路を補充して，この欠乏に対抗する（第13章）．こうしてアセチルCoAは自律的にオキサロ酢酸の生合成を促進する．アセチルCoAはピルビン酸デヒドロゲナーゼを阻害するので，オキサロ酢酸の合成にピルビン酸が適切に使われるようになる．この反応は糖新生においても重要な反応であり，飢餓時に起こる（第16章）．グルコース濃度が低いと，脂肪酸酸化により合成されたアセチルCoAがピルビン酸カルボキシラーゼを活性化してオキサロ酢酸が産生され，これはホスホエノールピルビン酸に変換され，最終的にはグルコースまで代謝される．

しかし，グリコーゲン代謝と同様に，このような代謝経路内部での解糖系のアロステリック調節は，ホルモンからの細胞外シグナルにより置き換えられる．

解糖系と糖新生のホルモン調節

肝臓にとって血中グルコースを産生するシグナルはグルカゴンであり，このホルモンはグリコーゲン分解と糖新生を活性化する．こうして，肝臓ではcAMP（グルカゴンにより合成が増える）がグリコーゲン分解と糖新生のスイッチを入れ，両経路ともにグルコースを産生する．解糖系は抑えられなければならず，さもなければグルコースの合成と酸化の両者が同時に起こる状況となろう（図20.17 a）．アドレナリン刺激によるcAMP産生でも同じことが起こる．

筋肉では，アドレナリン刺激によるcAMP産生は解糖系によるATP産生を増加させる．すでに述べたように，アドレナリンは，激しい筋収縮がよび起こされる逃走闘争反応において放出される．逃走闘争反応に備えて筋肉では解糖系の速度を上げる必要がある．cAMPの増加により肝臓では糖新生の方向に進むのに対し，筋肉では同じシグナル分子を使って解糖系の方向に進むが，これはどのように調節されているのだろうか．この二つの組織には，代謝を相反する方向に進める多くの仕組みがある．

筋肉はグルコース-6-ホスファターゼを欠くので，グリコーゲンからグルコース6-リン酸を経てグルコースを生成できない．筋肉はグルカゴンに応答しないので，糖新生を行うことができない．肝臓では，グルカゴンはピルビン酸カルボキシラーゼ以外の糖新生酵素を活性化する．したがって，筋肉でcAMPが増加するとグリコーゲンの分解が促進し，産物であるグルコース1-リン酸はグルコース6-リン酸に変換されて解糖系に送り込まれることで，ATP

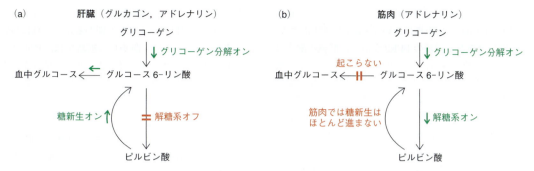

図 20.17 グルカゴンやアドレナリンに対する肝臓 (a) と筋肉 (b) の応答の異なる調節機構. 両ホルモンとも cAMP をセカンドメッセンジャーとして利用する.

が産生されることになる (図 20.17 b).

対照的に,肝臓はグルカゴンに応答し,フルクトース-1,6-ビスホスファターゼやグルコース-6-ホスファターゼなどの他の糖新生酵素が活性化される. その結果, cAMPによるピルビン酸カルボキシラーゼの活性化により産生されたオキサロ酢酸は, TCA 回路ではなくグルコース産生の方向に進む. 加えて, この後すぐに説明するが, cAMPは筋肉ではなく肝臓においていくつかの解糖系酵素を阻害するため, 肝臓の解糖系は cAMP により抑制される. 次に, グルコース代謝のさらなる調節をみることにしよう. これは筋肉と肝臓で異なっている.

フルクトース 2,6-ビスリン酸による解糖系と糖新生の調節

ここで述べる内容はかなり複雑である. フルクトース 2,6-ビスリン酸 (F-2,6-BP) は PFK の調節分子であり, 本書ではこれまでにふれていない. PFK の逆反応はフルクトース-1,6-ビスホスファターゼ (FBP アーゼ) により触媒されるが, 無益回路を避けるためには正反対の制御を受けなければならない (図 20.18). PFK は ATP によりアロステリックに阻害され, もしフルクトース 2,6-ビスリン酸により反対の作用を受けなければ不活性になる. 筋肉と肝臓での解糖系の速度はフルクトース 2,6-ビスリン酸の濃度と平衡関係にあるので, フルクトース 2,6-ビスリン

酸の濃度がどうやって調節されているのかを考える必要がある. フルクトース 2,6-ビスリン酸の合成はフルクトース 6-リン酸の 2 位をリン酸化する酵素により触媒される. この酵素は **6-ホスホフルクト-2-キナーゼ (PFK2)** 6-phosphofructo-2-kinase とよばれ, 二つの活性部位をもつ二機能性酵素である. 一つはフルクトース 2,6-ビスリン酸を合成し, もう一つはこれを加水分解してフルクトース 6-リン酸に戻す. 双方の反応を行うが, 同時に行うわけではない. 本酵素は cAMP により活性化される PKA によりリン酸化される. PFK2 はリン酸化されるとフルクトース 2,6-ビスリン酸を加水分解する. リン酸基が除かれると PFK2 はフルクトース 2,6-ビスリン酸を生合成する (図 20.19). フルクトース 2,6-ビスリン酸は PFK (PFK2 ではない) を活性化する一方で, フルクトース-1,6-ビスホスファターゼによる逆反応を阻害する.

筋肉と肝臓の PFK2 は異なる酵素である

すでに述べたように, 筋肉と肝臓ではアドレナリン, 肝

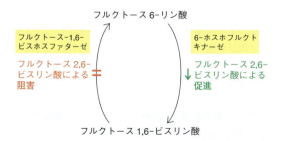

図 20.18 フルクトース 2,6-ビスリン酸と肝臓における解糖系の調節

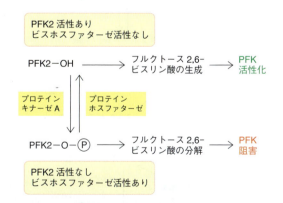

図 20.19 PKA を介したリン酸化による肝臓の PFK2 の調節. PFK2 は二機能性酵素である. PFK2 は, (1) リン酸化されていない状態ではフルクトース 2,6-ビスリン酸を合成する. (2) リン酸化されている状態ではフルクトース 2,6-ビスリン酸を脱リン酸する.

臓ではグルカゴンがセカンドメッセンジャーとしてcAMPを産生する．cAMPは両組織においてPKAを活性化する．肝臓と筋肉には異なる種類のPFK2がある．肝臓の酵素はPKAによりリン酸化され，フルクトース2,6-ビスリン酸を合成から分解の方向に進める．これによりPFKが阻害され，したがって解糖系が抑えられ，糖新生に必要であるフルクトース-1,6-ビスホスファターゼは活性化される．

筋肉のPFK2にはリン酸化部位がない（肝臓の酵素に存在するリン酸基を受容するセリン残基が筋肉の酵素ではアラニン残基に置換されている）．このため，筋肉ではcAMPはフルクトース2,6-ビスリン酸の加水分解を促進しない．フルクトース2,6-ビスリン酸の濃度はアドレナリンシグナルが存在すると上昇する．なぜそのようになるのかは正確にはわかっていないが，グリコーゲンの分解が促進されるとPFK2の基質であるフルクトース6-リン酸の供給が増えるためフルクトース2,6-ビスリン酸の合成が刺激される，という説明が最も妥当である．

ピルビン酸キナーゼの調節

ピルビン酸キナーゼ（図20.20）はcAMPを介してグルカゴンに応答するもう一つの酵素である．筋肉ではなく肝臓では，cAMPはピルビン酸キナーゼのリン酸化をひき起こし，不活性化させる．すなわちこれはPFKの段階と並ぶ解糖系の停止機構である．すでに述べたように，糖新生はグルカゴンに対する肝臓の主要な応答である（コルチゾールのような他のホルモンも関わるが，これについては後に述べる）．ピルビン酸からの糖新生は，ピルビン酸カルボキシラーゼとホスホエノールピルビン酸カルボキシキナーゼ（PEP-CK）がそれぞれ関わる以下の反応を必要とする．

ピルビン酸 + ATP + HCO$_3^-$ + H$_2$O →
　　　　　　　　　　　オキサロ酢酸 + ADP + P$_i$ + H$^+$
オキサロ酢酸 + GTP → ホスホエノールピルビン酸 + GDP + CO$_2$

図20.21に示すように，もしピルビン酸キナーゼが反応し続けると，無益回路が生じるであろう．

　　　ホスホエノールピルビン酸 + ADP → ピルビン酸 + ATP

ホスホエノールピルビン酸が糖新生経路に入るためには，肝臓のピルビン酸キナーゼが不活性化される必要がある．肝臓の酵素の不活性化はcAMPにより調節されている．

これらすべての調節の純利益は，肝臓において，グルカゴンの存在下ではPFKが阻害され，フルクトース-1,6-ビスホスファターゼが活性化され，糖新生によりグルコースが血中に供給されるということである．これをまとめたのが図20.20である．繰返すが筋肉には異なる役割があり，グルコースを合成せず，解糖系が止まってはならないので，アドレナリンによってcAMPが増加してもピルビン酸キナーゼはリン酸化されない．

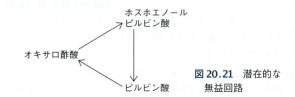

図20.21　潜在的な無益回路

糖質コルチコイドによる糖新生の活性化

飢餓や絶食では，肝臓における糖新生のおもな基質は筋肉タンパク質の分解に由来するアミノ酸である．ストレス下では，副腎皮質から糖質コルチコイドとよばれるステロイドホルモンが遊離される．ヒトではコルチゾールが主である．これは体に複雑な影響を及ぼし，糖新生の促進，筋肉や他の末梢組織でのタンパク質の分解を含む．こうしてアミノ酸は肝臓に供給され，糖新生の原材料として用いられる．コルチゾールはホスホエノールピルビン酸の合成に関わるPEP-CK遺伝子の活性にも影響を与える．

フルクトースの代謝と調節はグルコースと異なる

西側諸国では，フルクトースは大部分がスクロースの形で消費されるが，フルクトース含有飲料や他の加工食品にも含まれている．フルクトースは腸から吸収され，おもに

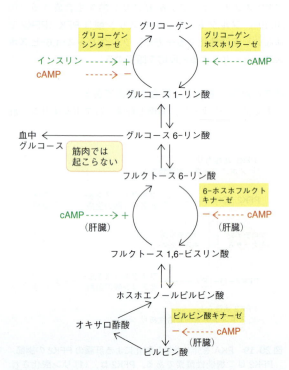

図20.20　肝臓の代謝における主要な外因的調節．"cAMP"はグルカゴンやアドレナリンの作用を表す．cAMPは調節されている酵素に直接作用しているわけではない．

（または完全に）肝臓で代謝される．フルクトースの代謝にインスリンは関わらず，それゆえ糖尿病の直接の影響を受けないため，糖尿病患者に適していると考えられていた．フルクトースは肝臓で**フルクトキナーゼ fructokinase**によりフルクトース1-リン酸に変換され，これは**アルドラーゼB aldolase B**によりグリセルアルデヒドとジヒドロキシアセトンリン酸に変換される．（アルドラーゼBは解糖系のアルドラーゼAと異なる．）グリセルアルデヒドはリン酸化されて3位にリン酸基が入るので，解糖系と同じ産物が生じる（グリセルアルデヒド3-リン酸とジヒドロキシアセトンリン酸）．この一部はグルコースに変換される．

したがって，この話は全体的にグルコースの代謝とそれほど差はない．しかしながら調節状況には違いがあり，フルクトースはカロリー的価値以外にも脂肪酸合成を増加させる点において重要である．アルドラーゼB反応は，PFKの段階での解糖系の制御を迂回する．結果的に，フルクトースの代謝により肝細胞では大量のNADH還元当量が生じる．なぜなら，グリセルアルデヒド3-リン酸はNAD^+により酸化されるからである．これは過剰なアルコールの代謝で起こる状況と似ている（第16章）．これに加えて，フルクトースからのピルビン酸の生成により脂肪酸合成が増加し，よって肝臓からのVLDL排出が増加する（第11章）．高トリグリセリド血症のような脂質異常症は食物中のスクロースやアルコールの量を減らすことで改善するだろう．

ピルビン酸デヒドロゲナーゼ，TCA回路，酸化的リン酸化の調節

ピルビン酸デヒドロゲナーゼは，不可逆反応によりアセチルCoAを生成して解糖系からのピルビン酸をTCA回路と脂肪酸合成へと動員するので，代謝においてきわめて重要な位置を占める．ピルビン酸デヒドロゲナーゼ複合体は多様な調整を受ける．この酵素の産物であるアセチルCoAとNADHは負のモジュレーターである．基質であるCoA-SHとNAD^+は正のモジュレーターである．このようにして，アセチルCoA/CoA比とNADH/NAD^+比はピルビン酸デヒドロゲナーゼの活性を調節している．これはアセチルCoAの産生とそのTCA回路への流れの調節において非常に大切であるが，飢餓時における肝臓でのグルコースの産生にも大変重要である．飢餓時にはアセチルCoAとNADHの濃度が高くなる．なぜなら，これらはグルカゴンによって刺激される脂肪酸酸化の産物だからである．ピルビン酸デヒドロゲナーゼにより触媒される反応は不可逆的であり，アセチルCoAはピルビン酸に変換されないので，脂肪酸からグルコースをつくり出すことはできない．言い換えれば，脂肪貯蔵をグルコースとして血中に動員できないのである（グリセロールは少しだけ寄与する

が）．ピルビン酸を供給するために体中のタンパク質が分解されなければならず，肝臓の糖新生によりグルコースに変換されるであろう．これは脳，神経，赤血球で使われるグルコースの供給に重要となる．このとき，飢餓時に貴重な体内のタンパク質の分解により得られたピルビン酸がアセチルCoAに変換されないようにすることが大切である．この状況下ではアセチルCoAは大量に存在するので，ピルビン酸はその代わりに糖新生の方向に進まなければならないのである．これがまさに飢餓時に起こっている状況であり，アセチルCoAによるピルビン酸デヒドロゲナーゼの阻害が重要な理由である．

筋肉においてとりわけ重要なのは，高濃度のATPによる負の調節である．実際に，この調節は"エネルギー価"を監視している．ATPが低ければTCA回路の活性は増加する．ATPが増えると燃料の供給は止められる．ATPによるピルビン酸デヒドロゲナーゼの調節は直接的なものではない．ATP/ADP比が上昇すると**ピルビン酸デヒドロゲナーゼキナーゼ pyruvate dehydrogenase kinase**が活性化され，リン酸化によりデヒドロゲナーゼを不活性化する．これはホスファターゼにより逆に制御される（図20.22）．このキナーゼは実際にピルビン酸デヒドロゲナーゼ複合体の一部を成している．このキナーゼもアロステリック調節を受けており，NADHとアセチルCoAにより活性化される．普通，プロテインキナーゼは細胞外シグナルによって活性化されるが，これは例外の一つである．

TCA回路と電子伝達系では調節は本質的に異なっており，主要な内因的調節はNAD^+とADPが基質として使えるかどうか（可用性）にかかっている．NAD^+の多くが還元型（NADH）で存在すると，TCA回路でのデヒドロゲナーゼの活性は基質が不足するので抑えられる．酸素への電子伝達が回路により産生されるNADHと協調しないとNADHが蓄積するので，回路は阻害される．同様に，ADP/ATP比が低くなると，酸化とリン酸化は強固に共役しているので（**呼吸調節 respiratory control**とよばれる），電子伝達は阻害される．これは非常に重要であり，ATPが十分にあればATP産生が止まるようになっている．NAD^+とADPの可用性による調節に加えて，回路はクエン酸シンターゼ（ATPにより阻害），イソクエン酸デヒドロゲナーゼ（ATPにより阻害されADPにより活性化），2-オキソグルタル酸デヒドロゲナーゼ（スクシニルCoAとNADHにより阻害）の段階でアロステリック調節を受けている．このようにして回路の中間代謝物はお互いに均衡を保ち，蓄積や不足が起こらないようにしている．

脂肪酸酸化と合成の調節

ホルモン非依存的な調節

この調節については図20.23に示す．ここではアセチル

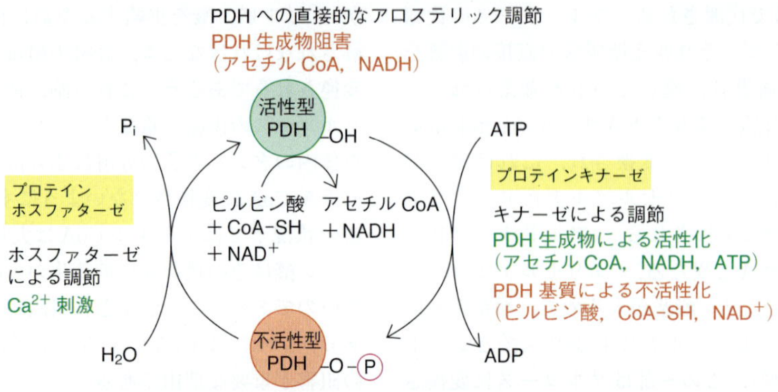

図20.22 ピルビン酸デヒドロゲナーゼ（PDH）の哺乳類酵素複合体におけるアロステリック調節およびリン酸化/脱リン酸による内因的調節．複数の調節機構の存在はPDHが代謝の中心的存在であることを反映しており，その酵素反応によりピルビン酸はTCA回路と脂肪酸合成に入ることができるようになる．詳しく説明すると複雑だが，調節のほとんどは基質による活性化と生成物による阻害の相加的な積重ねである．（この意味ではATPはアセチルCoAがTCA回路に入る結果としての生成物とみなすことができる．）タンパク質のリン酸化による調節は，通常は外因的調節を受けるが，ここでは内因的調節によることを知っておくとよい．

CoAカルボキシラーゼが鍵となる．この酵素はアセチルCoAをマロニルCoAに変換して，脂肪酸合成経路へと入れる．合成された脂肪酸が無駄にアセチルCoAに戻される無益回路を避けるために，脂肪酸酸化は抑制されなければならない．脂肪酸の合成と分解は互いに抑制しあう．脂肪酸アシルCoA（脂肪酸酸化の第一反応の産物）は，脂肪合成に向けての最初の反応であるアセチルCoAカルボキシラーゼをアロステリックに阻害する一方で，マロニルCoAは脂肪酸アシル基のカルニチンへの転移を阻害し，脂肪酸酸化の場であるミトコンドリア内部への輸送（第14章）を妨げる．したがってアセチルCoAカルボキシラーゼは鍵となる調節酵素である．この酵素はクエン酸により活性化される．クエン酸は濃度が高いときにのみミトコンドリア外に輸送されるので，TCA回路の活性が増すよりも脂肪酸が合成されるようになる．

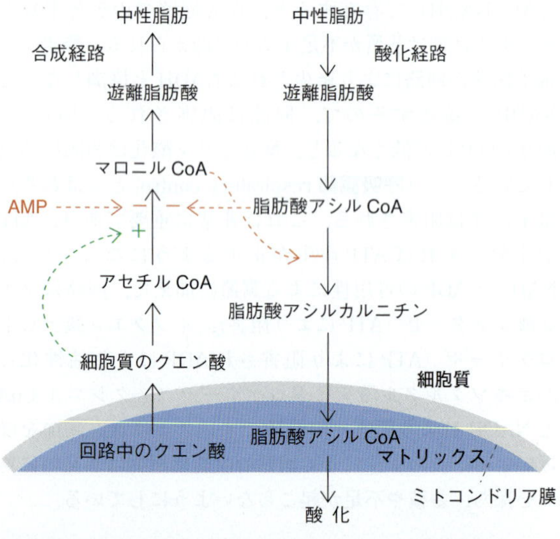

アセチルCoAカルボキシラーゼの重要な調節機構はリン酸化による抑制である．手短にいうと，このリン酸化はAMPK（AMP活性化プロテインキナーゼ）により調節されている．

アセチルCoAカルボキシラーゼの分解は脂質代謝の別の調節機構である

TRB3というタンパク質はプロテアソーム（第25章）によるカルボキシラーゼの分解を仲介する．TRB3は細胞ストレスにより誘導され，アセチルCoAカルボキシラーゼの分解をひき起こすことによりインスリンの作用を妨げ，脂肪酸酸化を増加させる．TRB3は代謝のバランスを合成からエネルギー産生へと動かす点ではAMPKと似ているが，仕組みは異なっている．

脂質代謝のホルモン調節

脂肪細胞が脂質をトリアシルグリセロール（TAG）として蓄えるか，それとも貯蔵されたTAGから脂肪酸を血中に遊離するかは，何が決めているか．前者にはインスリンが，後者にはグルカゴンとアドレナリンがシグナルとして働く．血中グルコース濃度は，双方のホルモンの相対的濃度を決めるので，主要な調節因子である．

脂肪細胞は**脂肪細胞TAGリパーゼ（ATGL）** adipose triacylglycerol lipase と**ホルモン感受性リパーゼ** hormone-

図20.23 脂肪酸の酸化と合成における主要な内因的調節．これにより双方の経路は互いに抑制しあう．脂肪酸分解からアセチルCoAがいったん生じると，すでに説明したように，さらにTCA回路などの調節も受けるようになる．破線はアロステリック効果を示す．

sensitive lipase を発現しており，グルカゴンやアドレナリンにより（cAMPを介して）活性化される．ATGLは次の反応を行う．

トリアシルグリセロール ＋ H₂O →
　　　　　　　　　　ジアシルグリセロール ＋ 遊離脂肪酸

ジアシルグリセロールはさらにホルモン感受性リパーゼとモノアシルグリセロールリパーゼにより，グリセロールと遊離脂肪酸に分解される．ホルモン感受性リパーゼはリン酸化により調節されており，リン酸化された酵素が活性型である．このリン酸化はPKAにより行われており，cAMP非存在化ではホスファターゼが逆の反応を調節している（図20.24）．

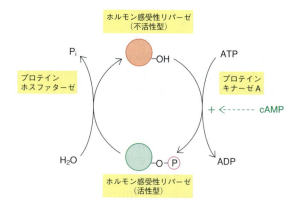

図20.24　cAMP依存性リン酸化による脂肪細胞のホルモン感受性リパーゼの活性化．インスリンは，cAMP濃度を上げるカテコールアミンホルモンとグルカゴンに拮抗する．グルカゴンとアドレナリンはアセチルCoAカルボキシラーゼの脱リン酸を妨げることで肝臓と脂肪細胞の脂肪酸合成を阻害することも知っておくとよい．

インスリンはこの効果を抑制する．インスリンは肝臓の脂肪酸合成を促進し，高インスリン/グルカゴン比は脂肪細胞からの脂肪酸の遊離を抑え，グルコースの取込みを促進する．

脂肪細胞は肝臓から循環中に放出されたVLDLから脂肪酸を取込み，それを再エステル化してTAGに変換する．グリセロール3-リン酸がこの再エステル化に必要である（第16章）．脂肪細胞はATGLやホルモン感受性リパーゼ（または，この観点ではリポタンパク質リパーゼ）による加水分解によりTAGから遊離されたグリセロールをリン酸化することができない．なぜなら脂肪細胞にはグリセロールキナーゼがないからである．しかし，グリセロール3-リン酸は解糖系の中間代謝物であるジヒドロキシアセトンリン酸の還元によって得られる．脂肪細胞へのグルコースの侵入はインスリンにより刺激され，細胞表面でのGLUT4の局在化がこれに関わる．グルコースが細胞に取込まれると解糖系によりジヒドロキシアセトンリン酸に変換され，さらにグリセロール3-リン酸に還元される．したがって，脂肪細胞における解糖系の役割は他の組織とかなり異なっている．解糖系はエネルギー産生過程でおもに用いられるのではなく，脂肪酸の再エステル化とTAGの貯蔵のためにグリセロール3-リン酸を供給しているのである（第29章のGLUT4の移行を参照）．

脂質代謝におけるレプチンとアディポネクチンの効果

肥満と食欲の制御（第9章）に関連して，体内の脂肪組織の脂肪細胞から産生される二つのホルモンとしてレプチンとアディポネクチンがある．両者とも白色脂肪組織から分泌され，組織のインスリン感受性を高める．レプチンの濃度は脂肪組織の大きさを反映する．肥満になるとレプチン濃度は増加するが，レプチン抵抗性が生じる．一方，アディポネクチンの濃度は肥満では低下する．レプチンが視床下部の神経に作用して摂食を抑制することについてはすでに述べた．加えて，レプチンとアディポネクチンには脂質代謝をより直接的に調節する作用がある．両者とも，以下に述べるようにAMPKを活性化し，リン酸化によりアセチルCoAカルボキシラーゼを抑える．

代謝ストレスに対する応答

ストレス下においてホルモンであるコルチゾールが遊離されることについてはすでに言及した．しかし，たとえば過度の運動や酸素不足など，他にも細胞のATPが足りなくなって危険に陥る状況がある．心臓細胞でATPが足りなくなると大変危険である．

細胞は一般に"緊急"応答を備えており，本質的に同化代謝（合成反応）を止める．二つの仕組みが知られており，一つはAMPK，もう一つは低酸素応答である．これについて説明しよう．

AMPKによる低ATP濃度に対する応答

これまでに，酸化的リン酸化によりATP産生がどう調節されているかについて述べてきた．細胞内のATP濃度は非常に重要であり，細胞にはエネルギー状態を感知するためのより一般的（普遍的）な調節機構がある．この調節に中心的に関わるのは**AMP活性化プロテインキナーゼ（AMPK）** AMP-activated protein kinase である．この酵素は，AMPをリン酸化するAMPキナーゼ（アデニル酸キナーゼ）ではない点に注意されたい．AMPが増えてくるとATPが潜在的に足りないシグナルになることについてはすでに述べた．

AMPKはAMP濃度が増加すると活性化される．AMPKは鍵となる酵素をリン酸化することにより，タンパク質や他の細胞成分の生合成のような緊急性の低い代謝反応を止める．AMPK自体がリン酸化によって調節されており，

AMPの存在下で**AMPKキナーゼ** AMPK kinase がAMPKをリン酸化して活性化し，プロテインホスファターゼがこれをもとに戻す．活性化したAMPKは同化反応を止めると同時に，ATPを産生する異化反応を促進する（図20.25）．

AMPKは活性化すると多くの役割をもつ．
- AMPKはグルコース輸送体GLUT4を動かし，心筋，骨格筋，脂肪細胞でのグルコースの取込みを促進する．
- すでにふれたように，AMPKはアセチルCoAカルボキシラーゼをリン酸化して脂肪酸合成を阻害する．
- AMPKは酸素不足時に骨格筋ではなく心筋の解糖系酵素PFK2を活性化する．

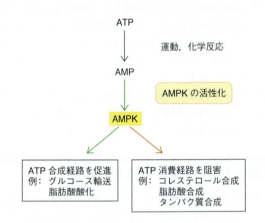

図20.25 AMPKの役割に関する簡略図．AMP/ATP比の増加はATP濃度が最適でないことを示しており，このようなときにAMPKは同化反応を制限する．

筋肉によるグルコースの取込みは，インスリン分泌がさらに増えなくても運動によって増加する．この現象は，AMPKがGLUT4の動員を促進することで説明される．よく知られていることだが，1型糖尿病患者は運動時には血糖値を保つためのインスリンの必要量が低下するため，インスリン投与量を調整しないと低血糖に陥ることがある．筋肉へのグルコース取込みを促進することにより，AMPKはグルコース取込みに欠陥があるインスリン抵抗性に拮抗する．したがって，AMPKを活性化する薬物には抗糖尿病薬としての価値があると考えられ，製薬会社で開発が進んでいる．

AMPKには好ましくない作用もある．腫瘍の塊の中では細胞は酸素不足に陥りやすく，AMPKはがん細胞を酸素不足から防ぐためがんの成長を助長すると考えられている．

酸素不足に対する応答
低酸素からの防御

低酸素 hypoxia とは，組織内の酸素濃度が低い状態をいう．すべての哺乳類細胞では（嫌気的解糖系によってATPを得ている赤血球を除く），酸素の適切な供給が必要不可欠である．なぜなら，ATP産生のほとんどは酸素に依存するからである．低酸素からの防御機構にはいくつかあり，そのほとんどは遺伝子活性化のレベルで起こる．これには次のようなものがある．
- ホルモンである**エリスロポエチン** erythropoietin の産生が増加して赤血球が増えることで，血液の酸素運搬能が上がる．
- いくつかの解糖系酵素とグルコース輸送体が誘導される．酸素のないときには解糖系が唯一のATP産生手段なので，これは生理的に非常に重要である．
- **血管新生** angiogenesis を促す因子が産生される．

低酸素応答の仕組み

低酸素による遺伝子の活性化の鍵となるのは，**低酸素誘導因子（HIF）** hypoxia-inducible factor とよばれる一群の転写因子である．転写因子とは，核に入って標的遺伝子上の調節部位に結合し，mRNAの産生を活性化することで当該遺伝子にコードされているタンパク質の合成を促すタンパク質である．これについては第26章で詳述するので，ここでは遺伝子活性化の一般的性質のみについてふれておく．転写因子は特異的遺伝子を活性化するドメイン（領域）をもつということである．

酸素濃度が正常な状態では，HIFは速やかに分解され，その半減期は約5分である．このため，HIFの量は低く保たれ，酸素が普通にある状態では本質的に何の役目ももたない．しかし，低酸素下ではHIFの発現が増加し，防御応答に関わるタンパク質の合成をひき起こす．図20.26にこの仕組みの概略を示す．

低酸素においてHIFのタンパク質分解を妨げるスイッチの本質は何であろうか．これにはHIFの二つの異なる翻訳後修飾が関わっている．正常酸素状態では，HIFは二

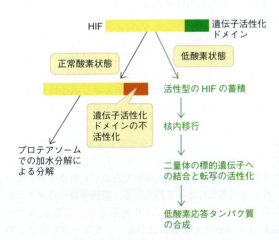

図20.26 酸素濃度に対する応答の概略図

つの重要なプロリン残基のヒドロキシ化により速やかに不安定化され，プロテアソームでタンパク質分解を受ける．プロリンヒドロキシラーゼは酸素濃度により反応速度が調節されており，酸素センサーとして働くと考えられている．その結果，低酸素下では，HIFはヒドロキシ化されずに蓄積する．アスパラギンのヒドロキシ化も起こる．

ここで述べた低酸素応答の仕組みは医学的に重要である．なぜなら，特定の組織が低酸素に陥ると心発作，梗塞，他の心血管疾患につながるからである．

また，おそらくHIFには酸素が比較的少ない腫瘍の中心部でがん細胞を助けて腫瘍の成長を助長する好ましくない作用もある．

代謝の統合：摂食と絶食の状態，そして糖尿病

本章では燃料の恒常性を保つためのさまざまな代謝調節の仕組みをみてきたが，糖質と脂質の代謝調節機構は別々に取扱ってきた．本項では四つの図を提示し，摂食時，絶食時，長期飢餓時における代謝の様式をまとめ，飢餓と1型糖尿病の類似性と相違点に踏み込んでみよう．本文は図中の番号に添った形で進め，それぞれの代謝経路とその調節機能の概要を説明することにしよう．ここではおもに，それぞれの代謝状態に特徴的な反応系に焦点を絞るつもりである．

摂食状態における代謝

図20.27は摂食状態における代謝の様式である．これは高グルコース，低グルカゴン，高インスリンに特徴づけられる．

① 摂食時には，食後2～4時間のうちに血中のグルコース，アミノ酸，そしてキロミクロンの形でTAGの濃度が高くなる．

② 脳と神経はグルコースを代謝燃料として必要とする．脂肪酸は血液脳関門をほとんど通過できないので利用されない．グルコースはGLUT3を介して脳に入る．この輸送体はグルコースに高親和性で，インスリンに依存しない．グルコースはグルコースに対して低K_m値をもつヘキソキナーゼによりリン酸化される．グルコースは解糖系，TCA回路，電子伝達系，酸化的リン酸化により完全に酸化される．脳におけるグルコースの代謝は事実上，適量のグルコースが血流から供給される限り摂食時と絶食時で同一である．

③ グルコースはGLUT1を介して赤血球に取込まれ，この輸送体は脳のものと同様にグルコースに高親和性であり，インスリンに依存しない．赤血球はミトコンドリアをもたず脂肪酸を利用できないので，エネルギーをグルコースに完全に頼っている．グルコースはピルビン酸に代謝され，さらに乳酸に変換されるが，この反応で解糖系を続けるためのNAD^+の再生が起こる．脳と同じく，赤血球の

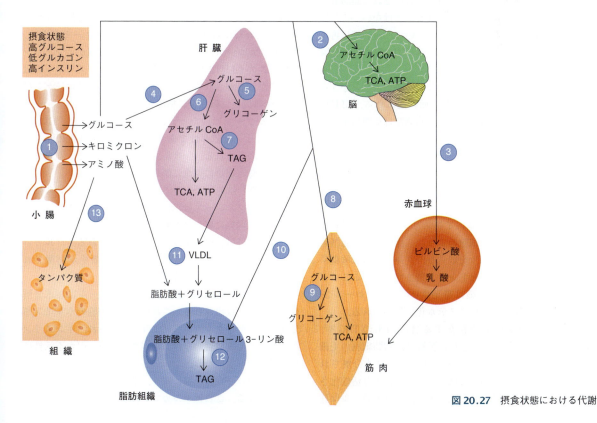

図20.27 摂食状態における代謝

代謝は摂食時と絶食時で変わらない．

④ グルコースは GLUT2 により肝臓に取込まれる．この輸送体もインスリンに依存しないが，グルコースに対して低親和性であるため，肝臓は血中グルコース濃度（血糖値）が高いときのみグルコースを取込む．加えて，肝臓にはグルコキナーゼが存在するが，ヘキソキナーゼに比べると K_m 値がずっと高いので，肝細胞内のグルコースが高くならない限りグルコースを酸化しないだろう．

⑤ 肝臓ではグリコーゲンの合成が活性化される．グリコーゲンシンターゼは脱リン酸されて活性化するのに対し，グリコーゲンホスホリラーゼは脱リン酸されて阻害される．グルコキナーゼは生成物阻害を受けないので，グルコース 6-リン酸が持続的に産生され，グリコーゲンの合成と貯蔵の方向に進む．

⑥ 肝臓のグリコーゲン貯蔵が満杯になると，過剰のグルコースはすべて解糖系に送り込まれる．肝臓の解糖系は ATP を産生する行程ではなく，脂肪酸合成の開始物質であるアセチル CoA を生成することに意義がある．解糖系はグルコキナーゼ，PFK，ピルビン酸キナーゼの活性が増えることにより促進される．糖新生は抑制される．

⑦ 脂肪酸と TAG の合成が活性化される．アセチル CoA カルボキシラーゼは脂肪酸合成の律速反応を触媒する酵素であり，アセチル CoA からマロニル CoA への変換が進む．反応産物であるマロニル CoA はカルニチンアシルトランスフェラーゼを阻害するので，新たに合成された脂肪酸がミトコンドリアに運ばれて酸化されることはない．これにより無益回路が生じないようになっている．脂肪酸は再エステル化に供されて TAG が産生され，VLDL の形で肝臓から血液中に排出される．

⑧ グルコースは筋細胞に取込まれる．インスリンが受容体に結合すると，GLUT4 が細胞表面に運ばれる．GLUT4 はインスリン依存性であり，ゆえに筋細胞は血糖値が高いときのみグルコースを受取ることができる．

⑨ いったん筋細胞に入ると，グルコースはリン酸化され，グルコース 6-リン酸はグリコーゲン合成に供される．肝臓と同様に，グリコーゲンシンターゼが活性化し，ホスホリラーゼは阻害される．

⑩ グルコースは脂肪細胞にインスリン感受性の GLUT4 を介して取込まれる．筋細胞のように，脂肪細胞は血糖値が高いときのみグルコースを取込む．グルコースは解糖系に入ってジヒドロキシアセトンリン酸まで進む．ここでジヒドロキシアセトンリン酸は還元されてグリセロール 3-リン酸になり，脂肪酸の再エステル化に用いられる．

⑪ キロミクロンの形で存在する食物由来の TAG や，VLDL の形で内在的に合成された脂質は，脂肪細胞の毛細血管にあるリポタンパク質リパーゼにより加水分解される．リポタンパク質リパーゼはインスリンにより活性化される．生じた脂肪酸は脂肪細胞に入り，グリセロールは肝臓に戻る．

⑫ 毛細血管から脂肪細胞に運ばれた脂肪酸は，解糖系で生じたグリセロールリン酸を使って TAG に再エステル化される．脂肪細胞のホルモン感受性リパーゼはインスリンと低グルカゴンにより阻害されるので，TAG の合成と加水分解が同時に起こる無益回路から逃れている．TAG はこの後脂肪細胞に蓄えられる．

⑬ 最後に，筋肉，肝臓および他の組織によるアミノ酸の取込みが促進される．タンパク質と他の窒素含有物質の合成が起こる．

絶食状態における代謝

絶食状態は低グルコース，高グルカゴン，低インスリンにより特徴づけられる．食物がないと，蓄えられたグリコーゲン，体内タンパク質，TAG はさまざまな組織への燃料の供給に動員される．脳と赤血球に供給されるグルコースには特別の必要性があり，残る組織は一般的に燃料を必要としている．肝臓は血糖値を約 4 mM に保ち，これにより脳と赤血球にグルコースが適切に供給される．体内の残りの組織の主要なエネルギー源は貯蔵された TAG である．図 20.28 に絶食状態における代謝の様式を示す．

① 最初のグルコースの供給源は肝臓のグリコーゲンである．グルカゴンはリン酸化によりグリコーゲンホスホリラーゼを活性化し，グリコーゲンシンターゼを不活性化することで，グルコース 1-リン酸，次いでグルコース 6-リン酸を生じる．肝臓にはグルコース 6-リン酸をグルコースに加水分解するグルコース-6-ホスファターゼがあり，生じたグルコースは血中に放出される．肝臓がインスリン非依存性の GLUT2 を発現していることで，グルコースは肝細胞から遊離されるようになる．肝臓のグリコーゲンは絶食 24 時間後には完全に枯渇する．

② グルコースは，たとえ血糖値が低かろうと，GLUT3 がインスリン非依存性でありグルコースに高親和性なので，脳に取込まれる．一度細胞に取込まれると，グルコースは摂食時と同様に完全に酸化される．

③ GLUT1 もグルコースに高親和性でインスリン非依存性なので，グルコースは赤血球に取込まれる．グルコースは摂食時と同様にピルビン酸と乳酸に代謝される．

④ 乳酸は肝臓に戻りグルコースに変換される．グルカゴンが存在しインスリンがなくなると，糖新生が刺激される．グルコースは血中に放出される．

⑤ 脂肪細胞の TAG は脂肪酸とグリセロールに加水分解され，血中に放出される．これは，脂肪細胞のホルモン感受性リパーゼがグルカゴンにより活性化され，インスリンが低下して毛細血管のリポタンパク質リパーゼが不活性になることで可能になる．

⑥ グリセロールは肝臓に戻り，糖新生によりグルコースに変換される．これはグルカゴンにより刺激される．

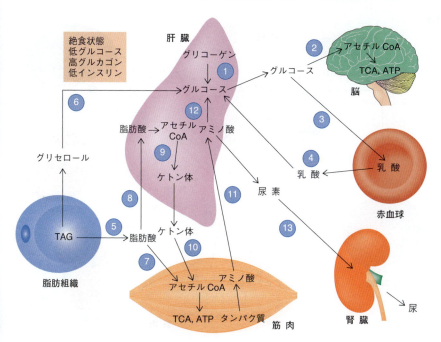

図 20.28 絶食状態における代謝

❼ 脂肪組織から遊離された脂肪酸はアルブミンに結合して血中を巡り，筋細胞に取込まれ，酸化されてエネルギーに使われる．

❽ 脂肪酸は肝臓にも運ばれ，マロニル CoA が不在なのでカルニチン経路が活性化してミトコンドリアに輸送され，アセチル CoA に酸化される．

❾ 脂肪酸酸化の産物であるアセチル CoA の濃度は TCA 回路の処理能力を上回るので，アセチル CoA はケトン体であるアセト酢酸と 2-オキソ酪酸に変換される．

❿ ケトン体はアセチル CoA への代謝を介して筋肉で燃料として使われる．筋肉はケトン体を酸化できる（絶食初期には脳にも少し寄与する）が，肝臓は必要な酵素を発現していないのでケトン体を酸化できない．

⓫ 糖新生によるグルコースの産生は長く続かず，乳酸やグリセロールからの糖新生によるグルコースも脳や赤血球の需要を十分に賄えない．ピルビン酸からアセチル CoA への変換は不可逆的なので，脂肪酸はグルコースに変換されない．したがって，グルコースの他の供給源は体を構成するタンパク質だけとなる．グルカゴンはタンパク質分解を促進し，アミノ酸は血中に放出されて肝臓に取込まれる．ピルビン酸デヒドロゲナーゼはグルカゴンにより抑制され，脂肪酸酸化の産物であるアセチル CoA や NADH によっても阻害されるので，体のタンパク質から生じたピルビン酸がアセチル CoA に変換されることはなく，グルコースを産生する方向に向かう．

⓬ ほとんどのアミノ酸は糖原性であり，肝臓で脱アミノ反応を受けるとその炭素骨格は糖新生経路に入りグルコースに変換され，血中に放出される．

⓭ アミノ基は肝臓で尿素に取込まれ，尿素は腎臓により尿中に排出される．

長期飢餓状態における代謝

絶食の代謝様式が続くと飢餓状態となり，体内のタンパク質は短期間のうちにかなり失われるが，体のタンパク質の約 1/3 がなくなっても，深刻あるいは致死的な結果には陥らない．図 20.29 に示すような適応が起こるのである．

❶ 肝臓でのケトン体合成が増加する．ケトン体は脳に入り代謝される．なぜなら，ケトン体は血液脳関門を通過でき，脳はケトン体の酸化に必要な酵素をもっているからである．長期飢餓時には，脳はケトン体から必要なエネルギーの半分近くを得る．

❷ これは脳のグルコース要求性が低下することを意味するので，タンパク質分解の速度が落ち，貴重なタンパク質源が長期にわたって実質的に保たれることになる．これは糖新生，グルコースの血中への放出，尿素産生の減速として観察される．ケトン体は膵臓の β 細胞に作用し少量のインスリンの分泌を促すので，タンパク質の分解が低下する．この少量のインスリンは長期飢餓においてタンパク質分解と脂肪分解を止めるのに十分なのである．

1 型糖尿病における代謝

1 型糖尿病は "満たされている最中の飢餓" と言われてきた（Box 20.1）．ここでは絶食と 1 型糖尿病の代謝様式を比較し，類似点と相違点を指摘してみよう．図 20.30 は糖尿病での代謝様式を飢餓の様式に上書きしたものである．赤い矢印は，飢餓で起こり糖尿病で増悪する過程を示

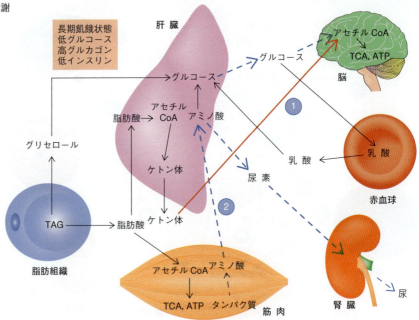

図 20.29 長期飢餓状態における代謝

している．

飢餓と糖尿病の双方において，グルカゴン濃度は高い．飢餓と糖尿病の違いは，飢餓ではグルコースとインスリンの両者が低いが，糖尿病ではグルコースが高くインスリンは存在しないということである．インスリンがないということは，筋肉や脂肪組織への糖の取込みが起こらないということを意味している．なぜなら，GLUT4 は細胞内小胞にとどまり，細胞膜上に現れないからである．これに加えて，グルコース代謝の乱れにより高血糖が増悪する．

① グルカゴンが逆向きの制御を受けないので，脂肪分解が無制限に進行する．

② 同じようにグルカゴンが逆向きの制御を受けないので，ケトン体合成が無制限に進行する．

③ 飢餓ではケトン体はインスリンの遊離を促進することでタンパク質分解を止める効果がある．糖尿病ではβ細胞がインスリンを産生することができないので，この効果

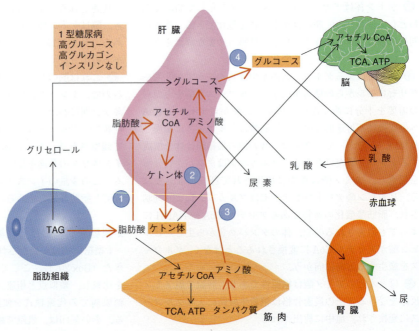

図 20.30 1 型糖尿病における代謝

が失われる．したがって，これまたグルカゴンが逆向きの制御を受けずに作用する．

❹ 血糖値が高いにも関わらず，グルカゴンの刺激が入り続け，糖新生が続く．このことは，代謝のホルモン調節がいかに重要かを示している．局所的代謝物であるグルコースが高濃度になっても，グルカゴンの効果を打ち消すことができないからである．

過剰なケトン体合成と糖新生により，1型糖尿病の特徴である高血糖とケトアシドーシスに至るのである．

> **Box 20.1　糖尿病**
>
> 糖尿病は世界共通の内分泌疾患である．内分泌疾患の90％を占め，失明や手足などの切断，早死の主要な原因となっている．糖尿病には二つの型がある．
> - **1型**は，**若年性糖尿病** juvenile-onset diabete，あるいは**インスリン依存性糖尿病** insulin-dependent diabete mellitus として知られる病態で，膵臓のインスリン産生細胞が自己免疫的に破壊されることで起こる．このため，インスリンの産生が不足または完全に消失している．
> - **2型**は，**成人性糖尿病** maturity-onset daibete，あるいは**インスリン非依存性糖尿病** noninsulin-dependent diabete mellitus とよばれる病態で，インスリンの濃度は正常か高くなっているが，細胞が相対的にインスリンに応答しない状態になっている．普通はだいたい35歳以降で発症し，肥満を伴うことが多い．最近の20年間で小児の肥満が増えており，2型糖尿病は小児のような早い時期にもみられるようになってきている．
> - 経済的に発展している国では3〜4％の人が糖尿病を患っており，そのうち80〜90％が2型糖尿病患者である．発展途上国でも同様に糖尿病患者が増えつつあり，肥満を伴う2型糖尿病の増加が特に顕著である．
>
> 図20.31には耐糖能の典型的な三つの曲線を示しており，一つは健常人，二つはそれぞれ1型と2型の糖尿病患者のものである．
>
> 経口グルコース糖負荷試験では，患者を12時間絶食させ，その後で通常は75gのグルコースを摂取させる．血糖値を標準的な間隔（15〜30分）で測定し，時間に対する血糖値をプロットする．
>
> 正常の条件は，絶食時の血糖値が6.2mMを超えないこと（これより下であれば長期にわたる糖尿病の影響はみられない），最大値が腎臓の閾値を超えないこと（血糖値がこれより高くなると腎臓がグルコースを再吸収できない），血糖値が2時間以内に正常である絶食時の値に戻ること（曲線a）である[*2]．
>
> 曲線bは2型糖尿病の結果を示している．絶食時の血糖値は6.2mMより高いが，この場合には10mMを超えていない．グルコースを負荷した後では腎臓の閾値を超えてしまい，2時間以内に正常である絶食時の値に戻らない．
>
> 曲線cは1型糖尿病患者の結果を示している．絶食時の血糖値は10mMを超えており，最大値は非常に高く，患者自身の絶食時の血糖値に戻るまでには長時間を要する．
>
> ---
> [*2] 訳注：日本における糖尿病の診断については，日本糖尿病学会の判定基準を参照のこと．

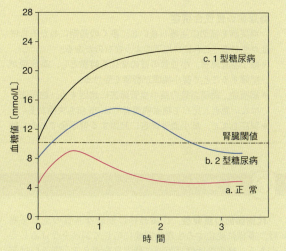

図20.31 健常人と糖尿病患者の耐糖能曲線

病気の特徴

1型糖尿病は通常若年期に発症する．この病気は多尿症（尿の過剰産生），多飲症（過度の喉の渇きと多飲），過食症（過度の空腹と暴食），疲労，体重減少，筋肉の退縮と脆弱化に特徴づけられる．顕著な特徴は**高血糖** hyperglycemia と**ケトアシドーシス** ketoacidosis（過剰なケトン体の産生と血中pHの低下）である．糖尿病性ケトアシドーシスは医学的に緊急性が高く，昏睡や死に至ることもある．ケトアシドーシスは，グルカゴンによる脂肪分解が無制限に続き，消費速度を上回る量の過剰なケトン体（アセト酢酸と2-オキソ酪酸）が産生されることにより起こる．アセト酢酸が自然に分解されるとアセトンが生じるので，患者を治療しないままにしておくと呼気が特徴的な芳香臭を呈する．

2型糖尿病は，普通は症状が軽く，高血糖を特徴とするが，**ケトアシドーシスを伴わない**．ケトアシドーシスがみられないということは，脂質代謝は糖質代謝よりもインスリン感受性が高く，患者のインスリン量で過度の脂肪分解は抑えることができるが，高血糖は制御できない，ということである．2型糖尿病がひどくなると，ケトン性昏睡（HONK）はみられないが，高浸透圧性の昏睡が起こることがあり，危険である．

糖尿病の治療

1型：通常の処置は注射あるいは持続的な点滴による外来性インスリンの投与である．血糖値が下がり過ぎないように，インスリンの投与量と食事の量のバランスをうまく

取ることが重要である．低血糖はインスリン療法で最もよくみられる合併症である．

2型：運動や食事制限により体重を減らすことが有効である．2型糖尿病は，通常は糖を下げる薬剤に応答する．おもに2種類の薬剤がある．ビグアナイド薬はGLUT4の数を増やし，末梢での糖の取込みを増やすことにより血糖値を下げる．スルホニル尿素薬は膵臓β細胞に作用してインスリンの分泌を上げる．

糖尿病の慢性合併症

糖尿病を適切に治療しないと，多くの長期にわたる合併症が生じる．これには以下のようなものがある．
- 細小血管障害．小血管の壁の変化を特徴とし，基底膜が肥厚することで微小循環が影響を受ける．
- 網膜症．網膜血管の細小血管障害に起因する．糖尿病ではない患者と比べて糖尿病患者では25倍も失明が多い．
- 腎症もまた，細小血管障害に起因する腎不全である．糖尿病ではない患者と比べて糖尿病患者では20倍も多い．
- 神経障害．神経の機能が損なわれる．
- 起立性低血圧，勃起不全，下肢の壊疽は糖尿病患者でよくみられ，細小血管障害と神経障害の複合的要因により起こる．
- 糖尿病患者では心血管疾患の発症率が高い．

このような理由で，糖尿病を上手に制御することは大変重要である．血糖コントロールは多くの血中タンパク質の量を測定することで監視することができる．長期にわたって血糖値が高いと，多くの細胞成分が非酵素的にグリコシル化され，その機能が損なわれる．これは不運ではあるが，血糖コントロールを評価するよい診断方法となっている．グリコシル化を受けるタンパク質の一例はヘモグロビンであり，患者の血中のHbA1cとして知られるグリコヘモグロビンを測定することで，赤血球の寿命に当たる最近3〜4カ月の糖尿病の状態を評価できる．

要約

代謝調節の重要性．代謝経路は無駄な基質の空転を避け，多様に変化する生理的需要に応じて調節を受ける必要がある．酵素の活性は第一に酵素量を変える，あるいは第二に触媒速度を変えることで制御を受ける．第一の場合は遅く，第二の場合は即効性である．代謝経路の調節点は，順反応と逆反応が異なる調節を受けている不可逆的反応である．この調節点において酵素はアロステリック機構や共有結合修飾により調節されている．

アロステリック調節は細胞が存在するために必須の優れた概念である．アロステリック酵素は複数サブユニットを含み，アロステリック部位をもつ．この部位に分子（モジュレーター）が結合し，酵素活性に影響を与える．基質濃度の酵素反応速度に対する影響は双曲線というよりはむしろS字形である．モジュレーターの結合は通常，酵素の基質への親和性を変え，ある最適の基質濃度で反応速度に影響を与える．この性質は二つの理論，すなわち協奏モデルまたは逐次モデルにより説明される．双方ともに酵素のコンホメーション変化を伴う．アロステリック調節は異なる代謝経路が協調的に動くことを可能にし，実質的に即効性である．

リン酸化による調節はプロテインキナーゼによる酵素の共有結合修飾に相当する．リン酸化は酵素を活性化または阻害し，ホスファターゼにより可逆的な制御を受ける．酵素のリン酸化状態は，通常はホルモンにより調節されている．グルカゴン，アドレナリン（エピネフリン），インスリンがここで重要なホルモンである．最初の二つはセカンドメッセンジャーであるcAMPの産生をひき起こしてキナーゼを活性化する．インスリンによる調節はリン酸化を含むが，より複雑である．

細胞によるグルコース取込みの調節．グルコースは膜を拡散して通過できないので，タンパク質による輸送が必要である．細胞内から膜への輸送タンパク質の移動により促進拡散が起こる．これらのグルコース輸送体はGLUTとよばれる．脳，赤血球，肝臓ではGLUTの膜移行はインスリンに依存しないが，脂肪細胞と筋肉ではインスリンの調節を受ける．

一度グルコースが細胞内に入ると，ヘキソキナーゼ（ほとんどの組織）またはグルコキナーゼ（肝臓）により速やかにリン酸化を受ける．グルコキナーゼはグルコースに対する親和性が低いので，血中グルコース濃度が低く肝臓がグルコースを放出しているときには，グルコースが再度肝臓に効率的に取込まれることはない．ヘキソキナーゼは生理的濃度のグルコース6-リン酸により阻害されるが，グルコキナーゼはこの阻害を受けない．これにより肝臓は血中グルコース濃度が高いときにグルコースを取込み，グルコースをリン酸化するグルコキナーゼを使ってグリコーゲンを合成することができる．グルコキナーゼは血中グルコース濃度が高いときのみに働くだけでなく，インスリンにより誘導される．

グリコーゲン代謝の調節．ホルモンシグナルがないとき，グリコーゲンホスホリラーゼは筋肉や肝臓ではホスホリラーゼbとして存在し，この酵素はAMPによってアロステリックに活性化され，ATPにより阻害される．筋収縮時に遊離されたCa^{2+}はホスホリラーゼを活性化する．筋肉と肝臓において，アドレナリン（肝臓ではグルカゴンも）はcAMP産生をひき起こす．これによりホスホリラーゼはbからaに変換し，AMPなしでも完全に活性型となる．この変換はキナーゼのカスケード反応により推し進められ，これにより反応が増幅される．同時にcAMPはグリコーゲンシンターゼを阻害するので，無益回路は避

けられる．グリコーゲンシンターゼは脱リン酸されたときのみ活性化する．主要な活性化シグナルはインスリンであり，これによりシンターゼの特定部位で脱リン酸が起こる．

解糖系と糖新生の調節．ここではアロステリック調節が論理的にぴったりはまる．ATP が足りなくなると，この状態の高感度指示薬ともいえる AMP がグリコーゲン分解と解糖系を活性化する．AMP は糖新生に関わる逆経路を同時に阻害する．ATP はクエン酸と同様に解糖系を阻害する．ATP とクエン酸はともに，適切なエネルギー状態にあることのシグナルとなる．

ホルモン調節は筋肉と肝臓で異なる．肝臓でのおもな調節はグルカゴンに対する応答である．血中グルコース濃度が低下すると膵臓からグルカゴンが分泌される．グルカゴンは肝臓に作用して解糖系を阻害し，糖新生を増やし，グルコース 6-リン酸をグルコース-6-ホスファターゼにより脱リン酸して血中グルコース産生の方向に向ける．これは，cAMP が間接的に 6-ホスホフルクト-2-キナーゼ (PFK2) の活性を調節することによって起こる．PFK2 はフルクトース 2,6-ビスリン酸の濃度を調節する．この物質は解糖系速度の主要な調節因子であり，6-ホスホフルクトキナーゼ (PFK) を活性化する．

PFK2 は珍しい酵素であり，二つの異なる触媒部位をもつ．非リン酸化型の PFK2 はフルクトース 2,6-ビスリン酸を合成し，リン酸化を受けるとこれを加水分解する．グルカゴンシグナルに応答して産生される cAMP は，PFK2 をリン酸化するキナーゼを活性化する．これによりフルクトース 2,6-ビスリン酸が分解され，解糖系が抑制される．この調節に関わる最後の重要な点は，フルクトース 2,6-ビスリン酸がフルクトース-1,6-ビスホスファターゼを阻害するということである．この酵素は糖新生に関わるので，cAMP の存在下におけるフルクトース 2,6-ビスリン酸分解の総合的な効果は，解糖系の抑制と糖新生の活性化ということになる．アドレナリンはグルカゴンと同じ効果をもっており，逃走闘争反応や恐怖を感じている状況で関わる．

アドレナリンは筋肉でも cAMP を産生するが，ここで重要なのは解糖系を最大限に動かして ATP を産生することである．この組織で働く PFK2 は異なるアイソザイムであり，cAMP の影響を受けない．cAMP の増加によりグリコーゲン分解が進むと解糖系が刺激され，これと関連した間接的な手段で，フルクトース 2,6-ビスリン酸の濃度を上昇させる．筋肉には糖新生経路がなく，血中グルコースには寄与しない．

糖新生は肝臓において別のホルモン調節を受ける．この反応の開始点はホスホエノールピルビン酸 (PEP) である．グルカゴンが cAMP 濃度を上げるとピルビン酸キナーゼが阻害され，PEP は糖新生経路へと向かう．飢餓時に放出されるストレスホルモンであるコルチゾールも糖新生を亢進する（第 16 章）．

フルクトース代謝とその調節はグルコースとは異なっており，脂肪酸合成を増加させる．

ピルビン酸デヒドロゲナーゼは複合的なアロステリック調節を受け，基質により活性化され生成物により阻害されるが，固有のプロテインキナーゼをもっている．ほとんどのプロテインキナーゼはホルモン調節を受けるが，この場合にはキナーゼは酵素反応の生成物によって阻害され，基質により活性化される．キナーゼによるデヒドロゲナーゼのリン酸化により活性が阻害されるので，これは生理学的に合理的である．

TCA 回路はアロステリック調節を受けるとともに，NAD^+ と ADP の供給量によっても調節される．電子伝達系は ATP 産生と強固に連動しており，ADP の供給量が調節において最も重要である．

脂肪酸の酸化と合成は逆方向にアロステリック調節されているため，酸化と合成のどちらか一方が進行して無益回路は回避される．AMPK（AMP 活性化キナーゼ）は，脂肪酸合成経路の入口の反応であるアセチル CoA カルボキシラーゼをリン酸化することにより，脂肪合成を阻害する．このリン酸化はカルボキシラーゼを阻害する．カルボキシラーゼにより産生されたマロニル CoA は脂肪酸のミトコンドリアへの輸送を妨げ，酸化を阻害する．脂肪細胞では，ホルモン調節は原則的に TAG 分解のレベルで起こる．グルカゴンとアドレナリンは（cAMP を介して）ホルモン感受性リパーゼを活性化し，これにより脂肪酸が血中に放出される．一方，インスリンは TAG 合成を促進する．

ATP 産生の体系的な調節は安全を保つための仕組みである．ATP "価" が十分量存在しなければ，生存に必須ではない ATP 消費型の合成反応が止まって ATP 量が維持される．これは普遍的酵素である AMPK により調節されており，特異的リン酸化により多くの経路を遮断する．これは代謝ストレスに対する応答である．

酸素不足に対する細胞の応答は，また別のストレスに対して細胞がどのように対処するかということである．低酸素とは，組織内の酸素濃度が異常に低い状況をさし，いくつかの防御反応が起こる．第一に，エリスロポエチンの産生が増加し，赤血球の数を増やす．第二に，解糖系酵素やグルコース輸送体の量を増やす．解糖系は ATP を無酸素的に産生できるからである．第三に，組織に新生血管をつくり出す．

これらの反応は低酸素誘導因子 (HIF) による遺伝子の活性化が必要である．正常酸素状態では，HIF はプロリンとアスパラギン残基のヒドロキシ化により不活性化され，分解される．低酸素下ではこれが起こらず，HIF は活性化状態を保ち，防御反応を誘導する．

心発作や他の血管疾患により特定の臓器が低酸素に陥ることから，この系は医学的関心が高い．好ましくないことに，この系は低酸素に陥った腫瘍細胞の生存を助け，腫瘍中の血管を増やし，がんの成長を助長することにつながりうる．

代謝の統合．摂食状態とは，食後 2～4 時間までの状態をいう．これはグルコース，アミノ酸，脂質の血中濃度が高い点が特徴である．このときのホルモンの状態は，高インスリンと低グルカゴンである．高分子の合成と貯蔵が促進され，分解反応は抑制される．筋肉と肝臓ではグリコー

ゲンが合成され，貯蔵される．このとき，グリコーゲンシンターゼは活性をもち，ホスホリラーゼは不活性となっており，この双方にリン酸化が関わっている．TAG はリポタンパク質リパーゼにより加水分解され，生じた脂肪酸は脂肪組織で再エステル化され，貯蔵される．インスリン存在下では脂肪分解は抑制される．アミノ酸は末梢組織に取込まれ，タンパク質合成が盛んになり，タンパク質分解は抑えられる．

絶食状態． グルカゴンが増加し，インスリンが減少する．これにより肝臓でグリコーゲンの分解が進み，血中にグルコースが放出され，脳と赤血球で利用される．肝臓の解糖系は阻害され，糖新生は PEP カルボキシラーゼ，フルクトース-1,6-ビスホスファターゼ，グルコース-6-ホスファターゼの活性化により活発になる．グリコーゲン分解と乳酸からの糖新生は長期にわたるグルコースの供給には向いておらず，体内のタンパク質の分解が起こって糖原性アミノ酸が供給される．脂肪組織からは脂肪酸が動員され，脳，神経，赤血球以外のほぼすべての細胞のエネルギーとなる．脂肪酸が過度に分解されるとケトン体が生じ，筋肉で燃料として使われる．

長期飢餓． 多くの適応応答が起こり，グルカゴンによるタンパク質分解や脂肪分解が制限される．ケトン体の産生が増加し，脳はケトン体を使ってエネルギー需要の 50% まで賄うことができる．これにより，脳や赤血球にグルコースを送るために必要とされるタンパク質分解を減らすことができる．また，ケトン体には調節的役割もあり，少量のインスリンをつくり出してタンパク質と脂肪の分解を低下させ，グルコースとケトン体の産生を抑える．

1 型糖尿病における代謝． 代謝の様式は長期飢餓と似ているが，インスリンがまったくないためグルカゴンがいつまでも作用し続けることとなり，状態がひどくなる．脂肪分解，タンパク質分解，糖新生，ケトン体生成が無制限に続き，1 型糖尿病の最大の特徴である高血糖とケトアシドーシスをひき起こす．

問題

1. 酵素の活性が可逆的に修飾される二つの主要な手段は何か．
2. アロステリック調節を受けない酵素と受ける酵素における基質濃度と酵素触媒速度の関係を比較せよ．
3. アロステリック調節のどのような特徴が非常に重要な概念なのであろうか．
4. 細胞外シグナルによる内因的調節と外因的調節の際立った特徴は何か．
5. グリコーゲン代謝，解糖系，糖新生における主要な内因的調節について図を用いて説明し，その原理を説明せよ．
6. ピルビン酸デヒドロゲナーゼは鍵となる調節酵素である．一般に，反応の生成物は反応を抑制する．この酵素の調節には三つの仕組みがある．それは何か．
7. 膵臓からのインスリンとグルカゴンの分泌を調節しているものは何か．
8. セカンドメッセンジャーとは何か．アドレナリンとグルカゴンのセカンドメッセンジャーの名称を述べ，その代謝に対する効果を説明せよ．
9. インスリンはどのように細胞内へのグルコースの取込み速度を調節しているか．
10. cAMP がグリコーゲン分解を促進する仕組みを説明せよ．
11. グルカゴンは cAMP をセカンドメッセンジャーとして肝臓のホスホリラーゼを活性化する．筋肉もアドレナリンに応答して同じことをする．しかしながら，cAMP は肝臓と筋肉の解糖系にまったく異なった影響を与える．これを説明せよ．
12. 異なった細胞応答をひき起こすいくつかのホルモンは cAMP をセカンドメッセンジャーとして利用する．なぜ単一の物質（cAMP）を異なる細胞応答に使うことができるのだろうか．
13. 6-ホスホフルクトキナーゼは鍵となる調節酵素である．この酵素のおもなアロステリックモジュレーターは何か．肝臓ではその量はどのように調節されているか．
14. 肝臓でグルコースが産生されるためにはホスホエノールピルビン酸（PEP）が必要である．しかしながら，もし PEP がピルビン酸キナーゼによってピルビン酸に脱リン酸されてしまえば，PEP がいくら産生されてもほとんどグルコース産生は起こらないだろう．この無益回路はどのように回避されているか．なぜ筋肉ではこの仕組みが当てはまらないのだろうか．
15. グルカゴンは脂肪細胞からどのように脂肪酸を遊離させるか．
16. 代謝経路にはしばしば ΔG 値が非常に大きい反応が少なくとも一つある．この利点は何か．
17. グリコーゲンシンターゼの調節はインスリンの多大な影響を受けている．この調節機構の概略を説明せよ．
18. 肝臓において，グルコースはグリコーゲン分解の調節にどのような役割を担っているか．
19. 脂肪酸の合成と分解はどちらか一方が起こり，両者同時には起こらない．この逆方向の調節機構について解説せよ．
20. 酵素活性を調節する手段としてなぜリン酸化は優れているのか．
21. AMPK の役割について解説せよ．

21

水の電子を高エネルギーレベルにもち上げる仕組み：光合成

第13章で解説したように，好気性細胞のATP産生は食物中に存在する**高エネルギーポテンシャル** high-energy potential からエネルギーレベルの低い方向への電子の移動に依存しており，水の水素原子に電子を受渡して終わる．

地球上の食物の量には限りがあるので，生命がいつまでも存続するためには，水の電子を高エネルギーレベルにもち上げる手段が必要である．この重要性を物語るちょっとした事例は，H_2Sのような物質が沸き上がる深海の地殻の割れ目で生物が発見されたことである．H_2Sは還元性の強い（つまり酸化還元電位が低い）物質であり，その電子はエネルギー勾配を下ってエネルギーを放出し，深海の生物系に適切な環境を提供している．そのような生物はおそらく地殻からH_2Sや他の類似物質が供給される限りは生き続けることができるだろうが，大部分の生物が存続するためには電子を再生利用することが必要不可欠である．

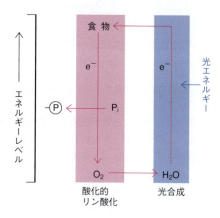

図21.1 酸化的リン酸化と光合成による総体的な"電子循環"．CO_2の固定は，水から高エネルギーポテンシャルに電子をもち上げる反応とは別である．

概　略

光合成 photosynthesis は電子を水から再生して酸素と糖質を生成する生物学的過程である．これにはいくつかの重要な利点がある．水は枯渇することのない電子供給源であり，日光は無尽蔵のエネルギー源である．そして電子受容体である酸素を絶え間なく遊離することで，生物が食物の高エネルギー電子からエネルギーを引出すことが可能となる．光合成の始まりは，生命の誕生に続く最も重要な生物学的出来事といっても過言ではない．図21.1に全体的なエネルギーの流れを示す．

二酸化炭素と水から糖質（通常はデンプンまたは糖）を生じる光合成の概念にはおそらくなじみがあるだろう．全体の反応式は（グルコースの産生をもとに記述すると）以下のようになる．

$$6\,CO_2 + 6\,H_2O \rightarrow C_6H_{12}O_6 + 6\,O_2$$

$$\Delta G^{\circ\prime} = 2820\ \text{kJ mol}^{-1}$$

二酸化炭素と水からグルコースを合成するためには，エネルギーの観点からみて二つの基本的な必要条件がある．第一に，十分に低い**酸化還元電位** oxidation-reduction potential（高エネルギー）をもつ還元物質が存在しなければならない．酸化還元電位を思い出したければ第12章に戻るとよい．光合成における還元物質はNADPHである．（第16章で述べたように，動物の糖新生ではNADHが還元物質として使われるが，光合成ではNADPHが使われる．）第二に，糖質の生合成を進めるためにATPが必要である．

光エネルギーは直接的には水から$NADP^+$に電子を移し，ATP産生のためのプロトン勾配を生み出すことだけに関わっている．

光合成の場：葉緑体

光合成は緑色植物の細胞中の**葉緑体** chloroplast で起こる．葉緑体はミトコンドリアに似た，細胞内に存在する小器官で，プロトン透過性の外膜と非透過性の内膜をもつ．ミトコンドリアのように，葉緑体は自身のタンパク質をコードする固有のDNAをもつ．タンパク質の合成機構は原核生物型であり，光合成を行う原始的な単細胞原核生物が真核細胞と共生の道を選んだものと考えられている．

しかしながらミトコンドリアとは異なり，葉緑体は他に

もチラコイド thylakoid という別の膜結合型の構造をもっている．チラコイドは葉緑体の内部にある扁平な膜胞で，硬貨を積重ねるように重なってグラナを構成する．グラナは伸びた一重膜でつながっている．チラコイドの内部には内腔があり，外部が葉緑体ストロマである（図21.2）．

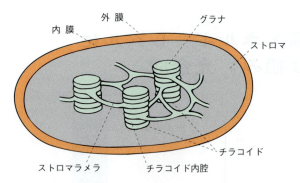

図21.2 葉緑体．グラナはチラコイドの集合体である．

光を捉えるクロロフィルと電子伝達系はすべてチラコイド膜内にある．二酸化炭素と水を糖質分子に変換する反応自体は光に依存せず，葉緑体ストロマで起こり，"暗反応"とよばれる．暗所でのみ起こる反応ということではなく，光を必要としないという意味である．実際，暗反応はおもに光の存在下，チラコイド膜で NADPH と ATP の産生が進行しているときに起こる．これを図21.3にまとめた．

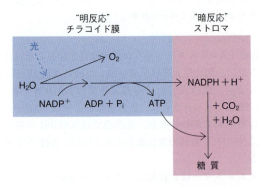

図21.3 光合成の反応

光合成における光依存的な反応

チラコイド膜における光合成装置とその構成要素

まずはミトコンドリアにおける電子伝達系を思い出してみよう．というのは，これは光合成の仕組みとかなり似ているからである．ミトコンドリア内膜には電子を伝達する四つの複合体がある（図13.17参照）．電子を運ぶことでこれらの複合体を結び付けているのは，脂溶性の低分子であるユビキノンと，水溶性で可動性の小型タンパク質であるシトクロム c である．

チラコイド膜には三つの複合体がある（図21.4）．最初の二つを結び付けているのは電子伝達体であるプラストキノンであり，その構造はユビキノンと非常に似ている（図13.15参照）．後ろの二つを結んでいるのは小型の水溶性タンパク質であるプラストシアニンであり，電子受容体として銅イオンをもっている．銅イオンは Cu^+ と Cu^{2+} の間を遷移し，電子を受取って渡す性質がある．

この三つの複合体は光化学系 II (PS II)，シトクロム bf 複合体，光化学系 I (PS I) とよばれる．PS II は実際に起こる反応において PS I の先にくる．I と II は反応の順番ではなく発見の順番を示している．図21.4に示す反応系全体で以下の反応が起こっている．

$$2\,H_2O + 2\,NADP^+ \rightarrow O_2 + 2\,NADPH + 2\,H^+$$

この反応により自由エネルギーは大きく増す．生化学反応に関する限り，光合成で特徴的なのは，この反応を進めるためのエネルギーが光から供給されるということである．NADPH が1分子生成されるにつき，四つの光子が吸収される．この還元反応が進行する間にプロトン勾配が形成され，ATP の産生に使われる．この反応系が見事なのは，これにより二酸化炭素と水から糖質の合成に必要とされる二つの物質，すなわち還元物質と ATP が得られるからである．すでにふれたように，これに加えて電子受容体である酸素が生じる．これにより生物は産生された糖質に蓄えられたエネルギーを再利用することができるのである．これは偉大なる系である．

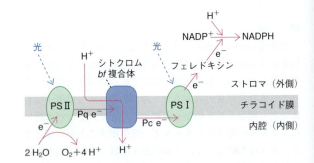

図21.4 この図は光合成装置のうち光依存的な反応の概略を示しており，細かい反応は省略している．重要な点は，この反応の目的は電子を水から $NADP^+$ に転送し，チラコイド膜を挟んでプロトン勾配をつくり出し，化学浸透圧機構により ATP を産生するということである．プロトン勾配は二つの供給源，すなわち水の分解（PS II），およびプラストキノン（Pq）－シトクロム bf 複合体によるプロトンポンプによりつくり出される．電子は PS II からプラストキノンによりシトクロム bf 複合体に受渡される．この回路はミトコンドリアと似ており（ミトコンドリアでプラストキノンに相当するのはユビキノン），1分子のプラストキノールが酸化されると四つのプロトンが移動する．プラストシアニン（Pc）はミトコンドリアのシトクロム c に相当する可動性伝達体であり，フェレドキシンは膜の反対側に位置することに留意せよ．

21. 水の電子を高エネルギーレベルにもち上げる仕組み：光合成

それでは，PS ⅡとPS Ⅰがどうやって光を受取るのかについてみていこう．

光エネルギーはどうやって捉えられるのか

緑色植物の光受容体はクロロフィルである．細菌や藻類には別の受容体が存在する．

クロロフィルはヘムに似たテトラピロールであるが，中心には鉄の代わりにマグネシウム原子があり，側鎖の種類が異なっている．側鎖の一つは大変長い疎水基であり，脂質膜にはまり込んでいる．ヘムと同様，クロロフィルにも共役二重結合系があり（二重結合と単結合が交互に存在する），ある波長の光に対して強い吸収性をもち，強い緑色の波長のみが吸収されない．

緑色植物には二つのクロロフィル（aとb）があり，側鎖の一つのみが異なっている．双方とも赤と青の光を吸収し，中間の緑の光を反射する．二つのクロロフィルの最大吸収はわずかに異なっているが，お互いが相補しあうので，赤と青の領域の入射光を効率的に吸収する．クロロフィルaの構造を以下に示す（クロロフィルbの構造はほぼ同じだが，$-CH_3$側鎖（赤字）がbでは$-CHO$に置換されている）．

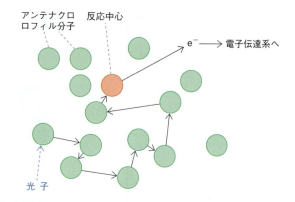

図21.5 活性化したアンテナクロロフィル（緑）からの電子の共鳴エネルギー移動によるクロロフィル活性中心（赤）の活性化．PS Ⅱの活性中心はP680，PS Ⅰの活性中心はP700とよばれる．クロロフィルが密に重なり合っていることが効率的な共鳴エネルギー移動に重要である．

クロロフィルaの構造

クロロフィル分子が光を吸収すると励起されて1電子が高エネルギー状態へと上がり，新しい原子軌道へと動く．単離されたクロロフィル分子内でそのような励起が起こると，電子は熱または蛍光としてエネルギーを放散して基底状態に戻る（なので何も得られない）．しかし，クロロフィル分子同士が近接して並んでいると，**共鳴エネルギー移動** resonance energy transfer として知られる反応により次から次へとエネルギーが受渡される．緑色植物では，クロロフィル分子は**光化学系** photosystem とよばれる機能単位に積重なっており，この共鳴エネルギー移動が容易に起こる．こうして一つのクロロフィル分子が光子を吸収して励起されると，エネルギーを次のクロロフィル分子に受渡して自身はもとの基底状態に戻る．励起されたエネルギーはクロロフィル分子間を次から次へと任意にさまようことになる（図21.5）．

これは一つの機能であり，大量の"普通"のクロロフィルの中に特別の**反応中心** reaction center （タンパク質と結合した1対のクロロフィル）をもっている．この反応中心には特徴があり，反応中心を構成しているクロロフィル分子が共鳴エネルギー移動により励起されると，励起電子は他の励起クロロフィル分子よりもいくぶんエネルギー状態が低くなり，この中心クロロフィル分子から他のクロロフィル分子に共鳴エネルギー移動が起こらなくなる．この意味で，励起エネルギーは穴にはまり込んだ形となる．この浅い穴にはまり込んだ電子は依然として未励起電子よりは高いエネルギーをもっており，この励起中心から電子が適切な酸化還元電位をもつ別の電子受容体に受渡される．後者が光合成における電子伝達系の最初の電子伝達体である（これについてはこの後すぐにふれる）．励起エネルギーを反応中心に供給するクロロフィル分子は**アンテナクロロフィル** antenna chlorophyll とよばれる（図21.5）．

したがって，光化学系は光を吸収するクロロフィル，反応中心クロロフィル，そして電子伝達系の複合体から成る．PS Ⅱの場合には（最初の系），反応中心クロロフィルは波長680 nmの光を吸収するのでP680とよばれ，PS Ⅰは同じ理由でP700とよばれる．

光依存的な $NADP^+$ 還元の仕組み

図21.6は，構成成分の酸化還元電位とともに，PS ⅡとPS Ⅰの"Z"配置を示している．なぜ二つあるのだろうか．手始めにわかりやすい例で説明しよう．3 Vの懐中電灯を点灯させるには，しばしば1.5 Vの電池を2個つなげる．光合成においては，電球の点灯に相当するのが$NADP^+$の還元であり，電池に相当するのが二つの連続した光化学系である．実際，すでに述べたように，二つの光化学系により必要以上のエネルギーが供給され，その一部はATP産生に供される．

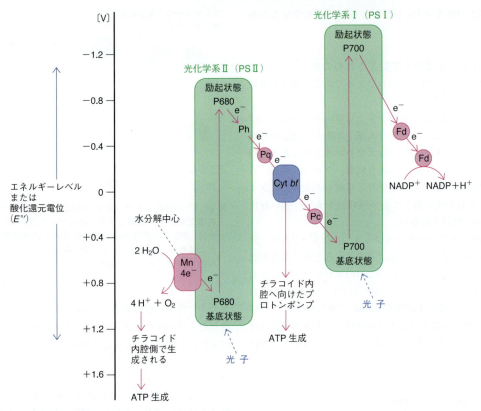

図 21.6 光合成の Z 配置．H_2O から $NADP^+$ への電子の流れの簡略図を示す．図中，光子は P680 をまず活性化し，電子が P700 に受渡される．電子を失った P680 は水から電子を奪い，次の活性化に備える．P700 も同様であるが，電子を PS II 伝達系から受取る点で異なる．P700 は受取った電子を $NADP^+$ に受渡す．Ph: フェオフィチン，Pq: プラストキノン，Pc: プラストシアニン，Cyt *bf*: シトクロム *bf* 複合体，Fd: フェレドキシン．

光化学系 II

PS II の反応中心である P680 クロロフィルから説明しよう．暗所では P680 は未励起の基底状態にあり，電子を受取る気配はない．光子のエネルギーがアンテナクロロフィルを介して P680 に到達すると励起状態となり，励起された電子を伝達する性質が強くなる．実際，P680 は還元物質であり，PS II 電子伝達系の最初の構成成分（**フェオフィチン** pheophytin とよばれる Mg^{2+} をもたないクロロフィル様色素）を還元する．

還元された 2 分子のフェオフィチンはそれぞれ同時に電子を**プラストキノン** plastoquinone に受渡し還元する．プラストキノンは PS II と**シトクロム *bf* 複合体** cytochrome *bf* complex の間に位置する脂溶性の電子伝達体である．

シトクロム *bf* 複合体は二つのシトクロムと一つの鉄-硫黄中心（図 13.14 参照）をもっている．複合体は電子を**プラストキノール** plastoquinol（還元型プラストキノン）から**プラストシアニン** plastocyanin に受渡し，後者を還元型に変える（図 21.4 参照）．プラストシアニンは銅タンパク質複合体であり，銅イオンは Cu^{2+}（酸化型）と Cu^+（還元型）の間を遷移する．ここで話をいったん PS II から PS I に移すが，すぐに還元型プラストシアニンの話に戻る．

光化学系 I

PS I の反応中心のクロロフィルは P700 である．P700 は，アンテナクロロフィルから届いた光子により活性化されると還元物質になる．これは電子を電子伝達体の短い鎖（詳細は省略）に受渡し，**フェレドキシン** ferredoxin を還元する．フェレドキシンは鉄クラスターを電子受容体としてもつタンパク質である．フェレドキシンは葉緑体ストロマに存在する（つまりチラコイド膜の外側にある）水溶性かつ可動性のタンパク質である．フェレドキシンは以下に示す反応により $NADP^+$ を還元する．この反応は FAD 酵

素である**フェレドキシン—NADP⁺レダクターゼ** ferredoxin-NADP⁺ reductase により触媒される（FADまたはフラビンアデニンジヌクレオチドについては第13章で説明した）．

2 フェレドキシン（還元型）＋ NADP⁺ ＋ 2H⁺ →
2 フェレドキシン（酸化型）＋ NADPH ＋ H⁺

PS Ⅰで起こっていることを要約すると，電子は励起されて P700 からフェレドキシンに移り，次に NADP⁺ が還元される．しかしながら，これにより P700 は電子が足りない状態，すなわち酸化物質である P700⁺ となり，電子をプラストシアニン（Pc）から受取る．思い出してほしいが，これはプラストシアニンが PS Ⅱ によって還元された後に起こる．つまり反応は以下のようになる．

P700⁺ ＋ Pc$_{Cu^+}$ → P700 ＋ Pc$_{Cu^{2+}}$

さらに戻ると，電子は光で励起されて PS Ⅱ の反応中心である P680 から移動することを思い出してほしい（図 21.6）．これにより PS Ⅱ は P680⁺ となるので，次の光子を受取って新しい反応を再開するためには，どこかから電子を受取ってもとの基底状態に戻らなければならない．この電子は水から得られる．

PS Ⅱにおける水分解中心

P680⁺ は非常に強い酸化物質であり，電子に対する親和性がきわめて高いので（酸素以上である），水から電子を奪うことさえできる．2分子の H_2O から電子を四つ奪い，O_2 と四つの H^+ をチラコイド内腔に遊離する．四つの電子をすべて奪うことで，生体にとって危険な中間体である酸素フリーラジカルを遊離しないことが重要である．ミトコンドリアでもまさに同様に，酸素に電子を付加して水を生成する反応は完全に起こらなければならない．PS Ⅱには**水分解中心** water-splitting center として知られる Mn^{2+} 含有タンパク質の複合体があり，これが水から電子を取出して酸素とプロトンを生成し，電子を P680⁺ に受渡して基底状態に戻す（図21.8a参照）．こうして P680 は次の光子による活性化に備えることができる．

ATP はどのように生成されるか

PS Ⅱ の**シトクロム *bf* 複合体**は，プラストキノールを使ってプラストシアニンを還元するが，これはミトコンドリアの複合体Ⅲに似ている（図13.17参照）．シトクロム *bf* 複合体による電子伝達では，プロトンがチラコイド膜の外側から内部に移動する．加えて，水分解中心はチラコイド内腔でプロトンを産生するので，この二つの効果によりプロトン勾配が形成され，チラコイド内腔の pH は約4.5まで下がる．ストロマのフェレドキシンによる NADP⁺ の還元で一つのプロトンが使われるので，膜を挟んでのプロトン勾配はさらに大きくなる．

ある状況においてプロトンの輸送を高め，したがって ATP 産生の潜在力を大きくする仕組みがある．NADP⁺ のすべてがフェレドキシンにより還元されてしまうと，フェレドキシンはシトクロム *bf* 複合体に電子を渡すようになる（図21.7）．この電子は複合体を通じてプラストシアニンに転送され，その結果複合体によるプロトンポンプ輸送が増す．この余剰の ATP 産生は循環的な電子の流れによって駆動する**循環的光リン酸化** cyclic photophosphorylation とよばれる．

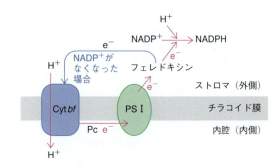

図21.7 循環的な電子の流れ．NADP⁺ のすべてが還元されると，フェレドキシンは電子をシトクロム *bf* 複合体に戻す．これによる電子の流れはプロトンポンプ輸送を増加させ，それゆえに ATP 産生が増える．Pc：プラストシアニン．

ミトコンドリアと同じ化学浸透圧機構によって，プロトン勾配は ADP と P_i から ATP を生成するのに利用される．ここで説明したすべての反応を図21.8（b）にまとめた．

ミトコンドリアでは，プロトン勾配は外（高）から内（低）に向かって生じる．チラコイド膜は葉緑体内膜の陥入により形成されており（ミトコンドリア内膜と比較してみるとよい），これがプロトン勾配と ATP 産生がミトコンドリアとチラコイドであたかも逆向きのようにみえる理由である．

光合成の暗反応：カルビン回路

どのようにして CO_2 は糖質に変換されるか

すでに強調したように，光合成が他の生化学的過程と根本的に違うのは，光エネルギーを使って水を分解し NADP⁺ を還元する点にある．それ以降のグルコースとその誘導体が合成されるまでの実際の代謝経路は植物に固有であるものの，"普通"の酵素生化学であり，光依存的な反応とは完全に一線を画している．

3-ホスホグリセリン酸からのグルコースの産生

グルコースは代謝物 3-ホスホグリセリン酸から，肝臓の糖新生（図16.2参照）と同様の一連の反応を経て生成

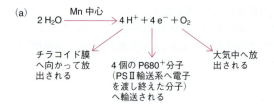

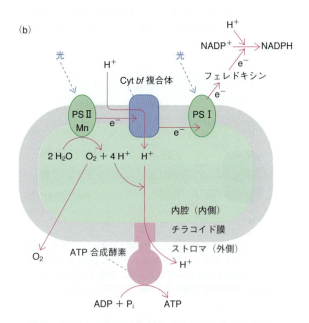

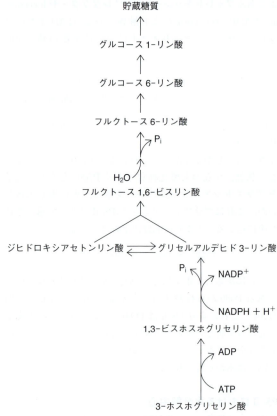

図 21.8 チラコイドにおける反応．(a) Mn 水分解中心における反応のまとめ．(b) チラコイドにおけるプロトンと電子の流れ．

図 21.9 光合成における 3-ホスホグリセリン酸からのデンプンの生合成．NADH の代わりに NADPH が還元剤として用いられる以外は，全行程は肝臓の糖新生と同じである．グリコーゲン生合成では活性化グルコースとして UDP グルコースが使われるが，デンプンの生合成では ADP グルコースが使われる．光合成における最大の疑問は 3-ホスホグリセリン酸がつくり出される仕組みである．

される．違いは，NADH の代わりに NADPH が還元剤として使われる点である（図 21.9）．ここでの疑問は，3-ホスホグリセリン酸が光合成によっていかに産生されるかである．

3-ホスホグリセリン酸はリブロース 1,5-ビスリン酸から得られる

地球上に最も豊富にある単一タンパク質は，**リブロース 1,5-ビスリン酸カルボキシラーゼ/オキシゲナーゼ** ribulose-1,5-bisphosphate carboxylase/oxygenase という酵素であり，略して "**ルビスコ** Rubisco" とよばれる．この酵素は CO_2 を使って 3-ホスホグリセリン酸を生成する．この反応は，"炭素固定" と一般によばれる反応の最初の一つである．

専門用語を思い出してほしいが，リボースはアルドース糖であり，リブロースはそのケトン異性体である．リブロース 1,5-ビスリン酸はルビスコによって分解され，2 分子の 3-ホスホグリセリン酸を生成し，このときに 1 分子の CO_2 が固定される．

すでに述べたように 3-ホスホグリセリン酸は糖質に変換される．ここで次の疑問が生じる．

リブロース 1,5-ビスリン酸に何が起こるのか

この答えは原理的にとても簡単である．6 分子のリブロース 1,5-ビスリン酸（炭素原子 30 個）と 6 分子の CO_2（炭素原子 6 個）から 12 分子の 3-ホスホグリセリン酸（炭

素原子36個)が生じる.そのうちの二つ(2 C_3)(利益)が図21.9に示す経路により貯蔵糖質(C_6)に変換される.

残りの10分子の3-ホスホグリセリン酸(炭素原子30個)は代謝されて6分子のリブロース 1,5-ビスリン酸(炭素原子30個)になる.この代謝はアルドラーゼおよびトランスケトラーゼ反応であり(第15章),$C_3, C_4, C_5, C_6,$ C_7 糖が関わる.ここでは個々の反応の詳細ではなく概略を示す.

$C_3 + C_3 \rightarrow C_6$ アルドラーゼ
$C_6 + C_3 \rightarrow C_4 + C_5$ トランスケトラーゼ
$C_4 + C_3 \rightarrow C_7$ アルドラーゼ
$C_7 + C_3 \rightarrow C_5 + C_5$ トランスケトラーゼ

まとめると,

$5 C_3 \rightarrow 3 C_5$

すべての結果は,6分子のリブロース 1,5-ビスリン酸,6分子の CO_2,6分子の H_2O が12分子の3-ホスホグリセリン酸に変換される.ここから6分子のリブロース 1,5-ビスリン酸が再合成され,加えて1分子のフルクトース 6-リン酸が生じ,これから貯蔵糖質ができる.この経路は発見者にちなんで**カルビン回路 Calvin cycle** とよばれており,図21.10にまとめた.(参考までに)全行程の化学量論は,以下のような壮大な式になる.

$6 CO_2 + 18 ATP + 12 NADPH + 12 H^+ + 12 H_2O \rightarrow$
$C_6H_{12}O_6 + 18 ADP + 18 P_i + 12 NADP^+$

ルビスコには明らかに効率的問題がある

光合成の黎明期には酸素は存在せず,現在よりもずっと CO_2 濃度が高かったと考えられているが,それでも光合成が行われるようになり,酸素が増えた.どうしてこれが可能であったかといえば,ルビスコは CO_2 を使うことに加えて酸素とも反応することができ,酸素と二酸化炭素は互いに競合しあう.この酵素が**リブロース 1,5-ビスリン酸カルボキシラーゼ/オキシゲナーゼ**とよばれる由縁はここにある.現在知られている限りではこの酸化反応には何の意味もなく,**光呼吸** photorespiration という反応経路によりリブロース 1,5-ビスリン酸を分解してATPを消費するという意味では,明らかに無駄遣いである.

リブロース 1,5-ビスリン酸分子は分解されて1分子の3-ホスホグリセリン酸と1分子のグリコール酸+CO_2+P_iになる.この CO_2 の遊離は炭素固定の観点からは浪費であり,1分子の高エネルギーリン酸基を犠牲にしている.グリコール酸は再利用されてグリシンに変換される.

高温下ではこの浪費的な酸素反応は最大となり,光合成の効率を著しく落とす.CO_2 の同化を30%程度まで落とすこともある.おそらく,酸素がほとんどなく CO_2 が大量に存在していた太古では,光合成には何の重要性もなかった.しかし酸素が豊富に存在する今日では,状況は一変した.酸素を反応に使わない新型ルビスコが進化してもよかったが,これは起こらなかった.この明らかな非効率性には何らかの理由があるのだろうが,いまだ不明である.しかしながら,ある種の植物では,ルビスコが働いている細胞の CO_2 濃度を上げる生化学的装置が発達し,酸

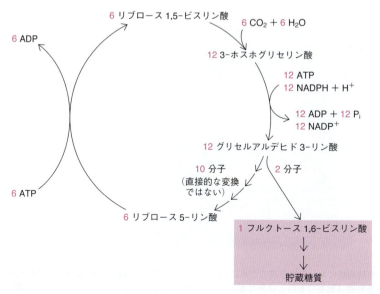

図21.10 カルビン回路における反応の全体.3-ホスホグリセルアルデヒドからリブロース 5-リン酸への変換の間に,一部が中間代謝物としてフルクトース 1,6-ビスリン酸に変換される.図には全反応の総合的効果を示している.ジヒドロキシアセトンリン酸はグリセルアルデヒド 3-リン酸と平衡関係にあるが,ここでは簡便のため省略している.

化反応を最小限にとどめている．これは光量が多く高温の環境下に生息する植物種，たとえばトウモロコシやサトウキビにみられる．このような環境では光呼吸の問題が起こりやすいからである．

C_4 経路

大部分の植物は，$^{14}CO_2$ 存在下で光合成が起こったときに実験的に最初に検出される安定な標識化合物が，ルビスコ反応により産生される C_3 化合物，すなわち 3-ホスホグリセリン酸であり，C_3 植物とよばれる．しかしながら，ある種の植物は大気中の CO_2 をまずオキサロ酢酸に固定する（図 21.11）．オキサロ酢酸は C_4 化合物であるため，この反応は **C_4 光合成** C_4 photosynthesis とよばれ，これを行う植物は **C_4 植物** C_4 plant とよばれる．

C_4 植物の葉の解剖学的あるいは細胞学的構造は C_3 植物の葉と異なっている．C_4 植物では，大気中の CO_2 にさらされる表皮細胞の直下にある葉肉細胞にルビスコが存在しないが，酵素 **PEP カルボキシラーゼ** PEP carboxylase（動物にはない）によるホスホエノールピルビン酸（PEP）のカルボキシ化反応により CO_2 は大変効率よくオキサロ酢酸に固定される．

$$CO_2 + H_2O + PEP + NADP^+ \rightarrow \text{オキサロ酢酸} + CO_2 + NADPH + H^+$$

PEP カルボキシラーゼは CO_2 に高親和性であり，酸素と競合しない．オキサロ酢酸はリンゴ酸に還元され，カルビン回路が起こる近傍の維管束鞘細胞に輸送される．ここで CO_2 は "リンゴ酸酵素" によりリンゴ酸から遊離される（これについては脂肪酸合成の章で解説した）．

$$\text{リンゴ酸} + NADP^+ \rightarrow \text{ピルビン酸} + CO_2 + NADPH + H^+$$

これにより維管束鞘細胞の CO_2 濃度は 10～60 倍に高まるため，ルビスコ反応がずっと効率的に起こるようなる．ピルビン酸は葉肉細胞に戻り，**ピルビン酸リン酸ジキナーゼ** pyruvate phosphate dikinase により PEP に再変換される．これは ATP の二つのリン酸基が遊離する点において珍しい反応である（動物にはない）．

$$CH_3-CO-COO^- + ATP + P_i$$
$$\downarrow$$
$$CH_2=C(OPO_3^{2-})-COO^- + AMP + PP_i + H^+$$

動物では，PEP はピルビン酸からオキサロ酢酸のみを経て，まったく異なる経路により合成される（第 16 章）．維管束鞘細胞においていったん 3-ホスホグリセリン酸が合成されると，C_3 植物とまったく同様にカルビン回路が作動する．

C_4 経路は維管束鞘細胞の CO_2 の濃度を上げるためにエネルギー的に不利を被っている．PEP を合成し酸を輸送するのに ATP を消費するからである．しかし，高温多光環境では C_4 経路はかなり有利である．トウモロコシやサトウキビのような C_4 植物は糖質を大量に産生する．

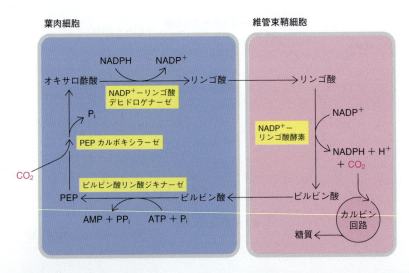

図 21.11 維管束鞘細胞において光合成のために CO_2 濃度を上げる C_4 経路．特に注意する点はピルビン酸からオキサロ酢酸が生じる経路は動物のものとは異なることで，ピルビン酸からホスホエノールピルビン酸（PEP）への直接的変換は動物では起こらず，PEP のカルボキシ化も起こらない．これを理解しておくべきことは重要である．なぜなら，これが動物の代謝調節に大きな影響を与えているからである．もう一つ知っておくべき点は，オキサロ酢酸を還元するリンゴ酸デヒドロゲナーゼは，NAD^+ 特異的である TCA 回路とは異なり，NADPH を利用するということである．

C_4 植物の種類によって使われる代謝経路は多様性に富んでいる．たとえば，ある種では $^{14}CO_2$ 存在下で標識される C_4 酸はリンゴ酸ではなくアスパラギン酸である．このような植物は $NADP^+$ －リンゴ酸デヒドロゲナーゼの代わりにアスパラギン酸アミノトランスフェラーゼ（第18章）を大量にもっている． C_4 植物は維管束鞘細胞に C_4 酸を脱炭酸する三つの手段があり，そのうち二つはミトコンドリアに局在し，細胞質に存在する $NADP^+$ －リンゴ酸酵素（図21.11）とは異なっている．いずれの手段を通しても結果は同じであり，ルビスコが働く細胞で CO_2 濃度を上昇させる．

乾燥地に成育する多肉植物は，日中は葉の気孔を閉じ， C_4 経路を使うことで，水の消費を避けている．つまり，これらの植物は夜以外には CO_2 を取込まず，夜間に CO_2 をリンゴ酸として固定し，日光が照りつけるまで保存する．日中になると， CO_2 は脱炭酸により遊離されカルビン回路により固定される．

要 約

光合成は植物の葉緑体で起こる．光依存的な反応では水が分解され，NADPH が産生される．NADPH は CO_2 と H_2O からの糖質の還元的合成に使われる．

クロロフィルは緑色の色素であり，光のエネルギーを受取る．これはチラコイドとよばれる小器官の膜に存在する．光子により励起されると，クロロフィル分子は電子を二つの光化学系（PS I と PS II）の電子伝達系に受渡す．最終的に電子は $NADP^+$ の還元に用いられる．クロロフィルが電子を失うと非常に強力な酸化物質になり，水分解中心において水から電子を奪う．

光化学系の一方から他方に電子が流れる間に，化学浸透圧機構により ATP が産生される．こうして NADPH と ATP の双方が産生される．これらはカルビン回路で用いられ，糖質が生成する．回路の鍵反応はリボース1,5-ビスリン酸カルボキシラーゼ/オキシダーゼ（ルビスコ）により触媒され，3-ホスホグリセリン酸が産生される．この物質から糖質の生合成が進むが，この経路は解糖系の逆反応であり，NADPH を還元剤として利用する．

ルビスコは CO_2 濃度が低いと非効率的にしか機能しない．なぜなら，この酵素は光呼吸という反応により酸素を見かけ上浪費することもできるからである．酸素と CO_2 はルビスコに競合的に働き，高温下では光呼吸が最大になる．光合成の黎明期には CO_2/酸素比は今よりもずっと高かったので，これは問題にはならなかった．しかし今日，特にトウモロコシやサトウキビなどの高温で育つ熱帯植物では，これは大きな問題となる．

そのような植物は C_4 植物とよばれ，光合成に利用できる CO_2 の濃度を大きく増やしてルビスコのオキシダーゼ反応を最小限にとどめる仕組みを発達させることで，この問題に対処した． CO_2 はまずホスホエノールピルビン酸が関わる反応により葉肉細胞のオキサロ酢酸（ C_4 酸）に組込まれる（動物や大腸菌にこの仕組みはない）．オキサロ酢酸はリンゴ酸に還元され，カルビン回路をもつ維管束鞘細胞に輸送される．そこでリンゴ酸酵素によりリンゴ酸がピルビン酸と CO_2 に脱炭酸されることで， CO_2 濃度が大きく上昇する．この CO_2 はルビスコ反応において酸素との競合を上回り，光呼吸を最小限にとどめる．他の C_4 植物でも別の酸を使って同じような反応が作動する． CO_2 を最初に3-ホスホグリセリン酸に固定する標準的植物は C_3 植物として知られる．

問 題

1 一般的にいって，光合成における"明反応"と"暗反応"という語は何を意味しているか説明せよ．

2 "アンテナクロロフィル"とは何か説明せよ．

3 (a) 光リン酸化，(b) 循環的光リン酸化が意味するものを説明せよ．

4 水の酸化には非常に強力な酸化物質が必要である．光合成においてこの酸化物質は何か．

5 光化学系 II（PS II）の電子伝達によるプロトンポンプにより，プロトンはチラコイドの外から内に動く．ミトコンドリアではプロトンは内から外に移動する．これについて意見を述べよ．

6 光合成が放射標識 CO_2 にごく短時間さらされると，C_3 植物では最初に標識される化合物は3-ホスホグリセリン酸である．なぜそうなるのかについて説明せよ．

7 カルビン回路を簡潔に説明せよ．

8 酵素ルビスコは CO_2 だけでなく酸素にも反応する．酸素と反応すると，どうみても完全に無駄遣いである．特に強い日光の下で CO_2 濃度が低いときには，浪費的酸素反応が最大になる．この問題を解決する仕組みは何か．

9 C_4 植物では，ピルビン酸は ATP 要求性反応によりホスホエノールピルビン酸に代謝される．これについて，動物でこれに相当する反応を念頭に入れつつ意見を述べよ．

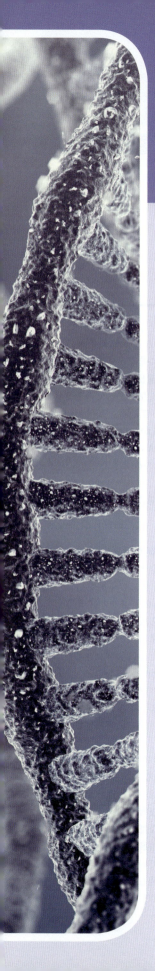

IV

遺伝情報の貯蔵と利用

22 ゲノム 324
23 DNAの複製，修復，そして組換え 340
24 遺伝子の転写 361
25 タンパク質合成と制御されたタンパク質分解 373
26 遺伝子の発現制御 396
27 タンパク質の目的地への運搬 419
28 DNAおよび遺伝子の操作 436

22

ゲノム

概　観

　生物のゲノムは，自分自身の細胞を機能させ，また，次世代へ自身の特徴を伝えるための情報をもっている．この章では，ゲノムとは何か，ゲノムはどのような構造なのかについて述べる．全生物（ウイルスは除く）のゲノムはDNAから成り，ゲノムという表現は通常，細胞内のDNAにコードされているすべての情報を意味する．真核生物では，核内のゲノムと，ミトコンドリアや葉緑体内のゲノムとは区別して考える．インフルエンザウイルスやHIV（ヒト免疫不全ウイルス）など，多くのウイルスではDNAよりもむしろRNAが遺伝情報物質となり，このRNAがゲノムとみなされる．

　この章では，DNAとDNA結合分子の化学，DNAの細胞内での物理的状態，細胞周期における変化，生物間でのゲノムサイズの差，生物個体の複雑さとゲノムサイズの関係などについて述べる．ここでは遺伝子の構造に関する話が中心になるが，ゲノムの機能的な側面について，たとえば，いかにして遺伝子は働きまた制御されているのかなどに関しては，続く第23〜25章で述べることとする．

　ヒトの全ゲノムDNA配列（2001年に草案が発表され，以降更新）やその他多くの生物の全ゲノムが決定されたことで，ゲノムに関する私たちの理解は飛躍的に進歩した．ゲノムの組成や構成を知ることは，遺伝子の働きを知るうえで非常に重要であるが，同時に多くの驚きも得ることになる．たとえば，ヒトゲノムがタンパク質をコードする遺伝子の数は研究者が予想していたよりもはるかに少なかったが，一方で多くの非翻訳領域は以前にいわれていたような"ジャンク（がらくた）"DNAではなく，機能的に非常に重要なものであることが現在では明らかとなった．ゲノム研究は，重要な技術，たとえば，疾患関連遺伝子の染色体上での位置決めや単離法の構築，あるいは，法科学におけるDNAフィンガープリント法の確立にも貢献した．こうした技術については本章での情報を基盤として第28章で詳細に述べることとする．

DNAとRNAの構造

　生命存続の本質は，生命体が遺伝情報を維持し，複製し，そしてそのコピーを子孫に受継がせることである．生命の起源を考えるとき，この遺伝情報はおそらくRNAの形で存在していた．しかし，現在はすべての細胞体でこの遺伝情報はDNAに置き換わっている．幾種類かのウイルスでは遺伝情報はRNAであるが，ウイルスは細胞とはみなされていない．今では，RNAはメッセンジャーRNAという形で遺伝子とリボソームの媒介者として細胞の中に残っている．

　その他のRNAの重要な役割については第24，25章で述べる．

DNAは化学的には非常に単純な分子である

　その大きさと生命の形を決定する重要な役割を担うことを考えると，DNA分子があまりにも単純な構造であることに驚くかもしれない．DNAは，ヌクレオチドとよばれる四つの異なった"単位"から成る．膨大な数のヌクレオチドがお互いにつながって非常に長く細い糸を形成している．アミノ酸配列を決定するために，ヌクレオチド配列は三つの塩基ごとに**コドン codon**とよばれる一つのコードを形成し，このコドンがポリペプチド鎖の中の一つ一つのアミノ酸に対応する．ヒトのような複雑な生物の特徴を決定づける情報は，実はこういった方法で運ばれているのである．

　DNAは自身を直接複製できる特徴をもっている．古代生物は現在の生物がもつような精巧な核酸の複製機構をもっておらず，よって生命体は細胞の進化以前に，働くことができる単純な分子と簡単な複製機能から獲得しなければならなかった．多くの細かな部分は進化の過程で洗練され，今日の高度に制御された複製機構が誕生したが，本質的な部分はそのまま維持されている．生命は進化の最初の時点でその本質的な部分を保持したのである．

DNA と RNA はどちらも核酸である

最初に細胞核から単離されたので DNA は**核酸** nucleic acid とよばれる．DNA はリン酸基をもつゆえに酸であり，生理的 pH では水素イオンは遊離している．ヌクレオチドのサブユニットはペントースである **2-デオキシ-D-リボース** 2-deoxy-D-ribose を含み，よって，**デオキシリボ核酸** deoxyribonucleic acid，あるいは，略して **DNA** とよばれる．すでに述べたように，RNA は類似した構造をもつが，RNA ヌクレオチドサブユニット内のペントースがデオキシリボースではなく，**D-リボース** D-ribose であることが DNA との違いである．ゆえに，この分子は**リボ核酸** ribonucleic acid，または略して **RNA** とよばれる．二つの糖の構造を次に示す．D-2-デオキシリボースは 2 位の炭素の位置に酸素原子をもたず，通常，簡単に**デオキシリボース** deoxyribose とよぶ．

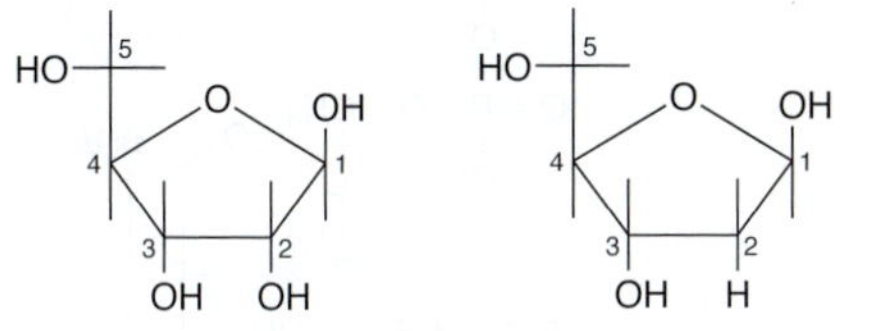

ヌクレオチドの合成については第 19 章ですでに解説したが，読者の便宜のために，また，とても重要なことなので，ここで繰返すことにする．

DNA の一次構造

DNA は**ポリヌクレオチド**である．一つのヌクレオチドはリン酸-糖-塩基という構造をもっている．

デオキシリボヌクレオチドの非イオン型の構造を簡単に記載する．

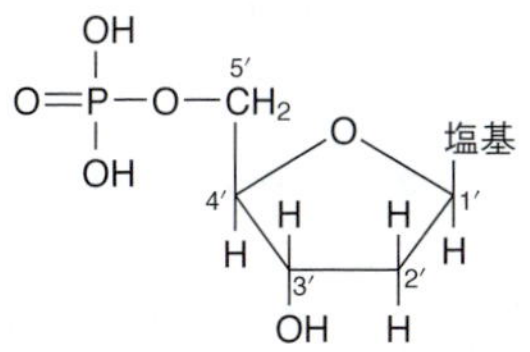

デオキシリボースの炭素の位置を定義するのに，′（ダッシュ．英語では prime）を数字の後に付けるが，これは塩基の環の番号と区別するためである．よって，糖の炭素原子は 1′，2′，3′，4′，5′ という表し方になり（よび方はサンダッシュ，ゴダッシュなど），環の外側に示した．この糖はフラノースで五員環を形成する．リン酸と糖の結合は酸（リン酸）とアルコール（デオキシリボースの 5′-OH）の間で起こるので，リン酸エステルである．ヌクレオチドの分類を以下にまとめるが，詳細は第 19 章を参照されたい．

DNA には四つの塩基がある

DNA に含まれる塩基は，**アデニン** adenine，**グアニン** guanine，**シトシン** cytosine，**チミン** thymine であり，**A，G，C，T** と略される．A と G が**プリン** purine で，C と T が**ピリミジン** pyrimidine である．塩基の中の原子の番号は環構造の内側に記載した．

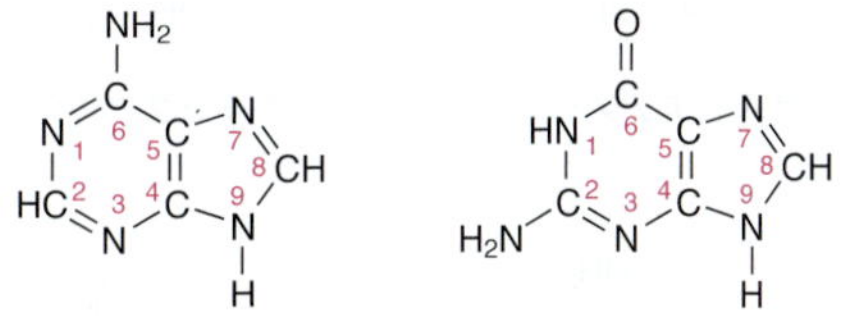

アデニン（A）　　　グアニン（G）

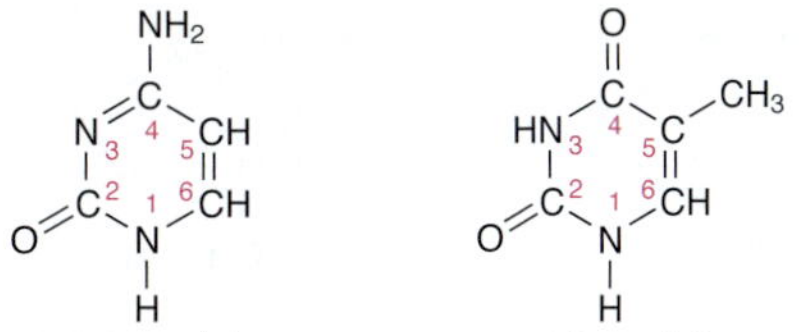

シトシン（C）　　　チミン（T）

塩基のデオキシリボースへの結合

糖の 1 番目の炭素原子は，9 番目（プリンの場合），あるいは 1 番目（ピリミジンの場合）の窒素原子とグリコシド結合している．この結合は β である（すなわち，塩基は糖の環の平面の上側にくる）．

塩基と糖の結合したものを**ヌクレオシド** nucleoside とよぶ．糖がデオキシリボースならば**デオキシリボヌクレオシド** deoxyribonucleoside である．個々のヌクレオシドの名前は塩基名に由来する．これらは通常，略してよばれるが，それぞれの名前を理解するために表 22.1 にはデオキシリボヌクレオシドとリボヌクレオシドの名称をすべて示した．

表 22.1 DNA と RNA を構成する主要な塩基とヌクレオシドの分類

塩　基	デオキシリボヌクレオシド	リボヌクレオシド
アデニン	デオキシアデノシン	アデノシン
グアニン	デオキシグアノシン	グアノシン
シトシン	デオキシシチジン	シチジン
チミン	デオキシチミンまたはチミジン	
ウラシル		ウリジン

デオキシリボヌクレオシドの構造を次に示す．環構造は簡略化し，側鎖のみを示した．

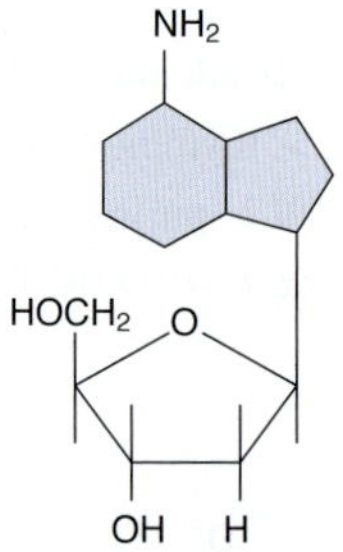

デオキシアデノシン

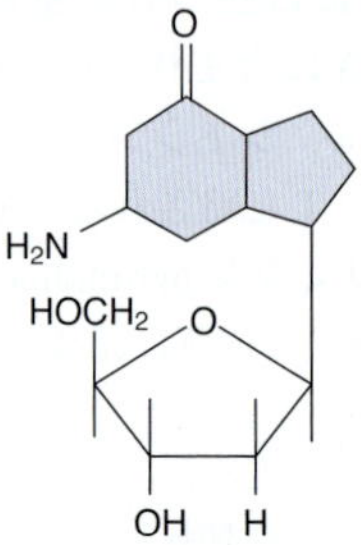

デオキシグアノシン

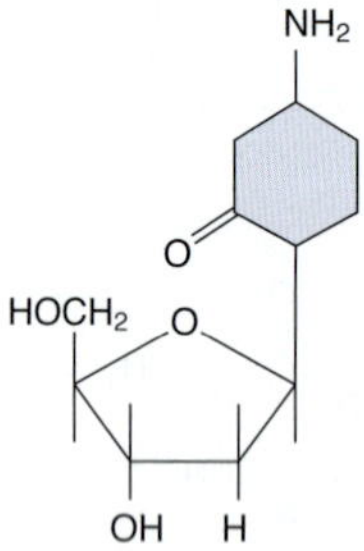

デオキシシチジン

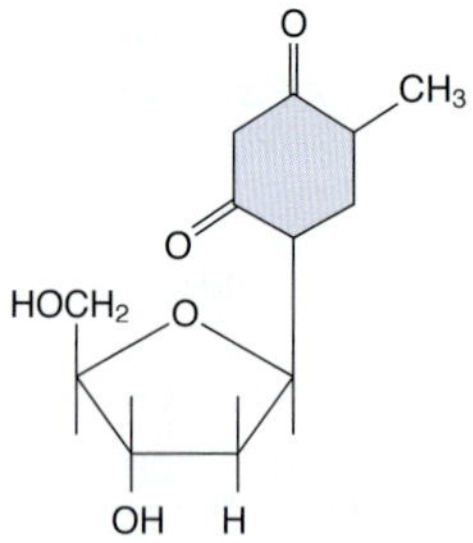

デオキシチミジン
（または単にチミジン）

ポリヌクレオチド化合物の物理的性質

DNAのヌクレオチドは5'にリン酸基がついており，それぞれdAMP, dGMP, dCMP, dTMPとよばれる．dTMPは単にTMPとよばれることが多い．これはリボース構造のものはほとんど存在しないからである（リボチミジンは，ある種のtRNA分子中でウリジンを修飾したものとして見いだされる）．

リン酸基の–OHは生理的pHで二つともイオン化して負電荷をもっている．このことと，デオキシリボースの–OHによって，DNAの二重らせんは非常に親水性である．塩基については異なっており，そしてこれが大切な点であるが，ほとんど水に溶けない．グアニンはまったく溶けないといってよい．塩基の平面構造は基本的には疎水性であり，面と面は疎水結合する傾向がある．しかし，端には水素結合を形成できる極性基があり，この端と端が水素結合することで二重らせん内の塩基対を形成する．

DNAポリヌクレオチドの構造

ジヌクレオチド dinucleotideは，二つのヌクレオチドの一方の3'-OHと，もう一方の5'-OHがリン酸基でつながることで形成される（わかりやすいように，非イオン型の構造をここでは示した．反応に関しては図23.9を参照）．

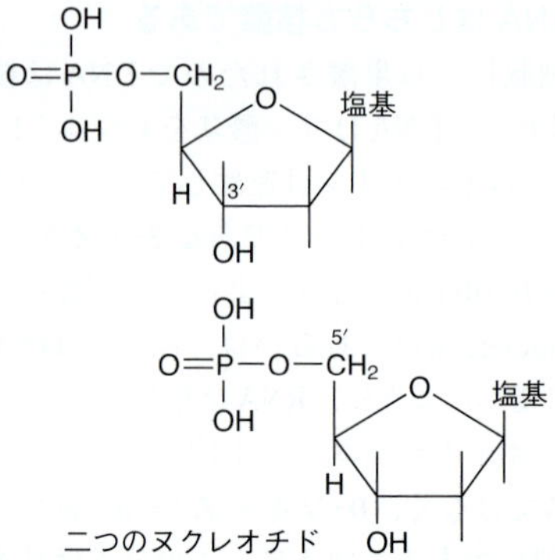

二つのヌクレオチド

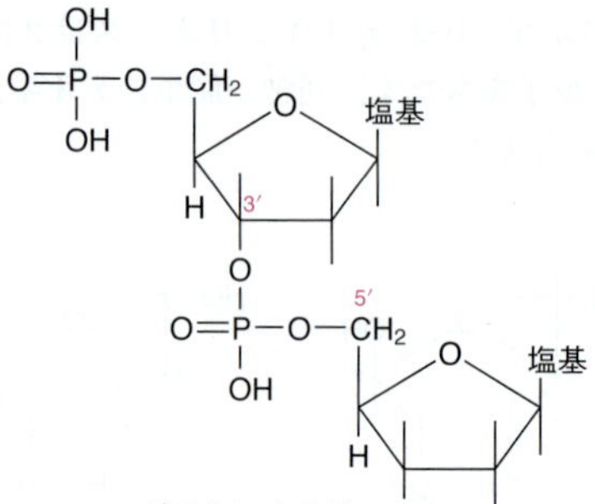

ジヌクレオチド

モノヌクレオチドでは，リン酸基は**第一級リン酸エステル** primary phosphate esterである．これはリン酸基が一つのエステル基しかもたないことを意味する．ポリヌクレオチド構造においては，**リン酸ジエステル結合** phosphodiester bond（ホスホジエステル結合）が形成され，リン酸基が二つのデオキシリボース分子を二つのエステル結合（ジエステル結合）で結び付けていることを示している．

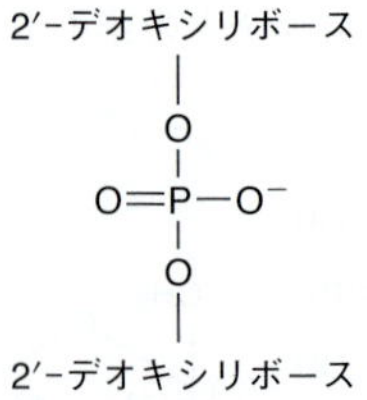

2'-デオキシリボース

2'-デオキシリボース

上記のジヌクレオチドは，3'-5'リン酸ジエステル結合を形成している．ヌクレオチドが同じように次々に結合し（エネルギーを必要とする反応），ポリヌクレオチドを形成する．DNAの一次構造はこのようにして形成されたきわめて長いポリヌクレオチドから成る．タンパク質がアミノ酸が結合したポリペプチド骨格から成ることを思い出してほしい．一方，**ポリヌクレオチド** polynucleotideは糖-リン酸-糖の繰返しであり，糖の1'の位置に塩基が付いているわけである．DNAの全情報はこの塩基の並び方の中にある．もう一度DNAの基本構造をまとめる．

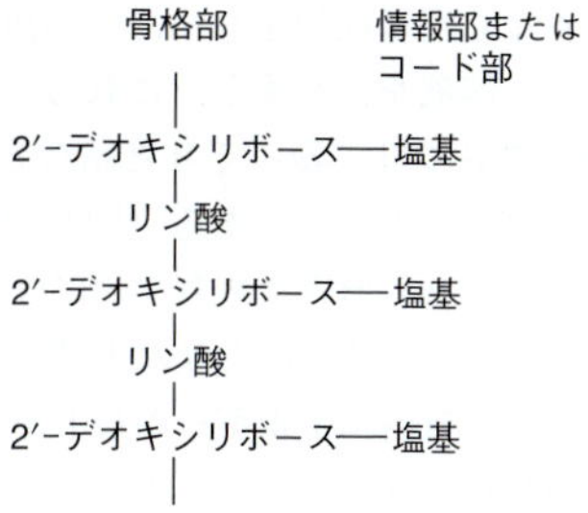

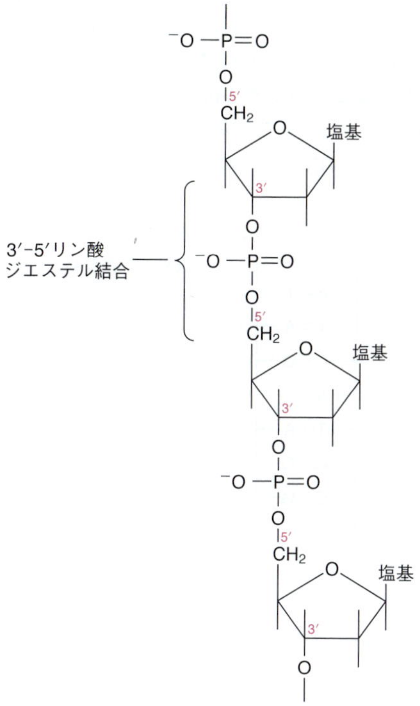

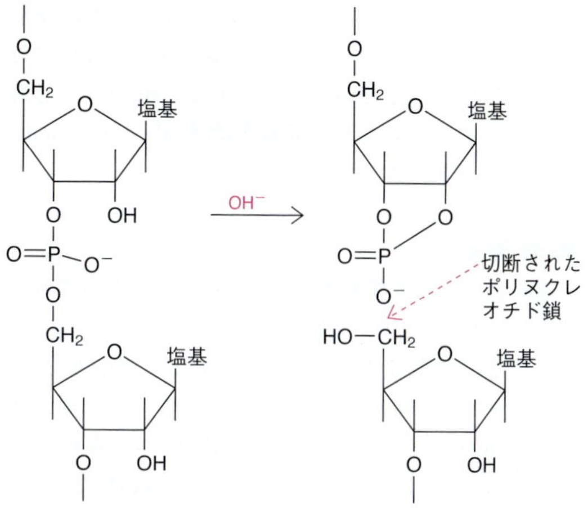

22. ゲ ノ ム

デオキシリボースが DNA を RNA より安定にする

進化的にはおそらく，リボヌクレオチドがデオキシリボヌクレオチドより先に，また RNA が DNA より先にできたと考えられる．いずれにしても細胞は膨大なエネルギーを用いてリボヌクレオチドをデオキシリボヌクレオチドに変換し，これが DNA 合成に用いられた．この理由は，DNA が RNA より化学的に安定だからである．DNA は何百万年にもわたり遺伝情報の貯蔵物質として働いてきた．そして，これは DNA 分子の化学構造の中に蓄えられてきた．しかし，化合物というものは常にある程度の不安定性をもっており，自然に分解されていくものである．リボースは 2′-OH 基をもつためにデオキシリボースより不安定である．なぜかというと，リン酸基のもつ水酸化物イオン（OH^-）が求核反応をし，リン酸ジエステル結合を分解し，図に示すように 2′-3′ の環状リン酸エステルを形成するのに 2′-OH 基はきわめて都合がよいからである．DNA にはこの 2′-OH 基がないのでこのような反応は起こらないのである．

リボースの 2′-OH はこの反応を促進する．なぜならば，2′-O^- を形成させ，これがリン原子を攻撃し，リン酸ジエステル結合を 2′-3′ 環状ヌクレオチドに変換し，ポリヌクレオチド鎖を分解するからである．環状ヌクレオチドはやがて分解し，その断片により 2′-ヌクレオチドと 3′-ヌクレオチドの混合物となる．

安定性の違いは，室温において希薄 NaOH 溶液中でも RNA は完全に分解するのに対して DNA は影響を受けないことからもわかる．それゆえ，DNA は RNA よりも安全な遺伝情報の貯蔵庫である．それでも，化学的損傷は DNA に起こる．DNA の修復過程については第 23 章で述べる．

ウラシルではなくチミンであることで DNA を修復できる

RNA 内にあるウラシルと DNA 内にあるチミンは非常に類似した構造をもち，どちらもアデニンと対を形成する．DNA がウラシルではなくチミンをもつ理由は，ゲノムの修復時に重要だからである．図 19.1 に示したように，DNA 内のシトシンは自発的な脱アミノによってウラシルに変化する．もしこの変化が修復されなければ，結果的にこれが遺伝的な変異となってしまう．でも実は，この問題を解決できる DNA の修復酵素は存在する（第 23 章）．この場合，もし DNA がチミンではなくウラシルをもっていたならば，修復酵素はシトシンから変化したウラシルのみならず，正常な DNA 配列内のウラシルまでシトシンに置き換えてしまう．チミンはメチル基を一つもつことを除けばウラシルと類似の構造をもつ．DNA がウラシルではなくチミンをもつことで修復機構がチミンではなくウラシルを認識して置換することで変異問題を解決できるのである．

DNA の二重らせん

二重らせんという言葉を聞いたことのない人は少ないと

思う．一部のウイルスを除き，DNAは常に二本鎖を形成している．つまり，二つのポリヌクレオチドは互いに対をなして存在しているということである．何が対を形成させているのか．その答えが**相補的塩基対** complementary base pairing である．

相補的塩基対

相補的とは塩基の**相補性** complementarity を示すものである．AとT，GとCが相補的であり，これらが二つのヌクレオチド鎖に並ぶと，AとTの間には二つ，GとCの間には三つの水素結合ができる．これらが二重らせん構造をつくる基盤である．A·T対とG·C対がDNAの中で形成され，これは**ワトソン・クリック型塩基対** Watson-Crick base pairing として知られている．塩基対形成の様子を図22.1に示す．塩基対は常にプリン（比較的大きな分子）とピリミジン（小さな分子）の間で形成されるので，塩基対の全体の大きさは変わらない．塩基の相補性ゆえに，どの二本鎖DNAにおいてもGとCの含量，および，AとTの含量は同じである．この"法則"はErwin Chargaffによって発見され，DNA構造を理解するうえで非常に大きな手がかりとなった．しかし，DNAゲノム内のA+T含量，もちろんG+C含量も種々の生物間で異なり，この違いは遺伝情報の差に起因するものと考えられている．ヒトゲノムの場合，A+T含量は約60％，G+C含量は約40％である．

塩基対形成は近接した原子間に起こる自発的な反応であり，触媒を必要としない．塩基対形成が自発的な反応であることは**ハイブリッド形成** hybridization（ハイブリダイゼーション）という現象からわかる．もし長いDNA分子を20塩基，あるいはそれよりも長い塩基鎖長で二本鎖のまま切断し，その後この溶液を95℃程度に加温すると，二つの鎖は分離する．これを**DNA融解** DNA melting とよぶ．これは熱により水素結合が外れるためであり，この結果，それぞれ異なる塩基配列をもった一本鎖DNAが生じる．しかし，この溶液を冷やすと，これらのDNA断片はまたもとの相手を見つけてゆっくりと結合し対をつくる．この過程がハイブリッド形成である（図22.2）．低い温度において，ハイブリッド形成は熱力学的には自然に進む反応であり，したがって，これにより水素結合が形成されると熱が放出される．自由エネルギーが最も小さく安定な状態は，塩基対がしっかりできて，水素結合の数が最も多くなった状態である．G+C含量が多いDNAは，A+Tを多く含む二本鎖よりも強く結合しており，よって，結合を解離させる温度もより高くなる．このハイブリッド形成，（あるいは，**アニーリング** annealing）は，遺伝子工学の中心的な技術の一つである（第28章）．

初期の頃は，DNAの二本鎖構造は次のように示されていた．

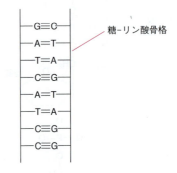

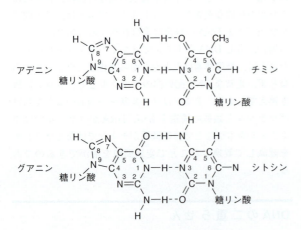

図22.1 ワトソン・クリック型塩基対の水素結合

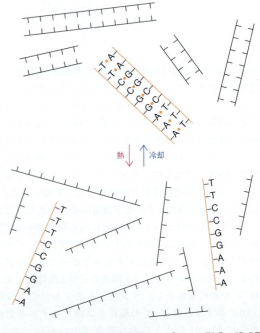

図22.2 相補的なDNAの自発的ハイブリッド形成の模式図．塩基配列がDNAの一方に書かれており，ハイブリッド形成はこの塩基によっていることを示している．

長い縦の実線は糖-リン酸骨格であり，塩基対が水素結合で結ばれていることがわかる．しかし，ここで示したようにDNAは溶液中で直線で存在するわけではない．その理由を次に示す．

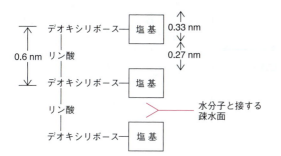

リン酸ジエステル結合の長さは約 0.6 nm（1 nm = 10^{-9} m）であるのに対し，塩基は約 0.33 nm の厚さをもっている．したがって，塩基の間には約 0.27 nm のすき間があることになる．塩基自身は前にも述べたように疎水性の性質をもっており，上のような"直線的"構造の中ではどうしても水分子と接することになり，不安定な状態となる．その代わり，それぞれのDNA鎖がらせん状になると，疎水性の塩基はらせんの内側に，そして親水性の糖やリン酸基は外側に面するのである（図22.3a,b）．二重らせん構造では塩基を押しつぶすような構造となり，疎水面をできるだけ外側の水面にさらさないようにしている（図22.3c）．

塩基対はそれでも平面構造をもっており，つぎつぎと重なり合うようになっている．この現象を**塩基スタッキング base stacking** とよぶ．これらはお互いがファンデルワールス力で結合しており，らせんの安定化に寄与している．塩基平面の末端では水素結合が起こり，対となるヌクレオチド鎖と結合している．DNAの二重らせんにおいて，塩基の重なりは図22.3(c) に示すような垂直にはならない．塩基対は図22.3(d) に示すように，少しずつ回転して約10塩基で1周し，緩く交差したらせん状の斜面を形成する．

らせんは右巻きである．あるいは時計回りである．たとえば，右手にドライバーをもって，ねじを回しているときに，時計回りにねじを締めるようなことを想像してもよい．この旋回によってねじれに方向性が生まれる．二重らせんには主溝と副溝がある（図22.3a）．どの塩基対も縁にある原子は，どちらの溝からも認識できる．主溝は結合しやすい原子をより多くもっているので，いろいろなタンパク質は主溝から塩基を認識（接触すること）しやすい．A·T対，G·C対とも，主溝と副溝に対して異なる側が面している（図22.4）．このことの重要性は，第26章で遺伝子制御を論ずる際に明らかしよう．

上で述べたDNAの構造は**B形 B form** とよばれる（図

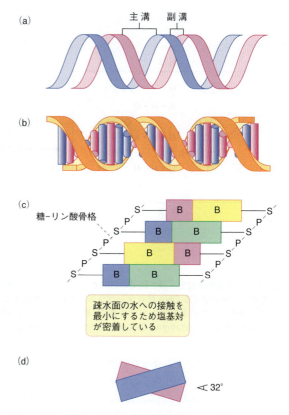

図22.3 (a) DNA二重らせん骨格の模式図．(b) (a)と同じであるが，二重らせんの中心に塩基対を描いている（赤と青の棒が塩基対である）．(c) 斜めに並んだDNAのはしごで塩基が密着している様子．(d) 二つの隣り合った塩基の並び方．もう少し現実的なモデルを図22.5に示した．Fig. 2.4a & 3.1 from Calladine, C. R. and Drew, H.W. (1992) Understanding DNA; Academic Press inc, Elsevier, © 1992.

22.5)，細胞内に存在する天然型である．WatsonとCrickは，このB形の塩基対間の回転が36°で，すなわち10塩基対で360°の回転をもち，らせんのピッチ（360°回転した際のDNAの長さ）が3.4 nmであると提唱した．最新のデータによると，このモデルは少し修正され，1回転には10.5塩基対を要し，ピッチは3.6 nmであることが示されたが（実際の大きさは塩基対の組成によってごくわずかに変わってくる），ワトソン・クリックモデルは本質的には正しいものであった．らせんの直径は約2 nmである．

DNAは特別な状況では別の立体構造をとることができる．脱水下では二重らせんはより縮み，塩基はより傾いた状態になる．これは**A形 A form** とよばれる．もう一つ，**Z形 Z form** とよばれるものもある（ポリヌクレオチド骨格がジグザグゆえにこうよばれる）．このZ形は二重らせんが左巻きで，B形やA形の右巻きとは対照的である．Z形は短い合成DNA分子で，高塩濃度溶液にプリン，ピリ

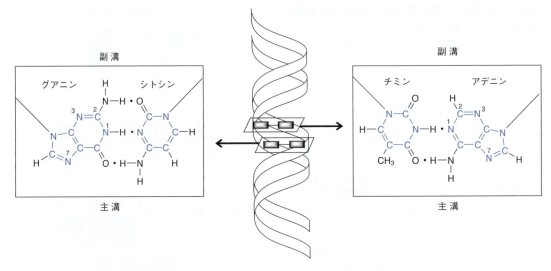

図22.4 ある塩基対を主溝と副溝の方向から眺めたとき，DNA 中の塩基対は異なった側から見えていることになる．ある特定の塩基配列を認識する DNA 結合タンパク質は DNA を巻戻すことなく，異なる複数の塩基対から成る原子団の化学構造を特異的に認識する．この重要性について第26章で述べており，遺伝子の発現制御と関連している．Ptashne, M. (1992); A Genetic Switch: Phage 1 and Higher Organisms, 2nd edition; Reproduced by permission of John Wiley & Sons．

ミジンが交互に配置するような状態で存在することがある．A 形や Z 形 DNA の生物学的な重要性はいまだ不明で，今後に解明すべき課題である．特に，ゲノム上での存在部位について明らかにすることは，Z 形 DNA の遺伝子発現制御への関与を知るうえで重要である．

二重らせんの一つの重要な性質は，曲げられるということである．真核生物の DNA 1 分子の長さは細胞核の横幅よりも大きい．これを核内に納めるには，コイル状にしたり丸めたりするなど，柔軟な性質が必要である．

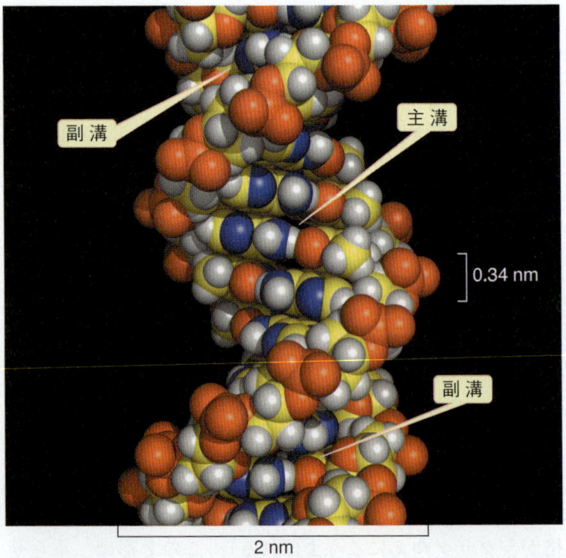

大部分の DNA は二本鎖で存在するが，一本鎖 DNA も一部のウイルスには存在する．一本鎖 DNA は分子内で複雑に折りたたまれて，熱力学的に安定な構造をとっている．しかし，このような場合でも生活環のなかでは二本鎖をとることから，相補的な塩基対形成が遺伝情報の基本であるということがすべての細胞に当てはまる．

DNA 鎖は逆平行である．これは何を意味するのか

逆平行という用語は，二重らせんの2本の鎖が反対方向の極性をもつ，つまり反対方向を向いているということである．極性とか DNA 鎖の方向というのはそんなにすぐにピンとくるものではないだろう．DNA においては，その方向性は，通常ヌクレオチド配列が読まれる向きで語られ，イオン間の結合で生まれる極性で議論されることはない．生化学でこれを理解しておくことは非常に重要なので，この逆方向という概念がわかるように少し時間をかけて説明したい．2本の逆平行な DNA 鎖を図22.6に示した．

1本の直線的な DNA 鎖は，当然ながら二つの末端をもっている．一つの末端の糖は，隣のヌクレオチドと結合していない遊離の 5′-OH 基をもつ．これにリン酸基が結合していることもある．これを 5′ 末端とよぶ．もう一つの末端の糖は遊離の 3′-OH 基をもち，同じようにリン酸基を結合していることはあるが，別のヌクレオチドとは結合していない．これを 3′ 末端とよぶ．二重らせんの末端には必ず一つずつの 5′ 末端と 3′ 末端がある．もし，細菌のように DNA が環状の場合，このような末端は存在しな

図22.5 B 形 DNA のモデル［PDB 1BNA］．一つの主溝と二つの副溝を含む DNA 断片の空間充塡モデル．

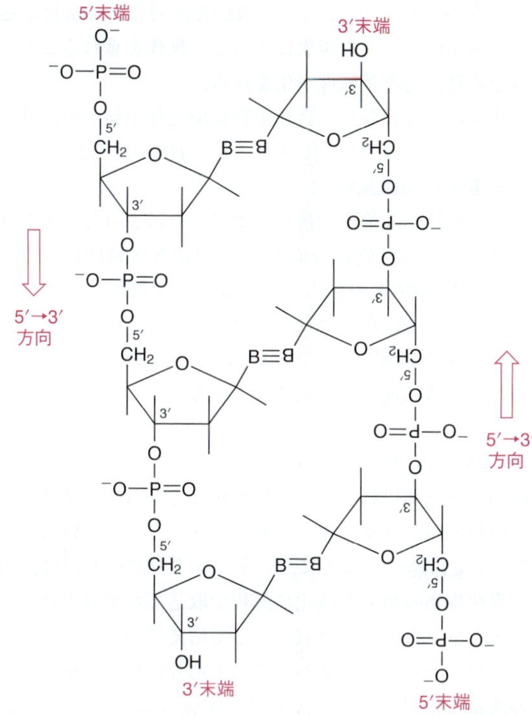

22. ゲノム

図22.6 二つの逆平行のDNA鎖．G・Cは三つの水素結合，A・Tは二つの水素結合によって結合している．Bは塩基を示す．

いが，その糖の構造をみれば，それぞれの鎖が固有の方向性をもっていることがわかるであろう．

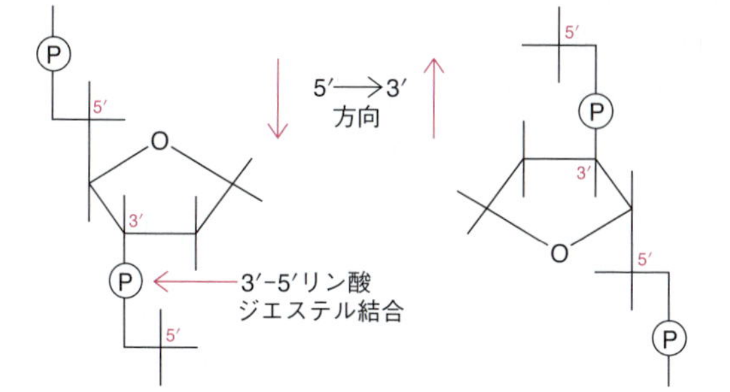

この図においては，左の方は上から $5' \rightarrow 3'$ の方向性をもっているし，右では $5' \rightarrow 3'$ は下から上への方向で書かれている．図22.6は二本鎖DNAの図だが，おのおのの鎖が $5' \rightarrow 3'$ の方向性で描かれている．

塩基配列の書き表し方にも習慣があり，これを知っておくことも重要である．ポリヌクレオチド鎖はヌクレオチドを構成する塩基だけの配列で示すのが普通である．リン酸ジエステル結合を示すために，塩基の間にpを入れることもある．（たとえば，CpApTpGp など）．塩基配列が次のような二本鎖のDNAを例にあげてみる．

$$5'\text{CATGTA }3'$$
$$3'\text{GTACAT }5'$$

ときに二本鎖の双方を書くことも役立つことはある．しかし，多くの場合，片方を書けば相補鎖は自動的に決まるので，遺伝子構造は多くの場合1本の塩基配列として記載される．5′末端を左側に，また3′末端を右側に書くのも習慣であり，この場合，必ずしも5′とか3′とか書く必要はない．単にCATGTAと書けば，これは $5' \rightarrow 3'$ の方向だということである．もし，配列がタンパク質をコードしている領域の一部であるならば，"コード鎖の配列"を示すことになる（第24章）．

RNAにおける塩基対

RNAは一般的に二本鎖よりもむしろ一本鎖であるが，RNAも塩基対を形成することができる．この場合，通常一つのRNA分子の一本鎖内で塩基対が形成される．実際，**転移RNA（tRNA）**やリボソーム**RNA（rRNA）**などは塩基対形成でつくられる三次構造が機能に大きく影響する（第25章）．こうした構造の例として，tRNAではステムループ構造がしばしばみられる（図25.2参照）．RNAではAはUと，また，GはCと対をなすが，非ワトソン・クリック型塩基対であるG・U塩基対も，安定性は低いもののある程度の頻度で見いだされている．G・U塩基対に関しては，第25章で再度説明するが，この塩基対は折りたたまれたRNAのステムループ構造内のステム部分でも見いだされる．

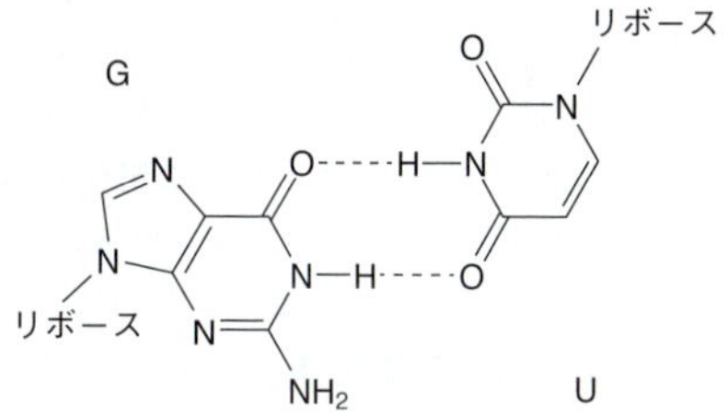

塩基対をもつRNAは二重らせんを形成する．しかし，リボース内のヒドロキシ基がB形RNA形成の障害となってしまうため，構造はA形DNAに類似したものとなる．

ゲノム構造

原核生物のゲノム

大腸菌のような典型的な原核生物のゲノムは単一の環状二本鎖DNAである．このゲノムを包む核膜は存在せず，DNAは細胞質と直接に接する状況にある．適切な栄養環境下では，ゲノムは細胞周期を通じて活性化された状態にあり，したがって細胞は継続的に生育できる．DNAが複製され，細胞の大きさが適切なまでに到達したら，個々の娘細胞に複製後のゲノムが分配され，細胞分裂が進んでく．DNA複製と細胞分裂は細胞周期の中で同調し，細胞

周期には独立した期間はないものの，細胞増殖とDNA複製は継続的に進む．

プラスミド

大腸菌のような細菌は，一つのゲノムに加え，さらに小さな環状の二本鎖DNAである**プラスミド** plasmid ももっている．大腸菌のゲノムの長さは460万塩基対であるが，プラスミドはたかだか数千塩基対である．中心となるゲノムが生育基盤に不可欠な"ハウスキーピング遺伝子"をコードしているのに対し，プラスミドは生育に必須ではない，たとえば抗生物質耐性能といった付加的な性質を付与する．プラスミドはまた，自身の複製に必要な遺伝子ももち，一つの細菌当たり多コピーの同一プラスミドを保持していることもある．プラスミドは医療の領域において無視できないものである．なぜならば，プラスミドによる遺伝子の伝達は，**垂直方向**（細胞分裂の際の娘細胞への分配）のみならず，**水平方向**（ある細菌から別の細菌への伝達）にも起こり，これによって病原菌に抗生物質耐性能が付与されてしまう．プラスミドはさらに，その中に追加で別の遺伝子を組込み，これを宿主細菌の中で何倍にも増幅させることができるので，遺伝子操作においても非常に有用なものである．

真核生物のゲノム：染色体

真核生物のゲノムは原核生物とはまったく違った構成である．生物種はおのおのに決まった数の染色体とよばれる直鎖状の二本鎖DNA分子をもっている．生殖細胞を除き，ほとんどの真核生物の細胞のゲノムは**二倍体** diploid である．すなわち，細胞はそれぞれが父親，母親に由来する2本の染色体の対をもつ．たとえば，ヒトの場合，46本の染色体をもち，これは，**常染色体** autosome とよばれる22対の**相同染色体** homologous chromosome と2本の**性染色体** sex chromosome から成っている．性染色体は，男性の場合がX-Y，女性の場合がX-Xである．対になっている常染色体のおのおのには同一遺伝子が同じ並びで存在しており，真核生物は常染色体が対となることで遺伝子を2コピーずつもつことになる．よって，2本の対になる相同染色体の塩基配列を比較するとほとんど同一であるが，遺伝子2コピーの塩基配列はわずかに異なることがある．同一遺伝子で配列の異なるものを**対立遺伝子** allele（アレル）とよび，異なる対立遺伝子の子孫への遺伝が遺伝子の多様性を生み出している．たとえば，ヒト4番染色体には赤血球膜に発現するグリコホリンAがコードされている．この遺伝子の二つの対立遺伝子，MとNは131アミノ酸残基から成るグリコホリンAで2残基のみが異なるが，どちらの対立遺伝子を遺伝で受継ぐかによってMN式血液型が決定する．

配偶子がつくられる過程では，対になっている相同染色体間の交差（乗換え）によってDNA配列の部分交換が起こる（第30章）．この現象によって，世代を重ねるごとにさらなる遺伝的な多様性が生まれる．

原核生物とは異なり，真核生物は染色体を核の中に納めている．遺伝子が活性化される際，DNAから**メッセンジャーRNA (mRNA)** が転写（コピー）され，スプライシング，核外への輸送の後，リボソームによって翻訳されることでタンパク質が合成される．DNAが核内にあることで転写がmRNAの翻訳とは時間的，空間的に分離されるが，このことは真核生物と原核生物の決定的な違いである．大腸菌の翻訳は，転写が終結してmRNAがDNAから離れる以前に速やかに始まっている．

ミトコンドリアゲノム

核内の染色体以外にも，真核生物はミトコンドリア（そして植物細胞では葉緑体）に別のゲノムをもっている．第2章ですでに述べたように，ミトコンドリアの起源は，現在の真核生物の祖先が進化の過程で取込んだ原核生物にある．ミトコンドリアは分裂によって増えていく．

ミトコンドリア内タンパク質の大部分は核内の染色体にその遺伝子がコードされており，細胞質で合成された後，ミトコンドリア内に輸送されるが，ごく一部のタンパク質はミトコンドリアゲノムにコードされている．ミトコンドリアゲノムは環状の二本鎖であり，ヒトでは16,569塩基対から成っている．一つのミトコンドリアは複数コピーのゲノムを保持している．タンパク質をコードしている領域はゲノム上にコンパクトに納まっており，これは真核生物の核内染色体とは違ってむしろ原核生物のゲノムを反映する構造になっている（後述）．ミトコンドリア内での遺伝子の転写やmRNAの翻訳も原核生物に似た仕組みである．

ミトコンドリアゲノムの遺伝は，核内染色体とは異なっている．精子内は細胞質領域が非常に小さいので，ミトコンドリアは卵子から伝達されることになり，結果，母親のもつミトコンドリアだけが子に伝わる．よって，ミトコンドリアゲノムの遺伝は**母系性** maternal といわれる．ミトコンドリアゲノムによってコードされているタンパク質はATP合成経路で働くものなので，まれではあるが，変異をもつミトコンドリアDNAが母系遺伝で伝えられると深刻な病気の原因となる．

タンパク質をコードする遺伝子の構造

遺伝子とは何か

遺伝子について一言で簡単に表現することは非常に難しい．遺伝学者は，生物の特徴や**形質** trait を決定するという理由から遺伝子を遺伝の1単位と考える．一方，物理学的には，遺伝子とはゲノムの特定の場所，すなわち**遺伝子**

座 locus に見いだされる DNA 配列で，染色体は連続した DNA 分子と考えられ，ゆえにどこから遺伝子が始まり，どこで別の遺伝子が終わるのかわからないものである．生物学者は，遺伝子を 1 本のポリペプチド鎖を構成するアミノ酸配列の情報を含んだ DNA 鎖と考える．しかし，これは過度に単純化した考え方でもある．タンパク質をコードしている配列は，その発現の制御に関わる DNA 配列と近接している．これら制御 DNA は，それ自身はタンパク質をコードしないが，タンパク質をいつどこで合成するかを決定する重要な役割をもつことから遺伝子の一部と考えるべきであろう．加えて，いくつかの遺伝子は転写によってタンパク質をコードしていない RNA（非コード RNA）をつくる．次項では，タンパク質をコードし，mRNA として転写される DNA 配列について述べる．遺伝子の発現制御に関わる DNA 配列については第 25 章で述べることとする．

真核生物において
タンパク質コード領域の遺伝子は分断されている

原核生物においては，遺伝子は DNA 上に短い"スペーサー配列"を介して近接して並んでいる．この場合，タンパク質のアミノ酸配列をコードする領域は連続したものである．一方，真核生物ではこれとは異なっている．タンパク質コード領域はアミノ酸配列をコードしていない DNA 断片で分断されている．この分断している DNA 配列は**イントロン** intron とよばれ，タンパク質コード領域を**エキソン** exon とよぶ（図 24.12 参照）．一つの遺伝子には 1〜500 個のイントロンが存在し，個々の長さは 50〜20,000 塩基対と幅がある．エキソンは小さく，通常は 150 塩基対程度である．よって，分断されたエキソンを合わせた長さの合計はイントロンの合計長よりもかなり短い．ヒトのゲノムでは，全エキソンの合計の長さは全 DNA の約 1.6 %だが，イントロンを含む全転写産物の合計長はゲノムの 25 %となる．分断された遺伝子は RNA へと転写された後，イントロン部分は切離され，エキソン部分は連結されて連続した mRNA ができ上がる．この過程は**スプライシング** splicing とよばれ，非常に複雑で第 24 章で詳細に述べる．

遺伝子分断の進化的起源と重要性がスプライシングの論点である．1970 年代にこの現象が発見された直後，後にノーベル賞を受賞する Walter Gilbert は次のような仮説をたてた．先祖遺伝子のタンパク質コード領域は短く，**遺伝子間配列** intergenic sequence（**介在配列** intervening sequence，すなわちイントロン）を伴っていくつかが融合することでより複雑なタンパク質をつくり上げたのだと提唱した．これは遺伝子の起源における**エキソン理論** exon theory，あるいは，**イントロン初期モデル** intron early model とよばれる．一方でもう一つの仮説がある．イントロンは，それ自身に機能はないが，浸潤性の"寄生配列"としての性質をもち，進化の過程で真核生物の遺伝子内に挿入されてきたという考え方で，これは**イントロン後期モデル** intron late model とよばれる．この二つの説についてはどちらが正しいかはいまだ決着がついていない．イントロンとこれを切離すスプライシング機構は，イントロン存在量が生物種間でかなり異なるものの，研究されてきたすべての真核生物に存在する．このことは，この機構が真核生物の進化過程の初期ですでに存在していたことを示唆する．一方，原核生物はこれまで調べられた限りにおいて，イントロンとこれを切離すスプライシング機構はもっていない．もし現在の原核生物の祖先がイントロンを保持していたとしても，イントロンのない遺伝子は mRNA スプライシングの必要がなく，速やかにタンパク質合成ができるゆえに，それは進化の過程で失われていたであろう．

ではなぜ，真核生物ではイントロンは生き延びたのだろうか．一つの可能性としては，イントロンがタンパク質の進化を助けてきたのかもしれない．タンパク質の構造的，あるいは機能的ドメインは，しばしば独立したエキソンにコードされている．新しいタンパク質はこうした部分の**ドメインシャッフリング** domain shuffling によって進化してきたと考えられる．すなわち，一つのドメインを繰返し用い，これに別のさまざまなドメインを結合することで，すでに存在するものとは別のタンパク質をつくり上げ，一つの新しいファミリーを生むという考え方である．新しい遺伝子は相同組換え（第 23 章）の原理で**エキソンシャッフリング** exon shuffling により構築されるので，個々のタンパク質ドメインをコードするエキソンが分断されていることはこの過程を促進することになる．イントロンは，エキソンを破壊せず，すなわち，タンパク質ドメインを壊すことなく自身を切断して結合させるので，スプライシング過程を助けることになる（図 22.7 a）．この過程は，組換え現象によって DNA の点変異による単一アミノ酸残基の変化よりも速い進化速度で新しいタンパク質をつくり上げていくことになる．

イントロンが生き残ったもう一つの理由は，**選択的スプライシング** alternative splicing（第 24 章）によって柔軟性が与えられたことである．スプライシングの間に RNA のさまざまな箇所が切離されることで，単一遺伝子によってコードされているタンパク質の数（種類）を増やすことができ，これはヒトのような"高等"真核生物の複雑さの形成に寄与していると考えられる．

遺伝子の重複は遺伝子の進化を促進する

エキソンシャッフリングによる進化への寄与のみならず，相同組換えも遺伝子重複を介して新しい遺伝子の創成に関わってきた（図 22.7 b）．遺伝子が重複すると，一方の遺伝子は変異の蓄積によって変化しても，もう一方の遺

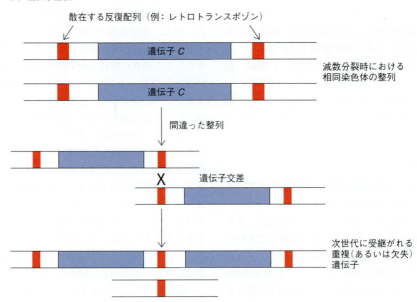

図22.7 相同組換えの際の間違いによってエキソンシャッフリングや遺伝子重複が起こる．(a) エキソンシャッフリングはイントロン配列が同じ遺伝子の間の相同組換えによって起こる．(b) 遺伝子重複は反復DNA配列が間違って並ぶことで起こる．

伝子は本来の本質的機能を維持できる．一つの良い例は，キモトリプシンファミリーに属するセリンプロテアーゼで，分解酵素と血液凝固因子の両方の機能を進化の過程で獲得してきた．

ヒトのゲノムの大部分はタンパク質をコードしていない

ヒトのような生命体ではゲノムは体系立てて組織化されていると誰もが予想していた．しかし，ヒトゲノムプロジェクトが終了して全DNA配列が解明された時点で，まったく逆のことが明らかになった．DNA配列は組織的なまとまりはなく，ランダムなものであった．この領域のある著名な研究者は言った．「一般的なゲノムの配置は驚くべき別の衝撃を提供した．それはいくつかの点であなた方のガレージ，寝室，冷蔵庫，人生に似ているかもしれない——すなわち，大いに個性的で手入れがされず，わずかな組織化と乱雑さの蓄積．事実，これまで捨てられた

ものはなく，貴重なアイテムが無差別に散在している．」

この引用の中で貴重なアイテムとはタンパク質コード領域であり，乱雑さとは最近まで機能をもたずに"ジャンクDNA"とよばれていたDNA領域のことをさす．それはこれまで捨てられることのなかったおそらく未使用のDNAで，ヒトでは全DNAの半分以上に相当する．遺伝子はヒトゲノムの一部分だけを占め，事実，タンパク質コード領域（イントロンも含む）は全ゲノムDNAのわずか1.6％にすぎない．ヒトゲノム上でタンパク質をコードする遺伝子の数は，2001年に発表されたヒトゲノム計画では約30,000〜40,000個と推定されていたが，2011年にはその数が21,000個に下方修正された（Box 22.1）．次項では，ヒトゲノムにおける主要な非コードDNAについて説明し，さらに，なぜジャンクDNAという名称がもはやふさわしくないかについて理由を述べたい．

動く遺伝子：トランスポゾンとレトロウイルス

ほぼ半分のヒトゲノムは動く遺伝因子である（転移因

22. ゲノム

Box 22.1　生物の複雑性とゲノムサイズとの関係性について

ゲノムの量的な側面を議論する場合，議論の対象となる生物がたとえ一倍体，二倍体，あるいは，倍数体であっても，通常一倍体ゲノム（個々の染色体の1コピー）のみについて言及することになる．それによって生物間の比較が可能になるからである．ゲノムの大きさは生物の"複雑さ"に関わっている，すなわち，大きなゲノムサイズの生物の方が細胞機能レパートリーを多くもっていると考えるかもしれない．原核生物においては，この予測はおおむね正しいが，以下にあげる生物種で推定されることから考えると，真核生物の場合は間違っているようである．タンパク質コード遺伝子のDNAに占める割合が非常に小さいことを考えると，塩基対の数とコード遺伝子の数との間に相関性がないことはおそらく驚くべきことではない．真核生物の遺伝子数は，その生物の複雑さとはまったく相関していないのである．

知られている細胞内ゲノムのうち，最も小さいサイズは *Mycoplasma genitalium* のゲノムで，58万塩基対（一倍体ゲノム当たり）から成り，485種類のタンパク質をコードしている．大腸菌（*Escherichia coli*）のゲノムは450万塩基対で，4000種類以上のタンパク質をコードしている．酵母（*Saccharomyces cerevisiae*）の場合は，1200万塩基対で約6000種類のタンパク質コード遺伝子，一方，別の単細胞真核生物である**トリコモナス原虫** *Trichomonas vaginalis* は，現時点でわかっている限り，真核生物では最も多くの遺伝子をもち，1億6000万塩基対の中に60,000種類の遺伝子をもっている．**ショウジョウバエ** *Drosophila* は1億7000万塩基対で14,000種類の遺伝子をもつが，わずか1000個の細胞から成る小さなゲノムサイズで最も単純な生物である**線虫** *Caenorhabditis elegans* でも18,000種類の遺伝子がコードされている．約60兆個の細胞からできているヒトの場合，ゲノムは30億塩基対から成り，約21,000種類のタンパク質コード遺伝子をもっているが，これは線虫と大きく違わない．アブラナ科植物の**シロイヌナズナ** *Arabidopsis* は植物遺伝学においてモデル生物として利用されるが，1億2500万塩基対，25,000種類のタンパク質コード遺伝子をもつ．複雑（高等）な生物ほど遺伝子の効率的な利用，たとえば，選択的スプライシングやマイクロRNA制御などによって付加的な複雑性を獲得しているというのが最近の考え方である．

ここで述べた真核生物におけるタンパク質コード遺伝子の数は，全ゲノムの遺伝子配列が解明されているにもかかわらず，かなりの不確実性を含む推定値であることに注意していただきたい．これは，真核生物の遺伝子が分断構造になっているからで，ゲノムの塩基配列から遺伝子数を推定することは必ずしも単純なことではない．細菌の遺伝子に関しては，同定することは簡単で，塩基配列情報から数を知ることができる．なぜならば，遺伝子探索の際にタンパク質コード領域が終止コドンまで分断されていないからである（第25章）．

子，または，トランスポゾンともよばれる）．染色体のある部位から別の部位に動くことができる（あるいは，動くことができた）遺伝子配列がある．トランスポゾンは原核生物，真核生物のどちらにおいても多くの生物種に存在している．ヒトのゲノムにはおもに2種類のトランスポゾン，すなわち，DNAトランスポゾンとレトロトランスポゾンが存在する．因子がゲノム上を動く機構の違いでこの2種類を分類している．ゲノムの約3％を占める**DNAトランスポゾン** DNA transposon については，トランスポゾン配列が染色体から切出された後に，その断片が別の場所に挿入される．切出されるトランスポゾンにはこの過程を助けるトランスポザーゼ酵素がコードされている．一方，**レトロトランスポゾン** retrotransposon はDNA配列が切出されない．代わりに，これらはDNAを転写してRNAコピーをつくることで自身を複製し，さらに自身がコードする**逆転写酵素** reverse transcriptase によってこのRNAを二本鎖の**相補的DNA（cDNA）** complementary DNA に変換する（図23.26参照）．合成されたコピーであるcDNAはゲノム上の別の新たな部位に挿入されるのである．レトロトランスポゾンはさらに二つに分類される．一つはレトロウイルス（第23章）に類似したDNA配列と複製機構をもち，長い末端反復配列（LTR；long terminal repeats）とよばれる特有の反復配列が両末端にある．もう一つの非LTRレトロトランスポゾンは，逆転写酵素をコードしているものの，コピーの合成とゲノムへの挿入に関しては，より簡単な未知の機構が用いられている．LTRをもったレトロトランスポゾンはしばしば内因性レトロウイルスとよばれ，ヒトゲノムの約8％を占めている．一方，非LTRレトロトランスポゾンやその派生物は非常に多く，ゲノムの約1/3を占めている．

私たちは転移因子とその派生物について語るとき，注意しなければならない．なぜならば，ヒトゲノム内のトランスポゾン配列の大部分はすでに変異をもつために動くことができなくなっているのである．DNAトランスポゾンとLTRレトロトランスポゾン（内因性レトロウイルス）については，現在のゲノム内ではほとんど動くことはない．ただし，ごく一部の非LTRレトロトランスポゾンは動くことでヒトゲノムの多様性形成に寄与し，ときおり，タンパク質コード領域や発現制御領域内に入り込むことで疾患をひき起こす．この後に述べる非LTRレトロトランスポゾンの残遺物（LINESとSINES）は高い確率で反復DNA配列を形成している．

ヒト免疫不全ウイルス（HIV）のようなレトロウイルスはLTRレトロトランスポゾンとは異なる．なぜならば，

レトロウイルスは余分な遺伝子（env 遺伝子）をもち，RNA を中間体として宿主細胞から飛び出し，別の細胞に感染するが，レトロトランスポゾンは宿主細胞にとどまり続けるからである．今日，レトロウイルスはおそらく進化的には LTR レトロトランスポゾンに由来し，一方，現在のゲノム内のいくつかの LTR レトロトランスポゾンは，env 遺伝子を失ってしまった感染レトロウイルスに由来するのかもしれない．

DNA の反復配列

ヒトゲノムの約半分は異なった型の反復配列から成り，その多くが転移因子から進化したものである．トランスポゾンに由来する"分散した"反復配列はゲノム上に散らばっており，その他の反復配列は特定の領域に固まって存在する．ヒトゲノム内の反復配列の大部分は，その由来と機能がいまだ不明だが，ヒトの進化に寄与してきたと考えられる．図 22.7 に示したように，この反復配列は不平等な組換え部位を提供し，これによって遺伝子重複が起こる．

- **LINES** long interspersed elements は非 LTR レトロトランスポゾンに由来する．これらは数千塩基対の長さであり，ゲノムの約 21 ％を占める．代表的なものは，LINE1（L1）因子であり，6000 塩基対から成り，500,000 コピー以上存在する．このうち，100 未満は動くものと思われる．
- **SINES** short interspersed elements も非 LTR レトロトランスポゾンの派生物で，100～500 塩基対から成り，ヒトゲノムの約 13 ％を占める．代表的なものは*Alu*ファミリーである（配列内に制限酵素 *Alu* I の認識部位が存在するためにこうよばれる）．*Alu* 因子はヒト以外の哺乳類にも存在する．典型的な *Alu* 因子は約 300 塩基対で，ゲノム上に 100 万以上存在する．SINES は内因性の RNA 分子に由来し，おそらく進化の過程で cDNA に変換されてゲノム中に挿入されたものと考えられる．SINES は増幅することができる．なぜならば，SINES は転写によって RNA コピーを増やすための配列をもっており，さらに L1 因子によってコードされている酵素を乗っ取って DNA に変換され，ゲノム中に挿入されるのである．ヒトゲノム中の *Alu* 因子の多くは，もはや動くことはない．しかし，これらはごく最近までの進化過程では活性化状態にあり，少なからずまだ可動するものもある．
- 単純な反復配列（**縦列反復配列** tandemly repeated sequence）は反復 DNA のその他の代表的なカテゴリーで，ゲノムの少なくとも約 3 ％を占め，頭部と尾部が直列につながって配列された短い塩基配列単位から成るものである．一つの例は，縦列に並んだ 5 塩基配列，TTCCA/TTCCA/TTCCA 反復配列で，数千回繰返されている．この型の反復配列は特にセントロメア（細胞分裂の際に紡錘体に結合する染色体領域）やテロメア（染色体の末端）付近に見いだされるが，ゲノム上の他の場所にも存在する．これらの機能については明らかにされていない．ほとんどの縦列反復配列は高度に**多型化polymorphic** している．存在する染色体上の遺伝子座は同じでも，それぞれの場所における繰返し回数には個人差がある．この個人差は，法科学分野や，ヒトの疾患関連遺伝子の染色体上の位置を決める際の遺伝子マーカーとして非常に役立っている．このことについては第 28 章で詳しく述べる．

RNA をコードする遺伝子

タンパク質合成の第一段階で mRNA へと転写される遺伝子以外に，翻訳には使用されない RNA（**非コード RNA（ncRNA）** noncoding RNA）をコードした領域もゲノムには存在する．たとえば，**tRNA** や **rRNA** はタンパク質合成においてそれぞれが大事な機能をもっている（第 25 章）．rRNA は細胞内で最も多く存在する RNA であり，ゲノムは迅速な rRNA の合成のために，rRNA をコードする遺伝子（**rDNA**）を多コピーもっている．ヒトでは，4 種類の rRNA のうちの 3 種類をコードする rDNA を五つの相同染色体の対上に縦列に配置している．そして，染色体上のこれらの領域はお互いが集まることで，認識可能な核内の構造体である核小体を形成し，これが rRNA 産生の"工場"として働く．

最近の驚くべき発見は，**マイクロ RNA（miRNA）** microRNA が広範囲に存在していることである．miRNA は翻訳されないが，遺伝子発現制御においてたくさんの役割をもつ短い RNA 分子である．これについては第 26 章でさらに詳しく述べる．これまで"ジャンク"とされてきた DNA は，実際は miRNA をコードしているのではないかという考え方が，最新の主流となっている．ヒトゲノム内の塩基の 90 ％以上は，どこかの細胞でいずれかのときに転写されていることが高感度な検出法による研究から示唆された．これらまれな転写産物のうち，どれくらいの割合のものが実際に機能をもつのかはわかっていない．

偽遺伝子

偽遺伝子 pseudogene はタンパク質コード遺伝子と似ているが，機能的な産物をコードしていない DNA 塩基配列である．これらは遺伝子重複の結果としてしばしばみられる進化的な"残存物"といえる．すなわち，遺伝子重複の後，一方のコピーには変異が蓄積し，もう一方は機能を保持し続けたと考えられる．これらは，レトロトランスポゾン機構の働きで mRNA が cDNA に変換され，その後にゲノム内に挿入されることでできたとも考えられる．ヒトゲノムにはこのような偽遺伝子が数千個存在する．

ゲノムパッケージング

原核生物のゲノムは細胞内にコンパクトに納められている

生物学における最も興味深い問題は，小さな細胞内にどのようにして長いゲノムが納められているかということである．大腸菌は約 2 μm × 0.5〜1 μm の大きさである．この小さな容積内に納めるために，1 mm の長さの環状染色体は小さな塩基性タンパク質を含む正に荷電した分子に結合する．DNA は負に荷電したリン酸基をもつためにこの分子に結合でき，これによって染色体はコンパクトにたたまれて核内に納まる．DNA は**超らせん** supercoil にもなっている（第 23 章）．原核生物の染色体パッケージングに関しては，次項で述べる真核生物の場合と比べると，詳細はわかっていない．

真核生物の DNA はどのようにして核内に詰込まれているのか

真核生物ゲノムのパッケージングは原核生物の場合よりも驚くべきものがある．たとえば，ヒトの場合，細胞核は約 2 m の長さの染色体 DNA をもっており，これが直径 10 μm の球内に納められている．真核細胞の DNA は**クロマチン** chromatin，すなわち，DNA とタンパク質の複合体として存在する．主要なタンパク質は**ヒストン** histone である．これは小型の塩基性タンパク質であり，アルギニンやリシンに富んでおり，その結果，強い正電荷をもって DNA 二重らせんの外側にあるリン酸基の負電荷とイオン結合を形成している．真核生物のヒストンのアミノ酸配列は進化の過程でよく保存されている．実際，あるヒストンではマメとウシの間でわずかに 2 個のアミノ酸が異なるだけであり，その違いもタンパク質機能に影響を与えるようなものではない（バリンがイソロイシンに，また，リシンがアルギニンというように類似の性質をもったアミノ酸への変異である）．このような高い保存性はヒストンの細胞機能における基礎的な重要性を表し，コンホメーション変化が起これば自然界での選択につながる致死的，あるいは，重篤な有害性をもたらす．

まず，H2A，H2B，H3，H4 とよばれる 4 種類のヒストン分子について述べる．H2A と H2B は独立した遺伝子にコードされているが，H3 や H4 と比べると両者の塩基配列は非常に似たものである．これら 4 種類のヒストン分子は，おのおのが 2 個ずつ計 8 個の分子によって八量体を形成し，その周りを 1 周当たり 146 塩基対の DNA が 2 回転している．この八量体と巻付いた DNA との会合体を**ヌクレオソーム** nucleosome とよび，長さ 10 nm，厚さ 5 nm の円盤状構造をつくっている．短いリンカー DNA 塩基配列がヌクレオソームを連結させ，ひもの上にビーズが並んだように配置されている（図 22.8 a, b）．この配置によっ

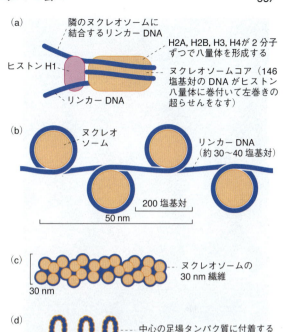

図 22.8 真核生物における染色体詰込みの手順．(a) ヌクレオソームの構造．(b) ひもの上の粒子状態．大きさは 10 nm．(c) 染色体の 30 nm 繊維（この繊維の電子顕微鏡写真は図 22.9 にある）．(d) 30 nm 繊維の形成するループは中心の足場タンパク質に結合し，360°方向に広がっている．このループは超らせん形成によりさらに凝縮され，典型的な分裂中期型染色体となる．最後の凝縮過程は示していない．

て，直径 2 nm の DNA 二重らせんが図 22.8(b) に示すような 10 nm の繊維状構造に凝縮（パッケージング）される．ヒストン H1 は他の四つのヒストンとは異なってより大きな分子で，その配列は進化的に保存されていない．H1 は DNA に結合してヌクレオソームに出入りし（図 22.8a），ヌクレオソーム間の凝集に関わっている．これによって 10 nm の繊維はさらに凝縮されて 30 nm の繊維構造を形づくる（図 22.8c）．この繊維構造の電子顕微鏡像を図 22.9 に示した．30 nm の繊維構造は可変的で，正確な構造はわかっていない．おそらく，図 22.8(c) に示すようなジグザグ様，あるいは，H1 を中心としたコイルまたはソレノイド様構造と考えられている．

クロマチンのさらなるパッケージングは，染色体の中心にあるヒストンとは異なる足場タンパク質に結合して長いループを形成することで進む（図 22.8d）．このループ構造により，さらに折りたたみやコイル形成など，よくわかっていないが，より密度の高い詰込み構造ができ上がり，もとの DNA と比べて約 1 万倍の詰込みができると考えられる．

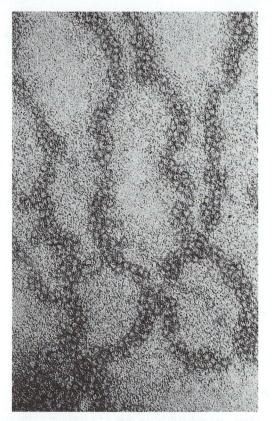

図 22.9 染色体の 30 nm 繊維の電子顕微鏡像. Fig.28.19 in Lewin B. (1994) Genes V, Oxford University Press, Oxford. Photograph was provided by Prof. B. Hamkalo.

細胞周期の間に DNA の詰込み状態は変化する

　真核生物は厳密に細胞周期が制御されている（第 30 章）. 細胞周期では **M 期** M phase と **間期** interphase が交互にあるが, この M 期には **有糸分裂** mitosis（染色体分配を伴う細胞核分裂）と **細胞質分裂** cytokinesis（細胞質の分裂）が起こる. 間期の間には, 細胞の成長と DNA の複製が起こる（図 23.4 参照）. クロマチンの凝縮は可変的であり, ゲノムの転写状況に応じて変わる. 最も凝集した状態は有糸分裂期にみられ, この時期は転写が行われず, 複製された染色体はもつれることなく分離されなければならない. 間期では, RNA や DNA が合成される間は, クロマチンは緩んだ状態にある. これは各種酵素や制御分子が DNA に接近できるようにするためである. ゆえに, 光学顕微鏡を利用することで有糸分裂期の染色体を観察することはできるが, 一方で, 間期の細胞核では個々の染色体を区別することはできない.

DNA の詰込み状態が遺伝子発現に影響を及ぼす

　DNA の塩基配列中にコードされた情報を活用するには, その配列情報は強固に凝集された構造体内に隠された状態ではなく, 酵素やタンパク質が接近できる状況になっていなければならない. 間期のクロマチンの大部分は, たとえ常に転写が活性化状態でなくても各種因子が接近できる状態になっている. この緩んだ状態の染色体は顕微鏡で薄い色に観察され, **ユークロマチン** euchromatin（"eu" は真正の意味）とよばれる. 間期で強固に凝縮されているクロマチンは濃い色で観察され, これは **ヘテロクロマチン** heterochromatin とよばれる. セントロメアやテロメア内の高度な反復配列のようなタンパク質をコードしていない染色体領域は, 常に凝集し, 恒常的ヘテロクロマチンとよばれる. 一方, ある状況下のみ（たとえば, ある特定の細胞種や発生過程）, 凝縮されている領域は条件的ヘテロクロマチンとして知られている.

　転写活性化状態にある染色体のパッケージングの正確な程度を実験的に知ることは困難である. しかし, おそらく短い DNA 塩基配列を含む 10〜30 nm の間の繊維構造が変化し, 種々の因子が接近できるように一過的にヌクレオソームが解けるといった, 非常にダイナミックな変換が起こっていると考えられる. 加えて, クロマチン構造は精巧に組立てられることで別の領域のゲノムと空間的な関係性をもつことができ, 核内の "特定区画" に必要な領域を集め（細胞核内の rDNA の集合体に似ている）, 結果として集まった遺伝子群を同調的に制御することができる. クロマチンの構造やその組織化については, 真核生物の遺伝子発現制御を理解するうえで非常に重要なので, 第 26 章でさらに述べることとする.

 要　約

　DNA は, デオキシリボヌクレオチドがそのデオキシリボースの 5′ から 3′ の方向へリン酸ジエステル結合をしてできたポリヌクレオチド鎖である. 進化的には RNA が最初につくられ, 遺伝情報の保存にあたったが, DNA は糖の 2′ の位置に酸素原子がないために化学的により安定で, 後に遺伝情報の担い手になったと考えられる. ウイルスには RNA ゲノムをもつものもある.

　DNA は二本鎖が逆平行に並び, 相補的塩基対によって結合して二重らせん構造をつくっている. DNA には四つの塩基, A, T, G, C があるが, RNA に存在する U はない. T と U は構造がよく似ており, T にはメチル基が一つ余分にある. 相補的な塩基, つまり, A と T, G と C の間に水素結合があり, これは熱で破壊される. 逆に温度を下げると再び二本鎖が結合を始めるが, これをハイブリッド

形成あるいはアニーリングという．この結合は15〜20以上の長さをもつヌクレオチドに非常に特異的に起こるので，遺伝子工学の中心的な技術の一つとなっている（第28章）．

　二重らせんの内側には塩基が対をつくって存在し，また，外側には糖-リン酸骨格が存在している．二重らせんの主溝と副溝の中には塩基の縁が現れている．これはB形DNAとよばれる．塩基は疎水性で，平面構造をとっており，層をなしている．多くのDNAはB形をとっているが，ときにはA形あるいはZ形も存在する．その生物学的意味は不明である．

　ヒトでは約2mの長さのDNAが核に詰込まれている．二本鎖DNAはヌクレオソームの周囲に巻付いてクロマチンを形成している．ヌクレオソームはヒストンタンパク質の八量体からできている．ヌクレオソームとヌクレオソームの間には30〜40塩基対から成るDNA鎖があり，ちょうど，ひもの上にビーズが並んでいるようなイメージである．このDNA-ヌクレオソームは非常に巧妙にパッケージングされており，細胞周期のM期には最大の凝縮が起こるが，この場合もDNAは無傷である．大腸菌の場合は，染色体は環状であり，クロマチンのような構造でパッケージングされているわけでなく，ヌクレオソームもない．

　真核生物においては，細胞分裂は有糸分裂（生殖細胞は除く）によって起こる．この過程は，前期，中期，後期，そして，細胞質分裂によって細胞が分離する終期から成る．

　DNAの最大の役割はタンパク質のアミノ酸配列を決める構造情報を遺伝子の塩基配列としてもっていることである．しかし，遺伝子は染色体を構成するDNAのほんの一部の場所であり，それは物理的に他の非遺伝子DNAと隔絶しているわけではない．塩基配列は遺伝子ごとに異なっている．タンパク質をコードする遺伝子に加えて，動く遺伝子，リボソームRNA（rRNA）や転移RNA（tRNA）をコードする遺伝子も染色体には存在する．

　ミトコンドリアのゲノムは小さな環状である．このゲノムはごく少数のミトコンドリアタンパク質をコードしている．その他のミトコンドリアタンパク質は核内ゲノムにコードされている．

　ゲノム解析の結果より，遺伝子数やその並び方などで驚くべきことがわかってきた．まず，DNA量は生物の複雑さと比例しない．両生類などはヒトより多くのDNAをもっている．ヒトがもつ遺伝子の数は，当初の予想の40,000種類より少なく，約21,000種類であった．大腸菌は4000種類，アブラナ科植物は25,000種類の遺伝子をもっている．

　ヒトのゲノム配列が解読され，その結果，わずかゲノムの1.6％がタンパク質をコードする部分であり，遺伝子は大半を占めるイントロンを含めても20％にすぎないことがわかった．

　DNAの約半分は反復配列であり，ジャンクDNAともよばれ，機能は明らかとなっていない．翻訳はされないが遺伝子発現に影響を与えるマイクロRNAが多数発見されて以来，これらジャンクDNAに対する評価も変わりつつある．これらの小さなRNAは生物のさまざまな表現型の発現に重要な役割を果たす可能性がある．

問題

1 ジヌクレオチドの構造を記せ．
2 リボ核酸（RNA）は，おそらくデオキシリボ核酸（DNA）の誕生の前から存在した．なぜDNAが誕生し，進化したのか．
3 DNAの塩基部分の平面構造は疎水性である．この事実がDNAの二本鎖を形成するうえでどのような意味があるか考察せよ．
4 らせん構造の二本鎖DNAの主要な形態を何とよぶか．それは右巻きか，左巻きか．らせんの1回転に必要なDNAの塩基数を述べよ．
5 二重らせん構造のDNA鎖が逆平行であるとはどういう意味か．
6 直鎖DNA分子の$5'→3'$の方向とは何を意味するのか．日常の言葉で説明せよ．
7 もし，CATAGCCGと単純に書いた構造があったら，これはDNAの二本鎖でどのような構造になっているか．方向性も含めて記載せよ．
8 *Alu*配列とは何か．
9 すべての遺伝子はタンパク質のアミノ酸配列をコードしている．最近の発見を考慮に入れて，この考えについて述べよ．
10 アデニン，グアニン，チミン，シトシン，ウラシルのうち，どれが仲間外れか．
11 典型的な原核生物と真核生物のゲノム間の違いは何か．

DNA の複製，修復，そして組換え

DNA 合成は，考え方そのものは比較的単純だが，実際の過程はきわめて複雑である．DNA 合成機構は，はじめは大腸菌で研究されたが，現在では真核生物での研究も進み，その原理はすべてとまではいわないが，基本的には同じであることがわかっている．

細胞が分裂するたびに，DNA（実際には染色体）は複製され，おのおのが娘細胞に分配される．ヒトの細胞は約60億の塩基対をもっている（一倍体当たりでは30億塩基対）．これらを忠実に複製するためには，非常に精度の高い装置が必要なことはいうまでもない．遺伝子中のたった一つの塩基の変化がタンパク質の機能を変えてしまうことがある．不可避で低確率の変異が起こり，しかも修復されなかったとしたら，これは進化のきっかけとなり，不幸な場合は遺伝病の原因となる．

DNA 複製の一般原則

どのようにして DNA が複製されていくかを順番に述べていくが，はじめにもう少し一般的な問題についてふれたい．

染色体は二本鎖 DNA である．この複製は，**半保存的** semiconservative とよばれている．それはもともとの鎖（親鎖）が分離し，それぞれを鋳型にして新しい鎖を合成し，古いものと新しくできたものが新たに二重らせんをつくるというものである．これは図 23.1 に示す古典的な実験で明らかにされた．

複製の原則は G に対しては C，A に対しては T というように鋳型の塩基により新しい鎖の塩基を決めるということである．この複製過程は水素結合によるワトソン・クリック型塩基対形成の法則によるもので，まず対になっている塩基間の結合が離れ，そして新たにくる塩基との対形成に備えるのである．

DNA の複製はゲノム上のどこからでも開始できるわけではない．大腸菌のゲノムは環状構造であり，約460万塩基対からできている．二本鎖 DNA は**複製起点** origin of replication とよばれる特殊な部位が分離することから始ま

る．二つの**複製フォーク** replication fork がそれぞれの鎖で反対方向に進みながら，1秒間に1000塩基対の速度で DNA を合成する．このとき，親鎖 DNA の二本鎖の分離と新しい DNA の合成は同時に進行していく（図23.2）．二つの複製フォークは環の反対側で出会うことになる．

真核生物のゲノムは線状である．このことは，基本的な機構は原核生物と同じでも，真核生物の DNA 複製には多少の違いがあることを意味する．大腸菌のゲノム全体は一つの起点から複製され，このゲノム全体は**レプリコン** replicon とよばれる．一方，真核生物の DNA 複製速度は1秒間に平均50塩基対程度で，全ゲノムを一つのレプリコンとして合成すると考えると遅すぎる．これを克服するために数百もの複製起点が存在し，同時に両方向へと複製が進

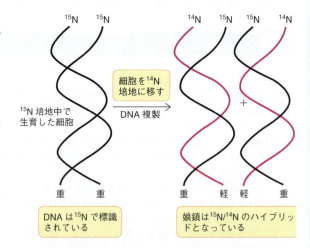

図 23.1　Meselson と Stahl による DNA の半保存的複製の証明．窒素源をすべて ^{15}N に置き換えた培地中で細胞を培養すると，二本鎖の DNA はいずれも ^{15}N で標識される（重い DNA）．次に，細胞を ^{14}N を含む培地に戻す．新たにできた DNA は ^{14}N で標識されているので質量が軽い．密度勾配分析法によりこの DNA を重さの違いで分離すると，DNA 二本鎖は ^{15}N と ^{14}N の二つの鎖でつくられていることがわかる．これは DNA の半保存的複製として知られている．さらに，続けて DNA 複製の実験を行うことで，これが確かめられた．赤で示した方が新たに合成された DNA 鎖である．

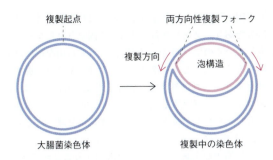

図 23.2 大腸菌染色体の両方向への複製．親鎖は青で示し，新たに合成された鎖はピンクで示した．

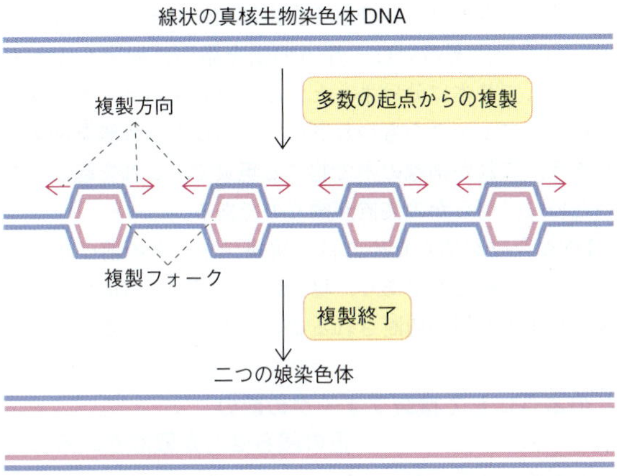

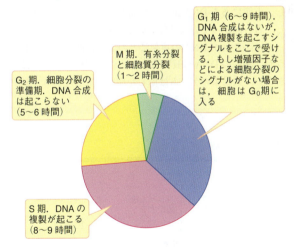

図 23.3 真核生物の一つの染色体に存在する多数の両方向性複製フォーク

case（あるいは **DnaB**，これは *dnaB* 遺伝子にコードされている）が複製フォークに結合して両方向に向かって二本鎖を完全に分離させ，こうしてゲノム DNA の複製は開始するのである．ヘリカーゼは ATP の加水分解でエネルギーを獲得し，このエネルギーを水素結合の分離に用い，一つの鎖に沿って進んでいく．この複製の終結にも特殊な機構があるが，それについては続く節で述べることとする．

真核生物での DNA 複製開始と制御

真核生物の細胞周期では，ゲノム複製は S（合成 (synthesis) の意味）期とよばれる期間に限局されている．細胞により大きく異なるのだが，一般に培養動物細胞では 24 時間を 1 回の細胞周期とすると，そのうちの 8 時間が **S 期** S phase に相当する．S 期の前には **G_1 期** G_1 phase（G は間隙 (gap) の意味）が存在する．S 期の後には **G_2 期** G_2 phase がある（図 23.4）．哺乳類の細胞では，細胞分裂を進めるには外部からのマイトジェン（分裂誘導）シグナルが必要である．たとえば，多くはタンパク質性の因子であり，細胞膜の受容体に結合し，増殖シグナルを細胞内に伝える．この細胞内シグナル伝達機構については第 29 章で，また，真核生物の細胞周期制御の詳細については第 30 章で説明する．

むのである（図 23.3）．重要なのは，1 回の細胞分裂で個々のレプリコンの複製はただ 1 回のみ起こるということである．

大腸菌における DNA 複製開始の調節

まず，細胞分裂の前にゲノムは完全に複製されなければならない．大腸菌内で，細胞分裂とゲノム複製がどのように協調して行われているかはわかっていない．タンパク質の合成と一定サイズ以上への細胞の肥大化が必要である．すでに述べたように（図 23.2），大腸菌では複製起点は一つで，*oriC* とよばれているところから両方向へと複製が進む．

複製起点は特別な塩基配列をもっており，A・T 対に富んでいる．これは二本鎖が離れやすいためであろう（A・T 対は水素結合が二つしかなく，水素結合を三つもっている G・C 対より離れやすいということを思い出してほしい）．複製開始時には **DnaA**（このタンパク質は *dnaA* 遺伝子にコードされている）とよばれる分子がいくつも結合し，二本鎖を引離す．これがきっかけとなり，**ヘリカーゼ** heli-

図 23.4 真核生物の細胞周期．細胞周期の時間は細胞により大きく異なる．ここに示したのは 24 時間で 1 周期を終えるような速い速度で分裂する哺乳類培養細胞の例．細胞周期については第 30 章で詳しく解説する．

DNA 二重らせんの巻戻しと超らせん形成

ヘリカーゼによる DNA 鎖の分離はややこしい位相（トポロジー）の問題を生じる（位相という言葉は，空間的にお互いがどのような位置関係にあるかを示す）．これを考

えるには，DNA の超らせんについて論じなければならない．

二本鎖 DNA は右巻きのらせん状構造の 2 本の鎖から成り，固有のねじれをもっており，らせんの 1 回転は約 10 塩基対から成っている．短い DNA 断片で，長軸の周りに自由に回転できるものは楽な形をとっており，**弛緩状態 relaxed state** とよぶ．もし，二本鎖の片方の端を固定し自由に回転できないようにして，もう一つの端をさらに 1 回転させるとする．そうすると二重らせんはさらに締付けられ，一定の長さ当たりの DNA の回転数は増加する．つまり，1 回転当たりの塩基数は減少して巻き過ぎ状態となり，超らせんが増加する．これを**正の超らせん positively supercoil** とよぶ．もし，反対方向に回転させると，らせんはゆったりとして回転数は減り，1 回転当たりの塩基数は逆に増えることになる．これは DNA の超らせんが緩んだことを意味し，**負の超らせん negatively supercoil** という．この巻き過ぎ状態と緩み状態のいずれも DNA に力がかかることになり，これに適応した一つの方法が**超らせん supercoil** をつくることなのである（図 23.5）．超らせんは 2 本のひもを使って簡単につくることができる．誰かにその 2 本のひもの束の端をもって固定してもらい，その軸に沿ってねじっていく．ねじれの圧力で輪が形成され，一端を離すとそれはもとの弛緩状態に戻る．DNA 超らせんが正か負を確かめるには，片方の端から眺めるとよい．もし，上側にある DNA 鎖が左へ向かっていればそれは正だし，右へ向かっていれば負である（図 23.7 参照）．

では，これが DNA の複製にどのように関わるのであろうか．細胞の DNA は長軸方向に自由に回転することはできない．大腸菌のゲノムは閉じた環を形成しており，効率

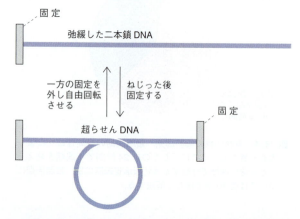

図 23.5 ひねり力に対して自由に回転できないように固定された DNA は超らせんを形成する．細胞 DNA は効果的に固定されており，自由な回転はできない．もし自由な回転が可能ならば超らせんは緩む．ねじれが緩む方向への回転を負の超らせんとよぶ．この逆が正の超らせんである（これらについては示していない）．

よく"固定"された形となっている．真核生物ではゲノムは巨大であり，タンパク質に結合して固定されたループを形成しているので（図 23.8 参照），これも自由な回転は不可能である．しかし，複製のためには DNA 鎖が分離する必要があり，これは巻き過ぎ状態を形成する．すなわち，複製フォークの前方に，正の超らせんをつくることとなる．もし，らせんが緩まないと，二本鎖は分離しにくくなり，DNA 複製を止めてしまうことになる．

非常に簡単な実験でこのことを説明することができる．あなたが 2 本のねじり合わされた短いひもをもち，その端を引離したとする．そうすると，ひもは回転し，超らせんの形成がなくなり，ひもは速やかに完全にほどけてしまう．そこで今度は長いひもを自由に回転できないよう床の上におくか，あるいは，片方の端を誰かに固定してもらう．そして 2 本に分けようとすると正の超らせんができて分離するフォークをもつれさせ，これ以上の分離を抑えてしまう．これが細胞の中で起こる現象で，これを起こさないために，何らかの装置が働くのである．

DNA 合成が進むためには，複製フォークの前の正の超らせんが緩む必要があり，場合によって，一時的にはポリヌクレオチド鎖が切断されることもあるのである．

どのようにして複製フォークの前の正の超らせんが取除かれるのか

トポイソメラーゼ topoisomerase（DNA トポイソメラーゼともいう）とよばれる一群の酵素がこの反応を触媒する．この酵素は DNA に働き，異性化反応を起こして，その位相を変化させるのである．2 種類のトポイソメラーゼ，I と II が存在する．この反応機構の原理をまず述べ，次に DNA 複製における役割について述べる．

トポイソメラーゼ I topoisomerase I は超らせんを形成している二重らせんの一つの鎖を切断し，相補鎖上のリン酸ジエステル結合の周囲を二本鎖が自由に回転できるようにする．回転が起こったら，この酵素は二本鎖を結び直す（図 23.6）．酵素はリン酸エステル結合を加水分解するのではなく，デオキシリボースの 3′-OH 基についているリン酸基を酵素のチロシン残基側鎖の OH 基に転移するのである．この過程でのエネルギー変化は小さいので，完全に可逆的である．この酵素反応には ATP を利用しない．トポイソメラーゼ I は超らせん DNA を弛緩させることができるが，新たな超らせんをつくることはできない．

トポイソメラーゼ II topoisomerase II は，DNA 二重らせんの二本鎖を，リン酸エステル結合の自身への転移で二本鎖ごといったん切断し，その後，この切断をつなぎ直す．酵素は，DNA の切断点を通って DNA 二本鎖を物理的に移動させる（もつれたひもをほどくとき，ある場所をはさみで切って，そこを通し，結び直すと簡単にいく，というイメージ）．この反応には ATP の加水分解によるト

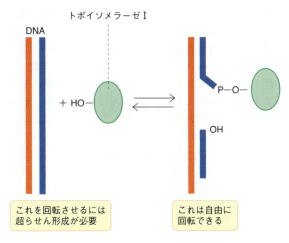

図 23.6 トポイソメラーゼ I の作用機構. 酵素はリン鎖ジエステル結合を切断し, そのリン酸基を酵素のチロシン OH 残基に結合する. DNA は相手方の鎖の周囲を回転し, リン酸ジエステル結合はもとに戻る. これは加水分解反応ではないので, 完全に可逆的である.

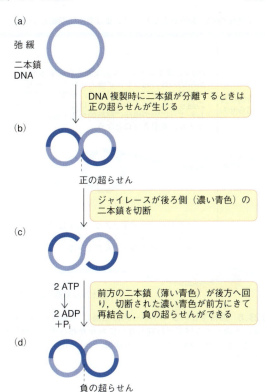

図 23.7 大腸菌のジャイレースが正の超らせんに負の超らせんを導入する機構. トポイソメラーゼ I と異なり, この切断と転移には ATP が必要である.

ポイソメラーゼ II のコンホメーション変化が関与している. 大腸菌において, トポイソメラーゼ II は**ジャイレース** gyrase とよばれ, 負の超らせんを DNA に導入する. この反応を図 23.7 に示した. 図 23.7(a) では, わかりやすくするために弛緩型の環状 DNA を描いている. 正の超らせんが加わったものが図 23.7(b) である. ジャイレースは奥の方にある二本鎖を切断し (図 23.7 c), これが前側にやってきて, 切断点を再結合する (図 23.7 d). こうすると負の超らせんができるわけである. このような変化には ATP の加水分解によるエネルギーが必要である. ジャイレースは正の超らせんに負の超らせんを加えることにより緊張を緩め, こうして DNA 合成が促進される.

このように, 原核生物や真核生物のゲノム複製において, 正の超らせんが蓄積して鎖がよじれるのを DNA トポイソメラーゼが防いでいる.

DNA を注意深く細胞から抽出すると負の超らせんをつくっていることがわかる. 通常の弛緩状態では, 二重らせんは 10.5 塩基対で 1 回転するが, 細胞の中では巻戻しが起こって 12 塩基対となっている. 超らせん形成の程度は細胞によってほぼ決まっており, これはその形成が制御下にあることを示している. DNA 二本鎖の分離には負の超らせんの方が弛緩状態や正の超らせん状態よりも好都合である. 大腸菌では, 巻戻しの程度は, トポイソメラーゼ I による負の超らせんの弛緩とジャイレースによる負の超らせんの導入のバランスによって保たれている.

真核生物のゲノムは原核生物と同様に, 細胞の中では巻戻し状態にあり, 負の超らせんをつくっている. しかし, 原核生物とは異なり, 負の超らせんを導入するトポイソメラーゼは存在していない. それでは, どうしているのだろ

うか.

クロマチンが集合するときは, 染色体の DNA はヌクレオソームの周囲を回り, 局所的にタンパク質と接して, 巻戻し状態にある. 通常, これは左巻きコイルである. ヌクレオソーム周囲の回転は DNA 結合の切断もなく, また染色体の DNA は自由に回転できないので, 全体として DNA の超らせんに変化は起こらない. それゆえに, ヌクレオソームにおける局所的な負の超らせん形成は DNA の他の部分に正の超らせんを導入することで補われなくてはならない (図 23.8 b). 真核生物のトポイソメラーゼ I と II は正の超らせんを緩めることにより, 負の超らせんを導入することになるわけである (図 23.8 c). よって, 原核生物型のジャイレースは必要ないのである. 原核生物はヌクレオソームをもたないので, 固有のジャイレースをもっていると考えてよい. 抗生物質である**ナリジクス酸** nalidixic acid は細菌のジャイレースを阻害することから, 他の抗生物質が効かない細菌感染に対して用いられる. ヒトはジャイレースをもっていないので, ナリジクス酸を患者に使用することができるのである.

ここまで私たちはゲノムの DNA 複製の広範囲な面を取扱ってきた. ワトソン・クリック型塩基対の原則に基づく

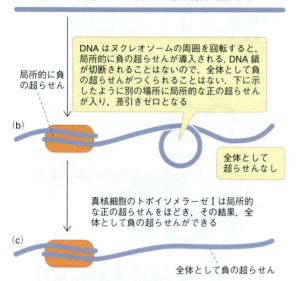

図 23.8 原核生物のジャイレースに相当し，DNA に負の超らせんを導入する酵素が存在しないにもかかわらず，真核生物が負の超らせん構造をとりうる機構．(a)〜(c)については本文を参照．

半保存的複製，細胞周期との関係，複製の開始，そして，らせん構造の巻戻しなどである．ここからは DNA 合成機構について述べていきたい．この反応を触媒するのが **DNA ポリメラーゼ DNA polymerase** であり，デオキシリボヌクレオシド三リン酸を基質としてヌクレオチドポリマーを形成していく．

DNA ポリメラーゼが触媒する基礎的酵素反応

はじめに，基礎的な化学反応について考えよう．まず，事実を列挙しよう．

- 大腸菌の DNA ポリメラーゼには 3 種類ある．それらは発見の順序に従い，**DNA ポリメラーゼ DNA polymerase I, II, III (Pol I, II, III)** とよばれる．
- 複製フォークの中で起こる DNA 合成は Pol III，あるいはこの真核生物型によって触媒される．Pol I も DNA 修復と同じくらい複製に重要な役割を果たしている．一方，Pol II は DNA 修復に関連しているといわれているが，本当の機能は明らかになっていない．
- DNA ポリメラーゼの基質は四つのデオキシリボヌクレオシド三リン酸である（dATP, dCTP, dGTP, dTTP）．これらは第 19 章で述べたように細胞内で合成され，常に適正な濃度で保たれる．
- DNA ポリメラーゼはコピーすべき鋳型鎖を必要とする．"コピー" とは，同じものがつくられることではなく，相補的という意味である．すなわち，鋳型鎖の G は新

しい鎖の C に，A は T に，C が G に，さらに T は A になるのである．
- 覚えるべき最も重要なことは，DNA ポリメラーゼは**プライマー primer** とよばれるすでに存在している鎖を伸ばすということである．このプライマーは短鎖の RNA であり，これなしには DNA 合成は起こらない．DNA ポリメラーゼは鎖の合成の開始はできない．また，二つの遊離のヌクレオチドを結合させることもできないのである．プライマーの働きは後で説明する．
- 図 23.9 に示すように，DNA ポリメラーゼはプライマーの末端（あるいは，最後に付け加えたヌクレオチド）の遊離の 3′-OH 基にヌクレオチドを結合させ，このとき

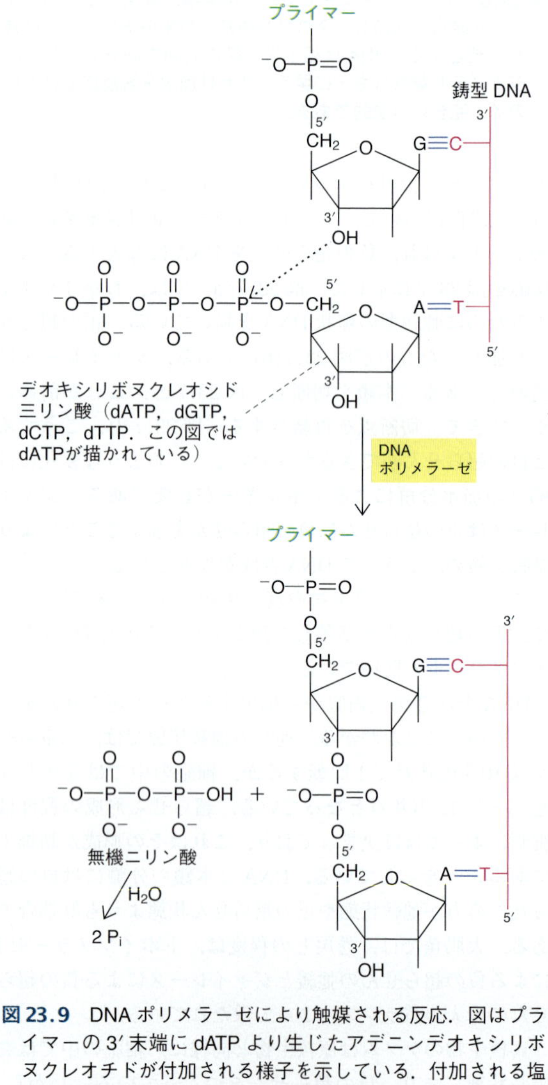

図 23.9 DNA ポリメラーゼにより触媒される反応．図はプライマーの 3′ 末端に dATP より生じたアデニンデオキシリボヌクレオチドが付加される様子を示している．付加される塩基の種類は鋳型鎖により決定される．合成は 5′→3′ 方向に進み，鎖は 5′→3′ 方向に伸びることに注意せよ．破線の矢印は，3′-OH が α-リン酸基を攻撃していることを示す．

に無機二リン酸（PP$_i$）を放出する．二リン酸の加水分解は負の $\Delta G°'$ を増加させるので，さらに反応を促進することとなる．新しい鎖へのヌクレオチドの付加は，その鋳型鎖の塩基との水素結合を増加させエネルギーを放出するので，熱力学的にはさらに反応を進めることとなる．

- 4種類のヌクレオチドのどれが取込まれるかは，鋳型鎖の塩基により決定される．

DNA合成は新たに伸長するDNA鎖を基準に考えると常に 5′→3′ の方向に進む．これが何を意味するのか，もう一度確認しよう．DNA鎖は 5′→3′ の方向に伸長していく．つまり，現存する末端ヌクレオチドの 3′-OH 基側にヌクレオチドを追加していくのである．多少くどいようだが，重要なので繰返す．私たちはDNA合成の方向が 5′→3′ というとき，これは新たにつくられる鎖の方向を述べているのである．鋳型鎖の方向を述べているのではない．鋳型鎖の方向はもちろん逆である．DNA鎖の方向性（極性）については前章で説明した．

新しいDNA鎖の伸長はどう開始されるのか

DNAポリメラーゼは新しいDNA鎖の合成を始めることはできない．しかし，それぞれの複製起点で新しいDNA鎖がつくられていくのである．この疑問に対する答えは，驚くべきことだが，DNA合成の開始は実はRNAによってなされるということである．RNAの構造と合成については次章で述べるので，ここではRNAとは糖がリボースであること，塩基のチミン（T）がウラシル（U）に置き換えられてAと対形成できることを除けば，一本鎖DNAと同じ構造であることだけわかっていればよい．RNAは今まで述べてきたDNA合成と同じ仕組みで，RNAポリメラーゼで合成される．ただ，デオキシリボヌクレオチドの代わりにリボヌクレオチド（ATP, CTP, GTP, UTP）が用いられるのである．現在の文脈との関係でいくと，RNAポリメラーゼは新しいRNA鎖の合成を開始できるのである．もちろん，この場合も鋳型は必要だが，この酵素はポリヌクレオチド鎖の 3′ 末端に一つずつデオキシヌクレオチドを付加するDNAポリメラーゼとは異なり，2個のリボヌクレオチドを結合することができるのである．

非常に短いRNAプライマー（10〜20塩基程度）が**プライマーゼ** primase とよばれる特殊なRNAポリメラーゼにより合成されると，今度はDNAポリメラーゼが取って代わってDNA鎖の伸長を始める．プライマーは最後に除かれる．

ここで私たちはDNAの逆平行という別の問題に直面する．

DNA複製における方向性の問題

DNAは染色体に沿って確実に前進する各複製フォークで合成される．大腸菌では複製フォークごとに2分子のDNAポリメラーゼIIIがそれぞれ別々の鎖に働いている．この二つの酵素は結合していて，一つの非対称な二量体のホロ酵素を形成している．図23.10に示すように，DNAポリメラーゼ分子は同時に同じ方向（この図ではページの上の方）に動かなければならない．しかし，このためには一つのDNA鎖では 5′→3′ に動き，もう一方では 3′→5′ に動かなければならない．これは矛盾を起こすこととなる．図23.10の場合，右側では，本来，DNAポリメラーゼはページの上の方に進まなければならないが，実際には下向きの方向へ進む．左側は問題ない．左側を**リーディング鎖** leading strand，右側を**ラギング鎖** lagging strand とよぶ．

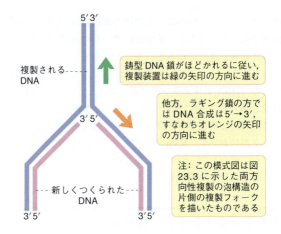

図23.10 DNA合成における方向性の問題

ラギング鎖がどのように複製されるかを考えよう．リーディング鎖でははじめにプライマーゼにより複製起点に一つのプライマーがつくられ，そこからDNAポリメラーゼが働き始め，複製が終了するまで続く．しかし，ラギング鎖ではこうはいかない．解決策は以下のようなものである．DNAがほどかれたとき，数箇所でプライマーゼが働き，たくさんの短い鎖（大腸菌では 1000〜2000塩基，真核生物では 100〜200塩基）のDNA合成を繰返す．この結果は，図23.11に示したような合成となる．ラギング鎖のプライマーに結合したこの短いDNA鎖を**岡崎フラグメント** Okazaki fragment と発見者の名前（岡崎令治）をとってよんでいる*．（図23.10〜23.13では説明をわかりやすくするために複製の"泡構造"の一端のみを示している．

---

* 訳注：1966年，当時の名古屋大学理学部分子生物学教室の教授であった岡崎令治博士の大きな発見であった．第3版より原著に名前があげられた．

IV. 遺伝情報の貯蔵と利用

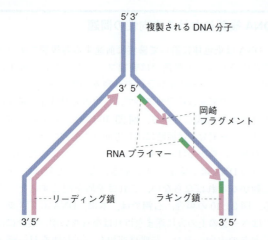

図 23.11 複製フォークの模式図．リーディング鎖は連続的に合成され，ラギング鎖は一連の短い岡崎フラグメントとして合成される．

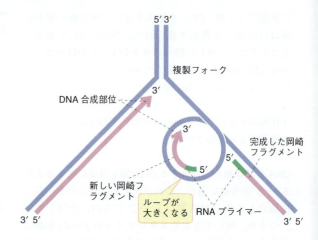

図 23.12 岡崎フラグメント合成における Kornberg のループモデル．ピンクの矢印は DNA 合成方向を示す．このモデルでは新しい岡崎フラグメントが古いものとぶつかるときにはループはほどかれなくてはならない．そして，新しいループが形成されるのである．このモデルでは両方の鎖は同方向（5′→3′）に進み，また複製装置はフォークの方向へと進む．ループがどのような機構でつくられるかは明らかになっていない．詳細は図 23.13 に示す．

間違えないでほしいのは，直鎖状の染色体は末端からのみ複製されるのではなく，途中のいくつもの部位からもこの機構で複製が進んでいるということである．)

もちろん，これがあったからといって，もともとの問題である "DNAポリメラーゼは前に進みながら，かつ DNA 合成を後ろの方向に進めていく" という物理的，あるいは，位相的な問題を解決できるものではない．そして，ラギング鎖において，RNA を含むこの多数の DNA 断片がいかにして結合して一つの鎖になるかという問題も残っている．最初に物理的問題を考えよう．

岡崎フラグメント合成の機構

ラギング鎖の DNA 合成が 5′→3′ の方向にどのようにつくられるかという基本原理は，実は非常に簡単なことである．ラギング鎖の鋳型はループを形成しており，局所的にみるとリーディング鎖と同じ方向を向くことが可能である．こうして，複製装置はフォークの根元の方向へ進み，二本鎖を同時に合成していくことになる．

原理は簡単であるが，このループが DNA の鋳型全体にわたって合成されていくのは機械的にはかなり難しい仕組みである．というのは，ループは一定の間隔で常に再形成され，大きくなり，そして新しい RNA プライマーが付加されなければならないからである．

Arthur Kornberg により提唱されたモデルを図 23.12 に示す．ループが大きくなり，複製装置が前に進むと，DNA ポリメラーゼは一つ前につくられた岡崎フラグメントの 5′-RNA とぶつかる．ここで DNA ポリメラーゼは離れ，ループは直線となり，また次のフラグメントを合成しはじめる．このモデルを理解するにはもう少し，複製フォークでの複製装置の働きを説明する必要がある．

大腸菌の複製フォークにおける酵素複合体

図 23.13 に複製フォークにおけるタンパク質とそのサブユニットの機能的複合体の様子を示す．鍵になる酵素がヘリカーゼであり，二重らせんの引離しに働き，プライマーゼに結合している．プライマーゼはラギング鎖において一定間隔で RNA プライマーをつくる酵素であり，そして非常に複雑なのが DNA ポリメラーゼⅢである．ヘリカーゼ

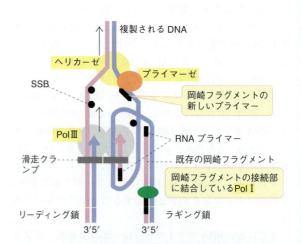

図 23.13 ループモデルの詳細．このモデルは鋳型となる2本の鎖の極性が逆方向にあるとき，いかにして DNA ポリメラーゼが前進しながら（この図でいうと上に向かいながら），しかも 5′→3′ の方向へ合成していくかを説明している．DNA ポリメラーゼの作用については，図 23.16 とこの後の文章中に書かれている．滑走クランプについては，この後の本文と図 23.14 に書かれている．SSB：一本鎖結合タンパク質．

の二本鎖の引離し能は ATP により駆動され，DNA 鎖に沿って二本鎖を解離していく．大腸菌ではプライマーゼとヘリカーゼは複製フォーク内で**プライモソーム** primosome とよばれる複合体を形成する．最後に，**一本鎖結合タンパク質（SSB）** single-strand binding protein が一本鎖 DNA を安定化する．SSB は一本鎖 DNA と高い親和性をもっており，特定の塩基配列特異性はないが，一本鎖に結合し，その状態を維持する．図 23.13 に示したように，大腸菌では複製フォークに 2 分子のお互いに結合した DNA ポリメラーゼⅢ（PolⅢ）が存在し，一つはリーディング鎖に，もう一つはラギング鎖に働く．PolⅢのコア部分は同一であるが，非対称形の二量体を形成しており，ラギング鎖側には特別なサブユニットが結合している．PolⅢは連続的に反応し，一度 DNA 鎖に結合すると，これから離れることなく無限に複製を続ける．この性質によって，長い DNA を迅速に複製することができるのである．PolⅢには反応不十分な状況で解離しないような特別な機構があるので，これから説明しよう．

DNA 滑走クランプとクランプ装着の機構

滑走（スライディング）クランプとは，DNA を取囲み，リング状で複数のサブユニットから形成されるタンパク質である．このリングは，中に二本鎖 DNA を取込んで滑走させることができるくらい大きいが，かといって外れるようなものではない（図 23.14）．クランプ構造は大腸菌，真核生物の両方で見いだされており，前者は **β タンパク質** β protein，後者は **PCNA** proliferating cell nuclear antigen（増殖細胞核抗原，核の増殖に必要なタンパク質という意味）とよばれている．（免疫学で用いる抗原という名称は，発見の経緯に由来する．）一見するとどちらも同じようだが（図 23.14），大腸菌のものは二量体，PCNA の方は三量体であり，両者間のアミノ酸配列の相同性はほとんどない．異なる構造ではあるが，同じ機能をもつタンパク質が進化の過程で保存されているということは，この分子の重要な役割を意味している．大腸菌と真核生物のどちらにおいても，このクランプを DNA に装着するのには別のタンパク質分子が必要である．大腸菌の場合，このタンパク質は **γ 複合体** γ complex とよばれている．すでに述べたように，複製の開始時点ではプライマーゼとよばれる特殊な RNA ポリメラーゼがあり，鋳型 DNA 鎖に対して短い RNA 鎖を形成する．γ 複合体は ATP を結合した分子で，この短い RNA プライマー/DNA ハイブリッドを認識し，ここに滑走クランプを結合させる．すなわち，溶液中にある環状のクランプを捕獲し，これを開いて RNA プライマー/DNA ハイブリッドの周囲に配置させる．そしてこのクランプが閉じられ，γ タンパク質が離れる過程に ATP の加水分解エネルギーが必要である．クランプには PolⅢ を呼び寄せて結合する部位がある．PolⅢ はクランプによって DNA としっかり結合し，DNA の上を自由に滑走して鋳型鎖をもとにして複製を進める（図 23.15）．クランプローダー（γ 複合体）は，プライマー RNA の存在する場所にクランプを結合させるタンパク質である．

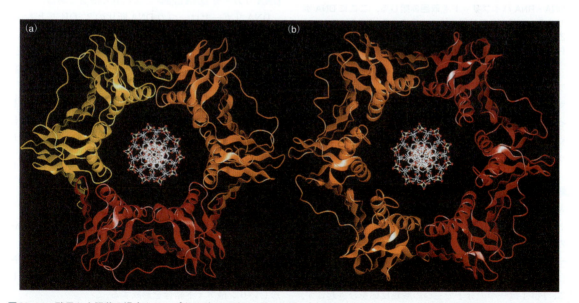

図 23.14 酵母と大腸菌の滑走クランプをリボンモデルで示した図．(a) DNA ポリメラーゼ δ を固定する酵母のクランプ（PCNA）は三量体として存在する．(b) DNA ポリメラーゼⅢに付く大腸菌のクランプ（β タンパク質）は二量体である．環を構成する一つ一つのサブユニットは異なる色で示されている．β シートは平たいリボンとして，また α ヘリックスはらせん形に示されている．B 形 DNA は中心に描かれており，環状構造が DNA の二重らせん構造を取囲むように示されている．Krishna et al; Crystal structure of the eukaryotic DNA polymerase processivity factor PCNA; Cell; (1994) 79, 1233–43; Elsevier.

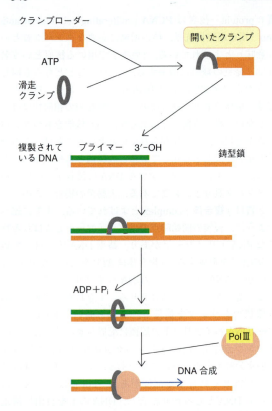

図23.15 大腸菌における滑走クランプが装着される過程．クランプは溶液中にリング状になって存在している．クランプローダーがATPの存在下にクランプを開き，プライマーゼによりつくられたRNAプライマーが結合した場所を認識し，DNA・RNAハイブリッドを取囲み閉じる．ここにDNAポリメラーゼIIIがきて複製を始めるのである．Fig 1 in Kelman, Z., and O'Donnell, M.; Annu Rev Biochem; (1995) 64, 171; Reproduced by permission of Annual Reviews Inc. より改変.

ラギング鎖上のPol IIIは，次の岡崎フラグメントのプライマーと出会うと，そこから離れ，再びプライマーゼによってつくられた次のプライマーからDNA合成を開始しなくてはならない．では，いかにして岡崎フラグメントがくっついて切れ目のないDNAとなるのであろうか．

岡崎フラグメントのその後の行程

大腸菌では，Pol IIIが一つ前に合成された岡崎フラグメントに到着するとDNAから離れ，DNAとRNAの間に結合の切れ目である**ニック nick**（二本鎖ポリヌクレオチドの一方の鎖の糖-リン酸骨格が切れていること）を残すことになる．ここにDNAポリメラーゼI（Pol I）が登場する．Pol Iは一つの分子で三つの触媒反応をひき起こす，なかなかたいした酵素である．

図23.13に示したモデルを眺めると，分離した断片である岡崎フラグメントは一つの連続したDNA鎖に加工されねばならないという問題がみえてくる．まず，RNAが除かれ，DNAに取って代わられ，最後にDNA同士が結合しなければならない．Pol Iはまず，岡崎フラグメント間のニックに結合し，RNAを除去し，さらにすでに存在しているフラグメントの3′側にヌクレオチドを加え，そうして5′→3′の方向に進むのである．ちょうど，Pol IIIや，あらゆるDNA合成がその方向に進むように，ヌクレオチドの添加は常に5′→3′の方向である．Pol Iが動くと次の岡崎フラグメントのRNAにぶつかり，ここのヌクレオチドを切断していく．Pol Iはヌクレオチドを分解し，その部位をDNAで埋めていくことになる．"前方"の活性は，5′→3′ **エキソヌクレアーゼ exonuclease** 活性である．エキソ (exo-) とは"外"という意味であり，分子の末端のヌクレオチドに作用する．また，ヌクレアーゼとは核酸を加水分解する酵素のことである．5′→3′ というのは，RNA分子の5′末端から3′の方向へ順に切断するからである．一方，Pol IIIにはこの5′→3′エキソヌクレアーゼ活性は存在しない．だから岡崎フラグメントの端に存在するRNAプライマーを切断することはできず，自分は離れ，ここではPol Iに仕事を引継ぐのである．

Pol IはPol IIIとは異なり連続的には反応できず，DNAに対する結合は非常に弱い．ゆえに，RNAが置き換えられるとすぐにDNAの鋳型鎖から離れる．また，DNAに結合し続けるために環状クランプ構造をつくることはない．これはラギング鎖上に新たなDNAを次々に合成していくうえでは必要なことであろう．Pol Iが離れるとDNA鎖上にはニックが残されるが，これを結合するのが**DNAリガーゼ DNA ligase**とよばれる酵素である．

DNAリガーゼは一つのDNA断片の3′-OH基ともう一つの5′-リン酸基の間にリン酸ジエステル結合をつくるが，この過程にはエネルギーが必要となる．真核生物とある種の原核生物ではATPがこの過程のエネルギー源となっている．この酵素反応は3段階で，まず酵素（E）がATPのAMP残基と結合し，二リン酸（PP$_i$）を遊離し，次にDNAの5′-リン酸基にAMPを転移する．最後に，DNA-AMPがDNAの3′-OH基と反応し，AMPを遊離し，切断面を閉じる．

E + ATP → E−AMP + PP$_i$

E−AMP + Ⓟ−5′DNA → E−AMP−Ⓟ−5′DNA

DNA-3′-OH + AMP−Ⓟ−5′DNA → DNA-3′-O−Ⓟ−5′DNA + AMP

AMPは酵素と結合し，その5′-リン酸基を介してDNAと結合する．酵素への結合は，リシン残基の側鎖を介し，珍しいリン酸アミド結合を形成する．

大腸菌では，ATPの代わりにNAD$^+$がAMPの供与体として使われる．電子伝達体として学んできたNAD$^+$にはこうした機能もある．NAD$^+$はATPと同じようにAMPを供給する（NAD$^+$の構造は第12章を参照）．何らかの理由

で，大腸菌はこれをエネルギー源として用いる．

以上のことを要約しよう．Pol I は，図 23.16 にあるように，まずニックに結合する．続いて，この Pol I は DNA ヌクレオチドを 5′→3′ の方向に合成していく．RNA やミスマッチでつくられた DNA は除かれ，間隙は埋められていく．Pol I は DNA から離れ，次にリガーゼが二つの断片を結合する．こうして岡崎フラグメントは連続した新しい DNA 鎖となるのである．Pol I はヌクレオチドの付加も校正する（後述）．

真核生物の複製フォーク装置

大腸菌での DNA 複製の基本原則は真核生物にも当てはまるが，細部には違いが存在する．真核生物の DNA ポリメラーゼは多数同定されており（ヒトでは 15 種類），すべての機能が明らかにされたわけではない．その中で特に，三つの DNA ポリメラーゼ α，δ，ε（Pol α，Pol δ，Pol ε）は核内染色体の複製に関与している．一方，Pol γ はミトコンドリアゲノムの複製に関わっている．Pol α は，プライマーゼ活性を含むいくつかのサブユニットから成る酵素である．ゆえに，Pol α は両鎖に対してプライマーゼ活性を発揮し，RNA プライマーを合成することで，リーディング鎖とラギング鎖上の岡崎フラグメントの複製開始に関わっている．同じ DNA ポリメラーゼ（Pol α）が 30 ヌクレオチド程度の短い DNA を合成し，ついで Pol δ と Pol ε が二本鎖を完成させる．なお，Pol δ と Pol ε の二つの酵素の役割に関しては議論が続いている．Pol δ はゲノム複製を専門とする Pol α とは違い，他の機能をもつ真核生物のポリメラーゼとも考えられている．最近の研究では，Pol δ はラギング鎖の複製，Pol ε はリーディング鎖の複製に関与することが示唆されている．Pol δ と Pol ε の両方とも PCNA によって鋳型 DNA に固定されており，よって，Pol α よりも連続的に反応する．

真核生物がもつ他の DNA ポリメラーゼは，DNA 修復や組換えで働くと考えられている．これら酵素は複数の役割をもち，また機能が重複しているようである．このことは，DNA 合成が，生物が生き抜くために非常に重要であるがゆえに，DNA 合成能に関して機能的な重複を進化の過程で獲得したと考えられる．

真核生物の染色体が複製されるとき，ヌクレオソーム（第 22 章）はポリメラーゼが DNA に沿って移動するために複製フォークの地点で置き換わるか，あるいは，何らかの対処をしなければならない．この過程に関しては十分に解明されていない．しかし，親 DNA がもっていたヒストンタンパク質は，娘 DNA 分子にいくらかは "提供される" のではないかと推察できる．複製フォークの背後では速やかなヌクレオソームの再会合や新しいヒストンの取込みがしっかりと行われており，よって，複製 DNA は速やかに正常なクロマチン構造に戻るのである．

真核生物における染色体末端の複製問題はテロメアが解決する

真核生物のゲノム DNA は線状であり，これは環状のゲノム DNA をもつ大腸菌の複製とは別の問題が生じる．

わかりやすくするためにゲノム DNA を短く表現しているが，図 23.17 にあるようなゲノム DNA の複製を考えてみよう．中央の 1 箇所から両方向へ複製が起こると仮定する．（忘れてはいけないのは，真核生物の複製起点は一つの染色体上に多数存在することである．）それぞれの鎖の 5′ 末端はリーディング鎖の複製により最後まで進む．しかし，ラギング鎖はこれとは違っている．すでに述べたように，ラギング鎖の複製は岡崎フラグメントにより行われ，その 5′ 末端，すなわち鋳型鎖の 3′ 末端には RNA プライマーが存在する．最後にこれらプライマーが除去されると，DNA 合成開始にはプライマーが必要であることから，この末端部分を埋めて DNA 鎖をつくるような仕組みは今まで述べてきた装置では説明がつかないのである．

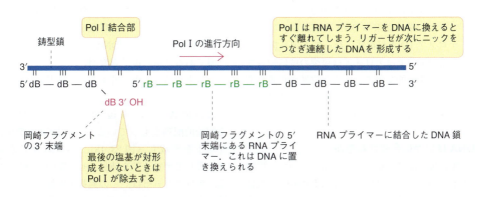

図 23.16 岡崎フラグメント形成での Pol I の働き．dB：デオキシリボヌクレオチド，rB：リボヌクレオチド．ミスマッチの塩基を 3′ 末端に導入した場合の除去については図 23.19 に示す．

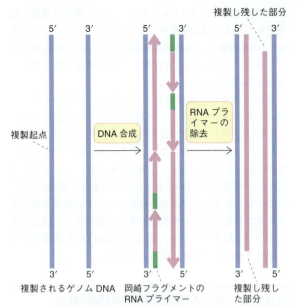

図23.17 線状ゲノムDNAの複製による短縮．図では，両方向への非常に短いDNA鎖合成が示されている．岡崎フラグメントからのプライマーの除去は連続的反応であるが，ここでは別々の反応のように描いてある．典型的なゲノムDNAの場合，多数の複製起点をもっている．ピンクの線は新しく合成されたDNA鎖を示してあり，緑線は岡崎フラグメントのRNAプライマーを示す．

DNA合成でこの空間を埋めるにはプライマーが必要であるが，その鋳型鎖が存在しないのである．これはすなわち，細胞分裂を繰返すに従い，ゲノムDNAは短くなっていくこと（細胞分裂当たり約100塩基対の短縮）を意味する．これはきわめて危険な状態である．

DNA合成の機構を考えると，DNA二本鎖の不完全な複製が起こることは避けられないように思われる．この問題を解決するために，真核生物の染色体はその端に特殊なDNAを結合している．このDNAは遺伝情報をもたず，**テロメアDNA** telomeric DNAとよばれる．このDNAを含む染色体の端の部分を**テロメア** telomereとよぶ（図23.18）．ラギング鎖の端は従来のDNA合成装置では複製されないが，テロメアDNAが犠牲になっても何ら問題ない．分裂速度の速い細胞ではテロメアは複製の度に伸長され，ゆえに，末端の連続的な欠落という危険性が重要な染色体に付与されることはない．しかし，このテロメアの伸長は生物種の生涯にわたって続くわけではない．

テロメアDNAはいかに合成されるか

テロメアは短い塩基配列の繰返しからできていて，生物種ごとに変化に富んでいる．ヒトでは，TTAGGGの数百回の反復配列がある．**テロメラーゼ** telomeraseという酵素はすでに存在するDNA末端のテロメアの3'側にさらに

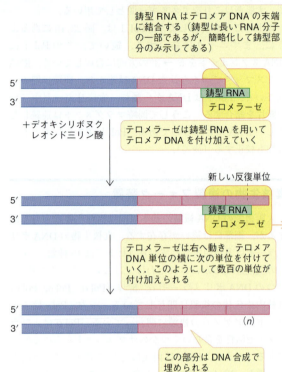

図23.18 テロメラーゼがテロメアDNAを合成する機構．青線は，染色体あるいは情報をもつDNA（真の染色体）をさし，ピンクの線は前から染色体に存在しているテロメアを示す．テロメラーゼは短いそれぞれの種に特有の配列をもつRNAプライマーを結合している．テロメラーゼは，前から存在するテロメアの末端配列に鋳型RNAを対合させて位置を決め，1塩基ずつTTAGGG（ヒトの場合）の反復単位をGに富む配列に付加する．合成は常に5'→3'の方向に行われる．酵素は，今度は新しくできた反復単位の端に鋳型RNAを合わせるように移動し，さらにもう一つ反復単位を付け加える．同様にして，次々に反復単位を付け加えていく．新しく合成されたテロメアDNAは，もう一方の鎖がおそらくDNAポリメラーゼにより埋められて二本鎖になる際に，その鋳型として働く．

この配列を加え，テロメアを伸ばしていく．

テロメラーゼは二つの特徴をもっている．
- RNAを鋳型としてDNAを合成する．これは**逆転写酵素**である（章の後半を参照）．
- その構造自身の中（酵素内）に鋳型をもっている．

このRNAは，1.5反復単位の長さのテロメアに相当する相補的配列をもっている．鋳型RNAは突出部とハイブリッドを形成し（図23.18），突出部の3'末端をプライマーとしてテロメアを伸長させる際の鋳型として用いている．テロメラーゼは，この過程を触媒するポリメラーゼ活性をもっているのである．RNAの鋳型のコピーが完了すると酵素は移動し，新しい反復配列とハイブリッド形成

し，新たな反復配列を合成する．このようにして，テロメアは非連続的に合成されていくのである．テロメラーゼはDNAの一方の鎖しか伸長しない．伸長したテロメアに対して相補的な鎖は，DNAのラギング鎖合成の機構によってつくられる．RNAプライマーが除去されるとその分だけラギング鎖は短くなり，結果的に常に突出部は残るが，伸長されたテロメアが染色体の末端を保護するのである．

テロメアの必要性は，**YAC yeast artificial chromosome**（酵母人工染色体）を用いて明らかとなった．この染色体の複製には三つのDNAが必要である．それは，セントロメア，複製起点，そしてテロメアである．YACは酵母の中に導入されると何世代にもわたり正しく保存される．ところが，テロメア末端が存在しないとYACは細胞の中で次第に消滅するのである．

テロメアは線状のゲノムDNAの末端を安定化している

複製の問題とはまったく別だが，線状のゲノムDNAにはもう一つの問題がある．末端が遊離したDNAは，しばしば細胞が損傷を受けたDNAと認識され，修復機構の対象となり，ヌクレアーゼの攻撃を受けてしまう．よって，末端は保護されていなければならない．哺乳類のテロメア研究から，伸長した二本鎖テロメアの末端はループを形成し，突き出した一本鎖は二本鎖DNAの間に入り込み，短い三本鎖を形成して保護されていることが明らかとなった．形成されるループ構造は，これを認識するタンパク質の結合によってさらに保護されるのである．

テロメアの短縮と加齢

脊椎動物では，生殖細胞（配偶子になる細胞）や初期の胚生細胞のような活発に分裂をしている細胞ではテロメラーゼは活性化状態にある．繰返す細胞分裂によって生まれる娘細胞が丈夫な染色体を維持するにはテロメアの伸長は必要なことである．しかし，体細胞では，細胞分裂は死んだ細胞との置き換わりや創傷部位でのみ起こり，テロメアをDNAに加えていくことはそれほど必要ではない．こうした体細胞を単離して培養しても，限られた回数しか分裂できずに死んでしまう．テロメアが徐々に短くなることで，体細胞の寿命が制限されるのであろう．おそらく加齢とともに蓄積した染色体内の変異などから個体を守る意味があると考えられる．これが生物の寿命を決めているのかもしれないという推測が働く．

もし，テロメラーゼが培養細胞内で活性化されたなら，この細胞は老化から逃れて不死化するであろう．再活性化されたテロメラーゼが多くのがん細胞に存在するということは興味深い．がん細胞は，ゲノム中に多くの変異が蓄積しているにも関わらず，その分裂は制御を逸脱し，不死化している．ゆえに，テロメラーゼは，がんの治療における創薬標的となるのである．

DNA複製の精度はどのように保たれているのか

大腸菌では460万塩基対を非常に速く複製しなければならない．なぜならば，ゲノムは40分で複製を完了させるからである．これだけの速さにも関わらず，DNA塩基配列の複製は生命の存続に関わるほど重要であるがゆえに，正確でなければならない．ヒトのDNAポリメラーゼの働く速さはゆっくりしている．なぜならば，ヒトの場合，複製開始点がたくさんあることと，そして，細胞周期の時間がずっと長い（約24時間）からである．しかし，ヒトの二倍体細胞は，細胞分裂ごとに30億塩基対の複製をしなければならない．巨大なゲノムをもつものにとって，どんなに正確な複製機構が備わっているとしても，誤りの発生を防ぐには不十分である．1塩基の間違いによっても，それが大切な遺伝子の重要な部位だと，遺伝病をひき起こすこととなる．しかし，実際の細胞は10億塩基に対して1個以下の誤りしか起こさない．どうしてこのようなことが可能なのだろうか．

デオキシリボヌクレオシド三リン酸（dNTP）がDNAポリメラーゼの活性中心に入ると，これは鋳型DNAに対してワトソン・クリックの法則に従う塩基対を形成する．もしこのとき，間違った塩基を取込んでしまったらどうなるか．塩基対には特異性があるということは十分にわかっているので，非ワトソン・クリック型塩基対形成が起こることに驚くかもしれない．実際に，異常な塩基対形成はタンパク質合成においては重要である（第25章）．DNAにおけるワトソン・クリック型塩基対形成はいかにして成し遂げられ，そして，"間違って"形成された塩基対はいかにして排除されるのだろうか．間違った塩基が入って塩基対を形成したとしても，自由エネルギー変化はわずかであり，精度を保つには十分な説明にはならない．正しいdNTPを判断できる何か別の仕組みがあるはずである．ポリメラーゼの中心的構造は基質結合部位である．二つの重要な因子があり，一つは**空間的選択性 geometric selection**，もう一つは，ポリメラーゼの**コンホメーション変化 conformational change**である．

まず，空間的選択性について述べる．ワトソン・クリック型塩基対（A・TとG・C）のヌクレオチドの空間的選択性をみると，その形，塩基間距離，グリコシド結合の角度には大きな変化はない．"間違って"形成された塩基対は，ワトソン・クリック型塩基対とは違った空間的選択性をもっているのである．鋳型内の塩基と間違った対を形成してしまったdNTPは，ポリメラーゼの活性部位にぴったり合う正しい空間的な型をもてないのである．

次に，ポリメラーゼのコンホメーション変化についても述べたい．鋳型ヌクレオチドに対して正しいdNTPが対

を成した場合，ポリメラーゼの活性中心に大きなコンホメーション変化が起こる．DNAポリメラーゼは，基質が結合していない状態では開いた構造になっている．ここに正しいdNTPが入ってくると，塩基対周辺で閉じた構造に変化し，リン酸ジエステル結合を触媒するためにdNTPを適切な部位に置くのである．このコンホメーション変化は，間違ったdNTPが入ると約1万倍遅くなる．

こうした機能によって成し遂げられる選択性は非常に高く，間違いが起こる確率は$1/10^6$程度であるが，まだ十分とはいえない．選択性におけるさらなる改良は必要である．次の修正過程はポリメラーゼ自身による付加の正確さの確認である．

エキソヌクレアーゼによる校正

大腸菌のPol I, Pol IIIや，それに対応する真核生物の酵素は，今までふれていないある触媒活性をもっている．それは，$3′→5′$へ向かうエキソヌクレアーゼ活性であり，伸長しているDNA鎖で最後に結合したdNTPを除去する能力である．注意してほしいが，これは先に述べたPol Iによる岡崎フラグメントの$5′→3′$方向にRNAを除去する反応とは別ものである．この末端のdNTPを除去するのは，ヌクレオチドが間違っているときのみに起こる．間違ったものが入るとそれを除去し，そうして正しい塩基が入るまで試行を続けるのである．これがDNAポリメラーゼのもつ**校正 proofreading** 機能の中心である．

この機能はPol Iでよく研究されている．合成部位とエキソヌクレアーゼ部位は十分近くにあり，DNA鎖を片方の部位からもう一方へ滑走させることができる（図23.19）．間違った塩基は鋳型鎖から離れ，合成部位からエキソヌクレアーゼ部位へ滑走されて，正しい塩基が入ればこの滑走は終わる．間違った塩基はリン酸ジエステル結合の加水分解によって離れ，正確な対を成す鋳型/プライマー複合体が合成部位に戻ってくるのである．この校正機構はリーディング鎖，ラギング鎖，そして，岡崎フラグメントの合成時に起こる．しかし，真核生物では，Pol αはエキソヌクレアーゼ活性を欠いており，よって，校正機能をもっていない．Pol αはおもにRNAプライマーやはじめの短鎖DNA合成に働く酵素であるので，このことはたいした問題にはならない．

メチル基導入によるミスマッチ修復

今まで述べてきたような方法を用いても，許容しかねる割合で変異は必ず起こってくる．したがって，細胞は，間違った対形成をしたDNAがポリメラーゼを離れた後も監視する機構をもっている．大腸菌にみられる最後の精度管理はメチル基導入による**ミスマッチ修復 mismatch repair** である．これが精度をさらに上昇させる．DNAポリメラーゼの精度管理をくぐり抜けてきた二本鎖DNAは，次

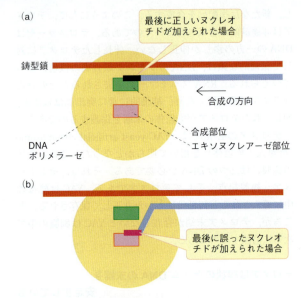

図 23.19 Pol Iの校正機能とエキソヌクレアーゼ活性．(a) 最後に付加されたヌクレオチドが正しい場合，(b) 正しくない場合．図の下にある誤って入ったヌクレオチドは鋳型DNA鎖から外れ，揺れて，エキソヌクレアーゼ活性部位に動く．そこで誤ったヌクレオチドが除去される．また，揺れて戻ってきたDNA鎖にポリメラーゼが正しいヌクレオチドを付加する．ここで正しいヌクレオチドが付加された場合は，DNA鎖は合成部位から外れると考えられる．

にあるようないびつな形をもつこととなる．

当然ながら鋳型鎖の塩基は正しく，新しくできたDNA鎖の塩基の方が間違っているということである．修復機構はこの二つの鎖を識別しなければならない．さもないと，変異を許し，それを増幅しかねないからである．鋳型鎖ではなく新しくできたDNA鎖の塩基を取除き，修正しなければならない．いかにして2本のDNA鎖を区別するのであろうか．大腸菌ではGATCという配列があると，この配列中のアデニンは細胞質中に存在する酵素により**メチル化 methylation** を受ける．これはDNAの塩基対形成やDNAの構造には影響を与えない．新しくできたDNA鎖がメチル化されるまでには少し時間がかかるので，少しの間メチル化されていない状態が存在する．こうして鋳型鎖はメチル化されており，今できたばかりの新しいDNA鎖はメチル化を受けていないことになる．この修復機構は，MutS, MutHとMutLとよばれる三つのタンパク質から成る．最初に，**MutS** が二本鎖のミスマッチによるゆがみを認識する．**MutH** はメチル化されていない，すなわち，新しく合成されたDNAのGATC配列に結合する．MutS

がミスマッチ鎖に結合した際，**MutL** も一緒に結合し，すぐ近辺に MutH も結合する．MutH はメチル化されていない鎖の GATC 配列にニックを入れる（"ニック" とは，ヌクレオチドを除くことなく，リン酸ジエステル結合を切断することである）（図 23.20）．MutH によってニックを入れられた GATC 配列は，ときにミスマッチ部位からかなり離れている場合もある．そして，ヘリカーゼ，SSB，エキソヌクレアーゼが協調してニック箇所からミスマッチ部分まで新生 DNA 鎖を削り，Pol III によって正しい DNA に置き換え，ミスマッチを修復する．DNA リガーゼはニックを結合させるのに働く．一つの間違えた塩基を直すために，ときには数千塩基の DNA が取除かれるわけである（図 23.20）．この修復機構は複製の精度をさらに上げ，こうして最終的に誤りの確率を 10^{-10} に低下させるのである．

このようなミスマッチ修復は真核生物でも起こっている．ヒトでは，大腸菌の MutS や MutL に相当するタンパク質は知られているが，MutH に対応するものは発見されていない．おそらく，メチル化以外の何らかの機構で二本鎖のうちどちらが新しくできたものかを判別するのであろう．MutS や MutL 相当タンパク質をコードする遺伝子に変異が入ることで大腸がんのリスクが上昇することからも，このミスマッチ修復機構がヒトにおいて重要であることがわかる．

大腸菌における DNA 損傷の修復

ここまで述べてきた機構で，DNA は信じられないくらい正確に複製され，生命の連続性を維持している．DNA 損傷をひき起こす化学変化は一定の割合で起こり，もし適正な修復機構が常に働かなければ，日ごとに大きな変異を起こしていくであろう．DNA の損傷はある程度は自然に生じるものである．たとえば，デオキシリボースと塩基を結合するグリコシド結合はきわめて不安定で（特にピリミジンよりもプリン），したがって，ヒトの細胞では日々，多数のプリンや少しのピリミジンが DNA から加水分解によって外れ，脱プリンや脱ピリミジン状態の DNA が生まれている．これに加え，シトシンとアデニンは化学的に脱アミノされて，それぞれウラシルとヒポキサンチンに変わる（図 19.1，19.7 参照）．

さらに DNA はいろいろな化学物質により "攻撃" を受け，それらの多くは発がん性の変異を起こす．DNA 損傷を起こす重要な因子の一つは細胞でつくられるフリーラジカルである．（フリーラジカルとその損傷機構については，防御機構とともに第 32 章で述べる．）反応性の高いフリーラジカルは電離放射線や紫外線などでもつくられる．紫外線は近接したピリミジン間の架橋を起こす．よく知られた例は，チミン二量体であり，4種類のピリミジン二量体が形成される．紫外線により数多くの異常分子が生成する．この他にもアフラトキシン（カビ類が産生する発がん物質で，しばしば作物中に含まれる）などいくつかの化学物質は，DNA を攻撃し修飾する反応性分子を形成する．

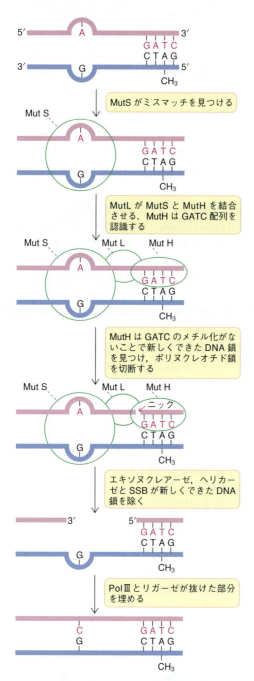

図 23.20 ミスマッチ修復におけるメチル基の役割．GATC 配列がミスマッチの場所と離れているときは DNA が折れ曲がって二つの距離を縮める．Mut タンパク質群は，変異誘発遺伝子によってコードされており，これら遺伝子の不活性化によって DNA 合成に誤りが起こる可能性が高まる．

タンパク質は損傷を受けてもやがて分解されるが，DNAは必ず修復されなくてはならない．（そうでなければ，変異した細胞ががんに進展してしまう前にアポトーシスで死ななければならない；第30，31章参照）．DNA修復の重要性については，その完全性を保つために非常にたくさんの修復機構が存在し，それらをすべてまとめると1冊の本になるほどであることからも理解できる．ここでは，大腸菌で明らかにされた修復機構だけをまとめ，真核細胞の機構との比較も簡単に記す．

重要なことは，二本鎖DNAの両鎖のまったく同じ場所に変異が起こる確率は非常に小さいということであり（しかし，これはときとして起こるのだが），一方の鎖のある場所が損傷を受けたとき，もう一方の鎖が鋳型となり，損傷した場所を直接修復する．

- **直接修復** direct repair　　DNAを紫外線に当てると同じDNA鎖の隣り合った二つのピリミジン（多くの場合がチミン）が共有結合を起こし，二量体（チミンの場合は**チミン二量体** thymine dimer）をつくる．（わかりやすくするために，構造は，二つの塩基を前後ではなく横に並べて二次元で示した．）

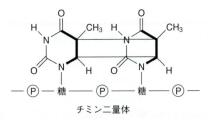

大腸菌においては，このチミン二量体は別の合成DNAの置き換えではなく，直接的に修復される．この不自然な結合は，DNAフォトリアーゼとよばれる光照射で活性化される酵素で切断される．もう一つの直接修復機構では"自殺酵素"が働いて塩基からアルキル基を除く．アルキル基（たとえば，メチル基やエチル基）は変異誘発物質によって塩基に付加され，これは次の複製時に異常な塩基対の形成を起こさせ，結果的に変異が導入される．この修復酵素はアルキル基を除いてこれを自らの構造内に取込み，活性を失う（ゆえに自殺酵素とよばれる）．これは酵素というよりも特異的なタンパク質試薬といってよい．なぜならば，触媒と異なり，反応の過程で自らも変化するからである．

- **ヌクレオチド除去修復** nucleotide excision repair　　チミン二量体のように二重らせんを変形させる部位は，その部位を含む短いDNA鎖を除去し，もう一つの鎖を鋳型として修復されることもある．大腸菌では，UvrA，UvrB，UvrC，UvrDとよばれる（Uvrは紫外線修復（UV repair）に由来する）四つのタンパク質が存在し，これらの協調作用で損傷部位の両端を切断し，12～13塩基を取除くことができる（図23.21）．このUvrタンパク

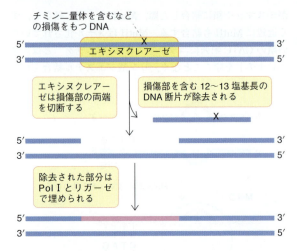

図23.21　大腸菌のヌクレオチド除去修復の過程

質複合体のヌクレアーゼ活性を，**切除ヌクレアーゼ** excision endonuclease，または**エキシヌクレアーゼ** excinuclease とよぶ．Pol I はこの切断点に結合し，3′方向へとDNAを伸長する．そして，最後にリガーゼがニックを結合する．この機構はどちらのDNA鎖が間違っているかを判断できるかどうかにかかっている．

- **塩基除去修復** base excision repair および **AP部位修復** AP site repair　　脱アミノ反応によりシトシンはウラシルに，また，アデニンはヒポキサンチンとなる．DNAグリコシラーゼはこの異常な塩基を認識し，加水分解で除去し，脱プリン(apurine)あるいは脱ピリミジン(apyrimidine)部位（AP部位）というデオキシリボースに塩基の結合しない状態をつくり出す（図23.22）．プリンとデオキシリボースの結合は比較的不安定なため，AP部位は自然に生じることもある．AP部位は，問題のある部位の付近のポリヌクレオチド鎖にニックを入れ，ついでその部位をPol I で正しく置き換え，最後にリガーゼでつなぎ合わせることにより修復される．

シトシンから生じたウラシルが除かれることは，なぜ，DNAはウラシルの代わりにチミンをもっているかを説明することになるであろう．チミンとはウラシルにメチル基がついたものである．もしDNAが普段からウラシルをもっているとしたら，もともとのウラシルとシトシンの脱アミノ反応によって生じたウラシルとの区別ができなくなってしまうのである．

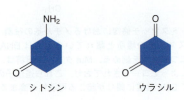

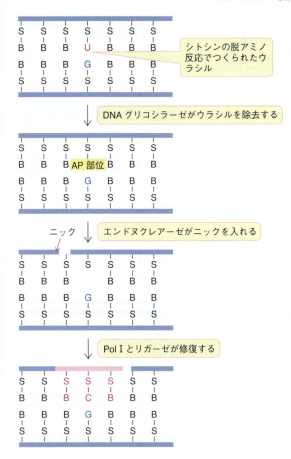

図 23.22 AP 部位の生成と修復．この例の場合，AP 部位はグリコシラーゼによるウラシルの除去でつくられる．しかし，プリン塩基（確率は低いがピリミジン塩基も）の自然な加水分解でも生じる．S：糖，B：塩基．

ウラシルの代わりに DNA ではチミンを用い，この問題を解決している．（次の章で述べるように，ウラシルは RNA で使われている．RNA は比較的寿命も短く，サイズも小さい．だから塩基の間違いは DNA の場合のように子孫に及ぶような問題を生じない．よって RNA は修復されない．）

二本鎖切断の修復

非常に危険な DNA 損傷は，電離放射や他の化合物による二本鎖 DNA の切断である．これは鋳型として働く相手方の鎖がないためにとても深刻な問題となり，今までに述べてきたのとは異なる特別な修復機構が必要となる．二つの方法が進化してきた．**末端付加** end-joining 機構は，切断点が単純に結合するというものである．この場合，1 個あるいは数個のヌクレオチドが切断点で除去されるので，問題を起こす可能性がある．

もう一つの方法はより正確である．これは，障害を受けていない相同配列を用い，**組換え** recombination によって直接的に修復する方法である．たとえば，もし複製フォークの一方の枝で二本鎖の切断が起きたならば，もう一方の枝の相同的な配列領域を修復のための鋳型として利用し，組換えによって修復するのである．相同組換えは DNA 修復以外でも重要な機能である．これによって染色体間で DNA 配列の交換が起こり，遺伝的な多様性が生まれるのである．この仕組みについては，章の後半で述べる．

損傷乗越え複製

もし DNA 修復に失敗した場合，"最後の頼り"になる機構が存在する．これは，損傷部位を乗越えて細胞に新しい鎖を合成させることで完全な DNA 複製を実行させる機構である．この場合，損傷部位は正しい塩基を合成するための鋳型にはならないので，高い確率で変異が起こってしまう．代わりに，特別な損傷乗越えポリメラーゼが存在し，これは AP 部位やチミン二量体のような未修復部位をもつ鋳型鎖に沿って動いて働くが，塩基対を頼りにするのではなく，酵素自身がその箇所で塩基を選んで挿入するのである．大腸菌においては，これは SOS 応答とよばれている．真核生物では，通常の複製では利用されないいくつかの DNA ポリメラーゼがこの損傷乗越え合成に関わっている．

真核生物における DNA 損傷の修復

私たち哺乳類にはフォトリアーゼ系は欠けているが，大腸菌がもつ DNA 修復機能の大部分は，ヒトを含む真核生物にも備わっている．タンパク質機能に影響を及ぼすような変異が修復されずに遺伝してしまうと，がんの要因にもなるような多くの遺伝的疾患が起こってしまう．たとえば，遺伝病である**色素性乾皮症** xeroderma pigmentosum (XP) では，ヌクレオチドの除去修復に関与する七つのタンパク質のいずれか一つが影響を受けるような変異で発症する．日光に当たることで起こる DNA 損傷を修復することができないため，皮膚がん発症へと進展してしまうのである．大腸菌における MutS や MutL に相当する遺伝子はヒトにも存在する．これら遺伝子に変異が起こると，**遺伝性非ポリポーシス性大腸がん（HNPCC）** hereditary non-polyposis colorectal cancer になる．

相同組換え

遺伝的な組換えは DNA の再配列に深く関わる．遺伝子工学で用いる遺伝子組換え技術については第 28 章で述べるが，遺伝子組換えは生細胞の中でも自然に起こる．主要なものは，異なった染色体間の相同な部位（大きな領域だが，完全に一致した配列である必要はない）で起こるもの

で，**一般的組換え** general recombination，あるいは**相同組換え** homologous recombination とよばれる．もう一つは，まったく異なった染色体再配列過程で，**部位特異的組換え** site-specific recombination とよばれる．これは，抗体産生などの染色体組換えでみられる（第 33 章）．

相同組換えは，遺伝子の**再集合**を介して多様性を生み出す．すなわち，新しい遺伝子の組合わせをもつ固有生物を生み，自然選択にさらされながら，進化へと進むのである．真核生物では，相同組換えは減数分裂によって配偶子がつくられる際に起こる（第 30 章）．細菌は 1 本の染色体しかもたないが，他の細菌との**接合** conjugation とよばれる過程を介して DNA 組換えの機会を得て，一時的に DNA の相同領域を獲得することができる．前述の通り，相同組換えは二本鎖が切断された DNA の修復機構でもある．

相同組換えの結果を図 23.23 に示す．二つの染色体があり，（どちらも二本鎖 DNA），短い塩基配列に相同性があるとしよう．二つの DNA 鎖はその部分で交差し，二つの染色体の間で新しい DNA 二本鎖を形成する．もし交差点付近で二つの相同領域に若干の配列差があれば，組換え過程においてこの交差点付近に**ヘテロ二量体 DNA** heteroduplex DNA が形成される（非対形成状態の塩基を多少含む）．この複合体 DNA パッチは，ミスマッチ部分が修復されれば非相互的な配列変化を起こす（この現象は遺伝子変換とよばれる）．しかし，たいていの場合，交差点を挟んだ両側の 2 本の腕は相互的に変換し，2 本の親染色体間の遺伝子交換が起こる．

相同組換えの機構

相同組換え過程を以下にまとめる．
- 相同的な DNA の二量体領域では，塩基配列に類似性がみられる．DNA 鎖中の一本鎖，あるいは，二本鎖に切断が生じると，この切れた鎖が他方の鎖に侵入し，塩基対を形成する．これは DNA 二量体同士のハイブリッド形成で，**ホリデイ連結** Holliday junction とよばれる．一度このような交差が起こると，組換えは相同部位が続き，ハイブリッド形成ができ続ける限り伸びていく．
- ホリデイ連結の解消と DNA 二量体の解離には，DNA 交差部のさらなる切断と再結合が必要で，結果的に塩基配列の交換と組換えが起こるのである．

一本鎖侵入による交差部位の形成

相同組換えのモデルは 1964 年に Robin Holliday によって提唱された．彼のモデルからはニックが入れられた一本鎖 DNA が入り込むことが連想された．現在は少し修正され，DNA 修復，減数分裂のどちらであろうと，ほとんどの組換えには末端のプロセシングと短鎖 DNA の複製を伴う DNA の二本鎖切断が必要と考えられているが，交差領

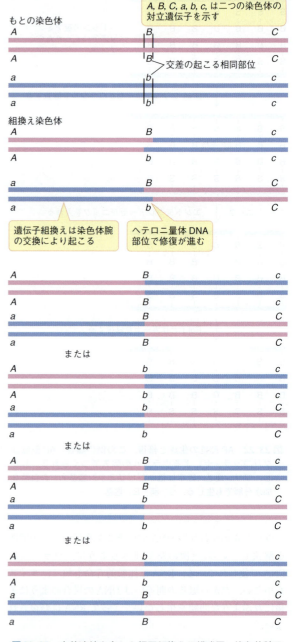

図 23.23 交差連結を介した相同組換えの模式図．染色体腕や特定の部位の取替えにより遺伝子組換えが起こる．遺伝子変換は短いヘテロ二量体 DNA 領域の修復の結果で生じる非相互的な配列変化をいう．A, a, B, b, C, c とは二つの染色体の対立遺伝子を示す．対立遺伝子とは，同じ遺伝子だが異なる塩基配列をもっており，その表現型が違うものをさす．

域で起こっていることがわかりやすいという理由から，図 23.24 に示すようなホリデイモデルがたびたび示される．このモデルにおいて，両方の DNA 相同領域の一本鎖にニックが生じ，この切断された一本鎖が相手方 DNA 分子

の中に交差して潜り込み，短い DNA ヘテロ二量体を形成する．このニックは連結反応で閉じ，結果的に，図 23.24 に示す交差状の**ホリデイ連結**が形成される．この図の中で説明されているように，交差する領域は相同性が続く限り染色体の上を動いて移動し続け，こうすることでヘテロ二量体部分の長さは長くなるのである（これを**分枝点移動 branch migration** とよぶ）．

は交差構造体の中で起こる．DNA 分子を分離させるために，交差していない方の鎖を図 23.24 に示すように切断後，再結合させる．この切断と再結合には二つの選択肢があり，どちらによるかはランダムに決まるようである．最初の選択肢は，ミスマッチの対形成を経て，ヘテロ DNA 二量体をつくる．二つ目の選択肢は，結果的には，それぞれの DNA 鎖の片側一本鎖間での相互交換となる．

交差状連結部の解消

ホリデイ連結の解消は，**異性化 isomerization** とよばれる三次元的な連結部位の組換えから始まる．この解消作業

大腸菌における相同組換えの分子機構

細菌内での相同組換えの主要な働きは，二本鎖が切断された際の修復である．相同組換えの分子機構は真核生物よ

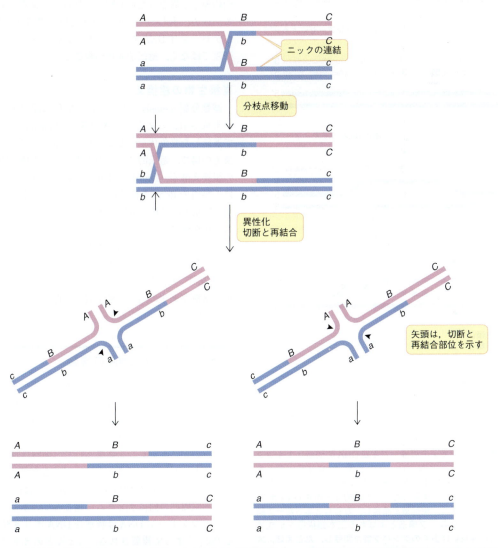

図 23.24 相互鎖の潜り込みとニックの連結によるホリデイ連結の形成．一度このような交差が起こると，組換えは相同部位が続き，ハイブリッド形成ができ続ける限り伸びていく．こうして交差部位は動いていく．これを分枝点移動とよぶ．この移動は相同部位の端まで進むことができる．ホリデイ連結は DNA の切断と再結合により解消される．この形成が図に示したように進むと，結果として図 23.23 に示したもとの 2 本の染色体間の組換えが起こる．連結部に形成された短いヘテロ二量体 DNA はミスマッチが修復され，結果的に遺伝子変換が起こる．

りも大腸菌でよく研究されているが，双方には共通する部分が多い．

最初に起こるのは**一本鎖侵入** single-strand invasion である（図23.25）．二本鎖切断を含むDNA二量体は，3′末端が突出した一本鎖DNAをつくり出すために末端がエキソヌクレアーゼによって削られる．完全な（無傷な）相同配列も必要で，たとえば複製の途中でこの修復をする場合，複製フォークのもう一方の枝がこの役割をする．二本鎖の片方に相同的な一本鎖DNAが3′末端側より侵入し，相補鎖と結合し，もともとあった一本鎖を引離すと，Dループとよばれる三本鎖構造を形成する．この反応にはいくつかのタンパク質が関与しているが，大腸菌ではRecAとよばれる酵素がこの反応を触媒する．このRecAは，たくさんの分子が侵入してきた一本鎖DNAの鎖に結合し，相同結合しやすいように広がった構造に変える．一本鎖DNAは二量体構造内に入り込み，RecAはこの一本鎖DNAが相同配列を見つけ出し，塩基対を成してDループを形成するのを助けるのである．最終段階では，最初に削られた配列を埋めるために，新しいDNAの合成が起こる．この過程で，図23.24に示すように二つのホリデイ連結が形成される．気を付けてほしいのは，図23.25に示すように，二つの連結が異なった形で解消されると，鎖間で交差が起こる．一方，もし二つの連結が同じ形で解消されたならば，ヘテロ二量体DNAの"パッチ"が形成され，結果として交差ではなく，遺伝子変換が起こる．

真核生物の組換え

　減数分裂 meiosis においては一倍体の配偶子（第30章）が形成され，このとき，**キアズマ** chiasmata（鎖の交差）で連結した染色体を見ることができる．キアズマは相同組換えの場で，遺伝的多様性が生まれる．真核生物から二つの組換え酵素，Dmc1とRad51が見いだされたが，これらは大腸菌のRecAと構造や機能の面で類似するものであった．Dmc1は減数分裂時の組換えに働き，一方，Rad51は二本鎖切断時の修復に関わると考えられている．酵母とマウスの両方において，Rad51の機能を損なう変異は電離放射線に対する感受性を高めることが確認されている（ゆえに，"Rad"と命名された）．こうした事実は，組換えと修復の機構が進化の過程で種を超えて保存されていることを強く示唆する．

ミトコンドリアDNAの複製

　ヒトでは，ミトコンドリアの二本鎖環状ゲノムは16,600塩基対から成り，24種類のRNA（tRNAやrRNA）と13種類のタンパク質をコードしている．細胞は数多くのミトコンドリアをもち，個々のミトコンドリアはそれぞれが多コピーのゲノムをもつ．結果として，細胞は数百から数千個のミトコンドリアゲノムをもっているのである．ミトコンドリアゲノムの複製は染色体の複製とは同調しておらず，細胞周期の間にランダムに起こっているようである．

　ミトコンドリアDNAは特別なDNAポリメラーゼであるPolγによって複製される．ほとんどのミトコンドリアタンパク質と同様に，このPolγも核内ゲノムにコードされており，細胞質で合成後にミトコンドリア内に輸送される．ヒトのミトコンドリアDNA内には配列変化の蓄積が観察され，核内ゲノムよりも速い進化速度で進化してきた

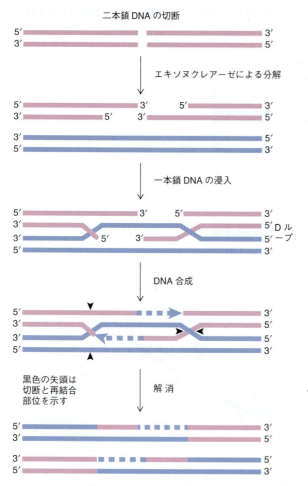

図23.25　相同組換えの機構．二本鎖DNAの切断はエキソヌクレアーゼによって起こり，このとき，3′末端突出の一本鎖DNAをつくり出すために末端がエキソヌクレアーゼによって削られる．二本鎖の片方に相同的な一本鎖DNAが3′末端側より侵入し，相補鎖と結合し，もともとあった一本鎖を引離すと，Dループ構造とよばれる三本鎖構造を形成する．この過程には多くのタンパク質が関与し，たとえば，大腸菌ではRecA，哺乳類ではRad51などが関わっている．その後，侵入してきたDNAを鋳型とした新たなDNA合成が進んで二つのホリデイ連結が形成され，図23.24に示す流れで分かれていく．Björklund S, Gustafsson CM. Trends in Biochemical Sciences (2005) 30(5):240-4.

ことが推察される．こうした現象は，ミトコンドリアが DNA の修復能をもたないことに起因していると考えられる．しかし最近，Polγ が校正能をもつこと，そして，ミトコンドリアが少なくとも一つは DNA 修復機構（塩基除去修復のみ．他の修復機能はもたない）をもつことが明らかにされた．にもかかわらず，細胞内でのミトコンドリアの DNA 複製速度が速いことと，複製回数が多いことが，生物の一生涯でミトコンドリアに変異が蓄積してしまうことに大きく関与している．そして，このことがヒトの寿命にも関係することが示唆されている．

ミトコンドリア変異の遺伝は，遺伝病にも関係している．ミトコンドリアは卵からのみ子孫に伝えられるので，ミトコンドリアゲノムの異常は，通常，母系遺伝とよばれる遺伝様式を示す．

レトロウイルスでの逆転写酵素による DNA 合成

この章の最後にまったく異なった DNA 合成について少しふれておく．それはレトロウイルスが用いる仕組みで，レトロウイルスがもつ一本鎖 RNA ゲノムを DNA 内にコピーする機構である．これに関わる酵素は**逆転写酵素** reverse transcriptase とよばれ，発見当初は受入れられなかったが，やがてこの画期的な発見で David Baltimore, Renato Dulbecco, Howard Temin の 3 名が 1975 年にノーベル生理学医学賞を受賞した．この発見の前は，DNA から RNA がつくられるという，いわゆるセントラルドグマは絶対で，逆は起こらないと考えられていた．レトロウイルスの医学領域における重要性，特にエイズの原因であるヒト免疫不全ウイルス（HIV）などに加え，逆転写酵素は組換え DNA 技術においても重要である（第 28 章）．真核生物のゲノム中に見いだされるレトロトランスポゾンも自らの複製のために逆転写酵素を使うことが最近わかってきた．このように，ヒトのゲノムには逆転写酵素をコードする遺伝子が存在するのである．

レトロウイルスの複製の概略を図 23.26 に示した．RNA ゲノムと逆転写酵素はウイルス粒子内にあるが，複製は宿主となる細胞内で行われる．ウイルスの逆転写酵素は複数の機能をもった酵素である．この酵素は，ポリメラーゼ活性と RNA 分解活性をもち，RNA と DNA の両方をコピーすることができる．まず最初に，宿主の tRNA 分子を"借り"，これをプライマーとして短い鋳型 RNA を DNA に変換する．tRNA の 3′ 末端が鋳型と対を成し，これがプライマーとなって逆転写酵素によって DNA が合成されるのである．ウイルスゲノムは両端に反復配列をもち，最初に合成される短い DNA コピーにはこの反復配列が含まれる．続いて，この短いコピー配列はゲノムのもう一方の端に転送され，反復配列同士が対を成し，そしてゲ

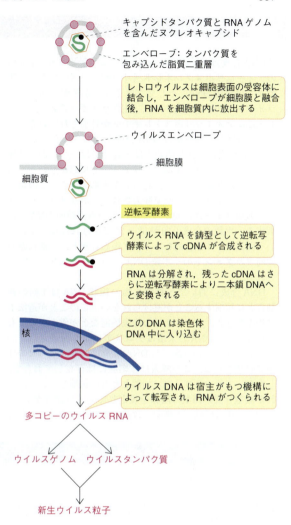

図 23.26 レトロウイルスの複製

ノムの全 DNA をコピーするのである．こうして形成された RNA/DNA ハイブリッドは，RNA の加水分解によって一本鎖の DNA に変換される．このとき働くのが逆転写酵素内に存在する RNA 分解活性である．そして，この分解時には短い RNA 分子が残され，これがプライマーとなって相補鎖 DNA の合成が行われる．すなわち，最初に合成された一本鎖 DNA は逆転写酵素によって二本鎖 DNA になる（**プロウイルス DNA** proviral DNA とよぶ）．この二本鎖 DNA は，ウイルスがもつ別の酵素であるインテグラーゼによって宿主の DNA 内に組込まれる．そして，宿主 DNA が複製されるのと一緒に，この DNA も複製される．新たにレトロウイルスの粒子がつくられるためには，プロウイルス遺伝子（宿主染色体中のウイルス遺伝子）が転写されて RNA が合成され，ここからウイルス粒子の産生に必要なタンパク質を直接産生しなければならない．

要約

　DNA 合成は DNA ポリメラーゼにより触媒され，4 種類のデオキシリボヌクレオシド三リン酸，コピーのための鋳型または親鎖 DNA，そしてプライマーが必要である．プライマーは短い RNA 分子で，親鎖のコピーであり，この 3′ 末端にデオキシリボヌクレオチドが付加されていく．二本鎖が分離した場所から DNA 合成が開始される．

　1 染色体当たり複製開始点は大腸菌では一つだが，真核生物では数百個存在する．ポリメラーゼ反応が進むと，ヘリカーゼが親鎖を分離し，超らせんを形成する．この超らせんはトポイソメラーゼで除去される．ポリメラーゼ二量体は複製フォークに向かって進みながら両鎖の DNA を複製する．両鎖の合成方向が 5′→3′ でなければならないという問題は，非連続的なラギング鎖の合成と，分離状態の岡崎フラグメントの一本鎖 DNA へのプロセシングで解決される．

　DNA 合成において，真核生物の線状 DNA は 1 回の複製ごとに短縮することが避けられない．このことが遺伝子に損傷を与え，また，余計な修復機能などが働かなくてもよいように，DNA の末端はテロメアにより保護されている．テロメアという繰返し DNA 構造はテロメラーゼの作用で付加される．この酵素は体細胞には存在しておらず，したがってそのテロメアは加齢とともに短縮していき，これが細胞分裂の回数の限界を規定している可能性がある．幹細胞（あるいはがん細胞）はテロメラーゼを強力に発現しており，テロメアの短縮を防いでいる．

　複製の精度は何重にも保証されている．DNA ポリメラーゼは，ワトソン・クリックの法則に従い，鋳型鎖に相補的なデオキシリボヌクレオチドを結合する．しかし，正しい対形成と誤った対形成の間の自由エネルギーの違いはさほど大きくなく，これだけでは精度を保つことはできない．正しい対形成時の構造は誤ったものとは異なっており，DNA ポリメラーゼがその違いを認識する．DNA ポリメラーゼはさらに，最後に加わった塩基が間違っている場合はそれを除去する能力をもっている．

　細胞の DNA は放射線，紫外線や化学物質により常に攻撃を受けている．これに対するさまざまな修復機構，たとえば直接修復，塩基除去やヌクレオチド除去修復機構などを細胞は備えている．

　遺伝的な組換えとは，細胞内での染色体 DNA の生体内再配列をいう．主要な型としては，独立した染色体間で，部分的な配列類似領域における一般的組換え，あるいは相同組換えがある．相同組換えによる絶え間ない遺伝子の再集合は，新しい遺伝子の組合わせが進化によって試されていることを意味する．

　HIV のようなレトロウイルスは RNA ゲノムをもっており，逆転写酵素により宿主細胞の中で自身の RNA を DNA に変換して複製する．

問題

1. レプリコンとは何か．
2. DNA の二本鎖の分離の際にはどのような位相的問題が生じるか．
3. 問2の問題点を大腸菌と真核生物はどのようにして解決しているか．
4. 図を用いてトポイソメラーゼⅠとⅡの作用を説明せよ．
5. 真核生物は負の超らせんを DNA に導入するトポイソメラーゼをもたない．しかし，DNA は負の超らせんをもっている．これはどのようにもたらされているのか．
6. DNA の合成の基質は何か．
7. DNA 合成ではなぜ，RNA 合成に使われる UTP ではなく TTP が使われるのか．
8. (a) DNA 鎖は四つのヌクレオチドを基質とするだけで合成されるのか．
   (b) DNA 合成はどの方向で進むか．厳密に説明せよ．
9. DNA の熱力学的駆動力は何か．
10. 大腸菌の DNA ポリメラーゼⅠは複合酵素である．それぞれのサブユニットの活性と，DNA 合成における機能を述べよ．
11. 大腸菌の DNA ポリメラーゼⅢが正確に複製を行う機構を述べよ．
12. 大腸菌の DNA ポリメラーゼⅢの校正機能は重要であるが，十分な複製の精度には不十分である．もし，不適当なヌクレオチドが挿入されると，それは取除かれる．このためには修復装置がどちらの DNA の塩基が間違っているかを認識しなくてはならない．これはどのようになされているか．この機構はヒトにも存在するのか．
13. チミン二量体とは何か．これはいかにつくられ，また，いかに修復されるのか．
14. 真核生物の染色体が複製のたびに短くなっていく仕組みを説明せよ．
15. DNA が複製過程で短縮されていく問題はいかに補われているか．
16. "連続反応性" とは何か．どの DNA ポリメラーゼがこの機能をもっていないか．また，それはなぜか．
17. 次にあげる物質は一つのグループでまとめられるが，一つだけ含まれないものがある．それはどれか．
    　　CTP, UTP, DNA, ATP, GTP, RNA

24

遺伝子の転写

　四つの塩基の配列により決められた遺伝子は，20種類の標準アミノ酸が正しく配列するタンパク質合成に用いられ，あるいは，タンパク質非コード遺伝子の場合は正しい配列のRNAを産生するために用いられる．遺伝子は直接タンパク質を合成するわけではない．真核生物の場合，DNAは核膜の中に閉じ込められているが，タンパク質合成装置は細胞質中にあり，両者は接することはない．では，いかにして遺伝子はタンパク質合成を行うのであろうか．遺伝子は遺伝情報をもったRNAを細胞質に送り込み，これでタンパク質合成を行うのである．タンパク質合成にはおもに3種類のRNAが関与している．リボソームRNA（rRNA）と転移RNA（tRNA）は特別な機能をもっており，これについては第25章で詳しく述べる．タンパク質配列の遺伝情報を細胞質に運ぶのは，**メッセンジャーRNA（mRNA）** messenger RNA である．

メッセンジャー RNA

RNA の構造

　RNAとは**リボ核酸** ribonucleic acid のことである．これはDNA同様にポリヌクレオチドであるが，以下の点が異なっている．

- 糖はD-リボースであり，DNAの構成成分であるデオキシリボースではない．リボースは2′の位置にヒドロキシ基（−OH）をもっている．

D-リボース　　2′-デオキシ-D-リボース

- DNAとは異なり，mRNAは一本鎖である．このことは遺伝子の片方の鎖だけからmRNAがつくられることを意味する．
- 四つの塩基はA，C，G，Uであり，Tはない．UとTは塩基対形成のうえでは同じ性質をもっている．どちらもAと対をつくる．

　こうした違いを除き，第22章で述べたように，RNAの一本鎖は，DNAの一本鎖と類似した構造をもっている．どちらも隣り合うヌクレオチドの間で3′→5′のリン酸ジエステル結合をもっている．

mRNA はどのようにして合成されるのか

　RNA合成に必要なものはATP，CTP，GTP，UTPであり，すべての細胞内で合成される．大腸菌においては，全RNAがこれらを材料とし，DNA依存性RNAポリメラーゼ，つまり**RNAポリメラーゼ** RNA polymerase とよばれる酵素の働きで合成される．真核生物では，3種類のRNAポリメラーゼが存在し，これらはRNAポリメラーゼⅠ，Ⅱ，Ⅲ，あるいは単に，RNA Pol Ⅰ，Pol Ⅱ，Pol Ⅲである．真核生物のmRNAはRNAポリメラーゼⅡによって合成される．

　mRNA合成のはじめには，二本鎖のDNAが分離し一本鎖となり，mRNA合成の鋳型となる必要がある．DNAの二本鎖はmRNA合成に必要な部分で一時的に分離し，RNAポリメラーゼの作用が終わると，またもとの二本鎖に戻る．実際に，分離したDNAが"泡"のように見え，DNA上を移動するのが観察される．mRNA合成（遺伝子の転写）の基本はDNA合成と同じであり，DNAの鋳型鎖に対して相補的なリボヌクレオチドが導入されていくのである（図24.1）．しかし，DNA合成とは異なり，一本鎖のみが合成される．

　RNAポリメラーゼは鋳型DNAに沿って移動し，鋳型により決められているヌクレオチドを正しい順番に結合させていく．この場合，DNA合成と同様に，RNA合成は常に5′→3′の方向である．すなわち，新しいヌクレオチドは3′-OH基に付加されていき，5′→3′の方向で合成が起こるのである．鋳型DNAは逆平行であり，鋳型上の3′→5′方向に進むことになる．RNAポリメラーゼにより触媒される化学反応はDNAポリメラーゼの場合と非常によく似

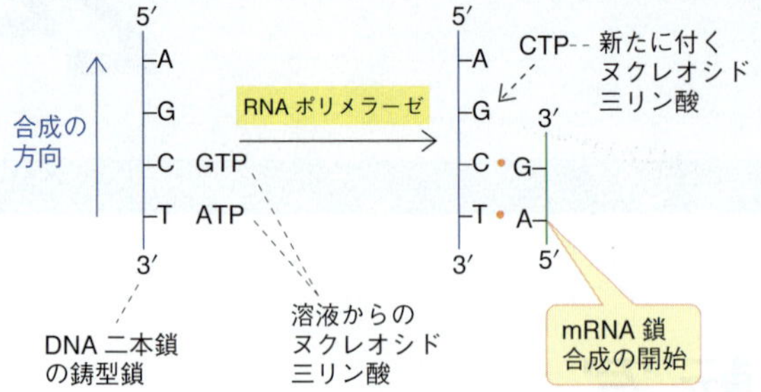

図24.1 鋳型DNAからのmRNA合成．非鋳型鎖は示していない．二本鎖の分離は一過性の現象である．DNA二本鎖が分離して見える泡のような構造（バブル構造）はポリメラーゼが進む方向にDNAに沿って進んでいく．

ている．ヌクレオシド三リン酸のα-リン酸基（これはリボースに最も近い位置のリン酸基である）をすでに存在する隣のヌクレオシドの3'-OH基に結合させ，無機二リン酸（PP_i）を放出する．続いてPP_iが加水分解されて2分子のP_iが産生されるが，この過程でDNA合成時と同様に大きなエネルギーが生まれる（図24.2）．

しかし，DNA合成との大きな違いは，RNAポリメラーゼはプライマーなしでRNA合成を開始できることである．鋳型DNAさえあれば四つのヌクレオシド三リン酸を用いて完全なmRNAを合成することができる．思い出してほしいのだが，DNAポリメラーゼが常にプライマーを必要としてきたのと際立った違いである．

mRNAのいくつかの特徴

一つの染色体上には数千にも上る異なる遺伝子が存在している．一つのmRNAは一つの遺伝子のコピーである（原核生物では，しばしば一つのmRNAが複数の遺伝子をコードしている）．ゆえに，mRNAは巨大な染色体と比較すると短い分子である．そして，細胞は，必要とするタンパク質の種類や量にもよるが，非常にたくさんのmRNAを産生する．細胞内では個々のmRNAが多数コピーつくられることで，存在するmRNAの複雑性が増すのである．

DNAの寿命は細胞内では永遠といってもよい．これに対し，mRNAは短命で，哺乳類ではその半減期は20分〜数時間で，細菌ではわずか2分程度である．したがって，遺伝子の発現のためには（ここでいう発現とは遺伝子にコードされたタンパク質の合成をさす），mRNAは連続的に細胞内で合成され続けなければならない．遺伝子はそのコピーをつくり続けなければならず，そのコピー製造装置がRNAポリメラーゼである．これは多少の浪費のように思われるかもしれないが，これにより一つ一つの遺伝子の発現調節が可能となる．遺伝子がmRNAの合成を止めた後，mRNAの分解がタンパク質合成の中断になるのである．

原核生物では1本のmRNAが複数のタンパク質をコードしていることが多い．これを**ポリシストロン性mRNA** polycistronic mRNA（遺伝子と同義の**シストロン** cistronに由来）という．原核生物の染色体上に集まる遺伝子はしばしば同一の代謝経路で働くタンパク質群をコードしていることがある．よって，このような仕組みにより，一連の代謝酵素のように関連するタンパク質を協調して発現させることができる．一方，真核生物では，一つのmRNAはたいていの場合一つのタンパク質をコードする．すなわち，真核生物のmRNAはモノシストロン性である．しかし，真核生物では一つの遺伝子の転写産物（初期産物）から選択的スプライシング機構（後述）によって複数のmRNAを生み出すことができる．これは一つの遺伝子が一つ以上のタンパク質をコードしている可能性を意味している．

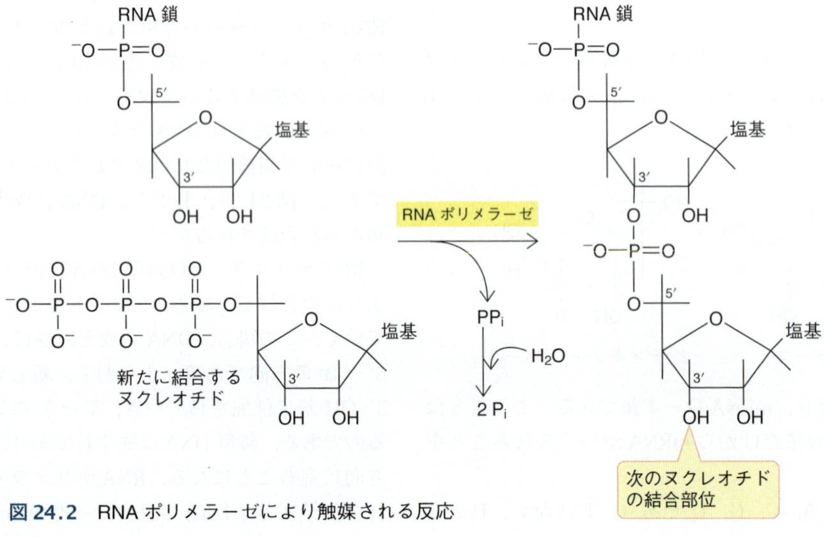

図24.2 RNAポリメラーゼにより触媒される反応

24. 遺伝子の転写

いくつかの重要な用語の定義
転写と翻訳

遺伝子発現における**情報** information の流れは次の通りである．

$$\text{DNA} \xrightarrow{\text{(転写)}} \text{mRNA} \xrightarrow{\text{(翻訳)}} \text{タンパク質}$$

（この矢印は情報の流れを意味するものであって，化学変化ではない．DNA が RNA に変化，あるいは RNA がタンパク質に変わるわけではない．）

DNA と RNA の"言語"は同一であり，これは塩基配列である．DNA を RNA に変えるのは情報の転写である．よって，mRNA 産生は**転写** transcription とよばれ，DNA は転写されたという．また，RNA 産物は**転写産物** transcript とよばれ，転写直後の無修飾な状態を一次転写産物という．タンパク質の"言語"は異なっている．これは核酸とはまったく異なるアミノ酸の並びによってできている．mRNA の指令によってタンパク質がつくられることは**翻訳** translation とよばれている．もし，このページを日本語のままコピーするならば，それは転写であり，中国語にするならばそれは翻訳というわけである．

コード鎖と非コード鎖

ここまで mRNA 合成は DNA を"コピーする"ことだと述べてきた．コピーされた mRNA の塩基配列は，転写の際に鋳型として使われなかった方の DNA 鎖と同じ配列（T が U に代わるが）となる．それゆえ，遺伝子の二本鎖 DNA を見た場合，鋳型として利用されなかった方の鎖を**コード鎖** coding strand，**センス鎖** sense strand とよび，一方，**鋳型鎖** template strand を**非コード鎖** noncoding strand，**アンチセンス鎖** antisense strand とよぶ（図24.3）．DNA の複製時と同様に，mRNA はワトソン・クリック型塩基対形成の法則に従って鋳型に対して相補的にコピーされる．結果的に，mRNA は鋳型鎖とは逆の非鋳型鎖配列，すなわち，逆平行で 5′→3′ 方向の相補的ヌクレオチド鎖となるのである．

遺伝子の 5′ と 3′ 末端：配列の上流域と下流域

遺伝子は逆の方向性をもつ2本の DNA 鎖から成っており，対を形成した二本鎖 DNA には方向性はない．一方，mRNA の場合，"5′ 末端"という表現を使い，コード鎖の向きは mRNA の 5′→3′ と同じ方向性をもっている．

第22章で述べたように，各遺伝子はそれぞれに特異的な DNA 塩基配列をもち，これが mRNA に転写される．しかし，転写配列近傍の DNA も転写過程において重要な役割をもっており，無視することはできない．5′ 末端側のこの近傍領域は**プロモーター** promoter とよばれる．この領域は RNA に転写されることはないが，転写過程には不可欠な領域である．もう一方の末端（3′ 末端）は**ターミネーター領域** terminator region とよばれ，転写の終結に重要である．これらを含む典型的な遺伝子の構造を図24.4 に示す．図中で，鋳型の最初の塩基は +1 で示され，5′ 末端から -1 までがプロモーター領域に相当する．転写開始点は矢印（→）で表示し，この向きは転写の方向を意味している．川の流れと同じように，5′ 側を"上流"，3′ 側を"下流"とよんでいる．

図24.3 転写される mRNA と鋳型鎖，非鋳型鎖の関係．mRNA と同じ情報をもっている方をセンスとよんでいる．ウイルスでは，鋳型鎖をマイナス（-）鎖，非鋳型鎖をプラス（+）鎖とよぶことが多い．

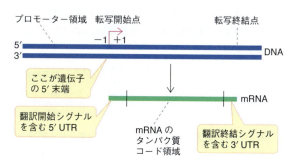

図24.4 原核生物の遺伝子と mRNA の関連．遺伝子の 5′ 末端とは非鋳型鎖，すなわちセンス鎖について述べている．転写される遺伝子領域は通常プロモーター領域よりも大きいので，この図のスケールは本来の構造とは一致しない．

図24.4 でもう一つ重要なことは，mRNA は両端にタンパク質に翻訳されない領域をもっているということである．5′ 側に存在するこの領域は**非翻訳領域（UTR）** untranslated region とよばれ，翻訳の開始に必要な情報を含んでおり，一方，3′ 側の領域は翻訳の終結シグナルをもっている（第25章）．

基礎的な化学反応は別として，原核生物と真核生物ではその転写には大きな違いがある．まず，大腸菌について述べ，次に真核細胞の転写について話すこととする．

大腸菌における転写
遺伝子転写の過程

転写には三つの過程，すなわち，**開始** initiation，**伸長** elongation，**終結** termination がある．

大腸菌における転写の開始

RNA ポリメラーゼが遺伝子上に存在するプロモーターに結合した時点から転写は開始される．どのようにしてこれは起こるのであろうか．RNA ポリメラーゼは多くのプロモーターに共通してみられる短い塩基配列に結合する．プロモーターには"エレメント（配列）"あるいは"ボックス"とよばれる領域がある（一般に，説明図では四角で囲まれて表現されることからボックスとよばれるが，もちろん，細胞内に"箱"があるわけではない）．大腸菌のプロモーターでは典型的なボックスが二つある．一つは**プリブナウボックス** Pribnow box（発見者の David Pribnow の名前にちなんで付けられた）とよばれる転写開始点の -10 塩基付近にあるボックス（-10 配列ともいう）であり，もう一つは，-35 塩基付近にある別のボックス（-35 配列）である．その**コンセンサス配列（共通配列）** consensus sequence を図24.5に示す．いろいろな種類のプリブナウボックスを比較した結果，まったく同じではないが類似した配列が認められた．ボックスの最初の番号を見て，さらにどの塩基がよく使われているかを見ておいてほしい．そのコンセンサス配列そのものが存在する遺伝子は少ないが，類似した配列であっても機能的にはほとんど同じ働きをするのである．

図 24.5 大腸菌プロモーター領域のコンセンサス配列

DNA 配列を書く場合，便宜上，一つの配列（コード配列）を $5'→3'$ 方向に記載するが，もちろん，もう一方の DNA 鎖があることはいうまでもない．したがって，プリブナウボックスも TATAAT と記載するが，実際は以下のような配列をもっている．

$$5'-\text{TATAAT}-3'$$
$$3'-\text{ATATTA}-5'$$

転写制御するタンパク質によって認識されるのは二本鎖 DNA である．

転写の正確な開始は重要である．mRNA の合成は鋳型鎖の正しい鎖の正確な位置のヌクレオチドから開始される．-35 配列とプリブナウボックスは RNA ポリメラーゼが正しい位置を認識するためのシグナルとなる．大腸菌の RNA ポリメラーゼはいくつかのタンパク質から成る巨大な複合体である．**コア酵素** core enzyme（二つの α サブユニットと，β，β'，ω サブユニットから成る）は，DNA に対して親和性をもち，さらに鋳型鎖を利用した RNA 合成を触媒することもできる．しかし，このタンパク質は特定の塩基配列を認識することはできず，細胞質から **σ 因子** sigma factor がやってきて結合することで初めて標的配列に結合できる．こうしてポリメラーゼは -35 配列とプリブナウボックスに結合し，転写が開始されるのである．（覚えていてほしいのだが，二本鎖の中で DNA 塩基はワトソン・クリック型塩基対を形成しているが，ほとんどが隠れている．溝の間に出ている塩基の縁が酵素により認識されているのである．図22.4参照）．こうして酵素は正しい位置に，正しい方向を向いて置かれる．

伸　長

次に，RNA ポリメラーゼは DNA の二本鎖を分離して転写を開始する．DNA が鋳型となり，ヌクレオシド三リン酸（NTP）が入ってきて対形成が可能となる．最初，数個のヌクレオシド三リン酸がリン酸ジエステル結合を形成し，転写が開始される．この時点でσ因子は離れ（この因子は再利用される），自由になったポリメラーゼは1秒間に 50〜100 塩基の速度で鋳型上を移動し（DNA ポリメラーゼの場合は 1000 塩基/秒），DNA 鎖を解いていく．解かれた DNA（約1.5回転）は転写バブルを形成しているが，RNA ポリメラーゼが通過した後，再び巻戻される（図24.6）．

mRNA 分子内の塩基に間違いがあると，異常なタンパク質が合成される．しかし，mRNA の寿命は短く，たくさんの mRNA コピーが単一遺伝子から転写されるので，転写の精度は DNA 複製に比べれば本質的に重要ではない．にもかかわらず，RNA ポリメラーゼは校正機能をもっている．それは，転写を途中で止め，直近に取込んだ間違った塩基を取除くことができる機能である．

転写の終結

原核生物で転写される遺伝子の多くは，その末端付近に転写産物が**ステムループ構造** stem loop structure をとりう

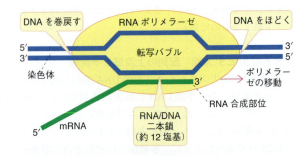

図 24.6 大腸菌における RNA ポリメラーゼによる DNA 転写の模式図．ポリメラーゼは DNA 二本鎖を約17塩基についてほどき，転写バブルをつくる．これは，DNA に沿って移動する．DNA はポリメラーゼの進行方向の前ではほどかれ，その後ろではまた巻戻される．新たにつくられた mRNA は約12塩基の長さで RNA/DNA 二本鎖をつくる．

るような配列をもっている．これについても説明しなければならない．mRNAは一本鎖だが，その配列の中に自分自身を安定化させるような配列が存在する．新たにつくられたmRNAはDNAの鋳型鎖と塩基対を生じる．この塩基対の長さは12塩基ほどと考えられており，ポリメラーゼはmRNAをじかに解き放つ．鋳型から解き放たれたmRNAは，自分自身の中で塩基対を形成して新たな安定形を形成する．転写終結部には図24.7に示すようなG·Cに富んだ配列があり，これがG·Cの強い（三つの）水素結合をつくることでステムループ構造を形成し，自らを安定化させる．このステムループ構造はいくぶん，転写伸長過程を邪魔する性質もある．これはおそらく，mRNA自身が内部で対形成をすることで鋳型DNAとの対形成ができなくなり，これによって鋳型からmRNAが離れてしまうためと考えられる．ステムループ構造の直後には八つのUが並ぶ配列が存在し，A·U間の弱い水素結合でRNAとDNAの対をつくっている．この対形成によってmRNAはDNAから離れやすくなり，転写が終結するのである．

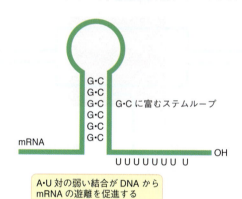

図24.7 ρ非依存性の転写終結に関与するRNA転写産物のステムループ構造

多くの原核生物の転写終結にはもう一つの方法がある．これにはρ因子 rho factor とよばれるタンパク質が必要で，ρ因子は新生mRNAに結合し，RNAポリメラーゼの後を追いかけるようについていく．転写の終結点でおそらくG·C配列のためにRNAポリメラーゼが止まると，後からきたρ因子はポリメラーゼに追いつく．ρ因子は転写によって生じたDNA/RNAの二本鎖を特異的に認識するヘリカーゼ活性をもっているために，RNAをDNAから引離し（この過程にはATPが必要），こうして転写が終結するのである．ρ因子依存的な転写終結は，mRNA合成がタンパク質コード領域の後で的確に終わっていることを確かめている．大腸菌においては，タンパク質の合成は転写が終結する以前から始まっている．なぜならば，（真核生物とは異なり）転写は細胞質で起こっているからである．実際，リボソームはポリメラーゼのすぐ後をついて進み，ρ因子がmRNAに結合するのを邪魔することができる．タンパク質コード領域の終わりまで到達すると，リボソームはmRNAから離れ，代わってρ因子がmRNAに結合できるようになる．さらに，翻訳が転写と同調的に行えない場合，たとえば，細胞がアミノ酸欠乏にさらされた場合，リボソームはmRNA上をゆっくり進み，ρ因子は翻訳されていないmRNAに結合し，また，必要以上のmRNA合成を抑制することで無駄なエネルギーの消費を抑えている．

原核生物の転写開始速度

細胞にとって，遺伝子を必要とされる場所で必要なときだけに発現させることは非常に重要である．いかにして遺伝子発現が選択的に制御されているかについては，第26章で述べる．多くの遺伝子は**恒常的発現** constitutive expression しているといわれており，すなわち，常に発現のスイッチが"オン"になっている．このような遺伝子は恒常性維持に必要なタンパク質や酵素をコードしており，その量も変化はない．しかし，このような恒常的につくられているタンパク質の中には，他のものよりもたくさん発現しなければならないものもある．細菌で遺伝子発現の速度を決めているのは，mRNAの合成速度であり，合成速度はその遺伝子の転写開始の頻度で決まっているといってよい．これは遺伝子ごとに異なっている．なぜなら，遺伝子プロモーターの"活性"が遺伝子ごとに異なるからである．"強力な"プロモーターは転写を頻繁に開始させ，こうして特定のmRNAやタンパク質を大量に産生するのである．"弱い"プロモーターはこの逆になる．プロモーター活性は，プリブナウボックスと-35配列や，その間の距離，さらに-1から-10の間の塩基配列などによって決められる．これらの部位がポリメラーゼと強く結合するほどプロモーター活性は高いが，しかし，これだけで決まるわけでもない．

別のσ因子による転写の調節

原核生物における遺伝子の選択的な発現制御機構についてこの章で述べる．これには，基本的な転写過程で機能するσ因子が深く関わっている．ある条件下では，このσ因子（分子量に因んで$σ^{70}$，あるいは，$σ^D$とよばれる）は違うプロモーターをもつ別々の遺伝子の転写開始に関わり，RNAポリメラーゼの助けを行っている（RNAポリメラーゼに転写開始を促している）．ところが，何らかの環境ストレス，たとえば熱ショック（突然の温度上昇）などにさらされると，大腸菌は，通常は機能不可能なレベル（低レベル）しか存在しない別のσ因子（$σ^{32}$あるいは$σ^H$とよばれる）の産生増強，安定化，活性化を促す．この因子は，"熱ショックタンパク質"とよばれる一群のタンパク質をコードする遺伝子の発現を促進し，細胞を熱から守る．他にも，細胞運動や，特別な細胞刺激に対する応答な

ど，特殊な応答時に必要となる遺伝子をグループ単位で直接的にまとめて制御する特別なσ因子がある．

真核生物における転写

真核生物のRNAポリメラーゼ

真核生物における，RNA合成の基本的な酵素反応は，原核生物と同じである（図24.1参照）．しかし，真核生物では3種類のRNAポリメラーゼⅠ，Ⅱ，Ⅲが存在し，それぞれが異なったクラスの遺伝子の転写を担っている．

- RNAポリメラーゼⅠは，おもにrRNAをコードするⅠ型遺伝子の転写を行う．
- RNAポリメラーゼⅡは，mRNAをコードするⅡ型遺伝子の転写を行う．
- RNAポリメラーゼⅢは，"低分子"RNAをコードするⅢ型遺伝子の転写を行う．この低分子RNAには，tRNA，5S rRNAや，核内低分子RNA（snRNA；RNAスプライシングに働く非コードRNA，後述）が含まれる．

この章では，RNAポリメラーゼⅠとⅢについては後半で述べることとし，まずRNAポリメラーゼⅡから説明することにしたい．なぜならば，このポリメラーゼはすべてのタンパク質をコードする遺伝子を転写するからである．

真核生物における遺伝子発現は高度に制御されている．原核生物の場合との大きな違いは，合成されたmRNAはすぐには翻訳されない点である．代わりに，一次転写産物は翻訳に利用される前に多くの修飾を受ける．おもな修飾を以下にあげる．

- 5′末端に"キャップ"ヌクレオチドを付加する．
- イントロンを除去するためのスプライシングを受ける．
- 3′末端にポリ(A)尾部を付加する．

これら個々の修飾過程に関しては，この章の後半で詳しく述べる．しかし，キャップ形成とスプライシングは転写と同調して起こることから，ポリメラーゼⅡもこの工程に何らかの関与がなければならない．真核生物の**RNAポリメラーゼⅡ**は，たくさんのサブユニットから成る巨大なタンパク質である．主要なサブユニットは，原核生物のRNAポリメラーゼのコア部分と相同だが，最も大きなサブユニットは原核生物にはない特徴をもっており，それは，七つのアミノ酸残基（Tyr-Ser-Pro-Thr-Ser-Pro-Ser）から成る繰返し配列を数多く（哺乳類では52個の繰返し）含む，伸長した**C末端ドメイン（CTD）** carboxy terminal domain をもっていることである．ポリメラーゼⅡ内のCTDは制御的転写に関与し，転写の最中に一次転写産物のキャップ形成やスプライシングに関わる因子を寄せ集めてくる．さらに，この部分はポリ(A)尾部の付加に関わる因子も寄せ集める．CTDは繰返し配列内のセリン残基のリン酸化を介して自身も制御されている．

転写の最中に，DNAの鋳型鎖はポリメラーゼ内の溝にはめ込まれ，もう一方の非鋳型鎖は外側に位置している．転写が開始されたとき，新生RNAの最初の8個のヌクレオチドが鋳型鎖と二本鎖を形成するが，その後，酵素は伸び，そのCTDの方向にRNAは出ていく．一方，鋳型鎖DNAはポリメラーゼの中心部の後ろ側へと場所を移し，そこで非鋳型鎖DNAと再度，対形成をする（図24.8）．酵素内の鋳型が結合する溝の部分は爪のような構造をとっており，触媒部位を閉じて固く結合させる．これは本質的には非常に重要なことである．なぜならば，転写すべき遺伝子は非常に大きく，まだ合成が完成していない段階で外れると，再結合するすべがないからである．リン酸化されたCTDの機能の一つは，RNAの修飾に関わる酵素群を結合させることである．こうすることで，これら修飾酵素に新生RNAを修飾することができる．

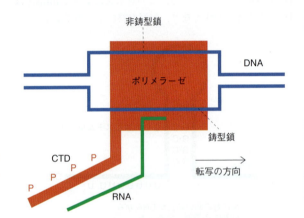

図24.8 遺伝子の転写を進めているRNAポリメラーゼⅡの模式図．酵素が二本鎖DNAを引離しているように描いている．鋳型DNA鎖は活性中心をもつ酵素の溝にはまり，RNAを合成する．この間，非鋳型鎖は酵素の裏側を通っていく．RNA鎖はDNA鎖と8〜9の塩基対を形成するが，その後外れる．RNAの出ていく方向は酵素のC末端ドメイン（CTD）の方向である．産生されたRNAは転写中にキャップ形成され，また，スプライシングを受ける．同時に細胞質に運ばれるためのパッキングもされる．

真核生物のRNAポリメラーゼはヒストンタンパク質とも何らかの関係をもつ必要がある．なぜならば，転写前であってもDNAは完全にヒストンタンパク質から離れた状態ではないからである．しかし，これに関してはいまだよく理解されていない．

真核生物のプロモーターでどのようにして転写は開始されるのか

原核生物と同様に，真核生物の遺伝子もその5′末端にプロモーター配列をもつ．しかし，真核生物の遺伝子はク

クロマチンにしっかりと詰込まれているために，より複雑な機構が存在する．ある遺伝子の転写が開始されるためには，DNA鎖はRNAポリメラーゼや関連タンパク質が近接できるような，クロマチンの"開いた"状態の所に位置していなければならない．これは遺伝子発現制御における重要な一局面であり，クロマチンが開く過程に関するさらなる議論は第26章まで取っておくこととする．次に，プロモーター配列には因子が結合しうることについて考えてみたい．

真核生物におけるⅡ型遺伝子のプロモーター

図24.9は典型的なⅡ型遺伝子のプロモーターの構成を示したものである．二つの区画から成る．

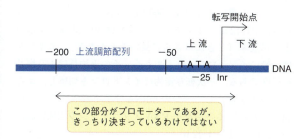

図24.9 真核生物のⅡ型遺伝子の調節配列．上流調節配列にはCAATボックスとGCボックスがある．

基本配列 basal element は，転写開始点に存在する**イニシエーター（Inr）** initiator とよばれるピリミジンに富んだ短い配列と，**TATAボックス** TATA box の二つである．TATAボックスは転写開始点の-25塩基付近に存在するTATAAAAというコンセンサス配列をもち，原核生物のプリブナウボックスが進化したものである．すべてとはいえないが，多くのⅡ型遺伝子がTATAボックスをもっている．TATAボックスが存在しない場合，Inrと**下流プロモーター配列（DPE）** downstream promoter element とよばれる短い領域がポリメラーゼに認識される．このDPEは転写開始点の約25塩基下流に存在する．

上流調節配列 upstream control element は，転写開始点の-50～-200塩基の間に存在することが多い．よくみられるのはCAATボックスとよばれるGGCCAATCT，あるいは，GCボックスとよばれるGGGCGGのコンセンサス配列である．真核生物の多くの遺伝子はこのどちらかのボックスをもっている．しかし，遺伝子のプロモーター配列はきわめて多様性に富んでおり，CAATボックスやGCボックスの他にもいくつかの調節配列の存在が推察される．それは遺伝子ごとに異なることから，こうしたことが多細胞生物における遺伝子発現制御の複雑さを生み出している．

TATAボックスやInrは原核生物のプリブナウボックスや-35配列の類似配列であるが，これらの配列はそれ自身が直接RNAポリメラーゼによって認識されないという違いがある．真核生物では，ポリメラーゼⅡがプロモーターに結合し，DNA二本鎖を開かせるためには，**基本転写因子** basal transcription factor が必要である．これら因子は，TFⅡA，TFⅡBなどとよばれる．名前に"Ⅱ"が付くのは，ポリメラーゼⅡ依存性の遺伝子転写に必要な因子だからである．TFⅡ因子群の詳細な機能，また，基本転写因子とRNAポリメラーゼから構成される**転写開始複合体** transcription initiation complex がいつDNA上に集合するのかについては十分にわかっていない．しかし，TFⅡDとよばれる巨大な複合体は，遺伝子転写における重要な構成因子である．このTFⅡDの中心が**TATAボックス結合タンパク質（TBP）** TATA-box-binding protein であり，これがTFⅡDをTATAボックスに結合させている．もう一つ別の因子が**TBP会合因子（TAF）** TBP-associated factor（図24.10）である．TBPの結合がDNAの局所的な屈曲とゆがみを起こし，他の因子が結合しやすくする．RNAポリメラーゼはTATAボックス上でTFⅡDと複合体を形成し，続いて他のいくつかの基本転写因子も結合を始める．たとえば，TFⅡBはRNAポリメラーゼⅡとTFⅡDを結合させる因子であるが，これもこの複合体内に存在する．TATAボックスは転写開始点から決まった位置に存在しているので，TFⅡDに結合したポリメラーゼは自動的に転写開始点を認識し，正しい向きに並べられる．TATAボックスをもたない遺伝子の場合，InrとDPEが基本転写装置の位置を決定する．

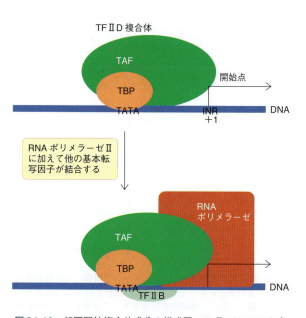

図24.10 転写開始複合体成分の様式図．TFⅡDはTBPと多くのTAFの複合体である．RNAポリメラーゼがこれらの因子と結合し，基本転写装置が完成する．

転写の伸長にはポリメラーゼⅡの修飾が必要である

転写開始複合体が形成された後，ポリメラーゼⅡは鋳型DNAの上を移動しなければならないが，このときに働くのが基本転写因子の一つであるTFⅡHである．この因子はプロテインキナーゼ活性をもち，ポリメラーゼⅡのCTD内のセリン残基のリン酸化を行う．この因子は，ポリメラーゼⅡが転写開始複合体から離れるのを助け，また，RNA転写の伸長や促進に関わる他の因子との結合を促す．多くの基本転写因子はRNAポリメラーゼやプロモーターから離れていくが，TFⅡDはTATAボックスに結合したままで残り，次の転写開始を促す．TFⅡDは，転写がこれ以上必要ない場合にのみプロモーターから離れていく．

RNAポリメラーゼⅡによるRNAのキャップ形成

真核生物ではRNA合成が開始されてすぐ，その5′末端に**キャップ形成** capping（キャッピング）とよばれる修飾が起こる．RNAの最初に付くリボヌクレオシド三リン酸は，その3′末端のOH基に次のヌクレオチドを付けていくので，5′末端は遊離のリン酸基をもったままである．この末端のリン酸基一つが外され，そこにGTPからつくられたGMPが結合する（図24.11）．5′-5′三リン酸結合は自然界ではきわめて珍しい．次にそのGの7位のNがメチル化され，2番目のヌクレオチドの2′-OH基もメチル化される．キャップ構造はmRNAをエキソヌクレアーゼによる分解から保護し，次章で述べるようにこれは翻訳の開始にも関与している．

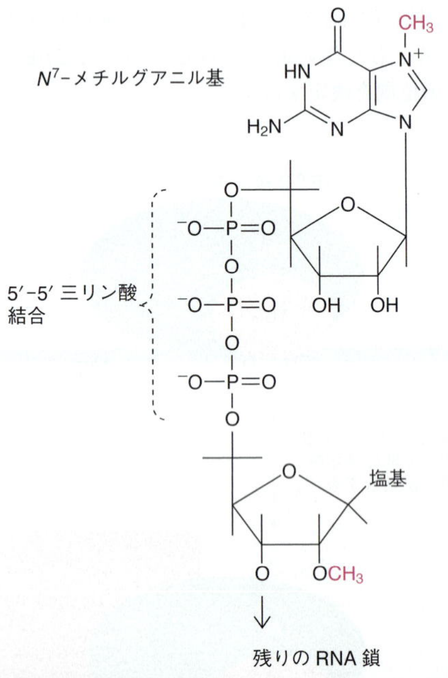

これだけが原核生物と真核生物のmRNA合成の違いではない．というのは，多くの真核生物遺伝子は分断された遺伝子だからである．

分断された遺伝子とRNAスプライシング

真核生物では，あるタンパク質をコードする遺伝子はアミノ酸をコードする部分がいくつかに分断され，その中間にタンパク質をコードしない部分が存在する．この非翻訳部分を含む介在配列を**イントロン** intronとよび，これに対して，タンパク質をコードする部分を**エキソン** exonとよぶ．ヒト遺伝子では1〜500個に及ぶイントロンが存在し（図24.12a），イントロンの長さは50〜20,000塩基対までに及ぶ（ときにはさらに長いこともある）．エキソンは一般にイントロンよりも小さく，その平均長は150塩基対程度である．一次転写産物はイントロンを切離し，エキソン同士が結合し，一つのmRNA分子を形成するように加工される．この過程を**RNAスプライシング** RNA splicingとよぶ（図24.12b）．

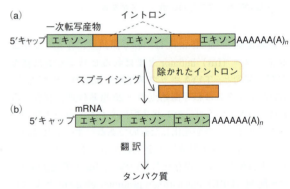

図24.12 真核生物遺伝子のポリメラーゼⅡによる転写産物．(a) キャップ構造とポリ(A)尾部を付加した後のイントロンをもつ転写産物．(b) イントロンの除去により成熟型のmRNAが形成されることをスプライシングとよぶ．通常，イントロンはエキソンよりもかなり長い．

スプライシングの機構

一次転写産物のうち，不必要なRNAイントロンを除き，エキソンをつなぎ合わせる手順というのはきわめて大変な作業にみえるが，鍵となる反応は**エステル転移反応** trans-esterificationである．これにより，リン酸ジエステル結合が別のOH基に移される．この組換え過程に加水分解反応はなく，有意のエネルギー損失もない．次の反応式のX-P-YをRNA鎖と考えると，RNA鎖は分断されることになる．

図24.11 真核生物mRNAの5′キャップ構造．一次転写産物の末端のヌクレオシド三リン酸はGTPと反応し，二リン酸を遊離し，三リン酸結合を形成する．この後に，メチル化反応が起こる（3番目のメチル基は一次転写産物の次のヌクレオチドの2′-OH基に結合する）．キャップ構造をもった一次転写産物はやがて切断され，mRNAとなっていく．

24. 遺伝子の転写

$$\begin{array}{c} X \\ | \\ O=P-O^- \\ | \\ O \\ | \\ Y \end{array} + R-OH \longrightarrow \begin{array}{c} X \\ | \\ OH \end{array} + \begin{array}{c} R \\ | \\ O \\ | \\ O=P-O^- \\ | \\ O \\ | \\ Y \end{array}$$

RNAスプライシングにおいて，エキソン-イントロン結合部位には5′および3′**スプライス部位** splice site とよばれる一定のコンセンサス配列が存在する．すべてのイントロンはGUで始まり，AGで終わる（もちろん，コンセンサス配列の確認にはもっと長い配列を読まなくてはならない）．上記の配列のR-OHは実際にはイントロン内の短い配列（酵母では7塩基）中のアデニンヌクレオチドの2′-OH基であり，**分枝部位** branch site とよばれる（図24.13）．この名称の由来は図24.13に見られるようなラリアット（投げ縄）構造にある．2′-OH基はスプライシング部位のG塩基の5′-リン酸基を攻撃し，ラリアット構造をつくる．これがエキソン1の3′末端を切断し，生じた遊離の3′-OH基がエキソン2の5′末端を攻撃する．こうして，二つのエキソンが結合する．

大部分の真核生物では，スプライシング反応は**スプライソソーム** spliceosome とよばれるタンパク質・RNA複合体により触媒される．これは300個もの異なるタンパク質と五つの**核内低分子RNA（snRNA）** small nuclear RNA からできており，RNAは高等生物では100〜300塩基から成る．snRNAは**核内低分子リボ核タンパク質（snRNP）** small nuclear ribonucleoprotein とよばれるタンパク質と結合しており，このタンパク質は多数のサブユニットで形成されている．スプライソソームには**U1，U2，U4，U5，U6**という5種類のsnRNPがあり（Rinoら，2009），また，これ以外にも**スプライシング因子** splicing factor というタンパク質も必要である．U1はスプライシング部位の5′に結合し，U2は分枝部位に結合し，この二つの分子はお互いが結合する．U4，U5，U6の三量体がさらに結合して，スプライソソームを形作る．

スプライソソームはスプライシング最中のさまざまな過程においていろいろな再構成に関わっている．たとえば，snRNAと転写産物間，あるいは，snRNA同士の塩基対の変化に関わっている．エステル転移反応は，それ自身がエネルギー交換反応ではないが，スプライシングにはエネルギーが必要であり，こうしたいくつかの会合や再構成にはATPの加水分解が必要である．U6はリン酸エステル転移反応を触媒するsnRNPであるが，最初，活性中心部はU4で覆われている．U4が遊離するとU6の触媒部位が露出し，U6はU1を5′スプライス部位から離してU2と対形成をする．これによってイントロンの5′および3′末端が結合し，スプライソソームの活性部位が形成されるのである．活性部位がRNAによって構成されていることは注目に値する．

不正確なスプライシングが遺伝病をひき起こす例が知られている．遺伝病である**βサラセミア** β-thalassemia（Box 4.3参照）では，ヘモグロビンβ鎖のイントロンの5′末端のGがAに変異しているために，一次転写産物が正しくスプライシングを受けず，この結果，ヘモグロビンのβ鎖が正常な量生産されない．

選択的スプライシングにより一つの遺伝子から二つ以上のタンパク質がつくられる

遺伝子が分断されていることに関し，よく知られたもう一つの利点は，**選択的スプライシング** alternative splicing である．典型的なスプライシングでは一次転写産物のすべてのエキソンが結合し成熟型mRNAとなって，一つのタンパク質をつくる．しかし，いろいろな様式のスプライシングが起こり，その結果，数個の異なるmRNAが形成されることもある．この場合は一つの一次転写産物から異なる複数のタンパク質が生まれる．この機構はしばしば抗体産生に例えられるように，違った組織，あるいは，異なる時期にさまざまな型のタンパク質（アイソフォーム）を産生させる場合に利用される（第33章）．わかりやすい例として，ヒトのカルシトニン遺伝子があげられる．この遺伝子の一次転写産物は，甲状腺組織と神経細胞では異なるスプライシングを受け，それぞれ**カルシトニン** calcitonin と**カルシトニン遺伝子関連ペプチド（CGRP）** calcitonin gene-related peptide を産生する（これらは別々の機能をもつ異なるタンパク質である）．この選択的スプライシング機構は，ヒトのゲノムに存在するタンパク質コード遺伝子の数がなぜ，意外なほど少ないのだろうかという疑問に対し，多少なりとも答えを与えるであろう．すなわち，大多数のヒトの一次転写産物が選択的スプライシングの制御を受け，一つの遺伝子から多種類のタンパク質を生み出していると考えられるからである．

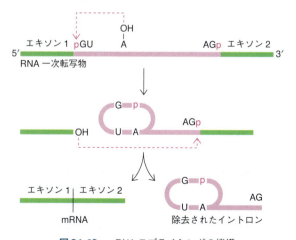

図24.13 mRNAスプライシングの機構

リボザイムと RNA の自己スプライシング

すでに述べてきたように，スプライソソームとは多数のタンパク質と RNA からつくられた精巧な複合体である．RNA 分子がタンパク質の助けを借りずに自らスプライシングできるという 1980 年代の発見は生化学者に大きなどよめきをもたらした．これはタンパク質以外の高分子が触媒作用をもつという最初の発見であった．原生生物のテトラヒメナ（*Tetrahymena*）では，ある rRNA はイントロンをもつ前駆体として転写され，スプライシングを受けて成熟型 rRNA になることがわかった．二つのエキソンは間のイントロンを除去して，お互いに結合するのである．テトラヒメナでの自己スプライシング機構を図 24.14 に示す．この機構にタンパク質は必要とされないが，グアノシン，あるいは，グアニンヌクレオチドが補助因子として必要である．グアノシンの 3′-OH（G-OH）基がリン酸ジエステル結合を攻撃し，5′ エキソンの 3′-OH 基を露出する．ついで，この 3′-OH 基が第二のイントロン-エキソン結合部のリン酸ジエステル結合を攻撃し，イントロンを切出して二つのエキソンを結合する．この一連の反応はエステル転移反応である（前述）．イントロンの内部配列は，グアノシンの結合部位とエキソンとの塩基対形成部位となる三次元構造を提供するという意味で重要である．

この自己スプライシングは厳密な意味の触媒とは異なる．というのは，分子が反応前後で変化するからである．しかし，RNA は真の意味の触媒としても働く．大腸菌から，そしてひき続き，真核生物からも**リボヌクレアーゼ P** ribonuclease P とよばれる酵素が発見され，これは前駆体の tRNA を特異的な加水分解反応で切断する．この酵素は RNA にタンパク質が結合した分子であるが，RNA 単独で加水分解を起こすことができる．酵素 (enzyme) との類似性からこの RNA のことを**リボザイム** ribozyme とよぶようになった．現在では多数のリボザイムが発見されているが，構造的な共通性はなく，こうした現象があちらこちらで起こっているわけではない．タンパク質合成に重要な反応がリボソームの RNA 成分により触媒されている（第 25 章）のは注目すべきことであり，今のところすべての種で保存されている機構のようである．リボザイムに関して最もありそうなのは，リボザイム触媒反応はタンパク質が出現する以前の "RNA ワールド" から働いてきたことの名残という考え方である．

このシステムは塩基対形成によって基質を見つけることができるので，リボザイムは特異的な RNA 配列を切断する道具として利用することができ，ゆえに，創薬としての可能性，たとえば，抗ウイルス薬などの可能性をもっている．

真核細胞における転写の終結：3′ ポリアデニル化

真核細胞における転写の終結機構は原核生物の機構より不明な点が多い．すべてではないが，大多数の真核生物の mRNA は，250 塩基以上のアデニン残基から成るポリ(A)尾部が 3′ 末端に付加されることで終結する．3′ ポリ(A)尾部は直接遺伝子にはコードされていないが，その付加部位はポリアデニル化シグナル配列（AAUAAA）によって決定される．この配列は遺伝子上にコードされており，一次転写産物内に含まれている．ポリメラーゼはこのシグナルを少しだけ越えて読み，そこで転写を終結する．RNA はポリアデニル化シグナル配列の近傍で特異的エンドヌクレアーゼによって切断される．その後，ポリ(A)ポリメラーゼがアデニンヌクレオチドの材料として ATP を用い，鋳型 DNA を必要とせずに，ポリ(A)尾部を付加していく．ポリ(A)尾部は mRNA の安定性を増し，翻訳の効率を増強する．

リン酸化修飾された RNA ポリメラーゼ II の CTD は，mRNA プロセシングの各段階に関わる．なぜならば，この領域は，5′ 末端のキャップ形成，スプライシング，そして転写産物へのポリアデニル化に関与する因子群を次々と運んでくるからである．転写終結後，CTD 領域は脱リン

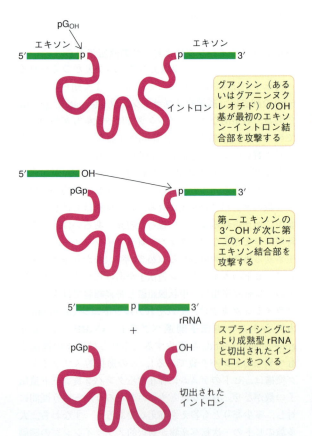

図 24.14 テトラヒメナ rRNA 前駆体の自己スプライシング機構．G_{OH} とはグアノシン，GMP, GDP, GTP のことをさす．

酸され，ポリメラーゼは次の転写を行うために再びプロモーターに戻るのである．成熟したmRNAは核孔を通過して核外に輸送される（第27章）．

mRNAの編集

一部のmRNAは転写後に"編集"されることがある．ゆえに，最終的なmRNAのコード配列は鋳型DNAとは正確に一致しない．選択的スプライシングほど一般的ではないが，**RNA編集** RNA editing はヒトゲノムにコードされているタンパク質が多様化することに関わっている．たとえば，アポリポタンパク質Bは二つのmRNAをもっている．これは，この遺伝子にコードされている特定のCが酵素的に脱アミノされてUに変換され，この部分に終止コドンが生じてしまうことによる（第25章）．こうして，脂質の輸送と代謝において異なる役割をもつ2種類のタンパク質が同一遺伝子にコードされることになるのである．mRNA編集に関する別の例として，挿入されたヌクレオチドの除去がある．たとえば，トリパノソーマ（病原性の寄生原生動物）のミトコンドリアでは，正しいタンパク質をコードさせるために，mRNAはいくつかの余分なU残基が特定場所に挿入された状態でつくられる．

タンパク質をコードしていない遺伝子の転写

真核生物のRNAポリメラーゼIとIIIで転写される遺伝子領域はタンパク質をコードしていないが，特別な機能をもち，安定した転写産物である．細胞の中で最も大量にあるRNAはrRNAであり，これはリボソームの中心的構成成分である．このrRNAは細胞内で大量に必要なため，真核生物のゲノムにはrRNAをコードする遺伝子が複数存在する．真核生物のリボソームには異なる四つのrRNA（大腸菌の場合は三つ）がある（詳細は次章で述べる）．このうちの三つは単一遺伝子からつくられ，すなわち，これら三つのrRNAは，この遺伝子から転写される巨大な一次転写産物に含まれ，切断されることによってつくられる．このrRNAの前駆体転写産物をつくるのがRNAポリメラーゼIである．最も小さなrRNA分子（5S rRNA）は別の独立した遺伝子群からRNAポリメラーゼIIIによって転写される．このRNAポリメラーゼIIIは他の"低分子"RNA，たとえば，tRNAやスプライソソームで働くsnRNAなどの産生にも関わっている．

RNAポリメラーゼIとIIIが転写する遺伝子には，タンパク質をコードする遺伝子とは違う特徴的なプロモーター配列が存在する．これら二つのポリメラーゼは，働くためにそれぞれが独自の転写因子群を必要とするが，共通点もあり，どちらもTATA結合タンパク質であるTBPによって鋳型DNA上の正しい箇所に導かれる．この場合，TBPはTFIID複合体の一部ではないが，この因子はTATAボックス認識とは異なった機構によってプロモーター領域に補充される．

RNAポリメラーゼIとIIIによって転写されたRNAは，切断（tRNAの場合はリボザイムであるリボヌクレアーゼPで切断）や特定塩基の化学修飾など，さらなるプロセシングを受ける．しかし，これらのRNAは5'のキャップ形成や3'末端のポリアデニル化は受けない．RNAポリメラーゼIとIIIは原核生物のRNAポリメラーゼや真核生物のRNAポリメラーゼIIと相同性をもつが，CTDをもたないため，mRNAのキャップ形成やポリアデニル化ができないのである．

ミトコンドリア内での転写

ミトコンドリアは真核生物の中で複製する小器官であり，それ自身の中に固有のDNAやタンパク質合成装置をもっている（植物の葉緑体も同様である）．ミトコンドリアのゲノムに関しては，第22章で詳しく述べた．ミトコンドリア遺伝子の転写は，特殊な（サブユニット構造をもたない）単量体のRNAポリメラーゼによって行われるが，この酵素は核内ゲノムにコードされている．ミトコンドリア内では，二本鎖DNAの両鎖の全長が1本の鎖として転写される（二つのポリメラーゼ分子が逆方向に進む）．その後，1本の一次転写産物はプロセシングを受け，mRNA，tRNA，そしてrRNAがつくられる．ミトコンドリアの転写は，原核生物と真核生物の両方を混ぜたような特徴をもっている．哺乳類のミトコンドリアでは，mRNAはポリアデニルされるが（真核生物的），キャップ形成はない（原核生物的）．そして，遺伝子内にはイントロンは存在しない（原核生物的）．

要 約

遺伝子が発現されるためには（すなわち，タンパク質合成のためには），鋳型鎖DNAがまず一本鎖のRNAに転写されなければならない．原核生物の翻訳領域は一続きのDNAから成るので，転写されたRNAがそのままmRNAとなる．一方，真核生物は，完成されたmRNAに至るまでに合成mRNAはプロセシングを受ける．

それぞれの遺伝子は，その5'非翻訳領域にプロモーターとよばれる転写開始を制御する部分をもっている．真核生物と原核生物ではRNA合成（転写）の基本的仕組みは同一だが，その調節機構が著しく異なっている．

原核生物では，一つのRNAポリメラーゼが4種類のヌクレオチド（ATP，CTP，GTP，UTP）を用いてRNAを合成する．RNAポリメラーゼはプライマーを必要としない．プロモーターはさらに上流にプリブナウボックスや，-35配列として知られる特殊なDNA配列をもつ．RNAポリメラーゼはこの二つの部位を認識し，正しい位置に固定される．mRNA合成の速度は，ポリメラーゼとプロモーターの親和性によると考えられている．ポリメラーゼがDNAに沿って動くと，二本鎖DNAは引離され，転写バブルを形成する．そして鋳型鎖DNAからmRNAが合成される．転写の終結には二つの方法がある．一つはmRNAにおけるG・Cに富んだステムループ構造で，この後ろに多数のUが並び，DNA鎖から離れる．もう一つの方法は，ρ因子とよばれるヘリカーゼ依存性であり，これがDNAからmRNAを引離し転写を終結させる．

大腸菌では，オペロンとよばれる複数の遺伝子の集合体がポリシストロン性mRNAとして転写される．一方真核生物では，mRNAはモノシストロン性である．

真核生物の転写では3種類のRNAポリメラーゼが働く．RNAポリメラーゼⅡはタンパク質をコードする遺伝子の転写，RNAポリメラーゼⅠは巨大なrRNAの前駆体の産生，そしてRNAポリメラーゼⅢは"低分子RNA"（5S rRNA, tRNA, snRNA）の転写に関わっている．このうち，ポリメラーゼⅡはTFⅡDなどの転写因子に依存して働く．TFⅡDはプロモーター内のTATAボックスに結合し，DNAの適切な場所にポリメラーゼを導く．

真核生物におけるmRNAの産生は複雑である．その理由の一つは，多くの遺伝子が分断されていることである．タンパク質をコードする部分はエキソンとして分かれて存在し，その間をタンパク質に翻訳されていないイントロンがつないでいる．そして，一次転写産物は成熟したmRNAになるまでの過程でプロセシングや種々の修飾を受ける．まず，メチル化されたGMP分子が5′末端に付加されることでキャップ形成が起こる．また，転写産物はスプライソソームによってイントロン部分が切り除かれ，エキソン領域を結合させることでタンパク質コード部分がつながったmRNA分子ができ上がる（これはスプライシングとよばれる）．さらに，転写産物が選択的にスプライシングを受けると異なったエキソンの並びのmRNAがつくられ，この仕組みによって単一遺伝子から1種類以上のタンパク質を生み出すことができるのである．最後に，真核生物の転写産物の多くは3′末端がポリアデニル化される．転写後に編集されるmRNAも存在する．成熟したmRNAは核膜の孔を経由して細胞質に送られる．

まれに，転写されたRNAはタンパク質の助けを借りず，自分自身の触媒活性によって自身をスプライスする．この触媒活性をもつRNAはリボザイムとよばれ，自身のスプライシング過程を担うものとして発見された．

タンパク質合成に重要なrRNAとtRNAはそれぞれ，ポリメラーゼⅠとポリメラーゼⅢによって転写される．これらの転写産物はプロセシングを受けるものの，キャップ形成やポリアデニル化は受けない．ミトコンドリアの小さな環状ゲノムは，核内ゲノムにコードされているRNAポリメラーゼによって転写される．ミトコンドリアの転写は真核生物と原核生物の特徴が混ざっている．

 問題

1 DNA合成とRNA合成はどのように異なっているか．
2 大腸菌の一つの遺伝子とそれに連結している両側の領域について図も用いて説明せよ．
3 大腸菌の転写開始の過程を述べよ．
4 大腸菌の遺伝子の転写終結の二つの方法を述べよ．
5 大腸菌の遺伝子で，プロモーターの強さを決めている因子を述べよ．
6 真核生物のmRNA合成が，原核生物のそれとのどのように異なっているのか，幅広い視点から述べよ．
7 模式図を描き，スプライシング機構について述べよ．
8 真核生物の転写開始はどの点で原核生物と異なっているか．
9 イントロンの性質に関して二つの視点を述べよ．
10 プロテオーム，ゲノムとは何を意味するか．大きさは決まっているのか．
11 ヒトは推定約21,000個の遺伝子をもつといわれている．ヒトがもつタンパク質の数も最大約21,000種類と考えるか．

タンパク質合成と制御されたタンパク質分解

第24章では，mRNAの合成（転写）について述べた．この章では，遺伝子の転写でmRNAが合成された後，このmRNAがもつ情報通りにアミノ酸が並び組立てられ，最終的にタンパク質が合成される流れについて述べる．タンパク質がつくられる過程は，核酸という"言語"から成る塩基配列がアミノ酸という"言語"に変換されてつくられることから**翻訳** translation とよばれる．アミノ酸はアダプターである tRNA 分子によって mRNA まで運ばれる．tRNA は，mRNA 配列との塩基対の形成を手がかりにコドン配列を認識し，アミノ酸を運ぶのである．

翻訳は高度に順序づけられた工程で，**リボソーム**上で組織的に行われる．リボソームは RNA とタンパク質から成る複合体構造で，細胞質のみならず，ミトコンドリアや葉緑体（これら細胞小器官は自身のゲノムにコードされているタンパク質を合成する）の中に多数存在している．大腸菌は約 20,000 個のリボソームをもち，これは乾燥重量の約 25％に相当する．原核生物，およびミトコンドリアや葉緑体のリボソームは，真核生物のリボソームと比べると小さく，原核生物では 55 のタンパク質，真核生物では 80 以上のタンパク質の集合体である．しかし，後述のように基本構造は非常によく似ており，それぞれが多数のタンパク質から成る小サブユニットと大サブユニットから構成されている．

リボソームは遺伝子の指令を受けた mRNA に従い，アミノ酸を並べタンパク質を合成する装置である．リボソームはきわめて速く，正確にタンパク質を合成する．大腸菌リボソームは 37℃ の環境下において，1 秒間に 20 アミノ酸をつなぎ合わせ，間違い頻度は 10,000 残基のつなぎ合わせで 1 個程度の割合である．間違ったアミノ酸が導入されると往々にして機能をもたない（欠陥）タンパク質がつくられることになるが，こうした間違いは長く維持されることはなく，欠陥タンパク質はすぐに分解されるのである．こうした特徴から，進化の過程においては，数百アミノ酸から成る多くのタンパク質にはほとんど誤りは起こらず，上記の確率からすると巨大なタンパク質にしか誤り（変異）は起こらない計算になる．高度な正確性ゆえに，タンパク質の合成は非常に慎重に進むと思うであろう．

第1章で，"DNA ワールド"に先立ち，"RNA ワールド"が存在したことを述べた．おそらくリボソームの祖先は RNA のみで，タンパク質は後に進化の過程で加えられたものと考えられる．すでに述べたように，核酸分子の基本的特徴は，特異的な塩基対形成機能で自らの複製を可能としていることである．有用な RNA は原始的な状況下では直接的に複製されるが，同様なことはタンパク質では起こりえない．今の仕組みではタンパク質を含むリボソームがタンパク質を合成するが，ここでいかにタンパク質依存性のリボソーム構造がタンパク質合成に必要とされるようになったのか，生命の起源に関する理論的な袋小路に行き当たる．古代の RNA 分子だけで構成されたリボソームがこれを説明している．

タンパク質合成機構は，基本的には原核生物，真核生物ともに同じであるが，大きな違いもある．まず，両方に共通する原理について述べ，その後，大腸菌のタンパク質合成を説明し，最後に真核生物における違いについてふれたい．

章の終わりでは，タンパク質の秩序立った分解について解説する．タンパク質の分解は消化管における消化のごとく，ありふれた過程と思うかもしれない．しかし，これはまったく異なっており，細胞内での秩序立ったタンパク質の分解は，真核生物の細胞分裂などの生命現象の本質に関わる重要な過程である．この機構は精密かつ簡潔であり，進化の過程でよく保存されている．この作業の主役は，**プロテアソーム**といわれるものであり，これは驚くべき分子装置である．

タンパク質合成の基本的過程

mRNA は A，U，G，C の 4 種類の塩基をもつヌクレオチドよりつくられる長い分子である．タンパク質は表 4.1 に記載した 20 種類のアミノ酸よりつくられている（非常にまれな場合であるセレノシステインは別として；後述）．塩基の配列がアミノ酸配列を決めることになる．かりに一

つの塩基が一つのアミノ酸を決めるとすると，4種類のアミノ酸しかコードできず，二つの塩基が決めるとしても16種類（4×4）であり，まだタンパク質を構成する20種類のアミノ酸の数に到達しない．したがって，3塩基が一つのアミノ酸を決めるようにすれば余裕ができる．それぞれのアミノ酸を決定するmRNA上の三つの塩基（トリプレット）を**コドン** codon とよぶ．4種の塩基の三つの組み合わせで64種類（4×4×4）の異なるコドンが存在することになる．

表25.1 遺伝暗号

5′塩基	中央塩基				3′塩基
	U	C	A	G	
U	UUU Phe UUC Phe UUA Leu UUG Leu	UCU Ser UCC Ser UCA Ser UCG Ser	UAU Tyr UAC Tyr UAA 終止[†1] UAG 終止[†1]	UGU Cys UGC Cys UGA 終止[†1] UGG Trp	U C A G
C	CUU Leu CUC Leu CUA Leu CUG Leu	CCU Pro CCC Pro CCA Pro CCG Pro	CAU His CAC His CAA Gln CAG Gln	CGU Arg CGC Arg CGA Arg CGG Arg	U C A G
A	AUU Ile AUC Ile AUA Ile AUG Met[†2]	ACU Thr ACC Thr ACA Thr ACG Thr	AAU Asn AAC Asn AAA Lys AAG Lys	AGU Ser AGC Ser AGA Arg AGG Arg	U C A G
G	GUU Val GUC Val GUA Val GUG Val	GCU Ala GCC Ala GCA Ala GCG Ala	GAU Asp GAC Asp GAA Glu GAG Glu	GGU Gly GGC Gly GGA Gly GGG Gly	U C A G

[†1] 終止コドンは何のアミノ酸も指定しない．
[†2] AUG コドンは開始コドンであり，同時に，メチオニン残基も指定する．

遺伝暗号

どのコドンがどのアミノ酸を指示するかは完全に決まっており，これを**遺伝暗号** genetic code とよぶ．この遺伝暗号は普遍的であるが，太古に寄生し，原核生物に由来するといわれるミトコンドリアでは遺伝暗号の中で1～2個のコドンが真核生物の対応するものと異なっており，この違いはある種の原生生物でも同様である．

三つのコドンが**終止シグナル** stop signal として働き，タンパク質合成装置にタンパク質の合成が完了したことを知らせる．よって，これら三つのコドン（たとえば UAA）はアミノ酸をコードしていない．もし，mRNAのタンパク質コード領域内に変異により終止コドンが生じた場合（**ナンセンス変異** nonsense mutation），そのタンパク質は完全な形では合成されない．しかし，終止コドンが3種類だけならその確率は20種類のアミノ酸以外の44種のコドンがすべて終止コドンである場合と比較すればずっとましである．3種類以外の61種のコドンはすべてアミノ酸を指定している．つまり，一つのアミノ酸は何種類かの異なるコドンをもつのである．これを**縮重** degeneracy とよぶ．遺伝暗号を表25.1に示す．忘れないでほしいのは，コドン配列とはmRNA上の配列のことをさし，よって，これは二本鎖DNAのコード配列に相当する（DNAではUがTになっている）．

わずかに2種類のアミノ酸，すなわち，メチオニンとトリプトファンのみが，一つのコドンしかもたない（AUGはメチオニンである）．これ以外のアミノ酸はコドンを二つ以上もっており，ロイシンは6種類もある．コドンの決まりはランダムではない．あるアミノ酸に対するコドンは似通っている．たとえば，イソロイシンはAUU，AUC，AUAであり，3番目の塩基のみが異なる．これだけでなく，似たアミノ酸のコドンもまた似ている．たとえば，イソロイシンとロイシンはどちらも脂肪族の疎水性アミノ酸であるが，そのコドンのなかにはCUU（ロイシン）とAUU（イソロイシン）のように似ているものがある．これは遺伝的には大変重要な問題であり，1塩基の変異がタンパク質の構造や性質に大きな変化を与えないようにできているのである（AUUがAUCになっても同じイソロイシンだし，CUUがAUUになってもロイシンがイソロイシンに変わるだけである）．イソロイシンとロイシンは大きさも疎水性も似ており，タンパク質の機能を大きく変えることはない．したがって，遺伝暗号というのは"遺伝緩衝作用"をもっているといってもよい．塩基の変化がタンパク質機能変化に与える影響を小さくしているからである．

もし，mRNAの塩基配列がわかれば，その配列内にコードされているタンパク質のアミノ酸配列も知ることができる．しかし，アミノ酸配列からmRNA配列を正しく知ることはできない．なぜならば，一つのアミノ酸をコードするコドンは複数あり，どのコドンがそのmRNA内で使われているかがわからないからである．

まず，ペプチド合成を化学的な観点から簡単にながめてみよう

幾人かの（あるいは多くの）学生は，タンパク質の合成機構を学ぶことは非常に厄介だと思うであろう．こうした学生に対し，ポリペプチド合成を化学的，そしてエネルギー的側面から非常に簡単に説明できたら，混乱が多少なりとも解消するかもしれない．化学に詳しい人であれば（多少，直感的であっても），リボソーム内で起こっているすべてのことを簡単に理解できるであろう．こうしたエネルギーはタンパク質合成の統括や翻訳対象のmRNAの遺伝暗号確認にも必要であり，このような点に真の複雑さが存在する．

ペプチド結合が形成されるとき，二つのアミノ酸残基はCO-NH 結合によって連結される．しかし，この反応にはエネルギーが必要なので，最初の段階ではタンパク質合成に用いられるアミノ酸は活性化されていなければならない．活性化されたアミノ酸は，ペプチド結合の形成に十分なエネルギーをもっている．アミノ酸は，その活性化の過程で同時に tRNA にも結合する．アミノ酸とコドンの間には，直接の結合を可能にするような物理的，化学的な類似性はまったくない．したがって，アミノ酸と特定のコドンを結合させるにはアダプター分子が必要で，この働きをするのが tRNA である．この活性化過程では，tRNA の 3′ 末端側のリボース内ヒドロキシ基とアミノ酸のカルボキシ基の間でエステル結合を形成させることで，アミノ酸を適切な（正しい）tRNA に連結させる．この反応は，**アミノアシル tRNA シンテターゼ** aminoacyl-tRNA synthetase とよばれる一群の酵素によって触媒される．このファミリーの酵素群は 20 種類のアミノ酸それぞれに対して特異的なものが存在し，対応するアミノ酸を活性化すると同時に適切な tRNA に結合させるのである．この酵素による全反応は下に簡略化した形で示す（図中 tRNA の OH 基は，tRNA 分子の 3′ 末端リボースの 2′-OH，あるいは 3′-OH を示している）．

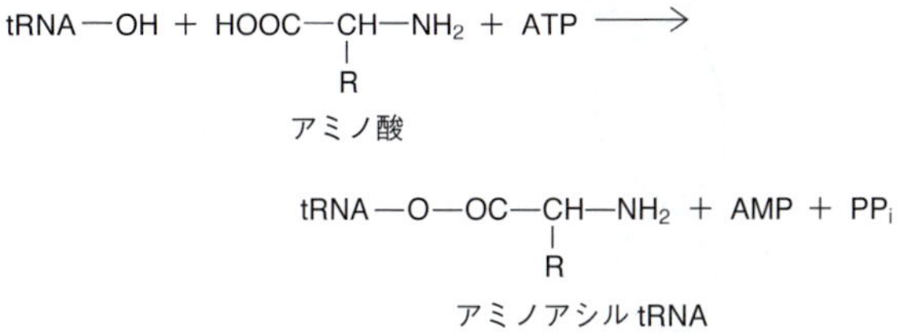

tRNA—OH + HOOC—CH—NH$_2$ + ATP ⟶
　　　　　　　　　｜
　　　　　　　　　R
　　　　　　　アミノ酸

　　　　　tRNA—O—OC—CH—NH$_2$ + AMP + PP$_i$
　　　　　　　　　　　｜
　　　　　　　　　　　R
　　　　　　　アミノアシル tRNA

この反応は ATP 加水分解の場である細胞質内で進む．無機二リン酸（PP$_i$）は 2 分子のリン酸（P$_i$）にまで分解され，これによってこの過程内で大きな負の ΔG を獲得するのである．

タンパク質合成には常にこうして活性化されたアミノ酸（**アミノアシル tRNA** aminoacyl-tRNA とよばれる）が使われ，決して遊離の（活性化されていない）アミノ酸が利用されることはない．伸長中のポリペプチドのカルボキシ（C）末端は tRNA の 3′ 末端にある 2′-OH，あるいは 3′-OH にエステル結合した状態にある．この C 末端は活性化されたアミノ酸のアミノ基と反応する．したがって，タンパク質合成装置内には，伸長中ペプチドの C 末端が存在し，アミノ（N）末端は存在しない．図 25.1 では，伸長中ペプチド（赤色）の直近に取込まれたアミノ酸の C 末端が結合している tRNA から離れ，新たに取込まれたアミノアシル tRNA（青色）の N 末端に転送されることが示されている．これは，1 アミノ酸分長くなったペプチドが最後に取込まれた tRNA に結合したように見える．

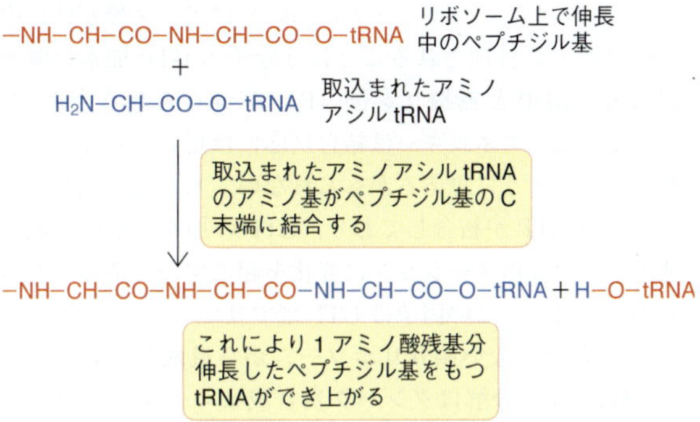

—NH—CH—CO—NH—CH—CO—O—tRNA　リボソーム上で伸長中のペプチジル基
　　　　　　　　　+
　　　H$_2$N—CH—CO—O—tRNA　　　取込まれたアミノアシル tRNA

　　　↓　取込まれたアミノアシル tRNA のアミノ基がペプチジル基の C 末端に結合する

—NH—CH—CO—NH—CH—CO—NH—CH—CO—O—tRNA + H—O—tRNA

これにより 1 アミノ酸残基分伸長したペプチジル基をもつ tRNA ができ上がる

図 25.1　ペプチド鎖の伸長はリボソーム上でアミノ酸残基一つずつ進む．tRNA に結合したペプチジル基が，合成のためにやってきたアミノアシル tRNA のアミノ基に結合する．これによってペプチドは C 末端側に伸長していく．同様の過程はペプチド鎖が完了するまで続く．

tRNA$_1$—ペプチド ＋ tRNA$_2$—AA →
　　　　　　　tRNA$_1$ ＋ tRNA$_2$—AA—ペプチド

アミノアシル tRNA を tRNA-AA と表記する．

新たに入ってきたアミノアシル tRNA のアミノ基が，tRNA に結合した伸長中ペプチドの C 末端を攻撃することで転移反応は進む．すなわち，ペプチドは新たに入ってきた活性化アミノ酸の N 末端に転移されるのである．

この機構からすれば，200 アミノ酸残基から成るタンパク質の合成を考えた場合，199 番目のアミノ酸が，次に取込まれる 200 番目のアミノアシル tRNA の N 末端に転移されることになる．当初は，取込まれたアミノアシル基が単純にペプチドの C 末端に付加されていくと考えたかもしれない．しかしそれは間違いである．想像してみよう．犬を形作るのに，尻尾を胴体に付けるのではなく，胴体を尻尾に付けてみる．壁を完成させるには，最後のレンガを壁にはめ込むのではなく，壁を最後のレンガにくっ付けるのである．したがって，伸長中のペプチドの N 末端がリボソームから最初に押出されてくることになるのである．

ここまでは，ポリペプチド合成に関する化学的な理解の本質部分である．実際のリボソームの作業過程はもっと複雑であるが，すでに述べてきたように，この複雑性は組織化された過程で確実に遂行されている．それは，mRNA 上の正確な箇所からの翻訳の開始，mRNA 上のコドンの正確な翻訳，リボソームの 3 塩基（1 トリプレット）を 1 単位とした読込み（アミノ酸の取込み），そして，翻訳後の合成ペプチドのリボソームからの放出である．

翻訳における ATP と GTP の加水分解

タンパク質合成の材料となるアミノ酸の活性化には ATP が用いられ，それ以外のエネルギーは必要ないことはすでに述べた．読者は，ペプチド結合の形成に用いられるこうした種類のエネルギーについてはよく知っているで

あろう．しかし，リボソームにおいてはアミノ酸が伸長中のペプチドに付加されるごとに2分子のGTP加水分解が起こり，GDPと無機リン酸（P_i）がつくられるものの，ここで生じるエネルギーは結合反応には用いられない．これは無駄なように思えるかもしれない．しかし，翻訳関連因子にはGTPが結合しており，GTPの加水分解が翻訳関連因子のコンホメーションに変化を起こすのである．おのおのの場合に，この因子はGTP型でリボソームに結合し，GDP型にならない限りリボソームから遊離しないのである．GTP加水分解はタンパク質合成よりも少し遅れて起こるが，これは翻訳機構の本質的な部分の一つとなる．よって，このGTP/GDP交換反応もリボソームで起こる組織的な出来事の中で不可欠な機構といえる．

次に，タンパク質合成に関し，最初に立返ってペプチドの連結などからその複雑な仕組みをもう一度考えてみよう．

コドンはどのように翻訳されるのか

ここで，タンパク質合成は**リボソーム** ribosome という小器官で起こることを再度強調しておきたい．リボソームとは何で，またどのような機能をもっているかはこの後述べる．ここではまず，mRNA上のコドンがいかにタンパク質のアミノ酸に翻訳されるかの原理について集中して述べたい．

アミノ酸とコドンの間には，直接の結合を可能にするような物理的，化学的な類似性はまったくない．したがって，アミノ酸と特定のコドンを結合させるには**アダプター分子** adaptor molecule が必要で，おそらくコドンの水素結合能力が重要であろうという予測から，アダプター分子は小さなRNA分子に違いないと考えられていた．ほとんど時期を同じくしてこの分子が発見された．**転移RNA（tRNA）** transfer RNA である．

tRNA

tRNAは100塩基以下の非常に小さな分子で，模式図ではクローバーの葉のような構造となっている（図25.2 a）．内部の塩基対はステムループ構造を形成している．非常に重要な部分（現在の視点で）は対を形成していない三つの塩基であり，これを**アンチコドン** anticodon とよぶ（後述）．もう一つ重要なのは3′-CCAの柔らかなアーム（腕）であり，ここにアミノ酸が結合する．このようなtRNAはそのアンチコドンがmRNA上のコドンと結合し，2分子のtRNAがアミノ酸を結合した状態で同時にリボソームに隣り合って結合しなくてはならない．tRNA分子は生体内で小さく折りたたまれて存在している（図25.2 b）．

アンチコドンはコドンに相補的なトリプレット（3塩基）から成る（図25.3 a）．アンチコドンはtRNAのヘアピン構造の中心に存在し，三つの塩基は対形成をしておらず，他の塩基と水素結合が可能である．だから，mRNAのコ

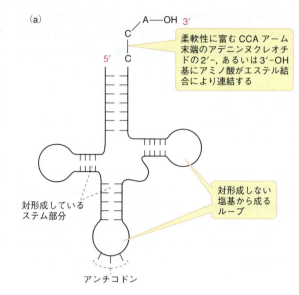

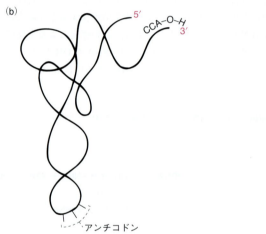

図25.2 （a）クローバーの葉のような構造をしているtRNA，（b）tRNA分子の折りたたまれた構造の模式図．

ドンが5′-UUC-3′ならば（フェニルアラニンを指定している），tRNAのアンチコドンは5′-GAA-3′ということになる．最も本質的なことは，このtRNA分子はフェニルアラニンしか結合しないということである．アミノ酸がどのように結合するかはすぐ後に述べる．すでに述べてきたように，アミノ酸をコードするコドンは61種類あり，それぞれが特異的なアミノ酸を指定する（残りの3種類が終止コドンである）．そうすると，61種類の異なるtRNAがあり，それぞれがそのコドンで指定されているアミノ酸を結合すると考えられる．実際は，61種類のtRNAは存在しない．少なくとも20種類の異なるtRNA分子が必要である．これは，いくつかのtRNAは複数のコドンを認識し，コドンの3′側塩基が異なっても対合できることから可能である．この場合，一つのtRNAによって認識されるコド

ンは，もちろん同じアミノ酸を指定するものでなくてはならない．つまり，細胞は少ない tRNA 分子で間に合わせている．どうしてこれが可能となるのであろうか．答えは**ゆらぎ塩基対形成 wobble pairing** である．

ゆらぎの機構

DNA 複製や転写におけるワトソン・クリック型塩基対形成の重要性を考えると，コドン-アンチコドンの関係は何か規則がゆがめられているように思える．これは，アンチコドンの1番目の（5′）塩基に対して，すなわちコドンの3番目の（3′）塩基に対してのみ当てはまることであり，これを"ゆらぎ塩基対形成"とよぶ．この位置のUはAまたはGと，そしてGはCまたはUと対形成が可能となる．

"アンチコドンの第一塩基"の意味については説明が必要であろう．塩基配列は常に5′→3′の方向に書くが，DNA二本鎖は常に逆平行に塩基対を形成している．（2本の鎖が逆の方向をもっている．）だから tRNA 分子単独で書くときは（図25.2）5′末端を左側に書くが，コドンと結合している形で書くときは（図25.3 a のように）これを反転させる．アンチコドンの CGG は次のように通常のワトソン・クリック型塩基対形成をする．

3′-CGG-5′ アンチコドン
5′-GCC-3′ コドン

ゆらぎの機構は次のような"不適切な"塩基対形成を可能にする．

3′-CGG-5′ アンチコドン
5′-GCU-3′ コドン

GCC も GCU もどちらもアラニンをコードしており，ゆらぎはアミノ酸配列を変えることはない．しかし，これにより1種類の tRNA 分子が二つのコドンを翻訳することができるのである．つまり，先に述べたように，細胞は少ない種類の tRNA で事足りるのである．

もう一つのゆらぎ塩基対形成を起こす機構は，通常は存在しない**ヒポキサンチン** hypoxanthine（図19.3参照）をアンチコドンの5′末端に使うことであり，この塩基はコドン中の C，U，A と対をつくりうる（図25.3 b）．ヒポキサンチンがリボースに結合したヌクレオシドを**イノシン** inosine とよぶ．いくつかの tRNA アンチコドンにみられる通常は存在しない塩基（微量塩基）は，ヒポキサンチンというよりはむしろ，イノシンとよばれる．

tRNA 分子はアミノ酸とどのように結合するのか

この機構は，アミノ酸と結合した tRNA に依存する．tRNA に結合するアミノ酸は，tRNA がもつアンチコドンと対合する mRNA のコドンに特異的である．したがって，アンチコドンとして GAA をもつ tRNA は，これと対をなす UUC や UUU がフェニルアラニンをコードすることから，このアミノ酸だけと結合しなければならない．もし別

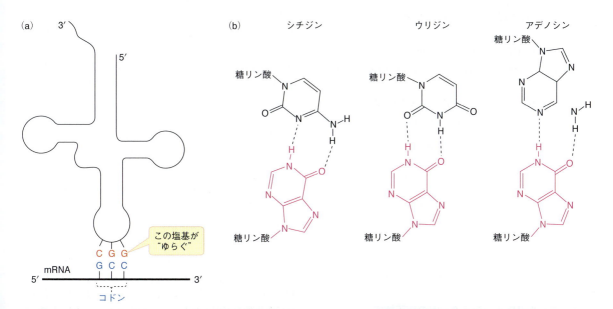

図25.3　(a) mRNA コドンと塩基対形成をしている tRNA 分子のアンチコドン．逆平行の対形成とするために tRNA 分子は反転させてある．したがって，同じ tRNA 分子でも図25.2のように慣用的に5′を左側に描いたり，あるいはこの図のように逆に描いたりするのである．ここに示されている例では，tRNA は GCC あるいは GCU のコドンと対形成を起こすが，どちらもアラニンをコードする．(b) 通常は存在しないヒポキサンチン（赤）がアンチコドンの5′末端に使われることがある．この塩基はコドン中の C，U，A と対をつくることができ，これにより3種類のゆらぎ塩基対が形成できる．

のアミノ酸がこの tRNA に結合したならば，フェニルアラニンが別のアミノ酸に置換されて，間違ったタンパク質が合成されてしまう．これは実験的に確かめられており，tRNA に間違ったアミノ酸を結合させたものを使うと，それが正しいアミノ酸と認識されてタンパク質に導入されてしまう．この正確性は，シンテターゼによる正しい tRNA の認識に大きく依存している．

フェニルアラニンに特異的な tRNA は tRNA^{Phe} と記載し，また他の19種類のアミノ酸についても3文字の略号（表4.1参照）を用いて同様に表記する（tRNA^{Phe} という略号は tRNA 分子を意味するのであって，フェニルアラニンを結合したものをさすわけではない．フェニルアラニンが結合した分子の場合，Phe-tRNA^{Phe} という略号が使われる）．tRNA にアミノ酸を結合させる酵素は，**アミノアシル tRNA シンテターゼ**で，多くの生物は一つの細胞に少なくとも20種類の異なる酵素をもっており，それは特異的なアミノ酸を tRNA 分子に結合させる．つまり，それぞれの酵素は tRNA とアミノ酸の両方を認識し，これらを結合させるわけである．この酵素がどのようにして tRNA を認識するのかの一般則はない．ある場合はアンチコドンが認識され，またある場合は分子中の他の部位のいくつかの塩基が認識されるようである．

全体の反応は次のようであり，ATP の分解によるエネルギーの補給が必要である．

アミノ酸 ＋ tRNA ＋ ATP → アミノアシル tRNA ＋ PP$_i$ ＋ AMP

しかし，実際の酵素上の反応は2段階で進む．

アミノ酸 ＋ ATP → アミノアシル AMP ＋ PP$_i$

アミノアシル AMP ＋ tRNA → アミノアシル tRNA ＋ AMP

以下に示すように，アミノアシル AMP においては，アミノ酸のカルボキシ基は AMP のリン酸基に結合している．

無機二リン酸（PP$_i$）は加水分解されて 2P$_i$ となる．これが，さらに右方向へ反応を進めるのである．

アミノアシル tRNA シンテターゼの校正機能

この反応にはもう少し説明を加えなければならない．mRNA の情報を正確にタンパク質に翻訳するためにはアミノアシル tRNA シンテターゼが正しくアミノ酸を選ぶことが必須である．いったんアミノ酸が tRNA と結合すると，アミノアシル tRNA はタンパク質合成装置に入る．リボソームによるタンパク質合成で正確なアミノ酸配列が形成されるには，コドンとアンチコドンの正しい塩基対形成が必要である．リボソームには正しいアミノ酸がしかるべき tRNA に運ばれてきた（結合した）かどうかのチェック機能は存在しない．それゆえ，酵素のアミノ酸認識は非常に正確でなければならない．酵素には活性中心があり，一般にはこれが酵素のアミノ酸特異性を決めている．しかし，正確さには限界がある．構造がまったく異なるアミノ酸を識別してしまうのは容易に起こることかもしれない．たとえばバリンとイソロイシンなどを区別するのはそう簡単ではない．この構造をもう一度眺めてみよう．

バリン　　　　　イソロイシン

バリンはその大きさがイソロイシンより小さいことからイソロイシン特異的なアミノアシル tRNA のイソロイシン結合部位に結合できる．また，一つのメチル基の違いによる結合エネルギーの差はイソロイシンとバリンの間で高い精度を保つには十分とはいえない．何らかの修正機能がないとロイシンに特異的なアミノアシル tRNA シンテターゼが tRNA^{Leu} にバリンを結合し，翻訳に重大な障害を起こすであろう．この"校正"の機能は，多くのアミノアシル tRNA シンテターゼにおいて，アミノアシル AMP を中間体とすることで進化してきた．活性中心に加え，この酵素は編集部位ももっている．バリン AMP がイソロイシン tRNA シンテターゼの編集部位に結合すると，すぐに加水分解を受けてバリンと AMP に分解され，放出される．一方，イソロイシル AMP は大きすぎるために編集部位に入ることはなく，タンパク質合成の第二段階に進められるのである．同様に，トレオニル tRNA シンテターゼはセリル AMP を加水分解する．一方，チロシン特異的酵素は，チロシンが他のアミノ酸とはまったく構造が異なり，初期選抜ができるために，このような機能をもっていない．

tRNA 分子の 3′ 末端には 5′-CCA-3′ という配列（構造）がある（図25.4 a）．そして，この末端アデニンヌクレオチドのリボース分子には遊離の 2′-OH と 3′-OH がある．ここにアミノ酸がエステル結合するのである（図25.4 b）．（シンテターゼには二つのクラスが存在し，それぞれに特異的な tRNA がある．二つのうち，一方はリボースの 3′-OH に，もう一方は 2′-OH にアミノ酸を結合する．）CCA ヌクレオチドは比較的柔軟な構造をしており，リボソームの適当な部位にアミノアシル基を位置させることができる．アミノアシル基のエステル結合はペプチド間の結

合より少し高いエネルギーレベルをもっている．したがって，後に述べるように，アミノアシルエステル結合を外し，隣のアミノ酸のアミノ基に転移させてペプチド結合を形成するのに熱力学的な問題は生じない．別の言葉でいえば，ペプチド結合を形成するのに必要なエネルギーが ATP を用いたアミノアシル tRNA シンテターゼの反応において確保されるのである．

リボソーム

リボソームという名前は，RNA（あるいはリボ核酸）を含んでいることに由来し，RNA はリボソームの乾燥重量の約 60% を占める．リボソームは二つのサブユニットから成る．大腸菌の場合，2 分子の RNA（23S と 5S；説明は後述）から成る大サブユニットと，1 分子の RNA（16S）の小サブユニットからできている．真核生物のリボソームはもっと大きい．すでに，mRNA と tRNA については述べてきたが，**リボソーム RNA（rRNA）** ribosomal RNA はこれらとは別の分子である．内部の塩基対形成により，rRNA は高度にたたみ込まれてコンパクトな構造を形成している．図 25.5 は大腸菌リボソームの一つの rRNA の複雑な形を模式的に表したものである．この rRNA にたくさんのタンパク質分子が結合し，固体粒子をつくっている．原核生物と真核生物のリボソームを構成する rRNA とタンパク質を表 25.2 にまとめた．

リボソームのような非常に大きな構造物では，その大きさは超遠心での沈降速度で表現されることが多い．これをスベドベリ (Svedberg) 単位，あるいは S 値とよぶ〔超遠心では重力によって溶液内の大きな分子は遠心管の底の方に移動する．〕大腸菌のリボソームは 70S であり，50S，30S のサブユニットから成る（この値は単純な足し算とはならない．というのは，S は大きさと形の両方に影響されるからである）．

タンパク質合成全体の原則はきわめて単純である．リボソームは mRNA の 5′ 末端の方に付着し，mRNA の 3′ 末端方向へと移動し，コドンの配列に従い，アミノ酸を結合した tRNA のアミノアシル基を組立て，ペプチド鎖を合成していくのである．N 末端のアミノ酸が最初に現れ，C 末端アミノ酸が最後に結合する．生成したポリペプチドは大サブユニットの穴を通り，外に出る．最後に，リボソーム

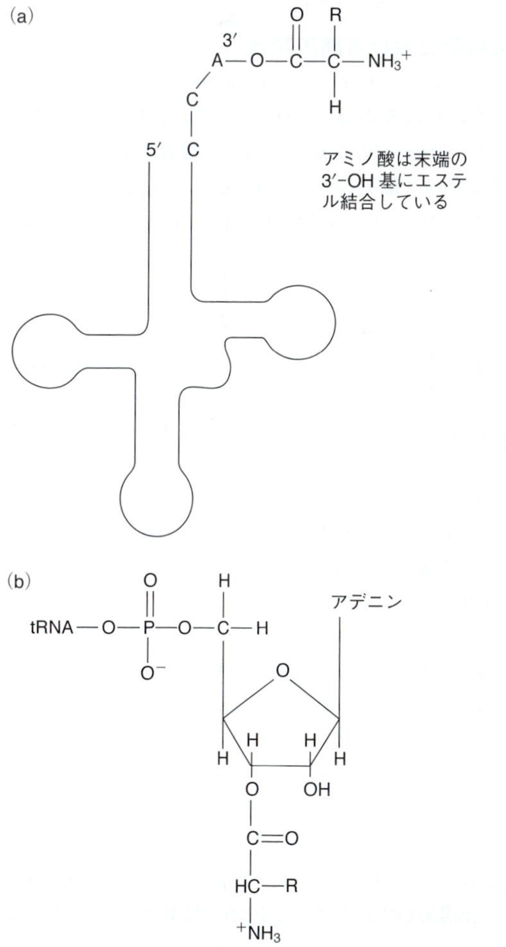

図 25.4 (a) tRNA 分子の構造．3′ 末端の CCA 配列にアミノ酸がエステル結合する．(b) アミノ酸の結合した末端のヌクレオチドの構造．リボースの 2′-OH 位にエステル結合する場合もある．

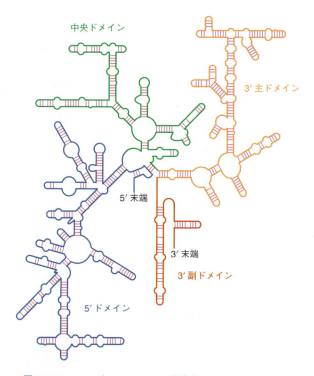

図 25.5 16S リボソーム RNA の模式図．Fig 9.5 from Lewin, B. (1994) Genes V, Oxford University Press, Oxford.

表 25.2　原核生物と真核生物のリボソームにおける rRNA とタンパク質の構成

	サブユニット		サブユニット構成
原核生物リボソーム 70S 分子量＝2,500,000	50S,	分子量＝1,600,000	5S rRNA（120 塩基），23S rRNA（2900 塩基），約 34 種類タンパク質
	30S,	分子量＝900,000	16S rRNA（1540 塩基），21 種類タンパク質
真核生物リボソーム 80S 分子量＝4,200,000	60S,	分子量＝2,800,000	5.8S rRNA（160 塩基），5S rRNA（120 塩基），28S rRNA（4700 塩基），49 種類タンパク質
	40S,	分子量＝1,400,000	18S rRNA（1900 塩基），約 33 種類タンパク質

が終止コドンに出会うとタンパク質が遊離され，mRNA から離れたリボソームは二つのサブユニットに解離するのである．アミノ酸ごと，タンパク質ごとに"特異的"なリボソームがあるわけではない．細胞では，リボソームはどの mRNA も使うことができる．ミトコンドリアや葉緑体のリボソームは真核生物の細胞質のリボソームと異なり，原核生物の特徴をもっている．

これが原則である．一つ一つの過程を理解するには詳細を学ばなくてはならない．タンパク質合成は三つの段階に分けられる．それは，開始 initiation，伸長 elongation，終結 termination である．

翻訳の開始

リボソームが mRNA の正しい場所から翻訳を始める，言い換えれば，正しく翻訳を開始することは本質的に重要なことである．mRNA は 5′ と 3′ の双方に非翻訳領域をもち，その中間にコード領域（翻訳領域）をもつ．リボソームは翻訳領域の最初のコドンを正しく識別し，そこから翻訳を開始しなくてはならない．これによりリボソームは正しい読み枠（リーディングフレーム）reading frame を認識する．

これについてもう少し説明しよう．コード領域が次のような配列で始まっているとする．

5′-AUGUUUAAACCCCUG------3′

最初の五つのアミノ酸は AUG，UUU，AAA……というコドンで決められる．mRNA の読み枠は最初の 3 塩基によるコドンが第一コドンで，次が第二コドンという以外に読み方はないのである．コドンに句読点はない．したがって，最初の AUG を正しく読めるかどうかにすべてがかかっているのである．第二コドンの U の一つが削除されたような場合，次の読み方となる．

5′-AUG,UUA,AAC,CCC,UG------3′

別の言葉でいうと，コドンの読み方が根本的に変わると，アミノ酸がすべて変わってしまうわけである．この誤りはフレームシフト変異 frameshift mutation とよばれる．一つ，あるいは二つの塩基が付け加えられたり取除かれる

突然変異ではフレームシフトが起こり，アミノ酸配列がまったく無意味になってしまったり，終止コドンが生じてタンパク質合成が止まってしまったりする．その結果，ある遺伝子がコードする遺伝子産物の代わりに，単なるゴミのようなポリペプチドをつくってしまうのである．これに対し，一度に一つのコドン（3 塩基）が失われる場合は，1 個のアミノ酸を欠損しただけで，あとは正常な配列のタンパク質がつくられる．

大腸菌における翻訳開始

はじめに，リボソームは mRNA の正しい開始地点に並ばなければならない．図 25.6 に示すように，mRNA 上には 3～8 個のプリン塩基に富んだ翻訳開始部位，シャイン・ダルガーノ配列 Shine-Dalgarno sequence が存在し，これは 16S rRNA の一部分と相補的である．この結合により，mRNA をリボソームの小サブユニットの正しい部分に配置するのである．リボソームには三つの重要な部位があり，それらが tRNA の配備に必要である．これは，A 部位 A site，P 部位 P site，E 部位 E site とよばれ，機能については，この後に説明する（A は acceptor，あるいは aminoacyl，P は peptidyl，E は exit に由来する）．A, P, E 部位は両方のサブユニットにまたがっている．mRNA はリボソーム内に入り込み，最初のコドンは P 部位に，そして 2 番目のコドンは A 部位に結合する（図 25.6）．多くの細菌の mRNA 分子はポリシストロン性である．たとえば，lac mRNA がその例で（詳細は次章で述べる），一つの mRNA 上に三つの異なるタンパク質をコードする領域がある．翻訳領域の直前にはシャイン・ダルガーノ配列があり，翻訳は独立して起こるのである（図 25.7）．

翻訳は mRNA の 5′ 末端から開始されるわけではなく，シャイン・ダルガーノ配列のいくらか後ろから開始する．よって，何らかの方法で第一コドンを認識する必要がある．開始コドンは **AUG** であるが，これには問題がある．AUG はメチオニンもコードしているので，次に示すように，mRNA の中にはいたる所に AUG が存在するのである．

5′-AUGUUUAAAUGGCCUGAAG------3′

この配列を最初の AUG から翻訳すると，Met-Phe-Lys-Trp-Ile-Lys……となる．しかし，もしリボソームが

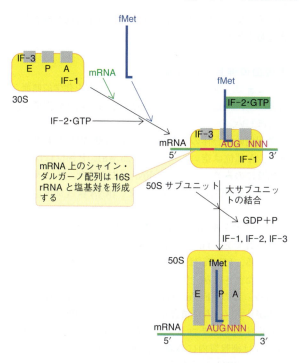

図25.6 大腸菌における翻訳の開始．開始tRNAであるtRNA$_f$は青色で図示されており，短い横棒がアンチコドンである．fMet-tRNA$_f$の30Sリボソームへの結合には開始因子2（IF-2）が必要である．NNNはどのコドンでもよい（一般にNは塩基を示す）．

この配列の第二AUGから翻訳を開始したとすると，異なった読み枠でタンパク質合成をすることになり，Met-Ala-Glu……のようになってしまう．

こんなに重要な開始コドン（AUG）はいかにして決められるのであろうか．答えは，開始AUGの約10塩基上流にあるシャイン・ダルガーノ配列と，リボソームの小サブユニット（30Sリボソーム）内の16S RNAの3′末端との塩基対形成にある．30Sリボソーム内のP部位にAUGを位置させるのである．結果的に，翻訳開始の認識シグナルはAUGという3塩基よりも長いものとなる．

さて，正しいAUGが認識されるとそこに開始tRNAが結合し，アンチコドンである3′-UAC-5′がmRNA上の開始コドンであるAUGと塩基対を形成する．メチオニン特異的なtRNAは2種類あり，どちらも同じアンチコドンをもっている．しかし，一方は開始メチオニンだけに，もう一方は伸長中のポリペプチド内にメチオニンを付加するときだけに用いられる．この二つのメチオニン特異的tRNAを識別するのは何であろうか．翻訳開始用のメチオニルtRNAは，**開始因子2（IF-2）** initiation factor 2 とよばれるタンパク質によって認識される．この因子がメチオニルtRNAへ結合することで，他を除いてこのアミノアシルtRNAだけがリボソーム小サブユニット内のP部位に入ることができるのである．翻訳開始に続くポリペプチドの伸長において，この過程に関わる他のすべてのアミノアシルtRNAは，別の細胞質因子（EF-Tu；後述）によって認識され，70Sリボソーム（50S大サブユニットと30S小サブユニットが結合したもの）に運ばれる．70Sサブユニットに運ばれたこれらアミノアシルtRNAは，30S，50S両サブユニットによって形成されるA部位に送られる．EF-Tuは開始tRNAには結合しない．転写の開始段階がいつもリボソームの小サブユニットで行われるのはなぜか．それは開始アミノアシルtRNAが直接P部位に運ばれるからである．

二つのメチオニルtRNA間のもう一つの違いで，真核生物ではみられず，原核生物のみに特徴的なものがある．それは，開始tRNAに結合した開始メチオニンは，アミノ基がホルミル化されていることである．この修飾はホルミル基の供与体としてN^{10}-ホルミルテトラヒドロ葉酸（第19章）を用い，ホルミルトランスフェラーゼの働きで起こる．原核生物のタンパク質では，開始メチオニンはすべてN-ホルミルメチオニン（fMet）である．ただし，成熟化の過程でこのホルミル基や開始メチオニンまでもがタンパク質から除去される場合もしばしばある．

開始メチオニルtRNAは伸長に用いられるメチオニルtRNAとどのように区別されるのだろうか．最も重要な因子として，それぞれを認識するIF-2とEF-Tuが存在する．開始tRNAはtRNA^{fMet}（fはホルミル基を意味する）と表記され，開始メチオニンが付加したものはfMet-tRNA^{fMet}，伸長用メチオニンが付加したものはtRNA^{Met}である．

ちょっと複雑な話になるが，原核生物のタンパク質のなかには，開始コドンがAUGではなく，GUGの場合がある．GUGは通常ではバリンをコードしているが，シャイン・ダルガーノ配列下流の開始部位にこの配列が存在すると，開始tRNA^{fMet}によって認識され，ゆらぎ塩基対形成によって塩基対ができ，fMetが開始メチオニンとして取込まれてくるのである．

大腸菌における翻訳開始因子

翻訳開始過程をまとめると，まず，細胞質には30Sと50Sのリボソームサブユニットがプールされている．さら

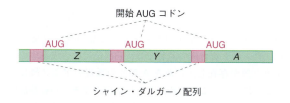

図25.7 原核生物のポリシストロン性mRNA．Z, Y, Aは*lac* mRNAの三つの翻訳領域を示す（図26.2参照）．

に細胞質には三つの翻訳開始に必要な因子が存在する．
- **IF-1** は 30S サブユニットに結合し，アミノアシル tRNA が翻訳開始前に A 部位に結合するのを阻止する．
- **IF-2** は先述のように fMet-tRNA^{fMet} に結合し，これを 30S サブユニットに渡す．IF-2 は GTP にも結合する．実際，この因子は GTP 分解活性をもっており，GTP を GDP と P$_i$ へ加水分解する．しかし，この反応は開始複合体が完全に形成され，30S と 50S サブユニットが mRNA や fMet-tRNA^{fMet} とともに結合するまでは起こらない（図 25.6）．
- **IF-3** は 30S サブユニットに結合し，50S との会合を阻止している．

mRNA，fMet-tRNA^{fMet}，そして，GTP の存在下，これらと 30S サブユニット（IF-1 と IF-3 との結合型）との複合体が形成される．fMet-tRNA^{fMet} はサブユニット内の P 部位に運ばれ，これがもつアンチコドンが IF-2 によって AUG コドンと塩基対を形成する．そして，この複合体は 50S サブユニットと会合するのである．この一連の過程は，GTP の加水分解による GDP と P$_i$ の放出，さらに，IF-1，IF-2，IF-3 の遊離が関与している（図 25.6）．

このようにして，70S リボソームは mRNA の開始コドン AUG を認識し，その P 部位に fMet-tRNA^{fMet} を付け，他方，A 部位は空の状態であり，次にくるアミノアシル tRNA を待っている．翻訳開始はこれで完成である．

翻訳が開始されると次は伸長である

大腸菌の伸長因子

細胞質には 2 種類の**伸長因子（EF）**elongation factor がある．この両方が同時にリボソームに結合することはできないが，交互に結合し，伸長中のペプチド鎖にアミノ酸が付加されるごとに個々の仕事を果たし，遊離していく．これら二つの因子は GTP が結合しているときに限り，リボソーム結合能をもつ．IF-2 同様，どちらも弱い GTP 分解活性をもっており，この活性はリボソームに結合しているときのみに働く．GTP が加水分解されて GDP に変換すると，因子のコンホメーションが変化してリボソームから離れる．細胞質でこれら因子に結合した GDP は GTP と交換され，因子は再び伸長反応に用いられるのである．

この二つの因子は **EF-Tu**（熱不安定性）と **EF-G** である．EF-Tu は新たなアミノアシル tRNA をリボソームに結合させる作用があり，他方，EF-G はアミノアシル基が伸長中のペプチド鎖に付加されると，リボソームを mRNA 上の 5′ → 3′ 方向へと動かし，次のコドンに向かわせる作用をもっている．

この二つの因子はリボソームへ GTP 型で移り，そこで仕事をした後，GDP 型となってリボソームから離れ，次のサイクルの伸長反応に備える，という中心的な概念を覚えておくとよい．

大腸菌の伸長反応機構

ここまで，伸長反応について，その原理を化学的側面から述べた．注意深く図 25.8 を見ながら，以下の文章を読んでほしい．

翻訳開始複合体のときには，fMet-tRNA^{fMet} が P 部位にあり，A 部位は空いている（図 25.8 a）．P 部位には翻訳開始時にのみアミノアシル tRNA（この場合，N-ホルミルメチオニル tRNA）が結合し，続く tRNA は A 部位に結合する．

アミノアシル tRNA は，fMet-tRNA^{fMet} を除き，すべてが細胞質で EF-Tu と結合し，GTP とともにリボソームへ結合する．EF-Tu は GTP とアミノアシル tRNA の両方が結合したときのみ，リボソームへ結合することができるのである．この EF-Tu・GTP・アミノアシル tRNA 三者複合体がリボソームに結合し，アミノアシル tRNA が mRNA に対応するアンチコドンで A 部位を占める（図 25.8 b）．EF-Tu は細胞質内に高濃度存在するので，すべてのアミノアシル tRNA と結合することが可能である．EF-Tu に結合した GTP 分子が EF-Tu の GTP 分解活性により加水分解されて GDP 型となると，この因子はリボソームを遊離して次の伸長反応の準備をする（図 25.8 c）．

P 部位と A 部位の二つの tRNA 分子のアミノアシル基はリボソーム酵素の一つである**ペプチジルトランスフェラーゼ** peptidyl transferase のすぐ近くに位置している．この酵素は P 部位に存在する fMet を A 部位のアミノアシル tRNA のアミノ基に転移し，tRNA に結合したジペプチドをつくる（図 25.8 d）．その名前にもかかわらず，"ペプチジルトランスフェラーゼ"はタンパク質ではなく，触媒作用をもち，リボソーム大サブユニット内の 23S RNA の一部である RNA 分子で，リボザイムとよばれる．ペプチジルトランスフェラーゼの反応を，最初のペプチド結合を例として，以下に示す．

$$\text{tRNA—O—CO—fMet} + \text{NH}_2\text{—CH—CO—O—tRNA} \longrightarrow$$
$$(\text{P 部位}) \qquad\qquad \underset{R'}{|} \quad (\text{A 部位})$$

$$\text{tRNA—OH} + \text{fMet—CO—NH—CH—CO—O—tRNA}$$
$$(\text{P 部位}) \qquad\qquad \underset{R'}{|} \quad (\text{A 部位})$$

これは P 部位にある tRNA のアミノアシル基が A 部位のアミノアシル tRNA のアミノ基へと転移する反応である．タンパク質合成の過程では，P 部位には合成途中のペプチド鎖が存在し，これを A 部位の新規のアミノ酸に移すことになる．このため，この反応は**ペプチジル転移反応** peptidyl transfer reaction とよばれる．ペプチジルトランスフェラーゼ部位に近接した所に，大きなリボソームサブ

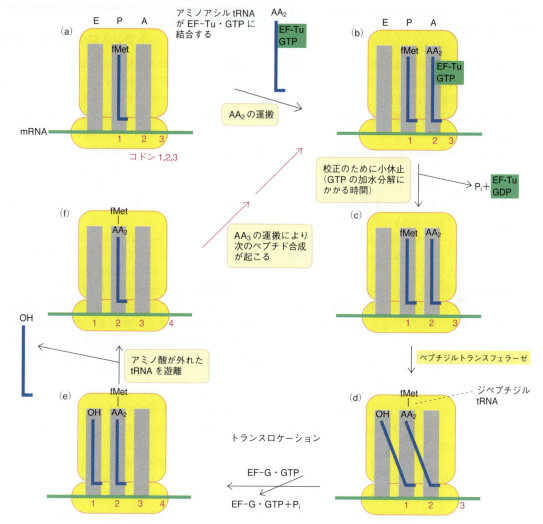

図25.8 翻訳開始に続く大腸菌の伸長反応機構．tRNAは青線で示されており，短い横線がアンチコドンである．AA_2，AA_3 はアミノ酸を，fMetはホルミルメチオニンを示している．tRNA上のEF-Tu・GTPの結合は単なる模式であり，場所を示すものではない．図25.9(c)参照．ペプチジルトランスフェラーゼの名前の由来はこの図からはわからないかもしれないが，次のサイクルでのこの酵素の働きを考えれば理解できる．新たにA部位に入ってきたアミノアシルtRNAがすでに形成されたペプチド鎖と結合するのである．E：E部位，P：P部位，A：A部位．mRNAの動きに注意．

ユニットのトンネル開口部がある．ポリペプチドは合成されるとこのトンネルに入り，やがてN末端側を頭にしてサブユニットから離れていく（図25.11参照）．

ペプチジル転移の過程で，リボソーム上で二つのtRNAが結合する状態ができる（図25.8 d）．アミノ酸を遊離したtRNAはP部位とE部位にまたがるようになる．つまり，アンチコドンをもつ部位はまだP部位だが，もう一方はE部位に存在する．同様に，もう一つのtRNAはA部位とP部位にまたがる．

図25.8のように，tRNAが二つの部位にまたがるモデルでは，アミノアシルtRNAが振り子のように動き（c→dに示すように），このときにペプチジル転移が起こり，ア

ミノ酸を遊離したtRNAが一端をE部位に結合させると考えられる．

このモデルで最も重要なのは次の点である．生合成されたばかりのペプチドが大きなサブユニットに対して相対的に位置を一定に保つことを可能としている．これは常にP部位で起こっている．また，このモデルは，tRNAがP部位へ転位（トランスロケーション）する間，ポリペプチド鎖を結合したままいかにリボソーム上を移動するのかという物理的な問題も解決する．少なくともtRNAの一端は確実にリボソームに結合しているので，この間にリボソームから離れ，拡散してしまう危険性がないからである．トランスロケーションにより，各分子は整列し，出口へ向かっ

ていく（図25.8 e）．これによりリボソームは次のコドンへと移動し，翻訳の第一ラウンドは完了するのである（図25.8 f）．

ペプチド伸長反応に関し，興味深い次のようなコメントがこの研究領域において先駆的な研究室から出された．それは，"おそらく最も印象的な事象は，リボソームが伸長因子である EF-G と協力して，mRNA と tRNA に基づく非常に長い距離の翻訳を高速かつ正確に，そして正しい読み枠で遂行することである"（Korostelev と Noller, 2007）．

翻訳の精度はどのように確保されているのか

基本はコドン-アンチコドンの相互作用での正確さに依存した，正しいアミノアシル tRNA の選別であるが，これがどのように保たれているかは問題である．というのは，熱エネルギーを考えると，正しい塩基対形成と不正確な塩基対形成の間の差は実はそれほど大きなものではないからである．EF-Tu 自身は何が正しいかを知っているわけではなく，どのアミノアシル tRNA かには無関係に A 部位にランダムに結合する．EF-Tu による GTP 加水分解の"一時停止"によって，間違ったアミノアシル tRNA が次の反応を受ける前に拡散してなくなってしまう時間が与えられる．なぜならば，正しいアミノアシル tRNA と比べ，間違ったものはコドンとの水素結合が弱いので A 部位に保持されにくいのである．ペプチド合成は EF-Tu・GDP の遊離前には起こらず，これは GTP 加水分解の遅れが校正機能を働かすのに時間を与えると考えられている（図25.8 c）．

しかしながら，これだけでは誤りを $10^3 \sim 10^4$ に1個以内という頻度に抑えることはできないであろう．実は，リボソームの小サブユニット中の 16S RNA 分子そのものにコドン-アンチコドンの認識精度を保つ仕組みがあることがわかってきた．16S RNA 配列中に重要な三つの塩基（二つのアデニンと一つのグアニン）があり，一つでも変異が起これば不正確なタンパク質合成が原因で大腸菌は致死となってしまう．tRNA は対応するアンチコドンと結合すると，rRNA 内でアンチコドンの向きを引っくり返すと考えられている．アンチコドンがコドンと結合すると，対合した三つの塩基のうち最初の二つの塩基が実際にワトソン・クリック型塩基対を形成しているかどうかを確認する．第三のゆらぎ塩基対についてはそれほど厳密に点検されることはない．最初の二つの塩基で大部分のアミノ酸が決まるからである．もし，コドン-アンチコドンの塩基対形成が正しければ，EF-Tu に結合した GTP を加水分解し，アミノアシル tRNA を A 部位に運ぶ．こうして，EF-Tu・GDP が遊離し，ペプチジル転移反応が起こる．このようにリボソーム自身が翻訳の正確性を保っていることはわかったが，仕組みは完全に解明されたわけではない（Ramakrishnan, 2002；Zaher と Green, 2009）．

大腸菌リボソーム上でのトランスロケーションの機構

ペプチジル tRNA の A 部位から P 部位へのトランスロケーションは，大腸菌では **EF-G** により触媒される．EF-G はペプチジル転位が終了するとリボソームに結合する．これは，A/P 部位にまたがる tRNA を完全に P 部位に移し，A 部位を空にさせる．このとき同時に，アミノ酸を遊離した tRNA を P/E 部位から E 部位に動かし，やがて遊離させる．トランスロケーションの間，mRNA は新しく形成されたペプチジル tRNA と一緒に移動し，直近に翻訳されたコドンを P 部位に運び，次の翻訳コドンを A 部位に入れる．

EF-G は自身の内部に GTP を結合させており，このトランスロケーションには GTP の加水分解が必要で，トランスロケーション後，EF-G・GDP 複合体を遊離する．**タンパク質模倣 protein mimicry** とよばれる興味深い現象が見いだされている．これは tRNA の立体構造に EF-G が似ているというものである．図25.9 に空間充填モデルによる立体構造を示した．(a) は tRNA^{Phe}，(b) は EF-G・GDP 複合体，(c) は Phe-tRNA^{Phe}，EF-Tu，GTP 誘導体の三者複合体である．EF-G ドメイン構造がアンチコドンをもつ tRNA のステムヘリックス構造と似ていることがわかる．EF-G 分子全体の構造はまた，EF-Tu と tRNA の複合体とも類似している．おそらく，EF-G・GTP 複合体が A 部位に入り込み，ペプチジル tRNA を物理的に P 部位に押込み，アミノ酸が離れた tRNA は P 部位から出口方向に移るのであろう．トランスロケーションの過程で GTP は加水分解されて GDP になり，そして EF-G・GDP は遊離するのである．トランスロケーションの機構は多少わかってきたが，いぜん謎に包まれている．

大腸菌におけるタンパク質合成の終結

mRNA の翻訳領域の最後には，終止コドンがある（表25.1 参照）．終止コドンは三つあるが，大腸菌には二つの終結因子（**RF-1** と **RF-2**）があり，前者は UAG，後者は UGA を特異的に認識し，また，UAA は両因子によって認識される．ここでもタンパク質模倣があり，RF-1，RF-2 は EF-G の場合と同様に，tRNA の構造に類似している．終結因子は水分子をリボソームに運び，そこで翻訳終結したポリペプチド鎖と tRNA の間のエステル結合は加水分解される．これによってポリペプチド鎖はリボソームから遊離するのである．第三の因子である **RF-3** は，GTP 分解活性をもっており，RF-1，あるいは RF-2 が A 部位から解離する引金となり，GTP が加水分解されて GDP になるとすぐに RF-3 自身も遊離する．

この後，残っていたリボソーム複合体は二つのサブユ

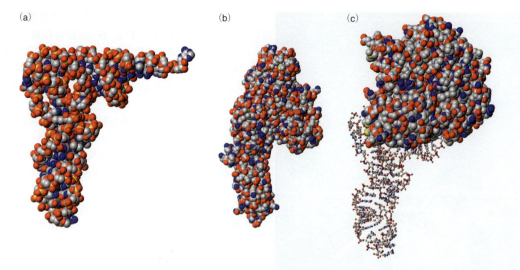

図 25.9 空間充塡モデルによる立体構造の比較．(a) 酵母の tRNA^{Phe} [PDB 4TNA]．(b) GDP 結合型の EF-G [PDB 1DAR]．(c) Phe-tRNA^{Phe}・EF-Tu・GTP 誘導体の三者複合体モデル．

ニットに分かれ，結合していた tRNA と mRNA が遊離する．二つのサブユニットの解離には**リボソームリサイクリング因子（RRF）** ribosomal recycling factor，EF-G，そして，IF-3 が必要である．リボソームリサイクリング因子もまた tRNA に構造が類似したタンパク質である．A 部位に結合することで EF-G 動員のきっかけをつくり，同時に，残っていた tRNA の遊離の引金にもなる．リボソームの二つのサブユニットと mRNA はここで解離する．IF-3 は小サブユニットに結合し，大サブユニットとの再会合を防いでいる．

図 25.11 は，出口トンネル付近に新生ペプチドをもったリボソームの大サブユニットの横断面を示す．

ポリソームとは何か

大腸菌のリボソームで平均的なタンパク質合成に要する時間は約 20 秒である．これは 1 秒間に 20 アミノ酸を付加していくという速度に相当する．もし，mRNA 分子の上を一度に 1 分子のリボソームしか動かないとすると，1 分子のタンパク質をつくるのに 20 秒かかることになる．し

リボソームの物理的な構造

簡略化のため，ここまではリボソームを簡単に模式化してきた．しかし，その構造（原核生物の 50S，30S サブユニットと，70S リボソーム全体）は電子顕微鏡や結晶構造解析からかなり明らかになっている．

リボソームは図 25.10 に示すような特別な形をつくっており，それが機能と関連している．tRNA が結合する場所は，50S サブユニットが 30S サブユニットと結合する部位でもあるが，この間に十分な隙間があり，tRNA が通るトンネルのようなものを形成している．この図では，新しいアミノアシル tRNA がトンネルの右から入り，空身となった tRNA が左から抜け出るように描いてある．ペプチジルトランスフェラーゼの触媒部位は大サブユニット側の空洞に存在しており，合成されたポリペプチド鎖が遊離するトンネル出口に接近している．ポリペプチド鎖はそのトンネルに入り，N 末端を頭にして大サブユニットから外へ出る．一方，mRNA は小サブユニット側の空洞に結合する．

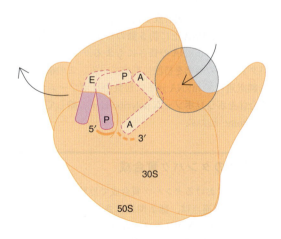

図 25.10 リボソームの構造模式図．A/A，P/P や E などの状態での tRNA の結合部位を示した．右上の陰の部分は EF-Tu との予想される相互作用部位を示す．mRNA の A 部位，P 部位との結合部位を含む極性（5′，3′）も示している．矢印は tRNA がリボソームを抜けていく経路を示している．Fig. 1 in Noller, H. F.; Annu rev Biochem; (1991) 60,193; Reproduced by permission of Annual Reviews Inc. より改変．

IV. 遺伝情報の貯蔵と利用

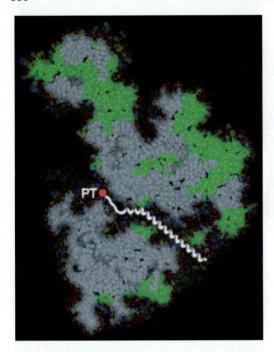

図25.11 リボソームの大サブユニットのトンネル開口部に位置する新生ポリペプチドのモデル。PT：ペプチジルトランスフェラーゼの中心部。RNAは灰色、タンパク質は緑色で示す。N N Ban et al; The complete atomic structure of the large ribosomal subunit at 2.4 A resolution; Science; Aug 11, 2000. Reproduced by permission of American Association for the Advancement of Science.

かし、いったん翻訳が開始し、リボソームが約30コドンほど動くと、次のリボソームがまた翻訳を開始し、お互いは独立してタンパク質合成を進める。ある典型的な場合では、1分子のmRNA上に約5個のリボソームが付いている。もちろん、mRNAの長さにもよる。この仕組みがタンパク質合成の効率を格段に高めている。この構造、すなわち翻訳過程でmRNA分子に複数のリボソームが結合した複合体を**ポリリボソーム** polyribosome、略して**ポリソーム** polysome とよぶ。

真核生物のタンパク質合成

真核生物におけるタンパク質合成で原核生物の場合との最も大きな相違点は、翻訳開始にある（Box 25.1）。最初にメチオニル tRNA がリボソーム小サブユニット内のP部位に結合するが、そこには開始コドンAUGがある。この複合体形成後、大サブユニットがさらに会合し、細菌の場合と同様に、伸長反応が始まる。真核生物での翻訳開始には12種類の **eIF** eukaryotic initiation factor（真核生物開始因子）が関わり、そのうちの一つがeIF-3である。このeIF-3は最初に発見され、13個のサブユニットから成る最

も大きな因子である。しかし、こうした複雑さにも関わらず、原核生物がもつ IF-1, IF-2, IF-3 に相当する因子ももっている。原核生物の場合のように、IF-1 と IF-3 に相当する因子は、リボソーム小サブユニット（40S）に結合し、これが大サブユニット（60S）と未熟な段階で結合するのを防いでいる。

原核生物と真核生物での違いの一つは、開始アミノ酸である。真核生物の場合はメチオニンで、N-ホルミルメチオニンではない。ただし、tRNA$_i^{Met}$ とよばれる特別な開始 tRNA が用いられ、ペプチド伸長中に使われる tRNA^{Met} とは区別される。

もう一つの違いは、真核生物にはリボソームを開始AUGへと導くシャイン・ダルガーノ配列が存在しない。その代わりに、40S小サブユニット（この場合、すでにP部位が Met-tRNA$_i^{Met}$ と複合体形成している）は mRNA の5'末端のキャップ構造を認識し、その近辺に結合する。2種類のGTP結合型のeIF-2とeIF-5bが存在し、これらは原核生物のIF-2と類似の働きをしてMet-tRNA$_i^{Met}$をリボソームに運ぶ（図25.12 a）。奇妙に思うかもしれないが、mRNAの3'側ポリ(A)尾部も翻訳の開始に関わっている。40S小サブユニットが**開始前複合体（PIC）** preinitiation complex に入り込むためには、ポリ(A)に結合したタンパク質がこのサブユニットに結合することが必要なのである。このことは、真核生物のmRNAは、翻訳される際には5'末端と3'末端がお互いくっ付いて閉じたループ構造を形成していることを意味する。このループ構造により、翻訳を終えて3'末端から遊離したリボソームサブユニットは再度翻訳を開始させるのに都合のよい5'末端に位置することができるのである（図25.12 b）。

次の過程は、開始前複合体をmRNAのAUG開始コドンに置くことである。このとき、開始前複合体はAUGとアンチコドン部分で塩基対形成したMet-tRNA$_i^{Met}$を含んでいる。開始前複合体は正しい開始AUGに出会うまでmRNA上に沿って読取りながら移動する。この過程では単に最初のAUGが開始コドンとして利用されることが多いが、しばしば近傍に**コザック配列** Kozak sequence とよばれる特徴的な配列が見いだされる。この配列は開始前複合体による開始コドン認識を手助けすることから翻訳効率を高める働きがある。開始前複合体による5'キャップ結合と開始AUGのスキャニングという工程があるために、なぜ、真核生物のmRNAがモノシストロン性で単一の遺伝子しかコードしていないかが理解できる。開始前複合体が最初の（開始）AUGに到達すると、60S大サブユニットは小サブユニットと会合して80Sサブユニットを形成し、eIF-2 と eIF-5b がもつGTPを加水分解する。そして、生じた eIF・GDP とその他の開始因子は遊離し、翻訳開始作業は完成する。eIF・GDPのGDPは細胞質でGTPと置き換わり、再び利用される。

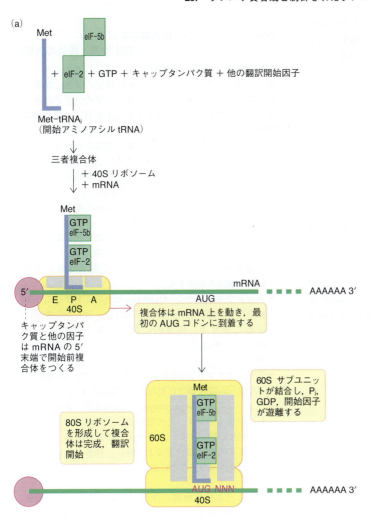

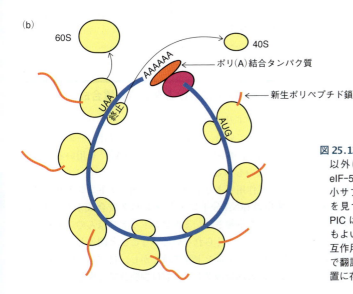

図 25.12　真核生物の翻訳開始の簡略図．(a) eIF-2 や eIF-5b 以外にも種々の因子が働いている．真核生物の eIF-2 と eIF-5b は原核生物における IF-2 に相当し，Met-tRNA$_i^{Met}$ を小サブユニット上の P 部位に運ぶ．リボソームが開始コドンを見つけるまではアンチコドンは mRNA と対形成しない．PIC は開始前複合体，NNN は第二コドンで，N はどの塩基でもよい．(b) mRNA の 5′ 末端と 3′ 末端に結合した因子間の相互作用．翻訳の間，mRNA は環状構造をとり，こうすることで翻訳を終えたリボソームはすぐに再度翻訳を開始できる位置に存在することになる．

次の過程は**伸長**，すなわち，完全長ポリペプチドの合成である．この過程は，原核生物と同様に二つの細胞質因子が関わる．真核生物がもつ因子で，原核生物のEF-Tuに相当するものがEF-1aであり，EF-Gに相当するものはEF-2である．

終結機構は原核生物の場合とよく似ている．ただし，原核生物の場合は独立した二つの因子，RF-1とRF-2が関わっていたが，真核生物の場合は一つの因子，eRF-1が3種類の終止コドンを認識するのである．

セレノシステインのタンパク質への取込み

Francis Crickは，タンパク質を構成するアミノ酸を"マジック20"という言い方をした．これらはmRNA内ではコドンという形で情報として存在し，そして，ペプチド鎖合成の材料となり，その中に取込まれる．しかし，**セレノシステイン** selenocysteineとよばれる21番目のアミノ酸が存在し，"風変わりな"機構によって，ごく限られたタンパク質（特別なmRNAにコードされている）だけがリボソーム上で合成されている間にこれを取込む．

$$H-Se-CH_2-CH(NH_2)-COOH$$

このアミノ酸に対するコドンは存在しないが，代わりとして特別にUGA（終止コドンの一つ）がコドンとして用いられる．セレノシステインを含むタンパク質をコードするmRNAは，UGAコドンの近傍に長いステムループ構造をもっており，この場合，UGAコドンは"終止"ではなく，"伸長"という合図に読取られる．このステムループ構造を，**セレノシステイン挿入配列（SECIS）** selenocysteine insertion sequenceとよぶ．UGAと対形成できる特別なtRNAがこのセレノシステインの取込みに関わっていることになる．この特別なtRNAを認識できるアミノアシルシンテラーゼは，セリンをその部位に結合させる．その後，このセリルtRNAは**セレノリン酸** selenophosphate（還元型セレンとATPから酵素触媒によって産生される）との反応で**セレノシステイニルtRNA** selenocysteinyl-tRNAに変換される．ここでつくられたものは，このアミノアシルtRNAのみを認識するタンパク質性因子によってリボソームに運ばれる．そして，このアミノ酸の組込みにはSECIS結合タンパク質と，これに会合したSECIS特異的伸長因子が深く関与している．真核生物や大腸菌でのセレノシステインの組込み機構は似ているが，真核生物における詳細な機構は十分に明らかにされていない．

セレン seleniumは大量に摂取した場合は"毒"となるが，生体にとっては微量必須元素でもある．セレノシステインを含むタンパク質は多くは存在しないが，グルタチオンペルオキシダーゼ（第32章）のファミリーはその一つの例である．これらは原核生物，真核生物のいずれにも存在し，ヒトでは25種類が知られている．

Box 25.1　タンパク質合成における抗生物質と毒素の作用

抗生物質は微生物が生存のために互いに放つミサイルのようなものである．これは，細胞機能の非常に重要な所を攻撃し，翻訳装置の中にも多くの標的分子が存在する．医療分野で用いられる多くの抗生物質は，微生物に特異的なものが多い．なぜならば，それらの標的が，原核生物と真核生物の間で異なる翻訳機構を狙っているからである．よって，抗生物質は患者に害を与えることなく病原性生物を撃退することができる．原核生物を標的としたものには以下のようなものがある．

- **クロラムフェニコール** chloramphenicolはペプチジルトランスフェラーゼを阻害する．
- **エリスロマイシン** erythromycinは50Sサブユニットと結合し，トランスロケーションを阻害する．
- **キロマイシン** kirromycinと**フシジン酸** fusidic acidはEF-Tu放出を阻害する．
- **ストレプトマイシン** streptomycin（アミドグリコシド化合物）は翻訳開始に影響を及ぼし，コドンの読違いを起こさせる．構造的に類似した**ネオマイシン** neomycinや**カナマイシン** kanamycinも同様の作用をする．
- **テトラサイクリン** tetracyclineはアミノアシルtRNAがリボソームのA部位に結合するのを阻害する．
- **ピューロマイシン** puromycinは原核生物，真核生物ともに影響を及ぼす．その仕組みは，これがアミノアシルtRNAに類似することでA部位に入り込み，新生ペプチドの末端に結合すると同時に，伸長を止めてしまう（終止させる）ことによる．

このような抗生物質の作用に加え，**ジフテリア毒素** diphtheria toxinはEF-2（原核生物のEF-Gに相当する）を阻害する．ヒマ（トウゴマ）の毒素である**リシン** ricinは，N-グリコシダーゼであり，真核生物のrRNAの一つからアデニン塩基を除去し，大サブユニットを不活性化する．1分子のリシンは数万のリボソームを含む1個の細胞を破壊するといわれている．

ミトコンドリアにおけるタンパク質合成

ミトコンドリアはそれ自身がDNAとタンパク質の合成装置を備えている．ミトコンドリアのリボソームは原核生物に類似し，翻訳開始にはfMet-tRNA^{fMet}を用いる．遺伝暗号も核のものとは少し違っているし，コドン-アンチコドン相互作用もより単純で，哺乳類のミトコンドリアでは22種類のtRNA分子によりタンパク質合成が行われる．このような単純さは，ミトコンドリアでほんの一握りのタンパク質しかつくられないということと関連しているかもしれない．ミトコンドリアはしかし，自立しているわけではない．大部分のタンパク質は細胞質で合成された後，ミ

トコンドリアに輸送されてくるのである．ミトコンドリアと同じく，外から侵入してきた原核生物（光合成細菌）に由来すると考えられている葉緑体もまた同様である．

ポリペプチド鎖の折りたたみ

新しくつくられたポリペプチド鎖は，変性した形（折りたたまれていない形）でリボソームのトンネルより出現する．この時点ではタンパク質は活性を保持しておらず，したがって，アミノ酸配列にふさわしい三次元構造を得なければならない．しかし，いかにしてタンパク質が速やかに，かつ，適切な形に折りたたまれるかについてはいまだ完全には明らかにされていない．細胞はこの作業を1秒から2分程度の時間内に実行してしまう．もしこれを，試行錯誤しながら最も安定なエネルギー状態を探るような手段で進めていたならば，数百万年もかかってしまうであろう．最近，**モルテングロビュール** molten globule とよばれるある種の状況が，タンパク質の重要な二次構造を迅速に提供し，続いて側鎖による調整で最終的な三次構造が形成されるという説が考えられ始めている．折りたたみは，おそらく段階的に進む作業であり，ある段階でそれが正しい折りたたみならば保持され，間違ったものであれば排除，または，シャペロンの手助けで修正されたりするのであろう．

シャペロン（熱ショックタンパク質）

新しくつくられたポリペプチド鎖はリボソームから出現するが，たとえば，最終的に折りたたまれた後はタンパク質の内側に入り込むべき疎水性部分もはじめは外側に露出しており，水溶性の細胞質に面している．このままの状態だと，タンパク質の疎水性部分は別のタンパク質，あるいは同じタンパク質の疎水性部分と無秩序に会合しあう形となり，本来のタンパク質の正しい構造や機能をもつことはできない．

タンパク質が正しいコンホメーションをとることを助ける分子群を**シャペロン** chaperone とよぶ．シャペロンは進化的にも保存されており，ほとんどあらゆる細胞に存在している．これら分子群は，細胞を通常より高い温度で培養するとその量が増加するタンパク質群として最初に発見され，**熱ショックタンパク質（Hsp）** heat shock protein とよばれた．その後，Hsp群はシャペロンと同一であることが明らかとなった．熱ショックとはいったい何なのか，と戸惑うかもしれない．熱をかけるとタンパク質は変性し，疎水性部分を外に出すなどのコンホメーション変化を起こすが，これはリボソームで新生されたタンパク質と同一であり，正しいコンホメーションに戻すのは同じ仕組みなのである．すなわち，細胞は，熱ショックのような緊急事態のときには，シャペロン産生を増強するのである．

分子シャペロンの作用機構

Hspには三つのグループがある．そのうち，最もよく知られているのが**Hsp70**と**Hsp60**である．

Hsp70は新しくできたポリペプチド鎖の疎水性部分に結合する（図25.13）．この分子にはATPが結合しており，ATP結合型のHsp70は折りたたまれていないポリペプチド鎖に対して高親和性である．Hsp70は弱いATPアーゼ活性をもっている．ATP結合型Hsp70がポリペプチド鎖に結合するとATPはADPにゆっくりと加水分解されていき，コンホメーション変化したHsp70が基質を折りたたまれないままの状態で包み込む．ADPはやがてATPに置き換えられ，これが引金となってHsp70は再び口を開き，包み込んでいたポリペプチド鎖を放し，折りたたみを促進する．このATP加水分解とADP/ATP交換反応は，Hsp70がどれくらいの時間，折りたたまれていないポリペプチド鎖に結合しているかを規定しているといえる．Hsp70は，タンパク質合成がほぼ完了するまでの間結合することで，間違った疎水性相互作用が起こることを防いでいる．この因子が離れてはじめて，正確な折りたたみの機会が与えられるのである．

おそらく，Hsp70型のシャペロンが大部分のタンパク質のコンホメーション形成に必要である．かなり大きなタンパク質もそれぞれ独立したドメインがあり，同じことが数箇所で起こっていると考えられる．しかし，Hsp60（**シャペロニン** chaperonin ともいう）とよばれる異なる型の分子シャペロンを必要とするタンパク質も多くある．大腸菌でよく知られている例は，**GroEL**とよばれるタンパク質複合体と，"ふた"の構造をした**GroES**である．GroELは七つのサブユニットから成る構造をしており，二つのリング構造が並んだような形をつくっている．図25.14では

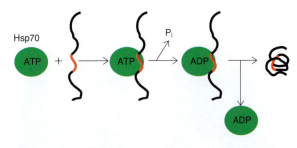

図25.13 大腸菌のシャペロン（Hsp70）がポリペプチド鎖の折りたたみを助ける模式図．他の補助的シャペロンも存在するが省略した．シャペロンは弱いATP分解活性をもっており，ATP結合型とADP結合型を行き来する．ATP型がポリペプチド鎖に対し高親和性で，ADP型は低親和性である．赤線は疎水性部分を示す．Hsp70はリボソームから出てきたばかりの新規のポリペプチド鎖に結合する．

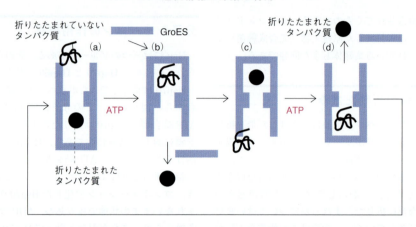

図25.14 大腸菌における GroEL 作用の模式図．ふたの役割をしているのが GroES である．シャペロニンは交互に働く二つの部屋の構造をもっている．(a) 折りたたまれていないタンパク質が GroEL の疎水性部分に結合．このとき，下の部屋では黒丸で示された折りたたまれたタンパク質が出るのを待っている（これは c の上室と同じ）．(b) 下からタンパク質が外に出て，上の部屋は GroES でふたをされ閉じる．(c), (d) (a) と (b) の場合と同じだが，上下が逆になっている．模式図ではシャペロニンのリング構造やコンホメーション変化は示していないことに注意．タンパク質排出の段階で 7 分子の ATP が加水分解される．もっと実際に近い GroEL と GroES の構造は次の図に示す．GroEL の哺乳類ホモログである Hsp タンパク質は単一リングとして働く．

簡略化のために詳細なサブユニット構造は省略してある．空間充填モデルとその断面図を図 25.15 に示す．

まずはじめに，リボヌクレアーゼの試験管内での構造復元に成功した Anfinsen の実験について述べる．これは，変性タンパク質同士がお互いに会合しないように，タンパク質濃度を低い状態にして行った．GroEL はタンパク質を他のタンパク質から隔離し，"Anfinsen のかご" として知られる親水性のかごの中に閉じ込める．この個室の中でタンパク質は正しいコンホメーションをつくるのである．もし，正しい構造がとれない場合，疎水性部分を利用して再びこのかごの中に入り，もう一度試みる．Hsp60 はミトコンドリアマトリックスの中でのタンパク質の折りたたみに必要である．というのは，この場所は結晶が生じるくらいにタンパク質濃度がきわめて高く，お互いに接触しやすい部分だからである．図 25.14 に示したように，折りたた

まれていない，あるいは，部分的に折りたたまれたタンパク質は，自身がもつ疎水基によって Hsp60（GroEL）の入口付近に近づく．この段階で部屋構造は疎水性部分を露出させ，折りたたまれていないタンパク質がそこに結合する．ATP はたる状構造の中心付近に結合し，その結果，折りたたまれていないタンパク質を含む穴の覆い（GroES）が劇的なアロステリックコンホメーション変化をひき起こす．おそらく，この ATP 駆動性のコンホメーション変化で最も大切なことは，変性したタンパク質が疎水性部分を外側に向けて存在しているときには GroEL の内側は疎水性部分で覆われているが，コンホメーション変化で親水性部分がこれに取って代わることであろう．疎水性構造から親水性構造への変化が，外側に疎水性部分を出したタンパク質を再生し，本来の形に戻す．この親水性環境の中では，折りたたまれたタンパク質は安定化し，そうして放出される．ATP が加水分解された後の短い時間，GroES のふたが外れ，折りたたまれたタンパク質は放出され，シャペロンのコンホメーションももとに戻る．もし折りたたみに失敗したら，疎水性部分は依然として内側に向いたままで，再度折りたたみが試みられる．注意してほしいのは，GroEL 自身がタンパク質に対して折りたたみの補助をするのではなく，適した環境を与えることである．折りたたみの形状を決定するアミノ酸配列が存在する．タンパク質の折りたたみにおいて最も重要なことは，親水性環境下から疎水性部分を隠してしまうことである．GroEL は二つの孔をもっており，図 25.14 に示すように，これら二つの孔が交互に働いていることが示唆されている．酵母 Hsp シャペロンも二つの孔を交互に利用していると考えられているが，哺乳類の場合，一つの孔でこうした働きをしてい

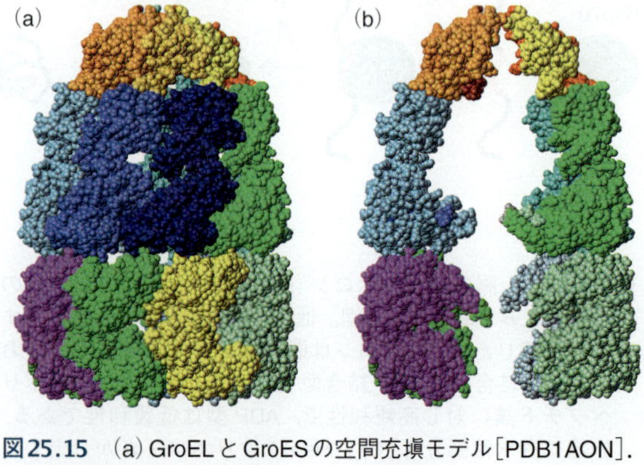

図25.15 (a) GroEL と GroES の空間充填モデル [PDB1AON]．これは図 25.14 (b) に相当．(b) 断面図．

ると考えられている．

タンパク質の折りたたみに関わる酵素

シャペロンはタンパク質の折りたたみに重要な役割を果たしているが，これだけではない．少なくとも二つの別の問題が存在し，今度は酵素の介入が必要である．

第一の例は，**タンパク質ジスルフィドイソメラーゼ（PDI）** protein disulfide isomerase である．この酵素はポリペプチドのジスルフィド結合（S−S結合）を"シャッフル"する．もし間違ったS−S結合がつくられてしまうと，それは自然には直らず，タンパク質全体のコンホメーションを変えてしまう．PDI はシステイン間のS−S結合を切断する作用があり，こうして本来のS−S結合をつくる機会を増やすのである．これは一つのシステイン−S−基を自らに結合させて中間体を形成し，これを別のシステイン残基につなぎ換える作用がある．この過程にはエネルギー変化はなく，したがって，可逆的に反応は進む．小胞体の中には多量の PDI が存在し，分泌型タンパク質のS−S結合をしっかりと形成する．

もう一つの酵素は，**ペプチジルプロリルイソメラーゼ（PPI）** peptidylprolyl isomerase である．アミノ酸間のペプチド結合は通常，シス形よりむしろトランス形をとる（第4章）．しかし，他とは違った構造をもつプロリンは，他のアミノ酸とのペプチド結合の際，シス形とトランス形のどちらもとることができ，いったんどちらかの形で結合すると容易には変換できない．"間違った"コンホメーションをとってしまった場合，PPI はこれをシャッフルし，タンパク質を最適な構造に折りたたむ．

タンパク質の折りたたみとプリオン病

プリオン病 prion disease はヒトや動物を侵す致死的な神経変性疾患である．ヒツジではこの病気は**スクレイピー** scrapie とよばれるが，これは皮膚をフェンスなどにすり付けてかきとる（scrape）ためである．一方，ウシでは**ウシ海綿状脳症（BSE）** bovine spongiform encephalopathy，あるいは**狂牛病** mad cow disease とよばれている．ヒトでは**クロイツフェルト・ヤコブ病（CJD）** Creutzfeldt-Jakob disease や**クールー** Kuru がこれに相当する．クールーはニューギニアの食人習慣をもつ種族に伝染していた．この病気は罹患した動物の組織を食べることによって生じ，あるいは，まれに遺伝的なものもある．動物からヒトへと種を超えて移ることが知られている唯一の例が狂牛病で，ヒトではこれを**変異型 CJD（vCJD）** variant CJD とよんでいる．vCJD は 1990 年代におもに英国で流行し，罹患した動物（感染飼料を食べた動物など）の肉を食することでヒトに感染していった．現在では厳密な検査によって vCJD の拡散は抑えられている．

発症に時間がかかるため，当初はこの病気は"スローウイルス（遅発性ウイルス）"によりひき起こされると信じられていたが，核酸を含む感染性の物質を見いだすことができなかった．現在では，もともと脳に存在するタンパク質が異常な構造をとることと関係していると考えられている．この病気に関わる分子は**プリオン** prion とよばれ，この名前はタンパク質性の感染性粒子（protein-aceous infectious particle）に由来する．異常なプリオンを**PrP^{Sc}**〔PrP は prion protein，Sc は（ヒトの症状はヒツジとは異なるが） scrapie からきている〕とよび，PrP^{Sc} の正常型は **PrP^c**（恒常的（constitutive）に存在する正常なプリオンの意）とよばれている．現時点は，この正常型 PrP^c の生理的機能は明らかにされていない．この二つの分子（正常型，異常型）は同一遺伝子にコードされ，同一のアミノ酸配列をもっているが，折りたたみ方が異なっている．PrP^c は，αヘリックス構造に富み，βシートは存在せず，水溶性で，かつタンパク質分解酵素に感受性がある．一方，PrP^{Sc} の場合，四つのαヘリックスのうちの二つがβ鎖に変換してこれが一つのβシート構造を形成し，不溶性となり，かつタンパク質分解酵素に対しても抵抗性をもっている．

問題は，このような不適切な高次構造をもったタンパク質がどうして感染性をもち，また複製能をもつかという点である．いかにして，異常タンパク質が複製（増殖）を促進するのか，その機構は解明されていない．ところが，試験管内の反応によれば，異常プリオン PrP^{Sc} は正常プリオン PrP^c を異常型に変換する能力がある．これは2種類（正常型，異常型）のタンパク質を一緒に反応させる実験から明らかとなった．この現象は"種まき"機構によると考えられている．すなわち，最初に少しでも PrP^{Sc} ができると凝集塊を形成し，周辺の正常型 PrP^c がこれに接触すると異常型へとコンホメーション変換し，PrP^{Sc} が増えていくことが推察されている．生体内における PrP^c の PrP^{Sc} への変換は PrP^{Sc} が感染しない限りまれにしか起こらないので，自然発症はほとんどない．正常な PrP^c をコードする遺伝子のある特定部位に変異が起こるとこの変化は劇的に速くなり，遺伝的要因での発症を説明できるかもしれない．少しでも PrP^{Sc} が産生されると，これが引金となって自然触媒的に異常プリオンを量産するのである．

いかにしてプリオンが病気を発症させるかについては明らかにされていない．不溶性のプリオンは長い凝集性の繊維質を形成するが，これは**アミロイド** amyloid とよばれる．現在では，似たようなβ鎖に富んだ凝集塊を形成する別のタンパク質も見いだされ，これらもアミロイドとよばれており，**アルツハイマー病** Alzheimer disease などの発症に関わっていることが知られている．**ハンチントン病** Huntington disease（第28章）で見いだされるタンパク質の凝集は，遺伝的な遺伝子変異に起因する異常タンパク質の産生が関わる．

プロテアソームによるタンパク質の秩序立った分解

序説

ヒトの体内では、タンパク質分解には三つの手段がある。最もわかりやすいのは、細胞外での分解である。二つめは、細胞内でのリソソームによる分解機構である（第27章）。これは、まず、分解対象のタンパク質が小胞に閉じ込められ、ここにさまざまなタンパク質を分解できる酵素群が詰込まれた小胞が運ばれる方法である。三つめの方法がここで述べる、**ユビキチン-プロテアソームシステム** ubiquitin-proteasome system である。このシステムでは、細胞内で分解すべきタンパク質が選抜されるのである。これは精巧、かつ洗練された機構である。

真核生物における制御されたタンパク質の分解機構は、驚くほど重要なものである。たとえば、細胞周期制御（第30章）では、各種のサイクリンが周期の正確な時期に分解されることで現段階から次の段階に移行することができる。適切なタイミングでの分解がなされない場合、正常な細胞周期を逸脱し、悲惨な結末になってしまう。酵素やその他のタンパク質は選択されたうえで分解される。ヒトでは、分解までの半減期はタンパク質ごとに異なり、合成後、数時間から数日間まで差がある。形成異常のタンパク質に対処するためにシャペロンやしかるべき仕組みが備わっているが、誤りを皆無にすることはできず、折りたたみ異常のタンパク質は除去しきれなくなり、やがて細胞内にこれら異常なタンパク質が蓄積することになる。第27章で述べるが、多くの膜や分泌タンパク質は翻訳後に伸びたポリペプチド状態で小胞体内に送り込まれ、その中で成熟した構造に折りたたまれる。折りたたみが失敗し、異常タンパク質の存在が確認されると、このタンパク質は小胞体内から細胞質内に逆送され、そこで**プロテアソーム** proteasome によって分解処理される。最後の例は非常に重要で、これについては後に詳しく説明する（第33章）。この後述の例は、ウイルスに対する免疫防御の主要な機構であり、タンパク質のプロテアソームによる分解が深く関与する。

プロテアソームの構造

プロテアソームには分解されることが決定したタンパク質を他のものと分けて収納する大きな内腔があり、ここでタンパク質は折りたたみ構造を解かれ、小さなペプチドに分解される。プロテアソームは分子量約200万の巨大なタンパク質から成る細胞小器官で、すべての真核生物の細胞質と核の両方に多量に存在しており、電子顕微鏡で容易に見ることができる。プロテアソームの構造モデルを図25.16に示す。中心には **20S コア** 20S core が存在する（"S"はスベドベリ単位）。これは四つの環状のタンパク質サブ

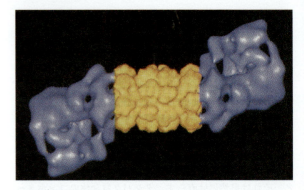

図 25.16 プロテアソームのモデル。黄色部分は 20S コアに、青色部分は 19S キャップにそれぞれ相当する。Baumeister, W et al; The proteasome: paradigm of a selfcompartmentalizing protease; Cell; (1998) 92, 367-80; Elsevier.

ユニットでできたたるのような筒状の構造をしている。両端がαリングとよばれ、内側の二つのβリングを挟む構造をしている。βリングは筒の内部にタンパク質分解酵素をもっているが、αリングに関しては既知の酵素活性は見いだされていない。20S コアの両端には、**19S キャップ** 19S cap が結合している。19S キャップは、実際に加水分解が起こる部位である 20S コアへタンパク質が入るように分解されるべきタンパク質の選択過程を調節し、高次構造をほどく働きをもつ部位なので、"選別調節ユニット"ともよばれる。キャップによるタンパク質の解きほぐしにはATPのエネルギーが必要で、プロテアソームの内腔の形は伸びたポリペプチドには都合がよいが、高次構造を保ったままのタンパク質には適さない構造をしている。ここでポリペプチドは小さなペプチドへと分解され、細胞質へと放出される。このペプチド切断は長過ぎず、短過ぎず、たきぎのような短さに切り刻まれる。これはありふれたことのように思えるかもしれないが、決められた"サイズ"にペプチドを切断する免疫系にとっては非常に重要なことなのである。

キャップ構造をもたないプロテアソームは、80℃の高熱で pH 2 の硫黄温泉などの環境に住む古細菌にみられ、また、細菌にもわずかにみられる古細菌のプロテアソームは真核生物とは異なり 20S コアしかもたず、酵母のプロテアソームのコアと外観は似ているが、端のキャップがなく、リング構造がより少ないサブユニットでできている。いずれにせよ、基本的な 20S コア構造が古細菌から酵母を経てヒトに至るまで数十億年の進化を経ても保存されているというのは、驚くべきことである。

プロテアソームで破壊されるべきタンパク質はユビキチンで標識される

ユビキチンは76個のアミノ酸から成る小さな球状のタンパク質であり、真核生物では広く存在するが、原核生物

にはない．ユビキチンは，種を超えて進化の過程で保存されている．このアミノ酸配列はすべての動物種で同一であり，それどころか，ヒトのユビキチンを酵母や植物のものと比較しても，たった3残基のアミノ酸しか違いがない（それも非常に似たアミノ酸への変化である）．

タンパク質のユビキチン化の機構

三つの酵素が関わっている（図25.17）．
- 段階1：ユビキチンは活性化され，そのC末端が**ユビキチン活性化酵素** ubiquitin activating enzyme（**E1**）のSH基とチオエステル結合する．このチオエステル結合の形成には高いエネルギーが必要とされるため，この過程ではATPのAMPとPP_iへの加水分解が必要となる．
- 段階2：E1酵素が，自身に結合しているユビキチンを**E2酵素**（**E3酵素**と複合体を形成して細胞内に局在する）のSH基に受渡す．
- 段階3：E3は最終酵素である．この酵素はE2とともに複合体を形成して存在する．E2/E3複合体は，**ユビキチンリガーゼ** ubiquitin ligase（E3の活性化型）とよばれ，E2に結合したユビキチンを標的タンパク質のリシン残基上のεアミノ基に移す．
- 段階4：ユビキチンの結合はタンパク質にとっては"分解への目印"となるが，奇妙にも結合したユビキチンにはさらにユビキチンが重なって結合する．約4分子のユビキチン結合が分解への適切な目印となる．こうした複数個のユビキチンが付加したタンパク質はプロテアソームのキャップに結合し，高次構造が解け，タンパク質分解酵素が待受けるコア内部に送り込まれるのである．標的タンパク質の分解前に，結合していたユビキチンは特異的酵素によって遊離され，再利用されるのである．

ユビキチン標識のための標的タンパク質の選抜

ここに，もし厳密な標的タンパク質の選抜機構が存在しなければ，無秩序なタンパク質破壊による細胞崩壊につながるのではないか，という重大な問題がある．この選抜機構は十分には解明されていないが，大事なことはみえてきた．一つ重要なのは，標的タンパク質のN末端アミノ酸である．酵母において，1時間に満たない短命タンパク質のいくつかは，そのN末端アミノ酸がアルギニン，リシン，あるいは芳香族アミノ酸であるという特徴がある．しかし，別の条件も見いだされた．たとえば，タンパク質構造内でこれまで覆い包まれていた分解シグナルが，リガンド結合によるコンホメーション変化で表面にむき出しになることなどである．タンパク質リン酸化酵素（プロテインキナーゼ）による標的タンパク質のリン酸化修飾もE3リガーゼによる基質認識の引金になっていることが考えられる．変性によるコンホメーション変化もそれまで隠されていた分解シグナルをタンパク質表面にさらすことになるであろう．こうしたすべての認識されるべき分解シグナルに対し，それぞれ異なった多種多様なリガンドが存在しなければならない．数百種類のE3酵素や多種類のE2酵素が実際に存在し，これによって非常に多数のユビキチンリガーゼ群が構成できるのである．それぞれのタンパク質について特別な機構が存在するはずで，たとえば，細胞周期

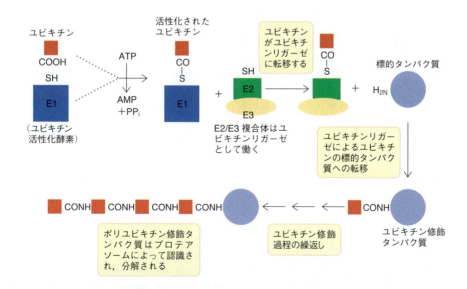

図25.17 プロテアソームで分解される運命にあるタンパク質のユビキチン修飾過程．ユビキチンはまず，ATPのエネルギーを利用してチオエステル結合でE1（ユビキチン活性化酵素）に結合する．その後，E2酵素とE3（ユビキチンリガーゼ）の複合体に受渡される．ユビキチンリガーゼは標的タンパク質のリシン残基上のアミノ基にユビキチンを転移する．この反応が繰返されて複数のユビキチンが結合することでポリユビキチン修飾タンパク質ができ上がり，この後にプロテアソームでの分解へと進む．

は必要な段階で特異的なタンパク質（サイクリン）を分解することに依存して次の段階に進む（第30章）．この機構を正確に働かせるための複雑な機構にはまったく度肝を抜かれてしまう．

免疫系におけるプロテアソームの役割

体細胞はウイルス感染の危険にさらされている．生体は感染細胞を破壊することでウイルスの増幅を途中で阻止し，自分自身を防御している．では，そのような感染細胞を生体はどう認識するのであろうか．細胞傷害性T細胞（第33章）がこの破壊を担当しているが，感染細胞を認識する機構は注目に値し，ここにはプロテアソームが深く関わっている．細胞は常に自分自身の細胞質のタンパク質をペプチドまで加水分解して，"サンプル"として自分自身の細胞表面に提示している．キラーT細胞がこれを監視しており，正常な（自己由来の）タンパク質を提示している細胞は無視するが，感染細胞の細胞質でつくられたウイルス由来のタンパク質が表面に提示された場合，この細胞をウイルス感染細胞と認識する．その結果，その細胞は攻撃されて破壊される．第33章ではこの現象を分子レベルで解説する．

要　約

タンパク質合成とは，アミノ酸を正確な順序に並べ，ポリペプチド鎖を合成していく過程である．これには開始，伸長，終結の三つの過程がある．

mRNAはコドンという三つの塩基から成るアミノ酸配列情報をもっている．個々のコドンは特異的なアミノ酸に対応し，遺伝情報をコードする遺伝子DNAとタンパク質を仲介するものである．

mRNAのコドンは細胞質に存在するリボソームによってポリペプチド鎖のアミノ酸に変換される．この過程を翻訳とよぶ．リボソームは大小二つのサブユニットから成り，それぞれがRNA分子と多数のタンパク質の複合体から成る．

リボソームに加え，tRNAや多くの細胞質性のタンパク質因子が翻訳には必要である．tRNAには，リボソームで翻訳されるmRNA内コドンとアミノ酸との両者をつなげるアダプターとしての役割がある．それぞれのtRNAはアンチコドンとよばれる三つの塩基をもっている．それぞれのアミノ酸に対応する異なったtRNAが存在する．tRNAはタンパク質合成の際にアミノ酸を決めるが，それは特異的な配列をもったアンチコドンがmRNAのコドンと相補的塩基対を形成するからである．tRNAとそれに対応するアミノ酸を認識し，これをエステル結合させる酵素があり，これをアミノアシルtRNAシンテターゼとよぶ．このエステル結合の形成にはATPの加水分解エネルギーが必要となる．さらにペプチド結合をつくるのにもこのエネルギーは必要である．

開始コドンはAUGである．これはメチオニンを指定するコドンであり，タンパク質中のメチオニンをコードしている．翻訳開始時にはこれらは区別されてなくてはならない．同じメチオニンでも，開始コドンを特別に認識するtRNA (tRNA$_i^{Met}$) が存在する．原核生物では開始メチオニンはホルミル化されている．重要なことは，次のアミノ酸を指定するコドンに従い，2番目のアミノ酸がくるが，最初のメチオニン（大腸菌ではホルミルメチオニン）はリボソーム上を動きジペプチドをつくるということである．

リボソームにはA, P, Eの三つのtRNA結合部位がある．

大腸菌での翻訳開始には，ホルミルメチオニルtRNA, mRNAとリボソームの小サブユニット内の開始因子による開始前複合体（PIC）形成が必要となる．ホルミルメチオニルtRNAは開始tRNAのみを認識するタンパク性因子によってP部位に運ばれる．翻訳開始は小サブユニットに大サブユニットが結合することで完了する．

ペプチド鎖の伸長においては，A部位にコドン-アンチコドン水素結合でアミノアシルtRNAが，GTPが結合した伸長因子の働きで入り込む．P部位はすでに伸長中のペプチジルtRNAが結合している．このペプチドが新しく入ったアミノアシルtRNAに転移し，こうしてC末端の方向に新しいペプチド鎖は伸びていく．

ペプチジルtRNAはトランスロケーションによりP部位に移され，アミノ酸を放出したtRNAはE部位に移動する．空いたA部位に次のアミノアシルtRNAが結合し，伸長反応がさらに進む．トランスロケーションには，細胞質の伸長因子（大腸菌ではEF-G）がリボソームに結合し，結合しているGTPが加水分解されることが必要である．リボソームがこの過程に能動的な役割を果たしている．新しいペプチド結合をつくるのはペプチジルトランスフェラーゼだが，これはリボザイムである．おそらく，原始的なリボソームはRNAだけでつくられており，やがてタンパク質が加わり，その機能を向上させた．これでタンパク質合成における鶏と卵のどちらが先かの問題が解決すると思われる．

mRNAの末端には終止コドンが存在し，ここでタンパク質性因子がポリペプチドをリボソームから遊離させる．リボソームに結合しているさまざまなタンパク質のコンホメーション変化にはGTPの加水分解が必須である．

アミノ酸をtRNAに結合させる酵素は，間違ったアミノ酸を結合したときはこれを加水分解で除き，これによって翻訳精度を高めている．また，リボソーム小サブユニット上のrRNAがコドン-アンチコドンのワトソン・クリック型塩基対の精度を監視しており，間違っている場合はペプチジル転移反応が起こる前にアミノアシルtRNAをA部位から引離す．"一時停止"機構の存在によって，間違った

アミノアシル tRNA が取込まれてもリボソームから放出させることが可能である.

真核生物の翻訳開始においては，タンパク質因子，リボソーム小サブユニット，およびホルミル化されていない Met-tRNA$_i^{Met}$ が mRNA の 5′ キャップ構造に集合するという点に違いがある．開始前複合体はキャップから下流に向かって，開始コドンの AUG に行き当たるまで動く．ここで，リボソームの大サブユニットが結合する．伸長と終結は，真核生物と原核生物ではよく似ている．

タンパク質合成の最終段階はポリペプチド鎖の正しい折りたたみ行程である．これを助けるのがシャペロンとよばれる分子であり，疎水力によるタンパク質間の相互作用を押さえ，正しい折りたたみを促進する環境をつくる．プリオンがひき起こす正しい折りたたみの障害はウシ海綿状脳症（BSE）の原因となる．他にもタンパク質の折りたたみ異常に起因する疾患が存在する．

セレノシステインはいくつかのタンパク質内に見いだされている．このアミノ酸は，他のタンパク質では終止コドンとして認識されるものが，この 21 番目のアミノ酸を運ぶ特別な tRNA によって認識されることで取込まれる．

多くの細胞活動にとって，制御されたタンパク質の分解は非常に重要な過程である．真核生物の細胞周期を制御するサイクリンの分解（第 30 章）などはこの典型例である．

どのタンパク質を分解するかの判断はタンパク質のユビキチン化が目印となる．ユビキチン化されたタンパク質はプロテアソームという巨大なタンパク質分解装置に運ばれる．ユビキチン化の決定には特定のアミノ酸配列が重要と思われ，多種多様なユビキチンリガーゼが関与する複雑な機構によって規定されている．

問題

1. 20 のアミノ酸に対して 64 通りのコドンが存在する．61 種類ものコドンが 20 のアミノ酸の特定に用いられることの利点は何か．
2. 問 1 の事実にも関わらず，tRNA 分子は 61 より少ない．なぜそうなっているのか．
3. 模式図で，tRNA 分子そのものを描くときと，mRNA のコドンと塩基対形成をさせるときとでは左右逆に描く．これはなぜか．
4. どのような機構で翻訳の精度を保っているのか．説明せよ．
5. タンパク質合成における GTP の役割を述べよ．
6. 実験によると，大腸菌ではアミノアシル基やペプチジル基を付けた tRNA 分子は A，P，E の部位をまたがって存在している．なぜそうなのか説明せよ．
7. 真核生物の翻訳開始機構はポリシストロン性 mRNA をつくるのに適合しない．なぜか．
8. タンパク質合成におけるシャペロンの役割を述べよ．
9. タンパク質の折りたたみ（高次構造形成）の障害に関わる疾患名をあげよ．
10. (a) mRNA の翻訳領域の塩基配列がわかれば，それがコードするタンパク質のアミノ酸を推測できるか．
    (b) あるタンパク質のアミノ酸配列がわかれば，それからそれをコードする mRNA の塩基配列を推測できるか．
    それぞれの答えの理由も説明せよ．
11. 200 アミノ酸から成るタンパク質をコードする mRNA を想定する．もし，コドン番号 100 の第一塩基が欠失，あるいは，第一と第二塩基がともに欠失すると，残りのペプチドがどのように変化するかを考察せよ．また，もし，三つの塩基とも欠失したらどうなるか，理由を付けて答えよ．
12. リボソームでは，RNA 分子はタンパク質分子の単なる足場であろうか．そうでないという証拠を二つあげよ．
13. 転写と翻訳の違いを述べよ．
14. プロテアソームについて述べよ．細胞における役割は何か．例をあげて述べよ．それが細胞機能にどのような重要な影響を与えているか述べよ．
15. タンパク質はどのようにしてプロテアソームに認識されるか．
16. コドンとアンチコドンはリボソーム上で特異的な塩基対を形成する．この水素結合でタンパク質合成の正確さを決めることができるだろうか．
17. Hsp70 の働きについて簡単に述べよ．なぜ，シャペロン群の名前には頭に "Hsp" が付けられているのか説明せよ．

26

遺伝子の発現制御

第24章と25章で遺伝子の発現，すなわち，転写と翻訳について述べてきた．そこで少し遺伝子調節や発現制御についてふれたが，これらは非常に複雑，かつ重要なので，この章でさらに発展させて詳しく説明することとする．

第一に，遺伝子はなぜその発現が制御されなければならないかということについて述べたい．前章で，タンパク質合成が，細胞内の因子やエネルギーを利用して行われることをみてきた．個々のタンパク質が必要とされるときにだけ合成されるような仕組みを進化の過程で保持し続けてきた．たとえば，細菌はゲノム上の遺伝子のすべてを絶えず発現させるのではなく，置かれた環境で栄養を吸収し，代謝するのに必要な遺伝子だけを発現させて進化してきた．真核生物においても，遺伝子発現は，たとえばホルモン応答や特定代謝物の獲得といった，環境の変化に呼応させる必要があった．

第二に，真核生物の生体はたった一つの配偶子に由来してつくられるものの，でき上がった生体は多種類の細胞種から構成されるものであり，したがって，遺伝子発現制御も多彩となる．一つ一つの細胞の特殊性にも遺伝子発現制御が必要で，これによって個々の細胞に必要な（ふさわしい）タンパク質が合成されるのである．

制御のレベル

タンパク質合成は生命のあらゆるステージにおいてさまざまなレベルで行われており，それらはすべて，mRNAの転写，プロセシング，mRNAの核外輸送（真核生物），そして翻訳の段階で制御されている．それぞれの例についてはこの先で述べるが，エネルギーを多く消費しないで制御することを考えた場合，転写レベルで同時に多数の制御が可能で，かつ，初期段階である利点から，遺伝子発現制御が優れていることは驚くことではない．遺伝子発現制御だけでタンパク合成レベルの制御が完結するわけではないので，この過程だけにエネルギーを消費するのは無駄である．実際，以後の過程にも制御は存在し，これらは微調整で迅速な特徴をもつ機構である．

大腸菌における遺伝子制御：*lac* オペロン

大腸菌が異なる σ 因子を活用していかにして巧みに環境からの刺激に呼応した遺伝子発現を行っているかについては，第24章ですでに述べた．この第26章では，さらに大腸菌における別の転写制御機構について，*lac* オペロンを例にして説明する．この遺伝子発現制御は，ラクトースに対して応答するものである．ラクトースは乳中に含まれる二糖類で，大腸菌にとっては炭素源であり，エネルギー源となる．大腸菌では，グルコースの代謝に携わる酵素群は恒常的にいつも発現している．グルコースは最も普遍的な糖であり，また，別の種類の糖もグルコース代謝経路に入るからである．グルコース代謝酵素を細胞は常に必要としており，プロモーターはスイッチを入れたり切ったりする必要がなく，常にオンの状態である．一方，ラクトースを栄養源として代謝する場合，これに必要な酵素は誘導的につくられる．これら酵素の産生は，ラクトースがないときは非常に低いが（基礎レベル），グルコースが枯渇し，ラクトースが大量に存在する環境下では大腸菌は迅速に応答し，酵素を大量に発現する．この制御は遺伝子の転写レベルで行われているのである．

いかにしてラクトースに応答した遺伝子転写制御が行われているかを説明するために，まず，原核生物の mRNA のほとんどが**ポリシストロン性** polycistronic であることを思い出してほしい．一つの代謝経路に関連した酵素の遺伝子群はゲノム上の1箇所に連なって存在しており，これらは1本の mRNA 上に並んだ状態（ポリシストロン性 mRNA）で転写される．これによって，一つのプロモーターで関連酵素群をまとめて発現制御することが可能となるのである．大腸菌でのラクトース代謝では三つの酵素が必要となる．こうした場合の遺伝子集団とその発現を制御するプロモーターのことを**オペロン** operon とよぶ．

ラクトースの代謝において主要な酵素は，**β-ガラクトシダーゼ** β-galactosidase である．ラクトースは β-ガラクトシドであり，代謝の初期段階でガラクトースとグルコースに分解されなければならないからである（図26.1）．さらに，**ラクトースパーミアーゼ** lactose permease（β-ガラ

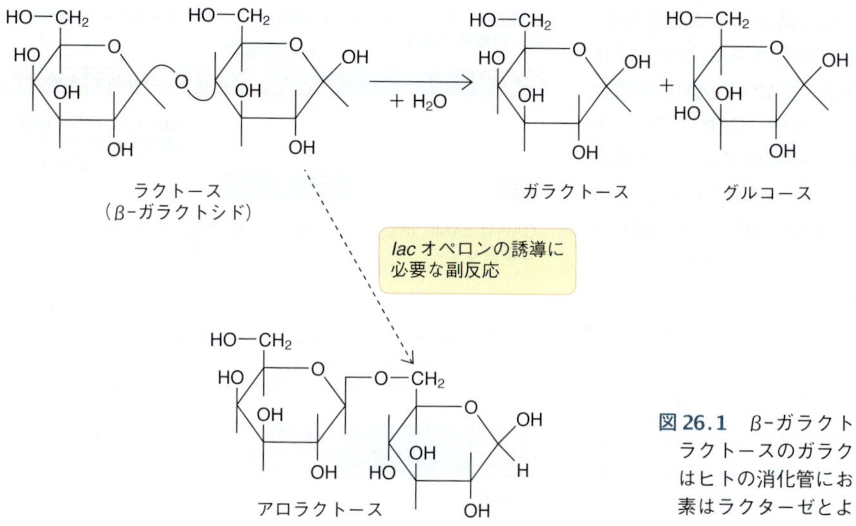

26. 遺伝子の発現制御

図26.1 β-ガラクトシダーゼにより触媒される反応. ラクトースのガラクトースとグルコースへの加水分解はヒトの消化管においても起こり, これを触媒する酵素はラクターゼとよばれる.

クトシドパーミアーゼ β-galactoside permease）が必要で, これはラクトースを取込む働きがある. 第三の酵素である**ガラクトシドアセチルトランスフェラーゼ** galactoside acetyltransferase は, 代謝されずに取込まれ, 毒性を示すβ-ガラクトシドから細胞を保護する働きをもっている. この酵素については役割も含め, オペロンにコードされている他の二つのタンパク質に比べると詳細はわかっていない. これら三つの酵素はラクトースが存在しなければ必要ないため, 通常は非常にわずかしか産生されない（基礎レベル）. しかし, ラクトースが唯一のエネルギー源となるような環境下に細胞が置かれた場合, 状況は一変し, これら三つの酵素の合成が一瞬のうちに開始される. 細胞はラクトースを炭素源として, また, エネルギー源として利用する. しかし, ラクトースに加えてグルコースも存在する場合, すでに存在するグルコースに加えて, さらにこの酵素群を産生するような一連の発現誘導はまったく無駄である. こうした場合, 細胞はラクトースの存在を"無視"し, 酵素誘導を起こさない. こうした調節はこれから述べるように, 遺伝子転写の開始段階で行われる.

大腸菌 lac オペロンの構造

lac オペロンの概略を図26.2に示す. β-ガラクトシダーゼ, ラクトースパーミアーゼ, そしてガラクトシドアセチルトランスフェラーゼをコードする三つの遺伝子はそれぞれ, *lacZ*, *lacY*, *lacA* 遺伝子とよばれる. さらに, **I遺伝子** *I* gene（I は誘導性 (inducibility) の意味）とよばれるものがあり, これは **lac リプレッサー** lac repressor とよばれるタンパク質をコードしている. また, lac リプレッサーが結合する**オペレーター領域** operator region とよばれる DNA 領域も存在する. RNA ポリメラーゼが結合して転写を開始させる**プロモーター** promoter は二つの調節 DNA 配列に近接して存在する. この二つの DNA 配列はそれぞれ独立した因子が認識し, 結合する. lac リプレッサーはプロモーターのすぐ下流にある（一部重複した）**オペレーター** operator 配列に結合し, 一方, プロモーターのすぐ上流には**サイクリック AMP（cAMP）受容タンパク質** cyclic AMP receptor protein〔**カタボライト（遺伝子）活性化タンパク質（CAP）** catabolite gene-activator protein〕が結合できる短い DNA 配列が存在する. "CAP" という一般的な名前が付けられている理由は, このタンパク質が他のいくつかの基質の分解に関与する酵素の誘導にも働いているからである. CAP はグルコース不足に対する細胞応答に関わっている.

それぞれについて順に説明していきたい. lac プロモーター自身の転写活性は弱く, このため RNA ポリメラーゼが結合して転写を開始することは簡単ではない. lac オペロンの助けなしには, きわめて低いレベルの転写しか開始できないのである. この手助けというのは, 具体的にはす

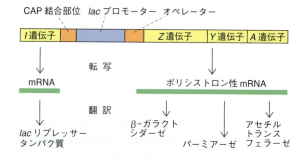

図26.2 lac オペロンの構造模式図. *I* 遺伝子とは lac リプレッサータンパク質をコードする遺伝子をさす. 同様に, cAMP の結合するカタボライト活性化タンパク質 (CAP) を生産する遺伝子も完全に独立している.

ぐ隣の CAP 結合部位にタンパク質が結合することである．こうして CAP が認識 DNA 配列に結合することで，プロモーター活性が上昇する．しかし，CAP は cAMP が結合しないとこの DNA 領域には結合しない．CAP はアロステリックタンパク質であり，cAMP は細胞のグルコース濃度が低いときのみに産生される．なお，cAMP の CAP への結合は可逆的である．グルコース濃度が高いときは細胞内の cAMP は微量であり，したがって CAP は DNA に結合できず，RNA ポリメラーゼは働かない．lac オペロンの転写はほとんど起こらず，β-ガラクトシダーゼの産生も起こらない．

それではグルコース濃度が低いときは，cAMP-CAP が RNA ポリメラーゼのプロモーターへの結合を助け，lac オペロンは常に働いているのであろうか．答えはノーである．説明したように，ラクトースが存在しなければ lac オペロンは作動しない．ラクトースが存在しないときは，lac リプレッサーはオペレーター部位に結合する．このオペレーターはプロモーターとタンパク質コード領域の間に位置するため，RNA ポリメラーゼによる転写を阻害するのである．CAP 同様，lac リプレッサーもアロステリックタンパク質である．環境中にラクトースが存在しないと，この lac リプレッサーは強力にオペレーターに結合している．しかし，ラクトースが存在すると，このリプレッサーはアロステリック変化し，オペレーターに結合できなくなる．ラクトースは，しばしば lac オペロンの**誘導物質 inducer** ともよばれる．しかし，これは厳密には正しくない．細菌が高濃度のラクトース環境下に置かれると，普段からわずかに存在するパーミアーゼによりこれが菌内に取込まれ，加水分解されるが，この過程でほんの一部が異性体である**アロラクトース allolactose** となる．これが lac オペロンの真の誘導物質である（図 26.1）．アロラクトースのリプレッサータンパク質への結合は可逆的であり，この結合によってタンパク質はアロステリック変化をひき起こし，オペレーターから離れ，結果としてオペロンの抑制は解除される．オペレーターの抑制が解除されることによって RNA ポリメラーゼはオペロンへの移動が可能となり，ポリシストロン性の mRNA が転写され，ここから三つの酵素が合成される．

誘導物質がラクトースではなくアロラクトースである本当の理由は明らかではない．これはラクトース分解の副産物であり，グルコースの 6 位のヒドロキシ基に水分子の代わりにガラクトシル基が導入されて可逆的に合成されるものである（図 26.1）．おそらくこれは，利用に値しない少量のラクトース存在下で無駄に遺伝子発現機構を作動させないためのものではないかと考えられる．

図 26.3 は，三つの異なる条件下での lac オペロンの制御を示す．この図では，さまざまなグルコースとラクトースの濃度環境に呼応して，いかにして CAP と lac リプレッ

状態(a)　高グルコース，cAMP（−），ラクトース（−）；lac オペロンの転写は進まない

状態(b)　低グルコース，高 cAMP，ラクトース（−）；CAP・cAMP 複合体は CAP 部位に結合する．すると，RNA ポリメラーゼはプロモーター部位に結合する．しかし，ラクトースがないのでリプレッサータンパク質がオペレーターを抑制し，転写は進まない

状態(c)　低グルコース，高 cAMP，ラクトース（+）；リプレッサータンパク質・アロラクトース複合体はオペレーターから離れ，lac オペロンの転写が進む

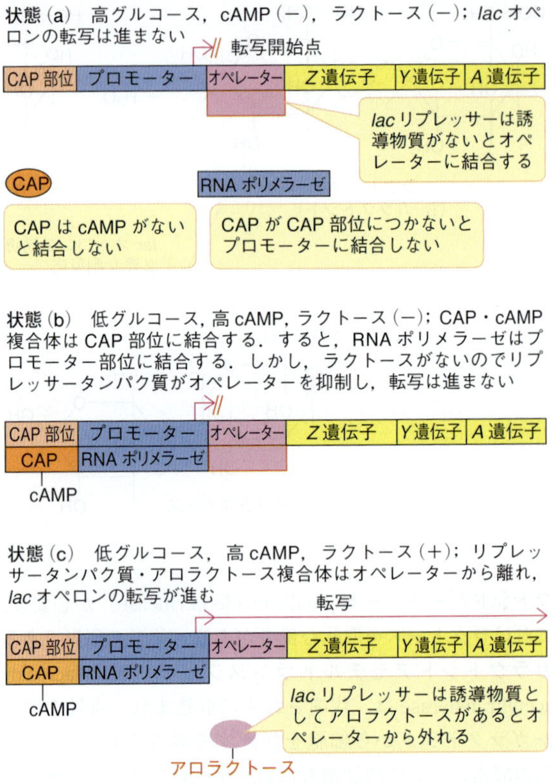

図 26.3　lac オペロンの発現．(a) 高濃度のグルコースが存在するときは，cAMP は存在せず，したがって CAP は結合しない．この結合は RNA ポリメラーゼがプロモーターに結合するのに重要である．ラクトースが存在しない場合，lac リプレッサーはオペレーターに結合している．(b) グルコースが低濃度で，ラクトースが存在しないときは，CAP は結合し RNA ポリメラーゼがプロモーターに結合するのを助けるが，lac リプレッサーがオペレーターに結合しポリメラーゼの動きを抑えているために，転写は起こらない．(c) グルコース濃度が低いとき，CAP は RNA ポリメラーゼのプロモーターへの結合を助ける．ラクトース存在下，少量のアロラクトースが産生されるとこれがリプレッサー解除のための誘導物質として働く．アロラクトースがリプレッサーと結合するとリプレッサーはオペレーターから外れ，転写は開始する．

サーが適切な応答をしているかを示している．

lac オペロンは，原核生物の遺伝子発現制御で最初に解明された例であるが，同様な機構は，他の代謝経路に関する遺伝子の発現にも当てはまる．大腸菌における，ガラクトース代謝に関わる酵素群をコードする **gal オペロン** gal operon は，CAP（この因子が関わるということは lac オペロン同様，低グルコース応答）と特異的な gal リプレッサーによって制御される．この gal リプレッサーは，転写誘導因子であるガラクトースが存在しないときに遺伝子発現を抑制している．大腸菌の ***trp* オペロン** trp operon は五つの構造遺伝子をもっており，これはトリプトファン（Trp）合成に必要な酵素を産生する．これも lac オペロ

ンと同様に，*trp* リプレッサー *trp* repressor で制御されている．この場合，*trp* リプレッサーが直接オペロンに結合するのではなく，トリプトファンがリプレッサータンパク質に結合してアロステリック変化を起こさせ，これによってオペレーターへ結合可能な状態にする．細胞内のトリプトファン量が十分で，合成の必要がないときに，この機構で *trp* オペロンを抑制する．*trp* オペロンは他にも "アテニュエーション" という機構によっても制御されており，これについては，この章の後半で説明する．

真核生物における転写制御

原核生物と真核生物の間での遺伝子発現の制御と開始機構の違いに関する一般的概説

真核生物における遺伝子調節もおおむね転写レベルでなされ，CAP や *lac* リプレッサーと同様に，調節には活性化因子や抑制因子が関わっているが，調節機構は原核生物より複雑である．その理由として，真核生物のゲノムがクロマチンによって詰込まれていることにある．また，もう一つの理由としては，真核生物が多細胞から構成されているために，形態や機能の異なる細胞が膨大に存在することである．まずはじめに，多細胞における制御の必要性について考えてみよう．

大腸菌は約 4000 個の遺伝子をもっている．一つの細胞の寿命の間に，すべての遺伝子を発現しなくてはならない．多くの場合，調節遺伝子の制御は *lac* オペロンの例のように，オンとオフのいずれかであり，また，構成遺伝子は常にオンで，転写速度も決まっている．いずれにせよ，転写開始は RNA ポリメラーゼとプロモーターの結合親和性で決定する．ただし，調節遺伝子の場合，活性化因子や抑制因子が CAP 結合部位やオペレーター部位に結合することで，RNA ポリメラーゼは "助けられたり"，"邪魔されたり" している．真核生物においても状況は似ており，**転写因子（TF）** transcription factor と総称される制御タンパク質が特異的な DNA 配列に結合し，RNA ポリメラーゼによる転写開始の程度を制御している．しかし，原核生物の場合と比較するとかなり複雑である．ヒトでは約 21,000 個のタンパク質コード遺伝子があるといわれている．そして，肝臓，筋肉，脳，皮膚，血管，骨など，多種多様な種類の細胞がある．多くのタンパク質，たとえば，解糖系酵素などはすべての細胞に存在するので，**ハウスキーピング遺伝子** housekeeping gene にコードされている．しかし，これとは別に，個々の細胞は特異的なタンパク質集団を発現しており，それが細胞の固有の機能に必要である．肝細胞には肝特異的なタンパク質が発現し，これは脳や筋肉ではつくられない．また，この逆の例もたくさんある．しかし，基本的には，動物においては体内のどの細胞の DNA も同じである（配偶子は無視する．また，第 33 章で述べ

る免疫系における B 細胞と T 細胞での遺伝子組換えは特殊な例である）．転写装置は，肝細胞においては肝特異的遺伝子を発現する一方で，脳に特異的なタンパク質の遺伝子発現は抑えることができる．すべての細胞は一つの受精卵からつくられるが，個々の細胞に分化する際には特異的な転写調節が必要である．

すでに分化を終えた成熟細胞でもまた，原核生物とは異なる遺伝子発現の調節がある．個々の細胞の運命は個体全体で調節され，調和を保っている．一つの良い例は，細胞分裂であり，これは個々の細胞がばらばらに起こすものではなく，他の細胞からのシグナルを受取り，分裂を開始する（これが破綻するとがんになる）．また，細胞内の個々のタンパク質の合成も要求に応じて時々刻々と変化する．たとえば，満腹になると栄養源を貯蔵に回そうとして酵素量が変化するが，これはホルモンによる遺伝子発現の結果である．ホルモン，増殖因子，サイトカインなどが協調して働き，一つ一つの細胞の遺伝子発現を調節しているのである（第 29 章）．細胞内において，一つの遺伝子の発現はさまざまなホルモンや因子の刺激が同調的に作用してなされる．

この複雑な仕組みが可能なのは，真核生物の遺伝子プロモーターに複数の短い調節 DNA 配列が多数存在するからである．真核生物では膨大な種類の転写因子がこれらの配列に結合している．推定では，ヒトの遺伝子にコードされているタンパク質の 5 % 以上が転写因子だといわれている．組織特異的な遺伝子の発現は，特異的な転写因子がその細胞内に存在，あるいは活性化されることで起こる．ある転写因子は，細胞が外界からの特定刺激，たとえば，ホルモンからの刺激を受けたときにだけ活性化される．外界からの刺激は多種多様であるが，これらはすべて，こうした方法で特異的な転写因子を活性化することで細胞内に刺激を伝えているのである．この仕組みは，真核生物の遺伝子発現制御に必要とされる多大な柔軟性を付与している．

以上が一般的な概念だが，これから述べることは真核生物の転写制御で私たちが知らなければならないきわめて重要なポイントで，それが調節 DNA 配列とそれに "対応する" 転写因子である． "対応" とは，高い親和性をもって DNA 配列に結合するという意味である．転写因子の特異的 DNA 配列への結合と転写の活性化についてはこの章の後半に述べる．最初に，DNA の方に焦点を当ててみよう．ここでは，最も複雑な制御を受けている，RNA ポリメラーゼ II で転写されるタンパク質コード遺伝子について説明する．

真核生物の遺伝子発現制御に関わる DNA 配列

真核生物の遺伝子発現制御には，幾種類かの DNA 配列が関わっている．これらを図 26.4 に示し，以下にその詳細について述べる．

図26.4 真核生物の遺伝子発現制御に関与するDNA配列. 転写は緑の矢印で示す. プロモーターは活性化配列（緑）と抑制配列（赤）の両方をもつ. エンハンサー配列（E）は転写開始点から数千塩基対も離れた5′上流域や3′下流領域, あるいは, イントロン内にも存在する. 転写を抑制する配列はサイレンサー（S）とよばれる. インスレーター（I）は染色体を領域ごとに絶縁し, エンハンサーはインスレーターによって分離されていない領域内のプロモーターだけを活性化する.

プロモーター

第24章ですでに, 真核生物のⅡ型遺伝子のプロモーターについて説明した. 転写開始点の周辺には, **イニシエーター（Inr）** initiator, **TATAボックス** TATA box, **下流プロモーター配列（DPE）** downstream promoter element から成る転写の基本配列が存在する. 原核生物とは異なり, RNAポリメラーゼがプロモーターに結合するにはTFⅡDを含む複合体が必要で, これら複合体が正確なポリメラーゼ結合部位を規定している. これら基本配列が**コアプロモーター** core promoter を構成し, DNA配列の最小単位によって正確な転写の開始が行われているのである. しかし, こうした基本配列だけでは転写は非常に低いレベルにとどまったままである. 実は, CAATボックスやGCボックス（第24章）のような**上流調節配列** upstream control element も存在する. 多くの遺伝子プロモーター内には, こうした配列や, 他の共調節配列が多数, さまざまな箇所に存在しているのである. そして, 多くの細胞で共通した転写因子がそれぞれの配列を認識し, 結合することで転写効率を上昇させている.

図26.5は, プロモーター領域に見いだされるさまざまな上流調節配列の例を示したものである. これに加え, さらに各種の組織特異的発現や, ホルモンその他の因子による調節を制御する配列が存在する. 一つの例として, グロビン遺伝子のプロモーターをあげる. このプロモーターには複数のGATA配列を含む調節配列が存在し, 赤血球の分化時だけに産生される特異的な転写因子がこのGATA配列に結合し, グロビン遺伝子の発現を上昇させる. この転写因子は, その認識DNA配列に由来して **GATA1** とよばれる. 筋肉のような組織はGATA1をもっておらず, よって, グロビン遺伝子は発現しない.

真核生物の遺伝子プロモーターは通常, 転写開始点の約200塩基対上流（5′側）付近に存在する. しかし, 遺伝子発現の十分な制御にはもっと広範な周辺DNA領域が関与し, これをエンハンサーとよんでいる.

エンハンサー

エンハンサー enhancer は遺伝子の発現を著しく増大させることができ, ときにはそれが200倍ほどになることもある. プロモーター同様, エンハンサーも短い調節DNA配列のクラスターを含み, これらの多くには上流調節配列に結合したものと同じ転写因子が結合する. 特筆すべきは, エンハンサーのなかには数千塩基離れた場所から効果を示すものや, 遺伝子の上流のみならず, 下流に存在することもある. プロモーターの場合, その配列方向は制御する遺伝子の転写方向でなければならないが（配列の方向性が重要）, エンハンサーは, 自身の配列方向が反対になっても転写に及ぼす効果に変わりはない. エンハンサーの効果には, しばしば組織特異性がみられる. たとえば, グロビン遺伝子の上流域と下流域にはエンハンサーとしてGATA1が存在し, これによって赤血球への分化過程でのみグロビン遺伝子の発現が著しく亢進するのである.

すぐに思いつく疑問として, どのようにしてエンハンサーは遠く離れた場所からでも遺伝子発現に対して効果を発揮することができるのであろうか. その答えは, DNA配列がプロモーターとエンハンサーの間でループ構造を形成し, これによって両者が近接することが可能という考え方である（図26.10参照）. エンハンサー結合タンパク質のある種のものは, 結合によってDNA配列を曲げ, これによってエンハンサーに結合している因子群をプロモーター上の転写因子と会合させ, 活性化することができる.

離れた場所にある転写活性化能をもたない調節配列が, 逆に, 遺伝子産物を必要としない状況下でその発現を抑制することがある. この配列は細胞にとっては明らかにエンハンサーではなく, 代わりに, **サイレンサー** silencer とよばれる.

インスレーター

エンハンサーは離れていても反対向きでもその機能を発揮することができる. また, エンハンサーはその効果が届

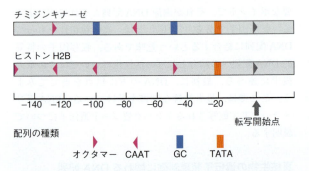

図26.5 二つの真核生物遺伝子のプロモーター配列. プロモーターはTATAボックス, CAATボックス, GCボックス, その他を異なる組み合わせでもっている. Fig. 29.10 in Lewin B. (1994) Genes Ⅴ, Oxford University Press, Oxford より改変.

く範囲内の遺伝子すべてに影響を与える．この効果から逃れるために，ゲノムは**インスレーター** insulator とよばれる，異なる種類の調節配列をもっている．インスレーターに結合するタンパク質は転写因子ではない．代わりに，インスレーター結合因子は染色体を領域ごとに絶縁し，エンハンサーはインスレーター結合因子によって分離されていない領域内のプロモーターだけを活性化する．

転写因子のDNAへの結合

この章でここまで述べてきたことから，転写因子にとって，特異的な DNA 配列に結合することが，転写制御能力の発揮にきわめて重要であることがわかるであろう．それでは次に，これら転写因子が DNA に結合することについて，さらに詳しくみていこう．転写因子は二つのドメインをもっている．一つは DNA 結合ドメイン，もう一つは転写活性化ドメインである（図26.6）．DNA はワトソン・クリック型塩基対形成をしており，したがって，転写因子は二重らせんの溝の間からこの配列を認識しなければならない（図22.4参照）．配列特異的結合はアミノ酸の側鎖とDNA 塩基の間の非共有結合が主であるが，この他，糖-リン酸-糖骨格との結合も関与している可能性がある．多くの場合，結合はタンパク質のαヘリックス構造が DNA の主溝にはまるような形で起こる．転写因子に接している主溝の塩基対部分は副溝よりも可変性があり，よって，配列特異性が生まれる．転写因子が認識する DNA 配列は長さにして約 20 塩基対程度である．

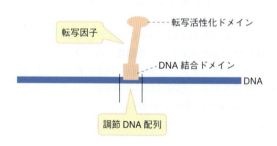

図 26.6 転写因子のドメイン

非常に多数の転写因子が存在するが，DNA 配列の認識に関わる"モチーフ"構造の違いでいくつかのファミリーに分類される．これらの DNA 結合モチーフは原核生物，真核生物のいずれにも見いだされる．DNA 結合モチーフは転写因子全体の構造からみればごく一部分であり，その他の部分は転写を活性化する部位や，他の制御因子との会合に関与する領域である．ここでは四つの主要な転写因子のDNA 結合モチーフ，すなわち，ヘリックス・ターン・ヘリックス，ジンクフィンガー，ロイシンジッパー，ヘリックス・ループ・ヘリックスについて説明する．これら

四つですべての転写因子が網羅できるわけではないが，最も一般的なモチーフの代表格として簡単に概説する．これらのカテゴリーに属するタンパク質の中には，転写制御に直接関わっていないものも存在するため，転写因子とよぶよりも，**DNA結合タンパク質** DNA-binding protein とよぶ方が一般的である．しかし，注意しなければならないのは，この場合のDNA 結合タンパク質というよび方には配列認識の特異性が含まれているということである．ヒストンのような DNA 結合タンパク質は，配列非依存的である．

ヘリックス・ターン・ヘリックス

この配列特異的 DNA 結合タンパク質は最初に同定されたものであり，最も研究が進んでいる．また，原核生物，真核生物のいずれにも共通して広く存在する．ここでは，**Cro** として知られるλファージ由来の原核生物の転写因子を例にして説明する．Cro タンパク質は，DNA 結合様式が最初に明らかにされた因子で，ファージの生活環における溶原/溶解の切替え制御に関わるタンパク質である．大腸菌における cAMP-CAP，*lac* リプレッサー，真核生物がもつ**ホメオドメインタンパク質** homeodomain protein もこの仲間に含まれる．ホメオドメインタンパク質は胎児の発達過程において，非常に重要な役割を担っている．

ヘリックス・ターン・ヘリックス（HTH） helix-turn-helix モチーフは，DNA の特異的配列を認識し，結合する小さなタンパク質内ドメインである．このモチーフはβターンを間にもつ二つのαヘリックスから成る（図26.7a）．このうちの一つのαヘリックス（認識ヘリックス）は，DNA の主溝に位置する．Cro タンパク質は二量体を形成し，二つの HTH 内の認識ヘリックスは結合部位に隣接する（図26.7b）．単量体ではなく二量体である理由は，おそらく，強固な結合を確保するためと考えられる．

異なった HTH タンパク質は，それぞれ異なった DNA 配列を認識して結合すると考えられている（たとえば，CAP は CAP 部位に，*lac* リプレッサーは *lac* オペレーターに特異的に結合する）．このことから，認識ヘリックス内のアミノ酸配列に加え，DNA 結合に関わる隣接領域のアミノ酸配列にも多様性が必要となる．

ジンクフィンガー

ジンクフィンガー zinc finger モチーフは真核生物のDNA 結合タンパク質においては最も多くみられる．ポリペプチド鎖が指のように DNA の主溝に結合することからこの名前がある．最初に発見された"古典的"ジンクフィンガーは約 30 アミノ酸残基から成り，二つのシステインと二つのヒスチジンが亜鉛 (zinc) 原子を配位するような形をしている．四つのシステインの場合もある．いくつかのフィンガー構造がグループをつくり，DNA 主溝との結合を強固なものとしている．たとえば，5S RNA 遺伝子を

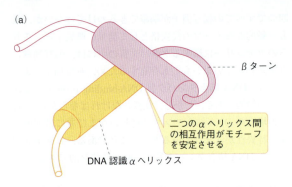

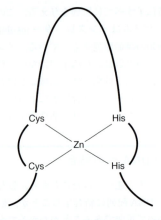

図26.8 ジンクフィンガー構造の一つの模式図．このモチーフがDNAの主溝に進入し，αヘリックス構造を利用して，5塩基対に結合する．異なる転写因子は異なる数のジンクフィンガー構造の繰返しをもっており，連続する主溝と強固に結合する．

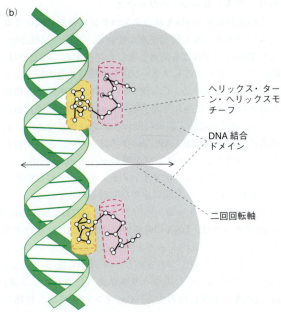

図26.7 (a) DNA結合タンパク質単量体のヘリックス・ターン・ヘリックス構造．(b) ヘリックス・ターン・ヘリックスタンパク質の二量体がDNAの主溝に結合する．Douglas H. Ohlendorf et al.; Many gene-regulatory proteins appear to have a similar α-helical fold that binds DNA and evolved from a common precursor; Journal of Molecular Evolution; 1983, 19, 2; Reproduced by permission of Springer.

制御している転写因子のTFⅢAは九つのジンクフィンガーをもっている．古典的ジンクフィンガーのモデルを図26.8に示す．すべてのジンクフィンガータンパク質において，その一端はαヘリックス構造をとり，DNAとの結合部位を認識している．

四つのシステインをもつジンクフィンガータンパク質の代表例はステロイドホルモン受容体ファミリーである（詳細は第29章参照）．ステロイドホルモン受容体はジンクフィンガー型転写因子の核内受容体 nuclear receptor ファミリーに属し，この中には甲状腺ホルモン，ビタミンD，レチノイン酸に対する受容体も含まれる（レチノイン酸は胎児の発達段階に重要である）．核内受容体は二つのジンクフィンガーをもち，そのうちの一つはDNA結合に対するよりも，タンパク質同士の会合に関わっている．受容体は，二つのジンクフィンガーのうちの一つで受容体同士の会合をすることで，ホモ，あるいはヘテロ二量体を形成しており，残りのもう一つのジンクフィンガーで認識DNA配列に結合する．

もう一つの転写因子ファミリーであるGATA因子もジンクフィンガータンパク質であるが，これらは核内受容体ではない．GATAファミリーの一つであるGATA1は，赤血球の分化過程に重要な，細胞特異的転写因子としてすでに説明した．

近年，狙ったDNA配列を標的化できるように人為的に改変したジンクフィンガーが創成されてきている．このジンクフィンガータンパク質の転写因子活性部分を核酸分解酵素に置き換え，標的部位に変異や新しいDNA断片を挿入する試みが，遺伝子治療などでなされている（Klug, 2010）．

ロイシンジッパー

ロイシンジッパー leucine zipper モチーフは多くの真核生物の転写因子に認められる．しかし，HTHやジンクフィンガーモチーフとは異なり，ロイシンジッパー構造は，実際にはDNA結合モチーフではない．ロイシンジッパー転写因子は自身の二量体形成なしにDNAに結合することはできない．実は，ロイシンジッパーはこの二量体形成を促すタンパク質会合モチーフ（二量体形成ドメイン）なのである．

ロイシンジッパータンパク質は長いαヘリックスをもっており，一端は二量体形成ドメイン，もう一端がDNA結合に関わっている．二量体形成ドメインにおいては，七つ

のアミノ酸ごとにロイシンが存在する．αヘリックス1回転ごとに3.6個のアミノ酸が必要なので，ロイシンはαヘリックスの同じ側に並び，疎水面を形成している．よって，二つのサブユニットはロイシンの側鎖の間の疎水力により結合している（図26.9a）．"ジッパー"という名前は，当初このロイシンがジッパー構造をつくっていると考えたときの間違ったよび名である．それぞれの単量体の実際のDNA結合部位は，正に荷電したアルギニンやリシンに富んだ部位である．二量体はDNAに"ハサミ"の柄のように結合し，二つの腕に相当するところが二本鎖の主溝に接するのである（図26.9b）．二量体はホモのこともあり，また，ヘテロのこともある．ヘテロ二量体の場合，異なる二つの隣り合った配列を認識するので，調節の柔軟性が高まる．

ヘリックス・ループ・ヘリックス

真核生物の転写因子モチーフの中で，DNA結合性がなく，むしろ二量体形成に働くものとして，もう一つ，**ヘリックス・ループ・ヘリックス（HLH）** helix-loop-helix ファミリーがある．HLHモチーフをヘリックス・ターン・ヘリックスと混同してはいけない．ロイシンジッパータンパク質においては，一つのαヘリックスが二量体形成とDNA結合の両方を担っていたが，この場合，二量体形成なしではDNA結合は起こりえなかった．しかし，個々の単量体のαヘリックスがポリペプチドのループによって分断されると，二量体の短いヘリックス同士がお互いに会合できる柔軟性を獲得するのである（図26.9c）．DNA結合領域の周辺は塩基性アミノ酸に富む特徴がある．

筋肉特異的な転写因子であるMyoDはこのファミリーの代表である．MyoDは赤血球におけるGATA1と同様な組織特異性があり，この場合，筋肉細胞への分化に必要な複数の遺伝子の発現を活性化している．ロイシンジッパー同様，MyoDのようなHLHタンパク質はホモ，あるいはヘテロ二量体形成することで遺伝子発現制御に柔軟性をもたせている．

どのようにして真核生物の転写因子は転写に影響を及ぼしているのか

転写因子のDNA結合ドメインとは異なり，転写活性化ドメインは特徴的な構造モチーフとして簡単に同定することはできない．活性化ドメインは構造的に広範にわたっており，転写因子のなかでこれを分類することは難しい．また，これら転写因子はさまざまな様式で転写を制御し，これはまさに研究進展中の領域である．

共通で働く転写開始機構は**転写開始複合体** transcription initiation complex である．RNAポリメラーゼに直接結合して制御するCAPの例など，原核生物における転写因子の作用を思い出してほしい．実は，真核生物の場合，こうした例はまれである．真核生物のRNAポリメラーゼIIが基本転写因子によってプロモーターに呼び寄せられることも思い出してほしい．この場合，開始過程に重要なのはTBP（TATA結合タンパク質）を含むTFIIDである．特異的転写因子の活性化ドメインはしばしばTFIIDや他の基本転写因子に会合する．この会合を介して，基本転写因子のプロモーターへの結合親和性が増強したり，あるいは，すでに結合状態にある転写因子の活性を上昇させたりするのである．

転写メディエーター

TFIIDのような基本転写因子以外にも，**メディエーター**

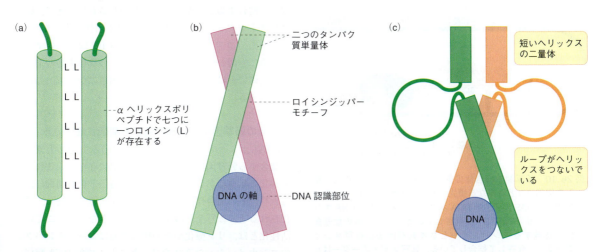

図26.9　(a) ロイシンジッパーモチーフ．疎水的な性質をもつロイシンは正対しており，ジッパーのようにかみ合うわけではない．(b) ロイシンジッパータンパク質がDNAと結合するモデル．DNAの軸を見下ろす位置から眺めている．タンパク質の2本の腕はDNAの主溝に位置し，DNA結合部位は塩基性アミノ酸に富んでいる．(c) ヘリックス・ループ・ヘリックスは別の形の二量体形成であり，ループによる柔軟性をもっており短いヘリックス部分が二量体を形成する．

mediatorとよばれるタンパク質複合体も発見されている．TFⅡDとRNAポリメラーゼⅡの仲介役として働くタンパク質で，これは酵母で最初に見いだされた．2006年にノーベル賞を受賞したRoger Kornbergは，多細胞真核生物の転写因子よりもいくぶん単純であるという理由から，酵母での転写制御の研究を行った．RNAポリメラーゼⅡによる転写機構の基本情報をもとにすれば，当時わかっていた基本転写因子を部分精製し，試験管内で再構成することは可能であった．Kornbergらの実験では，こうした再構成の複合体を用いた転写は低いレベルのもので，転写活性化因子をこれに添加しても上昇することはなかった．何かが足りなかったのである．そこでさらに未精製の酵母抽出液を加えると，転写効率は上昇し，転写活性化因子の添加効果も確認できたのである．この結果は，添加した粗抽出液の中に転写因子がRNAポリメラーゼⅡを制御するのに必要な因子が存在することを示唆していた．この因子は**メディエーター**とよばれた．なぜならば，この因子が開始複合体の中で，転写因子からRNAポリメラーゼへ制御情報を伝えていると考えられたからである（図26.10）．

このメディエーターは20種類以上のタンパク質サブユニットから成る巨大な複合体である．この複合体の存在は，すべての真核生物内で確認されている．酵母で発見されたメディエーター構成因子のほとんどに相同なタンパク質がヒトでも見いだされている．酵母とヒトのメディエーターは，相当するそれぞれが複合体内で類似の配置と形をとっている．これらメディエーターは自分自身が直接DNAには結合しないが，基本転写因子やRNAポリメラーゼⅡ，あるいは，メディエーター同士と会合しあい，特異的転写因子を上流のプロモーターに結合させ，また，DNAを湾曲させて遠距離のエンハンサーを近接させたりする．

メディエーターの研究は，その複合体の複雑さと大きさゆえに非常に困難である．たとえば，転写開始複合体がプロモーター上に形成される前，どのようにしてポリメラーゼⅡや基本転写因子群と予備的な組立て（ホロ酵素）がなされているかはわかっていない．実際，これは細胞の種類や細胞が置かれている環境（状況）によって異なってくる．複合体内のメディエーターは細胞ごとにどのように異なり，これによってメディエーターはどう転写を変え，細胞のシグナル伝達に対する応答はどのように転写レベルに反映されるのか，などは最新の研究課題である．

コアクチベーター

多くの転写因子は，その活性化ドメインが直接に転写を活性化するのではなく，コアクチベータータンパク質と結合し，さらに他のタンパク質との会合を進めている．コアクチベーターは転写因子ではなく，それ自身がDNAに結合することはない．しかし，特定の転写因子の活性化には必須なものである．コアクチベーターの中でさまざまな転写因子と協働し，よく研究されている例として**CBP**があげられる．CBPの名前はCREB結合タンパク質に由来し，**CREB**はコアクチベーターとしてCBPを従える最初の転写因子として発見された．CREBの名前は，**cAMP応答配列結合タンパク質** cAMP-response-element-binding proteinに由来する．CREBはcAMPシグナル伝達経路に応答する遺伝子群の発現制御に関わる転写因子であるが，これについては第29章で詳しく述べる．

CBPがCREB，あるいは他の転写因子との結合でプロモーターに呼び寄せられると，その後は複数の機構によって転写の活性化を進める．CBPは転写開始複合体の構成因子に結合することができる．しかしこれに加えて，CBPはヒストンタンパク質を修飾する酵素活性ももっている．すなわち，コアクチベーターであるCBPは，クロマチンの修飾にも関わっているのである．この真核生物の遺伝子発現制御におけるもう一つの重要な働きについて，これから説明する．

大部分の転写因子は自身の活性も制御されている

CAATボックスやGCボックスのような共通の上流配列に結合する転写因子はほとんどの細胞に存在し，これらは活性化の状態にある．さらに複雑な遺伝子発現制御に関わる転写因子の場合は，ときに不活性な状態で存在し，活性化されるまで転写を刺激することはできない．ここでいう活性化とは，リン酸化やその他の修飾によってタンパク質のコンホメーション変化をひき起こし，標的DNA配列に結合できる状態に変化させることである．活性化には，転写因子の細胞内局在が細胞質から核内に移る場合も含まれ，この移行によって標的DNA配列に結合できるように

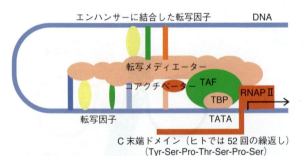

図26.10 転写開始複合体の最終モデル．大きさ，場所，相互作用部位などは単なる模式である．基本転写因子（TBPとTFⅡDのTAF部分）がTATAボックスに結合し，RNAポリメラーゼⅡ（RNAPⅡ）を引寄せている．より上流の塩基配列を認識するエンハンサーと基本転写因子は転写メディエーターを介在して結合している．転写メディエーターはヒトでは30個のタンパク質から成る複合体である．これはDNAとは直接結合しないが，ポリメラーゼと他の多くの因子を物理的に結合させている．こうすることでさまざまな制御因子がもつ情報をRNAポリメラーゼに伝えるのである．

なるのである.

この活性化は，通常，他の細胞から送られてきたシグナルによりひき起こされる．図26.11は活性化機構のいくつかの例を示したものである．図26.11 (a) では，脂溶性のステロイドホルモンが膜を通過し（脂質の膜透過性による），可溶性の受容体タンパク質と結合し，受容体のコンホメーション変化をひき起こし，受容体自身が活性型の転写因子になる様子を描いている．図26.11 (b) では，ホルモンの作用によりcAMPが増加し，これがプロテインキナーゼAを活性化し，そして不活性化状態であった転写因子をリン酸化により活性化する様子を描いている．こうしてホルモン応答が起こるのである．cAMPがCREBを活性化した際，何が起こるかがこれでわかるであろう．リン酸化されたCREBはコアクチベーターであるCBPを呼び寄せ，結合する．図26.11 (c) では，多くのホルモンでみられるように，ホルモンが細胞膜受容体に結合し，細胞内のシグナルカスケードを活性化し，最終的に不活性型の転写因子を活性型にする様子を示したものである．多くの場合，転写因子のリン酸化が関係する．他の細胞からホルモン，サイトカイン，増殖因子などのシグナルが伝わり，いろいろな遺伝子の発現を調節する．このような細胞間のシグナル伝達系は非常に重要であり，第29章で詳細に述べる．不適切な遺伝子発現は発がんと関係している．なぜなら，遺伝子は適当な時期にスイッチが切られなくてはならないからである．いくつかの転写因子の過剰発現も同様に発がんと関わっており，第31章で詳しく述べる．

転写リプレッサー

クロマチンの修飾について説明する前に，簡単に転写抑制について考えてみよう．これまでは真核生物の転写因子を，おもに転写のアクチベーター（活性化因子）として述べてきた．しかし，はじめに強調したように，真核生物の遺伝子発現は負であったり正であったりする多種多様なシグナルが最終的にプロモーターに伝わることで制御され

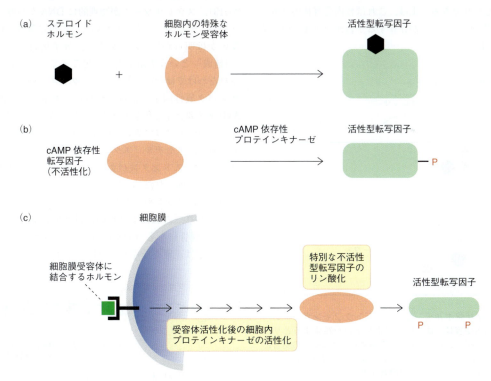

図26.11 転写因子の活性化機構．(a) ステロイドホルモンは細胞内に入り，ホルモン特異的な受容体と結合し，コンホメーションの変化後，これ自身が活性型転写因子となる．すべてのステロイドホルモン受容体ファミリーはジンクフィンガー（亜鉛結合モチーフ）をもち，このような型式でステロイドホルモンの刺激を受けて遺伝子発現を誘導する．(b) アドレナリンが特異的受容体に結合するとcAMPが合成される．これがcAMP依存性プロテインキナーゼ（プロテインキナーゼA）を活性化し，不活性型の転写因子をリン酸化することで活性化する．(c) インスリンのようなタンパク質性の因子は細胞内に取込まれないが，細胞膜の受容体がインスリンなどのホルモンにより活性化されるとさまざまなシグナルカスケードを活性化し，最終的に転写因子をリン酸化することで活性化する．こうした因子はたくさん存在するが，それぞれが特異的な受容体への結合を介し，異なる転写因子を活性化する．この際，活性化された転写因子は細胞質から核内へ移行する．核内に移行した転写因子は特異的なエレメントに結合し，ホルモン作用を発揮する．個々のホルモンの作用はそれぞれが特異的な遺伝子の発現を制御することで発揮される（ステロイドホルモンによるシグナル伝達の仕組みは第29章に詳しく述べる）．

る．これら多くのシグナルが組み合わさる場合でも，複雑な状況に呼応した，バランスのとれた制御がなされているのである．負の制御はリプレッサー（抑制因子）活性をもつ転写因子によって行われる．

転写因子による抑制は非常に多様な機構で行われているが，活性化の制御と基本的には等価である．それは，抑制因子の抑制ドメインやコリプレッサーが基本開始因子やメディエーターと会合し，あるいは，抑制的なクロマチンの修飾によってなされる．真核生物の遺伝子発現制御は，しばしばアクチベーターとリプレッサーがDNA上の同じ，あるいは部分重複した認識配列への競合結合によって行われる．そしてこの場合，リプレッサーはアクチベーターのプロモーターへの結合を単純に阻害するのである．遺伝子発現が活性化されるか，抑制されるかは，細胞内におけるリプレッサーとアクチベーターの量，あるいは活性状況に依存する．甲状腺ホルモンに対する核内受容体は，コアクチベーター，コリプレッサーのいずれと会合しているかによって，アクチベーターとして働いたり，リプレッサーとして機能したりできる．実は，これは核内受容体のリガンドである甲状腺ホルモンが存在するか否かで決まるのである（図26.12）．

ているが，およそ50塩基であり，合計で200塩基対が一つのヌクレオソームの単位といってよい（図22.8参照）．クロマチンは活性のないタンパク質で，DNAの折りたたみの足場をつくっているという程度にしか理解されていなかった．しかし，今ではそれが構造や組成を変えることで転写の活性にまで影響を及ぼすほどダイナミックな特徴をもつことがわかってきた．

ヒストンや他のクロマチンタンパク質が，DNAのRNAポリメラーゼや転写因子との結合に影響を与えるであろうことは容易に想像できる．クロマチンの"デフォルト"状態（刺激のない状態）は"閉鎖"構造であり，このとき遺伝子は不活性化されている．すなわち，ヌクレオソームがしっかり閉じた構造をしており，基本転写因子などがプロモーターに結合することができないのである．

真核生物の転写開始には，まずヌクレオソームが"開き"，プロモーター部位が外にさらされなければならない．これにはヌクレオソーム構造の修飾が必要で，この過程を**クロマチン再構成** chromatin remodeling とよんでいる（図26.13）．ヌクレオソームが物理的にDNAから離れてしまうのか，転写因子が入りやすいように単に避けているだけなのかは明らかにされていない．分子用語として，この"再構成"という用語は実際に起こっていることから命名されたわけではない．しかし，ヌクレオソームの再構成がタンパク質性因子によって行われ，エネルギー源としてATPを必要とする現象であることはわかっている．

もう一つのクロマチン修飾はヒストンの共有結合性の修飾である．アセチル（エタノイル）基やメチル基のような化学基がヒストンタンパク質のN末端領域（N末端側の尻尾）に付加されたり，逆に除かれたりする．ヒストンのこの領域はリシンやアルギニンといった塩基性アミノ酸に富んでおり，これにより正の荷電状態にあるため，負の糖-リン酸骨格をもつDNAとは結合しやすい．アセチル基の付加は正電荷を中和し（図26.14），これによってア

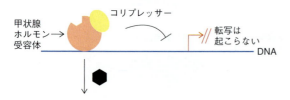

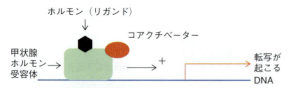

図26.12 甲状腺ホルモン受容体（ジンクフィンガータンパク質の核内受容体）は，甲状腺ホルモンが結合するとリプレッサーからアクチベーターに変換する．ホルモンの結合によって受容体のコンホメーションが変わり，コリプレッサーが外れてコアクチベーターが結合する．

真核生物の遺伝子発現制御におけるクロマチンの役割

第22章で述べたように，試験管内での真核生物の遺伝子は**クロマチン** chromatin とよばれるタンパク質とDNAの複合体を形成しており，決して裸のままのDNAではない．ヒストン八量体でつくられるヌクレオソームの周囲をDNA鎖は2回転する．個々のヌクレオソームはリンカーDNAによりつながれ，リンカーの長さはそれぞれ異なっ

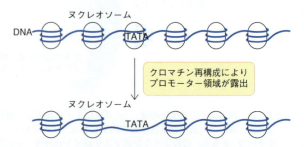

図26.13 クロマチン再構成．原理としては，クロマチン上のプロモーターはヌクレオソームで遮られている．遺伝子発現にはプロモーターの露出が必要であり，複数のヌクレオソームが除去されるか，あるいはヌクレオソームが動いて，プロモーターを露出する必要がある．これをクロマチン再構成というが，実際に何が起こっているかは分子レベルで解明されているわけではない．

26. 遺伝子の発現制御

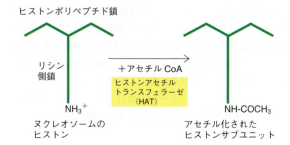

図 26.14 ヌクレオソームに存在するヒストン八量体の N 末端リシン残基の ε-アミノ基のアセチル化. アセチル化により, 正電荷が減少し, DNA との結合力が低下し, クロマチン再構成が起こるのではないかと考えられる.

セチル化ヒストンは DNA との結合親和性が低下することが示唆され, よって, 転写因子が接近しやすくなるのである. しかし, 実際の状況はこんなにも単純なモデルではなく, より複雑である. なぜならば, ヒストンのアセチル化はヌクレオソーム間の会合や, ヒストンと他のタンパク質間の結合にも影響を与えるからである. にもかかわらず, ヒストンのアセチル化は一般に, クロマチンの巻き方を"緩め", その領域に存在する遺伝子が転写レベルで活性化状態になるのである.

ヒストンアセチルトランスフェラーゼ（HAT） histone acetyl transferase と **ヒストンデアセチラーゼ（HDAC）** histone deacetylase は, それぞれヒストンに対しアセチル基を付加し, また, 除く酵素である（図 26.14, 26.15）. HAT 酵素は, アセチル CoA のアセチル基をヒストンタンパク質の N 末端領域に存在するリシン残基の ε-アミノ基に転移させる活性をもっている. これらのドメインはヌクレオソームの表面に短い尻尾のように存在しており, 酵素の作用を受けやすい. 転写のコアクチベーターである CBP はクロマチン修飾活性をもつと先に紹介したが, 実際, このタンパク質は他のコアクチベーター同様, HAT 活性をもっている. またこれとは逆に, いくつかのコリプレッサーは HDAC 活性をもっている.

どのようにして DNA は転写因子が結合可能な状態になるのか

転写因子とクロマチン修飾のそれぞれの役割を議論する場において, 私たちは, 鶏が先か, 卵が先かというジレンマを避けて通ることはできない. クロマチン修飾をつかさどるのは DNA 結合型の転写因子であるが, 一方で, クロマチンは転写因子が DNA に結合する前に緩んだ構造になっていなければならない. どちらか一方だけではことは始まらないのである. もっともらしい解答は, **パイオニア因子** pioneer factor とよばれるある種の因子が, 修飾を受ける前のクロマチン内の特異的 DNA 配列に結合するという考えである. この結合がプロモーターの再構成をひき起こし, 続いて他の関連因子の結合や複合体の組立てがこのプロモーター上で起こるのである.

DNA のメチル化とエピジェネティックな制御

DNA 塩基のメチル化修飾は原核生物と真核生物のどちらにおいても起こっている. 細菌内でのこの修飾は, 自身の DNA を自身がもつ制限酵素の攻撃（加水分解）から守るためにある. 制限酵素の働きは, バクテリオファージの侵入から自身を守ることにあり, このことについては第 28 章で詳しく述べる.

哺乳類でのシトシンのメチル化には原核生物のものとは別の, 転写制御での役割がある. 次に示した 5-メチルシトシンの存在が遺伝子発現の抑制と連関している.

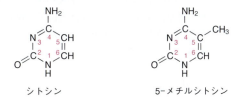

DNA をメチル化することでクロマチンの抑制的修飾が起こっているのか, あるいは, この修飾の原因と結果には別の意義があり, クロマチンタンパク質自身が DNA をメチル化修飾しているのか. こうした問題を明らかにすることは非常に難しい. しかし少なくとも数例においては, 5-メチルシトシンを特異的に認識する DNA 結合タンパク質が存在し, これがヒストンデアセチラーゼを動員してクロマチンの凝集化をひき起こし, DNA に転写因子が接近できない状況をつくり上げているようである.

シトシンがメチル化修飾を受けるには条件が必要で, DNA 配列上でシトシンの次（3′側）の塩基がグアニンでなければならない. この配列はしばしば "CpG" と表現され, "p" は両塩基をつなげているリン酸基を意味する（DNA 二本鎖における C と G の水素結合による塩基対とは区別すること）. 遺伝子プロモーターには CpG を多く含むものがしばしば見受けられ, このような領域をゲノム上の **CpG アイランド** CpG island とよんでいる. DNA のメチル化修飾は転写の抑制と連関しているので, 転写が活発に行われているプロモーター領域内の CpG アイランドの

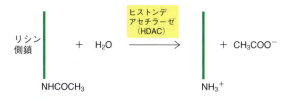

図 26.15 ヒストンデアセチラーゼによる反応

メチル化度が低い事実はうなずけるであろう．

シトシンのメチル化の特徴は，DNA 配列上のメチル化パターン（メチル化の部位）が DNA 複製や細胞分裂を経ても保存されているということである．この機構を明らかにするには，まずこの修飾の責任酵素である DNA メチルトランスフェラーゼについて考えなければならない．これには二つのクラスのメチルトランスフェラーゼが存在し，どちらの酵素もメチル基の供与体として S-アデノシルメチオニンを用いる（第 18 章）．**新規型メチルトランスフェラーゼ** *de novo* methyltransferase は，まだメチル化されていない DNA へメチル基を転移する．一方，**維持型メチルトランスフェラーゼ** maintenance methyltransferase は，複製時に鋳型 DNA 上の CpG のメチル化シトシンを認識し，新生鎖中で対に当たる CpG のシトシンにメチル基を転移する（図 26.16）．重要な点は，メチル化パターンには遺伝子発現パターンと相関性があり，すなわち，これは細胞の種類によってパターンが異なることを意味し，しかも，このパターンは細胞分裂を経ても維持されているのである．DNA におけるこの型の変化を**エピジェネティック** epigenetic な修飾とよんでいる．これは細胞分裂を経ても維持されるという特徴をもつが，塩基配列に変異を起こすわけではない．エピジェネティックな領域の研究は，その重要性を増しつつある．なぜならば，DNA のエピジェネティック修飾の異常，すなわち，これは遺伝子発現異常につながるのだが，こうした異常が多くのがんで見つかっているからである．

DNA のエピジェネティック修飾は世代間ではいつも保存されるわけではない．それは受精卵内で起こる全体的な DNA の脱メチル現象によるためである．DNA のメチル化パターンは胎児の発達段階において，細胞や組織の分化に伴って徐々に形成される．しかし，限定された遺伝子セット内では，メチル化パターンは維持され，子孫へと遺伝する．この現象を**ゲノム刷込み** genomic imprinting とよんでいる（Box 26.1）．

転写開始後の制御：概略

遺伝子の発現制御の大半は転写開始の時点で行われるが，その後のステージでの制御の例もたくさんあるので，それらについていくつかをここで紹介しよう．転写開始後，RNA 合成が完了する以前にときどき終結することがある．これは原核生物ではアテニュエーション，あるいは，リボスイッチとして知られている．真核生物では，選択的スプライシング（第 24 章）も大事な制御点である．一つの遺伝子の転写において，異なったスプライシングパターンの RNA（結果的には異なったタンパク質になる）の量的関係に違いを付与することで，細胞の種類や外界変化に呼応した個々のタンパク質産生量に差異を生み出すことができる．mRNA の安定性も制御点である．mRNA の寿命が長ければ，翻訳に利用される回数も増え，結果的に多くのタンパク質が産生される．もちろん，翻訳レベルでの制御も存在する．

原核生物における転写開始後の制御

大腸菌の *trp* オペロンにおけるアテニュエーション

trp リプレッサーが大腸菌の *trp* オペロンで転写開始を制御していることはすでに説明した．ゆえに，トリプトファン合成に必要な酵素は，アミノ酸レベルが低い環境条件下でのみ産生される．このオペロンは**アテニュエーション** attenuation（転写減衰）として知られるもう一つの機構によっても制御される．この機構は，転写が始まった後でもトリプトファンレベルに呼応して精密に制御することができるのである．これは論理的な機構であるが，少々複雑でもある（図 26.17）．アテニュエーションは原核生物での機構なので，まず，*trp* オペロン mRNA の翻訳は mRNA 合成が終結する以前から開始されていることを頭に置いてほしい．翻訳は一つのタンパク質の合成から始まるのではなく，mRNA の 5′ 末端にコードされている短い"リーダー"ペプチドの合成から開始される．このリーダーペプチドをコードする領域にはトリプトファンをコードするコドンが含まれている．もし，細胞内にトリプトファンが存在したら，トリプトファンを結合した tRNA も存在し，リボソームはリーダーペプチドを合成しながら

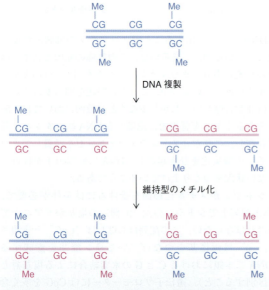

図 26.16 DNA メチル化修飾は DNA 複製後に維持型メチルトランスフェラーゼによって保存される．維持型メチルトランスフェラーゼは複製時に鋳型 DNA 上の CpG のメチル化シトシンを認識し，新生鎖中で対に当たる CpG のシトシンにメチル基を転移する．

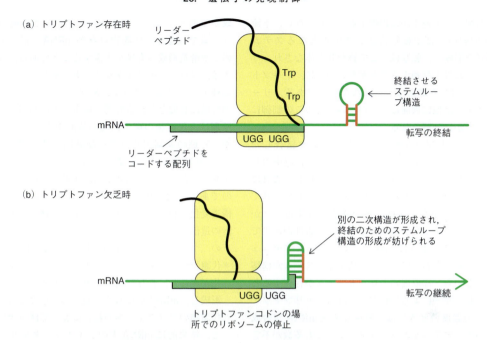

図 26.17 *trp* オペロンにおける転写の終結．(a) トリプトファン存在時：リボソームはリーダーペプチドを合成し，さらに *trp* コドンを超えてコードする配列上を移動する．このとき，下流の mRNA 配列の一部が転写終結シグナルとなるステムループ構造を形成し，トリプトファン合成に関わる酵素をコードする mRNA の合成は短い不完全な状態で止まってしまう．(b) トリプトファン欠乏時：リーダーペプチド合成中のリボソームはトリプトファンコドンの場所で停止し，これによって別の二次構造の mRNA ができ，結果的に転写終結ステムループ構造の形成が妨げられる．結果，完全なトリプトファン合成酵素の mRNA を転写することができ，この酵素が産生される．

Box 26.1　ゲノム刷込みの異常

哺乳類は，個々の常染色体（性染色体ではないもの）の1コピーずつを母親と父親から遺伝により受継ぐ．遺伝子発現を必要とする状況下では，母方由来，父方由来の両染色体上の遺伝子は膨大な量の転写を行っている．しかし，限られた数（ヒトでは現在までに 100 遺伝子未満）の遺伝子は**刷込み状態 imprinted** にある．この場合，遺伝子の転写は，母方由来，あるいは，父方由来の遺伝子のどちらか一方のみに限定され，一方が転写されている際は，もう一方は転写抑制状態にある．母方由来，父方由来のどちらを刷込み遺伝子とするかは個々の個性であり，抑制された方の遺伝子はそのまま細胞分裂のみならず，世代を超えて伝えられる．なぜ，限られた遺伝子のみが刷込み状態にあるのか．また，どのようにして刷込み状態にある個々の遺伝子の発現が起源とする親に依存して維持されているのか．私たちはまだ解明できていない．しかし，**刷込み制御領域 imprinting control region** とよばれる DNA 配列のメチル化パターンの違いが重要であることがわかってきた．

刷込み遺伝子には，生体の成長や分化に関するものがいくつかあり，遺伝子刷込み現象が明らかになる以前は，こうした遺伝子，あるいは，遺伝子発現制御の破壊によって起こる発達異常は臨床医を惑わしていた．ヒト 15 番染色体上には，母方，父方両方に由来する刷込み遺伝子のクラスター領域が一つ存在し，この領域は欠損しやすい傾向にあるが，この同じ箇所に欠損が生じたにも関わらず，まったく異なる疾患になってしまうケースがある．一つは**プラダー・ウィリ症候群 Prader-Willi syndrome** として現在では認知され，父方由来の染色体の欠損に起因し，結果的には欠損領域内の遺伝子発現が欠落することで発症する疾患である．この場合，母方由来の染色体が抑制状態にあることから欠落した遺伝子部分を補うことができないのである．**アンジェルマン症候群 Angelman syndrome** はプラダー・ウィリ症候群と同一の染色体領域の欠損で起こる疾患である．しかしこの場合は逆に，母方由来の染色体が発現状態にあり，プラダー・ウィリ症候群とは異なった遺伝子の欠陥によってこの症候群が発症している．もう一つ，11 番染色体上の刷込みクラスターに起こった異常が原因の疾患として**ベックウィズ・ウイーデマン症候群 Beckwith-Wiedemann syndrome** が知られており，胎児の過成長をひき起こす．これは，父親から染色体の両コピーを受継いだことに起因する．通常，母親と父親から一つずつ染色体を受継いだ場合，この染色体領域では父方由来の遺伝子が発現し，母方由来のものは抑制状態にあるが，父方由来の染色体が 2 本存在するためにどちらともが発現し，この領域に存在する胎児の過成長を起こしてしまう原因遺伝子の発現が正常の 2 倍にも高まっているのである．

コードする配列上を速やかに移動する．これに伴い，下流のmRNA配列の一部が転写終結シグナルとなるステムループ構造を形成し，転写はここで終わりとみなされ，リボソームはこれ以上移動することがないために，トリプトファン合成に関わる酵素はつくられないのである．リーダーペプチドには他に機能はないが，翻訳時のこの制御に役立ち，速やかに分解される．

もし，トリプトファンやトリプトファンを結合したtRNAが不足したならば，リーダーペプチドを合成中のリボソームはトリプトファンコドンの場所で停止し，これによって終結のためのステムループ構造の形成が妨げられてしまう．結果，完全なオペロンmRNAを転写することができ，トリプトファン合成に必要とされる酵素群が産生できるのである．このように，*trp* リプレッサーとアテニュエーションの組み合わせによって，精密なシステムが構築される．すなわち，高濃度のトリプトファンが存在するときにはリプレッサーによる抑制が行われる．トリプトファンが中程度の濃度のときには，微量の全長mRNAが合成されるものの，アテニュエーションによって大多数が不完全なmRNAとして合成され，やはり関連酵素の合成は抑えられる．ところが，低濃度になると全長mRNAの量産からトリプトファン合成に必要な酵素の産生が促進されるのである．

アテニュエーションは *trp* オペロンのみに限局されるものではない．ヒスチジンやロイシンの合成酵素をコードしているオペロンも同様の方法で制御されている．これらはそれぞれ，複数のヒスチジンやロイシンのコドンを含むリーダーペプチドをもった機構である．

細菌のリボスイッチ

リボスイッチ riboswitch は細菌におけるタンパク質合成制御の一つの仕組みであり，いくぶん，上述のアテニュエーションに似ている．この機構は，鍵になる代謝物の量に呼応した，mRNA内の塩基対構造に基づく二次構造形成が重要となる．アテニュエーションとの違いは，リボソームではなく，代謝物自身がmRNAに結合し，mRNAの二次構造形成の有無を決定することである．リボスイッチは，フラビンモノヌクレオチド，チアミン二リン酸，ある種のアミノ酸，プリン，S-アデノシルメチオニンなどの合成に必要とされる酵素の産生制御に利用される．その原理は，代謝物の産生に関わる酵素をコードするmRNAが，5′側の非翻訳リーダー配列内にアプタマー aptamer（fitを意味するラテン語の *aptus* に由来）とよばれる配列をもっており，この配列が当該代謝物と特異的に結合するのである．代謝物がアプタマーに結合すると，mRNAは構造変化を起こし，これによって代謝物の産生に関わる酵素の遺伝子発現が抑制される仕組みである．その制御は以下の二つのうちのいずれかで進む（図26.18）．

- 代謝物がアプタマーに結合すると，アプタマーの構造変化が起こり，転写終結シグナル様のステムループ構造を形成し，mRNAの転写を停止する（図26.18 a）．
- 代謝物のアプタマーへの結合によって構造変化が起こると，結果的にmRNA上のシャイン・ダルガーノ配列が隠れてしまい，翻訳が抑えられる（図26.18 b）．

おのおのの場合において，その抑制効果は，必要のない酵素の産生阻害にある．なぜならば，当該酵素経路の代謝物が細胞内に豊富に存在しているからである．

mRNAの安定性と遺伝子の発現制御

遺伝子発現の調節を考える場合，転写段階の制御が第一に重要である．しかし，個々のmRNAの安定性も同時に重要な問題である．一般に，多少の例外を除き（先述の翻訳レベルでの制御），タンパク質の合成量はその特定のタンパク質をコードするmRNAの量を反映していると考えてよいであろう．細胞におけるmRNAの量はその合成と分解の速度により決まっている．もし，mRNAの産生速

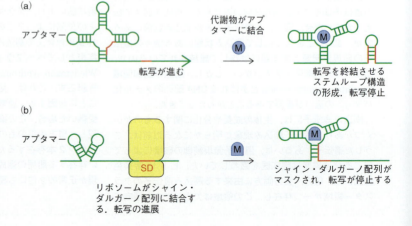

図26.18 リボスイッチのモデル．代謝物の産生に関わる酵素をコードするmRNAの5′側の非翻訳リーダー配列内にアプタマー配列が存在する．この配列が当該代謝物と特異的に結合する．代謝物がアプタマーに結合するとmRNAは構造変化を起こし，これによって代謝物の産生に関わる酵素の遺伝子発現が抑制される．

度が一定ならば，半減期の長い mRNA は半減期の短い mRNA と比べて細胞内量が多く，したがって合成するタンパク質の量も多くなる．このような理由で，mRNA の半減期を規定する機構は，遺伝子発現の一つの調節手段といえる．

原核生物の mRNA はきわめて短命であり，通常，その半減期は 2～3 分である．一方，哺乳類の mRNA の半減期は極端な例では，10 分から 2 日間まであり（平均は 3～4 時間），非常に多彩である．グロビンの mRNA は比較的安定で，その半減期は約 10 時間である．細胞周期（第 30 章）に関わるような，調節系タンパク質の mRNA は概して短命な傾向にあり（これらのタンパク質の半減期は約 30 分である），遺伝子の転写速度の変化が即座にこれらのタンパク質の発現レベルに影響を与えられるようになっている．

mRNA の安定性を決定する因子と遺伝子発現における役割

真核生物のほとんどすべての mRNA は，その 3′ 末端にポリ(A)尾部を付加させて核外に出てくる（図 26.19 a）．しかし，前述のようにヒストン mRNA は例外的に 3′ 末端にポリ(A)尾部をもたず，5′ 末端にメチルグアノシンキャップを付加する．第 24 章を思い出してほしい．ポリ(A)尾部はループを形成することでポリ(A)尾部結合タンパク質を介して 5′ 末端と結合する．このループ形成は翻訳効率を向上させるが，同時に mRNA の安定性も向上させる．つまり，ポリ(A)尾部と 5′ キャップのポリ(A)尾部結合タンパク質を介する結合は，細胞内のエキソヌクレアーゼによる分解から mRNA を守ると同時に，ループ形成によって "キャップ除去酵素" による 5′ キャップの除去からも守っているのである．

mRNA の分解は 3′→5′ エキソヌクレアーゼによるポリ(A)尾部の除去（脱アデニル反応）から始まる．この分解は mRNA の寿命ごとに徐々に起こる．ポリ(A)尾部がある程度削られると，5′ 末端と結合できなくなり，5′ キャップはキャップ除去酵素の攻撃から免れることができなくなる．キャップの除去により，mRNA の 5′ 末端がむき出しになると 5′→3′ エキソヌクレアーゼによる分解も受け，同時に 3′→5′ エキソヌクレアーゼによる分解も継続される．

半減期の異なる mRNA では，異なる割合（タイミング）でポリ(A)尾部の除去が起こる．では，各 mRNA においてポリ(A)尾部の除去のタイミングを決定しているのは何なのか．多くの場合，mRNA の 3′ 非翻訳領域（3′ UTR）内に特異的な配列が存在し，ここに特異的タンパク質が結合することによって規定される．寿命の短い mRNA は **AU に富んだ配列（ARE）** AU-rich element が存在し，一方，非常に安定な mRNA はポリピリミジントラクトをもっている．ARE 結合タンパク質はポリ(A)尾部除去酵素を mRNA に動員し，一方，ポリピリミジントラクト結合タンパク質は保護的に働く．

哺乳類のヒストンタンパク質の mRNA はポリ(A)尾部をもっておらず，その安定性は，RNA 分子の 3′ 末端にあるステムループ構造が担っている（図 26.19 b）．ヒストンタンパク質の合成は，真核生物の細胞周期の中で DNA の合成とヌクレオソームが構成される S 期のみで起こる（第 30 章）．ヒストン遺伝子の転写は S 期に起こるが，G_2 期にはヒストン mRNA は急激に減少する．この減少はもちろん転写の停止もあるが，これに加えて，mRNA の半減期が 40～10 分へと低下することによっており，これは 3′ 側のステムループ構造の変化によるものである．このステムループ構造の変化はヒストン mRNA の翻訳効率と安定性に影響を及ぼすが，非常に複雑な機構が関わっており，詳細はいまだ明らかにされていない．

トランスフェリン受容体タンパク質 transferrin-receptor protein の合成も，mRNA の安定性がタンパク質合成を調節している一つの例である．この受容体は，エンドサイトーシス（図 27.12 参照）による鉄の細胞内への取込みに関与しており，細胞内で鉄が欠乏した際，鉄輸送を亢進するためにこの受容体タンパク質の産生を増やす必要が生じる．この受容体の mRNA の 3′ UTR には，**鉄応答配列（IRE）** iron-responsive element とよばれる，五つのステムループの繰返し構造から成る領域が存在する（図 26.19 c）．鉄の欠乏状態では **IRE 結合タンパク質（IRP）** IRE-binding protein が IRE に結合して mRNA を安定化させ，翻訳を亢進して受容体量を増やすことで鉄の取込みを増す．一方，鉄が過剰になると，鉄が IRP と複合体を形成し，結合タンパク質は IRE から外れる．こうなると，この部分はリボヌクレアーゼによる分解を受けやすくなり，mRNA は分解される（図 26.20 a）．こうして結果的に，鉄

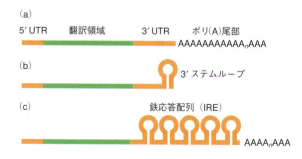

図 26.19 哺乳類の mRNA の 3′ 非翻訳領域に見いだされ，細胞内での mRNA の寿命を決めているいくつかの構造．(a) ポリ(A)尾部は大部分の mRNA に存在している．(b) ヒストン mRNA にみられる 3′ ステムループ構造．(c) トランスフェリン受容体 mRNA にみられる鉄応答配列（IRE）．Fig. 4 in Ross, J.; Microbiol Rev.; (1995) 59, 423; American Society for Microbiology より改変．

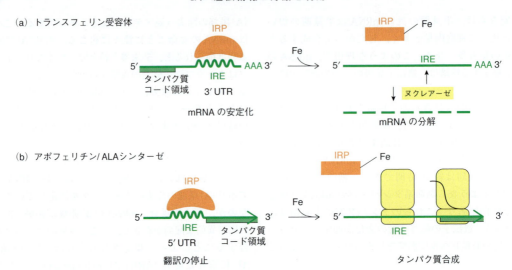

図26.20 mRNA安定性や翻訳制御を介した鉄代謝やヘム合成に関するタンパク質の合成制御. (a) 鉄欠乏時, トランスフェリン受容体mRNAはその3′ UTRにIRE結合タンパク質 (IRP) が結合することで安定化する. こうしてトランスフェリン受容体が合成され, 鉄の細胞内取込みが亢進する. 鉄存在時, IRPに鉄が結合し, これによってIRPはmRNAから離れ, 安定性を欠くmRNAは分解される. (b) 鉄欠乏時, アポフェリチン/ALAシンターゼmRNAの翻訳は, 5′の非翻訳領域にIRPが結合することで抑制される. 鉄存在時, IRPはmRNAから離れ, リボソームによる翻訳が促進する. 鉄が過剰に存在する場合, フェリチンは鉄と結合することで鉄の毒性から細胞を守り, ALAシンターゼは鉄を必要とするヘムの合成を触媒する.

の細胞内への取込みは減少する. 鉄代謝に関わる他のタンパク質をコードするmRNAもIREを含むが, これらのmRNAではIREは5′ UTR内に存在し, 逆の効果をもたらす. これらmRNAは細胞内の鉄濃度が高い場合に必要とされるタンパク質をコードし, IRP結合によってこれらmRNAの翻訳効率が高まるのである (図26.20 b).

mRNAの安定性を議論するとき, **マイクロRNA (miRNA) microRNA**とよばれる制御能をもつ低分子RNAについても言及しなければならないだろう. このmiRNAは, 標的とするmRNAの3′ UTR内配列と塩基対を形成することで働く. この塩基対形成によって, 翻訳が抑制されたり, 標的mRNAが分解されたりする. miRNAについてはこの章の最後に詳しく述べる.

真核生物における翻訳制御機構

mRNAの安定性を制御することで遺伝子発現を調節する方法は, 細胞内のタンパク質レベルを速やかに変化させる必要性がある場合に用いられる. これは, 細胞周期におけるヒストンや, 細胞内の鉄濃度変化による応答などを例にして説明した. 翻訳レベルでの遺伝子制御も同じである. ここでは, 哺乳類の翻訳制御領域で研究が進んでいる鉄の恒常性維持について引続きながめることとする.

鉄の恒常性維持における翻訳制御とヘム合成

鉄はタンパク質と複合体を形成した状態で血漿中を運ばれる. この輸送タンパク質はトランスフェリンとよばれ, 肝臓で合成される. 鉄-トランスフェリン複合体は受容体を介したエンドサイトーシスによって, 鉄要求性酵素をもつ細胞内に取込まれる (第27章). この過程に関与するトランスフェリン受容体については, そのmRNAの安定性によってレベルが制御されていることはすでに述べた. 過剰量の鉄は毒性を示すゆえに, 肝細胞内でフェリチンとして貯蔵される (アポフェリチンと無機の鉄イオンとの複合体). 鉄の恒常性維持における肝細胞の役割については, 図26.21に示した. トランスフェリン受容体とフェリチン間の量的バランスは維持される必要がある. 細胞内で鉄が不足した状態では, トランスフェリン受容体の合成を高める一方で, フェリチンの合成を抑制して鉄の補足を低減する. 逆に, 鉄が過剰にある場合, トランスフェリン受容体の合成を抑えて鉄が致死的濃度に至らないように取込みを抑制し, 余分な鉄を補足するためにフェリチンの合成を促す. 鉄応答配列 (IRE) とIRE結合タンパク質 (IRP) がどのようにしてトランスフェリン受容体mRNAの安定性を制御しているかについてはすでに述べた. アポフェリチンmRNAもIREをもっているが, これは3′ UTRではなく, 5′ UTRに存在する. トランスフェリン受容体mRNAの3′ UTRにIRPが結合すると, mRNAの安定性が増強して翻訳が亢進するが, 一方, アポフェリチンmRNAの5′ UTRにIRPが結合した場合, リボソームによる翻訳が阻止される (図26.20 b). このように, 鉄の欠乏下では, トランスフェリン受容体の合成は亢進し, フェリチン

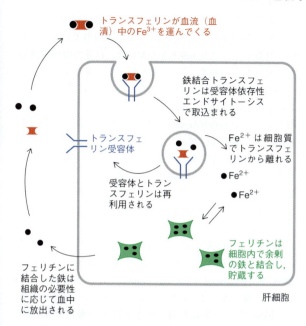

図26.21 鉄代謝における肝細胞の役割．フェリチンとトランスフェリン受容体の量は翻訳段階で調節されている．

合成は低下する．逆に，鉄の過剰存在下では，鉄がIRPに結合することでIRPはmRNAへの結合能を失う．こうして，アポフェリチンmRNAは翻訳され，一方で，トランスフェリン受容体mRNAは分解されるのである．

ヘムの合成制御は，本質的に鉄の細胞内取込みおよび貯蔵と密接に連関している．ヘム合成の律速酵素は，**アミノレブリン酸シンターゼ（ALAシンターゼ）** aminolevulinate synthase である（図18.12参照）．細胞内でのALAシンターゼの合成は鉄濃度で制御されており，それは鉄濃度に呼応してフェリチン合成が増強される翻訳機構と同じである（図26.20b）．アポフェリチンmRNAと同様に，ALAシンターゼmRNAも鉄応答配列（IRE）を5′ UTR内にもち，鉄欠乏時には翻訳が抑制されている．このように，ヘムは細胞内に必要濃度の鉄が存在するときのみに合成されるのである．

ヘム合成の詳細は第18章で扱ったが，これに関しては医学的な重要性から非常に注目されている．ヘムが必要量以上に細胞内に蓄積すると，**急性間欠性ポルフィリン症** acute intermittent porphyria という疾患をひき起こす（Box 18.1参照）．ポルフィリン症の要約と，ヘム合成の調節機構の詳細については，Mayら（1995）の総説を参照されたい．

グロビン合成の制御

ヘモグロビンは二つの要素（タンパク質のグロビンとポルフィリンのヘム）から成っており，どちらか一方が過剰になることを避けるために，両者の合成は秩序立って行わ れなければならない．網状赤血球では，ヘムが存在しないとプロテインキナーゼが活性化され，翻訳開始因子であるeIF-2がリン酸化される．これにより，この細胞内でのタンパク質合成が抑制され，グロビン合成は止まる．ヘムが存在するとキナーゼは抑制され，ホスファターゼの働きで脱リン酸された翻訳開始因子eIF-2が活性化される．こうして，ヘムが存在するときのみ，グロビン合成は進むのである．抑制因子によるこのシステムは，グロビン合成を制御するために，他のすべてのmRNAの翻訳までも巻込んだものとなっている．このシステムは赤血球だけでみられるが，これはグロビンmRNAが赤血球で非常に主要なものだからである．

低分子RNAとRNA干渉

mRNA以外のRNA分子種，たとえば，rRNA，tRNA，核内低分子RNA（snRNA）などについてはすでに述べた（第24章）．タンパク質合成におけるこれらの機能は，長くにわたり知られている．ところで，幾種類かの低分子RNAが広範な真核生物の遺伝子発現を制御していることがごく最近になって発見されたが，これには驚きを禁じえない．低分子の制御RNAに関しては，RNA安定性の制御の項で簡単に述べた．これらは，RNAの翻訳段階での制御と，まれに転写レベルでの制御に関わっている．**RNA干渉（RNAi）** RNA interferenceによる遺伝子のサイレンシングは異常なほどの驚きと注目を集めた．その広がり，奥深さ，重要性などはまだまだ解明されていないが，この機構に関しては日々たくさんの例が発見されている．この現象は遺伝子発現を制御する特性上，有力な研究手法として応用でき，かつ，有効な疾患治療ツールともなりうることから非常に関心が高まっている．

真核生物における低分子RNAの分類と産生

低分子制御RNAは三つのカテゴリーに分類される．これらは，**低分子干渉RNA（siRNA）** small interfering RNA，マイクロRNA（miRNA），パイRNA（piwi-interacting RNA; piRNA）である．piRNAに関しては，生殖細胞に限局したものであり，トランスポゾンの活性化を妨げると考えられているが，役割がかなり特殊なものであるゆえに，ここでは多くはふれないこととする．siRNAは内因性のものと外因性のものがある．免疫系をもたない植物やショウジョウバエのような無脊椎動物では，RNA干渉は感染してきたウイルスに対する生体防御として働く．この場合，引金になるsiRNAはウイルスRNAに由来するものであり，よってこのsiRNAは外因性といえる．しかし現在，植物，無脊椎動物，そしてヒトを含む脊椎動物でみられるsiRNAを介した遺伝子制御においては，siRNAは自身のゲノムにコードされたものがほとんどで，したがって内因

性である．miRNAは，その産生やプロセシング過程がsiRNAとは少し異なるが，由来はsiRNAと同じゲノムDNAであり，植物や動物で発生に関わる遺伝子の発現調節に関与している．

これらすべてのカテゴリーの低分子RNAは20〜30塩基の長さであり，最終的には一本鎖RNAとして働くが，二本鎖RNA（dsRNA）を経て産生される（図26.22）．siRNAの場合，前駆体のdsRNAの由来はさまざまで，ウイルスRNA，実験レベルでの添加（外来siRNA），トランスポゾンのようなゲノム中の反復配列の転写産物（内因性siRNA）などがある．プリmiRNA(pri-miRNA)として知られるmiRNAの前駆体は，一般的にはRNAポリメラーゼIIによって転写される．miRNAの中には，その遺伝子がゲノム上でクラスターを形成している場合がある．一方，その他のものはタンパク質コード遺伝子内のイントロンの中に存在する．プリmiRNAの配列は，自身の内部相補的な塩基対形成の結果，"ヘアピンループ"を形成する．プリmiRNAは一般的には数千塩基の長さであるが，核内で**ドロシャDrosha**とよばれるリボヌクレアーゼによって刈取られ，プレmiRNA(pre-miRNA)とよばれる分子を切出し，これを細胞質に運ぶ．

プレmiRNAは細胞質に運ばれた後，miRNAやsiRNAと共通のプロセシング経路で先に進められる．ドロシャと関連深い第二のリボヌクレアーゼである**ダイサーDicer**がプレmiRNAのヘアピンループ部分を切断して二本鎖のステム部分を遊離し，これを次の過程に送る．ダイサーはまた，二本鎖siRNA前駆体も切断して22塩基対の二本鎖DNAをつくり出す．二本鎖のmiRNAやsiRNAはその後，**RISC RNA-induced silencing complex**（RNA誘導型サイレンシング複合体）とよばれるタンパク質と複合体を形成する．RISCタンパク質と複合体を形成する過程でmiRNAやsiRNAの二本鎖は，そのうちの**パッセンジャー鎖passenger strand**が分解され，残った鎖（**ガイド鎖guide strand**）が複合体内に残る．ガイド鎖は制御RNAの完成品となり，相補鎖形成を頼りにRISCタンパク質を標的mRNAに導く．二本鎖miRNAやsiRNAの中で，どちらがパッセンジャー鎖，あるいはガイド鎖になるかを決める機構についてはいまだ不明だが，RISCタンパク質複合体の一部を形成する**アルゴノートArgonaute**とよばれる酵素が二本鎖の分離に関わっていることがわかっている．アルゴノートは多彩な機能をもつ魅力的なタンパク質で，RNAiシステムにおいて多様な役割を演じていることをこの先知ることになる．

RNAiによる遺伝子サイレンシングの分子機構

ほとんどの低分子制御RNAは転写後の遺伝子発現を抑制する

大多数の低分子制御RNAは，細胞質内で自身のガイド鎖と標的mRNAが塩基対形成することによって遺伝子発現を抑制している．ガイド鎖と標的mRNAが塩基対形成した先には何が起こるのであろうか．もし，完全，あるいは完全ではないがそれに近い状態の塩基対形成配列（多くのsiRNAや，いくつかのmiRNAではこちらの場合が多い）であったとしても，ガイド鎖は標的mRNAの翻訳領域と塩基対形成をする．アルゴノートはここで再び仕事をする．今度はmRNAを二つに断片化する仕事である．mRNAが二つに断片化されると，片方にはもはや3′ポリ(A)尾部がなく，もう片方は5′キャップを失うため，これらによる保護はなくなり，エキソヌクレアーゼによる分解を受けてしまう（図26.23a）．一方で，制御RNAは無傷であり，次のmRNAを標的とすることが可能で，こうし

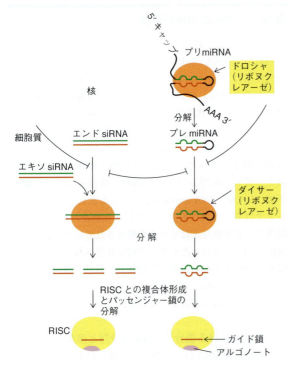

図26.22 低分子RNA類による制御．二本鎖のsiRNA前駆体には外因性（例：ウイルス由来）のものと内因性（例：ゲノム由来）のものがある．プリmiRNAは一本鎖として合成された後に，自らで二本鎖形成する．プリmiRNAはドロシャとよばれるリボヌクレアーゼによって刈取られ，プレmiRNAとよばれる分子を切出し，これを細胞質に運ぶ．siRNAとプレmiRNAのどちらもダイサーによって小さなサイズ（20〜30塩基対）までさらに刈取られ，その後，RISCタンパク質と複合体を形成する．RISCと複合体を形成する過程でmiRNAやsiRNAの二本鎖は，そのうちのパッセンジャー鎖が分解され，残った鎖（ガイド鎖）が複合体内に残る．ガイド鎖は制御RNAの完成品となり，相補鎖形成を頼りにRISCを標的mRNAに導く．二本鎖miRNAやsiRNAの中で，どちらがパッセンジャー鎖，あるいはガイド鎖になるかを決める機構についてはいまだ不明だが，RISC複合体の一部を形成するアルゴノートタンパク質が二本鎖の分離に関わっていることがわかっている．

26. 遺伝子の発現制御

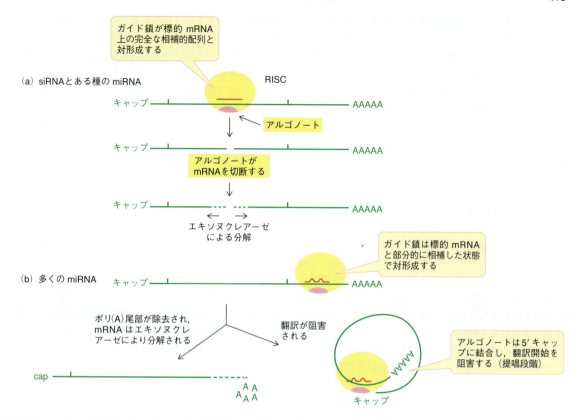

図 26.23 RNAi による遺伝子サイレンシング機構．(a) siRNA や miRNA が標的 mRNA と対形成する．mRNA がアルゴノートのエンドヌクレアーゼ活性によって切断され，そこからエキソヌクレアーゼによる分解が始まる．やがて，mRNA は完全に分解される．(b) miRNA の場合，大半のケースでガイド鎖と標的 mRNA との間の塩基対形成は部分的なものであり，こうした場合，RISC は標的 mRNA の 3′ UTR に結合する．RISC はポリ (A) 尾部の分解を促進するか，あるいは，翻訳の阻害をする．この図で示すアルゴノートの 5′ キャップ結合や，この結合による翻訳阻害に関しては不明な点が多い．

て RNAi は高い効率で働き続けるのである．

ほとんどの miRNA でガイド鎖と標的 mRNA との間の塩基対形成は部分的なものであり，こうした場合，RISC タンパク質は標的 mRNA の 3′ UTR に結合する．この過程にはさまざまな機構が存在するようだが，こうして阻害することが可能となる（図 26.23 b）．部分的なミスマッチがある場合，標的 mRNA はアルゴノートによって切断はされないものの，RISC タンパク質の結合が 3′ ポリ (A) 尾部の分解を促進し，mRNA の安定性を低下させることでヌクレアーゼによる分解を促す．また別の場合では，RISC タンパク質の結合がリボソームによる翻訳を阻害することもある．標的 mRNA 上で RISC タンパク質が結合する部位は，転写が終結してリボソームが遊離する翻訳終止コドンの下流である．ゆえに，どのようにして翻訳が抑制されるのかはいまだはっきりとは解明されていない．おそらく，RISC タンパク質複合体の構成要素であるアルゴノートがここでも何らかの働きをしていると推察される．アルゴノートの一部ドメインは真核生物がもつ翻訳開始因子の一つと類似していることから，mRNA の 5′ キャップ

への結合で両者間の競合が起こり，翻訳効率が低下するのかもしれない．

生体内での miRNA による遺伝子サイレンシング機構についてはいまだ十分に解明されていない．この機構での抑制は完璧なものではない．すなわち，抑制対象となった遺伝子の翻訳はかなり減少するものの，完全に抑えられることはない．この部分的な抑制を**遺伝子ノックダウン** gene knockdown とよんでいる．さらに理解を複雑にするのは，miRNA 制御の中には遺伝子発現を上昇させるものもある．こうしたことがどうして起こるのか，また，それぞれの miRNA がどのような効果を発揮するのか，など，理解を深めるにはさらなる研究が必要である．

クロマチンの段階で作用する RNAi がある

大多数の RNAi が翻訳を抑制するが，特に植物において，幾種類かの siRNA ではクロマチンに作用し転写を抑制するものがある．この場合，ガイド鎖がゲノム上の相補鎖 DNA 配列，あるいは新生 mRNA 転写産物のどちらかに結合する．DNA，あるいは新生 mRNA に結合することで，

転写の最中にクロマチン修飾酵素群を標的遺伝子に呼び寄せる．そうすることでこの領域をコンパクトに凝集したヘテロクロマチン状態に変換することができ，転写は抑制されるのである．この RNAi の抑制機構は，レトロトランスポゾンの転写抑制において非常に重要で，動く遺伝子のゲノム上での移動を抑制すると同時に，他の領域への侵入も抑えることができる．

非翻訳 RNA の生体内における機能と重要性

RNA による遺伝子サイレンシング現象が最初に発見されたのは植物だった．きっかけは，RNA ウイルスが感染することで植物がウイルスに対する免疫能を獲得する現象であった．引続いて同現象が確認されたのは線虫（Caenorhabditis elegans）であった．これは：発生に不可欠な遺伝子（lin-4）がタンパク質をコードしているのではなく低分子の非翻訳 RNA であり，これが他の遺伝子（lin-14）の発現を抑制するという発見であった．lin-14 は線虫の発生に不可欠なタンパク質をコードしているが，これは発生途中のある特定のタイミングでのみ働く必要があり，その発現制御が非翻訳 RNA である lin-4 によってなされているのである．lin-4 は最初に明らかにされた miRNA となった．この発見に続き，ヒトを含む多くの生物種でも他の miRNA が見いだされている．ヒトでは 1000 種類以上の miRNA が報告されており，この数はさらに増え続けるものと思われる．

miRNA が発見される以前，私たちの理解に多少のずれがあるものの，ゲノム機能の基本的役割の解釈はでき上がっていた．たとえば，タンパク質コード領域が大多数の遺伝すべき特徴を決定付けるということに疑いの余地はない．なぜならば，そこから生まれるタンパク質が生体内でつくるべき物質を決定し，個体をつくり上げるからである．しかし，miRNA やその他の非翻訳 RNA が，生命の膨大な基盤的プロセス（発生，細胞増殖，アポトーシスなど）の制御因子として働くという事実は実際に増え続けている．RNAi による遺伝子サイレンシングは，エピジェネティックな制御の一例としてながめることができる．なぜならば，細胞分裂を経ても変わらずに娘細胞へと安定に受継がれるからである．少なくとも線虫においては，siRNA の発現や RNAi によるクロマチン修飾は，生殖系列を介して世代を超えて受継がれている．

非翻訳 RNA や RNAi による制御の規模や重要性を理解するには，制御 RNA の探索とこれらが果たす役割をゲノム単位のレベルで進めることが必要である．こうした課題に取組むために，ヒトゲノム内の機能領域の同定とそれぞれの領域の転写活性を明らかにすることを目的とした国際的な共同研究態勢が構築された．これは ENCODE Encyclopedia of DNA Elements とよばれている．最初の段階として，ENCODE はヒト全ゲノムの約 1％に相当する約 30,000 キロ塩基長の詳細解析を行った．これを実行するために，このプロジェクトでは，特徴の異なるゲノム領域，たとえばタンパク質コード遺伝子が密集していると考えられている領域や，逆に，これまで転写されていない，いわゆる"ジャンク DNA"とよばれていた領域から独立した 44 のセクションを抽出した．興味深いことに，たとえばほとんどタンパク質コード遺伝子を含んでいない場合でも，約 90％のゲノムが転写されていた．こうした低いレベルでの RNA 転写は，基本レベルでの"転写ノイズ"と考えられ，機能的な意味はもたないと思われた．しかし，多くの非翻訳 RNA がマウスとヒトの間で保存されていることが解析から見いだされ，これは非翻訳 RNA が何か重要な機能をもっていることを示唆するものと考えられた．miRNA と同様，内因性の siRNA や長い非翻訳 RNA も多彩な仕組みによって遺伝子制御を行っていることがわかってきた．

おそらく，非翻訳 RNA は，ヒトゲノムの機能を編成し，生物体をより複雑化するための制御基盤を構成しているのであろう．進化過程で多くの制御 RNA を獲得することが生物体をより複雑なものとした．すなわち，こうした機構によって，タンパク質コード遺伝子が限られた数のものであってもネットワークを形成することで非常に複雑な表現型を生み出すことができる．このことは，ヒトゲノムがもつタンパク質コード遺伝子の数が驚くほど少ないのはなぜか，という疑問に答えを与えるに違いない．

RNAi の医療分野での有用性と実用的な重要性

RNAi による遺伝子サイレンシングの発見は，研究領域，医学領域の両方で可能性に満ちた手法を提供できるという点で，大きな興奮も生んだ．2006 年，Andrew Fire と Craig Mello は，この領域を大きく切り開いたという業績でノーベル賞を受賞した．彼らの 1998 年の論文では，その発見が偶然であったことが述べられている．彼らは当初，研究室で化学的に合成した**アンチセンス RNA** antisense RNA を用い，線虫内でのタンパク質コード遺伝子のサイレンシングを検討していた．彼らの考えは，mRNA と相補的な RNA 分子（アンチセンス RNA）を過剰に存在させるとワトソン・クリック型塩基対形成によってこの分子が mRNA に結合し，翻訳を抑制するというものだった．アンチセンス RNA の線虫への導入は効果的であった．しかし，逆に mRNA と同じ配列のセンス RNA を導入しても同効果が認められたのである．明らかにこの現象には違う解釈が必要であった．この現象の説明は，両方の RNA の調製物にサイレンシングが可能となる**二本鎖 RNA** が混在していたということであった．

今では研究室内で思い通りの RNA が合成できるので，RNAi 法は，たとえば培養細胞内で狙った遺伝子をノックダウンさせる簡単な方法として定着してきた．二本鎖

siRNAは直接的に細胞内に導入できる．また，長時間の効果を期待して，miRNAに類似した短いヘアピンRNAをコードしたDNAを細胞内に導入する手法もある．標的遺伝子の発現低下によって起こる表現型の解析からその遺伝子の生体における機能を知ることができるのである．

RNAiの医療分野への応用も考えられている．たとえば，がん原因遺伝子の発現をノックダウンで低減させることで治療効果を期待する戦略は非常に興味深い．最も困難な課題は，治療用のRNAをいかにして標的細胞や組織に到達させるかということである．遺伝子治療的なアプローチとして，miRNAをコードするDNAを導入することも検討されることであろう．

要 約

遺伝子発現はタンパク質合成の段階でも制御されるが，やはり主になるのは転写レベルでの制御である．大腸菌では，オペロンとよばれる遺伝子集団が存在し，これらはポリシストロン性mRNAとして転写される．三つの遺伝子から構成されるlacオペロンでは，リプレッサータンパク質が転写開始部位のオペレーター領域を阻害することで抑制的な働きをする．リプレッサーはアロステリックなタンパク質である．ラクトース存在下でリプレッサーはオペレーターから遊離し，ラクトース代謝に必要な酵素群をコードした遺伝子の転写をオンにする．実際の誘導物質はラクトースではなく，ラクトースからつくられるアロラクトースである．この型のオペロン制御は他の代謝系でも用いられている．

真核生物におけるタンパク質コード遺伝子の制御もおもに転写開始の時点で行われるが，その過程は複雑である．真核細胞は，ホルモン，増殖因子，サイトカインなどの一連の刺激に応答しなければならず，転写開始過程を制御する多彩なシグナルによって遺伝子発現は調節されている．真核生物の遺伝子は通常はデフォルト状態，すなわち，何らかの刺激がくるまでは不活性な状態である．真核生物の遺伝子制御の鍵となるのは転写因子である．転写開始点の上流に存在する遺伝子発現制御領域にはそこに結合するタンパク質が存在し，これらが特異的なプロモーターを活性化する．転写開始点から遠く離れた位置にエンハンサー領域をもつ遺伝子もあり，ここに転写因子が結合して遺伝子発現を亢進する．インスレーターとよばれるDNA配列部分があり，エンハンサー効果を目的とする遺伝子の範囲内に限局する役目をもつ．

さまざまな転写因子による特異的DNA配列の認識は転写制御の根幹である．DNA結合タンパク質にはたくさんの特徴的なモチーフがある．これらの代表には，ヘリックス・ターン・ヘリックス，ジンクフィンガー，ロイシンジッパー，ヘリックス・ループ・ヘリックスがある．これらの多くは二量体として機能し，二重らせんの主溝内の二つのDNA配列を認識する．真核生物の転写因子は多彩な機構で転写を活性化する．たとえば，転写開始複合体とメディエーターを介して会合する，コアクチベーターを呼び寄せる，クロマチンと会合する，などである．転写因子は特異的なシグナルによってそれ自身が活性化，あるいは，抑制され，アクチベーターというよりはむしろリプレッサーとして機能する．

クロマチンは，ヌクレオソームが転写因子のDNAへの接近を制御することから，真核生物の遺伝子発現制御において非常に重要である．クロマチンはヒストンアセチラーゼやヒストンデアセチラーゼ，そしてその他の再構成酵素によって修飾されるが，これら修飾酵素は転写因子によって動員されてくる．哺乳類DNA内のシトシンのメチル化も遺伝子転写を制御するが，この修飾は細胞分裂を経ても維持されることからエピジェネティックな制御の代表例とされる．

転写開始後の遺伝子制御として，mRNAの安定性と翻訳過程の調節があげられる．哺乳類での細胞内鉄濃度に呼応した鉄結合タンパク質の合成制御は，mRNAの安定性と翻訳制御機構の両方を理解するうえで非常に良い例である．

RNA干渉（RNAi）は，タンパク質コード遺伝子のサイレンシングを目的とした生体自身がもつ機構である．これは広く真核生物全般にみられるが，原核生物にはない．この機能はおそらく元来，侵入してきたRNAウイルスに対する防御機構であったが，進化の過程で広く遺伝子発現制御にも利用されるようになったと思われる．RNA干渉は，最近の研究トピックスでは非常に重要な位置づけにある．RNAiによる遺伝子サイレンシングは，研究領域，医療領域の両方に役立つ手法を提供する可能性を秘めている．

二つのカテゴリーの低分子制御RNA，すなわち，siRNAとmiRNAは，どちらも細胞内でdsRNA中間体からつくられる．siRNAに関しては，ウイルスRNAのような外来物に由来する場合もある．多くのRNAiサイレンシングは，制御RNAと標的mRNAの塩基対形成に依存し，これによってmRNAの分解や翻訳の抑制が起こる．いくつかのsiRNAはクロマチンに作用し，レトロトランスポゾンからの転写を抑制することでこの遺伝子の動きを止め，また他のゲノム領域への挿入も抑制する．

非翻訳RNAは，多くの基本的な細胞過程において，さまざまな遺伝子の発現を統合する役割をもつと考えられている．以前は，ヒトゲノム内の膨大な部分が非翻訳配列で，これまで"ジャンクDNA"と解釈していたが，実はこれらの大部分が転写されており，こうした事実からこれまでの私たちの見解を変えるべきときがきている．miRNAの働きでタンパク質コード遺伝子の数を増やすことなく，生命体にその複雑さを付与することができるように思える．しかし，解析して明らかにしなければならないことは山積している．

問題

1. *lac* オペロンがどのように制御されるかを述べよ．
2. 構造モチーフに着目すると，転写因子はいくつかのファミリーに分類される．それらは何か．
3. 真核生物の転写開始において，アセチル CoA が果たす役割について述べよ．
4. 活性化されている遺伝子が不活性化される仕組みについて考察せよ．
5. 遺伝子の発現開始がアセチラーゼやデアセチラーゼにより制御されているということは，これらの酵素が特定の遺伝子のプロモーターを標的とすると考えられる．どのような機構があるか．
6. 赤血球の ALA シンターゼの産生量が鉄濃度で制御される機構について説明せよ．
7. 非翻訳 RNA とはどのようなものか．例をあげて説明せよ．
8. miRNA をコードする遺伝子はゲノム上のどこに存在しているか述べよ．
9. miRNA は，意味のあるレベルの転写は抑制するが，"ノイズ"的な低レベルの転写には影響を及ぼさないことについて，その理由を説明せよ．
10. miRNA の重要性について考えられていることを述べよ．
11. RNA 干渉（RNAi）の作用機序について簡単に述べよ．
12. RNAi の医学領域への応用について述べよ．

27

タンパク質の目的地への運搬

　第25章で述べたように，真核生物のタンパク質合成はおもに細胞質のリボソームで行われる．細胞質以外では唯一，ミトコンドリアや葉緑体でもタンパク質は合成されるが，これらは個々の細胞小器官のゲノムにコードされた一握りの数のタンパク質である．どこに存在するにせよ，合成されるタンパク質は翻訳されるmRNAに依存している．しかし，一度合成されたタンパク質にはそれぞれ異なる目的地がある．

　タンパク質の輸送に関して，細胞質タンパク質については何の問題もない．これらは細胞質で合成され，リボソームより遊離し，そのまま拡散する．しかし，他の部分に運ばれるタンパク質には多くの問題が存在する．細胞膜や他の小器官膜のタンパク質はどのように運ばれるのだろうか．血液中のタンパク質の多くは肝細胞で合成されるが，どのようにして選択的に分泌されるのであろうか．膵臓から分泌される消化酵素とかインスリンなどのホルモンも，あるいは，繊維芽細胞から分泌されるコラーゲン繊維もそうである．多くのミトコンドリアタンパク質は核内遺伝子の指令によって細胞質内でつくられる．これらはどのように選択的にミトコンドリアへ運ばれるのだろうか．リソソームやペルオキシソームは膜によって閉じられた小胞であり，多くの酵素が詰込まれているが，これら小器官がタンパク質合成をするわけではない．どのようにして異なる酵素が異なる小胞に運ばれるのであろうか．核はDNAの複製や転写などに必要な一連の酵素をもっているが，これらも細胞質で合成される．また，核内から外にタンパク質やRNAも運ばれる．核膜を介したこうした双方向性の輸送はいかにして行われるのであろうか．第29章の細胞のシグナル伝達のところで述べるように，多くの転写調節因子は細胞質に存在するが，細胞外からの刺激に反応し，核内に入り，転写を調節する．

　これは単に，タンパク質が膜をどのように通過するかという問題ではなく，何万というタンパク質が適材適所にどのように運ばれるかという大きな問題である．タンパク質の目的地への輸送についてはかなりの部分が解明されたが，より詳細な工程については未解決のままである．

この領域の簡単な概略

　最初に簡単な概略を話すことは理解を助けるであろう．細胞質以外の場所に輸送されるタンパク質を考える場合，まず分類しなければならないことは，それらが遊離型のリボソームで合成されるものか，小胞体結合型のリボソームで合成されるものかであり，これにはタンパク質を目的地に発送するための"郵便ポスト"的な役割がある．

- **細胞質タンパク質** cytosolic protein は合成が終わるとリボソームより遊離し，そのまま拡散する（図27.1）．
- **ミトコンドリア** mitochondrion, **ペルオキシソーム** peroxisome, あるいは，**核** nucleus へ輸送されるタンパク質はリボソームで合成された後，それぞれ異なる機構で運ばれる．これを**翻訳後輸送** posttranslational transport とよぶ（図27.1）．

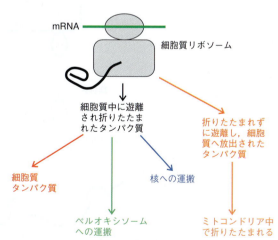

図27.1　細胞質，ペルオキシソーム，核，ミトコンドリアで働くタンパク質の翻訳後輸送の概説．細胞質の遊離リボソームで合成されたタンパク質はリボソームから遊離し，それぞれの目的地に異なる機構で輸送される．これは図27.6に示すような翻訳中輸送と異なる．後者の場合，タンパク質は合成途中より小胞体内腔へと進入を始める．

細胞外タンパク質 extracellular protein，**分泌タンパク質** secreted protein，**リソソームタンパク質** lysosomal protein，**小胞体内タンパク質** endoplasmic reticulum protein，あるいは，すべての**膜内在性タンパク質** integral membrane protein は細胞質中のリボソームで合成が開始されるが，すぐそのまま小胞体膜へ結合し（粗面小胞体），合成されながら小胞体内腔へ進入するか，または膜タンパク質の場合は小胞体膜へ埋め込まれる．これを**翻訳中輸送** cotranslational transport とよぶ．

いったん小胞体の中にできたタンパク質は滑面小胞体からゴルジ体に運ばれる．小胞体とゴルジ体の中でタンパク質に糖鎖が付加される．ゴルジ体でタンパク質は選別され，輸送小胞に詰まれ，特定の標的膜に運ばれる．分泌小胞はその内容物をエキソサイトーシスで放出する（第7章）．リソソーム酵素を含む輸送小胞はその内容物をエンドソーム（この章の後半で述べる）に運び，リソソームが形成される．膜貫通タンパク質をその膜にもつ小胞は行き先（標的）膜と融合し，そこで膜タンパク質となる（図27.2）．

小胞体とゴルジ体はこのような選別と輸送に必要な細胞小器官であり，次項でもう少し詳しく述べる．

小胞体とゴルジ体の構造と機能

小胞体（**ER**）endoplasmic reticulum は程度の違いこそあれ，すべての真核生物に存在する膜構造である（赤血球には存在しない）．小胞体は平坦な袋状の構造で，その内腔はすべてつながり，細胞質から分離されている．大きさは細胞により著しく異なり，細胞の代謝機能や状態と関係している．小胞体にリボソームが結合しているのが電子顕

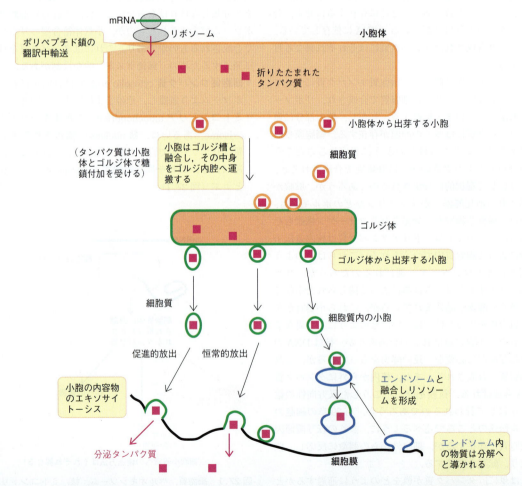

図27.2 タンパク質の分泌と，酵素のリソソームへの運搬の模式図．タンパク質は合成途中で，脂質二重層を通り，小胞体の中に入るが，これを翻訳中輸送とよぶ．これは翻訳後に輸送されるペルオキシソーム，ミトコンドリア，核タンパク質の輸送と根本的に異なっている点である（図27.1）．膜タンパク質の場合もこの仕組みは同じである．タンパク質は合成途中で小胞体膜へ入り込み，脂質の小胞を形成する．この小胞が細胞質内を移動し，目的地の膜と融合し，新たな脂質二重層をつくる．後で述べるが，小胞体，ゴルジ体を通ったタンパク質の多くは糖鎖付加を受ける．

微鏡で観察される．これを**粗面小胞体** rough ER とよび，リボソームの結合していないものを**滑面小胞体** smooth ER とよぶが，どちらも一つの膜でつながっている（図27.3）．これらの膜は物理的には連続しているが，その機能は異なっている．小胞体膜は核膜の外側の膜と連続的である．

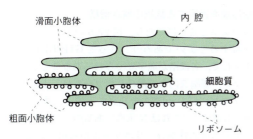

図27.3　小胞体の模式図

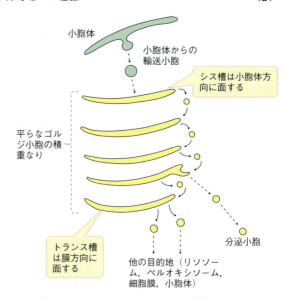

図27.4　タンパク質翻訳後の選別と細胞内輸送において中心的な役割を果たすゴルジ体の模式図．これに加えて，新たに合成された脂質もまた輸送小胞で適当な部位に運ばれる．

リボソームは常に小胞体の一定の場所に付いているわけではなく，リソソームへ送るタンパク質，あるいは，分泌タンパク質や膜貫通タンパク質を合成するときに結合する．小胞体上のリボソームがタンパク質合成を終了すると，これは膜から離れサブユニットも解離し，細胞質プールに戻る．そして，小胞体には別のリボソームが結合するのである．何か"特別な"リボソームが存在するわけではない．合成されたポリペプチド鎖は小胞体内で折りたたまれ，滑面小胞体内で糖を結合する．次にこのタンパク質は輸送小胞に乗り，**ゴルジ体** Golgi body へと運ばれる（図27.4）．

小胞体とゴルジ体は完全に密閉された構造をもっており，入口や出口はない．滑面小胞体の細胞質側は新しい脂質二重層合成の場である．新しくつくられた脂質は輸送小胞となり，細胞内の他の部位へと運搬される．

ゴルジ体は4～6層の平板な膜（植物の場合はさらに多い）構造から成り，その間に**ゴルジ槽** Golgi cisternae とよばれる空間がある．ゴルジ槽は大きな平板構造の袋が積重なった構造をしており，核の周囲に存在する小胞体に面している方をシス槽とよぶ．小胞体でつくられたタンパク質を含む輸送小胞は滑面小胞体から出芽してこのシス槽に融合し，内容物がゴルジ体に運ばれる．平板の重層の間には直接の接触はないが，小胞が動き，その間にタンパク質が修飾され，そしてゴルジ体のトランス槽に達するのである．ここでタンパク質は選別され，それぞれの小胞に詰込まれ，それがゴルジ体を離れる．ゴルジ体では小胞体から届いた各種タンパク質を同定し，修飾し，そしてそれぞれの目的地別に包み，やがて放出する．ゴルジ体は郵便物を区分けする郵便局のようなものである．それぞれの配送先を決め，また，送り主に返送する場合もある．実際，ポリペプチドの折りたたみにかかわるシャペロンやある種の酵素など，ゴルジ体から小胞体へ戻るタンパク質も存在し，これも輸送小胞で運ばれる．

いかにしてゴルジ体内のシス槽からトランス槽へタンパク質輸送が行われているかについての解釈は，いまだ混沌としている．一つのモデルは，今述べた輸送小胞を用いた槽間の輸送である．もう一つは，槽自身がタンパク質の成熟とともにシス槽→トランス槽の方向に移動するというモデルである．後者では，ゴルジ体酵素は輸送小胞に乗ってやがては最初の地点に戻ってこなければならないが，そうすると運ばれるタンパク質は成熟してもシス槽に残ったままになってしまう．

以上で概説は終わりで，ここから個々の過程の詳細な分子機構を述べていきたい．最初に小胞体を経由する機構を述べる．ついで，小胞体やゴルジ体が関係しない，ミトコンドリアとペルオキシソームへの運搬について述べ，最後にタンパク質の核移行について説明する．なお，最後の機構は他とかなり違う話である．その前にいくつかの重要な基礎的過程について説明しておきたい．

タンパク質の細胞内輸送における GTP/GDP 交換反応の重要性

タンパク質の輸送を考えるとき，GTP の加水分解による GDP と無機リン酸（P_i）の生産の話がたびたび出てくる．ATP の加水分解は種々の化学反応や物理的エネルギーに変換されるが，**GTP アーゼ** GTPase による GTP の加水分解の場合はあまりそうした話はない．しかし，GTP の

加水分解は決してエネルギーの浪費ではなく，意味のあることなのである．というのは，タンパク質に結合したGTPがGDPへ変換される反応は，そのタンパク質にアロステリックなコンホメーション変化を起こす．これは次の工程へと進める一種の分子スイッチ機能を果たす．このGTP加水分解は不可逆反応であり，よって反応は一方向性である．注目すべきは，GTPアーゼによるGTP加水分解反応は比較的ゆっくり進む過程であり（ゆえにこの酵素は"スロー"GTPアーゼとよばれる），これによって一つの段階の終了に時間をかけ，次の段階に確実に移行させるのである．GTPの加水分解後，タンパク質に結合したGDPはGTPに再び交換され，タンパク質はもとの構造に戻る．**GTPアーゼ活性化タンパク質（GAP）** GTPase-activating protein と**グアニンヌクレオチド交換因子（GEF）** guanine nucleotide exchange factor は，しばしばこの型のスイッチ機能制御に関わり，実はこれは多くの工程において非常に重要な意味をもつのである．たとえば，微小管の動的不安定性（第8章），タンパク質合成（第25章），細胞のシグナル伝達（第29章），タンパク質の小胞体内への輸送，核-細胞質間のタンパク質輸送，そして小胞輸送（この章で述べる）などがその例である．

小胞体膜を通過するタンパク質の輸送

ロックフェラー大学のGunther Blobelは，タンパク質の輸送と局在化の研究で1999年にノーベル賞を受賞した．彼と共同研究者らの発見は，**シグナルペプチド** signal peptide（**シグナル配列** signal sequence）であり，約29アミノ酸から成るこの配列は細胞膜の外側，リソソームの内側，小胞体内腔のタンパク質のいずれのN末端にも存在する．本来は細胞質に局在するタンパク質のN末端に人工的にこのような配列を融合すると，小胞体中に運ばれる．図27.5にシグナルペプチドの大まかな配列を示したが，これは決まったアミノ酸から成るわけではなく，中央に10～15の疎水性アミノ酸，その両側には短い正に荷電したペプチド鎖があり，αヘリックス構造を形成している．

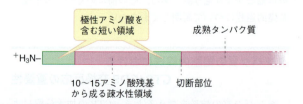

図27.5 小胞体膜を通って目的地へと運ばれるタンパク質のN末端に存在する典型的シグナル配列の模式図．このようなシグナル配列は一定の共通の特徴をもっているが，特異的なアミノ酸配列はない．酸性（負に荷電した）アミノ酸は一般には存在しない．

中央の疎水性部分は非常に重要で，このアミノ酸1残基を極性アミノ酸に変えただけでシグナル配列としての機能を失う．ポリペプチド鎖が小胞体膜を通過した後，膜の内側に存在する**シグナルペプチダーゼ** signal peptidase によりこの配列が切断される．したがって，成熟タンパク質はこのシグナル配列をもっていない．

小胞体膜を通過する翻訳中輸送機構

次の文章を読むにあたり，図27.6の①～⑦を追いながら理解するとよいであろう．きっとGTP/GDP交換反応が関与して，各段階が順序立てられて進むことがわかるに違いない．細胞質内の遊離のリボソームは，小胞体へ輸送するタンパク質のmRNAを翻訳する場合，まずシグナル配列を合成する（これはN末端にあるので当然であるが）．この配列の疎水性部分（リボソームから出てきたばかり）は直ちに**シグナル認識粒子（SRP）** signal recognition particle という RNA-タンパク質複合体と結合し，一時的にタンパク質の伸長を停止させる（図27.6①）．このSRPは**GTP結合タンパク質** GTP-binding protein である．

リボソーム-SRP複合体は，小胞体膜上の**SRP受容体** SRP receptor（**SRPドッキングタンパク質** SRP docking protein ともいう）へと向かい（図27.6②），リボソーム-SRP複合体中のSRPがこれと結合し（図27.6③），リボソームを膜上に設置する．SRP受容体は小胞体膜上にのみ存在し，SRP同様，GTP結合タンパク質である．小胞体膜上には**トランスロコン** translocon とよばれるタンパク質複合体が存在する．これはいくつかのサブユニットから成る膜貫通型チャネルを形成しており，リボソームがない状態では閉じた構造をしている．リボソームがSRP受容体と結合する理由は，これがトランスロコンと会合した状態にあるからである．

リボソームの結合でトランスロコンのチャネル部が開くと，シグナル配列がSRPからこのチャネルへと移される（図27.6④）．引き続き，GTPが加水分解される．これは，SRPとSRP受容体の結合後，両者にコンホメーション変化が起こり，双方がもつGTPアーゼが活性化されることが引金になる．しかし，タイミングが重要で，このGTP加水分解はリボソーム-シグナル配列複合体がSRPを離れ，トランスロコンに渡された時点で起こる（図27.6⑤）．GDP結合型となったSRPとSRP受容体は両者の結合親和性が低下し，SRPはSRP受容体から離れて細胞質に遊離され，再利用される．

リボソームはポリペプチド合成を再開し，トランスロコンチャネルを介して膜を横切りながらポリペプチド鎖は合成されていく．このモデルではシグナル配列はチャネル内に残っているようにみえるが，小胞体膜の内側で切断部位がむき出しにされた状態になる（図27.6⑤）．シグナル配列がそのまま内腔に入り込むようなモデルも存在する．シ

27. タンパク質の目的地への運搬

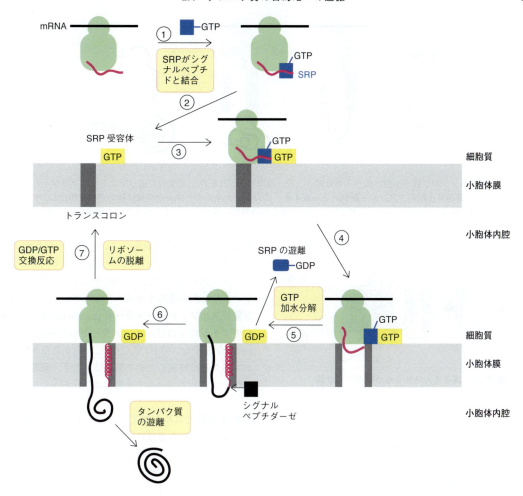

図 27.6 タンパク質の小胞体内腔への翻訳中輸送．①〜⑦の詳細は本文中に記載されている．シグナルペプチドは赤線で描かれ，成熟タンパク質のポリペプチド鎖は黒線で描かれている．SRP：シグナル認識粒子．

ナル配列の切断を担当する酵素は，シグナルペプチダーゼであり（図 27.6 ⑥），この酵素は自身の疎水性パッチ領域で内膜に結合して待受けることで，チャネルから出てきたシグナル配列を認識し，切断する．

タンパク質合成が終わると，タンパク質は小胞体内腔へと放出され，リボソームはサブユニットに分かれ，再利用のために細胞質プールへ解き放たれる．シグナル配列はオリゴペプチダーゼにより小さく分解され，トランスロコンはそのチャネルを閉じる．SRP と SRP 受容体は，結合している GDP が GTP に交換され，これらも再利用される（図 27.6 ⑦）．

膜貫通タンパク質の合成

膜貫通タンパク質もやはり，粗面小胞体で合成される．最初に小胞体の膜タンパク質となり，やがてゴルジ体を経て細胞膜へ小胞輸送される．では，膜をくぐり抜ける分泌タンパク質と違い，膜貫通タンパク質はどのようにして小胞体膜内に埋め込まれるのだろうか．一つのモデルがある．**貫通停止配列** stop transfer sequence，あるいは**アンカー配列** anchor sequence とよばれる領域がポリペプチド内に存在し，合成タンパク質を膜中に留めておくのである（図 27.7）．合成が完了後，タンパク質はトランスロコンから側方の脂質二重層中に押し出されると考えられている．

この合成方法だと N 末端が小胞体の内腔に向いたタンパク質が合成されることになる（図 27.8 a）．もちろん，異なった方向性の膜貫通タンパク質も合成される（図 27.8 b, c）．たとえば，逆の方向性（b）をもたせるには図 27.9 に示すような仕組みが考えられる．逆向きの方向性をもった膜貫通タンパク質には**非切断シグナル配列** non-cleavable signal sequence があると考えられており，この配列は貫通停止シグナルとしても働くので，**シグナルアンカー配列** signal anchor sequence ともよばれている．このシグナル配列はチャネルに入り，ヘアピン構造をとる（図

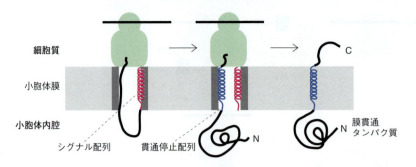

図 27.7 膜貫通タンパク質が小胞体膜へ入る仕組み．第一段階は図 27.6 の⑤で示した通りであるが，リボソームは青色で示したような貫通停止配列（アンカー配列）を合成する．このシグナルによりタンパク質は膜の途中で停止し，やがてチャネルから離れ，膜タンパク質となる．これとは逆に N 末端を細胞質側に置くような方向性をもった膜タンパク質も存在する．

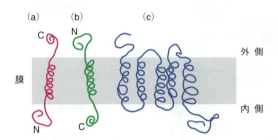

図 27.8 異なる方向性をもつ膜タンパク質

27.9）．これがチャネルから外れると，C 末端を小胞体の内側に，N 末端を細胞質側にとるような方向性が可能となる．G タンパク質共役型受容体（第 29 章）に代表される，膜を曲がりくねって何回も貫通するようなタンパク質の場合，それなりの複雑な機構が存在する．

小胞体内でのポリペプチドの折りたたみ

小胞体内腔には**シャペロン** chaperone（第 25 章）が存在し，折りたたまれていないタンパク質と会合する．シャペロンの機能は，ポリペプチドがその疎水性部分をお互いに結合させ，役に立たない凝集塊をつくるのを防ぐことに

ある．ここで主役を果たしているのは小胞体型の **Hsp70** であり，これはトランスロコンを通過して内腔に入ってきたタンパク質に結合し，その折りたたみを助けている．正しい折りたたみ構造を形成させるために，内腔には**タンパク質ジスルフィドイソメラーゼ** protein disulfide isomerase や**ペプチジルプロリルイソメラーゼ** peptidylprolyl isomerase も存在する（第 25 章）．正しい折りたたみに失敗したタンパク質は輸送のための集荷はされず，細胞質に送り戻され，プロテアソームで分解処理される．

小胞体内腔とゴルジ体でのタンパク質への糖鎖付加

第 4 章で述べたように，タンパク質，特に膜タンパク質や分泌タンパク質には複雑な糖鎖が付加される．結合部位は，アスパラギン側鎖のアミド基（N-グリコシル化），あるいは，セリンとトレオニン側鎖のヒドロキシ基（O-グリコシル化）である．小胞体の中では N-グリコシル化が起こる．最初の反応は非常におもしろいものであり，"中心部"となるオリゴ糖（14 個の糖から成る）が細胞質で合成され，**ドリコールリン酸** dolichol phosphate とよばれる長い疎水性の鎖と結合して小胞体膜を通り抜ける．小胞体膜の内側に存在する糖転移酵素が合成直後のタンパク質にこれらの糖を転移する．O-グリコシル化はゴルジ槽で起こる．

リソソームへのタンパク質輸送

リソソームへ運搬されるタンパク質の場合，そのシグナルは糖タンパク質の糖鎖部分である．ゴルジ体で糖鎖付加を受けたリソソームタンパク質は酵素的に修飾を受け，マンノース 6-リン酸を糖鎖の末端にもち，これがマンノース 6-リン酸受容体と結合し，リソソーム酵素輸送小胞に封入される．

タンパク質，核酸，糖質，脂質など，あらゆる種類の細胞成分はリソソームで分解される．リソソームの一つ以上の酵素欠損は**リソソーム蓄積症** lysosomal storage disorder（リソソーム病ともいう．Box 27.1）という遺伝病として

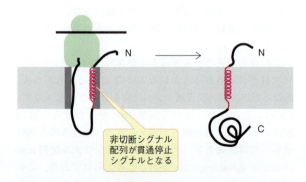

図 27.9 N 末端が細胞質側にくるようなタンパク質の例．この場合，シグナル配列は同時に貫通停止シグナルともなっており，タンパク質はチャネルの中でループ構造をつくる．

知られており，リソソーム酵素が大変重要であることがわかる．本来分解されるべきものがされずに蓄積し，ときに致死的な結果をもたらす．

小胞体へ戻るタンパク質

驚くべきことだが，小胞体内腔で働くシャペロンタンパク質やタンパク質ジスルフィドイソメラーゼは，合成された後，小胞体内にとどまっているわけではない．これらタンパク質はゴルジ体に移動し，輸送小胞に包まれて再び小胞体に戻ってくる．これらタンパク質は他のタンパク質と区別するために，そのC末端に4アミノ酸残基から成る特別なペプチド配列（Lys-Asp-Glu-Leu，アミノ酸の1文字略号（表4.1参照）を用いて"KDEL"配列ともよばれる）をもち，これが小胞体に戻ってくるための標識となり，ゴルジ体内にあるペプチド特異的受容体に認識されることで小胞体に送り返される．

細胞から分泌されるタンパク質

ゴルジ体は，COPタンパク質（後述）で被覆された輸送小胞に分泌タンパク質を包み込み，細胞外に放出する（図27.4参照）．二つに分類され，一つはタンパク質が恒常的に分泌される型でもう一つはタンパク質が必要に応じて分泌される型である．前者の代表的なものが血清タンパク質で，特別な刺激がなくても肝臓から恒常的に分泌される．輸送小胞は細胞膜と融合し，エキソサイトーシスにより小胞の中身が放出される．消化酵素の場合，たとえば，膵臓酵素の分泌には食物が消化管に入ったというシグナルが必要である．この場合，ゴルジ体で合成された比較的大型の小胞が消化酵素を含み，**分泌顆粒** secretory granule とよばれている．これらの顆粒は消化酵素が詰まった状態で細胞内に待機しており，神経性，あるいは，ホルモンなどの刺激でエキソサイトーシスにより細胞外に放出される．非常に多くの例があるが，インスリン分泌が代表的である．

タンパク質は小胞体やゴルジ体から小胞輸送によって選別，格納，放出される

すでに述べたように，小胞体とゴルジ間，あるいは，ゴルジ槽間には直接の物理的接触はない．これらの間のタンパク質の移動は細胞小器官から出芽した脂質膜から成る輸送小胞が担っている．この輸送小胞は目的地の膜と融合し，その内容物を届ける．ゴルジ体からエキソサイトーシスで細胞外に分泌するために細胞膜に輸送されるタンパク質も同様の輸送小胞で運ばれる．もちろん，リソソームへの輸送や小胞体への逆輸送も同様である．輸送小胞は二つに分類される．一つは，COP被覆小胞（COP is coat protein complexに由来する）で，小胞体，ゴルジ体間の輸送，細胞膜への輸送などに関わっている．もう一つは，クラスリン被覆小胞で，これはゴルジ体からリソソームへの輸送やエンドサイトーシスに関与する．次にこれらについて詳しく述べることとする．

COP被覆小胞の形成機構

大部分の輸送小胞はこの型である．**COP被覆小胞** COP-coated vesicle には2種類ある．COP I 被覆小胞とCOP II 被覆小胞で，前者はゴルジ体からの，後者は小胞体からの輸送小胞形成に関与する．図27.10にCOP I 被覆小胞の形成を示した．ここではArfとよばれるGTP結合タンパク質が**コートマータンパク質** coatomer protein を小胞形成の場に引寄せる．（Arfという名前はこのタンパク質のもつ別の役割に由来し，ここで述べる作用とは関係ない）最初に，GDP結合型のArfがゴルジ体膜上のグアニンヌクレオチド交換因子（GEF）が局在する場所に結合し，これによってArfに結合しているGDPがGTPに交換される．GTP型となったArfはコートマータンパク質を呼び寄せ，これによって膜は変形し，小胞が"荷物"を包み込んで出芽する．小胞を輸送している間にArf自身がもつGTPアーゼによって結合しているGTPは加水分解されてGDPになる．ArfがGDP型に戻ることでArfとコートマータン

Box 27.1　リソソーム蓄積症

ガングリオシドーシス gangliosidosis とよばれる遺伝病がある．この患者では，特定のリソソーム酵素が欠落しており，細胞膜のガングリオシドの分解がうまくいかない（第7章）．古典的な例として，**テイ・サックス病** Tay-Sachs disease があげられる．この病気をもつ子供は進行性の運動麻痺，難聴や視覚障害を起こし，4歳までに亡くなることが多い．

もう一つ別の遺伝病として，**I 細胞病** I-cell disease（封入体細胞病ともいう）がある．この場合，ほとんどすべてのリソソーム酵素が欠損しているので，すべての種類の分子が小胞内に蓄積する．I 細胞病はマンノース6-リン酸の付加に関わる酵素の欠損のため，種々の酵素がリソソームに運搬されない．これらのリソソーム酵素は小胞に詰込まれて細胞から血漿中に分泌されてしまう．患者は10歳前に死亡することが多い．

ポンペ病 Pompe's disease（α-グルコシダーゼ欠損症ともいう）はいろいろある**糖原病** glycogen storage disease（糖代謝に関連する酵素に異常をきたす遺伝病）の一つで，グリコーゲンのα（1→4）結合を加水分解するリソソーム酵素が欠落している．これまで知られているグリコーゲン代謝にはリソソームが関わる過程はなく，ポンペ病でどのようにリソソームがグリコーゲン分解に関係しているのかは明らかではない．この酵素がないとグリコーゲンが大量に細胞内に蓄積し，多くは幼児期に死亡する．

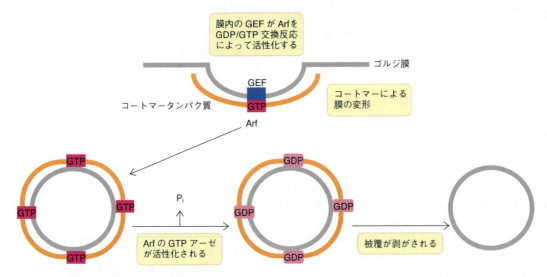

図 27.10 ゴルジ体膜からの COP I 被覆小胞の形成．Arf とよばれる GTP 結合タンパク質がコートマータンパク質を小胞形成の場に引寄せる．最初に，GDP 結合型の Arf がゴルジ体膜上のグアニンヌクレオチド交換因子（GEF）に結合し，これによって Arf に結合している GDP が GTP に交換される．GTP 型となった Arf はコートマータンパク質を呼び寄せ，これによって膜は変形し，小胞が荷物を包み込んで出芽する．小胞の輸送の間，Arf 自身がもつ GTP アーゼによって結合している GTP は加水分解されて GDP になる．Arf が GDP 型に戻ることで Arf とコートマータンパク質は小胞から遊離し，被覆が剥がされる．被覆が剥がれた小胞は目的地の膜に向かい，到達後に融合する．

パク質は小胞から遊離し，被覆が剥がされる．被覆が剥がれた小胞は目的地の膜に向かい，到達後に融合する．COP II 被覆小胞も同様に形成されるが，呼び寄せられる GTP アーゼやコートマータンパク質は異なっている．

小胞はいかにして標的の膜を見つけるのだろうか

小胞は v-SNARE とよばれる受容体型の分子をもっており（v は vesicle, 小胞に由来），これは標的膜に存在する t-SNARE（t は target, 標的に由来）と結合する（図 27.11）．小胞の種類や標的膜ごとに特異的な v 型や t 型の SNARE が存在し，この組み合わせによって荷物タンパク質が的確な膜に輸送される．SNARE は比較的長いヘリックス構造のタンパク質であり，お互いが絡み付くようにして膜融合の準備を整える．いくつかのタンパク質がこの工程を支えている．

標的膜が細胞膜の場合，小胞の内容物は細胞外へ放出される．これは単にタンパク質の分泌だけでなく，膜融合の一つの典型的なパターンである．神経伝達を例にあげると，電気シグナルがシナプスに到達すると，神経伝達物質を含む小胞がシナプス膜に融合し，伝達物質を放出する．この場合も v-SNARE と t-SNARE の結合による反応である．死に至らしめる毒として知られる**破傷風毒素** tetanus toxin（テタヌストキシン）と**ボツリヌス毒素** botulinus toxin がこの SNARE を不活性化し，神経伝達物質の放出を抑制することで神経伝達を遮断してしまうのは興味深い事実である．

ゴルジ体からリソソームに
クラスリン被覆小胞で輸送される酵素群

リソソーム lysosome はすべての真核生物の細胞質に存在する膜で覆われた細胞小器官である．この器官は，分解酵素群を入れた袋であり，**エンドソーム小胞** endosome vesicle と**リソソーム酵素輸送小胞** lysosomal enzyme transport vesicle が融合してできる．そして，このどちらともがクラスリン被覆小胞である．クラスリンは，小胞形成においてはコートマータンパク質に相当する分子で，COP I のコートマータンパク質同様，Arf によってゴルジ体膜に

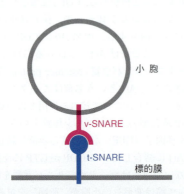

図 27.11 小胞膜と標的膜は v-SNARE と t-SNARE の結合でドッキングする．まず，SNARE 同士が結合し，被覆タンパク質が外れ，次に膜融合が起こる．これは小胞の輸送と標的膜への結合の一般的な方法である．

呼び寄せられ，膜を変形させて小胞をつくる．最初に述べたように，リソソームタンパク質にはマンノース 6-リン酸の輸送標識が付いており，これをもつ酵素群が選択的にリソソーム輸送小胞に詰込まれる．

エンドソームは細胞外分子を取込み，受容体を介したエンドサイトーシスによって形成される．この受容体依存性エンドサイトーシスの概略は LDL の取込み機構の説明ですでに述べた（図 11.22 参照）．まず，細胞まで運ばれた分子は細胞表面にある特異的な受容体に結合する．膜にある受容体はリガンド結合ドメインが細胞外側に，細胞質ドメインが細胞内側にさらされている．**アダプチン adaptin**（アダプタータンパク質）とよばれるタンパク質が多くのリガンドに結合した受容体の細胞質ドメインと結合して，それらを集団化させ，同時に，膜を陥没させる．**クラスリン clathrin** とよばれるタンパク質がアダプチンに結合してできたこの陥没状態を**クラスリン被覆小孔 clathrin-coated pit** とよんでいる（図 27.12）．この被覆小孔がさらに陥入していくと，別のタンパク質である**ダイナミン dynamin** が陥入構造の首の部分に結合して小胞をつくる．これがちぎれて遊離すると**クラスリン被覆小胞 clathrin-coated vesicle** になる．細胞の内部に入ると，被覆小胞から被覆分子が剥がされ，膜に戻って再利用される．被覆小胞（いまや

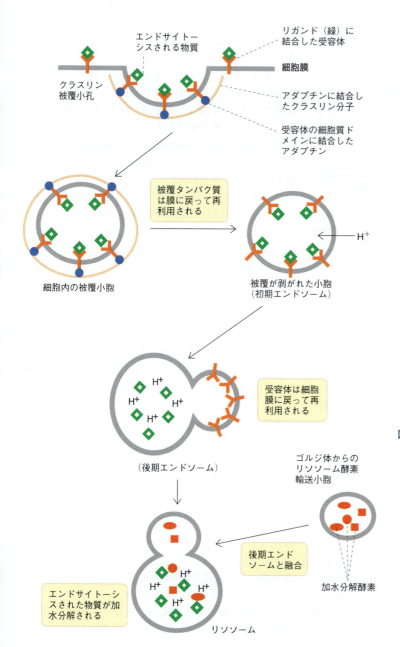

図 27.12　クラスリン被覆小胞が関わる受容体依存性エンドサイトーシス．リガンド分子は細胞膜受容体に結合する．アダプチン分子が受容体の細胞内ドメインに結合し，リガンド-受容体複合体を被覆小孔内へ集合させる．クラスリン分子がアダプチンに結合し，被覆小孔が細胞質内に陥没して被覆小胞になる．被覆小胞は被覆が剥がされ，被覆分子は再利用される．被覆が剥がれた小胞はエンドソームとよばれ，内部が酸性化される．それによって受容体が遊離し（多くの場合には細胞膜に戻って再利用される），後期エンドソームが形成される．加水分解酵素を含んだゴルジ小胞が後期エンドソームと融合し，リソソームを形成する．

エンドソーム endosome という）の内部は膜に存在するプロトンポンプの働きで酸性化される．こうしてできたものを後期エンドソームとよんでいる．

　リソソーム酵素を含む輸送小胞がゴルジ体から出芽し，エンドソームと融合し，各種の分解酵素を運び込む．その結果できるのがリソソームである．リソソームでは，エンドサイトーシスによって取込まれた物質が，その構成成分にまで加水分解される．これらリソソーム酵素群はリソソーム膜によって隔離されているので，細胞質が酵素で攻撃されることはない．また，リソソーム酵素群が活性化されるには pH が 4.5〜5.0 である必要がある．この条件はリソソーム膜に存在する ATP 依存性のプロトンポンプによって形成されている．リソソームが細胞内で破裂したとしても，細胞質がもつ緩衝能力が働いて細胞質の pH を 7.3 付近に保つので，リソソーム酵素は不活性のままである．

　古くなったミトコンドリアのような細胞小器官もエンドソームで包み込まれる．こうしてできた小胞を**オートファゴソーム** autophagosome（自食胞）とよぶ．ここでもリソソーム酵素が働き，自己消化される．

翻訳後のタンパク質の各細胞小器官への輸送

　思い出してほしいが，ここまで述べてきたすべての輸送は翻訳中輸送である．これに対し，ミトコンドリア（植物ではそれと葉緑体），ペルオキシソーム，あるいは，核への輸送は翻訳後輸送である．ポリペプチド鎖はいったん合成され，リボソームより遊離し，それぞれ別の機構で輸送される．ミトコンドリア，ペルオキシソーム，核への輸送にはそれぞれ異なった機構が存在する．

ミトコンドリアへのタンパク質輸送

　ミトコンドリアには数百種類のタンパク質があるが，ミトコンドリアのゲノムにコードされ，ミトコンドリアの中で合成されるものはほんの一握り（ヒトの場合は 13 個）である．これらはシトクロムオキシダーゼや ATP 産生に関与するタンパク質で，酸化的リン酸化で働く大きなタンパク質複合体のサブユニットである．これ以外のタンパク質は核の遺伝子にコードされており，mRNA は細胞質中の遊離のリボソームで翻訳され，タンパク質は細胞質中に放出される．その後，他の細胞質タンパク質から選別され，ミトコンドリア膜にある受容体に運ばれ，ミトコンドリア内のそれぞれの行先に向かう．

　ミトコンドリアのタンパク質が細胞質からミトコンドリア内部に運ばれる機構は非常に複雑である．なぜならば，行先がミトコンドリアの内膜，外膜，膜間腔，マトリックス（基質）といくつかに分かれているからである．同じ場所でも異なった経路で輸送される場合もある．

ミトコンドリアマトリックスのタンパク質はプレタンパク質として合成される

　マトリックスへ運ばれるタンパク質は外膜，内膜と密接している二つの膜を通過しなければならない．マトリックスに輸送されるタンパク質は**プレタンパク質** preprotein として合成され，この中には目的地へ到達後に切り除かれるプレ配列が含まれている．最もよく知られているのは，15〜35 残基のペプチドから成る N 末端の標的配列で，これは成熟型タンパク質では切除されている．標的配列は決まった一つの配列ではないが，疎水性アミノ酸，ヒドロキシ基をもつアミノ酸，塩基性アミノ酸などから成り，一方に疎水性アミノ酸を，もう一方には塩基性アミノ酸の正電荷をもつ両親媒性のαヘリックス構造をもっている．しかし，内部に認識配列をもつマトリックスタンパク質も存在し，この場合は切り除かれることはない．

　ミトコンドリアタンパク質がリボソームで合成されると，シャペロンである Hsp70 が結合して折りたたまれずに伸びたままの状態で存在する（図 27.13）．ポリペプチド–シャペロン複合体はミトコンドリア外膜上の受容体（**TOM** translocase of outer mitochondrial membrane）へと輸送される．このタンパク質複合体はミトコンドリア膜に親水性のチャネルを形成し，この中をプレタンパク質が通過するのである．ミトコンドリア内に運ばれるすべてのタンパク質がこの TOM 複合体を通過することになる．

　ミトコンドリアマトリックスに運ばれるタンパク質の場合，シャペロンとは結合せずに伸びた形で存在し，外膜を通過して**膜間腔** intermembrane space へ運ばれ，さらに内膜の複合体（**TIM** translocase of inner mitochondrial membrane）へと輸送される．TIM 複合体からさらに内側へ入るには，電子伝達系により生じた電荷の勾配（内側が負）が必要である．プレタンパク質がさらにミトコンドリアマトリックスに入るには ATP 加水分解のエネルギーが必要で，ミトコンドリア型 Hsp70，TIM 複合体のサブユニットやその他のタンパク質の複合体が関与している．こうしてタンパク質の移行が完成するのである．**マトリックスペプチダーゼ** matrix peptidase が標的配列を加水分解によって切断し，やがてタンパク質はシャペロニンの Hsp60，あるいはシャペロンの Hsp70 の働きで正しい形に折りたたまれるのである．Hsp60 はタンパク質濃度の非常に高いマトリックスの中でタンパク質が正しい折りたたみ構造がとれるよう，密封するような働きをしている（シャペロン，シャペロニン，そしてこれらの機構については第 25 章を参照）．

ミトコンドリア膜と膜間腔へのタンパク質の輸送

　ミトコンドリア内膜に局在するタンパク質はいくつかの異なる経路で配置されるが，TOM 複合体を介して外膜を通過するまでは他のタンパク質と一緒である．その中の一

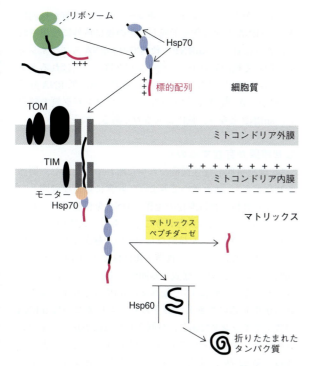

図27.13 ミトコンドリアマトリックスへのタンパク質の輸送. タンパク質はプレタンパク質の形で, N末端に両親媒性の標的配列（赤色の線）をもって合成される. これは細胞質に放出され, シャペロンHsp70（青色）が結合し, 折りたたまれない構造を保っている. プレタンパク質はTOMと結合し, TIMを通過してマトリックスに入って, ペプチダーゼで標的配列が切断される. 切られたタンパク質はHsp60とHsp70の力を借りて, 正しい構造に折りたたまれる. Hsp60は隔離部屋のようなものをつくり, 他のタンパク質との相互作用を防いでいる. TOMやTIMは多くのサブユニットから成る複合タンパク質である. ポリペプチド鎖のマトリックスへの進入にはモータータンパク質, Hsp70などのタンパク質が作用し, 膜貫通のモーター分子の役割を果たしている. ミトコンドリア内膜は, タンパク質の通過を助けるために内側が−, 外側が＋に荷電している.

つの経路は, TOM複合体を経て, マトリックス内へタンパク質を運ぶTIM複合体へとタンパク質を渡す. TIM複合体へ到達後, これらのタンパク質の一部は側方拡散によって内膜に移されるが, その他のものはマトリックス内に送り込まれる. マトリックスに送られたタンパク質は, その場でN末端シグナル配列が切除されるが, この切除によって, 内膜への挿入に働く複合体によって認識される別の標的配列が現れる.（同じ輸送複合体が, ミトコンドリア内で合成されたタンパク質の内膜挿入にも関与している.）その他の経路として, 細胞質で合成後にミトコンドリア内膜に挿入されるタンパク質の中には, N末端ではなくポリペプチド内部に配送のためのリーダー配列をもつものもある. これらは, TOM複合体から膜間腔を経由して別のTIM複合体を利用し, 側方拡散によって内膜に挿入される.

ミトコンドリアの外膜に挿入されるタンパク質には, TOM複合体によって認識される内在性シグナル配列が存在する. 内膜に局在するタンパク質と同様, 外膜タンパク質の膜挿入にもいくつかの機構が存在する. あるものはTOM複合体によっていったん膜間腔に送られ, そこから外膜に戻される. 他のタンパク質については, TOMから膜間腔を介さずに直接に外膜の複合体に送られる.

他にもタンパク質を膜間腔に送るための経路が存在する. たとえば, まず内膜にタンパク質を挿入し, 膜間腔側の領域を切断によって遊離する. また, TOM複合体から出てくるや否やこれを認識し, 膜間腔内にとどめた状態で折りたたみを行う受容体複合体が存在する. こうした機構はごく最近明らかにされたばかりで, まだまだ不明な点が多い.

植物の**葉緑体 chloroplast** には細胞質全体の90％ものタンパク質が入り込む. 標的配列があるという点でもミトコンドリアとよく似ている. 葉緑体の場合は**通過ペプチド transit peptide** という標的配列をもつプレタンパク質として合成される. このペプチドは30～100アミノ酸から成り, ミトコンドリア標的配列のような正に荷電した（塩基性）アミノ酸はもたない. 葉緑体の中はミトコンドリアのように負に荷電していないことと関連していると考えられる.

ペルオキシソームタンパク質の輸送

ペルオキシソームとその代謝機能についてはすでに述べた（第2章）. これは非常に小さな器官で, 1層の膜から成っており, DNA複製やタンパク質合成の機能はもっていない. ペルオキシソームは, 細胞質中の遊離リボソームで合成される約50種類の異なる酵素を含む. これらのタンパク質は細胞質中で折りたたまれ, 興味深いことに, このままの形でペルオキシソーム内に運ばれる. これは前述のミトコンドリアのタンパク質輸送（折りたたまれずに輸送される）とは対照的である.

ペルオキシソームに運ばれるタンパク質は, 2種類の**ペルオキシソーム移行シグナル peroxisome-targeting signal**（**PTS1**と**PTS2**）のうちのどちらかを必要とする. PTS1が最も一般的で, C末端にSer-Lys-Leu（1文字略号でSKL）トリペプチド配列をもつのが特徴で, ペルオキシソームのマトリックスに移った後も切断されず, 成熟したタンパク質にそのまま存在している. もう一つのPTS2は, N末端の9アミノ酸残基のペプチドであり, 移行後に切断される. **ペルオキシン peroxin** とよばれる一群の細胞質タンパク質があり, これはペルオキシソームタンパク質の輸送に必要である. ペルオキシンはPTS配列を含むタンパク質を認識する受容体として機能し, これらをペルオキシソーム膜上の結合複合体へと導くのである. ペルオキシソーム

タンパク質を内部に送り込むトランスロコンの詳しい特徴はいまだ解明されていない．折りたたまれたタンパク質がペルオキシソームに運送されるので，膜にはおそらく大きな穴が必要と思われる．しかし，どのようにして内部に送り込まれるのか．PTS1 と PTS2 にそれぞれ特異的なトランスロコンが存在するのかなど，解明すべき問題は多い．

輸送の欠陥が種々の遺伝病と関係しているだけにペルオキシソームは興味ある研究分野である．代表例は**ツェルベーガー症候群** Zellweger syndrome であり，多くの場合，生後 6 カ月以内に死亡する．酵母を利用した遺伝学的研究から，ペルオキシソームの合成に関与する 33 個の *PEX* 遺伝子のうちの多くでヒトとの間に保存性が確認された．このうち 13 個の遺伝子がペルオキシソーム病に関連することが示唆されている．

核–細胞質間の輸送

真核細胞の核は内膜と外膜に取囲まれており，外膜は小胞体膜と連続している．核膜が存在し細胞質から隔離されているということは，核膜を介してさまざまな分子が輸送される仕組みがあるということであり，今まで述べてきた例とは相当異なっている．さらに，タンパク質の双方向性輸送や，タンパク質-RNA 複合体の輸送についても考えなければならない．たとえば，細胞が DNA 複製をしているとき，ヒストン mRNA は細胞質に送られて翻訳され，一方，ヒストンタンパク質は細胞質から核内に入り，ヌクレオソームを形成する．核膜は大きな穴（**核膜孔** nuclear pore）を点在させ，非常に精密な構造をつくり上げる．一つ一つの核膜孔は 1 分間に 100 分子以上のヒストンを輸送するといわれている．核では大部分の RNA（ミトコンドリアと葉緑体を除く）が合成されるが，これらは細胞質へ出なければならない．mRNA はタンパク質と一緒にしっかりと荷作りされ，細胞質に放出される．rRNA の放出は少し様子が異なる．まず，リボソームタンパク質が核内に入り，rRNA と複合体を形成し，その後に核外に放出される．これに対して **snRNP**（核内での mRNA スプライシングに関わる核内低分子リボ核タンパク質）とよばれるタンパク質の挙動は rRNA とは逆で，まず，核内低 RNA 分子（snRNA）が細胞質に放出され，ここでタンパク質と結合し，snRNP となり，核内に入るのである．

なぜ核膜が存在するのか

核-細胞質間の輸送機構から少し離れて（しかし，関連させながら），話を進めてみよう．非常に重要な疑問として，なぜ真核生物は進化の過程で DNA を核膜というものの中に閉じ込めたのかということがある．大腸菌は複製，転写，翻訳のすべてを核膜なしで行い，輸送などという面倒な問題はない．一方，真核生物は核での DNA の転写と細胞質での mRNA の翻訳を時間的にも，また空間的にも分けている．これにより，転写後に mRNA を修飾するチャンスが生じるのである．おそらく最も重要なのは mRNA のスプライシングであり，分断された遺伝子からエキソンシャッフリングなどにより新しい遺伝子をつくることができる（第 22 章）．また，一つの mRNA に異なるスプライシングを施すことで，一つの遺伝子から異なるタンパク質をつくることもできる．大腸菌の場合，リボソームは mRNA の合成完了前からタンパク質の翻訳を始め，遺伝子から外れていくため，スプライシングをしている時間的ゆとりはない．

真核生物の遺伝子発現の多くは他の細胞でつくられたホルモンやサイトカインにより調節されている．すなわち，細胞内シグナルが到達すると常に特異的なタンパク質が細胞質を通って核内に入っていかなくてはならないことになる（図 27.14）．遺伝子発現の調節および細胞のシグナル伝達については，第 26 章，29 章に詳細が述べられている．

少し脇道にそれたが，核-細胞質間輸送の問題に戻ろう．

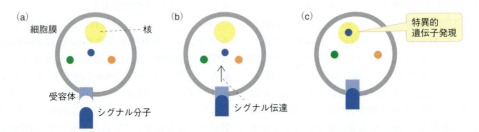

図 27.14 細胞のシグナル伝達による遺伝子制御における核移行の役割．(a) ホルモンや他のシグナル分子が細胞表面に到達して細胞膜受容体に結合する．(b) 受容体は特定のタンパク質分子（青色で示す）を選択的に核内へ移行させる．(c) 核内に入った分子が遺伝子発現を調節する．これは核移行が関連するホルモンなどによる遺伝子発現の非常に簡略化した模式図である．一方，たとえばステロイドホルモン，ビタミン D，甲状腺ホルモン（チロキシンなど）などの脂溶性分子は細胞膜を通過し，細胞質受容体あるいは核内受容体と結合し，転写因子として遺伝子発現を調節する．詳しくは第 29 章で述べるが，多くの水溶性シグナル分子は細胞膜を通過しない．

核膜孔の複合体構造

一つ一つの核は数千個の**核膜孔**をもっている．これは細胞質と核質間で水分子を自由に通過させるチャネルである（図27.15）．核膜孔は分子量が 10^8，30種以上のタンパク質サブユニットから成る巨大複合体である．この複合体は**ヌクレオポリン** nucleoporin とよばれている．

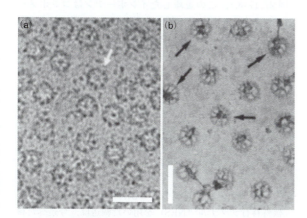

図27.15 透過型電子顕微鏡によるアフリカツメガエルの核膜の観察．(a) 未固定，未染色の凍結切片 (250 nm) で不規則な氷層の中に核膜孔複合体が観察される．(b) 急速凍結切片による核膜孔の観察で，矢印で示したところにかご様の構造が見える．いずれもスケールバーは 200 nm．写真は Professor Ueli Aebi（University of Basel, Switzerland）のご好意による．

これらの分子は界面活性剤を用いて単離され，その構造が研究されてきた．核膜孔は，内リングタンパク質と外リングタンパク質のサブユニット構造から構成されるリング構造から成る．もう一つの膜リングが核膜孔を核膜につなぎ止め，核膜の内膜と外膜は小孔の部分で連続的になっている（図27.16）．核膜孔の複合体は八つが対称的に並んで1周することで孔を構成し，8個のそれぞれの複合体内にはヌクレオポリンが8個，あるいはそれ以上含まれている．以上のような膜を貫通する主要構造物の他に，核質側と細胞質側のリングからはそれぞれ核質内と細胞質に向かって微小繊維が伸び，この微小繊維は核孔へと運ばれるタンパク質のガイド役をしている．また，核質側の微小繊維の先にはバスケット様の構造物がある．

分子量4万までのタンパク質は拡散によって核膜孔を自由に通過できるが，それ以上の大きさの分子は小さい分子ほどは速く運ばれることはできない．大きな分子に関しては，別の機構で核内に運ばれると思われる．

タンパク質の核移行シグナル

分子量4万以上のタンパク質は**核移行シグナル（NLS）** nuclear localization signal をもたない限り，核内に自由に

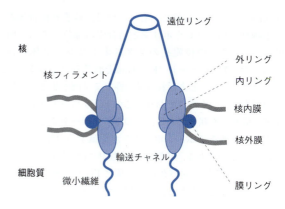

図27.16 核膜孔の簡略図

入ることができない．通常，NLS はアルギニン，リシンなどのアミノ酸配列に富み，ポリペプチド鎖のどこに存在しても機能する配列である．いちばん"原型"的で，古典的とよばれる配列は，SV40 ウイルスの T 抗原（このウイルスで最初に見つかったタンパク質）に存在し，この配列はウイルス感染に不可欠である．この核移行シグナルはアミノ酸の1文字略号で PKKKRKV と表される．もう一つ別のものは，**バイパータイト** bipartite（二極性）とよばれ，ヌクレオプラスミンというクロマチン構成タンパク質に見いだされた．上記の配列の KR に続いて 10 個のアミノ酸スペーサー (PAAIKKAGQAKKKK) と KKKK 配列が並ぶ配列である．NLS の中の一つのアミノ酸の変異によっても，タンパク質は細胞質にとどまることとなる．逆にもともと細胞質タンパク質だったものにこの配列を人工的に付けると核内に移行する．転写因子は核移行シグナルをもつタンパク質の代表的なものである．こうした非常に重要な核移行シグナルと同時に，**核外移行シグナル（NES）** nuclear export signal も存在する．

しかし，いろいろな例外もあり，いくつかのタンパク質は核の内外を出たり入ったりする．最もよく知られている例は**ヘテロリボ核タンパク質複合体（hnRNP）** heteroribonucleoprotein complex であろう．細胞質で mRNA は不安定であり（哺乳類で 20 分から数日の寿命），hnRNP は核内に入って mRNA と結合し，mRNA を核外に連れ出してくる．hnRNP は核移行と核外移行の両方のシグナルとして機能する 38 アミノ酸から成る配列をもっている．

インポーチンはタンパク質の核移行シグナルと結合して核内に運ぶ

インポーチン importin（**核内輸送受容体** nuclear import receptor）は，核内へ輸送される"荷物"タンパク質にある NLS を認識する可溶性の細胞質タンパク質ファミリーである（図27.17①）．このインポーチンは二つの結合部位をもっている．一つは輸送される"荷物"タンパク質上

のNLSと結合する部位で，もう一つは，核膜孔複合体の微小繊維上のヌクレオポリンと結合する部位である（図27.17②）．多くの核膜孔のヌクレオポリン（全体の約30%）は，FGリピート（FとGはそれぞれフェニルアラニンとグリシン）とよばれる疎水性アミノ酸が集まった短い配列をいくつかもっており，このFGリピートは親水性領域で散在した状態にある．このFGリピートこそが，荷物タンパク質を運ぶインポーチンが認識する（結合する）部位になるのである．核膜孔の通過中（図27.17③），インポーチン/荷物タンパク質複合体とFGリピートとは結合と解離を繰返しながら徐々に核内へと進んでいく．

GTP/GDP交換反応が核-細胞質間輸送の方向性を決める

核膜孔はATPアーゼ活性やそれに代わるエネルギー合成のための機構をもっていない．核内外へのタンパク質輸送の原動力にはGTP加水分解を介する迂回経路が絡んでいる．これについて述べたい．

インポーチンは核内に存在する**Ran**（ラン）という低分子のGTP結合タンパク質と結合するとコンホメーション変化を起こす．GTP結合型のRanはもともと核内だけに存在しており，インポーチン-荷物タンパク質と結合すると（図27.17④），インポーチンにコンホメーション変化をひき起こし，荷物タンパク質はインポーチンから離れる（図27.17⑤，⑥）．インポーチンと結合したGTP結合型Ran

（**Ran-GTP**）は核膜孔を通って細胞質に出る（図27.17⑦）．Ranはもともと弱いGTPアーゼ活性をもっているが，細胞質中に存在するGTPアーゼ活性化タンパク質（GAP）の助けでGDP型（**Ran-GDP**）となる（図27.17⑧）．重要なのはこの反応は細胞質においてのみ起こることである．このように，細胞質に移ったRan-GTPは加水分解によってGDP型のRanに変換されてインポーチンを遊離し（図27.17⑧），この遊離したインポーチンはコンホメーションを変えることで，新たな荷物タンパク質を核内に運べるようになる．Ran-GDPは輸送因子により核内に再び運び込まれ，ここでRan-GTPに変換されると考えられている．この変換反応は，核内に存在する（細胞質には存在しない）GEFの働きで進む．すなわち，このシステムは，核内でのRan-GTPと，細胞質内でのRan-GDPによって成り立っているのである．交換反応を触媒する酵素とGAPのこのような非対照的な分布により，輸送サイクルが円滑に起こるものと考えられる．

エキスポーチンがタンパク質を核外に運び出す

核外移行シグナル（NES）を用いた輸送は，今述べた核内への輸送とちょうど鏡像のような一つのサイクルで行われる（図27.18）．核内には**エキスポーチン** exportin（**核外搬出受容体** nuclear export receptor）が存在する．これも何種類かあり，適当な核外移行シグナルをもった分子を認識する．エキスポーチンが標的荷物タンパク質の核外移行

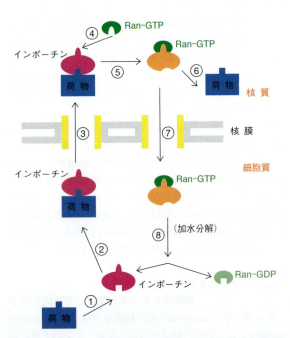

図27.17 タンパク質の核移行の機構．①〜⑧は本文参照．赤色はインポーチンで荷物を運べる状態のものをさす．オレンジ色はそれができない形である．Fig. 2 in Mattaj, I. W., and Engelmeier, L.; Annu Rev Biochem; (1998) 67, 265より改変．

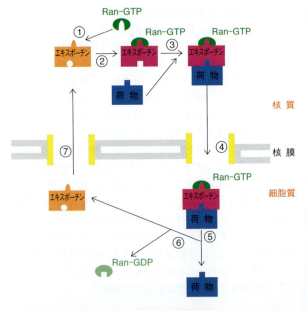

図27.18 核からのタンパク質搬出機構．①〜⑦は本文参照．赤色は荷物を輸送できるエキスポーチンをさし，オレンジ色はそれができない構造のものである．Fig. 2 in Mattaj, I. W., and Engelmeier, L.; Annu Rev Biochem; (1998) 67, 265より改変．

シグナルを認識できるのは（図27.18①），エキスポーチンがRan-GTPと結合しているときのみである（図27.18②，③）．注目すべきは，これはインポーチンとは逆で，Ran-GTPのときに荷物タンパク質を離すのと対照的である．Ran-GTP・エキスポーチン・荷物タンパク質は核膜孔を通り，核外に運ばれる（図27.18④）．細胞質ではGAPの働きでRan自身のGTPアーゼが活性化され，加水分解によってRanのGTPはGDPとなる．これによってRan-GDPはエキスポーチンから離れ，かつ荷物タンパク質が遊離する（図27.18⑤，⑥）．その後Ran-GDPは核内に戻り，再利用される（図27.18⑦）．同時に，エキスポーチンも核内に戻って再利用される．

Ran-GTPとRan-GDPの核膜を挟んだ非対称的存在，また，エキスポーチンとインポーチンの正反対の性質が，核膜孔を介する分子の出入りに重要である．

細胞シグナルによる核輸送の制御と遺伝子発現制御における役割

すでに述べたように，多くの真核生物の遺伝子発現は細胞シグナルで制御されており，これは刺激に応じてタンパク質が核内に運ばれることを意味している．こうしたタンパク質は通常，核移行シグナルをもっており，なぜ刺激のないときは核内に入らないのか，という疑問が生じる．通常は，この核移行シグナルは遮へいされており，細胞に刺激が加わるとコンホメーション変化が起こり，核移行シグナルが露出するのである．

こうした制御のためにいくつかの仕組みが存在する．第一の方法は，ある種のタンパク質は細胞外シグナルがくるまでは他のタンパク質と結合し，核移行シグナルを覆い隠すというものである（図27.19a）．これについては第29章で説明するが，ある種のステロイドホルモン受容体などがこの例である．ステロイドが受容体に結合するとコンホメーション変化が起こり，遮へいタンパク質が離脱して受容体の核移行シグナルはインポーチンと結合可能となり，この受容体はインポーチンと結合して核内に入る．こうしてステロイドホルモンで誘導される遺伝子の転写調節因子として働く．

別の例は，リン酸化により核移行シグナルを覆い隠す仕組みである（図27.19b）．また，別の核移行シグナルはインポーチンへの結合が弱く，核内への移行が非常に緩徐

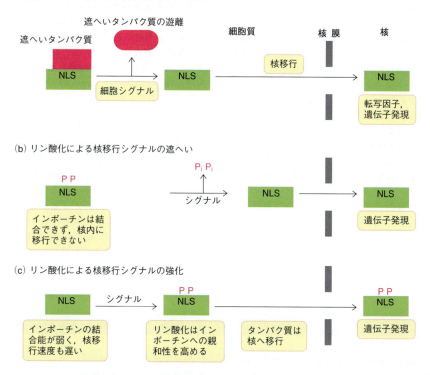

図27.19 細胞シグナルが調節するタンパク質の核移行機構．細胞外からのシグナルは遺伝子発現に最も重要な因子であり，タンパク質の核移行は転写制御に中心的な役割を果たしている．遺伝子発現の制御に必要なタンパク質であっても，何らかのシグナルによって核内への輸送が促されない限り細胞質にとどまる．すなわち，こうした転写因子はシグナルを受けるまでは核内に移行しないのである．いくつかの機構があり，そのうちの三つをここに示した．Jans. D.A. Australian Biochemist, (1998) 29, 5–10 より改変．

である．しかし，タンパク質のリン酸化がインポーチンとの結合親和性を増強させ，核内移行を早めることもある（図27.19c）．この場合，細胞外からのシグナルがなくなると，プロテインホスファターゼによりリン酸基が外され，その効果が逆転する．

核-細胞質間輸送が細胞のシグナル伝達と遺伝子発現をつなぐ中心的な課題であることがわかってから，この領域の研究は非常に興味深いものとなった．

要約

タンパク質は細胞質のリボソームで生合成され，細胞内のさまざまな部位で機能を発揮する．タンパク質は種々の方法でその標的部位へ向かう．ゆっくりとした反応速度のGTP加水分解活性をもつGTP結合タンパク質がさまざまなタンパク質の輸送工程において分子スイッチとして働いている．GTPとGDPの交換反応によってタンパク質にアロステリックな構造変化が起こるのである．

まず，粗面小胞体の膜を通過し，その内腔に入り込むタンパク質がある（翻訳中輸送）．この場合，最初に細胞質内の遊離型リボソームが翻訳を開始する．このポリペプチドのN末端にはシグナル配列が存在し，シグナル配列認識粒子（SRP）がこれに結合して翻訳をいったん停止させる．SRPはリボソーム上に存在するSRP受容体と結合し，近傍のトランスロコンチャネルを開く．その後，翻訳が再開され，新生ポリペプチドはそのままトランスロコンチャネルを通過し，小胞体内腔に到達する．ここでシグナル配列は切断され，翻訳が終了後，タンパク質は内腔に遊離し，折りたたまれる．

膜貫通タンパク質も同様にして小胞体で合成される．この場合，分泌タンパク質と異なり，シグナル配列だけでなく，シグナルアンカー配列や貫通停止配列をもっている．小胞輸送により，タンパク質と同時に膜脂質も輸送され，既存の膜と融合する．

タンパク質は滑面小胞体を経て小胞に乗ってゴルジ体へと輸送される．ここまでの2箇所（小胞体とゴルジ体）でタンパク質には糖鎖が付加される．ゴルジ体でタンパク質は分別され，行先を決められ，あるものは細胞膜やリソソームへ，そしてあるものは再び粗面小胞体へ戻ることになる．

輸送小胞には2種類が存在する．クラスリン被覆小胞とCOP被覆小胞であり，これらは産生される小器官と行先によって使い分けられている．たとえば，クラスリン被覆小胞はエンドサイトーシスやリソソーム形成に関わっている．輸送小胞はv-SNAREをもっており，これが標的膜のt-SNAREと結合し，膜融合を起こす．これらの組み合わせは産生された場所と行先によって異なる．

ミトコンドリアへのタンパク質輸送は翻訳後に起こる．ポリペプチド鎖は生合成が終了後，シャペロンと融合し，折りたたまれない状態になっている．このタンパク質-シャペロン複合体がミトコンドリア外膜に存在するTOM複合体と結合する．ポリペプチド鎖は内膜のTIM複合体に運ばれ，ミトコンドリアマトリックスの中でシャペロン（とシャペロニン）の助けを借りて正しく折りたたまれる．ミトコンドリア外膜，内膜，および，膜間腔のタンパク質も，さまざまな機構によって，折りたたまれない状態で運ばれる．

他方，ペルオキシソームタンパク質は生合成後，完全に折りたたまれて輸送されるが，この機構は明らかになっていない．少なくとも2種類のペルオキシソーム移行シグナルが知られている．

核移行は，核膜に存在する核膜孔を通して行われる．核へ運ばれるタンパク質は核移行シグナル（NLS）をもっており，これがインポーチンというタンパク質に認識される．他方，核外へ放出されるタンパク質は核外移行シグナル（NES）をもっており，この配列を認識するエキスポーチンにより核外に出る．核膜を通る輸送にもGTPの加水分解が関与している．Ranという低分子量GTP結合タンパク質はGTPと結合し，これをゆっくりと加水分解する活性をもっている．グアニンヌクレオチド交換因子（GEF）が核内に，GTPアーゼ活性化タンパク質（GAP）が細胞質に限局することで，Ran-GTPは核内に，そしてRan-GDPは細胞質にのみ存在することができる（Ran-GDPのRan-GTPへの変換は核内でしか起こらず，他方，GTPの加水分解は細胞質でしか起こらない）．Ran-GTPは核内でインポーチンから荷物タンパク質を離し，他方，細胞質ではGTPの加水分解によりエキスポーチンからタンパク質が遊離する．こうしてRan-GDPとRan-GTPの勾配（あるいは，非対称的な存在）が核膜孔のタンパク質通過を一方通行にしている．

問題

1 膜を通過する翻訳中輸送と翻訳後輸送とは何か．例をあげて説明せよ．

2 タンパク質の輸送でGTPの加水分解がいろいろな過程で出てくる．しかし，これはこの加水分解のエネルギーを何かの化学反応に使うわけではない．それではGTP加水分解の役割は何か．

3 リソソームの役割は何か．

4 リソソーム酵素輸送小胞とは何か．それはどこでつくられるか．

5 リソソームでの消化が必須であることを示す証拠は何

か．
6 ポンペ病はなぜ生化学的に奇妙にみえるのか．
7 タンパク質の核膜孔を経由した輸送はある2種類のタンパク質の核と細胞質の非対称的な分布と関連している．どのようなことか説明せよ．
8 核膜孔のFGリピートとは何か．
9 タンパク質の分泌と，ミトコンドリア，核，ペルオキシソーム内への輸送に関し，それぞれの他との基本的な違いについて簡単にまとめて述べよ．

28

DNA および遺伝子の操作

　DNA 操作の技術は生物学や生化学に革命的な大きな変化をもたらした．DNA 操作とは，**DNA 組換え技術** recombinant DNA technology，**遺伝子操作** gene technology，**遺伝子工学** genetic engineering，**バイオテクノロジー** biotechnology などをさす．最初は，DNA を操作するなどほとんど不可能と思われた．というのも，膨大な長さの塩基が無限に近く並んでおり，外見的には4塩基の繰返しに過ぎず，これという目印に乏しいからである．細胞内の染色体 DNA は非常に大きな分子で，それゆえに非常に操作が難しいと思われてきた．しかし，驚くべきことに，DNA 操作はタンパク質や多糖など他の高分子に比べるとはるかに簡単であることが明らかになってきた．この簡単さの要因は二つある．一つは，DNA が遺伝子操作に適した単純な構造で，ワトソン・クリックの塩基対形成の法則に従い，DNA 同士や RNA と塩基対形成が可能な点である．このハイブリッド形成の性質はたびたび DNA 操作に活用される．二つめは，組換え技術を可能とする各種酵素類（これらは本来，生体防御，DNA 修復や複製のために生体が備えているもの）がそろっている点である．こうしたものを利用することで，DNA は，切断，連結，複製，配列決定，プローブを用いた検出などが可能となった．これら酵素については，その多くをここまでの章で扱ってきたが，こうした酵素の研究室での活用が，すなわち，組換え DNA 技術の始まりであった．

　二つの DNA を端と端で共有結合すると自然には存在しない DNA ができる．これを**組換え DNA** recombinant DNA 分子とよぶ．これは生体で起こる自然の遺伝子組換えとは異なる．

　DNA 操作は非常に広範に利用され，医学や生物学の研究で最も重要な技術と考えられる．いくつかの例を簡単に述べると，この技術では一つの遺伝子を単離し，その構造（塩基配列）を知り，さらに必要な改変を加えた後にもとの生物，あるいは，別の生物に導入することが可能である．また，遺伝子異常を調べることも可能である．ヒトにとって重要なホルモンや増殖因子を，細菌や他の細胞をタンパク質生産工場のようにして，大量に生産することが可能となっている．生体内には非常にわずかにしか存在しない分子を，きわめて大量に合成することも可能である．あるタンパク質の特定アミノ酸配列を変えたタンパク質をつくることもできる．非常にわずかな量の DNA を迅速に増幅することも可能となった．これは特に法科学で重要で，DNA 鑑定をすることができる．翻訳領域の塩基配列を読むことで，遺伝暗号からそのタンパク質の一次構造を推定することが可能となった．（そして，それはタンパク質のアミノ酸配列決定法としては最も簡単な方法である．）DNA 配列から進化的な関係を探ることも可能である．DNA は条件が良ければある程度安定なので，大昔の生物，場合によっては現存しない生物の化石を研究することもできる．

　DNA マイクロアレイのような最新技術を用いれば，多数の遺伝子発現を同時観察することができ，また，"次世代"シークエンサーを駆使すれば膨大な量の DNA 配列データを迅速に処理することも可能になってきた．DNA の膨大な情報も，これを蓄え，必要に応じて引出し，分析することができなければ無用の長物となる．こうして国際的な DNA のデータベースがつくられ，多くの情報が研究目的で利用可能となった．こうしたデータベースや適切なソフトウエアはインターネットから自由に入手でき，多くの情報を得ることが可能となった．データベースから"宝物を探す"ことは，それ自身が非常に重要な研究となっている．これにはコンピューターを操る技術と遺伝子工学の知識や技術が必要とされる．DNA データベースとタンパク質データベースは相補的である（第5章）．データベースの情報を引出す技術は**バイオインフォマティクス**（生命情報科学ともいう）とよばれ，重要性を増しており，これを専門に学ぶ学科も増えている．より詳細な情報はこの章の終わりに述べる．

基本的技術

予備的知識

　DNA 操作を説明するうえで混乱しやすいのは，塩基配

列決定，クローニングや切断時には"DNA 断片"，"DNA 分子"，"DNA 小片"という言い方（量）でこの操作を語っている点にある．実際，これらの操作にはある程度の量の DNA が必要である．どんなに少なくても数十億分子は必要であろう．**DNA クローン** DNA clone の作製は，特定の DNA 領域を無限にコピーすることができるが，これについてはこの章の後半で述べることとする．新しい技術でより簡単に実施できるものとして，PCR（ポリメラーゼ連鎖反応）も同じ目的で使用される．

もう一つ心に留めておかなければならないことは，ゲノム遺伝子や DNA 断片は細胞内では長く続く巨大な分子であるということである．すなわち，最初の段階では操作可能な一定サイズの断片を準備することが必要なのである（通常，数千塩基対程度の長さの DNA を準備する）．ゲノム DNA は物理的手法で短い断片にすることもできるが，一般的には酵素的な処理〔たとえば DN アーゼ（DNA 分解酵素）〕によって断片化 DNA を確保する．

制限酵素による DNA の切断

ある遺伝子を他の遺伝子と区別する唯一の方法は，塩基配列を知ることである．細菌は特定の DNA 配列を認識して切断する酵素をもつが，この酵素の発見により遺伝子工学は飛躍的に進展した．

この種の酵素は**制限酵素** restriction enzyme とよばれ，ある特定の短い DNA 配列を認識し，二本鎖の特定部位で正確に切断する．異なる細菌の異なる制限酵素は，それぞれが特異的な DNA 配列を認識して切断する．細菌は DNA ウイルス（バクテリオファージ）の感染に備え，自己防衛のためにこうした酵素をもっている．バクテリオファージは細菌に感染した際，自身の DNA を細菌内に注入し，これを大量にコピーした後，自身の分身（バクテリオファージ）を細胞内で量産させて細胞外に出ていく．細胞内の制限酵素は進入してきた DNA を切断し，バクテリオファージを破壊して自らを守るのである．実は，制限酵素が認識し，切断する短い DNA 配列は，細菌自身のゲノム内にもたくさん存在する．ではなぜ，細菌は自分自身の DNA を切断しないのだろうか．制限酵素はメチル化された部分を切断しないものが多いため，細菌は自らの DNA の制限酵素認識部位の A や C 塩基をメチル化して酵素による切断から守っている．細菌が産生する制限酵素は細菌の種類によってその認識配列が異なるので，ある種の細菌内で複製された DNA が他の細菌内に浸入しても速やかに認識されて分解される．すなわち，外来 DNA の侵入が"制限"されるのである．100 を超える制限酵素が知られており，これらを用いればさまざまな形の DNA 切断が可能である．もう少し詳細に説明するために，大腸菌（*Escherichia coli*）がもつ制限酵素の一つ *Eco*R I を例にあげる．この酵素は二本鎖 DNA の次のような配列を認識する．

5′ G↓AATTC 3′
3′ CTTAA↑G 5′

また，*Bacillus amyloliquefaciens* がもつ酵素，*Bam*H I は次の配列を認識して切断する．

5′ G↓GATCC 3′
3′ CCTAG↑G 5′

これら二つの酵素は二本鎖 DNA を矢印（↓と↑）で示す位置で段違いに切断するが，垂直に切断する酵素も存在する．*Haemophilus aegyptius* 由来の *Hae* III という酵素を例にとると，次のような"平滑末端"を形成する．

5′ GG↓CC 3′
3′ CC↑GG 5′

個々の酵素は 4〜8 塩基の長さを認識し，切断点はパリンドローム（回文配列）をつくる．これは二重の意味で対照的で，相補鎖を逆から読むと同じ配列となる．一つの特異的 4 塩基配列が DNA 配列中に存在する確率は 6 塩基や 8 塩基の場合よりも高く，長い配列を認識する酵素は，DNA の分子上に切断部位が少ないので，当然長い断片をつくる．ゲノム DNA を切断する場合，どれくらいの長さの DNA 断片を必要とするかで使用する制限酵素を選択することになる．

制限酵素の名称は細菌株（および細菌亜株）の名前にちなんでおり，さらに一つの細菌が複数種類をもつ場合を考え，ローマ数字で番号が付されている．このようにして，上に述べた三つの酵素はそれぞれ *Eco*R I，*Bam*H I，*Hae* III とよばれている．*Eco*R I は最初に発見された大腸菌の R 株（*E.coli* R 株）にちなんで命名された．認識 DNA 配列は"制限酵素部位"ともよばれる．大切なのは，制限酵素は二本鎖 DNA のみを切断し，一本鎖 DNA は切断しないことである．よって，*Eco*R I 認識部位が GAATTC 配列であるということを議論するときは，相補的な二本鎖状態であることを意味する．

制限酵素は DNA を塩基配列により正確に切断し，ある特定の断片をつくり出す．非常に多くの種類の制限酵素が現在では購入可能である．遺伝子操作では，切断配列だけでなく，切り方の違いなどを考慮したうえで，どの酵素を使用するかを選択しなければならない．

DNA 断片の分離

DNA 断片の長さは，**ゲル電気泳動** gel electrophoresis で判断する．この技術についてはすでに第 5 章で述べた．それぞれの DNA はリン酸基をもっており，負に荷電しているので，陽極に向かって進む．DNA 上ではリン酸基は規則正しく繰返し存在するので，すべての DNA 分子が同じ負に荷電した状態にある．この際，分子ふるい効果によ

り低分子は高分子より速く動く．1000塩基対以下の短いDNA断片はタンパク質を分離するのと同じ機器を用い，**ポリアクリルアミドゲル電気泳動** polyacrylamide gel electrophoresis で分離する．1塩基の大きさの違いでも分離可能であり，原理的にはタンパク質の解析と同じである．

より大きなDNA断片を分離するには**アガロースゲル電気泳動** agarose gel electrophoresis を用いる．アガロースは海藻由来の電荷をもたない多糖である．これは二本鎖DNAを分子量により分離し，低分子のものほどより速く移動させる（図28.1）．

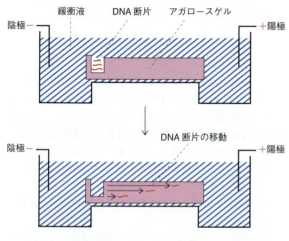

図 28.1 DNA のアガロースゲル電気泳動．図は装置を横から見たものである．泳動ゲルが水平であるところが垂直のアクリルアミドゲルと異なる．DNA 断片は陽極側に移動しようとするが，アガロースの網目構造がそれを妨げ，大きな DNA 断片は小さなものよりも移動が遅れる．

分離したDNA断片の可視化

電気泳動によって分子量ごとに分離されたDNAは，臭化エチジウムで染色するか，あるいは紫外線による蛍光を観察するかのどちらかで検出する．これらの方法は1分子のDNAを検出するほど感度は高くないが，同一分子量で電気泳動ゲル上の1箇所に集積した多数のDNAコピーは，"バンド"として可視化することができる．この方法で少数の異なったサイズのDNA断片を同一ゲル上で観察することも可能である．しかし，たとえば，染色体DNAなどの切断物の混合物を泳動すると，非常に数多くの分子がスメア状（にじんだように広がった状態）に分布し，ほとんど意味のない結果となる．このよう場合，観察したいDNA配列（バンド）のみを塩基対形成の特性を利用して特異的に検出する方法があり，これについて次に述べる．

ハイブリダイゼーションプローブによる特定DNA断片の検出

第22章でDNA鎖の自己アニーリングについて述べた．熱をかけるとワトソン・クリック型塩基対を形成している水素結合が外れ，二本鎖は分離する．その後，温度を下げると再び正しく対形成すべく二本鎖は再会合を始める．このきわめて特異的な対形成が組換えDNA技術の根幹である．

この特異的な対形成は，たくさんのDNA断片の中から特定の塩基配列をもった断片を検出する唯一の方法であり，極端にいえば全ゲノムの中から一つの遺伝子を検出することも可能である．この目的で使うDNAを**ハイブリダイゼーションプローブ** hybridization probe（プローブは探索子の意味）とよび，目的とするDNAに相補的な配列をもっている必要がある．このプローブは放射能，あるいは，蛍光などで標識して用いる．プローブはしっかりとした水素結合を形成させるのに少なくとも20塩基の長さが必要であり，確実にハイブリッド形成するには数百塩基が使われる．ハイブリッド形成のためには，まずDNAは一本鎖になる必要があり，これは熱，あるいは，アルカリ（NaOH）処理で行われる．また，ハイブリッド形成は温度やイオン強度などの条件を最適にした状態で行われる．DNA配列を検出するためのハイブリッド形成の条件は，必要に応じていろいろ変えることができる．もしこの条件を厳しくしたいのならば（目的の配列に限定した検出），ハイブリッド形成の温度は二本鎖の解離温度よりほんの少し低い程度がよく，こうした条件だと1塩基の違いも区別可能である（この条件はハイストリンジェンシーという）．低い温度条件の場合，完全な塩基対形成でなくても結合が生じる．このハイブリッド形成の温度条件はSNP（一塩基多型）解析に非常に重要である．SNPは疾患原因遺伝子の染色体上での位置を探る際の位置マーカーにもなるが，これについてはこの章の後半に述べる．

プローブの標識は酵素的に放射性のリン酸基（^{32}P）をDNA末端に結合させるか，あるいは，放射性のヌクレオチドを酵素的に取込ませるかのどちらかである．最近は，放射能を利用するのを避けるために，蛍光色素で標識することも増えている．どのようにして最適のプローブをつくるかは，それぞれの実験に合わせた工夫が必要である．

サザンブロット法

ハイブリダイゼーションプローブは，電気泳動で分離したDNA断片の検出に用いられる．プローブとのハイブリッド形成はアガロースやアクリルアミドゲル上では行われない．これは，これらのゲルが非常に壊れやすいためであり，ゆえに，分離させたDNA断片はゲル上の位置関係はそのままで，ナイロンメンブレンに転写させて作業を進める．この技術は**サザンブロット法** Southern blotting，あるいは**サザンハイブリダイゼーション** Southern hybridization とよばれる（図28.2）．この名前は，本技術の発見者である Edwin Southern に由来している．手順は，まず

28. DNA および遺伝子の操作

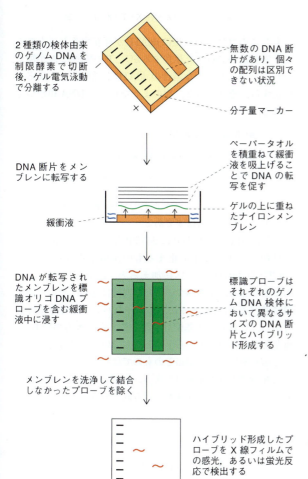

図 28.2 サザンブロット法

DNA をゲル内で弱アルカリ条件によって一本鎖にする．その後，ゲル上で分離させた位置はそのままに，変性（一本鎖化）DNA 断片をナイロンメンブレン上に移す（ブロット法という言葉は，この過程をいい，古い万年筆で書かれた書類からにじみ出た過剰のインクをブロッティング紙で吸い上げるのと同じである）．ついでメンブレンは標識したプローブを入れた緩衝液中に浸して反応させ，プローブを対になる DNA 配列と結合させる．他のどのような DNA 断片があろうと，プローブは目的とする配列をもった DNA 断片とのみ結合する．放射性プローブの場合は X 線フィルムを感光させて現像し（オートラジオグラフィーとよぶ），蛍光プローブの場合は蛍光検出器によって検出して断片の位置を決定する．

標識した DNA プローブを利用して mRNA を検出することもできる．半定量的分析も可能で，これを**ノーザンブロット法** Northern blotting とよぶ．これはサザンブロット法になぞらえて命名された．さらに別の応用として**ウエスタンブロット法** Western blotting がある．これは，DNA で用いられる方法ではなく，タンパク質を対象としており，標識した抗体を用いて特定のタンパク質を検出する手法である．

DNA の化学合成

ここまでさまざまなハイブリダイゼーションプローブの利用について述べてきた．プローブは手もちの DNA 断片のある領域から調製できるし，研究室で合成することも日常的に行われている．自動の DNA 合成装置を利用すれば，希望した配列の DNA 断片が鋳型 DNA を用いた複製を必要とせずに，化学的な手法で合成できるのである．30〜40 塩基の長さのものであれば正確，かつ，簡単に合成できる．たとえば，ゲノム DNA 内の特定配列を検出したいのならば，20〜30 塩基の合成した**オリゴヌクレオチド** oligonucleotide をプローブとして用いれば十分である．また，同じ程度の長さの DNA を塩基配列決定や PCR のためのプライマーとして用いることもできる（後述）．アミノ酸配列が先にわかっている遺伝子を探す場合，アミノ酸配列から想定されるオリゴヌクレオチド配列を設計する．この場合，各アミノ酸に対応するすべての遺伝暗号を想定し，考えられる複数種類の配列（コドン）の混合オリゴヌクレオチドを合成してプローブとして用いることになる．

DNA 塩基配列の決定

遺伝子の情報はすべてその塩基配列の中にあるので，配列の決定（シークエンシング）は最も重要なことである．1970 年代に確立されたその方法は，DNA の酵素的な複製を利用しており，**ジデオキシ法** dideoxy method，あるいは，**チェーンターミネーション法** chain-termination method とよばれている．これはケンブリッジ大学の Frederick Sanger（この業績を含めノーベル賞を 2 回受賞）により考案された方法で，"サンガー法" ともよばれる．

ジデオキシ法による塩基配列決定の概略

配列決定のためには，目的の DNA が試験管内で DNA ポリメラーゼによって複製されなければならない．これには，4 種類のデオキシヌクレオシド三リン酸（dNTP）に加えて，目的の DNA は一本鎖である必要があり，DNA ポリメラーゼが反応を開始できるようなプライマーが必要である．二本鎖 DNA はアルカリ（NaOH）または熱処理により一本鎖にすることができる．一本鎖 DNA を適切なプライマー，エキソヌクレアーゼ活性を欠損させた DNA ポリメラーゼ I，4 種類のヌクレオチド（dATP，dGTP，dCTP，dTTP）の混合液の中で反応させ，DNA 断片を複製する．このうちの一つ，あるいは，複数のヌクレオシド

三リン酸を放射能か他の物質で標識することにより，新しくできたDNAコピーが標識される（α-リン酸基がDNAに取込まれる）．合成されたDNA分子はポリアクリルアミドゲル電気泳動により分離する．DNA鎖は短いほど速く動く．1塩基の違いでも移動度に差がみられる．

第二の工夫はヌクレオチドのジデオキシ誘導体（**dd-NTP**）を用いることである．もしこのジデオキシ誘導体の一つが伸長合成中のDNA鎖内に取込まれたならば，その時点で合成は止まる．DNAポリメラーゼはDNA鎖の3′-OH基に新たなヌクレオチドを付加するが，ジデオキシヌクレオチドは3′-OH基をもっていないからである（図28.3）．これは5′-リン酸基ですでに存在しているDNA鎖に結合することはできるが，そこでDNA鎖の伸長が停止してしまうのである．

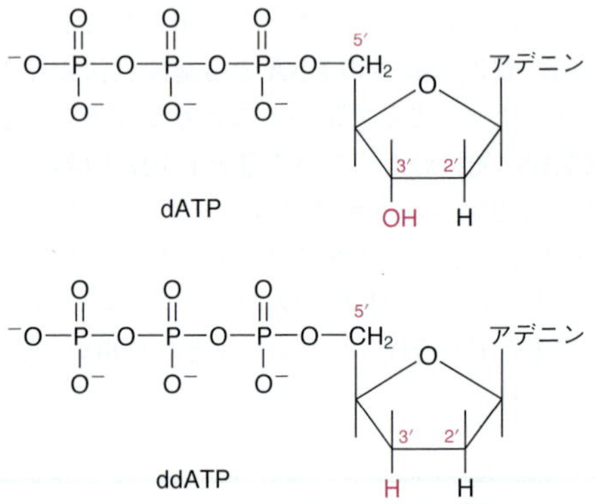

図28.3 デオキシATP（dATP）とジデオキシATP（ddATP）の構造．3′-OH基がないということはddNTPが付加されると伸長反応は停止することを意味する．

配列決定するDNA"断片"を語るとき，その断片の多数のコピーがその実験に用いられることを認識しなくてはならない．非常に微量のDNAでも多数の分子を含んでいるのである．したがって，このDNAのコピーの過程で4種のdNTPと少量の1種のddNTP〔例としてジデオキシATP（ddATP）をあげる〕を加えると，ほとんどの伸長反応では正常のアデニンヌクレオチドが付加されるが，偶然にddATPが付加された場合は伸長反応が終結する（どのくらいの割合で停止するかは，dATPとddATPの量比による）．dATPとddATPの量比を適正にして，さまざまな長さで止まるDNA鎖をオートラジオグラフィーで検出できるようにする．一定量のDNAがddATPを付加されて反応が停止し，残ったDNAのうちの一定量にまたddATPが付加され，また止まる．

どのようにしてこれが塩基配列として読取られるか

配列を決定すべきDNA断片が次のようにいくつかのTをもつと仮定しよう．

3′ X—X—T—X—X—X—X—T—X—X—T 5′

もしこのコピーの過程にddATPが存在すると（もちろん，過剰量のdATPも存在するが），Tの場所にAが加えられるたびにわずかな割合のddATPが添加され，反応が停止する．そうすると，次のような種類のDNA鎖がつくられる．

(a) 5′ X—X—ddA 3′
(b) 5′ X—X—A—X—X—X—X—ddA 3′
(c) 5′ X—X—A—X—X—X—X—A—X—X—ddA 3′

これらはシークエンスゲル上では図28.4に示すようなバンドとして見えるはずである．

もし，ddATPの代わりにddTTPを用いると，同じような仕組みによってTで止まるものが出てくるし，また，ddCTPやddGTPを反応に加えると，CやGで止まるものが出てくる．この四つの反応を同時に進め，その産物を横に並べると，図28.4に示すようなバンドができるはずである．これから塩基配列を読むことができるのである．塩基配列はゲルの下から上へと読んでいく．こうして読まれる塩基配列は，鋳型鎖そのものではなく，新たに複製された相補的なDNA配列である．合成は常に5′→3′の方向なので，読まれた配列もこの方向である．

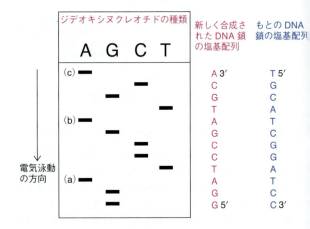

図28.4 シークエンスゲルのオートラジオグラフィーの模式図．シークエンスは下から上へと読んでいく．(a), (b), (c)はジデオキシATPの存在下でつくられたバンド．以前は手作りゲルでの操作であったが，最近では全自動型に代わってきた．これについては本文でも述べるが，全自動型に変わっても基本的な原理に変わりはない．

全自動DNAシークエンサー

はじめの頃は上述の方法で放射標識ヌクレオチドを用いて，手動で塩基配列決定がなされたが，現在では全自動解析が行われている．最近は全自動DNAシークエンサーが用いられるようになったが，基本的な原理は同じである．

この場合，4種類のddNTPが異なる色の蛍光色素で標識されている．さらに，電気泳動にはゲルではなく，マトリックスが充填されたキャピラリーが用いられる．電気泳動によって分離された反応後の産物は，4色の蛍光が自動的に検出され，コンピューター解析の後にDNA配列が印刷されて出てくる．図28.5は全自動DNAシークエンサーで得られた結果の例である．最近では，研究者は小さなチューブに解析対象のDNAとプライマーを入れ，解析業者にこれを送ってシークエンス作業を委託し，ただ結果が送り返されるのを待つだけの時代となってきた．

こうした全自動のシークエンサー解析の進歩は，国際ヒトゲノムプロジェクトに大きく貢献し，2003年には30億塩基対にも及ぶヒトゲノムDNAの解読の完了に至った．今では，大腸菌，酵母，ショウジョウバエ，マウス，イネ，シロイヌナズナなどを含む多くの生物のゲノム解読にまで進んでいる．現在では，こうしたヒトゲノムプロジェクトやその他のプログラムの成果でDNAデータベースが充実し，遺伝子関連の研究はアクセス可能なこうしたDNAデータベースを用いて進められるようになってきた．

次世代DNAシークエンサー

ヒトゲノムプロジェクトの終了によって，ヒトゲノム研究の焦点は，個人間のゲノムDNA配列の違い（個人差）を解析するヒト遺伝子多様性の研究に移ってきた．こうした課題のために，より速く，より安価な配列決定技術が必要とされた．多くの**次世代シークエンサー（NGS）next generation sequencer** 技術が今では利用されている．これらの多くは試験管内でのDNA複製を利用したものだが，二つの方法でプロセスの迅速化を図っている．まず一つは，一度に処理できるDNA試料の数を著しく増大させたことであり，もう一つは，キャピラリー電気泳動の進歩である．ジデオキシ法の解析装置では一度の解析試料数が96個であったが，次世代シークエンサーでは一度に数億個ものDNA断片の同時解析が可能となり，この方法は**大量パラレルシークエンシング** massively parallel sequencing とよばれている．これら多くの技術において，油/水の乳剤を各反応液間の分離のための微小滴として利用する工夫がなされている．他にも，数百万ものDNA断片の一端をガラススライドの面に付け，シークエンス反応をこの基盤に付けたDNA鎖に沿って進める方法もある．

ガラススライド技術で一般に用いられる検出方法はIllumina社によって販売されている．この方法では，解析対象の一本鎖DNAは1回の反応で1塩基ごとに伸長していき，1回の反応ごとに基盤上の4種類すべてのddNTPは洗い流される．4種類のddNTP（A, G, C, T）には異なる色の蛍光標識が施されている．こうして最初の反応後，個々のDNA断片は1塩基分のみ相補鎖の伸長を進め，何色の蛍光（すなわち，どの塩基）が基盤上の各DNA鎖に取込まれたかを知るためにガラススライドを高解像度で撮影するのである．蛍光色素とddNTPの保護基は次の伸長（塩基取込み）を阻止するので，第一段階で取込まれた塩基からこれらを化学的に除き，その後，第一段階と同じ反応で二つめの塩基を取込ませ，同操作を繰返す．

次世代シークエンサー技術によって一度に数百万個ものDNA断片の塩基配列解析が可能となったが，個々のDNA断片の解析長はジデオキシ法よりも短いのが現状である．ジデオキシ法では一つのDNA断片で数百塩基もの長さのDNAが"解読"されるが，次世代シークエンス技術では数十塩基にとどまっている．ゲノムDNA配列の完全な解読のためには，次世代シークエンサー技術は，高性能なコンピュータープログラムによるたくさんのDNA配列解析データの編集作業に頼らなければならない．また，すでにでき上がったヒトゲノムDNA配列のデータを"対照"データとして活用することも重要である．しかしながら，これらは多くの生物学や医学の研究領域で活用される非常に頼もしい技術である．

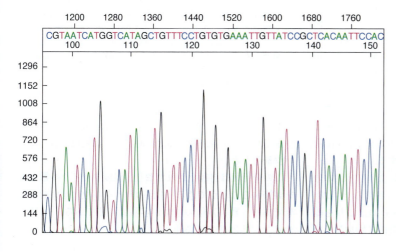

図28.5 自動シークエンサーのデータ．ジデオキシ法で4種類のddNTPは4色の蛍光色素で標識されている．Arthur Mangos, Dr Z. Rudzki (Molecular Pathology, Institute of Medical and Veterinary Sciences, Adelaide, Australia)のご好意による．

ポリメラーゼ連鎖反応による DNA 断片の増幅

PCR（ポリメラーゼ連鎖反応） polymerase chain reaction 法は，数ある優れた遺伝子操作技術の中でも最も重要な技術であろう．ほんのわずかな量の DNA も非常に迅速，かつ，指数関数的に増幅が可能である．感度は非常に高く，何百万個もある DNA の中でほんの数個の分子でも選択的に増幅でき，検出できるようになる．最低限必要な情報は，ある特定の部位の両端の塩基配列であり，これに相同的なプライマーを合成する．ある特定の断片を特異的に合成するには，この精度が重要となる．PCR の原理は，ある特定の増幅領域（鋳型），両鎖それぞれを増幅するためのプライマー，4 種類の dNTP と耐熱性 DNA ポリメラーゼを用いて複製を行い，1 回の合成が終わるごとに DNA 二本鎖は熱処理で一本鎖に分けられ，これを鋳型としてまた複製を繰返す．こうして過剰のプライマーが存在すれば新たに添加する必要はなく，指数関数的に DNA 断片は増幅される．PCR には耐熱性 DNA ポリメラーゼが必要であるが，これは温泉など，高温環境下で生育している細菌に由来するものが多い．たとえば，*Thermus aquaticus* に由来する *Taq* ポリメラーゼは非常によく使われる酵素である．

増幅の方法を具体的に説明する．図 28.6 (a) では増幅したい DNA 断片を緑色で示す．ついで，この二本鎖を熱により一本鎖に分離する（図 28.6 b）．図を簡単に説明するために，二本鎖のうち片方だけを示すが，同じことがもう一つの DNA 鎖にも起こっている．

20 ヌクレオチド程度の長さで増幅したい場所のすぐ外側の部分の 3′ 末端に相補的な 2 種類のプライマーを化学合成し，過剰量加える．なぜならば，サイクルが進むごとに新たに合成される DNA 鎖内にプライマーが取込まれるためである．これらは伸長開始部位にハイブリッド形成する（図 28.6 c）．次に複製反応が起こり，"長い" DNA 産物ができる（図 28.6 d）．これが第一サイクルである．

次のサイクルは，この二本鎖 DNA を熱変性し，一本鎖に分けることから始まる（図 28.6 e）．温度を下げ，2 種類のプライマーがそれぞれの DNA 鎖に結合し，複製が起こる．DNA ポリメラーゼは耐熱性のものを使うので，途中で酵素を加える必要はない．もとの鋳型 DNA の方からはまた長い DNA 産物ができるが，反対側は"短い" DNA 断片ができる（図 28.6 f）．これこそが求める DNA 二本鎖である．この第二サイクルの終わりには，親の DNA 鎖とともに，2 分子の長い DNA 産物と一つの短い DNA 産物ができる．こうして第二サイクルが終了する．

第三サイクルでは，また同じように熱により二本鎖の分離を行い，温度を下げてプライマーを結合させる（図 28.6 g）．短い断片は二本鎖をつくる（図 28.6 h）．これを繰返すと目的とする"短い産物"は指数関数的に増加してい

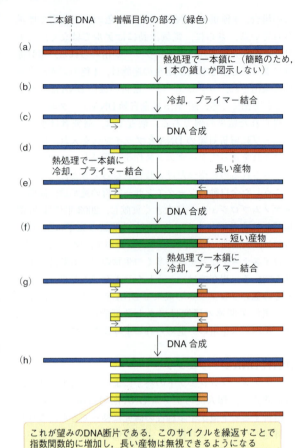

図 28.6 ポリメラーゼ連鎖反応（PCR）による DNA 増幅の原理．反応液には 4 種の dNTP と耐熱性 DNA ポリメラーゼと，プライマーが含まれる．(a) 緑色の部分は増幅させる部分であり，それぞれその 3′ 側に相補的なプライマー（矢印）を選ぶ．(b) 熱をかけて一本鎖にする．単純化のために，片方だけを書いてあるが，もちろんこれは両鎖で起こる．(c) プライマーが正しく結合するために，温度を下げる必要がある．(d) DNA の複製が起こる（この場合は，目的の場所よりさらに遠くまで伸長する）．(e) 熱処理により再び二本鎖が離れる．(f) 新しい鎖にプライマーが付加される．(g) 新しい鎖が合成される．(h) 目的とする断片．ある特定の DNA 断片を増幅することができた．この DNA 合成，熱処理，冷却，プライマー付加，合成を約 25 回繰返すと，百万倍の増幅が可能となる．すべてのもともとの DNA 鎖とコピーされた DNA の双方にプライマーが結合され，コピーされていくので，巨大な増幅が起こるということである．

くが，"長い産物"は単に積算的に回数分増えるだけで，やがてサイクル数が増えると同時にこれは無視できるくらい少量となる．

この全行程は自動化されており，温度やサイクル数などを調節することができる．1 回のサイクル数はせいぜい数分であり，数百万倍の増幅が容易に可能である．（n 回のサイクルで 2^n 倍になる．）

DNAマイクロアレイ技術を用いた細胞内での多種類遺伝子発現の一斉解析

分子生物学研究に加わった新しく偉大な方法は，**DNAマイクロアレイ** DNA microarray，あるいは**DNAチップ** DNA chip とよばれるものである．

先に述べたノーザンブロット法は特異的なDNAプローブを用いて，ある特定のmRNAを検出する方法である．ノーザンブロット法は，対象とするmRNAの長さや，どの組織，細胞で，いつのタイミングで発現するかなどの解析に適している．一方ゲノム解析では，一度に多数（ときに，数千種類）の遺伝子の転写を網羅的にみて，ある特定の時期に特定の組織における数多くの遺伝子の発現パターンを解析できる．細胞や生物の生命に関わる多数の遺伝子の相互作用を理解することは重要なことである．遺伝子全体の動きがみえれば，正常者と患者を比較するなど，大きな研究が展開できる．たとえば同一患者の同じ組織で，がん細胞と近くの正常細胞を比較してその遺伝子発現の違いを知れば，がんのより明確な分類にも，また個々人に合わせた治療にも役立つ可能性がある．しかし，ヒトは約 21,000 種類の遺伝子をもっており，これを比較しなければならない．どうすれば大量の遺伝子を一挙に調べられるだろうか．DNAマイクロアレイ法がこれを可能にしたのである．

原理は，まず目的とするDNAの断片をチップ（多くはガラスチップ）の上に貼付ける．（これがプローブとなる．）スポットは非常に小さく，機械的，あるいは *in situ* で精巧につくられ，どこにどの断片があるかはっきりしている．こうして合成された数千のDNA断片が切手大のチップの上に乗せられている．それぞれのDNA断片というのは，遺伝子のcDNAコピーだったり，PCR産物だったり，あるいは，ガラス上でロボット操作によりつくられた合成ヌクレオチドであったりする．全ゲノム配列が明らかにされているので，あらゆる解析したい遺伝子のDNA配列を知ることは可能である．たとえば，がんに関連する遺伝子を集めたマイクロアレイなど，既製品を購入することもできる．

DNAマイクロアレイを用いて，がん細胞とその周囲の正常細胞の遺伝子発現を比較することを考えてみよう（図 28.7）．まず，それらの細胞からmRNAを調製する．直接mRNAを使う場合もあるが，たいていの場合，mRNAからcDNAライブラリーを作製する（この章の後半で説明）．ここで合成するcDNA内の各遺伝子のコピー数は，比較する細胞から調製したmRNA内のコピー数に対応する．cDNAは蛍光色素で標識し，たとえば，がん細胞からのcDNAは赤色色素，正常細胞からのcDNAは緑色色素で標識する．熱処理で一本鎖にした後，マイクロチップ上のDNAとハイブリッド形成させる．その後，チップを洗い，蛍光波長と強度を自動スキャンする．こうすることで，各スポット上に遺伝子発現量の変化で生じる異なる色の蛍光を定量する．正常細胞と比べて，がん細胞で発現が増加する遺伝子は赤い蛍光を発するスポットとなる．というのは，がん細胞から得たcDNAの量の方が多く，これらがチップ上のDNAとたくさんハイブリッド形成するからである．逆に，がん細胞で発現が少ない遺伝子は緑色，そして両方の組織に同程度に発現している遺伝子は黄色（赤色と緑色が同等に重なると黄色に見える）の蛍光を発するスポットとなる．暗いスポットはいずれの細胞からのcDNAも発現していない場合である．スキャンの結果はコンピューターで解析され，それぞれのスポットの蛍光色素と強度からmRNAの発現程度を調べる．それぞれのスポットにどのDNA断片があるかは既知であるから，これからがん組織と正常組織の遺伝子発現の比較が網羅的に行えるのである．

図 28.8 は，異なった細胞株に由来するRNAから合成した標識cDNAをプローブとした場合のマイクロアレイ解析の結果例である．異なったパターンの遺伝子発現であることがよくわかる．

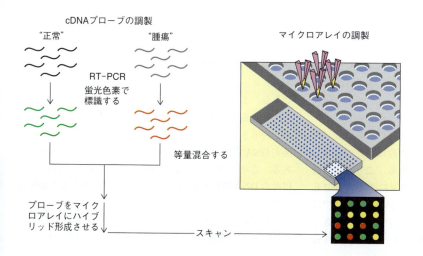

図 28.7 DNAマイクロアレイを利用した正常と腫瘍組織における遺伝子発現の比較．RT-PCRによるRNAからのcDNA合成についてはこの章で後述する．

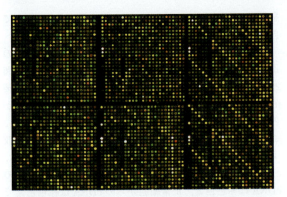

図28.8 DNAマイクロアレイ（あるいはDNAチップ）を利用した遺伝子発現解析．約19,000種類のヒト遺伝子オリゴヌクレオチドプローブを2種類の細胞由来のcDNA（それぞれを緑と赤の蛍光色素で標識）とハイブリッド形成させている．この図はその一部を拡大したもの．写真を提供してくれたMark Van der Hoek (the Adelaide Microarray Facility, Institute of Medical and Veterinary Sciences, University of Adelaide, Australia) に感謝する．

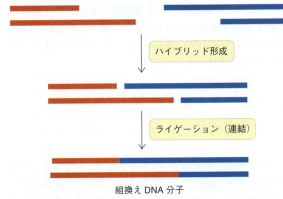

図28.9 付着末端を利用した組換えDNA分子作製の原理

DNAの結合による組換え分子の作製

遺伝子工学の重要な技術の一つは，DNA分子を結合し，自然には存在しない新しい分子をつくることである．こうしてできた分子を組換え体とよぶ．実験の進め方や目的に応じてさまざまな方法が存在する．最も簡単な方法は，付着末端をハイブリッド結合することである．EcoRIのような制限酵素は二本鎖DNAを段違いに切断し，付着末端をつくる．これは適切な条件で再び結合できるような相補鎖をもった突出部である．この結合はプローブのハイブリッド形成と物理的には同じ過程だが，制限酵素による切断でできた突出部同士の塩基対形成は，DNAのアニーリングとよばれている．

```
 —X—X—G↓A—A—T—T—C—X—X—
 —X—X—C—T—T—A—A↑G—X—X—
         EcoRI ↓
 —X—X—G         A—A—T—T—C—X—X—
 —X—X—C—T—T—A—A         G—X—X—
                    付着末端
```

異なる材料から得られたDNA断片を同じ制限酵素（付着末端をつくる）で切断すると，その断片はお互い結合しうるような相補的な配列をもつことになる．こうして切断した分子を混合すると，それらは図28.9にあるように互いに結合する．もちろん，これで切断点が埋まるわけではなく，一本鎖の"ニック"部分はDNAリガーゼの働きで初めて結合する．ここでいうDNAリガーゼは，DNA複製過程でできる岡崎フラグメントの連結を行う酵素である．（第23章）この酵素はDNAの3′-ヒドロキシ基と隣のDNAの5′-リン酸基を結合する働きをもつ．

場合によっては，平滑末端を結合しなくてはならないこともある．この反応もリガーゼ酵素によって行うことができる．平滑末端の結合の場合，効率こそ付着末端の結合より悪いが（アニーリング過程がないため），逆に，平滑であれば，どのような断片同士でも結合できるという利点がある．

DNAクローニング

すでに述べてきたように，遺伝子工学のすべての技術において，特定の分子を大量に得ることがまず必要である．多量に増やすのに最も効率がよく，重要性が高まっている方法はPCRである．しかし，初期の技術ではあるが，今でもよく使われている方法は，特定のDNA断片を宿主細胞（普通は大腸菌）の中で複製させることである．この目的のために用いられるのが**クローニングベクター** cloning vector であり，目的DNA断片はこの中に挿入されて，宿主細胞に導入される．

プラスミドでのクローニング

ベクターには多種多様なものがあり，目的によって選択できる．まず違うのは，組込めるDNA断片の大きさ（長さ）であるが，他にもいくつかの有用な特徴がある．最もよく利用されるのが，細菌由来のプラスミドで，これは組換えDNA実験に古くから用いられ，扱いも比較的簡単である．このプラスミドには10キロ塩基対（1万塩基対）程度のDNA断片を挿入し，クローニングすることが可能である．

大腸菌は一つの大きな環状DNA染色体をもっている．これに加え，細胞質にはミニ染色体，あるいは，プラスミ

ドを多数コピーもっている．これも環状 DNA で，一般に細胞を防御する作用をもつ，少数の遺伝子をコードしている．典型的なプラスミドは細菌に抗生物質耐性を付与する遺伝子をもっている．それぞれのプラスミドは複製起点をもっており，細菌の中で増幅することができる．図 28.10 に組換えプラスミドの一般的な構築原理を示す．プラスミドは特別に設計されたクローニング部位をもっており，ここを適切な制限酵素で切断することで付着末端の切口をつくることができる．プラスミドにクローニングしたい DNA 断片は，元材料となる DNA からプラスミドのクローニング部位を切断したものと同じ制限酵素で切出す．これによってプラスミドとクローニングする DNA 断片の両者の切口の付着末端がアニーリング可能な相補的配列となる．プラスミドと挿入 DNA 断片の付着末端をハイブリッド形成させ，さらに連結（ライゲーション）させる．次の段階で，ライゲーションさせたプラスミドを大腸菌に導入するわけだが，これについては筆者らの手法を図 28.11 に一例として紹介する．プラスミドは一般には感染力は弱いが，大腸菌を化学的および熱的処理により"コンピテント化"することで感染効率を高め，プラスミドを導入しやすくすることができる．この過程を**形質転換** transformation とよぶ．

このクローニング操作をさらに理解するためには心に留めておかなければならないことがある．それは，ライゲーションさせようとしている DNA は均一ではなく種々の断片混合物であり，プラスミドも単一種ではなく，大腸菌も膨大な数のスケールであるということである．ここまでの過程がすべて 100% 完全な効率では進まないので，目的のプラスミドを選択する過程も必要であろう．第一に切断したプラスミドが自己ライゲーションによってもとのプラスミドに戻ってしまうこともある（つまり DNA 断片の挿入がない）．第二に形質転換効率は思っているより低いということも重要である．大腸菌全体のうちのほんのわずかがたった一つのプラスミドを取込むくらいである．実はこれが重要で，このため一つの大腸菌にはただ 1 種の（したがって 1 個の）プラスミドが入るだけである．言い換えると，DNA 断片が挿入されたプラスミドを獲得した大腸菌内には，もともとの由来が無数の DNA 断片であったにも関わらず，たった一つだけの挿入 DNA 断片をもつプラスミドが存在するのである．しかし，形質転換効率が低いということは，そもそも形質転換に使われる大腸菌の大部分は，プラスミドをまったく取込まないことも意味する．

天然由来のプラスミドはクローニングベクターとして利用されるように加工されてきた．その結果，二つの選択特性，一つは大腸菌に取込まれたことがわかるマーカーをもつこと，そして，もう一つは DNA 断片がプラスミドに挿入されていることが選別できるようになった．前者の特性は，プラスミドに抗生物質耐性になるような遺伝子（たとえば，アンピシリン耐性遺伝子）をもたせればよい．大腸菌の形質転換は，連結させたプラスミドと大腸菌を液体培地内で混合させることから始まる（図 28.11）．その後，大腸菌は抗生物質（たとえば，アンピシリン）を含んだ寒天プレート上にまかれる．こうすることでプラスミドを取込んだ大腸菌だけがこの寒天プレート上で生育できるのである．生育してきたコロニーは単一種の大腸菌由来であり，すなわち，同じプラスミド（多数のコピー）をもった大腸菌の集団である．

次の問題は，DNA 断片を挿入したプラスミドだけをいかにして選択するかということである．というのは，多くのプラスミドは DNA 断片を含まないまま，自己アニーリングして大腸菌に取込まれるからである．図 28.12 に示すのは，pUC18 というプラスミドで，このプラスミドは挿入 DNA 断片をもつか否かを，色を見て判断できる仕組みになっている（青/白選抜法とよばれている）．図 28.12 はプラスミドの構築を説明している．このプラスミドにはアンピシリン耐性遺伝子と **β-ガラクトシダーゼ** β-galactosidase の N 末端の 146 アミノ酸ポリペプチドをコードする遺伝子がのっている（第 26 章の lac オペロンを思い

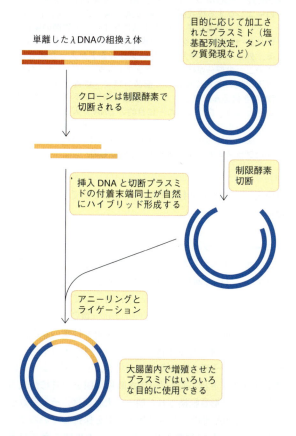

図 28.10 DNA 断片クローニングのための組換えプラスミドの作製

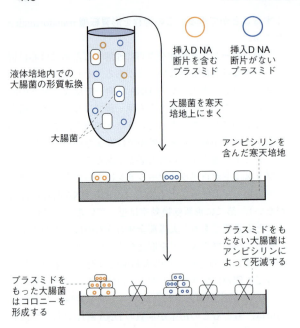

図 28.11 組換えプラスミドを用いた大腸菌の形質転換．ベクターへ DNA 断片をクローニング後，このプラスミドをコンピテント大腸菌と混ぜる．その後，大腸菌は抗生物質（たとえばアンピシリン）を含んだ寒天プレート上にまかれる．こうすることでプラスミドを取込んだ大腸菌だけがこの寒天プレート上で生育できる．この寒天上では，挿入 DNA 断片をもつプラスミド（赤色），挿入 DNA 断片がないプラスミド（青色）のいずれを取込んだものも生育できる．

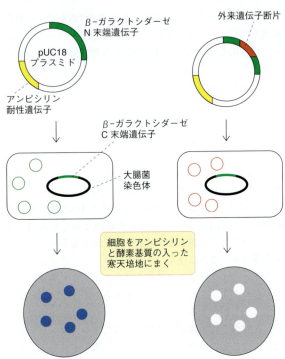

図 28.12 pUC18 プラスミドを用いて外来 DNA（赤色）をクローニングする模式図．外来 DNA を入れることで，β-ガラクトシダーゼ遺伝子（緑）を不活性化する．大腸菌の染色体には β-ガラクトシダーゼの残り半分（緑）が組込まれている．外来 DNA が挿入されないプラスミドが入った場合は，この二つの部分が結合し β-ガラクトシダーゼは活性をもち，寒天培地の基質に反応して細菌コロニーは青となる．外来 DNA を組込んだプラスミドの場合は酵素が不活性なため白い色となる．白いコロニーに目的の DNA が入っているかどうかをハイブリダイゼーションプローブや他の手段で確認する．図中の緑の小さな環状構造は外来 DNA の挿入されていないプラスミド．赤は挿入されているもの．

出してほしい）．β-ガラクトシダーゼ N 末端断片の遺伝子の中にはクローニング部位として用いられる複数の制限酵素部位がある．形質転換後，アンピシリンを含む寒天培地上では，プラスミドを取込んだ大腸菌のコロニーが育つが，ほとんどは目的の DNA 断片が組込まれていない．ここでこそ β-ガラクトシダーゼ N 末端断片遺伝子が重要となる．これ自身は不活性だが，使われる大腸菌は染色体の方に β-ガラクトシダーゼの C 末端半分をもつように加工されている．両者が一緒になると酵素活性が出るようになっているのである．DNA 断片はプラスミドのこの N 末端側の酵素をコードする領域のクローニング部位に DNA 断片が入ると酵素は途中で分断され，大腸菌の中に入っても酵素活性を回復することはできない．これに対し，DNA 断片を挿入していないプラスミドは β-ガラクトシダーゼ活性をもつことになる．

大腸菌はアンピシリンと発色団をもつ基質を含む培地にまかれる．この基質は β-ガラクトシダーゼで加水分解されて青い色調の分子を形成する．こうしてプラスミドを含まない大腸菌は抗生物質で死滅し，また，DNA 断片を挿入していないプラスミドをもつ大腸菌は生き残るが，青い色を出すのである．白いコロニーのみを集めれば，目的の組換えプラスミドをもつ細胞を得ることができる（図 28.12）．

クローニングライブラリー

ここまで述べてきたクローニング技術では，すでに単離されている DNA 断片や，PCR で増幅させた断片などが対象であり，後の研究で使うことを目的としている．すなわち，これら DNA 断片は，分子のコピー数こそ膨大だが，単一の分子種である．しかし，研究次第では別の状況，たとえば，ある研究対象生物由来のゲノム DNA の不均一な断片集団を扱う場合もある．この場合，ライゲーション段階でプラスミドは不均一な DNA 断片集団を一斉に受取ることになり，形質転換された個々の大腸菌は，それぞれが異なった DNA 断片をもつプラスミドを保持していることになる．こうして作製されたクローンの集団を **ライブラリー library** とよび，上記の場合，由来がゲノム DNA で

あることから**ゲノムライブラリー** genomic library とよぶ．ゲノム DNA のすべての領域（遺伝子）がこのライブラリーの DNA 断片の集合体で網羅されていることが重要である．

大腸菌コロニーの青/白選抜法でいえば，白色のコロニーは何らかの DNA 断片をプラスミド内にもっていることになるが，その種類は膨大である．このライブラリーの中から必要な DNA 断片を保持するコロニーを効率的に選択するために，ライブラリーを**スクリーニング** screening する必要がある．この場合の方法は，何を探索するか，そして，何を知りたいかによって変わってくるが，たいていの場合，多少なりとも目的の DNA 配列の一部は情報として入手している．たとえば，何らかのタンパク質をコードする遺伝子に興味をもち，部分的なアミノ酸配列情報を入手している場合，そこからハイブリッド形成用のプローブ配列をデザインし（アミノ酸配列のコドンから推測），これを合成してスクリーニングに用いることができる．このプローブを用いたハイブリッド形成法によるスクリーニングは，すでに述べたサザンブロット法に基本的に準拠する．このスクリーニングでは，プラスミドを保持した大腸菌コロニー（寒天プレート上に生育している）の一部を DNA 結合性のメンブレンに移すが，これは，メンブレン上にコロニーを"プリントする"と考えればよい（寒天プレート上の位置そのままに移す）．このプリントした大腸菌はアルカリ（NaOH）処理で溶菌し，むき出しになった DNA はアルカリ変性によって一本鎖 DNA としてメンブレン上に固定される．そしてこのメンブレンを，上記デザインで調製したプローブを用いたサザンブロット解析に供すれば，プローブと相補的な配列を含む DNA 断片が同定できるのである．このとき，大腸菌コロニーのプリント操作時点でプリントされずにプレートに残存した大腸菌を単離すれば，その大腸菌を液体培地に移して増やすことで期待する DNA 断片を含むプラスミドを大量に調製できる．プラスミドのサイズは大腸菌の染色体と比べれば非常に小さく，よって，プラスミド DNA の精製は非常に簡単である．目的の DNA 断片を単離したプラスミドから回収したいならば，精製プラスミドをライブラリー作製時に用いたものと同じ制限酵素で切断し，断片を分離すればよい．

ここで述べた例では，すでにアミノ酸配列がわかっているのに，なぜタンパク質をコードする DNA 断片を単離したいのかがわからないかもしれない．しかし，精製したタンパク質からは短いアミノ酸配列情報しか得られないが，上記方法で得た数千塩基対以上の長さの DNA クローンからはそれ以上の配列情報が得られるのである．数十塩基対の長さの DNA ならば化学的に合成し，プローブとして使用可能である．ゆえに，タンパク質をコードする DNA を用いてさらに研究を進めたいのならば，ここで紹介したクローニング法でそれを単離し，いったんこれをプラスミドベクターに挿入された状態で確保できたならば，いくらでもそのコピーを増やせばよいのである．

巨大な DNA 断片のクローニングベクター

ここまで述べてきたプラスミドベクターは 10 キロ塩基対程度の断片挿入に用いられるもので，通常の遺伝子操作でよく利用されるものだが，より長い DNA 断片の挿入が必要な場合もある．これはどのような場合かというと，ヒトゲノムライブラリーのように非常に大きな遺伝子などをクローニングするときが考えられるが，実質的ではない．なぜならば，10 キロ塩基対単位ではゲノム全体をカバーできないのである．巨大な DNA 断片を挿入できる，上記ベクターに代わるものが必要になる．

この目的には，λ ファージ（バクテリオファージ λ）が有効で，20 キロ塩基対程度まではクローニング可能である．λ ファージは大腸菌に感染するウイルスで，タンパク質から成る頭部をもち，この中に DNA 1 分子が入っている．また，尾部ももち，これは注射器のように大腸菌に DNA を注入するための部分である（図 2.8 参照）．λ ファージの一つの特徴は，いくつか必要なタンパク質分子（パッケージキット）を加えることで，試験管内で頭部への DNA の詰込みが可能だという点である．このファージのゲノム DNA をクローニングベクターとして用いる場合，基本的にはプラスミドベクターと同じ要領でよい．すなわち，挿入に利用可能な制限酵素部位をもち，そこに DNA 断片を挿入すればよいのである．挿入された DNA 断片によってファージゲノム DNA の多くは置き換わってしまうが，感染に必要なファージをつくるための部品は十分に残っている．こうしてつくられた組換えファージは，プラスミドの場合の形質転換とは異なり，感染によって大腸菌に導入される．感染後の大腸菌は寒天プレート上にまかれるが，この場合，抗生物質による選抜は必要なく，大腸菌はプレート上で一様に広がって生育する．ファージは感染した大腸菌内で複製して溶菌し，さらに周辺の大腸菌へも感染を進める．結果として，細菌が芝生のように敷き詰められた不透明な層に透明なプラーク（溶菌部分）を形成する．プラークの部分を取出し，プラスミドの場合と同様，目的とする DNA 断片があるかどうかのスクリーニングをするわけである．目的とするクローンを含む感染ファージをプラークから回収し，培養して増やすことができる．

コスミド cosmid とは，プラスミドとファージのハイブリッドで，40〜50 キロ塩基対の DNA 断片の挿入が可能である．さらに，500 キロ塩基対に達する長い DNA 断片をクローニングするには，**酵母人工染色体（YAC）** yeast artificial chromosome が使われる．これは人工的な染色体であり，テロメア，セントロメア，複製起点などすべてをもっており，宿主の中で複製が可能である．**細菌人工染**

色体（**BAC**）bacterial artificial chromosome もしばしば利用される．BAC で作製されたヒトゲノムライブラリーはヒトゲノムの塩基配列決定の際に活用された．

組換え DNA 技術の応用
RNA や cDNA の利用

ここまでのクローニングやライブラリー作製の話では，クローンの由来がすべてゲノム DNA であった．しかし私たちの研究は，おもにゲノム内のタンパク質をコードしている領域が中心であるので，mRNA を対象とした方が好都合である．mRNA は細胞から精製できるが，DNA と比べると非常に不安定であり，クローニングベクターに連結することもできず，宿主細胞に導入させることもできない．それゆえに，mRNA は一般に，試験管内で**相補的 DNA（cDNA）** complementary DNA に変換される．これはウイルス由来の逆転写酵素を用いてつくられるが，その過程を図 28.13 に示す．真核生物の mRNA はポリ(A)尾部をもつので，T が連なった合成オリゴ DNA（オリゴ dT プライマー）を用い，これをポリ(A)尾部とハイブリッド形成させることで，逆転写酵素で相補鎖合成させる際のプライマーとする．結果的に，この反応で RNA-DNA のハイブリッドが形成される．その後，RNA 鎖は分解され，最初に合成された一本鎖 DNA を鋳型として DNA ポリメラーゼ I（エキソヌクレアーゼ欠損型）により二本鎖 DNA がつくられる．こうして合成された cDNA を集め，適切なベクターに挿入することによって cDNA ライブラリーを作製すれば，先に述べた方法で好みの遺伝子をスクリーニングできる．細胞の mRNA の質（種類）と量は，そのときに発現している遺伝子群に依存するので，組織間，あるいは，同一組織でもタイミングによって異なり，これがそのまま cDNA の種類に反映する．よって，ゲノム DNA ライブラリーとは異なり，cDNA ライブラリーの場合は同じ生物種でも組織や調製時のタイミングによって含まれる DNA 断片の内容（質と量）が異なってくることに注意しなければならない．

ライブラリー作製以外にも cDNA は活用される．たとえば，mRNA の発現解析に利用できる．この目的での cDNA の利用については，すでにマイクロアレイの項で述べた．RT-PCR は，細胞や組織に発現している特定の mRNA を検出する目的でよく使われる別の技術である．ここで，RT とは"逆転写 (reverse transcription)"を意味し，まず mRNA を鋳型として最初の一本鎖 DNA のみが合成される．そして，これを鋳型にし，検出したい転写物に特異的なプライマーを用いて PCR を行うのである．もし目的の mRNA が細胞や組織に発現していれば，PCR "産物"として期待通りのサイズの"二本鎖 DNA"が合成され，逆に発現がなければ PCR 産物は認められない．RT-PCR の方法論は，定量 PCR（qPCR，あるいは，リアルタイム PCR）にも応用され，遺伝子発現レベルが，"ある，なし"の判断だけではなく，定量的に評価できるようになってきた．

ヒトなどのタンパク質の生産

これは天然に存在するタンパク質を細胞から精製するよりはるかに効率がよい．小人症の治療には，死体の脳下垂体から抽出した成長ホルモンが使われてきた．しかし，材料を十分得るのが難しいのに加え，ヒトからはプリオン病などの感染も懸念された．糖尿病の治療に使われるインスリンもかつてはウシの膵臓から抽出されていたが，抗体ができたりする問題があり，最近では大腸菌（あるいは，酵母）にヒト型インスリンをつくらせることでその危険性を回避している．この方法は，体内にわずかしかない物質を大量に生産できるのが最大の利点である．組織プラスミノーゲンアクチベーター（第 32 章）もその例である．体内で産生されるタンパク質の量は個々の遺伝子プロモーターの働きによって決まるが，組換え DNA 技術ではより強力なプロモーターを活用することで生産量を増すことができる．

真核生物のタンパク質を大腸菌につくらせるには，mRNA から cDNA をつくる必要がある．大腸菌の DNA は（ごくまれな例外を除き）真核生物とは異なり，イントロンがないので，大腸菌は mRNA のスプライシング機能をもっていない．したがって，イントロンが取除かれた成熟型の真核生物 mRNA から cDNA を合成し，それに大腸菌で必要な翻訳シグナルを付加してベクターに組み入れる．まずは目的の遺伝子を含んだ cDNA ライブラリーをつくることが第一段階である．

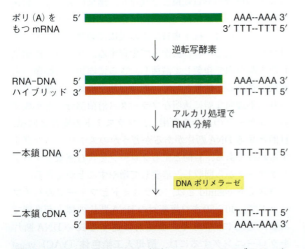

図 28.13 真核生物の mRNA（緑）より cDNA ライブラリーを作製する方法．オリゴ dT をプライマーとして用い，逆転写酵素で DNA（赤）を合成する．RNA はアルカリ処理で分解し，一本鎖 DNA は DNA ポリメラーゼで二本鎖となる．

大腸菌における cDNA の発現

大腸菌を用いて真核生物のタンパク質を大量産生するために特殊加工された**発現ベクター** expression vector が市販されている．このプラスミドは細菌の強力なプロモーターをもっており，また，リボソームの結合に必要なシャイン・ダルガーノ配列をもっている．cDNA を挿入したプラスミドは大腸菌に形質転換により導入され，そこで転写，翻訳がなされ，必要なタンパク質が合成される（図 28.14）．

細菌には真核細胞で施されるような糖鎖付加や，その他の翻訳後修飾はない．いくつかのタンパク質は，こうした修飾がなくても医療分野や研究領域で正常に活性を示して利用されている．どうしても翻訳後修飾が必要な場合，大腸菌に代わって真核細胞と，それに適した発現ベクターを用いる．現在では非常に多くのヒトのタンパク質が大腸菌，酵母やその他の細胞でつくられている．インスリンや血栓除去に用いる組織プラスミノーゲンアクチベーター（抗血栓形成），成長ホルモンなどがその例である．これらは感染を起こす危険性がないのが利点でもある．B 型肝炎ウイルスのタンパク質も生産され，ワクチン製造に用いられている．

大腸菌を形質転換するときは，大量のタンパク質が産生されるように，できるだけ強力なプロモーターを使うことが望ましい．しかし，細菌が外来タンパク質の大量生産を行う場合には多くのエネルギーを消費してしまうので，増殖と同時に行うことはできない．この問題に対処するために誘導性のプロモーターが利用される．これはアロラクトース存在下で機能する lac オペロンのプロモーター制御に類似している．まず，細菌を誘導物質がない条件下で増殖させ，細胞数が十分多くなった時点で誘導物質を与えて目的とするタンパク質の合成を始めるのである．

真核生物のタンパク質を細菌で産生させる場合，タンパク質の折りたたみが正しくできずに変性し，封入体として凝集してしまうことがある．いろいろな方法の改良がなされ，変性したタンパク質を溶解し，試験管内で正しく折りたたんだりすることも可能となった．しかし，分子量の大きなタンパク質の場合はこの方法は難しい．

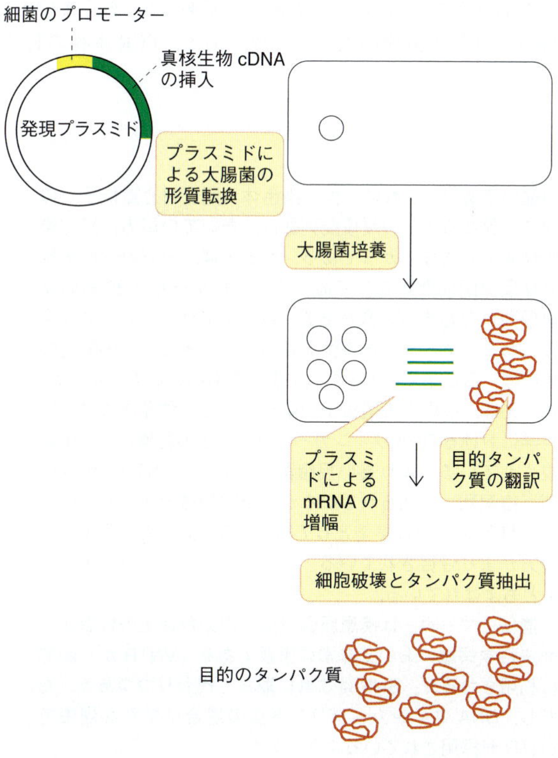

部位特異的変異誘発

部位特異的変異誘発 site-directed mutagenesis という方法により，タンパク質の特定のアミノ酸を変異させ，タンパク質の構造やその機能に関わる研究を行うことが可能となった．たとえば酵素の場合，活性中心のアミノ酸を変異させ，酵素活性がどのように変化するかをみることができる．

通常は目的タンパク質をコードする cDNA をプラスミドに挿入することから始まる．たとえば，セリン残基をシステインに置き換える場合を考えてみよう．この場合，その DNA の中の三つの塩基配列 AGA を ACA に変換する（アミノ酸に対するコードを変える）．二本鎖 DNA を熱処

図 28.14　発現プラスミドを用いた大腸菌での真核生物のタンパク質生産

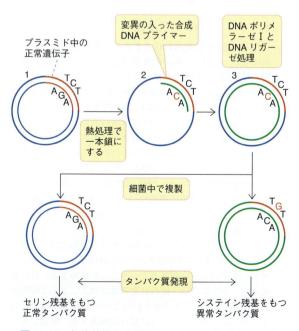

図 28.15　部位特異的変異導入法の工程（1 アミノ酸変異）．変異させたヌクレオチドを赤で表記．

理で一本鎖にし，変異を入れた 20 塩基程度のヌクレオチドをプライマーとしてつくる（図 28.15，赤色）．セリンのコドンの一部に 1 塩基のミスマッチはあるが，この場合，プライマーはハイブリッド形成する．DNA ポリメラーゼ I により複製させ，最後はライゲーションして二本鎖をつくる．これを大腸菌に導入し，その中で増幅させる．このミスマッチの二本鎖からは 2 通りのプラスミドがつくられる．一つはもとの正常な配列をもったものであり，もう一つは変異の入った二本鎖である．このうち，変異の入った方を選び，変異タンパク質をつくらせることができる．もう一つの方法は，必要な塩基配列をもった"カセット"を使う方法である．二つの制限酵素を使い，一定の長さの断片を切り外し，そこに変異の入った DNA 断片を入れるという方法である．

法医学における PCR の活用

現在は，DNA データが犯罪捜査や親子鑑定に用いられる．一人一人の人間は短い繰返し配列である**マイクロサテライト** microsatellite，あるいは，**STR** short tandem repeat（短鎖縦列反復配列）を含む遺伝子座をもっている（Box 28.1）．遺伝子座はゲノム内の特別な領域の名称で，ある領域が実際に遺伝子として機能する部分か否かに言及するのを避けるために用いられる用語である（ゲノム配列の大部分は実際には遺伝子ではないことを思い出してほしい）．ゲノム配列中のある部分は多型の特徴をもち，個人ごとに配列に違いが認められる．STR において，各遺伝子座内での反復数には多型が認められ，この反復数の違いは PCR によって簡単に検出できる．

法医学の現場では，四つ，あるいは，五つの塩基配列の繰返し（GATA-GATA-GATA-GATA など）が通常使われる．GATA を例にとって考えてみる．ヒトによってこの反復数は異なる染色体の遺伝子座で 4～40 の違いがある．同じ遺伝子座でも対立遺伝子（相同染色体の相同的部位）により異なる．相同染色体はもちろん，一つは父親，もう一つは母親に由来し，多くの場合，反復数はそれぞれ異なっている（図 28.16）．たとえば，一つの試料から九つのマイクロサテライトを選び，両方の染色体での反復数を調べると，18（2×9）通りのパターンが得られる（図 28.16 では簡略化のために三つの遺伝子座だけを示している）．このパターンは個人を完全に識別するものではないが，別の人間が同じパターンをもつ可能性は 10 億分の 1 しかない．もし，科学捜査において異なったパターンが検出されれば，それは疑いなく，同一人物ではないと判断できる．それゆえ，DNA のプロファイリングは，疑いを排除する手段として非常に有力である．

実用的にはどのように活用されているのだろうか．染色体地図の作製やヒトゲノム塩基配列の決定により，多数のマイクロサテライトの位置とその付近の配列が明らかとなっている．このマイクロサテライトの両側の配列に相補的なプライマーを用いて PCR を行う（GATA の配列自身に結合するプライマーでは無意味である）．あくまでも，繰返し部位の外側の配列が必要である．PCR 産物の長さ

Box 28.1　DNA の反復配列

ゲノム DNA の約半数はさまざまな重複でつくり上げられてきた．LINES（長い散在反復配列）や SINES（短い散在反復配列）に関しては，第 22 章を参照してほしい．

縦列反復配列も主要な反復 DNA のカテゴリーの一つである．これらは，短い DNA 配列が繰返し並んで構成されている．たとえば，TTCCA-TTCCA-TTCCA という反復配列が数十回，ときには数千回繰返して存在する．こうした反復配列は，セントロメア付近や染色体の末端付近の堅く巻かれたヘテロクロマチン領域で頻繁に見いだされる．これら反復配列は全ゲノム DNA の約 10 % に相当するともいわれている．これらの機能については不明な点が多いが，由来はトランスポゾンではないかとも推察されている．

多くの縦列反復配列には高い多型が認められる．このことは，ヒト遺伝学の分野に非常に重要な実用的材料を提供した．"多型"という用語は，一つの遺伝子座にたくさんの種類の配列パターンがあるということを意味する．言い換えると，一つの遺伝子座の特定領域は個人によって配列が異なるのである．1 人のヒトには二つの対立遺伝子が存在し，一つは母方，もう一つは父方に由来する．頻繁にみられる多型の例は，ある遺伝子座における縦列反復配列の数の違いであり，これは二つの染色体（同一対立遺伝子）の間でも異なる．この反復配列数は，たいてい母方，父方染色体間でも異なるからである．たとえば，一方の遺伝子座では反復配列数が五つであっても，もう一方が 30 もの反復配列が存在する場合がある．遺伝学では，ヒトゲノム全域にわたってこうした多型を見いだしてきた．反復配列の中には，遺伝子マーカーとして重要なものがいくつかある．たとえば，疾患原因遺伝子の染色体上での位置決めや，法科学における DNA フィンガープリント法の基盤として重要視されている．より長い反復配列として，VNTR（可変縦列反復配列）が知られているが，研究領域で扱いやすいという利点から STR 多型として知られる，短い縦列反復配列の方がより注目されている．これらは，マイクロサテライトともよばれている．

遺伝子マーカーは疾患原因遺伝子の染色体上の位置決めや法科学領域において非常に重要である．VNTR が一般的に利用されるが，SNP はこれに取って代わりつつある．ただし，DNA フィンガープリント法の場合は特別な理由で VNTR が採用されているようである．

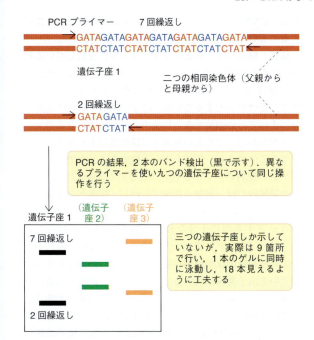

図 28.16 法医学に応用される DNA フィンガープリント法. 相同染色体上のマイクロサテライト遺伝子座を示す. PCR 法で二つのバンドが検出される. 同じ工程をあと 8 回繰返すことで 18 本の異なるバンドの組み合わせが得られる. これは個々人に特有のパターンである. 同じ操作を証拠試料で行い, 一致するかどうかを確かめる (注意：遺伝子座 2, 3 は図示しないが, バンドのみ示した. また, ここには三つの組み合わせしか示さないが, 実際は確実性を上げるために九つの遺伝子座で行う). また, 当然のことながら小さい断片の方が大きいものより速く進むので, 繰返し数の違いはバンドの分離度によって区別可能である.

は GATA の反復数に依存し, したがって, 相同染色体で反復数が異なるために, ゲル電気泳動では 2 本のバンドができる. 三つの異なる遺伝子座で PCR を行い, 産物を合わせると 6 本のバンドが出現する (図 28.16). 九つの遺伝子座からは 18 本である (ただし, 相同染色体で反復数が同じだと本数は減る). 最近のプロファイリングでは, 一つの混合液で複数の PCR を一緒に行ってしまう, **マルチプレックス** multiplex という手法がある. 被疑者の DNA のバンドのパターン (長さの違いによる) と現場に残された試料のそれとを比較する. PCR 法は感度が良いので, ごく微量の血液や精液, 車のハンドルについた分泌液, 1 本の毛根などで十分なのである. この方法により, 親子鑑定も可能である. というのは, 母方と父方で異なる対立遺伝子を多くの STR 遺伝子座でもち, 古典的遺伝学の法則で子孫に伝わるからである.

疾患関連遺伝子の同定

症状は知られているものの, 他に何も知見がない遺伝病において, 原因遺伝子の種類や染色体上の位置情報などを知ることは非常に価値のあることである. 遺伝子の研究は, その疾患を理解し, 治療法を確立するうえで非常に良い方法である. 疾患原因遺伝子を同定する方法は, 最新情報を伝えることが難しいほど, 急速に進歩しつつある. これから紹介する方法は少し古いが, 興味深く, また最新情報を理解するうえで役立つものである.

遺伝学的分析で遺伝病がわかったとき, 単一遺伝子内の変異に起因するのならば, 患者の疾患関連遺伝子を同定し, その塩基配列を調べ, 健常人のものと比較するのが最も賢明な手法であろう. もちろん, この方法はヒトゲノムプロジェクトが完了する以前には不可能であったが, 現在であっても全ゲノム DNA の配列解析に時間と費用がかかることから実用的な手法とは言い難い. しかし, 医療目的で利用可能な個人のゲノム DNA 情報がないわけではない. その一つは, DNA の構造の発見者の 1 人である James Watson のものである. 彼の全ゲノム DNA は 2007 年に決定され, この作業には 4 カ月かかり, 費用は 100 万ドルを費やした. 今ではシークエンス技術の進歩で, 100 人分のゲノム DNA 解析を 10 日で遂行するのに対し, 1000 万ドルまでに費用が下げられた. 2013 年頃には 1 人分のゲノム DNA 解析当たり 10,000 ドルにまで下がると予想されている. しかし, こうしたゲノム DNA 解析の進歩があるにもかかわらず, 疾患原因遺伝子同定には別の問題がある. ゲノムのあちらこちらに散らばった普通の無害な遺伝子の多型と, 疾患の原因となる遺伝子の変異とはどのようにして区別するのだろうか. DNA 配列決定における費用と時間の両方の問題を解決には何が必要なのか. 時間の問題に関しては, 疾患原因遺伝子の領域が狭められれば, 配列解析の時間が短縮され, 分析もその箇所に集中させることができる. **ポジショナル (位置) クローニング** positional cloning がこれを可能にした.

ヒトゲノム DNA 配列のデータが活用できる前は, たとえば, **囊胞性線維症** cystic fibrosis や, **ハンチントン病** Huntington disease の原因遺伝子などの発見はポジショナルクローニングによって成し遂げられた. ポジショナルクローニングの基本原理は, 遺伝学的な連鎖 (リンク) である. もし, 二つの遺伝子が同じ染色体上で近くに存在するならば, その二つの遺伝子は一緒に遺伝する確率が高い. これらの遺伝子は遺伝学的に連鎖しているという. 一方, 離れた場所にある場合は, 独立して遺伝する確率が高い (図 28.17). これは減数分裂で自然に起こる染色体組換えによるものであり, 相同染色体がお互いに接近し, 四つの娘染色体のうち二つが組換えを起こすからである. こうした組換えが起こる確率は, 遺伝子が離れていればいるほど高くなることになる.

遺伝学的研究によって, ヒトゲノム内のさまざまな離れた箇所で遺伝子座の多型が見いだされた. これらは DNA 解析技術で容易に検出できることから, 遺伝子 "マーカー"

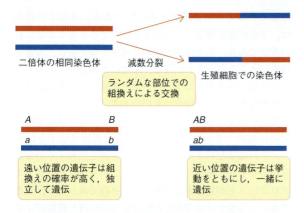

図28.17 遺伝子連結（リンケージ）の模式図

として利用されている．疾患原因遺伝子の染色体上の位置をおおよそ知るために，これら多型マーカーの遺伝性を疾患の発症有無とともに個々の家系で追跡する．もし，家系の中で疾患を発症した者に共通してある特定の遺伝子座の多型遺伝子マーカーが検出されるならば，その対立遺伝子が原因とはいえないものの，疾患原因遺伝子は染色体上でそのマーカー遺伝子の付近に存在し，一緒に遺伝していると推察できる．こうして，一緒に遺伝するマーカーの位置から疾患原因遺伝子の場所を特定するのである．

幾種類かの多型遺伝子マーカーが利用されてきたが，検出法がより簡単になったものへと次々に取って代わっている．最初に利用されたのは，**制限酵素断片長多型（RFLP）** restriction fragment length polymorphism であった．これは，DNA 配列上で，たった1塩基の変化でも制限酵素認識部位を変えることができるという特徴を利用したものである．したがって，制限酵素処理後のDNAの切断断片のパターンの違いをサザンブロット解析によって調べることになる．この手法によって，囊胞性線維症とハンチントン病の原因遺伝子が明らかにされた．しかし，この解析は日数を要し，遺伝子の単離に要する労力も膨大であった．これに続く新しいマーカーとして，先程述べたマイクロサテライトがある．これらのマーカーは，PCRとその後の電気泳動解析のみで検出できるので，数時間で結果が得られる．最新のタイプは，**SNP（一塩基多型）** single nucleotide polymorphism がマーカーとして重要度を増している．この名前は1塩基の変化を見いだす手法からきたものであるが，たとえば，A·T対からG·C対への変化を検出することができる．このSNPにはいくつかの有利な点がある．この1塩基変化はゲノム上で頻繁に起こるもので，数百万種類のSNPとこれらの位置がヒトゲノム上で見いだされている．さらに，これらはたった1塩基の変化であってもDNAハイブリッド形成法によって検出できるのである．この解析では，プローブはSNPを含んだ配列でデザインされ，ハイブリッド形成はハイストリンジェンシーで行わ

れる．DNAマイクロアレイ法が利用できるので，一度に大量のSNPを，しかも自動で解析できるのである．

最近，解析の第一弾として全ゲノム中に分散している約300種類のSNPが注目されている．疾患とともに遺伝するSNPを見いだせれば，疾患原因遺伝子が存在する染色体と，その中のおおまかな場所が特定できる．同様の連鎖解析によってその領域をさらに狭め，もし近接した多型マーカーがあれば，ごく狭い範囲まで位置情報を絞り込むことができるのである．領域をかなり狭めることができればヒトゲノム配列のデータが役立つことになるかもしれない．その領域内には，既知の領域（しかし，疾患との関係は未知），オープンリーディングフレーム（ORF，タンパク質をコードするのに十分な長さがある），あるいは，プロモーター（タンパク質コード領域の存在を意味する）を含むような特徴的な配列が存在するであろう．他にもその領域での遺伝子発現に関するデータベースも疾患原因遺伝子の同定には有益である．たとえば，筋肉での発現が確認されている遺伝子などは（ヒト，あるいは，マウスでの知見でもよい），筋肉異常に関連した疾患の原因遺伝子の候補と考えられる．患者がもつ候補遺伝子と健常人の当該遺伝子の塩基配列解析，さらには，その遺伝子内での同一または別箇所の変異が同じ疾患をもつ別家系からも見つかれば，疾患原因遺伝子としての証拠も確かなものとなる．

SNPを検出するマイクロアレイ技術は，医療分野でも非常に重要なものである．それは，上述の単一遺伝子に起因する疾患の同定に限らず，2型糖尿病や冠動脈心疾患といった複合型の疾患の遺伝的要因を見いだす**全ゲノム相関解析（GWAS）** Genome Wide Association Studies にも役立つ（図28.18）．これら疾患に対する易罹患性は，環境要因に加え，複数の遺伝子の影響が考えられ，これら原因

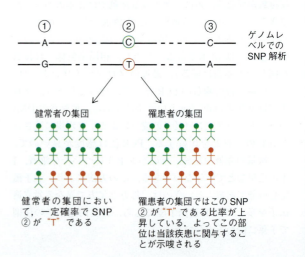

図28.18 全ゲノム相関解析の原理を説明した図．この解析によってゲノム上のDNA配列の多形性と，それが疾患と関係するか否かを明らかにすることができる．

が少しずつ積重なって疾患発症の確率を高めていると考えられる．GWASの目的は，大多数の解析結果を集め，特定の多型領域を疾患発症原因に結び付けることにある．重要なことは，1遺伝子変異に起因する疾患と同様に，患者のある特定領域の多型マーカーの遺伝が疾患の原因となるのではなく，それは単に染色体上の疾患感受性領域を示唆するだけのものであり，今後の研究のきっかけを示すものだということである．にもかかわらず，こうした研究は複合要因型疾患の生物学的要因を理解するために日々，進歩し続けている．

ノックアウトマウス

変異体は長い間，生化学，分子生物学の領域で重要な役割を果たしてきた．数十年間にわたって，細菌の変異体が使われ，ある遺伝子やそのコードするタンパク質の機能に関する理解を深めてきた．細菌の変異体の作製は比較的簡単である．なぜならば，膨大な数の変異体が化学的な処理で作製でき，また，スクリーニングを工夫すれば望みの変異体が選択できるからである．一方で，いうまでもなく哺乳類の変異体作製は非常に難しいが，こうしたなかで特定の遺伝子を欠損させた動物を作製する技術が確立された．こうした変異動物は，遺伝子疾患に起因したヒト疾患のモデルとして医学の領域では非常に有益な情報をもたらした．マウスは変異体研究においては最も適した実験動物で，**ノックアウトマウス** knockout mouse という呼称が確立されたのである．（遺伝子破壊ではなく，ある遺伝子を挿入したケースはノックインマウス (knockin mouse) とよんでいる．）ヒト疾患モデルとしてのノックアウトマウスのライブラリーが現在構築中である．その1例で，ヒトの家族性高コレステロール血症のモデルとして，LDL（低密度リポタンパク質）受容体遺伝子のノックアウトマウスが作製された．ノックアウトマウスで必要な条件は，すべての体細胞で遺伝子破壊が成されていなければならず，また，変異（遺伝子破壊）が生殖細胞にも導入されていなければならないことである．胚性幹細胞（ES細胞）技術がこれを可能にした．

胚性幹細胞システム

体内にはさまざまな**幹細胞** stem cell が存在し，これらは**成体幹細胞** adult stem cell とよばれ，ある特定の細胞種を新しく生み出す性質をもっている．成体は常に新しい幹細胞で再生されており，血球細胞には血液幹細胞があり（図2.7参照），精子，皮膚，骨，上皮細胞などそれぞれにも幹細胞が存在する．一方，**ES細胞（胚性幹細胞）** embryonic stem cell は，成体幹細胞とは異なり，**多分化能** pluripotent をもっている．つまり，あらゆる細胞に分化しうるのである．哺乳類の卵は受精後に胚盤胞という状態まで分裂を繰返す．これは中に内細胞塊を含む中空の塊

である（図28.19）．この内部にある細胞がES細胞である．この細胞が分化して体のさまざまな部分の細胞になるわけだが，この段階ではそれぞれの細胞の運命はまだ決まっていない．内細胞塊の細胞は長期培養で増やすことができ，適切な条件下であれば細胞は分化せず，全能性をもち続ける．この培養した細胞がES細胞であり，再び胚盤胞に戻すことができる．それを仮親に入れると，仮親は妊娠し，胎仔は注入したES細胞由来の組織をつくり，その中の一部は生殖細胞にも入る．子孫のどの臓器をとっても，もともとの胚盤胞細胞由来のものと，（外来の）注入したES細胞由来のものがある．これがこれから述べる遺伝子ターゲッティングの道筋である．

遺伝子ターゲッティング

機能をもつ遺伝子を破壊する手段の一つは，狙った遺伝子の部分，あるいは，全体を別の外来遺伝子と置換えることである．ターゲッティングの基本は，外来遺伝子を挿入して遺伝子破壊を狙う箇所の両端部分に相同性のある領域を配置し，ここで相同組換えを起こさせて遺伝子の置き換えを起こさせることである．両端のDNA配列で起こる相同組換えは，狙った遺伝子領域のみで起こるからである．

最初の段階は**ターゲッティングベクター** targeting vector（標的遺伝子組換えベクター）の作製である．ここで述べる例では，標的遺伝子を別の遺伝子である**ネオマイシン耐性遺伝子** neomycin-resistance gene（**NRG**）で置き換えて不活化する．この際，ベクターの中ではネオマイシン耐性遺伝子の両側の非翻訳領域は標的遺伝子と相同的な配列にしておく（図28.20）．こうして標的遺伝子の両側で相同組換えを起こし，標的遺伝子を NRG を含む新しいDNA断片と入れ換える．ノックアウトマウスを作製するこの技法の流れは図28.19に示した．この図をしっかりと理解することを勧める．

まず，ES細胞[*1]をマウスの胚盤胞から単離し，培養する．

- ターゲッティングベクターを**エレクトロポレーション** electroporation（電気穿孔法）によってES細胞に**トランスフェクション** transfection（遺伝子導入）する．エレクトロポレーションは電気的にショックを与えて，一時的に細胞膜に穴を開け，その間にベクターが細胞内に入るようにする方法である．マウスの細胞では多くの場合，導入したDNAは染色体上の各所にランダムに入ってしまうが，こうした細胞は使い物にならず，低い確率（0.5〜10％）で目的の場所に相同組換えを起こしたものだけを選ばなければならない．
- ターゲッティングベクターが染色体内に入り込んだ細胞はネオマイシン耐性遺伝子をもっているので，抗生物質

[*1] 訳注：現在ではES細胞は市販されている．

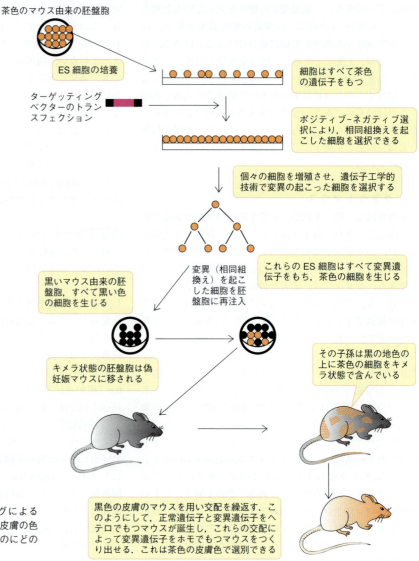

図 28.19 遺伝子ターゲッティングによるノックアウトマウス作製の手順．皮膚の色が目的とする仔マウスを選択するのにどのように有効かも述べている．

であるネオマイシンを含む培地で細胞を育てると，この細胞だけを選択することができる．ネオマイシン耐性遺伝子をもたない細胞は生育できないのである．しかし，この段階ではランダムに遺伝子が入った細胞と標的遺伝子組換えを起こした細胞とを区別することができない．ここからさらに目的細胞を選択する必要がある．ここで有力な方法は，単純ヘルペスウイルスから単離した**チミジンキナーゼ** thymidine kinase 遺伝子を相同部分の外側に付加したターゲッティングベクターを作製することである．もし，相同組換えによって標的部位に挿入されたなら，この遺伝子は除去される（なぜならば，相同部分の外側だから）．ランダムに染色体に入った場合，この遺伝子はベクターの中に入っているので残る．これを区別するのが**ガンシクロビル** gancyclovir という薬剤であ

り，これはチミジンキナーゼでリン酸化されると毒性を発揮し，細胞を殺す．すなわち，ウイルス由来のチミジンキナーゼ遺伝子が発現した細胞はガンシクロビルに感受性となり，死んでしまうのである．こうして相同組換えと非相同組換えを区別する*[2]．これを**ポジティブ-ネガティブ選択** positive-negative selection といい，ネオマイシン耐性遺伝子をもち，チミジンキナーゼ遺伝子をもたず，相同組換え遺伝子をもつ細胞だけを選択することができる．これが目的とする相同組換えである．

- この方法で生き残った細胞を単離し，増殖させ，その後，それぞれのクローンで相同組換えが実際に起こって

*[2] 訳注：チミジンキナーゼの代わりに毒素（たとえば，ジフテリア毒素遺伝子）などを付加することもある．これだとガンシクロビルなしで選択が可能である．

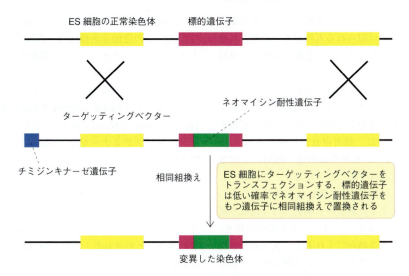

図 28.20 ES細胞の相同組換えによる遺伝子ターゲッティング．DNA組換え技術により作製されたターゲッティングベクターをES細胞にトランスフェクションする．標的遺伝子は，周辺遺伝子領域との相同組換えによってネオマイシン耐性遺伝子と組換えられる．この標的遺伝子のネオマイシン耐性遺伝子への組換えの頻度は低い．安定に遺伝子導入された細胞を培養後，期待する組換えで標的遺伝子がネオマイシン耐性遺伝子に組換えられた細胞を組換えDNA技術によって同定する．得られた組換え細胞はノックアウトマウスの作製に利用される（方法は本文と図 28.19 参照）．黄色の長方形は標的遺伝子の周囲の正常遺伝子を意味する．青色で示したチミジンキナーゼ遺伝子は標的遺伝子の外側にデザインされ，ネガティブ選択に用いられる．相同組換えでなく，ベクターがランダムに挿入された場合はこの遺伝子が残るので，培地を選ぶことでこの細胞を除くことができる．

いるかを確かめる過程が必要である．これは遺伝子工学技術によって行われ，以前はサザンブロット法が用いられたが，最近では PCR を行い配列を読む．

- 目的遺伝子の破壊が確認された ES 細胞を選び，これをマウス胚盤胞の内部細胞塊に注入する．この際，ES 細胞のもととなるマウスは，胚盤胞をつくるマウスと皮膚の色が異なるようにしておくと便利である（後述）．
- ハイブリッドの胚盤胞を偽妊娠仮親の子宮に注入する（偽妊娠は去勢した雄との交尾で得られる）．インジェクションされた遺伝子改変細胞は胚発生時の組織形成のもととなり，生まれたマウス細胞の一部は胚盤胞細胞由来であり，また，一部はトランスフェクションされた ES 細胞由来となる．このマウスはキメラマウスとよばれる．
- 誕生したマウスの評価によく使われる手段は毛色による鑑別である．最初に ES 細胞を採取したマウスが茶色で，遺伝子組換え細胞を注入する胚盤胞を提供したのが黒色マウスであったとする．生まれてくる仔マウスは茶色と黒色の混じった色をしている（図 28.19）．これは体の中の一部の細胞が変異しているにすぎず，さらなる作業が必要となる[*3]．

- 作製したいのは生殖細胞も含め，体中すべての細胞が遺伝子改変されたマウスである．このマウスを作製するためには，全細胞の染色体上 2 コピー遺伝子の両方がノックアウトされたもの，すなわち，ホモ型ノックアウトマウスを得なければならず，そのために選択的な交配が行われる．

幹細胞とヒト疾患治療の可能性

ES 細胞を用いた研究や，ヒトの成人幹細胞の同定が背景となり，こうした技術をヒトの変性疾患や外傷性の損傷の治療（損傷部位を幹細胞由来の正常細胞で補う方法）に役立てようとする動きが活発化している．一つの例は，心筋の壊死に起因する心臓発作で，幹細胞由来の細胞で当該細胞を置換えようとする治療法である．**ヒト ES 細胞**（**hESC**）human ES cell が最初に単離されたのは 1998 年であり，これはマウスの ES 細胞が単離されてから 17 年後のことであった．しかし，このヒト ES 細胞を用いた治療には大きな障害があった．第一に，治療に用いるヒト ES 細胞は免疫学的に患者の細胞とは異なるもので，拒絶反応が起こってしまう．第二に，ヒトの胎生幹細胞を得ることは，ヒトの胚細胞を殺してしまうことになり，これは倫理問題に発展し，多くの国々で研究上，法的制限がかけられてしまうのである．こうした問題を抱えつつ，限られたものではあるがヒト ES 細胞が樹立された．2012 年，ヒト ES 細胞を試験管内で網膜細胞に分化させたものを，失明の危険性がある 2 名の黄斑変性網膜症の患者に移植する

[*3] 訳注：通常，ES 細胞は C57BL/6 という系統のマウスを用い，これは黒い毛色をしている．他方，用いる胚盤胞は 129 という白色の系統マウスを使うことが多い．こうすると，最初のキメラマウスは白と黒のキメラであり，ヘテロになると茶色のアグーチという色を呈する．これをかけ合わせて黒いマウスが生まれると組換えを起こしている可能性が高い．

臨床試験の予備結果が Lancet 誌に発表された．この報告では，患者の視力回復度は限られるものであったが，移植細胞は腫瘍形成を起こすことはなく，拒絶もされずに維持されていた．

この最初の移植試験では，移植細胞が眼組織によって拒絶されなかったが，これはこの組織には免疫特権（免疫反応から逃れること）があるためと考えられた．他の組織を対象とした幹細胞治療では，患者自身に由来するヒトES細胞を用い，試験管内でこれを当該組織の細胞に分化させ，患者自身に戻す（移植する）ことが理想とされる．この技術が確立できれば倫理問題も乗り越えられるであろう．以前は多分化能を失った細胞の別細胞への分化は不可能と考えられていた．しかし，ヒツジの乳腺細胞の核を，除核した別のヒツジの未受精卵に入れると，乳腺細胞を採取したヒツジのクローンが誕生するという研究成果が発表された．ヒツジの Dolly である．この技術は **SCNT（体細胞核移植）** somatic cell-nuclear transfer とよばれる．しかし，ヒトの場合，患者が自身の ES 細胞を作製するために，ドナー（提供者）の胚を SCNT 用の受け皿として用いることには（この場合，作製されたヒト ES 細胞は免疫学的には患者のものと同一），実用面と倫理面の両方の問題がいまだ残っている．

最近の注目したい新技術は，生体の分化した細胞から **iPS 細胞（人工多能性幹細胞）** induced pluripotent stem cell を作製する技術で，最初はマウスで確立され，引き続き，ヒトでも成功した[*4]．iPS 細胞は，四つの転写因子をレトロウイルスベクターで細胞に導入後，発現させ，多分化能をもつ細胞を選択することによって樹立する．マウス iPS 細胞は，胚盤胞に導入すると偽妊娠の仮親内であらゆる細胞に分化しうる点は ES 細胞に似ている．ヒトの場合，iPS 細胞株は疾患をもつ患者，たとえば，パーキンソン病や β-サラセミアの患者から作製されてきた．また，こうして樹立された細胞は，当該疾患に対する新しい創薬（試験管内スクリーニングなど）にも利用できることが確実視されている．さらに，iPS 細胞はヒト疾患をモデル化したマウスやラットで治療研究を行う場合でも利用できる．しかし，この技術がヒトの疾患治療に適応されるにはまだまだ問題が山積している．

遺伝子治療

洗練された DNA の注入技術の確立や，ノックアウトマウス（あるいは，ノックインマウス）の作製技術の構築が背景となり，遺伝子欠損に起因する疾患に対して，遺伝子を導入して補充するという治療法の確立が待望されている．これを **遺伝子治療** gene therapy とよび，遺伝子や

DNA の患者細胞への導入による治療をさす．

当初，この遺伝子治療は単一遺伝子の欠損による疾患，たとえば，β-サラセミア，囊胞性線維症，あるいは，デュシェンヌ型筋ジストロフィーなどを対象に考えられた．遺伝子治療の最初の臨床試験は 1990 年に実施され，このときの対象疾患は **SCID（重症複合免疫不全症）** severe combined immunodeficiency disease であった．この患者では **アデノシンデアミナーゼ** adenosine deaminase がリンパ球で欠損しており，このためにアデノシンが蓄積し，その影響で高濃度の dATP が生成されてリンパ球における DNA 合成が阻害される．これにより免疫反応が抑制されるのである．患者の骨髄細胞を採取し，レトロウイルスベクターでアデノシンデアミナーゼ遺伝子を導入し，その細胞を患者の骨髄へと戻された．この治療は多くの患者（小児）に有効に働いた．

2001 年になるとフランスの医師たちが，**X 連鎖重症複合免疫不全症（X 連鎖 SCID）** X-linked, severe combined immunodeficiency という重症で致死性の疾患の治療に遺伝子治療を応用した（"バブルボーイ症候群"の患者のみに対し，感染予防のために用いられていた）．これはアデノシンデアミナーゼが欠損しているのではなく，多くのインターロイキン受容体に共通のリンパ球タンパク質[*5]の変異により起こる疾患であり，男児だけに発症する．インターロイキン受容体は免疫細胞が適切な免疫応答を起こすのに必須である．この場合もレトロウイルスベクターを使い，骨髄幹細胞に正常なインターロイキン受容体遺伝子を組込んで，患者に戻した．驚くべきことに 11 人中 10 人の患者に治療効果が認められ，ほとんど完全に治癒した患者もいた．ところが，その後 3 年以内に 2 名が白血病を発病した．これはおそらく導入したレトロウイルスベクターが患者のゲノムに挿入され，がん原遺伝子（第 31 章）を活性化したためと考えられている．ベクターの染色体への挿入はランダムに起こったのではなく，おそらく，こうしたがん発症に関連した遺伝子の近傍に入りやすかったのであろう．なぜならば，造血幹細胞において，これら遺伝子周辺のゲノムは転写が活性化状態で，クロマチンの構造上，開いた状態（遺伝子が挿入されやすい状態）にあるからである．X 連鎖 SCID は重篤な疾患ゆえに，こうした事象があるにもかかわらず，遺伝子治療は今でも積極的に考えられ，現在は白血病を発症させないレトロウイルスベクターの構築に力が注がれている．

遺伝子治療の臨床試験の多くは有害な副作用や，治療効果の低さから期待に反する結果が続いている．成功例が多少あるものの，残念ながら遺伝子治療は予想していたよりも困難な状況にある．にもかかわらず，数百件にも及ぶ臨床試験が今も進行中である．その多くが，がん治療を対象

[*4] 訳注：京都大学の山中伸弥教授はこの技術の発明により，2012 年のノーベル生理学医学賞を John Gurdon 教授と共同受賞した．

[*5] 訳注：インターロイキン 2 受容体の γ 鎖に異常がある．

としたもので，患者への悪影響なしにがん細胞が処置できることが期待されている．遺伝子治療のその他の活用としては，患者の iPS 細胞で欠損している遺伝子を修復する（あるいは補う）手段としての利用である．しかし，このたぐいの治療は実現に向けて思っているよりも多くの段階が必要である．

トランスジェニック生物

トランスジェニック，あるいは，**遺伝子組換え生物（GMO）** genetically modified organisms は，対象生物の細胞やゲノム DNA に外来遺伝子を挿入することで作製する．あまり効率はよくないが，動物細胞に導入された DNA は染色体内に組込まれ，その細胞内で発現する．この技術は動物の体細胞の染色体 DNA を改変するのに利用され，この改変された細胞の核を胚細胞に導入すればトランスジェニック胚が作製できる．さらにこれを仮親に移植するとトランスジェニック動物ができるのである．この方法で，医療に役立つヒトタンパク質を乳の中に産生するトランスジェニック動物（ヒツジやヤギなど）の作出に成功している．

遺伝子レベルでの改変は，農業の分野（植物改良）でも活用されている．これは自然界に存在するプラスミドをわずかに加工して，外来遺伝子の導入用に利用している．このプラスミドは Ti（tumor-inducing）プラスミドとよばれ，病原性をもつ土壌細菌の一つである *Agrobacterium tumefaciense* に寄生している．あるいは，遺伝子銃を使い，物理的に遺伝子を細胞内に導入する方法もある．こうした方法により，植物の性質を改変することが可能で，たとえば，除草剤に強い穀物を作出することも行われている．また，ビタミン A 欠乏に悩む人々のために，β-カロテンを多く含むように改変させた"ゴールデンライス"をつくることにも成功している．遺伝子改変穀物に関しては，環境への影響や利権問題など，難しい課題を抱えているが，徐々に受け入れられてきている．

DNA データベースとゲノミクス

"DNA データベース"は第 5 章で述べた"タンパク質データベース"と車の両輪を形成している．ゲノミクスという用語は，遺伝子やゲノムに関する多量の情報をコンピューターで解析することを意味する．これに対応するタンパク質の学問を**プロテオミクス** proteomics とよび，多数のタンパク質を網羅的に研究する．タンパク質や遺伝子情報などを，コンピューターを用いて研究する分野を**バイオインフォマティクス** bioinformatics とよぶ．これらのデータベースは生化学，分子生物学，医学をはじめ，あらゆる生命科学において非常に重要な役割を果たしている．

研究者がある遺伝子や DNA 断片を単離し，配列決定すると，全体，あるいは部分的な情報でもそれは国際的なデータベースに蓄えられる．これらは基本的には公開されているものである．いろいろな疑問に答えてくれる優れたソフトウェアが開発されており，目的に応じて使い分けられる．たとえば，ある研究者が未知の遺伝子断片を単離し，その全体，あるいは部分的配列を解読したとする．データベースを検索すれば，それはすでに他の研究者により単離されたある遺伝子のどこの断片か，あるいは，非常によく似た遺伝子が存在するかを明確にすることが可能である．塩基配列の決定によって，その遺伝子がどの染色体上のどの位置にあり，他の遺伝子との位置関係がどうなのか，情報次第では疾患との関連すらみえてくるのである．また，翻訳領域か否かの推定や，転写因子の結合部位の予測，さらに，どのようなスプライシングを受けているかを推察することも可能である．

ヒトゲノムプロジェクトや ENCODE に代表される数々の研究プロジェクトによって構築されたデータベースは，医学，生物工学，基礎科学などの領域に多大なる貢献をしている．こうした情報は研究のスピードを想像以上に加速している．こうした情報は無限であり，それゆえに，"データベースの発掘"は生物科学の多くの領域で重要なのである．

DNA データベースをどのように使いこなせるかは，コンピューターの活用技術と，生化学，分子生物学の知識の深さによっている．こうした現状から，バイオインフォマティクスを学べる特別なコースが多くの大学でつくられている．これは専門科目の領域に属するため，詳細を知りたい読者は第 5 章の概略や Box 5.1 を参照されたい．

 要　約

DNA 遺伝子操作技術は多くの生物学，あるいは，医学研究の最も強力な方法となっている．遺伝子の単離，配列確認，異常遺伝子の同定，酵母や細菌を用いたヒトや他の生物のタンパク質の大量生産など，多くのことができる．特定のアミノ酸に変異を起こしたタンパク質の作製も可能である．

この技術は非常に多く，かつ，多彩であるが，基本的には次のような原理が利用される．
- DNA は制限酵素により特定の部位で正確に切断が可能である．
- 単離もしくは化学合成したオリゴヌクレオチドをプローブとして使い，DNA 配列を決めることができる．

- 異なる DNA 断片をつなぎ合わせた組換え DNA 分子がさまざまな方法でつくり出せる.
- 組換え体や DNA 断片を増幅, あるいは, 単一化するクローニング技術が存在する.
- PCR 法により, 染色体上の特定の DNA 断片を 1 時間足らずで何百万倍にも増幅することが可能である. この際, ヒトゲノムデータベースを用いて得た塩基配列情報を使うことができる. RNA 分子は, いったん cDNA にコピーし, これを鋳型にして RT-PCR 法で増幅することが可能である.
- DNA 断片はジデオキシ法で塩基配列を決定でき, 現在では完全に自動化されている. 次世代シークエンサーが開発され, これにより解析の速度が増し, 膨大な DNA 配列情報を安価に蓄積できるようになりつつある.

ヒトゲノムに分散している反復配列マーカーが知られている. マイクロサテライトという反復配列は PCR で増幅が可能で, DNA フィンガープリント法はこれに基づいている. マイクロサテライトや SNP などの反復配列を指標として疾患原因遺伝子の位置決め (マッピング) が可能となった. SNP と複合疾患との連鎖解析に基づく全ゲノム相関解析 (GWA) が進行しつつある. マイクロアレイ法によって多彩な SNP の解析速度が増し, 遺伝子発現解析も膨大な規模で実施できるようになってきた.

幹細胞技術を駆使した遺伝子工学の進歩によって, ヒト疾患モデルとなりうるノックアウトマウスの作製が可能となった. ヒトの遺伝子と幹細胞を用いた疾患治療は発展途上である. しかし, 医療分野に役立つヒトタンパク質を乳内に産生するトランスジェニック動物の作製や, 遺伝子改変植物 (穀物) の作出は進んでいる.

DNA 技術の非常に重要な要素として, DNA データベースがある. 適切なソフトウェアを用い, 非常に多くの情報を引出し, 分析することができる. これはバイオインフォマティクスとよばれる新しい分野の学問であり, このデータベースを使いこなし, 宝を見つけるのが分子生物学の重要な方法となっている.

問題

1. 制限酵素は膵臓の DN アーゼとどう異なるか.
2. 大腸菌の制限酵素である *Eco*RI は 6 個の塩基配列を認識し, 切断するに違いない. 大腸菌の DNA にはこのような配列は多数存在する. なのになぜ, この酵素は大腸菌自身の DNA を破壊しないのか.
3. DNA 分子の付着末端とは何を意味するのか.
4. ゲノムクローンとは何か. cDNA クローンとは何か. どのように両者は違うのか. 真核生物について答えよ.
5. ジデオキシヌクレオシド三リン酸とは何か. DNA 塩基配列決定法におけるこの化合物の機能を述べよ.
6. ポリメラーゼ連鎖反応の重要性と原理について数行の文章で述べよ. 特に, それが必要な理由についてもふれよ.
7. 細菌プラスミドである発現ベクターとは何か.
8. 制限酵素解析とは何か.
9. 幹細胞とは何か. また, なぜこれに興味が集まっているのか述べよ.
10. 一般にノックアウトマウスの作製法として知られ, 哺乳類の染色体上の標的遺伝子に変異を導入する手法の概略について述べよ.
11. PCR について次の問いに答えよ.
    (a) なぜ, 2 種類のプライマーが必要か.
    (b) なぜ, プライマーは過剰量加える必要があるのか.
    (c) PCR に用いる酵素は何で, その特徴は何か.

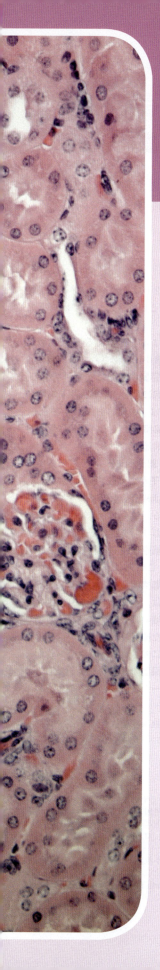

細胞と組織

29 細胞のシグナル伝達 460
30 細胞周期，細胞分裂，細胞死 489
31 がん 500

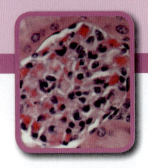

29

細胞のシグナル伝達

細胞のシグナル伝達を扱う本章は，今まで個別に取扱ってきた生化学的反応を一つにまとめたものである．そのなかでも重要なのは，タンパク質のコンホメーション変化，プロテインキナーゼ，セカンドメッセンジャー（第20章），真核生物の遺伝子発現制御（第26章），転写因子（第24章）などである．いくつかの重要な事柄は多少重複して本章でも述べるが，詳細は関連する章を参照されたい．

概　説

哺乳類のような複雑な生命体における細胞間のシグナル伝達ほど重要な問題は他にないだろう．ヒトは10^{13}個の個性をもった細胞で構成されており，生命体全体として調和を保った活動をしている．これは，細胞間の化学シグナルによる情報伝達で行われている．それぞれの細胞が独立した王国をつくるわけにはいかない．たとえば，がんは細胞が複数の制御を失った例である．すなわち，これは一種のシグナル異常による疾患といえる（第31章）．ヒトの細胞総数は，ヒトの総人口をはるかに上回るほど多く，その組織化は非常に難しい仕事である．哺乳類の細胞を制御する仕組みというのは思った以上に複雑であることが近年の研究より明らかとなった．原核生物では真核生物でみられるこのような複雑な仕組みは存在しない．

最も基本的な調節は，細胞の増殖，分化，プログラムされた細胞死（アポトーシス）である（第30章）．アポトーシスは生命活動に必須である．代謝制御も個体全体の必要に応じて調節されている（第20章）．すべての細胞はシグナル分子により指令を受けている．細胞増殖，複製，分化，細胞死などの協調と同時に，細胞は栄養状態や個体の置かれている環境に合わせて応答することが必要である．ホルモンやその他の分子による細胞シグナル伝達は，細胞がこのような代謝の要請に答えるための仕組みである．

非常に広い意味で，シグナルの伝達には三つの手段がある．

第一は，**神経伝達物質**であり，神経末端から放出された神経伝達物質は次のニューロンを刺激し，あるいは筋収縮を起こす．多くの場合，リガンドはイオンチャネルを開閉し，神経伝達をひき起こす．この機構については，第7，8章で述べてきた．

第二の方法は，**ホルモン**による伝達である（第20章）．ホルモンは内分泌細胞から血液中に分泌されて目的地に達する．インスリンを分泌する膵臓の細胞は典型例である．ホルモンは遠くにある**標的細胞**に達し，その作用を営む．

神経伝達とホルモン調節には"中枢器官"が存在する．それは脳であり，また，内分泌臓器である．調節は階層性をもっており，見事に生体を調節している．

第三の仕組みは，近接する細胞間のシグナル伝達である[*1]．**サイトカイン**や**増殖因子**がこの仕事を担っている．この二つのカテゴリーの分類は厳密なものではなく，多くの場合は発見された経緯による．サイトカインは血液細胞間のシグナル伝達に関わっており，また，増殖因子は細胞の増殖で発見されたが，別の細胞や同じ細胞でも違う条件では別の機能をもちうる[*2]．これらは，細胞の発達や分化にも関わっており，発生制御機能をもっている．これらの多くはタンパク質，あるいは，ペプチドであり，特定の細胞というより，組織中の普通の細胞で合成され，分泌される．これらの分子は近接した細胞に働くか（パラクリン作用），あるいは，自らの細胞に働く（オートクリン作用）．サイトカインや増殖因子は，細胞の基本的な機能，すなわち，細胞分裂，分化，アポトーシスに関わっている．以下にいくつか例をあげよう．

- 正常の（がんではない）細胞は増殖因子（あるいは，それを含むウシ胎仔血清など）を含まない培地では増殖しない．

[*1] 訳注：これらの分子を総称してオータコイド (autacoid) とよぶことがある．サイトカイン，増殖因子（成長因子）の他に，生理活性アミン（ヒスタミン，セロトニンなど）や脂質性のエイコサノイド（プロスタグランジン，ロイコトリエンなど）がこのカテゴリーに含まれる．

[*2] 訳注：たとえば，PDGF（血小板由来増殖因子）は血管平滑筋細胞の増殖のみならず，遊走などにも働く．細胞分化や組織形成に働く TGF-β (transforming growth factor-β) は細胞増殖の抑制にも働く．

29. 細胞のシグナル伝達

- 幹細胞が特異的な体細胞に分化していく過程で、サイトカインや増殖因子が重要な役割を果たす。血液幹細胞から種々の血球細胞ができる過程も、一連のサイトカインと増殖因子の働きによる。
- 傷が治癒するときも、増殖因子が細胞分裂を促す。
- 免疫系では、サイトカインがリンパ球に働き、抗体産生細胞（B細胞）に分化する。
- ウイルス感染で産生されたインターフェロンは近隣の細胞に働き、感染を防御する。

こうしたわずかな例からも、サイトカイン、増殖因子は本質的に重要な働きをし、医学的にも重要なので、精力的に研究されていることがわかる。

多くの増殖因子の同定やその作用機構の解明から、細胞調節の意義とその破綻としてのがんなどの病態がよく理解されるようになってきた。たとえば、組織というような細胞の集合体が、いかにして個々の細胞のシグナルを協調させるかなど、解明すべき点は多い。肝臓のような組織は細胞増殖と細胞死が常にバランスを取っており、大きさが一定に保たれている。細胞シグナル伝達がこれを可能としているのである。たとえば、ラット肝臓を2/3切除したとすると、直後から2週間程度、細胞増殖は亢進し、肝臓はもとのサイズに戻るのである。しかし、いかにしてこれがなされているのか、どのようにして臓器は自身のサイズを認識するのかなど、不明な点は多い。

真核生物のすべてのシグナル分子はタンパク質性の受容体と結合する。脂溶性のシグナル分子のなかには細胞膜を透過し、**細胞内受容体** intracellular receptor に結合するものもあるが、大部分は細胞表面上にある受容体と結合する（図29.1a）。受容体を発現していない細胞はシグナルには応答できない。シグナル分子の化学的性質はこの際、それほど重要ではなく、細胞内の出来事には直接影響しない。重要なことは、細胞膜受容体に正しく結合することである。受容体と細胞内シグナル伝達経路の間には深い関係があり、これが重要である。シグナル分子には何も起こらず最終的には分解される。細胞外のシグナル分子が**細胞膜受容体** transmembrane receptor と結合すると、受容体分子はコンホメーション変化を起こし、これに伴って細胞質側ドメインの形が変化する。こうしてシグナルは細胞膜を貫通する受容体を通して細胞内に伝わるのである。

遺伝子発現に関わる受容体の場合は、受容体構造の変化はやがて細胞内分子を経て、核内への情報の伝達をもたらす。代謝に関わるホルモンの場合、その作用は主として細胞質で起こる（図29.1b）。いずれの場合も、この連鎖反応を**シグナル伝達経路** signal transduction pathway とよんでいる。これにはいくつかの異なる経路が存在する。Ras経路（後述）などは、連鎖的なタンパク質の相互作用である。一方、**セカンドメッセンジャー** second messenger と

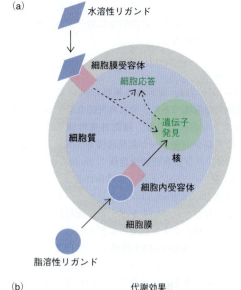

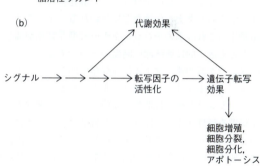

図 29.1 受容体を介するシグナル伝達．(a) 水溶性のシグナル分子は脂質二重層を通ることができない．これらは、細胞膜受容体の外側に結合する．これに対して、ステロイドやチロキシンなどの脂溶性分子は膜を通過し、細胞内受容体と結合する．注：ある種の細胞内受容体は後述するように核内に存在する．細胞質のステロイド受容体はリガンドと結合して、核内に移行する〔訳注：一酸化窒素 (NO) の場合は、細胞膜を自由に通過し、細胞内の可溶性グアニル酸シクラーゼを活性化し、これにより cGMP を増加させる〕．(b) シグナルに対する応答の要約図．

よばれる仕組みは、低分子を通じて情報を他のタンパク質に伝える。セカンドメッセンジャー（第20章）という用語は低分子化合物をさし、ペプチドは含まれない。しかし、その構造は重要で、これが標的となるタンパク質に結合し、シグナルを伝えるのである。

非常に多くのシグナル分子が存在し、異なる受容体とシグナル伝達経路があり、これはちょうど電話器が多くの線と連結して目的の家に達するようなものである。多彩なタンパク質因子の構造は、受容体と伝達経路の多様性を示している。

驚くほどの多彩なシグナル伝達が存在するが、ここではいくつかの限られたパターンについてのみ述べることとする。たとえば、Ras経路は多様なタンパク質で構成されて

おり，経路によって相互作用するタンパク質はさまざまであり，異なる受容体から最終的な標的タンパク質への経路にも多くの種類がある．

本章の構成

この後の節では，受容体の種類について述べる．最初は，**細胞内受容体**であり，最も典型的なものは，グルココルチコイド受容体である．**細胞外受容体** extracellular receptor は**チロシンキナーゼ型受容体** tyrosine kinase receptor と **Gタンパク質共役型受容体** G protein-coupled receptor（**GPCR**）の二つに大きく分けられる．

Ras 経路 Ras pathway はショウジョウバエからヒトに至るまでよく保存されているシグナル伝達経路であり，チロシンキナーゼ型シグナル伝達の原型といってもよい．これに類縁のものが **JAK/STAT 経路** JAK/STAT pathway であり，これは異なる種類のチロシンリン酸化経路で，サイトカインからのシグナル伝達などに使われる．インスリンの作用機序（これは別のチロシンキナーゼ型受容体が関与する）なども医学的に興味深い話題の一つである．

G タンパク質関連シグナル伝達経路に関しては，アドレナリン（エピネフリン）のシグナルが典型的である．これは，チロシンリン酸化は関係しないが，多くの細胞内シグナル経路を活性化する．G タンパク質共役型受容体は非常に大きなスーパーファミリーを形成しているが（実際，臨床薬の約半分はこの受容体の活性化剤，あるいは，拮抗剤である），その基本的な活性化機構は共通するものが多い．"G タンパク質共役型受容体"の名前は，すべての場合において情報伝達が共役する GTP 結合タンパク質を介して起こることに由来する．ホスファチジルイノシトールカスケードも，G タンパク質関連シグナル伝達経路の下流に存在する非常に複雑な系である．(G タンパク質の定義については後述する．)

それ以外のいくつかの例も，シグナル伝達の戦略を学ぶには重要である．光がどのように視覚的情報を送るのか，また，一酸化窒素（NO）がどのように作用を発揮するかについても取扱っていく．

シグナル分子とは何か

概説で述べたように，細胞のシグナル伝達を考えるとき，分子の化学構造はさほど重要ではない．とにかく，その分子は正しい構造を保持し，細胞の受容体に特異的に結合することが必要である．化学構造で分類すると，シグナル分子は，**タンパク質，大きなペプチド，小さなペプチド，ステロイド，エイコサノイド，甲状腺ホルモン，アドレナリン，一酸化窒素，ビタミンAとビタミンDの誘導体**というように分類できる．最初の五つの例を一つずつあげると，**インスリン** insulin，**グルカゴン** glucagon，バソプレッシン vasopressin，性ホルモン sex hormone，プロスタグランジン prostaglandin である．

生物学的に分類すると以下のようになる（一酸化窒素は別である）．
- 神経伝達物質
- ホルモン
- 増殖因子とサイトカイン
- ビタミンAとビタミンDの誘導体
- 脂質メディエーター

この分類は名前と生理的意義の双方から重要である．これらはいずれもシグナル分子であり，細胞の受容体と結合し，細胞応答をひき起こす．したがって，基礎的な概念は同一である．これらの一つ一つについてもう少し詳しく述べよう．

神経伝達物質

多彩な**神経伝達物質** neurotransmitter が神経伝達に関与しているが，ここでは代表的なものだけ説明する．交感神経（不随運動に関与）は神経インパルスを受取ると神経末端からアドレナリン，ノルアドレナリンを分泌し，たとえば，脂肪細胞に投射している．したがって，脂肪細胞は副腎髄質から血液に乗ってやってくるアドレナリン（第20章）と交感神経末端から放出されるアドレナリンで二重に支配されていることになる．両者の違いは，神経末端からの刺激は速やかで，しかもある特定の細胞のみに起こるという点である．随意運動をつかさどる横紋筋を支配している運動ニューロンは神経末端からアセチルコリンを放出する．これらは細胞膜受容体と結合し，通常はイオンチャネルの開閉を制御する[*3]．

神経伝達物質は作用終了後，速やかに分解され，神経は次の刺激に備える[*4]．

ホルモン

ホルモン hormone は昔から知られている"古典的な"シグナル分子で，代謝調節のうえでも，また，遺伝子発現のうえでも大変重要である．ホルモンは内分泌臓器のホルモン生産細胞で合成され，血液中を流れ，**標的細胞** target cell に向かう．このため，非常に長い距離を移動することになる．この系が機能できるのは，標的細胞がホルモンに対する**受容体** receptor をもっているためである．非常に数多くのホルモンが知られており，表29.1には代表的なものをあげた．

[*3] 訳注：神経伝達物質のなかにはGタンパク質共役型受容体に作用するものも多数ある．

[*4] 訳注：神経伝達物質の分解は酵素的なもの（たとえば，アセチルコリンはコリンエステラーゼにより分解される．これの阻害剤がサリンなどの薬物），あるいは，グリア細胞や神経末端への再取込みによるものの両方がある．

29. 細胞のシグナル伝達

表 29.1　おもなホルモン

分泌臓器	ホルモン	標的組織	機能
視床下部	ホルモン放出因子 ソマトスタチン（膵臓からも分泌）	下垂体前葉	ホルモン分泌の刺激 成長ホルモンの分泌阻害
下垂体前葉	甲状腺刺激ホルモン（TSH） 副腎皮質刺激ホルモン（ACTH） 性腺刺激ホルモン〔黄体ホルモン（LH）， 濾胞刺激ホルモン（FSH）〕 成長ホルモン プロラクチン	甲状腺 副腎皮質 精巣と卵巣 肝 乳腺	甲状腺ホルモン（T_4, T_3）の分泌刺激 副腎皮質ステロイドの分泌刺激 性ホルモンの分泌と生殖細胞成熟の刺激 インスリン様増殖因子 IGF-Ⅰ, IGF-Ⅱの合成刺激 乳汁分泌
下垂体後葉	抗利尿ホルモン（ADH，バソプレッシン） オキシトシン	腎尿細管 平滑筋	水再吸収の促進 子宮収縮
甲状腺	甲状腺ホルモン〔チロキシン（T_4）， トリヨードチロニン（T_3）〕	肝，筋	代謝活性化
副甲状腺	副甲状腺ホルモン カルシトニン（甲状腺からも分泌）	骨，腎 骨，腎	血中 Ca^{2+} 濃度の維持，腎での Ca^{2+} 再吸収と腸管での Ca^{2+} 吸収の促進 Ca^{2+} 再吸収の阻害
副腎皮質	グルココルチコイド（コルチゾール） ミネラルコルチコイド（アルドステロン）	多数の組織 腎，血液	糖新生の促進 塩と水のバランス
副腎髄質	カテコールアミン（アドレナリン， ノルアドレナリン）	肝，筋，心	脂肪酸とグルコースの血中への放出
性腺	性ホルモン（精巣からテストステロン，卵巣 からエストラジオールとプロゲステロン）	一次生殖器， 二次生殖器	生殖器の成熟と機能の亢進
肝	ソマトメジン（インスリン様増殖因子： IGF-Ⅰ, IGF-Ⅱ）	肝，骨，脂肪組織	成長促進
膵	インスリン グルカゴン	肝，筋，脂肪組織 肝，筋，脂肪組織	糖新生，脂質合成，タンパク質合成の促進 グリコーゲン分解，脂肪分解の促進

多くの内分泌系は見事な階層性（ヒエラルキー）をもっており，**視床下部** hypothalamus が全体の司令塔となっている．視床下部は脳のほんの小さな部分であるが，脳下垂体に働きかけていろいろなホルモン放出刺激ホルモンを分泌させる作用がある．このような名前をつけるのは，標的臓器（甲状腺，副腎皮質，性腺など）がさらにホルモンを産生するからである．一般的に，階層の"最後"のホルモンが細胞の応答を誘導する．通常は，標的臓器から放出されるホルモンが視床下部の刺激ホルモンの分泌を抑制するというフィードバック制御がかかり，こうして血液中のホルモンは一定の濃度を維持するのである．視床下部-下垂体系とは異なる制御を受けている例もあり，膵臓から出るインスリン，グルカゴンなどは血液中のグルコース濃度によって直接制御される．

サイトカインと増殖因子

サイトカイン cytokine と**増殖因子** growth factor は細胞発達制御因子とよぶ方がふさわしいだろう．増殖因子がわかりやすい例で，細胞により，また条件により，細胞の増殖を促したり，逆に阻害したりする．さらに，細胞の分化を促進したり，あるいは，プログラム細胞死（**アポトーシス** apoptosis）をひき起こしたりする作用もある．サイトカインや増殖因子は特定の遺伝子の発現を制御することで，こうした細胞の最も基本的な過程を調節している．実に多くの因子があり，また，医学的にも興味深い分野で，数多くの研究がなされている．サイトカインと増殖因子の定義上の厳密な区別はないし，両方のよび方をされることもあり，特に，血液細胞の分化に関わるものをサイトカインとよぶことが多い．これらは，インターフェロン（この章で後述）も含め，免疫反応の調節（第33章）にも関わっている．サイトカインや増殖因子はペプチド性の分子であり，多くの細胞より分泌されるが，ホルモンのようにそれぞれに特化した細胞が分泌するわけではなく，各細胞（たとえば，肝細胞やリンパ球）がそれぞれの因子を合成し，放出する．多くの増殖因子は**パラクリン** paracrine として働く．つまり，産生された細胞の非常に近くの細胞に

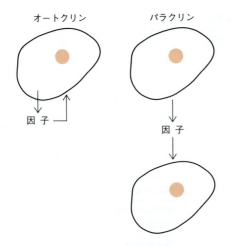

図 29.2 オートクリンシグナルは産生細胞自身に作用する．他方，パラクリンはすぐ近くの別の細胞に作用する．

作用するのである．あるものは**オートクリン** autocrine 的に働く（図 29.2）．**インターロイキン 2（IL-2）** interleukin 2 などがその例であり，T 細胞で産生され，T 細胞に働く（第 33 章）．こうした分子が近傍細胞に作用することは生物学上，非常に重要な機能である．また，異なる例もある．**エリスロポエチン** erythropoietin は腎髄質で産生され，赤血球の分化に働いている．これは，血液中の酸素分圧が低下すると合成され，骨髄に達して赤血球を増加させるという点ではホルモンに近い．

サイトカインや増殖因子の名前は，通常はその発見のいきさつと関係している．最も古くから知られている増殖因子の一つは，**血小板由来増殖因子（PDGF）** platelet-derived growth factor である．血管が損傷を受けるとその局所で血小板が壊れ，血液が凝固し始め，また，PDGF が放出され，血管内皮や平滑筋細胞の増殖により，血管の修復を図る．ただし，PDGF は他の細胞でも産生されるので，これが唯一の機能ではない．**上皮細胞増殖因子（EGF）** epidermal growth factor は皮膚細胞などの上皮細胞の増殖を促す．**インターロイキン** interleukin は白血球でつくられるサイトカインであり，他の白血球を刺激する．**コロニー刺激因子（CSF）** colony-stimulating factor は，培養皿の上に白血球のコロニーを形成させる（増殖の結果）能力から名前が付けられた．あるものは白血球を増殖させる目的で臨床的に用いられている．たとえば，白血病の患者に骨髄移植する場合，まず，放射線か化学療法で悪性の骨髄を破壊する．骨髄を移植した後，しばらくの間は細菌と戦う白血球である好中球の産生が少なく，細菌感染の危険にさらされる．このようなときに **G-CSF（顆粒球コロニー刺激因子）** granulocyte colony stimulating factor を投与すると好中球（顆粒球）が増加し，感染の危険を低下させることができる．

増殖因子/サイトカインと細胞周期

真核生物の細胞周期に関しては第 30 章で述べるが，ここで簡単にふれておく．真核細胞は正確な周期で分裂を繰返す仕組みをもっている．DNA の合成は S 期（S は合成 (synthesis) に由来）とよばれる時期に集中しており（図 23.4 参照），これに要する時間は 1 周期を 24 時間とすると，そのうちの 8 時間程度である．S 期の前と後には G_1, G_2 という時期がある（G は DNA 合成と細胞分裂の間のギャップ (gap) に由来）．G_1 から S へ向かうかどうかを決めるチェックポイントは哺乳類では，**R 点** restriction point とよばれる（制限点，拘束点，制御ポイントなどともよばれる）．このチェックポイントを通過すると細胞は DNA を倍加し，次に細胞分裂を起こす．もし，増殖因子シグナルを G_1 期に受取らないと，細胞は G_0 期という休眠状態となり，増殖シグナルを待つことになる．成熟段階にある多くの細胞の分裂シグナルはサイトカインや増殖因子によりもたらされているので[*5]，これらは細胞分裂に非常に重要である．

ビタミン D_3 とレチノイン酸

ビタミンは普通補酵素，あるいは，その構成成分と考えられている．しかし，ビタミン A とビタミン D は異なっている（第 9 章）．ビタミン A に由来するレチノイン酸は胚発生や細胞の成長に非常に重要なシグナル分子であり，また，ビタミン D_3（コレカルシフェロール；活性型は 1, 25-ヒドロキシビタミン D_3）は，小腸などからのカルシウム吸収に関与する遺伝子群の発現を調節している．

多くのシグナルや標的分子について考えたうえで，いかに細胞はシグナルを感受し，これを細胞内に伝えるかを述べたい．

細胞内受容体を介する反応

すでに述べたように，脂溶性のホルモン類は脂質膜を自由に通過し，細胞内に入る．脂溶性ホルモンには，ステロイドホルモン，甲状腺ホルモン，ビタミン D_3，レチノイン酸などがある．こうした脂溶性ホルモンは細胞内で特異的な受容体と結合して作用する．これは他の多くのホルモンが親水性の性質をもち，細胞内に入り込むことはなく，細胞表面の受容体に結合して作用することとは大きく異なっている．これらはすべて転写開始を調節することで，遺伝子発現を制御している．ステロイドホルモンには，**グルココルチコイド** glucocorticoid, **エストロゲン** estrogen, **プロゲステロン** progesterone などがある（表 29.1）．参考ま

[*5] 訳注：細胞培養では血清を用いるが，これは血清中の PDGF，あるいは，リゾホスファチジン酸 (lysophosphatidic acid, LPA) による作用と考えられている．ちなみに，後者の受容体は G タンパク質共役型受容体である．

29. 細胞のシグナル伝達

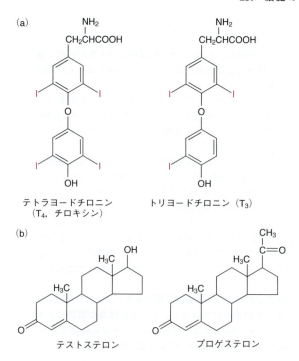

図29.3 (a) 甲状腺ホルモンの構造．(b) 2種類のステロイドホルモンの構造．

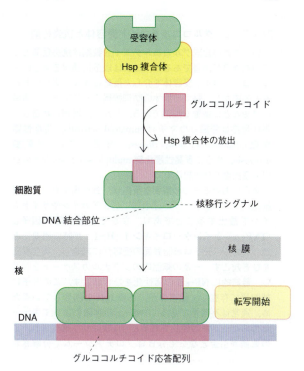

図29.4 グルココルチコイドの作用機構．グルココルチコイド受容体はHsp複合体と結合している．グルココルチコイドが受容体に結合するとHsp複合体が離れ，受容体内の核移行シグナル(NLS)とDNA結合領域が露出する．グルココルチコイドが結合した受容体はDNA上のグルココルチコイド応答配列に結合し，遺伝子の発現を促す．Hsp；熱ショックタンパク質．

でに図29.3にいくつかの脂溶性ホルモンの構造を紹介する．ステロイドや甲状腺ホルモンなどの受容体はスーパーファミリーを形成しており，祖先の遺伝子は同一であろう．

グルココルチコイドを例にあげて説明しよう．グルココルチコイドはさまざまな作用をもっているが(Box 29.1)，まず，糖新生を起こす(第16章)．受容体は細胞質に局在し，熱ショックタンパク質(Hsp，第25章)と複合体を形成している．Hspが受容体の核移行シグナル(NLS)を隠しているのである(第28章)．グルココルチコイドが受容体のある部分に結合すると，コンホメーション変化が起こり，Hspが外れて核移行シグナルが露出する．こうして，ホルモン・受容体複合体は核内へと移行するのである．グルココルチコイド受容体は通常，二量体を形成し，特定の遺伝子上流のグルココルチコイド応答配列に結合する(図29.4)．

ステロイドホルモンの受容体の場合(甲状腺ホルモン受容体やレチノイン酸受容体など)，受容体がもつNLSはHsp複合体と結合しても隠れた状態とはならず，合成された直後から受容体-Hsp複合体の状態で核内に移行する．しかし，ホルモンが結合してHspが受容体から解離しない限り，受容体は転写因子として働くことはなく，遺伝子発現を制御することもない．基本的な制御機構はグルココルチコイド受容体の場合と同じである．

一酸化窒素も十分に脂溶性であり，細胞内に受容体があるが，これについては後にふれる．

細胞膜受容体を介するシグナル伝達

大部分のシグナル伝達は細胞膜受容体を介して行われる．非常に多数の受容体分子が存在することが報告されている．すべての受容体はリガンドの結合する細胞外ドメイン，膜貫通ドメイン，さらに細胞内ドメインから成っている．細胞外ドメインにシグナル分子が結合すると，コンホメーション変化が細胞内にも及び，シグナル伝達経路を活性化させるのである．これにより，特定の遺伝子が発現調節され，あるいは，細胞の代謝経路が調節される．

細胞膜受容体には三つの型がある

代謝型受容体 metabotropic receptor の代表格はGタンパク質共役型受容体であり，リガンド結合に伴い，細胞内で何らかの代謝変化をひき起こす．例としては，アドレナリン受容体やグルカゴン受容体がある．

触媒型受容体 catalytic receptor の代表格はチロシンキナーゼ型受容体である．これらはおもに，遺伝子発現，細胞増殖や分化に影響を及ぼす．例として，インスリン受容体やサイトカイン受容体があげられる．チロシンキナーゼ

> **Box 29.1　グルココルチコイド受容体と抗炎症剤**
>
> 　いくつかの合成グルココルチコイド製剤は抗炎症薬としての効き目が顕著であるが，これは以下に述べるようにグルココルチコイド受容体を介した反応による．炎症はもともと感染などに対する生体の防御機構の一つであり，組織の修復などに重要な反応である．しかし，過剰に暴走した炎症反応は**関節リウマチ** rheumatoid arthritis，**炎症性腸疾患** inflammatory bowel disease，皮膚疾患である**乾癬** psoriasis，さらに**多発性硬化症** multiple sclerosis などの自己免疫疾患をひき起こす．
>
> 　炎症における一つの重要な反応は，食作用をもった血球細胞（マクロファージや好中球）がケモカインやサイトカインを放出することであり，なかでも腫瘍壊死因子α（**TNF-α**）とインターロイキン 1（**IL-1**）が特に重要である．これらの分子は細胞表面の受容体に結合し，炎症反応をひき起こす．一連の細胞内のシグナルカスケードを刺激し，最終的に **NF-κB** の活性化をひき起こす．この分子は細胞質に存在し，阻害分子である **IκB** と結合しているため，通常は不活性である．TNF-α の刺激によってキナーゼカスケードが活性化されると，IκB はリン酸化され，この修飾が引金となって IκB はプロテアソームで分解される．IκB が外れると NF-κB の核移行シグナルが外側に露出し，核内に運ばれる．こうして炎症に関わる多くの遺伝子の発現がオンになる．
>
> 　抗炎症ステロイドは図 29.4 にあるように，細胞質のグルココルチコイド受容体と結合し，ステロイド・受容体複合体が核に移り，ここで活性化された NF-κB と結合して阻害し，炎症反応を阻害する．
>
> 　グルココルチコイドは炎症の治療薬として非常に重要である．しかし，近年，新しい型の抗炎症薬がつくられている．一つは炎症に関わる酵素であるシクロオキシゲナーゼ 2 の阻害剤（**COX-2 阻害剤**）である．また，サイトカイン（たとえば TNF-α）に対するモノクローナル抗体，あるいは，可溶性抗体も有効であり，いずれもサイトカインが受容体に結合するのを阻害する．さらに，細胞内シグナル伝達カスケードを標的とした低分子化合物の開発も進んでいる．
>
> 　非常に膨大でかつ重要な分野であるが，すべてが明らかになっているわけではない．ここでは簡単な概説にとどめたが，この領域は医学研究において非常に重要である．Box 17.2 の COX-2 阻害剤に関する説明も参照されたい．

型受容体は，細胞の恒常性維持（正常な細胞機能維持）のみならず，がんの発症や進展にも深く関与している．

　イオンチャネル型受容体 ionotropic receptor はリガンド依存性のイオンチャネルで，例としては，ニコチン性アセチルコリン受容体がある．これらは，各種イオンの細胞膜透過と神経伝達に関与している．この機構に関しては，第 7 章ですでに述べているので，本章では G タンパク質共役型受容体とチロシンキナーゼ型受容体について話すこととする．

チロシンキナーゼ型受容体

　多くのチロシンキナーゼ型受容体は単量体で存在するが，インスリン受容体のような例外もある．この受容体は四つのサブユニットが 3 箇所のジスルフィド結合を介して会合した四量体構造で膜上に存在している（リガンド未結合状態）．図 29.5 にはチロシンキナーゼ型受容体とその特異的リガンドの代表例を示す．また，図 29.6 にはインスリン受容体を取上げて少し詳しく特徴を示した．

　特異的リガンドが単量体のチロシンキナーゼ型受容体に結合すると，受容体は脂質二重層中を水平に移動して二量体化する（図 29.7 a）．この二量体化によって受容体の細胞質ドメインも会合状態になる．この細胞質ドメインにはチロシンキナーゼ活性をもった領域が存在し，会合することでお互いの細胞質ドメイン内チロシン残基を図 29.8 に示す反応でリン酸化しあう．

　細胞質内にはこのリン酸化された受容体に結合し，アダプター分子として機能することで，この受容体特異的なシグナル伝達に関わる多くのタンパク質がいくつか存在する．このチロシンキナーゼ活性を介するシグナル伝達は通常（しかし，すべてではない），核内に伝わる．（インスリ

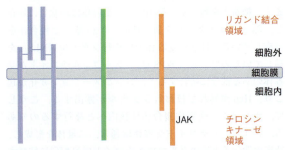

図 29.5　チロシンキナーゼ型受容体．このカテゴリーの主要な受容体の構造を簡略的に示す．三つの型がある．（a）インスリン受容体型；二つの α サブユニット（細胞外）と二つの β サブユニット（細胞内）から成る．インスリンやインスリン様増殖因子がリガンドとなる．（b）増殖因子受容体型；単量体で，EGF，PDGF，FGF 受容体がこの型である．（c）サイトカイン受容体型；先述の二つと異なり，チロシンキナーゼは受容体構造内にはないが，ヤヌスキナーゼ（JAK）とよばれるキナーゼが細胞内に共役している．リガンドはインターロイキン 2 やインターロイキン 6，インターフェロン産生因子（IFN）などがある．

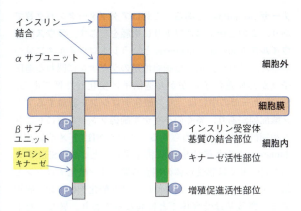

図29.6 インスリン受容体の構造. 二つのαサブユニット(細胞外)と二つのβサブユニット(膜貫通)から成る. インスリンはαサブユニットと結合する. チロシンキナーゼ領域はβサブユニットの細胞質側に存在する.

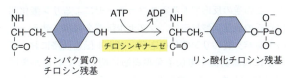

図29.8 チロシンキナーゼによるチロシン残基のリン酸化

ン受容体の場合は, リン酸化受容体に結合するアダプター分子によって, 細胞質内, 代謝, そして遺伝子発現と, さまざまな行先のシグナルが伝達される.)

受容体の細胞質ドメインのリン酸化部位周辺アミノ酸配列もこうしたアダプター分子によって同時に認識されるので, 適切なアダプター分子がふさわしい受容体に結合し, 正しいシグナル伝達の経路を活性化することができるのである (結合ドメインの項を参照). 一つの受容体から複数のシグナル伝達経路が活性化されるので, 多彩な効果が細胞内に反映される.

Gタンパク質共役型受容体

GTP/GDP 交換反応による制御機構が, たとえば, タンパク質の合成や細胞内輸送などに重要であることは, すでに第27章で述べた. 繰返すことになるが, このGタンパク質は通常, GTPが結合した状態となっている. このタンパク質は単量体で **GTPアーゼ GTPase** 活性をもち, これによって結合している GTP を GDP とリン酸へと加水分解し, 結果的に自身のコンホメーションを変換させる能力をもつ. Gタンパク質共役型受容体の場合, この反応は特異的リガンドが受容体に結合し, 細胞質ドメインのアロステリック変化が引金となって起こる. そして, この受容体コンホメーション変化に伴う GTP/GDP 交換反応がシグナル伝達へと続くのである (図29.7b). 多種多様なホルモン類がこの型の受容体を介して情報を伝える. Gタンパク質共役型受容体の"原型"としてアドレナリン受容体を例にし, これがどのようにしてシグナル伝達をするのかこれからみていこう.

細胞内シグナル伝達機構の一般的な概念

タンパク質のリン酸化

タンパク質のリン酸化状態と脱リン酸状態の相互変換は, 代謝制御だけでなく (第20章), シグナル伝達においても重要な役割がある. 真核生物には, こうした役割を担うプロテインキナーゼが膨大な種類存在している. 原理はいたって簡単である. 極性の高いリン酸基をタンパク質に結合させることでこのタンパク質のコンホメーションに変化を与え, シグナル伝達経路を作動させるのである. 一

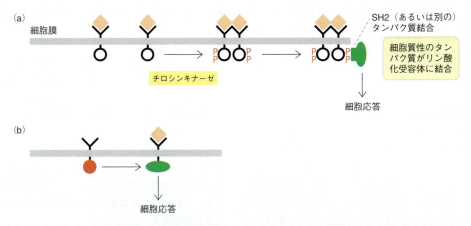

図29.7 (a) チロシンキナーゼ型受容体. 受容体の細胞質ドメインのチロシンリン酸化により SH2 ドメインをもったタンパク質が結合し, 細胞内シグナルを活性化する (SH2 ドメインが一般的だが, それ以外にもタンパク質結合ドメインが存在する). (b) この型のシグナル伝達では受容体はリン酸化されないが, リガンド結合により細胞質領域のコンホメーションが変わり, これが引金となって一つ, あるいは複数のシグナル経路が活性化される. Gタンパク質共役型受容体もこの型である.

方，この逆の反応であるホスファターゼによるリン酸化部位からの脱リン酸反応は，シグナル伝達を終結させる．このタンパク質のリン酸化反応がシグナル伝達経路においていかに代謝制御や遺伝子発現調節に関わっているかを図29.9に示した．この図では，プロテインキナーゼとホスファターゼがそれら自身，特異的シグナルによって制御され，それによって厳密な制御がなされていることを示している．この型のシグナル伝達では，通常，セリン，あるいは，トレオニン残基のOH基にリン酸基が付く．

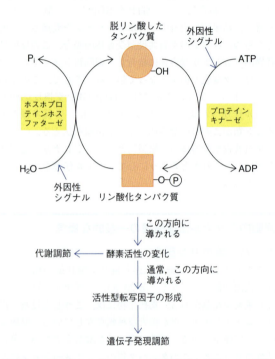

図 29.9 外因性のシグナルによる調節経路の原理．この図はプロテインキナーゼとホスファターゼについて述べている．リン酸化は一般にセリンまたはトレオニン残基に起こる．リン酸化はタンパク質のコンホメーションに変化を起こし，活性を変化させ，細胞応答をひき起こす．この過程はホスファターゼによる脱リン酸でもとの状態に戻る．本文中に書いてあるように，ある種の膜受容体では細胞質中のチロシン残基のリン酸化が重要である．青線は複数の段階をまとめて書いたものである．

シグナル伝達因子の結合ドメイン

哺乳類の細胞内シグナル伝達は非常に複雑であり，多数の異なる受容体とシグナル分子が存在し，さまざまなシグナルを伝えている．タンパク質は別のタンパク質や小分子を見つけ，結合し，最終標的の分子までシグナルを連続的に伝える．シグナル経路を構成するタンパク質には共通の認識ドメインが存在する．第4章で，特定ドメインが複数の異なるタンパク質に存在する理由として，進化におけるドメインシャッフリングの概念を述べた．

チロシンキナーゼとして最初に発見されたのは**Src キ**ナーゼ Src kinase である．これはアダプタータンパク質であり，この遺伝子はニワトリに肉腫を起こす，**ラウス肉腫ウイルス** Rous sarcoma virus というレトロウイルスに見つかった．これは，通常は細胞増殖のシグナルに関わる遺伝子（がん原遺伝子）ががん遺伝子に変化した例である．Src キナーゼの中には，リン酸化チロシンを認識するアミノ酸配列があり，多くのシグナル制御タンパク質にもこれと相同的な配列が認められる．これを**SH2 ドメイン** SH2 domain（この名前はSrc2に由来する）とよぶ．SH2 タンパク質の多くは膜受容体の細胞質側でリン酸化チロシンと結合する．すでに述べたように，リン酸化チロシンの周辺アミノ酸残基は受容体ごとに異なっており，異なった下流分子のSH2 ドメインが結合する．ヒトのゲノムでは，SH2 ドメインをもつタンパク質は数百種類存在することが明らかとなっている．

SH2 ドメインに加え，**SH3 ドメイン** SH3 domain とよばれるものがあり，これはプロリンに富んだ配列を認識する．このドメインも多くのシグナル分子内に見いだされている．したがって，アダプター分子はSH2 ドメインでチロシンリン酸化された受容体と結合し，SH3 ドメインで他のシグナルタンパク質と結合すると考えられている．

これらドメインの多様性により，数多くの受容体と特定のシグナル分子との特異的結合が可能となる．

もう一つ別のクラスのドメインは，イノシトールリン酸を認識する**PH ドメイン** PH domain（**プレクストリン相同ドメイン** pleckstrin homology domain，プレクストリンとはもともと血小板のタンパク質）である．ヒトゲノムの解析からは 60 種類以上の PH ドメイン含有タンパク質があると推察されている．

まとめると，主要な結合ドメインには多様性があり，こうした特徴によってこれら結合ドメインをもつシグナル分子にも多様性が生まれ，受容体認識とシグナル伝達経路に柔軟性をもたせながら組立機械のように伝達するのである．

終了シグナル

生体の調節系は可逆的である．さもないと，一度始まったシグナルは終結しない．がんは，増殖シグナルが暴走した結果である（第33章）．シグナルの開始には多くの場合リン酸化が関わり，シグナルの終結には脱リン酸が関与する．ヒト遺伝子の約2〜3％はこれらの酵素をコードしているとの報告もある．あるものはセリン/トレオニンに特異的であり，あるものはリン酸化チロシンに特異的である．いくつかのシグナル経路はシグナル終結機構をもっており，これについては個々のシグナル伝達について述べるときに説明する．

この章の最後，図 29.36 に主要なシグナル伝達経路をまとめた．この本で学習する過程で，簡易参照ガイドとして活用して頂きたい．略語が多くて困惑するであろうが，多

くは発見された生物，組織，細胞にちなんで付けられたもので由来も複雑である．混乱を避けるために，ここでは正常なシグナル伝達に必要な変異の起こっていないタンパク質が関与する経路のみを取上げている．表29.2はこれをわかりやすくまとめたものである．この表では，各シグナル伝達経路に関わるタンパク質やペプチドを，簡単な説明，名前の由来，特徴などを添えてまとめた．

シグナル伝達経路の例

これから具体的なシグナル伝達経路の説明に入るが，次のような順番で説明する．

- チロシンキナーゼ関連経路
  - Ras経路
  - ホスファチジルイノシトール3-キナーゼ（PI3キナーゼ）経路（インスリンなどで使われる）
  - JAK/STAT経路
- Gタンパク質関連経路
  - サイクリックAMP（cAMP）経路
  - ホスファチジルイノシトール経路
  - 視覚：光のシグナル伝達経路
- サイクリックGMP（cGMP）をセカンドメッセンジャーとする経路
  - 受容体-cGMP経路
  - 一酸化窒素経路

チロシンキナーゼ型受容体を介するシグナル伝達経路

Ras経路

さまざまな増殖因子によりもたらされるシグナルで細胞膜受容体から核内の遺伝子発現へとつなぐものが**Ras**タンパク質である．Rasタンパク質はすべての真核生物に存在しており，増殖因子受容体チロシンキナーゼから遺伝子発現につながる重要なタンパク質である．この経路の特徴は，低分子のセカンドメッセンジャーは登場せず，すべてがタンパク質同士の相互作用によるという点である．

Rasタンパク質とこれに関連した分子は細胞増殖に非常に重要である．というのは，これらの変異産物は**発がん性**oncogenicをもち，がんと関連するからである．Rasはもともと**ラット肉腫ウイルス** rat sarcoma virus で発見されたがん遺伝子である．しかし，これとよく似た正常な遺伝子はすべての真核生物に存在し，この変異はいろいろながんで見つかっている．

Rasの下流には三つのキナーゼが存在し，3番目のキナーゼが遺伝子発現を起こす．図29.10にはこの経路の簡略な概要を示したが，これからの説明の理解に役立つと思う．

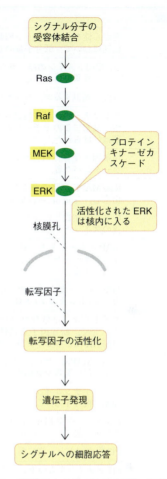

図29.10 Ras経路のまとめ．Raf，MEK，ERKはすべてプロテインキナーゼであり下流分子をリン酸化する．名前を含めた詳細は本文および以下の図に説明．

Ras経路の機構

上皮細胞増殖因子（**EGF**）の受容体を例にあげよう（図29.11）．EGF受容体は単量体タンパク質であり，細胞外ドメイン，膜貫通ドメイン，および細胞質ドメインから成る．細胞質ドメインにはチロシンキナーゼ活性がある．EGFが結合すると，受容体は二量体化されて相互に接近し，お互いの細胞質ドメインのチロシンをリン酸化する（図29.7a参照）．

細胞質には**GRB** growth factor receptor-binding protein というタンパク質がアダプタータンパク質として存在する．GRBはリン酸化チロシンとSH2ドメインを介して結合するが，非リン酸化型受容体には結合しない．ついで登場するのが**SOS**というタンパク質である．SOSはショウジョウバエの遺伝子変異体で，"son of sevenless"という分子の哺乳類型である．ショウジョウバエでSOSが受容体からのシグナル伝達に関わることが明らかになり，哺乳類でのこの分子の役割も注目を集めていった．SOSは受

表29.2 シグナル伝達経路で働くタンパク質とペプチド（本文の出現順に並べた）

用語	簡単な説明と特徴
Ras	発がん性をもつ（ラット肉腫ウイルスで最初に発見された）．チロシンキナーゼ型受容体を介するシグナル伝達において，低分子量のGTPアーゼとして働き，遺伝子発現の制御経路に流れていく．
SH2	Src 相同ドメインの略．ラウス肉腫ウイルスがもつ Src キナーゼ内で最初に見いだされた領域．リン酸化チロシン残基に結合する．
SH3	SH2 に類似するが，リン酸化チロシン残基周辺のプロリンが豊富な領域に結合する．
PH	アダプタータンパク質にみられるプレクストリン相同ドメイン．イノシトールリン酸に結合する性質をもつ．最初にこのモチーフが発見されたのが血液タンパク質であるプレクストリンであったことからこの名前は付けられた．
GRB	増殖因子受容体結合タンパク質．SH ドメインを介して受容体のリン酸化チロシン残基に結合するアダプタータンパク質．
SOS	Ras/MAPK 経路で働くタンパク質．ショウジョウバエの複眼形成異常の原因遺伝子である"sevenless"に由来し，"son of sevenless"からこの名前が付けられた．
GAP	Gタンパク質と会合するタンパク質．Gタンパク質がもつ自身のGTP加水分解活性を促進し，シグナル伝達のスイッチをオフにする．Ras 経路や cAMP 経路に関わる．
Raf	MAP キナーゼキナーゼキナーゼ．Raf は MAP キナーゼキナーゼである MEK をリン酸化する．セリン/トレオニンキナーゼの一つ．レトロウイルスの発がん遺伝子で，この名前は，"rapidly accelerated fibrosarcoma"に由来する．
MEK	MAP キナーゼキナーゼ．Raf によるリン酸化で活性化する．ERK や MAPK をリン酸化する活性をもつ．セリン/トレオニン/チロシンキナーゼの一つ．
MAPK	マイトジェン活性化プロテインキナーゼ（mitogen activated protein kinase）．Ras 経路で最後に働くキナーゼで，転写因子を活性化する．ERK（extracellular signal regulated kinase）ともよばれる．MEK や MAPKK によってリン酸化される．
ERK	別名，MAPK．セリン/トレオニンキナーゼの一つであり，特異的な転写因子をリン酸化し，活性化することで遺伝子発現を制御する．
PI3 キナーゼ	ホスファチジルイノシトールキナーゼ．Akt/PKB の活性化を介してインスリン受容体を介する代謝反応の開始に関与する．
Akt/PKB	PI3 キナーゼや PDK1 によって活性化されるセリン/トレオニンキナーゼ．インスリン受容体の下流シグナル伝達で働くいくつかのタンパク質のリン酸化に関わる．
PDK1	PI3 キナーゼと一緒に働き，Akt/PKB を活性化する．
SHC	SH ドメインをもつタンパク質．Ras を活性化し，インスリン受容体の活性化直後のシグナル伝達などに関与し，結果として遺伝子発現を制御する．
JAK	ヤヌス（Janus）キナーゼの略で，チロシンキナーゼ活性をもつ．サイトカイン受容体や転写因子である STAT をリン酸化し，活性化する（JAK の由来のヤヌスとは，ローマ神話に出てくる前後二つの顔をもつ門の守護神のことである）．
STAT	転写因子（signal transducer and activator of transcription の略称）．サイトカイン受容体のシグナル伝達に関わる．
SOCS	サイトカイン受容体シグナル伝達の抑制因子．リン酸化 JAK に結合し，JAK のキナーゼ活性を抑える．
PIAS	protein inhibitor of activated STAT の略称．リン酸化によって二量体化した STAT に結合することで，活性化 STAT が遺伝子発現をオンにするのを抑える．
Gタンパク質	細胞膜の内側（細胞質側）で受容体と会合した状態で局在する三量体タンパク質．α型，β型，γ型の三つのサブユニットから成る．α型サブユニットは GTP アーゼ活性をもち，たとえば，G_s 型は cAMP 産生酵素であるアデニル酸シクラーゼを活性化する．
CREB	cAMP 応答配列結合タンパク質．PKA によるリン酸化で二量体化し，活性型の転写因子となる．遺伝子プロモーター内の cAMP 応答配列である CRE に結合し，これを活性化して転写を促進する．
PKA	cAMP で活性化されるプロテインキナーゼ A．
GRK	Gタンパク質共役型受容体特異的なキナーゼ．Gタンパク質共役型受容体をリン酸化し，これを不活化する．
アレスチン	活性化状態のGタンパク質共役型受容体に結合するタンパク質．結合によってGタンパク質共役型受容体とGタンパク質との会合を阻害し，受容体からのシグナル伝達を遮断する．
ホスホリパーゼ C	PIP_2（ホスファチジルイノシトール 4,5-ビスリン酸）を代謝し，DAG（ジアシルグリセロール）と IP_3（イノシトール 1,4,5-トリスリン酸）をつくる．つくられたこれら二つの分子はセカンドメッセンジャーとして働く．
PKC	プロテインキナーゼC．カルシウムイオンと DAG（ジアシルグリセロール）によって活性化される．
カルモジュリン	カルシウム結合タンパク質．いくつかのキナーゼの活性化を介し，さまざまなタンパク質の活性を調節することで，細胞内サードメッセンジャーとして働く．カルシウムイオンの効果を仲介する．
トランスデューシン	視覚細胞で機能する三量体Gタンパク質．

29. 細胞のシグナル伝達

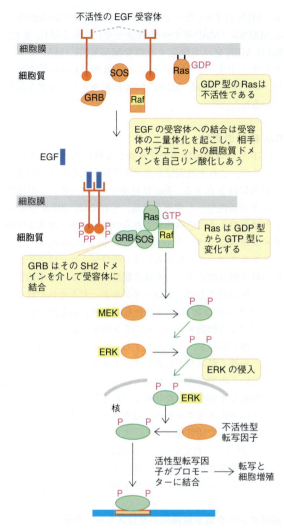

図 29.11 Ras 経路によるシグナル伝達．この例では上皮細胞増殖因子 (EGF) が示されている．活性化はコンホメーション変化を伴うが，簡略化のため，それは記載していない．個々の分子の名称については本文参照．

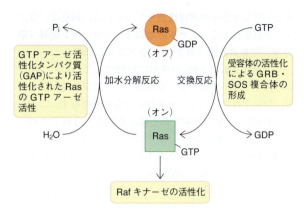

図 29.12 Ras タンパク質活性化

GDP 型のときは不活性型である（図 29.12）．GDP と GTP の交換反応が起こると，Ras は活性型となるが，これは Ras が GRB-SOS 受容体複合体と結合したとき（つまり，シグナル分子が受容体に結合したとき）にのみ起こる．

EGF が分解されるとシグナルは停止する．Ras タンパク質自身は弱い GTP アーゼ活性をもっており，GTP を GDP と P_i に加水分解する．もし受容体にまだ EGF が結合していると，Ras は再び GTP 型に戻り，下流にシグナルを送ることになる．一方，もし受容体から EGF が離れると，再び EGF が受容体に結合するまで Ras は不活性な状態となる．Ras タンパク質の GTP アーゼ活性は非常に低く，スイッチオフの過程は非常にゆっくりとした反応である．複雑なことに，Ras の GTP アーゼ活性を促進し，スイッチオフを速めるタンパク質があり，これを **GTP アーゼ活性化タンパク質 (GAP)** GTPase-activating protein とよぶ．これは厄介な方法だが，Ras の活性を調節するには都合がよい．実際，GAP が存在しないと Ras はほとんど不活性化されることはない．このような理由から，GAP に変異が起こると発がんの危険性が高くなる．もし，Ras の GTP アーゼが GAP により活性化されないと，Ras がスイッチオフになることはないのである．

Ras 経路における MAP キナーゼカスケード

Ras は GTP 型のときに MAP キナーゼカスケードを活性化する．Ras は **Raf** と結合し，コンホメーション変化をひき起こす．Raf は Ras 経路で最初に活性化されるプロテインキナーゼで，名前はウイルスのがん遺伝子に由来している．これは Ras-GTP の作用で活性化され，**MEK** という 2 番目のキナーゼをリン酸化する．この MEK が ERK という 3 番目のキナーゼを活性化する（後述．また，名称については表 29.2 も参照）．図 29.11 にあるように，Raf が最初にリン酸化を起こし，ついで第二の分子が次にリン酸化する．そして，3 番目のものは核内に入り，基質タンパク質をリン酸化するのである．リン酸化のカスケードは全

容体と結合した GRB を認識し，結合する（受容体に結合していない GRB とは結合しない）．GRB・SOS 複合体は Ras を活性化するのである．その機構を次に述べる．

Ras 経路でみる生体の GTP/GDP 交換機構

Ras タンパク質はスイッチ機構をもっている．Ras は **低分子量単量体 GTP アーゼタンパク質** small monomeric GTPase protein のファミリーの一つである．〔**G タンパク質** G protein という用語は，この後の G タンパク質共役型受容体の構成因子にも三量体型 GTP アーゼとして登場する（図 29.25 参照）．〕Ras は GDP か GTP のいずれかを結合している．グアニンヌクレオチドはタンパク質のコンホメーションを変化させ，Ras は GTP 型のとき活性型であり，

体としてシグナルの増幅機能をもっている．同様に，カスケード反応によるシグナルの増幅はグリコーゲン分解（第20章）や血液凝固（第32章）などでみられる．

リン酸化されたERKが核内に移動すると，いくつかの転写因子をリン酸化によって活性化し，特定の遺伝子の転写，ひいては特定のタンパク質の合成をもたらす．こうして最終的にEGFの作用である細胞増殖をひき起こすのである．RafとERKはセリン/トレオニンキナーゼであり，MEKは非常にユニークなキナーゼで，セリン/トレオニンに加えチロシンもリン酸化する．

以上のことをまとめると次のようになる（図29.11も参照）．

- EGFが受容体に結合する．受容体は二量体化し，お互いのチロシン残基のヒドロキシ基をリン酸化する．
- GRB-SOS複合体がGRBのSH2ドメインを介して，リン酸化チロシン残基を認識し，受容体に結合する．
- GRB-SOS複合体はRasを活性化する．活性化されたRasはRafを活性化する．
- RafはMEKをリン酸化し，活性化する．
- MEKはカスケード最後のキナーゼであるERKをリン酸化する．
- ERKは核内に入り，特定の転写因子をリン酸化し，活性化する．これによってさまざまな遺伝子が発現し，これらを通じてEGFの細胞増殖作用が発揮される．

Ras経路のキナーゼの名前の由来

枝葉末節のことを途中で説明すると話の流れが中断してしまうので省略してきたが，ここで名前の由来を説明しよう．Raf, MEK, ERKはまとめて**マイトジェン活性化プロテインキナーゼ** mitogen-activated protein kinase（**MAPキナーゼ** MAP kinase）とよばれる．マイトジェンとは細胞分裂を促進する物質という意味である．MAPキナーゼカスケードの個々の酵素の名称は経路によって異なっているが，Ras経路の場合は，Raf, MEK, ERKである．MEKの名前は"ERKを基質とするMAPキナーゼ"に由来する．**ERK** extracellular signal-regulated protein kinase とは細胞外のシグナルによって調節されるプロテインキナーゼの略である．Ras経路以外にもMAPキナーゼカスケードと類似の経路があるが，Raf, MEK, ERKに相当するキナーゼは特異性が異なっているため，それぞれ別の名称が付いている．

ややこしい用語の出現で混乱してしまうかもしれないが，異なるシグナル伝達経路の中でRafに相当する働きのキナーゼ，MEKに相当するキナーゼ，そしてERKに相当するキナーゼをそれぞれまとめて考えると実際はいたって簡単である．Rafに相当するものを**MAPKKK**，MEKに相当するものを**MAPKK**，そしてERKに相当するものを**MAPK**（あるいはMAPキナーゼ）とよぶと便利である．MEKはERKをリン酸化するキナーゼであるがゆえにMAPKK（MAPキナーゼ-キナーゼ）ともよばれ，また，RafはMEKをリン酸化するのでMAPKKK（MAPキナーゼキナーゼキナーゼ）ともよぶ（図29.14の括弧内を参照．Ras経路のRaf, MEK, ERKに相当する一般名を記している）．

Ras経路の終結

EGFや他の増殖因子が受容体から外れれば，活性化は止まるが，これとは別にシグナルを停止するための機構が細胞内には存在する．Rasは自身がもつGTPアーゼ活性により不活性型へと変換される．それでは，MEKやERKなどはどのように不活性化されるのだろうか．**ホスホプロテインホスファターゼ** phosphoprotein phosphatase（プロテインホスファターゼともいう）のファミリーは，それぞれが特異的な標的タンパク質を脱リン酸によって不活性化する．驚いたことに，プロテインキナーゼとそれぞれのホスファターゼは物理的に会合しており，（図29.13），キナーゼによる標的タンパク質のリン酸化が止まると，すぐ脱リン酸に移行し，不活性化する．おそらく急な坂道でブレーキを緩く踏みながら進むような感じで，シグナルが伝わっていくのであろう．何度も述べているように，この調節が外れて車が暴走した状態が"がん"である．

いくつかのホスファターゼはキナーゼを活性化するのと同じシグナルで活性化される．このため，フィードバックループがつくられているといえる．プロテインホスファターゼの重要性は，これを阻害，または，活性化する毒の作用で明らかになっている（Box 29.2）．

足場タンパク質が経路間のクロストークを防ぐ

Raf, MEK, ERKに相当するキナーゼ類が働くRas経路に類似したシグナル伝達は多数存在し，これらはそれぞれ

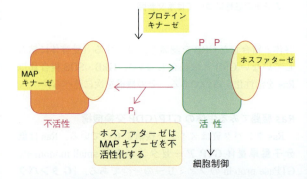

図29.13 MAPキナーゼとホスファターゼは物理的に会合しており，急速なスイッチオン，オフの切替えが可能である．MAPキナーゼはリン酸化により活性化され，ホスファターゼによりリン酸基が外れると不活性となる．活性と不活性の両方を迅速に行き来するような仕組みである．これは安定的な調節には都合がよいと思われる．

29. 細胞のシグナル伝達

> **Box 29.2 タンパク質の脱リン酸を促進あるいは阻害する致死的毒薬**
>
> タンパク質の脱リン酸の重要性はいくつかの毒素の作用からもわかる．ラン藻類から得られるホスファターゼ阻害毒素は環境問題とも関連して重要である．この毒素は七つのアミノ酸から成る環状ペプチドでミクロシスチン microcystin とよばれる．これは非常に強力な肝毒性をもっており，また，発がん性ももつ．脱リン酸の阻害はシグナルのスイッチオフを止めてしまう．化学肥料などにより河川が汚染され，また灌漑などにより水量が減った結果，有毒なミクロシスチンを産生する藻類が増殖しており，世界的に問題になっている．有毒藻類の異常発生はまた，貝毒にも関わってくる．
>
> 貝類が産生する毒素の一つがオカダ酸 okadaic acid である．この毒素は Ras 経路のセリン/トレオニン特異的ホスファターゼの阻害剤である．これは医学的問題と同時に，貝類の生産業界においても深刻な問題となっている．

が特異的な転写因子（図 29.14）や細胞質内のタンパク質を標的分子としている．

異なる経路は最終的にその経路特異的な遺伝子を発現させ，固有のリガンド機能を発揮する．しかし，ここでいくつかの重要な問題点が生じる．異なるいくつかのシグナル伝達経路で，MAPキナーゼカスケードで働くタンパク質が共通因子として働いていることが知られているが，これでは途中でシグナルがクロストーク（混線）し（たとえば，違う家からの電話が混乱してあなたの家にかかってくることを想像してほしい），あるいは，他の受容体からのシグナルを打消してしまうことなどがありうる．

MAPキナーゼカスケードは，複数の経路（2～3経路）間において共通した構成因子を含んでいるかもしれない．こうなると，個々の受容体からのシグナル伝達が途中でクロストークしてしまい，それぞれの受容体から特異的な到達点に情報が伝えられない問題が発生する．この問題を解決するのが"足場タンパク質"であり，このタンパク質がそれぞれの経路の構成因子を一緒に結合して存在させる"土台"として働くのである．このタンパク質については，その特徴を図 29.15 に示した．この足場タンパク質はシグナル伝達経路間のクロストークを絶対に許さない性質をもつので，同一キナーゼ（たとえば，MAPキナーゼ）を複数の経路で働かせることが可能なのである．

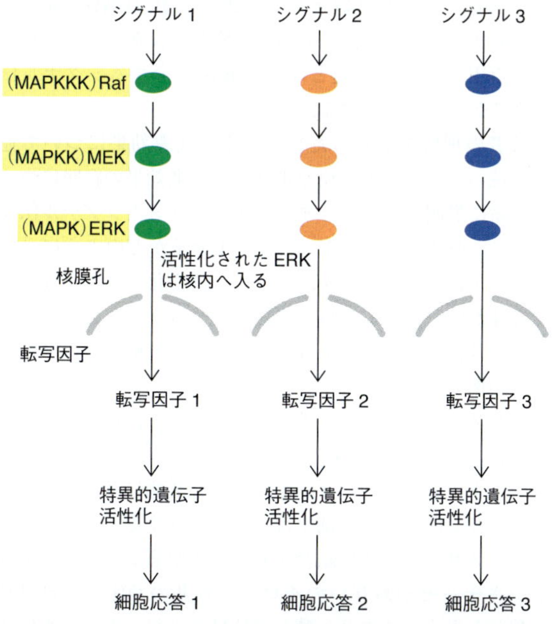

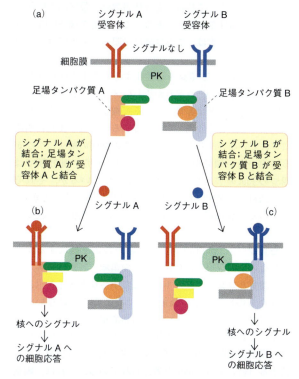

図 29.14 Ras 経路の多様性．Raf，MEK，ERK は緑で示している．オレンジ色と青色は，それぞれ Raf，MEK，ERK に相当する別の経路上のキナーゼである．（　）内は，Ras 経路の Raf，MEK，ERK に相当するキナーゼの一般名である．

図 29.15 共通の分子であるプロテインキナーゼ（PK）を用いて，二つのシグナル系が動く模式図．ある場合は，足場タンパク質が中間（2番目）の MAP キナーゼそのものであることもある．この図は，足場タンパク質がいかにして共通の分子（濃い緑）をもちつつも，クロストークせずに独立した経路を活性化できるのかも示している．

Ras経路でみられるシグナルの選別

　しかし，話はそうは簡単ではなく，異なる受容体のシグナルが共通の分子を用い，最終的には異なる標的に向かうことがある．インスリンやEGFはどちらもRasを活性化するが，二つのシグナルの応答は相当異なっている．細胞は何らかの機構でシグナルを選別し，必要な所に送る能力をもっていると考えられる．

　最近，この謎に対する解決策が発見され，それは驚くほど単純な方法であった．2種類の受容体が酵母で研究されており，一つは性ホルモンで活性化され，もう一つは高濃度の塩で活性化される．これらの刺激はそれぞれ足場タンパク質につながれている異なるシグナル分子を活性化するが，両経路とも共通のプロテインキナーゼを経由する．いかにしてこれが可能なのだろうか．答えは，キナーゼが細胞膜に結合している特徴にある．一つの受容体へのシグナルがないときは，この経路の足場タンパク質につながれたタンパク質は膜に結合していない．受容体の細胞質側がコンホメーション変化をしたときに，足場タンパク質を引寄せて結合し，また，キナーゼと結合して活性化させる．シグナルが受容体から外れると，コンホメーションが変わり，足場タンパク質は膜から外れキナーゼの活性化を受けなくなる．こうして特定の受容体刺激は，最終的な標的分子へ正しく伝達されるのである．この機構を図29.15に概念的に示した．実は，これは酵母に限ったものではないのである．

　哺乳類において，Rasを活性化するシグナル伝達経路はいくつか存在し，それぞれが正しいメッセージを意図する方向に伝えることは非常に難しく，細胞がどのようにしてシグナルを正しく分別して伝えているのかはいまだに明確にされていない．しかし，きっとこの疑問の解決につながるに違いない知見がRasに関して得られた．哺乳類では四つのRasのアイソフォームが知られているが，それぞれが独自のシグナル伝達経路の活性化に関わることから，おそらくそれは厳密に区画化されていると推察されている．

　脂質ラフト lipid raft がこの問題の答えを提供するかもしれない．細胞膜中に存在するこの領域の特徴は，スフィンゴ脂質とコレステロールに富んだ小さなドメイン（島のようなもの）で，他の膜領域とは混ざることはない．また，スフィンゴ脂質がもつ長い脂肪酸鎖によって，少し厚くなった特徴をもつ．この脂質ラフトのシグナル伝達における役割は不明だが，シグナル伝達に関わる各種因子が集積する（結合する）部位と考えられている．これは，細胞膜内の脂質分子が平坦な膜内をランダムに拡散する"流動モザイクモデル"からは離れた考えである．スフィンゴ脂質とコレステロールに関しては，細胞膜内で融合状態にあることはわかっている．しかし，十数年後，この研究領域で，細胞内でシグナル伝達を分別する機構が脂質ラフトを介したものであるという考えに同意する研究者がいるかどうかはわからない．

ホスファチジルイノシトール3-キナーゼ経路とインスリンシグナル伝達

　ここで，チロシンキナーゼ型受容体のもう一つ別のシグナル伝達経路について述べたい．**ホスファチジルイノシトール3-キナーゼ（PI3キナーゼ）** phosphoinositol 3-kinase は，細胞の増殖，分化，アポトーシスの阻害，また代謝調節など，驚くべき多彩な，かつ非常に重要な役割を果たしている酵素である．これは，増殖因子，ホルモン，あるいは神経伝達物質など，いろいろな種類の受容体で活性化される．**インスリン**は一つの重要なリガンドであり，インスリンを例にこの酵素の調節系を説明しよう．

　インスリン受容体 insulin receptor はEGF受容体型の分子が二量体化した構造をしている．図29.16はインスリン刺激が細胞に及ぼす影響をまとめたものである．インスリンの影響は次の三つのカテゴリーに分類される．代謝効果，遺伝子発現効果，細胞分裂促進効果である．これらの影響は，効果が現れる時間の差こそあれ，すべてインスリン受容体の活性化を介してひき起こされる．次に，インスリン受容体活性化以降の経路のうちの2経路について述べる．

　代謝効果経路では，PI3キナーゼと**Akt/PKB**の二つのキナーゼが働く．Aktは，レトロウイルスがもつAkt8（"t"は胸腺腫 (thymoma) 由来）遺伝子産物の哺乳類型ホモログである．別名を**プロテインキナーゼB（PKB）** protein kinase B とよぶ．遺伝子発現や細胞分裂促進効果の経路では，EGFシグナル伝達と同様に**Ras**を介するシグナル伝達カスケードが関与する．

　読者の理解を進めるために，まず代謝効果について述べ，続いて，遺伝子発現や細胞分裂促進効果の経路について一緒に説明することとする．インスリンのシグナル伝達経路は，リガンド（インスリン）1分子がどのように受容体1分子に結合するのか，そして，活性化された1分子の受容体がいかにして多様な経路（グリコーゲン合成，アポトーシス抑制など）を活性化するのか，理解するのにふさわしい例である．

　インスリン受容体は，チロシンキナーゼ活性を内在する受容体である．図29.6を見てもらえばわかるが，このチロシンキナーゼ活性のドメインは細胞質側に存在する．さらに，リン酸化される部位は3箇所存在する．インスリンがインスリン受容体に結合すると，細胞質ドメインのチロシンキナーゼがお互いのチロシン残基のOH基を自己リン酸化しあう．このリン酸化部位はその後，シグナル伝達に関わるタンパク質が結合する部位となる．細胞膜に最も近い位置のリン酸化チロシン残基は，**インスリン受容体基質1/2（IRS 1/2）** insulin receptor substrate 1/2 のリン酸

29. 細胞のシグナル伝達

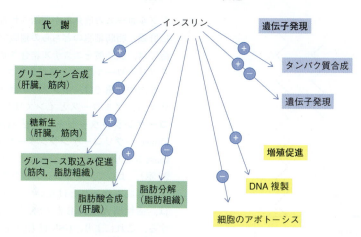

図 29.16　インスリンが及ぼす細胞内効果．細胞内効果は三つのカテゴリー（代謝効果，遺伝子発現効果，細胞増殖効果）に分けられる．＋は促進，－は抑制を意味する．

化と，PI3キナーゼやAkt/PKBの活性化に関わっている．三つのうちの真ん中に位置するリン酸化チロシンは種々のキナーゼの活性化に関与し，残りの膜からいちばん遠い位置のリン酸化チロシンは遺伝子発現や細胞分裂促進効果の経路に関わっている．

代謝経路（Akt/PKB活性化）の初期段階をまとめたのが図29.17であり，以下に説明を箇条書きで補足する．

1. インスリンが受容体に結合し，受容体はチロシン残基を自己リン酸化する．
2. リン酸化チロシン残基にSH2ドメインをもつIRS 1/2が結合し，これもリン酸化される．
3. PI3キナーゼがリン酸化IRS 1/2に結合することで，細胞膜近傍に運ばれる．PI3キナーゼはp85（制御ユニット）とp110（触媒ユニット）の二つのサブユニットから成る．
4. PI3キナーゼの基質は**ホスファチジルイノシトール4,5-ビスリン酸（PIP$_2$, PI(4,5)P$_2$）** phosphatidylinositol 4,5-bisphosphate である．PI3キナーゼの触媒作用の結果，セカンドメッセンジャーとして**ホスファチジルイノシトール3,4,5-トリスリン酸（PIP$_3$, PI(3,4,5)P$_3$）** phosphatidylinositol 3,4,5-trisphosphate がつくられる（図29.18）．
5. 不活性型として細胞質に存在していたAkt/PKBは，PIP$_3$ が集積した細胞膜領域に引寄せられ，**PHドメイン**を介してこれに結合する．
6. PIP$_3$ に結合したAkt/PKBは，**PDK1**とよばれる細胞膜結合型のキナーゼによってリン酸化され，活性型に移行する．

Akt/PKBは，その標的（基質）タンパク質の種類が非常に多く，これがインスリン刺激後の代謝効果に結び付いている．次に，代謝効果の代表例として，筋肉や脂肪細胞へのグルコースの取込み，肝臓や筋肉でのグリコーゲン合成の亢進，そして，脂肪細胞での脂肪分解の抑制の三つの例を述べる．

図29.19には，いかにしてインスリン受容体が活性化された後に筋肉や脂肪細胞がグルコースを取込み，肝臓や脂肪細胞内でグリコーゲン合成が亢進するかを示している．

肝臓や脂肪細胞は，グルコース輸送体の一つであるGLUT4を介してグルコースを細胞内に取込む．このGLUT4の働きは，インスリンによって制御されている．細胞外でグルコース，インスリンともに濃度が低いとき，このGLUT4は細胞内の小胞膜上に局在している．インスリン刺激に伴い，活性化されたAkt/PKBはGLUT4を含んだ小胞を細胞膜へと運び，そこでこの小胞が細胞膜と融合し，結果としてGLUT4が細胞表面に現れ，これによっ

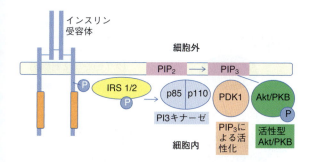

図 29.17　インスリンが受容体に結合すると細胞内ドメインのチロシンキナーゼ活性を増加させ，細胞質ドメインをリン酸化する．IRSはこのリン酸化チロシン残基に結合し，自らもリン酸化される．PI3-キナーゼがこのIRSに結合し，これが細胞膜に移行し，ホスファチジルイノシトール4,5-ビスリン酸（PIP$_2$）からホスファチジルイノシトール3,4,5-トリスリン酸（PIP$_3$）を合成する．この化合物がPHドメインをもつAkt-PKBを膜に引寄せ，PDK 1によりリン酸化し活性化する．グリコーゲンシンターゼをはじめいくつかのタンパク質をリン酸化し，細胞応答や遺伝子発現の調節を起こす．

V. 細胞と組織

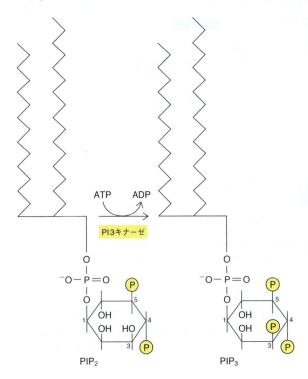

図 29.18 細胞膜成分であるホスファチジルイノシトール 4,5-ビスリン酸（PIP$_2$）から PI3 キナーゼによりホスファチジルイノシトール 3,4,5-トリスリン酸（PIP$_3$）を合成する．PI3 キナーゼはインスリンで活性化される．

てグルコースの取込みが開始されるのである．グルコースは肝臓，脂肪細胞のどちらの細胞でも代謝される．脂肪細胞では，脂肪酸をエステル結合させるためにグルコースからグリセロール 3-リン酸が合成される．

筋肉や肝臓では，インスリンはグリコーゲン合成を活性化する．グルコースとインスリンが低濃度のとき，**グリコーゲンシンターゼキナーゼ（GSK）** glycogen synthase kinase が**グリコーゲンシンターゼ 3（GS3）** glycogen synthase 3 をリン酸化することでこの酵素を不活性化する（第20章）．よって，グルコースが低濃度のとき，グリコーゲンが合成されることはない．一方，インスリン存在下では，活性型 Akt/PKB が GSK をリン酸化してこれを抑制する．これにより，GSK は GS3 をリン酸化できなくなり，GS3 は活性型として存在し，グリコーゲン合成が促進されるのである．

図 29.20 は，インスリン存在下での脂肪細胞における脂肪分解の抑制機構を示したものである．グルコース，インスリンの濃度がともに低いとき，グルカゴン刺激によって活性化されたアデニル酸シクラーゼの作用で細胞内のcAMP 濃度が上昇する（この章の後半で述べる）．cAMPは**プロテインキナーゼ A（PKA）** protein kinase A を活性化する．活性化された PKA は，ホルモン感受性リパーゼをリン酸化することでこの酵素を活性型に変換し，これによって TAG（トリアシルグリセロール）はグリセロールと脂肪酸へと加水分解されて血流中に放出される．インスリン存在下では，活性型の Akt/PKB が**ホスホジエステラーゼ** phosphodiesterase をリン酸化（活性化）し，細胞内の cAMP を AMP に変換する（cAMP 濃度を下げることに意味がある）．これによって PKA が不活性化され，ホルモン感受性リパーゼをリン酸化できず（活性化できず），

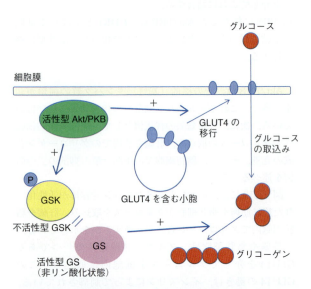

図 29.19 GLUT4 の細胞膜（筋肉，脂肪組織）への移行とインスリンによるグリコーゲン合成（筋肉，肝臓）の促進．活性型 Akt/PKB はグリコーゲンシンターゼキナーゼ（GSK）をリン酸化することで抑制する．これにより GSK はグリコーゲン合成に関与するグリコーゲンシンターゼ（GS）をリン酸化（活性化）できなくなる．

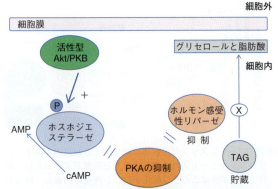

図 29.20 インスリンによる脂肪組織内での脂肪分解の抑制．インスリン刺激で活性化された Akt/PKB は，ホスホジエステラーゼをリン酸化することで活性化し，その結果，cAMPは AMP に変換される．これにより，PKA の活性は低下し，ホルモン感受性リパーゼをリン酸化（活性化）できず，すなわち，TAG 分解は起こらない．

結果的に TAG の加水分解が進まないことになる．

上述の通り，インスリンは遺伝子発現や細胞分化にも関わっている．これもインスリンがその受容体に結合することが引金となるが，その後のシグナル伝達経路は上述のものとは異なっており，むしろ，先述の EGF 受容体を介するシグナル伝達に似ている（たとえば，Ras や MAP キナーゼを介する点など）．

図 29.21 はインスリン刺激後の遺伝子発現までのシグナル伝達の概略を示している．SHC は，アダプタータンパク質であり（C 末端に Src 相同配列をもつ），これもインスリン受容体キナーゼの基質となる．リン酸化によって SHC は GRB-SOS 複合体（先述）と結合し，MAP キナーゼ経路を活性化する．EGF 受容体シグナル伝達経路と同様に Raf が活性化され，MEK キナーゼのリン酸化を経て，MAP キナーゼがリン酸化，活性化されることで基質となる特異的転写因子が活性化され，遺伝子発現が亢進するのである．

細胞膜上にキナーゼを配備しておき，刺激により各種のシグナル分子をその場所へ動かし，リン酸化するという戦略は非常におもしろく，また，幅広い応用が可能である．細胞の微小な区画にシグナル伝達分子群が局在している可能性がある[*6]．PI3 キナーゼの変異は発がんに結び付き，また，ヒトの進行性がんの多くにこの酵素の変異があると考えられている．

JAK/STAT 経路：別の種類のチロシンキナーゼ系

非常に多くの遺伝子が JAK/STAT 受容体によって制御されている．最初の発見は，抗ウイルス性の**インターフェロン** interferon（ウイルス感染で産生）による遺伝子発現制御がきっかけであった．しかし今では，さまざまなサイトカインや増殖因子のシグナル伝達に関わっていることがわかってきた．JAK/STAT シグナル伝達の特徴は，経路途中に多くの関連因子が関わるのではなく，受容体から核内への情報伝達はたった一つの二量体タンパク質によってなされていることである（図 29.22）．

受容体は細胞膜上では単量体として存在する．そして，細胞質ドメインにはチロシンキナーゼ活性はない．しかし，この細胞質ドメインに**ヤヌスキナーゼ（JAK）** Janus kinase というチロシンキナーゼが結合し，このシグナル伝達に関わる下流因子をリン酸化する．受容体は，細胞膜上でポリペプチドが対を成して存在し，それぞれの細胞内領域にはシグナル伝達ドメインが存在する．JAK はこのドメイン内で膜近傍に存在するプロリンが豊富な領域に結合している．（Janus とはローマ神話に出てくる二つの顔をもった神の名前である．JAK は二つのキナーゼ領域を

[*6] 訳注：このような部分をミクロドメイン，あるいは，脂質ラフト（先述）とよぶ．飽和脂肪酸やコレステロール，スフィンゴ脂質が多く，パッチ状の構造をつくると推定されている．

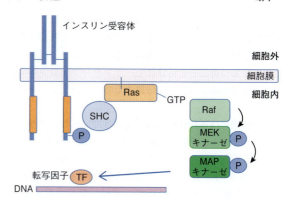

図 29.21 インスリンの Ras と MAP キナーゼを介した遺伝子発現調節．インスリンがインスリン受容体に結合すると，受容体のチロシン残基のリン酸化が起こる．SHC 分子はインスリン受容体上，最も細胞膜から離れた位置のリン酸化チロシンに結合し，引続きリン酸化により Ras を活性化する．さらに，Raf，MEK キナーゼ，MAP キナーゼが次々とリン酸化により活性化され，最終的に特異的な転写因子をリン酸化により活性化する．活性化された転写因子は，特異的な遺伝子群の発現を制御し，細胞を適切な増殖や分化へと導く．

もっているからこの名前が付けられた．）細胞外に受容体刺激がない場合，このキナーゼは不活性型である．受容体にサイトカインが結合すると，細胞膜内の受容体は二量体化し，この構造変化に伴い，細胞質領域に結合していた JAK は自己リン酸化によって活性化される．同時に JAK は受容体内のチロシン残基と，細胞質タンパク質である **STAT** signal transducer and activator of transcription もリン酸化する．STAT は自身がもつ SH2 ドメインを介してリン酸化受容体に結合し，自身も JAK によってチロシン

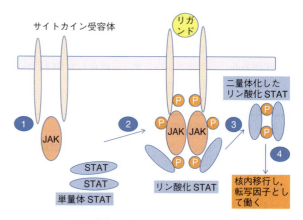

図 29.22 JAK/STAT を介したサイトカインのシグナル伝達経路．インスリン受容体や EGF 受容体とは異なり，サイトカイン受容体にはチロシンキナーゼ活性はない．代わりに細胞内領域に JAK が結合し，チロシンキナーゼとして機能している．受容体にリガンドが結合すると，JAK は受容体と JAK 自身，そして STAT をリン酸化する．リン酸化された STAT は二量体化し，核内に移行して転写因子として働く．

残基がリン酸化される．リン酸化された STAT は受容体から離れ，リン酸化状態のままで二量体化し，これが活性化型の転写因子として核内に送られる．こうして，標的の調節配列をもつ遺伝子を活性化し，インターフェロンの場合はウイルス感染から細胞を防御する多くの遺伝子の発現を行う．

この経路には多様性がある．受容体には三つのクラスが存在し，また，4種類の JAK（JAK1, 2, 3 と Tyk2）が存在し，それぞれが異なる受容体のチロシンリン酸化部位を認識し，特異的に結合する．哺乳類には 7 種類の異なる STAT が存在し，ホモあるいはヘテロ二量体を形成する．このように，多様なシグナルを多彩な遺伝子発現に向かわせる基本的な仕組みが，実は非常に単純に組立てられているのである．

JAK/STAT 経路の終結

すでに述べてきたように，シグナル伝達経路はスイッチオンの仕掛けと同時に，必ずスイッチオフの仕組みをもたなければならない．さもないと，シグナルは暴走する．JAK/STAT 経路にもさまざまな段階でフィードバックがかかる．まず，ホスファターゼがリン酸化されたタンパク質を脱リン酸する．サイトカインの結合した受容体はときに細胞内に取込まれ（インターナリゼーション），分解される．また，**SOCS** suppressor of cytokine signaling というタンパク質は JAK と結合し，JAK の活性を阻害する．SOCS タンパク質はチロシンキナーゼの活性部位に結合し，酵素活性を阻害する．

STAT 二量体は SOCS 遺伝子の発現を促し，ここにもフィードバック調節系ができている．こうして，サイトカインのシグナルは正と負のシグナル分子を同時に活性化することになる．SOCS 遺伝子の欠損マウス（第 28 章）にインターフェロンを投与すると，過剰な応答により多くの障害が起こる．最後に，**PIAS** protein inhibitor of activated STAT があり，これはエンハンサーに結合した STAT が遺伝子発現を起こす段階で阻害する．

G タンパク質共役型受容体と下流シグナル伝達経路

概　説

次に，別のシグナル伝達機構，すなわち，チロシンキナーゼを使わず，G タンパク質共役型受容体を利用する経路について述べる．G タンパク質共役型受容体（GPCR）は非常に大きなファミリーを形成しており，酵母，昆虫からヒトに至るまで普遍的に存在している[*7]．刺激するシグ

[*7] 訳注：ヒトでは約 950 種類の G タンパク質共役型受容体があり，マウスでは約 2000 以上種類あることが知られている．このうちの 1/3 は嗅覚受容体である．

ナルは，ホルモン，増殖因子，生理活性脂質，におい，プロトン，光などである．

受容体は細胞質側領域で，α，β，γ から成る**ヘテロ三量体 G タンパク質** heterotrimeric G protein と結合している．この G タンパク質は多くの点で共通した性質をもっている．活性化されていない G タンパク質 α サブユニットには GDP が結合しており（このために G タンパク質とよばれる），受容体にシグナル分子が結合するとコンホメーション変化をひき起こし，GTP 型となる．GTP 型の G タンパク質がセカンドメッセンジャー産生系を刺激し，上述のような細胞応答をひき起こすのである（図 29.7 b 参照）．

用語に関して付け加えると，Ras もまた GTP/GDP 結合タンパク質であり，上述のようなスイッチ機構をもっている．通常，G タンパク質といえば三量体 G タンパク質をさす場合が多く，Ras などは**低分子量単量体 GTP アーゼタンパク質**とよぶ．こうした概論はこれくらいにして，より詳細に述べていきたい．

G タンパク質共役型受容体の構造

すべての G タンパク質共役型受容体は細胞膜を 7 回貫通した構造をもっている（図 29.23）．これはヘビのような（サーペンタイン）構造ともよばれることもある．アドレナリンの場合，ホルモンは細胞膜貫通ドメインの途中のすき間に入り，細胞質側に共役して存在する三量体 G タンパク質を活性化する．生きた細胞では，細胞膜貫通ドメインは図のように横に広がっているわけではなく，環状にクラスターを形成している．

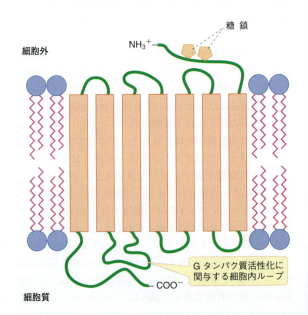

図 29.23　アドレナリン β_2 受容体の模式図．Dohlman, H. G., Caron, M. G., and Lefkowitz, R. J.; Biochemistry; 26, 2660. Copyright 1987 American Chemical Society より改変．

アドレナリンのシグナル伝達：Gタンパク質とcAMPという細胞内セカンドメッセンジャー

第20章でcAMPがプロテインキナーゼ群を活性化し，代謝調節することを述べた．ここでは，細胞内のcAMP濃度がどのように変化し，また，cAMPがどのように特定の遺伝子発現をひき起こすかを述べたい．非常に多くのホルモン（一次メッセンジャー）がcAMPをセカンドメッセンジャー（二次メッセンジャー）として利用している．副腎皮質刺激ホルモン（ACTH），抗利尿ホルモン（ADH），性腺刺激ホルモン，甲状腺刺激ホルモン（TSH），副甲状腺ホルモン，グルカゴン，アドレナリンやノルアドレナリンなどのカテコールアミン，ソマトスタチンなどがその例である．他にもまだまだ多種多様に存在し，cAMPが細胞ごとに異なる作用を示すことがわかる．cAMPによる応答は，それぞれリガンド特異的な受容体をもつ細胞ごとに異なる．ある細胞Aでは，物質XがX受容体を介して細胞内のcAMP量を上げ，そのcAMPはXのシグナル伝達にふさわしい作用を示す．一方，細胞BではXに対する受容体はないが，Y受容体を介してYに反応してcAMP量を上げる．こうしてYのシグナル伝達の機能が発揮される．例をあげると，肝細胞ではcAMPはグリコーゲンの分解を促進し，脂肪細胞ではTAGの分解を促進する．

細胞内のcAMP濃度の制御

cAMPはATPからアデニル酸シクラーゼの働きでつくられる（図29.24）．この酵素は細胞膜に埋め込まれたタンパク質である（図29.25a）．典型的な例は**アドレナリンβ_2受容体** adrenergic β_2-receptor である．この型の受容体の細胞質領域にはα, β, γの三つのサブユニットから成る三量体型のGタンパク質が結合している．このGタンパク質のαサブユニットにはGTPかGDPが結合する．αサブユニットにGDPが結合している間は何も起こらないのである．これは受容体にホルモンが結合していないときの状態である（図29.25a）．

この受容体にアドレナリンが結合すると，受容体のコンホメーションが変化する．その結果，受容体に結合しているGタンパク質のコンホメーションも変化し，GDPがGTPに交換される．Gタンパク質によるこの交換反応は受容体にリガンドが結合しないと起こらない．GTP結合型となったαサブユニットは$\beta\gamma$から離れ，細胞膜上を移動してアデニル酸シクラーゼと結合し，これを活性化する（図29.25b,c）．アデニル酸シクラーゼがcAMPをつくる反応は図29.24（a）に示している．

ホルモンはGタンパク質を仲介者として細胞内のcAMPを増加させる．GTP結合型αサブユニットによるアデニル酸シクラーゼの活性化は一過性であり，一定時間後にスイッチがオフとなる．そうでないと，一つのホルモン分子が永遠にシグナルを伝え続けることになってしまう．

αサブユニットは自身の中にGTPアーゼ活性をもち，GTP結合型のとき，結合しているGTPをGDPに加水分解する（図29.25d）．この加水分解活性は低いのでGTPの加水分解は多少遅れる．GDP型となるとαサブユニットはアデニル酸シクラーゼから離れ，もとの状態に戻り，昔のパートナーであった$\beta\gamma$サブユニットと再会合し，三量体Gタンパク質として受容体へ再結合する（図29.25

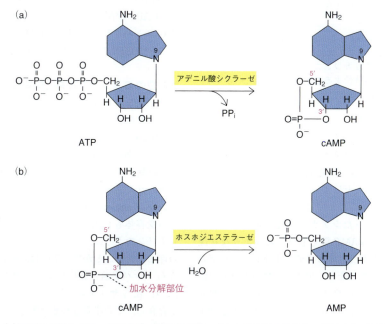

図29.24 （a）アデニル酸シクラーゼによるcAMPの産生．（b）ホスホジエステラーゼによるcAMPの分解．

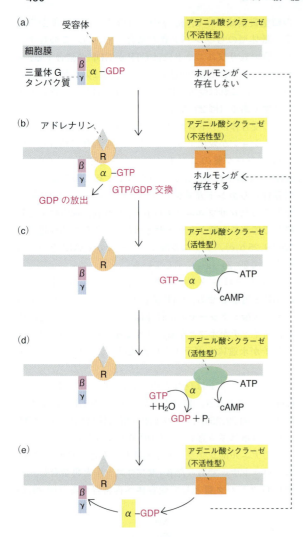

図29.25 アドレナリンのようなホルモンによるアデニル酸シクラーゼ活性の調節．サブユニットの位置関係などは正確ではなく，大切なことはαサブユニット・GTP複合体がアデニル酸シクラーゼを活性化することである．(a)〜(e)の説明は本文中に述べられている．

e)．ここにホルモンがくれば，状態が (b) となり，また新しいシグナル伝達サイクルが始まる（図29.25 b）．リガンドがなければ状態 (a) に戻り，細胞の反応は停止する．ホスホジエステラーゼによって産生されたcAMPがAMPへと加水分解されることにより（図29.24 b 参照），ホルモン刺激から始まったシグナル伝達は完全に終結する．したがって，常にcAMP量を上げておくような状況では，αサブユニットが受容体とアデニル酸シクラーゼの間を行き来しなければならない．アデニル酸シクラーゼが活性化されている時間はαサブユニットのGTPが加水分解されるまでの時間と考えてよい．これはスイッチを押すと階段の照明が点灯するが，スイッチボタンはゆっくり戻り，1〜2分後に消灯するのと似たイメージである．照明を持続的にオンにするのには，ボタンを押し続けなければならない．Gタンパク質はこのような意味ではシグナル伝達の"時間制御装置"ということもできる．また，この系はシグナルの増幅作用もある．一つのホルモンで活性化された1分子の受容体は次々と他のGタンパク質を活性化し，多数のアデニル酸シクラーゼを活性化し，それぞれの酵素がまた，多数のcAMP分子をつくるのである．

GTPの加水分解によるシグナル伝達の終結の重要性は，この機構が破綻した状況を知ることでよくわかる．cAMPの産生は細胞ごとに異なる作用を発揮する．たとえば，肝臓では，cAMP産生によってグリコーゲン分解が促進されるが，腸管の粘膜細胞ではナトリウムイオン（Na^+）の小腸管腔への排泄が促進される．

コレラ cholera の病態を例にしよう．腸管の粘膜細胞からは Na^+ が排泄されるが，これはcAMPにより促進される．コレラに罹患した場合，コレラ毒素（酵素）がGタンパク質のαサブユニットをADPリボシル化修飾（ADPリボース分子のGTPアーゼ活性部位への転移）することでGTPアーゼ活性を抑制してしまう．したがって，一度アデニル酸シクラーゼが活性化するとスイッチがオフされることなく，cAMPの産生が継続し，その結果，大量の Na^+ と水が腸管腔に排泄されてしまうことになる．重篤な下痢による水分と電解質の喪失により死に至ることもある．

GTPアーゼ活性化タンパク質による Gタンパク質シグナルの調節

Ras経路のシグナル伝達にGTPアーゼ活性化タンパク質（GAP）が関与していることを述べてきた．ヘテロ三量体Gタンパク質を制御するGAPも存在し，αサブユニットのもつGTPアーゼ活性を2000倍以上も高める．

別の型のGタンパク質共役型受容体

図29.25のGTP結合型αサブユニットはアデニル酸シクラーゼを活性化するので，G_s（"s"は促進性 (stimulatory) の意味）とよばれる．一方，アドレナリン（エピネフリン）の別の受容体（$α_2$受容体）はアデニル酸シクラーゼを抑制する．これは，$α_2$受容体が G_i（"i"は抑制性 (inhibitory) の意味）と共役しているからである．**アンギオテンシン** angiotensin や**ソマトスタチン** somatostatin に対する受容体も G_i 型のGタンパク質に共役している．アドレナリンのように，一つのホルモンが異なる細胞で正反対の作用を営むことができるのは，結合する受容体と共役するGタンパク質が細胞によって異なるためである．さらに，α，β，γサブユニットには異なる遺伝子（サブタイプ）が存在し，その組み合わせは多様で，さらに複雑な調節が可能となる．

cAMPはどのようにして遺伝子発現を調節するのか

第20章で，cAMPがプロテインキナーゼA（**PKA**）を活性化することを述べた．PKAは種々の代謝過程に重要な役割を果たすだけでなく，図29.26に示すような流れで特定の遺伝子の発現誘導を起こす．活性化されたPKAは核へ移行し，**cAMP応答配列（CRE）** cAMP response element をもつ遺伝子を誘導する．繰返しになるが，応答配列とはプロモーター領域の特定塩基配列のことで，ここに転写因子が結合し，遺伝子の発現を調節する．**CRE結合タンパク質（CREB）** CRE-binding protein がPKAでリン酸化され，二量体となり，活性型の転写因子となるのである．Gタンパク質αサブユニットが常に活性をもつような変異はPKAを過剰に働かせ，これは発がん性につながる．

Gタンパク質共役型受容体の脱感作

外界からの刺激が持続すると，やがて細胞のほとんどは刺激に反応しにくくなる．ある場合は受容体の合成がなくなり，あるいは，受容体はエンドサイトーシスを起こし，リソソームで分解され，こうした例はインスリン受容体などでみられる．受容体数の減少は**ダウンレギュレーション** downregulation とよばれている．別の方法は，**Gタンパク質共役型受容体キナーゼ（GRK）** G protein-coupled receptor kinase による受容体のリン酸化による不活性化である．これにより，リン酸化部位に**βアレスチン** β-arrestin という抑制タンパク質が結合する．このリン酸化反応を前述のチロシンリン酸化による活性化の反応と混同しないように注意されたい．GRKは受容体にリガンドが結合している活性化状態のときのみ，これをリン酸化し，不活性化をひき起こす．GRK自身も活性が調節されているという証拠がある．

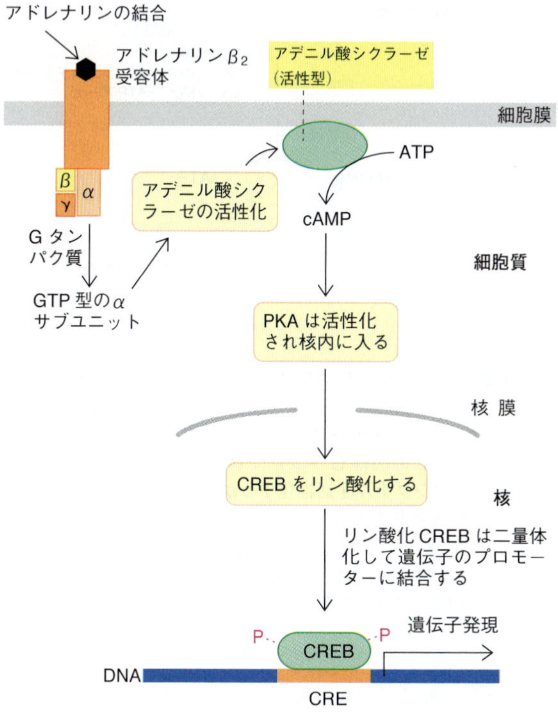

ホスファチジルイノシトール経路：別のセカンドメッセンジャーを用いるGタンパク質共役型受容体経路

アドレナリン受容体とは異なるシグナル伝達経路を利用するGタンパク質共役型受容体も存在する．これから説明する経路では，GTP結合型αサブユニットにより，まったく別種類の酵素が活性化され，cAMPとは異なるセカンドメッセンジャーが産生される．たとえば，アセチルコリンやバソプレッシン受容体がこれに属する．

以前に，細胞膜の構成成分である**ホスファチジルイノシトール4,5-ビスリン酸（PIP$_2$）**が，PI3キナーゼを介するインスリン受容体のシグナル伝達でいかに重要かを説明した．しかし，これから述べるシグナル伝達経路は，同様にPIP$_2$から始まるが（図29.18参照），先述のPI3キナーゼとは別の経路である．繰返しになるが，この場合も受容体の細胞質領域にはGタンパク質が共役している．受容体にリガンドが結合すると，αサブユニットはGTP型となり，膜酵素である**ホスホリパーゼC（PLC）** phospholipase C を活性化し，PIP$_2$から**イノシトール1,4,5-トリスリン酸（IP$_3$）** inositol 1,4,5-trisphosphate と**ジアシルグリセロール（DAG）** diacylglycerol が産生される（図29.27）．IP$_3$は細胞膜を離れ，細胞質に広がり，小胞体内腔からCa^{2+}（カルシウムイオン）を放出する．小胞体内腔は，Ca^{2+}濃度が細胞質と比べてずっと高い状態にある．IP$_3$は小胞体膜上のIP$_3$受容体に結合し，チャネルを開口してCa^{2+}を細胞質に放出するのである．ホルモンが受容体から離れたり，GTPが加水分解されたり，IP$_3$が分解されたり，Ca^{2+}がCa^{2+}/ATPアーゼポンプの働きで小胞体内腔に戻ると，シグナルは終結する．こうして，ある種のホルモンは受容体に結合し，ホスファチジルイノシトール経路を活性化し，細胞内のDAGとCa^{2+}を増加させる（図29.28）．

DAGは**プロテインキナーゼC（PKC）** protein kinase C の生理的な活性化因子である．また，PKCはCa^{2+}でも活性化される特徴をもち，細胞質に局在するPKCはDAG

図29.26 アドレナリンβ$_2$受容体の機能．アドレナリンが受容体に結合すると，GTP型のαサブユニットがアデニル酸シクラーゼを活性化し，cAMPを合成する．cAMPはPKAを活性化し，PKAは（種々の代謝応答を起こし，さらに）核内へ入る．PKAはCREB（cAMP応答配列結合タンパク質）をリン酸化し，特定の遺伝子に関わる転写因子を活性化する．これが遺伝子を活性化し，アドレナリンの作用を発揮する．Gタンパク質がアデニル酸シクラーゼを活性化する．CRE：cAMP応答配列．

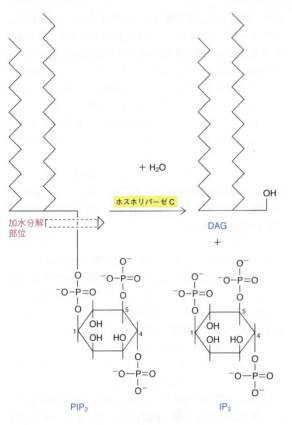

図 29.27 ホスファチジルイノシトール 4,5-ビスリン酸（PIP_2）の加水分解によるジアシルグリセロール（DAG）とイノシトール 1,4,5-トリスリン酸（IP_3）の生成

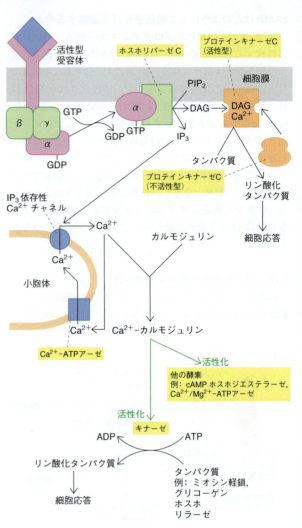

図 29.28 ホスファチジルイノシトール経路．DAG，IP_3，Ca^{2+} がセカンドメッセンジャーとして働く．G タンパク質の α サブユニットが GTP 型のとき，ホスホリパーゼ C を活性化する．この図は G タンパク質共役型受容体がいかに多くの細胞内シグナルを活性化するかを示している．異なる G タンパク質共役型受容体が異なる G タンパク質と結合し，GTP 結合型 α サブユニットが種々の酵素を活性化する．この場合は，ホスホリパーゼ C を活性化する（図 29.25 ではアデニル酸シクラーゼを活性化しているのと比較せよ）．

の作用で細胞膜へ引寄せられる．これは，最も重要なプロテインキナーゼの一つであり，さまざまなタンパク質をリン酸化する．実際，多種類の PKC が存在する．PKC は核内で種々の転写因子をリン酸化によって活性化し，また，細胞増殖の調節にも深く関わっている．**ホルボールエステル** phorbol ester という発がん物質があるが，これは図 29.29 に示すように DAG と構造の一部が類似し，PKC を活性化して細胞分裂を促進する．DAG は正常な細胞におけるシグナル分子であり，細胞を増殖させる作用がある．一方，ホルボールエステルは発がん物質であり，両者の作用が類似しているのは一見不思議に思える．DAG は酵素的に速やかに分解されるのに対し，ホルボールエステルは非常に安定で，長時間 PKC を活性化し続けるためであろう．DAG と Ca^{2+} はどちらも PKC の最大活性を得るために必要な分子である．しかし，これとは別に Ca^{2+} にはセカンドメッセンジャーとしての多彩な作用がある．

カルシウムイオンの他の制御機構

Ca^{2+} は，生体内で多様な役割を果たしている．ヒトは体内に約 1 kg のカルシウムをもっている．その内訳は，99 % が骨や歯に存在し，約 1 % が血液や体液内，そして，ごくわずかな量が細胞内に存在している．全体的な戦略としては，細胞質中の濃度を非常に低く保ち，Ca^{2+}-ATP アーゼ（カルシウムポンプ）で細胞外，ミトコンドリア，および小胞体内腔にため込む[*8]．また，筋肉の場合は**筋小胞体** sarcoplasmic reticulum（第 8 章）に高濃度蓄えら

[*8] 訳注：細胞質中は 10^{-7} M の低濃度であり，細胞外，あるいは，小胞体内を 10^{-3} M にして 10,000 倍という大きな濃度勾配をつくっている．シグナル分子としては有利である．

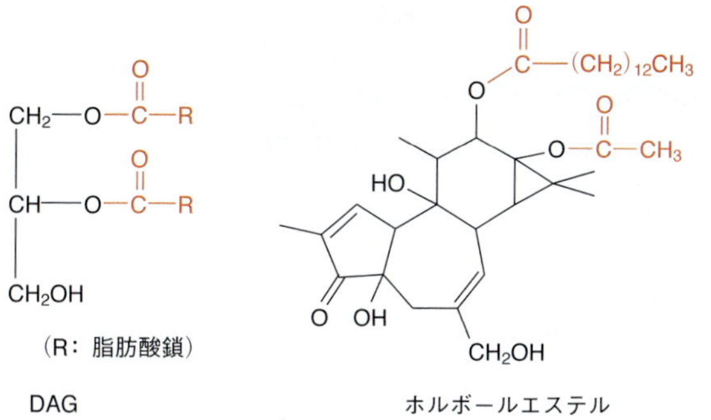

29. 細胞のシグナル伝達

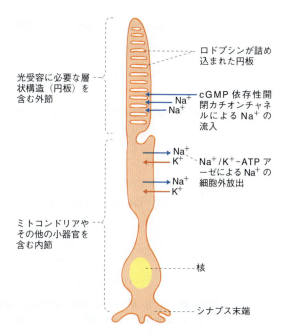

図 29.29 ホルボールエステルは DAG の類似分子である．DAG は PKC の天然活性化分子である．

図 29.30 桿体細胞の構造

れている．いろいろなシグナル分子がリガンド依存性開閉 Ca^{2+} チャネルを開口し，細胞質の Ca^{2+} 濃度を高め，そこで Ca^{2+} は調節因子として働いている（第 7 章）．細胞内外での濃度勾配が非常に大きいということは，Ca^{2+} を即効的に細胞内に動員するのに必要な条件である．

Ca^{2+} がセカンドメッセンジャーとして働く手段の一つは，多くの細胞に分布している**カルモジュリン** calmodulin を介した作用である．カルモジュリンは高親和性の四つの Ca^{2+} 結合部位をもっており，Ca^{2+} の結合によりコンホメーション変化を起こす．カルモジュリンはさらに別の酵素と結合し，その活性を調節する．カルモジュリン結合型の酵素もあれば，普段は離れていて，Ca^{2+} の結合が引金となり結合する場合もあるが，それぞれ酵素によって異なっている．Ca^{2+} と結合したカルモジュリンが多くのキナーゼを制御し，こうして Ca^{2+} はセカンドメッセンジャーとしての働きするのである．カルモジュリン依存性キナーゼの基質には，グリコーゲンホスホリラーゼやミオシン軽鎖などがある（第 8 章）．これ以外にも多くのタンパク質がカルモジュリンで制御されている．

視覚：G タンパク質共役型受容体を介する機構

G タンパク質共役型受容体がいろいろな場所で作用している例としては，たとえば，光のシグナルがある．視覚に関する基本的な疑問は，光のシグナル（光子）をどのように神経インパルスに変換し，脳に伝えるかという問題である．

網膜は光を感受する 2 種類の細胞をもっている．一つは暗い所で白黒を判別する**桿体** rod であり，もう一つは色を識別する**錐体** cone である．これから主として述べる桿体は二つの領域から成っている．内節には核，ミトコンドリアや合成装置があり，内端は視神経につながる双極細胞とシナプスを形成する部位である．もう一方の端は桿状の構造をしており，その中には円板上の膜が 2000 以上の層を成している（図 29.30）．ここに光感受部位がある．

光シグナルの伝達

光検出の仕組みは非常に複雑であるが，ここでは基本的な原理のみを述べることとする．暗所では桿体は**グアニル酸シクラーゼ** guanylate cyclase の働きにより，比較的多くの**サイクリック GMP**（cGMP；cAMP の類似体）を産生している（図 29.34 参照）．これは受容体活性化によって産生されるものではないので，厳密にはこの場合，cGMP はセカンドメッセンジャーとはいえない．細胞膜には cGMP が結合することにより開かれるカチオンチャネルが存在する（第 7 章）．

暗所では，チャネルを通じて Na^+ が常に流入しており，細胞膜は比較的浅い膜電位（-30 mV）をもっている（第 7 章）．

桿体内の光受容体は**ロドプシン** rhodopsin であり，これはオプシンという膜タンパク質と **11-*cis*-レチナール** 11-*cis*-retinal というビタミン A（レチノール）や β-カロテン（プロビタミン A）の類似体が結合したものである．ロドプシンは，G タンパク質共役型受容体と同じように膜を 7 回貫通する構造をもっている．11-*cis*-レチナールは，ロドプシンのリシン残基の ε-NH$_2$ 基に結合した形で保持されている．光が当たると，ロドプシンに結合しているレチナールが**全 *trans*-レチナール** all-*trans* retinal となり，受容体の構造変化が起こる（メタロドプシン II への構造変換）（図 29.31）．このレチナールの変化は受容体，特に細胞質ループの構造を変化させ，この結果，ヘテロ三量体 G タンパク質である**トランスデューシン**（G_t）transducin の GDP が GTP と交換される．トランスデューシン内の GTP

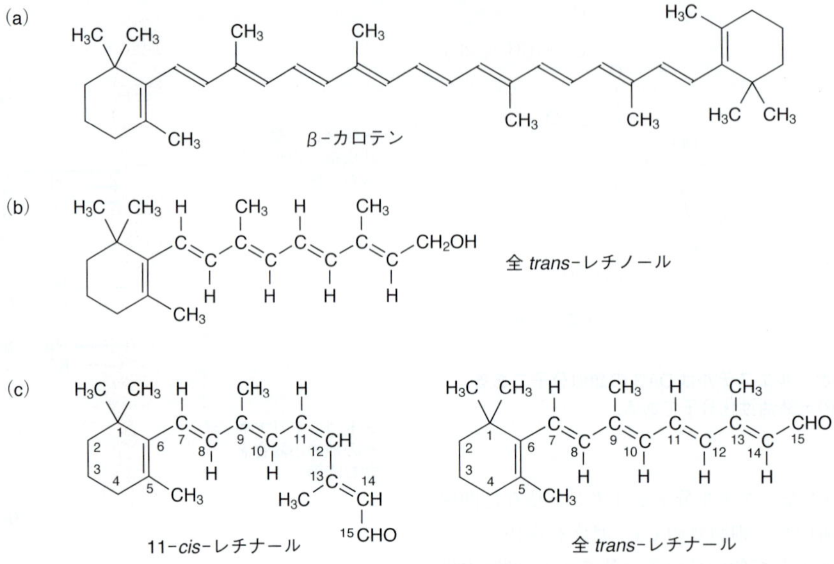

(a) β-カロテン

(b) 全 *trans*-レチノール

(c) 11-*cis*-レチナール、および全 *trans*-レチナール

図 29.31 (a) β-カロテンは植物における光合成色素であるが、動物ではビタミン A の前駆体である。(b) 全 *trans*-レチノールの構造。(c) 11-*cis*-レチナール、および全 *trans*-レチナールの構造。

型 α サブユニット（活性化型）は、**cGMP ホスホジエステラーゼ** cGMP phosphodiesterase を活性化し、cGMP の濃度を低下させる（図 29.32）。この酵素は、先に説明した cAMP ホスホジエステラーゼと似た反応をする（図 29.24 b 参照）。cGMP が低下すると、カチオンチャネルが閉じ、Na^+ の流入が止まり、その結果、膜電位は -70 mV 程度に大きくなる（過分極状態である）。この刺激が脳の視覚野に伝わり、一瞬にして光のスポットを見ることができるのである。

光反応からの回復は非常に複雑な過程である。まず、GTP 型の α サブユニットは自身がもつ GTP アーゼ活性により GDP 型となり、βγ のサブユニットと会合し、トランスデューシンのヘテロ三量体が再結合する。活性化したロドプシンの不活性化が起こり、細胞内 Ca^{2+} 濃度が低下し、それが cGMP 合成を促進させ、細胞内 cGMP 量が増大する。こうしてもとの状態に戻るのである。

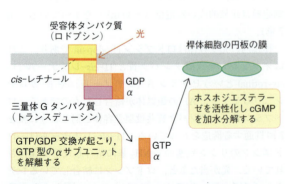

図 29.32 視覚にかかわる G タンパク質共役型受容体。受容体は細胞膜を 7 回貫通する構造をもっており、11-*cis*-レチナールを結合している。細胞質ドメインは光の刺激により、G タンパク質（トランスデューシン）を GTP 型として、これが cGMP ホスホジエステラーゼを活性化する。その結果カチオンチャネルが閉じて Na^+ の流入が止まり、膜は過分極を起こし、これが視神経に伝わる。

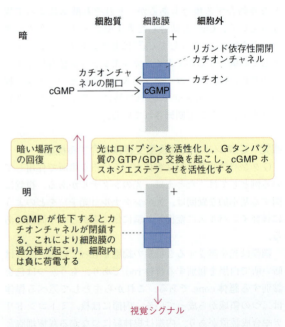

図 29.33 視覚情報伝達の仕組み。光刺激がロドプシンを活性化し、cGMP ホスホジエステラーゼを活性化する。cGMP の減少によりカチオンチャネルは閉じ、細胞膜の過分極が起こり、これが視神経に伝わる。

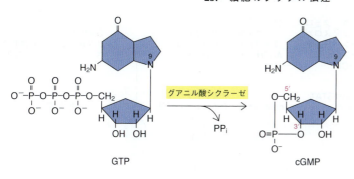

図 29.34　グアニル酸シクラーゼによる 3′,5′-cGMP の生成

全体の過程を要約すると（図 29.33），光の下では cGMP 量は減少し，カチオンチャネルは閉じ，膜は過分極し，視覚シグナルが視神経に伝わる．暗くなると cGMP 量が戻り（増加し），ナトリウムチャネルが開き，膜は脱分極し，次の光刺激を待つことになる．

錐体における色認識に関しては，3色の異なる視色素が存在し，11-*cis*-レチナールが結合した受容体タンパク質はロドプシンと 95 % 以上のアミノ酸配列相同性をもつものである．これら三つの視色素は，赤，緑，青である．

次に，cGMP が実際にセカンドメッセンジャーとして働いているシグナル伝達経路について述べる．

cGMP をセカンドメッセンジャーとするシグナル伝達経路

膜受容体を介する経路

心臓は，血中の Na^+ 濃度を制御する神経ペプチドホルモンを産生し，これによって血圧を調節している．この調節には cGMP がセカンドメッセンジャーとして働いている．cGMP の合成については図 29.34 を参照されたい．このホルモンは**心房性ナトリウム利尿ペプチド** atrial natriuretic peptide で，心房や血管内膜で合成され，腎臓にある当該受容体に働きかけて Na^+ 排泄機能を果たす．この受容体の細胞内ドメインにはグアニル酸シクラーゼが存在し，この酵素は，受容体の神経ペプチド結合に伴うコンホメーション変化によって活性化されるのである（図 29.35）．上昇した cGMP は特異的なプロテインキナーゼを活性化し，これによって腎臓からの Na^+ の排泄が亢進される．ホスホジエステラーゼによる cGMP の加水分解は cAMP の代謝と類似である（図 29.24 b 参照）．

もう一つの cGMP をセカンドメッセンジャーとした制御機構についても紹介する．（視覚系では cGMP はセカンドメッセンジャーとしては定義されていない．）

一酸化窒素によるグアニル酸シクラーゼの活性化

細胞質に可溶性の細胞質型グアニル酸シクラーゼが存在する．これは活性中心に補欠分子族としてヘムを含有しており，**一酸化窒素（NO）** nitric oxide で活性化される．ヘ

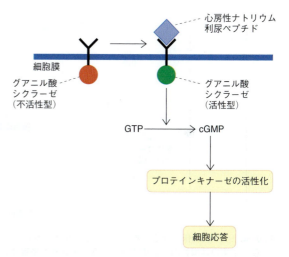

図 29.35　膜受容体による cGMP の産生．受容体は心房性ナトリウム利尿ペプチド（青）によって活性化される．この受容体は1回膜貫通型であり，細胞内領域にグアニル酸シクラーゼ領域をもつ．受容体にリガンドが結合すると，コンホメーション変化に伴いグアニル酸シクラーゼ活性が上昇し，GTP から cGMP が産生される．引続き，プロテインキナーゼの活性化が起こり，細胞応答へと向かう．

ムが NO のセンサーとして働き，10^{-8} M 程度の濃度を感知し，GTP から cGMP の産生を促す．NO はアルギニンのグアニジノ基より，血管内皮などに存在する **NO シンターゼ（NOS）** nitric oxide synthase の働きで産生される[*9]．NO は血管平滑筋に達し，cGMP を増加させ，筋肉を弛緩させ，血管拡張を起こすのである．NO の産生は，血流による血管引っ張り刺激などでも産生される．これにより血管は弛緩する．NO は数秒で酸化されて NO_2 や NO_3 などの過酸化物に変化してしまうため，局所でのみ（パラクリン的に）働くホルモンである．NO は脂溶性分子であり，細胞膜を容易に通過し，近隣の細胞に働く．トリニト

[*9] 訳注：もう少し詳細に述べると，3種類の NOS が知られている．カルモジュリンにより活性化される cNOS（Ca^{2+}-dependent NOS），細菌のエンドトキシンなどで誘導される iNOS（inducible NOS），また，血管内皮細胞に由来する eNOS（endothelial NOS）である．

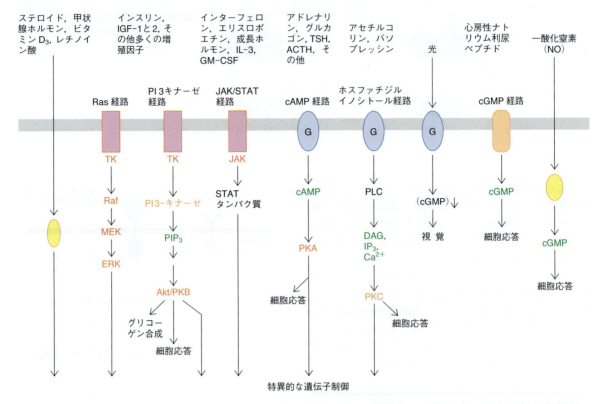

図 29.36 シグナル伝達経路の要約．赤で示すキナーゼは，受容体（赤）あるいはセカンドメッセンジャー（緑）で活性化される．黄色で示すのは細胞内受容体である．赤で示された受容体はリガンド結合により自己リン酸化される（TK は受容体チロシンキナーゼ）．G は G タンパク質共役型受容体をさす．オレンジ色の受容体は変わっており，グアニル酸シクラーゼが細胞質ドメインに存在する．実に多様な受容体とシグナル系があることがわかるが，細胞内のセカンドメッセンジャーがどのように細胞応答をひき起こすかは明らかになっていない．光の刺激は例外的で，cGMP 濃度を下げるが，この場合は cGMP はセカンドメッセンジャーとして働いているわけではない．異なるシグナル経路の刺激因子として示している増殖因子，サイトカイン，ホルモンなどは説明上，代表的なものを記したまでであり，これがすべてではない．

ログリセリンは狭心症に効果のある薬だが，徐々に NO を産生し，心臓の血管を拡張する作用がある．NO は複雑な生体調節系の一つであり，多くの生物の作用を示す．cGMP ホスホジエステラーゼの特異的阻害剤であるシルデナフィル（商品名バイアグラ）は NO の作用を強め，その産生は性的刺激により増加する．その結果，血管を拡張させ，勃起をひき起こすのである．

最近，可溶性のグアニル酸シクラーゼの調節は，これまで考えられてきたものよりもずっと洗練されているということが示唆された．安静状態では，平滑筋の弛緩はヘムとともに低いレベルの NO により維持されており，この NO はヘムの補欠分子族に結合してグアニル酸シクラーゼを部分的に活性化する．ここで，たとえばアセチルコリンの遊離などが引金となって NO 産生が亢進すると，高濃度の NO が非ヘム部分に結合しグアニル酸シクラーゼを一過的に活性化する．これが結果的に急激な平滑筋の弛緩につながるのである．

全体のまとめ

この章で述べてきたシグナル伝達経路を図 29.36 にまとめた．特に，プロテインキナーゼとセカンドメッセンジャーを強調して描いている．

要　約

細胞は他の細胞からのシグナルを受取る受容体をもっている．酵母や細菌などの単細胞生物では，これはあまり問題にはならないが，哺乳類をはじめとする多細胞生物では，生体を全体として統制するためのシグナル分子は膨大な数となる．これらの分子は生命の基本現象である遺伝子制御，細胞の生存，アポトーシス，細胞分裂，代謝制御な

ど，多彩な作用を営む．ときに，がんはこうしたシグナル伝達の機能不全によって起こるのである．

シグナル分子には多様なタンパク質，ペプチド，ステロイドやその他の脂溶性分子，一酸化窒素などがある．別の分類をするならば，神経伝達物質，ホルモン，増殖因子，サイトカインなどがこれにあたる．

シグナル分子は標的細胞の特異的受容体と結合し，シグナル伝達経路を活性化する．こうして，核では遺伝子調節を行い，細胞質では直接代謝を制御する．

ステロイドは細胞膜を透過し，細胞内受容体と結合するが，それ以外の多くの水溶性分子は細胞膜受容体と結合する．細胞膜受容体はすべて膜貫通タンパク質であり，リガンドの結合により細胞質側ドメインがコンホメーション変化し，これが引金となりシグナル経路が活性化される．

細胞膜受容体は大きく二つに分類される．一つはチロシンキナーゼ型受容体であり，もう一つはGタンパク質共役型受容体である．前者の場合，リガンドの結合により受容体は二量体化し，細胞質ドメインがチロシンリン酸化を受ける．この系では，タンパク質のリン酸化が重要である．アダプタータンパク質が存在し，リン酸化チロシントをSH2ドメインで認識する．このタンパク質がSH3ドメインをもっている場合は，さらにプロリンに富んだ配列をもったタンパク質を結合する．SH2，SH3ドメインは非常に多くのタンパク質にみられる．シグナルは次々に下流に伝えられ，最終的に核に伝えられ，遺伝子発現を誘導する．

Ras経路は多くの細胞で広くみられるが，チロシンキナーゼ経路の原型といえる．これは，セリン/トレオニンキナーゼ経路で増幅され，核へシグナルを送る．Rasタンパク質はGTP/GDP交換機構をもっている．Rasは受容体にリガンドが結合した状態でのみ活性化され，このときGDPがGTPと交換される．しかし，GTPはRas自身のもつGTPアーゼによりゆっくり加水分解され，不活性化され，シグナルは停止する．これは生体のもつ一種の時間制御機能であり，受容体にリガンドが結合すれば再び活性化を受ける．シグナル分子（リガンド）は分解されるので，通常は他の細胞により，シグナル分子が産生されているときのみ，この経路は活性化されることになる．

シグナル分子が存在しなくなると，ホスファターゼはリン酸化されたタンパク質を脱リン酸することで不活性化する．GTPアーゼの欠損や減弱をひき起こす変異により，Rasが過剰な活性化を受けた状態は，多くのヒトのがんで認められ，これはRasに限らず多くのシグナル経路でみられることである．もう一つのチロシンキナーゼ経路はJAK/STAT経路である．これは，活性化された受容体が細胞質に存在するSTATタンパク質をリン酸化し，これが核内に入り直接転写因子として働く例である．これは非常に直接的な経路で，多くのタンパク質リン酸化を介するRas経路とは異なっている．活性化を停止させる経路も存在する．インスリンは膜のPI3キナーゼが関わる別の経路も活性化する．

Gタンパク質共役型受容体は種類が多く，多彩である．約半数の薬剤がこれを標的としている．古典的な例は，アドレナリン（エピネフリン）により活性化される受容体である．受容体の細胞質側には α，β，γ のサブユニットから成るヘテロ三量体Gタンパク質が結合している．シグナルを受取るとαサブユニットのGDPがGTPに交換され，GTP結合型αサブユニットが膜を側方移動し，膜に結合しているアデニル酸シクラーゼを活性化する．これにより，cAMPが産生される．αサブユニットはGTPをGDPにゆっくりと加水分解する酵素活性をもっているので，シグナルは自動的に停止する．すると，αサブユニットはアデニル酸シクラーゼから離れ，β，γ サブユニットと再会合する．GTP/GDP交換は一種の分子時計として働いている．コレラではGTPの加水分解が抑制され，cAMPが過剰に持続的生産されることが腸管での激烈な下痢症状につながる．

これとは異なるセカンドメッセンジャーの産生をひき起こすGタンパク質共役型受容体の例として，ホスファチジルイノシトール経路がある．イノシトール1,4,5-トリスリン酸（IP_3）が産生されると，Ca^{2+}が細胞質に放出され，他方，ジアシルグリセロール（DAG）が産生されるとプロテインキナーゼC（PKC）が活性化される．Ca^{2+}は細胞内でさまざまな機能をもっている．

視覚系では光の刺激で細胞内のcGMP量が低下する．その結果，視神経を通じて脳の視覚野に刺激が送られる．

この他，受容体がグアニル酸シクラーゼ活性をもっている例では，cGMPがセカンドメッセンジャーとなる．

一酸化窒素は細胞質にあるグアニル酸シクラーゼを活性化し，cGMPを増加させる．cGMPがホスホジエステラーゼの働きで低下すると，シグナルは停止する．バイアグラはホスホジエステラーゼの一種を阻害する薬剤である．

問題

1 cAMPの産生はどのように調節されているか．この過程におけるGTPの役割を述べよ．コレラでの下痢とはどのような関係があるか．
2 cAMPはセカンドメッセンジャーとしてどのように働いているか．
3 一酸化窒素（NO）はどのような作用をもっているか．
4 cAMPやcGMPだけがセカンドメッセンジャーではない．他にどのようなものがあり，どのように働いているか．
5 次の3種類の受容体による活性化機構の違いを述べよ．

(a) アドレナリンによるアデニル酸シクラーゼの活性化，(b) EGF 受容体による Ras 経路の活性化，(c) インターフェロンによる遺伝子の活性化．

6 哺乳類における細胞間のシグナル分子（リガンド）を分類せよ．

7 脂溶性分子は細胞膜を通過する．他方，水溶性分子は通過できない．この二つの分子は根本的に異なる様式のシグナル伝達を行うのか．説明せよ．

8 もし，タンパク質が SH2 ドメインをもっていたら，このタンパク質の役割は何であろうか．

9 Ras 経路と JAK/STAT 経路の際立った相違点を述べよ．

10 G タンパク質共役型受容体はその細胞内シグナルが実に多彩である．この多彩さの分子機構は何か説明せよ．

11 cGMP は視覚系でセカンドメッセンジャーといえるか．一酸化窒素シグナル系ではどうか．

12 多くのチロシンキナーゼ型受容体はリガンドの結合により二量体化を起こす．これの例外は何か．

13 GTP/GDP 交換反応の役割は何か．細胞のシグナル伝達，タンパク質輸送（翻訳段階），タンパク質合成のおのおので例をあげて説明せよ．

14 Ras は GTP アーゼ活性をもつが，G タンパク質とはよばない．なぜか．

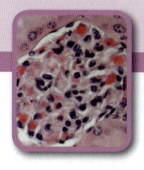

30

細胞周期，細胞分裂，細胞死

真核生物の細胞周期

すべての生命体は細胞の自己複製で成り立ち，これは10億年以上も続いている事実である．一つの細胞は二つに分裂する．生まれた娘細胞は次の分裂の前にはその大きさを2倍にまで成長させる．それゆえに分裂しても細胞は分裂前の大きさが維持されるのである．哺乳類のような複雑な真核生物においては，必要に応じて迅速な体細胞分裂を促すようなシグナルを細胞に与えることができる．たとえば，胚発生時などがそうである．しかし，過増殖してしまったときには，分裂は制限され，細胞死へと取って代わられる．各細胞分裂時には正確なゲノム DNA の核内での複製が必要不可欠であり，結果的にきっちりと2セットの染色体が用意される．この2セットの染色体は，細胞分裂時には二つの娘細胞に分配される．この複製過程は厳密な正確さが要求され，さもなければ，生まれた娘細胞は異常細胞となってしまうのである．ゆえに，真核生物の細胞周期が完成された制御機構とチェックポイントを完備していることには驚きを感じない．すべての真核生物において，この過程はしっかりと保存されており，このことからも，細胞周期制御機構が重要であることがうかがえる．

細胞周期は四つの期に分けられている

典型的な動物細胞の細胞周期は，細胞によって多少の差はあるものの，およそ24時間で1周する（図30.1）．細胞分裂期（または **M 期** M phase ともいう．M は有糸分裂 (mitosis) を意味する）は，複製された2組の染色体が分離し（**有糸分裂**），二つの細胞に分かれることだが（**細胞質分裂**），これは約1時間で終了する．この間，染色体は非常にしっかりと包まれて不活性な状態にあり，遺伝子の転写は起こっていない．細胞質分裂によって娘細胞が形成された後，染色体は強固な包みから解かれ，核内に広がって存在する．分裂期と分裂期の間は**間期** interphase とよばれ，この間は，染色体は核内に充満し，遺伝子発現が活発に起こり，細胞が2倍になるために必要なさまざまな分子の合成を続ける．しかし，DNA の複製は1サイクル中（24時間中），約8時間程度の **S 期** S phase（S は synthesis すなわち DNA 合成を意味する）に限局している．胚細胞のような細胞では M 期と S 期の間に明確なギャップ期間はなく，よって速い細胞周期で細胞数を増すことができる．しかし，通常の細胞（これが大部分）では，M 期と S 期は "G（ギャップ）" 期とよばれる期で分けられている．S 期の前には **G₁ 期** G₁ phase とよばれる期間が存在し，ここで S 期に入る準備をする．S 期で全ゲノムの複製が完了した後には，次の細胞分裂（有糸分裂）に備えるための第二のギャップ期間が存在し，これを **G₂ 期** G₂ phase とよんでいる．よって間期は G₁ 期＋S 期＋G₂ 期の三つの期間から構成されている．そして引き続き，M（有糸分裂）期へと進んで行くのである．24時間の細胞周期の中で，G₂ 期は非常に短く，一方，G₁ 期は約10時間であるが，これは細胞の種類によって異なっている．たとえば，非常に置き換わりの激しいヒトの小腸上皮細胞の場合，細胞周期は約10時間であるが，成人の膵臓 β 細胞では1回の細胞周期は数カ月といわれている．G₁ 期の細胞は G₀ 期とよばれる

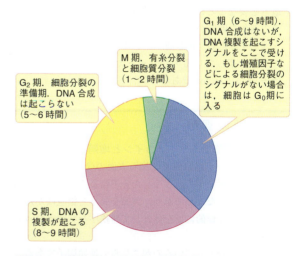

図30.1 真核生物の細胞周期．細胞周期の時間は細胞により大きく異なる．ここに示したのは24時間で1周期を終えるような速い速度で分裂する細胞の例．

静止期に入ることもあり，いったん G_0 期に入ると，細胞外から増殖シグナルを受けない限り，再び細胞増殖（細胞周期）は起こらない．

細胞周期の四つの期は厳密に制御されている

真核生物の細胞周期は厳密に制御されている．これに間違いが起こると致命的である．間違いを防ぐために，何重もの安全装置（制御機構やチェックポイントなど）が働いている．

- もし細胞の DNA が損傷し，それが修復されないと，細胞は分裂することは許されない．というのは，遺伝子異常の娘細胞が生じ，がんになる可能性もあるからである．
- 同様の理由で，細胞分裂の前に DNA 複製は完全に終了していなければならない．また，DNA 修復は細胞分裂 1 回につきただの 1 回だけ起こる必要があり，これ以上起こってはいけない．ということは，レプリコンの複製起点は 1 回の細胞周期の間に一度だけ合成を開始する必要がある．
- 細胞分裂の間期において，2 組の染色体は紡錘糸の赤道面に正しく集積する．この過程がうまくいかないと，染色体の不完全な配分により遺伝子異常の娘細胞ができる可能性がある．
- 1 回の細胞周期は次の細胞周期が始まる前に終了しなければならない．
- 以下は多少違う概念ではあるがここで述べる．DNA 複製は他の細胞からの増殖シグナルがきて初めて開始される．哺乳類のような複雑な動物では個々の細胞は大きな共同体の一部であり，個体の成長と子孫の繁栄という目的で全体として調和して行動する．したがって，個々の細胞は他の細胞の要求に応じて反応しなくてはならず，最も必要なことは個々の細胞が独走しないことである．この調和の破綻が"がん"といえる．個々の細胞の増殖を調節するため，細胞間シグナル伝達機構が存在し，その役割を担っているのがサイトカイン cytokine や増殖因子 growth factor である（第 29 章）．

細胞周期の調節

細胞周期を調節するサイトカインと増殖因子

サイトカインや増殖因子は細胞表面の受容体と結合し，遺伝子発現を調節する．こうした分子による細胞増殖の調節は非常に重要なことであり，調節を失うと細胞はがん化し，あるいは究極的には全体として無秩序な状態となってしまう．

細胞分裂を許可しているのがこれらの増殖因子であるということもできる．もし，G_1 早期に細胞がシグナルを受取らないと，細胞周期は停止し，G_0 期に入る．G_0 期では代謝活動は正常に起こっているが，細胞分裂の方向に進むことはない．大部分の体細胞は G_0 期で停止しており，増殖シグナルを受取ったときのみ，G_0 期から G_1 期へと再び入る．

サイトカインや増殖因子は主として近辺の細胞から到達する．このシグナルは臓器を構成する細胞数を適切に保つ作用もあり，成人のサイズに達すると細胞はその分裂を停止する．もちろん，細胞死，あるいは損傷に対して補うような場合は，再び分裂を起こす．個々のシグナル分子の作用機序はよく理解されているが，全体としてどのようにシグナルが調節されているかは明らかになっていない．増殖因子は主として細胞周期の G_1 期を調節している．

細胞周期のチェックポイント

細胞増殖因子による調節に加え，安全性のためのさまざまなチェック機構が存在する．G_1 期，G_2 期，M 期の各期の終わり近くには，安全確認ができなければ周期を停止させる機構が存在する．細胞周期の停止は，その間に異常を修復する機会を与え，修復が完了すると次の段階に進む．間違いが訂正されない場合，細胞はアポトーシス（プログラム細胞死）とよばれる自殺反応を起こす．図 30.2 は哺乳類の細胞周期のチェックポイントを示したものである．このチェックポイントについて次に述べる．

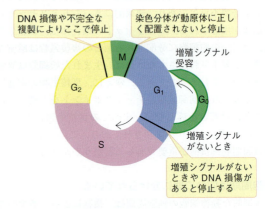

図 30.2　真核細胞の細胞周期と G_1，G_2，M 期のチェックポイント

細胞周期の調節は
サイクリンの合成と分解に依存している

細胞には多くの分子が存在するが，そのなかでもプロテインキナーゼは非常に重要な分子群である．細胞周期に関わるキナーゼはきわめて個性的な性質をもっている．このキナーゼは単独では活性をもたず，サイクリン cyclin とよばれる分子と結合して初めて酵素活性をもつ．このため，サイクリン依存性キナーゼ（**Cdk**）cyclin-dependent kinase とよばれている．哺乳類細胞にはさまざまな種類の

Cdkが存在し，細胞周期の各時期に特異的に働いている．各細胞周期の間，細胞内のサイクリンの量は一定に保たれているが，各期の終わりでその期に働いたサイクリンはいったん分解され，入れ替わりで次の期で働くサイクリンが合成される．このサイクリンの分解と合成の調節が細胞周期の重要な制御となっている．細胞周期の中でのサイクリンの関与は非常に複雑であるが，現在までに明らかにされている各期で機能するサイクリンとCdkの関係を図30.3にまとめた．読者は最初，それぞれの期に特異的なサイクリン-Cdkのペアが存在し，この組み合わせが各期を制御していると思ったかもしれない．しかし，実際なそんなに単純なものではないのである．同じCdkが異なるサイクリンによって異なる時期に働いている．たとえば図30.3に示すように，G_1期で働くCdk2はサイクリンEによって活性化され，一方，S期で働く同じCdk2はサイクリンAで活性化される．各期で，Cdk2はパートナーとなるサイクリンを変えることによって，異なった標的タンパク質（基質）をリン酸化している．こうした制御機構は大変複雑なので，以降は各期で働くサイクリンを単純にG_1サイクリン，S期サイクリン，G_2サイクリン，M期サイクリンとよぶこととする．

サイクリンによるCdkの活性化機構が明らかにされてきている．サイクリン非存在下では，Cdkの活性部位はタンパク質のコンホメーション上，隠された状態にある．ところがサイクリンが結合すると，このコンホメーションに変化が起こり，活性部位が部分的に露出する．しかし，ここでさらなる制御が存在する．Cdkの完全な活性化には自身のトレオニン残基のリン酸化が必要なのである．このリン酸化は **Cdk活性化キナーゼ（CAK）** Cdk activating kinase によって行われる．Cdk1に至っては，M期への進展のためにさらなる制御が存在する（後述）．また，**Cdk阻害タンパク質（Cki）** Cdk inhibitor も多く存在し，これはサイクリン-Cdk複合体に結合し，チェックポイントでの制御に関わっている．

細胞周期の各期が開始される前には，遺伝子の発現が起こり，サイクリンが合成される．これが起こらないとその周期は進行しない．各期の最後にサイクリンはプロテアソームで分解され，次の周期に必要なサイクリンの合成が始まる（図30.4）．これは一見無駄な消費のように思われるが，可逆性や部分的不活性の余地をなくし，厳密に調節するためには必要な仕組みなのである．すでに述べてきたように，この間違いは致命的な結果をもたらすため，調節はきわめて厳密でなければならない．

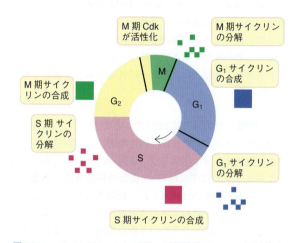

図30.4 サイクリン-Cdk周期．周期特異的Cdkの活性化をひき起こす周期特異的サイクリンの合成と分解が細胞周期を制御している．M期CdkはM期が始まる前までは不活性で，速やかに脱リン酸による活性化を受け，M期に入る．それぞれの期には複数の異なるサイクリンとCdkが存在するが，簡略化のため同じ名前にしている．

G_1期における複雑な調節

G_1期からS期への進行は多くの遺伝子発現を伴っている．M期の終わりにはすべてのサイクリンが壊されるので，G_1期の開始時には活性化したCdkは存在しない．図30.3ではサイクリンDがG_1期からS期への進行に必要であることを示している．しかし，このサイクリンDの合成はG_1期に入れば自動的に開始されるわけではない．サイクリンDの合成には増殖因子の刺激（細胞増殖シグナル）が不可欠である．このシグナルを受取れば，G_1サイクリン合成が開始され，細胞周期はS期へと進む．もし，細胞外からの増殖シグナルがなければ，G_1サイクリン合成は起こらず，細胞周期はG_0期へと移行する（多くの体細胞がこの状態である）．このサイクリンDの合成制御が破綻し，細胞周期が増殖刺激非依存的にG_1期からS期へ移行する現象がヒトのがんで見つかっている．

G_1期チェックポイント

これは非常に重要な調節である．哺乳類では，この時期を **R点** restriction point とよび，ここを超えると細胞はM期まで進む．このチェックポイント機構で働く主役は二つ

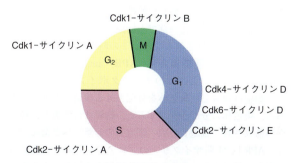

図30.3 サイクリン-Cdk複合体の種類とそれぞれが機能する細胞周期内の時期

のタンパク質であり，これらについては，"がん抑制遺伝子"という名目で，第31章で詳細に述べる．この二つのタンパク質は **p53**[*1] と **網膜芽細胞腫タンパク質（Rb）** retinoblastoma protein である．Rb は細胞増殖シグナルがなければ細胞周期を停止させる．一方，p53 は最もよく研究されたチェックポイント制御因子で，もし DNA に損傷が認められたらその時点でチェックポイントの通過を許さないのである．言い換えると，DNA 損傷が起きたとき，細胞内の p53 量は増加し，活性化される．p53 は転写因子としての活性をもっており，細胞周期を止め，DNA 修復を促すための事象を起こす．修復に失敗した場合，細胞はアポトーシスを起こし，遺伝子に異常をもった細胞を複製させない．

DNA 損傷はどのように検出されるのか

哺乳類のゲノムは放射線，活性酸素，化学物質あるいは他の物質により常に損傷を受ける運命にある．しかし幸運なことに，すでに述べた DNA 損傷の修復機能（第23章）により，多くの変異は検出され，修復される．こうした機構がなければ，多細胞生物の生命維持は無理である．上述のように，修復が起こらないと細胞周期は前に進むことはできない．DNA の損傷は，一本鎖をつくることがある．たとえば，何らかの理由で複製フォークが立ち往生すると一本鎖 DNA の断片が現れるだろうし，二本鎖 DNA の損傷は末端に一本鎖 DNA を生じるであろう．これを**複製タンパク質 A（RPA）** replication protein A が認識して結合し，ここにプロテインキナーゼを集結させる．これを先ほどの p53 が認識し，DNA 損傷部位を修復できるように細胞周期を止める．もし DNA 修復が完全になされなければ，p53 はアポトーシスによって細胞死を起こさせる．

RPA に集積されるプロテインキナーゼの一つに変異が起こってしまったのが**毛細血管拡張性運動失調症** ataxia telangiectasia である．この場合の変異タンパク質は **ATM** ataxia telangiectasia mutated とよばれる分子である．通常，二本鎖 DNA の損傷によって活性化された ATM は G_1 期から S 期への進行を阻止するが，この疾患においては，この抑制は起こらず，結果として，放射線による DNA の損傷が起こりやすく，がん発症のリスクも高くなる．

S 期への進行

G_1 期チェックポイントを通過すると G_1 サイクリンはユビキチン-プロテアソーム系で分解され，S 期サイクリンの合成が始まり，細胞は S 期に入る．こうして DNA 複製が開始される．それぞれのレプリコンでの複製開始は，多くのタンパク質複合体により行われ，S 期サイクリン-Cdk により 1 回の細胞周期でただ一度だけ起こるように調節されている．S 期に入ると，続いて G_2 期の最後で M 期のチェックポイントに進む．S 期サイクリンは S 期の最後には分解される．

M 期への進行

M 期サイクリンは S 期と G_2 期の間に合成され蓄えられ，ペアとなる Cdk と結合する．すでに述べたように，サイクリン-Cdk 複合体の形成後に，Cdk の活性化にはトレオニン残基のリン酸化が必要である．しかし，M 期の Cdk1 の場合，これで直ちに活性化されるわけではない．というのは，他のキナーゼにより 2 箇所にリン酸化が起こっており，これが活性を阻害しているからである．M 期に入る前に，この抑制性のリン酸化がホスファターゼにより解除され，Cdk が活性化される．このような回りくどい仕組みをつくっている理由は，おそらく，加水分解による脱リン酸がシンプルな反応であるがゆえに，いったん，3 箇所をリン酸化させた不活性型の Cdk1 を蓄積しておき，有糸分裂の直前に脱リン酸によって一気に Cdk1 を活性化させるためであろう．しかし，M 期に入るには，G_2 チェックポイントを通過しなくてはならない．DNA 修復が完全に終了していない場合や，損傷がある場合は，このチェックポイントを通過することはできず，細胞周期は停止させられる．さらに，修復がなされない場合は，細胞はアポトーシスで死滅する．

M 期

M 期の最後に細胞は大きな変化を起こし，核膜が消失し，DNA は凝縮されて分裂期の染色体構造へと様変わりする．さらに紡錘糸が形成され，次の周期での分裂に備えて，染色体が赤道面上に集合する．たった一つの M 期 Cdk がこの過程全体の開始に関わるが，これについては後述する．分裂期のチェックポイントにより全染色体は正確に配置され，二つの新しい娘細胞に均等に分配されるだろう．染色体のたとえ一部でも紡錘糸にくっ付いていない場合は，細胞周期は停止する．この時期に働くタンパク質複合体を**後期促進複合体（APR）** anaphase promoting complex とよび，ここでのチェックポイントを通過すると，細胞は複製した染色体を分配させる後期へと進むのである．染色体の分配が終了すると，紡錘体は消失し，核膜が再構成され，細胞質分裂（細胞質の分離）へと進んでいく．APR は M 期サイクリンのプロテアソームによる分解の引金の役目もし，こうして細胞周期が 1 周し，次の周期への準備がまた始まる．

[*1] 訳注：p53 は分子量 53,000 のタンパク質である．この分子はがん抑制遺伝子であることはわかっているが，p53 活性型変異マウスではがんの発生率が下がるだけでなく，老化を促進するなどの報告もあり，さまざまな作用をもっていると考えられている．

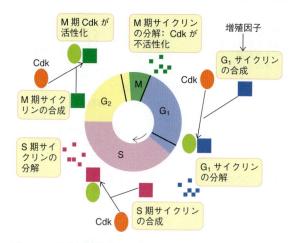

図30.5 調節機構模式図．哺乳類の細胞では，細胞は外から増殖シグナルを受取り，G₁サイクリンを合成しない限り，G₁チェックポイントを通過できない．G₁サイクリンはCdkを活性化し，これがS期に入るための各種の遺伝子を活性化するのに必要である．S期に入るとすぐにG₁サイクリンは分解される．同様なことがM期でも起こり，細胞周期の異なる時期において，異なる種類のサイクリンが異なる基質に働くCdkを適宜活性化する．オレンジ色の楕円は不活性なCdkを示し，黄緑の楕円は活性型を示す．簡略化のため，本書では個々のサイクリンやCdkの違いにはふれていない．

Cdk-サイクリン調節系と細胞周期の関係は，図30.5に要約されている．

細胞分裂

有糸分裂

精子や卵といった生殖系細胞を除き，ほとんどの真核細胞は**有糸分裂** mitosisによって分裂し，染色体は複製後に均等に娘細胞に分配される（図30.6）．第22章で述べた通り，間期の間では染色体DNAはヒストンやその他のクロマチンタンパク質に巻付いた形で，堅く，しかし，やや拡散した状態で保持されている．この状況では遺伝子の転写が行われている．

細胞周期が有糸分裂の最初の時点にさしかかったとき（**前期** prophase），複製された染色体は凝縮される．この時点での個々の複製された染色体は，二つの"娘細胞に分配される"**染色分体** chromatidとよばれる（図30.7）．それぞれの染色分体のDNAは複製によって合成されたものであり，一方の鎖が鋳型鎖（親鎖），もう一方が新生鎖（合成鎖）から成る二本鎖DNAである．対になる染色分体は二つがペアの状態で**コヒーシン** cohesinタンパク質によって保持されている．この段階では，各遺伝子は転写できない状態となっている．そして，ここから細胞に大きな構造的変化が起こる．核膜が崩壊し，**紡錘体** spindleが浸入できるようになる．紡錘体は細胞の両端に存在するタンパク質複合体である**中心体** centrosomeを起源とする微小管によって構成される（第8章）．次の段階は**中期** metaphaseとよばれる段階で，2本の染色体（1対の染色分体）が紡錘体の赤道上に並び，**動原体** kinetochoreとよばれる紡錘糸の繊維部分にそれぞれの染色分体が結合する．動原体とは，**セントロメア** centromereで集合体をつくるタンパク質複合体である．セントロメアは動原体と直接的に結合するための特異的な配列をもっている．動原体が一つでも繊維に結合できないと，分裂は休止する．こうした厳密性がなければ，異常な細胞ができてしまうことになる．このチェックポイントを通過すると，細胞周期は**後期** anaphaseへと進み，染色分体の結合を保っていたコヒーシンタンパク質を分解する酵素（プロテアーゼの一種）が活性化され，染色分体が分離する．この分離した染色分体を**娘染色体** daughter chromosomeとよぶ．分離した娘染色体は紡錘体極に向かって動き，極がさらに離れる．この仕組みは第8章で述べた．この過程は**終期** telophaseに完成を迎え，染色体は紡錘体極に到達する．分裂装置の複合体は分解し，核膜が再び構成される．**細胞質分裂** cytokinesisが完遂し，それぞれの娘細胞に一方の全染色体が納まる．染色体の凝縮が解除され，間期に入る．

減数分裂

生殖系細胞は配偶子（哺乳類では精子や卵）をつくる．体細胞と生殖系細胞のいちばんの遺伝学的違いは，生殖系細胞は**一倍体** haploidであり，体細胞が**二倍体** diploidだという点である．ここで思い出してほしい．二倍体細胞は対になる染色体をもっている．この対の一方は母方，もう一方は父方に由来し，それぞれの対を成す染色体には同じ並びで同じ遺伝子が並んでいることから，体細胞は各遺伝子を2コピーずつもっている（ただし，雄のX染色体とY染色体は別である）．2コピーある各遺伝子は完全に一致するか，あるいは若干の配列の違いがあり，各人は一つの遺伝子につき二つの異なる**対立遺伝子** allele（アレル）をもつかもしれない．この対立遺伝子の違いは，個人間の遺伝的な多様性に寄与している．**減数分裂** meiosisにおいては，配偶子はそれぞれの対を成す染色体のどちらか一方だけを受取る．その後，受精によって精子と卵が融合することで再び二倍体化が起こり，結果として両親がもっていたもともとの染色体の混合である対立遺伝子が子孫に遺伝することになる．

有糸分裂と減数分裂は共通する部分が多くある．両者の違いは，有糸分裂ではDNA複製は1回で，細胞分裂も1回である．一方，減数分裂では，DNA複製は1回だが，細胞分裂は2回起こる．有糸分裂と同様，減数分裂においても，DNA複製と染色体の凝集によって対の娘染色分体から成るコンパクトな染色体が構成される（図30.8a）．有糸分裂の場合と同様，この時点で核膜の崩壊が起こる．

図 30.6 有糸分裂の簡略図

1. **間期**．この時点では染色体の凝集は起こっていない．わかりやすくするために1組の染色体のみをここでは示す．赤と青の線はそれぞれが相同な二本鎖 DNA である．この時点ではまだ遺伝子発現は起こっており，細胞のサイズは大きくなっている

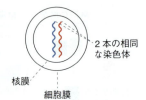

2. DNA は有糸分裂により複製されるが，この時点では複製した染色体は離れていない

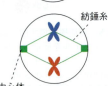

3. **中期**．核膜は壊れ，この段階では各遺伝子は転写できない状態となっている．紡錘体は細胞の両端に存在するタンパク質複合体である中心体を起源とする微小管によって構成される

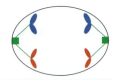

4. 娘染色体は両端に引寄せられる

5. 染色体は分離する．詳細は第8章を参照

6. 細胞質分裂が起こり，核膜が形成される．二つの娘細胞が形成される．形成された二つの娘細胞は母細胞と遺伝的には同一である

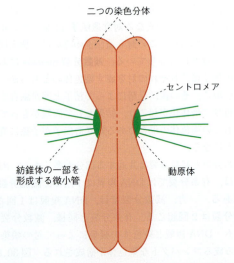

図 30.7 二つの染色分体をもつ細胞分裂中期の染色体

ここまでの過程は有糸分裂と同じだが，ここからが減数分裂では異なっている．複製後の相同染色体の2組が**対合 synapsis** とよばれる過程で並列して接着する．染色体の**乗換え crossing-over** による遺伝子の一部の交換が起こるのはこの時期である（図 30.8 b）．この過程は"組換え"とよばれ，詳細は第23章で述べた．減数分裂時の乗換えによる組換えは，母方由来と父方由来の対立遺伝子が交雑した一本鎖 DNA を生み，この過程が遺伝子多様性に貢献している．

ここから細胞分裂が始まるが，そのスタイルは有糸分裂のものとは異なっている．有糸分裂時にみた染色分体の分配の代わりに，最初の細胞分裂において，2組ある相同染色体が1組ごとに分かれ（図 30.8 c），それぞれが娘細胞に分配される（図 30.8 d）．すぐに続いて2回目の細胞分裂が起こり（この場合，DNA 複製はない），このときは有糸分裂と同様に染色分体が分配される（図 30.8 e）．これ

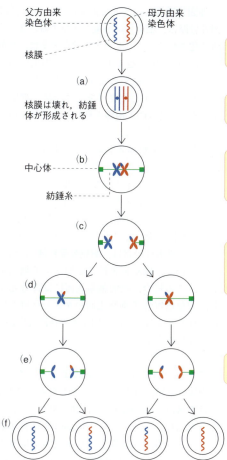

図 30.8 減数分裂の簡略図．一倍体配偶子の形成過程は有糸分裂の過程に似ている．それゆえに，減数分裂でみられる違いのみをこの図に示し，紡錘体形成や染色分体の分離過程は省略している．（この機構については第 8 章参照）．有糸分裂と減数分裂の大きな違いは，減数分裂では染色体の複製は 1 回だけだが細胞分裂は 2 回起こる．結果的に，形成される娘細胞（配偶子）は対の染色体の片側 1 本だけをもつことになる．図中では，説明をわかりやすくするために，1 対の染色体のみを示している．

によって一つの二倍体細胞から四つの一倍体細胞（配偶子）が生まれる（図 30.8 f）．

アポトーシス

アポトーシス apoptosis の名前については，ギリシャ語で apo という接頭辞は"離れること"を，ptosis は"落ちること"を意味し，木から葉が落ちることをさりげなく表現している．樹木では，落葉はプログラムされた細胞死の一つの形である．アポトーシスはプログラム細胞死であり，動物の生命現象においてきわめて重要な仕組みである．

動物の体内での細胞死のパターンはアポトーシスだけではない．**壊死** necrosis（ネクローシス）という細胞死もある．壊死は，物理的傷害や酸素の欠乏による ATP 産生抑制などが原因で起こる細胞死である．これは，細胞内容物が破壊された細胞膜から漏れ出て，近傍の組織に炎症をひき起こす原因ともなる．長時間の酸欠など，重篤な状況の場合，細胞膜に穴が開き，そこからカルシウムイオンが流入し，細胞は膨張して破裂する．壊死による細胞死は制御された過程を経たものではなく，本質的には不測の事態である[*2]．これは，多くの過程を経て精巧な制御によって成り立つアポトーシスとは根本的に異なる現象である．アポトーシスでは細胞は死んでしまうが，細胞膜は破裂しない．細胞は系統的に DNA の断片化や小胞形成によって収

[*2] 訳注：最近，"制御された"ネクローシスの形態が発見され，"ネフロトーシス"とよばれている．また，他の制御された細胞死として"ピロトーシス"，"フェロトーシス"なども見つかっている．これらの細胞死は積極的に細胞内容物を放出して組織修復のための炎症を起こす自然免疫応答として捉えられている．

縮した残遺物となり，こうしたものはじかに白血球による食作用で処理される．食作用で白血球に回収されたものは分解され，細胞は分解成分を再利用する．こうした細胞死の機構によって壊死の場合に起こってしまう炎症反応を避けることができる．

アポトーシスの意義は何か

動物におけるこうした精巧なプログラム細胞死の重要性，規模，そして，機構の複雑さには大きな驚きを感じる．これは広い意味で二つの異なる役割をもっており，うち一つは正常な応答と関連している．発生の段階では，一部の細胞は死んで消える必要がある．よく知られた例では，オタマジャクシからカエルへの変態で尻尾が消失することがある．神経発生の過程でも，数多くの適切な連結をしていないニューロンが死ぬ．また，成熟後も多くの細胞がアポトーシスを起こす．たとえば，骨髄や胸腺では毎日のように何十億ものT細胞やB細胞が死滅し，自己免疫反応から身を守っている．これらのすべてはきわめて自然な（必要な）細胞の自殺反応であり，細胞がそのシグナルを受取ることで起こる．

アポトーシスが必要とされるもう一つの理由は，細胞の機能不全に関わってくる．細胞分裂の制御から逸脱してしまった細胞や，回復不能な傷害を受けたDNAをもつ細胞は発がんの危険性をもっている．こうした細胞がアポトーシスの対象となる．さらに重要なアポトーシスの理由として，個体全体を守るために細胞死を選択する場合がある．たとえば，細胞傷害性T細胞がウイルス感染を受けた細胞を認識すると，細胞内でのウイルスの複製を抑制するためにこの感染細胞を細胞傷害性T細胞からの指令でアポトーシス誘導によって破壊する（第33章）．細胞増殖制御の複雑性は事実上すべての細胞が取返しのつかない事態に出くわしたときに自殺する精巧な仕組みを備えている点にある．p53は損傷したDNAを検出し，修復できなければその細胞をアポトーシスに向かわせるタンパク質である（第31章）．実際に，ヒトのがんではかなり高い割合でこのp53の変異が認められている．こうしたp53変異細胞はアポトーシスによって排除されず，本来破壊されるべき"異常細胞"は生きて分裂し続けるのである．

細胞は"自身を破壊する道具"を常に用意している．これは非常にデリケートな機構ゆえに，これが偶然活性化されないよう，バランスを保ちながら保持されている．アポトーシスの促進に関わるタンパク質と抑制するタンパク質とは，その関係が巧妙なバランスで保たれている．これについて次に述べる．

アポトーシス開始への二つの主要な経路

アポトーシスの誘導には，**内因性経路** intrinsic pathway と**外因性経路** extrinsic pathway の二つの経路がある．内因性経路は，細胞内に事象を誘発するさまざまな要因から活性化される．こうした要因はたとえば，放射線や薬剤などDNAに損傷を起こすものや，短時間の酸素欠乏などであって，他の細胞から発するシグナルで起こるのではない．しかしこうした要因を受けた後，細胞内ではp53のような分子がDNA損傷を検知し，これが引金となってアポトーシスが始まる．もう一つアポトーシスを誘導する要因として，"小胞体ストレス"とよばれるものがある．これは，分泌タンパク質や膜タンパク質が小胞体で合成される際，折りたたみ不十分なものが小胞体内腔に大量に蓄積し，これがストレスとなってアポトーシスを誘導する場合である．こうした不完全タンパク質は細胞質に搬送され，これが原因となってアポトーシスが誘導される．

一方，外因性経路は，**細胞死受容体** death receptor を介するもので，細胞傷害性T細胞が標的細胞を殺す場合である．この場合，標的細胞表面には細胞死受容体が存在し，細胞傷害性T細胞表面のタンパク質と結合して活性化される．すると，細胞内で不可逆的反応が起こり，標的細胞は死滅する．

カスパーゼはアポトーシスのエフェクターである

内因性経路，外因性経路のどちらも，アポトーシスの誘導は**カスパーゼ** caspase の活性化を介する．カスパーゼという名前は，システイン (cystein) を活性中心にもち，アスパラギン酸 (Asp) 残基のC末端側で切断することに由来する (c-asp-ase)．最終的にカスパーゼは細胞内の多くのタンパク質を分解するが，このカスパーゼが活性化されるまでには連続的な経路が存在する．カスパーゼの細胞内標的タンパク質は300種類以上存在するが，そのなかでも重要なのがDNアーゼ活性阻害タンパク質であり，これを壊すことでDNアーゼが活性化され，こうして細胞内DNAの断片化が始まる[*3]．カスパーゼは細胞内では不活性な**プロカスパーゼ** procaspase として存在しており，この活性化機構について次に述べる．

アポトーシスの内因性経路の機構

ミトコンドリアはATPを産生する中心的な役割をもつことをふまえると，アポトーシスの内因性経路で司令塔的役割をしているとは信じにくい．ところで，ミトコンドリア内の酸化的リン酸化において電子伝達系タンパク質の一つに**シトクロム c** cytochrome c があったことを思い出してほしい．シトクロム酵素群の中で唯一，シトクロム c は

[*3] 訳注：アポトーシスの検出法としては，DNAラダー（ヌクレオソーム1回転分の長さである150塩基対程度の単位に分解され，その n 倍によりはしごのような電気泳動パターンを示す），TUNEL法，あるいは，細胞膜内側にあるホスファチジルセリンを染色する方法などがある．

膜内在型ではなく，ミトコンドリア内膜に緩く結合した状態で局在する酵素である．ATP 産生に重要なこのタンパク質が細胞質に放たれたとき，それがアポトーシスの内因性経路の引金になる．

先述のようにゲノム DNA の損傷や折りたたみ不完全なタンパク質の蓄積といったストレスが細胞にかかると，ミトコンドリア外膜に小さな穴が開く．これによってシトクロム c が細胞質に漏れ出ていく．細胞質に放出されたシトクロム c は，そこでアダプタータンパク質である **Apaf-1** apoptotic protease-mediating factor と **プロカスパーゼ 9** procaspase-9 と結合する．できたタンパク質複合体を**アポトソーム** apoptosome とよぶ（図 30.9）．ヒトでは，アポトソームは 7 分子の Apaf-1 と，同じく 7 分子のシトクロム c を含んでいる．Apaf-1 のサブユニットはプロカスパーゼ 9 と結合するドメインをもっており，この結合によってプロカスパーゼ 9 はタンパク質分解酵素として活性化される．多くのプロカスパーゼはプロテアーゼによる特定部位の切断によって活性化されるが，このプロカスパーゼ 9 は分解で活性化されるわけではない．代わりに，アポトソームの中に組込まれることによってプロカスパーゼ 9 はコンホメーションに変化を起こし，これによって活性化されるのである．こうして活性化された**カスパーゼ 9** caspase-9 は，タンパク質分解カスケードで働く他の細胞質カスパーゼを活性化する．ひとたび活性型のカスパーゼがつくられると，これは次々と別のカスパーゼを切断し，経路は最高潮に達する．

アポトーシスの内因性経路の Bcl-2 タンパク質による制御

哺乳類細胞では，内因性のアポトーシス経路は二つのグループのタンパク質によって厳密に制御されている．一つはアポトーシスに対して促進的に働き，もう一つは抑制的に作用する．紛らわしいことに，これらは少なくとも共通したドメインを一つもち，**Bcl-2** ファミリーとよばれる同じタンパク質ファミリーに属する．**Bax** と **Bad** は，アポトーシス促進因子に属し，ミトコンドリア膜の最初の穴形成に関与すると考えられている．一方，**Bcl-2**（最初に発見された因子）と **Bcl-x_L** は重要な抗アポトーシスタンパク質であり，ミトコンドリア膜の穴形成とそれに続くシトクロム c 放出の抑制に関わっている．Bcl-2 と Bcl-x_L は，アポトーシスが起こっていない細胞では Bax と Bad のアポトーシス促進作用を抑えている．このように，細胞外からのストレスで細胞がアポトーシスを起こすかどうかは，アポトーシス促進因子と抑制因子のバランスによって決められているのである．

アポトーシスの外因性経路の機構

外因性経路はアポトーシスの誘導において内因性経路とは異なっているが，カスパーゼの活性化段階以降は同じである．外因性経路の場合，細胞表面にある細胞死受容体に

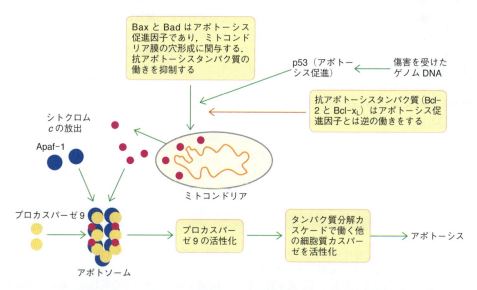

図 30.9 アポトーシス誘導における内因性経路の概略図．この内因性経路は，さまざまな細胞ストレスによってひき起こされる．ストレスが細胞にかかると，ミトコンドリア外膜に穴が開き，シトクロム c が細胞質に漏れ出ていく．細胞質に放出されたシトクロム c は，そこで Apaf-1 とプロカスパーゼ 9 と結合する．できたタンパク質複合体をアポトソームとよぶ．アポトーシス経路は Bcl-2 ファミリーに属する相反する機能をもつタンパク質によって厳密に制御されている．一つはアポトーシスに対して促進的に働き，もう一つは抑制的に作用する．Bax と Bad はアポトーシスを促進する因子に属し，ミトコンドリア膜の穴形成に関与すると考えられている．一方，Bcl-2 と Bcl-x_L は抗アポトーシスタンパク質である．p53 の役割についても簡単に示す．緑線はアポトーシス促進方向，赤線はアポトーシス抑制方向を示す．

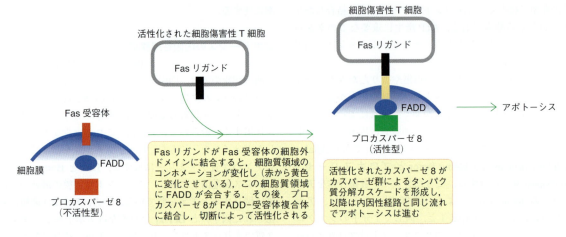

図30.10　アポトーシスの外因性経路

運ばれてきたシグナルに依存してひき起こされる．この細胞死受容体は数種類存在するが，その代表格は **Fas 受容体 Fas receptor** である．Fas 受容体は **TNF（腫瘍壊死因子）tumour necrosis factor** 受容体スーパーファミリーに属する．Fas 受容体は，たとえば，細胞傷害性 T 細胞がウイルス感染してしまった細胞に自殺シグナルを伝達する際に用いられる分子である．他の細胞死受容体も同様の役割をしている．細胞傷害性 T 細胞は自身の細胞表面に **Fas リガンド Fas ligand** をもっており，これが標的となる感染細胞の Fas 受容体に結合する．この結合が標的細胞をアポトーシスによる自己破壊へと導き，ウイルス感染細胞内でのウイルス複製を抑えることになる．

　Fas 受容体は膜貫通型タンパク質である．Fas リガンドが Fas 受容体の細胞外ドメインに結合すると，細胞質領域の構造が変化し，この細胞質領域にアダプタータンパク質である **FADD** Fas-associated protein with a death domain が会合する（図30.10）．その後，プロカスパーゼ 8 が FADD−受容体複合体に結合し，切断によって活性化される．活性化されたカスパーゼ 8 がカスパーゼ群によるタンパク質分解カスケードを形成し，以降は内因性経路と同じ流れでカスパーゼ群の活性化が進む[*4].

　外因性には別の仕組みがあることも発見された．細胞傷害性 T 細胞は標的細胞に結合すると，その細胞質内の顆粒からプロテアーゼを放出する．この酵素は標的細胞に侵入し，プロカスパーゼを分解して直接カスパーゼを活性化する．この顆粒に含まれるプロテアーゼを **グランザイム granzyme** とよぶ．細胞傷害性 T 細胞は **パーフォリン perforin** というタンパク質を放出し，標的細胞に穴を開けてグランザイムが侵入しやすくする．

　アポトーシスに関する複雑な過程とその調節機構は，特定の薬物をがん細胞に運び，アポトーシスを誘導する仕組みの開発につながっている．アポトーシスの阻害剤はある場合には変性疾患の治療にも用いることができるであろう．

[*4]　訳注：アポトーシスの外因性経路と内因性経路がつながっている場合もある．細胞死受容体により活性化したカスパーゼ 8 が Bcl-2 ファミリーの Bid を限定分解すると，Bid 断片はミトコンドリアに穴を開けてシトクロム *c* を遊離させる．これによりアポトソームが形成されてカスパーゼ 9 が活性化し，アポトーシスが一気に進む．

要　約

　真核生物の細胞周期は四つに分けられる．これは，G_1 期（第一ギャップ期），S 期（DNA 合成期），G_2 期（第二ギャップ期），そして，M 期（有糸分裂と細胞質分裂）がこの順番で進むことで成り立つ．周期の進行は，各期に特異的なサイクリンの合成に依存し，各期の終わりに役目が終わると，そのサイクリンはプロテアソームで分解される．サイクリンは，それぞれに特異的なサイクリン依存性キナーゼ（Cdk）の活性化に必要な分子であり，また，それぞれの期でどの基質を Cdk がリン酸化するかを規定する役割ももっている．

　G_1 期でのサイクリン合成には，細胞が外界から増殖シグナル（サイトカインや増殖因子）を受容する必要があり，もしこれがなければ，細胞は G_0 期へ移行してしまう．大多数の体細胞はこの G_0 期にある．G_0 期にある細胞でも増殖シグナルによる刺激があれば G_1 期への移行が始まる．G_1 期から S 期へ進むためには G_1 チェックポイントを通過

しなければならない．DNAに損傷があると細胞周期はここで停止する．修復がなされないと，細胞はアポトーシスに向かう．このチェックポイントを通過すれば，細胞はDNA複製と分裂の方向に向かう．しかし，G_2期の終わりにはM期へ向かうかどうかのチェックポイントが存在する．DNAの複製が未完了，あるいは不正確な場合，ここで細胞周期は停止する．M期に入るとすべての染色体が紡錘体上に正しく配列しているかどうかのチェックが行われる．不適切な場合は，ここでも細胞はその周期を止め，異常な娘細胞をつくらないようにする．このチェックポイントも通過できれば，細胞分裂は完了し，すべてのサイクリンは分解され，細胞はG_1期に入り，次の増殖シグナルを受けるのを待つ．

真核生物では，細胞分裂は有糸分裂によって起こる（生殖系細胞は除く）．染色体はDNA複製によって倍加し，有糸分裂によって複製された娘染色体は個々の娘細胞に分配され，引続き，細胞質分裂が起こる．それぞれの娘細胞は完全な二倍体の染色体を受取る．生殖系細胞は，減数分裂によって細胞分裂を起こす．これによって生まれた配偶子は一倍体となり，受精によって二倍体細胞が再びつくられるのである．減数分裂では，1回のDNA複製の後に，2回の細胞分裂が起こる．減数分裂の1回目の細胞分裂時，対合した相同染色体が並び，乗換えにより染色体間の遺伝子組換えが起こる．その後，個々の娘細胞は一つの相同染色体を受取る．そして2回目の分裂時，この相同染色体は分離され，2回目の分裂をした娘細胞に有糸分裂と同じ機構で分配される．

アポトーシスは不要な細胞を自ら始末する手段であり，通常の発達過程やストレス応答において大規模に起こる．細胞は融解することなく壊れ，残りかすは食細胞が処理する．これにより，壊死とは異なり，炎症反応や生体毒生成を防ぐ．真核生物はカスパーゼとよばれる普段は不活性のタンパク質分解酵素をもっている．この酵素が活性化されると細胞は破壊される．カスパーゼの活性化は二つの方法で起こり，一つはDNAの損傷がミトコンドリアからのシトクロムcの放出を起こす内因性の仕組みである．これによって，初期カスパーゼ（プロカスパーゼ9）の凝集と活性化が起こり，これが引金となって分解カスケードに従って細胞質カスパーゼの活性化へと進む．そしてこれら活性化カスパーゼによって多くの細胞内タンパク質が分解され，細胞は壊れるのである．もう一つの外因性経路では，細胞死をひき起こすシグナルが関与する．たとえば，細胞傷害性T細胞がウイルス感染細胞に送る自殺シグナルがこれにあたる．このシグナルは標的細胞上の細胞死受容体を活性化し，これによって初期カスパーゼ（プロカスパーゼ8）が活性化され，先に述べた流れで細胞死がひき起こされるのである．

問題

1. 細胞周期の中でG_1期に入るR点は非常に重要である．細胞増殖因子の機能と関連させてその機構を述べよ．
2. 真核生物の細胞周期におけるサイクリンの役割は何か．
3. もしG_1期に細胞増殖シグナル（増殖因子刺激）を受けなかったら，細胞はG_0期に収まる．これについて議論せよ．
4. G_1期でのR点と有糸分裂時のチェックポイントでは何がチェックされるのか．
5. 有糸分裂と減数分裂の違いについてまとめよ．
6. カスパーゼとは何か．この役割と作用機序を述べよ．
7. アポトーシスの役割は何か．
8. 細胞内でアポトーシスの引金になるのは何か（細胞傷害性T細胞からの刺激以外のもの）．
9. シトクロムcがアポトーシスを起こさせる機構について述べよ．
10. 哺乳類細胞において，何がアポトーシスを制御しているか．

31

がん

概説

最初にがん cancer の細胞生物学的概要を説明し、その後に個々の分子について述べたい。

がん細胞では正常細胞がもつ多くの調節機能が損なわれているが、そのなかでも、特に細胞増殖の調節を失っている。非常に速い細胞分裂は生命体では普通に起こっている。たとえば、骨髄の血液幹細胞とか、配偶子をつくる生殖細胞でも起こる現象である。体細胞は多くの場合、一部死細胞に置き換わり組織を補うときを除いて分裂はしないが、外部よりシグナルを受けたとき、分裂を開始できる用意は整えている。たとえば、皮膚に傷を負うと細胞は増殖を開始するが、傷が治れば細胞分裂を停止させる。もし、実験的にラットの肝臓の 2/3 を外科的に切除すると、肝細胞が分裂し、1〜2 週間でもとの大きさに戻るが、そこで増殖を停止させ、それ以上の大きさにはしない。すでに述べたように、増殖因子やサイトカインからのシグナルは細胞の複製を調節し、体全体の必要性に合わせることができるのである。

ところが、がん細胞は細胞外からのシグナルがなくても増殖し、必要性がなくなっても増殖を続ける。さらに損傷 DNA や細胞周期の異常の修復が完全でないのにアポトーシスを起こさず分裂し続け、娘細胞に伝えてダメージを大きくする。正常細胞とがん細胞の分裂の違いは、組織培養の実験で示すことが可能である。哺乳類の細胞は培養皿の中で、増殖因子（通常、ウシ胎児血清が用いられる）があれば、増殖することができる。増殖した細胞は培養皿内で 1 層の状態で広がり、お互いが接触すると多くの場合はその増殖を止める。これを接触阻害 contact inhibition とよぶ。ところが、がん細胞は細胞同士が接触しても増殖を停止せず、細胞はお互いに重なり合い、固形の塊をつくる。これは腫瘍と同一である（図 31.1）。

大部分の正常細胞は限られた回数しか分裂しない

正常な体細胞は培地上で何代も継代することはできないが、がん細胞はそれが可能である。何が正常細胞の生活環を限定しているかについての有効な仮説はテロメア、すなわち真核細胞の染色体末端にみられる反復配列と関連している。

第 23 章で述べたように、直線状の染色体は 1 回複製するごとに末端が短くなっていく。これは一種の細胞分裂の計測器であり、分裂できる回数を規定している。DNA の短縮に打ち勝つために、哺乳類の染色体はその端にテロメア telomere という余分な DNA 構造をもっている。これはテロメラーゼ telomerase という酵素の働きにより、短い繰返し DNA 配列が付加されたものである。テロメア DNA には二つの役割がある。一つは、DNA 修復酵素の認識から逃れることである。テロメア DNA が存在しないと DNA 修復酵素は染色体末端を"損傷"と判断し、細胞内で DNA 損傷応答をひき起こしてしまう。もう一つは、テロメアは染色体の末端に存在し、DNA 複製のたびに短くなっていくが、これによって遺伝情報をもつ"真の" DNA 部分が複製時に削られることから回避しているのである。盛んな分裂を繰返す幹細胞では、テロメラーゼ活性が強く、失ったテロメア配列を次々に補っていくので、短縮していくことはない。しかし体細胞では、テロメラーゼが存在せず、一定の分裂を繰返してテロメアがある長さより短くなると、細胞分裂は終止する。体細胞はその増殖や分化において、一定の"割り当てられた"テロメア DNA をもっているといえる。しかし、体細胞に由来するがん細胞は不死である[*1]。

がん細胞は数限りなく分裂を繰返す

がん細胞は正常細胞のように分裂回数に内因的な制限があるわけではない。がん細胞の不死化はテロメアに依存していることはわかってきた。すべての細胞とは言い切れないが、がん化したヒトの繊維芽細胞やその他の多くのがん細胞は、正常な細胞と異なりテロメラーゼ活性をもっている。これは、テロメラーゼの活性化ががんをひき起こすこ

[*1] 訳注：不死 (immortal) とは無限に細胞分裂を繰返すことをさし、このような状態になることを不死化 (immortalization) という。

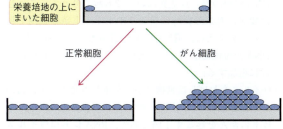

図31.1 正常細胞とがん細胞の培養における増殖の特性．正常な細胞は接触阻害を起こすが，がん細胞は起こさず，重なり合う．

とを必ずしも意味していないが，がん細胞が自身の不死化にこの酵素を必要とすると考えられている．ゆえに，テロメラーゼはがん治療の標的の一つとして注目されている．

ただし，例外もあり，約10〜20％のがん細胞ではテロメラーゼは活性化されていない．これらの細胞は別の仕組みでテロメアの伸長を獲得し，結局は不死化している．別の仕組みとは，**ALT** alternative lengthening of telomeres という方法で，これは，もう一方の染色体のテロメアを鋳型としてテロメアの伸長反応を行う現象である．

異常な細胞分裂の型

生体には大別して2種類の細胞の異常増殖がある．一つは細胞が増殖し，塊となり，他の場所へは移動しない種類で，これを**良性腫瘍** benign tumor とよぶ．物理的に他の部位を圧迫する，あるいは過剰（秩序を乱すレベル）のホルモンを産生してしまうような腫瘍でない限り，障害は起こらず，また，手術で比較的簡単に除去できる．通常の母斑は良性腫瘍である．もう一つの腫瘍は，**悪性腫瘍** malignant tumor（がん）である．これは隣の組織に浸潤し，それを突き破り，リンパ管や血管の流れに乗って他臓器へ移り，そこがまたがん組織の中心となる．がんが他臓器へ移る現象を**転移** metastasis とよぶ．これら転移性のがんはきわめて危険なものである．こうした細胞は不死化の他にもいろいろな性質を獲得し，それが生存に重要な臓器へのがんの広がりを可能とする．

上皮細胞由来のがんは（これが最も多い），狭い意味での**がん腫** carcinoma であり，筋肉細胞に由来するものは**肉腫** sarcoma とよぶ．**白血病** leukemia とは血液細胞のがんである．異常な増殖能をもつ未分化な白血球が過増殖し，全身を巡る結果，正常な白血球機能が損なわれるのである．

がんは変異の積重ねにより発生する

がんは，一つの細胞から発生したクローン化細胞で，周辺の細胞より速く増殖する特徴がある．これは**遺伝子変異** genetic mutation から生じるものであり，そのため加齢に伴い頻度が増す．変異が起こるにはそれなりの時間を要するのである．しかし，単一の遺伝子変異でがんが起こるわけではない．数年かけていくつかの遺伝子の変異が起こらなくてはならない．がん細胞は特徴的な病理像を示すので，これが診断に役立つ．がん化によってその細胞は脱分化し，もとの細胞がもっていた性質を失ってしまう．

制御されない細胞増殖というだけでは悪性のがんは発生しない．この場合は多くは良性腫瘍であり，ここからいくつかの段階を経てがんに変化する．異常な細胞分裂の過程で自然選択を受けた細胞は増殖の過程でさらに変異が蓄積する．変異は必ずしも順序立って一定の速度で進むわけではなく，個々のがん細胞は異なる経過をたどる．いくつかの遺伝子変異が近辺の腫瘍細胞を上回るような変異となり，その細胞が増え続ける．たとえば，腫瘍は血管新生を促す．血管ができることで腫瘍細胞は，自らの組織が酸素や栄養素の不足に陥ることを防ぎ，腫瘍の進展を維持する．やがて腫瘍細胞は自分の発生した組織を破壊し，他の部位に浸入できるような性質を獲得する．この転移の仕組みは十分に明らかにされていないが，転移するようになったがん細胞は，自身の細胞表面の変化によって（接着分子などの変化）腫瘍内の他の細胞から離れ，酵素を放出しながら結合組織や基底板などを破り，血管やリンパ管へと漏れ出ていく．

多くのヒトのがんに観察される異常性に関して Hanahan と Weinberg の総説（2000）にわかりやすくまとめられているので，参考にされたい．

大腸がんの発生

多段階発がんの古典的な例は大腸がんである．初期には大腸の一つの上皮細胞がポリープとよばれる前がん状態の細胞塊を形成する（図31.2）．もしこれが除かれないと（大腸内視鏡などで切除可能），このポリープ細胞は増殖し，その間に他の変異が蓄積され，数年かけて大腸がんとなる[*2]．ポリープはしばしば腸内出血を起こすので，簡便なテストで検出が可能である．内視鏡で除去されたポリープは，細胞学的な検査によって，その悪性度が確認される．遺伝的変化が増殖における優位性をもたらし，その

[*2] 訳注：APC というがん抑制遺伝子の変異により良性ポリープができる．この変異は常染色体優性遺伝で，家族性大腸ポリポーシス (familial adenomatous polyposis; FAP) という疾患をひき起こす．これにさらにいくつかの遺伝子変異が加わり，悪性度が高まったものが大腸がんとなる．APC は全身に存在するのに，ポリープが大腸に頻発するのは，大腸で特異的に正常対立遺伝子が欠損するためと考えられている (loss of heterozygocity)．さもなければ，がん抑制遺伝子の変異で優性遺伝となることはありえない．なお，大腸ポリープの増殖にプロスタグランジンが関与しているとの報告があり，これはプロスタグランジンの生合成を抑えるアスピリンなどの薬剤が，大腸がんリスクを下げるという疫学的知見からも支持される．

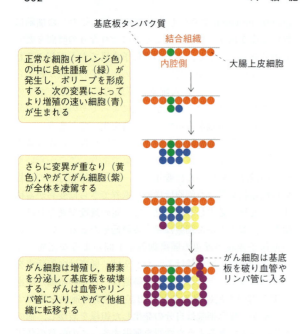

図 31.2 大腸がん発生の模式図．最初の遺伝子変異は良性腫瘍（ポリープ）をつくる．つぎつぎに変異が起こり，増殖で有利なものが残って増えていき，やがてがん細胞となる（紫）．これは急速に増殖し，上皮細胞を突き破り，基底板のタンパク質を分解する．やがてがん細胞はリンパ管や血管を通して全身に転移する．図を適当な大きさにするため，この模式図では変異を4段階に分けた．良性腫瘍から悪性のがんになるには通常数年を要する．基底板については第4章を参照．

結果，この悪性化した細胞が近隣や他の部位へ転移する様子を図31.2に模式的に示した．

発がんをもたらす変異

がんの原因は基本的には遺伝子変異であり，それは次のように述べることができる．
- 発がん性の化学物質はDNAと反応し，共有結合をつくる．シトクロムP450（第32章）という外来性化学物質を代謝する酵素により，いくつかの発がん物質が活性化されるというのは何とも皮肉なことである．**アフラトキシン aflatoxin** は天然の発がん物質であり，肝臓がんをひき起こす．この物質はピーナッツなどを保存している間に生えたカビなどに含まれる．
- 電離放射線が染色体を切断し，組換えを起こす．
- 紫外線はメラノーマ（悪性黒色種）をひき起こすことが知られている．DNA修復機構が欠損した患者では，皮膚病変がよく起こる（第23章）．
- 上記の外因性物質以外にも，活性酸素，特に，スーパーオキシド，ヒドロキシルラジカルなどはDNAに共有結合し，不可逆的変化をひき起こす（第32章）．
- DNA修復の際，点変異はいつでも起こりうる．こうした変異は有糸分裂時に起こりやすく，生殖細胞内で起こる変異ゆえに，遺伝する危険性ももっている．もし，DNA修復機構がダメージを受けると，変異の頻度は格段に増加する．
- ウイルスもしばしば動物にがんを生じさせる．子宮頸がんをひき起こす**パピローマウイルス papilloma virus** もヒトにがんを起こす1例である．RNA **レトロウイルス retrovirus** は分子生物学的に非常に重要であり，動物にがんを起こすことが知られている（後述）．ヒトの場合，RNAレトロウイルスによる発がんのケースは非常に低いが，最近，ある種の白血病がこのウイルスに起因することが明らかにされた．**エイズ AIDS（後天性免疫不全症候群 acquired immunodeficiency syndrome）** もまたがんを伴うことが多いが，これは **HIV（ヒト免疫不全ウイルス）human immunodeficiency virus** の直接作用ではなく，免疫応答が抑制されるためである．常に細胞表面の変化を免疫学的に監視し，がん細胞を破壊する必要があると思われ，こうした仕組みがないと，がんの頻度はさらに高くなるであろう．

発がんに関連する遺伝子変異の種類

上述のように，がんは初めに一つの細胞に変異が生じ，増殖の過程で他の変異を蓄積した結果できたものである．ある遺伝子の変異はそれほど大きな影響を与えないが，他の種類の変異は増殖に関する優位性を獲得する．がんのさまざまな性質は，転移一つとってもいまだ十分に明らかにされていないのである．しかし，おもに二つの種類の遺伝子の変異ががんの発症と関わっていることはよく知られている．

一つは**がん遺伝子**の存在である．*onco* とはギリシャ語で腫瘍という意味だが，この遺伝子の異常は細胞を無秩序に増殖させる．これらはがん細胞の発生や増殖に正の働きをするものである．もう少しわかりやすい表現をすると，これは"悪い遺伝子"である．これについてはほとんどが，通常のシグナル伝達経路の調節に関わる必須な遺伝子であるが，この後で述べる．もう一つは無秩序な細胞増殖を抑制している，**がん抑制遺伝子**の変異によるものである．これはいわば，"良い遺伝子"の喪失である．がん抑制遺伝子の変異そのものが発がんをひき起こすわけではないが，抑止力がなくなることでがん遺伝子の活性化に対するブレーキ役がなくなるのである．これにより細胞が無秩序に分裂を始め，あるいはがん遺伝子を活性化することになる．これらについてもこの後に述べる．

上記の2種類に加え，**DNA修復遺伝子 DNA-repair gene** もある意味ではがんに対して防御的な機能をもつが，古典的な意味ではがん抑制遺伝子には分類されていない．ヌク

レオチド切断の修復能欠損が原因で発症する色素性乾皮症については以前に述べた．第23章で大腸菌のDNAメチル化を利用したMut H, S, Lタンパク質によるミスマッチ修復機構について述べた．このうち，Mut SとLに相当する遺伝子は真核生物にも存在し（Hは存在しない），この変異がヒトの**遺伝性非ポリポーシス性大腸がん（HNP-CC）** hereditary nonpolyposis colorectal cancer とも関係しているが，大腸菌の場合のようにメチル化が関わっているという証拠はない．ミスマッチ塩基（もし修復されないならば）は変異の原因になり，これによって正常な遺伝子ががん原因遺伝子に変化してしまう可能性も出てくる．DNA修復機構は通常，保護的に働き，これがないと，がんをひき起こす変異の機会が増す．

次に，**がん遺伝子**と**がん抑制遺伝子**について述べることとする．

がん遺伝子

がん遺伝子 oncogene（オンコジーン）とは，細胞の無秩序な増殖あるいはBcl-2（後述）のように不適切な生存延長を起こす異常な遺伝子である．これらの遺伝子はがん細胞で検出され，そのDNAを正常細胞に導入すると，細胞は異常な増殖を開始する．遺伝子は非常に多く存在するが，その変異が発がんと関連することが知られているものは，実はほんのわずかである．がんを起こす遺伝子の特徴とは何なのだろうか．

いくつかの主要な論点が一緒になるのはこの点なのである．第29章ですでに述べたが，サイトカイン，増殖因子，ホルモンなどは細胞の外から作用し，その情報は核内に到達してさまざまなシグナルをひき起こす．Ras経路（第29章）を考えると，他の細胞から届いた増殖シグナルが細胞表面の受容体と結合し，一連の介在タンパク質を介して最終的に核内にシグナルを伝える．このシグナル伝達経路に関するタンパク質の変異はがんと関連している．がんは，調節が効かなくなったシグナル伝達経路の結果起こるものである．

では，どのようにシグナル伝達経路が発がんと結び付くのであろうか．"増殖因子→細胞膜受容体→A→B→C→D→細胞分裂"というカスケードを考えてみよう．A, B, C, Dはシグナル伝達経路の分子であり，矢印は情報伝達の流れを意味する．AがBに変換するという意味ではない．もし，このなかのどのタンパク質成分でも遺伝子変異により機能の異常が起こり，恒常的に活性化型をとるとすると，増殖因子やサイトカインが存在しなくても常に細胞の転写因子はオンの状態にあり，細胞の増殖が進むことになる（図31.3）．このシグナル伝達経路が異常をきたすと受容体からの増殖シグナルがなくても細胞周期は"許可なく"G_1期に突入してしまう．これは正常な細胞

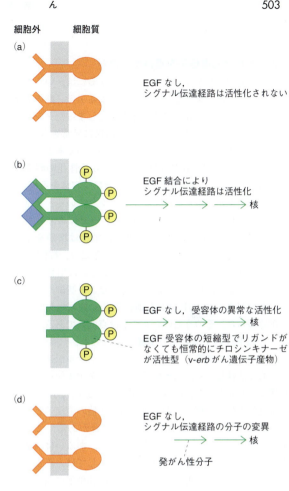

図31.3 細胞膜から核までのシグナル伝達経路における発がん分子．上皮細胞増殖因子（EGF）受容体を例にあげる．(a) 正常な受容体：活性化を受けていない．(b) 正常な受容体がEGFにより活性化されている．(c) 短縮型となり恒常的に活性をもつEGF受容体．(d) 正常な受容体であるが，細胞内シグナル分子が活性型に変異．RasとRafの変異とヒトのがんが関係するのがその例である．

が，増殖シグナルがない場合にG_0期に入るのとは異なっている．シグナル伝達経路の遺伝子群は変異を起こすとがん遺伝子になる可能性があるという点で，**がん原遺伝子** proto-oncogene（プロトオンコジーン）とよばれている．これらは，細胞が正常な増殖や分化をするのに必要な遺伝子ではあるが，がん遺伝子に変化する可能性をもっているのである．

アポトーシス抑制遺伝子である*Bcl-2*遺伝子も多くのがん細胞で過剰に発現しており，発がんと関連しうるものである．Bcl-2タンパク質の量が増えると，DNA損傷などをもつ細胞のアポトーシスシグナルを抑制してしまい，細胞はがん化する．正常な細胞においては，アポトーシスのシグナルは阻害されず，異常細胞はアポトーシスすること

で，がん化を防いでいる．

どのようにがん遺伝子を獲得するのか

がん原遺伝子ががん遺伝子へと変化するには，いくつかの道がある．最も単純な例は点変異によるアミノ酸の置換である．この変異で異常に活性化されてしまったタンパク質が生まれ，これにより細胞周期の調節に異常をきたす．たとえば，**Ras**（ラス）タンパク質遺伝子もその一つである．このタンパク質はGTP/GDP交換反応により活性化の時間を自己制御している．Rasタンパク質は常に受容体を監視し，増殖シグナルがあるかどうかをチェックしている．正常細胞では増殖因子がなくなれば，GTPアーゼにより自身に結合しているGTPをGDPに変換し，細胞は増殖を止める．しかし，このタンパク質に変異が起こり，GTPアーゼ活性を失うと，GTP型のままでいるために増殖は停止しない．つまり，Ras経路が活性化したまま制御不能になる．非常に多くのヒトのがん細胞でRasタンパク質の異常が認められ，そのうちのいくつかは点変異である．同様なことはRasの下流にある**Raf**（ラフ）にもみられ，このプロテインキナーゼの調節ドメインを失うとシグナル伝達経路を持続的に活性化する．増殖因子からのシグナル伝達経路の異常による発がんの仕組みを図31.3に模式的に示す．

染色体の転座で細胞のがん原遺伝子が他の遺伝子と融合し，がん遺伝子へと変化してしまう場合がある．この結果，その融合タンパク質の発現量が増え，あるいは活性が異常に高まることがある．別のケースとしては，正常ながん原遺伝子が他の強力なプロモーターの制御下に入り，過剰に発現する場合がある．**バーキットリンパ腫 Burkitt's lymphoma**は免疫系のB細胞の異常増殖によるがんである．これは正常な*c-myc*遺伝子が染色体交差の結果，強力な免疫グロブリン遺伝子プロモーターの支配下に入り，転写因子である**Myc**（ミック）タンパク質を過剰に発現することが病因となっている．Mycタンパク質は細胞の増殖や複製に関わるいくつかの遺伝子を活性化する転写因子であるため，B細胞の無秩序な増殖が起こるのである．

ヒトの常染色体に存在する遺伝子同様，がん原遺伝子も染色体上に2コピー存在する．上述の通り，発がん性の変異の特徴は，がん原遺伝子の活性化の獲得にある．それは，シグナル非依存的な活性型への変異や過剰産生に起因することが多い．ということは，こうした変異は**優性 dominant**ということになる．言い換えれば，2コピーあるがん原遺伝子うち，どちらか1コピーのみのがん遺伝子への変異でがんは起こってしまうのである．

レトロウイルスは細胞内がん原遺伝子を活性化，あるいは獲得する

レトロウイルスはRNAウイルスであるが，動物でがんを起こすし，また，ある種のヒトの白血病の原因ともなる．感染したレトロウイルスは逆転写酵素によりRNAをDNAに変換し，そのDNAは宿主細胞の遺伝子中にランダムに挿入され，遺伝物質としてゲノムDNAと一緒に複製される．レトロウイルスががん原遺伝子の上流に入ると，その非常に強力なプロモーター活性によりがん原遺伝子の発現を増強させる．あるいはレトロウイルスDNAが，がん抑制遺伝子の中に挿入され，その産生を抑えることもありうる．宿主細胞の中でこのようにがん遺伝子をつくり出したウイルスは，自らの再生（ウイルス産生）ときにこのがん遺伝子をゲノムからもち出してしまうケースもある．そうして宿主から離れて別の個体や細胞に感染し，その新しい宿主細胞のDNAに挿入される可能性がある．こうしたものを**ウイルス性がん遺伝子 viral oncogene**とよんでいる．

多くの細胞がもつがん原遺伝子は実際，レトロウイルスの発がん遺伝子として発見され，それゆえに，個々の命名にも関わっている．レトロウイルス性のがん遺伝子はそれにちなんで命名されており，イタリック体で表記されることが多い．たとえば，*ras*とはラット肉腫ウイルス（rat sarcoma virus）に由来している．がん遺伝子は"v (virus)"を付けて識別されるのに対して細胞のがん原遺伝子は"c (cellular)"を付けてよばれることが多く，*v-ras*, *c-ras*などと書く．これらの遺伝子からつくられているタンパク質は大文字でRas, Rafなどと表記し，イタリック体にはしない．例をあげると，*v-erb*がん遺伝子は上皮細胞増殖因子（epidermal growth factor; EGF）の短縮型変異受容体を示している（図31.3）．この変異受容体は恒常的に活性化状態にある．これがウイルスを介して宿主に入ると，異常な受容体をその細胞膜に発現することになる．すなわち，EGFが存在しなくてもリン酸化型であり，活性化状態にある．こうしてこの受容体は持続的に，また，過剰にRas経路を活性化し，無秩序な細胞増殖を起こすのである．

がん抑制遺伝子

ここまで，がん遺伝子が細胞のシグナル伝達経路と遺伝子発現に影響を及ぼすことを述べてきた．次に，**がん抑制遺伝子 tumor suppressor gene**について述べるには，細胞周期の移動，特に周期を先に進めるかどうかを決定づけるG_1期からS期へのR点について述べなくてはならない．いくつかのがん抑制遺伝子が知られており，これらの変異はある種の発がんと結び付く．非常に有名な二つの例について述べたい．一つは**p53**遺伝子であり，もう一つは**網膜芽細胞腫遺伝子 retinoblastoma gene**である．後者は**Rb**タンパク質をコードし，ある種のまれな網膜のがんで最初に発見されたのでこのように命名されたが，現在では多くの他のがんでも変異が見つかっている．

がん抑制遺伝子はその名の通り，がんの発生を抑制する

遺伝子をコードしている．つまり，がん形成と関連するのはがん抑制遺伝子の欠損あるいは機能の消失を起こす変異である．優性に働くがん遺伝子とは異なり，がん抑制遺伝子は双方の対立遺伝子が変異を生じなければならない劣性であることが多い．がん抑制遺伝子が細胞周期のチェックポイントで働くことはすでに述べたが，これがどのようにがんを防ぐかについて述べたい．

p53 遺伝子によるがん抑制機構

ヒトのすべてのがんの半数以上に p53 の変異が認められ，p53 はゲノム遺伝子の"見張り番"とされている．G_1 期の初期にある正常細胞において，細胞外から増殖シグナルがくると，これが G_1 期に特異的なサイクリン遺伝子を発現させ，その結果，Cdk（サイクリン依存性キナーゼ）が活性化される．すでに述べたように，正常な細胞では p53 の量は非常に少なく，かつ不活性であり，この状態で細胞周期は進行する．しかし，DNA 損傷が起こると p53 は活性化され，かつ増加する．すなわち，DNA 損傷を感知すると p53 はセリン残基がリン酸化され，活性化すると同時に分解されにくくなる（よって量が増える）．p53 は 60 以上の遺伝子の発現を抑制する転写因子であり，たとえば，p21（Cdk 阻害タンパク質の一つ）とよばれる別の遺伝子を発現させて G_1 期に特異的な Cdk の不活性化を起こすのである（第 30 章）．これにより，細胞周期は R 点で停止し，DNA を修復する時間を稼ぐことができる．DNA が修復されると p53 は減少してもとの低い発現レベルに戻り，細胞周期は通常通りとなる．修復が不完全な場合，p53 は細胞のアポトーシスをひき起こす．機能的な p53 が欠如すると，細胞周期は停止せず，細胞はアポトーシスを起こさず，こうして異常 DNA はそのまま複製され，異常 DNA をもった細胞が増殖し，がん化する可能性を高めるのである．

網膜芽細胞腫遺伝子によるがん抑制機構

もう一つよく知られたがん抑制遺伝子は，網膜芽細胞腫遺伝子である．この遺伝子によってコードされているタンパク質（Rb）は p53 のように細胞周期を G_1 チェックポイントで止める．Rb は転写因子の **E2F** と結合することでこの働きを抑制し，S 期への進行に必要な遺伝子の活性化を阻害する．正常な細胞では，増殖刺激を受けて G_1 期に移行する際，G_1 サイクリン合成に関与する遺伝子群が活性化され，結果的に Cdk 活性は増加する．Cdk は Rb をリン酸化して不活性化し，E2F との結合を抑制し，そうすることで初めて細胞周期は S 期に移行することができる．しかし，細胞増殖ががん遺伝子によって増殖刺激を無視して異常な方法で進んだ場合，通常は必要な Cdk の活性化が起こらず，Rb はリン酸化されず E2F に結合し続けるので，細胞周期を停止させることができる．もし Rb が存在し，しかも活性化されていれば，細胞周期の異常な進行は抑制することができるのである．実際に，Rb の機能的欠損は網膜芽細胞腫以外にも骨肉腫，肺小細胞がんなどでも認められている．

分子生物学の発展は 新しいがん治療の可能性を広げる

細胞の分子生物学的理解によって，新しく特異的ながんの治療法が開発されつつある．細胞膜のチロシンキナーゼはシグナル伝達経路の中心的な役割を担っており，しばしばがんで変異，あるいは過剰発現を起こしている．これが治療の標的として注目を集めている[*3]．たとえば，がん細胞の表面分子（特に受容体など）を特異的に認識し，機能阻害するモノクローナル抗体がいくつか開発されている．また，がん細胞表面が正常とは変わっているという抗原性の特徴を利用し，免疫学的手法で細胞毒を特異的に細胞に輸送する手法も開発されている．がん細胞に対する免疫監視を増強させる免疫療法も有用な手段である．

別の方法として，がん組織に栄養や酸素を与える血管新生を阻害しようとする試みもある．RNAi（RNA 干渉，第 26 章）の発見や，その動物細胞内でのタンパク質産生阻害効果の発見は最近の研究だが，がん治療に活用できる可能性がある．siRNA（低分子干渉 RNA）は簡単に化学合成できる．塩基配列の特異性を用いれば，どのような遺伝子でもその発現のサイレンシング（あるいはノックダウン）が理論上，可能である．がん遺伝子はこの標的となりうる．興味深い一つの応用例は，ウイルスベクターを用いて DNA 断片を入れると，これが細胞の中で転写されて siRNA となるという戦略である．

ヒトゲノム計画の完結は非常に大きな進歩であり，これにより疾患に関わる遺伝子の同定や，遺伝子が関わるおおよそすべての事象の解明が急速に進んでいる．がんの理解と治療の困難さの一つは，個々のがんが異なる特徴をもち，分類が難しく，それぞれの個人に最適な治療を準備することが難しい点にある．DNA マイクロアレイや RNA シークエンスの手法は，同時に多数の遺伝子の発現パターンの解析を可能とし，その結果，治療方法のふさわしさでのがんの分類も可能となるかもしれない．正常な細胞とがん細胞での遺伝子発現パターンを比較することにより，この疾患の新たな理解が可能となるかもしれない．抗がん剤ががん関連遺伝子の発現に及ぼす影響はがん細胞株を用いて評価することもできる．プロテオミクスの技術もまた可能性を広げるものである．

[*3] 訳注：チロシンキナーゼ阻害剤はすでに臨床で使われており，トラスツズマブ（商品名ハーセプチン）は乳がんに，またゲフィチニブ（商品名イレッサ）は非小細胞性の肺がんに使われ，有効である．他方，間質性肺炎，肺繊維化などの副作用も起こる．

要 約

　がん細胞は不必要なときにも，調節を受けることなく増殖する．多くは細胞のシグナル伝達経路の異常により起こる．細胞外の増殖因子の存在と関わりなく，細胞をS期に進める．細胞死のシグナルから回避し，また，テロメアを無限に伸ばす機能をもっている．変異を重ね，他の細胞より増殖能が優れ，ついには他の組織に浸潤し，また，遠隔部位に転移する．がんの発生は多段階であり，多数の遺伝子変異が必要である．

　がんの発生は悪性細胞への"進化"という解釈もでき，変異の結果，他の細胞に比べて増殖の優位性を獲得し，腫瘍となる．最初の一つの変異は細胞分裂をひき起こすかもしれないが，多くの変異が重なるためには数年間を要する．遺伝子変異は決められた順序で発生するわけではなく，また，同じタイプのがんであっても異なった過程や変異から発生しているのである．一つの典型的な例は大腸がんである．これは最初，良性の大腸ポリープから始まる．しかし，数年の間に他の変異が加わり，がんとなる．良性腫瘍のうちに内視鏡で切除すれば悪性化を回避できる．

　遺伝子変異のおもな原因は，化学物質，ある種のウイルス，あるいは電離放射線などの発がん因子である．また，DNAの複製や修復過程での間違い，あるいはDNAの転座なども原因となる．

　正常な機能をもったがん原遺伝子が変異し，がん遺伝子，すなわち，"悪い遺伝子"となることが，がんの主要因である．がん原遺伝子はもともと細胞の増殖シグナルの正常な要素をコードしている．がんの原因となる変異は不適切なシグナル経路の活性化を起こし，結果的に異常な細胞分裂の引金となるのである．

　別の例では，がん抑制遺伝子，すなわち，"良い遺伝子"の変異による機能喪失である．p53遺伝子や網膜芽細胞腫遺伝子などがそうした例である．ヒトのがんのおよそ半数でp53の機能欠失が認められる．p53はゲノムが損傷したときに細胞周期を停止させる作用がある．修復が十分にされないと，p53は細胞にアポトーシスシグナルを送り，がん化を回避する．対立遺伝子の両方のp53が欠失するとこの監視機構がなくなり，発がん性変異が起こり，がんとなる可能性が高まるのである．細胞周期において，細胞外からの増殖刺激がない場合にはRbタンパク質はG_1期からS期への移行を抑制する機能をもっている．よって，このRbタンパク質の欠失は不適切な細胞分裂をひき起こし，これががん化へとつながる．

　分子生物学の発展により多くの新しいがん治療薬が開発されてきている．

 ## 問 題

1 がん原遺伝子とは何か．また，がん原遺伝子がどのようにしてがん遺伝子に変化するかを述べよ．
2 p53はどのような機構でがん化を抑制しているか述べよ．
3 がん遺伝子とは何か．がん抑制遺伝子とは何か．
4 体細胞ががん細胞となるときは，しばしばテロメラーゼ活性が上昇する．この意義を述べよ．

VI

疾患に対する防御機構

32 特別なトピックス：血液凝固，異物代謝，活性酸素種　508
33 免疫系　517

32

特別なトピックス：
血液凝固，異物代謝，活性酸素種

分子レベルにおいて，生命活動とは，特に哺乳類のような複雑な生命体では危険な営みである．それなしでは生命活動を行うことができなくなる化学反応機構と，この機能に付いて回る危険性との間には，微妙なバランスが存在する．たとえば，大量の血液の流れによって体内のすべての細胞に酸素を循環させることは効率がよいが，このことは体が，出血による死を直ちに防ぐために，傷口において血の塊をいつでもつくれる状態にあることを意味している．不幸なことに，不適切な血液凝固（血栓形成）は生命を脅かす危険物にもなり，体は素早く傷口を治す能力を失うことなく，血栓形成から守られていなくてはならない．

電子を酸素に移動することにより，食糧から使用可能なエネルギーを生じさせることも効率的に行われており，この酸素が水に還元されれば，この工程は問題のないものとなる．しかし，この工程は完全なものでなく，不完全に還元された**活性酸素種（ROS）** reactive oxygen species，それも多くは**フリーラジカル** free radical が生じてしまい，生物の分子を破壊してしまう．電離放射線やある種の化学物質のように，他にも活性酸素種生成をひき起こすものは存在する．

私たちは必須栄養素を得るために，さまざまな種類の食物を摂取する必要があるが，これは同時に，うまく処理されなければ有毒となる可能性があるさまざまな種類の危険な分子を摂取することも意味している．

この章では，体がこのような危険から自らを守るための酵素の機構についてまとめた．機構上関連があるものを取上げている別の章と一緒にする方がより一般的ではあるが，ここではこれらを，それ自体で生物学のトピックとして述べることにする．

他の防御機構については，それぞれ適した特定の章でふれている．免疫系は病気をひき起こす病原体の攻撃に対する主たる防御機構であるが，それ自体で一つの主題とし，第33章で扱うことにする．電離放射線，紫外（UV）光や変異原により生じる障害に対処する DNA 修復もまた重要な防御機構であるが，これについてはすでに，DNA 合成を扱った第23章でふれている．同様に，がんから私たちを保護してくれるがん抑制遺伝子については，がんについて議論した第31章で取上げるのが最適である．

血液凝固（血栓形成）

血液の凝固は，傷ついた血管からの血液の消失を停止させる過程，すなわち止血に必要である．化学的にいうと最初のシグナルは小さいものではあるものの，この応答は素早く，かつ確実に起こらなくてはならない．シグナルの莫大な増幅が必要であり，定量的にいうと，この応答はもとのシグナルよりはるかに大きくならなければならない．

生化学的な反応は**増殖カスケード** amplifying cascade という手段により成し遂げられることにはすでにふれた．このカスケードでは酵素は活性化され，その後他の別の酵素を活性化し，これが繰返されていく．活性化された酵素自体が触媒であるという事実は，おのおのの段階で増幅が生じるということを意味している．もう少し具体的に説明すると，もしも単一の酵素分子が1分間で次の酵素の1000分子を活性化し，この第二の酵素のおのおのの分子が同様に次の酵素を活性化し，これが繰返されるとすると，4段階のカスケードでは，4分間で 1000^4 個の活性化された4番目の酵素分子が生じることとなる．カスケードの最後には，この酵素は素早く大きな応答をひき起こすことができる．

血液凝固 blood clotting（**血栓形成** thrombus formation ともいう）は二つの部分に分けることができる．結果として血餅を形成する酵素の活性化につながるカスケードと，この酵素により血餅自体が形成される機構とである．カスケードの過程は**タンパク質分解** proteolysis に基づくものであり，この過程では，不活性なタンパク質分解酵素（プロテアーゼ）前駆体のペプチド結合の加水分解が生じ，この酵素が活性化される（消化におけるトリプシノーゲンのトリプシンへの活性化と比較せよ）．血液凝固に必要な不活性型の前駆体タンパク質はすべて血液中に存在しており，血管の障害により生じるシグナルに応答し活性化される．

血餅形成が必要であると何が告げるのか

傷が生じると血管に並んだ内皮細胞の層が破損し，コラーゲン繊維のようなその下にある構造が露出される．そこには，負電荷を帯びた"普通ではない"表面が存在する．血液凝固の応答は，この損傷部位の周りで生じる局所的な反応である．最初に，穴の周りで血小板が凝集することにより一時的な栓が形成される．ADPとトロンボキサン A_2 の遊離が他の血小板を活性化させ，傷口で凝集させる．血餅を形成するために，血液中の小さなグループのタンパク質がこの普通ではない表面に引き付けられ，その結果として，最終的には二つのプロテアーゼが相互にお互いを活性化する．プロテアーゼの一つは第XII因子とよばれる．（この命名法はいささか紛らわしい．この命名法では，ある"因子"は酵素であり，またある"因子"は酵素の補因子である．また，この過程の順番通りに番号づけはされていない．）第XII因子は，第X因子（これがもう一つのプロテアーゼである）の活性化へとつながるまでの3段階のカスケードを活性化する．第X因子はプロトロンビンを活性型プロテアーゼであるトロンビンに活性化する．（接頭辞の"pro-"あるいは接尾辞の"-ogen"は，活性型に変換される前の不活性の分子であることを意味する．）トロンビンは血液凝固をひき起こす．（普通，酵素の名前は"-ase"で終わると期待されるが，いくつかの古典的な酵素は，たとえば，トロンビン，ペプシン，トリプシン，キモトリプシンのように，"-in"で終わる．）

上で述べた血液凝固の過程は**内因性経路** intrinsic pathway として知られる．血液をガラス容器の中へ入れると，ガラスの表面が血液凝固をひき起こす．外から何も加える必要はなく，血液凝固は血液本来の性質として生じる．このためにこの過程は内因性とよばれる．

外因性経路 extrinsic pathway も存在する．こちらは，傷つけられた細胞や組織からの組織因子とよばれるタンパク質複合体の放出によりひき起こされる．何かを血液に加えなくてはならないので，この経路は外因性とよばれ，内因性より短い時間で生じる．あるプロテアーゼが活性化され，この酵素が内因性で生じるのと同様に，第X因子を活性化し，その結果としてこちらでも活性型トロンビンが形成される．この二つの経路を図32.1に示す．

内因性経路が生じるには長い時間がかかるので，試験管内で測定すると，同じく試験管内で測定した外因性経路の場合に比べゆっくりと血餅が形成される．しかしながら，血友病Aという血液凝固がうまく生じない遺伝病の場合，第X因子のタンパク質分解による活性化に必要な第VIII因子が欠損しているために，内因性経路を欠いている．通常の生理的な凝固が生じる際には，両方の経路が一つとして機能しており，両者が不可欠なようである．生理的な凝固に関わる二つの経路間の相互作用についても同定されている．

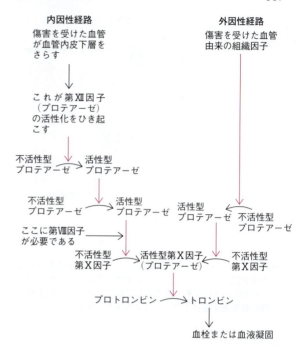

図32.1 血液凝固の内因性経路と外因性経路の簡略化した模式図．関係するさまざまなプロテアーゼと他の因子の名前は簡略化のために除いてある（13種類の因子，第Ⅰ因子から第XIII因子までが実際のところ知られている）．示してあるプロテアーゼは，それぞれ特異的な基質をもっている．第VIII因子が，血友病Aの患者で欠落しているタンパク質である．

トロンビンはいかに血栓形成をひき起こすのか

循環している血液の中には，**フィブリノーゲン** fibrinogen とよばれるタンパク質が存在する．基本的な分子の単位は，三つのポリペプチド鎖から成る短い棒状構造により構成される．このうち二つの棒状構造がN末端付近でS-S結合によりお互いつながって，フィブリノーゲン単量体が形成される．図32.2に示すように，この結合部位において，おのおのの短い棒状構造を形成している三つのポリペプチド鎖のうち二つの鎖は，**フィブリノペプチド** fibrinopeptide とよばれる負電荷を帯びたペプチドとして突き出ている．この単量体における負電荷がお互い反発しあい，会合を妨げている．

トロンビンがこのフィブリノペプチドを切離すと，**フィブリン単量体** fibrin monomer が生じる．このフィブリン単量体は，非共有結合の形成により，もはや自発的に重合できる．フィブリン単量体の端に存在する部位は，隣り合う分子の中央の部位と相補的であり，このため，これらが重合することによりねじれた構造が構築される（図32.3）．ここででき上がるのは，いわゆる"軟らかい凝固"である．より安定な"堅い凝固"は，続いて起こる隣り合うフィブリン分子の側鎖の間で生じる共有結合の架橋により形成される．

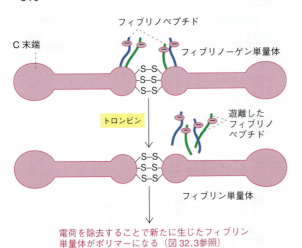

図32.2 フィブリノーゲン単量体のフィブリン単量体への変換の模式図．フィブリノーゲン単量体の左右それぞれの部分は，3本のポリペプチド鎖でできており，そのうちの2本が末端に負電荷を帯びたフィブリノペプチドをもつ．

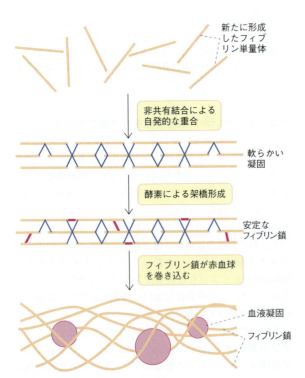

図32.3 フィブリン単量体の自発的な重合と酵素を介した架橋による安定なフィブリン鎖の形成．フィブリノーゲンはフィブリノペプチドをトロンビンが加水分解するまで重合できない．その理由として，①負の電荷が相互作用を阻害すること，②フィブリン単量体の端が相互作用する中央部分がフィブリノペプチドで隠されていること，があげられる．非共有結合は青で示す．共有結合による架橋は赤で示すが，架橋の場所と個数は正確には示していない．

この共有結合の架橋は，一つの単量体に存在するグルタミン側鎖が，隣の単量体のリシン側鎖と酵素的アミノ基転移反応によりつながるという興味深いものである．

$$-CONH_2 + H_3N^+- \rightarrow -CO-NH- + NH_4^+$$
（グルタミン側鎖）（リシン側鎖）　　　（架橋）

フィブリン鎖が赤血球を巻込み，血餅が形成される．

凝固を抑える

血液凝固は，出血が起きている局所に制限されなければ危険となりうるものである．いったん開始されると，それは自己触媒的過程であり，手に負えなくなり，不適切な凝固がひき起こされるかもしれないという危険がある．そのために，精巧な一連の安全装置が存在する．血液中のプロテアーゼインヒビター（たとえばアンチトロンビン）は凝固反応を"くじき"，広がるのを妨げる．硫酸化多糖（グルコサミノグリカン；第4章）であるヘパラン硫酸は血管壁に存在し，この阻害効果を増大させる．別のプロテアーゼである**プラスミン** plasmin は血餅を溶解する．プラスミン自体は，不活性型の**プラスミノーゲン** plasminogen から生じるが，プラスミノーゲンを活性化するのは，障害を受けた組織から放出される**組織プラスミノーゲン活性化因子（t-PA）** tissue plasminogen activator の効果による．t-PAは血栓症の治療に用いられている．t-PAは組織中にはごくわずかしか存在しないが，t-PAをコードする遺伝子とそれに対応するcDNAが単離されており，投与に用いるタンパク質の大量生産に用いられている（この技術について第28章で述べている）．t-PAと他の阻害機構により，反応はこの過程を開始するのに必要であった傷害を受けた表面の領域に限られる．血液凝固の制御は複雑である．不適切な凝固（血栓症）は多数の死に関わっている．

血液凝固には血小板の凝集が必要である．血小板凝集は，血小板により合成されるトロンボキサンA_2（第17章）により促進される．トロンボキサンA_2の合成は低用量のアスピリン（75 mg/日）により選択的に阻害される（Box 17.2参照）．これは循環系の問題を抑えるのを助けるために臨床で一般的に用いられる．

殺鼠剤，血液凝固とビタミンK

広く用いられる殺鼠剤である**ワルファリン** warfarin は血液凝固を妨げることにより，ラットを殺す．いつでも生じるちょっとした傷からの内出血に歯止めが利かなくなり，げっ歯類は死に至る．ワルファリンは，たとえば心房細動の患者などに臨床的に用いられる．心房細動の患者では，心房収縮の不全により血が流れない領域が生じ，血液凝固が起こるリスクが増大している．ワルファリンは構造上ビタミンK（Kはデンマーク語の凝固（Koagulation）に由来する）に類似しており，競合的な阻害剤として作用す

る．この物質はビタミンと酵素の部位を競合し，酵素を不活性化する（図32.4に示す両者の構造をさっと見てほしい）．ビタミンKは**プロトロンビン prothrombin**から**トロンビン thrombin**への変換に必要である．ビタミンKは二酸化炭素（CO_2）を用い，プロトロンビンのグルタミン酸側鎖に余分なカルボキシ基（−COOH）を付加する（γ-カルボキシ化）という，あまり一般的ではない酵素反応において補因子として働く．このカルボキシグルタミン酸は強く負に荷電しており，プロトロンビンからトロンビンへの活性化の過程に必要なCa^{2+}を結合する．ヒトの体内のビタミンKの半分は食事由来であり，残り半分は消化管の細菌によりつくられる（第9章）．

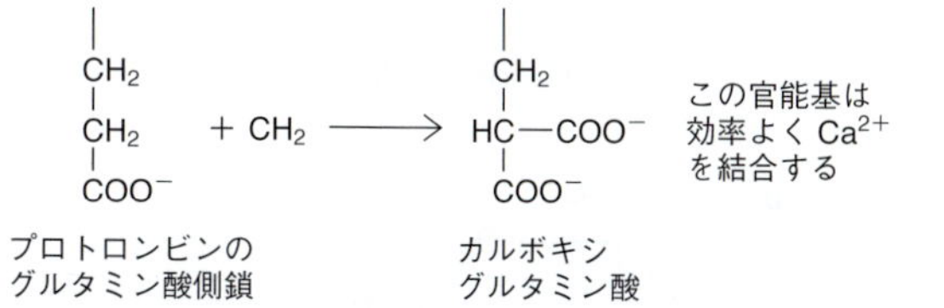

$$\begin{array}{c}|\\CH_2\\|\\CH_2\\|\\COO^-\end{array} + CH_2 \longrightarrow \begin{array}{c}|\\CH_2\\|\\HC-COO^-\\|\\COO^-\end{array}$$

プロトロンビンの　　　　カルボキシ
グルタミン酸側鎖　　　グルタミン酸

この官能基は効率よくCa^{2+}を結合する

摂取した外来性化学物質（生体異物）に対する防御機構

タンパク質のような高分子の外来性分子は免疫系により処理される（第33章）．（生きた病原体の進入ではない）低分子の外来性分子は，別の系，実際のところ酵素により処理される．

ヒトは多数の異なった外来性化学物質を摂取する．これらをまとめて**生体異物 xenobiotics**（xenoは"外来の"を意味する）とよぶ．生体異物には，医薬品，殺虫剤，除草剤に加え，複雑な構造の植物も含まれる．多くは比較的水に溶けにくく，脂に溶けやすい．そのため尿や胆汁中に排泄されるよりは，膜の脂質部分や脂肪細胞の脂肪滴に分配されやすい．より極性をもたせ，その結果としてもっと水に溶けやすくしないと，生体異物は体内に蓄積し有害な結果を生み出していくだろう．外来性化学物質の排泄は代謝されることにより促進され，**シトクロム P450（P450）cytochrome P450**はこの過程においてきわめて重要である．P450はヘム-タンパク質複合体である．名前のPは色素（pigment）に由来し，450は一酸化炭素（CO）との複合体の吸収極大の波長（450 nm）からきている．（このCOは反応には関与せず，P450の量を容易に測定するのに便利なスペクトラムを与えてくれる複合体をつくるだけである．）P450系の典型的な反応は，脂肪族あるいは芳香族化合物にヒドロキシ基を付加するものである．これが異物代謝の第一相として知られる．第二相では，異なる酵素がグルクロン酸のようなさまざまな強い極性基を付加し，水への溶解性を増加させ，尿中への排泄を促進する．

まずはP450系についてみてみよう．

シトクロム P450

体内には多数のP450のアイソザイムがある．アミノ酸配列の類似性に基づいた命名法が取入れられている．すべてが**CYP**に続く数字でファミリー（40％以上の相同性）を，それに続く大文字のアルファベットでサブグループ（55％以上の相同性）を示し，そして最後の数字で個々のアイソザイムを定義している．たとえばCYP2B4のようになる．この酵素の医学的な重要性からもこの命名は適切であるが，ここでの議論では単にP450という名称を用いる．

P450酵素には二つの役割がある．その一つめは，コレステロールから他のステロイドへの変換のような，通常の代謝過程への関与である．このような役割を担うことが，ステロイドホルモン産生の場である副腎にP450酵素が豊富に存在する理由を説明してくれる．そして二つめの役割が生体異物の代謝である．

P450系で注目すべきことは，この酵素がきわめて多くの異なった化合物に立ち向かうということである．そのなかには生命体がそれ以前には出くわしたことがないような化合物も含まれる．植物にみられるテルペンやアルカロイドといった一連の化合物は，植物が動物による攻撃（たとえば草食）への防御機構として進化させてきたのかもしれない．解毒装置をもつということは，動物に進化上の優位性をもたらしてくれるかもしれない．解毒装置は，植物や他の食物に存在するほとんどすべてのものに対処することにより，自らの生存を可能にしてくれる．この万能性の基盤は，P450がさまざまな関連化合物に作用するという広

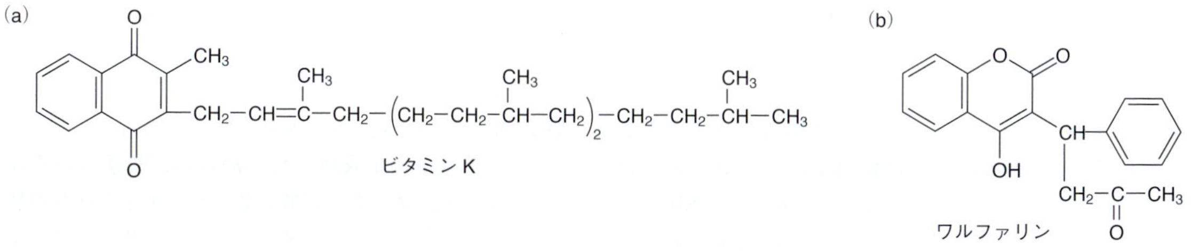

図32.4 ビタミンK（a）とワルファリン（b）の構造の比較．ビタミンKは血液凝固に必要である．ワルファリンはビタミンKと拮抗して，血液凝固を阻害する．

い特異性をもつことと，異なるが一部重複した特異性を示す異なる P450 酵素が存在することにある．

P450 はほとんどすべての組織に見いだされるが，なかでも肝臓に最も多く存在する．P450 は滑面小胞体に，細胞質側を向いて埋め込まれている．P450 はいずれも，脱ハロゲンや脱硫などを含む驚くほど多くの反応をひき起こすが，最も重要なのはヒドロキシ化である．ヒドロキシ化では，外来性化合物 AH は，次のような反応により処理される．

$$AH + O_2 + NADPH + H^+ \rightarrow A-OH + H_2O + NADP^+$$

この反応は，各酸素分子から一つの酸素原子しか用いないので，**モノオキシゲナーゼ反応** monooxygenase reaction とよばれる．NADPH はもう一つの酸素原子を水に還元するのに用いられる．AH をヒドロキシ化するとともに，酸素を水に還元するので，**混合機能オキシダーゼ** mixed-function oxidase ともよばれる．NADPH 由来の電子は，P450 と同じく滑面小胞体に存在する P450 レダクターゼによって，P450 のヘム内の Fe^{3+} に一つずつ渡されていく．

二次修飾：P450 の作用により生じた産物への極性基の付加

これは生体異物代謝の第二相として知られる．P450 の作用により生じた産物は，より水に溶けやすくなり，尿中に排泄される．このような反応はいくつか存在するが，最も重要なものだけについて述べることにする．**グルクロン酸抱合** glucuronidation と**グルタチオン** glutathione の付加である．

グルクロン酸抱合系

この反応は滑面小胞体で生じ，P450 により外来性化学物質につくられたヒドロキシ基に，UDP グルクロン酸から非常に親水性が高いグルクロニル基が転移する（図32.5）．UDP グルクロン酸は UDP グルコースの酸化によってつくられる．グルクロン酸抱合は化学物質の水への溶解性を増大させることにより，尿中や胆汁中への排泄を促進する．同様の仕組みは，ヘムの分解で生じるビリルビンのような内因性産物の排泄にも用いられる（第18章）．

グルタチオン S-トランスフェラーゼ系

グルタチオンは，グルタミン酸，システインとグリシンから成るトリペプチドであり，グルタミン酸とシステインの間のペプチド結合はグルタミン酸側鎖の γ-カルボキシ基を介している（図32.6）．肝臓，筋肉やその他の組織に多量に存在する．その主たる機能はシステインの SH 基によって細胞内の還元状態を保つことである．このためグルタチオンは GSH と略される．

グルタチオン S-トランスフェラーゼ glutathione S-trans-

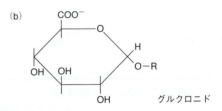

図 32.5 （a）グルクロン酸抱合の反応系．（b）クルクロニド（グルクロン酸のグリコシド）の構造．

図 32.6 還元型グルタチオン（GSH）と酸化型グルタチオン（GSSG）の構造．Glu, Cys, Gly は，それぞれグルタミン酸，システイン，グリシンの 3 文字略号．

ferase は，ハロゲン化された分子，発がん性物質のエポキシ代謝物などを含む生体異物に硫黄を付加する．このトランスフェラーゼは滑面小胞体に存在する．触媒される反応は次のように表される．

$$RX + GSH \rightarrow RSG + HX$$

ここで，R は求電子性の生体異物である．

この反応は，反応性が高い発がん性物質に対する重要な防御である．なぜなら，発がん性物質が DNA と反応して遺伝子損傷をひき起こすのを妨げるからである．トランスフェラーゼ反応の生成物である RSG は，排泄される前に修飾を受ける．グルタミン酸残基とシステイン残基が加水分解により除去され，システインのアミノ基がアセチル化され，**メルカプツール酸** mercapturic acid がつくられ，これが排泄される．

グルタチオンは，これとはまったく異なる過酸化物に対する重要な防御反応にも関与する．

P450の医学的重要性

多くの医薬品はP450により代謝されるので，体内における薬剤の半減期はその薬剤が代謝され排泄される速度に関係している．生来の酵素の量と活性は，遺伝的差異により個人個人により異なっているので，薬剤の適切な用量は人によって異なる可能性がある．P450のもう一つの側面は，多くのP450が薬剤により発現誘導されるということである．このため，バルビツール酸をラットに食べさせると，滑面小胞体とP450の著しい増加がみられる．誘導剤が除かれると滑面小胞体は通常に戻る．このことは薬剤による治療を複雑なものとする．なぜなら，一つの薬剤を適切な量服用している患者に，この最初の薬剤に作用するP450を発現誘導する別の薬剤を処方したとすると，最初の薬剤の用量はもはや適切なものではなくなってしまう．このような実例としては，抗凝固薬のワルファリンがあり，用量は注意深く計算される．もしも患者がP450を発現誘導する薬剤を処方されると，ワルファリンの用量は不適切になってしまう．

P450の機能は必ずしも生体異物を攻撃するという有益なことばかりではない．皮肉な話ではあるが，P450によるある種の物質の酸化は，発がん性を増してしまうことがある．

多剤耐性

毒性化学物質に対するもう一つの防御の形は，これらの細胞内濃度を低くすることである．ヒトの組織を含む多くの細胞は，その細胞膜にP糖タンパク質（Pは透過性(permeabiity)を意味する）を発現している．P糖タンパク質は，ATPを用い薬剤を細胞の外側にくみ出す多種薬剤の輸送体であり，共通の構造をもつ非常に大きなファミリーを形成する**ATP結合カセット輸送体（ABC輸送体）** ATP-binding cassette (ABC) transporterの一つである（第7章）．細菌にも真核細胞にも見いだされる．著しく多様な化学物質がP糖タンパク質により輸送され，そのなかには化学療法に用いられるいくつかの抗がん剤や，その他の多くの薬剤や細胞傷害性の化学物質も含まれる．薬剤の長期投与の後に発現誘導されたP糖タンパク質により，多剤耐性が生じる可能性がある．こうして獲得された耐性は，最初に耐性となったもともとの薬剤とは異なる薬剤に対する耐性になることがある．

P糖タンパク質は，生体異物だけでなく通常の代謝物も細胞の外に輸送する．重要な生物学的役割として，ステロイド合成細胞からのステロイドの分泌がある．副腎皮質細胞にP糖タンパク質が豊富に存在するのは，このためである．この系は細胞外へコレステロールも輸送し（第11章），HDL粒子の形成に関わったり，血液脳関門を介した物質の輸送に関与したりもする．P糖タンパク質により輸送される分子には化学的に顕著な類似性はみられないが，そのいずれもが両親媒性の化合物で，脂質によく溶ける．

活性酸素種に対する防御機構

この章のはじめで述べたように，食物の酸化はときに，不完全に還元された活性酸素種（ROS）の生成につながることがある．ROSとは過酸化水素（H_2O_2）のような化合物であり，スーパーオキシドアニオン（O_2^-）やきわめて反応性が高いヒドロキシルラジカル（OH·）のようなフリーラジカルも含まれる．

スーパーオキシドアニオンとその他の活性酸素種の生成

第13章に述べたように，エネルギーを産生する電子伝達系にとって酸素は理想的な電子の最終的な受皿である．酸化還元の尺度のうえでの位置関係からすると，エネルギー的にいって，NADH由来の電子は長い道のりを"落下する"こととなる．このことは，NADHから水を生じる酸化反応全体における負の自由エネルギー変化が大きいことを意味している．酸素分子（O_2）は4個の電子と4個のプロトンを受取って，電子伝達系の最終生成物である水となる．

$$O_2 + 4e^- + 4H^+ \rightarrow 2H_2O$$

O_2は比較的反応性が低く，それゆえにそれ自体は化学的傷害性をもたず，生成するのは水である．進化の過程において，嫌気的代謝によるエネルギー産生から，酸素を電子の受皿として用いるように切換えることは重要な出来事の一つであった．しかしながら，このストーリーには，体内でO_2が潜在的に危険であるという暗い側面が存在する．

危険が生じる一つとして，酸素分子に単一の電子だけが受渡され，反応性に富む腐食性の化学物質であるフリーラジカル，すなわち**スーパーオキシドアニオン** superoxide anion（O_2^-）が生じる経路がある．

$$O_2 + e^- \rightarrow O_2^-$$

O_2^-のようなフリーラジカルはわずかな時間しか存在しないにも関わらず，体内において化学的破壊をひき起こす連鎖反応のお膳立てをする．非共有電子対は通常とても反応性に富んでいて，いつも反応する相手を探している．O_2^-の非共有電子対は，ある種の細胞の構成成分の共有結合を攻撃し破壊することにより，その相手を獲得する．その結果として相手の電子を獲得するが，攻撃した分子から

非共有電子対をもつ新たなフリーラジカル種を生み出すこととともなり，この新たなフリーラジカル種が今度は他の細胞構成成分の分子を攻撃し，また別のフリーラジカルをつくり出し，これが繰返されていく．フリーラジカルにより開始された破壊は，こうして有害反応を自ら永遠に続けていくのである．

体内で O_2^- は，いくつかの経路により形成される．電子伝達系で酸素に電子を最終的に渡す酵素であるシトクロムオキシダーゼは，部分的に還元された酸素の中間代謝物を遊離するようなことはなく，確実に酸素分子は四つすべての電子を受取り，水となる．しかしながら，電子伝達系においては少量の O_2^- が生成することは回避できない．さらに，ミトコンドリア DNA の変異が電子伝達系を阻害するかもしれないし，ROS の生成へと電子をそらせてしまうかもしれない．ミトコンドリアは DNA 修復系をもっていないか，もっていてもわずかなので，このような変異が蓄積しやすい．

加えて，体内には少量の危険な酸素種をつくり出す別の酸化反応系が存在する．ヘモグロビン（Hb）の自然酸化により生じるメトヘモグロビン（Fe^{3+} 型）も，そのような酸素種のもととなる．めったにないことであるが，オキシヘモグロビン（HbO_2）の酸素が O_2 として離れ，ヘモグロビンを Fe^{2+} 型として置いていく代わりに O_2^- として離れ，Fe^{3+} 型であるメトヘモグロビンを形成することがある．

他にも ROS の源は存在する．電離放射線と水が相互作用すると ROS が産生し，この ROS が生体成分を攻撃するフリーラジカルの生成につながることがある．炎症を起こした関節に好中球が過剰に集まると，O_2^- の放出につながり，関節の破壊に加担することがある．

ROS は同時に防御機能も担う．食細胞が細菌の細胞を取込むと，酸素消費が急激に高まり，この酸素は NADPH の酸化に使われ，この際 O_2^- が生成される．この O_2^- は液胞内に流れ，過酸化水素（H_2O_2）へと変換されるが，これが液胞内に取込まれた細菌細胞を破壊するのに役立つ．O_2 を用いて代謝物を直接酸化するというこれまで述べてきた電子伝達系の経路とはまったく異なるある種のオキシダーゼが，H_2O_2 を生成する．

FAD を補欠分子族としてもつフラビンタンパク質オキシダーゼは，一般に次のような型の反応を触媒する．

$$AH_2 + O_2 \rightarrow A + H_2O_2$$

プリン代謝（第 19 章）に関わるキサンチンオキシダーゼはこの型の酵素である．Fe^{2+} のような金属イオンが存在すると，H_2O_2 からは著しく反応性に富むヒドロキシルラジカル（OH·）が生じるため，過酸化水素は潜在的に危険である．OH· を OH^-（ヒドロキシアニオン）と混同しないようにすること．

$$H_2O_2 + Fe^{2+} \rightarrow Fe^{3+} \rightarrow OH· + OH^-$$

（H_2O_2 は O_2 に 2 個の電子が付加された結果として生じる．このとき，三つの電子が付加されると，OH· と OH^- が生じる．）OH· は DNA や他の生体分子を攻撃する．

フリーラジカルによる攻撃で生じた生体の障害は，正確には証明されてはいないが，老化，白内障形成，心臓発作の病態やその他の問題の一因となることが示唆されている．

これらに対する二つの防御機構が存在し，その一つは化学的なもの，もう一つは酵素を介するものである．二つの防御酵素，カタラーゼとスーパーオキシドジスムターゼがここでは重要である．もう一つの H_2O_2 を壊す酵素として，次節に述べるグルタチオンペルオキシダーゼがある．脳はカタラーゼ（H_2O_2 を H_2O に分解する酵素）をほとんどもっておらず，脳ではおもにグルタチオンペルオキシダーゼが H_2O_2 に対する防御を担っている．

ビタミン C とビタミン E による酸素フリーラジカルの掃討

スーパーオキシドにより開始される連鎖反応の勢いを止め，消失させる化学的な方法として，**抗酸化剤** antioxidant の利用がある．ここで反応を消失させる物質として必要なのは，それ自体が O_2^- のようなフリーラジカルの攻撃を受け，この連鎖反応を続けるのには不十分なフリーラジカルを生じさせることである．生体内で働くおもな消去剤として，**アスコルビン酸** ascorbic acid（ビタミン C）と **α-トコフェロール** α-tocopherol（ビタミン E）がある．前者は水に溶けやすく，後者は脂質に溶けやすいので，これらは細胞の両方の相で防御に関わることができる．これら二つのビタミンだけが抗酸化剤なわけではなく，尿酸などのある種の通常の代謝物も効果を示す．**β-カロテン** β-carotene（図 29.31 参照）も抗酸化剤である．赤ワインや他の食物源に見いだされるポリフェノール化合物（**プロシアニジン** procyanidin）も抗酸化作用をもつ（Box 32.1）．

ヘムオキシゲナーゼによるヘムの分解により生じる**ビリルビン** bilirubin も効果的な抗酸化剤である．

スーパーオキシドジスムターゼによるスーパーオキシドの酵素的破壊

ほとんどすべての組織に**スーパーオキシドジスムターゼ** superoxide dismutase という酵素が存在する．非常に都合のよいことに，この酵素はミトコンドリアにも見いだされる．さらに，リンパ液，血漿，関節腔液といった細胞外液に加え，リソソーム（第 27 章）やペルオキシソーム（第 14 章）にも存在する．スーパーオキシドジスムターゼは以下の反応を触媒する．

$$2O_2^- + 2H^+ \rightarrow H_2O_2 + O_2$$

Box 32.1　赤ワインと心血管系の健康

20世紀における疫学研究が，フランス人は飽和の脂肪を大量に消費するにも関わらず，冠動脈疾患の罹患率が比較的低いという現象を明らかにした．この現象はフレンチパラドックスとして知られる．

55〜64歳の男性における心疾患の数値をヨーロッパ，北米およびオーストララシア（オーストラリア，ニュージーランドと近海諸島）で比較すると，伝統的にビールや蒸留酒を飲む国々で最も高い死亡率がみられる一方，フランスは死亡率が最も低く，ワインの消費が最も多いことがわかった．フランスにおける心血管疾患の発症を低くしている理由として提唱されているものの一つが，赤ワインである．

最近の疫学研究は，ほどほどの赤ワインの摂取が心血管疾患による死のリスクを低下させる可能性があることを示している．

赤ワインの中のこのような効果を示すと考えられる物質が，ブドウの皮や種に見いだされるポリフェノールである．ワインの中のポリフェノールの量は，ブドウの種類や栽培条件，ワインの製造過程によりさまざまである．赤ワインに最も多く含まれるポリフェノールはプロシアニジンである．プロシアニジンは，カテキンというポリフェノールが2〜6分子つながった単位が繰返されてでき上がっている．プロシアニジンを含む他の食品にはダークチョコレートのような固形のカカオなどがあり，また，いくつかの果物，特にクランベリーにも見いだされる．

プロシアニジンは抗酸化剤である．酸素フリーラジカルを消去し，これらによる傷害を防ぐ．血管内においては，プロシアニジンは低密度リポタンパク質（LDL）（第11章）をフリーラジカルを介した酸化反応から保護しているようである．動脈におけるプラーク形成にはLDLの酸化が関わり，このプラークが破裂し，血が固まって詰まると，心臓発作が続いて生じる．

プロシアニジンはこれに加え，血管内皮における一酸化窒素（第29章）の合成と放出を増すことにより，血管拡張を起こし，血圧を低下させることによっても防御効果を示すと考えられる．

培養血管内皮細胞を用いた実験により，赤ワインに含まれる最も強い血管作動性のポリフェノールはプロシアニジンであることが示されている．世界中の多くの種類の赤ワインが調べられた結果，おのおののワインに含まれるプロシアニジンの量は，強力な血管収縮性ペプチドであるエンドセリン-1の合成を抑制する作用と相関していた．

これは二つの O_2^- の間の酸化還元反応である．過酸化水素は**カタラーゼ** catalase により壊される．

$$2\,H_2O_2 \rightarrow 2\,H_2O + O_2$$

グルタチオンペルオキシダーゼ- グルタチオンレダクターゼ系

グルタチオンについてはすでにふれた．グルタチオンはSH基をもつトリペプチド（γ-グルタミルシステイニルグリシン）であり，GSHと略される（図32.6参照）．前述のように，ほとんどすべての組織に見いだされ，その組織において遊離型のSH基をもつために還元剤として機能する．グルタチオンはタンパク質の活性に必要なシステイン残基を還元状態に保っている．このタンパク質との反応は非酵素的なものであるが，GSHのもう一つの防御機能としては，**グルタチオンペルオキシダーゼ** glutathione peroxidase の作用を介した過酸化物の不活性化であり，この場合は**酸化型グルタチオン（GSSG）** oxidized glutathione を生じる．

$$H_2O_2 + 2\,GSH \rightarrow GSSG + 2\,H_2O$$

フリーラジカルが膜脂質を攻撃することにより生じる有機過酸化物も同じ仕組みにより壊される．GSSGはこの後NADPHにより還元されるが，この反応は**グルタチオンレダクターゼ** glutathione reductase により触媒される．

$$GSSG + NADPH + H^+ \rightarrow 2\,GSH + NADP^+$$

赤血球は細胞としての完全性をGSHに依存している．GSHは過酸化物を壊すのに加え，Fe^{3+} 型のフェリヘモグロビン（メトヘモグロビン）を Fe^{2+} 型のフェロヘモグロビンに還元する．このことは，ペントースリン酸経路（図15.1参照）が赤血球においていかに重要かを説明してくれる．この経路がGSSGの還元に必要なNADPHを供給してくれるのである．通常，ペントースリン酸経路の最初の酵素であるグルコース-6-リン酸デヒドロゲナーゼを欠損している患者も，正常な機能に十分な酵素活性をもっている．しかしながら，たとえば抗マラリア薬である**パマキン** pamaquine（ソラマメに見いだされる配糖体）や他の薬剤の投与により余分なストレスが細胞に加わると，NADPHの供給がもはや維持できなくなる（Box 15.1参照）．このような薬剤を服用している患者では，細胞膜の完全性が失われ，結果として溶血してしまう．変異遺伝子のホモ接合型で，グルコース-6-リン酸デヒドロゲナーゼが欠損している患者では，ソラマメの経口摂取後にソラマメ中毒して知られる状況となり，溶血性貧血により死に至ることがある．また，鎌状赤血球貧血と同様に，グルコース-6-リン酸デヒドロゲナーゼ欠損のヘテロ接合型の患者では，致死的なマラリアにかなりの抵抗力をもつ可能性がある．

要約

　体内には，さまざまな有害物質に対する不可欠な防御装置となる多数の工程が存在する．

　血液凝固には，いずれも最終的には第X因子の活性化につながる2種類の別々のタンパク質分解酵素（プロテアーゼ）による経路が関わる．第X因子の活性化はプロトロンビンをトロンビンに活性化し，このプロテアーゼであるトロンビンがフィブリノーゲンをフィブリンに変換する．フィブリンは繊維状の複合体であり，血球を巻込み軟らかい凝固をつくり出し，その後，フィブリン鎖の間で生じる架橋によりこの凝固が安定化される．

　一つめの経路は，損傷が生じ，コラーゲンのような"普通ではない"表面が露出することにより開始される．これが長いタンパク質分解のカスケードの活性化を開始し，このカスケードではおのおのの活性化された成分がその次の成分を活性化する．このようになっている目的は，小さなシグナルを巨大な応答に増幅することにある．この経路は内因性経路とよばれる．

　より短い外因性経路は傷つけられた細胞から放出される因子によりひき起こされる．両方の経路が効果的な凝固には必要である．

　ビタミンKは血液凝固に必要である．ビタミンKはプロトロンビンにある多数のグルタミン酸側鎖のカルボキシ化に関与している．カルボキシグルタミン酸はCa^{2+}を効率よく結合するが，このCa^{2+}がプロトロンビンからトロンビンへの活性化に必要なのである．同様のことがいくつかの他の凝固因子にもあてはまる．ワルファリンという薬剤はビタミンKの作用と拮抗し，血液凝固を妨げる．ワルファリンは不適切な凝固から体を守るために，注意深く用量を設定し治療に用いられる．また，殺鼠剤としても用いられる．

　生体異物とは外来性化学物質のことであり，殺虫剤，医薬品のほか，多くの物質が含まれる．これらの化学物質は排泄されない限り，体内に蓄積してしまう．その多くは脂溶性であるため，尿中に排泄するためにはより親水性の状態に変換されなくてはならない．

　シトクロムP450という酵素のファミリーが，さまざまな種類の化合物をヒドロキシ化し，さらに極性基が二次的に付加される．多数のP450が存在し，そのおのおのは重複した特異性をもつので，莫大な数の化学物質を攻撃することが可能となる．

　P450系は薬物治療の処方に影響を及ぼすことがあるため，医学的にきわめて重要である．

　活性酸素種（ROS）は体内においてさまざまな機構により生じ，生体成分を破壊するものである．スーパーオキシドラジカルは，スーパーオキシドジスムターゼという酵素により過酸化水素に変換される．カタラーゼという酵素は過酸化物を壊す．グルタチオン（GSH）が関わるもう一つの系が赤血球を過酸化物から保護している．ビタミンCとビタミンEは抗酸化剤である．これらは消去剤としてフリーラジカルに対し防御的に働く．つまり，フリーラジカルにより開始される破壊的連鎖反応を止めるのである．（しかし，過剰に摂取すると有害作用を示すことがある．）

問題

1. 血液凝固は酵素の活性化のカスケードからできている．このように長い過程があることが有利な点は何か．
2. いかにトロンビンが血栓形成をひき起こすのか，説明せよ．
3. フィブリン単量体の自発的な重合は"軟らかい凝固"をつくり出す．いかにこれはより安定な構造になるか．
4. 血液凝固におけるビタミンKの役割は何か．
5. シトクロムP450の機能とは何か．
6. NADPHはいかにモノオキシゲナーゼ反応に関わるのか．
7. 水に不溶な化合物の除去におけるUDPグルクロン酸の役割とは何か．
8. 多剤耐性とは何か．
9. スーパーオキシドとは何か．
10. スーパーオキシドの有害効果に対する防御として生体内に存在する機構とは何か．

免疫系

概　要

　免疫系は大きな学問領域である．単に医学的に重要であるというだけではなく，分子生物学に大きく関わるものの一つである．この章では，この課題がいかに意味あるのかについてふれるために，細胞生物学の背景が関わる免疫の基本的な分子機構の概要について述べることにする．

　生体は常に，細菌やウイルスといった病原性をもつ生命体の侵入という脅威にさらされている．免疫系はこの侵入してくる生命体に対するおもな防御機構である．その重要性は明白であり，アデノシンデアミナーゼの欠損のような遺伝子異常（第19章）や，HIV（ヒト免疫不全ウイルス）の感染により，免疫が易感染性となってしまうことからも示される．この系は，体内で成長していく異常な細胞に対する防御においても役立つ．がん細胞を免疫学的に監視することも，免疫系の重要な役割であると考えられている．

　二つの異なる免疫系が存在する．その一つは**自然免疫系** innate immune system であり，おもに微生物の感染に対する防御系である．**獲得免疫系** acquired immune system と比べ，この系は防御としては弱いが，即時的であるという長所をもつ．一方，獲得免疫系は十分な効果を発揮するのに，通常1週間かそれ以上かかってしまう．細菌感染は非常に素早く増殖するので，防御系がいつ働くかのタイミングが重要である．自然免疫応答は，獲得免疫応答をひき起こすのにも必要である．

　この章では，おもに獲得免疫応答についてふれ，自然免疫系については，簡単な概要についてのみ紹介することにする．

自然免疫系

　組織に存在する**マクロファージ** macrophage として知られる食作用をもつ白血球が病原体を貪食してこれを消化し，炎症反応がこの後に続く．マクロファージは**ケモカイン** chemokine を放出して感染部位により多くの白血球を呼び寄せ，さらに**サイトカイン** cytokine を放出して細胞に炎症応答をひき起こさせる（第29章）．食細胞は，決して生体内には存在しない病原性の原核細胞の構成成分を認識する．そのような構成成分の典型的な例としては，リポ多糖のような細菌の細胞壁成分がある．リポ多糖は，膜リン脂質二重層に脂肪酸の炭化水素鎖によりつながれている糖質である（第7章）．動物にはこのような分子に対応するものはないので，食細胞は支障なくこれを異物として攻撃する．原核細胞のタンパク質合成（第25章）は N-ホルミルメチオニンにより開始されるが，一方，真核細胞ではホルミル基は結合していない．このようなホルミル化されたペプチドは強力な走化性因子として作用し，マクロファージを感染部位に引寄せる．自然免疫系には**ナチュラルキラー細胞（NK細胞）** natural killer cell が存在し，病原体に感染した細胞や，おそらくある種のがん細胞を破壊するが，その認識機構は，獲得免疫系においてキラー細胞が用いている機構（この後を参照）とは異なっている．

　自然免疫応答は，同じ病原体が再び感染したとしても，これに対し防御的に働くものではない．獲得応答で生じるように持続的な免疫ではないのである．

獲得免疫応答

　この応答は単純に免疫応答ともいわれる．進化的にいうと，脊椎動物に限って比較的最近発達してきたものである．この応答は一つまたは複数の高分子，主としてはタンパク質を体内に対する異物として認識することにより生じる．体内において，外来性の高分子は，侵略者に対する防御応答をひき起こす警告シグナルとなる．免疫応答をひき起こす分子は**抗原** antigen として知られる．麻疹のような疾患から回復した患者は，しばしば長期間，さらなる麻疹の感染からは守られるが，他の病原体からは守られない．

　獲得免疫応答には，**抗原提示細胞（APC）** antigen-presenting cell として知られる自然免疫系の細胞の手助けが必要である．この細胞は**樹状細胞** dendritic cell またはマクロファージであるが，好中球ではない．ワクチン接種では，免疫応答をひき起こすために，殺した病原体あるいは病原体由来の毒性をなくしたタンパク質が接種される．

自然免疫応答は，この過程を開始させる免疫刺激剤の投与により刺激される．この刺激剤は通常，微生物をもとに調製した免疫増強剤（アジュバント）の形で投与され，感染を模倣する．これがAPCの活性を刺激し，免疫応答を開始させる．

免疫系は高分子に応答する．タンパク質は最も重要な免疫応答誘発物質である．タンパク質に結合した糖鎖もまた抗原性をもつし，ある種の多糖類自体も抗原となる．免疫応答は薬剤のような外来性の低分子に対しては働かないが，低分子をタンパク質に結合させると，低分子に対しても抗体ができる場合がある．何かに結合していない外来性の低分子に対しては，酵素を介した防御系が存在する（第32章）．

自己免疫反応の問題

体内には，その細かなアミノ酸配列だけが外来性のタンパク質と異なる数千のタンパク質が存在しているにもかかわらず，"自己"タンパク質と異物タンパク質の区別が行われている．さもないと，免疫系が体内の構成成分を攻撃するし，**自己免疫反応** autoimmune reaction として知られるものが生じてしまう．この自己免疫攻撃を回避することこそ何よりも重要であり，複雑なシステムが自己と異物のこの区別を可能なものとしている．**自己免疫疾患** autoimmune disease の存在からも明らかなように，この防御は完全なものではない．自己免疫疾患の例として，**重症筋無力症** myasthenia gravis があり，この疾患では，自己免疫反応が筋肉のアセチルコリン受容体を破壊し，神経刺激に伴う筋収縮が妨げられる．**1型糖尿病** diabete mellitus type 1 は，膵臓におけるインスリン産生β細胞への自己免疫攻撃の結果として生じる．**リウマチ熱** rheumatic fever は，連鎖球菌の感染が引金となる心筋細胞への自己免疫攻撃である．（細菌の抗原に対する抗体が心筋細胞のタンパク質と交差反応を起こすためである．）

免疫反応に関与する細胞

血液細胞はすべて，絶えず分裂し続ける骨髄の幹細胞に由来する（図2.7参照）．免疫系の二つの主たる実動部隊は，合わせて**リンパ球** lymphocyte として知られる**T細胞** T cell と**B細胞** B cell である．これらの細胞はその表面に特定の受容体をもち，この受容体が病原体由来の抗原に特異的に結合することができる．この結合の結果，細胞が活性化され，免疫応答が生じる．B細胞ではこの受容体は抗体であり，T細胞では**T細胞受容体（TCR）** T cell receptor とよばれるものである（後述）．B細胞とT細胞はいずれも骨髄の同じ幹細胞に由来しているが，その性質は著しく異なっている．B細胞の前駆体は骨髄で増殖し，初期的な成熟を行うのに対して，T細胞となることが約束された細胞は，胸骨の後ろにある小さな構造体である胸腺に移動し，ここで増殖し成熟する．T細胞の名前は胸腺（thymus）に由来する．

B細胞は抗原に特異的に結合する抗体の産生を担うが，それは念入りな準備が終わってからのみである．この過程を効率よく行うために，B細胞は**ヘルパーT細胞** helper T cell として知られるある種類のT細胞の助けを必要とする．ヘルパーT細胞はB細胞がその機能を発揮する手助けをする．胸腺では二つの異なった種類のT細胞が生成される．それはヘルパーT細胞と**細胞傷害性T細胞** cytotoxic T cell（キラーT細胞）である．

免疫反応が長く続くためには，食作用をもった抗原提示細胞（APC）が必須であるが，中でも**樹状細胞**は最も重要な細胞である．樹状細胞は病原体を貪食してこれを消化する．食された抗原タンパク質は，加水分解されて短いペプチドとなる．このペプチドは特別なタンパク質の溝に入った状態で，貪食した細胞の外側に提示され，近くを通るT細胞に認識される．この過程は抗原提示として知られる．T細胞は抗原提示細胞に提示されたペプチドによってのみ活性化されるのであり，外来性の抗原と直接反応するわけではない．この結合の結果，T細胞は活性化されるが，その機能についてはこの後で述べる．

獲得免疫応答は何をなすのか

獲得免疫応答では二つの主要な結果がもたらされる．一つめは，**抗体** antibody の産生である．抗体は血液や組織液中に存在する可溶性のタンパク質で，外来性の**抗原**と結合する．抗原とは，通常は生体にとって異物である高分子であり，抗体産生をひき起こすことができる．抗体が抗原に結合すると，後に述べるような防御機構が働く．この種類の免疫は**体液性免疫** humoral immunity とよばれる．かつて，体液（body fluid）を humor とよんでいたためである．

二つめは，**細胞性免疫** cell-mediated immunity として知られる．この免疫では，**細胞傷害性T細胞**が，ウイルスのような細胞内病原体に感染した細胞や，ときにはがん細胞を認識する．細胞傷害性T細胞は感染細胞に結合し，これを破壊し，その結果として感染の広がりを止めるのである．細胞傷害性T細胞と標的細胞との間には直接の接触があり，そのためこの免疫は細胞性免疫とよばれる．この二つの免疫（体液性免疫と細胞性免疫）はお互い補いあっている．たとえばウイルス感染を例にとると，体液性免疫は細胞外で，感染細胞から放出され血中や粘液中に存在するウイルスに対しこれを妨げる．抗体はいったん細胞内に入ったウイルス対しては作用することができず，ここでは異なる系が利用されるのである．細胞性免疫系は，感染した後の宿主細胞を破壊する．細胞傷害性T細胞は感染細胞に"細胞死のシグナル"を届け，標的細胞内部で細胞を死に至らしめる応答を開始させる．

免疫系はどこにあるのか

どれか一つの臓器が免疫系をもっているわけではない．その代わりに，全部合わせると大きな臓器に匹敵するであろう多数の免疫担当細胞が，体内に散らばっているのである．これらの細胞は脾臓，リンパ節，小腸や粘膜のリンパ組織に分布しており，さらに血液やリンパ循環中の約10％は免疫担当細胞である．リンパ液とは，血液中の可溶性タンパク質と低分子を含む溶液である．本質的には血液から赤血球を沪過して除いたようなもので，血管から漏出し，細胞を浸している．リンパ液は薄い壁で覆われたリンパ管内に吸収され，二つの主要な導管を通じ血液に戻る．リンパ球はある種の毛細血管から抜け出ることができ，その結果，血管からリンパ液に移行したり，血管から直接リンパ節に移行したりすることができる．血液やリンパ液を通じ運ばれ，体内で感染が生じている部位に速やかに到達することができる．リンパ液は体の動きにより循環する．リンパ液が血液に戻る経路において，リンパ管はところどころで広がり**リンパ節** lymph node となる．リンパ節は**二次リンパ組織** secondary lymphoid tissue（骨髄や胸腺は一次リンパ組織 (primary lymphoid tissue) である）として知られ，内部には高濃度のB細胞とT細胞が見いだされる．抗原を提示する樹状細胞は，このリンパ組織に位置している．リンパ節には，T細胞とB細胞が体内を循環している間に絶えずやってくる．ここで，リンパ球が樹状細胞により提示された抗原を認識すると，リンパ球はリンパ節にとどまり，分化の過程が始まり，外来性の抗原に対する免疫応答が開始される．リンパ組織は，たとえば，腋窩，鼠径部，扁桃部，咽頭扁桃部，小腸など，体中に見いだされる．樹状細胞は通常，侵入してくる病原体の食作用に備えて，組織に存在しているが，容易にリンパ管を通ってリンパ組織に移行し，循環しているリンパ球に病原体の抗原を提示することができる．ヘルパーT細胞と細胞傷害性T細胞は，リンパ組織において樹状細胞により提示される特定の抗原により活性化されるが，この活性化は，自然免疫と獲得免疫のいずれの免疫応答がこの後で述べる機構を介し生じるうえで必須の段階である．

これで簡単な導入を終え，この後は，二つの免疫における主要な過程を説明する．まずは，抗体に基づく体液性免疫について，次いで細胞性免疫について述べていきたい．

抗体に基づく体液性免疫

免疫グロブリンの構造

抗体とは**免疫グロブリン（Ig）** immunoglobulin として知られる一群のタンパク質である．何種類かの異なるクラスの免疫グロブリンがあり，免疫グロブリンG（**IgG**）が，免疫応答が進む段階で最も量的に多く存在する．すべての免疫グロブリンの基本構造は，IgG が典型的に表しているようにY字形で，2本の同一の**軽（L）鎖** light chain と2本の同一の**重（H）鎖** heavy chain から成り，これらがお互いにジスルフィド結合でつながっている（図33.1）．

H鎖もL鎖いずれも，Y字の腕の端に**可変部** variable region がある．IgG分子群では，すべての分子に同一の**定常部** constant region と，分子ごとに異なる可変部が存在する（図33.1）．H鎖とL鎖におけるこれらの可変部が，おのおののY字構造上に抗原結合部位を形成する．おのおののY字の腕では，H鎖とL鎖の可変部が単一の抗原結合部位を形成し，ここに抗原が適合する．可変性をもつために，非常に多数の特異性が結合部位には存在するが，

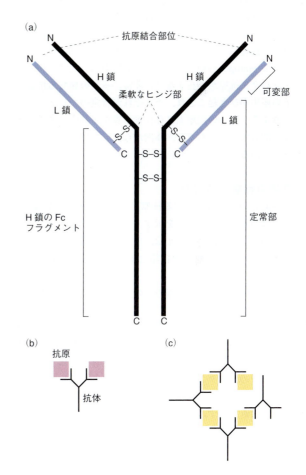

図 33.1 (a) IgG 分子の模式図．IgM と IgA とは Fc フラグメントが異なるが，可変部の構造はよく似ている．N は N 末端，C は C 末端を示す．Fc フラグメントとは H 鎖の C 末端側の半分で，ジスルフィド（S–S）結合によりつながり一つの分子になっている．Fc の名前は結晶化できる（crystalizable）フラグメント（fragment）に由来する．Fc フラグメントは，抗体分子の柔軟なヒンジ部にある二つのペプチド結合をパパインで加水分解した際に生じる生成物のうちの一つである．(b) 一つの特異的エピトープによる抗原の架橋形成．(c) 複数のエピトープをもつ抗原は抗体と多数の架橋を形成し，不溶物として沈殿する．

Y字の二つの腕にある結合部位は各分子において同一であり，免疫グロブリン分子一つ当たり一つの特異的結合をすることになる．抗原は抗体に非共有結合を介し結合している．こうして抗体は同一の抗原との結合部位を二つもつこととなり，このことは，抗体がより強固に抗原と結合できること，抗体は二つの同一の抗原分子を架橋できることを意味している．Y字が分岐する部分には，柔軟なちょうつがい（ヒンジ）部分が存在し，抗体はこの構造のおかげで二つの抗原分子の間を架橋しやすくなっている．この構造は，細菌のような病原体の凝集体をつくるうえでも有効であり，体内から病原体を排除する助けともなる．

個々の抗原はきわめて大きな分子であることもあるが，特異的な抗体が結合するのは抗原のごく小さな部分だけである．タンパク質の抗原の場合，それは数アミノ酸にすぎない．抗体によって認識される抗原の特定の部位は，**エピトープ epitope**（抗原決定基）とよばれる．したがって，タンパク質抗原が存在すると，非常に多数の異なる抗体分子の産生がひき起こされ，それぞれが特定のエピトープを認識する．同一の抗原上に存在する異なる部分に多数の抗体が結合することもまた，体内から抗原を排除するうえで有効である．

抗体の機能とは何か

病原体の表面に存在する抗原との結合することにより，抗体はおもに三つの機能を示す．

- 抗体は，病原体（たとえば，ウイルス，細菌やこれらの毒素）がその標的細胞に結合するのを妨げるように働く．
- 抗体は，好中球がもつ病原体の食作用の能力を著しく増強する．
- 抗原と抗体の凝集体を形成することにより，抗体は**補体系 complement system** を活性化する．補体系は，酵素を介したカスケード経路を通じ抗原抗体複合体と結合する一群の血中タンパク質であり，最終的には病原体の表面に溶菌性の複合体として沈着する．ある種の細菌においては直接殺すことができる．これに加え，ある種の活性化された補体成分は，好中球を感染が生じた部位に強く引付け，補体に覆われた細菌やその他の抗原は非常に容易に，好中球により貪食され消化されるようになる．

異なるクラスの抗体が存在する

異なるクラスの免疫グロブリンでは，H鎖における定常部に違いがある．定常部はおのおの同一のクラスにおいてのみ同一である．定常部の違いは抗原結合部位とは何ら関係がないが，抗体そのものの機能に関与している（後述）．

生体が抗原に応答する際に，最初につくられる抗体は免疫グロブリンM（**IgM**）である．IgMはマルチサブユニット構造を示し，五つの基本構造が一緒になり10個の抗原結合部位をもつ五量体の抗体により形作られている．IgMは特異的な抗原に対してもかなり低い親和性しか示さないが，多数の結合部位をもつために，ウイルスや細菌に結合してこれらを架橋し，凝集させるのにはとりわけ有効であり，補体の活性化においても効果的である．しかしながら，IgMは好中球に認識されないために，食作用を促進するのには効果的ではない．

抗原曝露から数日たつと，免疫グロブリンG（**IgG**）抗体が現れ始める．IgGは単量体構造を示す．IgGは同一の抗原に対しIgMよりきわめて強い親和性を介し結合し，補体の活性化や好中球の食作用の手助けにおいてきわめて有効である．好中球は表面にIgGのFcフラグメント（図33.1）に対する受容体をもっている．IgG抗体に覆われた抗原は，食作用のために**オプソニン化 opsonization** されたといわれる．IgMを産生していたB細胞は，リンパ節において特定の抗原により活性化される際に，ヘルパーT細胞の助けを借り，IgG産生細胞へと切替わる．このクラススイッチには数日が必要である．B細胞におけるこのクラススイッチでは，H鎖の定常部は変化するが，H鎖，L鎖の可変部は変化しない．それゆえ，クラススイッチが起きても，抗原との結合特異性は変化しないが，細胞は産生する抗体のクラスを切替える．（遺伝子の再編成の機構については以下で議論する．）

別のクラスの抗体である免疫グロブリンA（**IgA**）は，粘膜組織における生体防御の最前線で重要である．IgAは小腸や肺に並ぶ上皮細胞を通り抜け，特定の分泌性ペプチドとともに，小腸や気道の粘液中へと運ばれる．たとえば，IgAは一度コレラにかかったヒトにおいて，コレラ菌が小腸細胞に再び感染するのを防いでいる．IgAはまた乳汁中の構成成分であり，腸への感染から新生児を守っている．

別のクラスの抗体である免疫グロブリンE（**IgE**）はマスト細胞（組織に見いだされるもともとの細胞の一種）上の受容体に結合し，サイトカインやヒスタミンの放出を促す．IgE抗体は寄生蠕虫の感染に対する免疫反応において重要であるが，**花粉症**といったアレルギーの原因ともなる．

抗体の多様性の形成

生体は多数の異なる病原体抗原に曝される可能性があり，これらの抗原に特異的に結合することができる適当な数の異なる抗体を産生できるだけの潜在的能力をもっている．新しく成熟した個々のB細胞は，抗原の特異性からいうと1種類の抗体だけをつくるが，骨髄から放出された際には，各細胞はそれぞれ異なる抗体をつくる．関与する細胞の数は膨大であり，やってきたどんな抗原に対しても，思いもかけない幸運により結合する抗体が存在することととなる．

この多様性のもとは何だろう．異なるエピトープの数は10^{11}〜10^{25}の間に存在し，異なるリンパ球の特異性の数は10^{11}以上あると推定されている．ここに問題が生じる．ヒトは約3万の遺伝子しかもっておらず，これではおのおののH鎖とL鎖に特異性をもたせるだけの数の遺伝子をもつのは不可能である．明らかに，免疫グロブリンに膨大な数の多様性をもたせるための，何らかの特別な仕組みが存在するはずである．**遺伝子の再編成** gene rearrangement はまったく見事な仕組みである．H鎖には連鎖した遺伝子セグメント（切片）のクラスターが存在し，L鎖にはまた別の異なるクラスターが存在する．これらの遺伝子セグメントがB細胞の成熟の間に再編成され，各鎖に対し単一の遺伝子が形成される．この再編成が各鎖の可変部の特異性，さらにH鎖のクラスを決定し，ほとんど無限といってよい多様性を，比較的少数のもととなる遺伝子セグメントから生じさせるのである．私たちは，タンパク質のコードに関して細胞は一定かつ安定した遺伝子をもつと考えてきたが，抗体タンパク質の抗原結合部位をコードする遺伝子においては，おびただしいほどの可変性を獲得できる仕組みが存在するのである．

いかにこの多様性の形成が成し遂げられるかを理解するために，まず，免疫グロブリン分子のL鎖を見てみることにする．ここまでで概説したように，L鎖には二つの部分，すなわち，抗原結合部位に関わる末端の可変部と，特定のクラスごとではすべての免疫グロブリン分子で同一である定常部がある．B細胞になることが決められる前の骨髄の幹細胞について考えてみよう．この段階では，遺伝子は免疫グロブリンL鎖の構造をつくるように構成されているわけではなく，遺伝子セグメントとして知られる，抗体のL鎖をコードする遺伝子が構成されるもととなるDNA領域があるだけである．これはきわめて例外的な過程である．ここには一つのC（定常）ドメインをコードする遺伝子セグメントと，隣接する二つの遺伝子セグメントのクラスターが存在し，ここから可変ドメインが選ばれていく．二つクラスターのうち，最初のクラスターは少なくとも300の異なるV（可変）セグメントを含み，二つめは四つの異なるJ（連結）セグメントを含む．

骨髄の幹細胞がB細胞になることが決められると，このDNA切片の再編成が生じ，一つのVセグメントが選ばれ，四つのJセグメントの一つの隣に並べられ，さらにこれがC領域の遺伝子セグメントの隣に並べられる．機能をもつL鎖の遺伝子が，部位特異的あるいは体細胞遺伝子組換え（後で説明する）により生じ，この際に，VセグメントとJセグメントの間にあるセグメントはDNAから完全に取除かれる．この組換えの結果，図33.2に示すように，おのおののB細胞で異なる新しい複合遺伝子が生じる．このDNA組換えはまったくランダムな過程である．このため，IgGのL鎖をコードするmRNAとしては最終

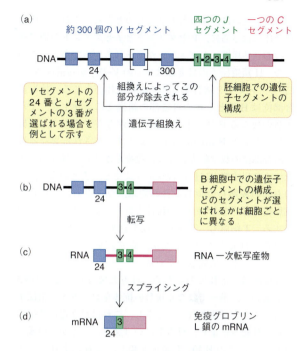

図33.2 機能をもつ免疫グロブリンL鎖遺伝子をつくる再編成の過程．(a) 免疫グロブリン遺伝子が発現していない幹細胞における遺伝子セグメントの構成．(b) ランダムに選ばれたVセグメント（この例ではV_{24}）がJセグメント（この例ではJ_3）と結合し，その間のDNAが除かれる．(c) 転写はV_{24}から開始され，Jセグメント（J_3とJ_4）もまた転写される．(d) mRNA スプライシングによりJ_4とイントロンが除かれた後，ここでV_{24}とJ_3とCから成るmRNAがつくられる．対立遺伝子排除により1対の対立遺伝子の片方だけから機能をもつ免疫グロブリンがつくられることとなり，一つのB細胞からは二つではなく，一つのみの免疫グロブリンがつくられる．

的に，300のうちどれか一つのVセグメントが，四つのうちどれか一つのJセグメントにつながることにより，1200の異なる組み合わせが生じることとなる．この組換えは，**体細胞遺伝子組換え** somatic genetic recombination あるいは**部位特異的組換え** site-specific recombination として知られ，DNAの断片の切除と残った部分の再連結を伴う．この組換えは二つの酵素により行われる．一つの酵素がDNAを特異的な部位で切断し，DNAの切片を切出す．こうして生成した二本鎖DNAの切れ目がもう一つの酵素により雑にかつ多少あいまいに結び付けられ，多様性が生まれる．そして，連結する前に切断された末端にランダムにヌクレオチドを付加する酵素により，さらなる多様性が生み出される．つくられうるL鎖バリアントの数は，この連結時の多様性により大きく増えるのである．

H鎖遺伝子も同じように可変部から再編成され，多数のH鎖バリアントがつくられることとなる．H鎖再編成における可変性は，L鎖再編成における連結より多くの多様

性を示すために，ずっと大きなものとなる．これは，H鎖複合体にはさらに，VセグメントとJセグメントの間に多数のD（多様性）セグメントが含まれるからである．このため，H鎖遺伝子の可変部は単一のV-D-Jから構成され，C_Hセグメントを結合すると，IgM抗体が生じる．抗原結合部位はH鎖とL鎖の可変部の組換えにより生じ，また多数の異なるH鎖とL鎖の遺伝子が存在するので，再編されたL鎖とH鎖の遺伝子によりコードされる異なる抗原結合部位の数は膨大になり，免疫系が多数の異なる抗体をつくり出す能力に間に合うようになる．まとめると，おのおのの成熟しつつあるB細胞は，ランダムに，特定の抗原結合部位をもつ一つの抗体をコードする遺伝子を再編成する．T細胞も，TCRの生成を進める間に同様の過程を経る．TCRもまた，可変部と定常部を含む2本のポリペプチドにより構成されている．

　B細胞は二倍体であるため，母方と父方の両方のDNAを受継いで，単一ではなく複数の抗体をコードする遺伝子をもつことが予想される．しかし，これは対立遺伝子排除という仕組みにより，母方あるいは父方の一方から構成された一つだけのH鎖，L鎖を発現し，これにより一つのB細胞は抗原との結合において1種類にのみ反応する．同様に，TCR遺伝子の対立遺伝子排除もあり，おのおのT細胞もまた1種類の抗原にのみ反応する．

抗体を産生するためのB細胞の活性化

　これは非常に巧妙にできた一連の応答である．詳しく扱う前に，おのおのの段階について簡単にふれることにする．これは，次の記述において生じることの経過を追ううえで手助けになるであろう．
- 骨髄では，未成熟なB細胞が成熟していくのに伴い，個々のB細胞は，限られたコピー数の固有の抗体を産生するようになる．結合特異性は，上に述べたようなランダムな遺伝子の再編成の過程により決定される．この段階では抗体分子は細胞から放出されず，膜の外側に抗原結合部位をもつ形で，細胞膜に固定されている．
- 骨髄において，未成熟なB細胞は自己の構成成分である"抗原"に結合し，結合したB細胞は除去される（クローン消失）．
- ここで生き残ったB細胞は，外来性の抗原のみに特異的である可能性が高く，成熟したB細胞となってから循環系に放出される．
- 放出されたB細胞が抗原と出会い，これに結合すると，同一細胞のクローンが増殖し，抗原に対する防御の第一段階としてIgM抗体を分泌する．これらの細胞は，同じ抗原由来のペプチドに出会うことによりそれ自体が活性化されたヘルパーT細胞の助けがない限り，効率よく抗体を産生することはない．〔このペプチドは抗原提示細胞（通常は樹状細胞）によってヘルパーT細胞に提示される．〕
- ヘルパーT細胞により活性化された後に，B細胞はさらに増殖し，IgGにクラススイッチし，IgG抗体を分泌する形質細胞 plasma cell へと分化する．

　次に，いかにこれらの過程が生じるかについて説明することにする．

自己抗原に反応する可能性をもつ B細胞の骨髄での除去

　骨髄で形成された未成熟のB細胞中には，生体内のほとんどすべての高分子を攻撃する可能性をもつものもある．自己成分に作用してしまうような抗体をつくるあらゆるB細胞は排除されなくてはならない．さもないと，自己免疫疾患がひき起こされてしまう（後述）．この排除は骨髄においてB細胞が成熟していく段階で起こる．骨髄において未成熟のB細胞は，出会うであろう自己抗原に曝される．

　骨髄における個々の未成熟のB細胞は，約10万コピーの抗体を産生し，これらを細胞表面に（細胞膜に固定した状態で）提示している．抗体分子はそこで，成熟B細胞における抗原の受容体として機能している．B細胞が成熟し特定の抗原により活性化されるまで，抗体はB細胞から放出されることはない．骨髄における成熟の過程において，もしも未成熟のB細胞が抗原と出会い，この抗原が細胞表面の抗体に結合すると，（そのまま）この抗原は自己成分と認識され，免疫寛容を獲得し，免疫系では攻撃されなくなる．ここで抗原に自らの抗体が結合したいかなるB細胞も，骨髄から離れることなく死ぬこととなる．こうした選択的排除の後に，生き残ったB細胞は外来性の抗原にのみ応答するようになる．成熟はしているもののまだ抗原に出会ってないナイーブなB細胞となったところで，骨髄での成熟は終了し，この細胞は体循環に入っていく．英国のPeter Medawarとオーストラリアの Macfarlane Burnetは，自己成分に対する免疫寛容の基盤を説明してくれるこの理論により，1960年にノーベル生理学医学賞を分け合った．

クローン選択説

　このような除去の過程を生き延び，体循環中に現れてきたB細胞には，おのおのがランダムにつくられた異なる抗体受容体を露出している膨大な数の細胞が含まれる．このため，外来性の（まだ処理されていない）抗原に出会った際，これらのB細胞の中のごくわずかな細胞がその抗原と結合するのは，思いもかけない幸運のようなものである．結合できる細胞の数はあまりにも少ないにも関わらず，生体は，この抗原に対し特異的なB細胞を大量に必

要とする大規模な応答をしかけるのである．いかにこのようなことは起こるのであろうか．その答えは，Macfarlane Burnet により提唱された**クローン選択** clonal selection という機構にある．その原理はいたって簡単である．抗原は抗体との結合によって，それ自体に特異的な抗体を細胞表面にもつ B 細胞を選択し，その特定の細胞を増殖させる一連の作業を開始するのである．細胞表面に提示された抗体は抗原に対する受容体であり，その結合により，最終的にクローン増殖（特定の細胞の数を増加させる）につながる細胞内シグナル伝達系を活性化する．外来性の侵入者（あるいは他の抗原）は，簡単にいうと，自らを破壊するための準備をするのである．その原理を図 33.3 に示す．

B 細胞は抗体を分泌する形質細胞に分化する前に活性化されなくてはならない

上述した選択の過程の結果，抗原を認識する B 細胞のクローンが得られる．この過程において，B 細胞表面への抗原の結合は B 細胞を活性化する．B 細胞は結合した抗原を細胞内部に取込み，さらにこれをペプチド断片へと加水分解し，細胞の外側に提示する（いかにこのようにするかについてはすぐ後に説明する）．B 細胞はこの時点では抗原提示細胞として機能している（図 33.4）．

この段階では B 細胞はさらなる刺激を待っている"スタンバイ"状態であるとみなすことができる．この刺激は胸腺でつくられる**ヘルパー T 細胞**により与えられる．おのおののヘルパー T 細胞は細胞表面に，その受容体である TCR の多くのコピーをもっている．TCR は，抗原提示細胞の表面に提示された特定の抗原ペプチドと結合する．胸腺における T 細胞の成熟の間に，（この場合も自己免疫疾患の発症を避けるために）"自己"抗原由来の提示されたペプチドと結合する T 細胞はすべて破壊される．生き残り体循環に入ってきた T 細胞は，外来性の抗原由来のペプチドにのみ結合する．

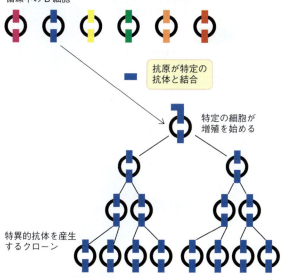

図 33.3 クローン選択の原理．骨髄から放出されたばかりの B 細胞の集団には，おのおのが異なった抗体（この段階ではまだ膜上の受容体として細胞表面にある）をつくる無数の細胞が含まれる．（各抗体は色付きの四角で示した．）抗原が特定の抗体と結合すると一連の応答が起こり，選ばれた細胞だけが増殖しクローン化する．抗原はこうして自分自身を攻撃するのに最も適した細胞のクローンを選び増殖させることにより，自分自身が破壊されるような細工を施すのである．抗原の結合は増殖につながる第一段階にすぎないが，後で述べる複雑な応答に必要である．この段階では抗体は遊離しておらず，受容体のように抗原結合部位を外側にして膜に留まっている膜タンパク質であることに注目してほしい．

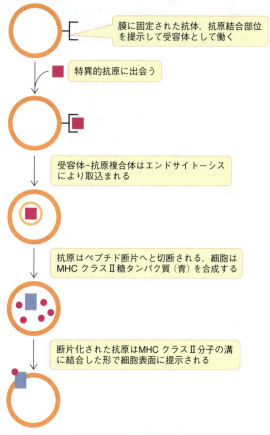

図 33.4 未感作 B 細胞が活性化される過程．まだ抗体を産生する形質細胞には分化していない．

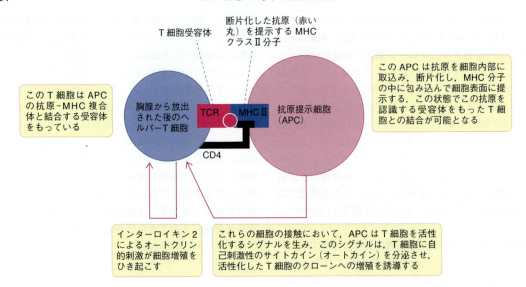

図 33.5 抗原提示細胞（APC），すなわち樹状細胞によるヘルパー T 細胞の活性化．ヘルパー T 細胞のオートクリン的な刺激は，これら二つの細胞が分かれた後に，細胞の増殖をひき起こす．CD4 は APC の MHC クラス II 分子と相互作用する糖タンパク質である．T 細胞受容体（TCR）と APC の MHC 抗原複合体との結合に加え，この CD4 と MHC クラス II 分子との相互作用が必要である．CD4 タンパク質は HIV がヘルパー T 細胞に感染するときの受容体でもある．

胸腺から出てきた新たなヘルパー T 細胞は，B 細胞を助けることができるようになる前に，それ自身活性化されることが必要である．この活性化は**樹状細胞**による．この**抗原提示細胞（APC）**は体内に広く分布している．樹状細胞は外来性の病原体を食し，これをペプチド断片へと加水分解し，細胞の外側の表面に提示する．ヘルパー T 細胞が樹状細胞上の特定の標的ペプチドを認識して結合すると，これは外からの侵入者がタックルを受けたことを意味している．樹状細胞との相互作用は T 細胞を活性化するシグナルを与え（図 33.5），このヘルパー T 細胞は，活性化された細胞のクローンへと自らを増殖させていく自己刺激性のサイトカイン（オートカイン）を産生する．

ここでヘルパー T 細胞は活性化され，もしも B 細胞表面上の特定のペプチドを認識すると，サイトカインが放出され，このサイトカインが B 細胞を増殖させ，抗体産生細胞のクローンへと分化させる．この抗体産生細胞は**形質細胞**として知られ，骨髄や他のリンパ組織に長期間（ヒトでは数年）存在する．抗体は血液中や組織液中に分泌され，そこで標的抗原と結合することが可能である．抗原により活性化され T 細胞の助けを受ける前には，B 細胞は抗体を分泌せず，これを細胞表面に提示しているだけである．完全に活性化された**形質細胞**は，もはや細胞膜には抗体を発現しない．なぜなら，この段階における異なったスプライシング（第 24 章）が，抗体を初期段階において膜に固定していた膜貫通ペプチド断片（図 33.6）をコードする mRNA に対応する二つのエキソンを除くからである．膜貫通領域を失うことにより，抗体は，膜に留められてい

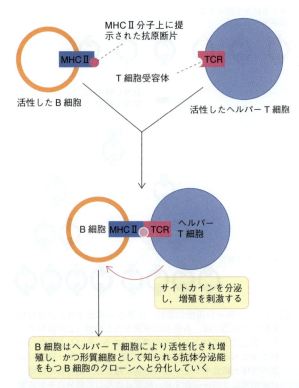

図 33.6 ヘルパー T 細胞が B 細胞を活性化し，抗体分泌能をもった形質細胞へと活性化させていく過程の模式図．サイトカインは近くの細胞に対して増殖因子として働き，これを増殖させる（パラクリン作用）．B 細胞の形質細胞への活性化の過程で RNA 転写物は異なったスプライシングを受け，抗体の膜結合部を取除く．TCR：T 細胞受容体．

るよりはむしろ細胞から分泌されることになるのである．

B 細胞を活性化するのに活性化ヘルパー T 細胞を必要とすることは，実際のところ（B 細胞と T 細胞はいずれも，自己抗原に応答する細胞を排除する過程で生き残ったものであるから），B 細胞が標的とするのが外来性異物であり，自己のタンパク質ではないことを二重にチェックしていることになる．

抗体産生にヘルパー T 細胞を必要としない場合もある．ある種の細菌の外膜に結合しているリポ多糖の中に典型的に見いだされる種類の多糖は，抗原性をもっている．この場合の抗原は，糖質中に多数の繰返しの認識部位をもっている．おそらくこのことにより，この多糖は B 細胞に，ヘルパー T 細胞の関与なしに抗体分泌細胞への分化を起こすのに十分であるというシグナルを伝える．特別なクラスの B 細胞が関わると考えられている．しかしながら，この種の免疫応答では IgG 抗体や記憶細胞はつくられず，効果的で長期間続く免疫は誘導されない．

図 33.7 に，抗体産生の過程をまとめる．

抗体の親和性成熟

B 細胞はまず，細胞が提示した抗体に結合する抗原により選択され，増殖する．しかしながら，この抗体の結合部位はランダムにつくられ，抗原がその抗体に適合するのはたまたまである．この適合は特別に良いものではなく，そのためにつくられる抗体は低親和性の効果しか示さず，防御効果も低い．B 細胞の増殖の過程で，抗原と結合した後，可変領域の DNA には速やかな部位特異的な変異が起こり，増殖する B 細胞の抗体の結合部位にはさらなる多様性が生じる．この過程は，関係がある抗原との結合親和性が改善された細胞が選択されるのと同時に生じる．抗原

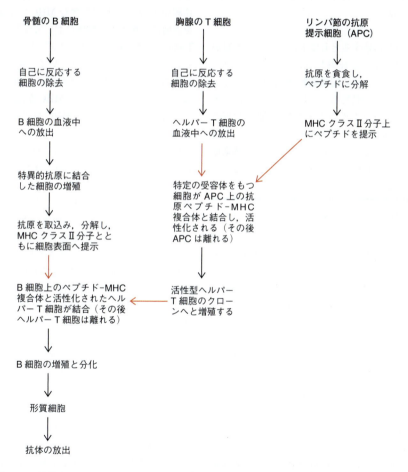

図 33.7 B 細胞による抗体産生の仕組み．重要な点は，B 細胞はヘルパー T 細胞から刺激がこない限り，抗体分泌を行わないということである．ヘルパー T 細胞は，B 細胞がエンドサイトーシスしたのと同じ抗原を貪食した抗原提示細胞（APC）と結合して初めて活性化される．APC は抗原ペプチドを MHC タンパク質上に提示し，これが特定のヘルパー T 細胞に認識される．こうして活性化されたヘルパー T 細胞は，同じ MHC-ペプチド複合体をもつ B 細胞と出会わなくてはならない．ある意味では，B 細胞は APC として働いていることに気づくであろう．一つ一つの活性化の段階ではサイトカインが分泌され，この過程に必須な役割を担う（図 33.5 参照）．赤い線は細胞-細胞間の相互作用を示す．

分子を捕まえることができない弱い結合能しか示さない細胞は選択され，死んでしまう．食作用による排除に伴い，抗原分子の数が減ると，B細胞間での競争が増大する．その結果，免疫応答の間に，抗体の質においてダーウィン説に従った自然選択による進歩的な進化改良が生じることとなり，最もよく抗原分子を捕まえることができるB細胞だけが生き残る．この**親和性成熟** affinity maturation の過程は，二次リンパ組織の特別な中心（胚中心）で起こる．免疫応答が進むとともに生じる抗体のクラススイッチ（この章の前の方で述べた）もまた，抗体の質の改良において重要な側面である．ヘルパーT細胞は，この親和性成熟とクラススイッチのいずれにおいても必須である．ヘルパーT細胞をつくる能力に欠陥をもつまれな遺伝的異常をもつ新生児は，多くの低親和性のIgM抗体をつくることはできるが，細菌感染と戦うことができない．戦うには，他のクラスの高親和性の抗体を必要とするのである．

記憶細胞

　B細胞が活性化され増殖するとしても，すべての細胞が抗体を分泌する形質細胞へと成熟していくわけではない．その一部は非常に長生きをする**記憶細胞** memory cell となり，何年もの間，あるいは動物の一生にわたり，体内を循環し続ける．これが，繰返す感染に対する長期間の免疫の基礎となる．もしも適当な抗原が再度入ってくると，免疫応答は非常に迅速に起こる．こうしてワクチンは，感染症に対し長期間にわたる防御をしばしばもたらしている．

細胞性免疫（細胞傷害性T細胞）

　細胞性免疫は獲得免疫応答の第二のおもな力である．**細胞傷害性T細胞**として知られるエフェクター細胞が標的細胞に直接接触するので，細胞性とよばれる．エフェクター因子が標的となる抗原を攻撃する抗体であり，細胞の接触は実際の攻撃の過程には関与しない体液性免疫応答とは対照的である．

　獲得免疫応答という第二の力をもっていることは非常に有用である．体液性免疫は，宿主の細胞に感染する前の，血液中や組織液中の病原体から体を守ってくれる．しかし，いったん細胞内部に入ると，抗体は病原体に到達することができず，ここでは別の機構が必要となる．細胞傷害性T細胞は感染細胞を攻撃しその破壊を始め，病原体の増殖を未然に防ぐのである．それでは，いかに細胞傷害性T細胞はどの細胞が感染しているかを"知る"のであろうか．驚くべき仕組みがこれを成し遂げる．体細胞は膜表面に，まとめて**主要組織適合遺伝子複合体（MHC）** major histocompatibility complex にコードされる一群のタンパク質を発現している．これらのタンパク質は細胞内で合成され，細胞膜に運ばれるのに正しい形をとるように折りたたまれるために，細胞内の他の細胞質タンパク質からつくられる小さなペプチドを中に取込まなくてはならない．通常，このタンパク質はミスフォールドした（誤って折りたたまれた）タンパク質に由来し，その排除の過程において，プロテアソームでペプチドに加水分解される（第25章）．しかし，もしもこの細胞がウイルスや他の病原体に感染してしまうと，細胞はある種の病原体のタンパク質を加水分解し，その結果生じたペプチドがMHC分子に取込まれ，細胞表面に露出されるようになる．もしも細胞傷害性T細胞が，細胞表面のMHC上に提示されたこの外来性のペプチドを認識すると，この細胞を殺すことになる．生体自身のタンパク質に由来するペプチドを含むMHCを提示している細胞を殺すことはない．

　細胞傷害性T細胞は，ヘルパーT細胞と同様に胸腺で成熟し，骨髄におけるB細胞（前述）と同じ選択の過程を経る．その成熟の過程において，細胞傷害性T細胞は，体細胞上のペプチドを含むMHC分子を認識できるTCRを表面に発現する．胸腺において成熟しつつあるいかなるT細胞も，MHC上の自己ペプチドにTCRが結合すると死ぬようにプログラムされている．胸腺で成熟しているT細胞の約95％が成熟しきらずに死ぬと推定される．これは，そのTCRがまったくMHCを認識できないか，あるいは自己ペプチドを含むMHCを認識してしまうからである．

　いかに細胞傷害性T細胞は胸腺から放出された後，活性化されるのだろうか．これもまた大部分は樹状細胞の仕事である．樹状細胞は感染していなくても病原体を貪食することができ，病原体のタンパク質をペプチドに加水分解し，このペプチドをその表面上のMHCの中に提示することができる．もしも細胞傷害性T細胞がそれらの中から特異的な標的ペプチドを認識すれば，細胞傷害性T細胞は樹状細胞の表面上の標的ペプチドに結合し，樹状細胞は細胞傷害性T細胞を活性化するのに不可欠なシグナルを伝えることになる．樹状細胞だけがT細胞に活性化シグナルを伝えることができる．感染した体細胞との結合により，T細胞が直接活性化されることはない．この仕組みが，胸腺で成熟している間に選択の過程からうまく逃れてしまった自己反応性のT細胞が不適切に活性化されるのを防いでいる．活性化の結果として，サイトカインの刺激やヘルパーT細胞の手助けにより，細胞傷害性T細胞は活性型の"キラー"細胞のクローンとなるように分裂する．ここで細胞傷害性T細胞は樹状細胞から離れ，同じ外来性のペプチドとMHCの複合体を提示しているいかなる体細胞も殺すことができるようになる．いったん細胞傷害性T細胞がある感染細胞を標的として破壊すると，次の感染細胞に進みこれを標的にすることができる．この細胞が，感染しておらずそのMHC分子に病原体のペプチドを提示していない細胞に危害を加えることはない．

細胞傷害性T細胞の作用機構

標的細胞を殺すのには二つの機構がある．一つは，細胞傷害性T細胞が細胞に接触して，アポトーシスシグナル（第30章）を送り，細胞が自ら死ぬように仕向けることであり，もう一つは**パーフォリン** perforin を遊離し，細胞に穴を開け，同様にT細胞が分泌するグランザイムとして知られるプロテアーゼを細胞内に送り込むことである．これらはいずれもアポトーシスを誘導する．

細胞表面でのペプチドの提示におけるMHCの役割

抗原提示細胞（B細胞や樹状細胞）の外側に提示されるペプチドは，新しく合成されたMHCの溝にはめ込まれてから，細胞表面へと輸送される．ヘルパーT細胞や細胞傷害性T細胞上の受容体は，MHCの溝に存在する標的ペプチドの複合体を認識するが，ペプチドだけやMHCだけを認識することはない．MHCの二つの主要なクラスは，**クラスⅠ**と**クラスⅡ**とよばれる．

体内のほとんどすべての体細胞は，細胞表面にクラスⅠを発現している．細胞傷害性T細胞はクラスⅠに保持されたペプチドだけを認識する．そのため，体内のほとんどすべての体細胞は，感染されているかを細胞傷害性T細胞に監視されている．体細胞は，新しく合成されたMHCクラスⅠ上に，細胞質においてプロテアソームによりつくられたペプチドを提示している．

抗原提示細胞はこれとは異なっている．抗原提示細胞は抗原を貪食し，クラスⅠにおけるプロテアソームとは異なり，エンドソームにおいてペプチドに断片化する（第27章）．こうして生成したペプチドは，新しく合成されたMHCクラスⅡ上に提示されるように仕向けられる．しかしながら，樹状細胞に貪食されたタンパク質抗原の中には，ペプチドに分解されてから，いまだよくわかっていない仕組みにより，MHCクラスⅠ分子に組込まれるものもあり，もしも抗原が細胞質に逃げてきた場合にはプロテアソームによる分解がこの過程に関わるのかもしれないし，また，樹状細胞の中の特別なサブセット（Joffreら，2012）が関わるのかもしれない．いずれの仕組みにしろ，樹状細胞は病原体の感染を必要とせずに，MHCクラスⅠとクラスⅡの両者の溝にペプチド抗原を提示することができる．その結果，特定のペプチド-MHCの組み合わせに特異的なTCRを介し，ヘルパーT細胞と細胞傷害性T細胞の両者を活性化することができる．

ある種のウイルスは，MHC-ペプチドの提示を阻害することにより，細胞傷害性T細胞の攻撃を回避することができる．注目すべきことに，自然免疫系のNK細胞はMHC-ペプチドを提示していない細胞を認識し，これを殺す仕組みをもっており，ウイルスが見つからずに逃げるのをより困難にしている．

CDタンパク質が二つのMHCクラスに対するT細胞受容体の選択性を強めている

T細胞のその標的への結合は，おもにはペプチド-MHC複合体の認識によって決まるが，T細胞上のTCRに付随したさらなるタンパク質により強められる．細胞傷害性T細胞はCD8とよばれるタンパク質を発現し，このタンパク質はMHCクラスⅠタンパク質の定常部に結合し，一方，ヘルパーT細胞は，別のCD4というタンパク質を結合し，こちらはMHCクラスⅡと結合する．（CDとは分

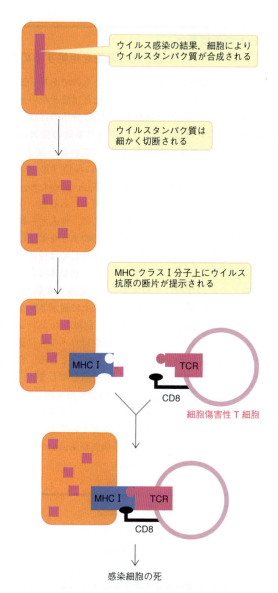

図33.8 細胞内で合成された外来性抗原（たとえば，ウイルス感染の結果生じる）に対する細胞性免疫反応．細胞のクローンの一部は記憶細胞となる．感染細胞は，パーフォリンというタンパク質の分泌により細胞膜に穴が開けられ殺されるか，あるいはアポトーシスにより死ぬ．

化 (differentiation) のクラスター (cluster) を意味する．これらは細胞表面のマーカーである．）この追加の結合が，異なる細胞が効果的にその標的に結合するのに必要であり，これにより，2種類のT細胞は適切な標的に限って結合できるようになる（図33.5，図33.8）．この結合はT細胞の活性化に必要なシグナルの一つも伝えてくれる．CD4タンパク質は，HIVがヘルパーT細胞の中に入りこれを壊していく通り道になっている．HIVによるヘルパーT細胞の破壊は，生体の体液性と細胞性のいずれもの防御機構を奪うという悲惨な結果につながる．

なぜヒトの免疫系は移植された細胞を拒絶するのか

組織や臓器の移植は最近発展してきたものであり，これを拒絶する進化的な理由が昔からあったとは思えない．移植を拒絶する最大の原因は細胞上のMHC分子の存在にある．おのおのの人はMHCタンパク質の多数の変異体をコードするさまざまな遺伝子をもっている．加えて，MHC遺伝子は集団内部においても実に多型（第22章）であり，ある人と他の人では多様性に富む．このため，ある人のMHC分子が他の人とまったく同一であるということはきわめて考えにくい．この違いゆえに，他人から移植を受けた際の抗原性となるのである．このような集団におけるMHC分子の多様性の進化は，全体としては種としての防御に利用される．ウイルスやその他の病原体は免疫系を出し抜くための仕掛けを利用する．ウイルスが偶然に，その断片である抗原が宿主のMHC分子上に提示されないように，あるいは細胞傷害性T細胞に認識されないように進化を遂げたと仮定してみよう．細胞はウイルスに感染していると標識されず，攻撃を受けないこととなる．こうなるとウイルスは増殖し，やがて宿主を殺してしまう．しかし，ウイルスが次に感染する個人がまったく同じMHC遺伝子をもっているという可能性は低く，ウイルスが免疫系を回避するための同じ装置が再びうまくいくように働く可能性は減少する．こうして，この病気が集団全体に広がるようなことはなくなるのである．

モノクローナル抗体

動物に抗原を投与（抗原で免疫）すると，この抗原に対し抗体が血液内に産生され，抗血清が得られる．この結果，実験的に特定のタンパク質を検出するなど，さまざまな目的に抗血清を用いることができるようになる．しかしながら，この免疫血清は特異的ではない．これには，抗原上の異なるエピトープに対してそれぞれ特異的な，異なるB細胞のクローンにより産生される多くの異なる抗体が含まれているからである．単一の動物がつくることができる免疫血清は比較的少量であり，動物間で血清にはばらつきがある．このことは，血清を用いるやり方が，実験に用いるとしても制限があり，臨床的にはほとんど用いられないということを意味している．そこに含まれるすべての免疫グリブリン分子が同一であり，関心がある抗原に特異的であるという"純粋な"抗体ならば，生化学や医学において有用な道具になるだろうと考えられるようになった．

このことを成し遂げたNiels Jerne, Georges Kohler, Cesar Milsteinは1984年にノーベル賞を受賞した．すでに説明したように，ある特定のB細胞は，結合特異性からいうと1種類だけの抗体を生成する．（多くのコピーをもつか）たった1種類のものである．もし求める抗体を産生するB細胞を単離し，培養することができれば，純粋な抗体がつくられるはずである．このような特異的B細胞を単離することは可能であるが，B細胞は培地の中ではほんの数日しか生きることはできず，増殖しない．形質転換しがん化した細胞のみが無制限に培地の中で増殖できる．

このようながん化したB細胞は，**多発性骨髄腫** multiple myelomaというがんにおいて得ることができる．この細胞は単一のB細胞に由来し，無制限に増殖し，永久に培地中で生育する．ほとんどすべての骨髄腫細胞は大量の純粋な免疫グロブリンを産生するが，この抗体は望むような特異性を示さない．骨髄腫細胞の中には，独自の免疫グロブリンをつくらないものもある．この免疫グロブリンをつくらない細胞は，抗体産生B細胞と融合することにより，**モノクローナル抗体** monoclonal antibodyを産生するために用いることができる．この方法は望みの抗体を分泌する不死化したB細胞をつくる効果的な方法である．

概略を簡単に述べると，もともとの方法では，マウスを抗原で免疫し，脾臓（二次リンパ組織）から得たすべてのB細胞を骨髄腫細胞と融合させる（ポリエチレングリコールという普通の化学物質を用いると，この過程は簡単にできる）．この融合した細胞は**ハイブリドーマ細胞** hybridoma cellとよばれるが，この時点ではまだ不要な細胞も含まれている．すなわち，融合していない細胞や，適当な抗体を産生しないハイブリドーマが含まれている．融合していない細胞は，この混ざった細胞集団を，このような細胞が生き残ることができない選択培地（ここでは詳しくは説明しない）の中で培養することにより除去される．望みの抗体を産生するハイブリドーマを選び出すためには，これらの細胞を組織培養プレートの小さな穴（ウェル）の中で培養する．この際には最初に，ウェル一つ当たりに，ハイブリドーマ細胞が一つだけ入るようにする．しばらく細胞を増殖させたところで，ウェルの中に対象となる抗原と反応する抗体が存在するか否か，解析を行う．一度同定できれば，その抗体産生細胞を大量に生育させ，こうして大量のモノクローナル抗体を産生させることが可能となる．そのような細胞は液体窒素中に永久に保存することが可能

で，さらに多くの抗体が必要となったときに増殖させることができる．

モノクローナル抗体はバイオ産業の基盤となり，その手段として強力なものである．ほとんどすべてのタンパク質は適切な抗体をつくることにより検出することが可能である．臨床的には，ヒトにおける特定のタンパク質の測定や，HIVや他のウイルスの検出に用いられている．これが臨床医学で広く用いられる **ELISA（酵素結合免疫吸着測定法）**enzyme-linked immunosorbent assay の基礎となっている．この技術ではポリクローナル抗体も使われる場合もあるが，モノクローナル抗体の方がより再現性が良い結果が得られる．たとえば尿中におけるホルモンや組織液中におけるウイルスの存在について解析したいとしよう．試料はまずプラスチックウェルの底に吸着させる．余分な試料を洗い流し，プラスチックがむき出しの部分に他のタンパク質を吸着させ，非特異的なタンパク質の結合を防ぐ．目的の抗原に特異的な抗体には，西洋ワサビペルオキシダーゼなどの酵素を結合させておき，これをウェルに加える．試料中に目的とするホルモンやウイルスが存在すれば，抗体が結合する．ここにペルオキシダーゼの無色の基質を加えると，結合した酵素がこの基質を色がついた化合物に変換する．これを比色計で定量し，試料中に含まれる目的とする抗原の量を決めるのである．モノクローナル抗体は優れた特異性を示す．感度を上げるためのような変法も存在する．そのうちの一つとして，酵素を付けておかない一次抗体（ウサギ由来）を用いる方法がある．この一次抗体に特異的な二次抗体，たとえばヤギ由来の抗ウサギ免疫グロブリン（この場合，こちらに酵素を結合させる）を，次にこの一次抗体に結合させるのである．この方法だと，複数コピーの抗体が結合するので，固定される酵素の量が増し，アッセイにおける感度を上げることが可能になる．たとえば，HIV抗体を検出するためには，HIV抗原を吸着させておいたウェルに，患者の血液を加える．血液中に抗体が存在すれば，これが結合する．適切に洗い流した後，他の種を用い（ヤギを用いることが多い）作製したヒト免疫グロブリンに対する抗体に，ペルオキシダーゼをあらかじめ結合させておき，ウェルをこの抗体で処理する．基質を加えることで発色すれば，患者の血液の中にHIVに対する抗体が存在することが示される．

実験的には，抗体を蛍光物質で標識することも可能であり，このような標識抗体は，たとえば胚細胞における場合（図8.13はこの方法で得られた）のように，特定のタンパク質の産生の同定に用いることができる．モノクローナル抗体は，非常に関心が高い領域であるがん組織のような体内の特定の部位に，標的治療薬を運搬するのに用いることも可能である．がん細胞はその表面に抗原性をもつ"マーカー"をもっており，特異的な抗体はこれに結合することができるからである．たとえば，抗体をがんに対する治療薬に結合させておけばよいのである（FirerとGellerman, 2012）．

ヒト化モノクローナル抗体

ここ1世紀の間に，疾患に効き目がある抗体が利用されてきている．破傷風の感染は，破傷風のトキソイド（無毒化された毒素）をあらかじめ投与した動物から得られたウマ血清の投与により治療されてきた．しかし，次の投与は，ウマの血清タンパク質に対する致命的となりうる免疫応答をひき起こした．

与えられた標的タンパク質に対して特異的なモノクローナル抗体は，汚染タンパク質を含まないが，モノクローナル抗体はマウスでつくられるので，マウスのタンパク質に対して起こりうる免疫応答という障壁をなお含んでおり，治療の効果を減弱してしまう．

この障壁を克服するために，"ヒト化"モノクローナル抗体が開発された．この抗体では，マウス抗体の可変部は保たれ（分子の特異的に機能する先端部は残され），一方，タンパク質の他の定常部が除かれるか，ヒトの配列をもつタンパク質と置き換えられている．ヒトの配列への置き換えは，ヒト抗体のH鎖とL鎖の遺伝子のDNAを，マウス由来の相当する可変部と置き換えるといった遺伝子工学により成し遂げられた．この組換えDNAは細胞においてクローン化され，このクローン細胞は培地中で増殖し，多量のヒト化抗体を無制限に分泌できるようになる．この取組みは注目に値する成功を収めた．多数の疾患がこのようなモノクローナル抗体により治療されたが，これらの疾患には関節リウマチやある種のがんが含まれる．ヒト化抗体の利用は望まれない免疫反応のリスクを減弱してくれる．

最近になって，この技術は遺伝子工学による完全にヒトのモノクローナル抗体を産生するマウスの系統（異種マウスとして知られる）の開発にまで至っている．このようにしてつくられた抗体は，2006年に，ヒトへの使用について米国食品医薬品局の認可を受けている（Scott, 2007）．

要約

動物の免疫系は，病原性をもった侵入者から自らを守っている．そのうちの自然免疫系においては，食細胞が侵入してくる病原体を貪食する．自然免疫系は迅速な防御系となり，また獲得免疫系を開始させる助けとなる．

獲得免疫系は最も重要な仕組みであり，この章で詳細に述べている．獲得免疫系は高分子，おもにタンパク質や複

雑な多糖類に応答するが，低分子の外来性分子には，高分子と結合しない限り応答しない．外来性の高分子は侵入者の目印となる．こうした分子は抗原 (antigen) とよばれる．この名前は，それに応答して抗体 (antibody) が産生 (generate) されるということに由来する．獲得免疫系には2種類ある．一つは体液性免疫であり，この免疫では，抗体が血液中や組織液中の病原体が細胞内に入るのを妨げ，体内からこれらを除去し，血液中の抗体が役割を果たす．もう一つは細胞性免疫であり，こちらでは細胞傷害性T細胞が感染細胞を破壊する．

リンパ球として知られる免疫系の細胞は，血中ならびにリンパ組織を通り，感染が生じている可能性がある部位に再循環していく．これらは骨髄に由来する．B細胞は骨髄で一次成熟し，循環中に放出されたときに抗体を放出するようになる．T細胞の前駆体は骨髄から胸腺に移動し，ここで一次分化を起こす．胸腺から放出され活性化されてから，これらは細胞傷害性T細胞かヘルパーT細胞となる．ヘルパーT細胞はB細胞の抗体産生を助けるのに不可欠である．

抗体はタンパク質である．異なる機能を示す複数のクラスが存在するが，IgGが全体の基本的な特徴を示す良い例となる．IgGは二つのH鎖と二つのL鎖から成る．各鎖のN末端部分は可変部であり，特異的な抗原結合部位を形成している．各B細胞は，抗原に対する特異性からいうと1種類の抗体しかつくらず，異なるB細胞は異なる抗体を産生する．

各B細胞は骨髄において，H鎖やL鎖遺伝子をコードする既存の遺伝子セグメントのランダムな組換えによって，異なる可変部を多様に編成し，その結果でき上がった抗体を細胞の外に提示している．もしも骨髄において，このB細胞上の抗体が何らかのタンパク質に結合したとしたら，このB細胞はおそらく自己反応性のものであり，自己免疫疾患の発症を避けるためにプログラムされた細胞死（アポトーシス，第30章）を起こす．T細胞もまた胸腺において同様の過程を経る．

生き残った細胞は放出された後，（外来性と推定される）抗原に結合すると増殖する．こうして抗原が自らに対して防御機能を示す細胞を選択するのである．この過程はクローン選択として知られる．

結合した抗原はB細胞に食され，ペプチド断片に消化され，この断片が細胞表面にMHCクラスⅡタンパク質とともに提示される．選択されたB細胞は，抗原産生細胞へと分化する前に，同じ抗原ペプチドに特異的に結合する活性化ヘルパーT細胞と相互作用しなければならない．ヘルパーT細胞は，MHCクラスⅡ分子上に同じ外来性ペプチドを提示する抗原提示細胞（APC），通常は樹状細胞により活性化される．B細胞も同様に，ペプチドをMHCクラスⅡ分子上に提示し，T細胞により活性化される．これらの活性化の過程にはサイトカインの産生が関与しており，サイトカインはT細胞の分裂を促し，免疫全体においてきわめて重要な役割を担う．エイズウイルスはヘルパーT細胞を破壊し，抗体の産生を損なわせる．活性化ヘルパーT細胞と対応するB細胞が相互作用している間に，ヘルパーT細胞はサイトカインを産生し，B細胞が増し抗体を分泌するためのシグナルを完全なものとする．

体液性免疫応答は血液中あるいは組織液中における感染からは体を守ってくれるが，いったんウイルスが細胞に感染してしまうと抗体はもはやそれに到達することはできない．細胞性免疫応答は，感染細胞を破壊することで，このような状況に対応する．細胞傷害性T細胞は，感染細胞においてMHCクラスⅠタンパク質上に提示される外来性抗原ペプチドに対する受容体（TCR）をもっている．細胞傷害性T細胞が感染細胞を殺すことができるようになるためには，樹状細胞のMHCクラスⅠタンパク質上に提示される同じ抗原ペプチドに結合して活性化されなくてはならない．この2種類のMHC分子の利用がすみ分けにつながっている．このすみ分けにより，細胞傷害性T細胞が同じ外来性ペプチドを提示しているB細胞を攻撃しないことが保証されている．なぜなら，B細胞はMHCクラスⅡタンパク質上に抗原を提示するからである．

臓器移植における免疫の拒絶は，MHCタンパク質の違いによる結果である．MHC分子は非常に多型であり，個人個人で異なっている．この多様性は，感染に対し種全体をある程度防御してくれる．

モノクローナル抗体は，あらかじめ不死化細胞と融合させた活性化B細胞の1種類のクローンから得られるものである．このために，モノクローナル抗体分子はすべて同一であり，大量に産生することが可能である．血液中から単離される抗体が，多種多様の抗体を含み，その供給が有限なのとは対照的である．

モノクローナル抗体は，細胞における特異的なタンパク質の検出の手段としても用いることができ，がん細胞特異的に化学療法薬の狙いを定めるといった応用もある．モノクローナル抗体，これに加えポリクローナル抗体は，臨床的に抗原や抗体を検出するELISA法における利用も重要である．

マウスで産生したモノクローナル抗体を治療に用いると，マウスの免疫グロブリンに対する免疫応答がひき起こされる可能性がある．マウス抗体の可変部を保持する一方で，タンパク質の他の定常部をヒトのものと置き換えた"ヒト化"モノクローナル抗体が，遺伝子工学によりつくり上げられている．

問題

1 IgG分子の構造を記せ．
2 いかにして生体はこれほど多くの異なった抗体をコードする遺伝子をもつことができるのか．
3 免疫防御に関わるリンパ球にはどのような種類があ

り，それぞれの機能は何か．
4 抗原提示細胞とは何か．
5 宿主細胞は，たとえば，ウイルス抗原をその細胞表面に提示するとき，どのクラスの MHC 分子上にそれを提示するか．細胞傷害性 T 細胞が認識する MHC 分子はどのクラスか．
6 クローン選択説という用語が意味するものは何か．
7 いかにして自己免疫は避けられるのか．いかにして免疫系は自己寛容となるのか．
8 ヘルパー T 細胞による刺激により B 細胞が（形質細胞に転換し）抗体産生を始めるとき，抗体の抗原結合部位に変化は起こらないが，抗体は細胞膜にとどまらず遊離されるようにならなければならない．これはどのような機構によりなされるか．
9 B 細胞（形質細胞）が抗体の分泌を開始する時点では，抗体は抗原に対し比較的弱い結合能しかもたないが，これは速やかに改善される．これはどのような機構により成されるか．
10 どのような免疫系の細胞が CD4，あるいは CD8 といった糖タンパク質をもっているか．免疫反応におけるこれらの役割は何か．CD4 と HIV との関連は何か．
11 なぜ 2 種類の MHC 抗原が存在するのか．
12 ヒト化モノクローナル抗体とは何か．

問題の解答

第1章

1 高エントロピーレベルは比較的低いエネルギーレベルであることを意味し，低エントロピーレベルは比較的高いエネルギーレベルであることを意味する．

2 私たちは皆エネルギーとは何であるかを知っていると思っているが，それを定義するのは難しい．知っているのは，エネルギーには異なる種類があり，ある種類のエネルギーは別の種類のエネルギーに変換可能であるということである．

3 エネルギーとしては，まずポテンシャルエネルギーがある．このエネルギーには，まさに落下しようとしている岩石がもつような重力ポテンシャルエネルギーや，反応しエネルギーを放出しようとしている分子がもつような化学ポテンシャルエネルギーが含まれる．また，エネルギーには動いている物体がもつ運動エネルギーがある．岩石が落下すると，重力ポテンシャルエネルギーは運動エネルギーとなる．熱エネルギーもあるが，熱エネルギーは温度勾配がない限り働かない．

4 デンプンのような分子は，同じ文字がつながった文字列のように，グルコースという単位がつながった長いひものようなものである．タンパク質とDNAは異なった単位がつながってできているため，その配列は多様であり，メッセージや指図を伝えることができる，より意味がある文章のようなものである．分子の配列が示す情報は生命の基盤をなす．

5 RNA分子は，DNAからリボソームへ遺伝子のメッセージを伝えるものである．このメッセージはタンパク質に翻訳される．このメッセージは，遺伝子のDNAを構成する塩基配列のコピーから形成される．

6 DNAとRNAはいずれも，その水素結合をつくり出す能力により，自己複製ができるような構造となっている．これらの構造は，現代の細胞が精巧な複製の機構を獲得する前の原始的な環境において生命を確立するのに不可欠であったと考えられる．精密な自己複製がなければ，生命は生まれなかったであろう．

第2章

1 生きている細胞は，必要とする分子を細胞外から取込み，不要な分子を追い出さなくてはならない．このことは，細胞には，膜を通じた大きな容量の輸送が存在し，そのためには通常，膜における輸送機構が必要であることを意味している．膜を通じた輸送は，細胞のニーズに応えるのに適切なものでなければならない．細胞が大きくなればなるほど，より大きな輸送が必要となる．膜の表面積の細胞の容量に対する比率は，細胞のサイズが大きくなると小さくなってしまう．このため，細胞は，この比率を細胞のニーズに応えるのに適切なものに保つため，十分小さくなくてはならないのである．さらに分子は細胞のいたる所にも到達しなくてはならない．拡散は遅くしか起こらないため，このためにも小さなサイズが必要なのである．

2 生命にとって必要な分子を留めておくためには，細胞にはそれに足りるだけの大きさが必要である．もしも人形の家をつくろうとしたのに，フルサイズのれんがを使わなくてはならないとしたら，このれんがが，どの程度小さなものをつくることができるかに，下限を決めてしまうだろう．

3 原核細胞には細菌（バクテリア）が含まれる．原核細胞は非常に小さく，固い細胞壁に囲まれている．細胞内に膜構造をもたず，このためはっきりとした核をもたない．DNAは細胞質と接している．一つの環状の主染色体のほかに，小さな環状プラスミドをもち，こちらは独立して複製される．原核細胞はその生存戦略として，一般に速い細胞分裂を行うように特殊化している．通常は一倍体である．細胞分裂の際は，明らかな物理的変化はないまま，DNAは比較的単純に分離される．真核細胞には植物や動物が含まれる．通常は細菌の約1000倍の容量をもつ．（植物を除き）細胞膜の外には細胞壁をもたない．真核生物の最も重要な特徴は，膜で囲まれた"真の"核をもち，その内側に染色体が存在することである．真核細胞は他にもさまざまな膜構造をもち，これらが細胞小器官を形成している．真核細胞の染色体DNAは直線状であり，哺乳類細胞は，幹細胞とがん細胞を除いて，細胞分裂の回数が限られている．（生殖細胞を除き）通常は二倍体であり，DNAの分離には，有糸分裂とよばれる精巧な物理的過程を伴う．

4 体細胞はほとんどの組織に存在する"通常の"細胞である．これらは肝細胞や筋細胞などに分化しており，細胞分裂の際は特異的な細胞だけを生じさせる．体細胞の分裂能力はテロメアの短縮によって制限されている．体細胞は損傷を受けた際の修復や死んだ細胞を置き換えるときのみ分裂する．幹細胞には大きく分けて2種類の細胞，胚性幹細胞と成体幹細胞がある．胚性幹細胞は全能性をもち，体内のどのような細胞にも分化しうる．細胞分裂の際，二つの娘細胞は体細胞へと分化するか，もしくは幹細胞のままとどまり，このため幹細胞は絶えず置き換えられることとなる．テロメアが維持されるため，幹細胞は無限に分裂できる．成体幹細胞は多能性であるが全能性ではない．成体幹細胞は自身を再生することはできるが，ある特定の体細胞にしか分化することはできない．たとえば，骨髄幹細胞は血球系の細胞のいずれかにのみ分化することができる．

5 最も確実に問題の答えを導いてくれる生命体を用いるのが最良であるが，通常は単純なものほどよい．基本的な生命の仕組みは基本的にはすべての生命体で同一であるため，

いずれの系も用いることができる．

6 インフルエンザウイルスに対する抗体の防護機構はウイルスの血球凝集素タンパク質に対するものである．この血球凝集素タンパク質は持続的に変異しているが，その分子上には多数のエピトープがあるために，このような変異が起きても，免疫防御機構の低下は部分的なものであり，かつ，徐々に進む．このような抗原ドリフトは人々に感染をひき起こしはするが，残存する防御機構のおかげで症状は弱められる．ところが，異なる株の間で組換えが起こり，まったく新規の血球凝集素が産生される（抗原シフト）と，致死的な大流行がひき起こされることとなる．

第3章

1 5000 kJ の自由エネルギーを用いて，産生される ATP の量は 5000/55, すなわち 90.91 mol となる．このため，ATP 二ナトリウム塩（分子量551）の1日消費量は 551×91, すなわち 50,141 g となり，これは成人男性の体重の 72 % に相当する．これが可能なのは，ATP が ADP と無機リン酸に分解され，常に新しく再生されているからである．

2 $\Delta G°'$ 値は，ATP, ADP, P_i がそれぞれ 1.0 M 存在しているという標準の状態における値である．細胞内においては，それぞれの濃度はこれよりかなり低く，実際の ATP 合成における ΔG 値は $\Delta G°'$ 値とは異なっており，次の式で求められる．

$$\Delta G = \Delta G°' + RT\ 2.303 \log_{10} \frac{[\text{ADP}][\text{P}_i]}{[\text{ATP}]}$$

3 ATP と ADP は高エネルギーリン酸無水物であり，一方，AMP は低エネルギーリン酸エステルである．前者の方が加水分解により発エルゴン性をもつのは次のような理由による．

リン酸基を切離することにより，負に荷電したリン酸基の間で生じている静電気的な反発によるゆがみを和らげることができる．切離されたリン酸イオンはお互いに離れ分散していく．ATP の加水分解の発エルゴン性をもたせる要因としては，リン酸イオンが共鳴安定構造をつくることもある．このエネルギーは ATP 中のリン酸基を上回る．AMP の加水分解は，共鳴安定構造をほとんど増加させない．

4 (a) 非極性の分子は水分子との間に水素結合をつくることができない．このため，ベンゼン分子の周囲の水分子は相互に水素結合をつくることができ（全体としての結合は変わらない），より高度に規則正しく配列するようになる．並び方がより規則正しくなることによりエントロピーは低下し，系のエネルギーは増加する．したがって，水分子の配列中にベンゼンを入れることは，これに逆らうこととなり，ベンゼンは水との接触面を最小にしようとし，まずは小球となり，結果として分離した層を形成する．この効果は疎水力として知られる．

(b) グルコースに存在する極性基が，水分子との間に水素結合をつくるからである．

(c) Na^+ や Cl^- は水和される．この結果放出されるエネルギーは，お互いのイオン性相互作用によるエネルギーを上回る．解離することは大きな負のエントロピー値を与えることともなる．

5 AMP キナーゼという酵素が，以下の反応により，ATP から AMP へリン酸基を転移させる．

$$\text{ATP} + \text{AMP} \rightarrow 2\,\text{ADP}$$

この反応は加水分解を伴わないので，この反応では有意な $\Delta G°'$ の変化は生じない．

6 細胞の中では，PP_i は2分子の P_i へと加水分解されるが，完全に純粋な酵素を用いると，このような無機二リン酸を生じることはない．細胞内では，全体の反応における $\Delta G°'$ は，$-32.2-33.4+10\ \text{kJ mol}^{-1} = -55.6\ \text{kJ mol}^{-1}$ より，$-55.6\ \text{kJ mol}^{-1}$ である．これに対して，完全に純粋な酵素を用いた系では，$-22.2\ \text{kJ mol}^{-1}$ である．

7 イオン結合，水素結合，ファンデルワールス力の平均的エネルギーは，それぞれ 20, 12～29, および 4～8 kJ mol^{-1} である．こうした非共有結合をつくる活性化エネルギーは非常に小さいものであり，このため触媒なしに起こりうるものである．非常に多くの数の非共有結合が分子の構造を決めるのに重要であるが，にもかかわらず容易に壊れやすく，これが構造の柔軟性につながっている．

8 (a)

$$\underset{\text{pH 0}}{\text{HO}-\overset{\overset{\displaystyle O}{\|}}{\underset{\underset{\displaystyle \text{OH}}{|}}{\text{P}}}-\text{OH}} \quad \underset{\text{pH 4}}{\text{HO}-\overset{\overset{\displaystyle O}{\|}}{\underset{\underset{\displaystyle \text{OH}}{|}}{\text{P}}}-\text{O}^-} \quad \underset{\text{pH 9}}{\text{HO}-\overset{\overset{\displaystyle O}{\|}}{\underset{\underset{\displaystyle \text{O}^-}{|}}{\text{P}}}-\text{O}^-} \quad \underset{\text{pH 14}}{^-\text{O}-\overset{\overset{\displaystyle O}{\|}}{\underset{\underset{\displaystyle \text{O}^-}{|}}{\text{P}}}-\text{O}^-}$$

(b) $\text{pH} = \text{p}K_a + \log \dfrac{[\text{共役塩基}]}{[\text{酸}]}$

ここで適当な $\text{p}K_a$ は 7.2 だから，

$$\text{pH} = 7.2 + \log \frac{[\text{Na}_2\text{HPO}_4]}{[\text{NaH}_2\text{PO}_4]} = 7.2 + \log 1 = 7.2$$

(c) $\text{p}K_a$ 値が 6.5 であるヒスチジン

9 分子間の結合は非共有結合である．この結合力は弱いので，効果的な結合をつくるには多数の結合部位が必要である．非共有結合は非常に短い範囲でしかつくられず，水素結合の場合は高度な方向性を示す．こうしたことを総合的に考慮すると，実際にお互いが適合する分子には必要な結合数が生じる．これが生物学的特異性の基礎をつくっている．結合力が弱い（ΔG が小さい）ということは，この結合が触媒の助けなしに自発的に形成されるものであり，重要なことに，解離し，また可逆的に結合できるものであることを意味している．多くの状況において，この性質は不可欠なものである．抗体−抗原結合の場合には，免疫防御には不可逆性が求められるため，非常に多くの数の結合が関わることとなる．細胞内における多くのタンパク質の構造は，ときには非常に精巧にできており，自己会合をもたらす特異的なタンパク質管相互作用における同じ原理に基づくものである．

10 化学用語における高エネルギー結合とは，意図する生

物学的概念とは逆に，その結合を壊すのに多くのエネルギーを要するものをさす．しかし，最も重要なことは，分子のエネルギーというものが特定の結合に存在すると考えるのは不正確であり，むしろ分子全体に存在しているということである．いろいろな仕事に使われるエネルギーをもたらすのは，ATPが産物に分解される際における自由エネルギーの低下によるものである．自由エネルギーの低下は反応全体の性質によるものであり，特定の結合の解離によるものではない．ATPはあたかもそのリン酸ジエステル結合にエネルギーがあるようにふるまうことが重要であるというLipmannの概念を，大きく変えるものではない．したがって，現在でも教科書には波線で記載されることがある．

11 宇宙は最大の安定あるいは最も低いエネルギー状態を達成するように，容赦なく駆動している．原子が最も安定した形になるのは，最外殻が8個の電子で完全に埋まったときである（オクテット則）．このような構造をとるのはヘリウムのような貴ガスである．地球上の原子は電子の数を変えることはできないが，共有結合がつくられる際にみられるように電子を他の原子と共有することにより，貴ガスの構造をまねたり，それに近づけたりし，その結果として大きな安定性を獲得することはできる．

12 何ものも第二法則から逃れることはできない．より小さな環境中の分子から生細胞を構成するためには，エネルギーが必要である．このエネルギーは，グルコースがCO_2と水になるような食物の分解により得られ，細胞を生かしてくれる．この結果，ここでは，細胞の構築によりエントロピーが低下する以上に大きく，エントロピーが増大する．それゆえ，宇宙全体のエントロピーは増大し，第二法則に従うのである．このために，生命は機構的に当たり前の過程なのであり，決して魔法などではない．

13 自由エネルギーとは，化学反応に用いられる用語であり，個々の分子の性質に用いられるものではない．反応に注目しているとき，人は分子の形成における自由エネルギーについて話す．化学反応にはエネルギーの放出が存在するが，このエネルギーの一部だけが，高エネルギーをもつ分子の合成と共役するような作業を行うのに利用可能である．これが，エネルギーのうち，自由エネルギーとして知られる部分である．この反応において生じる自由エネルギーの変化であり，ΔGとして表される．そして，生命の反応を考えるうえできわめて重要な熱力学的な用語である．熱力学第二法則は，生じることはすべて宇宙におけるエントロピーを必ず増大させると規定している．全エネルギー変化のうち，作業に利用することができない部分もまた，この熱力学第二法則を満足させるようにふるまう．

14 エントロピーとは，あらゆる系においても，宇宙においても，無秩序さの程度を表すものである．高いエントロピーの系は，より低いエントロピーの系よりも低いエネルギー状態にある．このため，エントロピーレベルが増すと，安定性も増す．宇宙の"目的"とは最大のエントロピーを達成することであり，これがすべてを駆動させる力となるのである．熱力学第二法則は，生じることがすべて宇宙のエントロピーを増加させることを求めている．これは少々わかりづらい概念である．全エントロピーを増加させるのに一般的なものの一つは，化学反応から熱を放出させ，大気中における気体分子の無秩序な動きを増大させることである．すべての反応はエントロピーの増加に寄与しなくてはならない．さもないと，第二法則に逆らうこととなり，この部分は作業に利用できなくなってしまう．残るのは自由エネルギーである．

第4章

1 それはペプチド鎖のアミノ酸配列を意味する．アミノ酸はお互いペプチド結合（−CO−NH−）によりつながっている．どのような鎖かについては，本文に示してある．

2 タンパク質のポリペプチド鎖は，特定の，通常はコンパクトな形にたたみ込まれている．正確にたたみ込まれるかは，アミノ酸残基の間の非共有結合や，共有結合であるジスルフィド結合に依存している．熱処理によって非共有結合を破壊すると，ポリペプチド鎖がときほぐされ，もつれた生物活性をもたない不溶性の塊となる．これがタンパク質変性として知られる．

3 すべての例がこの最初に示してある．

4 (a) およそ4，(b) およそ10.5〜12.5，(c) およそ6.5

5 アスパラギン酸およびグルタミン酸と，リシン，アルギニンおよびヒスチジン．他のすべてのアミノ酸のカルボキシ基あるいはアミノ基はペプチド結合において結合を形成している（二つの末端を除く）．

6 一次構造，二次構造，三次構造，四次構造．いずれも図4.2に示してある．

7 図4.12（b）に示したようなデスモシンによる4本の架橋構造に基づく．

8 コラーゲン繊維は非常に強固なものになるようにつくられている．この強さを得るために，3本のポリペプチドが互いに密接した三重らせんを形成するように構築されている．この三重らせんのピッチは1回転当たり3アミノ酸残基となるようになっており，ポリペプチド同士が接触する所にはいつもグリシン残基が存在する．大きな側鎖は密接な接触を妨げるが，水素原子1個の側鎖がこれを可能にしている．

9 (a) タンパク質は，正しい三次構造に折りたたまれた状態であることを意味する，天然の状態においてのみ機能をもつ．ほとんどすべてのタンパク質において，この三次構造は非共有結合によるものである．この結合は穏やかな熱処理によっても容易に壊される．この熱処理により，ポリペプチドはほぐされ，不可逆的にもつれて凝集してしまう．

(b) 多数のタンパク質は，インスリンのように，いくつかのジスルフィド結合（インスリンでは3個）をもっている．この結合は共有結合であり，熱処理では壊れない．非共有結合はインスリンの構造においてもなお重要ではあるが，ジスルフィド結合が構造の安定性がどの程度増すかを決めている．その極端な例がケラチンである．ケラチンでは，多数のジスルフィド結合が非常に安定な構造をつくっている．髪の

毛をいくら煮ても，パーマのような構造変化は起こすことはない．

10 とりわけ大きなタンパク質では，三次構造を決定すると，特別な構造をもたないポリペプチドで区切られた別々の構造の領域から成っているようにみえることがしばしばある（図4.7d参照）．印象としては，それぞれが独立した球状の部分であり，単独でも存在できるかのようである．実際，いくつかの場合において，ドメインが多機能酵素から分離され，それ自体で部分的な触媒活性をもつことが見いだされている．これは，酵素全体がもつ別の活性をもたず，求める活性だけをもつ酵素フラグメントを調製することを可能にしてくれ，実用的に役立つことがある．タンパク質のドメインとしてとらえるには，ポリペプチド鎖の特定の部分から形成されているということが不可欠である．ポリペプチド鎖がドメインから離れた後，再び戻るようなことはない．この場合は，タンパク質の残りの部分から切離されると，その構造はそれ自体では安定に存在できないこととなり，このような構造をドメインとはよばないからである．ドメインは，進化においてドメインシャッフリングの過程で重要な役割を果たしたと考えられ，興味深い．この点に関する詳細は，より後の章で述べているが，この時点でいえるのは，ドメインは新しい遺伝子をつくる際にシャッフルされたと信じられる遺伝子の部分によってコードされていることがしばしばみられるということである．この方法により新しい酵素へと進化させる方が，点変異によってタンパク質が徐々に変化するよりもずっと速く行える．

11 フェニルアラニンとイソロイシンは疎水性であり，球状タンパク質の疎水性の内部環境に水から隔離されている状態で存在している可能性が最も高い．アスパラギン酸とアルギニンは生理的pHで強く荷電した側鎖をもち，タンパク質の外側に存在して水と接する必要がある．これらがタンパク質内部にあると，構造を不安定化する傾向を示す．なぜなら，これらは疎水的な環境下で満たされるような結合能を持ち合わせていないからである．結合の形成によってエネルギーが放出されると，結合能が最大になるときにのみ最も安定な構造が可能になる．

12 グリコサミノグリカンの電荷は分子を伸びたコンホメーションにさせ，巨大分子の形成を可能にさせる．これにより分子がたくさんの水分子を含むことができる．

13 ポリペプチド骨格は水素結合を形成するポテンシャルをもっており，これは，最も安定な構造がつくり上げられるようになっていなくてはならない．骨格はタンパク質の疎水性内部を横断しなくてはならず，このような領域におけるアミノ酸残基の疎水性側鎖は水素結合を形成できない．これを解決するには骨格における他の残基と水素結合することであり，それによってαヘリックスやβシートの両方の構造が形成される．

14 図4.21に示すようにミオグロビンの酸素分子に対する親和性は高く，ヘモグロビンのS字形曲線とは異なり，酸素飽和曲線は双曲線となる．ミオグロビンの機能は純粋に筋肉中に酸素を貯蔵することである．酸素への高い親和性は最大限に貯蔵できることを意味する．筋肉中の酸素分圧が低くなったときのみ酸素を放出する．ヘモグロビンは肺において最大限に酸素を結合し，毛細血管では最大限放出しなければならない．S字形曲線がこれを助けてくれる．毛細血管で曲線は急勾配となり，酸素の放出が最も速くなる．

15 酸素がヘム鉄に結合すると，鉄はポルフィリン環の平面に移動する．この移動が，わずかにドーム状のテトラピロール構造を平坦化するのに必要である．鉄はタンパク質のヒスチジンと結合しており，この分子は自身を再構成する．こうしてテトラピロール構造はいっそう平坦となる．この移動がサブユニット間の相互作用に影響を及ぼし，四量体のコンホメーションをTからR状態に変化させる（図4.27参照）．

16 成人のヘモグロビンは酸素を結合していない状態では，タンパク質の側鎖の正電荷により，2,3-ビスホスホグリセリン酸（BPG）を結合する溝をもっている．BPGの結合は酸素が結合していない状態においてのみ可能であり，それゆえにこの結合は酸素の解離を増大させる．すなわち，この結合はヘモグロビンの酸素への親和性を低下させるのである．胎児ヘモグロビンは成人のβ鎖の代わりにγ鎖をもっている．このペプチド鎖はBPGを結合する荷電した残基をもっていない．BPGはしたがって，胎児ヘモグロビンとは強く結合せず，母親のヘモグロビンよりも，酸素への親和性が高くなるのである．

17 図4.29に示すように，二酸化炭素を炭酸水素イオンとして運搬するのに必要である．

18 ランダムな一次配列のポリペプチドが折りたたまれて機能的ドメインとなる統計上の確率は，ほとんどないくらい小さい．多くの異なるタンパク質において，その折りたたみ構造が非常に似ているにも関わらず，異なる役割をもつことが観察されている．このことはドメインシャッフリングで説明できる．すなわち，折りたたまれて機能的な形をとるようなポリペプチドの一次配列は，別のドメインと組み合わせて繰返し使われ，新しい役割に適応して変化していったということである．これにより，点変異による1アミノ酸残基の変化に依存した場合に比べ，ずっと速く進化が起こったと考えられる．

19 これは"分子病"として初めて理解された疾患である．この疾患ではヘモグロビンの一つのアミノ酸残基がグルタミン酸からバリンへと変化した結果，デオキシヘモグロビンが細長い棒状の構造をとるようになり，さらにこの構造が赤血球を変形させ，重篤な血管系の問題をひき起こす．この疾患は，致死性のマラリアが発生する地域では正の選択を受けたと考えられる．これはマラリアに対する異常なヘモグロビンの防御効果が，疾患の有害さに勝っているためと考えられる．

20 好中球は，肺組織の粘膜においてエラスターゼを分泌し，このエラスターゼは，肺の弾力性をもつ構造体であるエラスチンを分解する．抑制がきかないと，これは微小な肺胞

をより大きな構造物に変えてしまい，ガス交換のための表面積を著しく低下させてしまう．血液中のα_1-アンチトリプシンが肺の中に浸潤していき，エラスターゼをくい止め，この障害を妨げている．喫煙は2通りの影響をもたらす．（1）α_1-アンチトリプシンの活性に重要なメチオニン側鎖をスルホキシド（S=O）に変換し，この酵素を不活性化する，（2）肺を刺激することにより好中球を活性化してエラスターゼがさらに出るようにする．

21 ペプチド結合は以下の二つの構造の混成物である．

この結合はおおよそ40％は二重結合の性質をもつ．この場合，ペプチド結合の回転は制限される．

22 プロリンである．プロリンはアミノ酸というよりむしろイミノ酸である．また，他のアミノ酸がα-ヘリックスを形成しやすいのとは異なり，α-ヘリックスを壊す．

第5章

1 もともとのジデオキシ法は，タンパク質の部分的加水分解で得られたペプチドのN末端アミノ基を標識するものであった．色または蛍光をつけることにより検出を容易にするために標識を行うが，この標識は酸加水分解に安定なものが用いられる．ペプチドは加水分解され，その生成物はクロマトグラフィーで分離する．これでN末端の最初のアミノ酸残基を同定することができる．この方法によるタンパク質の配列決定は，多くのペプチドについて行う必要があるうえ，ペプチドをオーバーラップさせなければタンパク質全体の配列を決定できないため，非常に困難である．この方法は現在では，非常に小さいペプチドにしか用いられない．エドマン法ではペプチドを試薬で標識し，適切な条件下にさらすとN末端のアミノ酸が標識されたまま脱離する．この結果次のアミノ酸残基が露出され，次にこれが標識される．この方法は自動化されており，30残基の配列決定に利用できる．順番に脱離していった標識アミノ酸はクロマトグラフィーで同定される．この方法は，タンパク質全体を配列決定しなければいけないときには，タンパク質をオリゴペプチドに分解し，さらにこのオリゴペプチドの順序を決定しなければならないため，かなり困難である．質量分析はオリゴペプチドの配列決定を非常に迅速にでき，確実に重要性が上がっている．忘れてはならないことだが，タンパク質のアミノ酸配列決定の最も迅速な方法は，それをコードするDNAを単離し，これを配列決定する方法である．この点についてはこの本の後半に出てくるので，それまで待ってから理解してほしい．

2 細胞に存在するタンパク質すべての集合体をさす．タンパク質は合成されたり分解されたりしているため，プロテオームは時間によって，また細胞によって異なる．

3 プロテオミクスは多数のタンパク質を同時にいっぺんに解析することをさす．たとえば，発生の過程においてや，正常細胞とがん細胞の間における，タンパク質プロフィールの変化を解析したりするものである．そのためには，タンパク質を非常に迅速に，さらに，二次元電気泳動ゲルの一つのスポットにおけるような微量の試料から同定しなければならない．この点におけるおもな進歩は，質量分析の利用がある．タンパク質データベースを用い数分検索することで，十分にタンパク質の性状解析を行うことが可能である．

4 SDS分子はその疎水性尾部をタンパク質に入り込ませ，タンパク質を変性させる．多数のSDS分子が，外側に強い負電荷をもった状態で入り込むことにより，もとのタンパク質の電荷はすべて打ち消される．その結果，タンパク質は分子ふるい効果によって純粋に，すなわち分子量に従って分離されることになる．一方，非変性ゲルはタンパク質を分子ふるい効果と電荷の両方によって分離する．SDSはタンパク質を可溶化させる効果もある．

5 分子ふるいは，異なる大きさの孔をもった充填材に依存する．タンパク質がビーズの孔に入ると，孔に入らずビーズの周りを流れていく大きいタンパク質に比べて，移動が遅くなる．イオン交換クロマトグラフィーは異なるイオン性官能基をもった充填材を用いる．タンパク質は選択的に吸着され，緩衝液により選択的に溶出される．逆相クロマトグラフィーは疎水性の充填材を用いる．この充填材に，タンパク質は選択的に吸着し，溶出液の疎水性やイオン強度を変えることによって選択的に溶出される．アフィニティークロマトグラフィーは，目的タンパク質に特異的に結合することが知られている化合物をカラム充填材に結合させたものを用いる．この親和性分子を含む溶液によって溶出させることができる．

6 タンパク質をたとえばトリプシンで分解し，その分解物に対し，MALDI-TOFを用いたペプチド質量分析を行う．通常大体五つのペプチドが得られれば，得られたパターンを用い，データベース上タンパク質を同定することが可能である．その他，タンデム質量分析により限定配列データを得る方法もある．この方法はタンパク質を確実に同定できる．

7 質量分析は気相中のイオン化した分子を測定するもので，多くの有機分子には適していたが，タンパク質は分子量が大きく不揮発性なため適さなかった．1988年にタンパク質から適切なイオンを得る二つの方法が開発された．MALDI（マトリックス支援レーザー脱離イオン化）ではタンパク質を紫外線吸収マトリックスに混合する．レーザー光によってタンパク質由来の荷電したイオンが生じる．エレクトロスプレーは，高電圧において溶液を噴霧することで，同様に荷電イオンを得る．

8 タンパク質データベースは，報告されたタンパク質の情報をためておくために，さまざまな国際センターに構築された．それらはタンパク質の構造や機能に関するあらゆる側面についての膨大な情報を含んでいる．アミノ酸配列，三次構造などである．データベースは，その情報をさまざまな方法で分析するためのソフトウエアとともに，自由に利用でき

る．データベースを検索することはそれ自体が研究の活動となっている．この結果，データベースにあるタンパク質を同定できれば，すぐにそれについての情報が利用可能となるため，研究は著しくスピードアップした．多数のタンパク質を同定しなくてはならないプロテオミクスにおいては，絶えずこの手法が用いられる．

9 衝突セルによって分けられているタンデム質量分析計が用いられる．最初の分析計では，配列決定すべきペプチドが選択される．このペプチドは中央のセルに入り，アルゴンガス分子と衝突し，ここで予測通りにペプチドに断片化される．この断片化した生成物が2番目の質量分析計で分離され，この結果がスペクトルとして示され，アミノ酸配列を推定することが可能になる．

10 一つめの方法は，重金属の同形置換により標識されたタンパク質のX線回折である．この新しい方法としては，シンクロトン放射光を用いる．この場合は，取込まれたセレノメチオニンで標識されたタンパク質が用いられる．これらは，大腸菌やcDNAのその他の発現系により簡単につくられる．異なる方法として，現在小さなタンパク質に用いられているのは，核磁気共鳴法（NMR）である．この方法を用いるには高濃度のタンパク質が必要であるが，結晶化を必要としない．しかしながら，シンクロトン放射光は，きわめて小さな結晶を用いることができ，このような小さな結晶は実験用のX線回折に必要なものに比べたら，より容易に得ることができる．

第6章

1 酵素活性を測定するための時間は任意に決めてあるので，ほとんど重要性をもたない．高温では酵素は破壊されやすくなり，ある一定の温度では酵素の破壊は，酵素がその温度にさらされている時間に依存するからである．酵素の熱安定性についての情報を求めるなら，酵素を一定時間異なる温度にさらし，冷却した後に，通常の反応温度でおのおのの試料の活性を測定した方がよい．

2 反応における $\Delta G°'$ の値は，反応が自然に進むかどうかを決めることはできるが，(反応が生じるとしても) 反応速度を決めるものではない．反応速度は，反応の活性化エネルギーの大きさと，その遷移状態に達するまでの時間で決まる．

3 次のようないくつかの要素が存在する．
(1) 活性部位は，基質そのものよりも遷移状態にある化合物とより強固に結合する．そして，これにより，活性化エネルギーを低下させるのである．
(2) 酵素は分子を最も好ましい方向に固定する．
(3) 反応において，酸塩基触媒能を示す．
(4) 活性中心には金属などを配位し，触媒能を増加させている．

4 基質が酵素に結合する際の親和定数は，$E+S \rightleftharpoons ES$ の平衡状態に関わるものである．K_m（ミカエリス定数）は，酵素が最大速度の半分の反応速度を発揮するときの基質濃度のことであり，生成物が形成する速度を測定することにより求められる．この定数には，酵素がESを生成物へと変換する触媒速度が関与する．K_m が真の親和定数を表すには，反応 $E+S \rightarrow ES$ とその逆反応 $ES \rightarrow E+S$ の速度が，ESが生成物となって系から除かれる速度に比べて非常に大きく，基質が結合する際の平衡状態においてESの除去を無視できることが必要である．

5 (a)

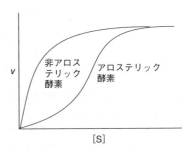

(b) アロステリックモジュレーターは，(V_{max} が変化するわずかな例外もあるが，）酵素の基質との親和性を変化させることにより働く．この作用には，酵素にとって基質濃度が飽和しているような状態が，通常必要である．正のモジュレーターはS字形の基質/速度曲線を左に移動させ，負のモジュレーターは右へ移動させる（図6.8参照）．S字形の関係は，反応速度をこのように変化させる効果を増幅し，それにより制御に対する感受性が増大する．この点を図6.7に示す．

6 モジュレーターは酵素の基質に対する親和性を変化させないので，影響はない．飽和濃度においては，反応速度を増加するのに用いられることはない．

7 二重逆数プロット（ラインウィーバー・バークプロット）が必要である．非競合阻害剤は基質濃度が無限大になっても（プロットのY切片においても）V_{max} を低下させるが，K_m は変化させない．一方，競合阻害剤は，無限大の基質濃度においては V_{max} を変化させないが，K_m を変化させる．これを図6.11に示す．

8 遷移状態になると基質分子よりも強固に酵素の活性中心に結合する．これは酵素の触媒反応の基本である．ある記録によれば，親和性は基質に対するものに比べて，おそらく数千倍，あるいはそれ以上に高い．したがって，安定した構造の遷移状態を示す化合物の可能性は，特異的な酵素の阻害剤として非常に強い関心がもたれている．

9 確実に，触媒反応による生成物の量が反応時間に比例している際に，酵素反応の初速度を測ることが不可欠である．さもないと，反応生成物による阻害，基質の枯渇，酵素の変性といった別の制限因子が関与してしまう．このような状況では，反応速度は実際の酵素量を反映しなくなる．

10 セリンのOH基は完璧にヒスチジン残基の隣に位置し，ヒスチジンがプロトンを容易に受取り，このため標的炭素原子と結合を形成するように酸素原子が自由に動けるようになる．

問題の解答   539

11 アスパラギン酸の $-COO^-$ 基はヒスチジン側鎖と強い水素結合を形成し，イミダゾール環をセリンからプロトンを受取りやすい向きの互変異性体に固定する（図6.14参照）．カルボキシ基をアミド化すると，この水素結合能が非常に弱められる．

12 酵素はそれぞれの基質を結合する異なった構造の活性部位をもっている．キモトリプシンは大きな疎水性のポケットをもっており，大きな芳香族アミノ酸を結合する．トリプシンは活性部位にアスパラギン酸残基をもっており，ここに，トリプシンの基質の特徴である塩基性アミノ酸残基が結合する．エラスターゼは小さなアミノ酸残基から成るペプチドしか結合できない．なぜなら，1対のバリンとトレオニン残基が活性部位の入口を狭めているからである．

13 システインプロテアーゼは，活性セリン残基がシステインに置き換わっており，中間体のアシル酵素がチオエステル結合しているのを除けば，セリンプロテアーゼに類似している．パパインはこの酵素の一つである．アスパラギン酸プロテアーゼは1対のアスパラギン酸残基をもっており，触媒過程でこれが交互にH供与体と受容体の役割を果たす．この酵素の一つはHIVの複製に不可欠である．

第7章

1 すべての生体膜の基本的構造は脂質二重層である．それは親水性の頭部と疎水性の2本の長い炭化水素鎖から成る両親媒性の構造をもつ成分により形成される．これらの分子は，それ自体で二重層をつくり出す．この二重層では，親水性の頭部を外側に，疎水性の尾部を内側に向け合い，お互いが挟まれるように配列されて，二次元のシートがつくられる．それゆえ，脂質二重層の中心部は疎水性である．この構造は非共有結合により保たれている．並んだ頭部は水にさらされ，疎水性尾部の間のファンデルワールス力を最大とする．この配列は熱力学的に最適であるので，安定である．

2 極性脂質が脂質二重層の中心に向かって，お互いに近づきすぎることがないように流動性の緩衝材として働く．また，膜の表面におけるくさびとしても働く．

3

```
    CH₂—O·CO—R
    |
    CH—O·CO—R
    |      O
    |      ‖
    CH₂—O—P—O⁻
           |
           O⁻
```

4 レシチン（別名ホスファチジルコリン）；コリン，セファリン（別名ホスファチジルエタノールアミン）；エタノールアミン，ホスファチジルセリン；セリン．

5 疎水性尾部に折れ曲がりを与え，脂質二重層において脂肪酸アシル尾部が密になるのを妨げ，その結果膜の流動性を増加させている．

6 無機イオンが膜を通過するためには，水の分子を取除くことが必要となり，エネルギー的に不都合な過程となる．

7 促進拡散には親水性のチャネルを形成する膜タンパク質が関わるが，このチャネルは膜を通じて溶質がどちらの方向にも輸送されるのを可能とし，濃度勾配により輸送されることとなる．エネルギーの流入は関与しない．赤血球のアニオン輸送系が例であり，この系では Cl^- と HCO_3^- イオンがどちらの方向にも移動する．

8 トリアシルグリセロールは，親水性基をもたない中性分子である．したがって，この分子は水に溶けず，水との接触を最小限にするため，球状になるか，もしくは別の層を形成することを強いられる．極性脂質は，分子の一端に荷電した官能基をもち，もう一端に疎水性基をもつ両親媒性分子である．したがって，疎水性尾部を互いに接しあって水との接触を避け，二重層の構造を構築するようになる．荷電した官能基は表面で水と接し，二重層を安定で最小の自由エネルギーをもつ分子の構造体とする．

9 これは等方輸送と対向輸送によりなされる．グルコースの能動輸送（等方輸送にあたる）の場合，グルコース分子は，細胞内より細胞外の濃度の方がかなり高い Na^+ と共輸送されて細胞内へ入る．Na^+ は Na^+/K^+-ATPアーゼにより細胞外へくみ出され，これにより細胞内外のイオン勾配は保たれている．この結果として，ATPは間接的にグルコース輸送のためのエネルギーを供給していることになる．対向輸送系の1例は，細胞からの Ca^{2+} のくみ出しである．これは，Na^+ の細胞内への取込みに共役して動かされる．この場合もエネルギーはATP依存性 Na^+/K^+-ATPアーゼにより供給される．

10 これは，タンパク質でできた膜内のチャネルであり，シグナルの受容に伴い開き，シグナルの除去により閉じる．リガンド依存性開閉チャネルは特異的な分子の結合によって開く．神経伝達を行うアセチルコリン依存性開閉チャネルはその一つである．電位依存性開閉チャネルは膜電位の変化に応じて開く．神経軸索に存在する Na^+ と K^+ の電位依存性開閉チャネルがその例である．

11 K^+ の存在下 Na^+/K^+ ポンプの表面ではリン酸化が生じるが，ジギタリスは Na^+/K^+ ポンプをこのリン酸化状態に固定する．これによりポンプは不活性化され，その結果，細胞内の Na^+ 濃度が上昇し，細胞膜を通じた Na^+ の勾配が減少してしまう．それが細胞内の Ca^{2+} 濃度の上昇をひき起こし，心筋の収縮を強める．この細胞内 Ca^{2+} の上昇は，Na^+ の濃度勾配による対向輸送が Ca^{2+} を細胞内からくみ出しているという事実に基づくものである．Na^+ の濃度勾配が低下すると，Ca^{2+} のくみ出しが減らされる．

12 水溶液中のイオンは水分子の殻が取囲んでいる．水和したイオンは大きすぎてチャネルを通過できない．K^+ には8分子の水が取囲んでいる．通常この水分子を取除くにはエネルギーの障害が存在するが，選択的フィルターでは，イオンと結合するペプチド中のカルボニル基が，熱力学的にちょうど水分子を模倣するように並んでいる．K^+ は溶液中からチャネルの中に熱力学的障害なしに入り込める．イオンは，一つの結合部位から次の結合部位へとチャネルの穴の中を，

再び水和されないような状態で移動していくことができる．Na^+はK^+より小さいが，水和された状態では大きすぎて穴を通過できない．また水和されていない状態では小さすぎて穴に並んだカルボニル基に結合することができず，通過するに熱力学的障害がある．

第8章

1 アセチルコリンは筋肉の受容体を刺激し，筋小胞体から筋原繊維に向かってCa^{2+}を放出させる．アクチンフィラメント上にはトロポミオシン分子があり，これにはCa^{2+}に感受性をもつトロポニン複合体が結合している．Ca^{2+}が結合すると，トロポミオシン分子のコンホメーション変化が起こる．トロポミオシンはミオシン頭部がアクチンに結合するのを妨げていると信じられている．これが今問われていることである．Ca^{2+}-ATPアーゼの働きにより，Ca^{2+}は筋小胞体に戻り，収縮は終結すると考えられている．

2 平滑筋のミオシン頭部の場合は，調節軽鎖があり，これがミオシン頭部がアクチン繊維に結合するのを抑え，収縮を妨げている．神経性の刺激がくると，Ca^{2+}チャネルが開口し，Ca^{2+}が細胞内に流入する．このCa^{2+}はカルモジュリン調節タンパク質に結合し，これがミオシン軽鎖キナーゼを活性化する．軽鎖のリン酸化により，その阻害効果が消失し，収縮が生じる．

3 ある場合は，ATPはADPとP_iから合成される．酵素表面で生じるこの合成は，自由エネルギーの変化をほとんど，あるいはまったく伴わない．しかし，ATPが酵素から遊離するのにはエネルギーが必要である．これは，ATP合成酵素の頭部のタンパク質におけるコンホメーション変化によるものである．ミオシンの場合，ATPはADPとP_iに分解するが，酵素表面では自由エネルギーの変化はほとんどない．ADPとP_iが遊離するときに，収縮のパワーストロークが生じるのである．これもミオシン頭部のコンホメーション変化によるものである．どちらの場合も，ATPの合成ないしは分解での共有結合中間体は存在しない．

4 ミオシンの棒状のコイルドコイルと結合している所で，ミオシン頭部は振られ，アクチンフィラメントに対する頭部の角度を変化させると考えられてきた．しかし，いまやこの考え方は間違っていることが知られている．頭部がアクチンフィラメントに結合している角度は変化しないが，レバーアームとして知られる頭部のαヘリックスが振られ，パワーストロークが生じる．図8.7がこれを示している．

5 アクチンは非筋細胞の運動にも関わる．アクチンミクロフィラメントの重合と脱重合が，細胞を引き延ばしたり，表面の上をはわせていったりする．このような細胞では収縮も生じる．細胞膜につなぎ止められたアクチンミクロフィラメントは，ミオシン分子の小さな束に，収縮力を発揮させる手段を提供する．アクチンミクロフィラメントにとっての第二の役割は，特殊な構造をしたミニミオシン分子がその上を動いていく小胞輸送の道筋を形成することである．ミニミオシン分子はミオシン頭部をもっているが，ミオシンの棒状構造が短い尾部に置き換わっており，これに小胞が結合する．

6 微小管とは，チューブリンタンパク質のサブユニットの重合化により形成された中空管である．プラス末端とマイナス末端をもつ，はっきりとした極性を形成している．チューブリンの単量体はGTPが結合した分子である．端のGTP単量体はチューブリンを崩壊から守っている．しかし，チューブリンは弱いながらGTPアーゼ活性をもっており，その形成から少し時間がたつと，GTPをGDPとP_iに加水分解する．この間に新たなGTP単量体が結合しないと，チューブリンは壊れていく．

7 微小管形成中心（MTOC）はマイナス末端を保護している．成長を続けるプラス末端はチューブリン-GTPキャップにより保護されている．GTPはゆっくりと加水分解され，保護を外していく．新しいGTP型チューブリン分子がその前に結合しないと，微小管は崩壊する．微小管が標的構造に到達すると，その後は保護される．

8 これらは，微小管の道筋に沿って動くモーター分子であり，この道筋に沿って積み荷を引っ張っていくことができる．キネシンとダイニンは，微小管の道筋の上を（微小管の極性からいうと）逆の方向に移動する．ミオシンは筋肉と同じように振り子レバーの機構で動く．キネシンとダイニンは二つの頭部を交互に動かしながら少しずつ動いていく．

9 いいえ，微小管は収縮しない．短くなるのは脱重合によるものと考えられているが，染色体がどのような機構で動くかは正確には明らかになっていない．

10 中間径フィラメントとは，直径が10 nm前後のフィラメントで，この点で微小管フィラメント（20 nm）とアクチンフィラメント（6 nm）の中間に位置している．特殊な例では，毛の構造をつくっている．ニューロフィラメントやサルコメアのZ線のような構造に強度を与えるのに関与している．核膜のラミニンは細胞分裂の際に分解するが，この過程にはリン酸化が関わっている．

11 いずれもはっきりとした極性をもった単量体であり，アクチンの場合はATP，チューブリンの場合はGTPと，いずれもヌクレオチド三リン酸を結合している．いずれ重合し，それぞれアクチンフィラメントと微小管という繊維になる．いずれの場合も，重合化の後，ATPまたはGTPは二リン酸化体へと加水分解される．いずれの場合も，三リン酸化体は重合しやすく，二リン酸化体は脱重合しやすい．伸長していくアクチンフィラメントや微小管においては，前に結合されたサブユニットが二リン酸化体へ変換される前に，ポリマーの崩壊を妨げるために，新たなサブユニットを結合しなくてはならない．

第9章

1 タンパク質は必須アミノ酸の供給源である．必須アミノ酸はタンパク質生合成に必要であり，他の物質の前駆体でもある．私たちの体は必須アミノ酸を生合成できないのである．

2 食事が丸ごと脂質でできているとすると，ケトン体合

成が起こるであろう．また，糖質を含まない食事からは，糖質をつくり出すために十分なタンパク質を得ることができず，体内のタンパク質が失われるであろう．

3 塩分の過剰摂取は高血圧や心血管疾患と関連があり，スクロースの過剰摂取は虫歯と関連する．

4 これらの成分は消化管の機能を助け，腸内の便の通過時間を短縮する．非デンプン性多糖類の摂取量が低い集団では憩室疾患や大腸がんの発症率が高い．

5 レプチンは脂肪細胞により産生される．血中のレプチン濃度は体内の脂肪の保持容量を反映する．レプチンには食欲を抑える作用があり，レプチンを欠損している変異マウスや少数の小児の肥満を調節するのに有効であることがわかった．ほとんどの肥満者ではレプチンは欠損しておらず，実際にその濃度は高い．肥満はよくレプチン抵抗性となる．

6 グレリンは空腹時の胃で産生され，脳の食欲中枢に作用して食欲を刺激する．脂肪細胞により産生されるレプチンとアディポネクチン，および食事中に腸管で産生されるペプチドには逆の食欲抑制作用がある．インスリンはレプチン様の作用を示す．膨らんだ胃から産生されるコレシストキニンも満腹感を与える．

第10章

1 ペプシンはペプシノーゲン，キモトリプシンはキモトリプシノーゲン，トリプシンはトリプシノーゲン，エラスターゼはプロエラスターゼ，カルボキシペプチダーゼはプロカルボキシペプチダーゼとして産生される．タンパク質分解酵素は消化管腔のタンパク質も分解しうるので潜在的に危険である．アミラーゼの攻撃を受ける成分はないだろう．腸管内腔の細胞表面を覆うムチンはタンパク質分解から細胞を守る役割をもつ．

2 胃において，ペプシノーゲンは酸性 pH によりコンホメーションに変化が生じ，ペプシノーゲンを不活性化している分子内の余剰ペプチドが自己分解により除かれて活性化する．一度ペプシンがある程度生じると，より多くのペプシノーゲンが活性化し，自己分解による活性化のカスケード反応が進む．小腸では，腸管細胞より産生されるエンテロペプチダーゼによりトリプシノーゲンが活性化し，トリプシンが生成する．トリプシンはついで他の酵素前駆体を活性化する．

3 膵臓炎，すなわち膵臓の炎症は，膵臓細胞がタンパク質分解による傷害を受けることにより発症する．

4 腸管細胞は単量体（とモノアシルグリセロール）のみを吸収できるからである．脂肪，タンパク質，多糖類，二糖類は吸収されない．

5 乳はラクトースを含んでいる．ラクトースは酵素ラクターゼによりグルコースとガラクトースに分解されなければならない．乳児期を過ぎると，多くの者がラクターゼを生合成することができなくなる．ラクトースは吸収されず，大腸で発酵される．その結果，浸透圧効果により水分が増加し，下痢をひき起こす．ラクトースを含む食品を避けることで改善する．

6

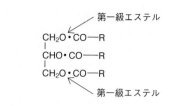

TAG またはトリアシルグリセロール（トリグリセリドとよばれることもあるが，化学的には正しくない表現である）．中央の結合は第二級エステルであり，他は第一級エステルである．

7 脂質は腸の運動により，初期の消化により生じるモノアシルグリセロールと遊離脂肪酸，さらに胆汁酸塩と混ざり合うことで乳化され，リパーゼの作用により分解される．分解産物（モノアシルグリセロールと遊離脂肪酸）は胆汁酸塩とともに円盤状の混合ミセルを形成して腸管細胞に運ばれる．胆汁酸塩があると混合ミセルが形成されやすい．おそらく細胞表面でミセルは分解される．

8 遊離脂肪酸とモノアシルグリセロールは TAG に再合成される．TAG そのものは膜を通過できないが，キロミクロンとよばれるリポタンパク質粒子に取込まれる．キロミクロンはリン脂質とある種のアポリポタンパク質から成る殻で安定化され，中心部に TAG ならびにコレステロールとそのエステル体が存在する．キロミクロンはエキソサイトーシスによりリンパ循環中に遊離され，胸管を通じて乳状の懸濁物質として血中に放出される．

9 グルコースは浸透圧が高いため単量体としては貯蔵されない．溶液の浸透圧は，溶液中に含まれる溶質の分子数と関連している．何千ものグルコース分子が重合して単一のグリコーゲン分子になることにより，浸透圧は相応に低下する．

10 TAG はより多くのエネルギーが濃縮された物質であり，還元度がはるかに高く水和されない．もしエネルギーが脂質でなくグリコーゲンとして貯蔵されるとすると，もっと大きな体が必要となるであろう．肝臓のグリコーゲン貯蔵は飢餓によりたったの24時間しかもたないが，TAG は数週間長続きするであろう．

11 (a) 変換される．グルコースはアセチル CoA に変換された後に脂質に変換される．

(b) 変換されない．ピルビン酸キナーゼにより触媒される反応は不可逆的であるため，アセチル CoA はピルビン酸に変換されない．このため，脂質の分解産物として生じたアセチル CoA はグルコースに変換される代謝物には変換されない．

(c) ない．体内には（乳を除いて）特別なアミノ酸貯蔵タンパク質は存在しないが，"アミノ酸プール"としては存在する．アミノ酸プールとは，細胞内や細胞外液に分布する遊離アミノ酸の総量をさす．

12 (1) 肝臓は体内のグルコース代謝の中心である．肝臓はグルコースが豊富なときにはこれをグリコーゲンとして蓄え，絶食時にはグルコースを遊離して血糖値を脳が必要とする一定量に保つ役割をもつ．

(2) 長期的な飢餓の状態では肝臓はグルコースを生合成し，このグルコースは脳で利用される．肝臓は脂質をケトン体に変換する．ケトン体は脳（と他の組織）でエネルギー供給源の一部として利用され，その結果グルコースの無駄遣いを防いでいる．
(3) 肝臓は脂質を生合成し，他の組織に送り込む．
(4) 肝臓はアミノ酸を代謝して尿素をつくり出す部位である．

13 使えない．脂質は血液脳関門をうまく通過できない．

14 脂肪細胞は摂食期には脂質を蓄え，絶食時には脂肪酸を放出する．

15 赤血球はグルコースに完全に依存しており，グルコースをラクトースに変換する．成熟赤血球にはミトコンドリアがないため，解糖系以外の経路でATPを産生することはできない．

16 血糖値が高いときにはインスリンが放出される．これは組織にとって食物を蓄えるためのシグナルとなる．血糖値が下がるにつれて，インスリン濃度は低下しグルカゴン濃度が上昇する．後者は肝臓にグルコースを遊離し，脂肪細胞に遊離脂肪酸を放出するよう指令を与える．このグルコースや脂肪酸は他の組織で使われる．脳ではグルコースの取込みはインスリンに依存しない．このため，インスリン濃度が極端に低下する飢餓時においても脳はグルコースを取込み続ける．加えて，アドレナリンはあらゆる調節をくつがえし，"逃走闘争"反応に必要とされる緊急応答に呼応してグルコースと脂肪酸の大量動員をひき起こす．

17 ケトン体は調節困難な1型糖尿病において過剰に産生される．しかしながら，長期の絶食によりグリコーゲンが枯渇すると，ケトン体は代謝されやすい物質として筋肉に供給され，エネルギー源として優先的に利用される．これによりグルコースの消費が最小限になる．飢餓になると，脳はグルコースを必要としているので血糖値を保つことが最大の優先事項となる．いずれにしても，飢餓時に脳はエネルギー必要量のおよそ2/3をケトン体から利用することができ，グルコースを倹約する効果がある．この状況下でグルコースを確保することが重要なのである．肝臓はピルビン酸をグルコースの生合成に利用するが，ピルビン酸はグルカゴンやコルチゾールの刺激により起こる筋肉タンパク質の分解に由来する．筋肉を最小限度にまで消耗させて脳へのグルコース供給を保つことは明らかに有利なのである．

第11章

1

G-1-P + UTP → UDPG + PP$_i$
PP$_i$ + H$_2$O → 2P$_i$
UDPG + グリコーゲン(n) → UDP + グリコーゲン(n+1).

PP$_i$の加水分解は反応全体を発エルゴン反応へと大きく傾け不可逆的となる．

2 肝臓（および量的にはあまり重要ではないが腎臓）だけがこれをできる．これらの組織だけにグルコース-6-ホスファターゼという酵素があるからである．

グルコース 6-リン酸 + H$_2$O ⟶ グルコース + P$_i$

3 グルコースのリン酸化．グルコキナーゼはヘキソキナーゼよりもはるかに高いK_m値をもっている．飢餓時に肝臓はグルコースを血中に放出し，優先的に脳（と赤血球）に供給される．脳と肝臓へのグルコースの取込みに関わる最初の反応はグルコースのリン酸化である．グルコキナーゼのグルコースへの親和性がヘキソキナーゼよりも低いということは，肝臓は脳と血糖を競合しないということを意味している．肝臓は血糖値が高いときにのみグルコースを効率的に取込む．ヘキソキナーゼのようにグルコース6-リン酸による阻害がかからないため，肝臓は細胞内のグルコース6-リン酸濃度が高いときでさえもグルコースを取込んでグリコーゲンを合成することができる．

4 多くの糖脂質や糖タンパク質はガラクトースを含んでいる．食物からガラクトースを除いても，UDPグルコースが容易にUDPガラクトースに異性化されるため，糖脂質や糖タンパク質の生合成は妨げられない．

5 毛細血管中でリポタンパク質リパーゼはTAGをグリセロールと脂肪酸に加水分解し，後者は直ちに近傍の細胞に取込まれる．

6 VLDLはキロミクロンと類似のリポタンパク質であり，コレステロールと肝臓内で合成したTAGを肝臓から末梢組織へと運搬する．

7 肝臓での胆汁酸への変換である．高コレステロール血症は心血管疾患の危険因子であり，心発作の原因となる．したがって，コレステロールを減らすことは重要である．

8 レシチン-コレステロールアシルトランスフェラーゼ（LCAT）という酵素によりレシチンから脂肪酸がコレステロールに転移される．

9 TAGは遊離されない．グルカゴン（または緊急時はアドレナリン）により刺激されたホルモン感受性リパーゼによりTAGは脂肪細胞内で加水分解され，結果として生じた脂肪酸が血中に放出され，血清アルブミンと緩く結合した形で組織に運ばれる．これに対し，肝臓から他組織への脂質の輸送はVLDLを介して行われる．

10 家族性高コレステロール血症では，患者はLDL受容体を欠損しており，コレステロールに富むLDLを血液から除くことができない．

11 脂肪細胞はエステル化されていない脂肪酸を遊離し，この脂肪酸は血清アルブミンに結合して運ばれる．アルブミンから解離すると脂肪酸は細胞内に入る．肝臓は脂質をVLDLとして送り出す．肝外組織では，リポタンパク質リパーゼによりVLDLから脂肪酸が遊離され，この脂肪酸は近傍の細胞に取込まれて代謝される．

12 コレステロールは肝臓から末梢細胞にVLDLの形態で運ばれ，VLDLからTAGが除かれることで生じるLDLの形で末梢細胞に取込まれる．必要以上のコレステロールは

ABCA1 輸送系により細胞外へと排出される．コレステロールは HDL に取込まれ，コレステロールエステルに変換され，LDL に受渡される．このうちの一部は肝臓に取込まれ，結果的に肝臓にコレステロールが戻る．これが逆輸送である．肝臓はコレステロールの一部を胆汁酸に変換して腸管に分泌するが，これは血中にコレステロールが過剰に蓄積するのを防ぐ唯一の手段であるという点で重要である．HDL には動脈塞栓や心発作を防ぐ働きがある．

第12章

1 解糖系，TCA 回路，電子伝達系が三つの主要な段階であり，それぞれ細胞質，ミトコンドリアマトリックス，ミトコンドリア内膜で起こる．

2 構造は本文を参照．

$$AH_2 + NAD^+ \rightleftharpoons A + NADH + H^+$$
$$B + NADH + H^+ \rightleftharpoons BH_2 + NAD^+$$

3 FAD はもう一つの水素伝達体であり，$FADH_2$ に還元される．補酵素ではないが，酵素に結合した補欠分子族である．

4 好気的解糖では，グルコースはピルビン酸に代謝される．生じた NADH はミトコンドリアで再酸化される．嫌気的解糖では，解糖系の速度がミトコンドリアの NADH 再酸化の容量を上回る．これはたとえば"逃走闘争"反応の際に起こりうる．NAD^+ の供給には限りがあるので，もし NADH が非常に素早く NAD^+ に再酸化されないと ATP 産生は停止してしまうだろう．このような緊急時にはピルビン酸を乳酸に還元して NADH を再酸化する仕組みがある．

$$CH_3COCOO^- + NADH + H^+ \xrightleftharpoons[\text{乳酸デヒドロゲナーゼ}]{} CH_3CHOHCOO^- + NAD^+$$
ピルビン酸　　　　　　　　　　　　　　乳　酸

5 本文を参照．

CoA の自由エネルギーはカルボキシルエステルの -20 $kJ\ mol^{-1}$ と比べて $-31\ kJ\ mol^{-1}$ であり，これはすなわちチオールエステルが高エネルギー物質であることを意味している．

ビタミンであるパントテン酸は CoA の関わる反応には無関係である．このことは，ビタミンが分子の"活性部位"を占める他の補酵素と状況が異なっている．

6

$$\text{ピルビン酸} + \text{CoA-SH} + NAD^+ \rightarrow$$
$$\text{アセチル-S-CoA} + NADH + H^+ + CO_2$$
$$\Delta G^{\circ\prime} = -33.5\ kJ\ mol^{-1}$$

この反応は不可逆的である．この反応は糖質の脂肪酸への変換を可能にしているが，脂肪酸を糖質に変換することはできない．つまり飢餓時においても，脂肪酸はエネルギーとして利用されるにも関わらず血糖の供給源とはなりえないのである．体が必要とするグルコースは筋肉タンパク質の分解によって得なければならない．

7 アセチル基は TCA 回路で使われる．

8 これらは電子伝達系で再酸化されて水を生成し，（水素勾配による間接的な過程ではあるが）ATP を産生する．

9 ネルンストの式は以下のように $\Delta G^{\circ\prime}$ 値および $\Delta E^{\circ\prime}$ 値と関連している．$\Delta G^{\circ\prime} = -nF\Delta E^{\circ\prime}$（$F$ はファラデー定数 $-96.5\ kJ\ V^{-1}$）で表され，$\Delta E^{\circ\prime}$ は電子供与体と受容体の還元電位の差である．たとえば $\Delta E^{\circ\prime}$ が $-1.035\ V$（$-0.219 - 0.816\ V$）とすると，$\Delta G^{\circ\prime} = -2\ (96.5\ kJ\ V^{-1}\ mol^{-1})(-1.035\ V) = -193\ (-1.035) = 194.06\ kJ\ mol^{-1}$ となる．

10 脂肪酸のアセチル CoA への分解は β 酸化により起こる．

11 変換される．グルコースはピルビン酸に変換され，ピルビン酸デヒドロゲナーゼによりアセチル CoA に変換される．アセチル CoA は脂肪酸生成に用いられる．

12 変換されない．脂肪酸は分解されてアセチル CoA になる．グルコースの生合成にはピルビン酸が必要である．ピルビン酸デヒドロゲナーゼ反応は不可逆的である．動物ではアセチル CoA（すなわち脂肪酸）のグルコースへの最終的な変換はない．

第13章

1 C_6 分子の C_3 2分子への分割はアルドラーゼにより触媒されるアルドール反応により起こる．この反応には以下の構造が必要である．

$$\begin{array}{c} R \\ | \\ C=O \\ | \\ R'-C-R'' \\ | \\ H-C-OH \\ | \end{array}$$

グルコース 6-リン酸のフルクトース 6-リン酸への変換により，この反応で分割されるアルドール構造が形成される．直鎖構造式では次のようになる．

```
   CHO           CHOH
   |             |
   CHOH          CO
   |             |
   CHOH          CHOH
   |             |
   CHOH          CHOH
   |             |
   CHOH          CHOH
   |             |
   CH2OPO3^2-    CH2OPO3^2-
```
グルコース 6-リン酸　　フルクトース 6-リン酸

2 基質レベルのリン酸化は ADP に転送可能な"高エネルギーリン酸基"が基質に共有結合して生じるときに起こる．図 13.6 で示した機構によるグリセルアルデヒド 3-リン酸の酸化がその一例である．これに対し，ミトコンドリアの電子伝達系はプロトン勾配を生み出すことで ATP を合成する．$ADP + P_i$ と ATP の間にリン酸化中間体は介在しない．

3 ピルビン酸キナーゼは逆向きに働くが，伝統的にキナーゼという名称は通常 ATP を使う反応に由来する．ピル

ビン酸キナーゼ反応が不可逆的に進行する理由は，反応産物であるエノールピルビン酸が速やかにケト形に異性化されて，大きな負の $\Delta G°'$ をもつからである．

4 それぞれ2と3である．P_i が関わるグリコーゲンの加リン酸分解によりグルコース1-リン酸が生成し，グルコース6-リン酸に変換される．グルコースからグルコース6-リン酸をつくり出すために1分子のATPが消費される．

5 細胞質のNADH自体はミトコンドリア内に入ることができない．その代わりに，電子が二つあるシャトル経路のいずれかを介して輸送されなければならず，どちらが使われるかが収支計算に影響する．リンゴ酸アスパラギン酸シャトル（図13.29）はミトコンドリアの NAD^+ を還元するのに対し，グリセロールリン酸シャトル（図13.28）はミトコンドリア内膜のグリセロールリン酸デヒドロゲナーゼに結合したFADを還元する．NAD^+ の酸化還元電位はFADよりも大きく，2電子が電子伝達系に入り異なる電子伝達複合体に受渡される．グリセロールリン酸シャトルからのATPの収量はこれよりも低い．

6 酸化により3-オキソ酸が生じ速やかに脱炭酸される．

7 アナプレロティック経路はピルビン酸カルボキシラーゼにより触媒される．

```
COO⁻                              O
 |                                ‖
 C=O + HCO₃⁻ + ATP  →      ⁻OOC—C—COO⁻ + ADP + Pi + H⁺
 |                                |
 CH₃                              H₂C—COO⁻
```

アセチルCoAはこの反応に関与しない．アセチルCoAはクエン酸の生成に関わるが，双方の炭素原子はTCA回路が1周する間に CO_2 として失われる．したがってTCA回路の酸が増えることはありえない．また動物ではアセチルCoAはピルビン酸に変換できない（細菌や植物ではグリオキシル酸回路によりアセチルCoAから C_4 酸が生じうる；第16章）．

8 ビタミンBの一種であるビオチンである．ビオチンはATPを使って反応性に富むカルボキシビオチンとなり，基質にカルボキシ基を供与する．反応は以下のようになる．

9 図13.17を参照．

10 ユビキノンとシトクロム c はともに可動性に富む電子伝達体である．ユビキノンは電子伝達複合体I，IIとIIIを結び，シトクロム c は複合体IIIとIVを結ぶ．ユビキノンは疎水性の脂質膜中に存在し，シトクロム c は水層に存在してミトコンドリア内膜の外側に緩く結合している．

11 プロトンをミトコンドリアマトリックスからミトコンドリア内膜の外側にくみ出して，ATP産生に使われるプロトンと電荷の勾配を生み出すことである．

12 真核生物では，細胞質で生じるNADHは電子を電子伝達系に輸送しなければならない．このためにグリセロールリン酸シャトルが使われると，この経路を動かすために1分子のNADHにつき1分子のATPが失われる．解糖系では2分子のNADHが産生されるので，グリセロールリン酸シャトルにより2分子のATPが失われる可能性がある．大腸菌ではこのような問題は生じない．加えて，大腸菌では真核生物のようにミトコンドリア膜を通じたATPとADPの交換にエネルギーを消費することはない．

13 マトリックスへのプロトンの流れはミトコンドリア内膜の F_o の回転をひき起こす．これが F_1 内部の軸を動かし，F_1 に何らかのコンホメーション変化が起こる．コンホメーション変化により蓄えられたエネルギーにより $ADP+P_i$ からATPが合成されるが，ATPの放出にはエネルギーが必要であるということを覚えておくこと．酵素表面で $ADP+P_i$ からATPをつくり出す反応には自由エネルギー変化はほとんど起こらない．この質問に答えるには図13.18が適しているであろう．

14 F_1 の各サブユニットにはATPを生合成できる三つの部位があるが，それらは開口（O状態），ADPと P_i への緩い結合（L状態），強固な結合（T状態）の異なった状態を順次進行する．ATP合成は最終段階で起こる．相互に協調的に働くということはすなわち，どんなときでも三つのうち一つはO状態，一つはL状態，一つはT状態にあるということである．それぞれの部位は同時に変化する．こうして，L状態からT状態への変化はその前のO状態からL状態への変化があるときにのみ起こる．図13.25を参照．

15 四つの複合体I〜IVがある．IはNADHから電子を受取りユビキノン（Q）に渡す．QはIIIに電子を運ぶ．IIは $FADH_2$ から電子を受取り同様にQに渡す．FADはコハク酸デヒドロゲナーゼおよび脂肪酸酸化経路における脂肪酸アシルCoAデヒドロゲナーゼの補欠分子族である．IIIは電子を（シトクロム c を介して）IVに受渡し，最終的に酸素に運ばれて水となる．

Iはまだよくわかっていない機構でプロトンを外にくみ出す．IIはプロトンをくみ出さない．$FADH_2$ からQへの電子伝達における自由エネルギーの落差ではプロトンのくみ出しには不十分なのである．IIIはQ回路を通じてプロトンをくみ出す．Q回路においてQはマトリックスからのプロトンを利用して還元され，膜の反対側表面で酸化され，外にプロトンを放出する．IVはプロトンをくみ上げるが機構は不明である．図13.21を参照．

16 c サブユニット環の内部にあるアスパラギン酸残基に依存する．プロトン付加のない電荷をもった状態では，アスパラギン酸は熱動力学的に親水性環境にしか存在しえない．プロトンが付加すると，もし自由に動けるのであればアスパラギン酸は脂質二重層の疎水性環境に移動するであろう．要するに，原理は自由エネルギーが最小となるのは電荷をもった基が親水性環境に存在し，プロトン付加した電荷をもたない基が疎水性環境に存在するときであり，もし自由に動けるのであればそのような状態になるように移動するということである．

17 アセチル CoA．残りは TCA 回路に関わる．アセチル CoA は TCA 回路に入るが，回路そのものの部品とはならない．

第14章

1 (1) 血中の血清アルブミンにより運ばれる遊離脂肪酸から．この遊離脂肪酸は脂肪細胞から放出される．
(2) キロミクロンから．リポタンパク質リパーゼが TAG から脂肪酸とグリセロールを遊離する．
(3) 肝臓で産生された VLDL から，(2) と同様の機構で遊離される．

2 脳と赤血球（後者にはミトコンドリアがない）．

3 (a) 脂肪酸を活性化しアシル CoA 誘導体に変換する反応．
(b) ミトコンドリア外膜上．
(c) ミトコンドリアマトリックス内．
(d) カルニチン誘導体として（図 14.1）．

4 脂肪酸のアセチル CoA への酸化（図 14.2）は，関わっている反応および電子受容体の両観点において，TCA 回路におけるコハク酸→フマル酸→リンゴ酸→オキサロ酢酸の反応に似ている．

5 パルミチン酸 1 分子から 8 分子のアセチル CoA，7 分子の $FADH_2$，7 分子の NADH が生じる．NADH と $FADH_2$ の酸化により，それぞれから分子当たり 2.5 および 1.5 分子の ATP が生じる．これを 8 分子のアセチル CoA から生じる ATP（アセチル CoA 1 分子当たり 10）の収量に加算すると，合計 108 分子の ATP が生じる（TCA 回路の GTP は ATP として計算している）．ここから脂肪酸活性化に使われる 2 分子の ATP を差引かねばならないので，ATP の総収量は 106 分子となる．

6 β酸化が 2 周回った後，cis-Δ^3 エノイル CoA は異性化されて $trans$-Δ^2 エノイル CoA になる．

7 たとえば飢餓や 1 型糖尿病のように脂肪細胞から脂肪酸が急速に遊離される状況では，肝臓はアセチル CoA をケトン体に変換して血中に放出する．ケトン体は筋肉で利用されてグルコースの浪費を抑える．最も重要な点として，脳は必要量のエネルギーの約 2/3 をケトン体から得ることができる．

8 アセト酢酸の生合成はミトコンドリアマトリックスで起こり，コレステロールの生合成は細胞質の 1 区画，すなわち小胞体膜上で起こる．

9 ペルオキシソームは細胞質に存在する膜結合性の顆粒であり，種々のオキシダーゼを含んでいる．オキシダーゼは酸素を使ってさまざまな物質を酸化し，H_2O_2 を産生する．カタラーゼが H_2O_2 を分解する．オキシダーゼの基質はどこか別の場所で代謝されないような物質であり，たとえば極長鎖脂肪酸が短くなる反応である．コレステロールの側鎖が酸化されて胆汁酸塩を生じる酸化反応はペルオキシソームで起こると考えられている．ペルオキシソームの重要性は，いくつかの組織でペルオキシソームがなくなる致死的遺伝病から裏付けられる．

第15章

1 ペントースリン酸経路は核酸合成のためのリボース 5-リン酸を供給する．脂肪酸合成のための NADPH を供給する．ペントース糖の代謝に用いられる．

2 グルコース 6-リン酸がリボース 5-リン酸と CO_2 に変換され，$NADP^+$ が還元される．図 15.1 参照．

3 トランスアルドラーゼとトランスケトラーゼがおもな酵素であり，その反応は図 15.2 に示されている（解糖系の他の酵素も関わるだろう）．

4 リボース 5-リン酸の一部はケトースであるキシロース 5-リン酸に変換される（トランスアルドラーゼとトランスケトラーゼは受容体としてケトースを必要とするからである）．以下のような反応が起こる．

(1) $2 C_5 \rightarrow C_3 + C_7$ （トランスケトラーゼ）
(2) $C_7 + C_3 \rightarrow C_4 + C_6$ （トランスアルドラーゼ）
(3) $C_5 + C_4 \rightarrow C_3 + C_6$ （トランスケトラーゼ）

反応式 1 において，2 分子の C_5 はリボース 5-リン酸とキシロース 5-リン酸である．最終的な C_3 分子はグリセルアルデヒド 3-リン酸である．これはリン酸を失ってグルコース 6-リン酸に変換される．正味の結果は，6 分子のリボース 5-リン酸が 5 分子のグルコース 6-リン酸とリン酸に変換される．こうして細胞はリボース 5-リン酸を増やすことなく NADPH を産生することができるのである．

5 NADPH は赤血球の保護に必須の物質であるグルタチオンの還元に用いられる．G6PD を欠損している患者はソラマメやある種の薬物，たとえばパマキンのような抗マラリア薬の摂取に感受性が高く，溶血性貧血を発症する．

第16章

1 脳は脂肪酸を利用できず，グルコースを使う必要がある．同じことが赤血球にも当てはまり，ミトコンドリアをもたないので解糖系からのみエネルギーを産生することができる．

2 ピルビン酸キナーゼの基質はエノール形ピルビン酸であるが，ケト形とエノール形の平衡は大きくケト形に傾いているため，基質が存在しない．この問題を解決するために，二つの高エネルギーリン酸基が関わる代謝経路が存在する．

(1) ピルビン酸 + ATP + HCO$_3^-$ →
　　　　　　　　オキサロ酢酸 + ADP + P$_i$ + H$^+$
　（ピルビン酸カルボキシラーゼにより触媒）

(2) オキサロ酢酸 + GTP → PEP + GDP + CO$_2$
　（PEPカルボキシキナーゼにより触媒）

3 フルクトース 6-リン酸を産生するフルクトース-1,6-ビスホスファターゼとグルコース-6-ホスファターゼである．

4 肝臓と腎臓のみが遊離グルコースを産生する．

5 （飢餓ではない）通常の栄養状態では，激しい筋肉の活動は嫌気的解糖により乳酸が生じることがある．乳酸は血流を経て肝臓に運ばれグルコースに変換される．血流へのグルコースの放出と筋肉によるグルコースの取込みによりコリ回路はでき上がる（図16.4）．

6 図16.5に示す経路により，肝臓のグリセロールキナーゼがグリセロールのグルコースへの変換に必要とされる．グリセロールの遊離は飢餓時に起こるが，ここでいちばん重要なのは血中グルコースを産生することである．グルコースを生合成できるのは肝臓だけなので，グリセロールが血中グルコースを遊離できない脂肪細胞で代謝されるよりも肝臓に運ばれなければならないのは当然である．

7 図16.6に示すグリオキシル酸回路を経て変換できる．その原理は，TCA回路の二つの脱炭酸反応が回避されるということである．

8 動物ではピルビン酸カルボキシラーゼがオキサロ酢酸（C$_4$）とピルビン酸（C$_3$）を産生する．しかしながら，グリオキシル酸回路をもつ生物では，正味1分子余分のアセチルCoAがリンゴ酸に変換されるので，アナプレロティック反応は不要である．

9 肝臓には糖新生に適切な基質が供給されなければならない．筋肉の消耗はアミノ酸を生じ，大部分がアラニンに変換される．アラニンは肝臓に運ばれピルビン酸に変換される．

10 飢餓時には，肝臓は貯蔵グリコーゲンが急速に枯渇するため，グルコースを生合成して脳に供給しなければならない．糖新生のためのピルビン酸は赤血球で産生される乳酸および筋肉に由来するアラニンから生じる．アルコールは肝臓内の還元型と酸化型のNAD$^+$の比を上げる．これにより乳酸のピルビン酸への変換が損なわれることがある．なぜなら，還元型と酸化型のNAD$^+$の平衡はNADHの濃度が上がると容易に動き，アラニンから生じたピルビン酸の乳酸への還元をひき起こすかもしれない．こうなると肝臓は糖新生に必要とされるピルビン酸が不足するだろう．

第17章

1 脂肪酸は二つの炭素原子から一度に合成されるが，この受容体は三つの炭素単位から成るマロニルCoAである．アセチルCoAはATP依存的なカルボキシ化によりマロニルCoAに変換される．この後に続く脱炭酸により大きな負の$\Delta G^{\circ\prime}$値となる．言い換えると，カルボキシ化と脱炭酸により2炭素単位を添加し脂肪酸鎖を伸長する過程が不可逆的になるということが重要である．

2 図17.2参照．

3 真核細胞では，全酵素反応が単一のタンパク質分子によって担われ，異なるドメインが酵素機能をもつ．機能単位は二量体であり，両分子は一体となって協調的に働く．大腸菌では異なる活性は別々の酵素により触媒される．真核細胞の利点は，反応中間体がある活性中心から次の活性中心に転送されるということである．大腸菌では反応中間体が次の酵素まで拡散しなければならないため，反応がずっと遅い．

4 構造については第12章と本文を参照．NAD$^+$は異化反応に使われ，電子を受容して酸化とエネルギー産生に利用される．NADP$^+$は反対の反応，つまり還元的合成に用いられる．NAD$^+$とNADP$^+$の存在は，反応の独立的調節を促す代謝の区画化の一形態である．

5 人体における主要な場は肝臓である．

6 ミトコンドリア内でアセチルCoAはクエン酸に変換される．クエン酸は細胞質に輸送され，クエン酸リアーゼによりアセチルCoAとオキサロ酢酸に分割される．これはATP要求性の反応であり，分割は完全に進む．

クエン酸 + ATP + CoA-SH + H$_2$O →
　　　　　　　アセチルCoA + オキサロ酢酸 + ADP + P$_i$

7 クエン酸リアーゼ反応で生じるオキサロ酢酸は，NADH要求性のリンゴ酸デヒドロゲナーゼによりリンゴ酸に還元される．リンゴ酸はNADP$^+$要求性のリンゴ酸酵素により酸化と脱炭酸を受けてピルビン酸に変換される．この反応により還元当量はNADHからNADPHに効率的に切替わる．合成されたピルビン酸はミトコンドリアに戻る（図17.6参照）．

この反応は合成されたマロニルCoA当たりたったの1分子のNADPHしか産生しないが，脂肪酸合成の還元反応には2分子のNADPHが必要である．残りのNADPHはグルコース-6-リン酸デヒドロゲナーゼ反応により生じる（第15章参照）．

8 図17.7参照．グリセロールリン酸と脂肪酸アシルCoAが使われる．

9 グリセロール骨格をもつリン脂質の生合成には二つの経路がある．このうち一つの経路では，ホスファチジン酸がエタノールアミンのようなアルコールと結合する（図17.8参照）．このためにアルコールは活性化され，リン脂質生合成においては，活性化分子は常にCDPアルコールである．ある種のグリセロリン脂質の生合成ではDAG成分の方が活性化される（図17.8参照）．この場合もCDP-DAG複合体の形成によって起こる．この状況は，活性化グルコースが必要とされるときには常にUDPグルコースが用いられることと同様である．

10 (a) エイコサノイドは20の炭素原子をもっており，プロスタグランジン，トロンボキサン，ロイコトリエンが含

まれる.

(b) すべて似通っており，高度不飽和脂肪酸から合成される.

(c) プロスタグランジンは痛み，炎症，発熱をひき起こす. トロンボキサンは血液凝固に影響を及ぼす. ロイコトリエンは平滑筋を収縮させ，気道を収縮させることで喘息の一要因となる.

(d) アスピリンはこれらの合成に関わる酵素であるシクロオキシゲナーゼを阻害し，痛みや発熱を抑え，血液凝固も阻害する (Box 17.2 参照).

11 メバロン酸はコレステロールの合成だけに関与する最初の代謝物である. メバロン酸の構造類似体がメバロン酸産生酵素である HMG-CoA レダクターゼを阻害することがわかってきた. この薬物は体内で HMG-CoA レダクターゼの競合的阻害剤として作用する.

第 18 章

1 酸化によりシッフ塩基が形成され，水で分解される.

$$\mathrm{CHNH_2} \xrightarrow{-2H} \mathrm{C=N-H} \xrightarrow{H_2O} \mathrm{C=O} + NH_3$$

2 グルタミン酸.

3 アミノ基転移反応が最もよく使われる機構である. 多くのアミノ酸のアミノ基は 2-オキソグルタル酸に転移され，グルタミン酸を生成する. グルタミン酸はグルタミン酸デヒドロゲナーゼにより脱アミノされる. たとえば，

1. アラニン + 2-オキソグルタル酸 →
    ピルビン酸 + グルタミン酸
2. グルタミン酸 + NAD$^+$ + H$_2$O →
    2-オキソグルタル酸 + NADH + NH$_4^+$

全体の反応: アラニン + NAD$^+$ + H$_2$O →
    ピルビン酸 + NADH + NH$_4^+$

4 ピリドキサールリン酸 (図 18.2). アミノ酸転移反応の仕組みについては図 18.3 参照.

5 H$_2$O が除かれることによりシッフ塩基が形成される.

6 糖原性アミノ酸とは脱アミノ反応を受けた後ピルビン酸 (またはホスホエノールピルビン酸) を生じるものである. これは間接的な場合も含まれ，TCA 回路のどの酸も糖原性である. ケト原性アミノ酸とはピルビン酸を生じないがアセチル CoA を生じるものである. ロイシンとリシンのみが真にケト原性であるが，たとえばフェニルアラニンのように糖原性かつケト原性であるアミノ酸がいくつかある. ケト原性アミノ酸は飢餓のような適当な状況においてのみケトン体を生じる. これ以外の状況下ではアセチル CoA は普通に酸化される.

7 フェニルアラニンは通常はアミノ基転移を受けず，チロシンに変換されてから代謝される (図 18.8 参照). フェニルアラニンからチロシンへの変換が損なわれるとフェニルアラニンはアミノ基転移を受けてフェニルピルビン酸を生じ，幼児に回復不能の脳障害をひき起こして早期に死に至らしめる.

8 ヒドロキシ化反応において使われる酸素分子の 1 原子から水を生成するための還元当量を供給する.

9 5-アデノシルメチオニン (SAM) の生成を通じて行う. SAM はスルホニウムイオンの構造をもつのでメチル基が非常に遊離しやすい. SAM の生成については図 18.9 参照.

10 5-アミノレブリン酸 (ALA) シンターゼが図 18.12 の反応を行い，ALA デヒドラーゼが図 18.13 の反応によりピロールとポルホビリノーゲンを産生する.

11 図 18.5 参照.

12 両状況ともアミノ酸の脱アミノ反応が高率に起こる (飢餓では筋肉タンパク質が分解されてグルコースの生合成が起こる). アミノ窒素は尿素に変換されなければならない.

13 (a) アンモニアはグルタミンに変換され，肝臓に運ばれて加水分解される.

グルタミン酸 + アンモニア $\xrightarrow[\text{ATP} \quad \text{ADP} + P_i]{}$ グルタミン

グルタミン + H$_2$O $\longrightarrow$ グルタミン酸 + アンモニア

(b) アミノ窒素は筋肉からアラニンとして運ばれる. アラニン回路は図 18.7 を参照.

14 尿素回路のどこが止まってもアンモニア毒性を生じる. 欠損症は N-アセチルグルタミン酸を合成する酵素の段階や，アルギニノコハク酸のシンターゼとリアーゼで起こることが知られている. 通常，欠損症は部分的であるが，重症例では精神遅滞や死に至ることもある. アンモニアの補助的排出を促す試みが治療に用いられている. 安息香酸やフェニル酢酸の大量摂取はそれぞれグリシンおよびグルタミン酸抱合体の排泄をひき起こす. アルギニノコハク酸リアーゼ欠損症の場合には，過剰のアルギニンと低タンパク質食の摂取によりアルギニノコハク酸が排出される. その理由は，アルギニンが (排出される) 尿素に変換されてオルニチンが生じ，アンモニア 1 分子を使ってアルギニノコハク酸に変換されるからである.

15 肝臓での活性の増加は急性間欠性ポルフィリン症 (おそらく異型性ポルフィリン症) と関連があるが，ALA 産生と神経障害の関連は不明である.

第 19 章

1 PRPP (5-ホスホリボシル-1-ピロリン酸) が普遍的に使われる. リボース 5-リン酸と ATP からの PRPP の生成とその作用原理は本文を参照.

2 テトラヒドロ葉酸 (FH$_4$).

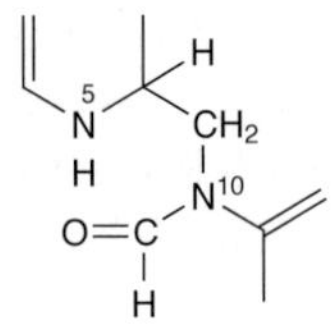

3 セリン．セリンヒドロキシメチルトランスフェラーゼにより$-CH_2OH$がFH$_4$に転移し，グリシンとN^5,N^{10}-メチレンFH$_4$を生じる．N^5,N^{10}-メチレンFH$_4$はNADP$^+$要求性の反応によりN^5,N^{10}-メテニルFH$_4$に酸化され，これが加水分解されてホルミルFH$_4$になる．

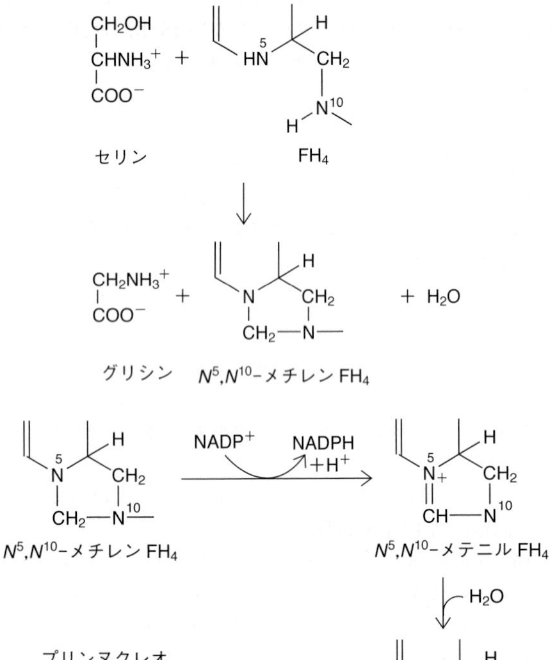

4 HGPRTはプリン再利用経路においてグアニンとヒポキサンチンにリボース5-リン酸を付加する．

5 HGPRTが欠損しているためプリン再利用経路が動かない．しかしながら，脳は新規合成経路をもっているため，（再利用経路で使われない分）PRPPの量が増えるとプリンヌクレオチドの新規合成が過剰に進むであろう．そのような患者では過剰の尿酸が生成されるが，アロプリノールによって尿酸合成を阻害しても神経症状は改善しない．痛風患者は神経症状を呈さないので，レッシュ・ナイハン症候群における神経症状は尿酸の増加では説明できない．

6 アロプリノールはヒポキサンチンの構造類似体であり，キサンチンオキシダーゼの強力な阻害薬である．この阻害により尿酸ではなくキサンチンとヒポキサンチンが生成す

る．

7 図19.8参照．フィードバック阻害に基づく．

8 当てはまらない．チミジル酸シンターゼはメチレンFH$_4$から1炭素基をdUMPに転移すると同時にメチル基に還元する．本文で説明したように，この反応で使われる水素原子はFH$_4$に由来し，FH$_2$を生じる．

9 メトトレキセートはチミジル酸シンターゼによって産生されるFH$_2$の還元を阻害することで，細胞増殖に必須であるdTMPの産生を妨げる．チミジル酸シンターゼ反応にはFH$_4$が必須である．

10 ビタミンB$_{12}$はホモシステインのメチオニンへのメチル化に必要とされ，メチル供与体はメチルFH$_4$である．ビタミンB$_{12}$が欠乏するとFH$_4$はメチル型に"捕獲"されてしまうため，他の葉酸依存的な反応に利用できなくなる．

第20章

1 アロステリック調節，またはリン酸化に代表されるように酵素の共有結合による修飾による．

2

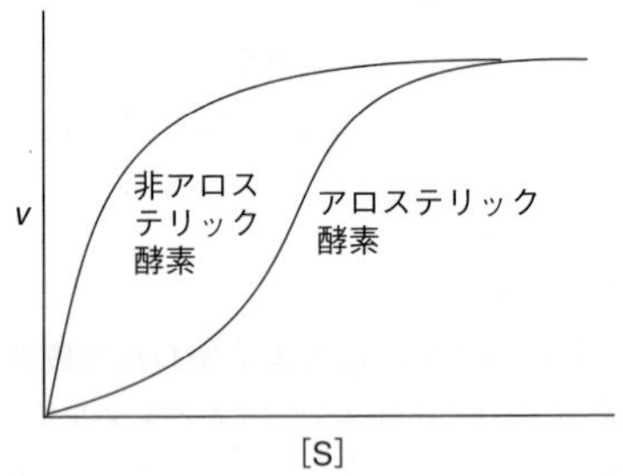

3 アロステリックモジュレーターが酵素の基質と構造的にまったく似ていないということである．このことは，まったく異なる代謝系が調節的に作用できることを意味している．

4 内因的調節は通常アロステリックであり，単一の細胞に当てはめることができ，代謝経路のバランスを保つ．しかしながら，たとえばグリコーゲンや脂質を蓄えるか放出するかのような細胞の代謝の全体的な方向性を決めることはできない．これは外因的調節（ホルモンなど）により決定され，体の生理的必要性に応じて複数の細胞の活動を協調的に統制する．

5 図20.16参照．AMPはグリコーゲンホスホリラーゼやホスホフルクトキナーゼを活性化するのに対し，ATPはこれらの酵素を阻害する．際立った特徴は，ATP/ADP比が高くなると解糖系が止まり，低ATP（結果的に高AMP）では解糖系の速度が上がるということである．高クエン酸濃度もまた合理的に代謝物が解糖系を経てTCA回路に入るのを抑える．高アセチルCoA濃度はオキサロ酢酸の濃度が低いこと，それゆえにピルビン酸カルボキシラーゼの活性化がアナプレロティック反応を行うことの指標となるであろう．同時に，高アセチルCoA濃度は解糖系によるピルビン酸の供給が適切であり，それゆえにホスホエノールピルビン酸の段階で解糖系を抑えるのが合理的であることを示している．

6 直接的なアロステリック調節，ピルビン酸デヒドロゲナーゼをリン酸化して不活性化するキナーゼによる調節，このリン酸化をもとに戻すプロテインホスファターゼによる調節.

7 血中グルコース濃度が上がるとインスリンの放出が刺激され，グルコース濃度が下がるとグルカゴンの放出が刺激される.

8 アドレナリンのようなホルモンが一次メッセンジャーであり，細胞の受容体に結合すると代謝調節を担う二次分子が増加する．これがセカンドメッセンジャーである．アドレナリンやグルカゴンについては，セカンドメッセンジャーはcAMPである．cAMPはアロステリックにプロテインキナーゼであるPKAを活性化し，PKA活性は代謝に多くの影響を及ぼす.

9 グルコース輸送体を細胞膜上の機能的な位置に動かすことによる.

10 cAMPは図20.13のようにPKAの活性化に始まる増幅カスケードを活性化する.

11 肝臓では，遊離グルコースが産生され血中に放出される．解糖系は抑えられている．筋肉では，産生されたグルコース6-リン酸が脱リン酸されずに解糖系に入るため，解糖系の速度が上がる.

12 異なる細胞は異なるホルモン受容体をもっている．細胞AがホルモンXの受容体をもっているとすると，cAMPはホルモンXに対する適切な応答を担う．細胞BがホルモンXではなくホルモンYの受容体をもっているとすると，cAMPはホルモンYに応答して作用するが，ホルモンXには応答しない.

13 フルクトース2,6-ビスリン酸．肝臓においてcAMPはフルクトース2,6-ビスリン酸の濃度を下げる．調節機構は複雑であり，第二のホスフルクトキナーゼであるPFK2が関わる.

14 肝臓の糖新生はcAMPをセカンドメッセンジャーとするグルカゴンによって開始する．cAMPはピルビン酸キナーゼをリン酸化し不活性化するキナーゼを活性化する．筋肉では，アドレナリンがセカンドメッセンジャーとしてcAMPを産生する．ここでのアドレナリンの役割は解糖系を最大限に動かすことであり，ここでのピルビン酸キナーゼの不活性化は不適当である.

15 cAMPがTAG分解に関わるホルモン感受性リパーゼを活性化する.

16 このような反応は細胞内では不可逆的であり，経路において一方向性に動く弁のように働くとともに，経路が完全に進むことを保証する．脂肪酸合成におけるアセチルCoAのマロニルCoAへの変換はその一例であり，この反応は後に続く脱炭酸反応によって経路を不可逆的に進めること以外に何の目的もない．しかしながら，多くの経路は可逆的でなければならず，その一例は解糖系で，糖新生のために逆向きの反応を動かさなければならない．そのような状況では，異なる方向の反応を相互に調節することが必要であり，さもなければ経路は同時にグルコース単位を分解し合成するであろう．両方向の経路を別々に調節するには異なる酵素が必要とされる．不可逆的反応では逆向きに進めるための別の反応が必要であり，ここがしばしば調節部位となる．解糖系においてPFKはそのような典型的な反応である．逆反応はフルクトース-1,6-ビスホスファターゼにより触媒され，この二つの反応は相互に調節を受ける.

17 反応を止めるのはグリコーゲンシンターゼがGSK3により不活性化される段階である．グリコーゲンシンターゼの異なる部位をリン酸化する複数のキナーゼがあるが，インスリンによる活性化はGSK3により導入されたリン酸基を除くことにより起こり，これがシンターゼの調節におもに関わる部位である．シンターゼの活性化にはGSK3が抑えられる必要があり，加えて，シンターゼを脱リン酸し活性化するプロテインホスファターゼがインスリンにより活性化される．GSK3をリン酸化して不活性化する酵素はAkt/PKBである．Akt/PKBはインスリンが細胞膜受容体に結合すると活性化されるシグナル伝達経路により活性化する.

18 グルコースは肝臓のホスホリラーゼの調節において重要な役割を担う．グルコースがホスホリラーゼa（活性化リン酸化型）に結合してコンホメーション変化が誘導されると，ホスホリラーゼaはプロテインホスファターゼ1の作用を受けやすくなる．これによりホスホリラーゼaは相対的に不活性のホスホリラーゼbに変換され，グリコーゲン貯蔵が保たれる.

19 脂肪酸合成のみに関わる最初の代謝物であるマロニルCoAは脂肪酸アシルCoAのカルニチン誘導体への変換を阻害する．カルニチン誘導体はアシルCoAが脂肪酸酸化の場であるミトコンドリアに輸送されるのに必須である.

20 強く荷電したリン酸基はタンパク質にコンホメーション変化を起こすのに非常に有効であり，ほとんどの場合酵素の活性を変える役割をもつ.

21 AMPKは幅広い調節を行い，ATP消費型の合成反応を止め，異化的なATP産生経路を活性化する．その原理は，AMPKはリン酸化荷電の減少，すなわちATP供給の低下を感知するシグナルということである．細胞内には比較的少量のATPしかなく，生命はATPの非常に早い再合成に頼っている．ATPの枯渇は同化反応を一時的に止めることよりもはるかに危険である．AMPKはこれを調節しているのである.

第21章

1 明反応は光エネルギーを使って水を分解し，$NADP^+$をNADPHに還元する．暗反応はこのNADPHを使ってCO_2と水を糖質に還元することを意味する．"暗"という語は光が必須でないという意味であり，暗所のみに起こるということではない．実際に，暗反応は明るい日差しのもとで最大限に起こる.

2 光化学系には多くのクロロフィル分子が関わる．光子によって励起されると，クロロフィルの中の電子の一つが高

エネルギー状態に励起される．共鳴エネルギー転移によりこの励起電子は一つのクロロフィルから別のクロロフィルの間を飛び回り，最終的にアンテナクロロフィル分子とよばれる特別な反応中心分子に捕獲される．この励起は共鳴エネルギー転移には不十分であるが，図21.6のように電子伝達系に電子が入るのには十分である．

3　(a) 光化学系Ⅱの電子伝達体を通過した電子は，シトクロム bf 複合体を通過するときに化学浸透圧機構によりATPが生合成される（図21.6参照）．

(b) すべての $NADP^+$ が還元されると，光化学系Ⅰの電子伝達系を通過した電子はシトクロム bf 複合体に受渡され，より多くのATPを産生する（図21.7参照）．

4　クロロフィル $P680^+$ である．すなわち，アンテナクロロフィル分子からの共鳴エネルギー転移により励起した光化学系Ⅱの反応中心色素は，光化学系Ⅱ電子伝達系の最初の成分であるフェオフィチンに電子を渡す．$P680^+$ は1電子足りないため電子を受取る傾向が強い．つまり，強力な酸化物質なのである．

5　チラコイドは葉緑体内膜が陥入して形成されているため（ミトコンドリア内膜と対比），見かけ上プロトン移動が反対向きになる．

6　ルビスコ（リブロース-1,5-ビスリン酸カルボキシラーゼ/オキシゲナーゼ）という酵素がリブロース1,5-ビスリン酸を2分子の3-ホスホグリセリン酸に分割し，この過程で1分子の CO_2 が固定される．

[反応式：リブロース1,5-ビスリン酸 + CO_2 + H_2O →（ルビスコ）→ 2分子の3-ホスホグリセリン酸 + $2H^+$]

7　図21.10参照．

8　CO_2 がルビスコによって最初に3-ホスホグリセリン酸に固定されるのであれば，その植物は C_3 植物として知られる．ルビスコ反応では O_2 と CO_2 は完全な競合状態にある．しかしながら，高温高日射地域の C_4 植物では，CO_2 は最初にピルビン酸リン酸ジキナーゼとPEPカルボキシラーゼによりオキサロ酢酸に固定される（図21.11参照）．オキサロ酢酸はリンゴ酸に還元され，カルビン回路が起こる維管束鞘細胞に輸送される．リンゴ酸の脱炭酸が起こり，細胞内の CO_2/O_2 比は大きく増大する．維管束鞘細胞の CO_2 濃度はこれにより10〜60倍も高まる．全体の過程は図21.11参照．詳しくいうと，異なる C_4 植物に応じて多様性があるが，基本概念は同じである．

9　動物ではこの反応は直接起こらない．ピルビン酸キナーゼはピルビン酸からPEPを生合成できない．しかしながら，植物の酵素はピルビン酸リン酸ジキナーゼであり，ATPの二つのリン酸基が使われるため，熱力学的に起こる反応である．

第22章

1　p.326に記載されている．

2　遺伝子材料は化学的にも安定であることが期待される．このような意味ではDNAの方がRNAより安定である．これはp.327に記載されているように，RNA分子の2′-OH基がリン酸ジエステル結合に求核反応を起こし，しばしばRNA分子の自己分解を起こすからである．

3　リン酸ジエステル結合は塩基より厚い．したがって，直線上のDNAは疎水性の塩基を水分子にさらすこととなる．塩基の疎水力により，リン酸ジエステル結合を図22.3に示すように湾曲させる．

4　B形DNA，右巻きらせん，10塩基対．

5　一つの鎖は5′→3′方向に走り，もう一つは逆の方向でやはり5′→3′の方向へ進む．こうして，直線上のDNAの片端には5′末端と3′末端の双方が存在する．

6　5′→3′の方向というのは，ポリヌクレオチド鎖の末端の5′-OH基から3′方向へ合成が進むことを示す．

7　ワトソン・クリック型塩基対により，以下のような相補的な配列となる．一本鎖の塩基配列の場合は，5′末端を左側に書く習慣である．

5′ CATAGCCG 3′
3′ GTATCGGC 5′

8　繰返しDNA配列：Alu 配列は数百塩基が数十万回繰返される．ヒト染色体全体に分散している．

9　この表現は大部分の場合に当てはまるが，いくつかの例外がある．たとえば，リボソームRNAや転移RNAなど，直接タンパク質をコードしていない遺伝子もあるし，これまでジャンクDNAと片付けられてきた多数のマイクロ遺伝子の中に，マイクロRNAをつくるものが発見されてきた．このマイクロRNAは通常の遺伝子の発現を調節しており，真核生物にきわめて特徴的なものである．

10　ウラシル．他のものはDNAの構成物である．ウラシルはRNAには存在するが，DNAにはない．

11　原核生物は一倍体でゲノムは環状である．また，膜に封入されてもいない．真核生物でみられるヌクレオソーム構造もない．真核生物のゲノムは直鎖状の染色体から成る．染色体は，末端にテロメアが存在し，核膜で包まれている．真核生物は二倍体であり，細胞分裂の際，染色体は強固に凝縮された形になるが，このような現象は原核生物の分裂では起こらない．

第23章

1　一つの複製開始点を含むDNA配列．

2　複製フォークの前方では正の超らせんができる．

3　大腸菌ではジャイレース（別名トポイソメラーゼⅡ）が負のらせんを導入する．真核生物では，トポイソメラーゼ

Ⅰが正の超らせんを緩める．

4 図23.6と図23.7を参照のこと．

5 ヌクレオソームの周囲をDNAが回転するときは局所的には負の超らせんが導入されるが，結合は切断されないために，全体として負の超らせんができるわけではない．局所的な負の超らせんは別の場所の正の超らせんで補われる．この正の超らせんがトポイソメラーゼⅠで緩められると，全体として負の超らせんが形成される．

6 dATP，dGTP，dCTP，dTTP

7 シトシンは脱アミノによってウラシルとなる．もし，ウラシルがDNAの構成要素だとすると，シトシンの脱アミノ変異で生じたウラシルを感知し，かつ修正することができない．ウラシルの代わりにチミンを使うことでこの問題を解決している．

8 (a) そうではない．プライマーが存在しないとDNAポリメラーゼは新しいDNA鎖を合成できない．
(b) DNA合成は $5' \to 3'$ 方向へ進む．これは新しくできる鎖が遊離の $3'$-OH基に新たなヌクレオチドを付加するという意味であり，親鎖の方向をいっているのではない．

9 無機二リン酸の加水分解．ヌクレオチドの対形成．dNTPの高エネルギーリン酸基．

10 DNAポリメラーゼⅠは岡崎フラグメント間のニックに結合し，RNAを除去して，さらに，すでに存在しているフラグメントの $3'$ 側にヌクレオチドを加え，$5' \to 3'$ の方向に進む．この酵素は，$5' \to 3'$ エキソヌクレアーゼ活性や $3' \to 5'$ エキソヌクレアーゼ活性をもっているが，DNAポリメラーゼ活性は低い．この活性については図23.16に示されている．

11 鋳型鎖に合わせたヌクレオチド三リン酸を正しく配置することが最も重要である．このため，この酵素は $3' \to 5'$ エキソヌクレアーゼ活性をもっており，不適当なヌクレオチドを除去する機能ももっている．

12 図23.20にメチル基によるミスマッチ修復系が記述されている．大腸菌のこの酵素によく似たタンパク質が高等生物にも存在し，その欠損が発がんと関連するとの報告もある．

13 紫外線に当たるとチミン二量体が形成される．二つの隣り合ったチミンが共有結合をつくるのである．光依存性の修復機構があり，二つの結合を解離させる．あるいは，除去修復（図23.21参照）を受けることになる．

14 図23.17に示すように，$3'$ 岡崎フラグメントが除かれ，複製されない部分が残るために短くなる．

15 図23.18のテロメアDNA合成を参照．

16 連続反応性とは，DNAポリメラーゼが途中中断することなく，DNAのコード鎖を複製できる能力のことである．滑走クランプがこの役割を果たす．複製されるDNAの周囲で，RNAプライマーが存在する場所に環状のタンパク質が存在し，DNAポリメラーゼがしっかりと結合し，簡単に外れないようにできている．DNAポリメラーゼⅠは岡崎フラグメントのRNAプライマーを削るという仕事があるので，連続反応性は低い．もし，これが高い連続反応性をもっていると，岡崎フラグメントの新しくできたDNA鎖を切断し，外してしまうかもしれず，これはまったく不要なことである．DNA鎖に到着したらすぐに離れて，DNA間のニックをDNAリガーゼにより再結合させることが大切である．

17 DNA．残りのものはすべてRNA，あるいは，その構成物質である．

第24章

1 RNAポリメラーゼはATP，CTP，GTP，UTPを用い，dATP，dCTP，dGTP，dTTTを使うDNAポリメラーゼとは異なる．RNAポリメラーゼは新しいRNA鎖をプライマーなしでつくることができるが，DNAポリメラーゼはプライマーを必要とする．また，RNAポリメラーゼは校正機能をもっていない．

2 図24.4参照．-10にはプリブナウボックスが，また，-35にもボックスがある．

3 RNAポリメラーゼは非特異的にDNA鎖に結合するが，σ因子が存在すると，プロモーター部位に強く結合する．プリブナウボックスと-35配列の存在により，正しい方向性をもって結合する．酵素が数塩基合成すると，σ因子は外れるが，いったん開始した転写はそのまま進む．

4 一つはRNA構造の中にあるG·Cステムループ構造である（図24.7参照）．強いG·Cの塩基対形成（三つの水素結合）により，mRNAはDNAとは結合せず，離れる．UもAとの結合が弱いので，離れやすい．しかし，これで本当に転写の終結が起こるかどうかは疑問である．第二の方法はρ因子である．ρ因子はヘリカーゼの一種であり，mRNA·DNAのハイブリッドを解き放つ作用がある．転写終結部位ではポリメラーゼはおそらく，G·Cに富んだ配列により，いったん停止し，ρ因子が結合することでmRNAをDNA鎖から引離すと考えられる．

5 -10と-35付近の塩基配列，その距離，また，$+1\sim+10$の間の配列などによる．

6 一次転写産物はイントロンをもっており，これはスプライシングで除かれる．$5'$末端にはキャップ構造がある．終結の正しい機構は不明である．mRNAはいくつかの例外を除いて$3'$末端にポリ(A)配列をもつ．

7 機構を図24.13に示した．スプライシングを起こすにはある一定の配列が必要であり，エステル転移反応を起こすために，自由エネルギー変化はほとんどない．遺伝子がこのように分断されていることは，エキソンシャッフリングによる遺伝子の進化に都合がよい．選択的なスプライシングが起こることで，一つの遺伝子より複数のタンパク質を合成することができる．

8 真核生物のポリメラーゼⅡはDNAと直接結合するのではなく，図24.10に示しているようなDNA上のタンパク質複合体に結合する．また，数多くの転写因子がこの複合体に結合している．

9 イントロン初期モデルは，もともとすべての遺伝子に

はイントロンが存在しているというものである．この考えによれば，遺伝子はもともとミニ遺伝子が融合したものであり，イントロンは非翻訳領域に結合したものと考えられる．この考えによれば，原核生物がイントロンをもたないのは，非常に早い分裂のなかで，余計なものが淘汰されていったという考えになる．もう一つの考えは，イントロン後期モデルであり，もともと原始的な遺伝子はイントロンをもたないが，やがて寄生生物のようにイントロンが結合し，その後，エキソンシャッフリングなどによる遺伝子進化に役立っていったというものである．この話題はまだ決着がついていない．

10 プロテオームとはある細胞において特定のタイミングで発現するタンパク質の集合体である．ゲノムは遺伝子の集合体である．プロテオームの総数は細胞により，また，タイミングにより異なっている．ゲノム数は遺伝子増幅などのまれな例を除けば基本的に一定である．

11 いいえ．選択的スプライシングの機構によって一つの遺伝子由来の転写産物から複数のタイプのタンパク質を産生することができる．

第25章

1 もし，単に20のコドンが使われ，その他の44のコドンは特定のアミノ酸を指定していないとすると，突然変異により非常に高い確率で終止コドンが生じ，タンパク質の合成が停止してしまう．61種類で20アミノ酸をコードしているおかげで，少々の変異ではアミノ酸変異が起こらないか，あるいは，別のアミノ酸に変わる程度の変化で済む．遺伝暗号は変異によりタンパク質が大きく性質を変えないように工夫されている．

2 これはゆらぎ機構によるもので，p.377に書かれている．

3 RNAの塩基配列を書くときは，5′を左側に書く習慣がある．mRNAはこうして，5′末端を左に書くが，このコドンと相補的なアンチコドンを書く場合には，tRNA分子は5′を右側にしなくてはならない．

4 ある種のアミノ酸は，アミノ酸がtRNAと結合するときにチェックが入る．ほとんどの場合は伸長時であり，EF-Tu上でのGTPの加水分解に時間がかかるので，この間に対を正しくつくらないアミノアシルtRNAはリボソームより遊離する．

5 一般にGTPが加水分解してGDPに変化するときは結合しているタンパク質のコンホメーション変化が起こると考えられている．GTPは大腸菌での翻訳開始複合体の集合に関わっているし，また，アミノアシルtRNAをEF-Tuとともにリボソームへ運搬するときにも働いている．トランスロケーションにも関与する．

6 図25.8がこの説明には役立つであろう．このまたぐような構造は移動するときにいずれか一方の端は結合したままであるという利点をもっている．これはまた，ペプチジル基そのものはリボソームに対して，物理的には移動しなくてすむという合理性ももっている．

7 図25.12にこの説明があるので参考にされたい．スキャンを行って開始コドンを見つける方法のため，開始コドンは一つだけしか存在できない．

8 合成直後のポリペプチド鎖に結合し，未熟で不完全な会合を阻止する．正しいコンホメーションをつくるに従い，シャペロンはタンパク質から離れていく．この機構はほとんどわかっていない．p.389にはこの他の機能についても記載されている．

9 p.391に書かれたプリオン病はこの例である．これはBSE（ウシ海綿状脳症）の原因となるタンパク質であり，正常なタンパク質と同じポリペプチド鎖であるが，折りたたみが異常となっている．

10 (a) できる．mRNA配列から1種類のタンパク質が決まる．

(b) 必ずしも推測できない．アミノ酸からmRNAの塩基配列を決めることはできない．というのは，いくつかのアミノ酸を除いて，アミノ酸は複数の遺伝暗号（コドン）をもっており，その細胞でどれを利用しているかわからない．

11 一つないし二つの塩基が欠失すると読み枠がずれて，100アミノ酸以降は無意味な配列となる．場合によっては途中でタンパク質合成は停止する（終止コドンとなった場合）．他方，三つの塩基が抜けた場合，これがコードするアミノ酸は欠失するが，それ以外は正常なタンパク質ができる．このタンパク質の機能がどのように変化するかは，その欠失したアミノ酸の種類や位置によりさまざまである．

12 リボソームからタンパク質因子を完全に除去してもペプチジルトランスフェラーゼ活性が残っているということ．これをリボザイムとよぶ．リシン(ricin)を用いてリボソームRNAから一つのアデニン残基を除いただけで，リボソーム活性は消失する．

13 転写とはDNAからmRNAを合成することである．翻訳とはmRNAからタンパク質をつくる過程をいう．転写とは同じ言語をコピーする（DNAもRNAもどちらもヌクレオチドである）のに対し，翻訳は異なる言語（mRNAの塩基配列をアミノ酸配列に変換）という意味で名付けられた．

14 プロテアソームは，中心に環状のコア構造，両端にキャップ構造をもつ，タンパク質から成る細胞小器官である．コア構造の内部にはタンパク質をペプチドおよびアミノ酸へ分解するタンパク質分解酵素がある．キャップは分解すべきタンパク質を中へ導く入口として機能する．プロテアソームは標識されたタンパク質分子を中へ取込み，選択的に分解する．プロテアソームの生体における役割は，細胞周期の制御タンパク質のような調節を行うタンパク質を分解することである．また，免疫系においても，ウイルス由来タンパク質などをペプチドまで分解する役割をもち，キラーT細胞がそれらを標的にして感染細胞を破壊することができる．プロテアソームは進化上高度に保存された構造をもつことが，その重要性を際立たせている．酵母ではプロテアソームが機能しなくなるような変異は致死的である．プロテアソー

ムが細胞内でのタンパク質分解にとって機能的に大変重要であるという事実は，ごく最近明らかにされた．このため，この分野は非常に活発に研究がなされている．

15 プロテアソーム内に入るための通行証は，標的タンパク質に結合したユビキチンという小さな球状のタンパク質である．ポリユビキチン化されたタンパク質はプロテアソーム内に入れるようになり，破壊される．何がユビキチン化するタンパク質を選んで決めているのかはまだ明らかになっていないが，N末端のある特定のアミノ酸配列が要因の一つとして考えられている．

16 これだけで精度を高めることはできない．正しい塩基対と誤った塩基対の間の自由エネルギーの差はそれほど大きくない．リボソームの小サブユニットRNA分子の中に正しいワトソン・クリック型塩基対の認識精度を高める仕組みが存在する．

17 Hspは熱ショックタンパク質（heat shock protein）のことである．このタンパク質群は，たとえば，大腸菌が突然，高熱刺激にさらされたときなどに増産される．実際に，これらタンパク質群の働きは，熱で変性してしまったタンパク質の再折りたたみを促進することである．この意味で，これらタンパク質群の働きは，リボソームから遊離してきた新生（まだ折りたたまれていない）タンパク質の正しい折りたたみの促進と同じなのである．

第26章

1 図26.3を参照．このオペロンはリプレッサータンパク質によって抑制される．ラクトース存在下ではリプレッサーが外れて抑制が解除される．

2 ヘリックス・ターン・ヘリックス型タンパク質，ロイシンジッパー型タンパク質，ジンクフィンガー型タンパク質，ヘリックス・ループ・ヘリックス型タンパク質，ヘムドメインタンパク質など．

3 デフォルトの状態（初期設定）では，転写はオフとなっている．これはプロモーター領域をヌクレオソームが覆い隠しているためである．クロマチン構造の変化（再構成）により，この状態が解除されるが，ここで重要な役割を果たす酵素がヒストンアセチルトランスフェラーゼ（HAT）である．この酵素はアセチルCoAのアセチル基をヌクレオソームを構成するヒストン八量体のリシン残基に転移させ，正の電荷をなくすことで染色体構造に変化を与える．

4 たとえば，ヒストンデアセチラーゼがそれで，ヒストンアセチルトランスフェラーゼ（HAT）と逆の反応を起こす．

5 HATの場合は，それ自身が転写装置のコアクチベーター（活性化補助因子）として種々の転写因子の作用を助ける．逆の場合も同じようにリプレッサー（抑制因子）がプロモーター部位に結合し，デアセチラーゼを呼び寄せる働きをする．

6 これは鉄濃度依存的なmRNAの翻訳過程の抑制機構である（図26.20を参照）．

7 これはmRNAのようにタンパク質には翻訳されないRNA転写物である．これまでの何十年にもわたる研究で，非翻訳RNAにはいくつかの種類があることがわかった．たとえば，リボソームRNA，転移RNA，snRNAなどがある．これらはタンパク質コード遺伝子の発現を手助けする"基盤的"な働きをする．新しく発見されたマイクロRNA（miRNA）はマイクロ遺伝子から産生され，75塩基長の大きさの分子である．

8 これらは，一般にジャンクDNAとよばれていた多くの領域に広く分布する．また，タンパク質コード遺伝子のイントロン内にも存在する．ENCODEプロジェクトは，真核生物ゲノムの少なくとも80％に相当する領域がRNAに転写されていると結論付けている．ゲノムのうち，タンパク質コード遺伝子が占める割合はごくわずかのパーセントであるが，マイクロ遺伝子が占める割合は膨大である．

9 ENCODEプロジェクトやその他の研究成果から，マイクロ遺伝子はヒトやマウスといった生物種を超えて保存されていることが明らかにされた．こうした種を超えた保存性は，マイクロ遺伝子が機能を持つ分子で，進化の過程で維持されてきたことを示唆する．

10 いくつもある．概して，miRNAは真核生物が複雑な生物体として進化していく過程で活躍してきたと考えられる．すなわち，単にタンパク質コード遺伝子の数を増やすことで複雑性が付与されたのではなく，むしろ少ない数の遺伝子をエピジェネティックに制御することで獲得されたといえる．生物体の複雑性と遺伝子の数には相関性はない．原核生物は単純な生物体で，非翻訳DNA領域は少なく，マイクロDNAに関しても知られる限り重要性はない．加えて，タンパク質コード遺伝子のサイレンシング能をもつmiRNAは，真核生物内でトランスポゾンの増殖を抑制する役割も担っている．

11 マイクロ遺伝子は約75塩基長のmiRNAに転写され，ヘアピン構造を形成する．その後，低分子で干渉能を持つ二本鎖RNA（siRNA）がつくられ，これがRISC複合体に取込まれる．二本鎖のうちの一方の鎖が選ばれ，ガイド役となってRISC複合体を標的mRNAの相補的配列部分に導く．そして，標的mRNAの分解，または，翻訳阻害が起こる．

12 RNAiの可能性は，標的遺伝子のサイレンシング能にある．理論的には非常に多くの疾患治療に役立つ可能性を秘めている．たとえば，がん原因遺伝子を標的とすることで，がんの治療に役立てることができるかもしれない．こうしたサイレンシングの可能性は組織培養実験で証明された．また，ウイルスも標的とすることができるであろう．siRNAの魅力は，安価に合成でき，特異的に標的を狙うことができる点である．しかし，まだまだ発展途上であり，たとえば，siRNAを標的組織や細胞へいかにして運ぶかなどの難しい問題が残されている．

第27章

1 翻訳中輸送とは，ポリペプチド鎖が合成されながら標

的膜へ運搬される過程をさす．タンパク質を小胞体へ輸送するなどがこの例である．翻訳後輸送は，タンパク質が細胞質で一度完全に合成された後に，標的小器官に運搬される例であり，ミトコンドリアタンパク質，核タンパク質，また，ペルオキシソームタンパク質がこれに相当する．

2（図27.6を見ながら以下を読んだ方がよいであろう）大部分の場合，GTPの加水分解はタンパク質のコンホメーション変化をひき起こす．多くの場合，加水分解はゆっくりした過程であり，この間に何らかの別のことが起こる．たとえば，小胞体へのタンパク質輸送では，小胞体上のドッキングタンパク質（GTP型）にGTP結合型のSRP（シグナル認識粒子）が結合すると，次にシグナル配列を遊離し，これがトランスロコンの中を通過する必要がある．このために，SRPとドッキングタンパク質のGTPはGTPアーゼ活性による加水分解でGDPへと変換され，コンホメーション変化に伴ってSRPのシグナル配列への結合力が低下すると同時に（トランスロコンへシグナル配列を押し出す），ドッキングタンパク質との親和性も低下し，SRPは細胞質に戻る．GTPの加水分解に時間がかかるのは意味があることで，この間にシグナル配列はトランスロコンの中に正しく入るよう，"監視している"．別の例もあるので，問7を参照すること．

3 エンドサイトーシスで細胞内に入ってきた不要な分子や構造物，および，細胞内成分で破壊される運命のものを選択的に破壊する役割をもつ．

4 それはゴルジ体から生じた顆粒で，一連の加水分解酵素を含んでいる．酵素は最適pHが4.5〜5.0の酸性加水分解酵素群である．膜のプロトンポンプが顆粒内のpHを維持している．それらはエンドソームと融合してリソソームを形成する．

5 遺伝的なリソソーム蓄積症が多数知られている．それらでは，ある特別な加水分解酵素が欠如しており，健常な場合には除去される物質がリソソームに多量に蓄積することになる．

6 致命的な遺伝病であるポンペ病では，グリコーゲンを分解するα-1,4-グリコシダーゼが欠如している．リソソームに多量のグリコーゲンが蓄積する．しかし，グリコーゲンをこの方法で除去しなければならないかは明らかにされていない．普通のグリコーゲンの代謝にはこの段階は出てこない．

7（図27.17と図27.18を参照されたい．）ある種の2種類のタンパク質とは，細胞質側から核内への輸送に働く"インポーチン"と，その逆向き輸送に働く"エキスポーチン"である．細胞質で荷物タンパク質と結合してから核内に移ったインポーチンは，Ran-GTPが結合することによって荷物タンパク質を解離する．その後，Ran-GTP・インポーチン複合体は細胞質に移るが，インポーチンがRanから離れるにはRanがGDP型になる必要がある．これを活性化するのが細胞質に存在するGAP（GTPアーゼ活性化タンパク質）である．GDP型となったRanはインポーチンと解離して核内に戻って再びGTP型に変換され，インポーチンは荷物タンパク質と結合してまた核内に入っていく．一方，エキスポーチンは核内でRan-GTPと結合することで荷物タンパク質と結合でき，エキスポーチン・荷物タンパク質・Ran-GTPの複合体状態で細胞質に移動する．細胞質でRanがGDP型に変換されるとエキスポーチン・荷物タンパク質・Ran複合体は解離し，Ran-GDPとエキスポーチンは再び核内に戻る．インポーチンとエキスポーチンによるこのようなサイクルが繰返されるのである．

8 核膜孔に並んだタンパク質の内部で疎水性アミノ酸の集まった繰返し領域をいう．FとGはフェニルアラニンとグリシンのアミノ酸1文字略号である．このリピートはインポーチンの結合部位であり，核膜孔に沿って，このリピートに次から次へと結合を順次繰返すことでインポーチンは核内に進んでいく．

9 分泌タンパク質は翻訳中輸送の機構で小胞体内に送り込まれ，そこからゴルジ体を経て，輸送小胞に包まれて細胞膜まで運ばれる．ミトコンドリアタンパク質は，折りたたまれない状態でミトコンドリア膜上の受容体に運ばれる．核タンパク質は，インポーチンと結合した状態で核膜孔まで運ばれ，ここを通過して核内に運ばれる．ペルオキシソームタンパク質は，細胞質で折りたたまれた後，ペルオキシソーム膜上の受容体に運ばれる．

第28章

1 膵臓のDNアーゼはDNAをランダムに切断する．他方，制限酵素は一定の塩基配列を認識し，切断する．

2 この6塩基配列の中のアデニン塩基は大腸菌R株ではすべてメチル化修飾されており，制限酵素は認識することはできない．これに対して浸入してきた外来DNAは無修飾ゆえに切断される．

3 いろいろな制限酵素による切断でつくられる．一方が飛び出した構造をさす．たとえば，EcoR Iによって切断された部分は，

```
        ↓
 —G AATTC—            —G     AATTC—
 —CTTAA G—      ⟶     —CTTAA     G—
        ↑
```

というような，一方が突き出た構造となる．オーバーハングに相当するところが，お互いに塩基対形成し，粘着する．

4 ゲノムクローンとは，実際の染色体上のDNA配列と同じ塩基配列をもったDNA断片である．他方，cDNAクローンは相補的(complementary) DNAのことであり，mRNAと相補的な塩基配列をさす．cDNAはイントロンをもたず，ゲノムクローンはイントロンを含む．

5 ジデオキシヌクレオシド三リン酸(ddNTP)とは，3′末端のOH基をもたないものをさす．DNAポリメラーゼでヌクレオチドを添加しようにもこれが末端に存在すると反応は停止する（3′-OH基がないから結合できない）．これを利用したのがジデオキシ法による塩基配列決定技術である．

6　染色体上のある特定のDNA配列を指数関数的に増幅することである．あるDNA断片のコピーを無限に続けるようなものである．これが有用なのは，非常に微量のDNAでも回数を重ねれば，大きく増幅できることである．酵素や基質についてはふれないが，非常に重要なことは，プライマーの設計である．DNAの少なくとも両端の塩基配列は知っている必要があり，これに相補的なプライマーDNAを合成し，両端から増幅を行う．

7　これは特別に加工されたプラスミドである．このプラスミドには複製開始点，転写，翻訳のシグナルと，目的とする遺伝子を組み入れる部分（マルチクローニングサイトとよぶ），さらに，抗生物質耐性遺伝子が必要である．目的とするDNAが細菌の中で増殖し，目的とするタンパク質を多量に合成させることができる．

8　遺伝子変異を探るための一つの方法である．DNAは制限酵素で切断し，電気泳動すると一定のパターンを示す．変異が起こっていると，切れるべきところで切れなかったり，別の場所で切断されたりして，泳動パターンが変化する．ハイブリダイゼーション法で目的とする遺伝子の場所を決める．

9　幹細胞は増殖し，やがて前駆細胞になる．これは一定の種類の細胞に分化するか，あるいは，さらに分裂して幹細胞を増殖させる．普通の体細胞とは異なり，この増殖はほぼ無限に起こる（テロメラーゼ活性が高いことと関連）．幹細胞を用いて，いろいろな細胞の補充が可能となる．ある種の幹細胞はある種の細胞群へと分化する．骨髄の幹細胞は種々の血液細胞へと分化する．胚盤胞に存在する胚性幹細胞はあらゆる種類の細胞に分化しうる（全能性）．全能性を維持したまま，フラスコ中で培養が可能となっている．ノックアウトマウスの作製に用いるものはもとより，人間のいろいろな疾患の治療にも用いられる可能性がある．たとえば，神経変性疾患に対する治療への応用などはその一例である．

10　操作は煩雑であり，図28.19と図28.20をじっくり読むこと勧める．基本原理は相同組換え法により，特定の遺伝子を破壊することである．まず，正常な遺伝子を破壊し，別の配列に置き換えたターゲティングベクターをつくる必要がある．マウスの胚盤胞から得た胚性幹細胞（ES細胞）にこのベクターを組み込み，相同組換えを起こした細胞を選んで取出す．このES細胞を別のマウスの胚盤胞に注入し，マウスを成長させる．生まれた仔マウスは正常な母親からの細胞と注入されたES細胞由来の細胞の両方を持っている（キメラマウスとよぶ）．マウスの掛け合わせをつづけ，生殖細胞に変異細胞が入ったものを選ぶ（germline transmissionという）．さらに掛け合わせてホモ接合体を選び出す．一般にマウスの毛色の違いを簡易な区別法として使う（正常な細胞と変異細胞は異なる色のマウスから採取しているので区別可能）．

11　(a) DNA複製は両方向に起こるので，一組（2個）のプライマーが必要である．

(b) 1回のDNA複製の度にプライマーは新しく出来たDNA鎖に組込まれ，消費される．複製により非常に多くのDNA鎖が合成されるわけだから，プライマーは大量に入れておく必要がある．

(c) 耐熱性のDNAポリメラーゼである．PCRの過程で，高温下で二本鎖を一本鎖に分離する段階があるので，熱に安定な酵素が必要である．温泉や火山などに存在する耐熱性細菌から調製される．

第29章

1　cAMP産生機構は図29.25に記載されている．GTPの加水分解がタイミングを規定している．コレラでは，アルギニン残基のポリADPリボシル化によりGTPアーゼが不活性化され，cAMPの産生が持続的にオンになっている．

2　アロステリック効果によりプロテインキナーゼA（PKA）を活性化する．これが種々の酵素をリン酸化し，代謝変化をひき起こす．これだけではなく，cAMP応答エレメントと（CRE）をもつ種々の遺伝子発現に関与する．PKAが転写因子（CREB，CRE結合タンパク質）をリン酸化し，これによりcAMPは遺伝子発現を制御する．

3　細胞質中の可溶性グアニル酸シクラーゼを活性化する．生じたcGMPは細胞内でセカンドメッセンジャーとしての働きをする．

4　ホスファチジルイノシトール経路では膜に結合したホスホリパーゼCを活性化する．これによりイノシトール三リン酸（IP_3）とジアシルグリセロール（DAG）を生成する．前者は細胞質中のCa^{2+}濃度を増加させ，また，後者はプロテインキナーゼC（PKC）を活性化する．IP_3もDAGもセカンドメッセンジャーである（図29.27，図29.28を参照）．

5　(a) ホルモンの結合により受容体（Gタンパク質共役型受容体）のコンホメーション変化が起こり，さらに三量体Gタンパク質を介してアデニル酸シクラーゼを活性化する（図29.25を参照）．

(b) 受容体が二量体化し，内因性のチロシンキナーゼによりお互いの細胞質ドメインを自己リン酸化する（図29.11を参照）．

(c) 受容体が二量体を形成し，そこにチロシンキナーゼ活性をもつ別のキナーゼが結合する．

6　神経伝達物質，ホルモン，サイトカイン，増殖因子，ビタミンD_3，レチノイン酸，生理活性脂質，そして一酸化窒素などに分類される．

7　どちらの場合も固有の受容体に結合し，最終的には核へ情報を送り，種々の遺伝子発現を起こすという点では違いはない．グルココルチコイドのような脂溶性分子の場合は，細胞膜を通過し，細胞質に局在する受容体と結合し，リガンド-受容体複合体が核内に入り，転写因子として働く．EGFのような水溶性分子の場合，細胞膜に局在する受容体と結合し，各種キナーゼが活性化され，これらが転写因子をリン酸化することで活性化する．両者は類似している面もあるが，作用方法はかなり異なっている．他の脂溶性分子の場合は，受容体が最初から核内に存在しているが，作用機構は同一で

8 おそらく，リン酸化チロシンを含む領域（受容体の細胞質ドメインなど）を認識し，シグナルを受取る役割をしているのであろう．

9 どちらもチロシンリン酸化に関与するシグナル伝達に関わっている．Ras 経路の場合，受容体そのものがチロシンキナーゼであることが多く，JAK/STAT 経路の場合，細胞質に別キナーゼがあり，受容体へと結合する場合が多い．Ras 経路は多くのホルモン，増殖因子などで刺激され，一方，後者の代表例はインターフェロンなどのサイトカインシグナル経路である．Ras からの刺激はいくつかのタンパク質-タンパク質相互作用を経て，最終的に転写因子の活性化につながる．JAK/STAT 型では JAK キナーゼを細胞質から引寄せ，受容体をチロシンリン酸化する．細胞質から引寄せられた STAT タンパク質もまた JAK キナーゼ（二つの分子をリン酸化するのでこの名前が付けられた）でリン酸化される．リン酸化された STAT は核内に入り，種々の遺伝子の転写を活性化する．この経路は Ras 経路と比べて直線的で単純である．Ras 経路の場合は過程が非常に長く，途中で増幅されるなどの可能性がある．また，別のシグナル系から情報を受取り，制御する（クロストーク）可能性があるが，それほど確実ではない．

10 この場合の G タンパク質は 7 回膜貫通型の受容体と共役し，三量体を形成している．受容体はリン酸化されるわけではないが，リガンド結合によってコンホメーション変化を起こす．これが G タンパク質のコンホメーション変化を起こし，GDP 型から GTP 型へと変化させる．GTP 結合型の α サブユニットは βγ から遊離し，細胞膜上の標的酵素へシグナルを伝える．たとえば，アドレナリン β 受容体はリガンドが結合すると G_s 型の α サブユニットを活性化し，アデニル酸シクラーゼを活性化して cAMP を増加させる．α サブユニットには GTP アーゼ活性があり，これにより α サブユニットは GDP 型となり反応は停止する．GDP 型となった α サブユニットは酵素から離れ，受容体まで移動し，ここで βγ サブユニットと再会合する．もし，受容体が活性化されたままだと（リガンドが結合し続けていること），このサイクルが繰返される．シグナルの多様性は，一つの受容体が複数の異なる G タンパク質と結合しうること，また，一つの G タンパク質が種々の標的酵素を活性化，ないしは阻害すること，これにより多彩なセカンドメッセンジャーの調節がなされることによる．たとえば，アドレナリンを例にとっても，これは cAMP 産生を抑制したり，促進したりするが，これは受容体の種類と共役する G タンパク質により決められている．また，ある種のリガンドはホスホリパーゼ C を活性化し，IP_3 やジアシルグリセロール（DAG）を産生するなどのシグナルを送る．（GTP と結合するタンパク質は多数であるが，単に G タンパク質といった場合，この三量体 G タンパク質をさすことが多い．）

11 視覚系では，セカンドメッセンジャーとよぶかどうか，難しいところである．というのは，桿体細胞では，cGMP は常に存在し，カチオンチャネルを開口している．光がくるとホスホジエステラーゼが活性化され，cGMP 量が減少する．これに対し，一酸化窒素の場合，可溶性グアニル酸シクラーゼが活性化され，細胞内で産生されるので，セカンドメッセンジャーといってよいであろう．

12 インスリン受容体は二量体を形成しない．これは，はじめから共有結合で二量体化された EGF 型の受容体だからである．

13 GTP の GDP と P_i への加水分解は，新たな化学結合の形成や細胞内作用がみられるわけではなく，一見何の意味もないように感じられる．しかし，この反応はときに，時計機能をもっているのである．cAMP 合成時の G タンパク質活性化はその一例になる．GTP 結合型の α サブユニットはアデニル酸シクラーゼを活性化するが，GTP の加水分解がスイッチをオフにする．タンパク質輸送においては，GTP 加水分解でシグナル受容タンパク質（SRP）のシグナル配列に対する親和性が低下し，これを自身から離してトランスロコンに挿入する．タンパク質合成では，GTP 加水分解は EF-Tu のリボソームからの遊離を促す．ただしこの場合，間違ったアミノアシル tRNA を挿入してしまった場合の対処のために少し遅れてこの反応を起こす．他の例として，COP 被覆小胞の脱外被や Ras の自動不活性化などがある．

14 Ras は低分子単量体 GTP アーゼとよばれる．G タンパク質という名称は，たとえば，アドレナリン受容体に共役し，シグナル伝達に関わる三量体 G タンパク質のようなタイプをいう．

第 30 章

1 G_1 期において，細胞増殖因子は G_1 特異的サイクリンの発現を上げ，これが細胞を R 点から S 期に移行させるキナーゼを活性化するのに必要である．増殖因子のない状態では，細胞周期は停止し，G_0 期で待機する．

2 サイクリンはサイクリン依存性キナーゼ（Cdk）の活性化に必要なタンパク質である．これらは Cdk を活性化するのみならず，細胞周期の中で Cdk が働くべき時期を直接的に規定している．サイクリンは働くべき周期のはじめにつくられ，その期の終わりに分解される．一つの期から次の期に移る際には，次に働くサイクリンが新たに合成される．

3 細胞周期の終わりにはサイクリンが分解され，そして，また新たに G_1 サイクリンが合成される．こうしたことがなければ，細胞は G_1 期のチェックポイントを通過できない．もし，増殖シグナルを細胞が受けなければ，細胞は G_0 期に入る．G_0 期の細胞は，細胞機能的には普通だが，分裂は起こさない．多くの体細胞がこの状態にある．もし，この状態の細胞が増殖シグナルを受ければ，この細胞は G_1 期に入る．

4 もし DNA が損傷を受けていれば，その細胞は S 期には進めない．こうした傷は p53 タンパク質によって確認され，細胞周期は止められる．また，Rb タンパク質もこの時期の異常を感知して細胞周期を止める（第 31 章参照）．有糸

分裂のチェックポイントにおいては，複製された個々の染色体が紡錘体上に正しく整列していなければならない．もし動原体が一つでも染色分体と結合できないと，細胞周期は停止する．

5 有糸分裂では染色体が複製され，それぞれのコピーは二つの娘細胞へと分配される．娘細胞はもとの細胞と同じく二倍体（$2n$）である．減数分裂では，一倍体（n）の精子細胞と卵細胞がつくられる．細胞は2回分裂するが，DNAの複製は最初の段階だけで起こる．最初の分裂ではそれぞれの娘細胞は一つの染色体の二つのコピー（1対の染色分体）を受取る．それらは両親由来の相同染色体であり，ランダムに分かれる．次の分裂では，DNA合成は起こらず，2本の染色分体は引離されて二つの娘細胞に分かれる．それぞれの娘細胞は1対の相同染色体のうちの一つのコピーを受取る．それらは，それぞれその個体の父親または母親に由来する．この生殖細胞は一倍体（n）である．減数分裂の間，対合した相同染色体は一部を交換し，これにより遺伝的な多様性が生じる．

6 カスパーゼはシステイン残基を活性中心にもつタンパク質分解酵素群であり，多くのタンパク質のアスパラギン酸のC末端側を切断する．通常は細胞の中で不活性な状態でプロカスパーゼとして存在するが，細胞にアポトーシスシグナルが入ると活性化される．ミトコンドリアから放出されるシトクロムcやキラーT細胞からのシグナルが活性化をひき起こす．いずれのシグナルの場合もプロカスパーゼが集まり，互いを分解し，活性型カスパーゼへと変換する．タンパク質分解酵素カスケードにより細胞を破壊する．

7 不必要な細胞を破壊して除く機構である．代表的な例は，骨髄や胸腺における多数のT細胞やB細胞の死滅であり，これによって自己免疫反応から身を守っている．アポトーシスの重要な点は，多々の問題を起こす壊死とは異なり，その細胞破壊が秩序をもってしっかりと制御されている点にある．また，がん化のおそれのある細胞の排除にも働く．もう一つの役割は，免疫系での細胞死受容体を介するもので，キラーT細胞が標的細胞を殺す場合である．標的細胞には細胞死受容体が存在し，キラーT細胞表面のタンパク質と結合して活性化される．すると，細胞内で不可逆的な反応が起こり，細胞は死滅する．

8 細胞に対するさまざまな障害，たとえば，放射線やDNA損傷などがこれを誘導する．p53タンパク質がこれを監視する．もし細胞が発がんに結び付くような障害を受けたならば，p53が細胞破壊の引金となる．実際，ヒトのがんの約半数にp53の異常が認められる．アポトーシスの初期にはミトコンドリアから細胞質にシトクロムcが放出されるが，この現象にp53がいかに関与しているかは十分にはわかっていない．

9 シトクロムcは，不活性型のタンパク質分解酵素であるプロカスパーゼを集めて凝集塊を形成する．これによってプロカスパーゼは活性化されてカスパーゼとなり，細胞破壊へと進む．活性化過程は十分解明されていないが，プロカス

パーゼは弱いタンパク質分解活性をもっており，凝集時に相互分解を起こして活性型に変換されると考えられている．

10 細胞の生死のバランスは繊細である．アポトーシスの促進と抑制という，真逆の制御機構が存在する．Bcl-2ファミリーには2種類のタンパク質が存在する．BaxとBadはアポトーシス促進因子であり，シトクロムcの細胞質への放出を開始させる．一方，Bcl-2とBcl-xLは主要なアポトーシス抑制因子であり，逆にシトクロムcの細胞質への放出を抑制する．これら因子の機能的バランスによって細胞の運命が決まっている．さらにカスパーゼの活性を直接抑制する機構も存在する．

第31章

1 がん原遺伝子（プロトオンコジーン）は正常な遺伝子であるが，変異によってがん遺伝子（オンコジーン）に変わる．がん原遺伝子は細胞の正常な機能，特に増殖や分化と関連している．最初にレトロウイルスのがん遺伝子が発見され，強い発がん性を示すことがわかったが，驚くべきことに，これと非常によく似た分子が正常な細胞にも存在することがわかった．がん原遺伝子ががん遺伝子となるには，一つは多量に発現すること，これにより細胞内シグナル分子の量が増加すること，また，シグナル分子の寿命が異常に延びることがある．また，1塩基の変異によってもアミノ酸変異が起こり，発がん性をもつようになり，非常に強力な別のプロモーター下流に置き換えられるなどがある．たとえば，バーキットリンパ腫で，染色体の組換えにより，がん原遺伝子が免疫グロブリンのプロモーターに支配されるようになっている．あるいは，ウイルスの強力なプロモーターが挿入され，正常ながん原遺伝子の過剰発現を起こす例もある．Rasタンパク質ががん遺伝子になるときは，GTPアーゼ活性を消失させるような変異が起こり，これにより，シグナルは常にオンの状態を保つわけである．

2 p53遺伝子は通常でも少量は発現しているが，DNA損傷が起こると発現が増強する．増加したp53はG_1のR点を通過するのに必要なサイクリン依存性キナーゼを阻害し，この間にDNAの修復が起こる．DNAが修復されるとp53は減少し，細胞周期はもとに戻る．DNA修復が起こらない場合は，細胞はアポトーシスを起こす．

3 がん遺伝子とは，細胞分裂の調節に関わる分子であるが，変異を起こした結果，無秩序な細胞分裂をひき起こすような作用をもつものをいう．これは"悪玉遺伝子"である．一方，がん抑制遺伝子は，がんから細胞を守ってくれる．最もよく知られているのはp53である．p53はDNA損傷を感知し，細胞周期をG_1制限点（チェックポイント）で停止させる．もし損傷が修復されなければ，その細胞をアポトーシスに導く．がん抑制遺伝子の変異と，がん遺伝子の発現が組み合わされるとがんが発生しやすい．

4 体細胞では，DNA複製のたびにテロメアが短縮し，これが細胞の分裂できる回数を規定している．がん細胞はテロメラーゼやALTによってテロメアの長さを維持しており，

無制限に分裂できる．

第32章

1 血液凝固をひき起こす最初の刺激は，量的にいうと非常に小さいものである．十分に迅速な応答を得るためには，増幅が必要なのである．カスケード反応は，生物学的に増幅を生じさせる手法である．最終的な酵素の活性化は，プロトロンビンの，活性があるタンパク質分解酵素トロンビンへの変換である（図32.1参照）．

2 フィブリノーゲン単量体タンパク質は，負に荷電を帯び，相互に反発しあうフィブリノペプチド（図32.2）により，自発的に重合化しないようになっている．トロンビンによりこれらが取除かれると，図32.3に示すように，フィブリン単量体が会合するようになる．

3 グルタミンとリシン側鎖の間で生じる酵素によるアミノ基転移反応により，ポリマー中の単量体間で共有結合の架橋ができる．

$$-CONH_2 + H_3N^+- \rightarrow -CO-NH- + NH_4^+$$
（グルタミン側鎖）（リシン側鎖）　　　（架橋）

4 プロトロンビンからトロンビンへの変換では，グルタミン酸の側鎖はカルボキシ化される．このカルボキシグルタミン酸が Ca^{2+} と結合する．ビタミンKはカルボキシ化反応の補因子である．タンパク質分解カスケードにおける他の変換も，この変換を伴う．

$$\begin{array}{c}|\\CH_2\\|\\CH_2\\|\\COO^-\end{array} + CH_2 \longrightarrow \begin{array}{c}|\\CH_2\\|\\HC-COO^-\\|\\COO^-\end{array}$$

プロトロンビンの　　カルボキシ　　この官能基は
グルタミン酸側鎖　　グルタミン酸　効率よく Ca^{2+} を結合する

5 疎水性が高い異物を，より水溶性なものへと変換することである．以下が典型的な反応である．

$$AH + O_2 + NADPH + H^+ \rightarrow A-OH + H_2O + NADP^+$$

6 1個の酸素原子を H_2O に還元するためである．混合機能オキシダーゼとして知られている．

7 グルクロニル基が外来性物質のOH基に付加され，極性を非常に高く増加させる（図32.5）．

8 多剤耐性には，さまざまな物質を細胞からくみ出すATP結合カセット輸送体（ABC輸送体）が関与する．この輸送体はステロイド分泌性の副腎皮質細胞ではステロイドを輸送しているが，（化学療法に用いられる抗がん剤も含め）輸送される物質はいずれも脂溶性の両親媒性化合物なので，より一般的な役割があることが示唆される．最近では，コレステロールを細胞外に運び出し，高密度リポタンパク質（HDL）をつくっていることも示されている．

9 余分な電子を獲得した酸素分子のことである．

$$O_2 + e^- \rightarrow O_2^-$$

10 ほとんどすべての真核細胞はスーパーオキシドジスムターゼとカタラーゼをもっている．

$$2O_2^- + 2H^+ \rightarrow H_2O_2 + O_2 \text{（ジスムターゼ）}$$
$$2H_2O_2 \rightarrow 2H_2O + O_2 \text{（カタラーゼ）}$$

これらに加えて，アスコルビン酸（ビタミンC）やα-トコフェロール（ビタミンE）のような抗酸化剤がある．スーパーオキシドが分子を攻撃すると，別のフリーラジカルをつくり出し，結果としてこの連鎖反応は自己永続的に続くため，スーパーオキシドは危険なものである．抗酸化剤は消去剤として働く．スーパーオキシドに攻撃されると，これらの抗酸化剤からもフリーラジカルが生成するが，このフリーラジカルはこの連鎖反応を継続させるのに十分な反応性をもっていないのである．

第33章

1 図33.1に示す通りである．

2 その原理とは，図33.2に示したように，おのおののB細胞は自分自身の免疫グロブリン遺伝子を，DNAの領域からランダムに選択し組み合わせることにより，編成するというものである．

3 B細胞は活性化され形質細胞へと成熟した後，抗体産生を行う．ヘルパーT細胞は（多くの場合），B細胞がこうなるのに必要である．細胞傷害性T細胞は，外来性抗原を提示した宿主細胞に結合し，膜に穴を開けたり，アポトーシスをひき起こしたりすることにより，この宿主細胞を殺す．

4 ある種の食細胞（通常は樹状細胞）のことであり，この細胞は外来性抗原を貪食し，細かく断片に消化して，MHC分子とともにこの断片を細胞表面に提示する．不活性型のT細胞がこの抗原-MHC複合体と結合すると，T細胞は活性化される（図33.6参照）．B細胞も最初に抗原と出くわした際には，抗原提示細胞となる．

5 いずれの場合も，MHCクラスI分子である．

6 各B細胞は異なる抗体を産生する．それぞれの抗原にとって，特異的なB細胞の数はごくわずかであるが，抗原がB細胞に提示された抗体に結合すると，このB細胞がクローンとなり増殖する．こうして，抗原はどのB細胞が増殖することとなるかを自動的に選択することができるのである．

7 骨髄におけるB細胞，あるいは胸腺におけるT細胞の初期成熟の間に抗原が結合すると，その細胞は除去される．そのような抗原は"自己"であると認識されるためである．いったん骨髄や胸腺から放出されると，抗原への結合はその細胞の増殖を活性化するが，樹状細胞によるさらなる活性化が必要である．

8 イントロンの選択的スプライシングによる．免疫グロブリン遺伝子の3′末端は膜につないでいるペプチド配列をコードするエキソンである．分泌が始まるにあたり，mRNAがつくられる際にスプライシングのスイッチが生じ，このエ

キソンが除かれる．

9 抗体の分泌が開始すると同時に，細胞内で急速な体細胞変異が起こり，可変部が修飾される．抗原と結合すると細胞増殖がひき起こされるので，より"良い"抗体をつくる細胞はさらに進んだ選択を受けることとなる．これは親和性成熟として知られている．

10 CD4 はヘルパー T 細胞に存在する．このタンパク質は MHC クラス II 分子の恒常性成分と結合し，B 細胞，ヘルパー T 細胞，抗原提示細胞との相互作用を制限する．細胞傷害性 T 細胞は CD8 をもっており，この CD8 が MHC クラス I 分子に結合する．これは細胞傷害性 T 細胞が宿主細胞との結合を制限している．CD4 タンパク質は HIV がヘルパー T 細胞に感染するときの受容体でもある．

11 免疫細胞を正しい標的に向かわせるための形である．ほとんどすべての体細胞はクラス I 分子をもっており，細胞傷害性 T 細胞と特異的に結合する．ヘルパー T 細胞と B 細胞はクラス II 分子をもっている．このことは，細胞傷害性 T 細胞はこれらの細胞を攻撃せず，ヘルパー T 細胞は体細胞と結合しないということを意味している．

12 マウスの系においてつくられたモノクローナル抗体における，マウスに普遍のタンパク質の領域をそれに相当するヒトの配列に置換したものである．マウスのタンパク質により生じる免疫反応を減弱させ，ヒトに対し治療のために投与できるようにしている．完全にヒトの抗体をつくるマウスが遺伝子操作によりつくられている．

和 文 索 引

あ

IRE（鉄応答配列） 411
IRE 結合タンパク質（IRP） 411
IRS1/2（インスリン受容体基質 1/2） 474
I 遺伝子 397
Inr（イニシエーター） 367, 400
IF（中間径フィラメント） 141
IF（開始因子） 381
IF-1 382
IF-2 381
IF-3 382
IMP（イノシン一リン酸） 276
IL（インターロイキン） 464
IL-2 464
IκB 466
I 細胞病 425
Ig（免疫グロブリン） 519
IgE 520
IgA 520
IgM 520
IgG 519
アイソザイム 93, 292
IDL（中間密度リポタンパク質） 179
IP$_3$（イノシトール 1,4,5-トリスリン酸）
　　　　　　　　　　　　　　　　481
iPS 細胞（人工多能性幹細胞） 456
亜鉛 151
亜鉛プロテアーゼ 100
青／白選抜法 445
アガロースゲル電気泳動 438
アーキア 15
ERK 471
アクアポリン 110
悪性高熱症 133
悪性腫瘍 501
悪性貧血 149, 284
悪玉コレステロール 109, 185
アグーチ関連ペプチド（AgRP） 152
アクチン結合タンパク質 137
アクチンフィラメント 127
アクチンミクロフィラメント 135
アグリカン 61
アコニターゼ 206
アコニット酸 206
アジドチミジン（AZT） 24
足場タンパク質 473
アジュバント 518
アシルキャリヤータンパク質（ACP） 247
アシル CoA：コレステロールアシルトランス
　　　　フェラーゼ（ACAT） 163, 184
アシル CoA シンテターゼ 226, 251
アシル CoA デヒドロゲナーゼ 227
アシルリン酸 32

アスコルビン酸 59, 149, 514
アスパラギン 46, 260
アスパラギン酸 46, 97, 260, 269, 281
アスパラギン酸イオン 46
アスパラギン酸カルバモイルトランスフェ
　　　　　　ラーゼ 93, 282
アスパラギン酸プロテアーゼ 100
アスピリン 95, 236, 255
N-アセチルガラクトサミン 60
アセチル基 298
N-アセチルグルコサミン 60, 107
N-アセチルグルタミン酸 265
アセチル CoA 167, 191, 246, 298, 302
アセチル CoA カルボキシラーゼ 247, 301
アセチルコリン 119
アセチルコリン依存性開閉 Na$^+$/K$^+$ チャネル
　　　　　　　　　　　　　　　117, 119
アセチルコリンエステラーゼ 119
アセチルコリン受容体 117, 119
アセチルサリチル酸 255
N-アセチルノイラミン 107
アセチル補酵素 A → アセチル CoA
アセトアセチル CoA 229
アセトアルデヒド 242
アセト酢酸 169, 228, 257, 309
アセトン 229
アダプタータンパク質 427
アダプター分子 376
アダプチン 427
アデニル酸 275
アデニル酸キナーゼ 35, 279
アデニル酸シクラーゼ 291, 295, 479
アデニン（A） 10, 274, 325
アデノシルコバラミン 149
S-アデノシルホモシステイン 268
S-アデノシルメチオニン（SAM） 268
アデノシン 274, 325
アデノシン一リン酸（AMP） 33, 274
アデノシン三リン酸 → ATP
アデノシンデアミナーゼ 280, 456
アデノシン二リン酸（ADP） 33
アドレナリン（エピネフリン） 169, 272, 290,
　　　　　　　　　　　　　　293, 479
アドレナリン β$_2$ 受容体 479, 481
アナプレロティック経路 208
アニオンチャネル 116, 157
アニオンチャネルタンパク質 124
アニーリング 328
アビジン 149
アフィニティークロマトグラフィー 74
アブザイム 88
アプタマー 410
アフラトキシン 502

アポ A-I 180
アポ B-48 180
アポ B-100 180
アポ C-II 180
アポ E 180
アポ酵素 56, 94
アポトーシス 463, 490, 495, 527
アポフェリチン 412
アポリポタンパク質 180
アポリポタンパク質 B 164
アミタール 223
アミド基 47
アミノアシル残基 48
アミノアシル tRNA 375
アミノアシル tRNA シンテターゼ 375, 378
アミノ酸 7, 44, 147, 259
　—— からのグルコース 240
　—— の酸化 195
　—— の動態 166
　—— の輸送 177
　—— の略号 45
アミノ酸残基 48
アミノ酸配列 48
アミノ窒素 265
アミノ糖 107
アミノトランスフェラーゼ 262
アミノプテリン 283
アミノペプチダーゼ 159
アミノ末端 48
アミノ基転移反応 261
5-アミノレブリン酸（ALA） 270
アミノレブリン酸シンターゼ（ALA-S）
　　　　　　　　　　　　　270, 413
アミラーゼ 157
α-アミラーゼ 160
アミリン 152
アミロイド 391
アミロース 156, 160
アミロペクチン 156, 160
アムホテリシン B 125
アメトプテリン 283
ALA（5-アミノレブリン酸） 270
ALA-S（アミノレブリン酸シンターゼ）
　　　　　　　　　　　　　270, 413
アラキドン酸 147, 251
アラニン 6, 45, 240, 260, 269
アラニンアミノトランスフェラーゼ 262
rRNA（リボソーム RNA） 331, 379
RRF（リボソームリサイクリング因子） 385
RecA 358
Raf 470
Rad51 358
RN アーゼ 164
RNA（リボ核酸） 2, 10, 274, 325, 361
　—— における塩基対 331
RNA ウイルス 23
RNA 干渉（RNAi） 413

和文索引

RNA スプライシング　368
RNA Pol I, II, III　361
RNA プライマー　345
RNA 編集　371
RNA ポリメラーゼ　345, 361
RNA ポリメラーゼ I　361, 366, 371
RNA ポリメラーゼ II　361, 366
RNA ポリメラーゼ III　361, 366, 371
RNA 誘導型サイレンシング複合体（RISC）　414
RNA ワールド　12, 370
RF（終結因子）　384
RF-1　384
RF-2　384
RF-3　384
RFLP（制限断片長多型）　452
ROS（活性酸素種）　215, 508, 513
アルカプトン尿症　268
アルギナーゼ　262, 266
アルギニノコハク酸　265
アルギニノコハク酸シンターゼ　264, 266
アルギニノコハク酸リアーゼ　265
アルギニン　46, 260, 263
アルゴノート　414
アルコール　147
アルコール依存症　242
アルコールデヒドロゲナーゼ　151, 190, 242
R 残基　48
アルツハイマー病　119, 391
rDNA　336
RT-PCR　448
アルデヒドデヒドロゲナーゼ　242
R 点　464, 491
アルドラーゼ　199
アルドラーゼ B　301
アルドール縮合　198
Rb　492, 504
RPA（複製タンパク質 A）　492
α_1-アンチトリプシン　60
α_1-アンチプロテアーゼ　60
α ケラチン　54
α 配置　160
α/β バレル　52
α ヘリックス　47, 49
Alu ファミリー　336
アレスチン　470
β アレスチン　481
アレルギー性鼻炎　255
アロステリックエフェクター　91, 288
アロステリック酵素　91
アロステリックタンパク質　65
アロステリック調節　288, 297
アロステリックモジュレーター　91, 288
アロプリノール　280
アロラクトース　398
アンカー配列　423
アンカリングタンパク質　110
アンギオテンシン　480
アンキリン　124
アンジェルマン症候群　409
アンチコドン　376
アンチセンス RNA　416
アンチセンス鎖　363
アンチトロンビン　510
アンチポート　116
アンチマイシン A　223
アンテナクロロフィル　315
暗反応　314, 317
アンピシリン耐性遺伝子　445

Anfinsen の実験　53
Anfinsen のかご　390
アンモニア　262, 265

い

胃　156
eIF（真核生物開始因子）　386
ER（小胞体）　17, 420
ERK　470
ESI（エレクトロスプレーイオン化）　77
ESI-シングル-四重極質量分析計　78
ES 細胞（胚性幹細胞）　21, 453
ENCODE　416
EF（伸長因子）　382
EF-G　382, 384
EF-Tu　382
イオノホア　125
イオン結合　37
イオン交換クロマトグラフィー　74
イオンチャネル型受容体　466
イオントラップ型分析計　78
異化　4, 30, 155
鋳型鎖　363
鋳型 DNA　361
維管束鞘細胞　320
EGF（上皮細胞増殖因子）　464, 469
*Eco*R I　437
維持型メチルトランスフェラーゼ　408
移植　528
異性化　357
イソクエン酸　206, 243
イソクエン酸デヒドロゲナーゼ　206, 301
イソ酵素　93
イソニアジド　149
イソメラーゼ　228
イソロイシン　45, 147, 260, 378
E'' 値　193
一塩基多型（SNP）　438, 452
1 型糖尿病　228, 307, 309, 518
――における代謝　307
一次構造　47
一次反応　90
一次リンパ組織　519
一炭素転移　277
一倍体　20, 493
1 価不飽和脂肪酸　147
一酸化窒素（NO）　485
一般酸塩基触媒　97
一般的組換え　356
一本鎖結合タンパク質（SSB）　347
一本鎖侵入　356, 358
遺伝暗号　10, 374
遺伝子　9
――の再編成　521
動く――　334
遺伝子間配列　333
遺伝子組換え生物（GMO）　457
遺伝子工学　436
遺伝子座　332
遺伝子サイレンシング　414
遺伝子制御　396
遺伝子操作　436
遺伝子ターゲッティング　453
遺伝子重複　9
遺伝子治療　456
遺伝子導入　453

遺伝子変異　501
遺伝子ノックダウン　415
遺伝性球状赤血球症　124
遺伝性楕円赤血球症　124
遺伝性非ポリポーシス性大腸がん（HNPCC）　355, 503
遺伝物質　22
ウイルスの――　22
イニシエーター（Inr）　367, 400
イノシトール　106
イノシトール 1,4,5-トリスリン酸（IP$_3$）　481
イノシン　377
イノシン一リン酸（IMP）　276
イノシン酸　276
E 部位　380
イブプロフェン　256
イミダゾール環　46
イミダゾール側鎖　97
ヒスチジンの――　97
イミノ酸　44
嫌気的解糖　190
インスリン　54, 152, 168, 290, 293, 462
インスリン依存性糖尿病　309
インスリン受容体　467, 474
インスリン受容体基質 1/2（IRS 1/2）　474
インスリン非依存性糖尿病　309
インスレーター　401
インターフェロン　477
インターロイキン（IL）　464
インターロイキン 2（IL-2）　464
インテグリン　61
イントロン　333, 368
イントロン後期モデル　333
イントロン初期モデル　333
インフルエンザウイルス　23
インポーチン　431

う

ウイルス　21
――の遺伝物質　22
ウイルス性がん遺伝子　504
ウイルス性肝炎　266
ウイルス粒子　21
ウイロイド　24
ウェスタンブロット法　77, 439
ウシ海綿状脳症（BSE）　391
ウラシル（U）　274, 325
ウリジル酸（UMP）　275, 282
ウリジルトランスフェラーゼ　177
ウリジルトランスフェラーゼ欠損症　178
ウリジン　325
ウリジン三リン酸（UTP）　172
ウリジン二リン酸 → UDP
ウロポルフィリノーゲン　271
運動エネルギー　4

え

A23187　125
AIP（急性間欠性ポルフィリン症）　270, 413
ARE（AU に富んだ配列）　411
Arf　425
エイコサノイド　254

和 文 索 引

エイコサペンタエン酸　251
エイズ　502
栄養学　146
栄養素　146
栄養不良　146
AMP（アデノシン一リン酸）　33, 274
AMP活性化プロテインキナーゼ　302
AMPキナーゼ　35
AMPK　302
AMPKキナーゼ　304
ALT　501
エキシヌクレアーゼ　354
エキスポーチン　432
エキサイトーシス　110
エキソヌクレアーゼ　348
エキソペプチダーゼ　96, 158
エキソン　333, 368
エキソンシャッフリング　333
エキソン理論　333
A形DNA　329
Akt/PKB　297, 470, 474
壊　死　495
AgRP（アグーチ関連ペプチド）　152
ACAT（アシルCoA：コレステロールアシル
　　　　トランスフェラーゼ）　163, 184
ACP（アシルキャリヤータンパク質）　247
siRNA（低分子干渉RNA）　413
SRP（シグナル認識粒子）　422
SRP受容体　422
SRPドッキングタンパク質　422
SECIS（セレノシステイン挿入配列）　388
SAM（S-アデノシルメチオニン）　268
SSB（一本鎖結合タンパク質）　347
SH2　470
SH3　470
SHC　470
SH2ドメイン　468
SH3ドメイン　468
snRNA（核内低分子RNA）　369
snRNP（核内低分子リボ核タンパク質）　430
SNARE　426
SNP（一塩基多型）　438, 452
SOS　469
SOCS　470, 478
S　期　341, 489
SCID（重症複合免疫不全症）　456
SCNT（体細胞核移植）　456
STR（短鎖縦列反復配列）　450
STR多型　450
SDS（ドデシル硫酸ナトリウム）　75
SDS-PAGE　75
STAT　470
エステル結合　104
エステル転移反応　368
エストラジオール　257
エストロゲン　464
AZT（アジドチミジン）　24
エタノール　242
エタノールアミン　105, 252
X線回折　81
X線結晶解析　81
XP（色素性乾皮症）　355
X連鎖SCID　456
X連鎖重症複合免疫不全症　456
HIF（低酸素誘導因子）　304
HIV（ヒト免疫不全ウイルス）　22, 24, 335, 502
hESC（ヒトES細胞）　455
HaeⅢ　437
Hsp（熱ショックタンパク質）　365, 389, 465

Hsp60　389
Hsp70　389, 424
HAT（ヒストンアセチルトランスフェラーゼ）
　　　　407
hnRNP（ヘテロリボ核タンパク質複合体）
　　　　431
HNPCC（遺伝性非ポリポーシス性大腸がん）
　　　　355, 503
HMG-CoA（3-ヒドロキシ-3-メチルグル
　　　　タリルCoA）　179, 183, 229, 257
HMG-CoAシンターゼ　229
HMG-CoAレダクターゼ　179, 183
HLH（ヘリックス・ループ・ヘリックス）
　　　　403
H鎖（重鎖）　519, 521
HGPRT（ヒポキサンチン-グアニンホスホ
　　　　リボシルトランスフェラーゼ）　279
HDAC（ヒストンデアセチラーゼ）　407
HTH（ヘリックス・ターン・ヘリックス）
　　　　401
HDL（高密度リポタンパク質）　109, 179
HPLC（高性能液体クロマトグラフィー）
　　　　74
HbA1c　310
ATM（毛細血管拡張性運動失調症変異タンパ
　　　　ク質）　492
ATCアーゼ　93
ATGL（脂肪細胞TAGリパーゼ）　302
ATP（アデノシン三リン酸）　4, 30, 33, 127,
　　　　155, 201
――の産生　201
――の生合成　220
エネルギー収支における――の役割　34
筋収縮における――　127
ADP（アデノシン二リン酸）　33
ATP-ADP輸送体　220
ATP-クエン酸リアーゼ　250
ATP結合カセット輸送体（ABC輸送体）
　　　　115, 513
ATP結合カセットA₁輸送体　184
ATP結合ドメイン　115
ATP合成酵素　213, 216
ADPリボシル化修飾　480
エドマン分解　80
NRG（ネオマイシン耐性遺伝子）　453
NES（核外移行シグナル）　431
NSAIDs（非ステロイド性抗炎症薬）　256
NAD（ニコチンアミドアデニンジヌクレオチ
　　　　ド）　149
NAD⁺　187
NAD⁺依存的脱水素反応　227
NADH：ユビキノンオキシドレダクターゼ
　　　　212
NAD⁺デヒドロゲナーゼ　55
NADP（ニコチンアミドアデニンジヌクレオ
　　　　チドリン酸）　149
NADPH　249
――の産生　235
NF-κB　466
NMR（核磁気共鳴分光法）　81
NLS（核移行シグナル）　431, 465
NO（一酸化窒素）　485
NOシンターゼ　485
NK細胞（ナチュラルキラー細胞）　517
ncRNA（非コードRNA）　336
NCAM（神経細胞接着分子）　126
NGS（次世代シークエンサー）　441
NPY（ニューロペプチドY）　152
N末端　48

エネルギーサイクル　3, 30
エネルギー収支　31, 34
――におけるATPの役割　34
――におけるリン酸基の役割　31
エネルギー貯蔵物質　7
エネルギー通貨　4
エネルギープロフィール　87
エネルギー変化　26
エノイルCoAヒドラターゼ　227
エノラーゼ　202
エノールピルビン酸　32
APR（後期促進複合体）　493
Apaf-1　497
APC（抗原提示細胞）　517, 522
エピジェネティック　408
ABC輸送体（ATP結合カセット輸送体）
　　　　115, 513
エピトープ　520
AP部位修復　354
エピネフリン→アドレナリン
エピメラーゼ　177
Fアクチン　129
A部位　380
FAS（脂肪酸合成酵素）　247
Fas受容体　498
Fasリガンド　498
FAD（フラビンアデニンジヌクレオチド）
　　　　149, 188
FADD　498
FFA（遊離脂肪酸）　181
fMet　381
FMN（フラビンモノヌクレオチド）　149, 188
Fプラスミド　17
miRNA（マイクロRNA）　11, 336, 412
mRNA（メッセンジャーRNA）　10, 332, 361
MEK　470
MS（質量分析）　77
MS/MS（タンデム質量分析計）　78
MHC（主要組織適合遺伝子複合体）　526
MHCクラスⅠタンパク質　527
MHCクラスⅡタンパク質　527
MAPキナーゼ　472
MAPK　470
M期　338, 489
m/z比　77
MWCモデル　65
MDRタンパク質　115
MTOC（微小管形成中心）　139
MutS　352
MutH　352
MutL　353
AUに富んだ配列（ARE）　411
ELISA（酵素結合免疫吸着測定法）　77, 529
エラスターゼ　60, 99, 158
エラスチン　59
エリスロポエチン　304, 464
エリスロマイシン　389
エルゴステロール　109
L鎖（軽鎖）　519, 521
LCAT（レシチン-コレステロールアシルト
　　　　ランスフェラーゼ）　184
L状態　217
LTR（長い末端配列）　335
LDL（低密度リポタンパク質）　109, 179
LDL/HDL比　183
エレクトロスプレーイオン化（ESI）　77
エレクトロポレーション　453
エロンガーゼ　247
塩　基　38, 325

和文索引

塩基除去修復 354
塩基スタッキング 329
塩基性アミノ酸 46
塩基対 331
　　RNAにおける—— 331
塩基配列決定 439
塩 橋 52
炎症性腸疾患 466
塩素シフト 68
エンタルピー 26
エンタルピー変化 26
エンテロペプチダーゼ 158
エンドサイトーシス 109
エンドセリン-1 515
エンドソーム 428
エンドソーム小胞 426
エンドペプチダーゼ 96, 158
エントロピー 3, 5, 27
エントロピー変化 27
エンハンサー 400

お

oriC 341
横行（T）管 133
黄 疸 272
黄斑変性網膜症 456
横紋筋 127, 132
横紋筋融解症 133
岡崎フラグメント 345, 348
オカダ酸 473
オキサロコハク酸 207
オキサロ酢酸 204, 208, 239, 269, 298
オキシアニオン 98
オキシヘモグロビン 67
3-オキソアシルACP 247
3-オキソアシルACPシンターゼ 247
2-オキソグルタル酸 207, 261, 269
2-オキソグルタル酸デヒドロゲナーゼ 207, 301
オキソ酸 266
3-オキソブチリルACP 247
2-オキソ酪酸 309
O状態 217
オートカイン 524
オートクリン 464
オートクリン作用 460
オートファゴソーム 428
オプシン 483
オプソニン化 520
オペレーター 397
オペレーター領域 397
オペロン 396
オミクス 83
オミクス革命 12, 72
ω-3脂肪酸 185, 251
ω-6脂肪酸 185, 251
オリゴ糖 107
オリゴヌクレオチド 439
オリゴペプチド 48
オリゴマイシン 223
オリゴマータンパク質 54
オルニチン 263
オルニチンカルバモイルトランスフェラーゼ 264
オレイン酸 251
オロト酸 282

オンコジーン 503

か

外因性経路 496, 509
壊血病 59, 150
介在配列 333
開 始
　　転写の—— 363
　　翻訳の—— 380, 386
開始因子（IF）381
開始因子2（IF-2）381
開始コドン 374, 381
開始前複合体（PIC）386
開始tRNA 381
開始メチオニン 381
回転数 91
解 糖 26
解糖系 189, 198, 297
　——の全体像 202
ガイド鎖 414
回文配列 437
界面活性作用 104
解離定数 31, 38
化学合成生物 3
化学浸透圧機構 213
化学平衡点 28
化学ポテンシャルエネルギー 4
化学療法 283
鍵と鍵穴モデル 88
可逆的な反応 28
核 17, 419
核移行シグナル（NLS）431, 465
核外移行シグナル（NES）431
核外搬出受容体 432
核-細胞質間輸送 430
核 酸 2, 325
核磁気共鳴分光法（NMR）81
獲得免疫応答 526
獲得免疫系 517
核内受容体 402
核内低分子RNA（SnRNA）369
核内低分子リボ核タンパク質（SnRNP）369
核内輸送受容体 431
画 分 73
隔壁形成 16
核 膜 430
核膜孔 17, 430
核様体 16
過酸化水素 19, 513
過酸化物 215
加水分解 174, 241
加水分解酵素 19
カスケード 471
ガストリン 157
カスパーゼ 496
カスパーゼ9 497
カゼイン 158
家族性高コレステロール血症 183
カタボライト（遺伝子）活性化タンパク質（CAP）397
カタラーゼ 91, 230, 515
脚 気 149
褐色脂肪細胞 222
活性化エネルギー 87
活性酸素種（ROS）215, 508, 513

活性中心 87
活性部位 87, 96
　　キモトリプシンの—— 97
滑走クランプ 347
活動電位 122
滑面小胞体 18, 253, 421
カテキン 515
カテコールアミン 272
果 糖 159
カドヘリン 126
カナマイシン 389
可変縦列反復配列（VNTR）450
可変部 519
鎌状赤血球貧血 63, 236
ガラクトキナーゼ 177
β-ガラクトシダーゼ 161, 396, 445
ガラクトシドアセチルトランスフェラーゼ 397
β-ガラクトシドパーミアーゼ 396
ガラクトース 177
galオペロン 398
ガラクトース血症 178
ガラクトース1-リン酸 177
カラムクロマトグラフィー 73
カリウムイオン（K$^+$）113
K$^+$チャネル 117
下 流 363
顆粒球コロニー刺激因子（G-CSF）464
下流プロモーター配列（DPE）367, 400
加リン酸分解 174
カルシウム 150
カルシウムイオン（Ca^{2+}）113, 482
Ca^{2+}-ATPアーゼ 115, 133
カルシウムポンプ 482
カルジオリピン 106, 253
カルシトニン 369
カルシトニン遺伝子関連ペプチド（CGRP）369
カルニチン 226, 302
カルニチンアシルトランスフェラーゼI 226
カルニチンアシルトランスフェラーゼII 226
カルバミン酸 264
カルバモイルリン酸 264
カルバモイルリン酸シンターゼ 264, 266, 282
カルビン回路 319
カルボキシ基 60
カルボキシビオチン 209
カルボキシペプチダーゼ 158
カルボキシペプチダーゼA 100
カルボキシ末端 48
カルボニックアンヒドラーゼ 68, 157
カルモジュリン 134, 470, 483
β-カロテン 150, 484, 514
カロリー（cal）27
がん 500
がん遺伝子 503
間 期 338, 489
ガングリオシド 107
ガングリオシドーシス 108, 425
還元型グルタチオン（GSH）235, 512
還元反応 249
幹細胞 21, 453
がん細胞 501
ガンシクロビル 454
がん腫 501
緩衝液 38

緩衝作用　39
　　リン酸イオンの――　40
肝性ポルフィリン症　270
関節リウマチ　466
乾　癬　466
肝　臓　166, 178, 238
桿　体　483
貫通停止配列　423
冠動脈疾患　183
がん原遺伝子　503
γ複合体　347
がん抑制遺伝子　502, 504

き

キアズマ　358
偽遺伝子　336
記憶細胞　526
飢　餓　168, 238
飢餓状態　307
　　における代謝　307
キサンチンオキシダーゼ　280, 514
基　質　87
基質回路　287
基質レベルのリン酸化　201
気　腫　60
キシルロース 5-リン酸　233
基底板　57
キナーゼ　35, 172
キネシン　139, 141
機能タンパク質　47
ギブズの自由エネルギー　27
基本転写因子　367
基本転写装置　367
基本配列　367
キモシン　158
キモトリプシノーゲン　158
キモトリプシン　96, 99, 158
　　の活性部位　97
逆塩素シフト　69
逆転写酵素　24, 335, 350, 359
逆平行　330
CAAT ボックス　367
キャップ形成　137, 368
ギャップジャンクション　125
キャップ除去酵素　411
CapZ　137
GAP（GTP アーゼ活性化タンパク質）　422,
　　　　　　　　　　　　432, 471, 480
吸エルゴン反応　171
求核攻撃　97
求核試薬　97
吸　収　155
弓状核　152
球状タンパク質　49
急性間欠性ポルフィリン症（AIP）　270, 413
求電子試薬　97
求電子性　187
Q 回路　214
狂牛病　391
競合阻害剤　95
強心配糖体　115
胸　腺　523
協奏モデル　65, 92
共通配列　364
共鳴安定化　32
共鳴エネルギー移動　315

共鳴構造　32
　　リン酸イオンの――　32
共役系　63
共役対　192
共役反応　34
共有結合　5, 94
共有結合修飾　288
極限環境微生物　15
極性脂質　16, 103, 107, 156
極微小管　141
巨赤芽球性貧血　149, 282
キラー T 細胞 → 細胞傷害 T 細胞
キロマイシン　389
キロミクロン　163, 179
キロミクロンレムナント　180
緊急事態　169
筋形質　133
筋原繊維　128, 133
筋ジストロフィー　129
筋収縮　127
　　における ATP　127
　　のサイクル　132
筋小胞体　128, 133, 482
筋　節　128
筋繊維　128, 133
筋繊維鞘　128
緊張繊維　136

く

グアニジンリン酸　32
グアニル酸（GMP）　275
グアニル酸キナーゼ　279
グアニル酸シクラーゼ　483
グアニン（G）　10, 274, 325
グアニンヌクレオチド交換因子（GEF）
　　　　　　　　　　　　422, 432
グアノシン　325
グアノシン三リン酸 → GTP
空間的選択性　351
クエン酸　204, 243, 298
クエン酸回路 → TCA 回路
クエン酸シンターゼ　205, 301
クマシーブルー　75
組換え　17, 355
組換え DNA　436, 444
組換えプラスミド　445
クラススイッチ　520
クラスリン　427
クラスリン被覆小孔　427
クラスリン被覆小胞　427
グラナ　314
グラミシジン　125
クラーレ　119
グランザイム　498, 527
クランプローダー　347
グリオキシソーム　20, 244
グリオキシル酸　243
グリオキシル酸回路　196, 210, 243
グリカン　16
グリコゲニン　171
グリコーゲン　7, 165, 198, 293
　　の生合成　171
グリコーゲンシンターゼ　173, 293, 296
グリコーゲンシンターゼ 3（GS3）　476
グリコーゲンシンターゼキナーゼ（GSK）
　　　　　　　　　　　　　　　　476

グリコーゲンシンターゼキナーゼ 3　297
グリコーゲン代謝　293
グリコーゲンプライマー　171
グリコーゲン分解　174
グリコーゲンホスホリラーゼ　174, 293, 295
グリコサミノグリカン（GAG）　60
グリコシド結合　159
β-グリコシド結合　148
グリコホリン　111, 124
グリシン　45, 57, 260, 269
クリステ　18, 190
グリセルアルデヒド　301
グリセルアルデヒド 3-リン酸　199, 233
グリセルアルデヒド-3-リン酸デヒドロゲ
　　　　　　　　　　　　　ナーゼ　201
グリセロリン脂質　104, 107, 252
グリセロール　104, 147
　　からのグルコース　241
グリセロールキナーゼ　241, 251
グリセロール 3-リン酸　104, 251
グリセロールリン酸シャトル　220
グリセロール-3-リン酸デヒドロゲナーゼ
　　　　　　　　　　　　　　　　220
クールー　391
グルカゴン　168, 290, 293, 462
グルクロン酸　272
グルクロン酸抱合　512
グルコキナーゼ　172, 176, 238, 292
グルココルチコイド　257, 464
グルココルチコイド受容体　466
グルコサミン　107, 157
グルコース　7, 148, 156, 159, 177, 198, 313
　　の酸化　189, 232
　　の貯蔵　165
　　の輸送　171
　　アミノ酸からの――　240
　　グリセロールからの――　241
　　乳酸からの――　241
　　ピルビン酸からの――　238
　　プロピオン酸からの――　242
グルコース-アラニン回路　265
グルコース-6-ホスファターゼ　174, 239
グルコース輸送体（GLUT）　116, 176, 292,
　　　　　　　　　　　　　　　　475
グルコース 1-リン酸　172, 198, 296
グルコース 6-リン酸　172, 198, 232, 296
グルコース-6-リン酸イソメラーゼ　199
グルコース-6-リン酸デヒドロゲナーゼ
　　　　　　　　　　　　　　　　232
グルコース-6-リン酸デヒドロゲナーゼ欠損
　　　　　　　　　　　　　　症　236
グルタチオン　235, 512
グルタチオン S-トランスフェラーゼ　512
グルタチオンペルオキシダーゼ　236, 515
グルタチオンレダクターゼ　236, 515
グルタミナーゼ　265
γ-グルタミルリン酸　265
グルタミン　46, 240, 260, 265, 276
グルタミン酸　46, 260, 269
グルタミン酸イオン　46
グルタミン酸デヒドロゲナーゼ　261, 269
グルタミンシンテターゼ　240, 265
くる病　150
クレアチニン　128
クレアチンキナーゼ　127
クレアチンリン酸　127
クレブス回路 → TCA 回路
グレリン　152
クロイツフェルト・ヤコブ病（CJP）　391

和文索引

クローニングベクター 444
クローニングライブラリー 446
グロビン合成 413
グロブリンフォールド 52
クロマチン 337, 406
クロマチン再構成 406
クロマトグラフィー 73
クロラムフェニコール 389
クロロキン 236
クロロフィル 314
クロロフィルa 315
クロロフィルb 315
クローン消失 522
クローン選択 523
クワシオルコル 147, 259

け

K_{cat} 91
K_{cat}/K_m 91
K_m 90
経口グルコース糖負荷試験 309
軽鎖（L鎖） 519, 521
形質 332
形質細胞 522, 524
形質転換 445
K_a 38
血液凝固 508
血液脳関門 166, 238
血管新生 304
結合組織 57
結合ループ 51
血小板 255
血小板由来増殖因子（PDGF） 464
血清アルブミン 185
血栓形成 508
血栓症 510
血糖値（血中グルコース濃度） 164
血餅形成 509
血友病 509
KDEL 配列 425
ケトアシドーシス 229, 309
ケトアシル CoA チオラーゼ 227
β-ケトアシルシンターゼ 247
ゲート開閉イオンチャネル 117
ゲート開閉孔 117
ケト原性 266
ケト原性アミノ酸 266
ケトン性昏睡 309
ケトン体 166, 169, 229, 238, 257, 309
ゲノミクス 12, 72, 82, 457
ゲノム 12, 17, 82
　原核生物―― 331
　真核生物の―― 332
ゲノムサイズ 335
ゲノム刷込み 408
ゲノムパッケージング 337
ゲノムライブラリー 447
ケモカイン 517
ケラタン硫酸 60
ケラチン 141
ゲル 73
ゲルゾリン 137
ゲル電気泳動 74, 437
ゲル濾過 73
原核細胞 16
原核生物 15

――のゲノム 331
原始型 HDL 183
原子量 6
減数分裂 20, 358, 493
限定的な配列分析 77

こ

コア酵素 364
コアタンパク質 60
コアプロモーター 400
高圧液体クロマトグラフィー 74
高アンモニア血症 266
抗ウイルス薬 23
高エネルギーポテンシャル 313
高エネルギーリン酸化合物 30
高エネルギーリン酸基 30
抗炎症剤 466
光化学系（PS） 315
光化学系 I（PS I ） 314, 316
光化学系 II（PS II） 314, 316
後期 494
後期エンドソーム 428
好気性細胞 313
後期促進複合体（APR） 492
好気的解糖 189
口腔 156
高血糖 309
抗原 517
抗原結合部位 519
抗原決定基 520
抗原シフト 23
抗原提示 518
抗原提示細胞（APC） 517, 522
抗原ドリフト 23
光合成 244, 313
　――の Z 配置 316
抗酸化剤 514
鉱質コルチコイド 257
甲状腺ホルモン 406
恒常の発現 365
校正 352, 378
高性能液体クロマトグラフィー（HPLC） 74
抗生物質 23, 125, 389
酵素 7, 86, 508
　――の命名法 93
酵素活性 94
酵素結合免疫吸着測定法（ELISA） 77, 529
酵素触媒 86
酵素前駆体 157
酵素反応速度論 89
抗体 88, 518
抗体酵素 88
抗体産生 525
好中球 60
後天性免疫不全症候群 502
高度不飽和脂肪酸 147, 254
高トリグリセリド血症 301
高分子 6
酵母 22
酵母人工染色体（YAC） 351, 447
高ホモシステイン血症 268
抗マラリア薬 236
高密度リポタンパク質（HDL） 109, 179
CoA（補酵素 A） 191
CoA トランスフェラーゼ 229
コエンザイム → 補酵素

CoQ → ユビキノン
呼吸調節 301
国際ヒトゲノムプロジェクト 441
古細菌 15
コザック配列 386
ゴーシェ病 108
コスミド 447
5′末端 363
骨格筋 127, 132, 167
骨芽細胞 57
COX（シクロオキシゲナーゼ） 95, 255
COX-1 256
COX-2 256
COX-2 阻害薬 256
骨髄 522
骨髄幹細胞 21
骨髄腫細胞 528
骨軟化症 150
古典的キネシン 139
古典的酵素 89
コード鎖 363
コートマータンパク質 425
コドン 10, 324, 374
コハク酸 207, 243
コハク酸デヒドロゲナーゼ 208
コハク酸：ユビキノンオキシドレダクターゼ 212
コバラミン 149
コヒーシン 493
コプロポルフィリノーゲン 271
コラーゲン 57
コラーゲン原繊維 58
コリ回路 241
コリパーゼ 162
コリン 105, 252
コリンエステラーゼ阻害剤 119
コール酸 162
ゴルジ槽 18, 421
ゴルジ体 18, 421
コルチゾール 168, 240
コルヒチン 136
コレカルシフェロール 150
コレシストキニン（CCK） 152, 158
コレステロール 109, 148, 162, 255
　――の動態 178
コレステロールエステル 163
コレステロールエステル輸送タンパク質（CETP） 184
コレラ 480
コロニー刺激因子（CSF） 464
混合機能オキシダーゼ 267, 512
混合阻害 95
混合ミセル 163
コンセンサス配列 364
コンドロイチン硫酸 60
コンホメーション変化 114, 351

さ

細菌（バクテリア） 15
細菌人工染色体（BAC） 447
サイクリック AMP → cAMP
サイクリック GMP → cGMP
サイクリン 490
サイクリン依存性キナーゼ → Cdk
サイクリン-Cdk 複合体 491
サイズ排除 73

和文索引

最大反応速度　90
サイトカイン　20, 460, 463, 490, 517
サイトカラシン　136
再分極化　122
細胞　15
細胞外受容体　462
細胞外タンパク質　420
細胞外マトリックス　56
細胞骨格　20, 123, 134
細胞死受容体　496
細胞質　17
細胞質ゾル　17
細胞質タンパク質　419
細胞質分裂　138, 338, 489, 493
細胞周期　338, 341, 464, 489
細胞傷害性T細胞（キラーT細胞）　518, 526
細胞小器官　16
細胞性免疫　518
細胞接着分子　61
細胞内受容体　461
細胞分裂　110
細胞壁　16
細胞膜　16
細胞膜受容体　461
サイモシン β_4　137
再利用経路　275
　　プリンの——　279
サイレンサー　400
SINES（短い散在反復配列）　336, 450
Src キナーゼ　468
酢　酸　39
　　——の滴定曲線　39
サザンハイブリダイゼーション　438
サザンブロット法　438
殺鼠剤　510
サブユニット　47
サーモゲニン　222
サラセミア　63
β サラセミア　369
サルコメア　128, 133
サルファ剤　236
酸　38
酸化型グルタチオン（GSSG）　236, 512, 515
酸化還元対　192
酸化還元電位　192, 313
酸化的脱炭酸　203
　　ピルビン酸の——　191
酸化的リン酸化　193, 213, 301
サンガー法　439
三次元構造　81
　　タンパク質の——の決定　81
三次構造　47, 51
三重らせん　58
酸性アミノ酸　46
酸　素　6
酸素不足　304
酸素飽和曲線　64, 68
3′ 非翻訳領域（3′ UTR）　411
3′ 末端　363
酸分泌細胞　157
三量体型GTPアーゼ　471
三量体Gタンパク質　478

し

G_i　480
Gアクチン　129
Gアクチン結合　137

ジアシルグリセロール → DAG
CRE（cAMP応答配列）　481
CRE結合タンパク質（CREB）　404, 470, 481
CREB結合タンパク質（CBP）　404
Cro　401
GroES　389
GroEL　389
GRK（Gタンパク質共役型受容体キナーゼ）　470, 481
シアル酸　107, 157
GRB　469
GEF（グアニンヌクレオチド交換因子）　422, 432
CETP（コレステロールエステル輸送タンパク質）　184
JAK（ヤヌスキナーゼ）　470, 477
JAK/STAT 経路　462, 477
cAMP（サイクリックAMP）　291, 295, 479
cAMP応答配列（CRE）　481
cAMP応答配列結合タンパク質　404
cAMP受容タンパク質　397
cAMPホスホジエステラーゼ　292
CAK（Cdk活性化キナーゼ）　491
GAG（グリコサミノグリカン）　60
G_s　480
GS3（グリコーゲンシンターゼ3）　476
GSSG（酸化型グルタチオン）　236, 515
GSH（還元型グルタチオン）　235, 572
CSF（コロニー刺激因子）　464
GSK（グリコーゲンシンターゼキナーゼ）　476
GSK3　297
J セグメント　521
GATA1　400
GATA因子　402
CAP（カタボライト（遺伝子）活性化タンパク質）　397
GAP（GTPアーゼ活性化タンパク質）　422, 432, 471, 480
CFTRタンパク質　115
GMO（遺伝子組換え生物）　457
CMP（シチジル酸）　275
GMP（グアニル酸）　275
GLUT（グルコース輸送体）　116, 176, 292, 475
COP被覆小胞　425
視　覚　483
弛緩状態　342
G_1 期　341, 489
G_2 期　341, 489
色素性乾皮症（XP）　355
シグナルアンカー配列　423
シグナル伝達経路　461
シグナル認識粒子 → SRP
シグナル配列　422
シグナルペプチダーゼ　422
シグナルペプチド　422
σ 因子　364
シクロオキシゲナーゼ（COX）　95, 255
ジクロロ酢酸　203
Cki（Cdk阻害タンパク質）　491
自己スプライシング　370
自己免疫疾患　518
自己免疫反応　518
自殺型阻害剤　60
自殺酵素　354
C_3 植物　320
CGRP（カルシトニン遺伝子関連ペプチド）　369

G-CSF（顆粒球コロニー刺激因子）　464
CJD（クロイツフェルト・ヤコブ病）　391
cGMP（サイクリックGMP）　483
cGMPホスホジエステラーゼ　484
CCK（コレシストキニン）　152, 158
脂　質　103, 147, 155
　　——の貯蔵　165
脂質異常症　301
脂質二重層　11, 103, 253
　　——の透過性　110
脂質ラフト　474
GCボックス　367
四重極型分析計　78
糸状仮足　138
視床下部　152, 463
自食胞　428
シス槽　421
シスタチオニン　268
シスチン　47, 54
システイン　46, 147, 260, 262
システインプロテアーゼ　100
ジストロフィン　129
シストロン　362
ジスルフィド結合　54
ジスルフィラム　242
次世代シークエンサー（NGS）　441
自然免疫系　517
肢帯筋ジストロフィー　129
GWAS（全ゲノム相関解析）　452
Gタンパク質　470
Gタンパク質共役型受容体（GPCR）　462, 467, 478, 480, 483
Gタンパク質共役型受容体キナーゼ（GRK）　470, 481
シチジル酸（CMP）　275
シチジン　325
シチジン三リン酸（CTP）　252
シッフ塩基　261
質量-電荷比　77
質量分析（MS）　77
質量分析計　77
G_t　483
CD　527
cDNA（相補的DNA）　335, 448
cDNAライブラリー　443, 448
Cdk（サイクリン依存性キナーゼ）　490, 505
Cdk活性化キナーゼ（CAK）　491
Cdk阻害タンパク質（Cki）　491
CTD（C末端ドメイン）　366
CTP（シチジン三リン酸）　252
GTP（グアノシン三リン酸）　207
　　——の産生　207
GTPアーゼ　421, 467
GTPアーゼ活性化タンパク質（GAP）　422, 432, 471, 480
GTP結合型Ran　432
GDP結合型Ran　432
GTP結合タンパク質　422
GTP/GDP交換反応　432, 467
ジデオキシ法　439
シトクロム　151, 210
シトクロム c　211, 314, 496
シトクロム c オキシダーゼ　212
シトクロム bf 複合体　314, 316
シトクロム P450（P450）　242, 511
シトシン（C）　10, 274, 325
　　——のメチル化　407
シトリル CoA　205
シトルリン　263

シナプス後膜　120
シナプス前ニューロン　120
ジニトロフェノール（DNP）　222
ジヌクレオチド　326
CpGアイランド　407
GPCR（Gタンパク質共役型受容体）　462,
　　467, 478, 480, 483
ジヒドロキシアセトンリン酸（DHAP）
　　199, 225, 251, 301
1,25-ジヒドロキシコレカルシフェロール
　　150
ジヒドロビオプテリン　267
ジヒドロ葉酸（DHF）　277
ジヒドロ葉酸レダクターゼ　282
CBP（CREB結合タンパク質）　404
ジフェノール　268
ジフテリア毒素　389
ジペプチド　47
脂　肪　103
脂肪肝　178
脂肪血　164
脂肪細胞　165
脂肪細胞TAGリパーゼ（ATGL）　302
脂肪酸　103
　――の酸化　193
脂肪酸アシルCoA　226, 247, 254, 302
脂肪酸合成　246
脂肪酸合成酵素（FAS）　247
脂肪族アミノ酸　45
脂肪組織　167
ジホスファチジルグリセロール　106
C末端　48
C末端ドメイン（CTD）　366
ジャイレース　343
シャイン・ダルガーノ配列　380
若年性糖尿病　309
シャペロニン　389
シャペロン　54, 388, 424
ジャンクDNA　11
自由エネルギー変化　27
終　期　493
19Sキャップ　392
終　結
　転写の――　363
　翻訳の――　380, 388
終結因子（RF）　384
重鎖（H鎖）　519, 521
終止コドン　374
終止シグナル　374
重症筋無力症　518
重症複合免疫不全症（SCID）　456
収束進化　56
修復機構　353
重力ポテンシャルエネルギー　4
縦列反復配列　336
16SリボソームRNA　379
縮合酵素　247
縮　重　374
主　溝　10
樹状細胞　517, 526
受動輸送　113, 116
腫瘍壊死因子（TNF）　498
主要組織適合遺伝子複合体→MHC
受容体　462
受容体依存性エンドサイトーシス　180, 427
ジュール（J）　27
循環的光リン酸化　317
消　化　155
消化管　156

ショウジョウバエ　22, 335
脂溶性　149
脂溶性ビタミン　149
常染色体　332
小　腸　156
上皮細胞　57
上皮細胞増殖因子（EGF）　464, 469
情　報　363
小胞体（ER）　17, 420
小胞体内タンパク質　420
消耗症　147, 259
上　流　363
上流調節配列　367, 400
食後状態　168
食細胞　517
触媒型受容体　465
触媒活性　72
触媒部位　87
触媒二つ組残基　100
触媒三つ組残基　96
植物細胞　19
食物繊維　148
ショ糖　159
C_4経路　320
C_4光合成　320
C_4植物　320
シルデナフィル　486
シロイヌナズナ　22, 335
CYP　511
進　化　9
　タンパク質の――　9, 55
真核細胞　17
真核生物　15
　――のゲノム　332
真核生物開始因子（eIF）　386
新規型メチルトランスフェラーゼ　408
心　筋　127
ジンクフィンガー　151, 401
シングル質量分析計　78
シンクロトロン放射光　81
神経インパルス　118
　――の伝導　118
神経細胞　119
神経細胞接着分子（NCAM）　126
神経シナプス　119
神経筋接合部　128
神経伝達物質　460, 462
心血管疾患　109
人工多能性幹細胞（iPS細胞）　456
親水性　6, 45
親水性アミノ酸　46
親水性頭部　103
真正細菌　15
腎　臓　168
伸　長
　転写の――　363
　翻訳の――　380, 387
伸長因子（EF）　382
新陳代謝　260
真の親和定数　91
心房性ナトリウム利尿ペプチド　485
シンポート　116
親和性　91
親和性成熟　526

す

水　素　5

水素結合　6, 37
水素転移系　187
錐　体　483
水溶性　149
水溶性ビタミン　149
水　和　227
スカベンジャー受容体　183
スキサメトニウム　133
スクシニルCoA　207, 228, 242
スクシニルCoAシンテターゼ　207
スクシニルリン酸　207
スクラーゼ　160
スクリーニング　447
スクレイピー　391
スクロース　148, 156, 159
スタチン　95, 179
STAT　477
ステアリン酸　6, 104
ステムループ構造　364
ステルコビリン　272
ステロイド分泌細胞　18
ステロイドホルモン　255, 257, 300
ステロイドホルモン受容体　402
ストレスファイバー　136
ストレプトマイシン　389
ストロマ　314
snRNP（核内低分子リボ核タンパク質）　369
SNP（一塩基多型）　452
スーパーオキシド　215
スーパーオキシドアニオン　513
スーパーオキシドジスムターゼ　514
スフィンゴ脂質　106, 253
スフィンゴシン　106
スフィンゴ糖脂質　106
スフィンゴミエリン　106
ズブチリシン　99
スプライシング　333, 368
スプライシング因子　369
スプライス部位　369
スプライソソーム　369
スペクトリン　124
スベドベリ（Svedberg）単位　379
滑りフィラメントモデル　129
スライディングクランプ　347
刷込み状態　409
刷込み制御領域　409
スルホニル尿素　310
スルホンアミド　236
スレオニン　147

せ

生化学　2
制限酵素　437
制限酵素断片長多型（RFLP）　452
制限酵素部位　437
正常細胞　500
星状体微小管　141
生殖細胞　20
成人性糖尿病　309
性染色体　332
生体異物　511
成体幹細胞　21, 453
成長ホルモン　290
正の超らせん　342
正のモジュレーター　91
性ホルモン　462

和文索引

生命体 2
生理活性脂質 251
セカンドメッセンジャー 291, 461, 479
脊椎分裂 282
セクレチン 158
赤血球 124, 167, 235, 238
赤血球ゴースト 124
セッケン 104
接合 17, 356
絶食 168
摂食状態 305
絶食状態 168, 306
——における代謝 305
接触阻害 500
切除ヌクレアーゼ 354
絶対温度 27
Z形DNA 329
Z線 128
Z配置 316
　光合成の—— 316
セファリン 105
セラミド 106
セリン 46, 60, 97, 105, 260, 262, 269, 289
セリンヒドロキシメチルトランスフェラーゼ 278
セリンプロテアーゼ 96, 99
セリンプロテアーゼインヒビター 60
セルピン 60
セルロース 7, 148
セレノシステイニルtRNA 388
セレノシステイン 388
セレノシステイン挿入配列（SECIS） 388
セレノリン酸 388
セレブロシド 106
セレン 388
繊維芽細胞 57
遷移状態 87
遷移状態アナログ 88
繊維状タンパク質 56
前期 493
全ゲノム相関解析（GWAS） 452
全自動DNAシークエンサー 440
線状ゲノムDNA 350
染色体 9, 16, 332
染色分体 493
センス鎖 363
喘息 255
選択的スプライシング 333, 369
善玉コレステロール 109, 185
線虫 22, 335
先天性筋ジストロフィー 129
全trans-レチナール 483
セントロメア 493
全能性 21
繊毛 140

そ

双曲線 90
双曲線型反応速度論 90
造血 21
増殖因子 20, 460, 463, 490
増殖細胞核抗原（PCNA） 347
相同組換え 356, 358
相同性 55
相同染色体 332
増幅カスケード 295, 508

相補性 328
相補的塩基対 328
相補的DNA → CDNA
側　鎖 44, 48
促進拡散 116
組織プラスミノーゲン活性化因子（t-PA） 510
疎水性 6, 45
疎水性脂肪族アミノ酸 45
疎水性相互作用 38, 52
疎水性尾部 103
疎水性分子 6
疎水力 38
疎性結合組織 57
ソマトスタチン 480
粗面小胞体 18, 421
損傷乗越え複製 355

た

第一級リン酸エステル 326
体液性免疫 518
対　合 494
対向輸送 116
ダイサー 414
体細胞 20
体細胞遺伝子組換え 521
体細胞核移植（SCNT） 456
代　謝 30, 155
——の統合 305
代謝型受容体 465
代謝経路 28
代謝ストレス 303
代謝燃料 147
大　腸 156
大腸がん 501
大腸菌 16, 22
タイチン 130
タイトジャンクション 125
ダイナミン 427
ダイニン 139
ダイニンモーター 140
耐熱性DNAポリメラーゼ 442
対立遺伝子 332, 493
対立遺伝子排除 522
大量パラレルシークエンシング 441
タウリン 162
ダウンレギュレーション 481
タキソール 136
多　型 450
多型化 336
ターゲッティングベクター 453
多剤耐性 513
多剤耐性タンパク質 115
TATAボックス 367, 400
TATAボックス結合タンパク質（TBP） 367
脱アデニル反応 411
脱アミノ反応 354
脱共役剤 223
Taqポリメラーゼ 442
脱水素反応 227
脱分極 121
脱分枝酵素 175
脱リン酸 288
多　糖 7
多発性硬化症 123, 466
多発性骨髄腫 528

多分化能 453
ターミネーター領域 363
多量体タンパク質 54
短鎖縦列反復配列（STR） 450
炭酸脱水酵素 68, 157
炭酸デヒドラターゼ 68, 151, 157
胆汁酸 162
胆汁酸塩 255
タンジル病 184
炭水化物 → 糖質
炭　素 6
タンデム質量分析計（MS/MS） 78
ダントロレン 133
タンパク質 7, 44, 147, 155
——の一次構造 47
——の折りたたみ 52, 391
——の結晶化 81
——の三次元構造の決定 81
——の三次構造 47, 51
——の進化 9, 55
——の精製 72
——のドメイン 55
——の二次構造 47, 49
——の免疫学的同定法 76
——の四次構造 47, 54
——のリン酸化 467
タンパク質・エネルギー栄養障害（PEM） 147, 259
タンパク質ジスルフィドイソメラーゼ（PDI） 391, 424
タンパク質単量体 47
タンパク質データベース（PDB） 79
タンパク質配列解析 48
タンパク質分解 508
タンパク質模倣 384
単輸送 116

ち

チアミン 149
チアミン二リン酸（TPP） 203
チェーンターミネーション法 439
チオラーゼ 227
チオールエステル 191
逐次モデル 66
地中海貧血 63
窒素バランス 259
チミジル酸 282
チミジル酸シンターゼ 282
チミジン 325
チミジンキナーゼ 281, 454
チミン（T） 10, 274, 325
チミン二量体 354
チモーゲン 157
チャネル形成成分 125
中間径フィラメント（IF） 135, 141
中間密度リポタンパク質（IDL） 180
中　期 493
中心小体 139
中心体 139, 493
中心体周辺物質 139
中性脂肪 103, 156
チューブリン 135, 138
腸性肢端皮膚炎 151
調節軽鎖 134
調節酵素 288
超低密度リポタンパク質（VLDL） 167, 179

跳躍伝導 123
超らせん 337, 342
直接修復 354
チラコイド 314
チロキシン 151
チロシン 46, 147, 260
チロシンキナーゼ型受容体 462, 466
沈殿 73

つ，て

通過ペプチド 429
痛風 280
ツェルベーガー症候群 230, 430

Ti プラスミド 457
tRNA（転移RNA） 331, 376
TAF（TBP会合因子） 367
dAMP 275
TAG（トリアシルグリセロール） 104, 147, 155, 302
DAG（ジアシルグリセロール） 252, 303, 481
　　――の動態 178
dsRNA 414
t-SNARE 426
DHAP（ジヒドロキシアセトリン酸） 199, 225, 251, 301
THF（テトラヒドロ葉酸） 149, 269, 277
DHF（ジヒドロ葉酸） 277
DNアーゼ 164
DNA（デオキシリボ核酸） 2, 9, 274, 324
　　――の反復配列 450
　　――の複製 340
DNAアニーリング 444
DnaA 341
DNA組換え技術 436
DNAグリコシラーゼ 354
DNAクローニング 444
DNAクローン 437
DNA結合タンパク質 401
DNA結合ドメイン 401
DNAシークエンサー 440
DNA修復遺伝子 502
DNAチップ 443
DNAデータベース 457
DNAトランスポゾン 335
DnaB 341
TNF（腫瘍壊死因子） 498
DNAフィンガープリント法 451
DNAポリメラーゼⅠ，Ⅱ，Ⅲ 344
DNAポリメラーゼα, δ, ε 349
DNAマイクロアレイ 443
DNA融解 328
DNAリガーゼ 348, 444
DNP（ジニトロフェノール） 222
低エネルギー酸化合物 30
TF（転写因子） 399
TFⅡ因子 367
Dmc1 358
T管 134
T細胞 518
T細胞受容体（TCR） 518
テイ・サックス病 108, 425
低酸素 304
低酸素誘導因子（HIF） 304
TCR（T細胞受容体） 518, 523

TCA回路（クエン酸回路，クレブス回路，トリカルボン酸回路） 189, 204, 209, 301
dCMP 275
dGMP 275
定常状態 90
T状態 217
定常部 519
Dセグメント 522
dTMP 275
DPE（下流プロモーター配列） 367, 400
t-PA（組織プラスミノーゲン活性化因子） 510
TPP（チアミン二リン酸） 203
TBP（TATAボックス結合タンパク質） 367
TBP会合因子 367
低分子 6
低分子干渉RNA（siRNA） 413
低分子制御RNA 414
低分子量単量体GTPアーゼタンパク質 471, 478
低密度リポタンパク質（LDL） 109, 179
TIM 428
デオキシアデノシルコバラミン 228
デオキシアデノシン 325
デオキシグアノシン 325
2-デオキシ-D-グルコース 203
デオキシシチジン 325
デオキシチミン 325
2-デオキシ-D-リボース 325
デオキシヘモグロビン 7
デオキシリボ核酸 → DNA
デオキシリボース 325
2'-デオキシリボース 274
デオキシリボヌクレアーゼ 164
デオキシリボヌクレオシド 325
滴定曲線 39
　　酢酸の―― 39
テストステロン 257
デスミン 141
デスモシン 59
テタヌストキシン 426
データベースウェブサイト 83
鉄 64, 151, 412
鉄-硫黄中心 211
鉄-硫黄複合体 211
鉄応答配列（IRE） 411
鉄代謝 413
鉄-トランスフェリン複合体 412
テトラサイクリン 389
テトラヒドロビオプテリン 267
テトラヒドロ葉酸（THF） 149, 269, 277
テトラヒメナ 370
テトラピロール 315
デヒドラターゼ 202
デュシェンヌ型筋ジストロフィー 129
$\Delta G^{\circ\prime}$ 値 172, 193
デルマタン硫酸 60
テロメア 20, 350, 500
テロメア DNA 350
テロメラーゼ 350, 500
転移 501
転移RNA（tRNA） 331, 376
電位依存性開閉 K^+ チャネル 121
電位依存性開閉 Ca^{2+} チャネル 133
電位依存性開閉チャネル 117
電位依存性開閉 Na^+ チャネル 121
転移の脱アミノ反応 262
電気穿孔法 453
電子シャトル系 220

電子受容体 187
電子伝達系 187, 189, 192, 210
　　ミトコンドリアの―― 212
電子伝達体 187, 210
転写 363
　　――の開始 364
　　――の終結 364, 370
　　――の伸長 364
　　――の調節 365
転写因子 367, 399
　　――の活性化 405
転写開始点 363
転写開始複合体 367, 403
転写活性化ドメイン 401
転写減衰 408
転写産物 363
転写バブル 364
転写メディエーター 403
転写リプレッサー 405
デンプン 7, 148, 155

と

同化 4, 30, 155
透過性 110
　　脂質二重層の―― 110
糖原性 266
糖原性アミノ酸 240, 261
動原体 493
動原体微小管 140
糖原病 425
糖脂質 107
糖質（炭水化物） 7, 147, 155
糖質コルチコイド 168, 257, 300
糖質代謝 292
糖新生 166, 168, 238, 297
透析 73
逃走闘争反応 294
糖タンパク質 56, 113
動的不安定性 138
等電点（pI） 76
等電点電気泳動 76
糖尿病 309
動物細胞 17
等方輸送 116
動脈硬化 183
東洋人の顔面紅潮症候群 242
糖-リン酸骨格 329
特異性定数 91
ドコサヘキサエン酸 251
α-トコフェロール 150, 514
ドデシル硫酸ナトリウム（SDS） 75
トポイソメラーゼ 342
トポイソメラーゼⅠ 342
トポイソメラーゼⅡ 342
TOM 428
ドメイン 55
ドメインシャッフリング 56, 333
共輸送 116
共輸送系 116
トランスアミナーゼ 262
トランスアルドラーゼ 233
トランスクリプトーム 82
トランスケトラーゼ 233
トランスジェニック生物 457
トランス脂肪酸 109, 147
トランス槽 421

和文索引

トランスデューシン　470, 483
トランスフェクション　453
トランスフェラーゼ　247
トランスフェリン　412
トランスフェリン受容体タンパク質　411
トランスロケーション　384
トランスロコン　422
トリアシルグリセロール（TAG）
　　　　　104, 147, 155, 302
トリオースリン酸イソメラーゼ　52, 201
トリカルボン酸回路 → TCA 回路
トリコモナス原虫　335
ドリコールリン酸　424
トリパノソーマ　371
トリプシノーゲン　158
トリプシン　99, 158
トリプシンインヒビター　158
トリプトファン　46, 147, 260, 408
trp オペロン　398, 408
trp リプレッサー　399
トリヨードチロニン　151
ドルトン（Da）　6
トレオニン　46, 260, 289
ドローシャ　414
トロポコラーゲン　57
トロポニン　133
トロポミオシン　133
トロポモジュリン　137
トロンビン　509, 511
トロンボキサン　254
トロンボキサン A_2　510

な

ナイアシン　149, 188
内因子　149, 284
内因性経路　496, 509
内　腔　17
ナイーブな B 細胞　522
内　膜　16
長い散在反復配列（LINES）　336, 450
長い末端反復配列（LTR）　335
ナチュラルキラー細胞（NK 細胞）　517
ナトリウムイオン（Na^+）　113
Na^+/K^+-ATP アーゼ　114, 157
Na^+/K^+ チャネル　117
Na^+/K^+ ポンプ　114
ナトリウム-グルコース輸送体　161
Na^+ チャネル　117
ナリジクス酸　343
軟　骨　57, 61
軟骨芽細胞　57
ナンセンス変異　374

に

2 型糖尿病　309
肉　腫　501
ニコチンアミド　149
ニコチンアミドアデニンジヌクレオチド
　　　　　　　　　　　→ NAD
ニコチンアミドアデニンジヌクレオチドリン
　　　　酸 → NADP　249
ニコチン酸　149, 188
二次元(2-D)ゲル電気泳動　76

二次構造　47, 49
20S コア　392
二重逆数プロット　90, 95
二重らせん　10, 329
二次リンパ組織　519
ニック　348
二倍体　17, 332, 493
二本鎖 RNA　414
二本鎖切断の修復　355
二本鎖 DNA　9
二面角　49
乳　酸　189
　　──からのグルコース　241
乳酸アシドーシス　241
乳酸デヒドロゲナーゼ　93, 189, 243
乳　糖　159
ニューロフィラメント　141
ニューロペプチド Y（NPY）　152
ニューロン　119
尿　酸　266, 280
尿　素　262
尿素回路　263

ぬ～の

ヌクレオキャプシド　22
ヌクレオシド　274, 325
ヌクレオシド二リン酸キナーゼ　279
ヌクレオソーム　337, 406
ヌクレオチド　9, 188, 274
ヌクレオチド除去修復　354
ヌクレオポリン　431
ネオマイシン　389
ネオマイシン耐性遺伝子（NRG）　453
ネクローシス　495
ねじれ角　49
熱ショックタンパク質 → Hsp
熱力学　3
熱力学第一法則　3
熱力学第二法則　3, 27
ノイラミニダーゼ　23
脳　167, 238
能動輸送　113
嚢胞性繊維症　115, 451
ノーザンブロット法　439
ノックアウトマウス　453
ノックインマウス　453
ノナクチン　125
乗換え　494
ノルアドレナリン　272

は

バイオインフォマティクス
　　　　　12, 55, 72, 83, 436, 457
バイオテクノロジー　436
パイオニア因子　407
胚性幹細胞（ES 細胞）　21, 453
バイパータイト　431
ハイブリダイゼーションプローブ　438
ハイブリッド形成　328
ハイブリドーマ細胞　528
肺胞　60

培養哺乳類細胞　22
ハウスキーピング遺伝子　399
バーキットリンパ腫　504
バクテリア → 細菌
バクテリオファージ　21
バクテリオロドプシン　112
パクリタクセル　136
破傷風毒素　426
バソプレッシン　462
発がん　502
発がん性　469
白血球　255, 517
白血病　501
発現ベクター　447
パッセンジャー鎖　414
ハートナップ病　159
パピローマウイルス　502
パーフォリン　498, 527
パパイン　236, 515
パラクリン　463
パラクリン作用　460
バリノマイシン　125
バリン　45, 147, 260, 378
パリンドローム　437
バルビツール酸　270
パルミチン酸　227, 247
パルミトイル ACP　247
パルミトレイン酸　228
ハロタン　133
パワーストローク　130
ハンチントン病　391, 451
パンデミック　23
パントテン酸　149, 191
反応初速度　89
反応中心　315
半保存的複製　340

ひ

p53　492, 504
P450（シトクロム P450）　242, 511
P_i（無機リン酸）　30
pI（等電点）　76
PIAS　470, 478
PI3 キナーゼ（ホスファチジルイノシトール
　　　　3-キナーゼ）　470, 474
PIC（開始前複合体）　386
PIP_2（ホスファチジルイノシトール 4,5-ビス
　　　　リン酸）　475, 481
PIP_3（ホスファチジルイノシトール 3,4,5-
　　　　トリスリン酸）　475
PrP^{Sc}　391
PrP^c　391
PRPP（5-ホスホリボシル 1-二リン酸）　276
PRPP シンテターゼ　276
ヒアルロナン　61
ヒアルロン酸　61
PEM（タンパク質・エネルギー栄養障害）
　　　　　　　　　　　　　147, 259
PEP（ホスホエノールピルビン酸）　32, 238,
　　　　　　　　　　　　　　　320
PEP カルボキシラーゼ　320
PEP-CK（PEP カルボキシキナーゼ）　239,
　　　　　　　　　　　　　　　300
Bax　497
BamHI　437
BAC（細菌人工染色体）　448

PAGE（ポリアクリルアミドゲル電気泳動）
　　　　　　　　　　　　74, 438
PS（光化学系）　315
PS I（光化学系 I）　314
PS II（光化学系 II）　314
BSE（ウシ海綿状脳症）　391
PH　470
pH　38
PH ドメイン　468, 475
pH プロフィール　94
Bad　497
PFK（6-ホスホフルクトキナーゼ）　199,
　　　　　　　　238, 286, 298
PFK2（6-ホスホフルクト-2-キナーゼ）　299
BMI　151
PLC（ホスホリパーゼ C）　470, 481
PLP（ピリドキサール 5′-リン酸）　262
POMC（プロピオメラノコルチン）　152
Pol I, II, III　344
Pol α, δ, ε　349
ビオチン　149, 209, 247
B 形 DNA　10, 329
比活性　72
光呼吸　319
光シグナル　483
非競合阻害剤　95
非共有結合　6, 36, 52
非筋細胞　137
ビグアナイド　310
PKA（プロテインキナーゼ A）
　　　　　　　　291, 470, 476, 481
PKB（プロテインキナーゼ B）　297, 474
PKC（プロテインキナーゼ C）　470, 481
pK_a 値　38
飛行時間型分析計　78
非コード RNA（ncRNA）　336
非コード鎖　363
B 細胞　518, 522
非酸化的脱炭酸　191
PCR（ポリメラーゼ連鎖反応）　442
PCNA（増殖細胞核抗原）　347
Bcl-2　497
Bcl-x_L　497
微絨毛　136
微小管　135
微小管形成中心（MTOC）　139
ビシン　236
ヒスチジン　46, 97, 147, 260
　── のイミダゾール側鎖　97
His タグ　74
非ステロイド性抗炎症薬（NSAIDs）　256
ヒストン　337
ヒストンアセチルトランスフェラーゼ（HAT）
　　　　　　　　407
ヒストンデアセチラーゼ（HDAC）　407
ヒストン八量体　406
1,3-ビスホスホグリセリン酸　201
2,3-ビスホスホグリセリン酸（BPG）　67
非切断シグナル配列　423
ビタミン　148, 155, 464
ビタミン A　150, 484
ビタミン B_1　149
ビタミン B_2　149
ビタミン B_6　149, 262
ビタミン B_{12}　149, 283
ビタミン C　59, 149, 514
ビタミン D　150
ビタミン D_3　150, 464
ビタミン E　150, 514

ビタミン K　150, 510
必須アミノ酸　147, 260
必須脂肪酸　147, 251
PDI（タンパク質ジスルフィドイソメラーゼ）
　　　　　　　　391, 424
PTS（ペルオキシソーム移行シグナル）　429
PTS1　429
PTS2　429
PDK1　470, 475
PDGF（血小板由来増殖因子）　464
非デンプン性多糖類　148
ヒト ES 細胞（hESC）　455
P 糖タンパク質　115, 513
ヒト化モノクローナル抗体　529
ヒトゲノムプロジェクト　10, 441
ヒト免疫不全ウイルス（HIV）　22, 24, 335,
　　　　　　　　502
ヒドロキシアシル CoA デヒドロゲナーゼ
　　　　　　　　227, 230
ヒドロキシアパタイト　59
ヒドロキシプロリン　57
3-ヒドロキシ-3-メチルグルタリル CoA →
　　　　　　　　HMG-CoA
β-ヒドロキシ酪酸　169, 229
ヒドロキシリシン　57
ヒドロキシルラジカル　513
PPI（ペプチジルプロリルイソメラーゼ）
　　　　　　　　391, 424
BPG（2,3-ビスホスホグリセリン酸）　67
PBG（ポルホビリノーゲン）　270
非必須アミノ酸　147
皮膚　57
P 部位　380
非ヘム鉄　151
非変性ゲル　76
ヒポキサンチン　276, 377
ヒポキサンチン-グアニンホスホリボシルトランスフェラーゼ（HGPRT）　279
非保存的置換　55
非翻訳 RNA　416
非翻訳領域（UTR）　363
肥満　151
ピューロマイシン　389
標準自由エネルギー変化　29
標準生成自由エネルギー　29
標的細胞　460, 462
表皮水疱症　142
ビリオン　21
ピリドキサミン　149, 262
ピリドキサール　149, 262
ピリドキサールリン酸　149, 174
ピリドキサール 5′-リン酸（PLP）　262
ピリドキシン　149, 262
ビリベルジン　272
ピリミジン　275, 325
ピリミジン経路　281
ピリミジンヌクレオチド　281
微量塩基　377
ビリルビン　272, 514
ヒル係数　65
ピルビン酸　189, 199, 269
　── からのグルコース　238
　── の酸化的脱炭酸　191
ピルビン酸カルボキシラーゼ
　　　　209, 239, 244, 250, 298, 300
ピルビン酸キナーゼ　52, 202, 238, 300
ピルビン酸デカルボキシラーゼ　190
ピルビン酸デヒドロゲナーゼ
　　　　　　　191, 203, 290, 301

ピルビン酸デヒドロゲナーゼキナーゼ　301
ピルビン酸リン酸ジキナーゼ　320
ビンクリスチン　136
貧血　149
ビンブラスチン　136

ふ

ファージ　21
ファスシン　137
ファロイジン　136
ファンデルワールス力　37
V_0　89
v-SNARE　426
VNTR（可変縦列反復配列）　450
VLDL（超低密度リポタンパク質）　167, 179
vCJD（変異型 CJD）　391
V セグメント　521
部位特異的組換え　356, 521
部位特異的変異誘発　449
フィトステロール　109
フィードバック阻害　288
フィードフォワード　288
フィブリノーゲン　509
フィブリノペプチド　509
フィブリン単量体　509
フィブロネクチン　61
V_{max}　90
フィラミン　137
フィロキノン　150
フィロポディア　138
フェオフィチン　316
フェニルアラニン　46, 147, 260, 267
フェニルアラニンヒドロキシラーゼ　267
フェニルケトン尿症（PKU）　267
フェニルピルビン酸　267
フェリチン　412
フェレドキシン　316
フェレドキシン-NADP+ レダクターゼ　317
不応期　122
フォルミン　137
不可逆的な反応　28
不競合阻害　95
副溝　10
複合体 I　212, 214
複合体 II　212, 214
複合体 III　212, 214
複合体 IV　212, 214
複製　340
　　DNA の ──　340
複製起点　340
複製タンパク質 A（RPA）　492
複製フォーク　340, 346
フコース　157
フシジン酸　389
付着末端　444
ブチリル ACP　247
プテロイルグルタミン酸　277
太いフィラメント　129
ブドウ球菌ヌクレアーゼ　52
ブドウ糖　159
負の超らせん　342
負のモジュレーター　91
不飽和脂肪酸　108, 147, 185, 250
フマラーゼ　208
フマル酸　208
プライマー　344

和文索引

プライマーゼ 345
プライモソーム 347
フラグメントラダー 80
プラストキノール 316
プラストキノン 316
プラストシアニン 314, 316
プラス（＋）末端 129, 137
プラスマローゲン 107
プラスミド 16, 332
プラスミノーゲン 510
プラスミン 510
プラダー・ウィリ症候群 409
フラビンアデニンジヌクレオチド（FAD） 149, 188
フラビン酵素 211
フラビンタンパク質オキシダーゼ 514
フラビンモノヌクレオチド（FMN） 149, 188
プリ miRNA 414
プリオン 391
プリオン病 391
フリッパーゼ 254
フリップ・フロップ 108
プリブナウボックス 364
フリーラジカル 508, 513
プリン 275, 325
　――の再利用経路 279
プリンヌクレオチド 275
フルオロウラシル 283
フルクトキナーゼ 301
フルクトース 159, 300
フルクトース-1,6-ビスホスファターゼ 286, 298
フルクトース 1,6-ビスリン酸 199, 239, 286
フルクトース 2,6-ビスリン酸 299
フルクトース 6-リン酸 198, 235, 286
プレ miRNA 414
プレクストリン相同ドメイン 468
プレタンパク質 428
フレームシフト変異 380
フレンチパラドックス 515
プロウイルス DNA 359
プロエラスターゼ 158
プロエラスチン 59
プロオピオメラノコルチン 152
プロカスパーゼ 496
プロカスパーゼ 9 497
プログラム細胞死 463, 490
プロゲステロン 464
プロ酵素 157
プロコラーゲン 57
プロシアニジン 514
プロスタグランジン 95, 254, 462
プロスタサイクリン 256
プロテアーゼ 60, 158
プロテアーゼインヒビター 510
プロテアソーム 302, 392
プロテインキナーゼ 289
プロテインキナーゼ A（PKA） 291, 470, 476, 481
プロテインキナーゼ B（PKB） 297, 474
プロテインキナーゼ C（PKC） 470, 481
プロテインシークエンサー 80
プロテインホスファターゼ 289
プロテインホスファターゼ 1 296
プロテオグリカン 60
プロテオミクス 12, 72, 82, 457
プロテオーム 12, 82
プロトオンコジーン 503

プロトポルフィリン 269, 271
プロトロンビン 511
プロトン 187
プロトン駆動力 213
H^+/Na^+-ATP アーゼ 157
プロピオニル CoA 228
プロピオン酸 228
　――からのグルコース 242
プロフィリン 137
プロモーター 363, 367, 397, 400
プロリン 47, 50, 57, 260
　――の翻訳後修飾 56
プロリンヒドロキシラーゼ 57, 305
分　化 20
　――した細胞 20
分画遠心法 72
分　極 120
分枝酵素 173
分子シャペロン → シャペロン
分子生物学 2
分枝側鎖脂肪族アミノ酸 45
分枝点移動 357
分子病 63
分枝部位 369
分子ふるい 73, 75
分子モーター 127, 135
分子量 6
分　配 155
分泌顆粒 425
分泌タンパク質 420

へ

ヘアピンカーブ 50
平滑筋 127
平滑末端 133
平衡状態 444
平衡定数 29
壁細胞 29
ヘキサノイル ACP 247
ヘキソキナーゼ 88, 172, 176, 238, 292
ヘキソースリン酸イソメラーゼ 199
ベクター 444
ベクロニウム 119
β 酸化 227
β シート 47, 50
β ストランド 51, 112
β ターン 50
β タンパク質 347
β バレル構造 112
ベックウィズ・ウイーデマン症候群 409
ヘテロクロマチン 338
ヘテロ三量体 G タンパク質 478
ヘテロ接合体アドバンテージ 63
ヘテロダイマー 54
ヘテロトロピックなアロステリックモジュレーター 67, 92
ヘテロ二量体 54
ヘテロ二量体 DNA 356
ヘテロリボ核タンパク質複合体（hnRNP） 431
ペニシリン 16
ヘパラン硫酸 60
ヘパリン 60, 510
ペプシノーゲン 157
ペプシン 100, 157
ペプチジル転移反応 382

ペプチジルトランスフェラーゼ 382
ペプチジルプロリルイソメラーゼ（PPI） 391, 424
ペプチド結合 47, 157
ペプチド質量分析 77, 79
ペプチドマスフィンガープリント法 77
ヘ　ム 64, 210, 269
ヘムオキシゲナーゼ 272
ヘム鉄 151
ヘモグロビン 64, 151, 269, 413
ペラグラ 149
ヘリカーゼ 341, 346
ヘリックス・ターン・ヘリックス（HTH） 401
ヘリックス・ループ・ヘリックス（HLH） 403
ペルオキシソーム 19, 230, 419, 429
ペルオキシソーム移行シグナル（PTS） 429
ペルオキシド 215, 429
ペルオキシン 429
ヘルパー T 細胞 518, 523
変異型 CJD（vCJD） 391
変性ゲル 75
変旋光 159
ヘンダーソン・ハッセルバルヒの式 31
ペントースリン酸経路 232
鞭　毛 140

ほ

ボーア効果 68
補因子 93
芳香族アミノ酸 46, 267
紡錘体 141, 493
飽和脂肪酸 108, 147, 249
母系性 332
補欠分子族 56, 94, 188
補酵素（コエンザイム） 94, 188
補酵素 A → CoA
補酵素 Q → ユビキノン
ポジショナル(位置)クローニング 451
ポジティブ-ネガティブ選択 454
ホスファターゼ阻害因子 1 296
ホスファチジルイノシトール（PI） 106, 253
ホスファチジルイノシトール 3-キナーゼ（PI3 キナーゼ） 470, 474
ホスファチジルイノシトール 3,4,5-トリスリン酸（PIP_3） 475
ホスファチジルイノシトール 4,5-ビスリン酸（PIP_2） 475, 481
ホスファチジルエタノールアミン（PE） 105, 252
ホスファチジルコリン（PC） 105, 156, 184, 252
ホスファチジルセリン（PS） 105, 253
ホスファチジン酸 105, 253
ホスホエノールピルビン酸 → PEP
3-ホスホグリセリン酸 269, 317
ホスホグリセリン酸キナーゼ 201
ホスホグリセリン酸ムターゼ 202
ホスホグルコムターゼ 172, 174
6-ホスホグルコン酸 232
6-ホスホグルコン酸デヒドロゲナーゼ 232
ホスホジエステラーゼ 476
3-ホスホセリン 269
4-ホスホパンテテイン 247
3-ホスホヒドロキシピルビン酸 269

和文索引

6-ホスホフルクトキナーゼ（PFK）　199, 238, 286, 298
6-ホスホフルクト-2-キナーゼ（PFK2）　299
ホスホプロテインホスファターゼ　289, 472
ホスホヘキソースイソメラーゼ　199, 235
ホスホリパーゼ　164
ホスホリパーゼ A_2（PLC）　255
ホスホリパーゼ C　470, 481
5-ホスホリボシルアミン　276
ホスホリボシルトランスフェラーゼ　279
5-ホスホリボシル 1-二リン酸（PRPP）　276
ホスホリラーゼ a　295
ホスホリラーゼ b　295
ホスホリラーゼキナーゼ　295
細いフィラメント　129
保存的置換　55
補体系　520
ボツリヌス毒素　426
ポテンシャル（位置）エネルギー　4
骨　57
ホメオドメインタンパク質　401
ホモゲンチジン酸　268
ホモシステイン　268, 283
ホモダイマー　54
ホモトロピックな協同的効果　65, 92
ホモ二量体　54
ホモロジー　55
ホモロジーモデリング　82
ポリアクリルアミド　74
ポリアクリルアミドゲル電気泳動（PAGE）　74, 438
ポリアデニル化シグナル配列　370
ポリシストロン性　396
ポリシストロン性 mRNA　362
ポリソーム　386
ホリデイ連結　356
ポリヌクレオチド　326
ポリープ　501
ポリフェノール　515
ポリペプチド　7, 48
ポリペプチド骨格　48
ポリマー　7
ポリミキシン　125
ポリメラーゼ連鎖反応（PCR）　442
ポリリボソーム　386
ポーリン　110, 112
ポルフィリン症　413
ポルホビリノーゲン（PBG）　270
ポルホビリノーゲンデアミナーゼ　270
ホルボールエステル　482
ホルミル基　277
N^{10}-ホルミルテトラヒドロ葉酸　277
ホルミルトランスフェラーゼ　278
N-ホルミルメチオニン　381
ホルモン　460, 462
ホルモン感受性リパーゼ　225, 302, 476
ホルモン調節　290, 298
ホロ酵素　56, 94
ポンペ病　425
翻訳　363, 373
　——の開始　380, 386
　——の終結　384, 388
　——の伸長　382, 387
　——の精度　384
翻訳後修飾　56
　プロリンの——　56
翻訳後輸送　419, 428
翻訳中輸送　420, 422

ま

マイクロ RNA（miRNA）　11, 336, 412
マイクロ RNA 遺伝子　11
マイクロサテライト　450
マイトジェン活性化プロテインキナーゼ　472
マイナス（−）末端　129, 137
マウス　22
膜間腔　428
膜貫通タンパク質　423
膜貫通ドメイン　115
膜脂質　16, 107
膜タンパク質　56, 110
膜電位　120
膜内在性タンパク質　110, 124, 420
膜表在性タンパク質　110
膜ポンプ　113
膜輸送　113
マクロファージ　18, 517
末梢性神経障害　140
末端付加　355
マトリックス　190
マトリックス支援レーザー脱離イオン化（MALDI）　77
マトリックスペプチダーゼ　428
マラリア　63
マルチサブユニットタンパク質　54
マルチプレックス　451
MALDI-TOF 質量分析計　78
マルトース　160
マロニル CoA　246, 302
マロン酸　247

み

ミエリン鞘　123
ミオグロビン　52, 63, 151
ミオシン　127, 129
ミオシン II　137
ミオシン軽鎖　129, 134
ミオシン頭部　131
ミカエリス定数　90
ミカエリス・メンテン型酵素　90
ミカエリス・メンテン型反応速度論　90
ミカエリス・メンテンの式　90
ミクロシスチン　473
ミクロフィラメント　135
短い散在反復配列（SINES）　336, 450
水　6, 37
水分解中心　317
ミスマッチ修復　352
Myc　504
密性結合組織　57
ミトコンドリア　18, 190, 419, 428
　——の電子伝達系　212
ミトコンドリア内膜　18
ミトコンドリア膜貫通輸送　220
ミネラル　150, 155
ミネラルコルチコイド　257

む〜も

無益回路　168, 286
無機イオン　113
無機質　150
無機二リン酸（PP_i）　31
無機ピロホスファターゼ　35, 173, 225
無機ピロリン酸（PP_i）　31
無機リン酸（P_i）　30
娘染色体　493
ムチン　157
無脳症　282
メタボローム　82
メタロプロテアーゼ　100
メチオニル tRNA　381
メチオニン　45, 147, 260, 268, 283, 381
メチオニンシンターゼ　283
メチル化　352
　シトシンの——　407
メチル基転移　268
メチル基捕獲　283
メチルコバラミン　149
5-メチルシトシン　407
メチルトランスフェラーゼ　268, 408
メチルマロニル CoA　228
メチルマロニル CoA ムターゼ　228
メチルマロン酸アシドーシス　228
MEK　471
メッセンジャー RNA（mRNA）　10, 332, 361
メディエーター　403
メトトレキセート　283
メトヘモグロビン　514
メナキノン　150
メナジオン　150
メバロン酸　179, 257
メープルシロップ尿症　267
メルカプツール酸　512
β-メルカプトエチルアミン　191
免疫学的同定法　76
　タンパク質の——　76
免疫寛容　522
免疫グロブリン（Ig）　519
免疫グロブリン A（IgA）　520
免疫グロブリン E（IgE）　520
免疫グロブリン G（IgG）　519
免疫グロブリン M（IgM）　520
免疫増強剤　518
メンケス病　58
毛細血管拡張性運動失調症　492
網状内皮細胞　271
網膜芽細胞腫遺伝子　504
網膜芽細胞腫タンパク質（Rb）　492
モータータンパク質　127, 139
モノオキシゲナーゼ　267
モノオキシゲナーゼ反応　512
モノクローナル抗体　528
モルテングロビュール　388

や 行

ヤヌスキナーゼ（JAK）　470, 477
夜盲症　150
有機リン系神経ガス　119
有糸分裂　20, 338, 489, 493
優性　504
誘導適合　88
誘導物質　398
遊離アミノ酸プール　166, 177

和文索引

遊離脂肪酸（FFA） 181
UMP（ウリジル酸） 275, 282
ユークロマチン 338
輸送小胞 420
UTR（非翻訳領域） 363
UTP（ウリジン三リン酸） 172
UDP ガラクトースエピメラーゼ 177
UDP グルコース（UDPG） 172
UDP グルコースピロホスホリラーゼ 173
ユニポート 116
ユビキチン 392
ユビキチン活性化酵素 393
ユビキチン-プロテアソームシステム 392
ユビキチンリガーゼ 393
ユビキノール：シトクロム c オキシドレダクターゼ 212
ユビキノン 211, 314
Uvr 354
ゆらぎ塩基対形成 377

溶血性貧血 236
葉酸 149, 268, 277
葉酸欠乏 282
葉状仮足 138
ヨウ素 151
葉緑体 19, 313, 429
読み枠 380
弱い二次結合 6
四次構造 47, 54

ら

ライブラリー 446
ラインウィーバー・バークプロット 90
LINES（長い散在反復配列） 336, 450
ラウス肉腫ウイルス 468
ラギング鎖 345
ラクターゼ 161
ラクトース 156, 159, 161
ラクトースパーミアーゼ 396
ラクトース不耐症 161
Ras 113, 470, 474, 504
Ras 経路 462, 469
Ras タンパク質 469
lac オペロン 396
lac リプレッサー 397
ラット 22
ラット肉腫ウイルス 469
Raf 471, 504
ラミン 141
λ ファージ 22, 447
ラメリポディア 138
ラリアット構造 369
Ran 432
ランゲルハンス島 290
Ran-GTP 432
Ran-GDP 432
卵白アルブミン 53

ランビエ絞輪 123

り

リアノジン受容体タンパク質 133
リウマチ熱 518
リガンド依存性開閉チャネル 117
リシルオキシダーゼ 58
リシン 46, 59, 147, 260, 389
RISC（RNA 誘導型サイレンシング複合体） 414
リソソーム 19, 421, 426
リソソーム酵素輸送小胞 426
リソソームタンパク質 420
リソソーム蓄積症 424
リーディング鎖 345
リーディングフレーム 380
リノール酸 147, 251
リノレン酸 147, 251
リパーゼ 162
リブロース 1,5-ビスリン酸 318
リブロース 1,5-ビスリン酸カルボキシラーゼ／オキシゲナーゼ 318
リブロース 5-リン酸 232
リボース 274
リボ核酸 → RNA
5-リポキシゲナーゼ 255
リボザイム 12, 370, 382
リポ酸 204
D-リボース 325
リボスイッチ 410
リボース付加反応 275
リボース 5-リン酸 232
リボソーム 10, 18, 373, 376, 379, 385, 421
リボソーム RNA（rRNA） 331, 379
リボソームリサイクリング因子（RRF） 385
リボタンパク質 164, 178
リポタンパク質 (a) 183
リポタンパク質リパーゼ 181, 251
リボヌクレアーゼ 164
リボヌクレアーゼ P 370
リボヌクレオチドレダクターゼ 282
リボフラビン 149
硫酸基 60
流動モザイクモデル 110
両親媒性分子 11, 103
良性腫瘍 501
両性電解質 76
リレンザ 24
リンカー DNA 406
リンクタンパク質 62
リンゴ酸 208
リンゴ酸-アスパラギン酸シャトル 220, 243, 262
リンゴ酸酵素 250, 320
リンゴ酸デヒドロゲナーゼ 208
リン酸 30

リン酸イオン 32
── の緩衝作用 40
── の共鳴構造 32
リン酸エステル 31
リン酸エステル結合 172
リン酸化 288
タンパク質の── 467
── の調節 290
リン酸基 31
エネルギー収支における── の役割 31
リン酸ジエステル結合 326, 329
リン酸無水物 31
リン酸輸送体 220
リン脂質 107, 163
リン脂質輸送タンパク質 254
リンパ 164
リンパ液 519
リンパ球 518
リンパ節 519

る〜わ

ルビスコ 318
ループモデル 346
零次反応 90
レシチン 105, 184
レシチン-コレステロールアシルトランスフェラーゼ（LCAT） 184
レチナール 150
11-cis-レチナール 483
レチノイン酸 150, 464
レチノール 150
レッシュ・ナイハン症候群 279
レドックス対 192
レトロウイルス 24, 359, 502, 504
レトロトランスポゾン 335
レニン 100
レバーアーム 131
レプチン 152, 303
レプリコン 340
レプリソーム 17
レムナント受容体 182
レンニン 158
ロイコトリエン 255
ロイシン 45, 147, 260
ロイシンジッパー 402
ρ 因子 365
ロテノン 223
ロドプシン 483

YAC（酵母人工染色体） 351, 447
ワクシニアウイルス 21
ワトソン・クリック型塩基対 10, 328
ワルファリン 510
ワールブルク効果 203

欧 文 索 引

A

ABCA1 184
ABC transporter 115, 513
absolute temperature 27
absorption 155
abzyme 88
ACAT 163
acetoacetic acid 228
acetylcholine 119
acetylcholinesterase 119
acetyl-CoA carboxylase 247
N–acetylgalactosamine 60
N–acetylglucosamine 60, 107
aconitase 206
ACP 247
acquired immune system 517
acquired immunodeficiency syndrome 502
acrodermatitis enteropatica 151
actin filament 127
actin microfilament 135
action potential 122
active center 87
active site 87
active transport 113
acute intermittent porphyria 270, 413
acyl carrier protein 247
acyl-CoA : cholesterol acyltransferase 163
acyl-CoA synthetase 226
acylphosphate 32
adaptin 427
adaptor molecule 376
adenine 10, 325
adenosine deaminase 456
adenosine diphosphate 33
adenosine monophosphate 33
adenosine triphosphate 4, 33
S-adenosylhomocysteine 268
S-adenosylmethionine 268
adenylate cyclase 291
adipocyte 165
adipocytokine 152
adipokine 152
adiponectin 152
adipose triacylglycerol lipase 302
ADP 33
adrenaline 169, 272, 290
adrenergic β$_2$-receptor 479
adult stem cell 21, 453
aerobic glycolysis 189
affinity 91

affinity chromatography 74
affinity maturation 526
aflatoxin 502
A form 329
agarose gel electrophoresis 438
aggrecan 61
agouti-related peptide 152
AgRP 152
AIDS 502
AIP 270
Akt 297
Akt/PKB 297
ALA 270
alanin aminotransferase 262
alanine 45, 240
ALA-S 270
ALA synthase 270, 413
alcaptonuria 268
aldolase 199
aldolase B 301
allele 332, 493
allolactose 398
allopurinol 280
allosteric control 288
allosteric effector 91, 288
allosteric enzyme 91
allosteric modulator 91, 288
allosteric protein 65
all–$trans$ retinal 483
α/β barrel 52
α configuration 160
α helix 49
ALT 501
alternative lengthening of telomeres 501
alternative splicing 333, 369
Alzheimer disease 119, 391
amethopterin 283
amino acid 44
amino acid residue 48
amino acid sequence 48
aminoacyl residue 48
aminoacyl-tRNA 375
aminoacyl-tRNA synthetase 375
aminolevulinate synthase 270, 413
aminopeptidase 159
aminopterin 283
amino sugar 107
amino terminal 48
aminotransferase 262
AMP 33
AMP-activated protein kinase 303
amphipathic molecule 103
amphiphilic molecule 103
ampholyte 76
amphoteric electrolyte 76

amphotericin B 125
AMPK 302
AMP kinase 35
AMPK kinase 304
amplifying cascade 295, 508
α-amylase 160
amylin 152
amyloid 391
amylopectin 160
amylose 160
anabolism 30, 155
anaerobic glycolysis 190
anaphase 493
anaphase promoting complex 492
anaplerotic pathway 208
anchor sequence 423
anemia 149
anencephaly 282
Angelman syndrome 409
angiogenesis 304
angiotensin 480
ankyrin 124
annealing 328
antenna chlorophyll 315
antibody 518
anticodon 376
antigen 517
antigen-presenting cell 517
antigen drift 23
antigen shift 23
antioxidant 514
antiport 116
α$_1$-antiproteprotease 60
antisense RNA 416
antisense strand 363
α$_1$-antitrypsin 60
Apaf-1 497
APC 517
apoenzyme 56, 94
apolipoprotein 180
apolipoprotein B 164
apoptosis 463, 495
apoptosome 497
apoptotic protease-mediating factor 497
APR 492
AP site repair 354
aptamer 410
aquaporin 110
$Arabidopsis$ 335
$Arabidopsis\ thaliana$ 22
arachidonic acid 147
archaea 15
archaebacteria 15
arcuate nucleus 152
ARE 411

Arf 425
arginase 263
arginine 46
argininosuccinate lyase 265
argininosuccinate synthase 264
argininosuccinic acid 265
Argonaute 414
Arp2/3 137
β-arrestin 481
ascorbic acid 514
A site 380
asparagine 46
aspartate 46
aspartate carbamoyl transfease 93
aspartic acid 46
aspartic protease 100
aspirin 255
aster microtubule 141
ataxia telangiectasia 492
ataxia telangiectasia mutated 492
ATGL 302
atherosclerosis 183
ATM 492
atomic mass 6
ATP 4, 33
ATP-binding cassette transporter 115, 513
ATP-citrate lyase 250
ATP synthase 213
atrial natriuretic peptide 485
attenuation 408
AU-rich element 411
autocrine 464
autoimmune disease 518
autoimmune reaction 518
autophagosome 428
autosome 332
azidothymidine 24
AZT 24

B

BAC 448
bacteria 15
bacterial artificial chromosome 448
bacteriophage 21
bacteriorhodopsin 112
Bad 497
BamHI 437
basal element 367
basal lamina 57
basal transcription factor 367
base excision repair 354

欧文索引

base stacking 329
Bax 497
B cell 518
Bcl-2 497
Bcl-x$_L$ 497
Beckwith-Wiedemann syndrome 409
benign tumor 501
β-oxidation 227
β protein 347
β sheet 50
B form 329
bilirubin 272, 514
biliverdin 272
biochemistry 2
bioinformatics 12, 55, 83, 457
biotechnology 436
bipartite 431
2,3-bisphosphoglycerate 67
blood clotting 508
BMI 151
botulinus toxin 426
bovine spongiform encephalopathy 391
BPG 67
branched-chain aliphatics amino acid 45
branching enzyme 173
branch migration 357
branch site 369
BSE 391
Burkitt's lymphoma 504

C

cadherin 126
Caenorhabditis elegans 22, 335
CAK 491
calcitonin 369
calcitonin gene-related peptide 369
calmodulin 134, 483
Calvin cycle 319
cAMP 291
cAMP phosphodiesterase 292
cAMP response element 481
cAMP-response-element-binding protein 404
cancer 500
19S cap 392
CAP 397
capping 368
CapZ 137
carbamoyl phosphate 264
carbamoyl-phosphate synthase 264
carbohydrate 148, 155
carbonate dehydratase 68, 157
carbonic anhydrase 68, 157
carboxypeptidase 158
carboxypeptidase A 100
carboxy terminal 48
carboxy terminal domain 366
carcinoma 501
cardiolipin 106
carnitine 226
carnitine acyltransferase I 226

carnitine acyltransferase II 226
β-carotene 514
caspase 496
caspase-9 497
catabolism 30, 155
catabolite gene-activator protein 397
catalase 91, 515
catalytic receptor 465
catalytic site 87
catalytic triad 96
CBP 404
CCK 152
CD 527
Cdk 490
Cdk activating kinase 491
Cdk inhibitor 491
cDNA 335, 448
cell-mediated immunity 518
cell membrane 17
cellulose 7
centromere 493
centrosome 139, 493
cephalin 105
ceramide 106
cerebroside 106
CETP 184
cGMP 483
cGMP phosphodiesterase 484
CGRP 369
chain-termination method 439
change of free energy 27
chaperone 54, 388, 424
chaperonin 389
chemical equilibrium point 28
chemical potential energy 4
chemiosmotic mechanism 213
chemokine 517
chemotherapy 283
chemotroph 3
chiasmata 358
chloramphenicol 389
chloroplast 19, 313, 429
cholecystokinin 152, 158
cholera 480
cholesterol 109, 148
cholesterol ester 163
cholesterol ester transfer protein 184
choline 105
chondroitin sulphate 60
chromatid 493
chromatin 337, 406
chromatin remodeling 406
chromosome 9
chylomicron 163, 179
chymotrypsin 96, 158
cistron 362
citrate synthase 205
CJD 391
Cki 491
clathrin 427
clathrin-coated pit 427
clathrin-coated vesicle 427
clonal selection 523
cloning vector 444
CMP 275
CoA 191
coatomer protein 425

coding strand 363
codon 10, 324, 374
coenzyme 94, 188
coenzyme A 191
cofactor 93
cohesin 493
colchicine 136
colipase 162
collagen 57
colony-stimulating factor 464
competitive inhibitor 95
complementarity 328
complementary base pairing 328
complementary DNA 335, 448
complement system 520
concerted model 65
condensing enzyme 247
cone 483
conformational change 114, 351
conjugated system 63
conjugate pair 192
conjugation 356
connecting loop 51
consensus sequence 364
conservative substitution 55
constant region 520
constitutive expression 365
contact inhibition 500
conventional kinesin 139
convergent evolution 56
COP-coated vesicle 425
coproporphyrinogen 271
CoQ 211
20S core 392
core enzyme 364
core promoter 400
core protein 60
Cori cycle 241
coronary heart disease 183
cortisol 168, 240
cosmid 447
cotranslational transport 420
cotransport 116
coupled reaction 34
covalent bond 5
covalent modification 288
COX-1 256
COX-2 256
COX-2 inhibitor 256
CpG island 407
C$_4$ photosynthesis 320
C$_4$ plant 320
CRE 481
creatinine 128
CREB 404, 481
CRE-binding protein 481
Creutzfeldt-Jakob disease 391
crista 18, 190
Cro 401
crossing-over 494
CSF 464
CTD 366
C-terminal 48
CTP 252
cultured mammalian cell 22
curare 119
cyclic AMP 291
cyclic AMP receptor protein 397

cyclic photophosphorylation 317
cyclin 490
cyclin-dependent kinase 490
cyclooxygenase 255
CYP 511
cysteine 46
cysteine protease 100
cystic fibrosis 115, 451
cystine 47
cytidine triphospate 252
cytochalasin 136
cytochrome 210
cytochrome *bf* complex 316
cytochrome *c* 496
cytochrome P450 511
cytokine 20, 463, 490, 517
cytokinesis 138, 338, 493
cytoplasm 17
cytosine 10, 325
cytoskeleton 20, 123, 134
cytosol 17
cytosolic protein 419
cytotoxic T cell 518

D

DAG 481
dalton 6
dAMP 275
daughter chromosome 493
dCMP 275
deamination 261
death receptor 496
debranching enzyme 175
degeneracy 374
dehydratase 202
dehydrogenation 227
ΔG 27
ΔH 26
ΔS 27
denaturing gel 75
dendritic cell 517
de novo methyltransferase 408
dense connective tissue 57
deoxyadenosylcobalamin 228
deoxyhaemoglobin 7
deoxyribonucleic acid 9, 274, 325
deoxyribonucleoside 325
2-deoxy-D-ribose 325
deoxyribose 325
dephosphorylation 288
depolarization 121
dermatan sulphate 60
desmin 141
dGMP 275
DHF 277
diabete mellitus type 1 518
diacylglycerol 481
dialysis 73
Dicer 414
dideoxy method 439
dietary fiber 148
differentiated cell 20
differentiation 20
digestion 155
dihydrobiopterin 267

dihydrofolate reductase 282
dihydrofolic acid 277
dinitrophenol 222
dinucleotide 326
dipeptide 47
diphosphatidylglycerol 106
diphtheria toxin 389
diploid 17, 332, 493
direct repair 354
distribution 155
disulfide bond 54
Dmc1 358
DNA 9, 274, 325
DnaA 341
DnaB 341
DNA-binding protein 401
DNA chip 443
DNA clone 437
DNA ligase 348
DNA melting 328
DNA microarray 443
DNA polymerase 344
DNA-repair gene 502
DNA transposon 335
dolichol phosphate 424
domain 55
domain shuffling 56, 333
dominant 504
double reciprocal plot 90
down regulation 481
downstream promoter element 367, 400
DPE 367, 400
Drosha 414
Drosophila 335
Drosophila melanogaster 22
dsRNA 414
dTMP 275
dynamic instability 138
dynamin 427
dynein 139
dystrophin 129

E

*Eco*RI 437
EF 382
EF-G 382
EF-Tu 382
EGF 464
eicosanoid 254
eIF 386
elastase 60, 99, 158
elastin 59
electron transport system 189
electrophile 97
electrophilicity 187
electroporation 453
electrospray ionization 77
ELISA 77, 529
elongation 363, 380
elongation factor 382
embryonic stem cell 21, 453
ENCODE 416
Encyclopaedia of DNA Elements 416
endergonic reaction 171

end-joining 355
endocytosis 109
endopeptidase 96, 158
endoplasmic reticulum 17, 420
endoplasmic reticulum protein 420
endosome 428
endosome vesicle 426
energy of activation 87
enhancer 400
enolase 202
enol pyruvic acid 32
enteropeptidase 158
enthalpy 26
entropy 3, 27
entropy change 27
enzyme 86
enzyme catalysis 86
enzyme kinetics 89
enzyme-linked immunosorbent assay 77, 529
epidermal growth factor 464
epidermolysis bullosa 142
epigenetic 408
epinephrine 169, 290
epitope 520
equilibrium constant 29
ER 17, 420
ERK 470
erythromycin 389
erythropoietin 304, 464
Escherichia coli 22
ESI 77
E site 380
essential amino acid 147
essential fatty acid 147, 251
estrogen 464
ethanolamine 105
eubacteria 15
euchromatin 338
eukaryote 15
eukaryotic initiation factor 386
excinuclease 354
excision endonuclease 354
exocytosis 110
exon 333, 368
exon shuffling 333
exon theory 333
exonuclease 348
exopeptidase 96, 158
exportin 432
expression vector 449
extracellular matrix 56
extracellular protein 420
extracellular receptor 462
extracellular signal-regulated protein kinase 472
extremophile 15
extrinsic pathway 496, 509

F

facilitated diffusion 116
F actin 129
FAD 188
FADD 498
familial hypercholesterolaemia 183

FAS 247
Fas-associated protein with a death domain 498
fascin 137
Fas ligand 498
Fas receptor 498
fat 147, 155
fat soluble 149
fatty acid synthase 247
ferredoxin 316
ferredoxin-NADP$^+$ reductase 317
FFA 181
FH$_2$ 277
FH$_4$ 277
fibrin monomer 509
fibrinogen 509
fibrinopeptide 509
fibroblast 57
fibronectin 61
filamin 137
filopodium 138
first law of thermodynamics 3
frst order reaction 90
flavin adenine dinucleotide 188
flight-or-fight response 294
fluid mosaic model 110
fluorouracil 283
fMet 381
FMN 188
folic acid 277
formin 137
N^{10}-formyltetrahydrofolic acid 277
F plasmid 17
fraction 73
frameshift mutation 380
free fatty acid 181
free radical 508
fructokinase 301
fructose 159
fructose-1,6-bisphosphatase 298
fumarase 208
fusidic acid 389

G

G$_1$ phase 341
G$_2$ phase 341
G actin 129
GAG 60
β-galactosidase 161, 396, 445
galactoside acetyltransferase 397
β-galactoside permease 397
gal operon 398
γ complex 347
gancyclovir 454
ganglioside 107
gangliosidosis 108, 425
GAP 422, 471
gap junction 125
gastrin 157
GATA1 400
gated ion channel 117
gated pore 117
G-CSF 464

GEF 422
gel 73
gel electrophoresis 74, 437
gel filtration 73
gelsolin 137
gene 10
gene knockdown 415
general acid-base catalysis 97
general recombination 356
gene rearrangement 521
gene technology 436
gene therapy 456
genetically modified organisms 457
genetic code 10, 374
genetic engineering 436
genetic mutation 501
genome 12, 17, 82
Genome Wide Association Studies 452
genomic imprinting 408
genomic library 447
genomics 12, 82
geometric selection 351
germ cell 20
ghrelin 152
G$_i$ 480
Gibbs free energy 27
glucagon 168, 290, 462
glucocorticoid 168, 257, 464
glucogenic amino acid 240, 261
glucokinase 292
gluconeogenesis 166, 238
glucose 159
glucose-6-phosphatase 174, 239
glucose-6-phosphate dehydrogenase 232
glucose-6-phosphate isomerase 199
glucuronidation 512
GLUT 176
glutamate 46
glutamate dehydrogenase 261
glutamic acid 46
glutamine 46, 240
glutamine synthetase 265
glutathione 235, 512
glutathione peroxidase 236, 515
glutathione reductase 236, 515
glutathione *S*-transferase 512
glycan 16
glyceraldehyde-3-phosphate dehydrogenase 201
glycerol 241
glycerol kinase 241
glycerol-3-phosphate dehydrogenase 220
glycerol phosphate shuttle 220
glycerophospholipid 104
glycine 45
glycogen 7
glycogen breakdown 174
glycogenin 171
glycogen phosphorylase 174
glycogen storage disease 425
glycogen synthase 173
glycogen synthase 3 476
glycogen synthase kinase 476
glycogen synthase kinase 3 297

glycolipid 107
glycolysis 26, 189
glycophorin 111
glycoprotein 56
glycosaminoglycan 60
glycosidic bond 159
glycosphingolipid 106
glyoxylate cycle 196, 243
glyoxysome 20
GMO 457
GMP 275
Golgi body 18, 421
Golgi cisternae 18, 421
gout 280
GPCR 462
G_1 phase 489
G_2 phase 489
G protein 471
G protein-coupled receptor 462
G protein-coupled receptor kinase 481
gramicidin 125
granulocyte colony stimulating factor 464
granzyme 498
gravitational potential energy 4
GRB 469
GRK 481
GroEL 389
GroES 389
growth factor 20, 463, 490
growth factor receptor-binding protein 469
G_s 480
GS3 476
GSK 476
GSK3 297
GSSG 236, 515
G_t 483
GTPase 421, 467
GTPase-activating protein 422, 471
GTP-binding protein 422
guanidine phosphate 32
guanine 10, 325
guanine nucleotide exchange factor 422
guanylate cyclase 483
guide strand 414
GWAS 452
gyrase 343

H

Hae III 437
haemoglobin 64
haemolytic anemia 236
haploid 20, 493
Hartnup disease 159
HAT 407
HbA1c 310
HDAC 407
HDL 109
heat shock protein 389
heavy chain 519
helicase 341
helix-loop-helix 403

helix-turn-helix 401
helper T cell 518
Henderson-Hasselbalch equation 31
heparan sulphate 60
heparin 60
hereditary elliptocytosis 124
hereditary nonpolyposis colorectal cancer 355, 503
hereditary spherocytosis 124
hESC 455
heterochromatin 338
heterodimer 54
heteroduplex DNA 356
hetero ribonucleoprotein complex 431
heterotrimeric G protein 478
heterotropic allosteric modulator 67, 92
heterozygote advantage 63
hexokinase 88, 172, 292
HGPRT 279
HIF 304
high-density lipoprotein 109, 179
high-energy phosphate compound 30
high-energy phosphoryl group 30
high-energy potential 313
high performance liquid chromatography 74
high pressure liquid chromatography 74
Hill coefficient 65
histidine 46
histone 337
histone acetyl transferase 407
histone deacetylase 407
HIV 22, 502
HLH 403
HMG-CoA 229
HMG-CoA reductase 183
HNPCC 355, 503
hnRNP 431
Holliday junction 356
holoenzyme 56, 94
homeodomain protein 401
homocysteine 268
homodimer 54
homologous chromosome 332
homologous recombination 356
homology 55
homology modelling 82
homotropic cooperative effect 65, 92
hormone 462
hormone-sensitive lipase 302
housekeeping gene 399
HPLC 74
Hsp 389
Hsp60 389
Hsp70 389
HTH 401
human ES cell 455
Human Genome Project 10
human immunodeficiency virus 22, 502
humoral immunity 518

Huntington disease 391, 451
hybridization 328
hybridization probe 438
hybridoma cell 528
hydration 227
hydrogen bond 6, 37
hydrolysis 241
hydrophilic 6, 45
hydrophobic 6, 45
hydrophobic force 38
hydrophobic interaction 38
β-hydroxybutylic acid 229
hydroxylysine 57
3-hydroxy-3-methylglutaryl CoA 229
hydroxyproline 57
hyperbolic curve 90
hyperbolic kinetics 90
hyperglycemia 309
hypothalamus 152, 463
hypoxanthine 377
hypoxanthine-guanine phosphoribosyltransferase 279
hypoxia 304
hypoxia-inducible factor 304

I

I-cell disease 425
IDL 180
IF 141
IF-1 382
IF-2 381
IF-3 382
Ig 519
IgA 520
IgE 520
I gene 397
IgG 519
IgM 520
IκB 466
IL-2 464
imidazole ring 46
imino acid 44
immunoglobulin 519
IMP 276
importin 431
imprinted 409
imprinting control region 409
induced-fit 88
induced pluripotent stem cell 456
inducer 398
inflammatory bowel disease 466
influenza virus 23
information 363
initial reaction velocity 89
initiation 363, 380
initiation factor 2 381
initiator 367, 400
innate immune system 517
inorganic pyrophosphatase 35
inorganic pyrophosphate 31
inosine 377
inositol 106
inositol 1,4,5–trisphosphate 481

Inr 367, 400
insulator 401
insulin 152, 168, 290, 462
insulin-dependent diabete mellitus 309
insulin receptor 474
insulin receptor substrate 1/2 474
integral membrane protein 420
integrin 61
interferon 477
intergenic sequence 333
interleukin 464
interleukin 2 464
intermediate-density lipoprotein 180
intermediate filament 141
intermembrane space 428
internal membrane 16
interphase 338, 489
intervening sequence 333
intracellular receptor 461
intrinsic factor 149, 284
intrinsic pathway 496, 509
intron 333, 368
intron early model 333
intron late model 333
ion exchange chromatography 74
ionic bond 37
ionophore 125
ionotropic receptor 466
IP_3 481
IRE 411
IRE-binding protein 411
iron-responsive element 411
iron-sulfur complex 211
IRP 411
IRS 1/2 474
isocitrate dehydrogenase 206
isoelectric focusing 76
isoelectric point 76
isoleucine 45
isomerization 357
isozyme 93, 292

J, K

JAK 477
JAK/STAT pathway 462
Janus kinase 477
jaundice 272
juvenile-onset diabete 309
K_a 38
kanamycin 389
K_{cat} 91
K_{cat}/K_m 91
keratan sulphate 60
keratin 141
α-keratin 54
ketoacidosis 229, 309
ketogenic 266
ketone body 166, 229
kinase 172
kinesin 139
kinetic energy 4

kinetochore 493
kinetochore microtubule 140
kirromycin 389
K_m 90
knockout mouse 453
Kozak sequence 386
Kuru 391

L

lac repressor 397
lactase 161
lactate dehydrogenase 93, 189
lactic acid 241
lactic acidosis 241
lactose 159
lactose intolerance 161
lactose permease 396
lagging strand 345
lamellipodium 138
lamin 141
large intestine 156
LCAT 184
LDL 109
LDL/HDL ratio 183
leading strand 345
lecithin 105
lecithin-cholesterol
　　　　　　acyltransferase 184
leptin 152
Lesch-Nyhan syndrome 279
leucine 45
leucine zipper 402
leukemia 501
leukotriene 255
library 446
ligand-gated channel 117
light chain 519
limited sequence analysis 77
LINES 336
Lineweaver-Burk plot 91
linoleic acid 147
linolenic acid 147
lipase 162
lipid 147, 155
lipid bilayer 11
lipid raft 474
lipoprotein 164, 178
lipoprotein lipase 181
liposome 103
locus 333
long interspersed elements 336
loose connective tissue 57
low-density lipoprotein 109, 179
low-energy phosphate compound
　　　　　　　　　　　30
L state 217
LTR 335
lumen 17
lymph 164
lymph node 519
lymphocyte 518
lysine 46
lysosomal enzyme transport
　　　　　　　　vesicle 426
lysosomal protein 420
lysosomal storage disorder 424

lysosome 19, 426

M

macromolecule 6
macrophage 517
mad cow disease 391
maintenance methyltransferase
　　　　　　　　　　408
major histocompatibility complex
　　　　　　　　　　526
malate-aspartate shuttle 221
malate dehydrogenase 208
MALDI 77
malic enzyme 250
malignant hyperthermia 133
malignant tumor 501
malnutrition 146
maltose 160
MAPK 472
MAP kinase 472
MAPKK 472
MAPKKK 472
maple syrup urine disease 267
massively parallel sequencing
　　　　　　　　　　441
mass spectrometry 77
maternal 332
matrix 190
matrix-assisted laser desorption
　　　　　　　ionization 77
matrix peptidase 428
maturity-onset daibete 309
maximum velocity 90
mediator 404
meiosis 20, 358, 493
membrane integral protein 110
membrane lipid 107
membrane peripheral protein
　　　　　　　　　　110
membrane potential 120
membrane protein 56
memory cell 526
Menkes disease 58
β-mercaptoethylamine 191
mercapturic acid 512
messenger RNA 10, 361
metabolism 30, 155
metabolome 82
metabotropic receptor 465
metalloprotease 100
metaphase 493
metastasis 501
methionine 45
methionine synthase 283
methotrexate 283
methylation 352
methylmalonic acidosis 228
methyl trap 283
MHC 526
Michaelis constant 90
Michaelis-Menten equation 90
Michaelis-Menten enzyme 90
microcystin 473
microRNA 11, 336, 412
microRNA gene 11
microsatellite 450

microtubule 135
microtubule-organizing center
　　　　　　　　　　139
mineralocorticoid 257
miRNA 11, 336, 412
mismatch repair 352
mitochondrion 18, 190, 419
mitogen-activated protein kinase
　　　　　　　　　　472
mitosis 20, 338, 493
mixed-function oxidase 267, 512
mixed inhibition 95
mixed micelle 163
molecular biology 2
molecular chaperone 54
molecular mass 6
molecular sieve 73
molecular weight 6
molten globule 388
monoclonal antibody 528
monooxygenase 267
monooxygenase reaction 512
monounsaturated fatty acid 147
motor protein 127
mouse 22
mouth 156
M phase 338, 489
mRNA 10, 361
MS 77
MS/MS 78
MTOC 139
mucin 157
multiple myeloma 528
multiple sclerosis 123, 466
multiplex 451
multi-subunit protein 54
muscle contraction 127
muscle fiber 128
muscular dystrophy 129
mutarotation 159
MutH 352
MutL 353
MutS 352
myasthenia gravis 518
Myc 504
myelin sheath 123
myofibril 128
myoglobin 63
myosin 127
myosin II 137
myosin light chain 134

N

NAD 149
NAD^+ 187
NAD^+-dependent
　　　　dehydrogenation 227
NADP 149
NADPH 249
Na^+/K^+ channel 117
Na^+/K^+ pump 114
nalidixic acid 343
nascent HDL 183
natural killer cell 517
NCAM 126
ncRNA 336

necrosis 495
negatively supercoil 342
neomycin 389
neomycin-resistance gene 453
nerve cell adhesion molecule
　　　　　　　　　　126
nerve synapse 119
NES 431
neuraminidase 23
neurofilament 141
neuropeptide Y 152
neurotransmitter 462
neutral fat 103
neutrophil 60
next generation sequencer 441
NF-κB 466
NGS 441
nick 348
nicotinamide adenine
　　　　　dinucleotide 188
nitric oxide 485
nitric oxide synthase 485
nitrogen balance 259
NLS 431
NMR 81
NO 485
node of Ranvier 123
noncleavable signal sequence
　　　　　　　　　　423
noncoding RNA 336
noncoding strand 363
noncompetitive inhibitor 95
nonconservative substitution 55
noncovalent bond 6, 36
nondenaturing gel 76
nonessential amino acid 147
noninsulin-dependent diabete
　　　　　　　　mellitus 309
nonoxidative decarboxylation
　　　　　　　　　　191
nonsense mutation 374
non-starch polysaccharide 148
nonsteroidal anti-inflammatory
　　　　　　　　drugs 256
noradrenaline 272
Northern blotting 439
NOS 485
NPY 152
NPY/AgRP 152
NRG 453
NSAIDs 256
N-terminal 48
nuclear export receptor 432
nuclear export signal 431
nuclear import receptor 431
nuclear localization signal 431
nuclear magnetic resonance
　　　　　　　spectroscopy 81
nuclear pore 17, 430
nuclear receptor 402
nucleic acid 2, 325
nucleocapsid 22
nucleophile 97
nucleophilic attack 97
nucleoporin 431
nucleoside 274, 325
nucleosome 337
nucleotide 9, 274
nucleotide excision repair 354

nucleus 17, 419
nutrient 146
nutrition 146

O

obesity 151
okadaic acid 473
Okazaki fragment 345
oligomeric protein 54
oligonucleotide 439
oligopeptide 48
oligosaccharide 107
ω-3 fatty acid 185
ω-6 fatty acid 185
omics 83
omics revolution 12
oncogene 503
oncogenic 469
one-carbon transfer 277
operator 397
operator region 397
operon 396
opsonization 520
organelle 16
organophosphate nerve gas 119
$oriC$ 341
origin of replication 340
ornithine carbamoyltransferase 264
O state 217
osteomalacia 150
oxidation-reduction potential 192, 313
oxidative decarboxylation 203
oxidative phosphorylation 193
oxidized glutathione 236, 515
3-oxoacyl ACP synthase 247
2-oxoglutarate dehydrogenase 207
oxyntic cell 157

P

p53 492, 504
P450 511
P680 315
P700 315
paclitaxel 136
PAGE 74
pamaquine 515
pandemic 23
pantothenic acid 191
papilloma virus 502
paracrine 463
parietal cell 157
passenger strand 414
passive transport 113
PBG 270
PC 105
PCNA 347
PCR 442
PDGF 464
PDI 391
PDK1 475

PE 105
PEM 147
penicillin 16
pentose phosphate pathway 232
PEP 32
PEP carboxylase 320
PEP-CK 239
pepsin 100
peptide bond 47
peptide mass analysis 77
peptide mass fingerprinting 77
peptidylprolyl isomerase 391, 424
peptidyl transferase 382
peptidyl transfer reaction 382
perforin 498, 527
peripheral neuropathy 140
pernicious anemia 149, 284
peroxin 429
peroxisome 19, 230, 419
peroxisome-targeting signal 429
PFK 298
PFK2 299
P glycoprotein 115
pH 38
phage lambda 22
phalloidin 136
PH domain 468
phenylalanine 46
phenylketouria 267
pheophytin 316
phorbol ester 482
phosphatase inhibitor 1 296
phosphate ester 31
phosphatidic acid 105
phosphatidylcholine 105
phosphatidylethanolamine 105
phosphatidylinositol 106
phosphatidylinositol 4,5-bisphosphate 475
phosphatidylinositol 3,4,5-trisphosphate 475
phosphatidylserine 105
phosphodiesterase 476
phosphodiester bond 326
phosphoenolpyruvate carboxykinase 239
phosphoenolpyruvic acid 32
6-phosphofructokinase 298
6-phosphofructo-2-kinase 299
phosphoglucomutase 174
6-phosphogluconate dehydrogenase 232
phosphoglycerate kinase 201
phosphoglycerate mutase 202
phosphoinositol 3-kinase 474
phospholipase C 481
phospholipid 107
phosphoprotein phosphatase 289, 472
5-phosphoribosyl 1-pyrophosphate 276
phosphoric anhydride 31
phosphorylase a 295
phosphorylase b 295
phosphorylation 288
photorespiration 319
photosynthesis 313
photosystem 315

phytosterol 109
P_i 30
pI 76
PI 106
PIAS 478
PIC 386
pioneer factor 407
PIP_2 475
$PI(4,5)P_2$ 475
PIP_3 475
$PI(3,4,5)P_3$ 475
PKA 291, 476
PKB 297, 474
PKC 481
PKU 267
plasma cell 522
plasmid 16, 332
plasmin 510
plasminogen 510
plastocyanin 316
plastoquinol 316
plastoquinone 316
platelet-derived growth factor 464
PLC 481
pleckstrin homology domain 468
PLP 262
pluripotent 21, 453
Pol I, II, III 344
Pol α, δ, ε 349
polarization 120
polar lipid 103
polar microtubule 141
polyacrylamide 74
polyacrylamide gel electrophoresis 74, 438
polycistronic 396
polycistronic mRNA 362
polymer 7
polymerase chain reaction 442
polymeric protein 54
polymixin 125
polymorphic 336
polynucleotide 326
polypeptide 7, 48
polypeptide backbone 48
polyribosome 386
polysaccharide 7
polysome 386
polyunsaturated fatty acid 147
POMC 152
Pompe's disease 425
porin 110
porphobilinogen 270
positional cloning 451
positively supercoil 342
positive-negative selection 454
posttranslational transport 419
potential energy 4
PP_i 31
PPI 391
Prader-Willi syndrome 409
precipitation 73
preinitiation complex 386
preprotein 428
Pribnow box 364
primary phosphate ester 326
primary structure 47

primase 345
primer 344
primosome 347
prion 391
prion disease 391
procaspase 496
procaspase-9 497
procollagen 57
procyanidin 514
proenzyme 157
progesterone 464
profilin 137
prokaryote 15
proliferating cell nuclear antigen 347
proline 47
promoter 363, 397
proofreading 352
proopiomelanocortin 152
prophase 493
prostaglandin 254, 462
prosthetic group 56, 94
protease 158
proteasome 392
protein 7, 147, 155
protein disulfide isomerase 391, 424
protein/energy malnutrition 147
protein inhibitor of activated STAT 478
protein kinase 289
protein kinase A 291, 476
protein kinase B 297, 474
protein kinase C 481
protein mimicry 384
protein monomer 47
protein phosphatase 289
protein sequencing 48
proteoglycan 60
proteolysis 508
proteome 12, 82
proteomics 12, 82, 457
prothrombin 511
proton-motive force 213
proto-oncogene 503
protoporphyrin 271
proviral DNA 359
PrP^{Pc} 391
PRPP 276
PRPP synthetase 276
PrP^{Sc} 391
PS 105
pseudogene 336
P site 380
psoriasis 466
pteroylglutamic acid 277
PTS1 429
PTS2 429
purine 275, 325
puromycin 389
pyridoxal 5′-phosphate 262
pyrimidine 275, 325
pyrimidine pathway 281
pyruvate carboxylase 209, 250
pyruvate dehydrogenase 191, 203
pyruvate dehydrogenase kinase 301

pyruvate kinase 202
pyruvate phosphate dikinase 320
PYY-3-36 152

Q, R

Q cycle 214
quaternary structure 47

Rad51 358
Raf 504
Ran 432
Ran-GDP 432
Ran-GTP 432
Ras 504
Ras pathway 462
rat 22
rat sarcoma virus 469
Rb 492, 504
rDNA 336
reaction center 315
reactive oxygen species 508
reading frame 380
RecA 358
receptor 462
recombinant DNA 436
recombinant DNA technology 436
recombination 17, 355
redox couple 192
redox potential 192
refractory period 122
regulatory light chain 134
relaxed state 342
Relenza 24
remnant receptor 182
renin 100
rennin 158
replication fork 340
replication protein A 492
replicon 340
replisome 17
resonance energy transfer 315
resonance stabilization 32
respiratory control 301
restriction enzyme 437
restriction fragment length polymorphism 452
restriction point 464, 491
reticuloendothelial cell 271
11-cis-retinal 483
retinoblastoma gene 504
retinoblastoma protein 492
retrotransposon 335
retrovirus 502
reverse transcriptase 24, 335, 359
RF-1, 2, 3 384
RFLP 452
rheumatic fever 518
rheumatoid arthritis 466
rhodopsin 483
rho factor 365
ribonuclease P 370
ribonucleic acid 10, 274, 325, 361

D-ribose 325
ribosomal recycling factor 385
ribosomal RNA 379
ribosome 10, 18, 376
riboswitch 410
ribosylation 275
ribozyme 12, 370
ribulose-1,5-bisphosphate carboxylase/oxygenase 318
ribulose 5-phospate 232
ricin 389
rickets 150
RISC 414
RNA 10, 274, 325, 361
RNA editing 371
RNAi 413
RNA-induced silencing complex 414
RNA interference 413
RNA Pol I, II, III 361
RNA polymerase 361
RNA splicing 368
rod 483
ROS 508
rough ER 18, 421
Rous sarcoma virus 468
RPA 492
RRF 385
rRNA 379
RT-PCR 448
Rubisco 318
ryanodine receptor protein 133

S

salvage pathway 275
SAM 268
sarcolemma 128
sarcoma 501
sarcomere 128
sarcoplasmic reticulum 128, 482
saturated fatty acid 147
Schiff base 261
SCID 456
SCNT 456
scrapie 391
screening 447
scurvy 59
SDS 75
SDS-PAGE 75
SECIS 388
secondary lymphoid tissue 519
secondary structure 47
second law of thermodynamics 3, 27
second messenger 291, 461
secreted protein 420
secretin 158
secretory granule 425
selenium 388
selenocysteine 388
selenocysteine insertion sequence 388
selenocysteinyl-tRNA 388
selenophosphate 388
semiconservative relication 340
sense strand 363

sequential model 66
serine 46, 105
serine hydroxymethyltransferase 278
serine protease inhibitor 60
serpin 60
serum albumin 185
severe combined immuno-deficiency disease 456
sex chromosome 332
sex hormone 462
SGLT 176
SH2 domain 468
SH3 domain 468
Shine-Dalgarno sequence 380
short interspersed elements 336
short tandem repeat 450
sialic acid 107
sickle cell anemia 63
side chain 44
sigma factor 364
signal anchor sequence 423
signal peptidase 422
signal peptide 422
signal recognition particle 422
signal sequence 422
signal transducer and activator of transcription 477
signal transduction pathway 461
silencer 400
SINES 336
single-analyser mass spectrometer 78
single nucleotide polymorphism 452
single-strand binding protein 347
single-strand invasion 358
siRNA 413
site-directed mutagenesis 449
site-specific recombination 356, 521
size exclusion 73
sliding-filament model 129
small interfering RNA 413
small intestine 156
small molecule 6
small monomeric GTPase protein 471
small nuclear ribonucleoprotein 369
small nuclear RNA 369
smooth ER 18, 421
smooth muscle 127
SNARE 426
SNP 452
snRNA 369
snRNP 369
SOCS 478
sodium dodesylsulfate 75
somatic cell 20
somatic cell-nuclear transfer 456
somatic genetic recombination 521
somatostatin 480
SOS 469
Southern blotting 438

Southern hybridization 438
specific activity 72
specificity constant 91
spectrin 124
S phase 341, 489
sphingomyelin 106
sphingosine 106
spina bifida 282
spindle 493
spliceosome 369
splice site 369
splicing 333
splicing factor 369
SR-B1 184
Src kinase 468
SRP 422
SRP docking protein 422
SRP receptor 422
SSB 347
standard free energy change 29
starch 7, 148
STAT 477
statin 95
steady state 90
stearic acid 104
stem cell 21, 453
stem loop structure 364
stercobilin 272
stomach 156
stop signal 374
stop transfer sequence 423
STR 450
streptomycin 389
stress fiber 136
striated muscle 127
substrate 87
substrate-level phosphorylation 201
subunit 47
succinate dehydrogenase 208
succinyl CoA synthetase 207
sucrase 160
sucrose 148, 159
supercoil 337, 342
superoxide anion 513
superoxide dismutase 514
suppressor of cytokine signaling 478
symport 116
synapsis 494
synchrotron radiation 81

T

TAF 367
TAG 104
tandemly repeated sequence 336
tandem mass spectrometer 78
Tangier disease 184
target cell 462
targeting vector 453
TATA box 367, 400
TATA-box-binding protein 367
taxol 136
Tay-Sachs disease 425
TBP 367

欧 文 索 引

TBP-associated factor 367
T cell 518
T cell receptor 518
TCR 518
telomerase 350, 500
telomere 20, 350, 500
telomeric DNA 350
telophase 493
template strand 363
termination 363, 380
terminator region 363
tertiary structure 47
tetanus toxin 426
tetracycline 389
tetrahydrobiopterin 267
tetrahydrofolic acid 277
Tetrahymena 370
TF 399
thalassemia 63
β-thalassemia 369
thermogenin 222
THF 277
thick filament 129
thin filament 129
thiolase 227
threonine 46
thrombin 511
thromboxane 254
thrombus formation 508
thylakoid 314
thymidine kinase 281, 454
thymidylate synthase 282
thymine 10, 325
thymine dimer 354
thymosin β₄ 137
tight junction 125
TIM 428
tissue plasminogen activator
　　　　　　　　　　510
titin 130
TNF 498
α-tocopherol 514
TOM 428
topoisomerase 342
topoisomerase I 342
topoisomerase II 342
t-PA 510
TPP 203
trait 332
transaldolase 233

transaminase 262
transamination 261
transcript 363
transcription 363
transcription factor 399
transcription initiation complex
　　　　　　　　　367, 403
transcriptome 82
transdeamination 262
transducin 483
transesterification 368
trans fatty acid 147
transfection 453
transferrin-receptor protein 411
transfer RNA 376
transformation 445
transition state 87
transition state analogue 88
transit peptide 429
transketolase 233
translation 363, 373
translocase of inner mitochondrial
　　　　　　　　membrane 428
translocase of outer mitochondrial
　　　　　　　　membrane 428
translocon 422
transmembrane receptor 461
TRB3 302
triacylglycerol 104
tricarboxylic acid cycle 189
Trichomonas vaginalis 335
triose phosphate isomerase 201
tRNA 376
tropocollagen 57
tropomodulin 137
tropomyosin 133
troponin 133
trp operon 398
trp repressor 399
trypsin 99, 158
trypsin inhibitor 158
tryptophan 46
t-SNARE 426
T state 217
tubulin 135
tumor suppressor gene 504
tumour necrosis factor 498
turnover number 91
two-dimensional gel
　　　　　　electrophoresis 76

tyrosine 46
tyrosine kinase receptor 462

U

ubiquinone 211
ubiquitin activating enzyme 393
ubiquitin ligase 393
ubiquitin-proteasome system
　　　　　　　　　　392
UCP1 222
UDPG 172
UDP glucose pyrophosphorylase
　　　　　　　　　　173
UMP 275
uncompetitive inhibition 95
uncoupling protein 1 222
uniport 116
unsaturated fatty acid 147, 185
untranslated region 363
upstream control element
　　　　　　　　367, 400
urea cycle 263
uric acid 280
uridine diphosphate glucose
　　　　　　　　　　172
uridyl transferase 177
uroporphyrinogen 271
UTP 172
UTR 363
3′ UTR 411
Uvr 354

V

V_0 89
Vaccinia virus 21
valine 45
valinomycin 125
van der Waals force 37
variant CJD 391
vasopressin 462
vCJD 391
vecuronium 119
very-low-density lipoprotein 179
vicine 236

vinblastine 136
vincristine 136
viral oncogene 504
virion 21
viroid 24
virus 21
V_{max} 90
VNTR 450
voltage-gated Ca^{2+} channel 133
voltage-gated channel 117
voltage-gated K^+ channel 122
voltage-gated Na^+ channel 121
v-SNARE 426

W

warfarin 510
water soluble 149
water-splitting center 317
Watson-Crick base pairing
　　　　　　　　10, 328
weak secondary bond 6
Western blotting 77, 439
wobble pairing 377

X～Z

xenobiotics 511
xeroderma pigmentosum 355
X-linked severe combined
　　　　immunodeficiency 456
XP 355
X-ray diffraction 81
xylulose 5-phospate 233

YAC 351, 447
yeast artificial chromosome
　　　　　　　　351, 447

Zellweger syndrome 230, 430
zero order reaction 90
Z form 329
zinc finger 401
zinc protease 100
Z line 128
zymogen 157

村 上 誠
むら かみ まこと
1964年 長野県に生まれる
1991年 東京大学大学院薬学系研究科博士課程 修了
現 東京都医学総合研究所生体分子先端研究分野
　　　　　　　　　　　　　　　プロジェクトリーダー
　東京大学医学部疾患生命工学センター 教授
専門 生化学,分子生物学
薬学博士

原 俊太郎
はら しゅん た ろう
1962年 東京都に生まれる
1991年 東京大学大学院薬学系研究科博士課程 修了
現 昭和大学薬学部 教授
専門 生化学,衛生薬学
薬学博士

中 村 元 直
なか むら もと なお
1962年 山口県に生まれる
1987年 広島大学大学院工学研究科修士課程 修了
現 岡山理科大学臨床生命科学科 教授
専門 生化学,分子生物学
博士(医学)

第1版 第1刷	1999年 6月15日 発行
第2版 第1刷	2003年 2月 7日 発行
第3版 第1刷	2007年 2月 1日 発行
第5版 第1刷	2016年10月 3日 発行

エリオット 生化学・分子生物学
(第5版)

Ⓒ 2016

訳　者　　村　上　　　誠
　　　　　原　　俊太郎
　　　　　中　村　元　直

発行者　　小　澤　美奈子

発　行　　株式会社 東京化学同人
　　　　　東京都文京区千石3丁目36-7(〒112-0011)
　　　　　電話 (03) 3946-5311・FAX (03) 3946-5317
　　　　　URL: http://www.tkd-pbl.com/

印　刷　　株式会社 木元省美堂
製　本　　株式会社 松岳社

ISBN 978-4-8079-0860-8
Printed in Japan
無断転載および複製物(コピー,電子
データなど)の配布,配信を禁じます.

編者紹介

加納 健司（かのう けんじ）
1982年 京都大学農学部卒業
1987年 京都大学大学院農学研究科博士課程修了
現 在 京都大学大学院農学研究科　教授
　　　農学博士

柴 　 洋 平（しば ようへい）
1985年 大阪大学基礎工学部卒業
現 在 株式会社ダイセル　上席技師
　　　コーポレートフェロー
　　　工学博士

青 木 祐 子（あおき ゆうこ）
1986年 京都大学工学部卒業
1988年 京都大学大学院工学研究科修士課程修了
現 在 関西電力株式会社　研究開発室
　　　技術研究所　主任研究員

アドバンスト電気化学・分光生物学
（第3版）

2016年

| 編 　 者 |
| 加 納 健 司 |
| 柴 　 洋 平 |
| 青 木 祐 子 |

発行者　株式会社地人書館
　　　　東京都新宿区四谷三栄町6-5　〒160-0011
　　　　電話 03(3542)3211・FAX 03(3542)3212
　　　　URL: http://www.chijinshokan.co.jp

印刷・製本　株式会社　ハコキ印刷

ISBN 978-4-8052-0862-5
Printed in Japan
本書の無断複写は著作権法上での例外
を除き禁じられています。